箱式变电站通用标准工程图集

（设计·加工安装·材料）

刘文武　刘亚岚　徐晨　编著

内 容 提 要

本书为《箱式变电站通用标准工程图集（设计·加工安装·材料）》（附CAD光盘）。全书共分五章，主要内容包括：10K级箱体典型方案图集，0K级箱体典型方案图集，通用零部件图集，常用电气图集，FZN（R）21型真空负荷开关操作机构改进图纸等。本书所有工程图均采用CAD软件绘制，并收入所附光盘中，可直接下载、修改、使用。本图集可作为箱式变电站制造厂家和成套电气设备制造厂家的生产用图，制造厂家依据合同要求，对照选取适当方案，或者仅对外形尺寸略加改动，打印出图即可投入生产。

本书可供广大电气人员，特别是从事箱式变电站设计、加工、安装、材料和运行、维护、检修等方面工作的工程技术人员查阅、使用，也可供大专院校相关专业师生学习、参考。还可作为房地产商、高速公路承建商等订货单位的订货合同技术依据，作为业主或供电部门的工程验收技术依据，作为质量监督部门对产品质量进行监督的技术依据（结合有关国家标准和行业标准）。

图书在版编目（CIP）数据

箱式变电站通用标准工程图集 : 设计·加工安装·材料 / 刘文武, 刘亚岚, 徐晨编著. -- 北京 : 中国水利水电出版社, 2015.4
ISBN 978-7-5170-3164-2

Ⅰ. ①箱… Ⅱ. ①刘… ②刘… ③徐… Ⅲ. ①箱式变电站－标准设计－图集 Ⅳ. ①TM633-64

中国版本图书馆CIP数据核字(2015)第099629号

书　名	箱式变电站通用标准工程图集（附CAD光盘）（设计·加工安装·材料）
作　者	刘文武　刘亚岚　徐晨　编著
出版发行	中国水利水电出版社 （北京市海淀区玉渊潭南路1号D座　100038） 网址：www.waterpub.com.cn E-mail：sales@waterpub.com.cn 电话：（010）68367658（发行部）
经　售	北京科水图书销售中心（零售） 电话：（010）88383994、63202643、68545874 全国各地新华书店和相关出版物销售网点
排　版	中国水利水电出版社微机排版中心
印　刷	北京市北中印刷厂
规　格	297mm×210mm　横16开　28.75印张　993千字
版　次	2015年4月第1版　2015年4月第1次印刷
定　价	**399.00**元（附光盘1张）

前　言

在我国输配电网中，大量运行着一种变配电设备——欧式箱变（又名箱式变电站、预装式变电站）。从普通住宅小区到高层写字楼，从高速公路到港口码头，从东海之滨到青藏高原，从天安门广场到偏僻的乡村小镇，……，总之，凡是需要供给电能的地方，人们到处可以看到这种设备的身影。有的像一座小型的古典建筑，用类似水泥砖瓦的材料制作，名曰景观型欧式箱变；有的像临时使用的简易小房子，用彩钢复合板材制作，名曰复合板隔热型欧式箱变。我国电网中约1/4的电能要从这种变电站源源不断地流过，去满足终端用户的需求。然而，就是这种所谓的欧式箱变，在人们的不知不觉之中，大量地浪费着宝贵的电能，严重地损耗着变压器的正常使用寿命，并且随时都在威胁着供电的可靠性。行业内有识之士多次呼吁应该充分重视并尽快解决这一潜在的危机，有的省市供电部门甚至明文规定，以后要谨慎选用这种变电站入网供电。其实造成这些严重后果的原因却很简单，这就是箱体（外壳）的粗制滥造，即对箱体（外壳）散热级别的无知与轻视。欧式箱变是20世纪70年代末从法、德等欧盟国家引进的，所以又简称欧变。欧变引进我国后，其箱体（外壳）的设计和制造技术被庸俗化、简单化和随意化。大多数制造厂商不懂得箱体（外壳）的重要性，不懂得外壳的关键技术在于满足变压器的散热要求，即控制外壳的散热级别。在其产品的技术指标中甚至根本没有“额定外壳（散热）级别”这一重要指标（详见国家标准GB/T 17467—1998《高压/低压预装式变电站》，电力行业标准DL/T 537—2002《高压/低压预装式变电站选用导则》），加之相关部门监管不力，订货单位的无知与利益驱使，业主及供电部门的无奈，致使大量粗制滥造的20K级、30K级所谓欧变挂网运行。特别不能容忍的是想当然地将油浸式变压器也放入一个箱子里（欧盟国家的欧变中并不配置油变，只配置干变），人为地将变压器的运行温度抬高了20～30℃，造成变压器损耗增加8%～12%，造成我国电网大量的电能浪费、变压器寿命降低等一系列极其严重的问题。

每年约有85.67亿kW·h电能被这种所谓的欧变白白浪费掉。以2008年全国用电量34268亿kW·h计算（据国家统计局公布数据），假定有1/4的电能流经这样的30K级的欧式箱变（实际远不止这个数字），则全年浪费电能约85.67亿kW·h，约相当于16台60万kW发电机组的满负荷发电量。16台60万kW发电机组所生产的电能全部被白白地浪费掉，这一现实何其惊人，何其痛心，又何其不能容忍。这些电能全部转化为有害的热能散发到环境中去，使得环境温度升高。而生产这些电能所需要的煤炭又会产生大量有害气体，这些气体被排放到大气中，进而加剧日益严重的温室效应。

这种设备人为地提高了变压器的运行温度，造成变压器使用寿命大幅度下降，同时也带来夏季超温跳闸、现场分闸时拉弧灼伤人员等诸多安全性和可靠性问题。大家知道，变压器的使用寿命随着运行温度的升高而下降，特别是当温度超过所允许的额定热点温度时，变压器寿命将以温度每上升6℃，变压器寿命降低一倍的速度而急剧下降（变压器6度法则，见国家标准GB/T 15164—1994《油浸式电力变压器负载导则》）。这就是说，目前在这种欧变壳体内运行的变压器，其实际寿命远远低于其设计寿命（20年）。更加值得重视的是：这种设备还正在被大量制造出来，并且被大量挂网运行。

其实解决这一问题在技术上并不困难，重要的是需要社会的认知和重视，国家有关部门的严格监督，订货单位对箱体的温升级别提出严格要求，而制造厂家则应选用设计和选材科学合理、制造工艺先进的箱体制造技术，向市场提供0K级和10K级箱体的高质量箱式变电站。

本书公开了二项国家专利，其主要内容是成熟的欧变生产图纸，是经过多年现场运行检验的0K级和10K级箱体，并且可以实现无线遥控分合闸的箱式变电站的工程图纸。专利持有人出于促使我国电网节能降耗，保障供电人员的人身安全，提高供电质量以及保护地球环境的大局考虑，公开专利的全部图纸，包括箱体的装配图、零部件图及展开图，以及常用电气二次图，并且附有光盘。本书中囊括了箱变制造中常用的典型方案，包括0K级箱体的两类典型方案、10K级箱体的三类典型方案以及目字型和品字型的典型方案。制造厂商只要按照本图集公开的图纸及工艺要求进行生产，即可制造出低成本、高质量、工艺简单、符合国家标准的0K级和10K级节能降耗型箱式变电站。本书中公开的0K级和10K级箱变还有一个优点，即可以实现电气开关（断路器、负荷开关等）安全距离以远的无线遥控装置，彻底避免了电气开关现场操作时电弧灼伤人员的恶性事故的发生。

本书可以作为箱式变电站制造厂家和成套电气制造厂家的生产用图，并附有光盘。制造厂家依据合同要求，对照选取适当方案，或者仅对外形尺寸略加改动，打印出图即可投入生产。箱体零部件中大多数为通用件和标准件。制造厂家可以进行备件生产，即在合同空闲时间，将通用零部件制造完成入库备用，合同签订后，针对具体合同制造少量专用件，最后组装成型即可，制造工期短，一批中小型合同在一星期之内可以完成。本书可以作为电力电气大中专院校的教学参考书，亦可作为箱式变电站和成套电气设备制造领域工程技术人员的专业工具书。本书还可以作为房地产商、高速公路承建商等订货单位的订货合同技术依据，作为业主或供电部门的工程验收技术依据，也可以作为质量监督部门对产品质量进行监督的技术依据（结合电力行业标准和国家标准部分）。

本书在编写过程中，得到南京国变变压器有限公司吴邦江董事长、查建政总工程师，北京潞电电气设备有限公司车仓会总工程师，以及行业内知名人士阎福州高级工程师、崔元春高级工程师、徐来华高级工程师等同仁的指导与支持，作者在这里表示诚挚的感谢。

当今时代，科技日新月异，随着新技术、新材料和新工艺的出现，箱式变电站的制造技术一定会日趋完善。作者期待着新一代的变电站被制造出来并挂网运行，使得我国电网输变电损耗接近或低于发达国家，为保护地球环境做出更大贡献。

本书中如有不甚明了之处，请与作者联系。联系电话：13913801052。

由于作者水平所限和时间仓促，书中难免存在疏漏或不足之处，敬请广大读者批评指正。

作者

2015年4月

目　录

第一章　10K 级箱体典型方案图集

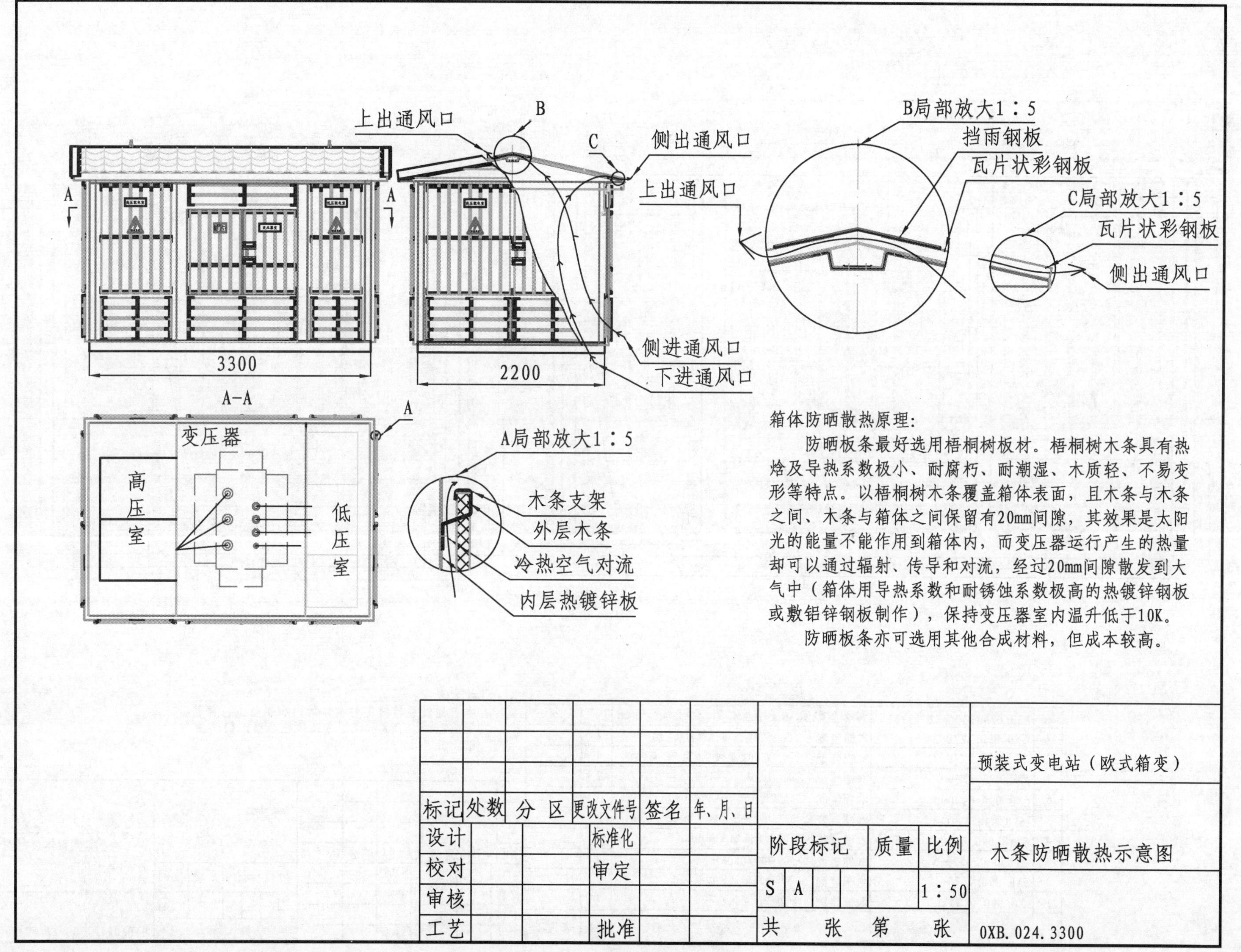

图1-1-1 木条防晒散热示意图

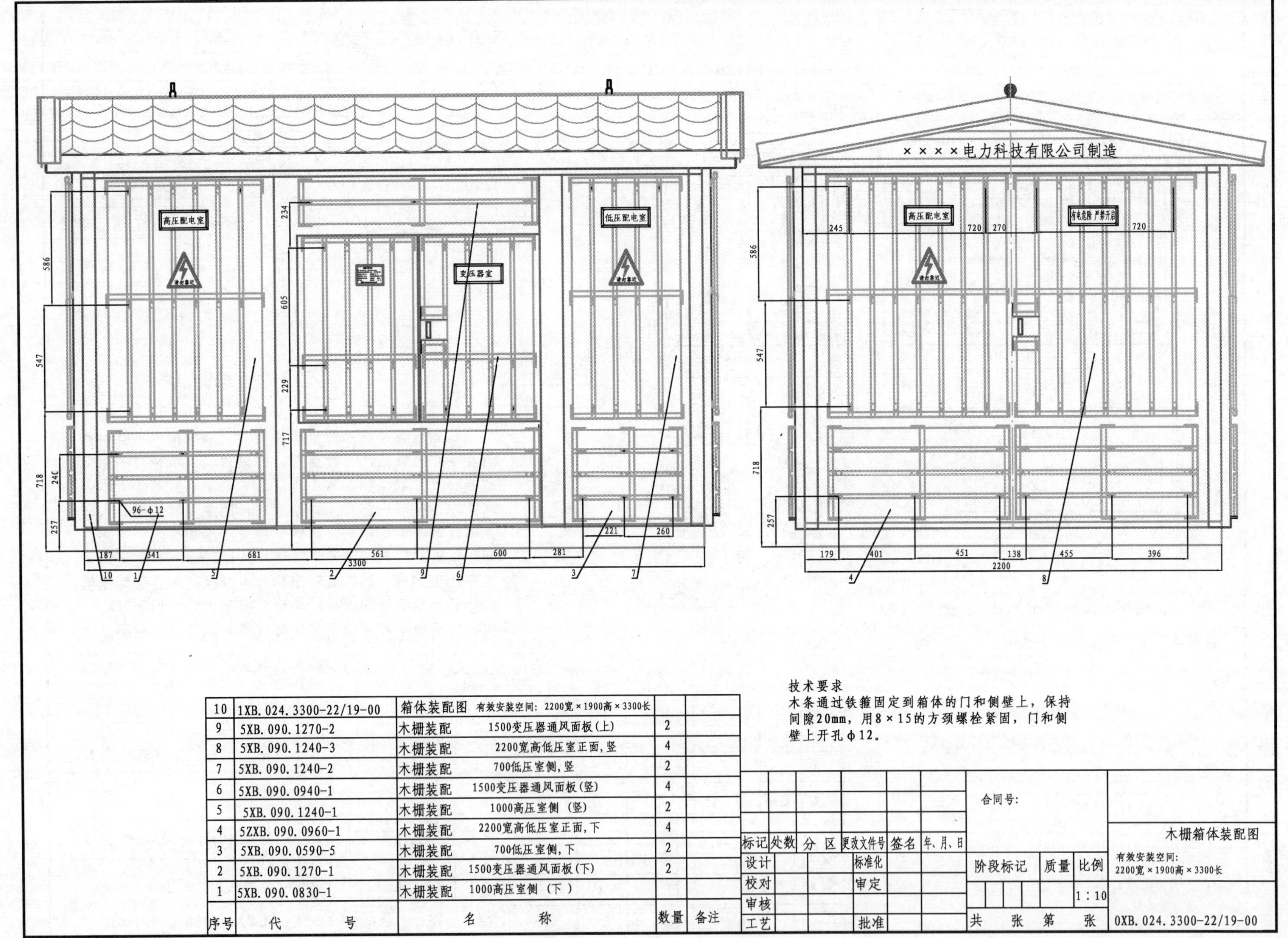

技术要求

木条通过铁箍固定到箱体的门和侧壁上，保持间隙20mm，用8×15的方颈螺栓紧固，门和侧壁上开孔ϕ12。

序号	代号	名称		数量	备注
10	1XB.024.3300-22/19-00	箱体装配图	有效安装空间：2200宽×1900高×3300长		
9	5XB.090.1270-2	木栅装配	1500变压器通风面板(上)	2	
8	5XB.090.1240-3	木栅装配	2200宽高低压室正面，竖	4	
7	5XB.090.1240-2	木栅装配	700低压室侧，竖	2	
6	5XB.090.0940-1	木栅装配	1500变压器通风面板(竖)	4	
5	5XB.090.1240-1	木栅装配	1000高压室侧（竖）	2	
4	5ZXB.090.0960-1	木栅装配	2200宽高低压室正面，下	4	
3	5XB.090.0590-5	木栅装配	700低压室侧，下	2	
2	5XB.090.1270-1	木栅装配	1500变压器通风面板(下)	2	
1	5XB.090.0830-1	木栅装配	1000高压室侧（下）	2	

标记	处数	分区	更改文件号	签名	年、月、日	合同号：	木栅箱体装配图
设计			标准化			阶段标记 质量 比例 1∶10	有效安装空间：2200宽×1900高×3300长
校对			审定				
审核							
工艺			批准			共 张 第 张	0XB.024.3300-22/19-00

图1-1-2 木栅箱体装配图

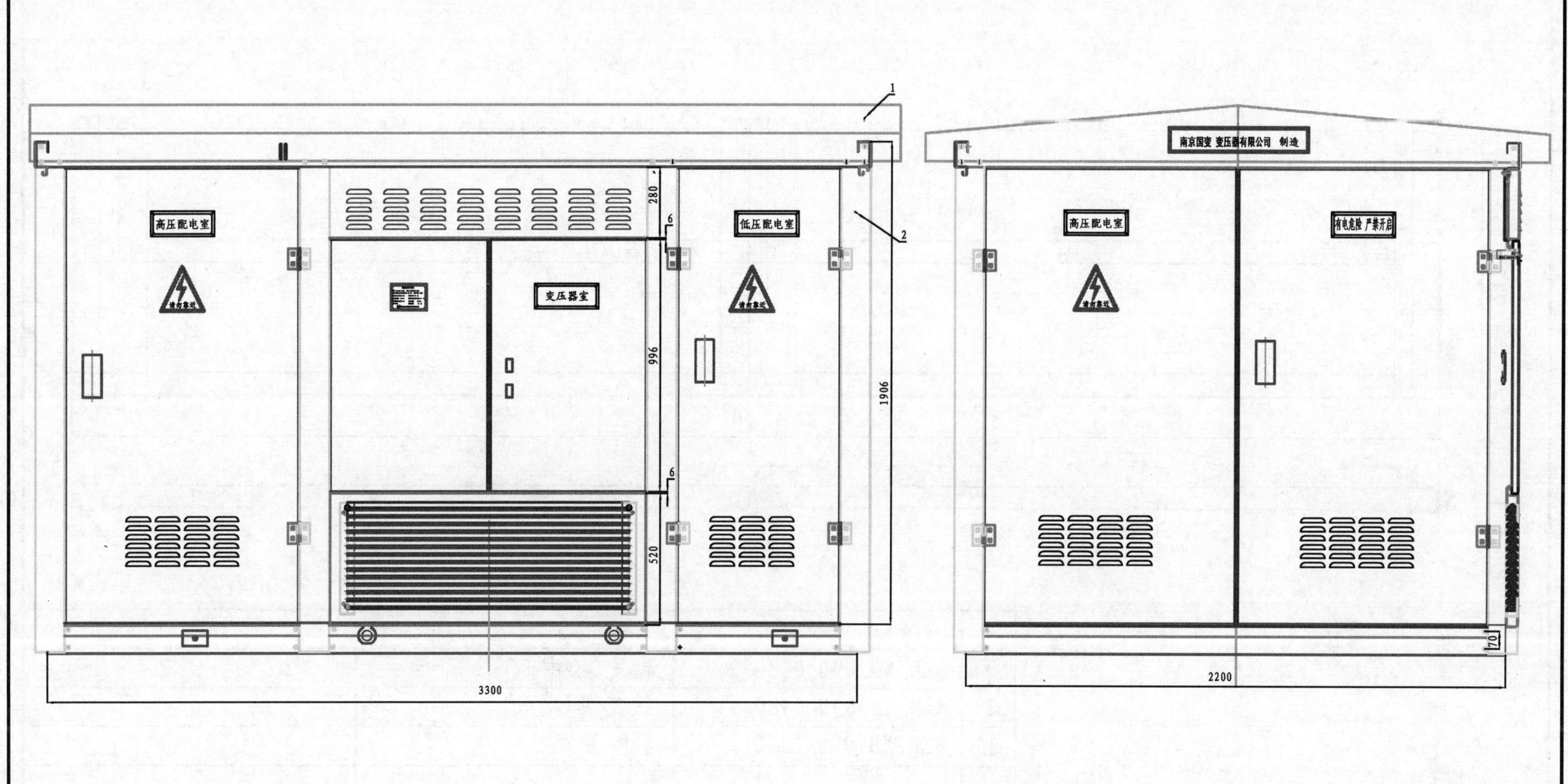

序号	代号	名称	数量	备注
3				
2	2XB.024.3300-22/19-10	柜体装配图	1	
1	2XB.073.2334-00	伞盖装配 上框2300×3400	1	

技术要求

组装式结构。

柜体与伞盖之间用M10×15镀锌螺栓连接，螺栓连接要求可靠牢固，旋紧力矩以压平弹簧垫为准。

在检修或更换变压器高低压开关柜等内部设备时，拧开螺栓，吊下伞盖，吊出设备即可。

标记	处数	分区	更改文件号	签名	年、月、日				预装式变电站（欧式箱变）木栅防晒散热 10K级箱体
									箱体总装配图
设计			标准化			阶段标记	质量	比例	有效安装空间：2200宽×1900高×3300长
校对			审定			S A		1:10	
审核									
工艺			批准			共 张	第 张		1XB.024.3300-22/19-00

图1-1-3 箱体总装配图

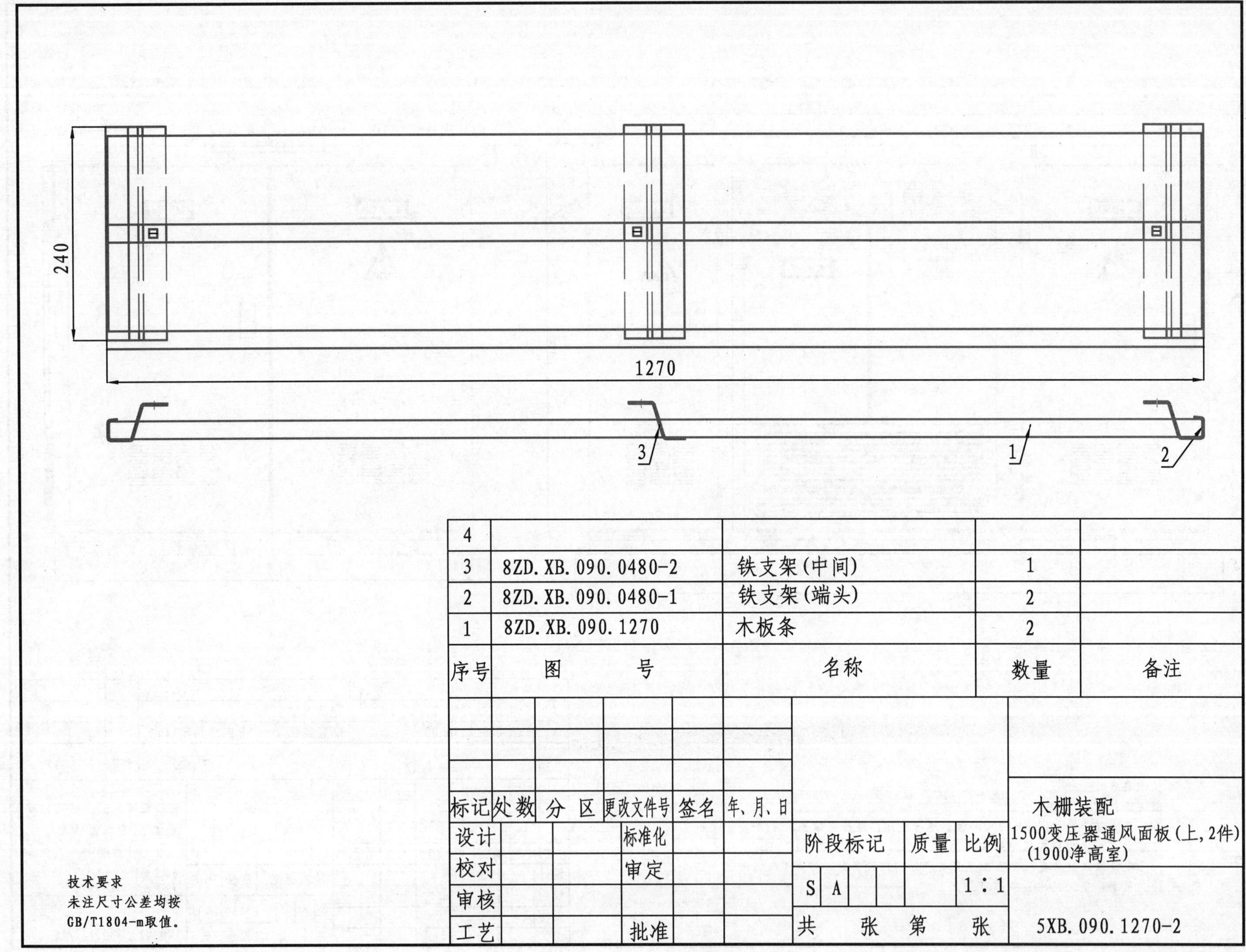

序号	图号	名称	数量	备注
4				
3	8ZD.XB.090.0480-2	铁支架(中间)	1	
2	8ZD.XB.090.0480-1	铁支架(端头)	2	
1	8ZD.XB.090.1270	木板条	2	

图1-1-4 木栅装配

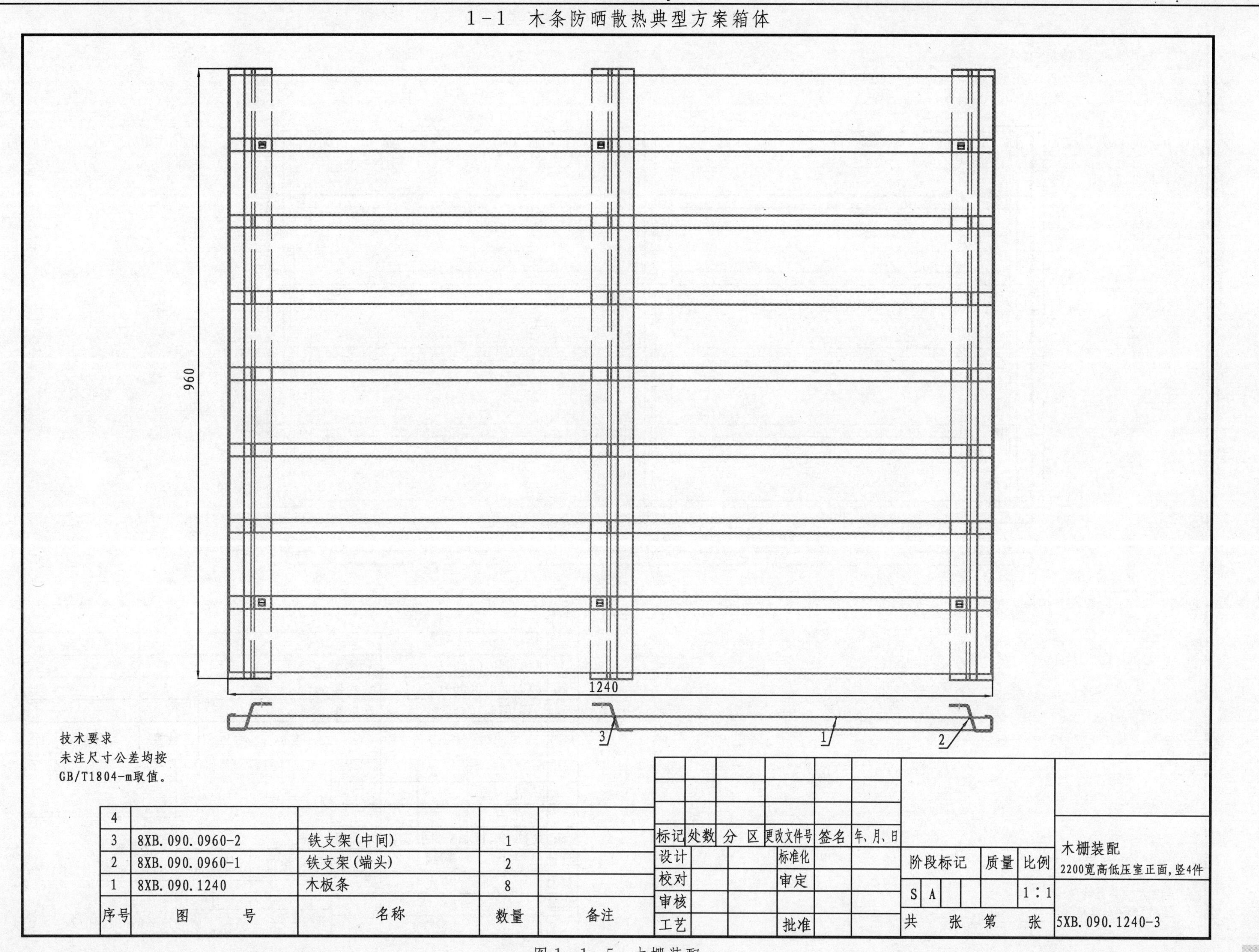
960
1240
3
1
2
技术要求
未注尺寸公差均按
GB/T1804-m取值。
4
3 8XB.090.0960-2 铁支架(中间) 1
2 8XB.090.0960-1 铁支架(端头) 2
1 8XB.090.1240 木板条 8
序号 图 号 名称 数量 备注
标记 处数 分 区 更改文件号 签名 年、月、日
设计 标准化
校对 审定
审核
工艺 批准
阶段标记 质量 比例
S A 1:1
共 张 第 张
木栅装配
2200宽高低压室正面,竖4件
5XB.090.1240-3

图1-1-5 木栅装配

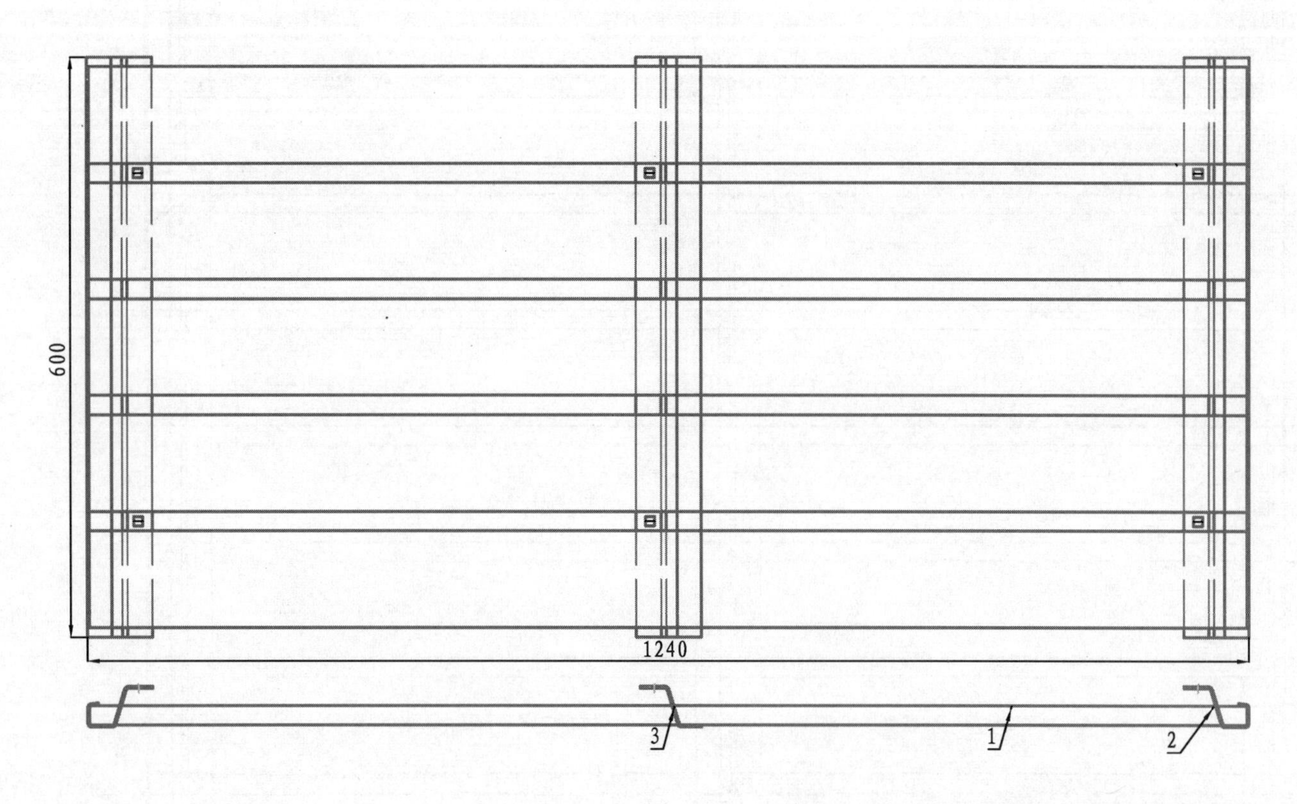

序号	图号	名称	数量	备注
4				
3	8XB.090.0600-2	铁支架(中间)	1	
2	8XB.090.0600-1	铁支架(端头)	2	
1	8XB.090.1240	木板条	6	

标记	处数	分区	更改文件号	签名	年、月、日
设计			标准化		
校对			审定		
审核					
工艺			批准		

阶段标记				质量	比例
S	A				1:1
共 张 第 张					

木栅装配
700低压室侧,竖 2件
5XB.090.1240-2

技术要求
未注尺寸公差均按
GB/T1804-m取值。

图1-1-6 木栅装配

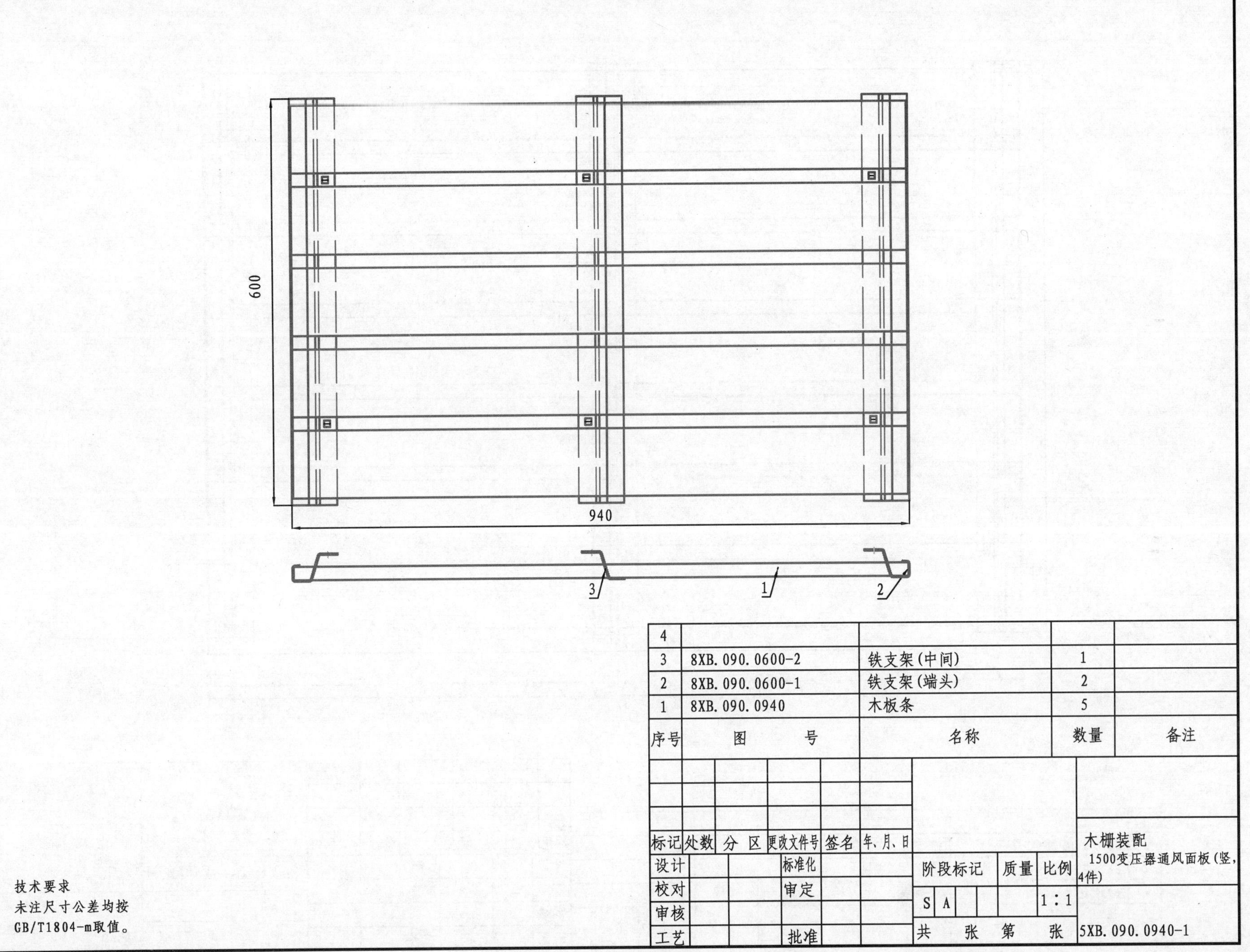

序号	图号	名称	数量	备注
4				
3	8XB.090.0600-2	铁支架（中间）	1	
2	8XB.090.0600-1	铁支架（端头）	2	
1	8XB.090.0940	木板条	5	

图1－1－7　木栅装配

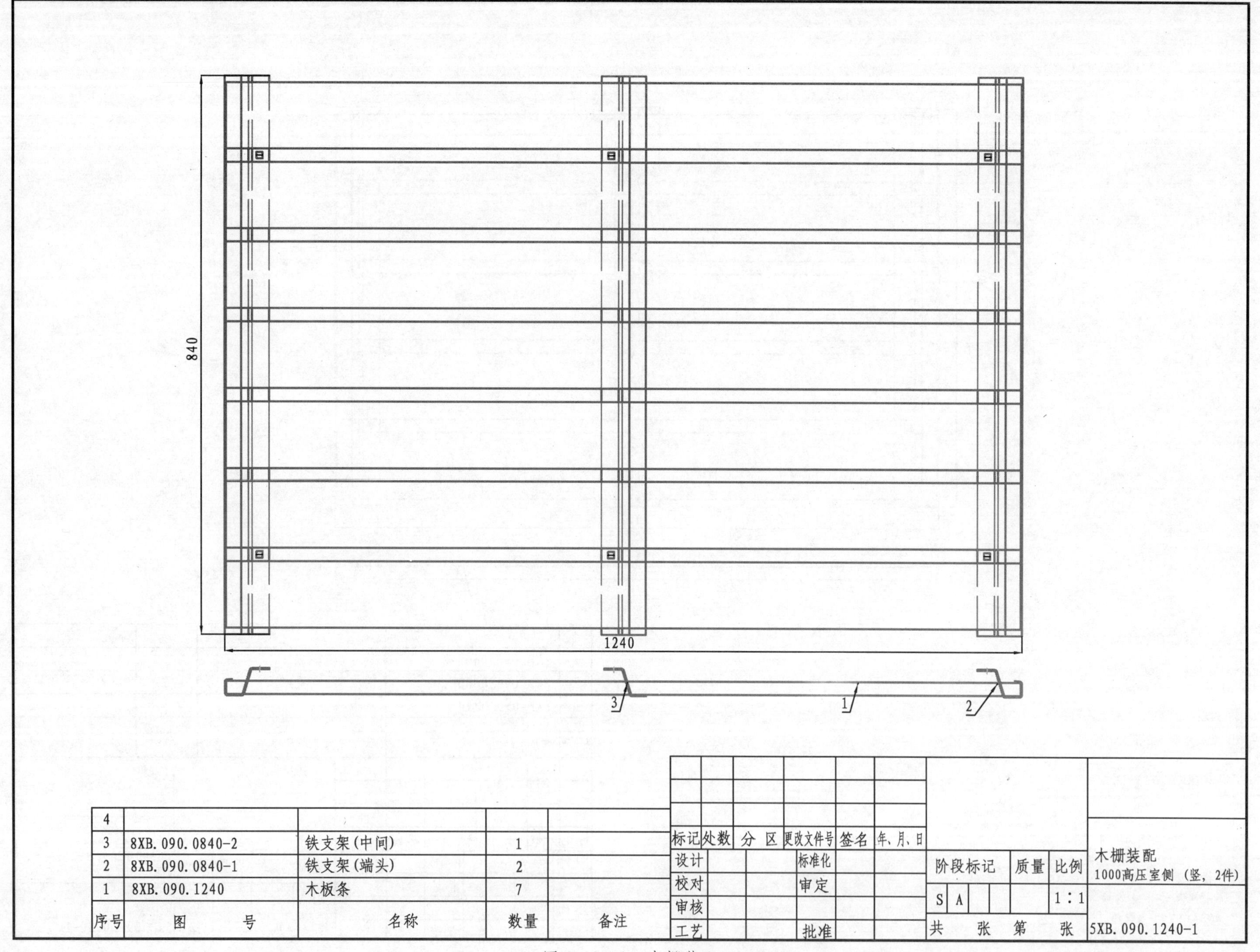
840
1240
3
1
2
4
3 8XB.090.0840-2 铁支架(中间) 1
2 8XB.090.0840-1 铁支架(端头) 2
1 8XB.090.1240 木板条 7
序号 图 号 名称 数量 备注
标记 处数 分 区 更改文件号 签名 年、月、日
设计 标准化
校对 审定
审核
工艺 批准
阶段标记 质量 比例
S A 1:1
共 张 第 张
木栅装配
1000高压室侧（竖，2件）
5XB.090.1240-1

图1-1-8 木栅装配

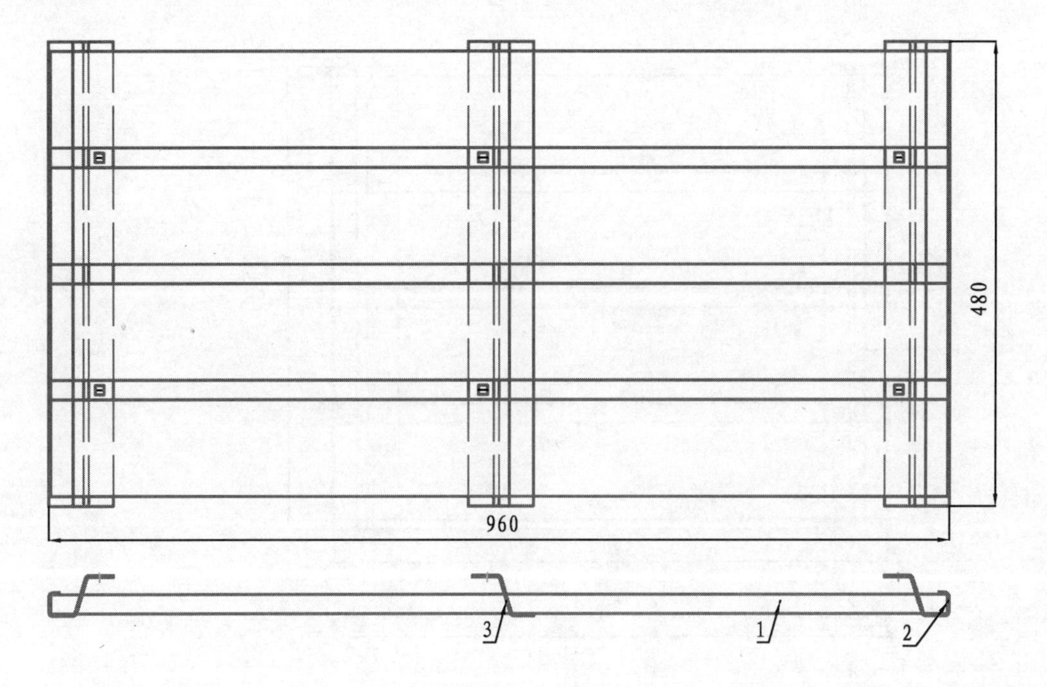

序号	图号	名称	数量	备注
4				
3	8XB.090.0480-2	铁支架(中间)	1	
2	8XB.090.0480-1	铁支架(端头)	2	
1	8XB.090.0960	木板条	4	

标记 处数 分区 更改文件号 签名 年、月、日

设计 标准化

校对 审定

审核

工艺 批准

阶段标记 质量 比例

S A 1：1

共 张 第 张

木栅装配

2200宽高低压室正面，下4件

5ZXB.090.0960-1

技术要求

未注尺寸公差均按

GB/T1804-m取值。

图1－1－9 木栅装配

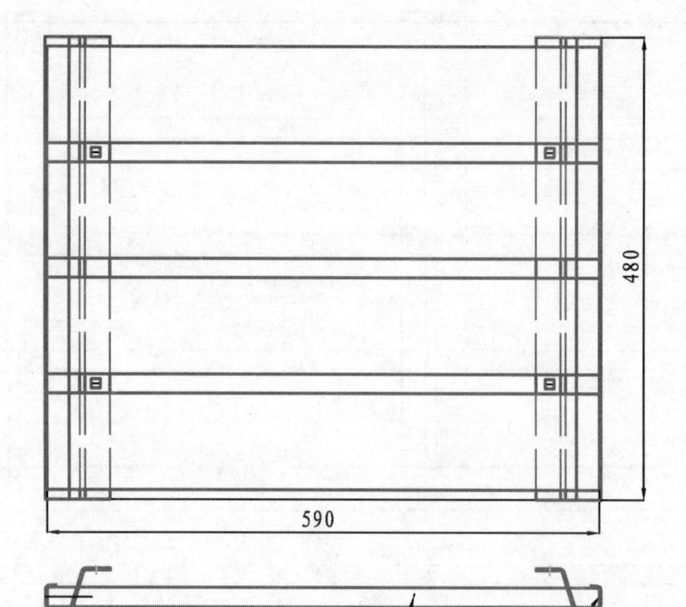

4				
3				
2	8XB.090.0480-1	铁支架(端头)	2	
1	8XB.090.0590	木板条	4	
序号	图号	名称	数量	备注

标记	处数	分区	更改文件号	签名	年、月、日				木栅装配 700低压室侧(下2件)
设计			标准化			阶段标记	质量	比例	
校对			审定			S A		1:1	
审核									
工艺			批准			共 张 第 张			5XB.090.0590-5

技术要求
未注尺寸公差均按GB/T1804-m取值。

图1-1-10 木栅装配

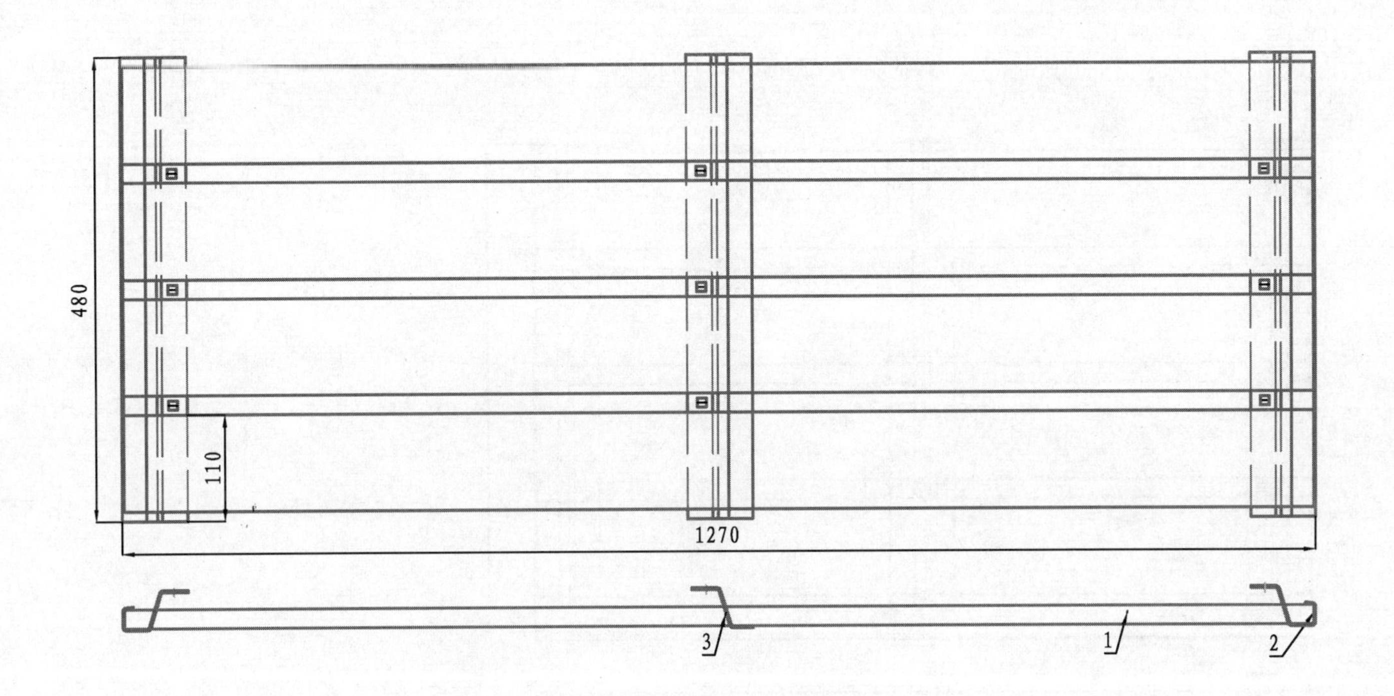

4				
3	8XB.090.0480-2	铁支架(中间)	1	
2	8XB.090.0480-1	铁支架(端头)	2	
1	8XB.090.1270	木板条	4	
序号	图　号	名称	数量	备注

标记	处数	分　区	更改文件号	签名	年、月、日			
设计			标准化			阶段标记	质量	比例
校对			审定			S A		1∶1
审核						共　张　第　张		
工艺			批准					

木栅装配
1500变压器通风面板(下2件)
5XB.090.1270-1

技术要求
未注尺寸公差均按
GB/T1804-m取值.

图1-1-11　木栅装配

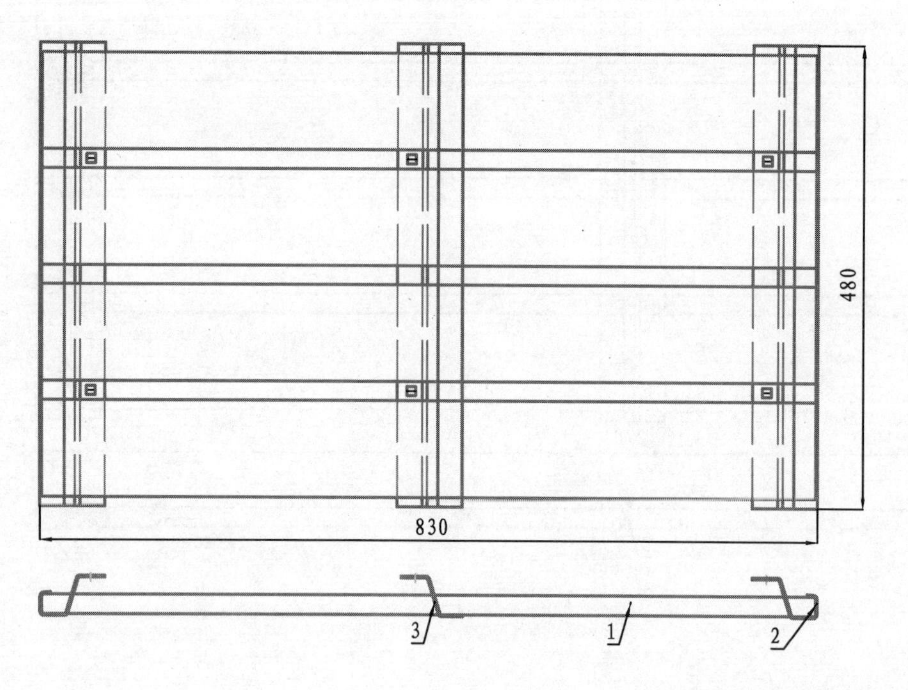

序号	图号	名称	数量	备注
4				
3	8XB.090.0480-2	铁支架(中间)	1	
2	8XB.090.0480-1	铁支架(端头)	2	
1	8XB.090.0830	木板条	4	

标记	处数	分区	更改文件号	签名	年、月、日			
设计		标准化		阶段标记	质量	比例	木栅装配 1000高压室侧（下2件）
校对		审定		S A		1∶1	
审核							
工艺		批准		共 张 第 张			5XB.090.0830-1

技术要求
未注尺寸公差均按
GB/T1804-m取值。

图1－1－12 木栅装配

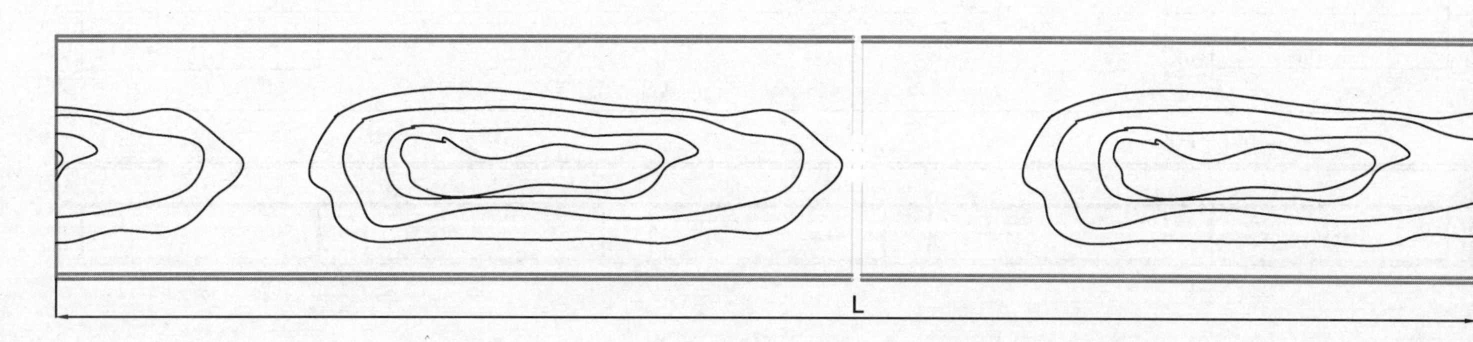

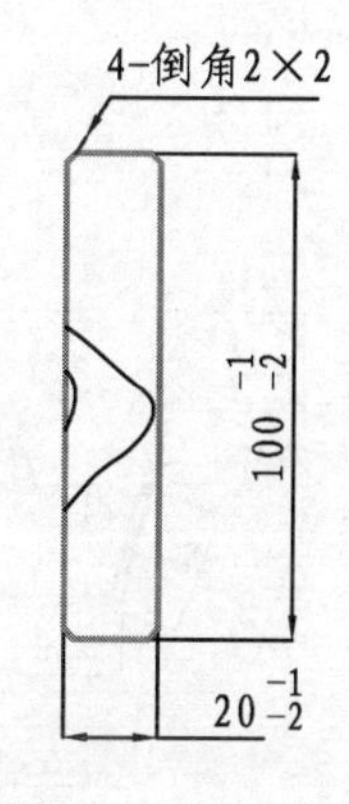

技术要求

1. 选用梧桐树板材或其它耐腐蚀,耐雨淋不易变形的材料。
2. 木板保持本色,表面涂清漆。
3. 至少三面刨光。

序号	图号	L	单台数量	使用场合
11				
10				
9	8ZD. XB. 090. 2600	2600	4	顶盖侧面，横
8				
7	8ZD. XB. 090. 0930	930	20	变压器室，竖
6				
5	8ZD. XB. 090. 1260	1260	12	变压器室侧面，横
4	8ZD. XB. 090. 0580	580	8	低压室侧面，横
3	8ZD. XB. 090. 0820	820	8	高压室侧面，横
2	8ZD. XB. 090. 1230	1230	58	高低压室正面,侧面，竖
1	8ZD. XB. 090. 0950	950	16	高低压室正面,横

	分区	更改文件号	签名	年、月、日	梧桐树板材			木板条
设计		标准化			阶段标记	质量	比例	
校对		审定			S A		1∶2	8ZD. XB. 090. 0580～
审核								8ZD. XB. 090. 2600
工艺		批准			共 张 第 张			

图 1-1-13 木板条

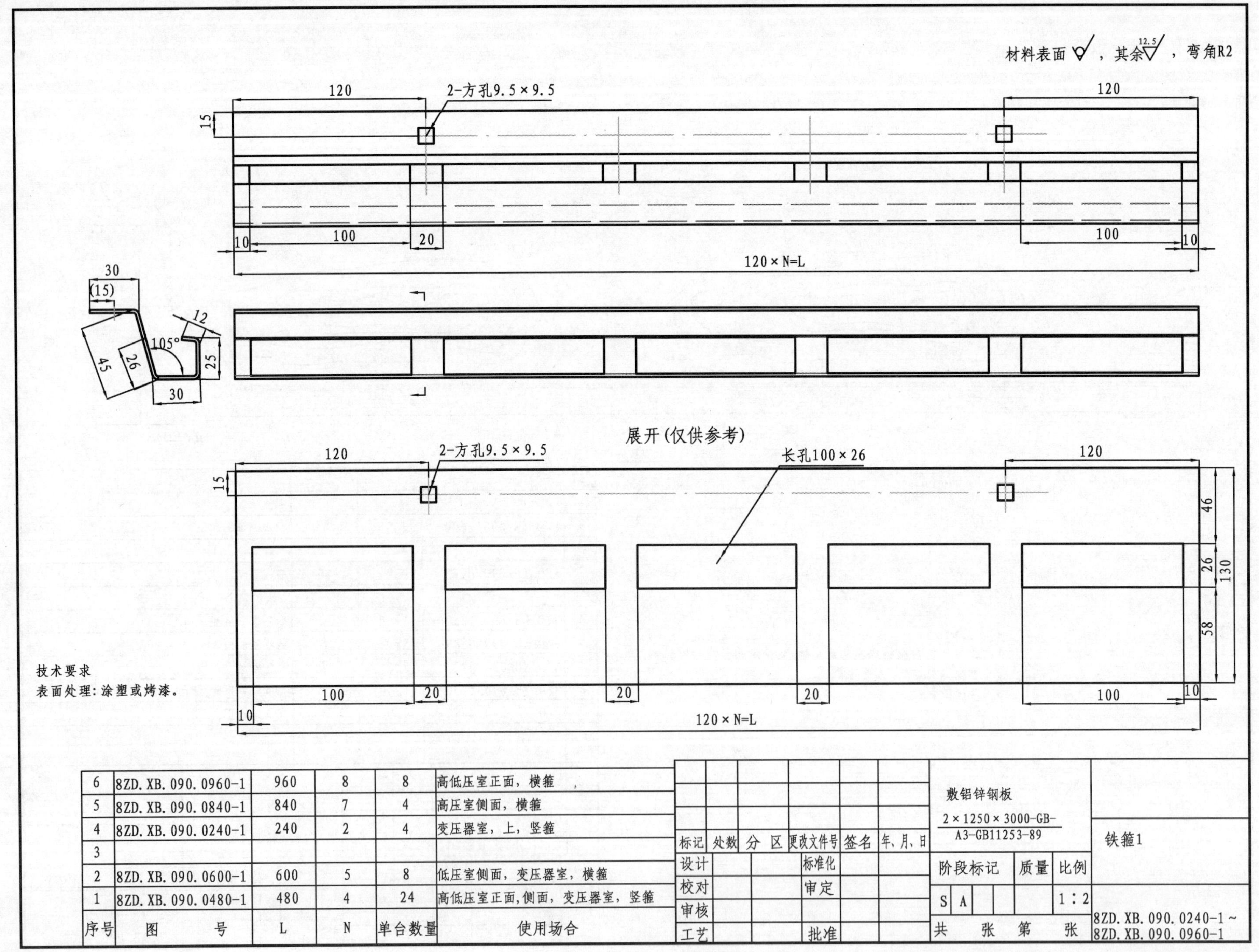

序号	图号	L	N	单台数量	使用场合
6	8ZD.XB.090.0960-1	960	8	8	高低压室正面，横箍
5	8ZD.XB.090.0840-1	840	7	4	高压室侧面，横箍
4	8ZD.XB.090.0240-1	240	2	4	变压器室，上，竖箍
3					
2	8ZD.XB.090.0600-1	600	5	8	低压室侧面，变压器室，横箍
1	8ZD.XB.090.0480-1	480	4	24	高低压室正面，侧面，变压器室，竖箍

图1-1-14 铁箍1

材料表面 ∨(○)，其余 12.5∨，弯角R2

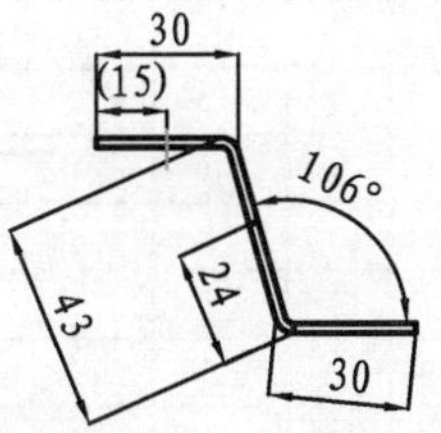

2-方孔9.5×9.5

120 　15 　10 　100 　20 　120×N=L

30 　(15) 　106° 　24 　43 　30

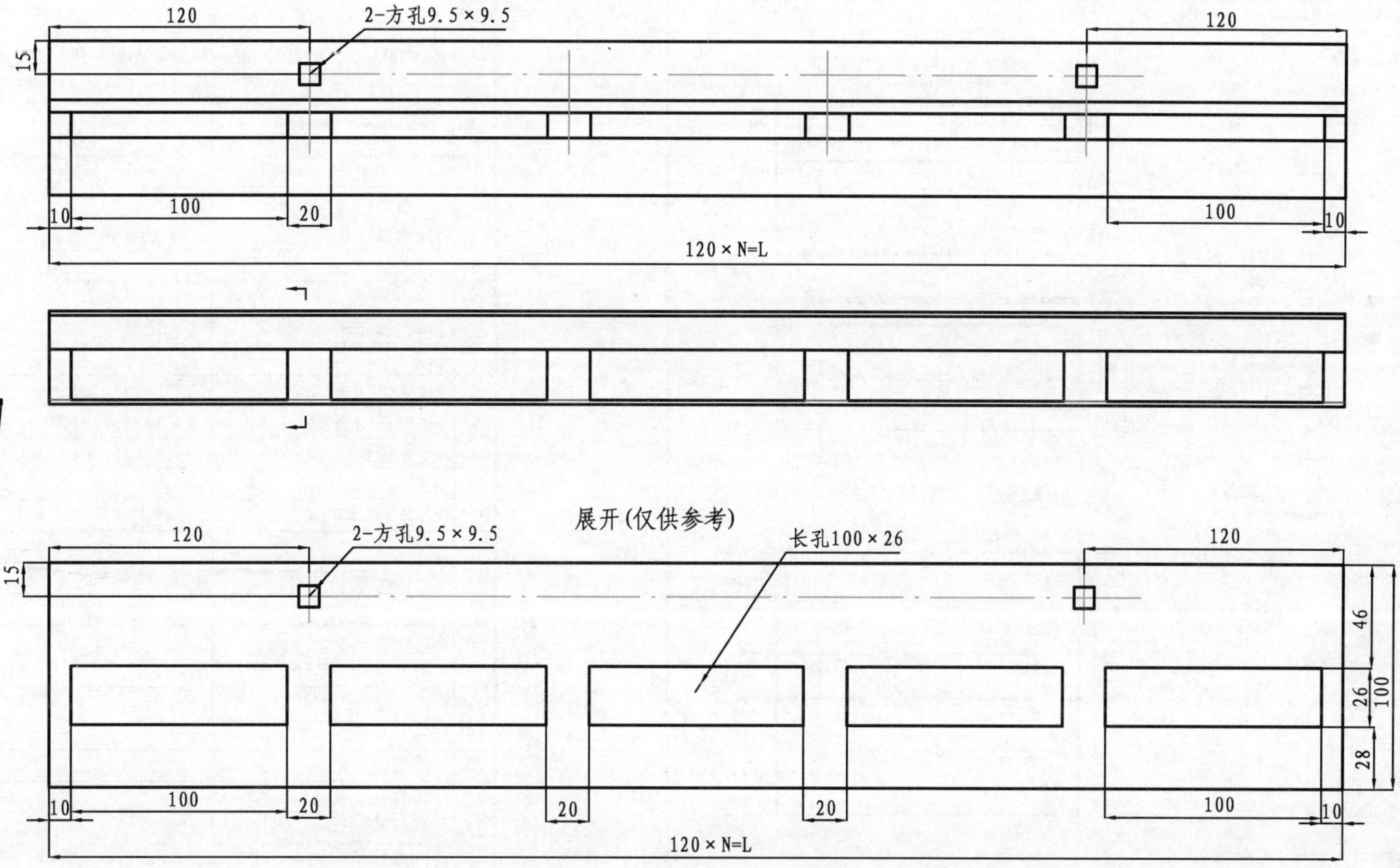

展开(仅供参考)

2-方孔9.5×9.5 　长孔100×26

46 　26 　100 　28

技术要求

表面处理：涂塑或烤漆。

序号	图号	L	N	单台数量	使用场合
6	8ZD.XB.090.0960-2	960	8	4	高低压室正面，横箍
5	8ZD.XB.090.0840-2	840	7	2	高压室侧面，横箍
4	8ZD.XB.090.0240-2	240	2	2	变压器室，上，竖箍
3					
2	8ZD.XB.090.0600-2	600	5	4	低压室侧面，变压器室，横箍
1	8ZD.XB.090.0480-2	480	4	12	高低压室正面，侧面，变压器室，竖箍

标记	处数	分区	更改文件号	签名	年、月、日
设计			标准化		
校对			审定		
审核					
工艺			批准		

敷铝锌钢板

2×1250×3000-GB-A3-GB11253-89

铁箍2

阶段标记			质量	比例
S	A			1:2

共 张 第 张

8ZD.XB.090.0240-2～8ZD.XB.090.0960-2

图1-1-15 铁箍2

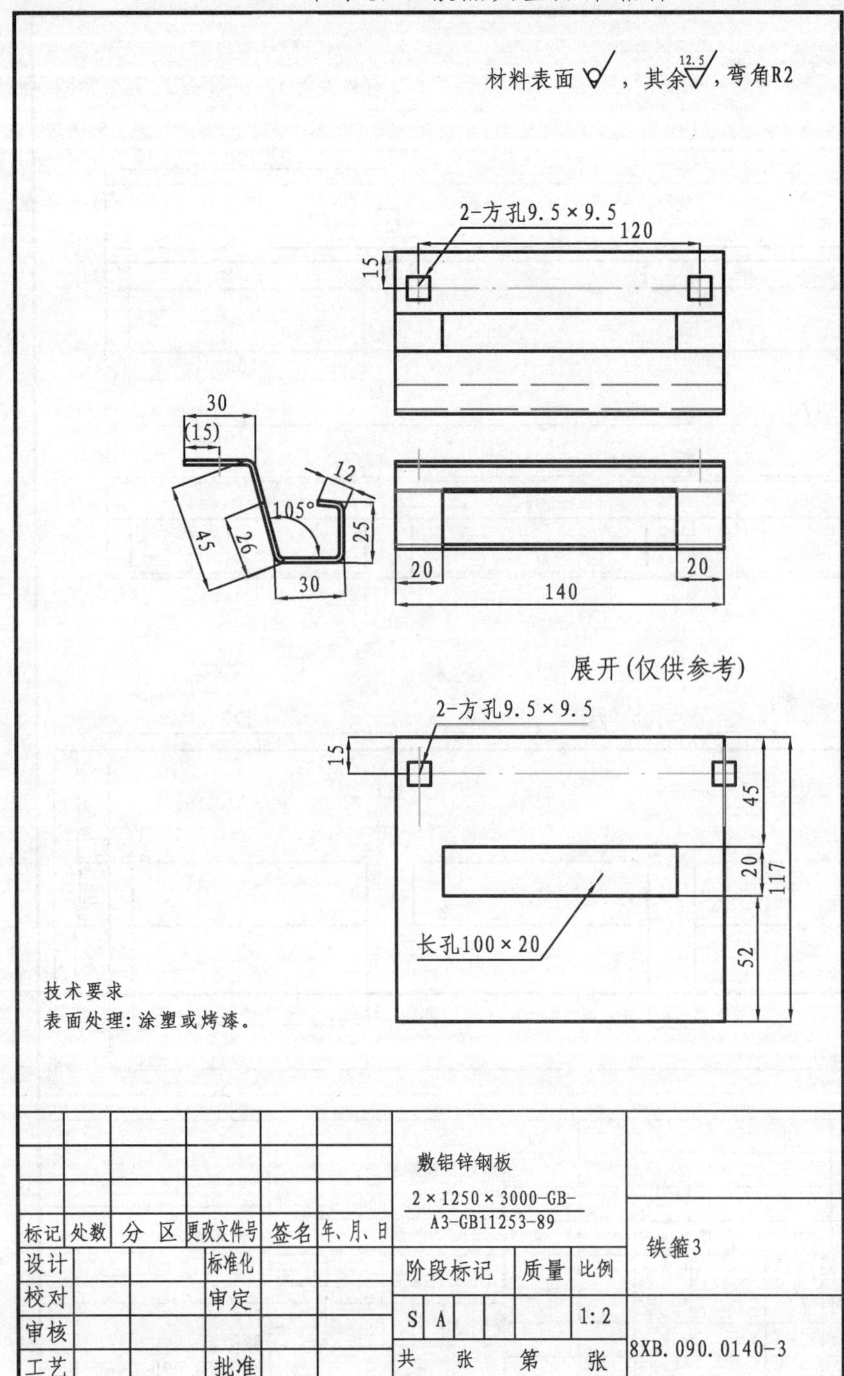

图1-1-16 铁箍3

1-1 木条防晒散热典型方案箱体

欧变箱体材料及附件明细表

共 1 页 第 1 页

合同号: 工程名称:

产品型号:YBM-10/0.4kV- kVA 箱体有效空间:2200宽×2100高×4400长数量: 台

序号	名称	规格	单位	单台数量	备注
1	14b#槽钢	L=6.5m	件	3	
2	5#角钢	50×50×5 L=6m	件	2	
3	4#角钢	40×40×4 L=6m	件	1	
4	3#角钢	30×30×3 L=6m	件	1	
5					
6	热镀锌钢板 δ=1	1×1250×2300	张	1	通风件
7					
8	热镀锌钢板 δ=1.5	1.5×1250×2300	张	16	
9	热镀锌钢板 δ=2	2×1250×2300	张	14	
10	热镀锌钢板 δ=2.5	2.5×1250×2300	张	4	
11					
12	铁丝网 网孔≤2.5		张	2	
13					
14	δ=10mm玻镁防火板	1220×1960×10	张	10	
15	25mm厚 彩钢复合板	1200mm宽25mm厚	m	9	
16 17	门边U型铝型材 (配25mm厚 彩钢复合板)		m	20	
18					
19					
20					
21	方颈螺栓 M10×15		套	40	镀锌
22	方颈螺栓 M8×15		套	20	镀锌
23	内六方螺栓 M10×20		套	40	镀锌
24	普通螺栓 M8×15		套	60	镀锌
25					
26 27	上海生九MS833锁,H(舌深28) 一把钥匙开一把锁,可配挂锁,三点式,带上下锁杆		套	2	
28					
29	门插销	体积尽量小,带弹簧复位	套	4	
30	单面不干胶条	20mm宽4mm厚	m	60	

设计: 校核: 审定:

图1-1-17 明细表

1-1 木条防晒散热典型方案箱体

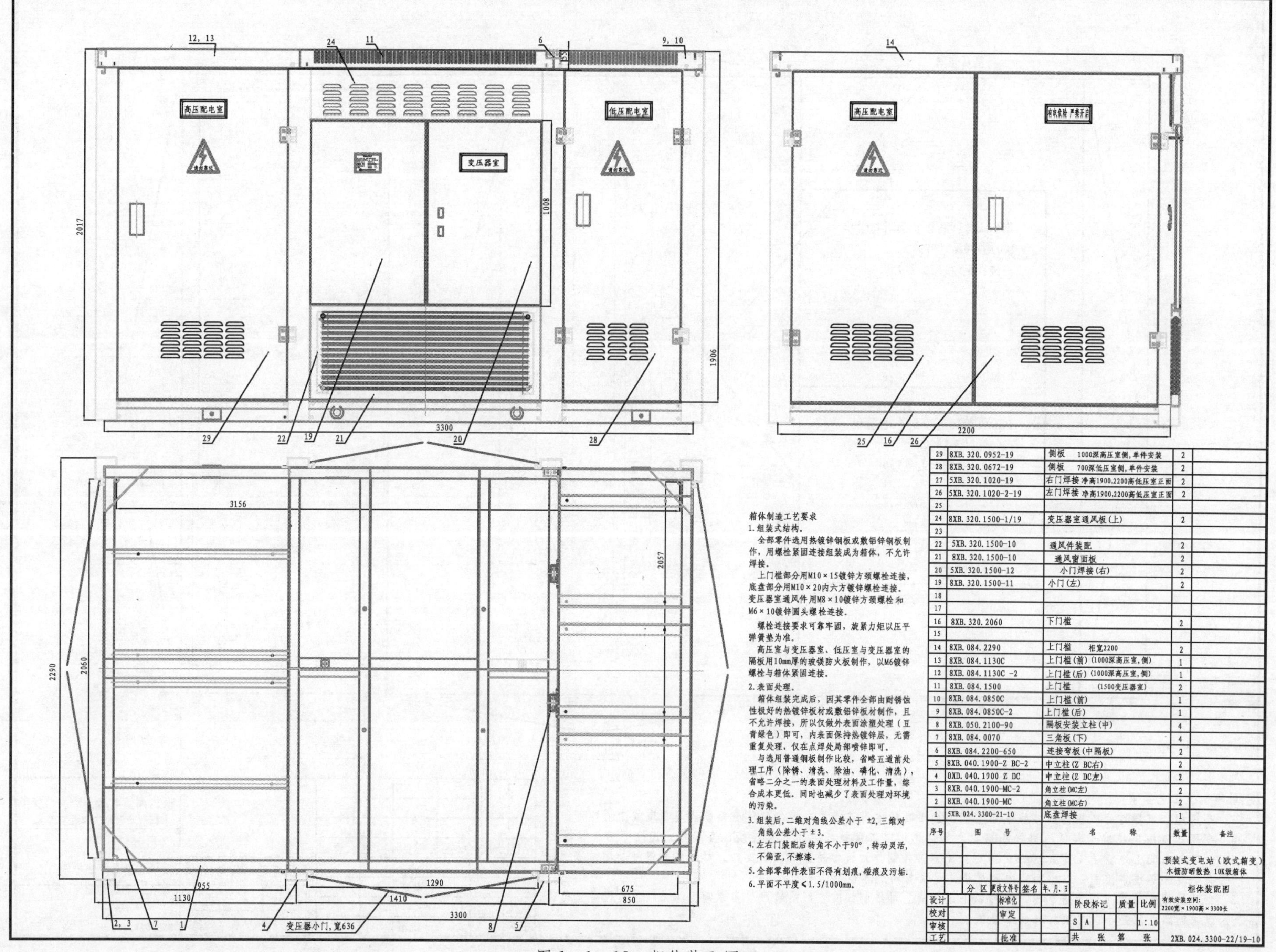

箱体制造工艺要求

1. 组装式结构。

全部零件选用热镀锌钢板或敷铝锌钢板制作，用螺栓紧固连接组装成为箱体，不允许焊接。

上门槛部分用M10×15镀锌方颈螺栓连接，底盘部分用M10×20内六方镀锌螺栓连接。变压器室通风件用M8×10镀锌方颈螺栓和M6×10镀锌圆头螺栓连接。

螺栓连接要求可靠牢固，旋紧力矩以压平弹簧垫为准。

高压室与变压器室、低压室与变压器室的隔板用10mm厚的玻镁防火板制作，以M6镀锌螺栓与箱体紧固连接。

2. 表面处理。

箱体组装完成后，因其零件全部由耐锈蚀性极好的热镀锌板材或敷铝锌板材制作，且不允许焊接，所以仅做外表面涂塑处理（豆青绿色）即可，内表面保持热镀锌层，无需重复处理，仅在点焊处局部喷锌即可。

与选用普通钢板制作比较，省略五道前处理工序（除锈、清洗、除油、磷化、清洗），省略二分之一的表面处理材料及工作量，综合成本更低。同时也减少了表面处理对环境的污染。

3. 组装后，二维对角线公差小于 ±2，三维对角线公差小于±3。
4. 左右门装配后转角不小于90°，转动灵活，不偏歪，不擦漆。
5. 全部零部件表面不得有划痕，碰痕及污垢。
6. 平面不平度≤1.5/1000mm。

序号	图号	名称	数量	备注
29	8XB.320.0952-19	侧板 1000深高压室侧，单件安装	2	
28	8XB.320.0672-19	侧板 700深低压室侧，单件安装	2	
27	5XB.320.1020-19	右门焊接 净高1900,2200高低压室正面	2	
26	5XB.320.1020-2-19	左门焊接 净高1900,2200高低压室正面	2	
25				
24	8XB.320.1500-1/19	变压器室通风板(上)	2	
23				
22	5XB.320.1500-10	通风件装配	2	
21	8XB.320.1500-10	通风窗面板	2	
20	5XB.320.1500-12	小门焊接(右)	2	
19	8XB.320.1500-11	小门(左)	2	
18				
17				
16	8XB.320.2060	下门槛	2	
15				
14	8XB.084.2290	上门槛 柜宽2200	2	
13	8XB.084.1130C	上门槛(前)(1000深高压室，侧)	1	
12	8XB.084.1130C -2	上门槛(后)(1000深高压室，侧)	1	
11	8XB.084.1500	上门槛 (1500变压器室)	2	
10	8XB.084.0850C	上门槛(前)	1	
9	8XB.084.0850C-2	上门槛(后)	1	
8	8XB.050.2100-90	隔板安装立柱(中)	4	
7	8XB.084.0070	三角板(下)	4	
6	8XB.084.2200-650	连接弯板(中隔板)	2	
5	8XB.040.1900-Z BC-2	中立柱(Z BC右)	2	
4	0XD.040.1900 Z DC	中立柱(Z DC左)	2	
3	8XB.040.1900-MC-2	角立柱(MC左)	2	
2	8XB.040.1900-MC	角立柱(MC右)	2	
1	5XB.024.3300-21-10	底盘焊接	1	

		分区	更改文件号	签名	年、月、日		预装式变电站（欧式箱变） 木栅防晒散热 10K级箱体
设计		标准化		阶段标记	质量	比例	柜体装配图 有效安装空间： 2200宽×1900高×3300长
校对		审定		S A		1∶10	
审核							
工艺		批准		共 张 第 张			2XB.024.3300-22/19-10

图1-1-18 柜体装配图

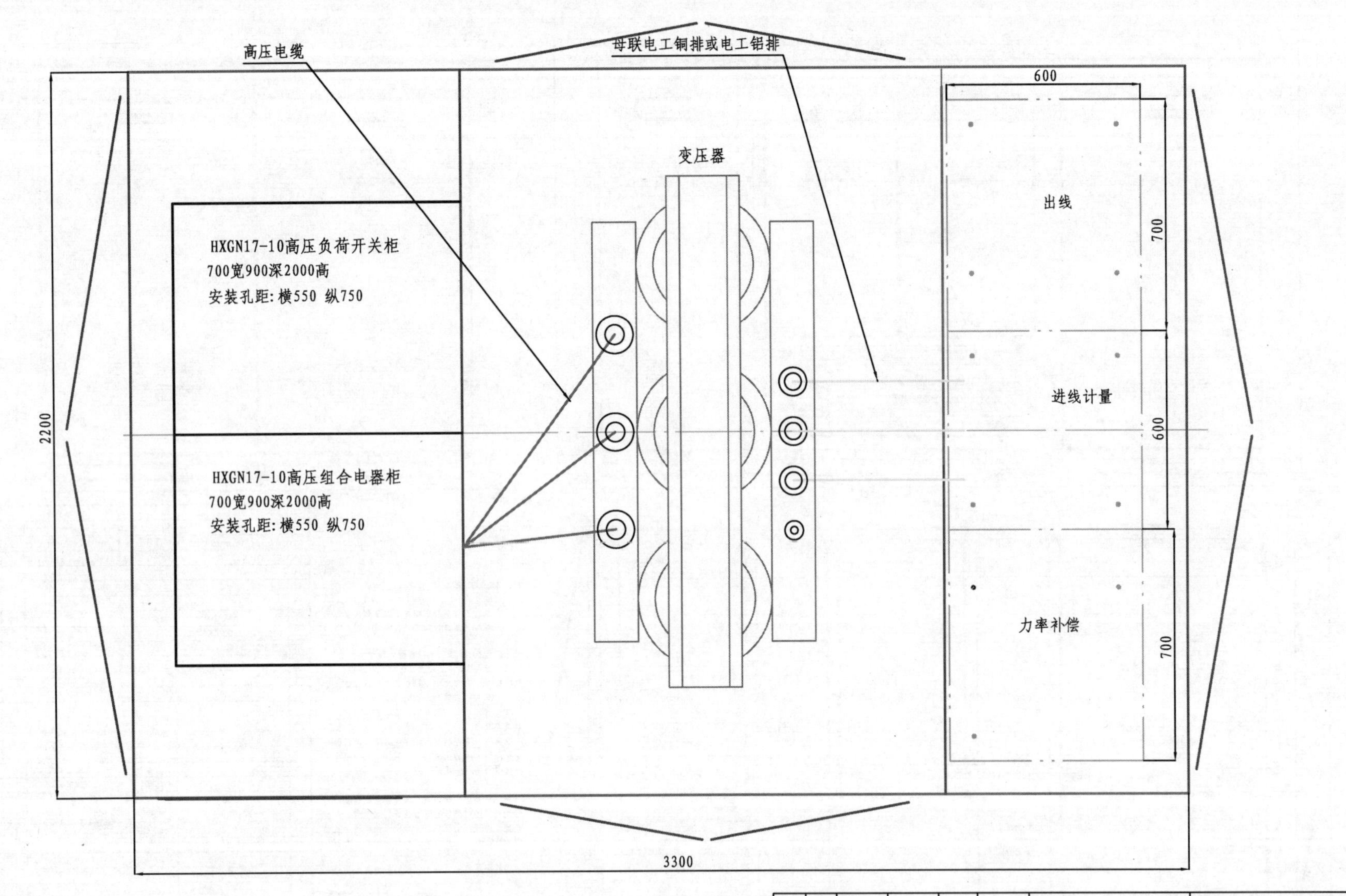

母线制造工艺要求

1. 高压组合电器与变压器高压接线端子之间，选用高压电缆连接，电缆的导体截面积满足额定载流量即可。
2. 变压器低压出线端子与低压进线断路器之间，选用电工铜排或电工铝排连接，直接弯曲连接即可；母排之间以加高低压绝缘子（高≥50mm）固定，无需另外制作过渡母排及其固定支架，尽量缩短母线长度，取消没有必要的母线搭接面，以求回路电阻最小、母线材料成本最低。
3. 低压进线断路器可以上进下返，亦可以下进上出。母线制作以“回路最短”为原则，尽量以斜边代替直角边，以求回路电阻最小、母线材料成本最低。

标记	处数	分 区	更改文件号	签名	年、月、日				预装式变电站（欧式箱变） 木栅防晒散热 10K级箱体
设计			标准化		阶段标记		质量	比例	设备平民布置图
校对			审定		S	A		1∶10	
审核									
工艺			批准		共　张	第　张			3XB.024.3300-22

图1-1-19　设备平民布置图

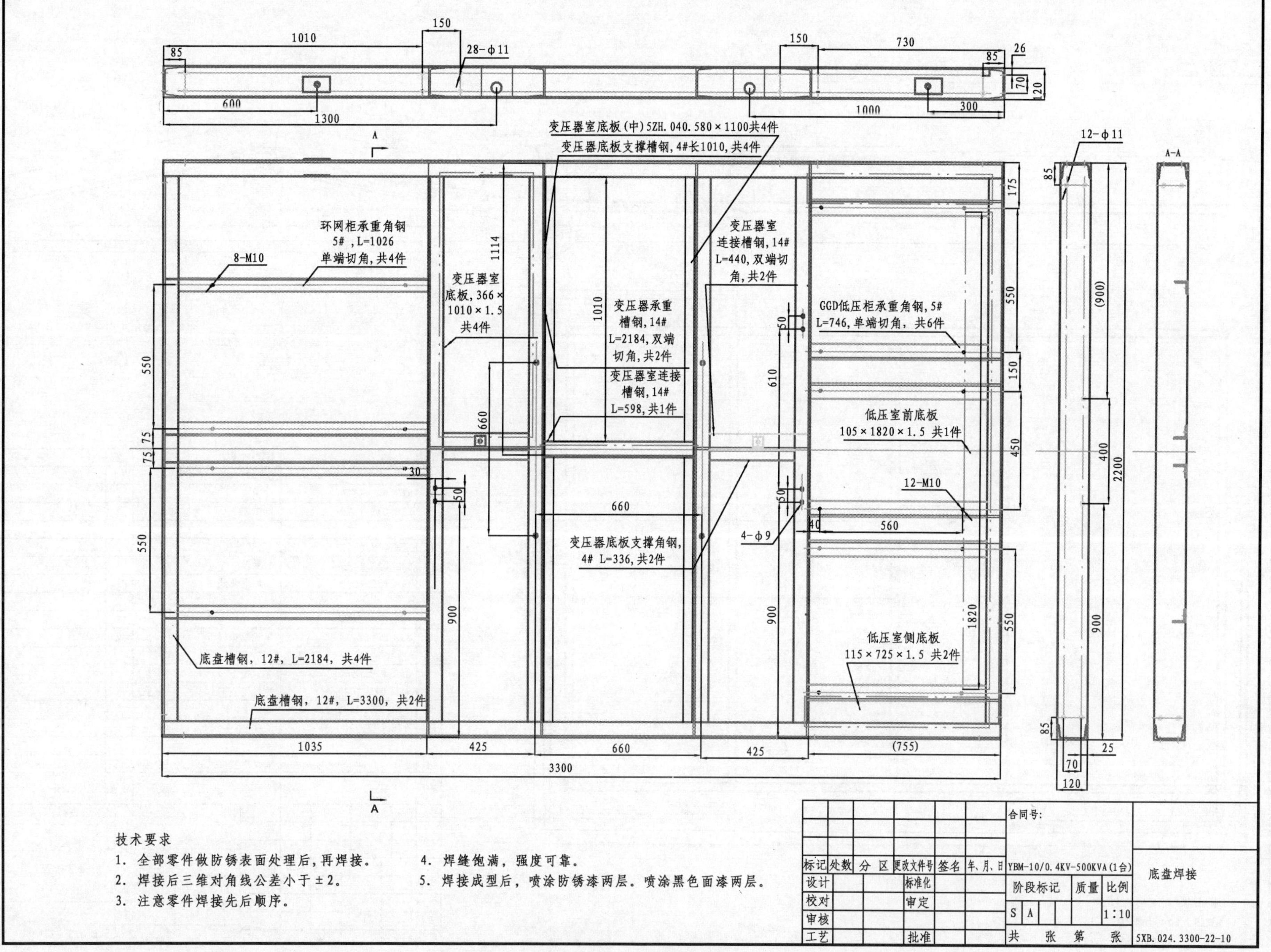
28-ϕ11
变压器室底板(中)5ZH.040.580×1100共4件
变压器底板支撑槽钢，4#长1010，共4件
12-ϕ11
A-A
环网柜承重角钢
5#，L=1026
单端切角，共4件
8-M10
变压器室
底板，366×
1010×1.5
共4件
变压器承重
槽钢，14#
L=2184，双端
切角，共2件
变压器室连接
槽钢，14#
L=598，共1件
变压器室
连接槽钢，14#
L=440，双端切
角，共2件
GGD低压柜承重角钢，5#
L=746，单端切角，共6件
低压室前底板
105×1820×1.5 共1件
12-M10
4-ϕ9
变压器底板支撑角钢，
4# L=336，共2件
低压室侧底板
115×725×1.5 共2件
底盘槽钢，12#，L=2184，共4件
底盘槽钢，12#，L=3300，共2件
1035
425
660
425
(755)
3300
技术要求
1. 全部零件做防锈表面处理后，再焊接。
2. 焊接后三维对角线公差小于±2。
3. 注意零件焊接先后顺序。
4. 焊缝饱满，强度可靠。
5. 焊接成型后，喷涂防锈漆两层。喷涂黑色面漆两层。
合同号：
标记 处数 分 区 更改文件号 签名 年、月、日
YBM-10/0.4KV-500KVA(1台)
底盘焊接
设计 标准化
校对 审定
审核
工艺 批准
阶段标记 质量 比例
S A 1:10
共 张 第 张
5XB.024.3300-22-10

图1-1-20 底盘焊接

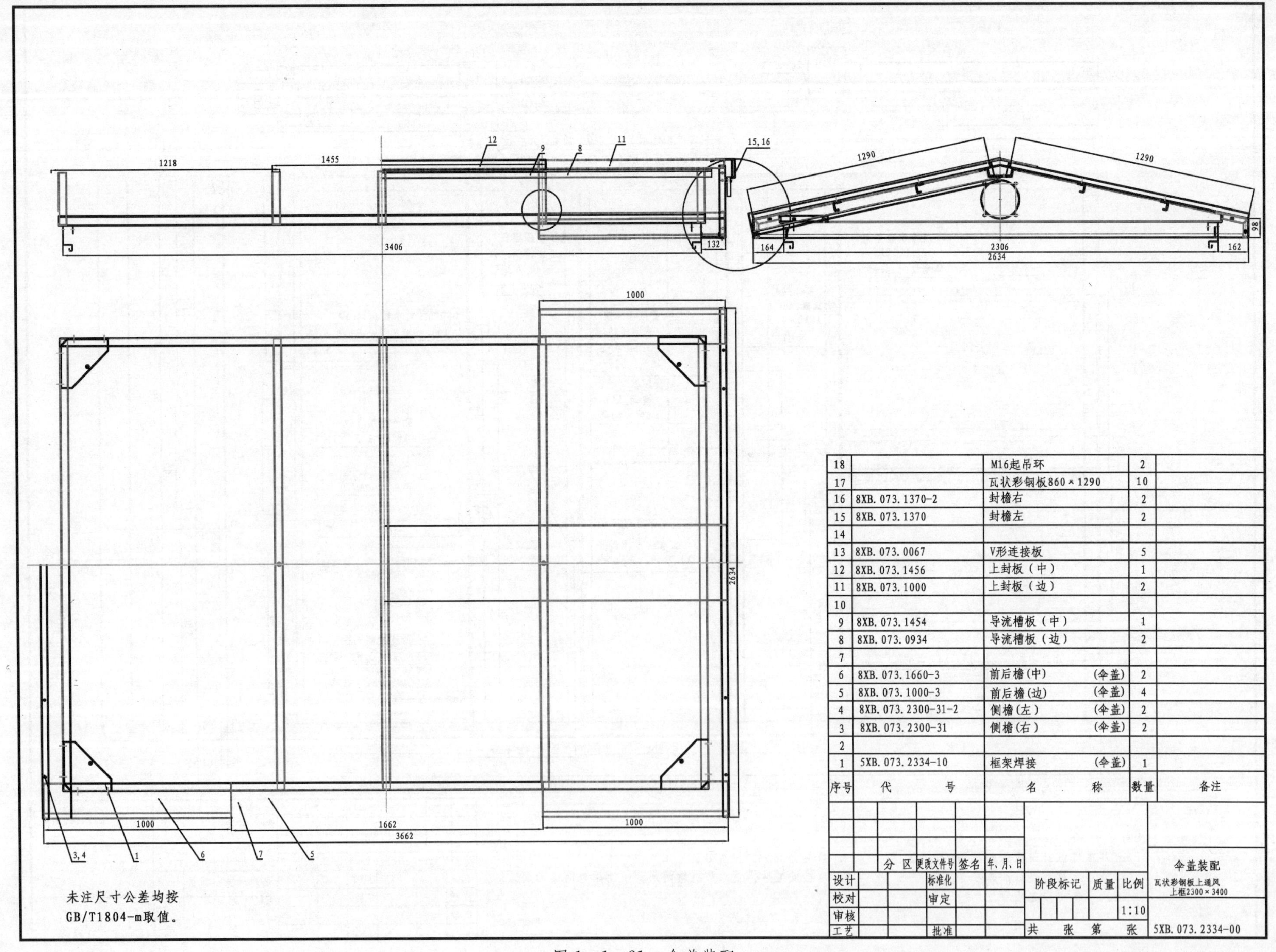

序号	代号	名称	数量	备注
18		M16起吊环	2	
17		瓦状彩钢板860×1290	10	
16	8XB.073.1370-2	封檐右	2	
15	8XB.073.1370	封檐左	2	
14				
13	8XB.073.0067	V形连接板	5	
12	8XB.073.1456	上封板（中）	1	
11	8XB.073.1000	上封板（边）	2	
10				
9	8XB.073.1454	导流槽板（中）	1	
8	8XB.073.0934	导流槽板（边）	2	
7				
6	8XB.073.1660-3	前后檐(中)　(伞盖)	2	
5	8XB.073.1000-3	前后檐(边)　(伞盖)	4	
4	8XB.073.2300-31-2	侧檐(左)　(伞盖)	2	
3	8XB.073.2300-31	侧檐(右)　(伞盖)	2	
2				
1	5XB.073.2334-10	框架焊接　(伞盖)	1	

分区	更改文件号	签名	年、月、日	阶段标记	质量	比例	伞盖装配 瓦状彩钢板上通风 上框2300×3400
设计		标准化				1:10	
校对		审定					
审核							
工艺		批准		共　张　第　张			5XB.073.2334-00

未注尺寸公差均按GB/T1804-m取值。

图1-1-21　伞盖装配

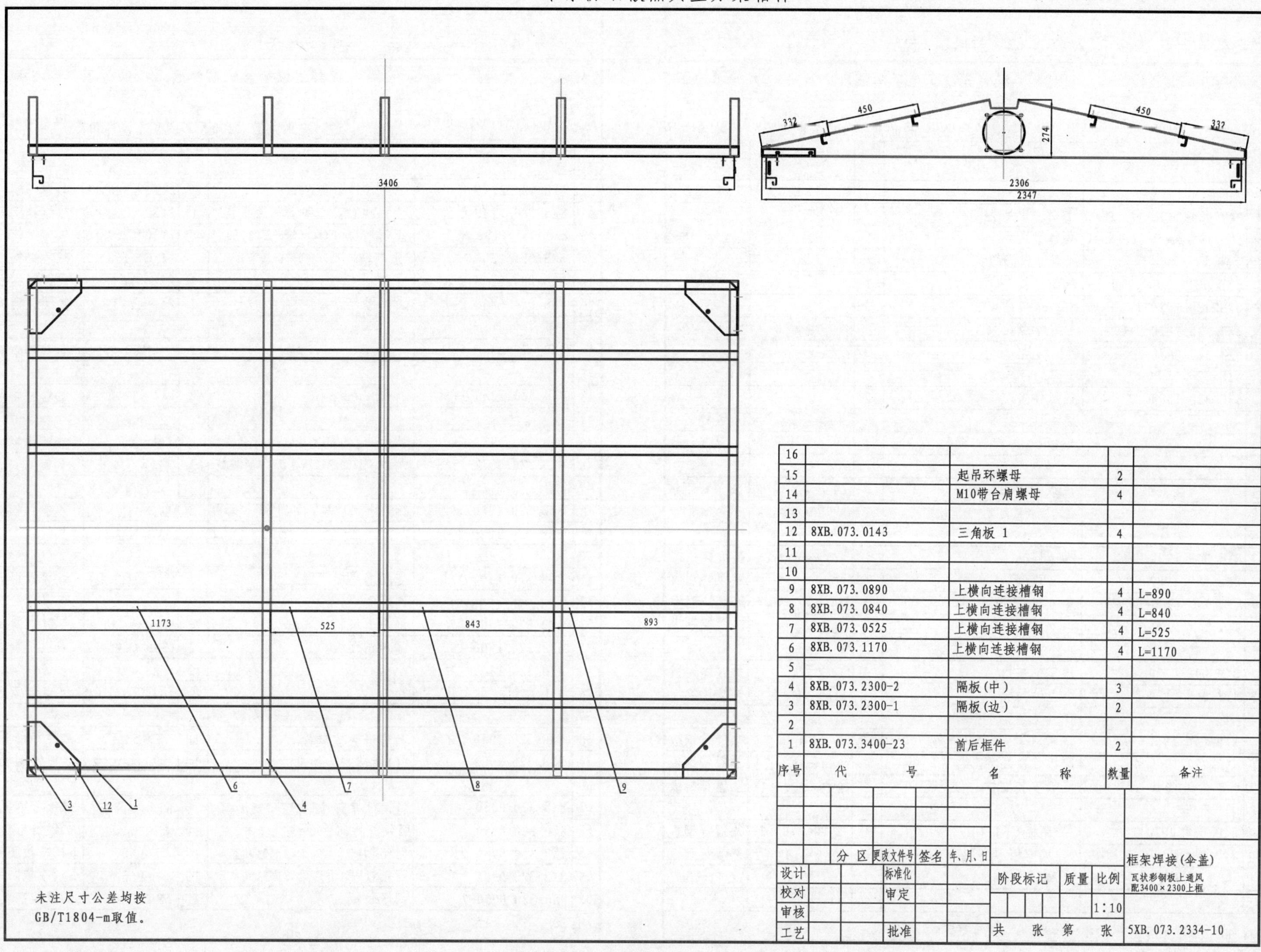

序号	代号	名称	数量	备注
16				
15		起吊环螺母	2	
14		M10带台肩螺母	4	
13				
12	8XB. 073. 0143	三角板 1	4	
11				
10				
9	8XB. 073. 0890	上横向连接槽钢	4	L=890
8	8XB. 073. 0840	上横向连接槽钢	4	L=840
7	8XB. 073. 0525	上横向连接槽钢	4	L=525
6	8XB. 073. 1170	上横向连接槽钢	4	L=1170
5				
4	8XB. 073. 2300-2	隔板(中)	3	
3	8XB. 073. 2300-1	隔板(边)	2	
2				
1	8XB. 073. 3400-23	前后框件	2	

图 1-1-22 框架焊接(伞盖)

发放部门:计划.金工.数控,技术部.质检各一份

箱体 组装式欧变生产明细表 共2页 第1页

合同号: 工程名称:

产品型号: 箱体有效空间:2200宽×1900高×3300长 数量:1台

序号	图号	名称	单台数量	下料尺寸	材料
1					
2	1XB.024.3300-22/19-00	箱体总装配图	1		
3	2XB.024.3300-22/19-10	柜体装配图	1		
4	3XB.024.3300-22	设备平民布置图	1		
5	5XB.024.3300-22-01	底盘焊接	1		
6	5XB.320.1020-19	右门焊接	2		
7	5XB.320.1020-2-19	左门焊接			
8	5XB.320.0670-19	单门焊接	2		
9	5XB.320.1500-12	小门(右)焊接	2		
10	5XB.320.1500-10	通风件装配	2		
11		底板(低压室侧)	2	115×725×1.5	热镀锌钢板
12		底板(低压室中)	1	105×1820×1.5	热镀锌钢板
13					
14		底板(变压器室侧)	4	1010×366×1.5	热镀锌钢板
15		底板(变压器室中)	2	1040×628×1.5	热镀锌钢板
16					
17	8XB.040.1900-MC-2	角立柱(MC左)	2	2015×412×2	热镀锌钢板
18	8XB.040.1900-MC	角立柱(MC右)	2	2015×412×2	热镀锌钢板
19	8XB.040.1900-Z BC-2	中立柱(Z BC右)	2	2015×295×2	热镀锌钢板
20	8XB.040.1900-Z BC	中立柱(Z BC左)	2	2015×295×2	热镀锌钢板
21					
22	8XB.040.0120	角立柱封板	4	114×114×1.5	热镀锌钢板
23	8XB.040.0120-12	中立柱封板	4	115×90×1.5	热镀锌钢板
24					
25	8XB.050.1900-30	隔板压紧条(竖)(净高1900)	12	1860×30×1.5	热镀锌钢板
26	8XB.050.1900-40	隔板连接角板(边,竖)	4	1860×75×1.5	热镀锌钢板
27	8XB.050.1900-90	隔板安装立柱(中)净高1900室	4	1892×222×2	热镀锌钢板
28					
29	8XB.084.0070	三角板(下)	4	278×278×2	热镀锌钢板
30	8XB.084.2200	连接弯板(中隔板)	2	2268×183×2	热镀锌钢板
31					
32					

设计: 校核: 审定: 日期:

图1-1-23 生产明细表

1-1 木条防晒散热典型方案箱体

发放部门:计划.金工.数控,技术部.质检各一份

箱体 组装式欧变生产明细表 共2页 第2页

合同号: 工程名称:

产品型号: 箱体有效空间:2200宽×1900高×3300长 数量:1台

序号	图号	名称	单台数量	下料尺寸	材料
34	8XB.084.2290	上门槛 柜宽2200,配门	2	2290×286×2	热镀锌钢板
35	8XB.084.1130 C	上门槛(前)(1000深高压室,侧)	1	1130×263×2	热镀锌钢板
36	8XB.084.1130 C-2	上门槛(后)(1000深高压室,侧)	1	1130×263×2	热镀锌钢板
37	8XB.084.1500	上门槛 (1500变压器室)	2	1410×263×2	热镀锌钢板
38	8XB.084.0850 C	上门槛(前) (755低压室)	1	850×263×2	热镀锌钢板
39	8XB.084.0850 C-2	上门槛(后) (755低压室)	1	850×263×2	热镀锌钢板
40					
41	8XB.320.2060	下门槛	2	93×2133×2.5	热镀锌钢板
42					
43	8XB.320.1020-11-19	加强筋(上,下)	8	122×1406×2	热镀锌钢板
44					
45	8XB.320.0953-19	侧板 1000深高压室侧,单件安装	2	1854×1006×1.5	热镀锌钢板
46	8XB.320.0672-19	侧板 700深低压室侧,单件安装	2	1854×722×1.5	热镀锌钢板
47					
48	8XB.320.1020-19	右门 净高1900 2200高低压室正面	2	1892×1112×1.5	热镀锌钢板
49	8XB.320.1020-19-2	左门 净高1900 2200高低压室正面	2	1900×1148×1.5	热镀锌钢板
50					
51	8XB.320.1500-1/19	变压器室通风板(上)	2	1342×551×1.5	热镀锌钢板
52	8XB.320.1500-51	通风件	20	136×113×1	热镀锌钢板
53	8XB.320.1500-12	通风安装件	4	440×116×1.5	热镀锌钢板
54	8XB.320.1500-10	通风窗面板	2	1340×606×2	热镀锌钢板
55	8XB.320.1500-12	小门(右)	2	1084×724×2	热镀锌钢板
56	8XB.320.1500-11	小门(左)	2	1092×761×2	热镀锌钢板
57					
58	8XB.320.1050	行程开关安装件	10	77×54×2.5	热镀锌钢板
59	8XB.320.2002	门插销安装件	10	196×40×2	热镀锌钢板
60					
61	8XB.320.0030	门锁杆导向件(上) 通用	10	61×36×2.5	热镀锌钢板
62	8XB.320.0050	门锁杆导向件(下) 通用	10	81×36×2.5	热镀锌钢板
63	8XB.320.0960-21	门锁锁杆 净高2100室	10	L=960	ϕ10冷拔圆钢
64	8XB.320.0966	门锁锁杆(下) 净高2100室	10	L=966	ϕ10冷拔圆钢
65	8XB.320.0050-2	门限位板	10	59×50×2.5	热镀锌钢板

设计: 校核: 审定: 日期

图1-1-24 生产明细表

发放部门:计划.金工.数控,技术部.质检各一份

主要材料明细表

共 1 页　第 1 页

合同号:　　　工程名称:

产品型号:　　　箱体有效空间:2200宽×1900高×3300长　数量:1台

序号	名　称	规　格	单位	单台数量	备注
1	12a#槽钢	L=6.5m	件	3	
2	5#角钢	50×50×5　L=6m	件	2	
3	4#角钢	40×40×4　L=6m	件	1	
4	3#角钢	30×30×3　L=6m	件	1	
5					
6	热镀锌钢板　δ=1	1×1250×2300	张	1	通风件
7					
8	热镀锌钢板　δ=1.5	1.5×1250×2300	张	26	
9					
10	热镀锌钢板　δ=2	2×1250×2300	张	14	
11					
12	热镀锌钢板　δ=2.5	2.5×1250×2300	张	4	
13					
14	铁丝网　网孔≤2.5		张	2	
15					
16	δ=10玻镁防火板	1220×1860×10	张	4	
17					
18	瓦状彩钢板828×1200		张	12	
19					
20	方颈螺栓　M10×15		套	40	镀锌
21	方颈螺栓　M8×15		套	20	镀锌
22					
23	内六方螺栓　M10×20		套	40	镀锌
24	普通螺栓　M8×15		套	60	镀锌
25					
26	上海生九MS833锁,H(舌深28)				
27	一把钥匙开一把锁,可配挂锁,三点式,带上下锁杆		套	2	
28					
29	门插销	体积尽量小,带弹簧复位	套	4	
30	单面不干胶条	20mm宽4mm厚	m	60	

设计:　　校核:　　审定:　　日期:

图1-1-25　生产明细表

1-1　木条防晒散热典型方案箱体

发放部门:计划.金工.技术部.质检各一份

涂塑零部件明细表

共 1 页　第 1 页

合同号:　　　工程名称:

产品型号:　　　数量:1台

序号	图　号	名　称	单台数量	下料尺寸	材料
1	8XB.040.1900-MC-2	角立柱(MC左)	2		热镀锌钢板
2	8XB.040.1900-MC	角立柱(MC右)	2		热镀锌钢板
3	8XB.040.1900-Z BC-2	中立柱(Z BC右)	2		热镀锌钢板
4	8XB.040.1900-Z BC	中立柱(Z BC左)	2		
5					热镀锌钢板
6					热镀锌钢板
7					热镀锌钢板
8					
9	8ZD.XB.084.1084-2	上门槛(前)	1		热镀锌钢板
10	8ZD.XB.084.1084	上门槛(后)	1		热镀锌钢板
11	8ZD.XB.084.1220-01	上门槛　(配侧板)	4		热镀锌钢板
12	(8ZD.XB.084.1500-2P)	上门槛(后)	1		热镀锌钢板
13	(8ZD.XB.084.1500P)	上门槛(前)(品字型,1500变压器室)	1		热镀锌钢板
14	8ZD.XB.084.2690-22	上门槛 柜宽2600,配侧板	1		热镀锌钢板
15	8ZD.XB.084.2690-860	上门槛柜宽2600,配860和560门框	1		热镀锌钢板
16	8ZD.XB.084.2600-52	连接弯板(中隔板) 2600柜宽			热镀锌钢板
17					
18	8ZD.XB.073.1540	侧檐	4		热镀锌钢板
19	8ZD.XB.073.2700-01	侧板	2		热镀锌钢板
20	8ZD.XB.073.2960-2	上封板	1		热镀锌钢板
21	8ZD.XB.073.2960	中盖板	2		热镀锌钢板
22	8ZD.XB.073.1194-3	边盖板(上)	2		热镀锌钢板
23	8ZD.XB.073.1194-2	边盖板(下右)	2		热镀锌钢板
24	8ZD.XB.073.1194-1	边盖板(下左)	2		热镀锌钢板
25	8ZD.XB.073.2700-13	隔板3　中间	2		热镀锌钢板
26	8ZD.XB.073.2700-12	隔板2　起吊螺栓处	2		热镀锌钢板
27	8ZD.XB.073.2700-11	隔板1　俩边	2		热镀锌钢板
28	8ZD.XB.073.5000-11	前后框件	2		热镀锌钢板
29	8ZD.XB.084.0070	三角板(下)	4		热镀锌钢板
30	8ZD.XB.320.1030-31	下门槛　配低压室1030走廊门	1		热镀锌钢板
31					
32					

设计:　　校核:　　审定:　　日期:

图1-1-26　生产明细表

发放部门：计划．金工．数控，技术部．质检各一份

网门配1500变压器室 组装式欧变生产明细表 共1页 第1页

合同号： 工程名称：

产品型号：YBM-10/0.4kV-500kVA 数量：1台

序号	图号	名称	单台数量	下料尺寸	材料
1					
2					
3					
4		丝网580×860	4		
5	16-M6×30爆炸焊螺钉		16		
6		门轴（同变压器室门）	8		
7					
8	8XB.040.0060	挂锁片	4	66×56×1.5	热镀锌板
9	8XB.040.0504	压紧框（横）（网门）	8	504×69×1.5	热镀锌板
10	8XB.040.0848	压紧框（竖）（网门）	8	848×69×1.5	热镀锌板
11	8XB.040.0592-2	右门（网门）	2	923×639×1.5	热镀锌板
12	8XB.040.0592	左门（网门）	2	923×639×1.5	热镀锌板
13	8XB.040.1500	上下门槛（网门）	4	1249×110×1.5	热镀锌板
14	8XB.040.1000-2	竖门槛（右）（网门）	2	1000×144×1.5	热镀锌板
15	8XB.040.1000	竖门槛（左）	2	1000×144×1.5	热镀锌板
16					
17					
18					
19					
20					
21					
22					
23					
24					
25					
26					
27					
28					
29					
30					
31					
32					

设计： 校核： 审定： 日期：2009 02 20

图1-1-27 生产明细表

1-1 木条防晒散热典型方案箱体

发放部门：计划．金工．数控，技术部．质检各一份

瓦片状伞盖 组装式欧变生产明细表 共1页 第1页

合同号： 工程名称：

产品型号： 箱体有效空间：2200宽×1900高×3300长 数量：1台

序号	图号	名称	单台数量	下料尺寸	材料
1	5XB.073.2334-00	伞盖装配	1		
2	5XB.073.2334-10	伞盖框架焊接	1		
3	8XB.073.0254	三角板	4	282×282×2.5	热镀锌钢板
4					
5	8XB.073.0890	上横向连接槽钢	4	L=890	热镀锌钢板
6	8XB.073.0840	上横向连接槽钢	4	L=840	热镀锌钢板
7	8XB.073.0525	上横向连接槽钢	4	L=525	热镀锌钢板
8	8XB.073.1170	上横向连接槽钢	4	L=1170	热镀锌钢板
9					
10	8XB.073.3400-21	前后框件	2	120×3446×2.5	热镀锌钢板
11					
12	8XB.073.2300-1	隔板（边）	2	361×2337×2.5	热镀锌钢板
13	8XB.073.2300-2	隔板（中）	3	361×2337×2.5	热镀锌钢板
14		瓦状彩钢板860×1290	10张		
15	8XB.073.2300-31	侧檐（左）	2	1371×456×1.5	热镀锌钢板
16	8XB.073.2300-31-2	侧檐（左）	2	1371×456×1.5	热镀锌钢板
17	8XB.073.1740	上封板（中）	1	1456×400×1.5	热镀锌钢板
18	8XB.073.1178	上封板（边，高压室）	1	1178×400×1.5	热镀锌钢板
19	8XB.073.1000	上封板（边，低压室）	1	1000×400×1.5	热镀锌钢板
20	8XB.073.1660-3	前后檐（中）	2	1708×314×1.5	热镀锌钢板
21	8XB.073.1000-3	前后檐（边）	4	1048×314×1.5	热镀锌钢板
22	8XB.073.1454	导流槽板（中）	1	1454×272×2.5	热镀锌钢板
23	8XB.073.0934	导流槽板（边，低压室）	1	934×275×2.5	热镀锌钢板
24	8XB.073.1220	导流槽板（边，高压室）	1	1220×275×2.5	热镀锌钢板
25	8XB.073.1370-2	封檐右	2	1370×247×1.5	热镀锌钢板
26	8XB.073.1370	封檐左	2	1370×247×1.5	热镀锌钢板
27	8XB.073.0082	堵头板（左）	2	108×99×1.5	热镀锌钢板
28	8XB.073.0082-2	堵头板（右）	2	108×99×1.5	热镀锌钢板
29					
30	8ZD.XB.073.0067	V型连接板	5	40×283×2.5	热镀锌钢板
31					

设计： 校核： 审定： 日期：

图1-1-28 生产明细表

发放部门：计划.金工.数控，技术部.质检各一份

木栅木板条、铁箍 组装式欧变生产明细表 共2页 第1页

合同号：
工程名称：
产品型号：
箱体有效空间：2200宽×1900高×3300长 数量：1台

序号	图号	名称	单位	单台数量	总计数量
1	0XB.024.3300	木条防晒散热示意图		1	
2	0XB.024.3300-22/19-00	木栅总装配		1	
3	1XB.024.3300-22/19-00	总装配图 有效安装空间：2200宽×1900高×3300长		1	
4	5XB.090.1270-2	木栅装配 1500变压器通风面板(上)		2	
5	5XB.090.1240-3	木栅装配 2200宽高低压室正面，竖		4	
6	5XB.090.1240-2	木栅装配 700低压室侧，竖		2	
7	5XB.090.0940-1	木栅装配 1500变压器通风面板(竖)		4	
8	5XB.090.1240-1	木栅装配 1000高压室侧 (竖)		2	
9	5ZXB.090.0960-1	木栅装配 2200宽高低压室正面，下		4	
10	5XB.090.0590-5	木栅装配 700低压室侧，下		2	
11	5XB.090.1270-1	木栅装配 1500变压器通风面板(下)		2	
12	5XB.090.0830-1	木栅装配 1000高压室侧 (下)			
13					
14					
15					
16					
17					
18					
19					
20					
21					
22					
23					
24					
25					
26					
27					
28					
29					
30					
31					

设计： 校核： 审定： 日期：

发放部门：计划.金工.数控，技术部.质检各一份

木栅木板条、铁箍 组装式欧变生产明细表 共2页 第2页

合同号：
工程名称：
产品型号：
箱体有效空间：2200宽×1900高×3300长 数量：1台

序号	图号	名称	安装位置	单台数量	下料长度L	材料
33						
34						
35	8ZD.XB.090.0930	木板条	变压器室，竖	20	930	木板
36						
37	8ZD.XB.090.1260	木板条	变压器室侧面，横	12	1260	木板
38	8ZD.XB.090.0580	木板条	低压室侧面，横	8	580	木板
39	8ZD.XB.090.0820	木板条	高压室侧面，横	8	820	木板
40	8ZD.XB.090.1230	木板条	高低压室正面，侧面，竖	58	1230	木板
41	8ZD.XB.090.0950	木板条	高低压室正面，横	16	950	木板
42	8ZD.XB.090.2600	木板条	顶盖侧面，横	4	2600	木板
43						
44	8ZD.XB.090.0960	铁箍1	高低压室正面，横箍	8	960	热镀锌钢板
45	8ZD.XB.090.0840	铁箍1	高压室侧面，横箍	4	840	热镀锌钢板
46	8ZD.XB.090.0240	铁箍1	变压器室，上，竖箍	4	240	热镀锌钢板
47						
48 49	8ZD.XB.090.0600	铁箍1	低压室侧面，变压器室，横箍	8	600	热镀锌钢板
50 51	8ZD.XB.090.0480	铁箍1	高低压室正面，侧面，变压器室，竖箍	24	480	热镀锌钢板
52						
53	8ZD.XB.090.0960-2	铁箍2	高低压室正面，横箍	4	960	热镀锌钢板
54	8ZD.XB.090.0840-2	铁箍2	高压室侧面，横箍	2	840	热镀锌钢板
55	8ZD.XB.090.0240-2	铁箍2	变压器室，上，竖箍	2	240	热镀锌钢板
56						
57	8ZD.XB.090.0600-2	铁箍2	低压室侧面，变压器室，横箍	4	600	热镀锌钢板
58 59	8ZD.XB.090.0480-2	铁箍2	高低压室正面，侧面，变压器室，竖箍	12	480	热镀锌钢板
60						
61	8ZD.XB.090.0140	铁箍3	门锁处	8		热镀锌钢板
62						
63						

设计： 校核： 审定： 日期：

图1－1－29 生产明细表

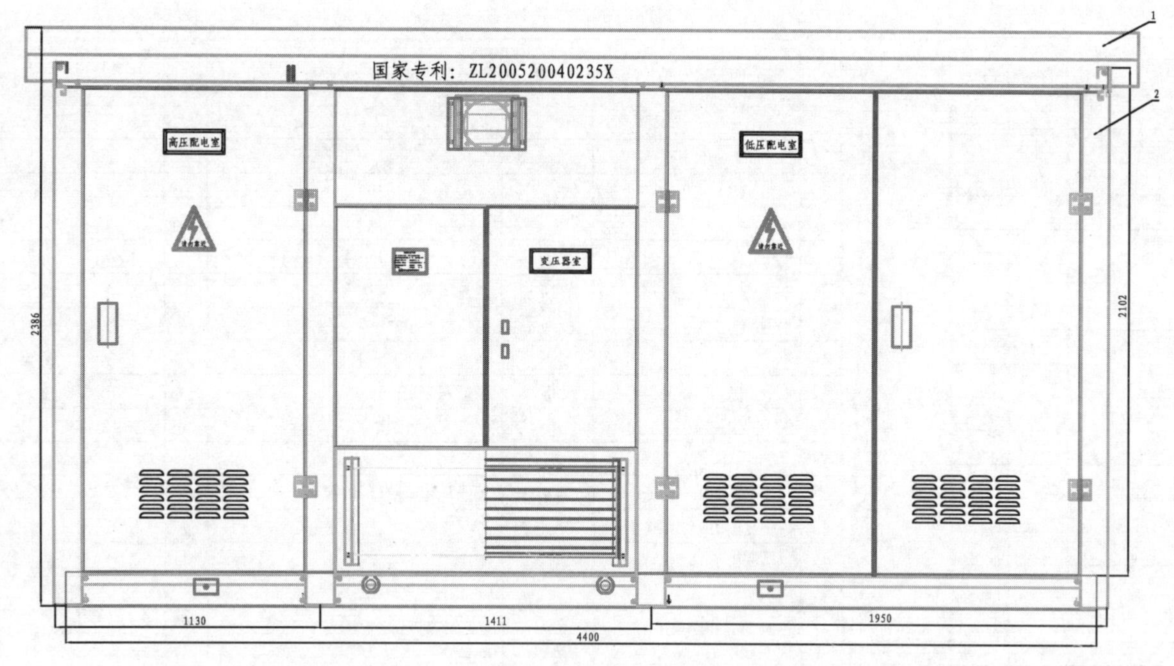

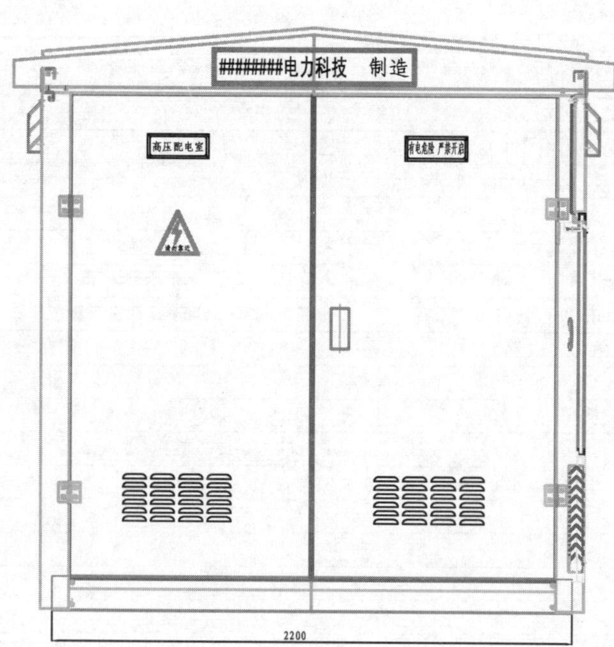

序号	图号	名称	数量	备注
2	2XB.073.23/45-10	伞盖装配图	1	
1	2XB.024.4400-22/21-10	柜体装配图	1	

技术要求

组装式结构。

柜体与伞盖之间用M10×15镀锌螺栓连接，螺栓连接要求可靠牢固，旋紧力矩以压平弹簧垫为准。

在检修或更换变压器高低压开关柜等内部设备时，拧开螺栓，吊下伞盖，吊出设备即可。

标记	处数	分区	更改文件号	签名	年、月、日		
设计			标准化		阶段标记	质量	比例
校对			审定		S A		1:10
审核					共 张 第 张		
工艺			批准				

预装式变电站（欧式箱变）

箱体装配图

目字型布置，10K级箱体

1XB.024.4400-22/21-00

图1-2-1 箱体装配图

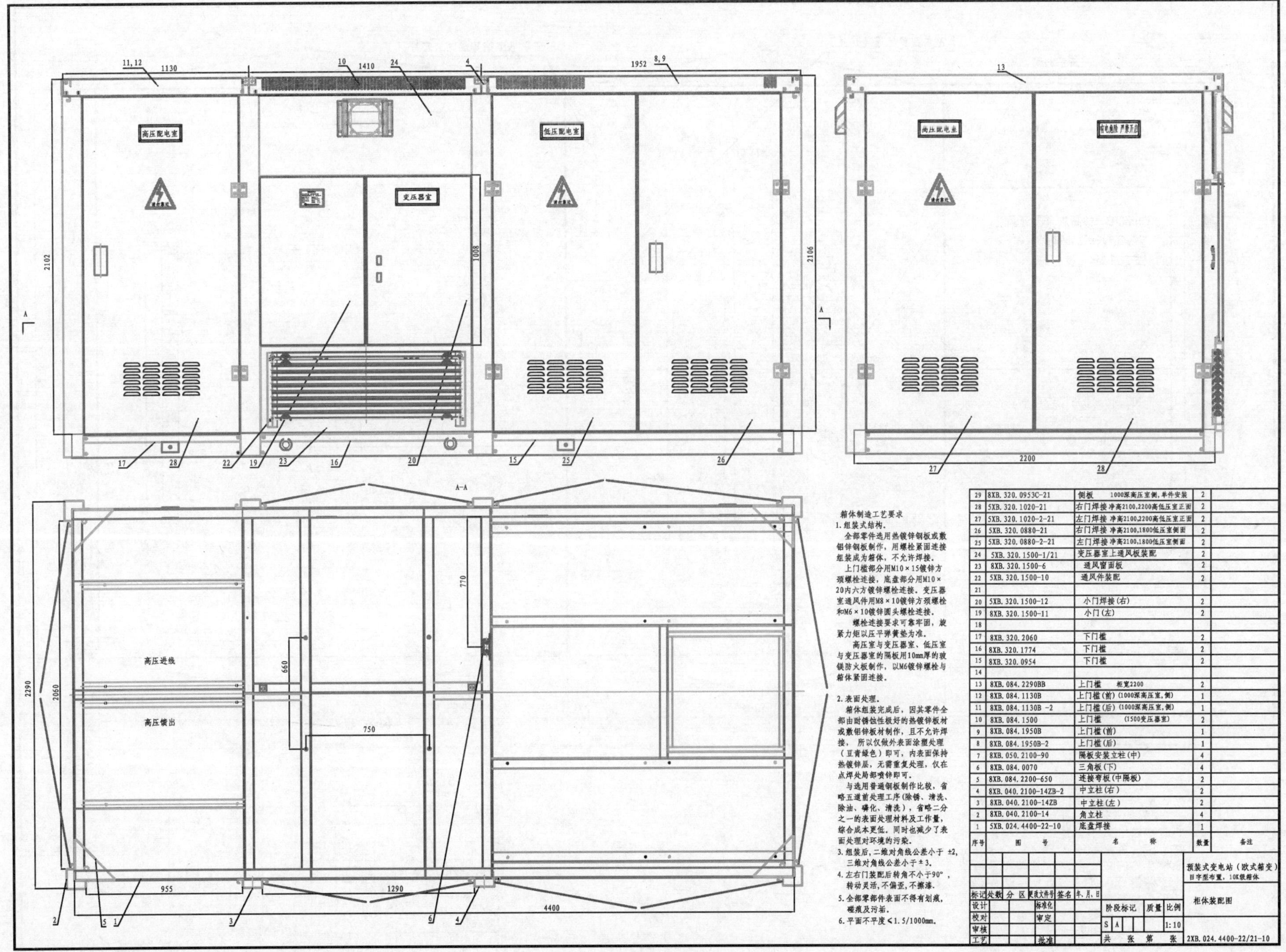

箱体制造工艺要求

1. 组装式结构。

全部零件选用热镀锌钢板或敷铝锌钢板制作，用螺栓紧固连接组装成为箱体，不允许焊接。

上门槛部分用M10×15镀锌方颈螺栓连接，底盘部分用M10×20内六方镀锌螺栓连接。变压器室通风件用M8×10镀锌方颈螺栓和M6×10镀锌圆头螺栓连接。

螺栓连接要求可靠牢固，旋紧力矩以压平弹簧垫为准。

高压室与变压器室、低压室与变压器室的隔板用10mm厚的玻镁防火板制作，以M6镀锌螺栓与箱体紧固连接。

2. 表面处理。

箱体组装完成后，因其零件全部由耐锈蚀性极好的热镀锌板材或敷铝锌板材制作，且不允许焊接， 所以仅做外表面涂塑处理（豆青绿色）即可，内表面保持热镀锌层，无需重复处理，仅在点焊处局部喷锌即可。

与选用普通钢板制作比较，省略五道前处理工序(除锈、清洗、除油、磷化、清洗），省略二分之一的表面处理材料及工作量，综合成本更低。同时也减少了表面处理对环境的污染。

3. 组装后，二维对角线公差小于 ±2，三维对角线公差小于±3。
4. 左右门装配后转角不小于90°，转动灵活，不偏歪，不擦漆。
5. 全部零部件表面不得有划痕，碰痕及污垢。
6. 平面不平度<1.5/1000mm。

序号	图号	名称	数量	备注
29	8XB.320.0953C-21	侧板 1000深高压室侧，单件安装	2	
28	5XB.320.1020-21	右门焊接 净高2100,2200高低压室正面	2	
27	5XB.320.1020-2-21	左门焊接 净高2100,2200高低压室正面	2	
26	5XB.320.0880-21	右门焊接 净高2100,1800低压室侧面	2	
25	5XB.320.0880-2-21	左门焊接 净高2100,1800低压室侧面	2	
24	5XB.320.1500-1/21	变压器室上通风板装配	2	
23	8XB.320.1500-6	通风窗面板	2	
22	5XB.320.1500-10	通风件装配	2	
21				
20	5XB.320.1500-12	小门焊接(右)	2	
19	8XB.320.1500-11	小门(左)	2	
18				
17	8XB.320.2060	下门槛	2	
16	8XB.320.1774	下门槛	2	
15	8XB.320.0954	下门槛	2	
14				
13	8XB.084.2290BB	上门槛 柜宽2200	2	
12	8XB.084.1130B	上门槛(前) (1000深高压室，侧)	1	
11	8XB.084.1130B -2	上门槛(后) (1000深高压室，侧)	1	
10	8XB.084.1500	上门槛 (1500变压器室)	2	
9	8XB.084.1950B	上门槛(前)	1	
8	8XB.084.1950B-2	上门槛(后)	1	
7	8XB.050.2100-90	隔板安装立柱(中)	4	
6	8XB.084.0070	三角板(下)	4	
5	8XB.084.2200-650	连接弯板(中隔板)	2	
4	8XB.040.2100-14ZB-2	中立柱(右)	2	
3	8XB.040.2100-14ZB	中立柱(左)	2	
2	8XB.040.2100-14	角立柱	4	
1	5XB.024.4400-22-10	底盘焊接	1	

图1-2-2 柜体装配图

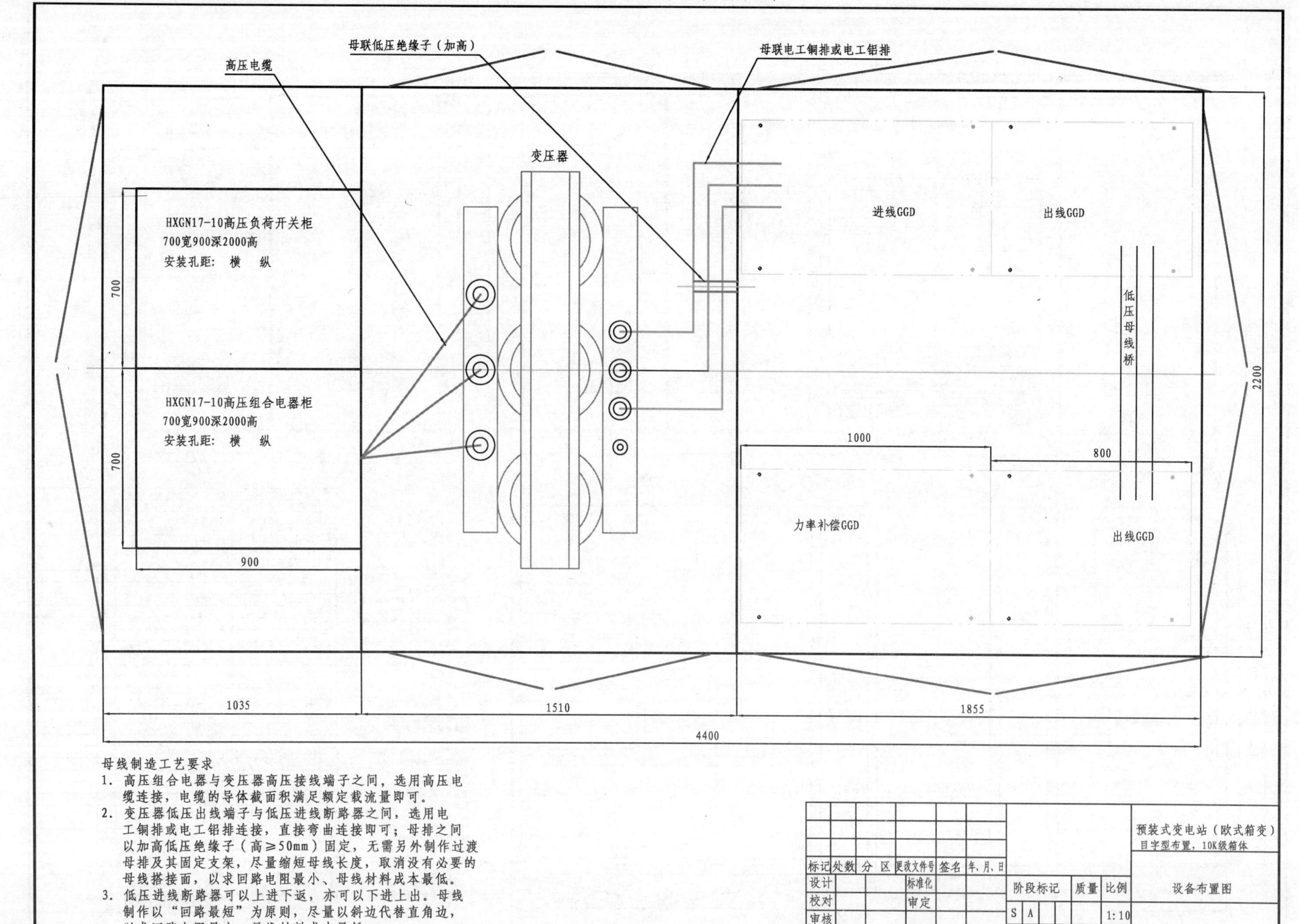

母线制造工艺要求

1. 高压组合电器与变压器高压接线端子之间，选用高压电缆连接，电缆的导体截面积满足额定载流量即可。
2. 变压器低压出线端子与低压进线断路器之间，选用电工铜排或电工铝排连接，直接弯曲连接即可；母排之间以加高低压绝缘子（高≥50mm）固定，无需另外制作过渡母排及其固定支架，尽量缩短母线长度，取消没有必要的母线搭接面，以求回路电阻最小、母线材料成本最低。
3. 低压进线断路器可以上进下返，亦可以下进上出。母线制作以“回路最短”为原则，尽量以斜边代替直角边，以求回路电阻最小、母线材料成本最低。

标记	处数	分 区	更改文件号	签名	年、月、日	阶段标记	质量	比例	预装式变电站（欧式箱变） 目字型布置，10K级箱体
设计			标准化			S A		1:10	设备布置图
校对			审定						
审核									
工艺			批准			共 张 第 张			3XB.024.4400-22-01

图1-2-3 设备布置图

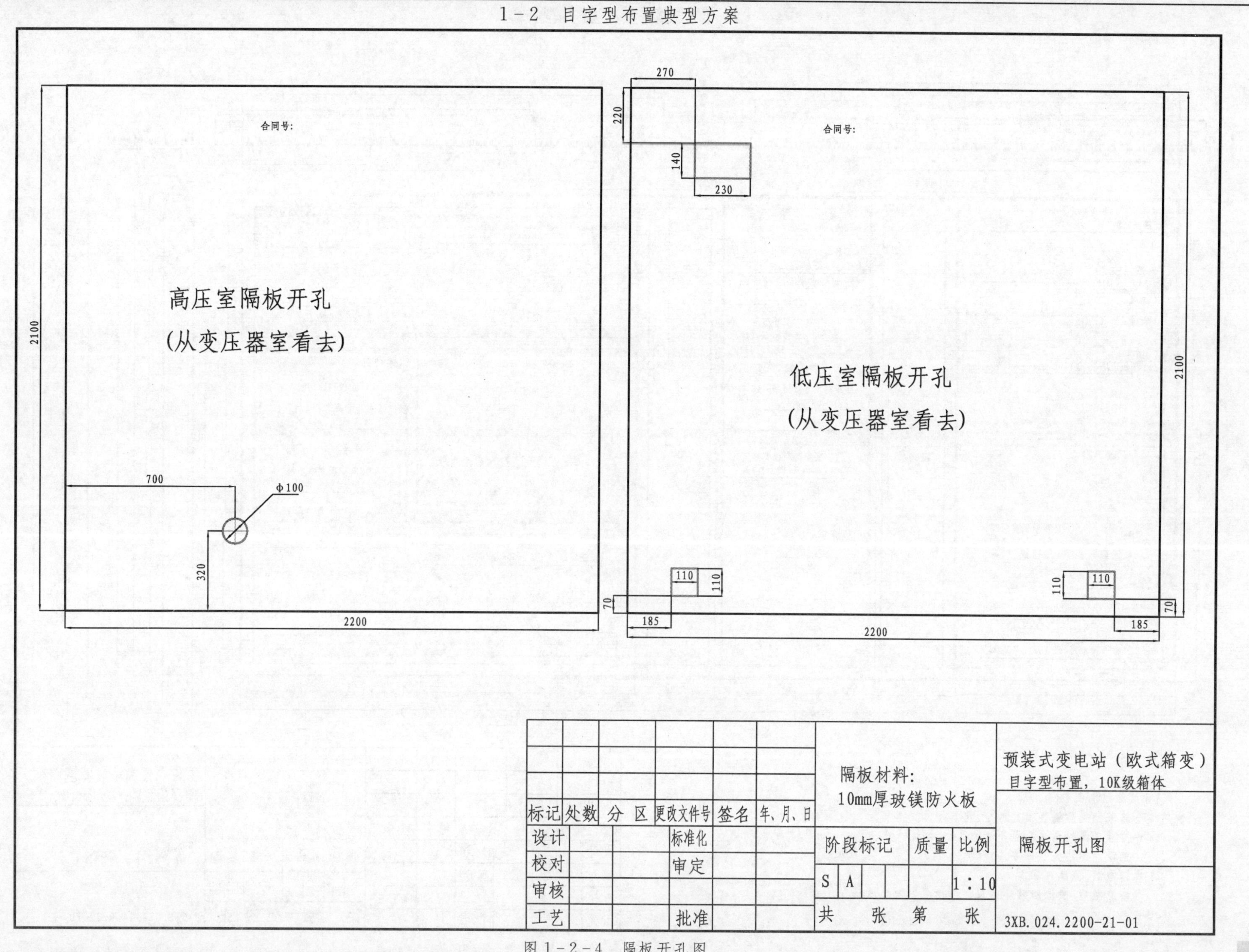
合同号:
270
220
140
230
高压室隔板开孔
(从变压器室看去)
2100
低压室隔板开孔
(从变压器室看去)
2100
700
φ100
320
2200
110
110
70
185
110
110
70
185
2200
隔板材料:
10mm厚玻镁防火板
预装式变电站（欧式箱变）
目字型布置，10K级箱体
标记 处数 分 区 更改文件号 签名 年、月、日
设计 标准化
校对 审定
审核
工艺 批准
阶段标记 质量 比例
S A 1：10
共 张 第 张
隔板开孔图
3XB.024.2200-21-01

图1－2－4 隔板开孔图

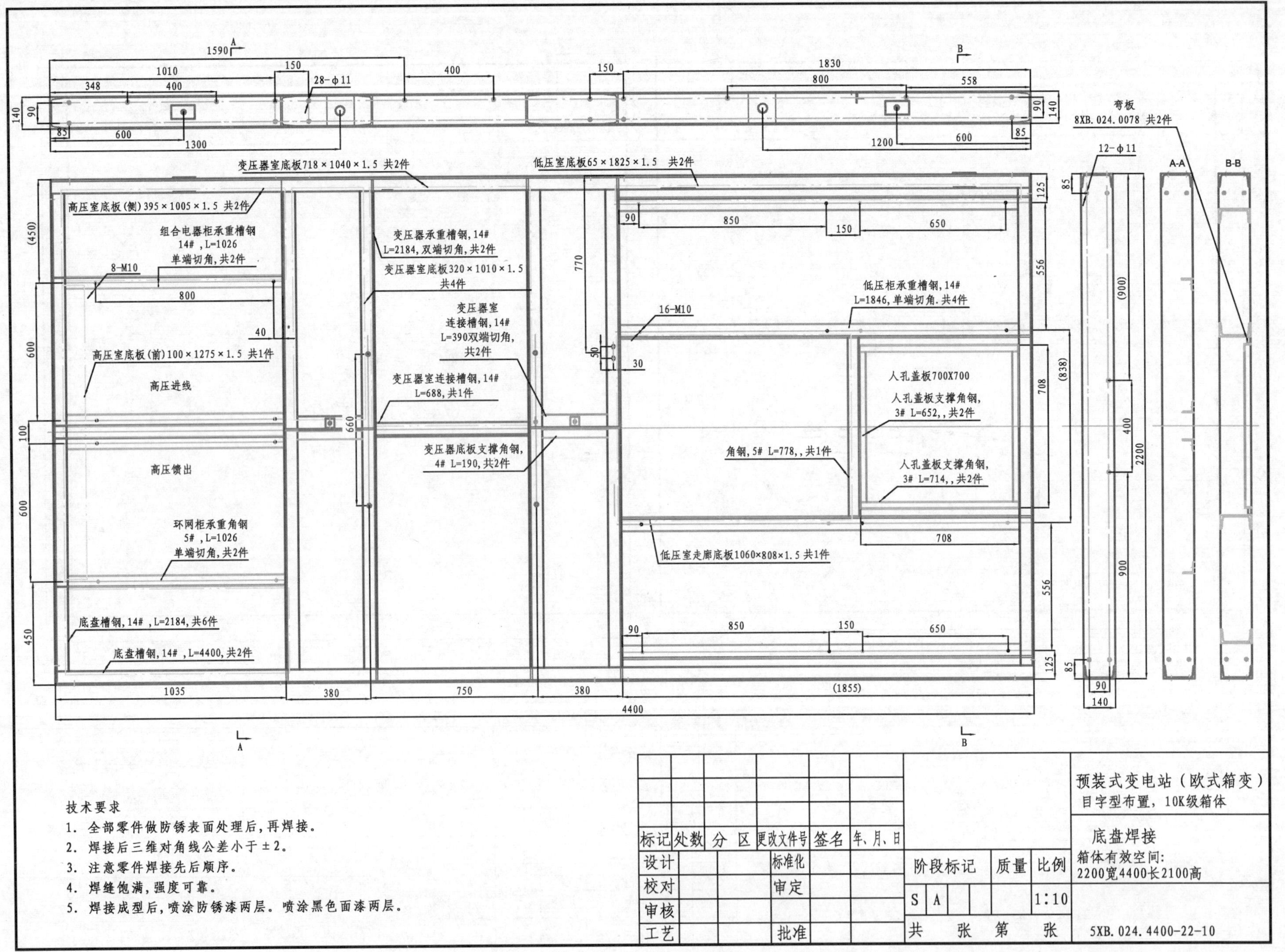
变压器室底板718×1040×1.5 共2件
低压室底板65×1825×1.5 共2件
高压室底板(侧)395×1005×1.5 共2件
组合电器柜承重槽钢
14#，L=1026
单端切角，共2件
8-M10
变压器承重槽钢，14#
L=2184，双端切角，共2件
变压器室底板320×1010×1.5
共4件
变压器室
连接槽钢，14#
L=390双端切角，
共2件
高压室底板(前)100×1275×1.5 共1件
高压进线
变压器室连接槽钢，14#
L=688，共1件
变压器底板支撑角钢，
4# L=190，共2件
高压馈出
环网柜承重角钢
5#，L=1026
单端切角，共2件
底盘槽钢，14#，L=2184，共6件
底盘槽钢，14#，L=4400，共2件
16-M10
低压柜承重槽钢，14#
L=1846，单端切角。共4件
人孔盖板700X700
人孔盖板支撑角钢，
3# L=652，，共2件
角钢，5# L=778，，共1件
人孔盖板支撑角钢，
3# L=714，，共2件
低压室走廊底板1060×808×1.5 共1件
28-φ11
12-φ11
弯板
8XB.024.0078 共2件
A-A
B-B
技术要求
1. 全部零件做防锈表面处理后，再焊接。
2. 焊接后三维对角线公差小于±2。
3. 注意零件焊接先后顺序。
4. 焊缝饱满，强度可靠。
5. 焊接成型后，喷涂防锈漆两层。喷涂黑色面漆两层。
标记 处数 分区 更改文件号 签名 年、月、日
设计 标准化
校对 审定
审核
工艺 批准
阶段标记 质量 比例
S A 1:10
共 张 第 张
预装式变电站（欧式箱变）
目字型布置，10K级箱体
底盘焊接
箱体有效空间：
2200宽4400长2100高
5XB.024.4400-22-10

图1-2-5 底盘焊接

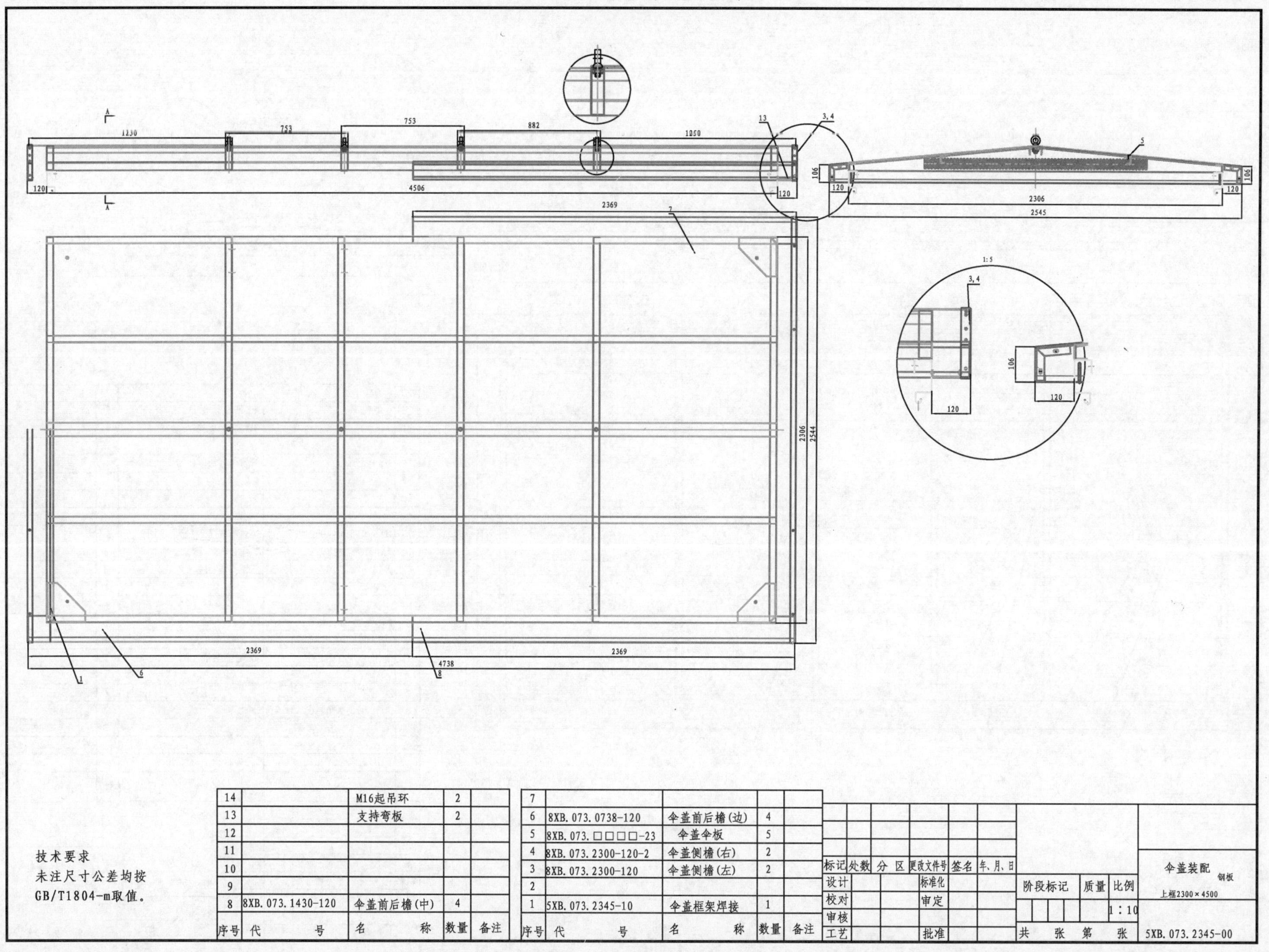

序号	代号	名称	数量	备注
14		M16起吊环	2	
13		支持弯板	2	
12				
11				
10				
9				
8	8XB.073.1430-120	伞盖前后檐(中)	4	

序号	代号	名称	数量	备注
7				
6	8XB.073.0738-120	伞盖前后檐(边)	4	
5	8XB.073.□□□□-23	伞盖伞板	5	
4	8XB.073.2300-120-2	伞盖侧檐(右)	2	
3	8XB.073.2300-120	伞盖侧檐(左)	2	
2				
1	5XB.073.2345-10	伞盖框架焊接	1	

图1-2-6 伞盖装配

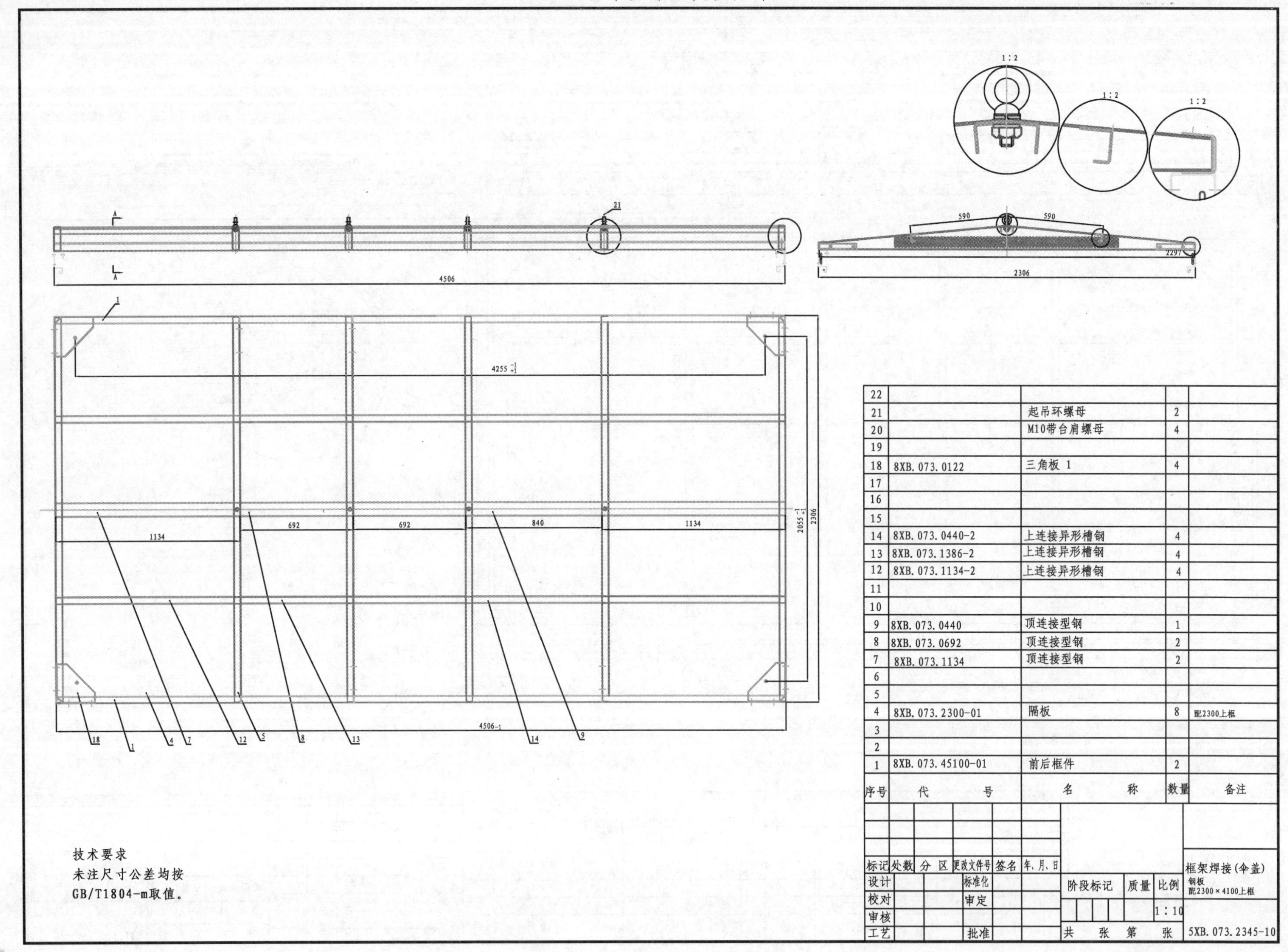
1:2
1:2
1:2
21
A
A
4506
590
590
2297
2306
1
4255
692
692
840
1134
1134
2055
2306
4506
18
1
4
7
12
5
8
13
14
9
22
21 起吊环螺母 2
20 M10带台肩螺母 4
19
18 8XB.073.0122 三角板 1 4
17
16
15
14 8XB.073.0440-2 上连接异形槽钢 4
13 8XB.073.1386-2 上连接异形槽钢 4
12 8XB.073.1134-2 上连接异形槽钢 4
11
10
9 8XB.073.0440 顶连接型钢 1
8 8XB.073.0692 顶连接型钢 2
7 8XB.073.1134 顶连接型钢 2
6
5
4 8XB.073.2300-01 隔板 8 配2300上框
3
2
1 8XB.073.45100-01 前后框件 2
序号 代号 名称 数量 备注
标记 处数 分区 更改文件号 签名 年、月、日
设计 标准化
校对 审定
审核
工艺 批准
阶段标记 质量 比例
1:10
共 张 第 张
框架焊接(伞盖)
钢板
配2300×4100上框
5XB.073.2345-10
技术要求
未注尺寸公差均按
GB/T1804-m取值。

图1-2-7 框架焊接(伞盖)

发放部门：计划.金工.数控，技术部.质检各一份

箱体 组装式欧变生产明细表 共 4 页 第 1 页

合同号： 工程名称：

产品型号：YBM-10/0.4kV- kVA 箱体有效空间：2200宽×2100高×4400长 数量：1台

序号	图号	名称	单位	单台数量	总计数量
1	1XB.024.4400-22/21-00	箱体装配图	1		
2	2XB.073.2345-10	伞盖装配图	1		
3	2XB.024.4400-22/21-10	柜体装配图	1		
4	3XB.024.4400-22-01	设备布置图	1		
5	3XB.024.2200-21-01	隔板开孔图	1		
6					
7	5XB.024.4400-22-10	底盘焊接	1		
8	5XB.320.1020-21	右门焊接 净高2100,2200高低压室正面	2		
9	5XB.320.1020-2-21	左门焊接 净高2100,2200高低压室正面	2		
10	5XB.320.0880-21	右门焊接 净高2100,1800低压室侧面	2		
11	5XB.320.0880-2-21	左门焊接 净高2100,1800低压室侧面	2		
12	5XB.320.1500-12	小门焊接(右)			
13	5XB.320.1500-1/21	变压器室上通风板装配	1		
14	5XB.320.1500-10	通风件装配	2		
15					
16					
17					
18					
19					
20					
21					
22					
23					
24					
25					
26					
27					
28					
29					
30					
31					
32					

设计： 校核： 审定： 日期：2010 07 08

发放部门：计划.金工.数控，技术部.质检各一份

箱体 组装式欧变生产明细表 共 4 页 第 2 页

合同号： 工程名称：

产品型号：YBM-10/0.4kV- kVA箱体有效空间：2200宽×2100高×4400长 数量：1台

门板、侧板、立柱、上门槛等可见另部件外表面涂塑，内表面不涂塑，电焊处局部喷锌，底盘涂漆，其余部件一律保持镀锌板本色，无须进行表面处理。

序号	图号	名称	单台数量	下料尺寸	材料
33					
34		底盘 长槽钢	2	L=4400	14b#槽钢
35		底盘 短槽钢	6	L=2184	14b#槽钢
36		底盘 变压器室连接槽钢	2	L=390	14b#槽钢
37		底盘 变压器室连接槽钢	1	L=688	14b#槽钢
38		低压柜承重槽钢	4	L=1846	14b#槽钢
39					
40		高压柜承重角钢	4	L=1026	5#角钢
41		低压室连接角钢	1	L=778	5#角钢
42		变压器室底板承重角钢	2	L=190	4#角钢
43		低压室人孔板承重角钢	2	L=714	3#角钢
44		低压室人孔板承重角钢	2	L=652	3#角钢
45					
46		底板(高压室侧)	2	395×1005×1.5	热镀锌钢板
47		底板(高压室中)	1	110×1275×1.5	热镀锌钢板
48					
49		底板(低压室侧)	2	65×1825×1.5	热镀锌钢板
50		底板(低压室中)	1	1060×808×1.5	热镀锌钢板
51					
52					
53		底板(变压器室侧)	4	320×1010×1.5	热镀锌钢板
54		底板(变压器室中)	2	718×1040×1.5	热镀锌钢板
55					
56	8XB.024.0700	低压室人孔盖板	1	744×744×1.5	热镀锌钢板
57	8XB.024.0700-2	加强筋	1	694×134×1.5	热镀锌钢板
58					
59					

设计： 校核： 审定： 日期：2010 07 08

图1-2-8 明细表

发放部门:计划.金工.数控,技术部.质检各一份

箱体 组装式欧变生产明细表 共4页 第3页

合同号: 工程名称:

产品型号:YBM-10/0.4kV- kVA箱体有效空间:2200宽×2100高×4400长 数量:1台

序号	图号	名称	单台数量	下料尺寸	材料
60	8XB.040.2100-14	角立柱	4	2235×439×2	热镀锌钢板
61	8XB.040.2100-14-Z	中立柱(左)	2	2235×322×2	热镀锌钢板
62	8XB.040.2100-14Z-2	中立柱(右)	2	2235×322×2	热镀锌钢板
63	8XB.040.0120	角立柱封板	4	114×114×1.5	热镀锌钢板
64	8XB.040.0120-12	中立柱封板	1	115×90×1.5	热镀锌钢板
65					
66	8XB.050.2100-30	隔板压紧条(竖)	12	2060×30×1.5	热镀锌钢板
67	8XB.050.2100-40	隔板连接角板(边,竖)	4	2060×77×1.5	热镀锌钢板
68	8XB.050.2100-90	隔板安装立柱(中)	4	2095×220×2	热镀锌钢板
69					
70	8XB.084.0070	三角板(下)	4	280×280×2	热镀锌钢板
71	8XB.084.2200-660	连接弯板(中隔板)	2	2269×184×2	热镀锌钢板
72					
73	8XB.084.2290	上门槛 柜宽2200	2	2290×286×2	热镀锌钢板
74	8XB.084.1130	上门槛(前) (1000深高压室,侧)	1	1130×286×2	热镀锌钢板
75	8XB.084.1130 -2	上门槛(后) (1000深高压室,侧)	1	1130×286×2	热镀锌钢板
76	8XB.084.1500	上门槛 (1500变压器室)	2	1410×286×2	热镀锌钢板
77	8XB.084.1950	上门槛(前)	1	1950×286×2	热镀锌钢板
78	8XB.084.1950 -2	上门槛(后)	1	1950×286×2	热镀锌钢板
79					
80	8XB.320.2060	下门槛	2	93×2133×2	热镀锌钢板
81	8XB.320.1774	下门槛	2	93×1847×2	热镀锌钢板
82	8XB.320.0954	下门槛	2	93×1027×2	热镀锌钢板
83					
84	8XB.320.0953C-20	侧板 1000深高压室侧,单件安装	2	20954×1006×1.5	热镀锌钢板
85	8XB.320.1020-21	右门 净高2100 2200高低压室正面	2	2092×1112×1.5	
86	8XB.320.1020-2-21	左门 净高2100 2200高低压室正面	2	2100×1148×1.5	热镀锌钢板
87	8XB.320.0880-21	右门 净高2100 1800低压室侧面	2	2092×972×1.5	热镀锌钢板
88	8XB.320.0880-2-21	左门 净高2100 1800低压室侧面	2	2100×1008×1.5	热镀锌钢板
89					热镀锌钢板
90	8XB.320.1300-11	加强筋(上,下)	8	122×1300×2	热镀锌钢板
91	8XB.320.1400-11	加强筋(上,下)	8	122×1400×2	热镀锌钢板

设计: 校核: 审定: 日期:2010 07 08

发放部门:计划.金工.数控,技术部.质检各一份

箱体 组装式欧变生产明细表 共4页 第4页

合同号: 工程名称:

产品型号:YBM-10/0.4kV- kVA 箱体有效空间:2200宽×2100高×4400长 数量:1台

序号	图号	名称	单台数量	下料尺寸	材料
92	8XB.320.1500-51	通风件	20	136×113×1	热镀锌钢板
93	8XB.320.1500-12	通风安装件	4	440×116×1.5	热镀锌钢板
94	8XB.320.1500-1/21	变压器室上通风板	2	1342×551×1.5	热镀锌钢板
95	8XB.320.1500-10	通风窗面板	2	1340×606×2	热镀锌钢板
96	8XB.320.0266	挡雨件1	6	106×266×1	热镀锌钢板
97	8XB.320.0220	挡雨件2	4	229×112×1	热镀锌钢板
98					
99					
100					
101					
102	8XB.320.1500-12	小门(右)	2	1084×724×2	热镀锌钢板
103	8XB.320.1500-11	小门(左)	2	1092×761×2	热镀锌钢板
104					
105					
106					
107					
108					
109					
110					
111					
112					
113					
114					
115	8XB.320.1050	行程开关安装件	10	77×54×2	热镀锌钢板
116	8XB.320.2002	门插销安装件	2	84×36×2	热镀锌钢板
117					
118	8XB.320.0030	门锁杆导向件(上) 通用	10	61×36×2	热镀锌钢板
119	8XB.320.0050	门锁杆导向件(下) 通用	10	81×36×2	热镀锌钢板
120	8XB.320.0052	门锁杆导向件(上,下)变压器右门	4	83×36×2	热镀锌钢板
121	8XB.320.0960-21	门锁锁杆 净高2100室	10	L=960	ф10冷拔圆钢
122	8XB.320.0966	门锁锁杆(下) 净高2100室	10	L=966	ф10冷拔圆钢
123	8XB.320.0050-2	门限位板	10	59×50×2	热镀锌钢板

设计: 校核: 审定: 日期:2010 07 08

图1-2-9 明细表

发放部门:计划.金工.数控,技术部.质检各一份

伞盖 组装式欧变生产明细表 共1页 第1页

合同号: 工程名称:

产品型号: 箱体有效空间:2200宽4400长 数量:1台

钢板类材料 全部选用热镀锌钢板

外表面喷漆.颜色 内表面局部处理(电焊处清理.喷锌)

序号	图号	名称	单台数量	下料尺寸	材料
1	2XB.073.2345-10	伞盖装配	1		
2	5XB.073.2345-10	伞盖框架焊接	1		
3					
4	8XB.073.0750-23	伞盖伞板	2	2320×750×1.5	
5	8XB.073.0880-23	伞盖伞板	1	2320×880×1.5	
6	8XB.073.1250-23	伞盖伞板	2	2320×1250×1.5	
7					
8	8XB.073.2370-120	伞盖前后檐(边)	4	294×2420×1.5	
9					
10	8XB.073.2300-120-2	伞盖侧檐(右)	2	294×1328×1.5	
11	8XB.073.2300-120	伞盖侧檐(左)	2	294×1328×1.5	
12					
13					
14	8XB.073.0122	三角板 1	4	261×261×2.5	
15					
16					
17	8XB.073.0840-2	上连接异形槽钢	2	92×840×2.5	
18	8XB.073.0690-2	上连接异形槽钢	4	92×690×2.5	
19	8XB.073.1134-2	上连接异形槽钢	4	92×1134×2.5	
20					
21					
22	8XB.073.0840	顶连接型钢	1	140×840×2.5	
23	8XB.073.0690	顶连接型钢	2	140×690×2.5	
24	8XB.073.1134	顶连接型钢	2	140×1134×2.5	
25					
26					
27	8XB.073.4500-01	前后框件	2	4506×120×2.5	
28	8XB.073.2300-01	隔板	6	2296×212×2.5	

设计: 校核: 审定: 日期:2010 03 20

图1－2－10 明细表

1－2 目字型布置典型方案

发放部门:计划.金工.数控,技术部.质检各一份

网门配1500变压器室 组装式欧变生产明细表 共1页 第1页

合同号: 工程名称:

产品型号.YBM-10/0.4kV- kVA 数量:1台

序号	图号	名称	单台数量	下料尺寸	材料
1					
2					
3					
4		丝网580×860	4		
5	16-M6×30爆炸焊螺钉		16		
6		门轴(同变压器室门)	8		
7					
8	8XB.040.0060	挂锁片	4	66×56×1.5	热镀锌板
9	8XB.040.0504	压紧框(横) (网门)	8	504×69×1.5	热镀锌板
10	8XB.040.0848	压紧框(竖) (网门)	8	848×69×1.5	热镀锌板
11	8XB.040.0592-2	右门 (网门)	2	923×639×1.5	热镀锌板
12	8XB.040.0592	左门 (网门)	2	923×639×1.5	热镀锌板
13	8XB.040.1500	上下门槛 (网门)	4	1249×110×1.5	热镀锌板
14	8XB.040.1000-2	竖门槛(右) (网门)	2	1000×202×1.5	热镀锌板
15	8XB.040.1000	竖门槛(左) (网门)	2	1000×202×1.5	热镀锌板
16					
17					
18					
19					
20					
21					
22					
23					
24					
25					
26					
27					
28					
29					
30					
31					
32					

设计: 校核: 审定: 日期:

图1－2－11 明细表

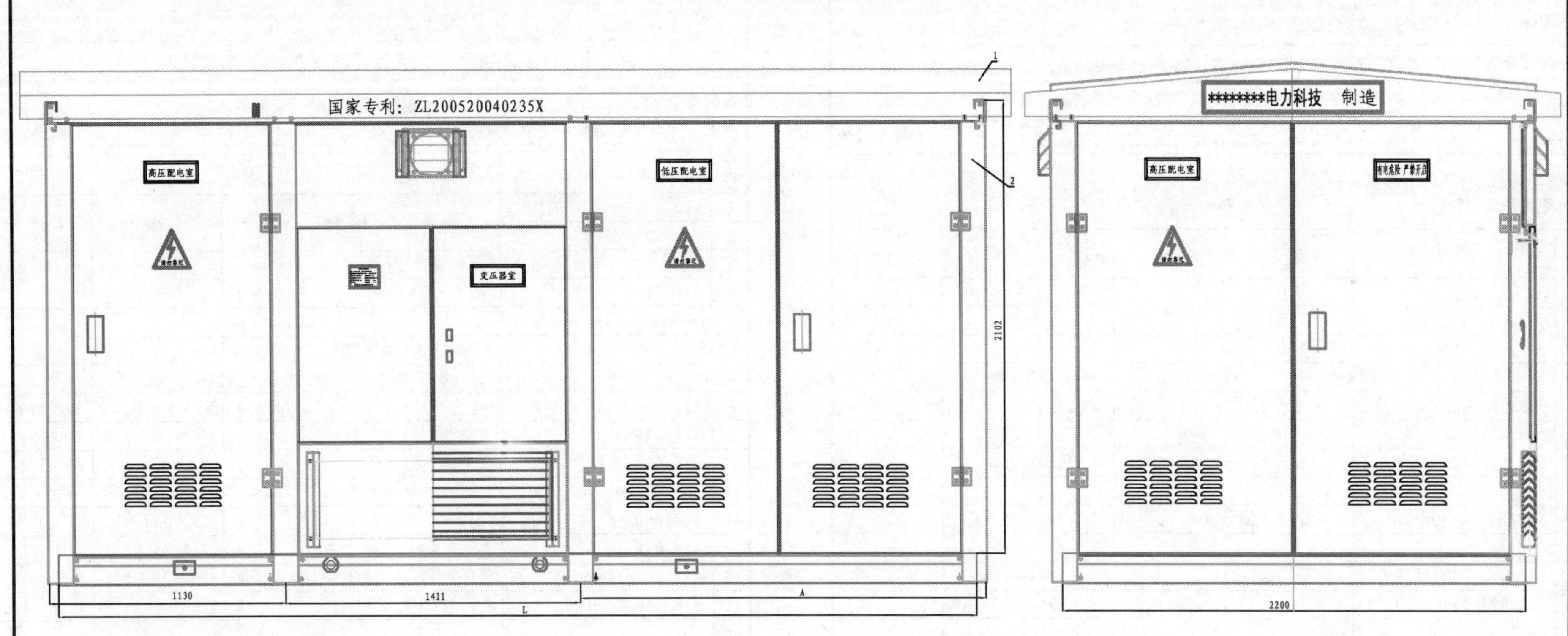

技术要求

组装式结构。

柜体与伞盖之间用M10×15镀锌螺栓连接，螺栓连接要求可靠牢固，旋紧力矩以压平弹簧垫为准。

在检修或更换变压器高低压开关柜等内部设备时，拧开螺栓，吊下伞盖，吊出设备即可。

表一

序号	箱体装配图　图号	柜体装配图　图号	伞盖装配图　图号	L	A
10	1XB.024.5000-22/21-00	2XB.024.5000-22/21-10	2XB.073.23/51-10	5000	2550
9	1XB.024.4800-22/21-00	2XB.024.4800-22/21-10	2XB.073.23/49-10	4800	2350
8	1XB.024.4600-22/21-00	2XB.024.4600-22/21-10	2XB.073.23/47-10	4600	2150
7	1XB.024.4400-22/21-00	2XB.024.4400-22/21-10	2XB.073.23/45-10	4400	1950
6	1XB.024.4200-22/21-00	2XB.024.4200-22/21-10	2XB.073.23/43-10	4200	1750
5	1XB.024.4000-22/21-00	2XB.024.4000-22/21-10	2XB.073.23/41-10	4000	1550
4	1XB.024.3800-22/21-00	2XB.024.3800-22/21-10	2XB.073.23/39-10	3800	1350
3	1XB.024.3600-22/21-00	2XB.024.3600-22/21-10	2XB.073.23/37-10	3600	1150
2	1XB.024.3400-22/21-00	2XB.024.3400-22/21-10	2XB.073.23/35-10	4400	950
1	1XB.024.3200-22/21-00	2XB.024.3200-22/21-10	2XB.073.23/33-10	3200	750

序号	图　号	名　称	数量	备注
2	伞盖装配图	见表1	1	
1	柜体装配图（扩展方案）	见表1	1	

标记	处数	分　区	更改文件号	签名	年、月、日		预装式变电站（欧式箱变）
设计			标准化			阶段标记　质量　比例	箱体装配图（扩展方案） 目字型布置，10K级箱体
校对			审定			S　A　　1∶10	
审核							
工艺			批准			共　张　第　张	1XB.024.####-22/21-00

图1－2－12　箱体装配图（扩展方案）

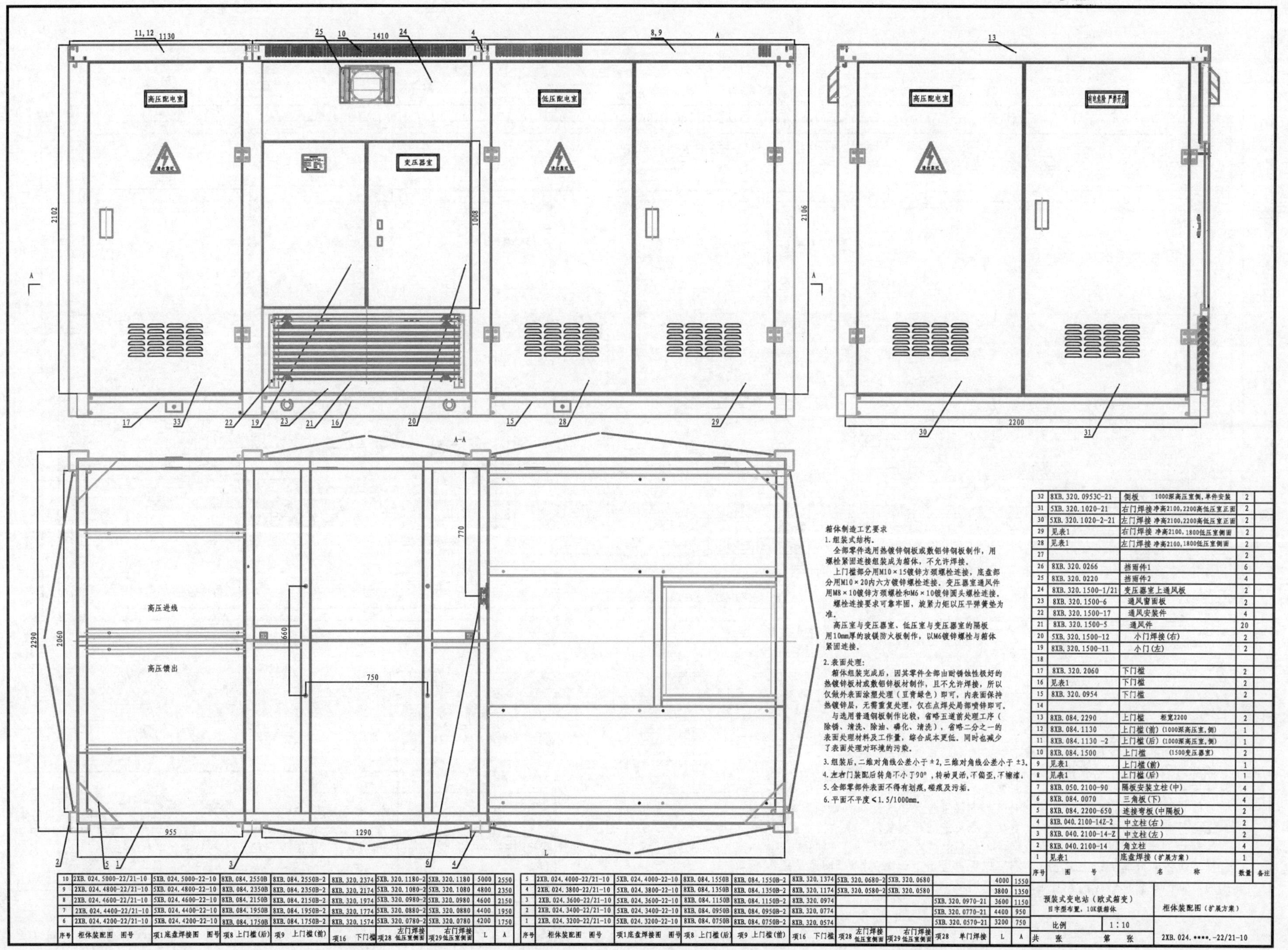

序号	图号	名称	数量	备注
32	8XB.320.0953C-21	侧板 1000深高压室侧，单件安装	2	
31	5XB.320.1020-21	右门焊接 净高2100，2200高低压室正面	2	
30	5XB.320.1020-2-21	左门焊接 净高2100，2200高低压室正面	2	
29	见表1	右门焊接 净高2100，1800低压室侧面	2	
28	见表1	左门焊接 净高2100，1800低压室侧面	2	
27			2	
26	8XB.320.0266	挡雨件1	6	
25	8XB.320.0220	挡雨件2	4	
24	8XB.320.1500-1/21	变压器室上通风板	2	
23	8XB.320.1500-6	通风窗面板	2	
22	8XB.320.1500-17	通风安装件	4	
21	8XB.320.1500-5	通风件	20	
20	5XB.320.1500-12	小门焊接（右）	2	
19	8XB.320.1500-11	小门（左）	2	
18				
17	8XB.320.2060	下门槛	2	
16	见表1	下门槛	2	
15	8XB.320.0954	下门槛	2	
14				
13	8XB.084.2290	上门楣 柜宽2200	2	
12	8XB.084.1130	上门楣（前）（1000深高压室，侧）	1	
11	8XB.084.1130 -2	上门楣（后）（1000深高压室，侧）	1	
10	8XB.084.1500	上门楣 （1500变压器室）	2	
9	见表1	上门楣（前）	1	
8	见表1	上门楣（后）	1	
7	8XB.050.2100-90	隔板安装立柱（中）	4	
6	8XB.084.0070	三角板（下）	4	
5	8XB.084.2200-650	连接弯板（中隔板）	2	
4	8XB.040.2100-14Z-2	中立柱（右）	2	
3	8XB.040.2100-14-Z	中立柱（左）	2	
2	8XB.040.2100-14	角立柱	4	
1	见表1	底盘焊接（扩展方案）	1	

序号	柜体装配图 图号	项1底盘焊接图 图号	项8 上门楣（后）	项9 上门楣（前）	项16 下门槛	项28 左门焊接 低压室侧面	项29 右门焊接 低压室侧面	项28 单门焊接	L	A
10	2XB.024.5000-22/21-10	5XB.024.5000-22-10	8XB.084.2550B	8XB.084.2550B-2	8XB.320.2374	5XB.320.1180-2	5XB.320.1180		5000	2550
9	2XB.024.4800-22/21-10	5XB.024.4800-22-10	8XB.084.2350B	8XB.084.2350B-2	8XB.320.2174	5XB.320.1080-2	5XB.320.1080		4800	2350
8	2XB.024.4600-22/21-10	5XB.024.4600-22-10	8XB.084.2150B	8XB.084.2150B-2	8XB.320.1974	5XB.320.0980-2	5XB.320.0980		4600	2150
7	2XB.024.4400-22/21-10	5XB.024.4400-22-10	8XB.084.1950B	8XB.084.1950B-2	8XB.320.1774	5XB.320.0880-2	5XB.320.0880		4400	1950
6	2XB.024.4200-22/21-10	5XB.024.4200-22-10	8XB.084.1750B	8XB.084.1750B-2	8XB.320.1574	5XB.320.0780-2	5XB.320.0780		4200	1750
5	2XB.024.4000-22/21-10	5XB.024.4000-22-10	8XB.084.1550B	8XB.084.1550B-2	8XB.320.1374	5XB.320.0680-2	5XB.320.0680		4000	1550
4	2XB.024.3800-22/21-10	5XB.024.3800-22-10	8XB.084.1350B	8XB.084.1350B-2	8XB.320.1174	5XB.320.0580-2	5XB.320.0580		3800	1350
3	2XB.024.3600-22/21-10	5XB.024.3600-22-10	8XB.084.1150B	8XB.084.1150B-2	8XB.320.0974			5XB.320.0970-21	3600	1150
2	2XB.024.3400-22/21-10	5XB.024.3400-22-10	8XB.084.0950B	8XB.084.0950B-2	8XB.320.0774			5XB.320.0770-21	4400	950
1	2XB.024.3200-22/21-10	5XB.024.3200-22-10	8XB.084.0750B	8XB.084.0750B-2	8XB.320.0574			5XB.320.0570-21	3200	750

预装式变电站（欧式箱变） 目字型布置，10K级箱体	柜体装配图（扩展方案）
比例 1:10	
共 张 第 张	2XB.024.****.-22/21-10

图1-2-13 柜体装配图（扩展方案）

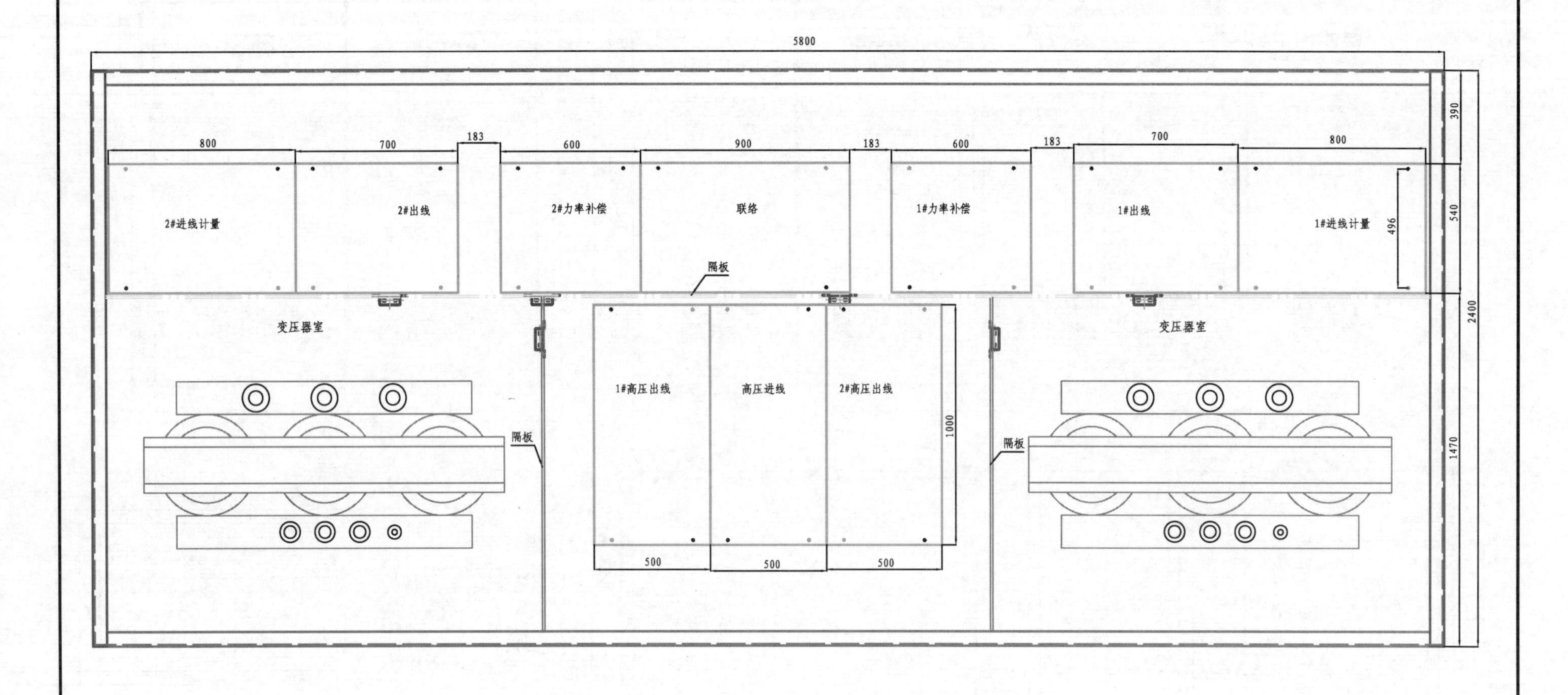

母线制造工艺要求

1. 高压组合电器与变压器高压接线端子之间，选用高压电缆连接，电缆的导体截面积满足额定载流量即可。
2. 变压器低压出线端子与低压进线断路器之间，选用电工铜排或电工铝排连接，直接弯曲连接即可；母排之间以加高低压绝缘子（高≥50mm）固定，无需另外制作过渡母排及其固定支架，尽量缩短母线长度，取消没有必要的母线搭接面，以求回路电阻最小、母线材料成本最低。
3. 低压进线断路器可以上进下返，亦可以下进上出。母线制作以"回路最短"为原则，尽量以斜边代替直角边，以求回路电阻最小、母线材料成本最低。

标记	处数	分 区	更改文件号	签名	年、月、日				预装式变电站（欧式箱变）品字型布置，10K级箱体
设计			标准化			阶段标记	质量	比例	设备平面布置图
校对			审定			S A		1:10	
审核									
工艺			批准			共 张 第 张			0XBP.024.5800-2400-02

图1-3-1 设备平面布置图

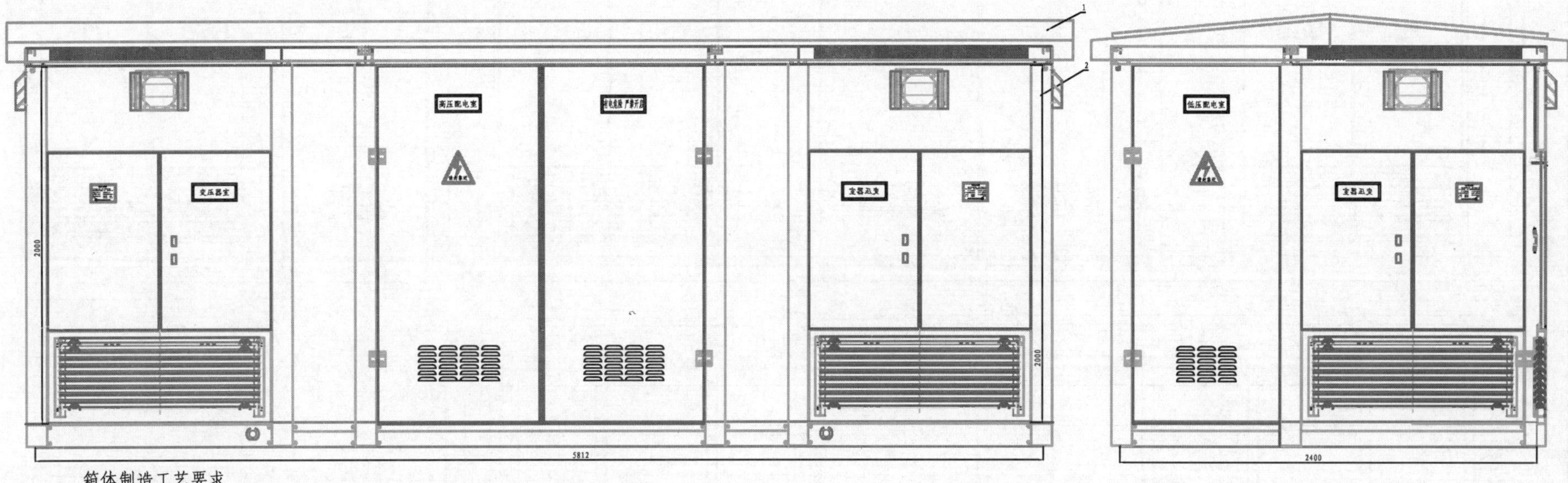

箱体制造工艺要求

1.组装式结构。

全部零件选用热镀锌钢板或敷铝锌钢板制作，用螺栓紧固连接组装成为箱体，不允许焊接。

上门槛部分用M10×15镀锌方颈螺栓连接，底盘部分用M10×20内六方镀锌螺栓连接。变压器室通风件用M8×10镀锌方颈螺栓和M6×10镀锌圆头螺栓连接。

螺栓连接要求可靠牢固，旋紧力矩以压平弹簧垫为准。

高压室与变压器室、低压室与变压器室的隔板用10mm厚的玻镁防火板制作，以M6镀锌螺栓与箱体紧固连接。

2.表面处理。

箱体组装完成后，因其零件全部由耐锈蚀性极好的热镀锌板材或敷铝锌板材制作，且不允许焊接，所以仅做外表面涂塑处理（豆青绿色）即可，内表面保持热镀锌层，无需重复处理，仅在点焊处局部喷锌即可。

与选用普通钢板制作比较，省略五道前处理工序（除锈、清洗、除油、磷化、清洗），省略二分之一的表面处理材料及工作量，综合成本更低。同时也减少了表面处理对环境的污染。

3.柜体与伞盖之间用M10×15镀锌螺栓连接。在检修或更换变压器、高低压开关柜等内部设备时，拧开螺栓，吊下伞盖，吊出设备即可。

4.组装后，二维对角线公差小于±2，三维对角线公差小于±3。

5.左右门装配后转角不小于90°，转动灵活，不偏歪，不擦漆。

6.全部零部件表面不得有划痕，碰痕及污垢。

7.平面不平度≤1.5/1000mm。

3				
2	2XBP.024.5800-24/21-10	柜体装配图 品字型布置，10K级箱体	1	
1	2XBP.073.2559-10	伞盖装配	1	
序号	代号	名称	数量	备注

标记	处数	分区	更改文件号	签名	年、月、日				箱体装配图 品字型布置，10K级箱体
设计			标准化			阶段标记	质量	比例	
校对			审定			S A		1:10	
审核									
工艺			批准			共 张 第 张			1XBP.024.5800-24/21-00

图1-3-2 箱体装配图

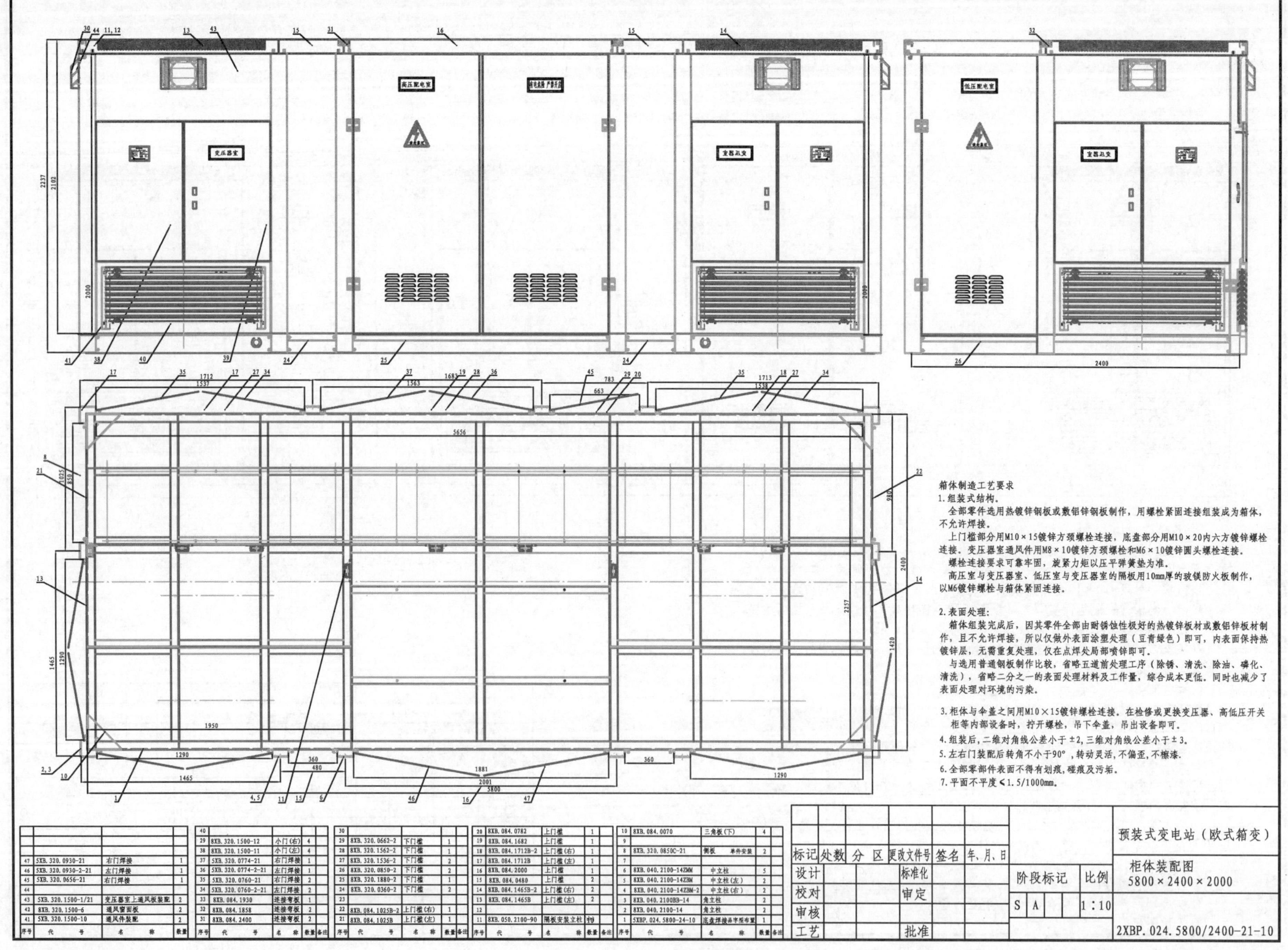

箱体制造工艺要求

1. 组装式结构。

全部零件选用热镀锌钢板或敷铝锌钢板制作，用螺栓紧固连接组装成为箱体，不允许焊接。

上门楹部分用M10×15镀锌方颈螺栓连接，底盘部分用M10×20内六方镀锌螺栓连接。变压器室通风件用M8×10镀锌方颈螺栓和M6×10镀锌圆头螺栓连接。

螺栓连接要求可靠牢固，旋紧力矩以压平弹簧垫为准。

高压室与变压器室、低压室与变压器室的隔板用10mm厚的玻镁防火板制作，以M6镀锌螺栓与箱体紧固连接。

2. 表面处理：

箱体组装完成后，因其零件全部由耐锈蚀性极好的热镀锌板材或敷铝锌板材制作，且不允许焊接，所以仅做外表面涂塑处理（豆青绿色）即可，内表面保持热镀锌层，无需重复处理，仅在点焊处局部喷锌即可。

与选用普通钢板制作比较，省略五道前处理工序（除锈、清洗、除油、磷化、清洗），省略二分之一的表面处理材料及工作量，综合成本更低。同时也减少了表面处理对环境的污染。

3. 柜体与伞盖之间用M10×15镀锌螺栓连接。在检修或更换变压器、高低压开关柜等内部设备时，拧开螺栓，吊下伞盖，吊出设备即可。

4. 组装后，二维对角线公差小于±2，三维对角线公差小于±3。

5. 左右门装配后转角不小于90°，转动灵活，不偏歪，不擦漆。

6. 全部零部件表面不得有划痕，碰痕及污垢。

7. 平面不平度≤1.5/1000mm。

序号	代号	名称	数量	备注
47	5XB.320.0930-21	右门焊接	1	
46	5XB.320.0930-2-21	左门焊接	1	
45	5XB.320.0656-21	右门焊接	1	
44				
43	5XB.320.1500-1/21	变压器室上通风板装配	2	
42	8XB.320.1500-6	通风窗面板	2	
41	5XB.320.1500-10	通风件装配	2	
40				
29	8XB.320.1500-12	小门(右)	4	
38	8XB.320.1500-11	小门(左)	4	
37	5XB.320.0774-21	右门焊接	1	
36	5XB.320.0774-2-21	左门焊接	1	
35	5XB.320.0760-21	右门焊接	2	
34	5XB.320.0760-2-21	左门焊接	2	
33	8XB.084.1930	连接弯板	1	
32	8XB.084.1858	连接弯板	2	
31	8XB.084.2400	连接弯板	2	
30				
29	8XB.320.0662-2	下门楹	1	
28	8XB.320.1562-2	下门楹	1	
27	8XB.320.1536-2	下门楹	2	
26	8XB.320.0850-2	下门楹	2	
25	8XB.320.1880-2	下门楹	1	
24	8XB.320.0360-2	下门楹	2	
23				
22	8XB.084.1025B-2	上门楹(右)	1	
21	8XB.084.1025B	上门楹(左)	1	
20	8XB.084.0782	上门楹	1	
19	8XB.084.1682	上门楹	1	
18	8XB.084.1712B-2	上门楹(右)	1	
17	8XB.084.1712B	上门楹(左)	1	
16	8XB.084.2000	上门楹	1	
15	8XB.084.0480	上门楹	2	
14	8XB.084.1465B-2	上门楹(右)	2	
13	8XB.084.1465B	上门楹(左)	2	
12				
11	8XB.050.2100-90	隔板安装立柱	10	
10	8XB.084.0070	三角板(下)	4	
9				
8	8XB.320.0850C-21	侧板　单件安装	2	
7				
6	8XB.040.2100-14ZMM	中立柱	5	
5	8XB.040.2100-14ZBM	中立柱(左)	2	
4	8XB.040.2100-14ZBM-2	中立柱(右)	2	
3	8XB.040.2100BB-14	角立柱	2	
2	8XB.040.2100-14	角立柱	2	
1	5XBP.024.5800-24-10	底盘焊接品字型布置	1	

标记	处数	分区	更改文件号	签名	年、月、日			预装式变电站（欧式箱变）
设计			标准化			阶段标记	比例	柜体装配图 5800×2400×2000
校对			审定			S A	1:10	
审核								
工艺			批准					2XBP.024.5800/2400-21-10

图1-3-3 柜体装配图

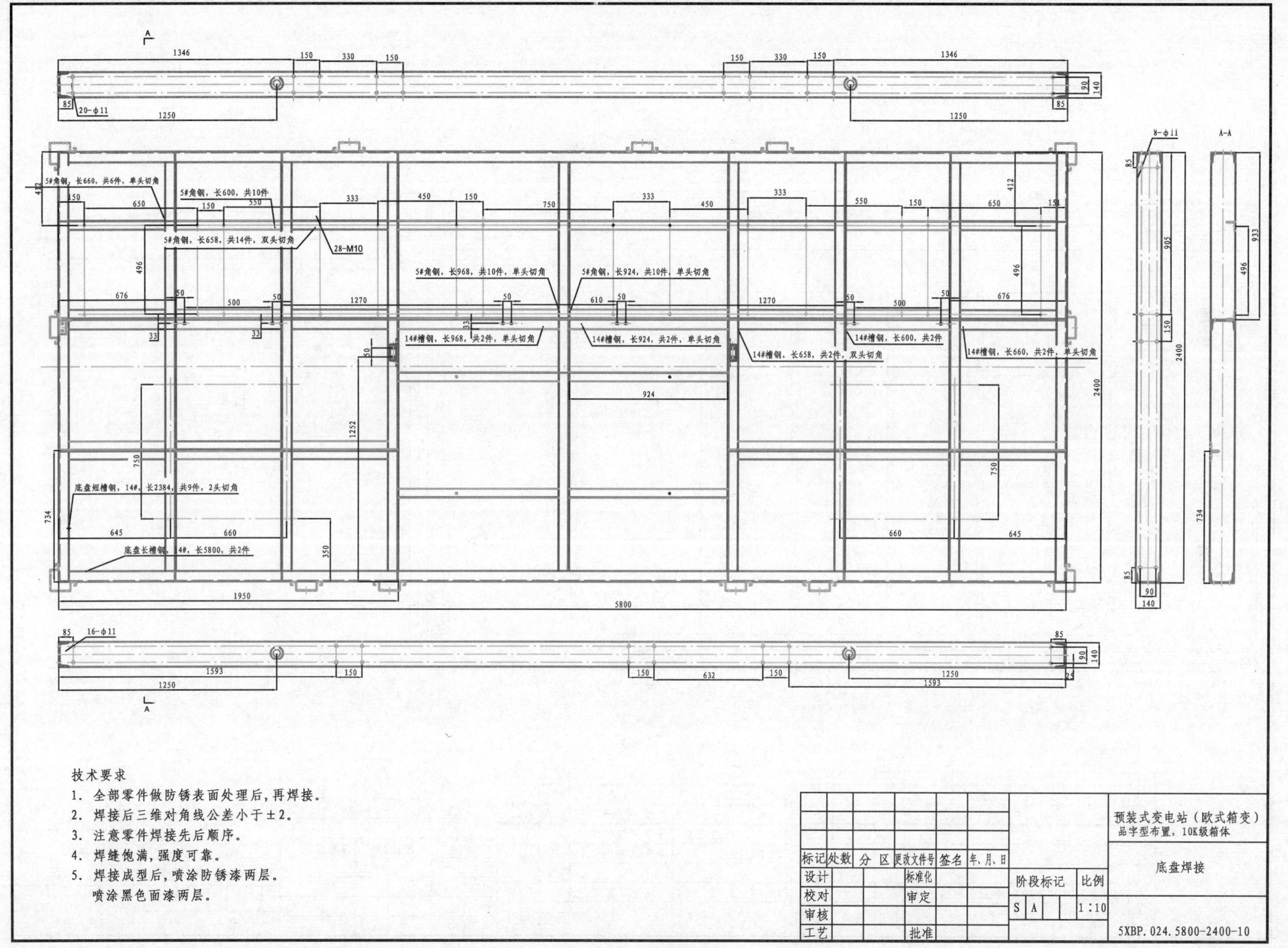
A
1346
150
330
150
20-φ11
85
1250
90
140
5#角钢，长660，共6件，单头切角
5#角钢，长600，共10件
5#角钢，长658，共14件，双头切角
28-M10
5#角钢，长968，共10件，单头切角
5#角钢，长924，共10件，单头切角
14#槽钢，长968，共2件，单头切角
14#槽钢，长924，共2件，单头切角
14#槽钢，长658，共2件，双头切角
14#槽钢，长600，共2件
14#槽钢，长660，共2件，单头切角
底盘短槽钢，14#，长2384，共9件，2头切角
底盘长槽钢，14#，长5800，共2件
412
333
450
650
550
750
496
676
50
500
1270
610
33
924
1252
734
645
660
350
1950
5800
2400
8-φ11
A-A
905
933
16-φ11
1593
632
25
技术要求
1. 全部零件做防锈表面处理后，再焊接。
2. 焊接后三维对角线公差小于±2。
3. 注意零件焊接先后顺序。
4. 焊缝饱满，强度可靠。
5. 焊接成型后，喷涂防锈漆两层。
喷涂黑色面漆两层。
标记 处数 分区 更改文件号 签名 年、月、日
设计 标准化
校对 审定
审核
工艺 批准
阶段标记 比例
S A 1∶10
预装式变电站（欧式箱变）
品字型布置，10K级箱体
底盘焊接
5XBP.024.5800-2400-10

图1-3-4 底盘焊接

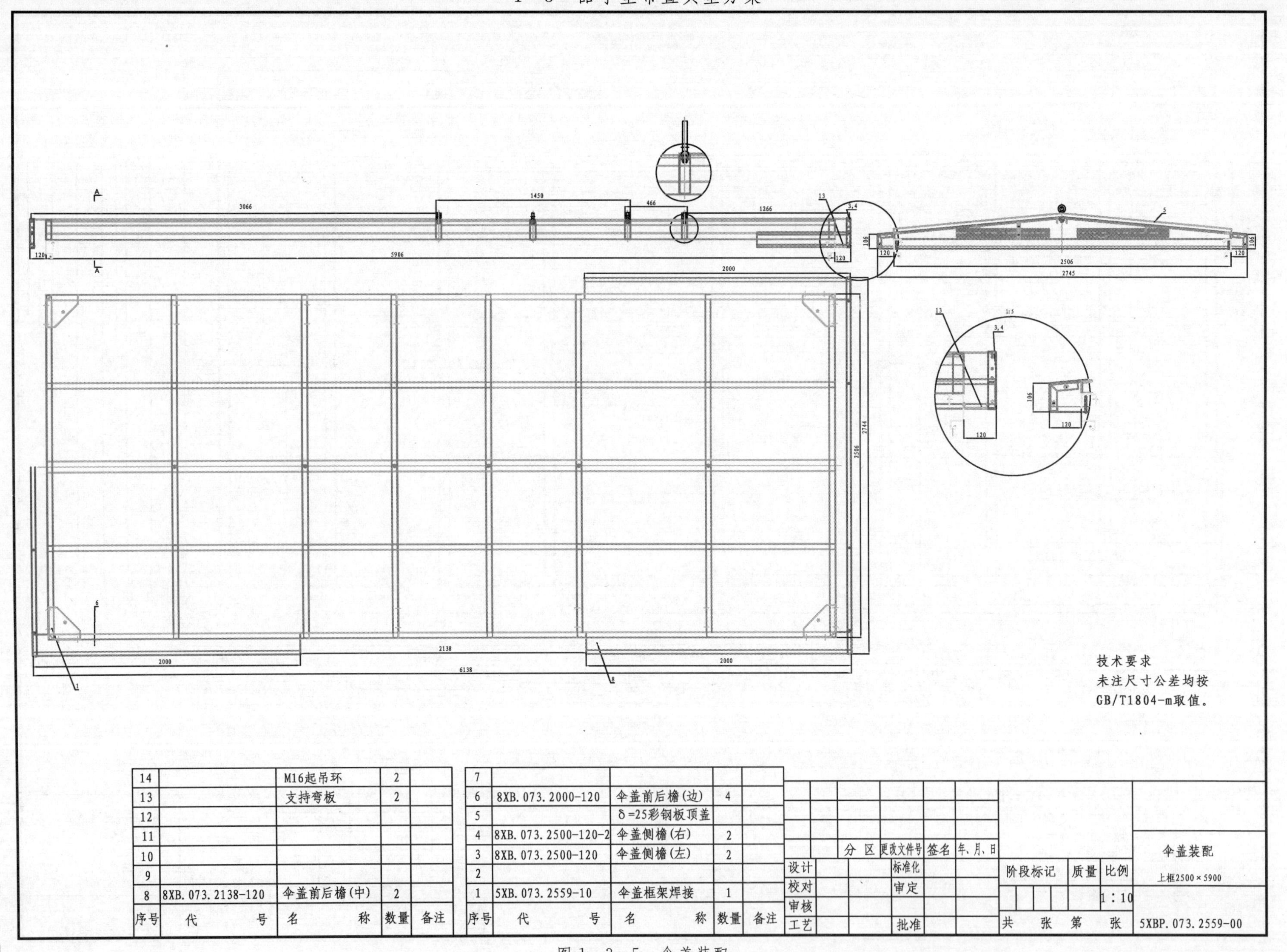

序号	代号	名称	数量	备注
14		M16起吊环	2	
13		支持弯板	2	
12				
11				
10				
9				
8	8XB.073.2138-120	伞盖前后檐(中)	2	
7				
6	8XB.073.2000-120	伞盖前后檐(边)	4	
5		δ=25彩钢板顶盖		
4	8XB.073.2500-120-2	伞盖侧檐(右)	2	
3	8XB.073.2500-120	伞盖侧檐(左)	2	
2				
1	5XB.073.2559-10	伞盖框架焊接	1	

分区	更改文件号	签名	年、月、日	阶段标记	质量	比例	伞盖装配 上框2500×5900
设计		标准化				1:10	
校对		审定					
审核							
工艺		批准		共 张 第 张			5XBP.073.2559-00

图1-3-5 伞盖装配

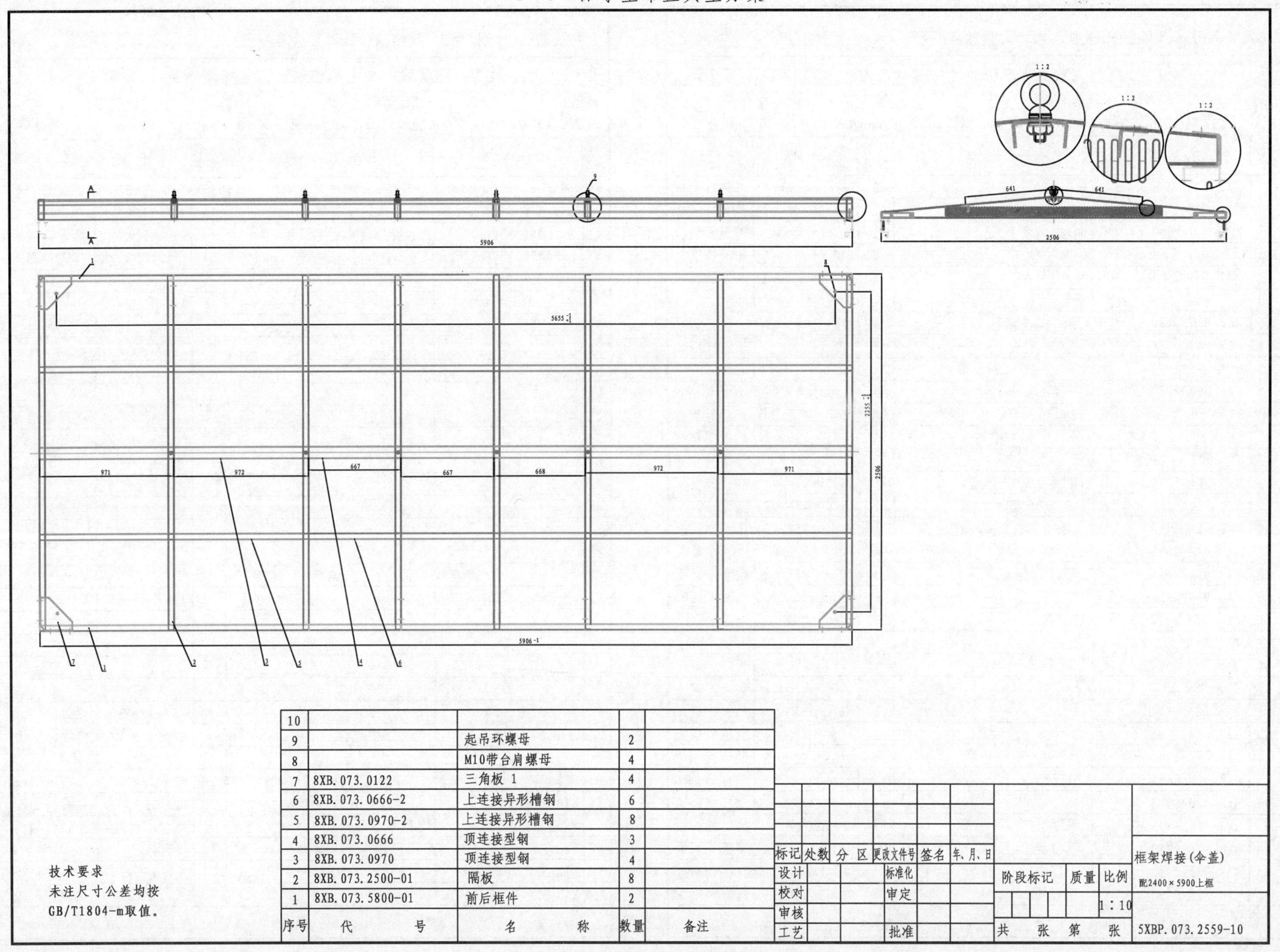

序号	代号	名称	数量	备注
10				
9		起吊环螺母	2	
8		M10带台肩螺母	4	
7	8XB.073.0122	三角板 1	4	
6	8XB.073.0666-2	上连接异形槽钢	6	
5	8XB.073.0970-2	上连接异形槽钢	8	
4	8XB.073.0666	顶连接型钢	3	
3	8XB.073.0970	顶连接型钢	4	
2	8XB.073.2500-01	隔板	8	
1	8XB.073.5800-01	前后框件	2	

标记	处数	分区	更改文件号	签名	年、月、日
设计			标准化		
校对			审定		
审核					
工艺			批准		

阶段标记	质量	比例
		1:10
共 张 第 张		

图1-3-6 框架焊接（伞盖）

发放部门:计划.金工.数控,技术部.质检各一份

箱体 组装式欧变生产明细表 品字型布置 共3页 第2页

合同号: 工程名称:

产品型号:YBM-10/0.4kV-630kVA 箱体有效空间:2400宽×2000高×5800长 数量:1台

序号	图号	名称	单台数量	下料尺寸	材料
35	8XB.040.2000-14	角立柱	2	2135×439×2	热镀锌钢板
36	8XB.040.2000B-14	角立柱	2	2135×439×2	热镀锌钢板
37	8XB.040.2000-14-Z	中立柱(左)	2	2135×322×2	热镀锌钢板
38	8XB.040.2000-14Z-2	中立柱(右)	2	2135×322×2	热镀锌钢板
39	8XB.040.2000-14ZMM	中立柱(右)	5	2135×322×2	热镀锌钢板
40					
41	8XB.040.0120	角立柱封板	4	114×114×1.5	热镀锌钢板
42	8XB.040.0120-12	中立柱封板	9	115×90×1.5	热镀锌钢板
43					
44	8XB.050.2000-30	隔板压紧条(竖)	20	1960×30×1.5	热镀锌钢板
45	8XB.050.2000-40	隔板连接角板(边,竖)	10	1960×77×1.5	热镀锌钢板
46	8XB.050.2000-90	隔板安装立柱(中)	10	1995×220×2	热镀锌钢板
47	8XB.084.0070	三角板(下)	4	280×280×2	热镀锌钢板
48	8XB.084.2400	连接弯板(中隔板)	2	2471×184×2	热镀锌钢板
49	8XB.084.1858	连接弯板(中隔板)	2	1934×184×2	热镀锌钢板
50	8XB.084.1930	连接弯板(中隔板)	1	2006×184×2	热镀锌钢板
51	8XB.084.1025Z	上门槛(左)	1	1025×286×2	热镀锌钢板
52	8XB.084.1025Z-2	上门槛(右)	1	1025×286×2	热镀锌钢板
53	8XB.084.0782	上门槛	1	782×286×2	热镀锌钢板
54	8XB.084.1682	上门槛	1	1682×286×2	热镀锌钢板
55	8XB.084.1712Z	上门槛(左)	1	1712×286×2	热镀锌钢板
56	8XB.084.1712Z-2	上门槛(右)	1	1712×286×2	热镀锌钢板
57	8XB.084.2000	上门槛	1	2000×286×2	热镀锌钢板
58	8XB.084.0480	上门槛	2	480×286×2	热镀锌钢板
59	8XB.084.1465Z	上门槛(左)	2	1465×286×2	热镀锌钢板
60	8XB.084.1465Z-2	上门槛(右)	2	1465×286×2	热镀锌钢板
61	8XB.320.0662	下门槛	1	94×662×2.5	热镀锌钢板
62	8XB.320.1562	下门槛	1	94×1562×2.5	热镀锌钢板
63	8XB.320.1536	下门槛	2	94×1536×2.5	热镀锌钢板
64	8XB.320.0850	下门槛	2	94×850×2.5	热镀锌钢板
65	8XB.320.1880	下门槛	1	94×1880×2.5	热镀锌钢板
66	8XB.320.0360	下门槛	2	94×360×2.5	热镀锌钢板

设计: 校核: 审定: 日期:

发放部门:计划.金工.数控,技术部.质检各一份

箱体 组装式欧变生产明细表 品字型布置 共3页 第3页

合同号: 工程名称:

产品型号:YBM-10/0.4kV-630kVA 箱体有效空间:2400宽×2000高×5800长 数量:1台

序号	图号	名称	单台数量	下料尺寸	材料
69	8XB.320.1500-51	通风件	40	136×113×1	热镀锌钢板
70	8XB.320.1500-12	通风安装件	8	440×116×1.5	热镀锌钢板
71	8XB.320.1500-1/21	变压器室上通风板	4	1342×551×1.5	热镀锌钢板
72	8XB.320.1500-10	通风窗面板	4	1340×606×2	热镀锌钢板
73	8XB.320.0266	挡雨件1	12	106×266×1	热镀锌钢板
74	8XB.320.0220	挡雨件2	8	229×112×1	热镀锌钢板
75					
76					
77					
78					
79	8XB.320.1500-12	小门(右)	4	1084×724×2	热镀锌钢板
80	8XB.320.1500-11	小门(左)	4	1092×761×2	热镀锌钢板
81					
82					
83					
84					
85					
86					
87					
88					
89					
90					
91					
92	8XB.320.1050	行程开关安装件	20	77×54×2	热镀锌钢板
93	8XB.320.2002	门插销安装件	4	84×36×2	热镀锌钢板
94					
95	8XB.320.0030	门锁杆导向件(上) 通用	20	61×36×2	热镀锌钢板
96	8XB.320.0050	门锁杆导向件(下) 通用	20	81×36×2	热镀锌钢板
97	8XB.320.0052	门锁杆导向件(上,下)变压器右门	8	83×36×2	热镀锌钢板
98	8XB.320.0960-21	门锁锁杆 净高2100室	20	L=960	ϕ10冷拔圆钢
99	8XB.320.0966	门锁锁杆(下) 净高2100室	20	L=966	ϕ10冷拔圆钢
100	8XB.320.0050-2	门限位板	20	59×50×2	热镀锌钢板

设计: 校核: 审定: 日期:

图1-3-7 明细表

发放部门：计划.金工.数控，技术部.质检各一份

箱体 组装式欧变生产明细表 品字型布置 共3页 第1页

合同号： 工程名称：

产品型号：YBM-10/0.4kV-630kVA 箱体有效空间：2400宽×2000高×5800长 数量：1台

序号	图号	名称	单台数量	下料尺寸	材料
1	1XBP.024.5800-24/21-00	箱体装配图	1		
2	2XBP.024.5800-24/21-10	柜体装配图 品字型布置	1		
3	2XBP.073.2559-00	伞盖装配	1		
4	3XBP.024.5800-2400	设备平面布置图	1		
5	5XBP.024.5800-24-00	底盘焊接			
6					
7	5XB.320.0930-21P	右门焊接	1		
8	5XB.320.0930-2-21P	左门焊接	1		
9	5XB.320.0656-21P	右门焊接	1		
10	5XB.320.0774-21P	右门焊接	1		
11	5XB.320.0774-2-21P	左门焊接	1		
12	5XB.320.0760-21P	右门焊接	2		
13	5XB.320.0760-2-21P	左门焊接	2		
14					
15	5XB.320.1500-12	小门(右)焊接	4		
16	5XB.320.1500-1/21	变压器室上通风板装配	2		
17	5XB.320.1500-10	通风件装配	2		
18					
19		底盘 长槽钢	2	L=5800	14b#槽钢
20		底盘 短槽钢 双头切角	9	L=2384	14b#槽钢
21		底盘 连接槽钢 双头切角	2	L=660	14b#槽钢
22		底盘 连接槽钢	2	L=600	14b#槽钢
23		底盘 连接槽钢 双头切角	2	L=656	14b#槽钢
24		底盘 连接槽钢 单头切角	1	L=968	14b#槽钢
25		底盘 连接槽钢	1	L=924	14b#槽钢
26					
27					
28		底盘 连接角钢 双头切角	4	L=660	5#角钢
29		底盘 连接角钢	4	L=600	5#角钢
30		底盘 连接角钢 双头切角	4	L=656	4#角钢
31		底盘 连接角钢 单头切角	4	L=968	3#角钢
32		底盘 连接角钢	4	L=924	3#角钢

设计： 校核： 审定： 日期：

图1-3-8 明细表

1-3 品字型布置典型方案

主要材料及附件采购明细表 共1页 第1页

合同号： 工程名称：

产品型号：

箱体有效空间：2400宽×2000高×5800长 数量：1台

序号	名称	规格	单位	单台数量	备注
1	14b#槽钢	L=6.5m	件	5	
2	5#角钢	50×50×5 L=6m	件	2	
3	4#角钢	40×40×4 L=6m	件	1	
4	3#角钢	30×30×3 L=6m	件	1	
5					
6	热镀锌钢板 δ=1	1×1250×2300	张	2	通风件
7					
8	热镀锌钢板 δ=1.5	1.5×1250×2300	张	10	
9	热镀锌钢板 δ=2	2×1250×2300	张	20	
10	热镀锌钢板 δ=2.5	2.5×1250×2300	张	8	
11					
12	铁丝网 网孔≤2.5		张	4	
13					
14	δ=10mm玻镁防火板	1220×1960×10	张	20	
15	25mm厚 彩钢复合板	1200mm宽25mm厚	m	80	
16 17	门边U形铝型材 （配25mm厚 彩钢复合板）		m	120	
18 19	左右门对接 铝型材 （配25mm厚 彩钢复合板）		m	80	
20					
21	方颈螺栓 M10×15		套	80	镀锌
22	方颈螺栓 M8×15		套	40	镀锌
23	内六方螺栓 M10×20		套	80	镀锌
24	普通螺栓 M8×15		套	120	镀锌
25					
26 27	上海生九MS833锁，H(舌深28) 一把钥匙开一把锁，可配挂锁，三点式，带上下锁杆		套	4	
28					
29	门插销	体积尽量小，带弹簧复位	套	8	
30	单面不干胶条	20mm宽4mm厚		80m	

设计： 校核： 审定： 日期：

图1-3-9 明细表

发放部门：计划．金工．数控，技术部．质检各一份

伞盖　组装式欧变生产明细表　共 1 页　第 1 页

合同号：　工程名称：

产品型号：　箱体有效空间：2400宽×2000高×5800长　数量：1台

序号	图　号	名　称	单台数量	下料尺寸	材料
1	5XB．073．2559-00	伞盖装配	1		
2	5XB．073．2559-10	伞盖框架焊接	1		
3					
4					
5					
6					
7	8XB．073．2138-120	伞盖前后檐（边）	2	294×2188×1．5	
8	8XB．073．2000-120	伞盖前后檐（边）	4	294×2050×1．5	
9		δ＝25彩钢板顶盖			
10	8XB．073．2500-120-2	伞盖侧檐（右）	2	303×1428×1．5	
11	8XB．073．2500-120	伞盖侧檐（左）	2	303×1428×1．5	
12					
13					
14	8XB．073．0122	三角板 1	4	261×261×2．5	
15					
16					
17					
18					
19	8XB．073．0666-2	上连接异形槽钢	6	92×666×2．5	
20	8XB．073．0970-2	上连接异形槽钢	8	92×970×2．5	
21					
22					
23					
24	8XB．073．0666	顶连接型钢	3	140×666×2．5	
25	8XB．073．0970	顶连接型钢	4	140×970×2．5	
26					
27	8XB．073．5900-01	前后框件	2	5906×120×2．5	
28	8XB．073．2500-01	隔板	8	2496×221×2．5	
29					

设计：　校核：　审定：　日期：

图 1－3－10　明细表

发放部门：计划．金工．数控，技术部．质检各一份

网门 配1500变压器室油变专用，　组装式欧变生产明细表　共 1 页　第 1 页

合同号：　工程名称：

产品型号：　注意：单台数量×2=2台数量　数量：2台

序号	图　号	名　称	单台数量	下料尺寸	材料
1					
2					
3					
4		丝网580×860	4		
5	16-M6×30爆炸焊螺钉		16		
6		门轴（同变压器室门）	8		
7					
8	8XB．040．0060	挂锁片	4	66×56×1．5	热镀锌板
9	8XB．040．0504	压紧框（横）（网门）	8	504×69×1．5	热镀锌板
10	8XB．040．0848	压紧框（竖）（网门）	8	848×69×1．5	热镀锌板
11	8XB．040．0592	左门　（网门）	4	923×639×1．5	热镀锌板
12	8XB．040．0592-2	右门　（网门）	2	923×639×1．5	热镀锌板
13	8XB．040．1500	上下门槛　（网门）	4	1249×110×1．5	热镀锌板
14	8XB．040．1000-2	竖门槛（右）（网门）	2	1000×202×1．5	热镀锌板
15	8XB．040．1000	竖门槛（左）	2	1000×202×1．5	热镀锌板
16					
17					
18					
19					
20					
21					
22					
23					
24					
25					
26					
27					
28					
29					
30					
31					
32					

设计：　校核：　审定：　日期：

图 1－3－11　明细表

第二章　0K 级箱体典型方案图集

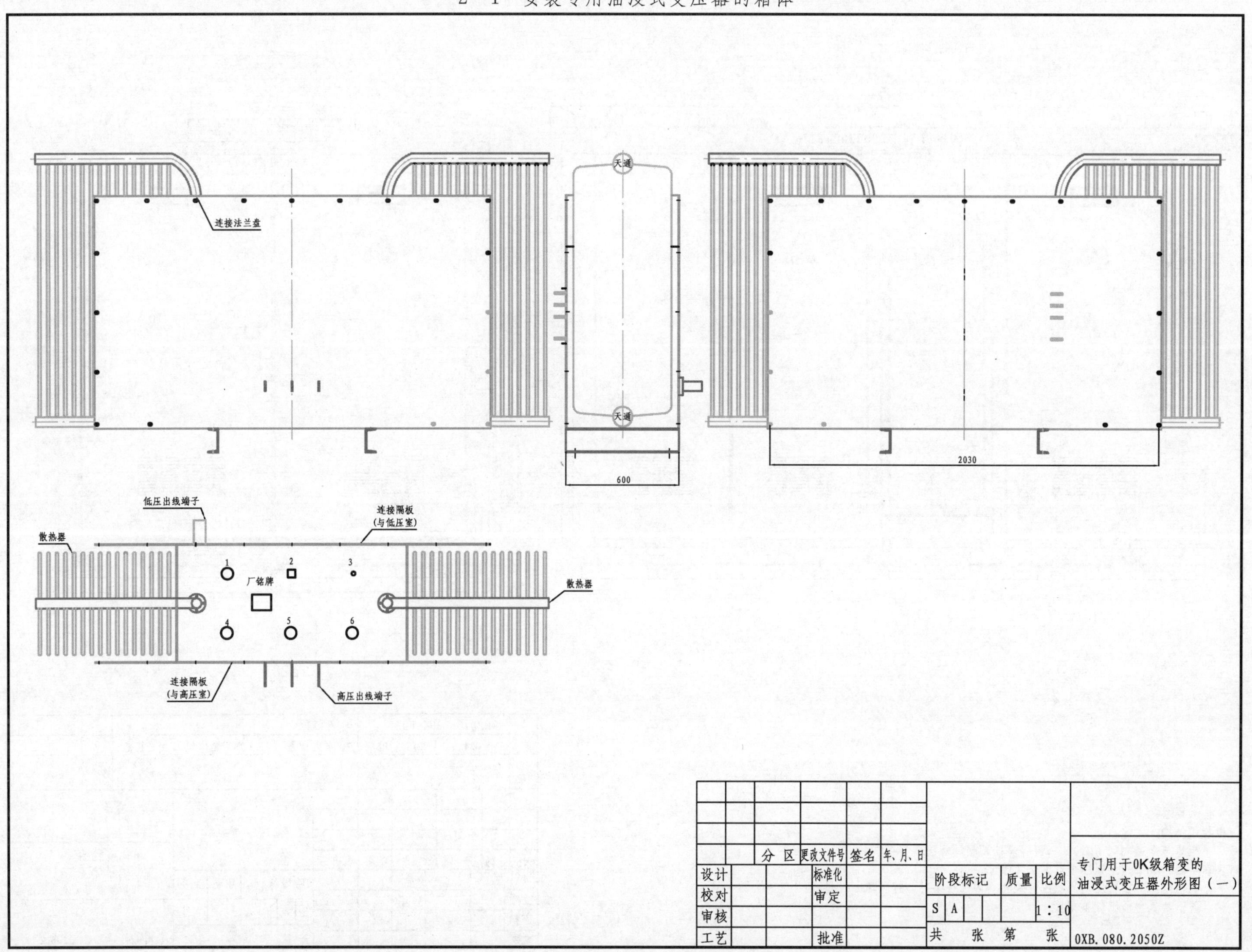

图 2-1-1 专门用于 0K 级箱变的油浸式变压器外形图(一)

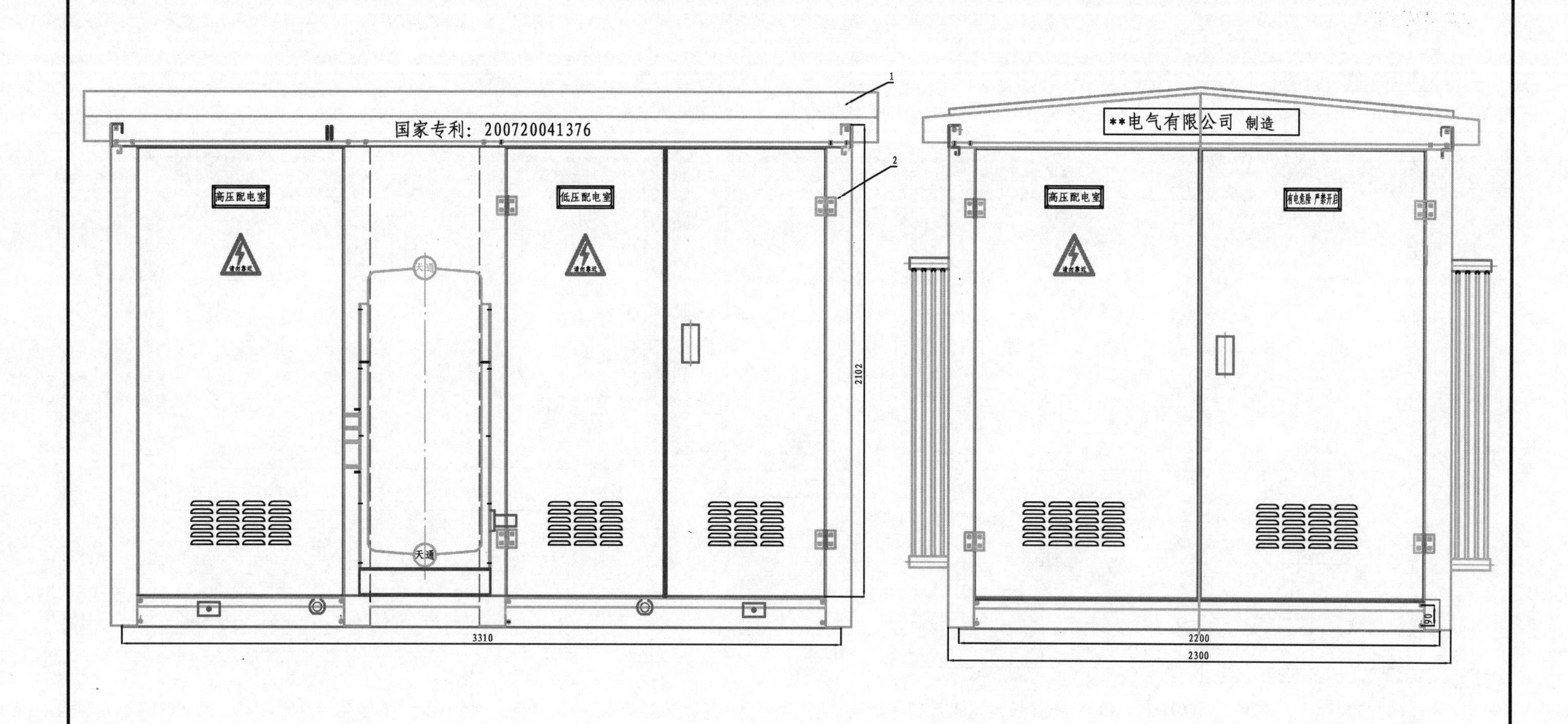

2	2XB.073.2334-00Z	伞盖装配	1	
1	2XB.024.3310-22/21-10Z	柜体装配图（一）0K级箱体(配专用变压器)	1	
序号	代　号	名　称	数量	备注

标记	处数	分区	更改文件号	签名	年、月、日				箱体装配图（一） 0K级箱体 （配置专用油浸式变压器）
设计			标准化			阶段标记	质量	比例	
校对			审定			S A		1：10	
审核									
工艺			批准			共　张　第　张			1XB.024.3310-22/21-00Z

技术要求

组装式结构。

柜体与伞盖之间用M10×15镀锌螺栓连接，螺栓连接要求可靠牢固，旋紧力矩以压平弹簧垫为准。

在检修或更换变压器高低压开关柜等内部设备时，拧开螺栓，吊下伞盖，吊出设备即可。

图2－1－2　箱体装配图（一）

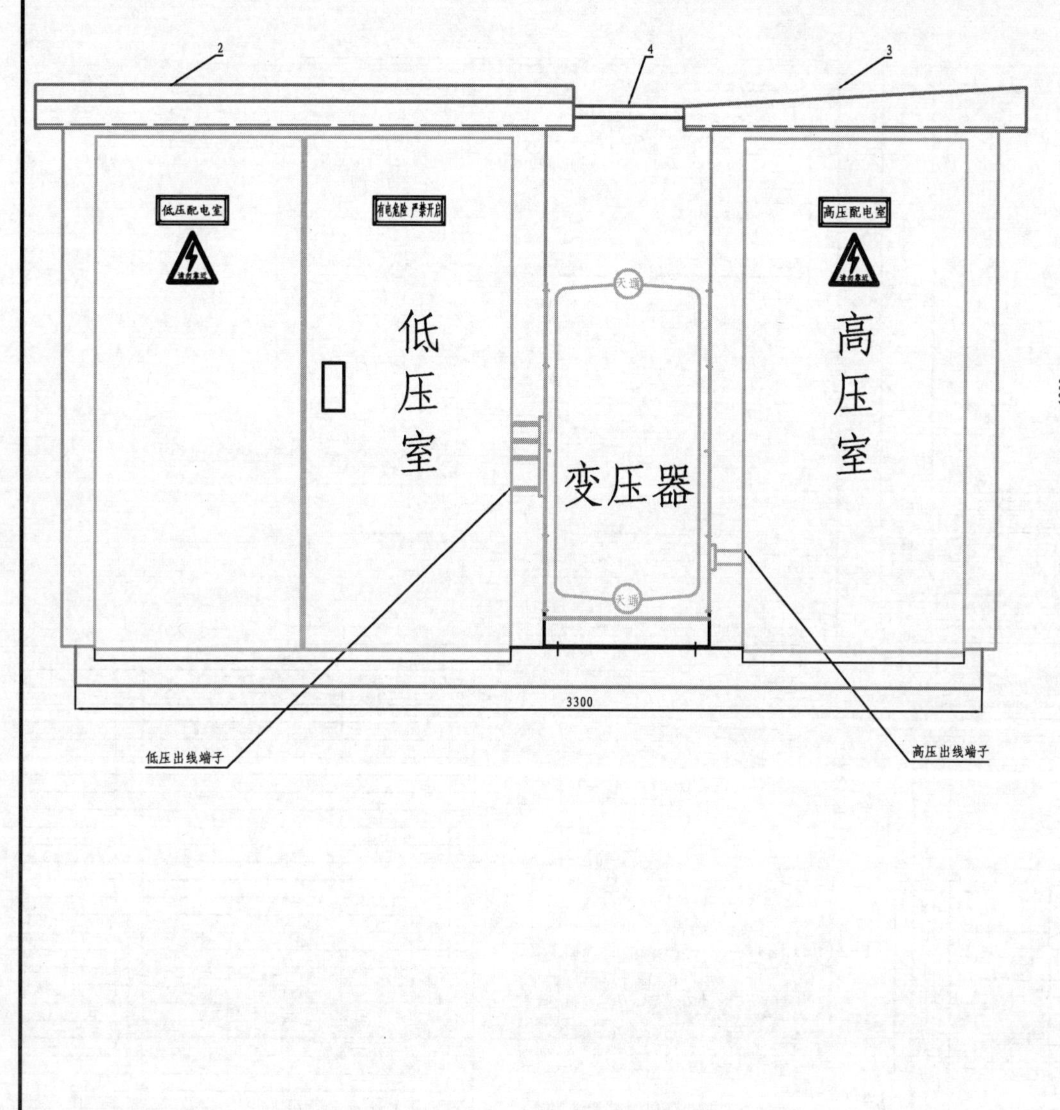

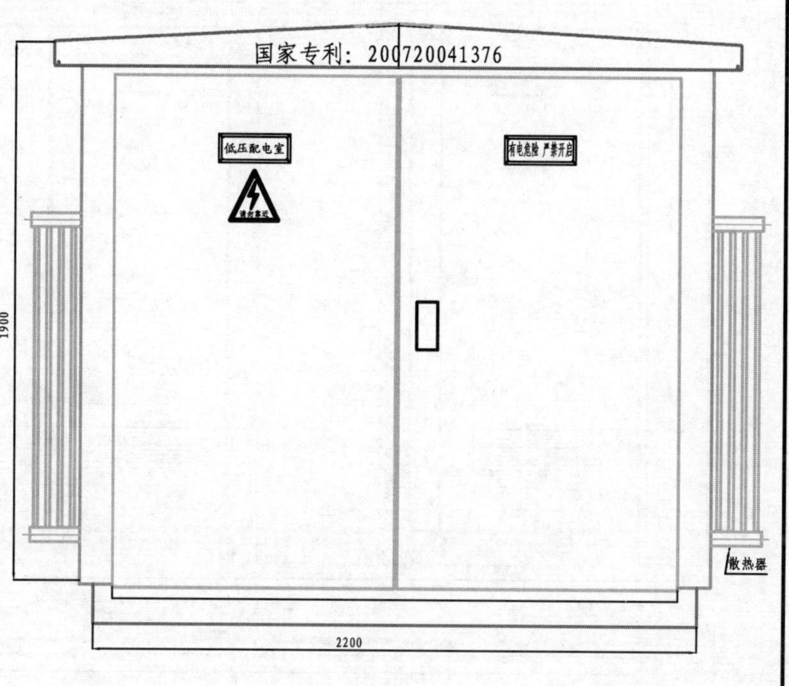

序号	代号	名称	数量	备注
5				
4	8XBLK.073.0400	连接板（顶盖） 零K级箱体	1	
3	2XBLK.073.1700-00	扇盖装配 零K级箱体.1700低压室	1	
2	2XBLK.073.1000-00	扇盖装配 零K级箱体.1000高压室	1	
1	2XBLK.024.3300-10	柜体装配（二） 零K级箱体1(配专用变压器)	1	

标记	处数	分区	更改文件号	签名	年.月.日			
设计			标准化			阶段标记	质量	比例
校对			审定					1:10
审核								
工艺			批准			共　张　第　张		

箱体装配图（二）
0K级箱体1(配专用变压器)
1XBLK.024.3300-00

技术要求
组装式结构。
柜体与伞盖之间用M10×15镀锌螺栓连接，螺栓连接要求可靠牢固，旋紧力矩以压平弹簧垫为准。
在检修或更换变压器高低压开关柜等内部设备时，拧开螺栓，吊下伞盖，吊出设备即可。

图2-1-3 箱体装配图（二）

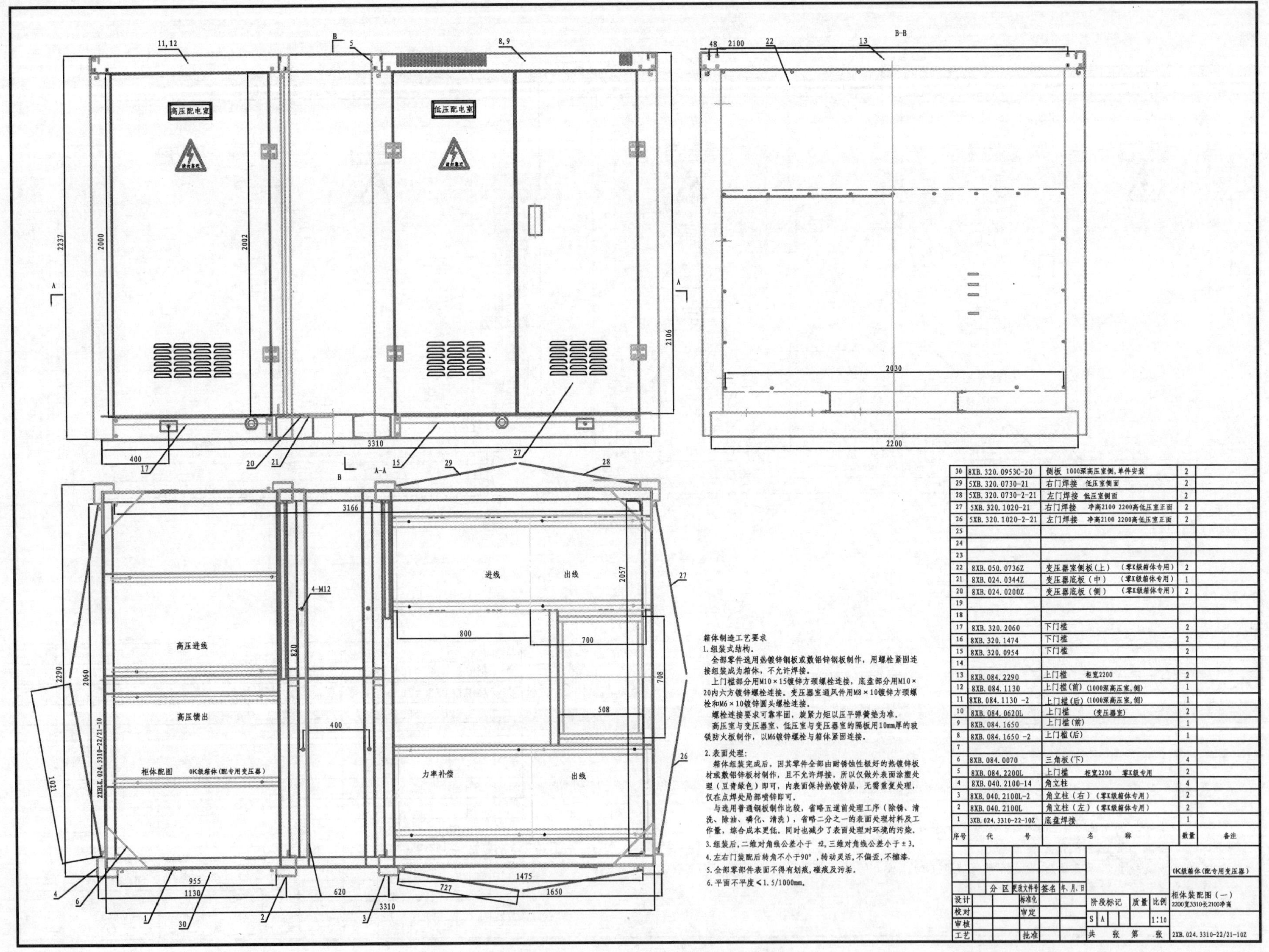

箱体制造工艺要求

1.组装式结构。

全部零件选用热镀锌钢板或敷铝锌钢板制作，用螺栓紧固连接组装成为箱体，不允许焊接。

上门楣部分用M10×15镀锌方颈螺栓连接，底盘部分用M10×20内六方镀锌螺栓连接。变压器室通风件用M8×10镀锌方颈螺栓和M6×10镀锌圆头螺栓连接。

螺栓连接要求可靠牢固，旋紧力矩以压平弹簧垫为准。

高压室与变压器室、低压室与变压器室的隔板用10mm厚的玻镁防火板制作，以M6镀锌螺栓与箱体紧固连接。

2.表面处理：

箱体组装完成后，因其零件全部由耐锈蚀性极好的热镀锌板材或敷铝锌板材制作，且不允许焊接，所以仅做外表面涂塑处理（豆青绿色）即可，内表面保持热镀锌层，无需重复处理，仅在点焊处局部喷锌即可。

与选用普通钢板制作比较，省略五道前处理工序（除锈、清洗、除油、磷化、清洗），省略二分之一的表面处理材料及工作量，综合成本更低。同时也减少了表面处理对环境的污染。

3.组装后，二维对角线公差小于 ±2，三维对角线公差小于±3。

4.左右门装配后转角不小于90°，转动灵活，不偏歪，不擦漆。

5.全部零部件表面不得有划痕，碰痕及污垢。

6.平面不平度<1.5/1000mm。

序号	代号	名称	数量	备注
30	8XB.320.0953C-20	侧板 1000深高压室侧，单件安装	2	
29	5XB.320.0730-21	右门焊接 低压室侧面	2	
28	5XB.320.0730-2-21	左门焊接 低压室侧面	2	
27	5XB.320.1020-21	右门焊接 净高2100 2200高低压室正面	2	
26	5XB.320.1020-2-21	左门焊接 净高2100 2200高低压室正面	2	
25				
24				
23				
22	8XB.050.0736Z	变压器室侧板（上） （零K级箱体专用）	2	
21	8XB.024.0344Z	变压器底板（中） （零K级箱体专用）	1	
20	8XB.024.0200Z	变压器底板（侧） （零K级箱体专用）	2	
19				
18				
17	8XB.320.2060	下门槛	2	
16	8XB.320.1474	下门槛	2	
15	8XB.320.0954	下门槛	2	
14				
13	8XB.084.2290	上门楣 柜宽2200	2	
12	8XB.084.1130	上门楣(前) (1000深高压室，侧)	1	
11	8XB.084.1130 -2	上门楣(后) (1000深高压室，侧)	1	
10	8XB.084.0620L	上门楣 (变压器室)	2	
9	8XB.084.1650	上门楣(前)	1	
8	8XB.084.1650 -2	上门楣(后)	1	
7				
6	8XB.084.0070	三角板(下)	4	
5	8XB.084.2200L	上门楣 柜宽2200 零K级专用	2	
4	8XB.040.2100-14	角立柱	4	
3	8XB.040.2100L-2	角立柱（右） （零K级箱体专用）	2	
2	8XB.040.2100L	角立柱（左） （零K级箱体专用）	2	
1	3XB.024.3310-22-10Z	底盘焊接	1	

		分区	更改文件号	签名	年、月、日		0K级箱体(配专用变压器)
设计			标准化			阶段标记 质量 比例	柜体装配图（一） 2200宽3310长2100净高
校对			审定			S A 1:10	
审核							
工艺			批准			共 张 第 张	2XB.024.3310-22/21-10Z

图2-1-4 柜体装配图（一）

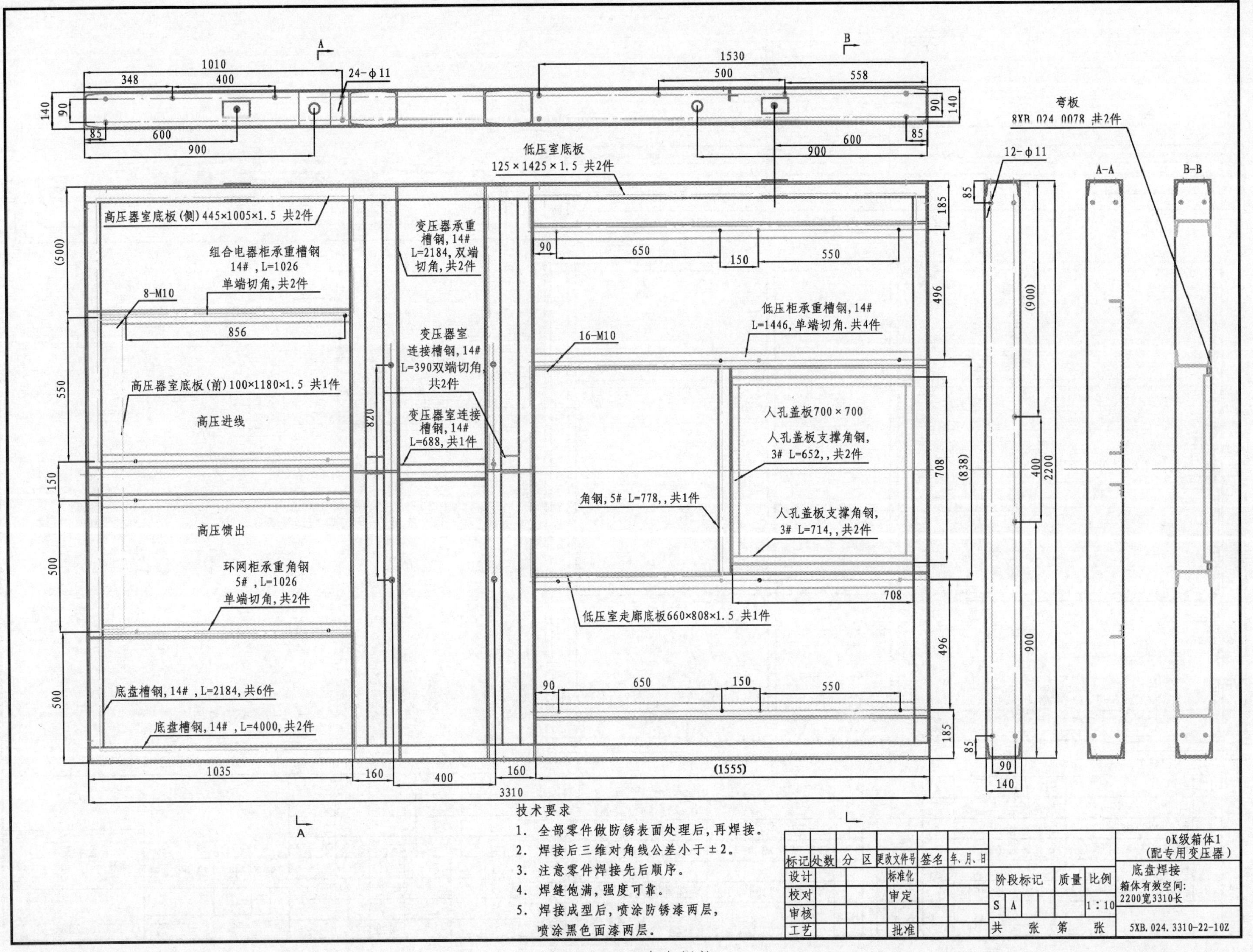

技术要求

1. 全部零件做防锈表面处理后,再焊接。
2. 焊接后三维对角线公差小于±2。
3. 注意零件焊接先后顺序。
4. 焊缝饱满,强度可靠。
5. 焊接成型后,喷涂防锈漆两层,
   喷涂黑色面漆两层。

标记	处数	分区	更改文件号	签名	年、月、日				0K级箱体1(配专用变压器)
设计			标准化			阶段标记	质量	比例	底盘焊接 箱体有效空间: 2200宽3310长
校对			审定						
审核						S A		1:10	
工艺			批准			共 张 第 张			5XB.024.3310-22-10Z

图2-1-5 底盘焊接

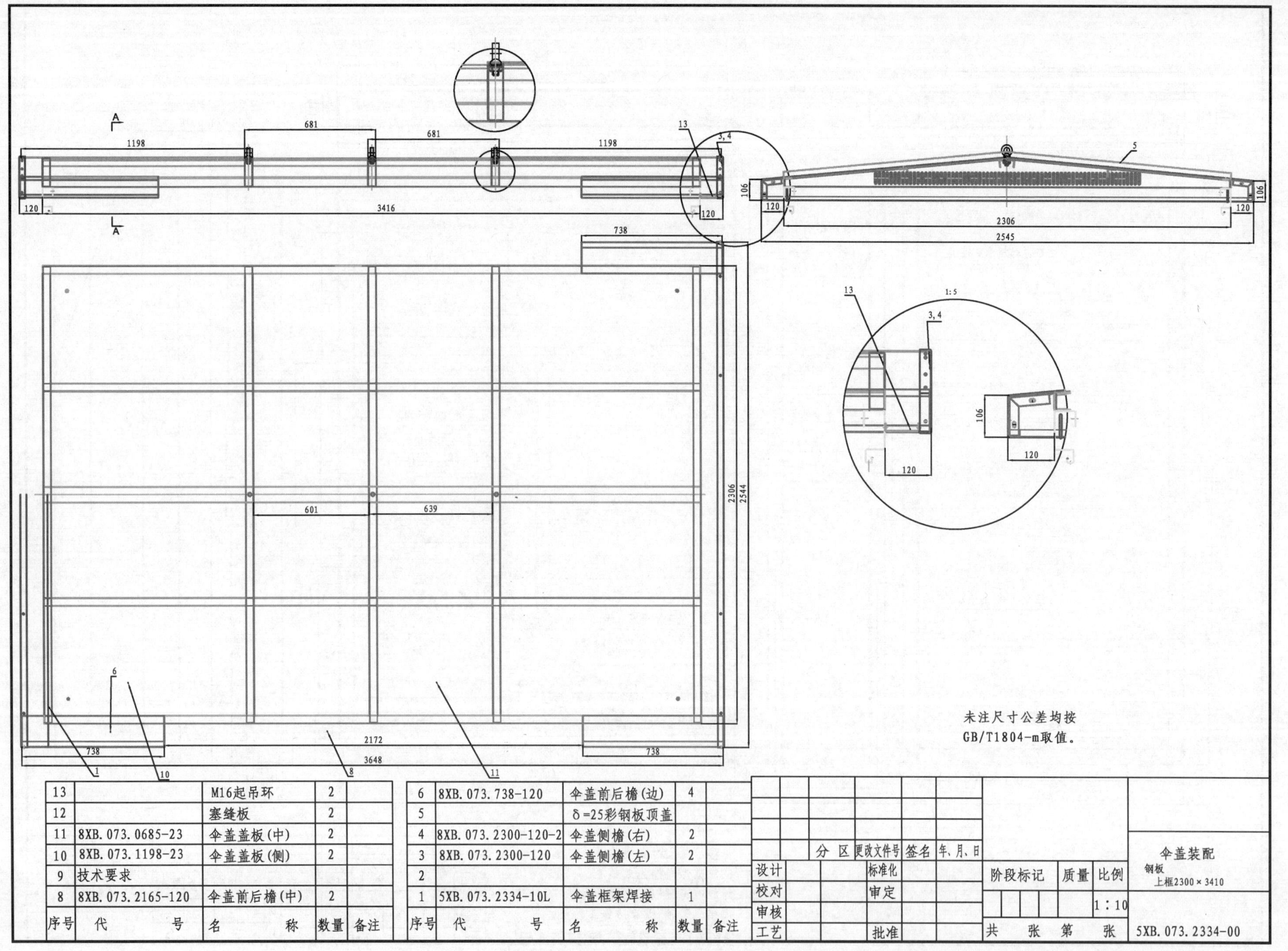

序号	代号	名称	数量	备注
13		M16起吊环	2	
12		塞缝板	2	
11	8XB.073.0685-23	伞盖盖板(中)	2	
10	8XB.073.1198-23	伞盖盖板(侧)	2	
9	技术要求			
8	8XB.073.2165-120	伞盖前后檐(中)	2	

序号	代号	名称	数量	备注
6	8XB.073.738-120	伞盖前后檐(边)	4	
5		δ=25彩钢板顶盖		
4	8XB.073.2300-120-2	伞盖侧檐(右)	2	
3	8XB.073.2300-120	伞盖侧檐(左)	2	
2				
1	5XB.073.2334-10L	伞盖框架焊接	1	

图2-1-6 伞盖装配

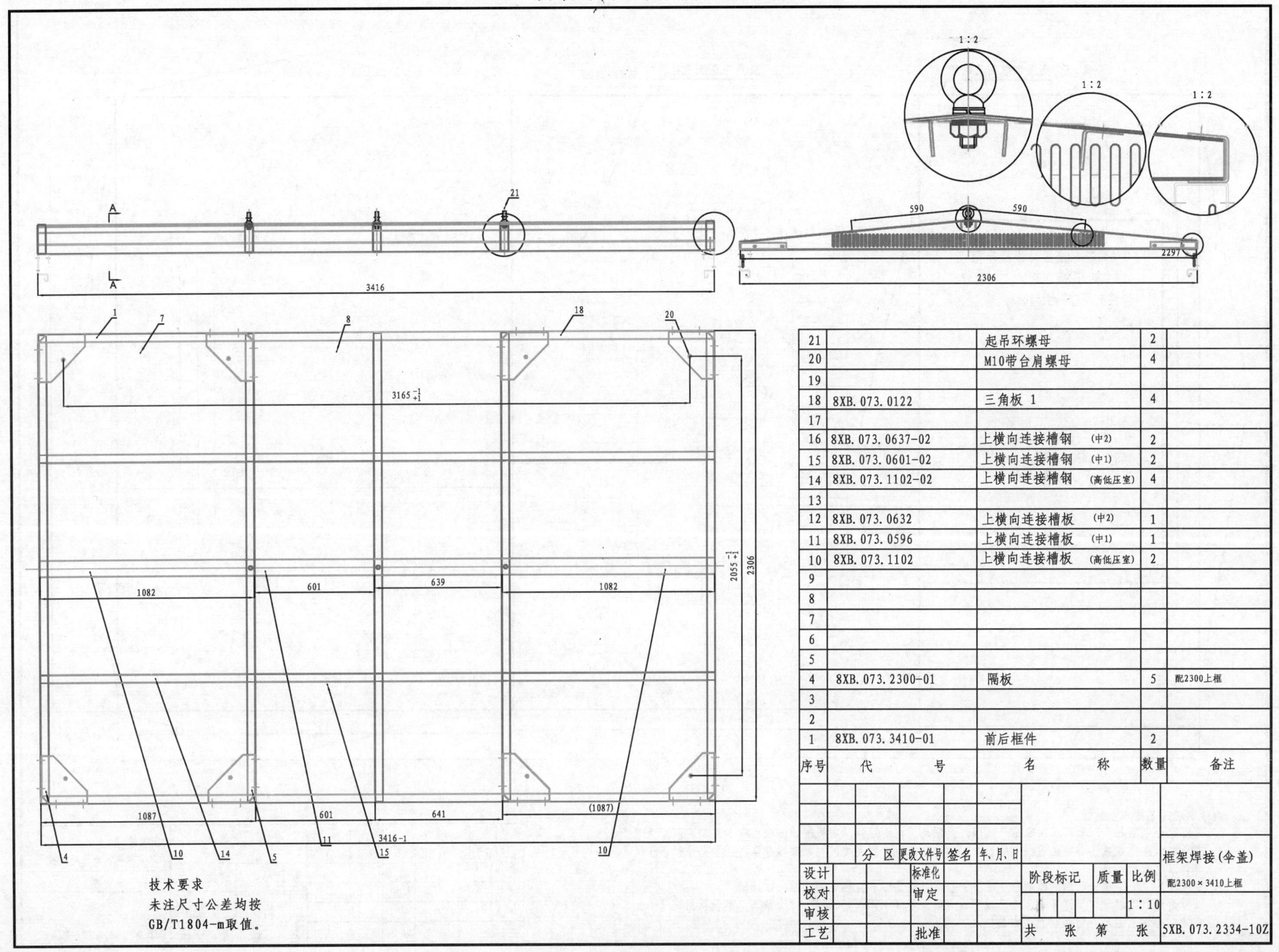

序号	代号	名称	数量	备注
21		起吊环螺母	2	
20		M10带台肩螺母	4	
19				
18	8XB.073.0122	三角板 1	4	
17				
16	8XB.073.0637-02	上横向连接槽钢 (中2)	2	
15	8XB.073.0601-02	上横向连接槽钢 (中1)	2	
14	8XB.073.1102-02	上横向连接槽钢 (高低压室)	4	
13				
12	8XB.073.0632	上横向连接槽板 (中2)	1	
11	8XB.073.0596	上横向连接槽板 (中1)	1	
10	8XB.073.1102	上横向连接槽板 (高低压室)	2	
9				
8				
7				
6				
5				
4	8XB.073.2300-01	隔板	5	配2300上框
3				
2				
1	8XB.073.3410-01	前后框件	2	

	分区	更改文件号	签名	年、月、日
设计		标准化		
校对		审定		
审核				
工艺		批准		

阶段标记	质量	比例
		1:10
共 张	第 张	

图2-1-7 框架焊接（伞盖）

2-2　安装常规油浸式变压器的箱体

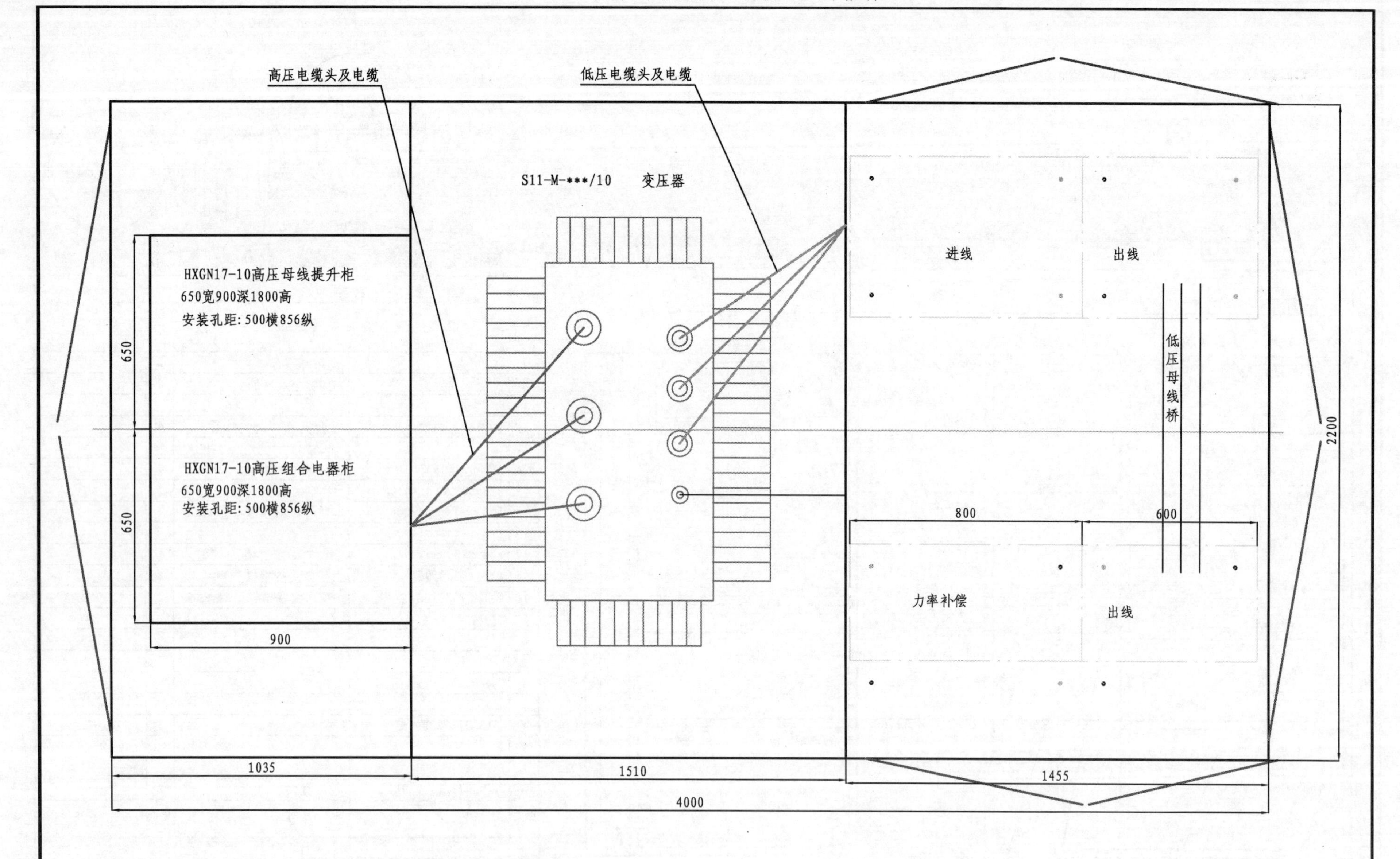

母线制造工艺要求

1. 高压组合电器与变压器高压接线端子之间，选用高压电缆连接，电缆的导体截面积满足额定载流量即可。
2. 变压器低压出线端子与低压进线断路器之间，选用低压电缆连接。可以数根并联，但是必须严格按照电缆头制作工艺进行制作。
3. 变压器高、低压端子配制电缆端子绝缘防护套，以避免雨水直接与端子导电体接触。
4. 低压进线断路器可以上进下返，亦可以下进上出。母线制作以"回路最短"为原则，尽量以斜边代替直角边，以求回路电阻最小、母线材料成本最低。

标记	处数	分 区	更改文件号	签名	年、月、日		OK级箱体2（配置常规油浸式变压器）
设计			标准化			阶段标记 / 质量 / 比例	设备布置图
校对			审定			S A / / 1:10	
审核							
工艺			批准			共　张　第　张	3XB.024.4000-22-02L

图2-2-1　OK级箱体2

2-2 安装常规油浸式变压器的箱体

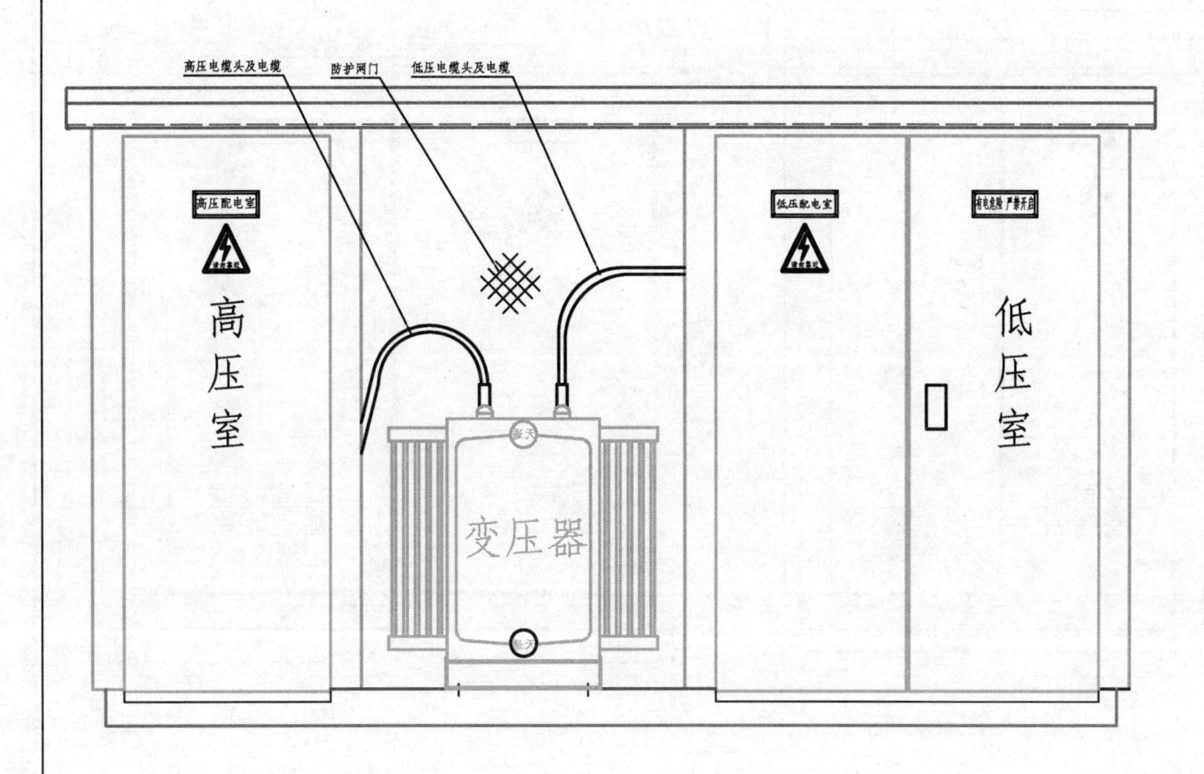

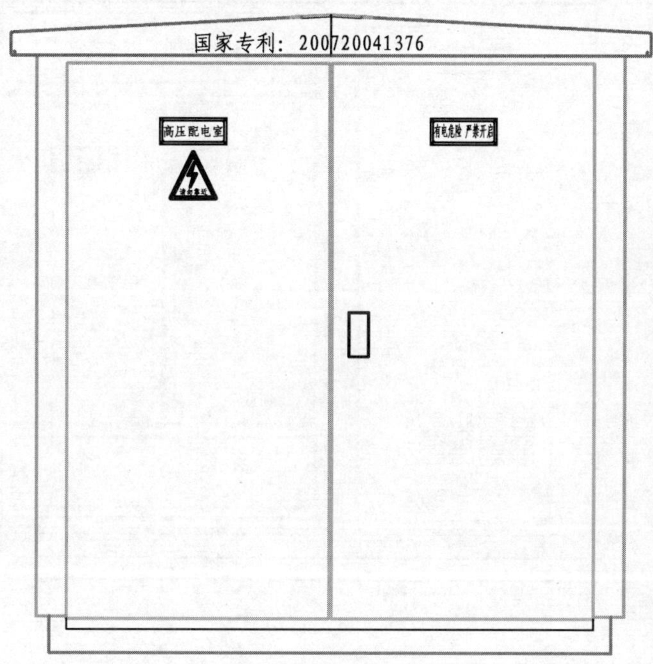

技术要求

配置常规变压器较配置专用变压器的优点是：更换变压器较方便。变压器出线端子与电缆连接处必须选用柱上油变专用绝缘防雨套。防护丝网网孔不大于φ12。

	分区	更改文件号	签名	年、月、日				
设计		标准化			阶段标记	质量	比例	0K级箱变外形图（配置常规油浸式变压器）
校对		审定			S A		1∶10	
审核								
工艺		批准			共 张 第 张			0XB.080.4000-22/21-02L

图 2-2-2 0K 级箱体外形图

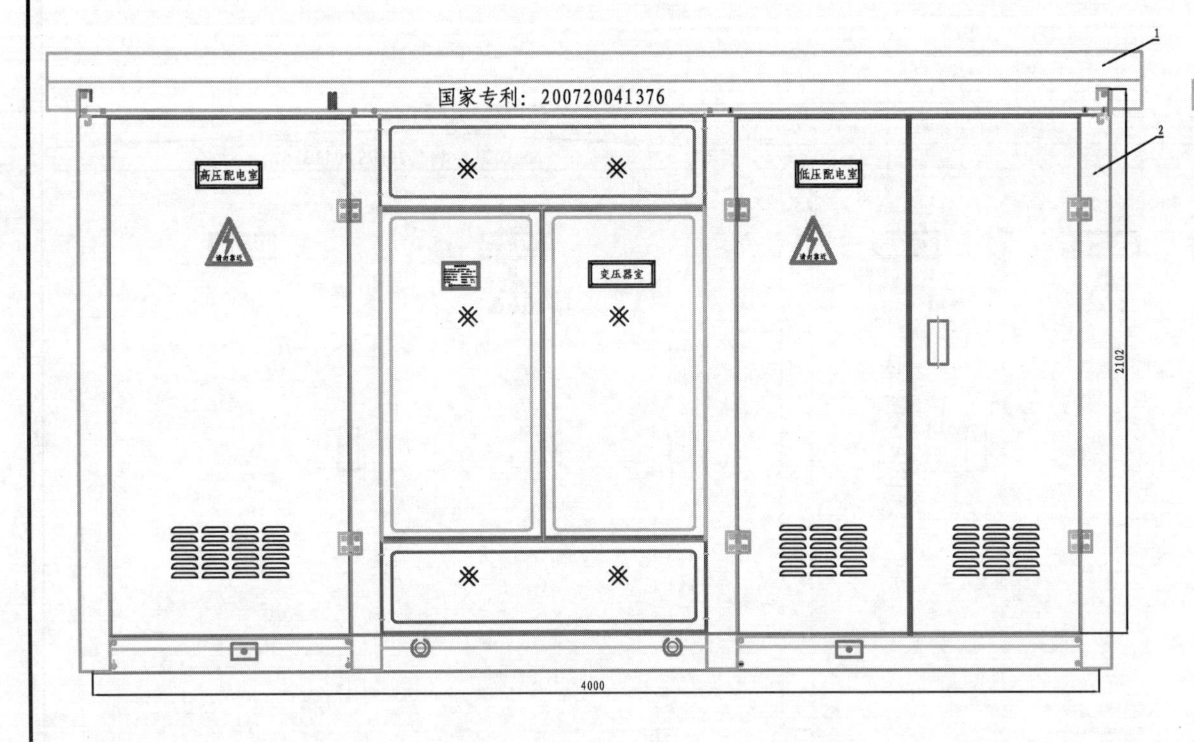

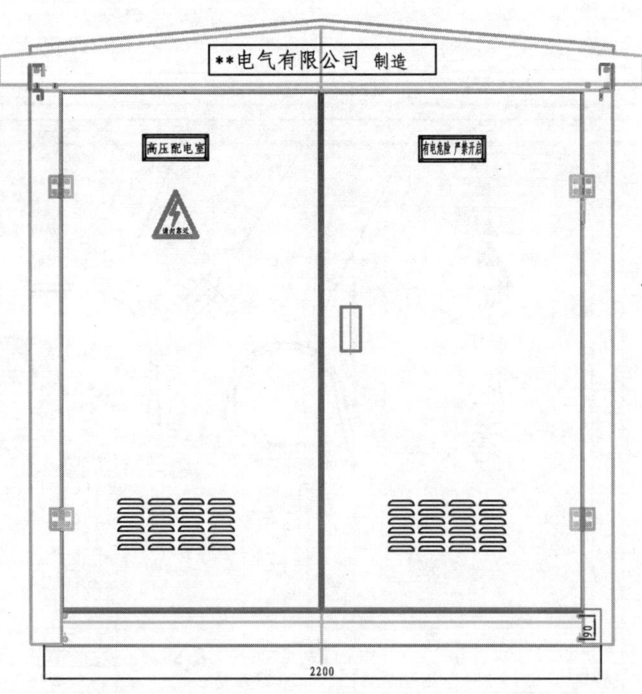

箱体制造工艺要求

1.组装式结构。

全部零件选用热镀锌钢板或敷铝锌钢板制作，用螺栓紧固连接组装成为箱体，不允许焊接。

上门槛部分用M10×15镀锌方颈螺栓连接，底盘部分用M10×20内六方镀锌螺栓连接。变压器室通风件用M8×10镀锌方颈螺栓和M6×10镀锌圆头螺栓连接。

螺栓连接要求可靠牢固，旋紧力矩以压平弹簧垫为准。

高压室与变压器室、低压室与变压器室的隔板用10mm厚的玻镁防火板制作，以M6镀锌螺栓与箱体紧固连接。

2.表面处理：

箱体组装完成后，因其零件全部由耐锈蚀性极好的热镀锌板材或敷铝锌板材制作，且不允许焊接，所以仅做外表面涂塑处理（豆青绿色）即可，内表面保持热镀锌层，无需重复处理，仅在点焊处局部喷锌即可。

与选用普通钢板制作比较，省略五道前处理工序（除锈、清洗、除油、磷化、清洗），省略二分之一的表面处理材料及工作量，综合成本更低。同时也减少了表面处理对环境的污染。

3.组装后，二维对角线公差小于±2，三维对角线公差小于±3。

4.左右门装配后转角不小于90°，转动灵活，不偏歪，不擦漆。

5.全部零部件表面不得有划痕，碰痕及污垢。

6.平面不平度≤1.5/1000mm。

7.柜体与伞盖之间用M10×15镀锌螺栓连接。在检修或更换变压器、高低压开关柜等内部设备时，拧开螺栓，吊下伞盖，吊出设备即可。

序号	代号	名称	数量	备注
3				
2	2XB.024.4000-22/21-10L	柜体配图	1	
1	2XB.073.2341-00L	伞盖装配	1	

标记	处数	分区	更改文件号	签名	年、月、日				0K级箱体（配置常规油浸式变压器）
设计			标准化			阶段标记	质量	比例	箱体装配图 2200x4000x2100
校对			审定			S A		1:10	
审核									
工艺			批准			共 张 第 张			1XB.024.4000-22/21-00L

图2-2-3 箱体装配图

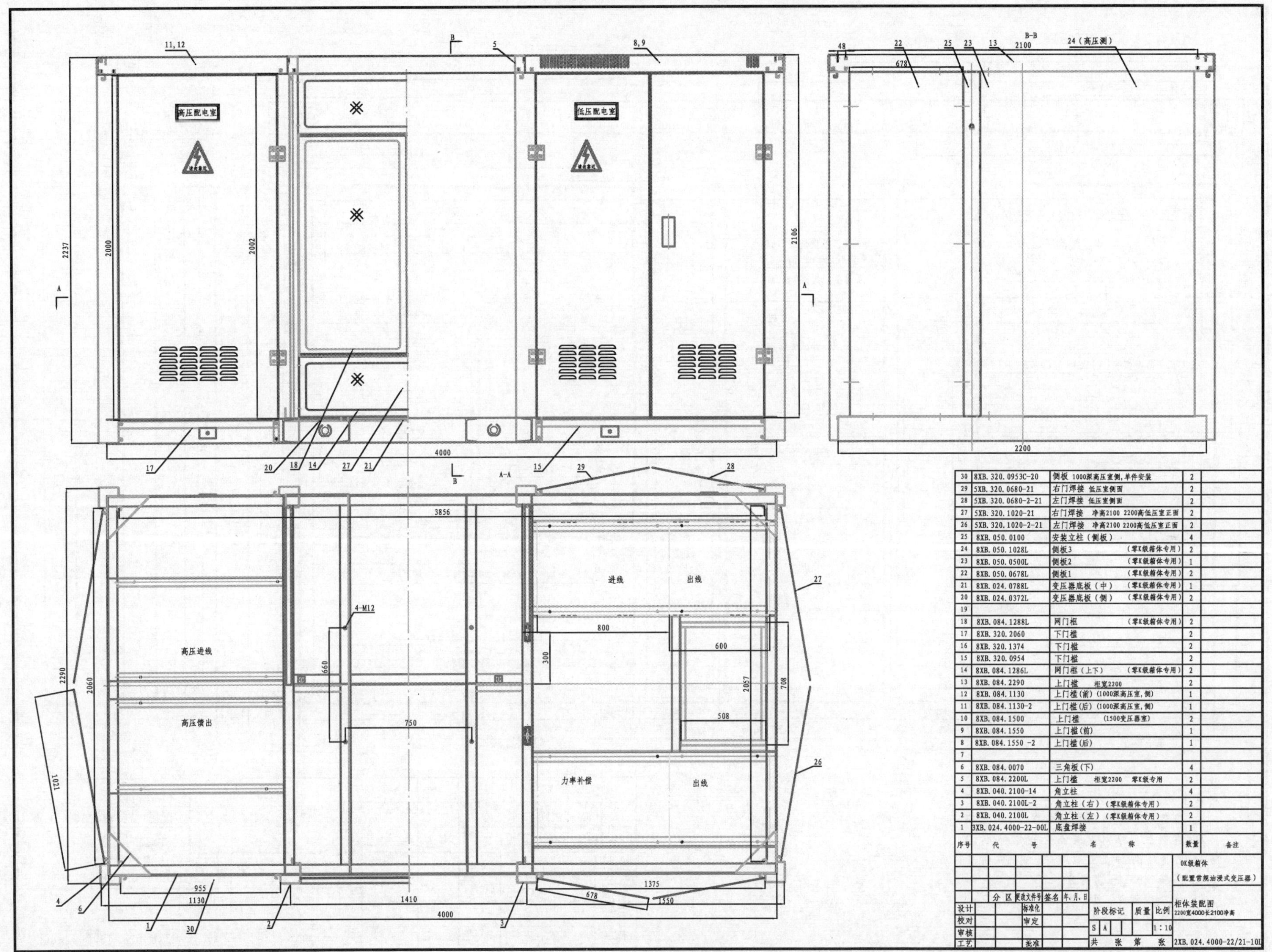

序号	代号	名称	数量	备注
30	8XB.320.0953C-20	侧板 1000深高压室侧，单件安装	2	
29	5XB.320.0680-21	右门焊接 低压室侧面	2	
28	5XB.320.0680-2-21	左门焊接 低压室侧面	2	
27	5XB.320.1020-21	右门焊接 净高2100 2200高低压室正面	2	
26	5XB.320.1020-2-21	左门焊接 净高2100 2200高低压室正面	2	
25	8XB.050.0100	安装立柱（侧板）	4	
24	8XB.050.1028L	侧板3 （零K级箱体专用）	2	
23	8XB.050.0500L	侧板2 （零K级箱体专用）	1	
22	8XB.050.0678L	侧板1 （零K级箱体专用）	2	
21	8XB.024.0788L	变压器底板（中） （零K级箱体专用）	1	
20	8XB.024.0372L	变压器底板（侧） （零K级箱体专用）	2	
19				
18	8XB.084.1288L	网门框 （零K级箱体专用）	2	
17	8XB.320.2060	下门槛	2	
16	8XB.320.1374	下门槛	2	
15	8XB.320.0954	下门槛	2	
14	8XB.084.1286L	网门框（上下） （零K级箱体专用）	2	
13	8XB.084.2290	上门槛 柜宽2200	2	
12	8XB.084.1130	上门槛(前) (1000深高压室，侧)	1	
11	8XB.084.1130-2	上门槛(后) (1000深高压室，侧)	1	
10	8XB.084.1500	上门槛 (1500变压器室)	2	
9	8XB.084.1550	上门槛(前)	1	
8	8XB.084.1550 -2	上门槛(后)	1	
7				
6	8XB.084.0070	三角板(下)	4	
5	8XB.084.2200L	上门槛 柜宽2200 零K级专用	2	
4	8XB.040.2100-14	角立柱	4	
3	8XB.040.2100L-2	角立柱（右）（零K级箱体专用）	2	
2	8XB.040.2100L	角立柱（左）（零K级箱体专用）	2	
1	3XB.024.4000-22-00L	底盘焊接	1	

分区	更改文件号	签名	年、月、日			0K级箱体（配置常规油浸式变压器）
设计		标准化		阶段标记 S A	质量	比例 1：10
校对		审定				柜体装配图 2200宽4000长2100净高
审核						
工艺		批准		共 张 第 张		2XB.024.4000-22/21-10L

图2-2-4 柜体装配图

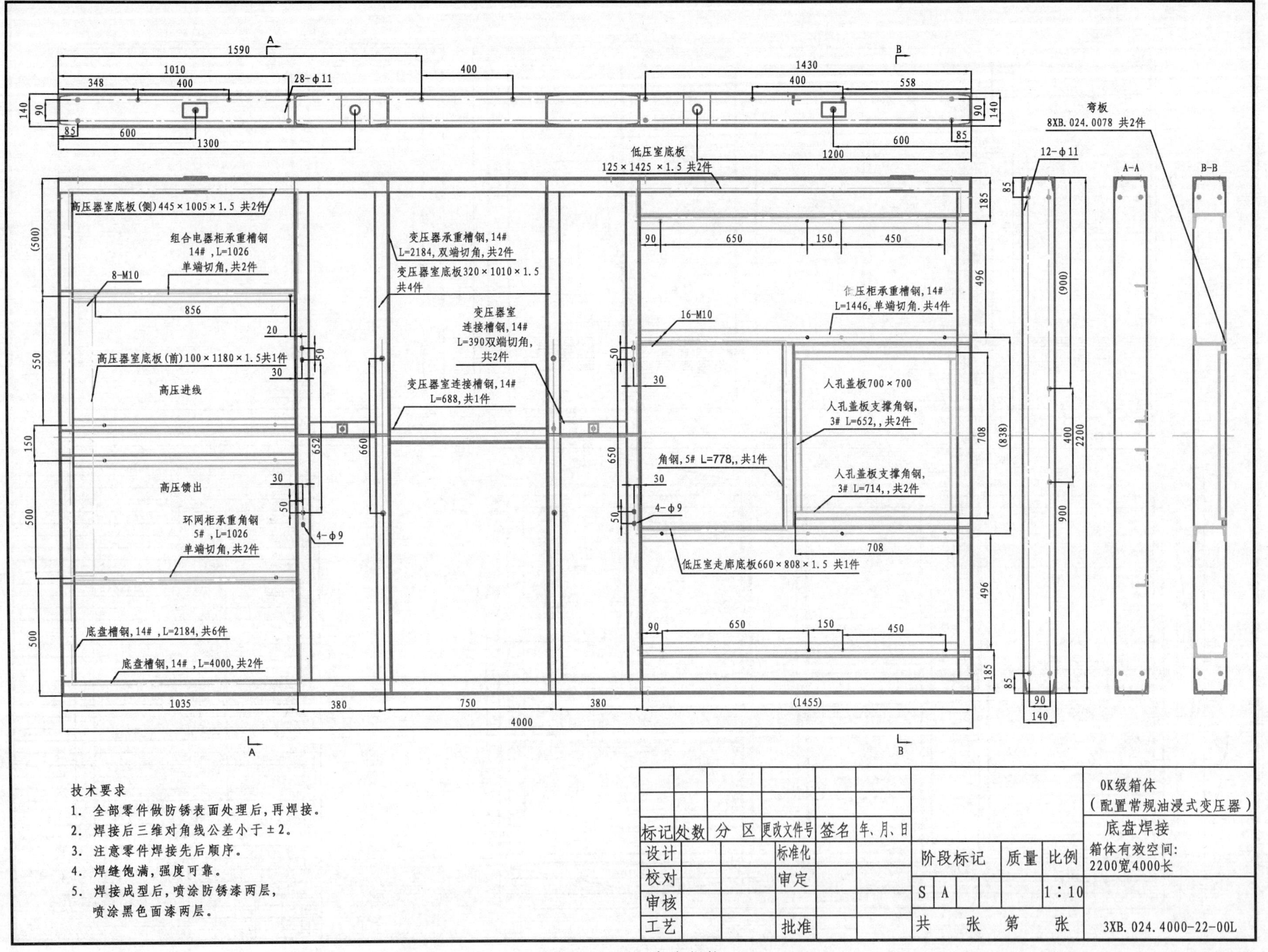

1590
1010
348
400
28-ϕ11
400
1430
400
558
140
90
85
600
1300
600
1200
85
90
140
弯板
8XB.024.0078 共2件
低压室底板
125×1425×1.5 共2件
12-ϕ11
A-A
B-B
高压器室底板(侧)445×1005×1.5 共2件
组合电器柜承重槽钢
14#，L=1026
单端切角，共2件
8-M10
856
20
变压器承重槽钢，14#
L=2184，双端切角，共2件
变压器室底板320×1010×1.5
共4件
变压器室
连接槽钢，14#
L=390双端切角，
共2件
90
650
150
450
低压柜承重槽钢，14#
L=1446，单端切角，共4件
16-M10
高压器室底板(前)100×1180×1.5共1件
30
50
高压进线
变压器室连接槽钢，14#
L=688，共1件
30
人孔盖板700×700
人孔盖板支撑角钢，
3# L=652，，共2件
652
660
650
角钢，5# L=778，，共1件
30
人孔盖板支撑角钢，
3# L=714，，共2件
高压馈出
4-ϕ9
环网柜承重角钢
5#，L=1026
单端切角，共2件
708
低压室走廊底板660×808×1.5 共1件
90
650
150
450
底盘槽钢，14#，L=2184，共6件
底盘槽钢，14#，L=4000，共2件
(500)
550
150
500
500
185
496
(900)
400
2200
708
(838)
900
496
185
85
90
140
1035
380
750
380
(1455)
4000
技术要求
1. 全部零件做防锈表面处理后，再焊接。
2. 焊接后三维对角线公差小于±2。
3. 注意零件焊接先后顺序。
4. 焊缝饱满，强度可靠。
5. 焊接成型后，喷涂防锈漆两层，
喷涂黑色面漆两层。
标记 处数 分区 更改文件号 签名 年、月、日
设计
标准化
校对
审定
审核
工艺
批准
阶段标记
质量
比例
S A
1:10
共 张 第 张
0K级箱体
(配置常规油浸式变压器)
底盘焊接
箱体有效空间:
2200宽4000长
3XB.024.4000-22-00L

图2-2-5 底盘焊接

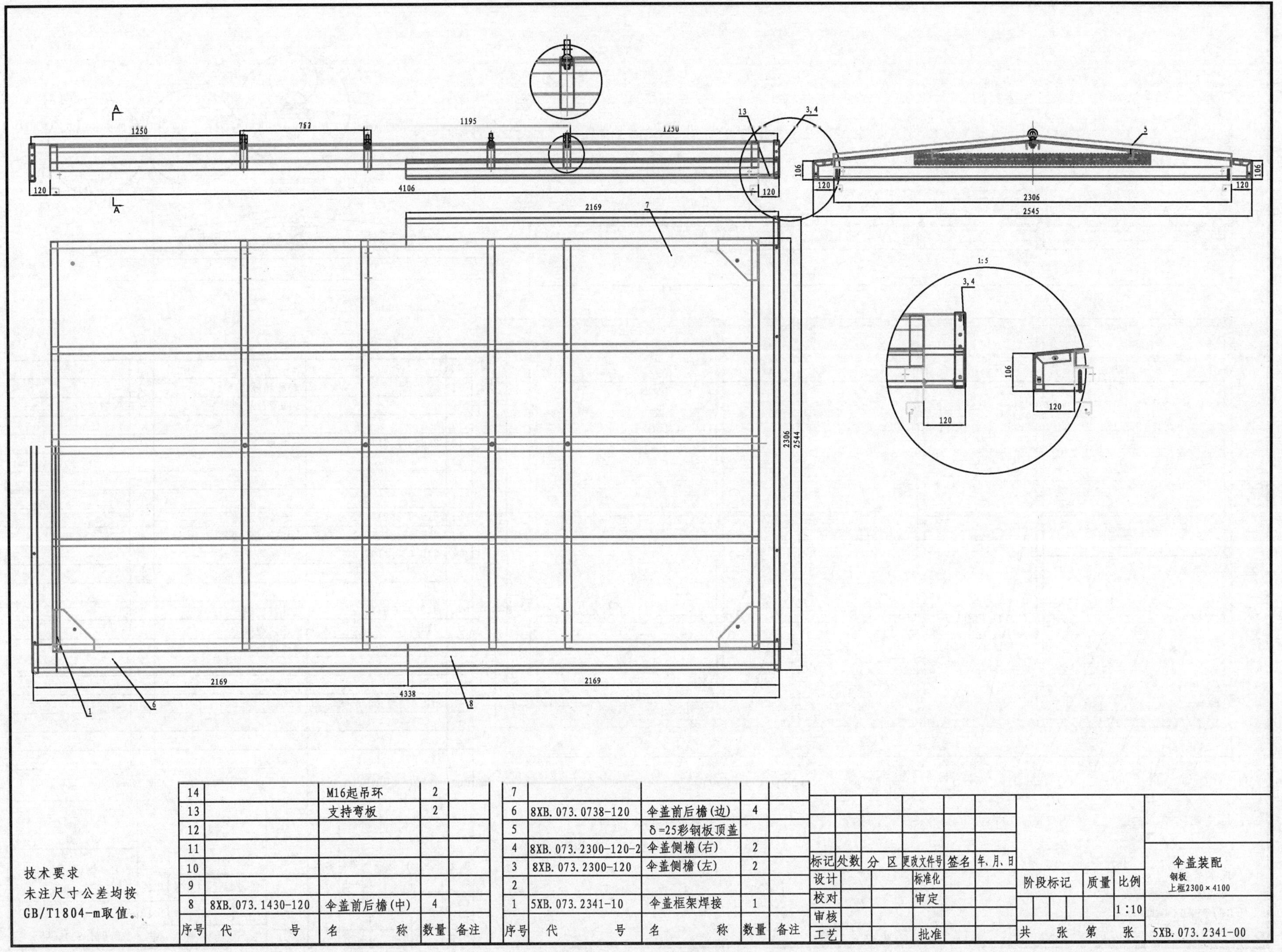

序号	代号	名称	数量	备注	序号	代号	名称	数量	备注
14		M16起吊环	2		7				
13		支持弯板	2		6	8XB.073.0738-120	伞盖前后檐(边)	4	
12					5		δ=25彩钢板顶盖		
11					4	8XB.073.2300-120-2	伞盖侧檐(右)	2	
10					3	8XB.073.2300-120	伞盖侧檐(左)	2	
9					2				
8	8XB.073.1430-120	伞盖前后檐(中)	4		1	5XB.073.2341-10	伞盖框架焊接	1	

技术要求
未注尺寸公差均按
GB/T1804-m取值。

图2-2-6 伞盖装配

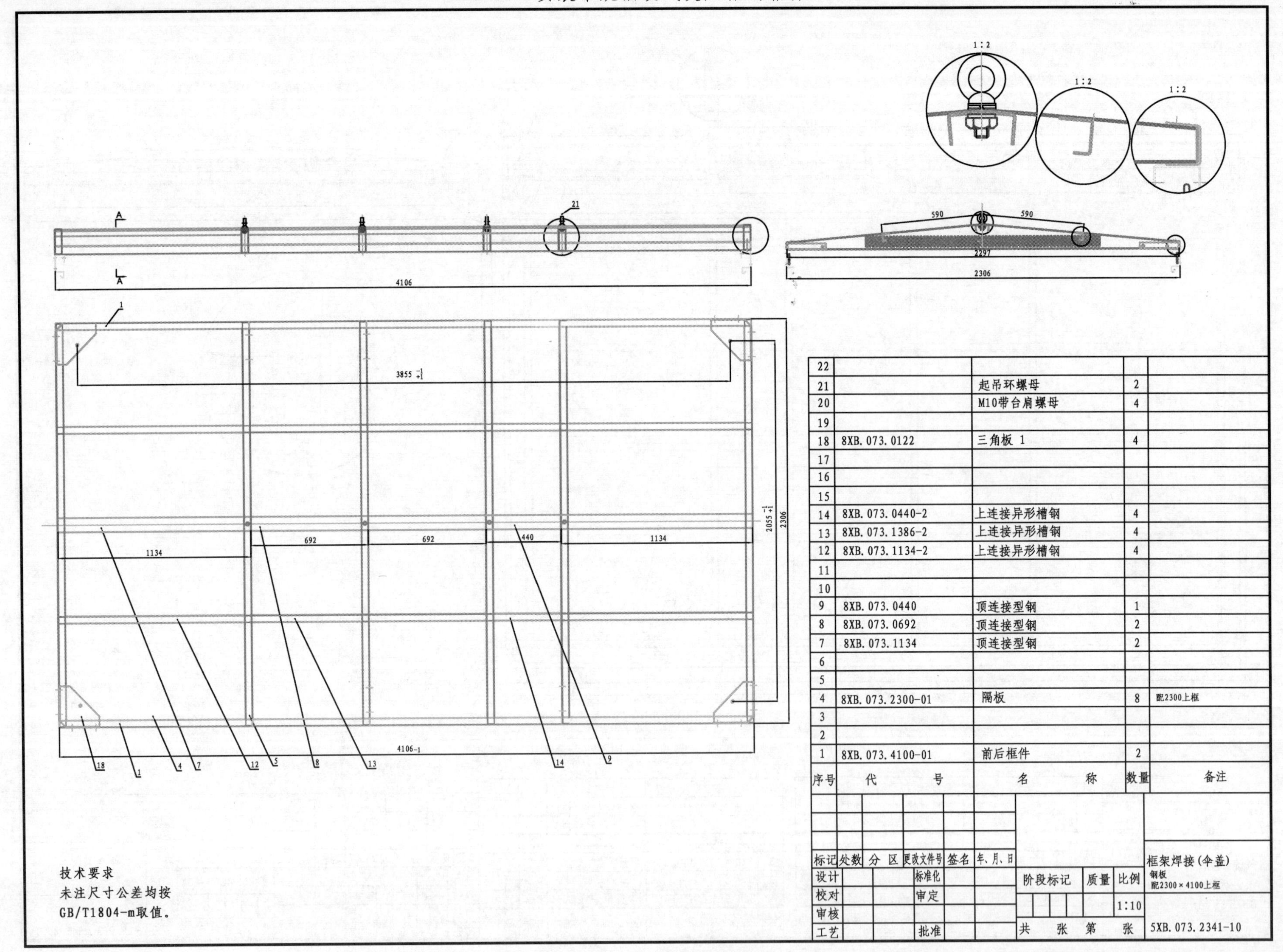
1:2
1:2
1:2
A
A
21
4106
590
590
2297
2306
3855
2055
2306
1134
692
692
440
1134
4106-1
18
1
4
7
12
5
8
13
14
9
22
21 起吊环螺母 2
20 M10带台肩螺母 4
19
18 8XB.073.0122 三角板 1 4
17
16
15
14 8XB.073.0440-2 上连接异形槽钢 4
13 8XB.073.1386-2 上连接异形槽钢 4
12 8XB.073.1134-2 上连接异形槽钢 4
11
10
9 8XB.073.0440 顶连接型钢 1
8 8XB.073.0692 顶连接型钢 2
7 8XB.073.1134 顶连接型钢 2
6
5
4 8XB.073.2300-01 隔板 8 配2300上框
3
2
1 8XB.073.4100-01 前后框件 2
序号 代号 名称 数量 备注
标记 处数 分区 更改文件号 签名 年、月、日
设计 标准化
校对 审定
审核
工艺 批准
阶段标记 质量 比例
1:10
共 张 第 张
框架焊接（伞盖）
钢板
配2300×4100上框
5XB.073.2341-10
技术要求
未注尺寸公差均按
GB/T1804-m取值。

图2-2-7 框架焊接（伞盖）

第三章　通用零部件图集

户外干式变压器箱体 地基图

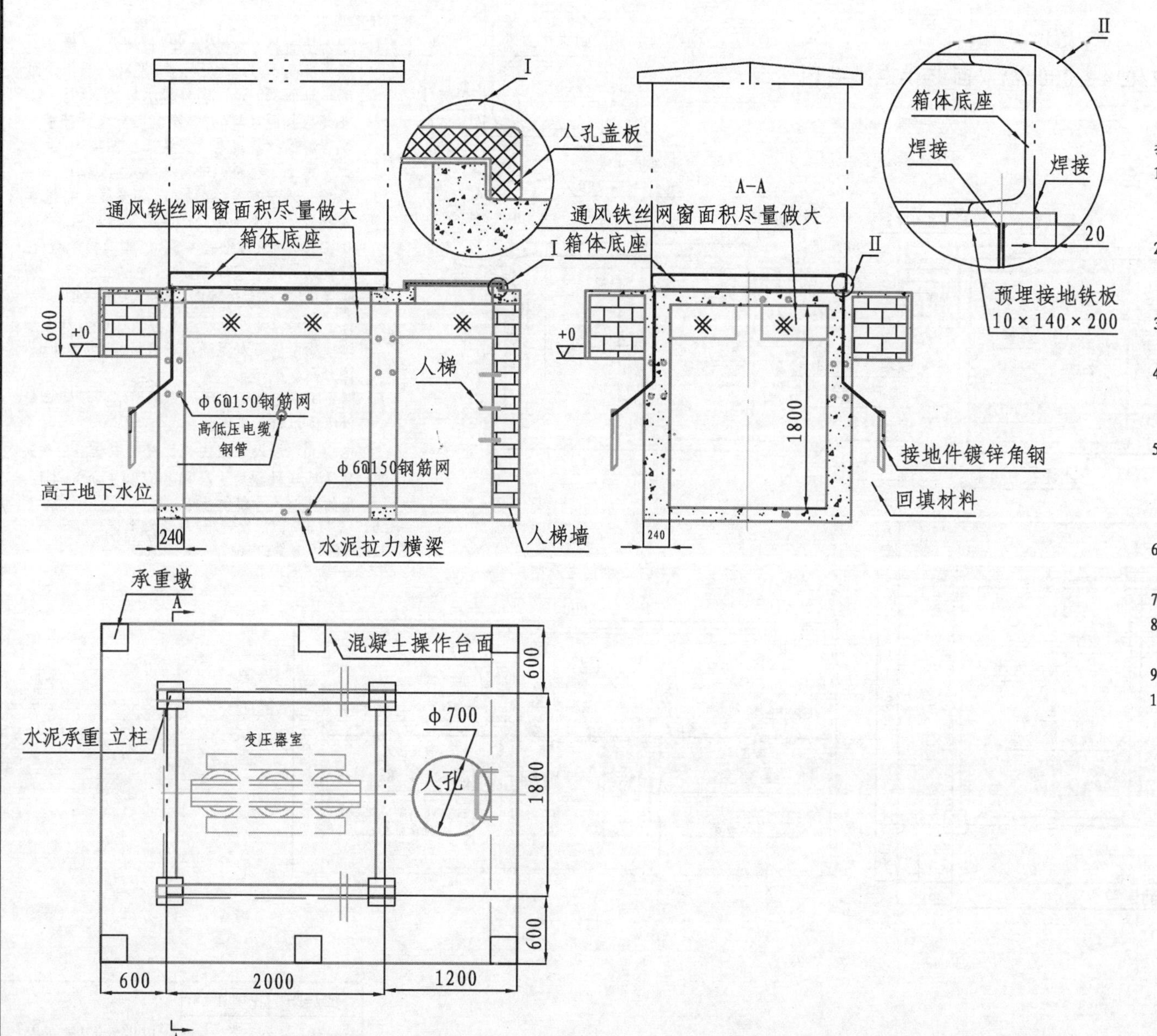

技术要求

1. 地基应选择在地势(海拔)较高处，电缆室底面应高于当地地下水位，混凝土操作台面高出地面400(mm)，向外排水斜度≥1：10。
2. 土建应按照JGJ1683《建筑电气设计技术规程》或《建筑电气安装工程图集——设计·施工·材料》中有关规定施工。
3. 系统接地按有关标准施工，箱变底座与接地网焊接处不得小于二处，实测接地电阻≤4Ω。
4. 地基基座平面度公差≤3mm，预埋接地镀锌钢板10×100×240 毫米六件，上面与箱变底座焊接，下面与接地网焊接，见放大图。
5. 六个240×240方形承重立柱与120×120方形连接横梁及人孔板应由沙石水泥浇注成为一体，内配ϕ6钢筋拉力网，注意雨水不可进入电缆坑内。人孔盖板与人孔板边沿扣实，结构见放大图。
6. 箱变底座与基础之间的缝隙用水泥沙浆抹封，以免雨水进入电缆室。
7. 电缆孔深度及位置由设计院电缆联络图确定。
8. 箱体底座外型尺寸2000×1800（mm），本图给出的其他尺寸仅供参考。
9. 通风面积(铁丝窗框)要尽量做大。
10. 箱体重量：8t。

地基图	比例	1：40	
共　张　第　张			5XB.024.4000-22DX

图3－1－1　地基图

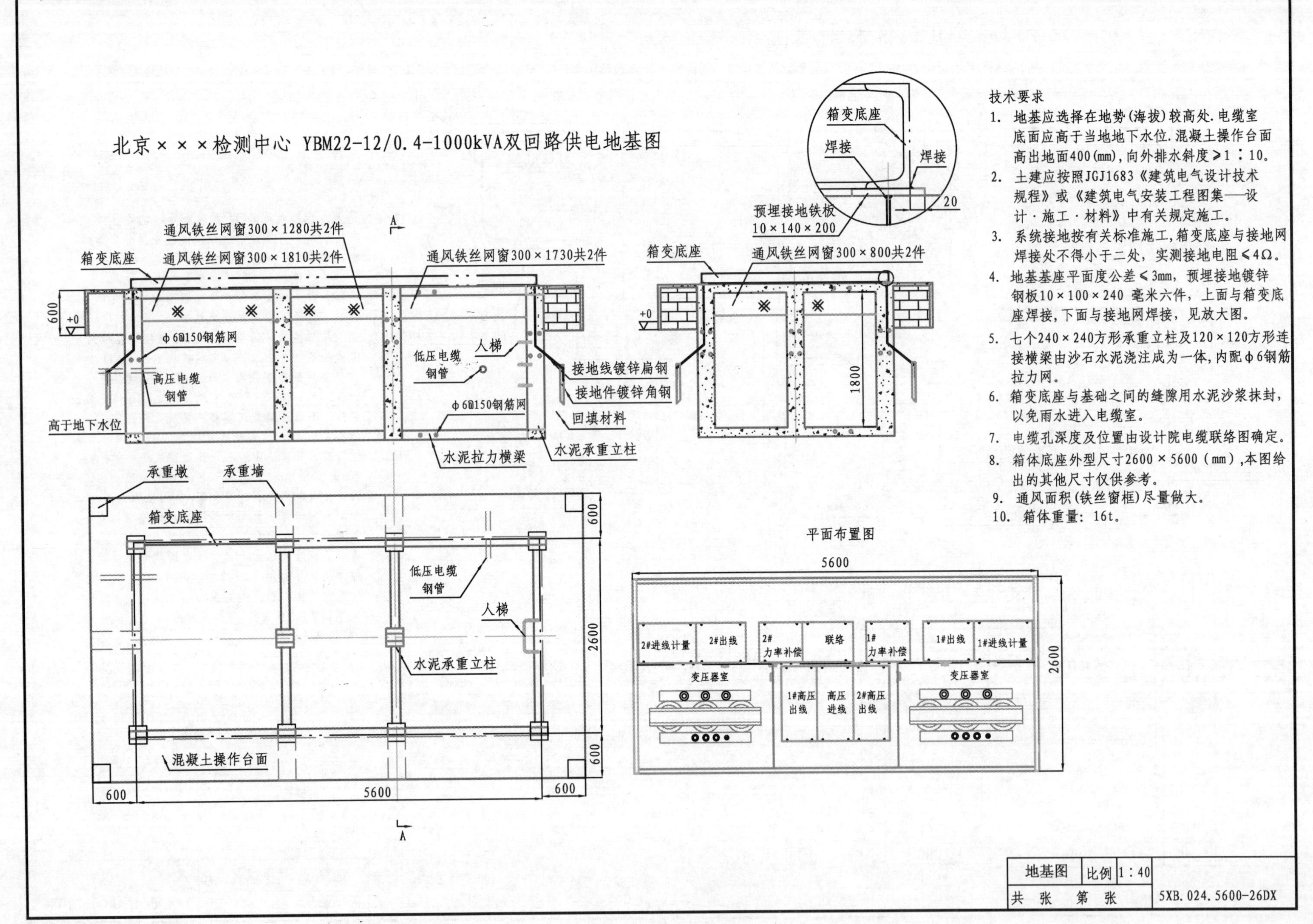

北京×××检测中心 YBM22-12/0.4-1000kVA双回路供电地基图
箱变底座
焊接
焊接
20
预埋接地铁板
10×140×200
通风铁丝网窗300×1280共2件
通风铁丝网窗300×1810共2件
通风铁丝网窗300×1730共2件
箱变底座
通风铁丝网窗300×800共2件
箱变底座
600
+0
φ6@150钢筋网
高压电缆钢管
低压电缆钢管
人梯
接地线镀锌扁钢
接地件镀锌角钢
φ6@150钢筋网
回填材料
高于地下水位
水泥承重立柱
水泥拉力横梁
1800
承重墩
承重墙
箱变底座
低压电缆钢管
人梯
水泥承重立柱
混凝土操作台面
600
2600
600
600
5600
600
A
A
平面布置图
5600
2600
2#进线计量
2#出线
2#力率补偿
联络
1#力率补偿
1#出线
1#进线计量
变压器室
1#高压出线
高压进线
2#高压出线
变压器室
技术要求
1. 地基应选择在地势(海拔)较高处.电缆室底面应高于当地地下水位.混凝土操作台面高出地面400(mm),向外排水斜度≥1∶10。
2. 土建应按照JGJ1683《建筑电气设计技术规程》或《建筑电气安装工程图集——设计·施工·材料》中有关规定施工。
3. 系统接地按有关标准施工,箱变底座与接地网焊接处不得小于二处，实测接地电阻≤4Ω。
4. 地基基座平面度公差≤3mm，预埋接地镀锌钢板10×100×240 毫米六件，上面与箱变底座焊接,下面与接地网焊接，见放大图。
5. 七个240×240方形承重立柱及120×120方形连接横梁由沙石水泥浇注成为一体,内配φ6钢筋拉力网。
6. 箱变底座与基础之间的缝隙用水泥沙浆抹封，以免雨水进入电缆室。
7. 电缆孔深度及位置由设计院电缆联络图确定。
8. 箱体底座外型尺寸2600×5600（mm）,本图给出的其他尺寸仅供参考。
9. 通风面积(铁丝窗框)尽量做大。
10. 箱体重量：16t。
地基图
比例
1∶40
共 张 第 张
5XB.024.5600-26DX

图3－1－2　地基图

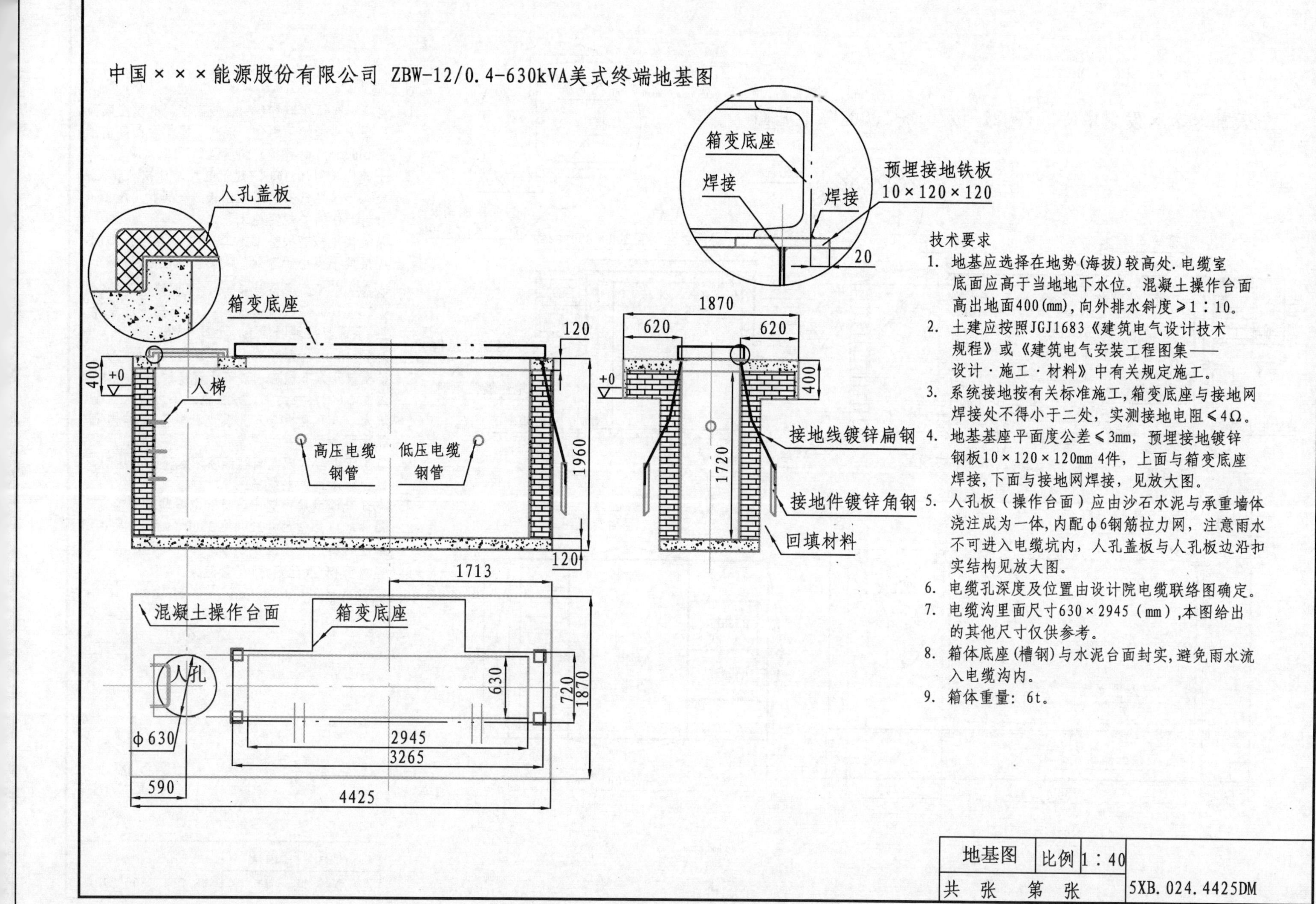
中国×××能源股份有限公司 ZBW-12/0.4-630kVA美式终端地基图
人孔盖板
箱变底座
人梯
高压电缆钢管
低压电缆钢管
400
+0
120
1960
120
1713
混凝土操作台面
箱变底座
人孔
ϕ630
630
720
1870
2945
3265
590
4425
箱变底座
焊接
预埋接地铁板
10×120×120
焊接
20
1870
620
620
+0
400
1720
接地线镀锌扁钢
接地件镀锌角钢
回填材料
技术要求
1. 地基应选择在地势(海拔)较高处.电缆室底面应高于当地地下水位。混凝土操作台面高出地面400(mm),向外排水斜度≥1：10。
2. 土建应按照JGJ1683《建筑电气设计技术规程》或《建筑电气安装工程图集——设计·施工·材料》中有关规定施工。
3. 系统接地按有关标准施工,箱变底座与接地网焊接处不得小于二处，实测接地电阻≤4Ω。
4. 地基基座平面度公差≤3mm，预埋接地镀锌钢板10×120×120mm 4件，上面与箱变底座焊接,下面与接地网焊接，见放大图。
5. 人孔板（操作台面）应由沙石水泥与承重墙体浇注成为一体,内配ϕ6钢筋拉力网，注意雨水不可进入电缆坑内，人孔盖板与人孔板边沿扣实结构见放大图。
6. 电缆孔深度及位置由设计院电缆联络图确定。
7. 电缆沟里面尺寸630×2945（mm）,本图给出的其他尺寸仅供参考。
8. 箱体底座(槽钢)与水泥台面封实,避免雨水流入电缆沟内。
9. 箱体重量：6t。
地基图
比例
1：40
共　张　第　张
5XB.024.4425DM

图3－1－3　地基图

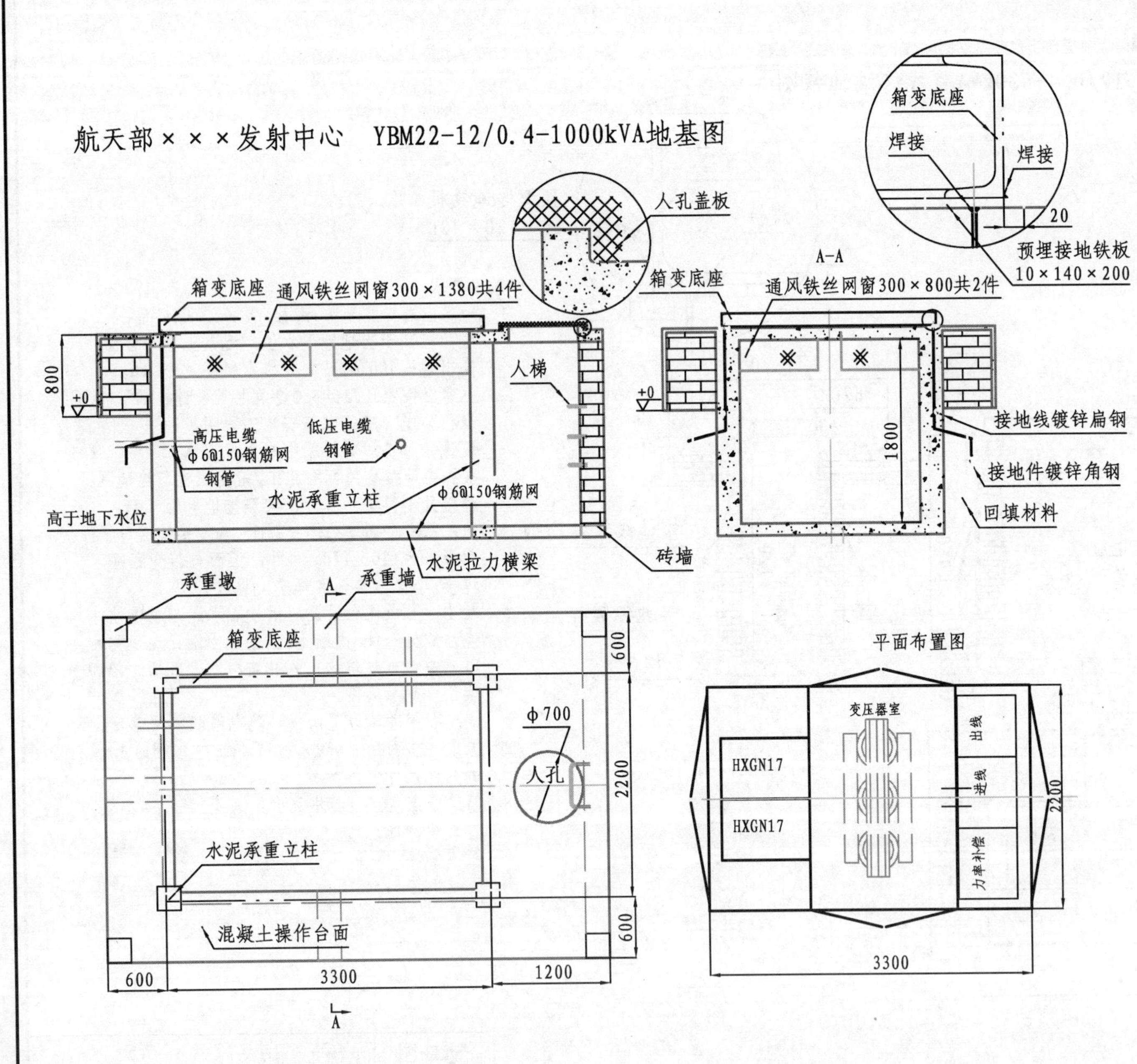

技术要求

1. 地基应选择在地势(海拔)较高处，电缆室底面应高于当地地下水位，混凝土操作台面高出地面600(mm)，向外排水斜度≥1∶10。
2. 土建应按照JGJ1683《建筑电气设计技术规程》或《建筑电气安装工程图集——设计·施工·材料》中有关规定施工。
3. 系统接地按有关标准施工，箱变底座与接地网焊接处不得小于二处，实测接地电阻≤4Ω。
4. 地基基座平面度公差≤3mm，预埋接地镀锌钢板10×100×240 mm六件，上面与箱变底座焊接，下面与接地网焊接，见放大图。
5. 六个240×240方形承重立柱与120×120方形连接横梁及人孔板应由沙石水泥浇注成为一体，内配ϕ6钢筋拉力网。注意雨水不可进入电缆坑内，人孔盖板与人孔板边沿扣实，结构见放大图。
6. 箱变底座与基础之间的缝隙用水泥沙浆抹封，以免雨水进入电缆室。
7. 电缆孔深度及位置由设计院电缆联络图确定。
8. 箱体底座外型尺寸2200×3300（mm），本图给出的其他尺寸仅供参考。
9. 通风面积(铁丝窗框)尽量做大。
10. 箱体重量：10t。

地基图	比例	1∶40	
共 张 第 张			5XB.024.3300-22DX

图3－1－4 地基图

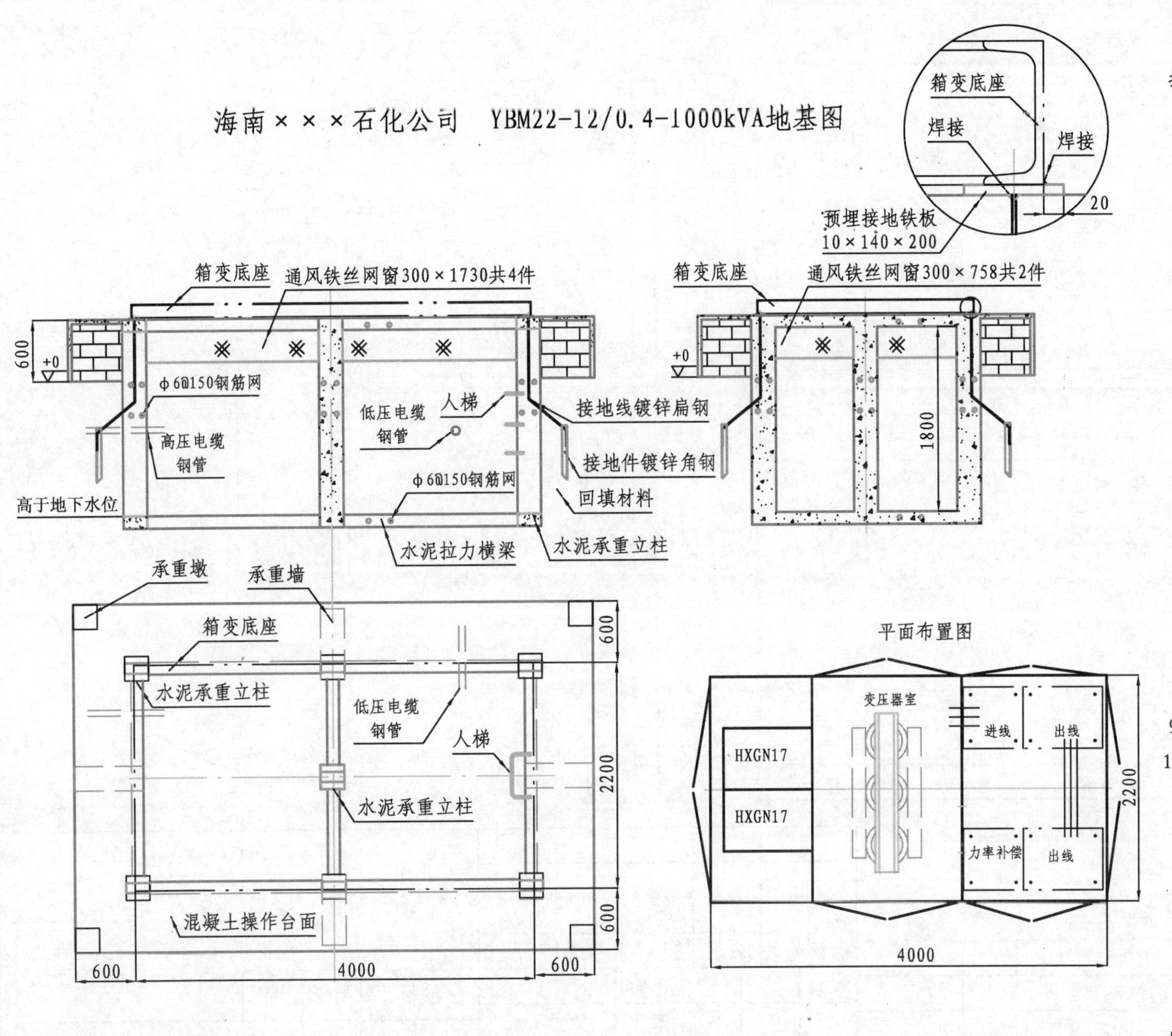

技术要求

1. 地基应选择在地势（海拔）较高处，电缆室底面应高于当地地下水位. 混凝土操作台面高出地面400（mm），向外排水斜度≥1∶10。
2. 土建应按照JGJ1683《建筑电气设计技术规程》或《建筑电气安装工程图集——设计·施工·材料》中有关规定施工。
3. 系统接地按有关标准施工，箱变底座与接地网焊接处不得小于二处，实测接地电阻≤4Ω。
4. 地基基座平面度公差≤3mm，预埋接地镀锌钢板10×100×240 毫米六件，上面与箱变底座焊接，下面与接地网焊接，见放大图。
5. 七个240×240方形承重立柱及120×120方形连接横梁由沙石水泥浇注成为一体，内配φ6钢筋拉力网。
6. 箱变底座与基础之间的缝隙用水泥沙浆抹封，以免雨水进入电缆室。
7. 电缆孔深度及位置由设计院电缆联络图确定。
8. 箱体底座外型尺寸2200×4000（mm），本图给出的其他尺寸仅供参考。
9. 通风面积（铁丝窗框）尽量做大.
10. 箱体重量：11t。

地基图	比例	1∶40	
共 张	第 张		5XB.024.4000-22DX

图3－1－5 地基图

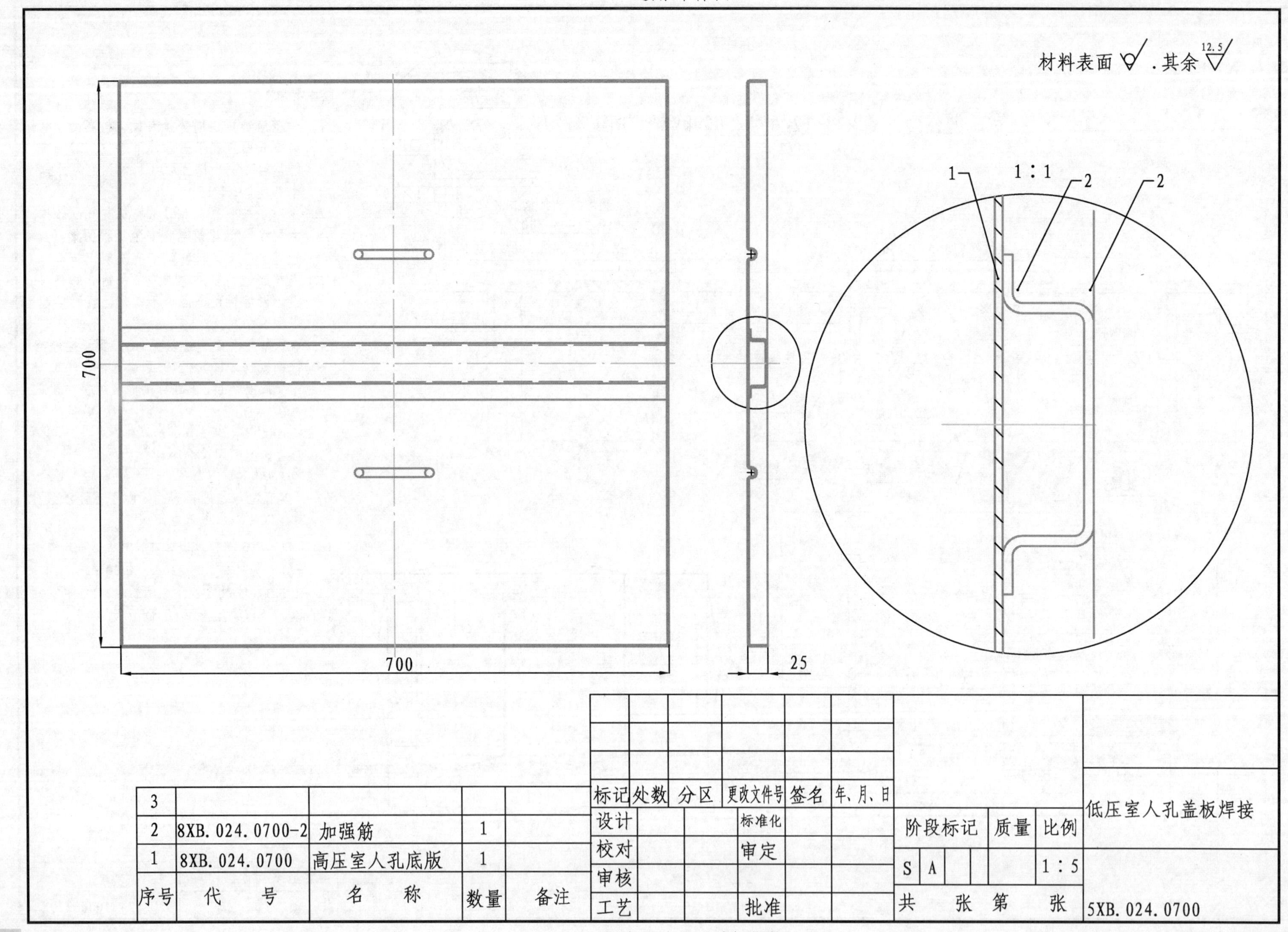

图3－1－6 低压室人孔盖板焊接

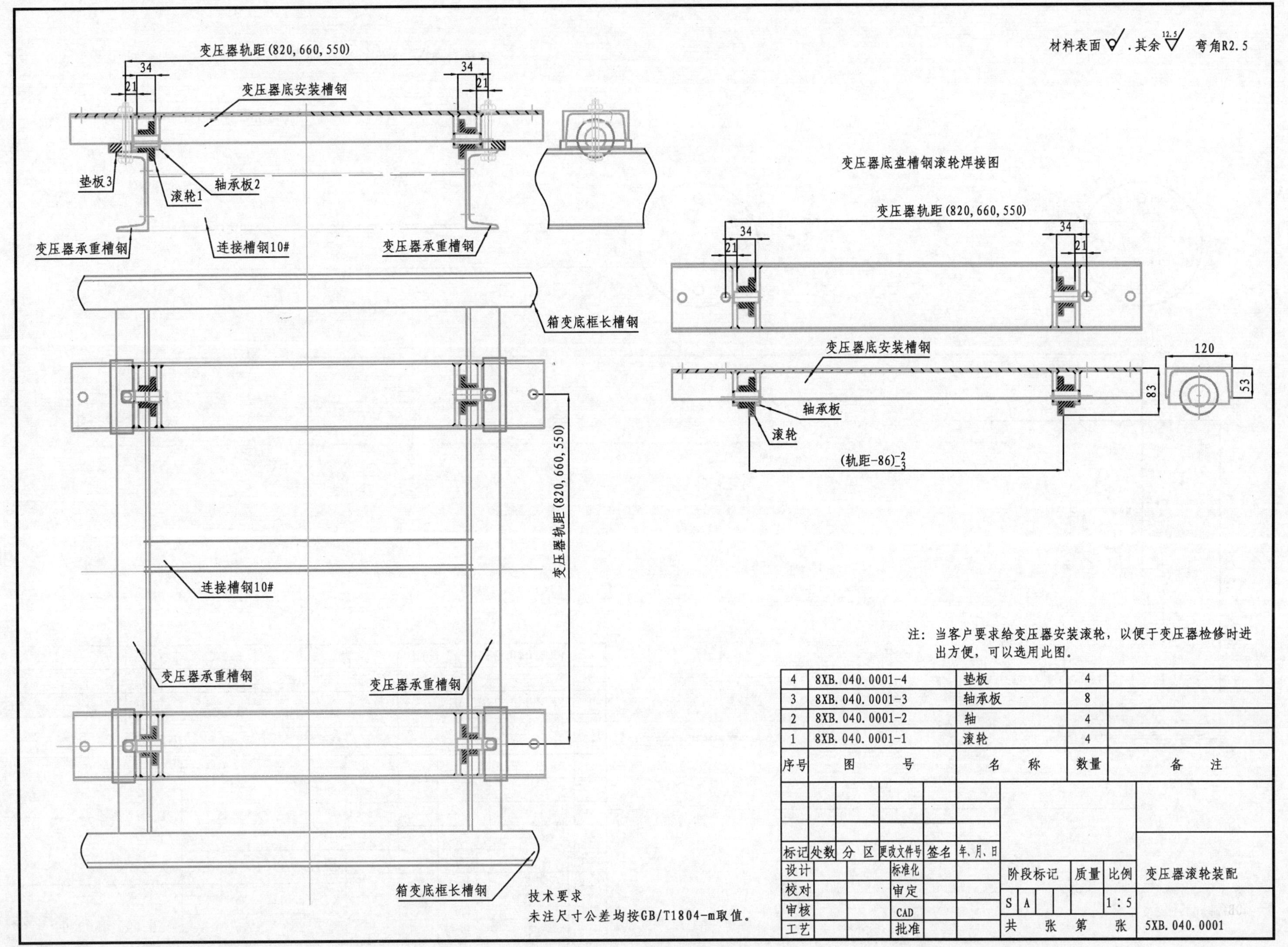

序号	图号	名称	数量	备注
4	8XB. 040. 0001-4	垫板	4	
3	8XB. 040. 0001-3	轴承板	8	
2	8XB. 040. 0001-2	轴	4	
1	8XB. 040. 0001-1	滚轮	4	

图3-1-7 变压器滚轮装配

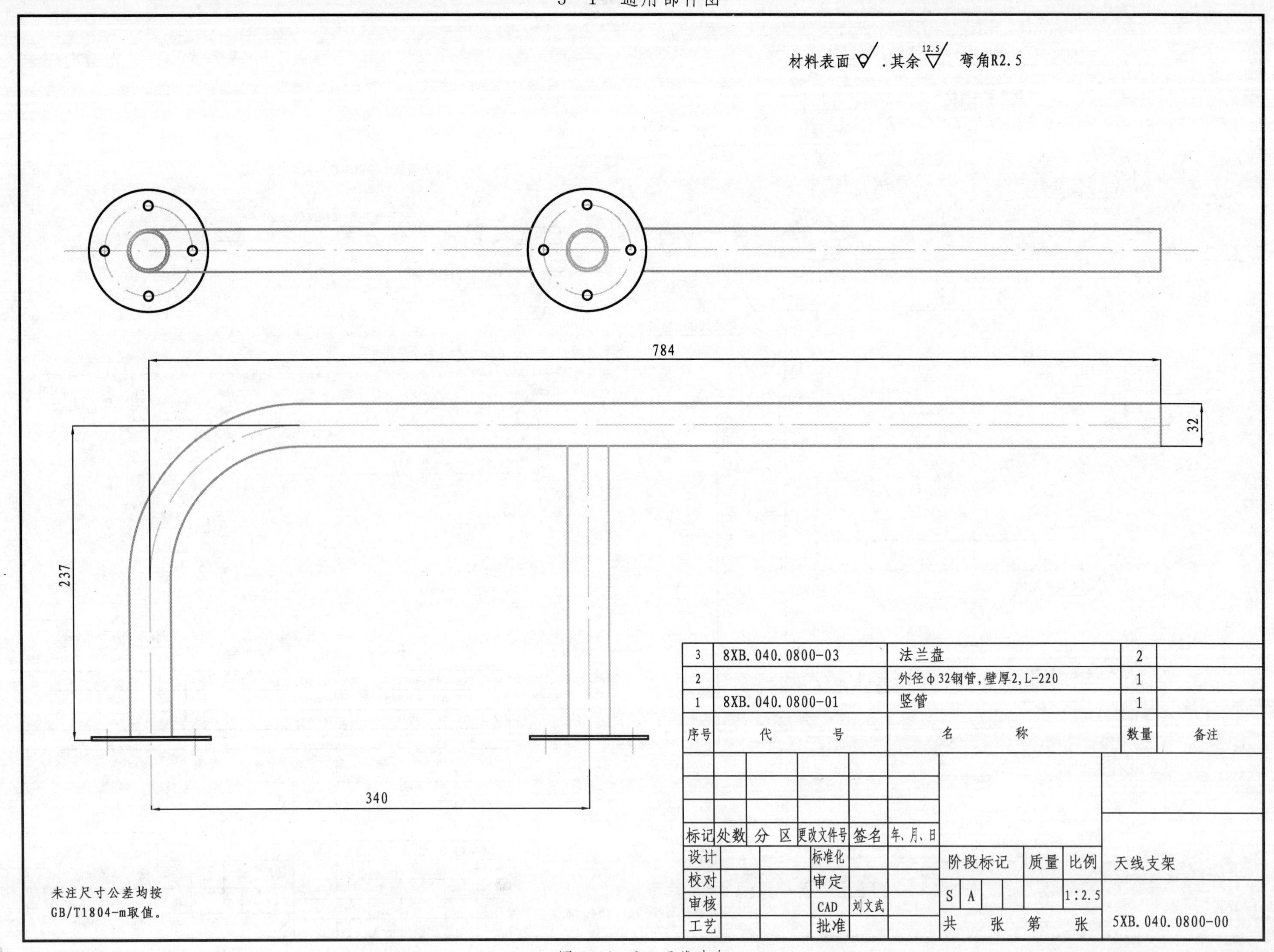
材料表面 ∀ . 其余 12.5∇ 弯角R2.5
784
32
237
340
未注尺寸公差均按
GB/T1804-m取值。
3	8XB.040.0800-03	法兰盘	2	
2		外径φ32钢管，壁厚2，L-220	1	
1	8XB.040.0800-01	竖管	1	
序号	代号	名称	数量	备注
标记 处数 分区 更改文件号 签名 年、月、日
设计 标准化
校对 审定
审核 CAD 刘文武
工艺 批准
阶段标记 质量 比例
S A 1:2.5
共 张 第 张
天线支架
5XB.040.0800-00

图3－1－8　天线支架

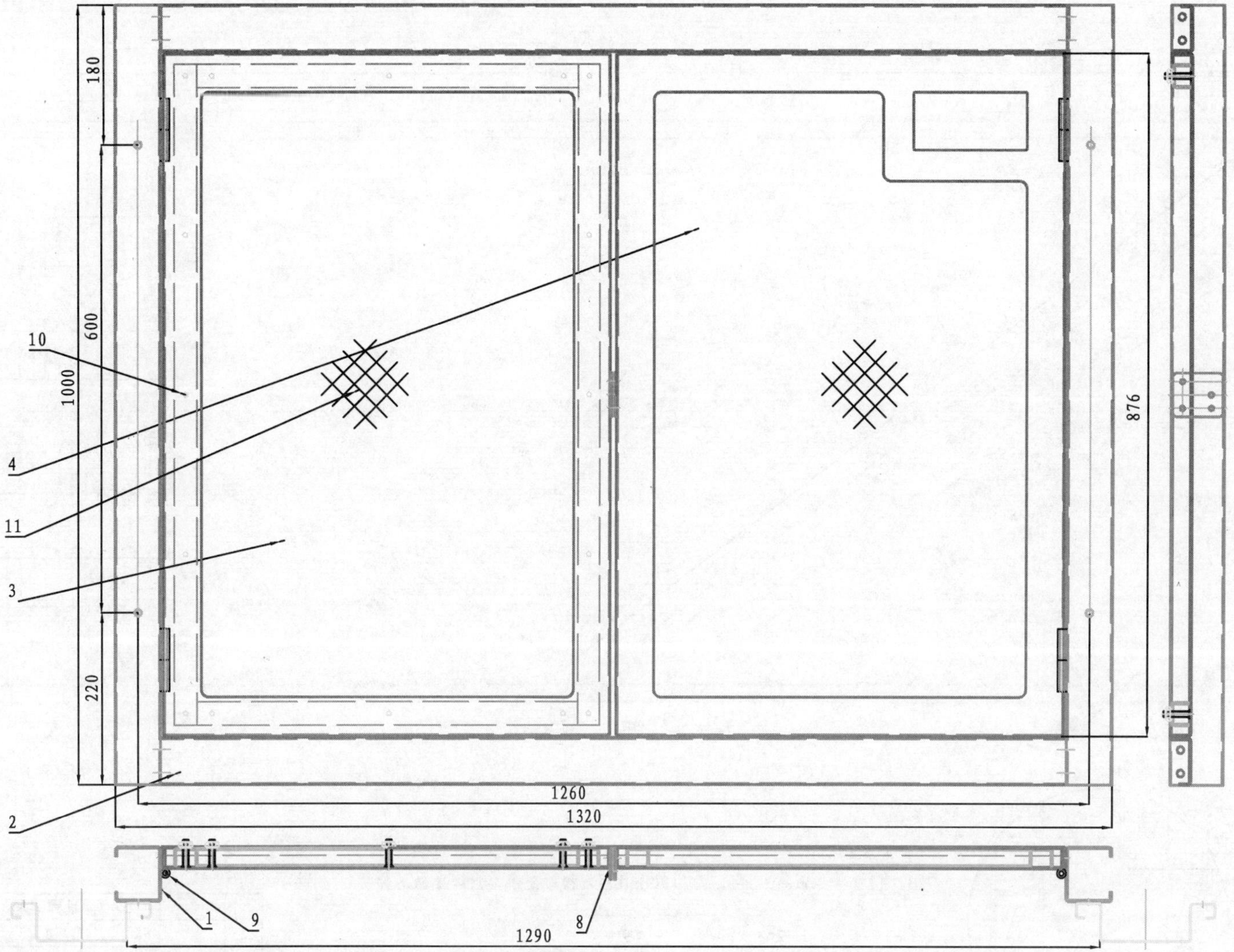

技术要求
未注尺寸公差均按GB/T1804-m取值。

序号	代号	名称	数量	备注	序号	代号	名称	数量	备注
					6	8XB.040.0848	压紧框(竖) (网门)	2	
11		丝网580×860	2		5	8XB.040.0592-2	右门 (网门)	1	
10	16-M6×30爆炸焊螺钉		16		4	8XB.040.0592	左门 (网门)	1	
9		门轴 (同变压器室门)	4		3	8XB.040.1500	上下门槛 (网门)	2	
8	8XB.040.0060	挂锁片	2		2	8XB.040.1000-2	竖门槛(右) (网门)	1	
7	8XB.040.0504	压紧框(横) (网门)	2		1	8XB.040.1000	竖门槛(左) (网门)	1	

标记	处数	分区	更改文件号	签名	年、月、日	阶段标记	质量	比例	网门装配 配1500变压器室
设计			标准化			S A		1:5	
校对			审定						
审核			CAD						
工艺			批准			共 张 第 张			5XB.040.1500

图3-1-9 网门装配

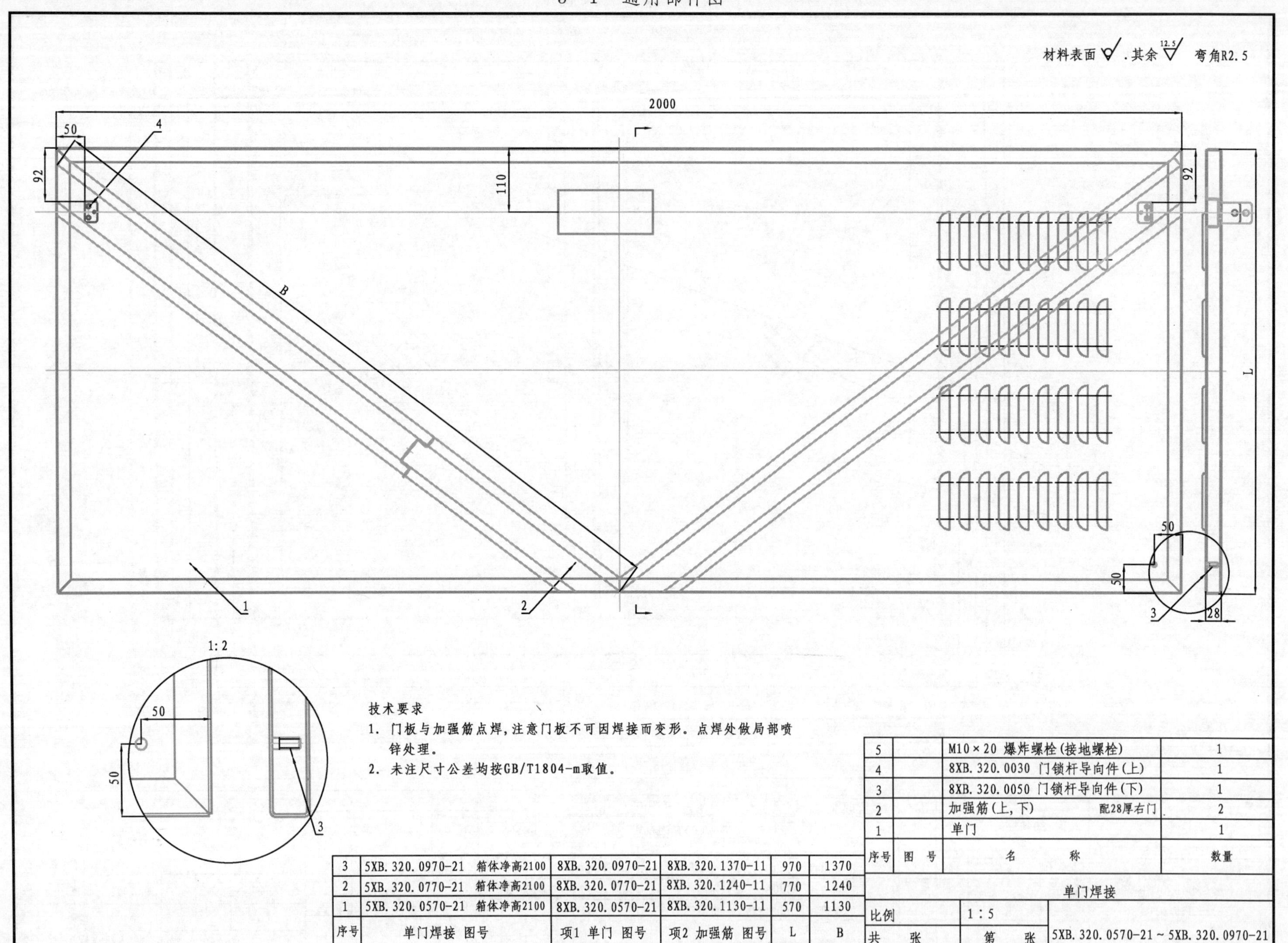

序号	图号	名称	数量
5		M10×20 爆炸螺栓(接地螺栓)	1
4		8XB.320.0030 门锁杆导向件(上)	1
3		8XB.320.0050 门锁杆导向件(下)	1
2		加强筋(上,下) 配28厚右门	2
1		单门	1

序号	单门焊接 图号	项1 单门 图号	项2 加强筋 图号	L	B
3	5XB.320.0970-21 箱体净高2100	8XB.320.0970-21	8XB.320.1370-11	970	1370
2	5XB.320.0770-21 箱体净高2100	8XB.320.0770-21	8XB.320.1240-11	770	1240
1	5XB.320.0570-21 箱体净高2100	8XB.320.0570-21	8XB.320.1130-11	570	1130

图3-1-10 单门焊接

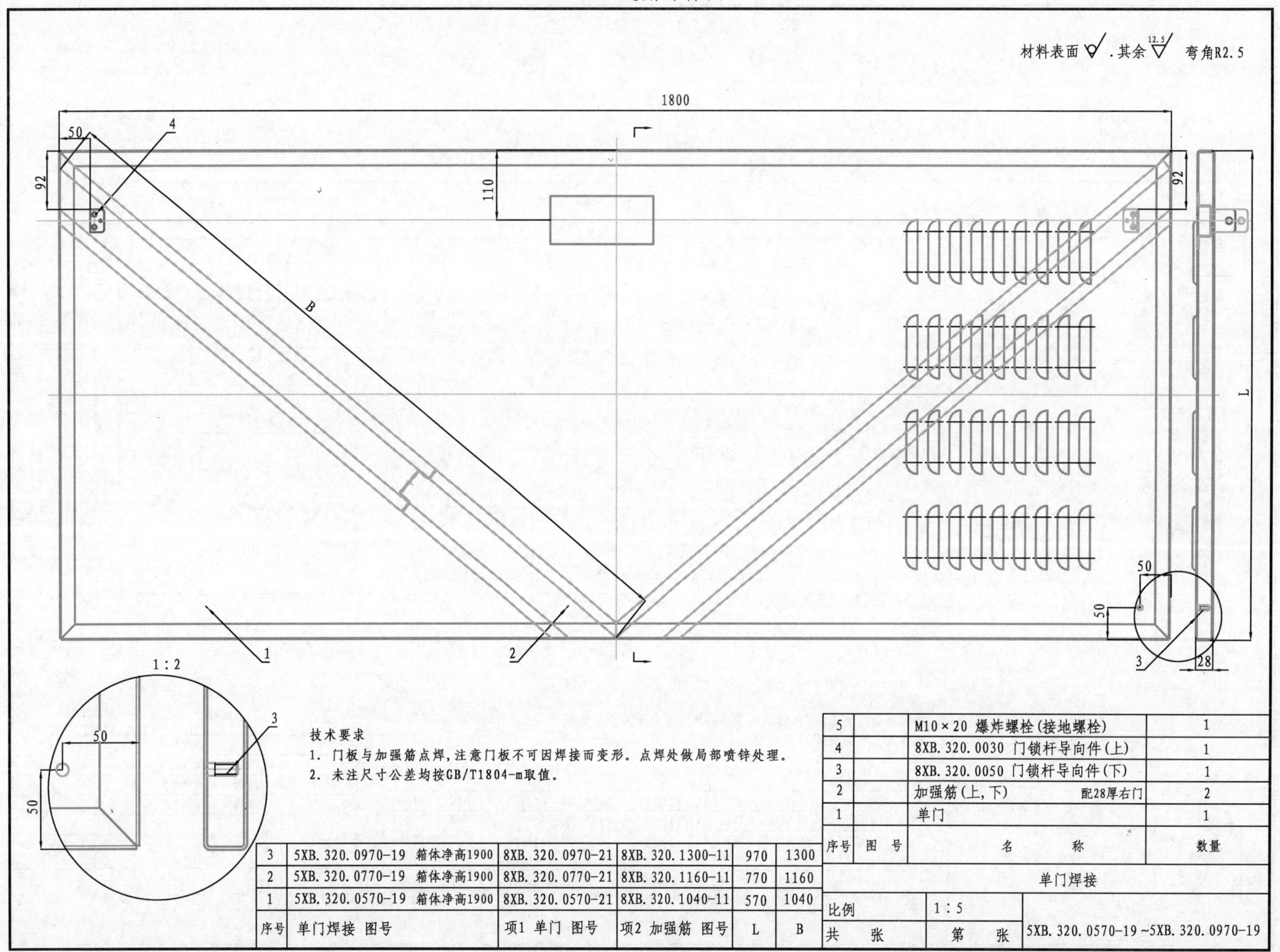

技术要求

1. 门板与加强筋点焊，注意门板不可因焊接而变形。点焊处做局部喷锌处理。
2. 未注尺寸公差均按GB/T1804-m取值。

序号	图号	名称		数量
5		M10×20 爆炸螺栓(接地螺栓)		1
4		8XB.320.0030 门锁杆导向件(上)		1
3		8XB.320.0050 门锁杆导向件(下)		1
2		加强筋(上,下)	配28厚右门	2
1		单门		1

序号	单门焊接 图号		项1 单门 图号	项2 加强筋 图号	L	B
3	5XB.320.0970-19	箱体净高1900	8XB.320.0970-21	8XB.320.1300-11	970	1300
2	5XB.320.0770-19	箱体净高1900	8XB.320.0770-21	8XB.320.1160-11	770	1160
1	5XB.320.0570-19	箱体净高1900	8XB.320.0570-21	8XB.320.1040-11	570	1040

单门焊接		
比例	1:5	5XB.320.0570-19～5XB.320.0970-19
共　张	第　张	

图3－1－11　单门焊接

材料表面 ∀ . 其余 12.5∇ 弯角R2.5

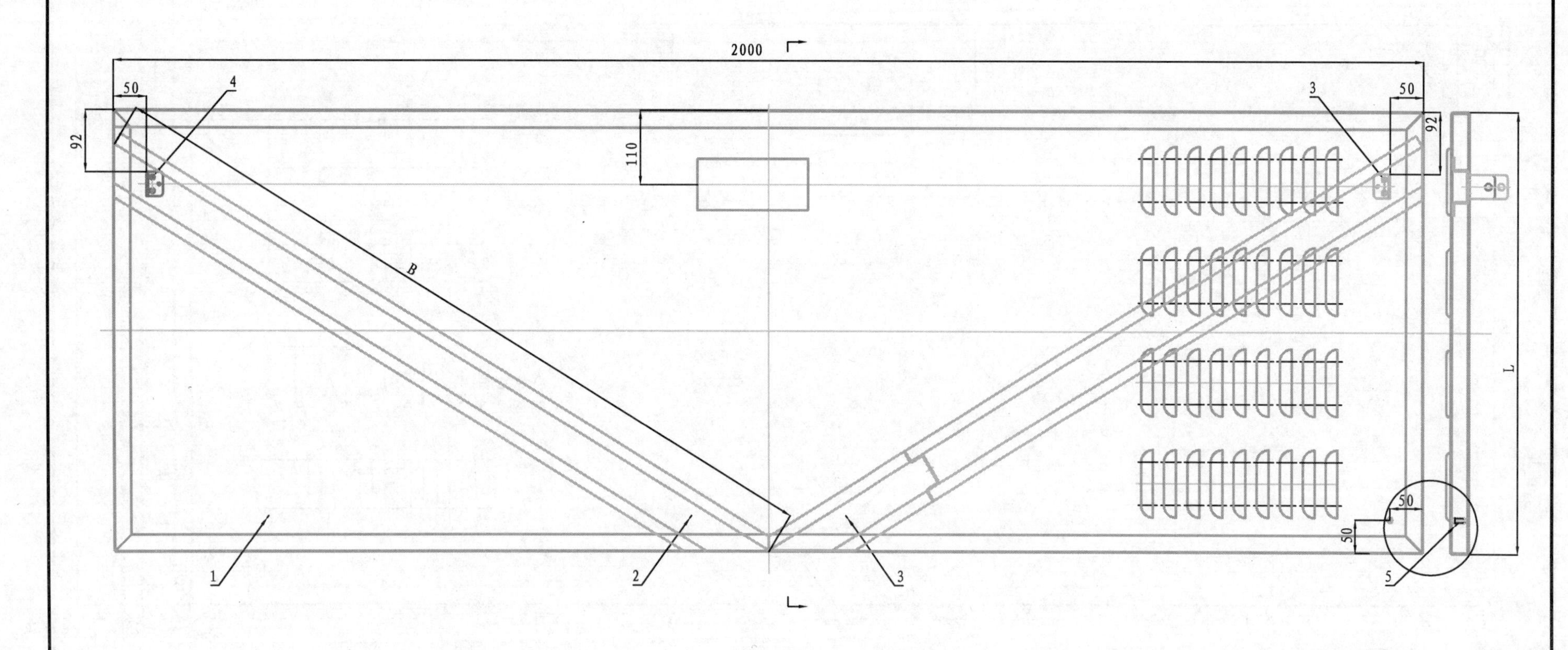

技术要求

1. 门板与加强筋点焊，注意门板不可因焊接而变形。点焊处做局部喷锌处理。
2. 未注尺寸公差均按GB/T1804-m取值。

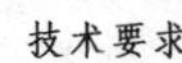

1:2

5

50

50

序号	右门焊接 图号		项1 右门 图号	项2 加强筋 图号	L	B
6	5XB. 320. 0650	净高2100，品字形	8XB. 320. 0650	8XB. 320. 1160-11	650	1160
5	5XB. 320. 0760	净高2100，品字形	8XB. 320. 0760	8XB. 320. 1220-11	760	1220
4	5XB. 320. 0774	净高2100，品字形	8XB. 320. 0774	8XB. 320. 1230-11	774	1230
3	5XB. 320. 0580	低压室侧，净宽1200	8XB. 320. 0580	8XB. 320. 1140-11	650	1140
2	5XB. 320. 0680	低压室侧，净宽1400	8XB. 320. 0680	8XB. 320. 1180-11	760	1180
1	5XB. 320. 0780	低压室侧，净宽1600	8XB. 320. 0780	8XB. 320. 1230-11	774	1230

序号	图号	名称	数量
5		M10×20爆炸螺栓（接地螺栓）	1
4	8XB. 320. 0030	门锁杆导向件（上） 通用	1
3	8XB. 320. 0050	门锁杆导向件（下） 通用	1
2		加强筋（上，下） 配26厚右门	
1		右门	1

右门焊接		净高2100净宽2200柜	
比例	1:5	5XB. 320. 0580～5XB. 320. 0780	
共 张	第 张		

图3－1－12 右门焊接

材料表面 ▽ ，其余 $\overset{12.5}{\nabla}$ 弯角R2.5

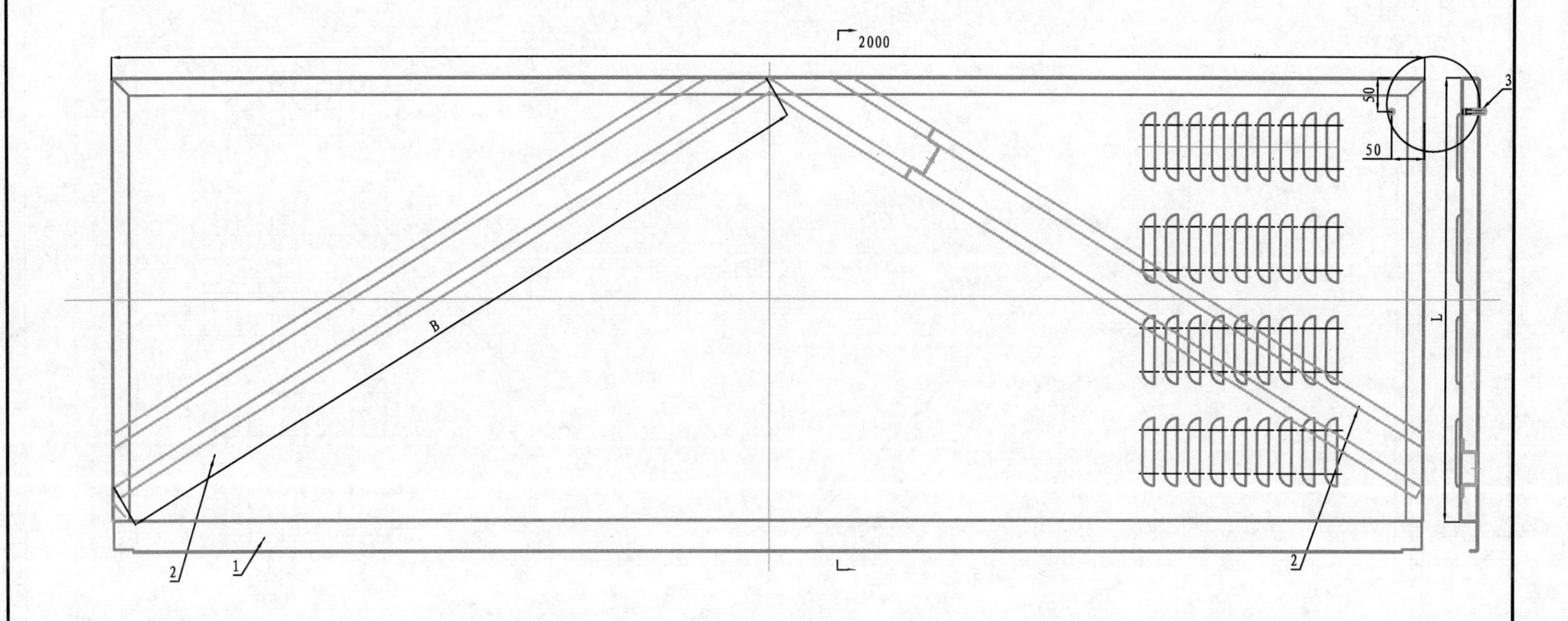

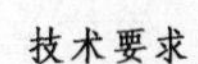

1:2

50

50

技术要求

1. 门板与加强筋点焊，注意门板不可因焊接而变形。点焊处做局部喷锌处理。
2. 未注尺寸公差均按GB/T1804-m取值。

序号	左门焊接 图号		项1 左门 图号	项2 加强筋 图号	L	B
6	5XB.320.0650-2	净高2100，品字形	8XB.320.0650-2	8XB.320.1160-11	650	1160
5	5XB.320.0760-2	净高2100，品字形	8XB.320.0760-2	8XB.320.1220-11	760	1220
4	5XB.320.0774-2	净高2100，品字形	8XB.320.0774-2	8XB.320.1230-11	774	1230
3	5XB.320.0580-2	低压室侧，净宽1200	8XB.320.0580-2	8XB.320.1140-11	650	1140
2	5XB.320.0680-2	低压室侧，净宽1400	8XB.320.0680-2	8XB.320.1180-11	760	1180
1	5XB.320.0780-2	低压室侧，净宽1600	8XB.320.0780-2	8XB.320.1230-11	774	1230

序号	图号	名称	数量
3		M10×20爆炸螺栓(接地螺栓)	1
2		加强筋(上，下) 配26厚右门	2
1		左门	1

左门焊接		净高2100净宽2200柜	
比例	1:5		
共 张	第 张	5XB.320.0580-2～ 5XB.320.0780-2	

图3-1-13 左门焊接

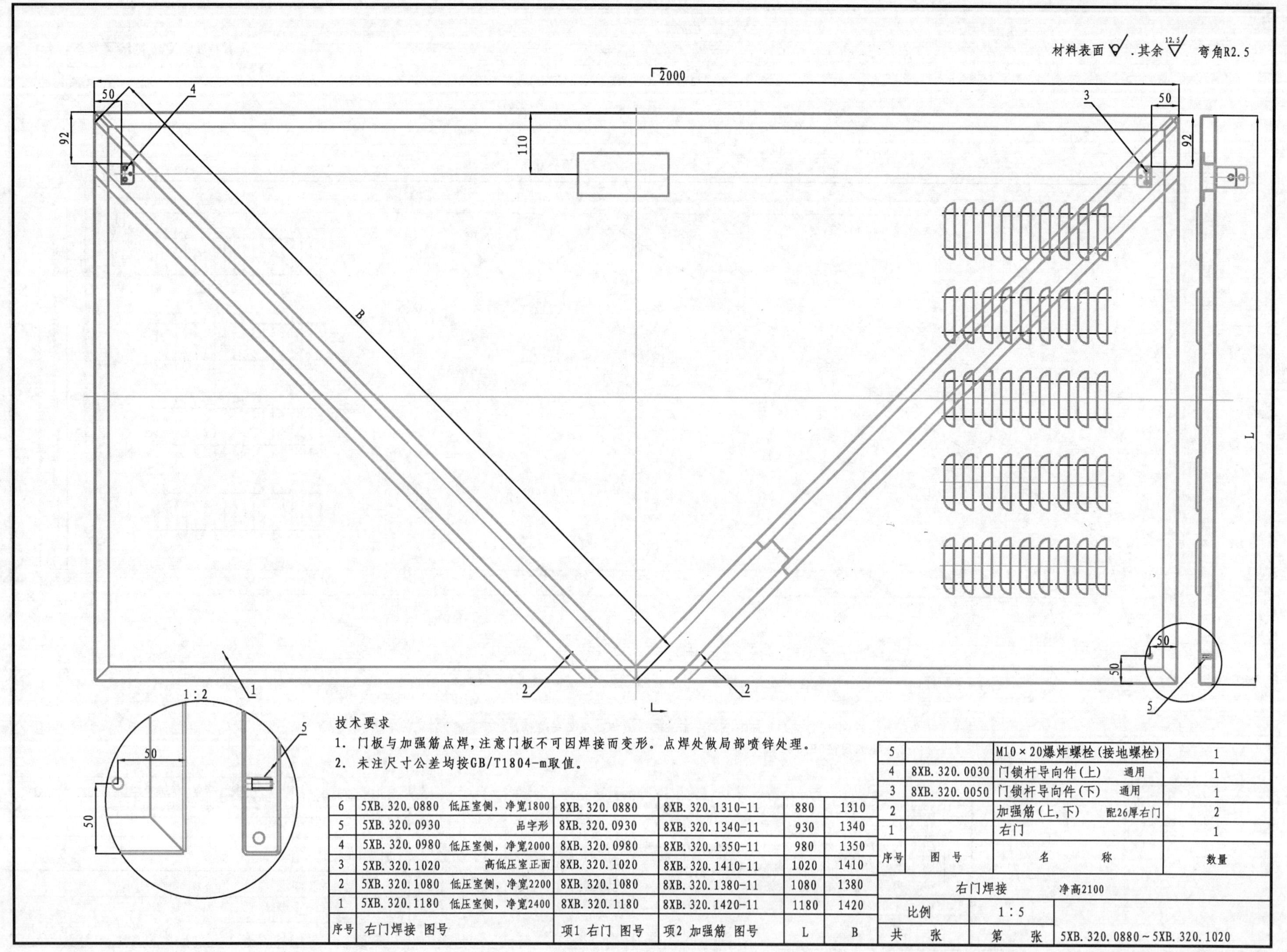

技术要求

1. 门板与加强筋点焊，注意门板不可因焊接面变形。点焊处做局部喷锌处理。
2. 未注尺寸公差均按GB/T1804-m取值。

序号	右门焊接 图号		项1 右门 图号	项2 加强筋 图号	L	B
6	5XB.320.0880	低压室侧，净宽1800	8XB.320.0880	8XB.320.1310-11	880	1310
5	5XB.320.0930	品字形	8XB.320.0930	8XB.320.1340-11	930	1340
4	5XB.320.0980	低压室侧，净宽2000	8XB.320.0980	8XB.320.1350-11	980	1350
3	5XB.320.1020	高低压室正面	8XB.320.1020	8XB.320.1410-11	1020	1410
2	5XB.320.1080	低压室侧，净宽2200	8XB.320.1080	8XB.320.1380-11	1080	1380
1	5XB.320.1180	低压室侧，净宽2400	8XB.320.1180	8XB.320.1420-11	1180	1420

序号	图号	名称	数量
5		M10×20爆炸螺栓（接地螺栓）	1
4	8XB.320.0030	门锁杆导向件（上） 通用	1
3	8XB.320.0050	门锁杆导向件（下） 通用	1
2		加强筋（上，下） 配26厚右门	2
1		右门	1

右门焊接 净高2100			
比例	1:5		
共 张	第 张	5XB.320.0880~5XB.320.1020	

图3-1-14 右门焊接

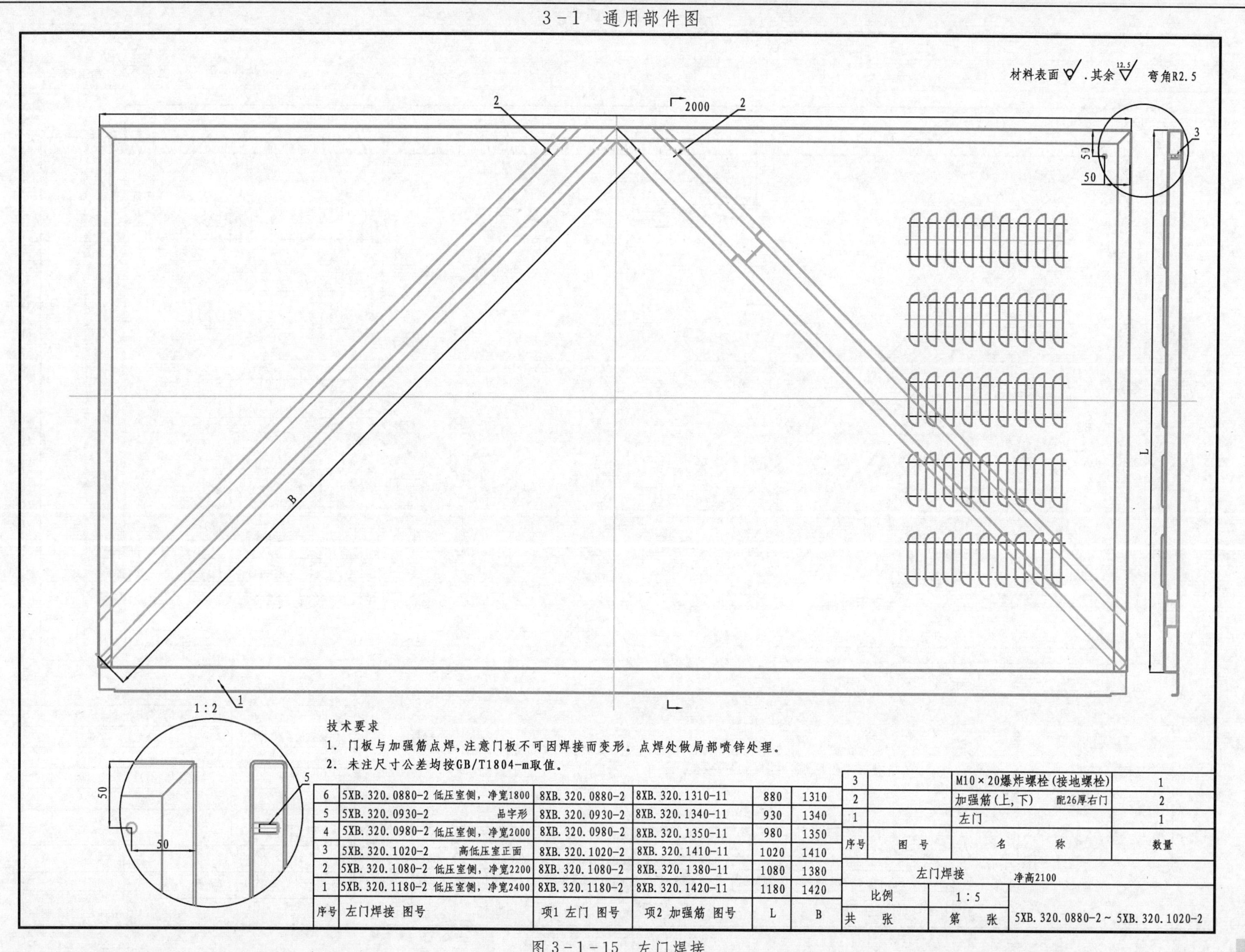

序号	左门焊接 图号		项1 左门 图号	项2 加强筋 图号	L	B
6	5XB.320.0880-2	低压室侧，净宽1800	8XB.320.0880-2	8XB.320.1310-11	880	1310
5	5XB.320.0930-2	品字形	8XB.320.0930-2	8XB.320.1340-11	930	1340
4	5XB.320.0980-2	低压室侧，净宽2000	8XB.320.0980-2	8XB.320.1350-11	980	1350
3	5XB.320.1020-2	高低压室正面	8XB.320.1020-2	8XB.320.1410-11	1020	1410
2	5XB.320.1080-2	低压室侧，净宽2200	8XB.320.1080-2	8XB.320.1380-11	1080	1380
1	5XB.320.1180-2	低压室侧，净宽2400	8XB.320.1180-2	8XB.320.1420-11	1180	1420

序号	图号	名称	数量
3		M10×20爆炸螺栓(接地螺栓)	1
2		加强筋(上,下)　配26厚右门	2
1		左门	1

左门焊接	净高2100		
比例	1:5	5XB.320.0880-2～5XB.320.1020-2	
共　张	第　张		

图3－1－15　左门焊接

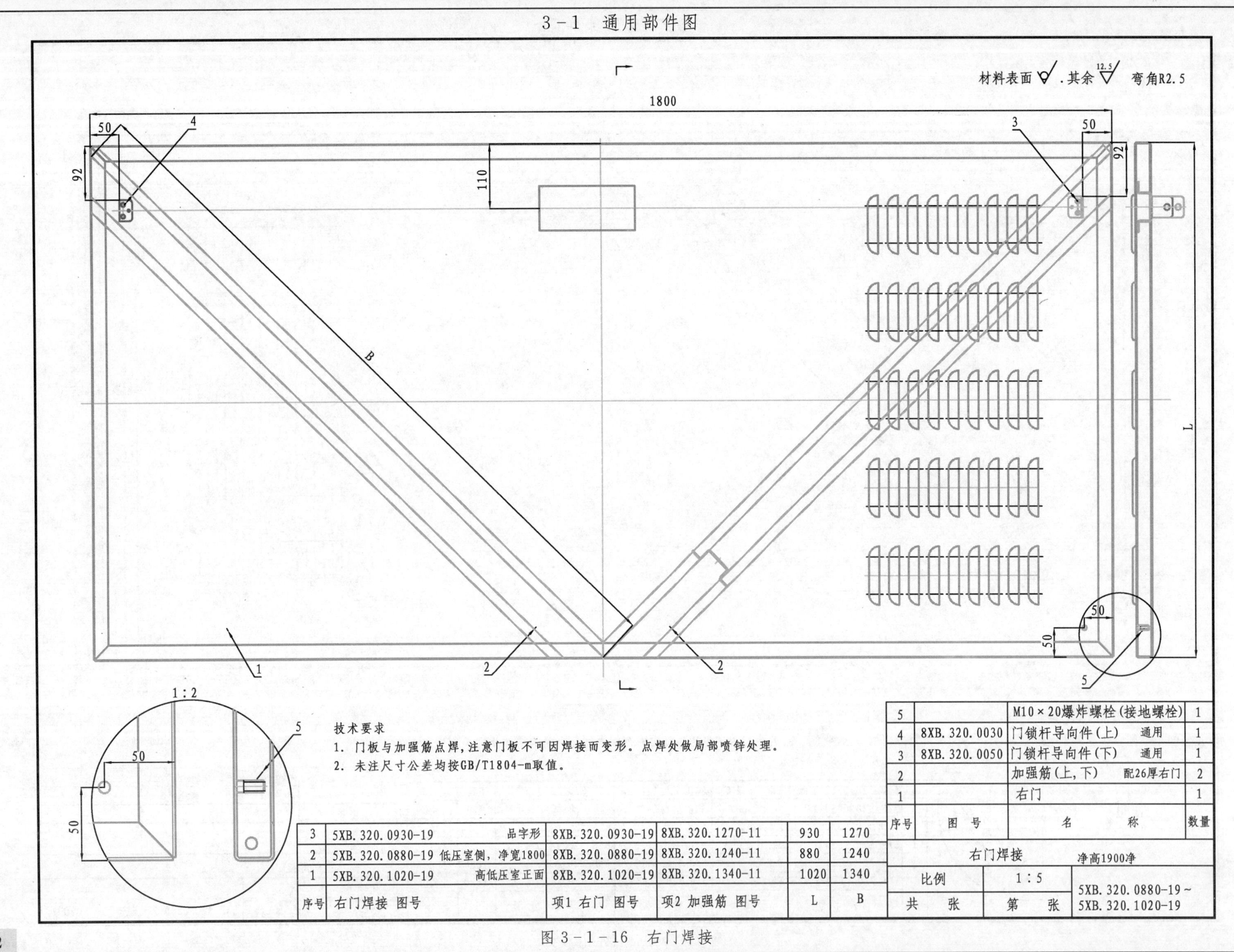

技术要求

1. 门板与加强筋点焊，注意门板不可因焊接而变形。点焊处做局部喷锌处理。
2. 未注尺寸公差均按GB/T1804-m取值。

5		M10×20爆炸螺栓（接地螺栓）	1
4	8XB.320.0030	门锁杆导向件（上） 通用	1
3	8XB.320.0050	门锁杆导向件（下） 通用	1
2		加强筋（上，下） 配26厚右门	2
1		右门	1
序号	图号	名称	数量

3	5XB.320.0930-19 品字形	8XB.320.0930-19	8XB.320.1270-11	930	1270
2	5XB.320.0880-19 低压室侧，净宽1800	8XB.320.0880-19	8XB.320.1240-11	880	1240
1	5XB.320.1020-19 高低压室正面	8XB.320.1020-19	8XB.320.1340-11	1020	1340
序号	右门焊接 图号	项1 右门 图号	项2 加强筋 图号	L	B

右门焊接		净高1900净	
比例	1:5	5XB.320.0880-19~ 5XB.320.1020-19	
共 张	第 张		

图3-1-16 右门焊接

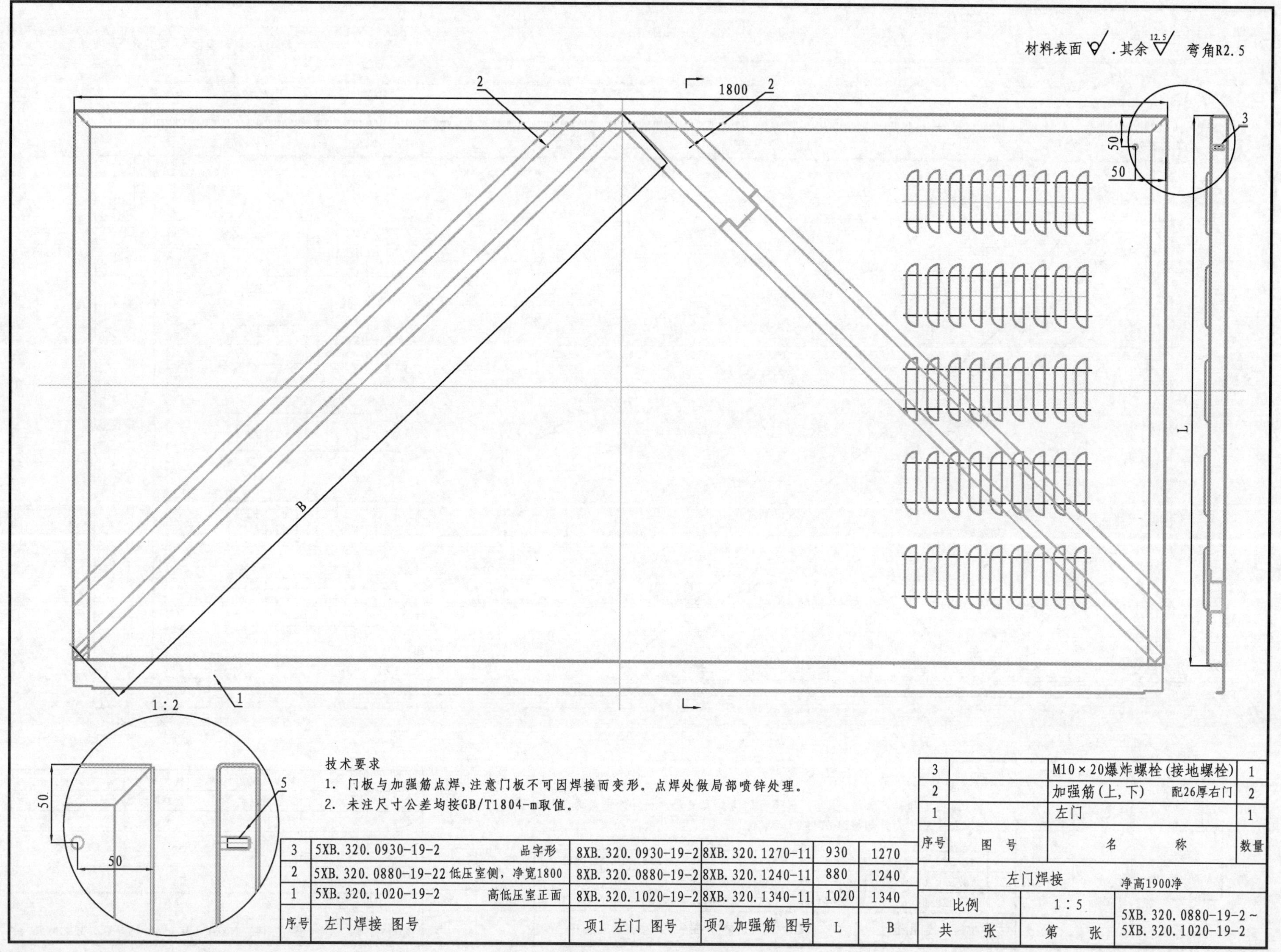

技术要求

1. 门板与加强筋点焊,注意门板不可因焊接而变形。点焊处做局部喷锌处理。
2. 未注尺寸公差均按GB/T1804－m取值。

序号	左门焊接 图号		项1 左门 图号	项2 加强筋 图号	L	B
3	5XB.320.0930－19－2	品字形	8XB.320.0930－19－2	8XB.320.1270－11	930	1270
2	5XB.320.0880－19－22	低压室侧,净宽1800	8XB.320.0880－19－2	8XB.320.1240－11	880	1240
1	5XB.320.1020－19－2	高低压室正面	8XB.320.1020－19－2	8XB.320.1340－11	1020	1340

序号	图号	名称	数量
3		M10×20爆炸螺栓(接地螺栓)	1
2		加强筋(上,下)　配26厚右门	2
1		左门	1

左门焊接		净高1900净	
比例	1:5	5XB.320.0880－19－2～ 5XB.320.1020－19－2	
共　张	第　张		

图3－1－17　左门焊接

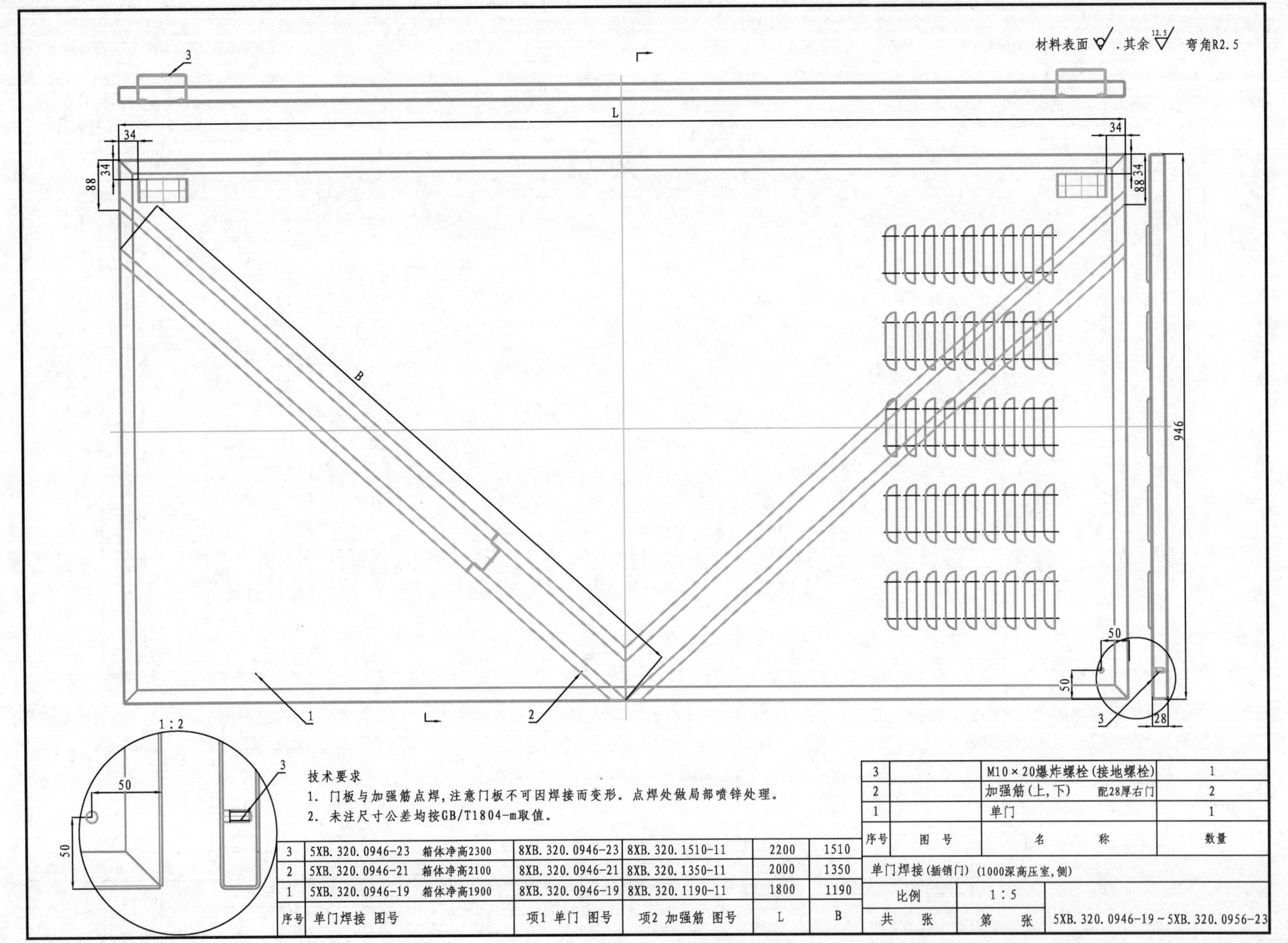

3	5XB.320.0946-23　箱体净高2300	8XB.320.0946-23	8XB.320.1510-11	2200	1510
2	5XB.320.0946-21　箱体净高2100	8XB.320.0946-21	8XB.320.1350-11	2000	1350
1	5XB.320.0946-19　箱体净高1900	8XB.320.0946-19	8XB.320.1190-11	1800	1190
序号	单门焊接 图号	项1 单门 图号	项2 加强筋 图号	L	B

序号	图号	名称	数量
3		M10×20爆炸螺栓(接地螺栓)	1
2		加强筋(上,下)　配28厚右门	2
1		单门	1

单门焊接(插销门)(1000深高压室,侧)

比例	1:5	5XB.320.0946-19～5XB.320.0956-23
共　张	第　张	

图 3－1－18　单门焊接

材料表面 ▽. 其余 12.5▽ 弯角R1.5

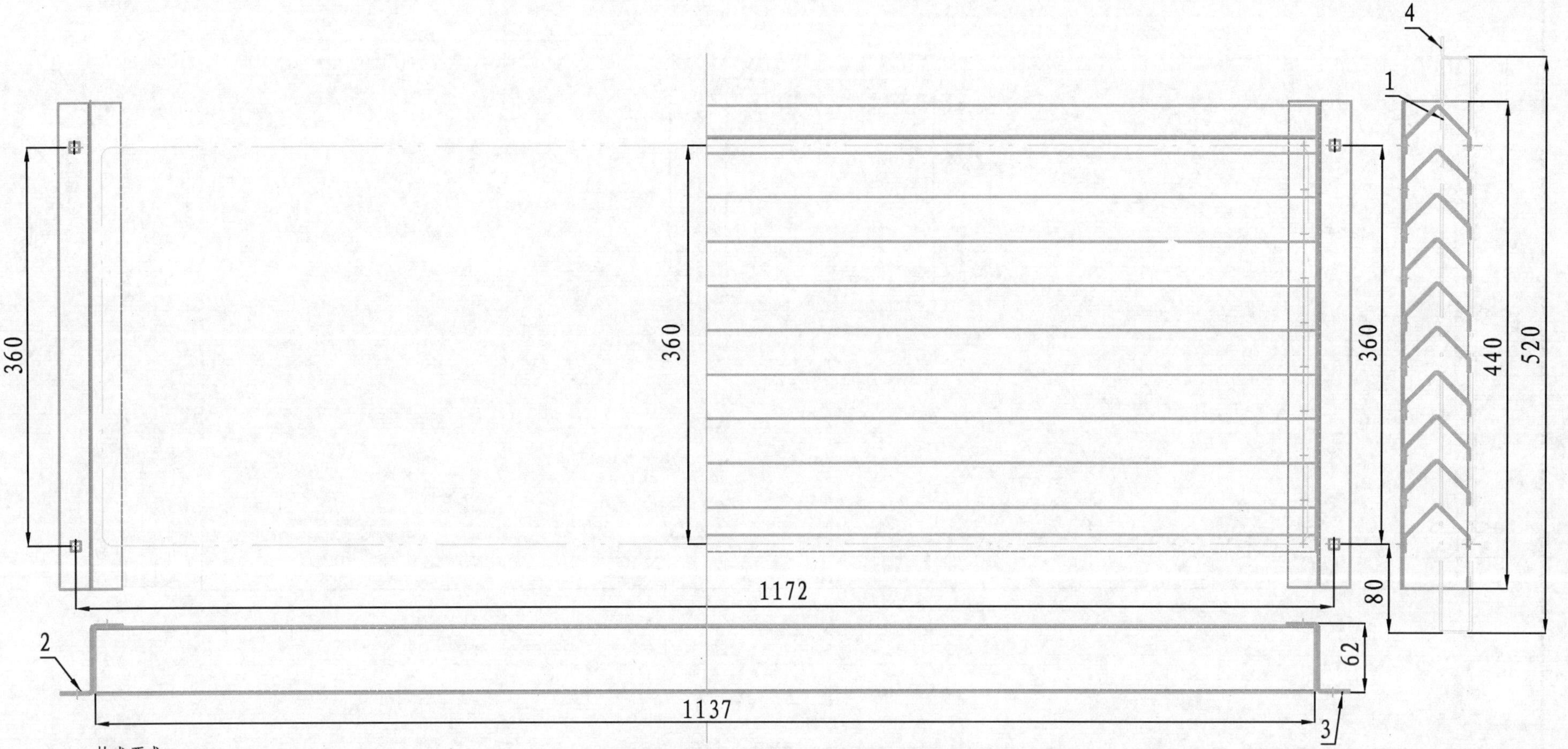

技术要求
未注尺寸公差均按
GB/T1804-m取值。

4	8XB.320.1500-13	通风窗面板	1
3			
2	8XB.320.1500-12	通风安装件	2
1	8XB.320.1500-11	通风件	10
序号	代号	名称	数量

标记	处数	分区	更改文件号	签名	年、月、日
设计			标准化		
校对			审定		
审核			CAD		
工艺			批准		

阶段标记				质量	比例
S	A				1：5
共	张	第	张		

通风件装配

5XB.320.1500-10

图3－1－19 通风件装配

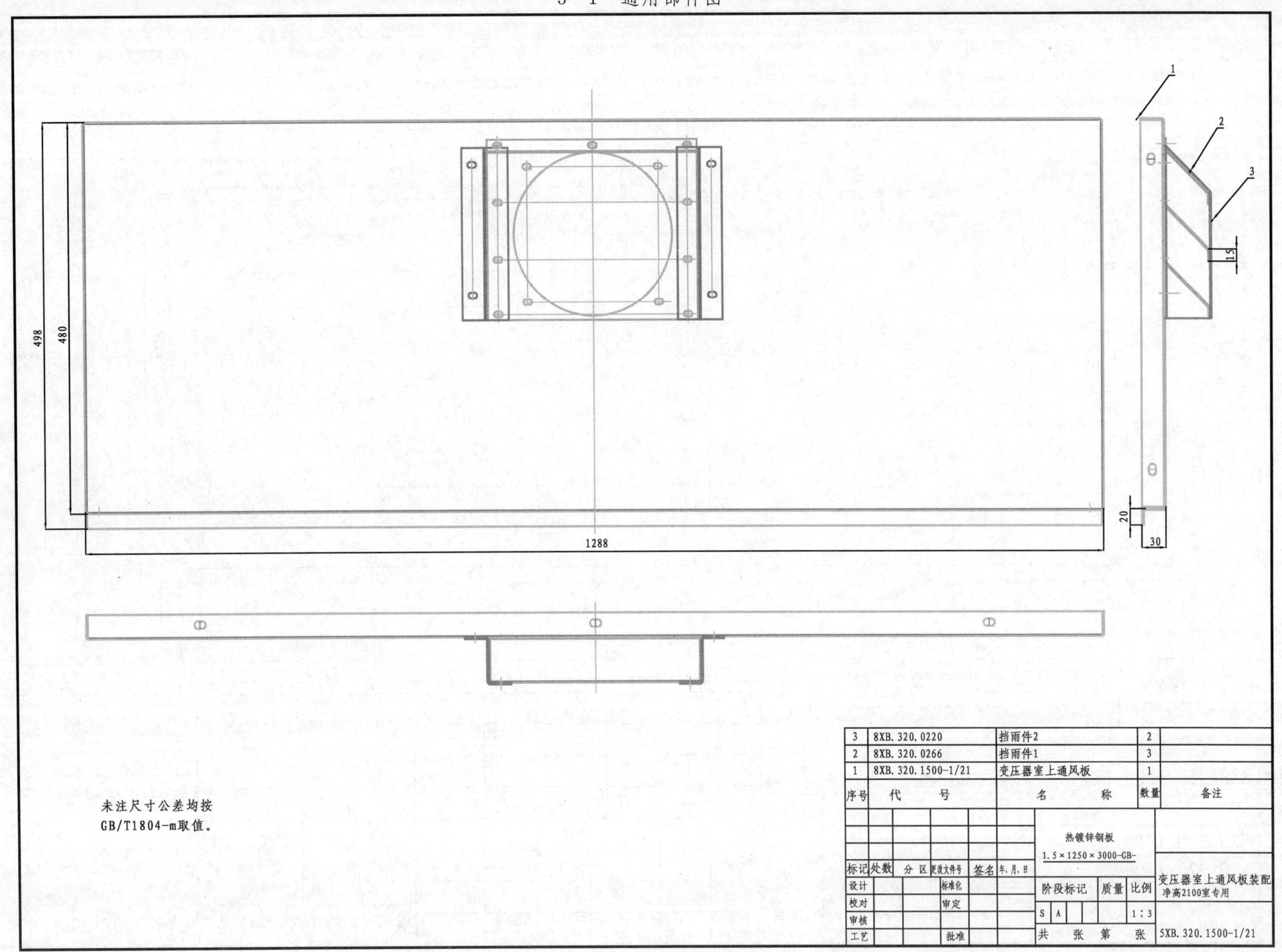

图3-1-20　变压器室上通风板装配

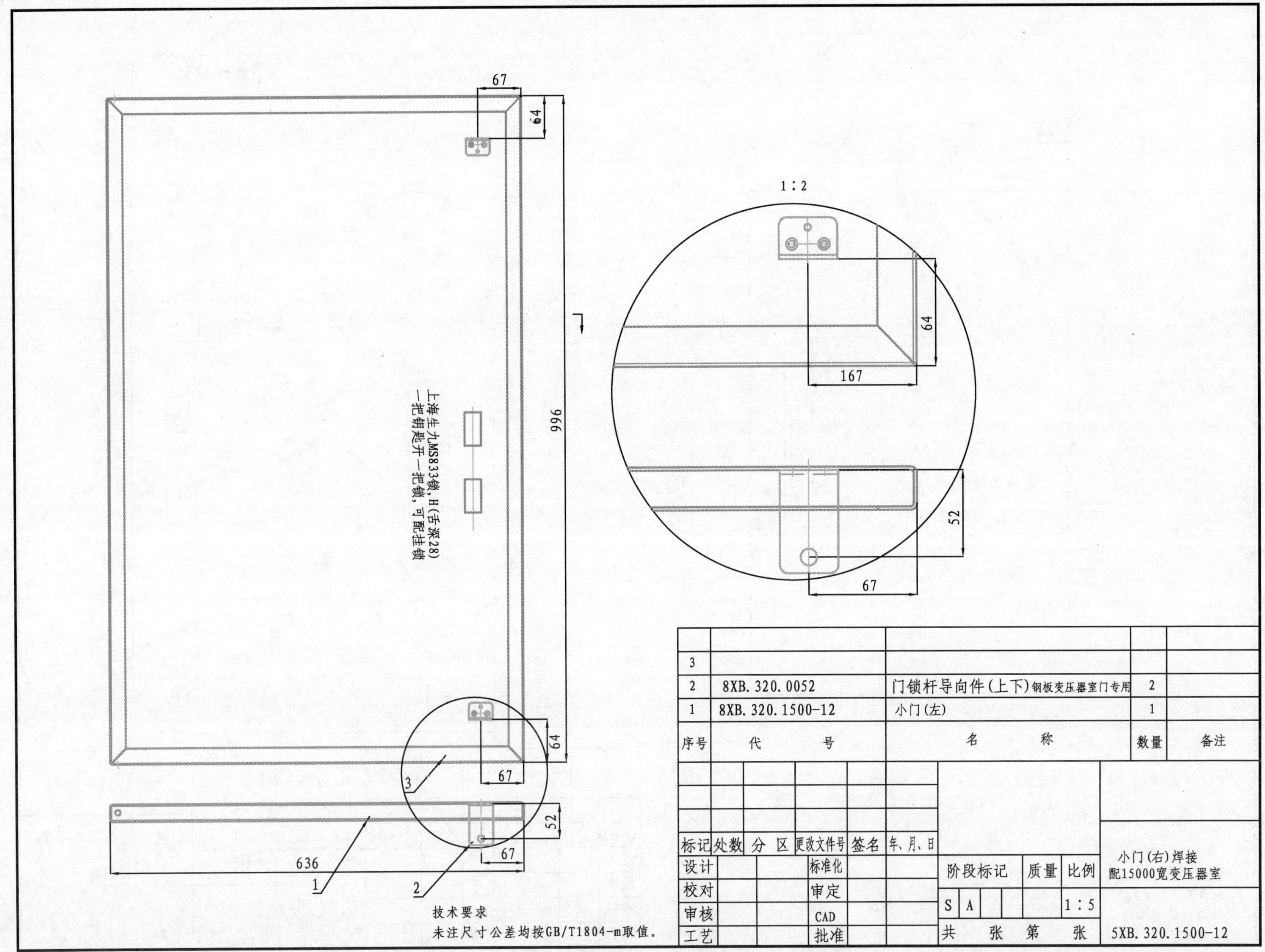
67
64
1∶2
上海生力MS833锁,H(舌深28)
一把钥匙开一把锁,可配挂锁
996
64
167
52
67
3
64
67
52
636
67
1
2
技术要求
未注尺寸公差均按GB/T1804-m取值。
3
2　8XB.320.0052　门锁杆导向件(上下)钢板变压器室门专用　2
1　8XB.320.1500-12　小门(左)　1
序号　代　号　名　称　数量　备注
标记　处数　分　区　更改文件号　签名　年、月、日
设计　标准化
校对　审定
审核　CAD
工艺　批准
阶段标记　质量　比例
S　A　1∶5
共　张　第　张
小门(右)焊接
配15000宽变压器室
5XB.320.1500-12

图3－1－21　小门（右）焊接

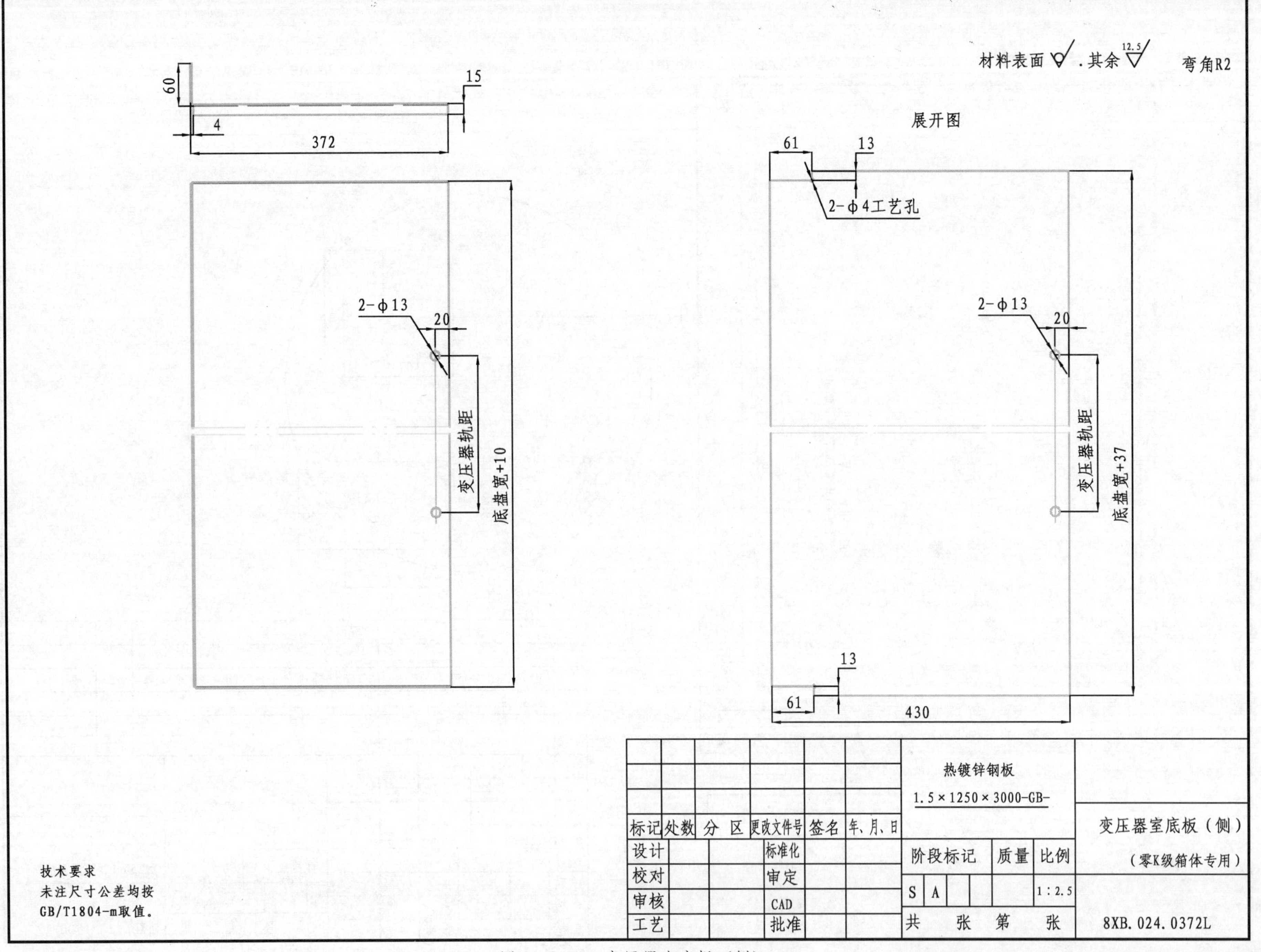

图3－2－1 变压器室底板（侧）

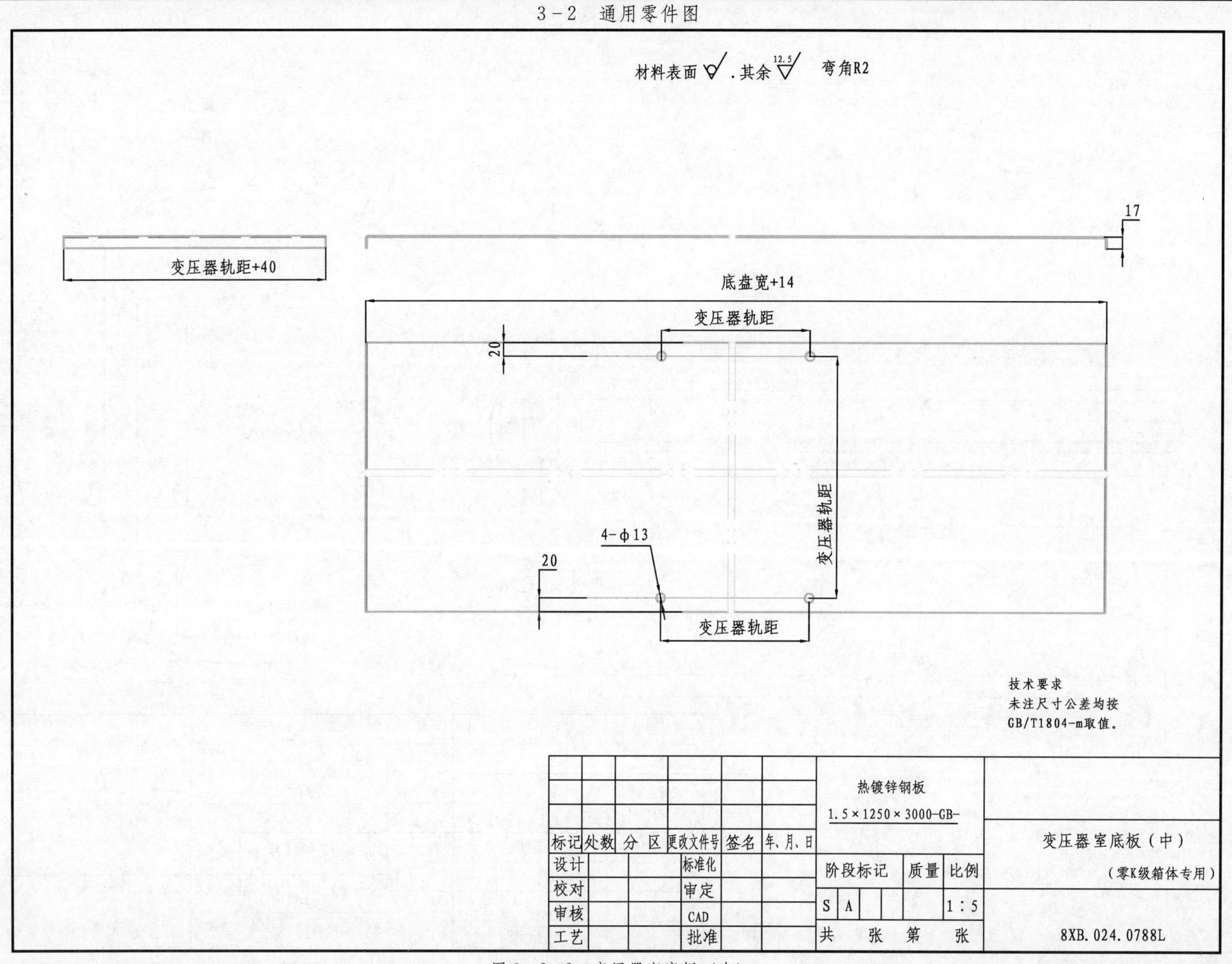

图3-2-2 变压器室底板（中）

材料表面 ▽ .其余 12.5▽
弯角R2

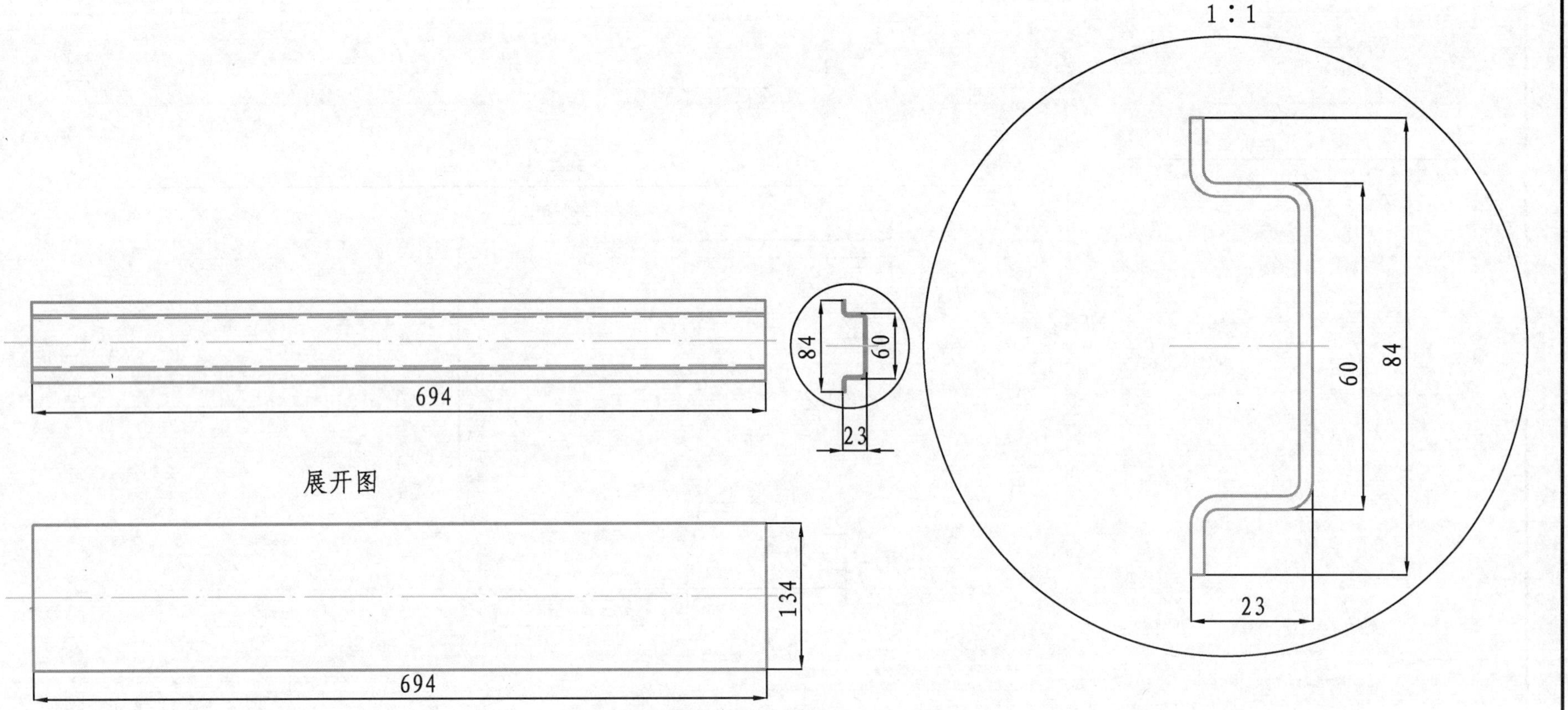
1：1
694
84
60
23
展开图
134
694
60
84
23

						热镀锌钢板 1.5×1250×3000-GB-		
标记	处数	分区	更改文件号	签名	年、月、日			加强筋
设计			标准化			阶段标记	质量	比例
校对			审定			S A		1：5
审核								
工艺			批准			共　张　第　张		8XB.024.0700-2

技术要求

1. 未注尺寸公差均按GB/T1804-m取值。
2. 焊四角，并锉圆角R4。

图3－2－3　加强筋

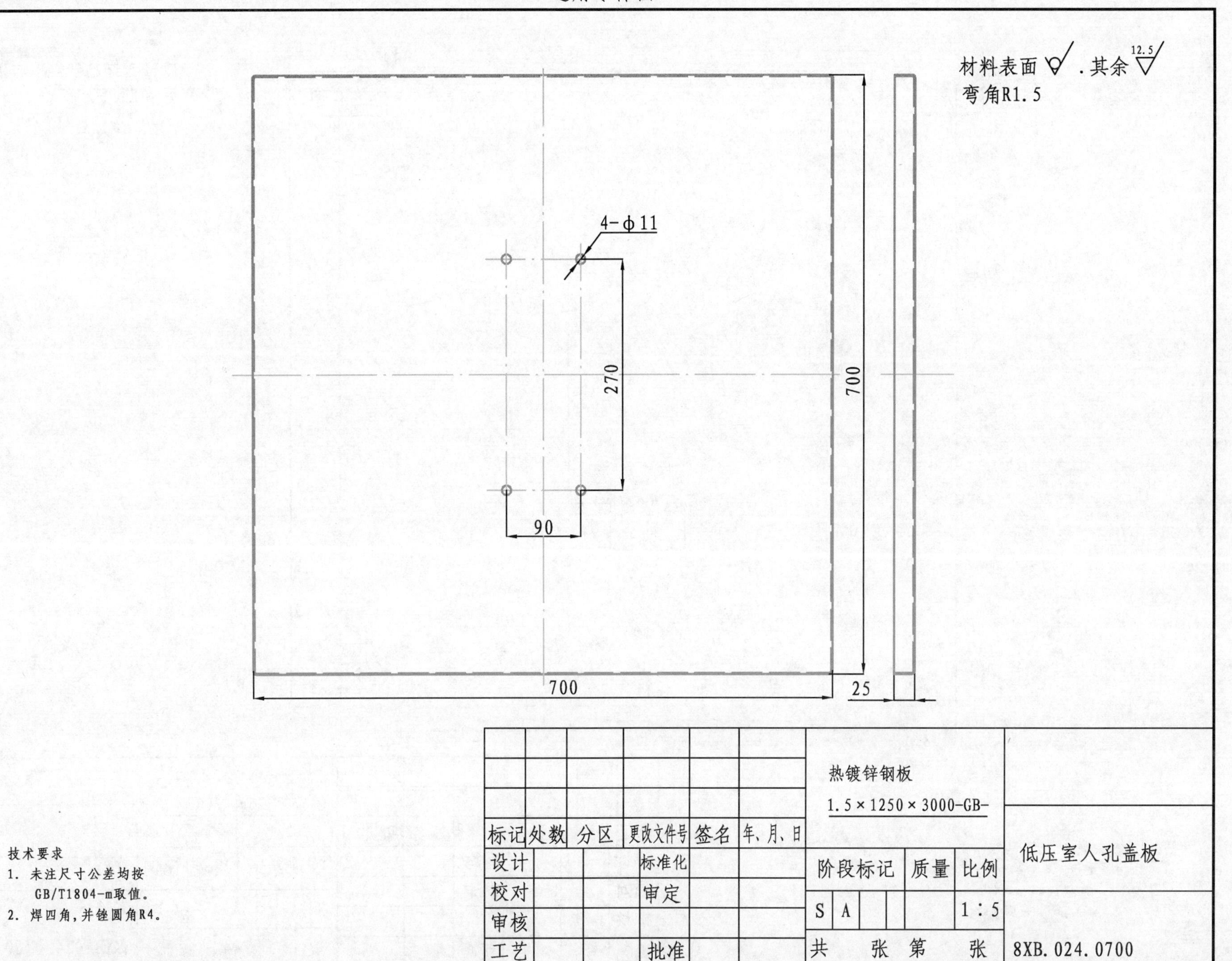

图3-2-4 低压室人孔盖板

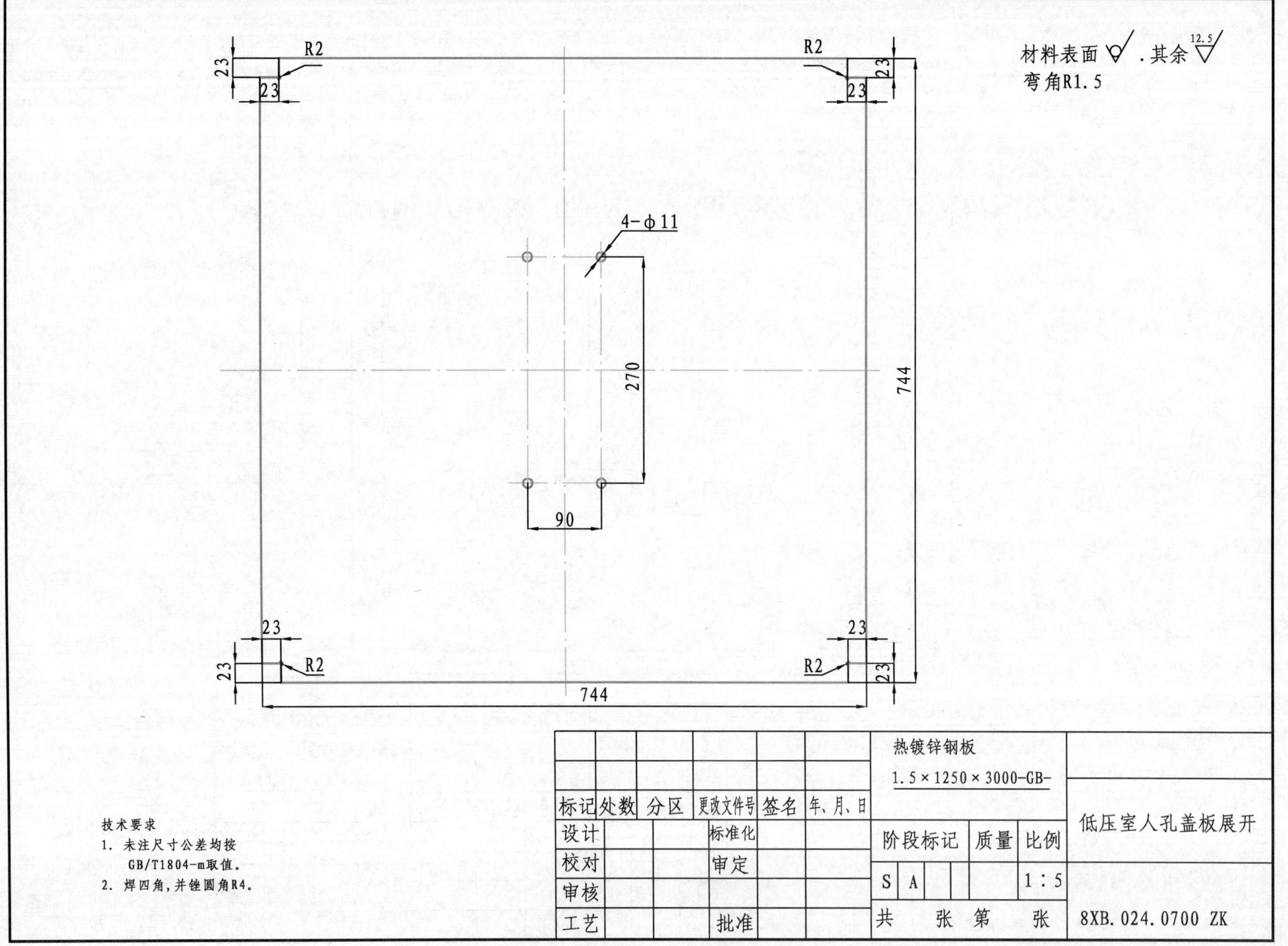

图3-2-5 低压室人孔盖板 展开

材料表面 ∅√ . 其余 12.5▽

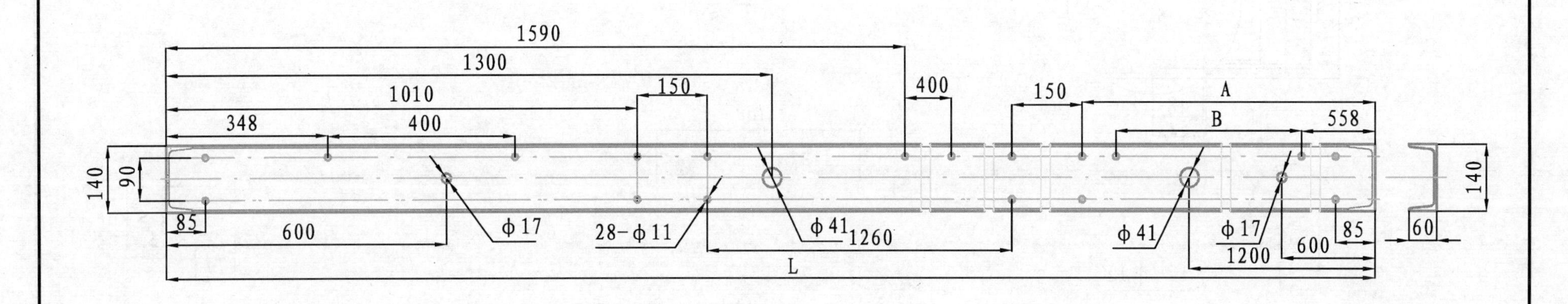

技术要求

1. 做防锈处理。
2. 未注尺寸公差均按 GB/T1804-m取值。

注：前后梁对称，不另出图。

序号	项1　底盘焊接图　图号	L	A	B
10	5XB.024.5000-22-10	5000	2430	800
9	5XB.024.4800-22-10	4800	2230	800
8	5XB.024.4600-22-10	4600	2030	800
7	5XB.024.4400-22-10	4400	1830	800
6	5XB.024.4200-22-10	4200	1630	600
5	5XB.024.4000-22-10	4000	1430	400
4	5XB.024.3800-22-10	3800	1230	200
3	5XB.024.3600-22-10	3600	1030	0
2	5XB.024.3400-22-10	4400	830	0
1	5XB.024.3200-22-10	3200	630	0

标记	处数	分　区	更改文件号	签名	年、月、日
设计			标准化		
校对			审定		
审核			CAD		
工艺			批准		

槽钢 $\frac{140\times60\times8\text{-GB707-65}}{\text{A3-GB700-65}}$

阶段标记			质量	比例
S	A			1：10
共　张　第　张				

前梁（后梁）
(1000+1500+××××)

8XB.024.3200-15～
8XB.024.5000-15
8XB.024.5000-15-2～
8XB.024.3200-15-2

图 3－2－6　前后梁

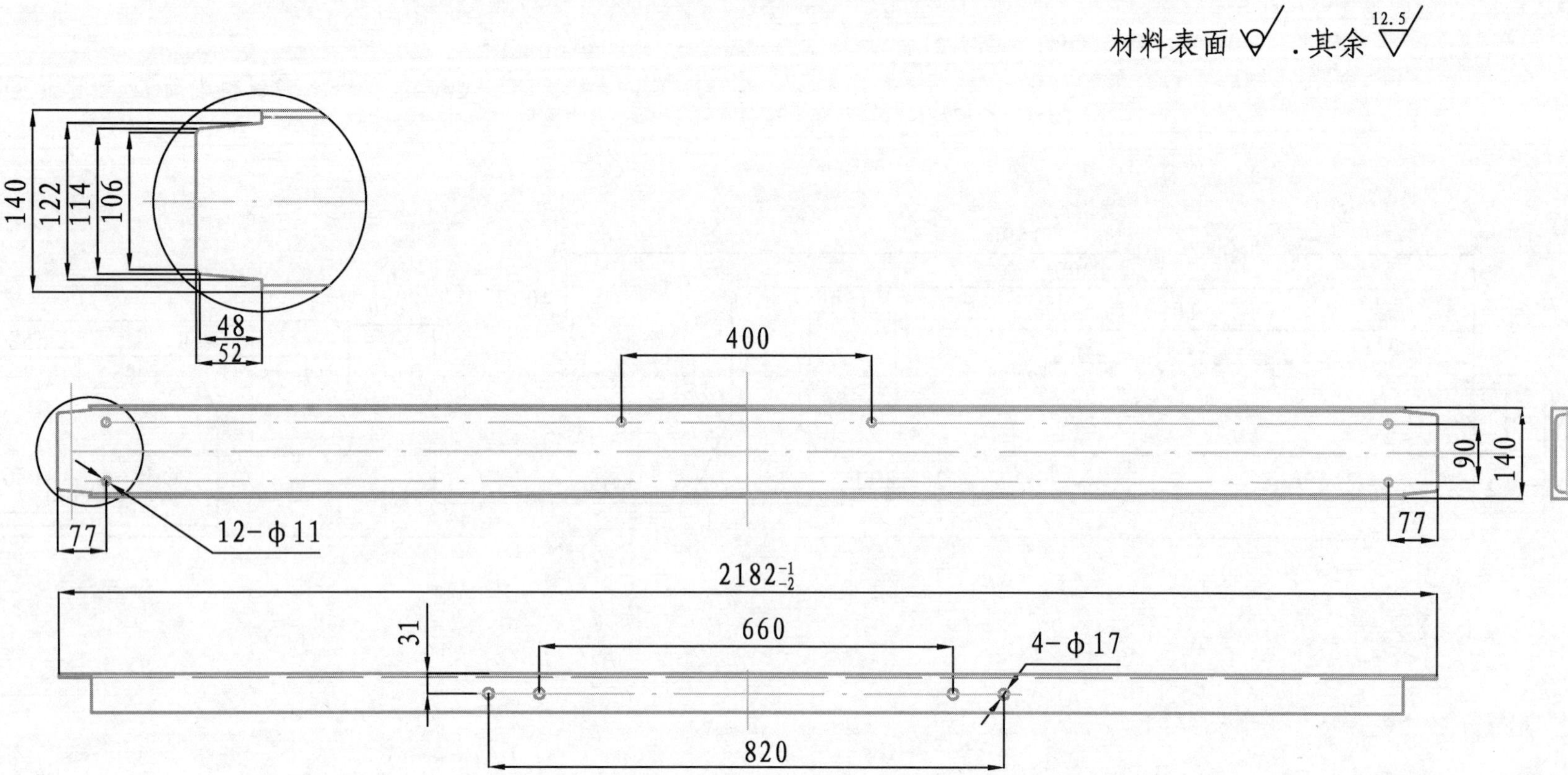

材料表面 ▽（不加工）．其余 $\overset{12.5}{\bigtriangledown}$

140　122　114　106　48　52

400　90　140　77　12－φ11　77

2182^{-1}_{-2}

31　660　4－φ17　820

技术要求
未注尺寸公差均按
GB/T1804－m取值。

标记	处数	分 区	更改文件号	签名	年、月、日	14A#槽钢 140×60×6－GB707－65 A3－GB700－65			变压器承重梁
设计			标准化			阶段标记	质量	比例	
校对			审定					1：8	
审核									
工艺			批准			共 张 第 张			8XB．024．2200－1

图3－2－7 变压器承重梁

材料表面 ▽ .其余 12.5▽

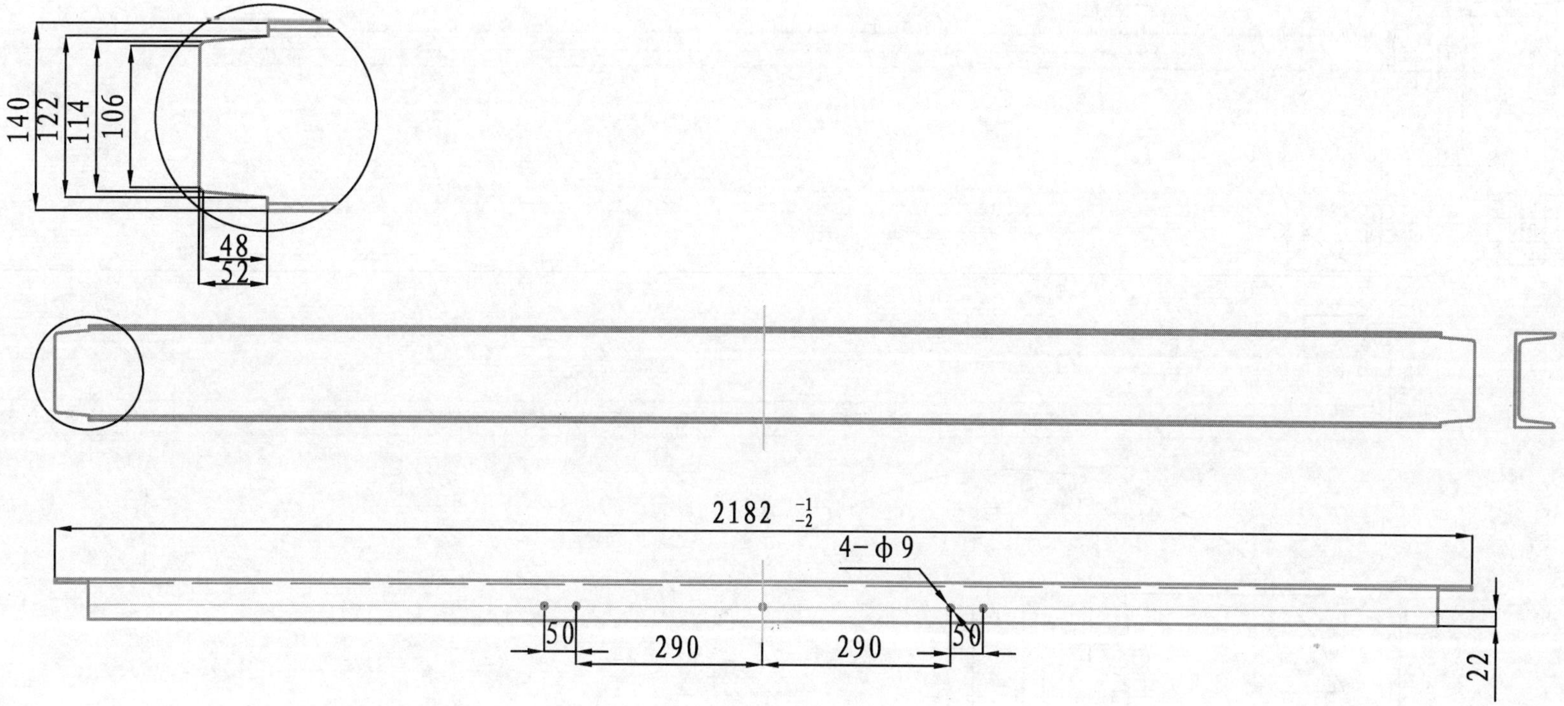

140 122 114 106

48 52

2182 $^{-1}_{-2}$

4-ϕ9

50 290 290 50

22

标记	处数	分区	更改文件号	签名	年、月、日	14A#槽钢 140×60×6-GB707-65 A3-GB700-65			高(低)压室与变压器室
设计			标准化			阶段标记	质量	比例	连接梁(槽钢) (配玻镁防火板)
校对			审定					1:8	
审核									
工艺			批准			共 张	第 张		8XB.024.2200-2

技术要求
未注尺寸公差均按
GB/T1804-m取值。

图3-2-8 连接梁

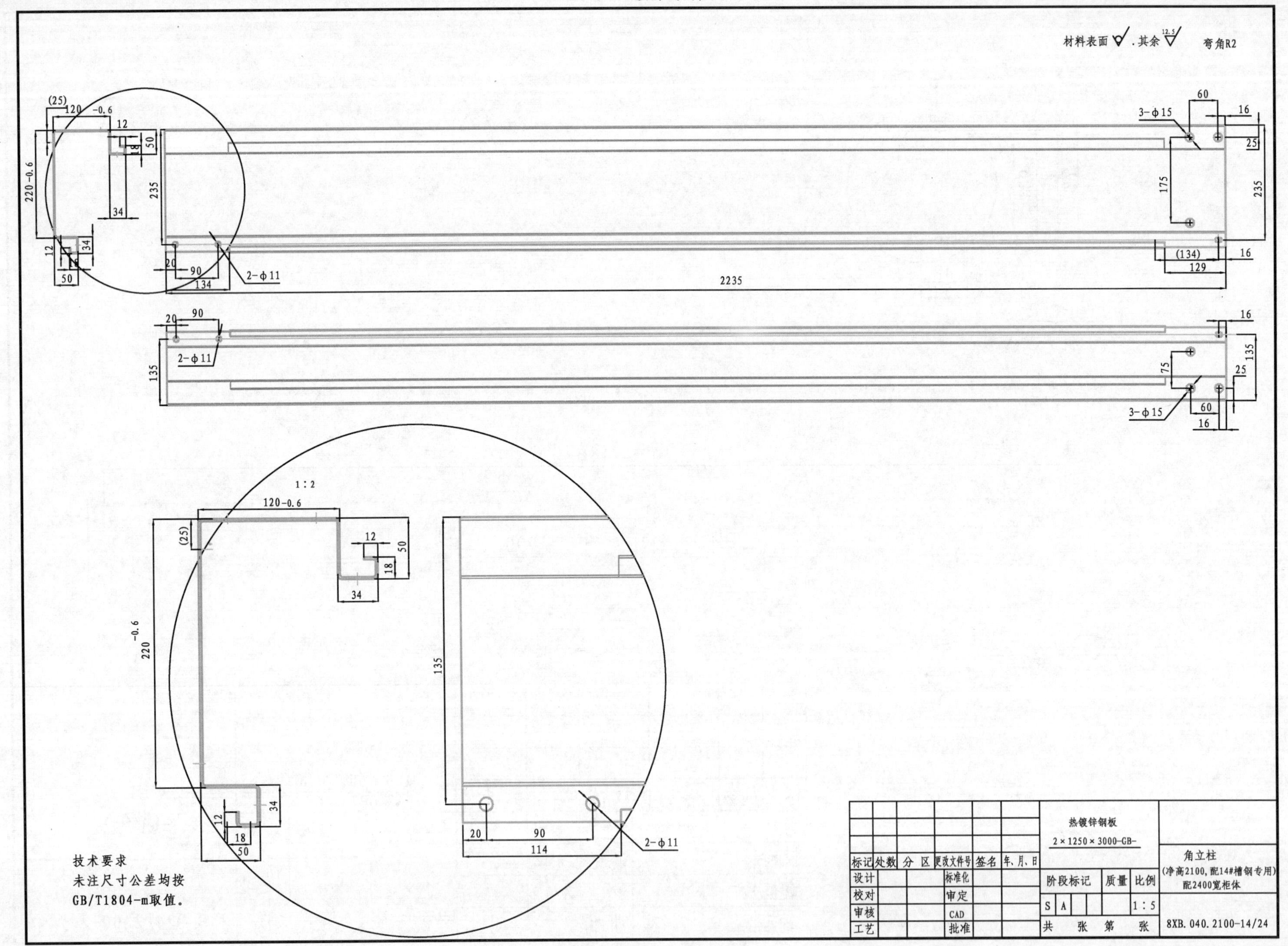
材料表面 . 其余 12.5
弯角R2
(25)
120 -0.6
12
50
18
220-0.6
235
34
12
34
12
50
20
90
134
2-ϕ11
2235
60
3-ϕ15
16
25
175
235
(134)
129
16
20
90
2-ϕ11
135
16
135
75
25
3-ϕ15
60
16
1:2
120-0.6
(25)
12
50
18
34
-0.6
220
34
12
18
50
135
20
90
114
2-ϕ11
技术要求
未注尺寸公差均按
GB/T1804-m取值。
热镀锌钢板
2×1250×3000-GB-
标记 处数 分 区 更改文件号 签名 年、月、日
设计 标准化
校对 审定
审核 CAD
工艺 批准
阶段标记 质量 比例
S A 1:5
共 张 第 张
角立柱
(净高2100, 配14#槽钢专用)
配2400宽柜体
8XB.040.2100-14/24

图3-2-9 角立柱

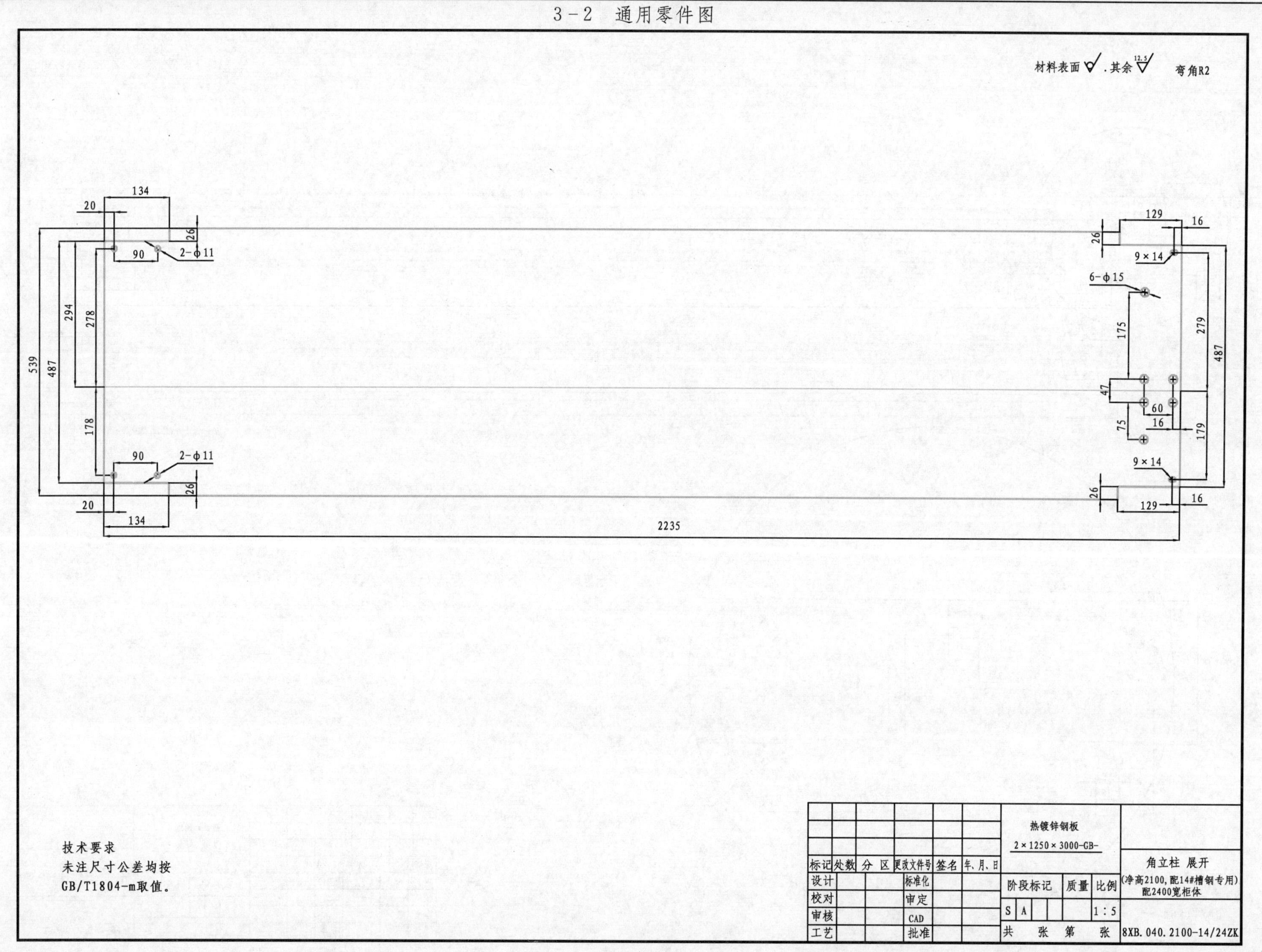
材料表面 . 其余 12.5
弯角R2
134
20
26
90
2-φ11
294
278
539
487
178
90
2-φ11
26
20
134
2235
129
16
26
9×14
6-φ15
175
279
487
47
60
16
75
179
9×14
26
129
16
技术要求
未注尺寸公差均按
GB/T1804-m取值。
热镀锌钢板
2×1250×3000-GB-
标记 处数 分 区 更改文件号 签名 年,月,日
设计 标准化
校对 审定
审核 CAD
工艺 批准
阶段标记 质量 比例
S A 1:5
共 张 第 张
角立柱 展开
(净高2100,配14#槽钢专用)
配2400宽柜体
8XB.040.2100-14/24ZK

图3-2-10 角立柱 展开

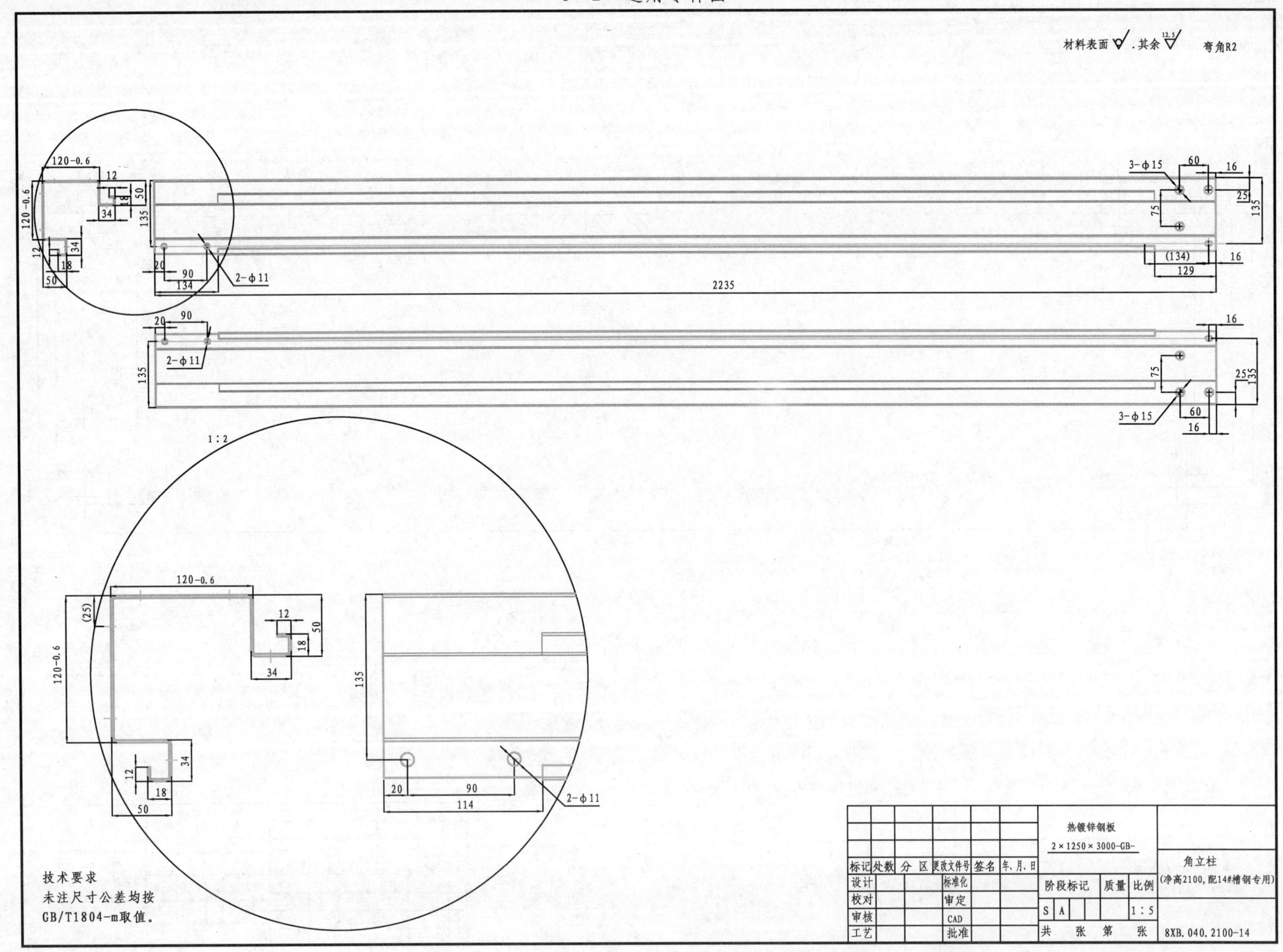
材料表面 . 其余 12.5
弯角R2
120-0.6
12
50
18
34
135
120-0.6
12
34
18
50
20
90
134
2-φ11
2235
3-φ15
60
16
25
75
135
(134)
16
129
20
90
2-φ11
135
16
75
25
135
3-φ15
60
16
1:2
120-0.6
(25)
12
50
18
34
120-0.6
34
12
18
50
135
20
90
114
2-φ11
热镀锌钢板
2×1250×3000-GB-
角立柱
(净高2100，配14#槽钢专用)
标记 处数 分 区 更改文件号 签名 年、月、日
设计 标准化
校对 审定
审核 CAD
工艺 批准
阶段标记 质量 比例
S A 1:5
共 张 第 张
8XB.040.2100-14
技术要求
未注尺寸公差均按
GB/T1804-m取值。

图 3－2－11 角立柱

材料表面 ▽，其余 12.5▽ 弯角R2

技术要求
未注尺寸公差均按
GB/T1804-m取值。

标记	处数	分区	更改文件号	签名	年、月、日	热镀锌钢板 2×1250×3000-GB-			角立柱 展开 (净高2100，配14#槽钢专用)
设计			标准化			阶段标记	质量	比例	
校对			审定			S A		1:5	
审核			CAD						
工艺			批准			共 张 第 张			8XB.040.2100-14ZK

图3-2-12 角立柱 展开

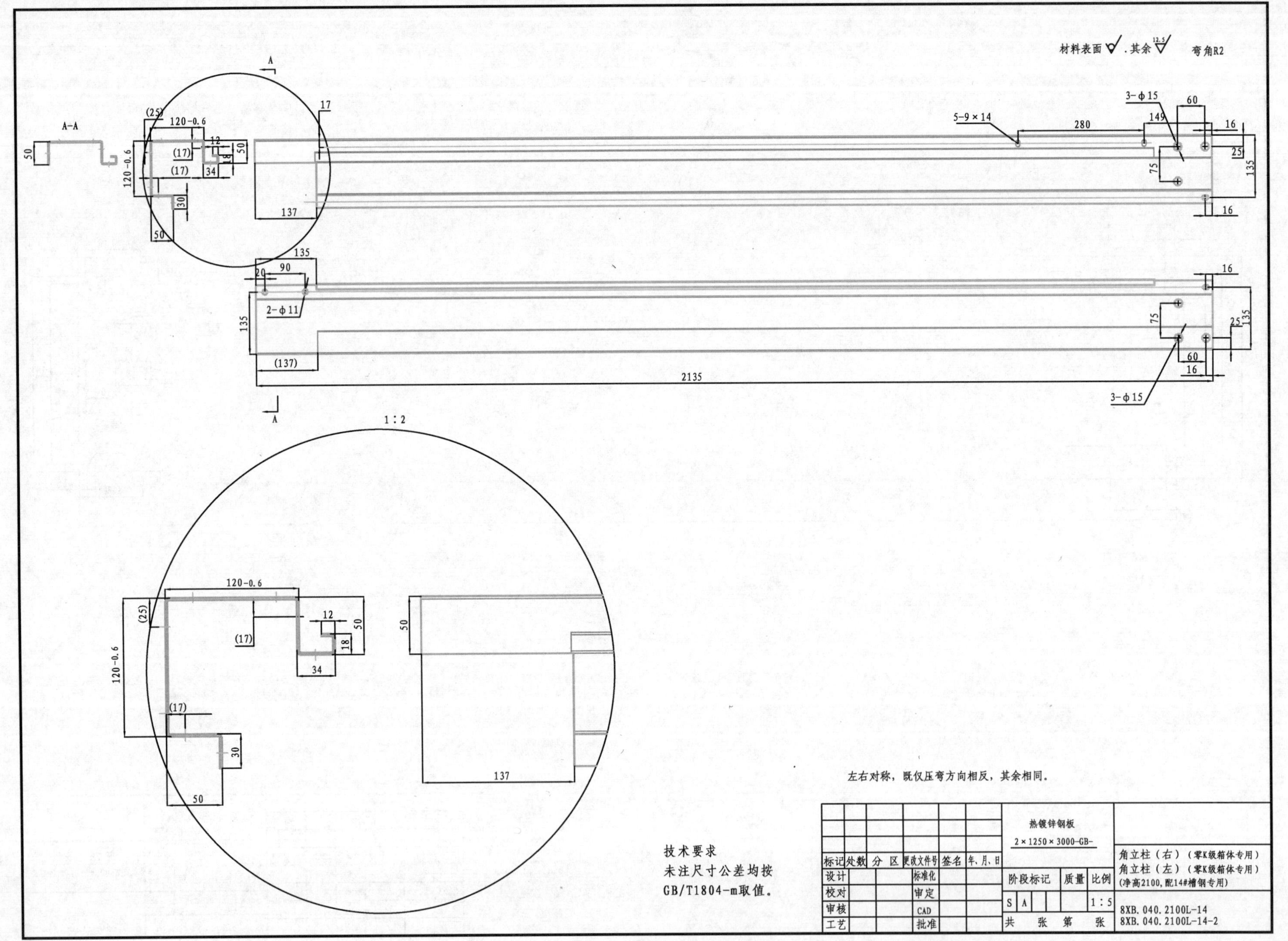

材料表面 ，其余 12.5 弯角R2
A-A
A
1:2
左右对称，既仅压弯方向相反，其余相同。
技术要求
未注尺寸公差均按
GB/T1804-m取值。
热镀锌钢板
2×1250×3000-GB-
标记 处数 分 区 更改文件号 签名 年、月、日
设计 标准化
校对 审定
审核 CAD
工艺 批准
阶段标记 质量 比例
S A 1:5
共 张 第 张
角立柱（右）（零K级箱体专用）
角立柱（左）（零K级箱体专用）
(净高2100，配14#槽钢专用)
8XB.040.2100L-14
8XB.040.2100L-14-2

图 3-2-13 角立柱

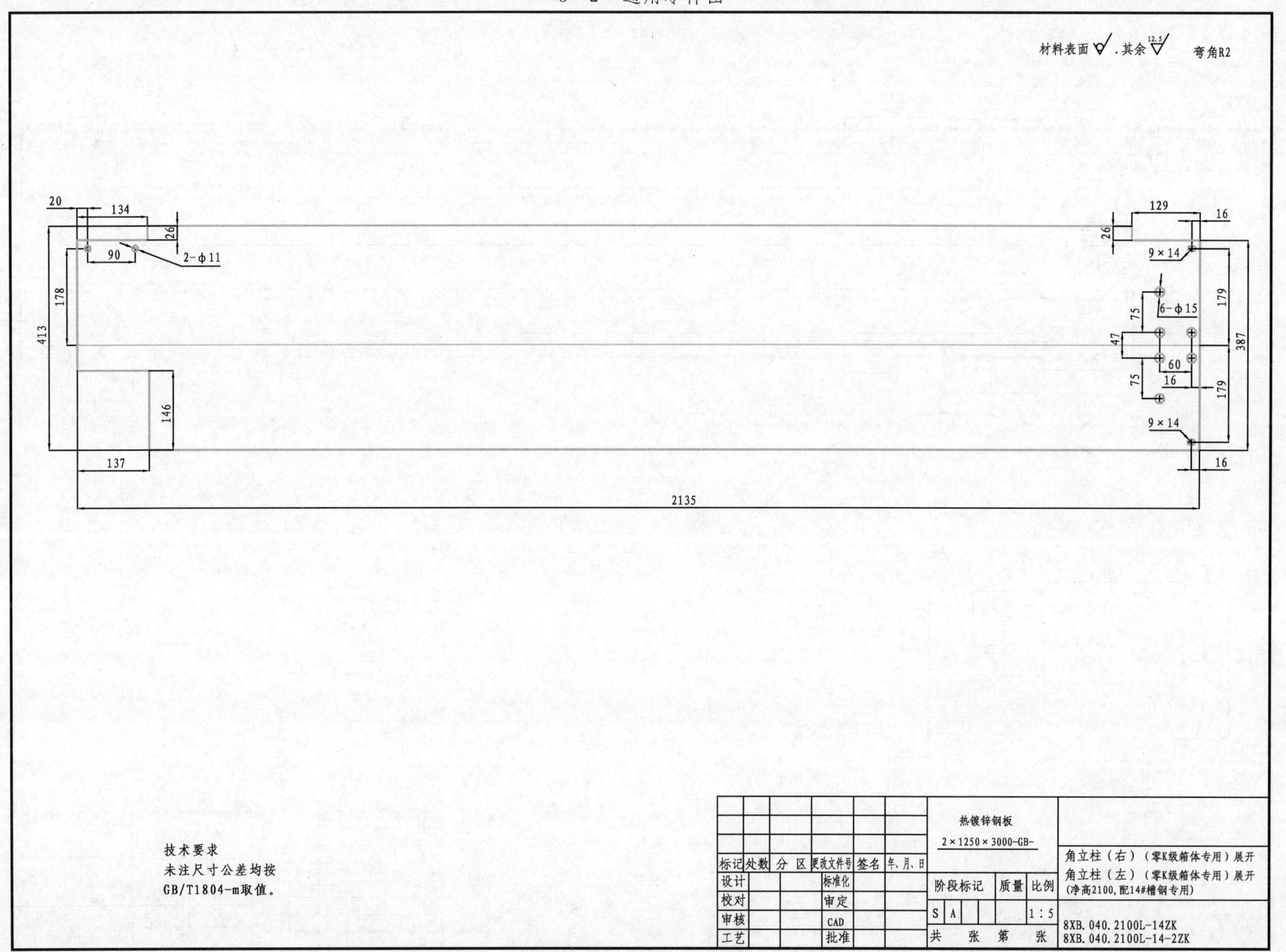
材料表面 .其余 12.5
弯角R2
20
134
26
90
2－φ11
178
413
146
137
2135
129
16
26
9×14
6－φ15
179
75
47
387
60
16
75
179
9×14
16
技术要求
未注尺寸公差均按
GB/T1804－m取值。
热镀锌钢板
2×1250×3000-GB-
标记 处数 分 区 更改文件号 签名 年、月、日
设计 标准化
校对 审定
审核 CAD
工艺 批准
阶段标记 质量 比例
S A 1：5
共 张 第 张
角立柱（右）（零K级箱体专用）展开
角立柱（左）（零K级箱体专用）展开
(净高2100，配14#槽钢专用)
8XB.040.2100L-14ZK
8XB.040.2100L-14-2ZK

图3－2－14　角立柱　展开

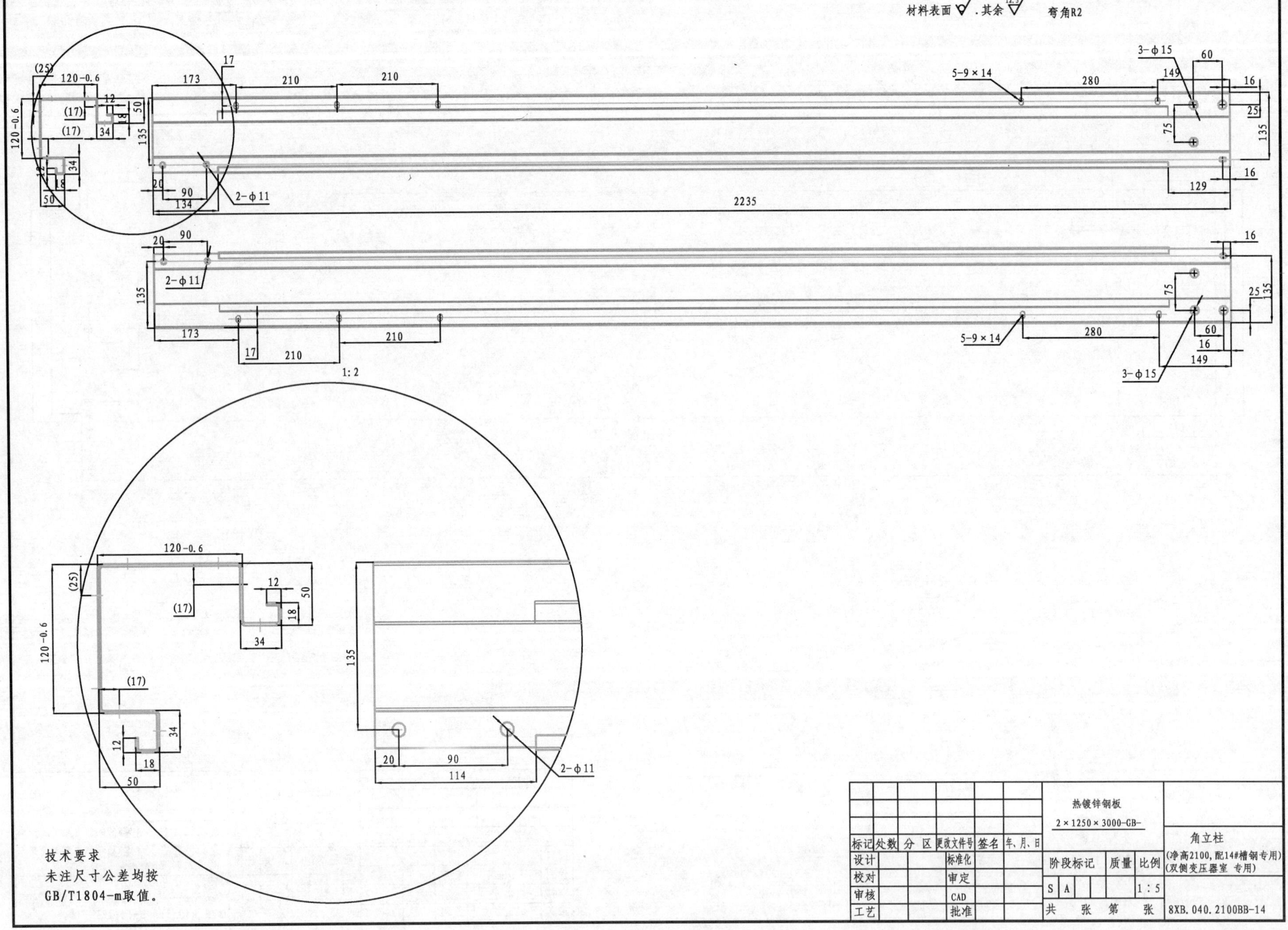

材料表面 ∀，其余 12.5∀ 弯角R2

1:2

技术要求
未注尺寸公差均按
GB/T1804-m取值。

						热镀锌钢板 2×1250×3000-GB-			角立柱
标记	处数	分区	更改文件号	签名	年、月、日				(净高2100，配14#槽钢专用)(双侧变压器室 专用)
设计			标准化			阶段标记	质量	比例	
校对			审定			S A		1:5	
审核			CAD						
工艺			批准			共 张 第 张			8XB.040.2100BB-14

图 3-2-15 角立柱

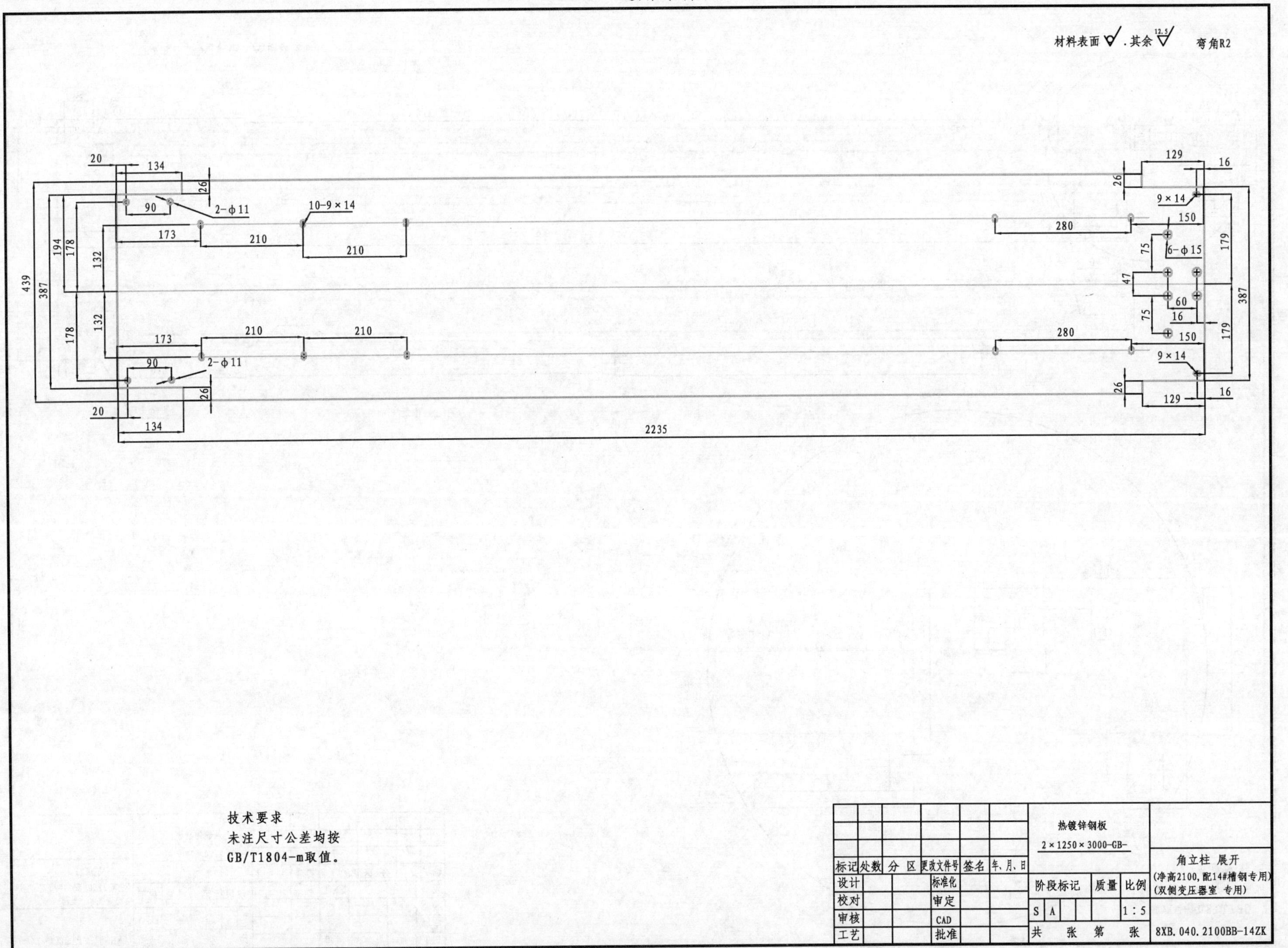
材料表面 .其余 12.5
弯角R2
10-9×14
2-φ11
6-φ15
9×14
2235
技术要求
未注尺寸公差均按
GB/T1804-m取值。
热镀锌钢板
2×1250×3000-GB-
标记 处数 分 区 更改文件号 签名 年、月、日
设计 标准化
校对 审定
审核 CAD
工艺 批准
阶段标记 质量 比例
S A 1:5
共 张 第 张
角立柱 展开
(净高2100,配14#槽钢专用)
(双侧变压器室 专用)
8XB.040.2100BB-14ZK

图3-2-16 角立柱 展开

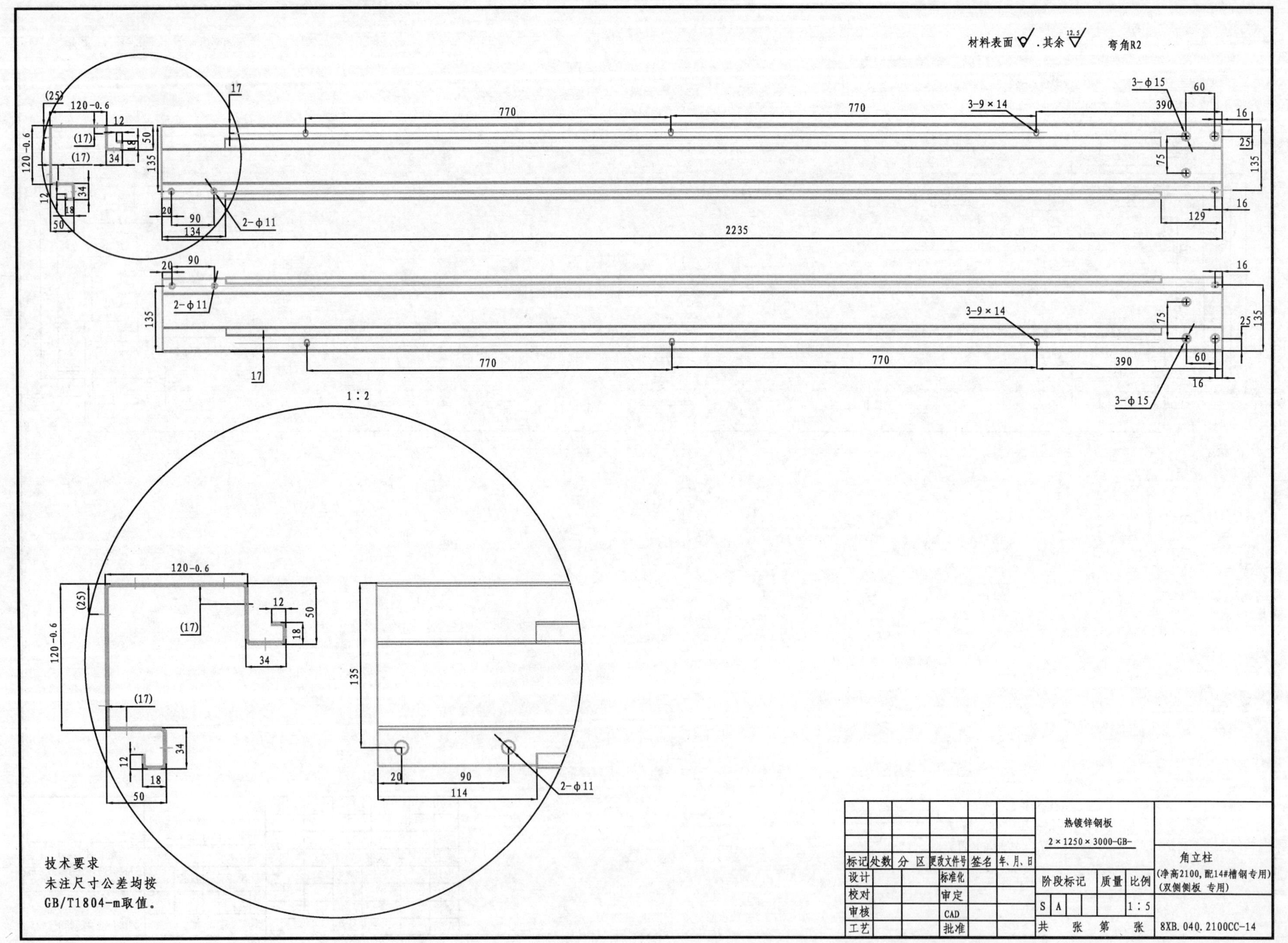
材料表面 .其余 12.5 弯角R2
770
770
3-9×14
3-ϕ15
60
390
16
25
135
75
16
129
2235
17
(25)
120-0.6
12
(17)
50
18
34
135
(17)
12
34
18
50
20
90
134
2-ϕ11
1:2
114
技术要求
未注尺寸公差均按
GB/T1804-m取值.
热镀锌钢板
2×1250×3000-GB-
角立柱
(净高2100,配14#槽钢专用)
(双侧侧板 专用)
标记 处数 分 区 更改文件号 签名 年、月、日
设计 标准化
校对 审定
审核 CAD
工艺 批准
阶段标记 质量 比例
S A 1:5
共 张 第 张
8XB.040.2100CC-14

图 3-2-17 角立柱

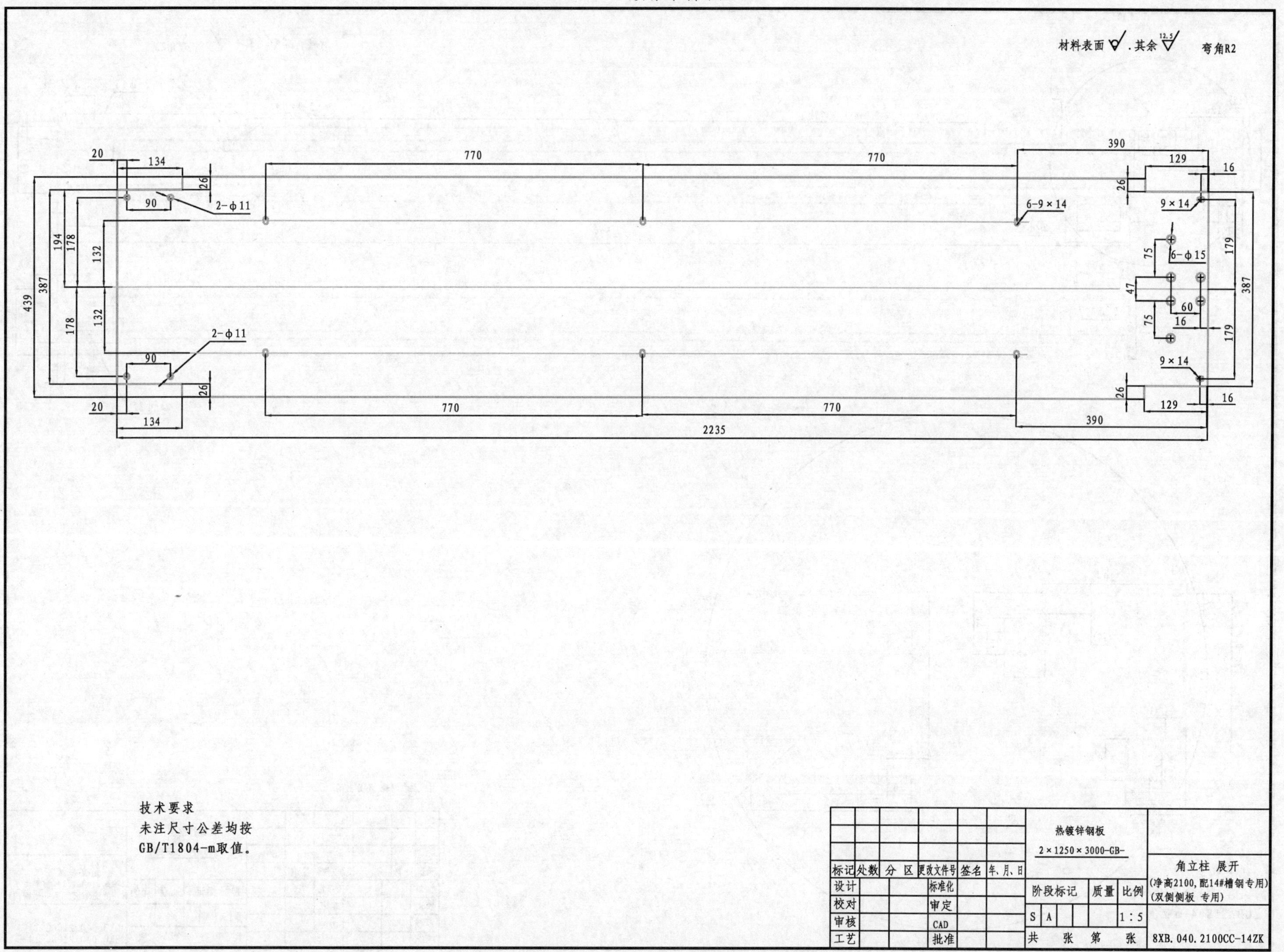
材料表面 .其余 12.5
弯角R2
20
134
26
90
2-φ11
770
770
390
129
16
26
6-9×14
9×14
194
178
132
387
439
75
6-φ15
179
47
60
16
2-φ11
9×14
26
20
134
770
770
129
390
2235
技术要求
未注尺寸公差均按
GB/T1804-m取值.
热镀锌钢板
2×1250×3000-GB-
标记 处数 分区 更改文件号 签名 年、月、日
设计 标准化
校对 审定
审核 CAD
工艺 批准
阶段标记 质量 比例
S A 1:5
共 张 第 张
角立柱 展开
(净高2100,配14#槽钢专用)
(双侧侧板 专用)
8XB.040.2100CC-14ZK

图3-2-18 角立柱 展开

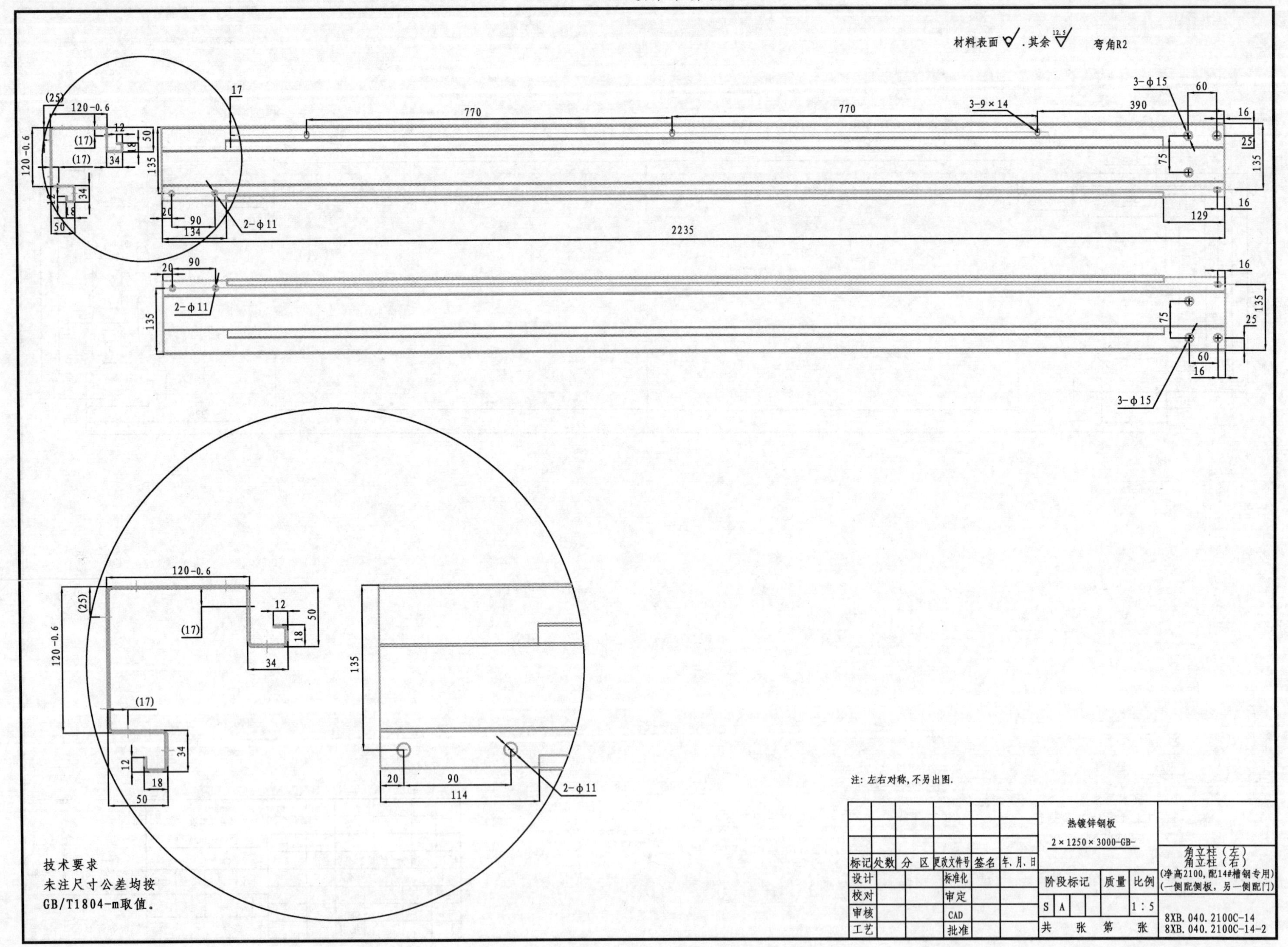
材料表面
.其余 12.5
弯角R2
3-φ15
3-9×14
2-φ11
770
2235
注：左右对称，不另出图。
技术要求
未注尺寸公差均按
GB/T1804-m取值。
热镀锌钢板
2×1250×3000-GB-
角立柱（左）
角立柱（右）
(净高2100，配14#槽钢专用)
(一侧配侧板，另一侧配门)
标记 处数 分 区 更改文件号 签名 年、月、日
设计 标准化
校对 审定
审核 CAD
工艺 批准
阶段标记 质量 比例
S A 1：5
共 张 第 张
8XB.040.2100C-14
8XB.040.2100C-14-2

图 3－2－19　角立柱

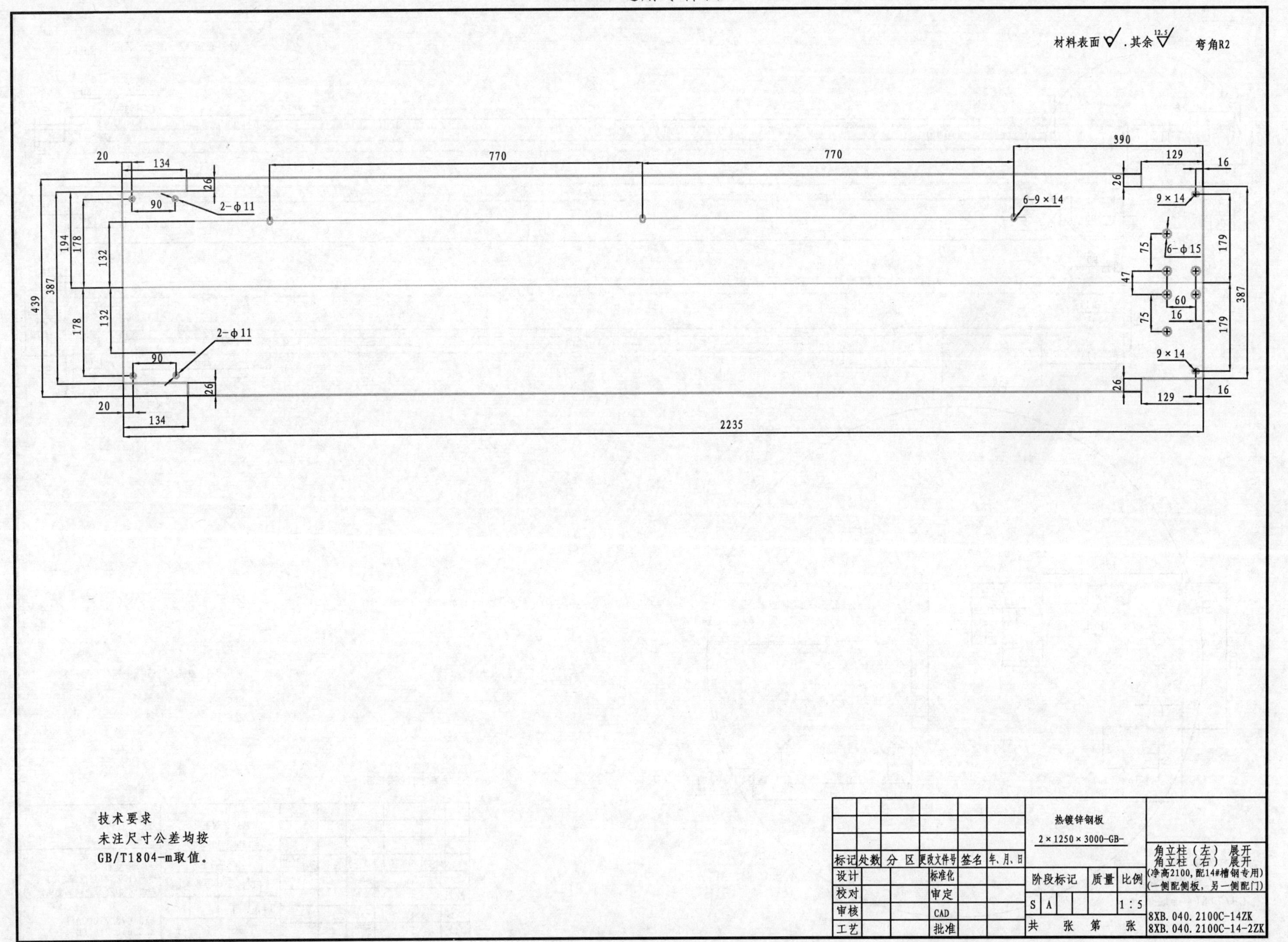
材料表面 . 其余 12.5
弯角R2
20
134
26
90
2-φ11
770
770
6-9×14
390
129
16
26
9×14
6-φ15
179
75
47
60
387
16
75
179
9×14
26
129
16
194
178
132
439
387
178
132
2-φ11
90
26
20
134
2235
技术要求
未注尺寸公差均按
GB/T1804-m取值。
热镀锌钢板
2×1250×3000-GB-
标记
处数
分 区
更改文件号
签名
年、月、日
设计
标准化
校对
审定
审核
CAD
工艺
批准
阶段标记
质量
比例
S
A
1:5
共 张 第 张
角立柱（左）展开
角立柱（右）展开
(净高2100，配14#槽钢专用)
(一侧配侧板，另一侧配门)
8XB.040.2100C-14ZK
8XB.040.2100C-14-2ZK

图3-2-20 角立柱 展开

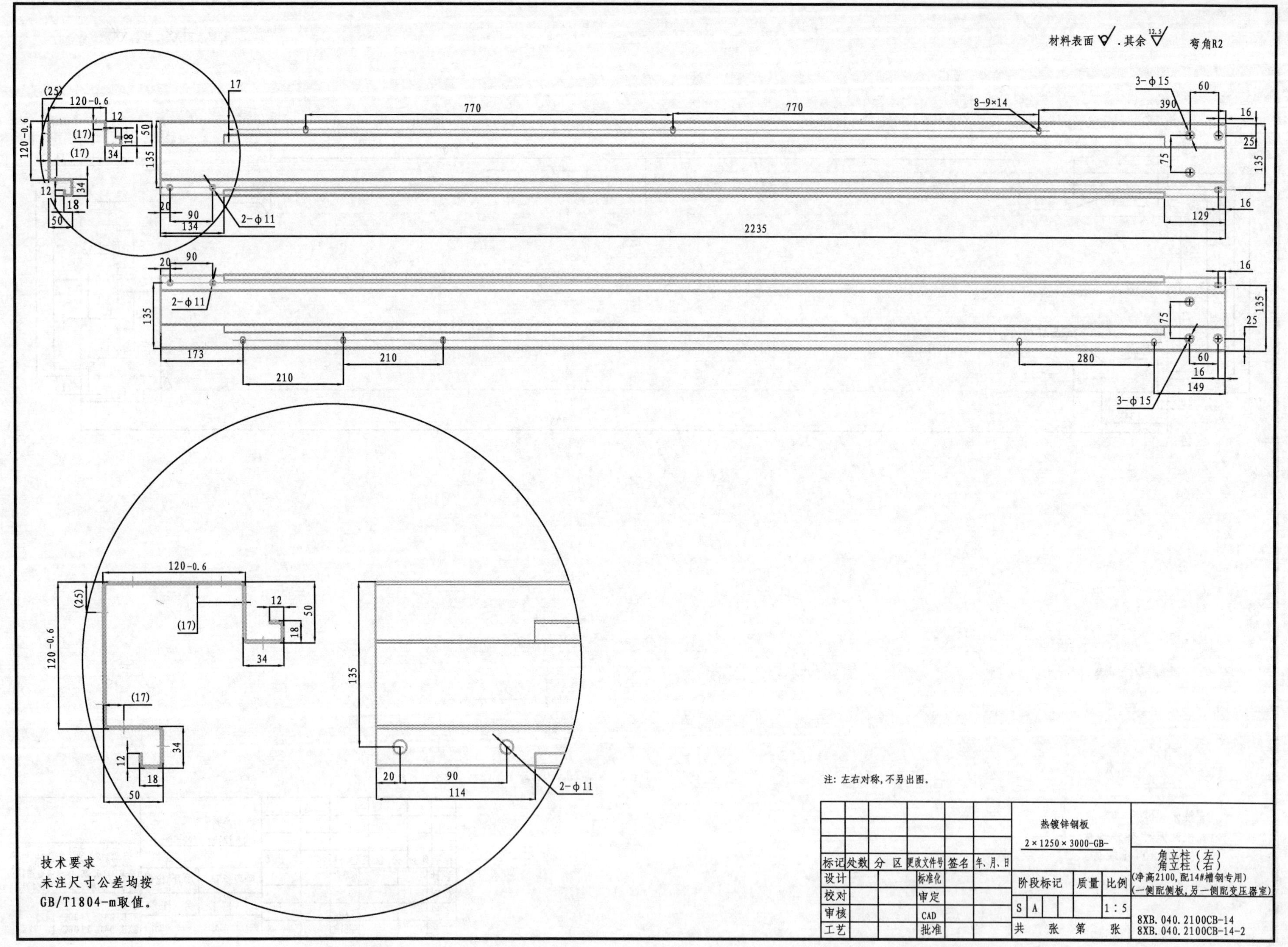

材料表面 . 其余 12.5
弯角R2
(25)
120-0.6
12
(17)
18
50
34
135
17
770
770
8-9×14
3-φ15
60
390
16
25
75
135
16
129
2235
20
90
134
2-φ11
173
210
210
280
149
3-φ15
114
注: 左右对称, 不另出图。
技术要求
未注尺寸公差均按
GB/T1804-m取值。
热镀锌钢板
2×1250×3000-GB-
标记 处数 分 区 更改文件号 签名 年,月,日
设计 标准化
校对 审定
审核 CAD
工艺 批准
阶段标记 质量 比例
S A 1:5
共 张 第 张
角立柱(左)
角立柱(右)
(净高2100,配14#槽钢专用)
(一侧配侧板,另一侧配变压器室)
8XB.040.2100CB-14
8XB.040.2100CB-14-2

图 3-2-21 角立柱

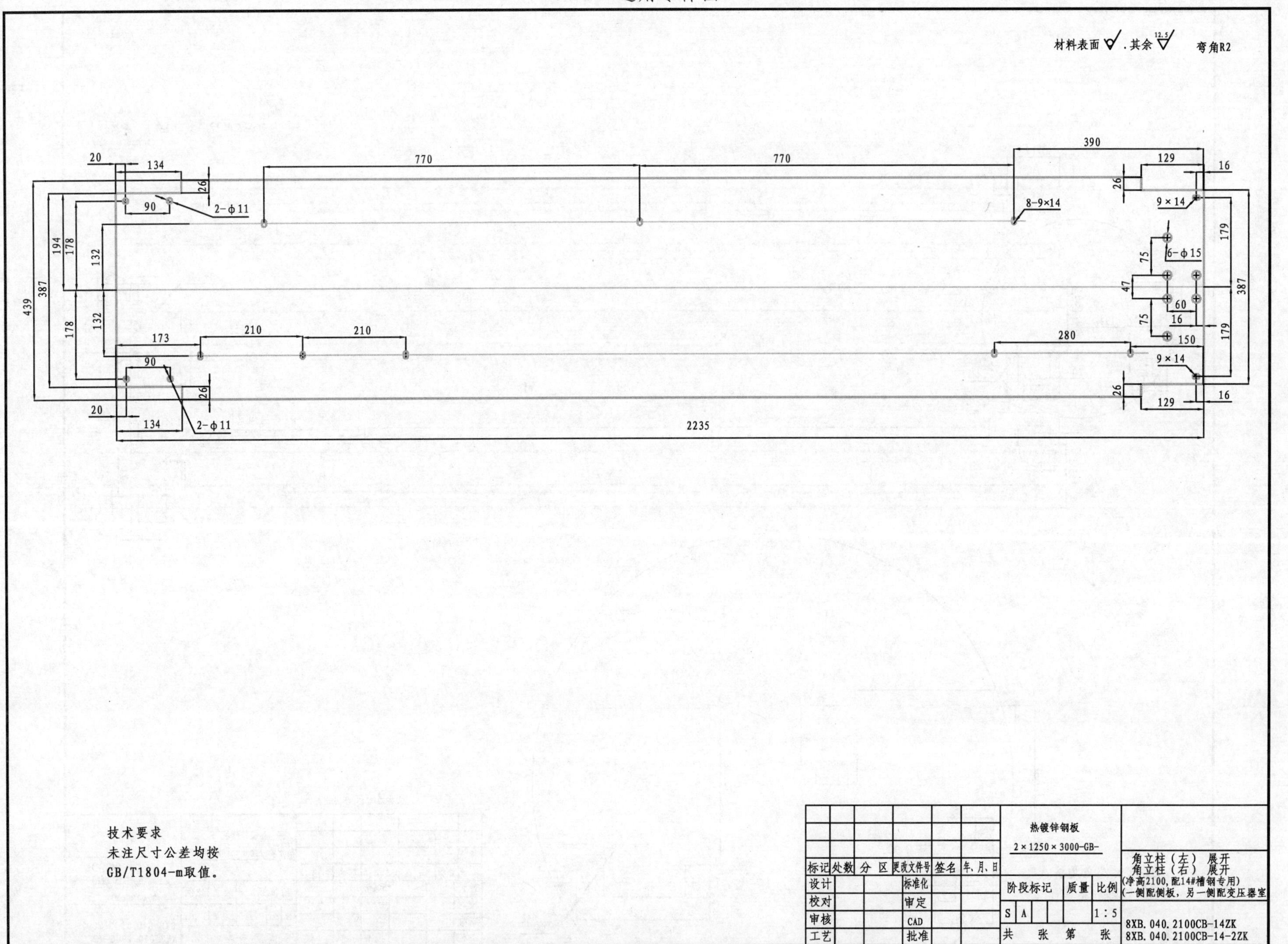
材料表面 ∇. 其余 12.5∇ 弯角R2
20
134
26
90
2-ϕ11
770
770
390
129
16
8-9×14
9×14
194
178
132
439
387
6-ϕ15
75
47
60
16
150
179
173
210
210
280
2235
技术要求
未注尺寸公差均按
GB/T1804-m取值。
热镀锌钢板
2×1250×3000-GB-
标记 处数 分 区 更改文件号 签名 年、月、日
设计 标准化
校对 审定
审核 CAD
工艺 批准
阶段标记 质量 比例
S A 1:5
共 张 第 张
角立柱（左）展开
角立柱（右）展开
(净高2100，配14#槽钢专用)
(一侧配侧板，另一侧配变压器室
8XB.040.2100CB-14ZK
8XB.040.2100CB-14-2ZK

图3-2-22 角立柱 展开

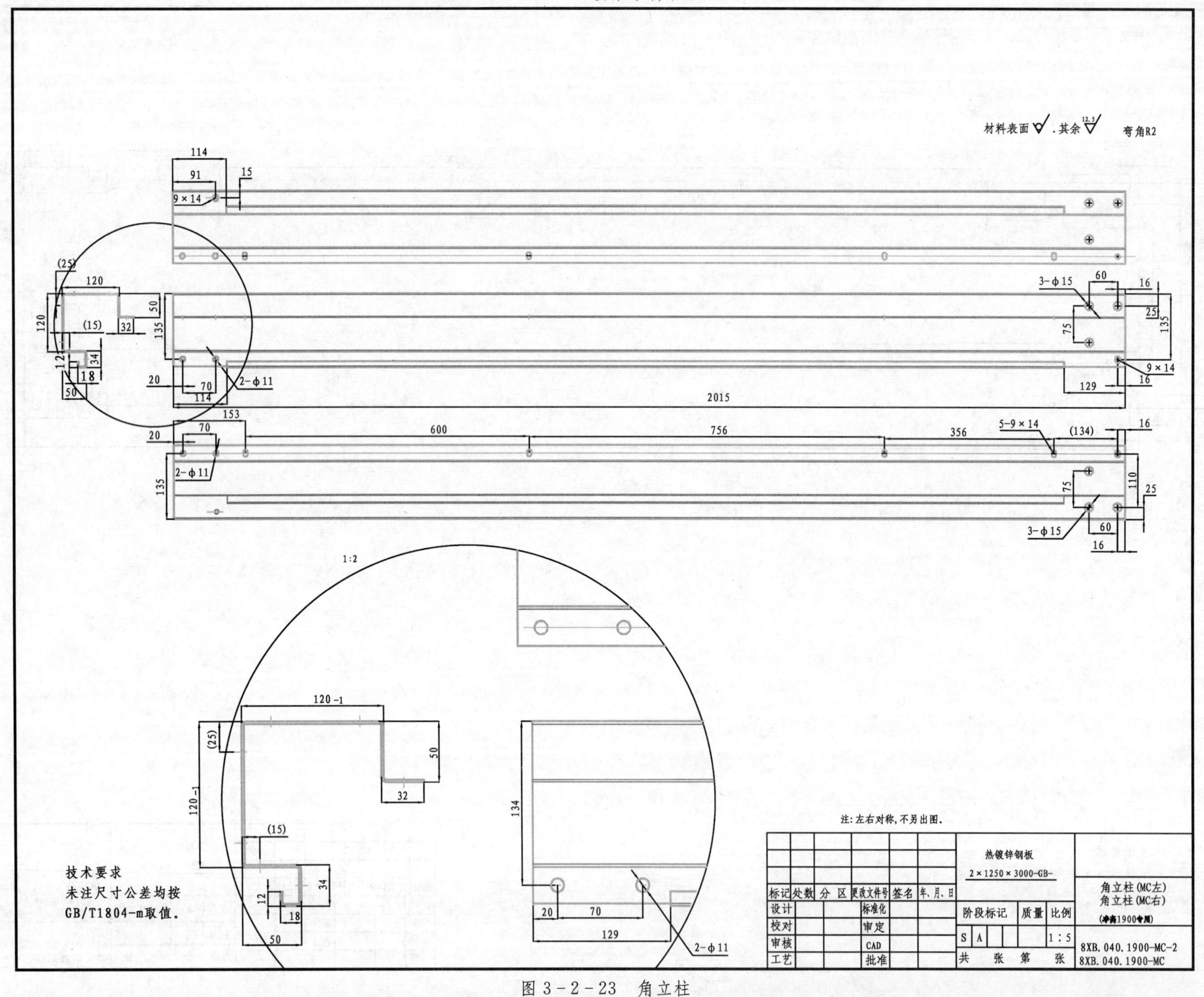
材料表面 . 其余 12.5
弯角R2
114
91
15
9×14
(25)
120
50
135
120
(15)
32
34
12
18
50
20
70
114
2-φ11
3-φ15
60
16
25
75
135
9×14
16
129
2015
153
600
756
356
5-9×14
(134)
16
20
70
2-φ11
135
75
110
25
3-φ15
60
16
1:2
120-1
(25)
50
32
120-1
(15)
34
12
18
50
134
20
70
129
2-φ11
注：左右对称，不另出图。
技术要求
未注尺寸公差均按
GB/T1804-m取值.
热镀锌钢板
2×1250×3000-GB-
标记 处数 分 区 更改文件号 签名 年、月、日
设计 标准化
校对 审定
审核 CAD
工艺 批准
阶段标记 质量 比例
S A 1:5
共 张 第 张
角立柱(MC左)
角立柱(MC右)
(净高1900专用)
8XB.040.1900-MC-2
8XB.040.1900-MC

图 3－2－23 角立柱

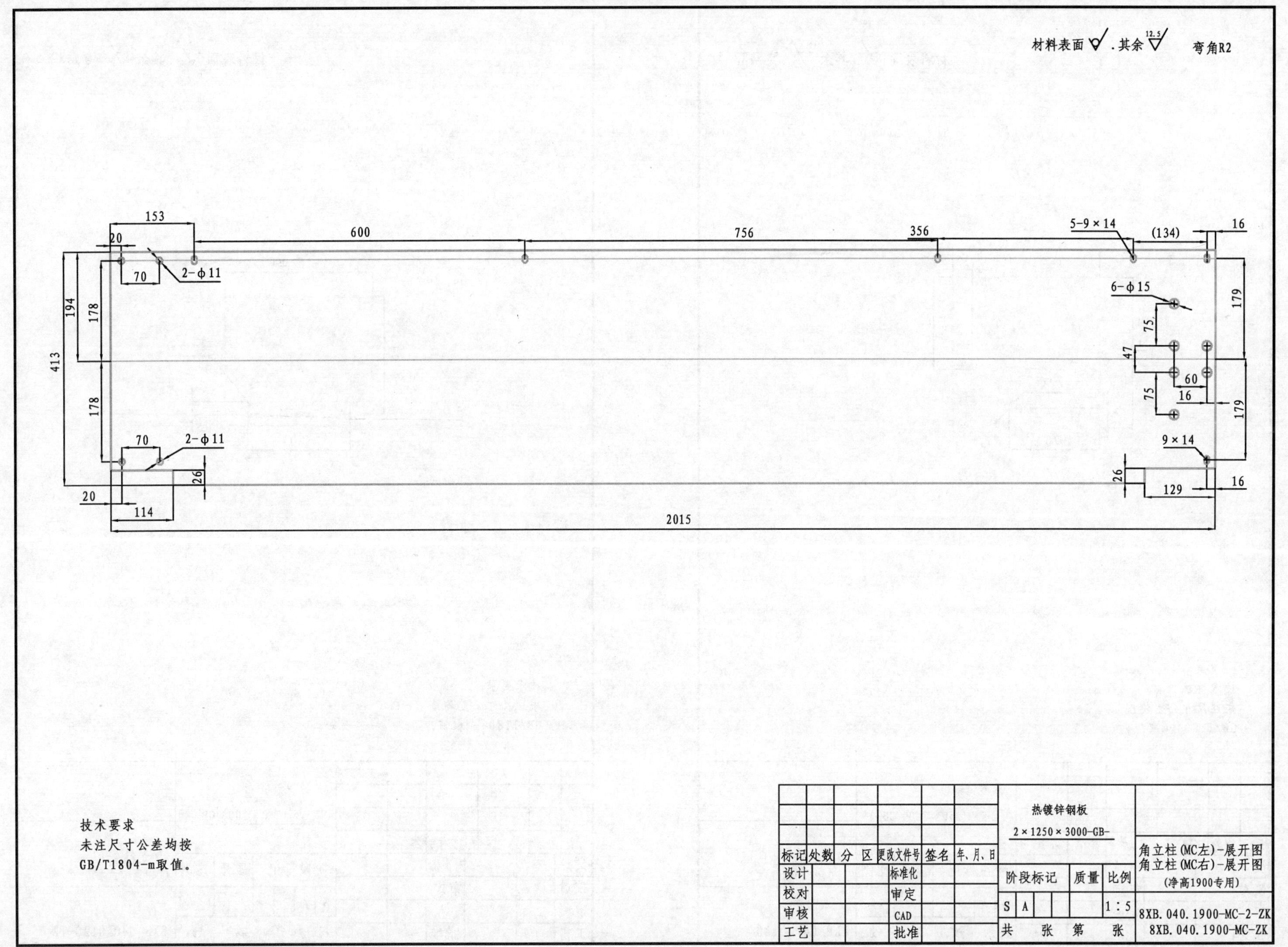
材料表面 . 其余 12.5 弯角R2
153
20
600
756
356
5-9×14
(134)
16
70
2-ϕ11
6-ϕ15
194
178
413
179
75
47
60
16
75
178
179
70
2-ϕ11
9×14
26
26
20
114
129
16
2015
技术要求
未注尺寸公差均按
GB/T1804-m取值。
热镀锌钢板
2×1250×3000-GB-
标记 处数 分 区 更改文件号 签名 年、月、日
设计 标准化
校对 审定
审核 CAD
工艺 批准
阶段标记 质量 比例
S A 1:5
共 张 第 张
角立柱(MC左)-展开图
角立柱(MC右)-展开图
(净高1900专用)
8XB.040.1900-MC-2-ZK
8XB.040.1900-MC-ZK

图 3-2-24 角立柱 展开

材料表面 ∀/ . 其余 12.5∇/ 弯角R2.5

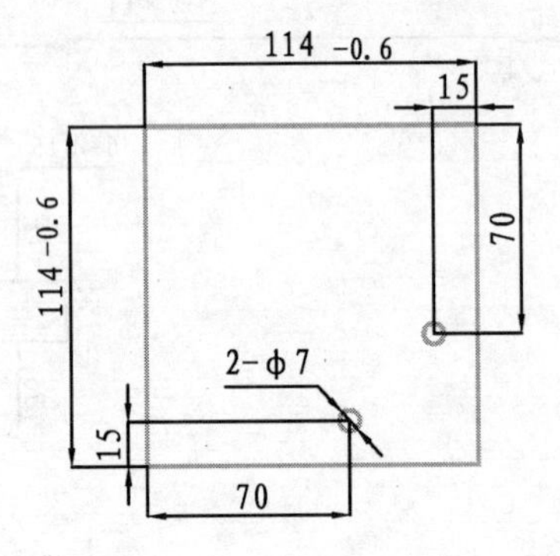

技术要求
未注尺寸公差均按
GB/T1804-m取值。

						热镀锌钢板 1.5×1250×3000-GB-			
标记	处数	分 区	更改文件号	签名	年、月、日				
设计			标准化			阶段标记	质量	比例	角立柱封板 (120×120角立柱)
校对			审定			S A		1:2.5	
审核			CAD						
工艺			批准			共 张 第 张			8XB.040.0120

图 3-2-25 角立柱封板

3-2 通用零件图

材料表面 ∀/ . 其余 12.5∇/ 弯角R2.5

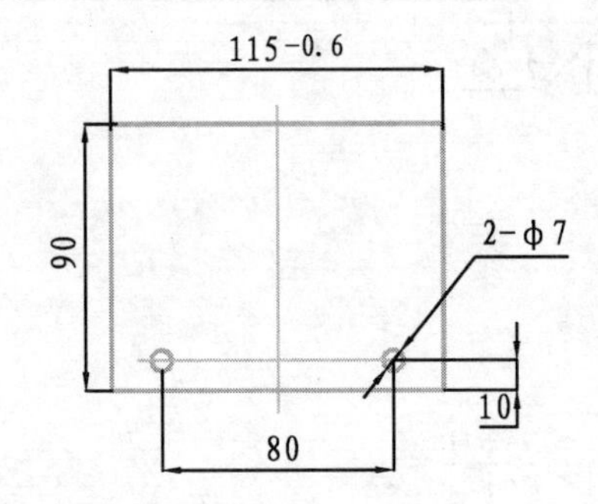

技术要求
未注尺寸公差均按
GB/T1804-m取值。

						热镀锌钢板 1.5×1250×3000-GB-			
标记	处数	分 区	更改文件号	签名	年、月、日				
设计			标准化			阶段标记	质量	比例	中立柱封板 (120宽中立柱)
校对			审定			S A		1:2.5	
审核			CAD						
工艺			批准			共 张 第 张			8XB.040.0120-12

图 3-2-26 中立柱封板

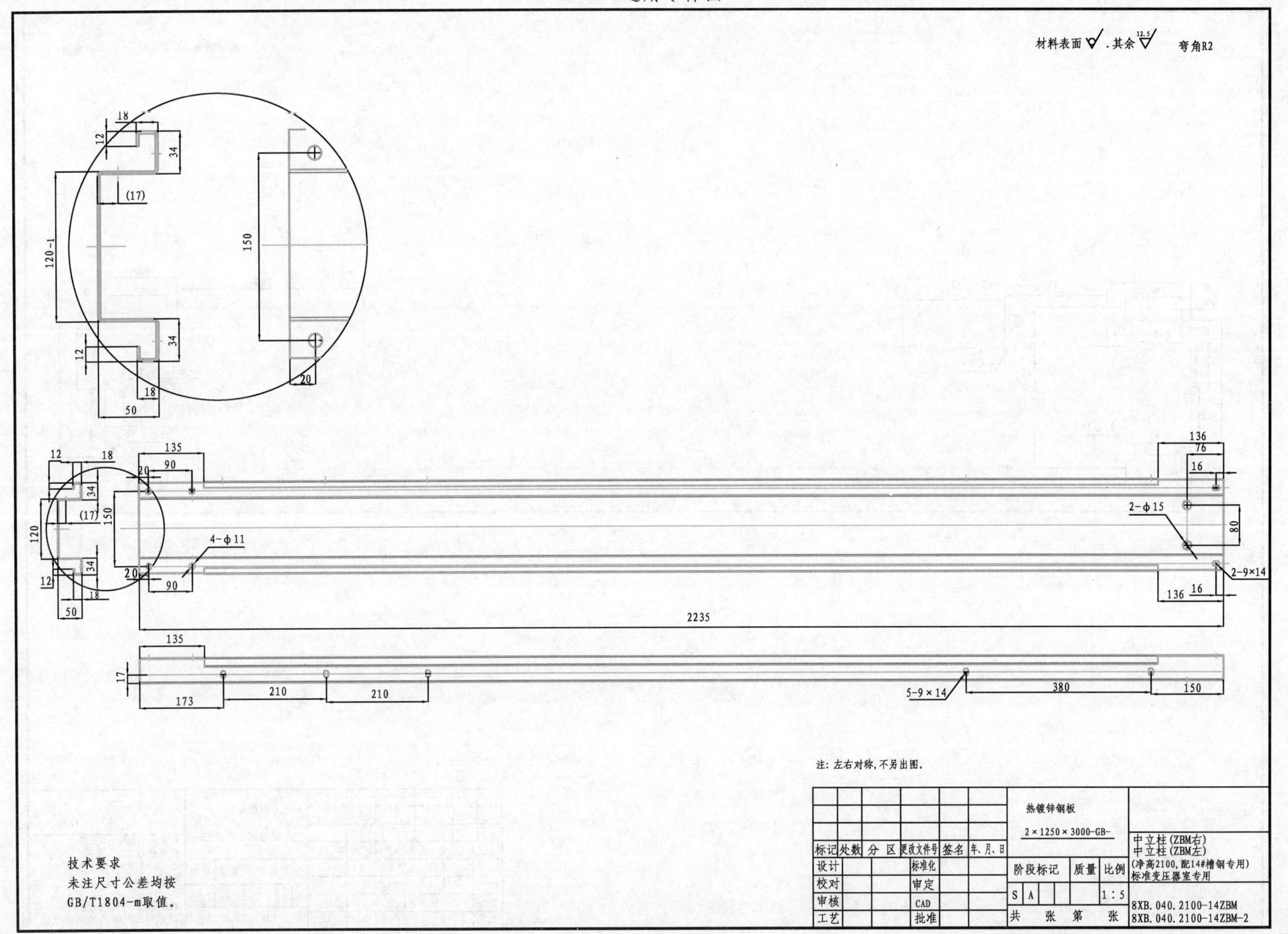

图3－2－27 中立柱（ZBM右）

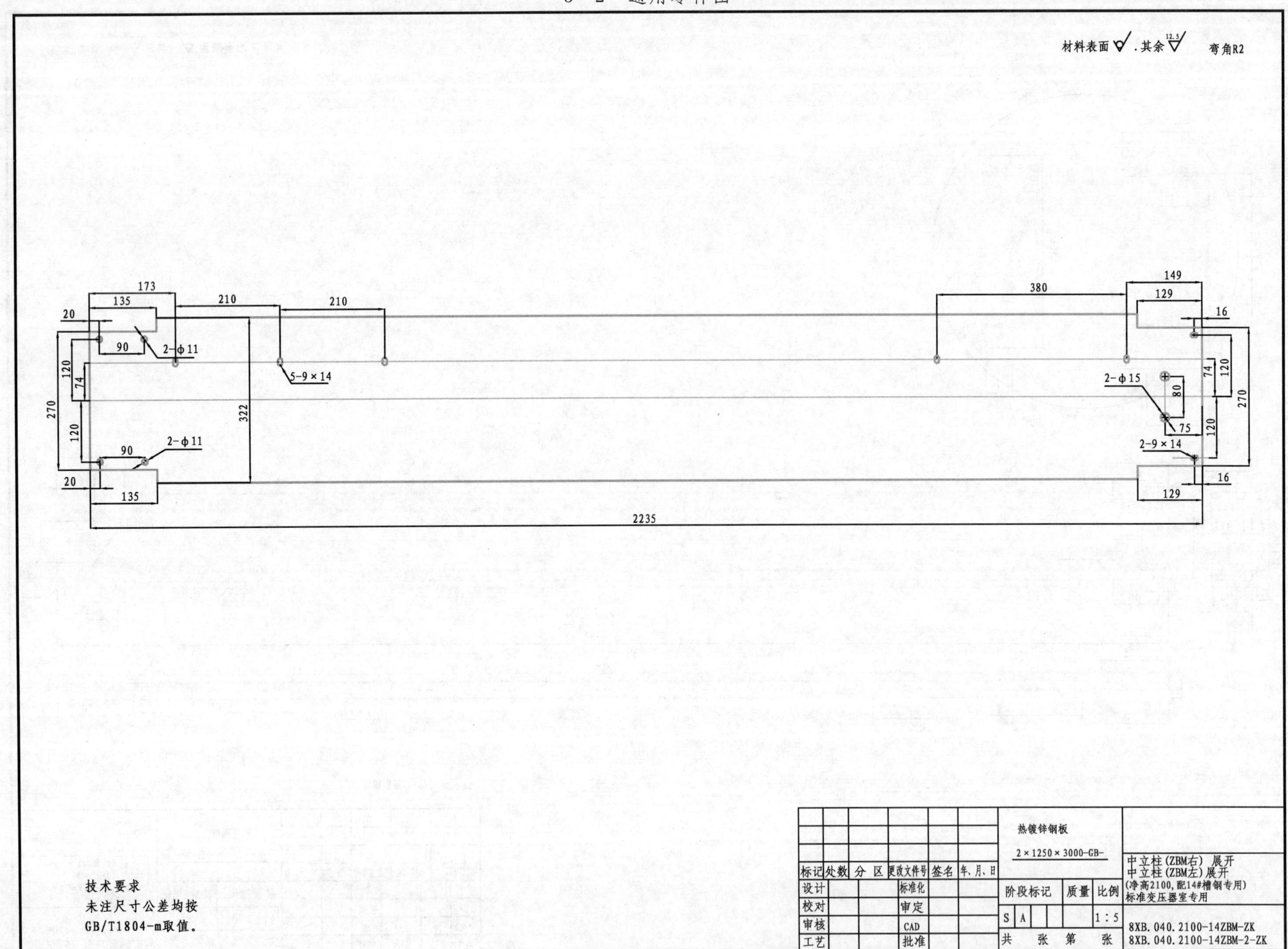

图3-2-28 中立柱(ZBM左右)展开

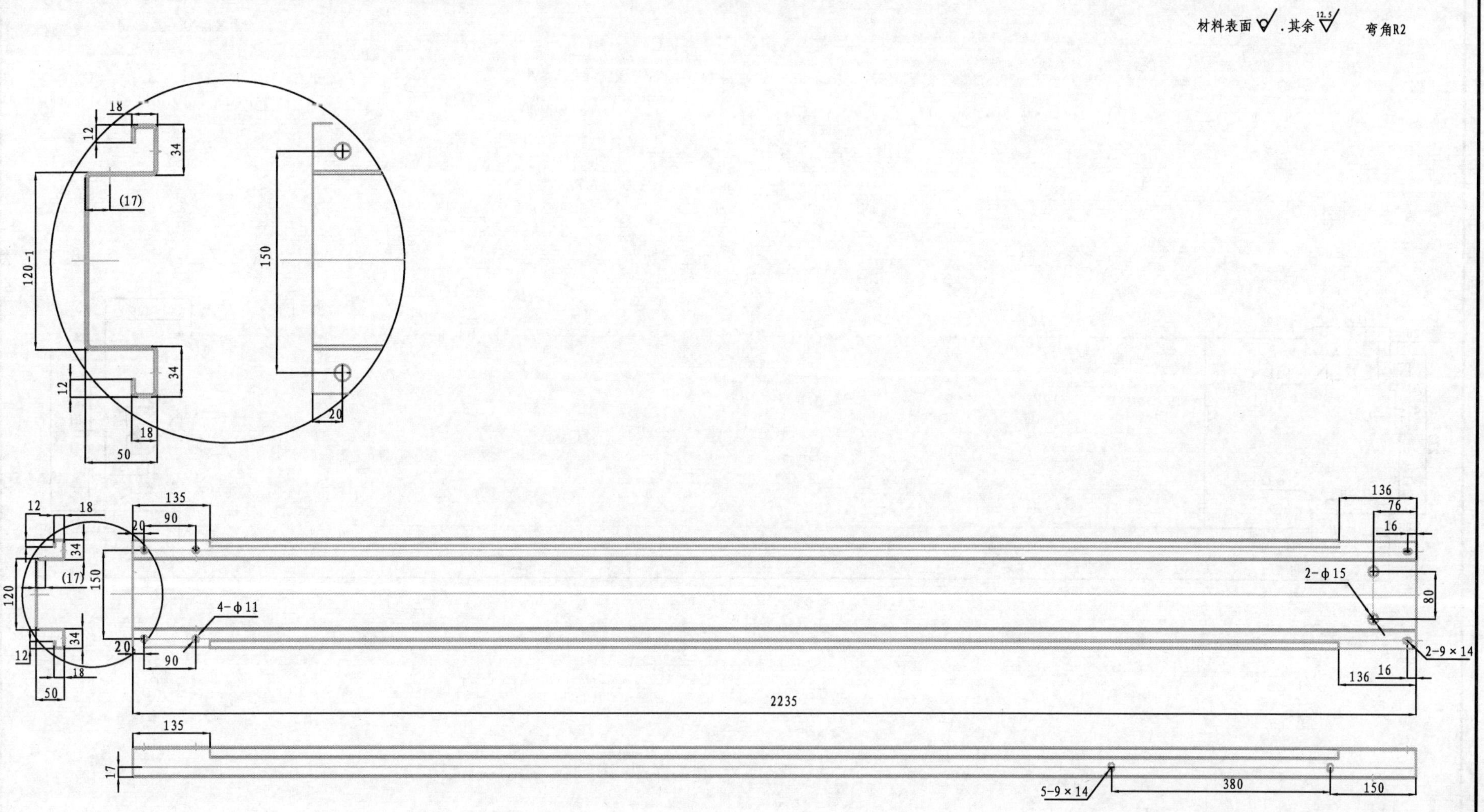

材料表面 ∀ ，其余 12.5∀ 弯角R2

技术要求
未注尺寸公差均按
GB/T1804-m取值。

标记	处数	分区	更改文件号	签名	年、月、日	热镀锌钢板 2×1250×3000-GB-	中立柱(ZMM)(净高2100，配14#槽钢专用)(双边配门)
设计			标准化			阶段标记 质量 比例	
校对			审定			S A 1:5	
审核			CAD				
工艺			批准			共 张 第 张	8XB.040.2100-14ZMM

图3-2-29 中立柱（ZMM右）

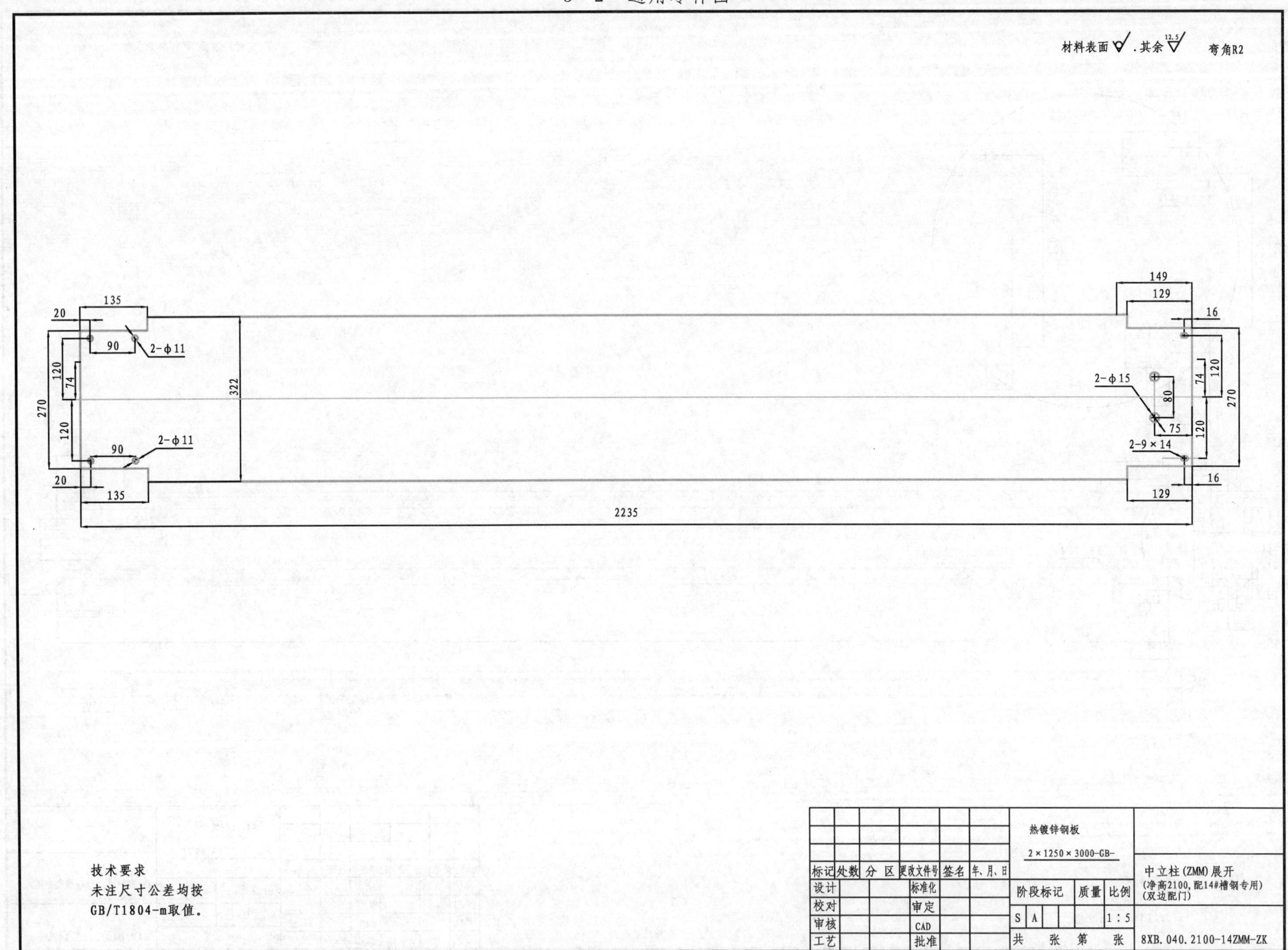

图3-2-30 中立柱（ZMM左右）展开

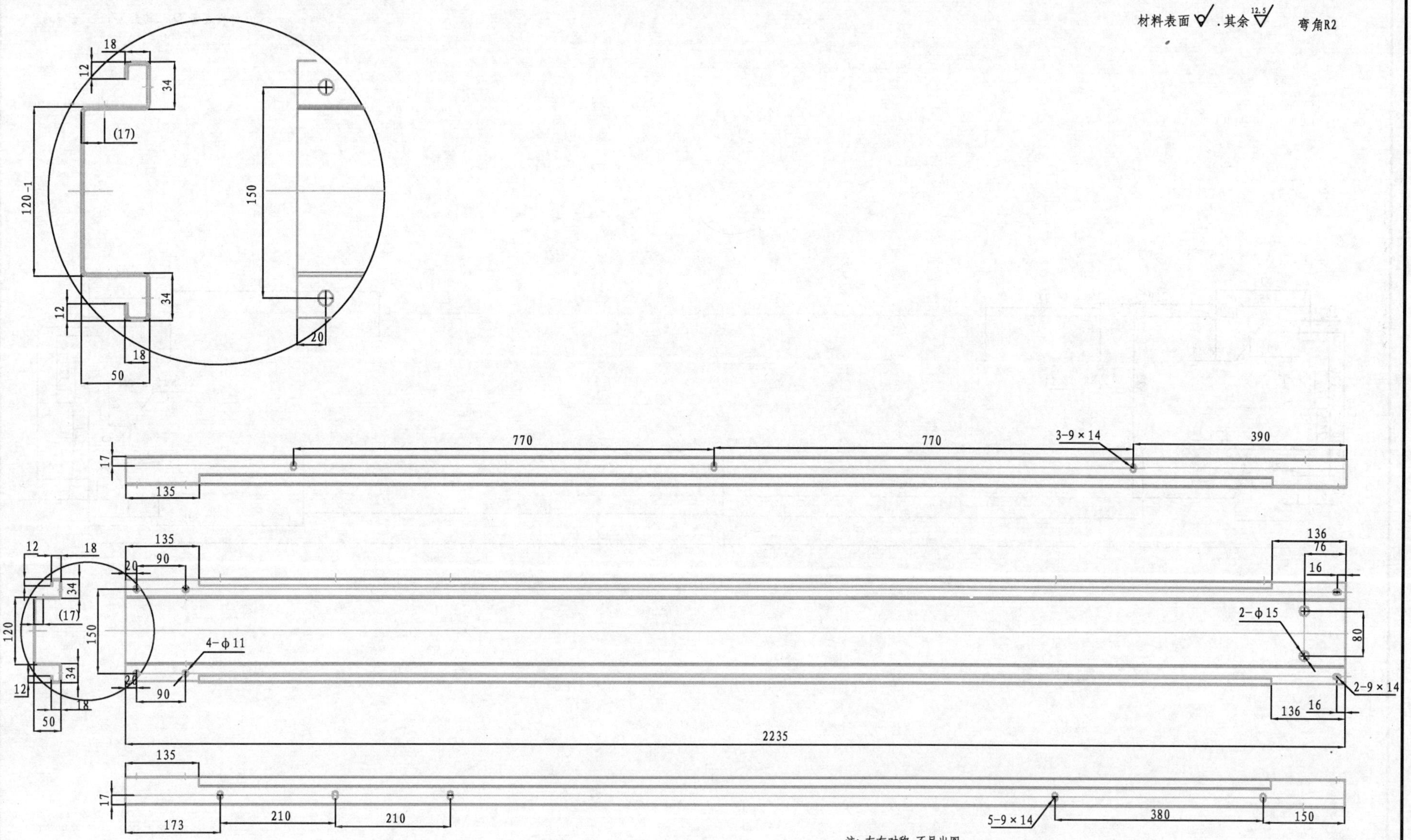

材料表面 ▽，其余 12.5▽ 弯角R2

注：左右对称，不另出图。

技术要求
未注尺寸公差均按
GB/T1804-m取值。

标记	处数	分区	更改文件号	签名	年、月、日	热镀锌钢板 2×1250×3000-GB-			中立柱(ZCB右) 中立柱(ZCB左) (净高2100，配14#槽钢专用) (一侧配侧板，另一侧配变压器室)
设计			标准化			阶段标记	质量	比例	
校对			审定						
审核			CAD			S A		1:5	8XB.040.2100-14ZCB
工艺			批准			共 张 第 张			8XB.040.2100-14ZCB-2

图 3－2－31 中立柱（ZCB右）

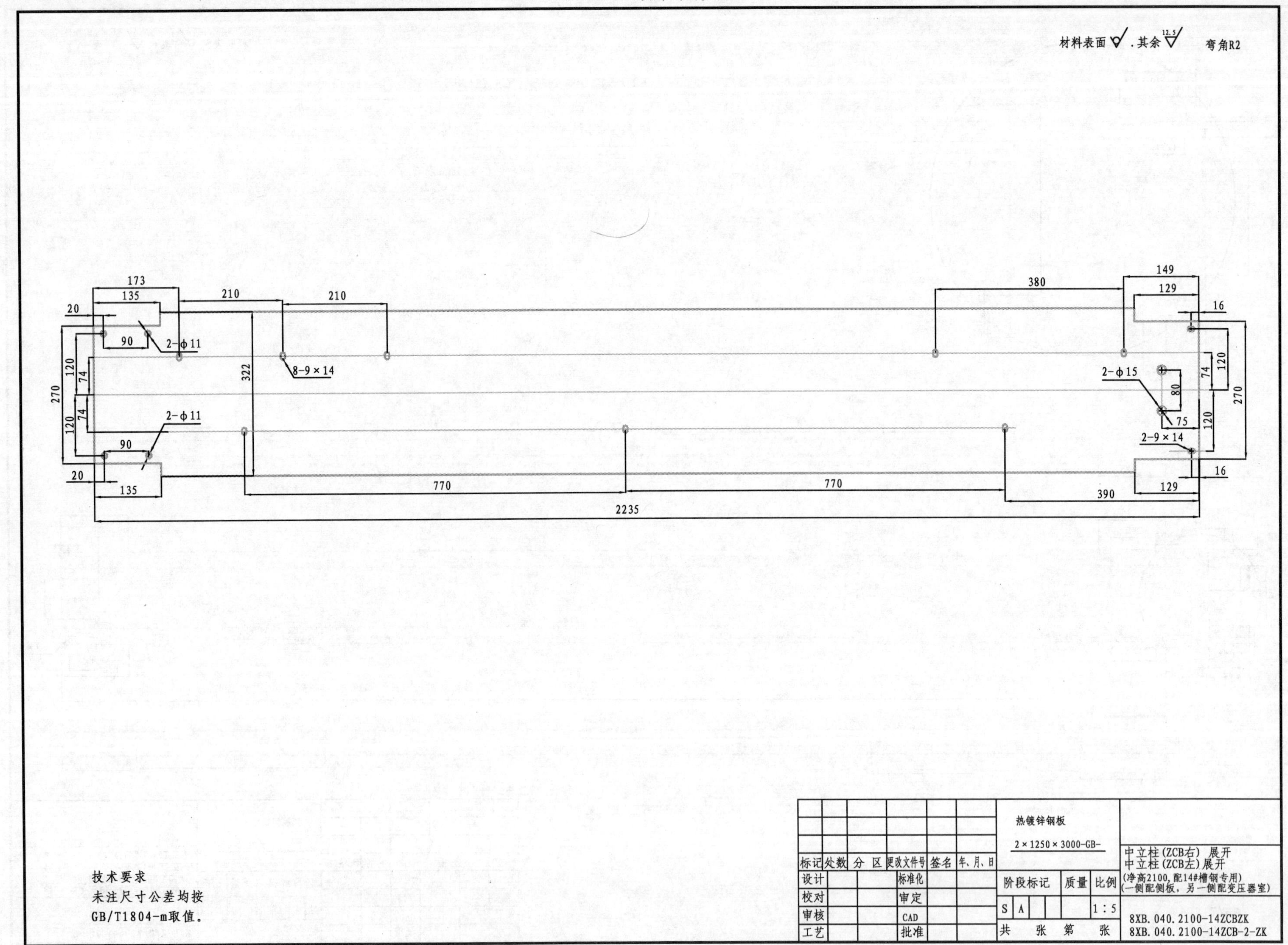

图 3－2－32　中立柱（ZCB左，右）展开

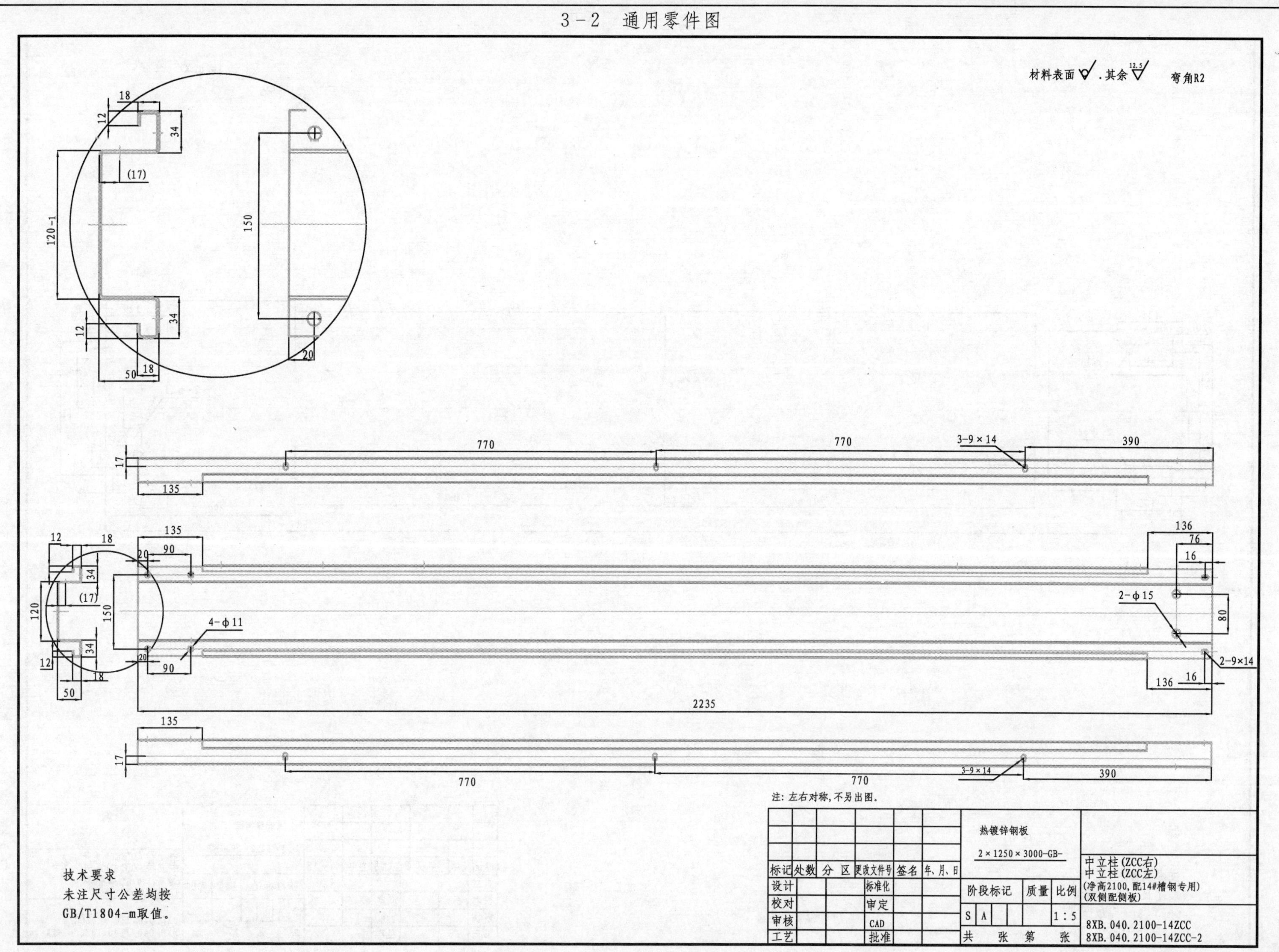

图 3-2-33 中立柱（ZCC右左）

材料表面 ▽ . 其余 12.5▽　　弯角R2

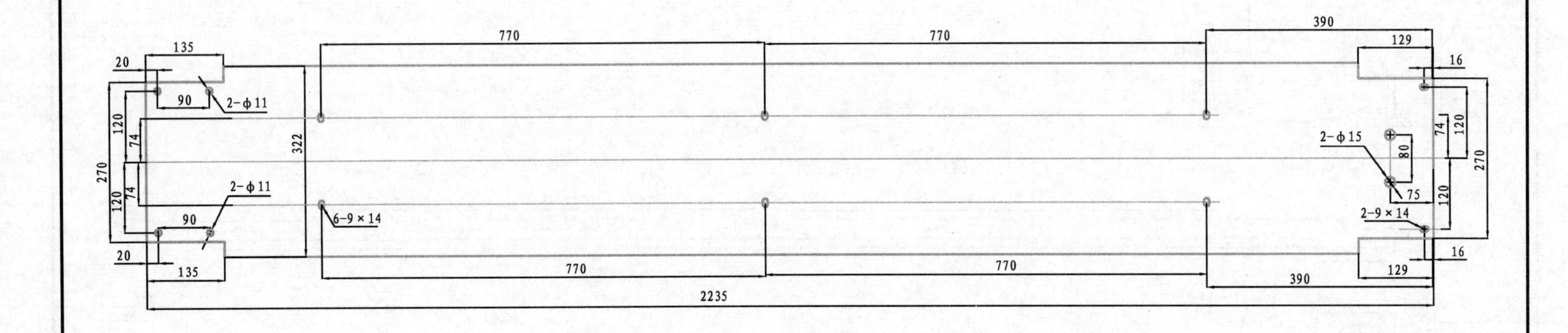

技术要求
未注尺寸公差均按
GB/T1804－m取值。

						热镀锌钢板 2×1250×3000－GB－			
标记	处数	分 区	更改文件号	签名	年、月、日				中立柱(ZCC右)展开 中立柱(ZCC左)展开 (净高2100，配14#槽钢专用) (双侧配侧板)
设计			标准化			阶段标记	质量	比例	
校对			审定			S A		1∶5	
审核			CAD						8XB. 040. 2100－14ZCCZK
工艺			批准			共　张　第　张			8XB. 040. 2100－14ZCC－2－ZK

图3－2－34　中立柱（ZCC左右）展开

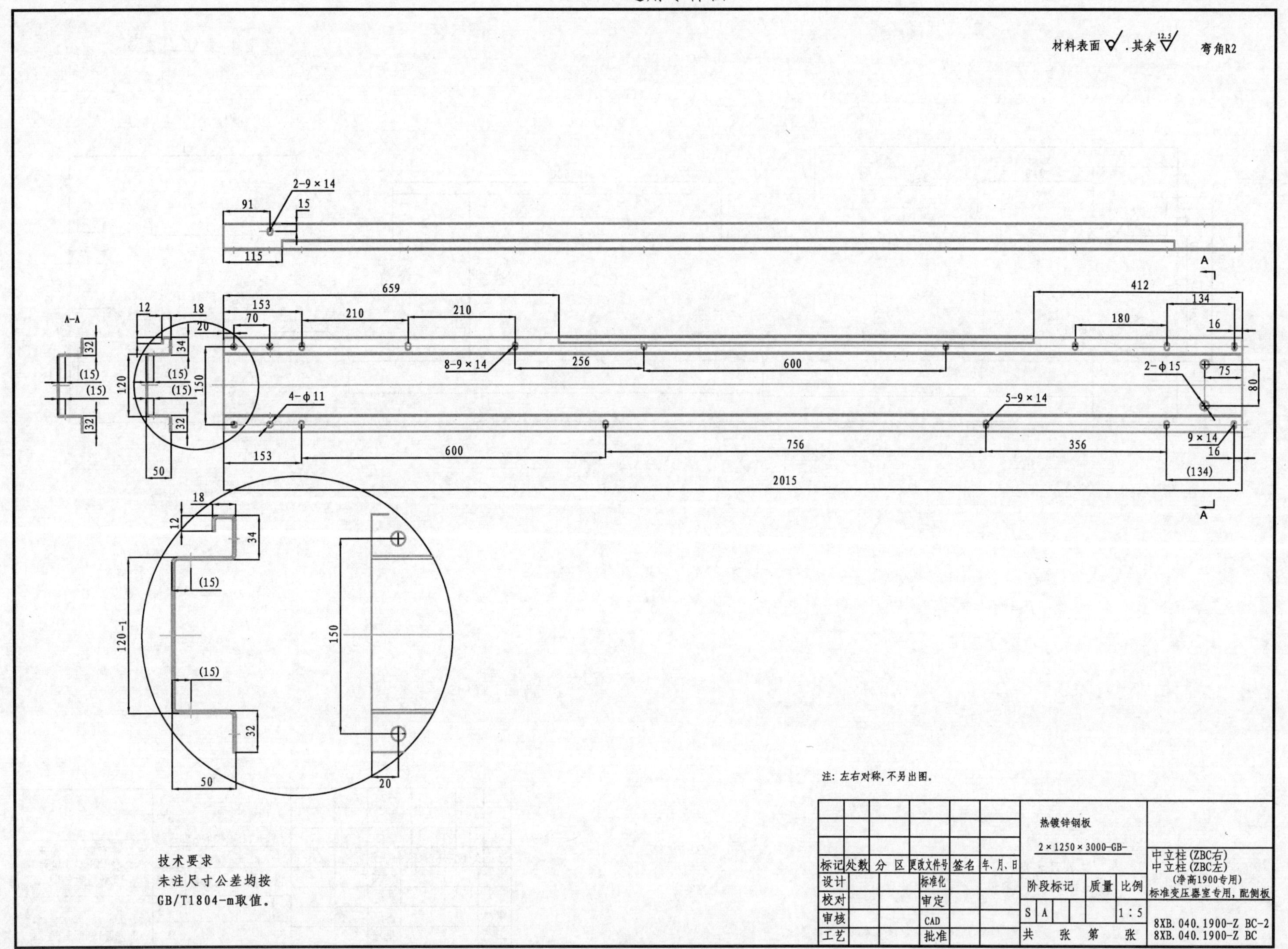

图3－2－35　中立柱（ZBC左右）

材料表面 ∀ . 其余 12.5∀ 弯角R2

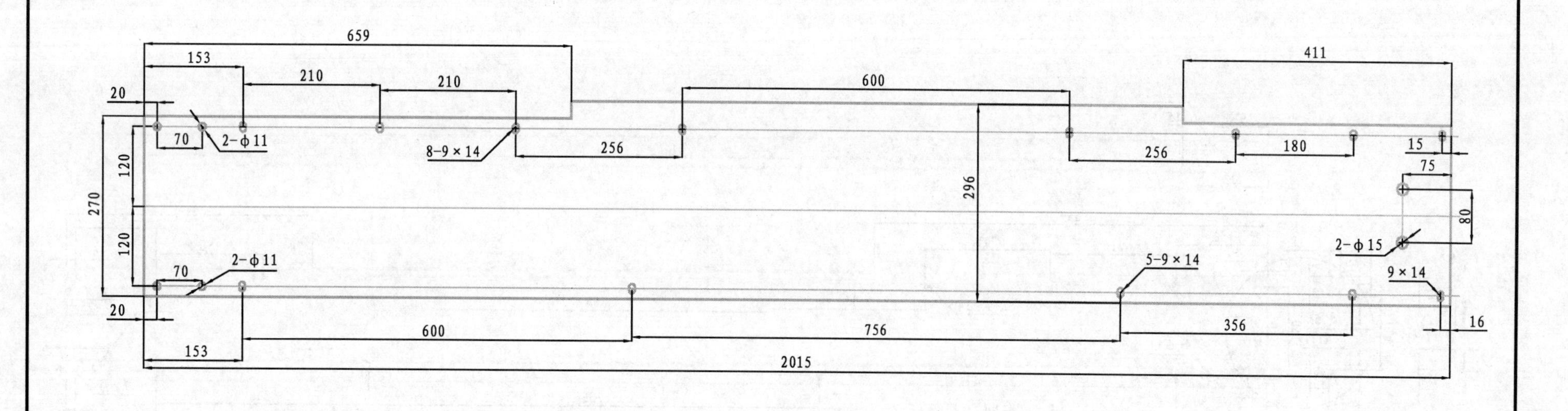

技术要求
未注尺寸公差均按
GB/T1804-m取值。

标记	处数	分 区	更改文件号	签名	年、月、日	热镀锌钢板 2×1250×3000-GB-			中立柱(ZBC右)展开 中立柱(ZBC左)展开 (净高1900专用) 标准变压器室专用，配侧板
设计			标准化			阶段标记	质量	比例	
校对			审定			S A		1:5	
审核			CAD						8XB.040.1900-Z BC-2-ZK 8XB.040.1900-Z BC-ZK
工艺			批准			共 张 第 张			

图 3-2-36 中立柱（ZBC 左右）展开

材料表面 . 其余 12.5 弯角R2

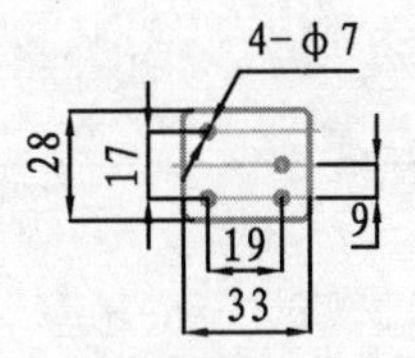

技术要求
未注尺寸公差均按
GB/T1804-m取值。

						热镀锌钢板 1.5×1250×3000-GB-				
标记	处数	分 区	更改文件号	签名	年、月、日					
设计			标准化			阶段标记		质量	比例	挂锁片
校对			审定						1∶5	
审核										
工艺			批准			共 张		第 张		8XB.040.0060

图3－2－37 挂锁片

3－2 通用零件图

材料表面 . 其余 12.5 弯角R2

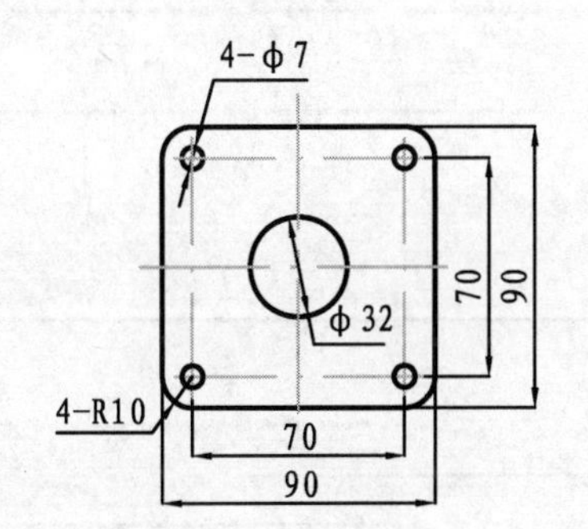

						热镀锌钢板 2.5×1250×3000-GB-				
标记	处数	分 区	更改文件号	签名	年、月、日					
设计			标准化			阶段标记		质量	比例	法兰盘
校对			审定			S	A		1∶2.5	
审核			CAD							
工艺			批准			共 张		第 张		8XB.040.0800-03

图3－2－38 法兰盘

材料表面 ∀ . 其余 $\overset{12.5}{\nabla}$ 弯角R2.5

784

32

R100

234

						外径φ32钢管，壁厚2			
									YBM-12
标记	处数	分 区	更改文件号	签名	年、月、日				
设计			标准化			阶段标记	质量	比例	竖管
校对			审定			S A		1:2.5	
审核			CAD						
工艺			批准			共　张　第　张			8XB.040.0800-01

未注尺寸公差均按GB/T1804-m取值。

图3-2-39　竖管

材料表面 ，其余 $\sqrt{12.5}$ 弯角R2
未注尺寸公差依据GB/T1804-m取值。
未注内外尖角倒钝1×1

15
21
R5
20
130
41

					45#钢板			
	分区	更改文件号	签名	年、月、日				垫板
设计		标准化			阶段标记	质量	比例	
校对		审定			S A		1:1	
审核								
工艺		批准			共 张	第 张		8XB.040.0001-4

图3－2－40 垫板

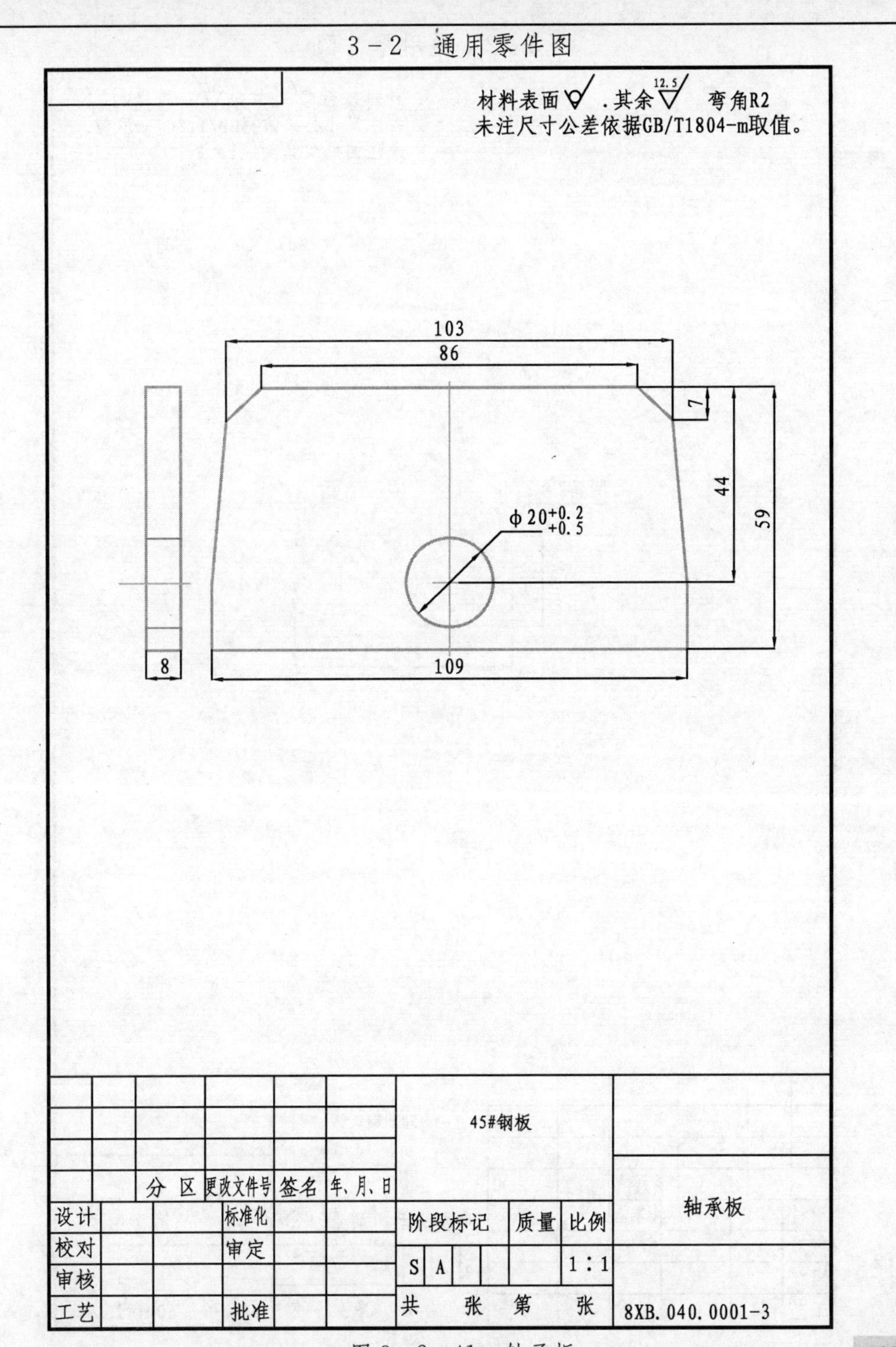

图3－2－41 轴承板

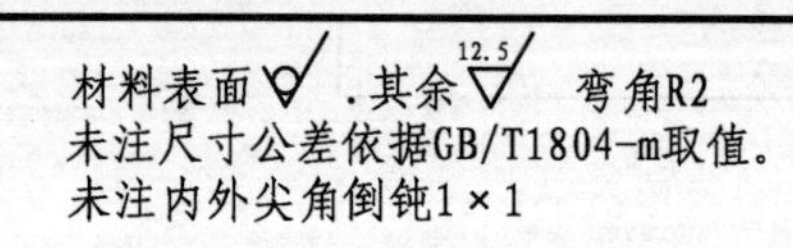

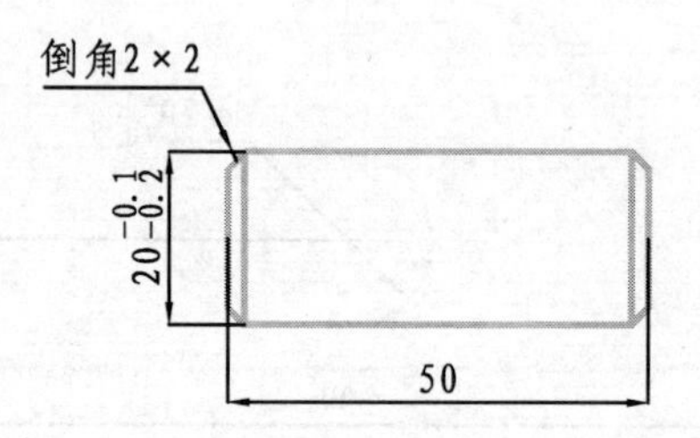

					45#圆钢			
	分 区	更改文件号	签名	年、月、日				
设计		标准化			阶段标记	质量	比例	轴
校对		审定			S A		1∶1	
审核								
工艺		批准			共 张 第 张			8XB. 040. 0001-2

图3－2－42 轴

3－2 通用零件图

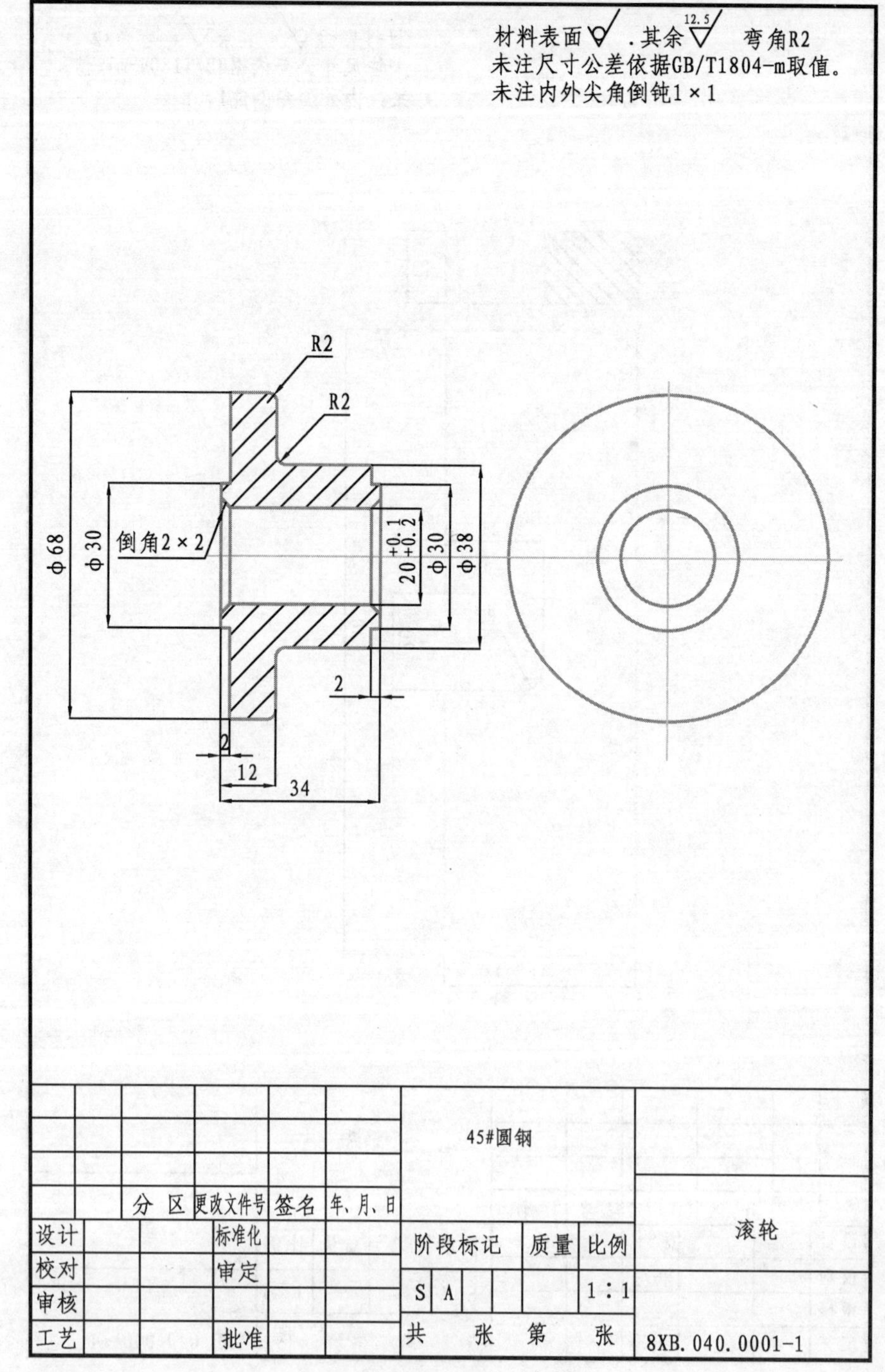

图3－2－43 滚轮

材料表面 ▽ . 其余 12.5▽ 弯角R2

504

3-φ7

464

30

22

展开图

504

3-φ7

464

69

技术要求

未注尺寸公差均按

GB/T1804-m取值。

					热镀锌钢板 1.5×1250×3000-GB-	
	分 区	更改文件号	签名	年、月、日		
设计		标准化			阶段标记 | 质量 | 比例	压紧框(横)
校对		审定			1:5	
审核						
工艺		批准			共 张 第 张	8XB.040.0504

图3-2-44 压紧框（横）

3-2 通用零件图

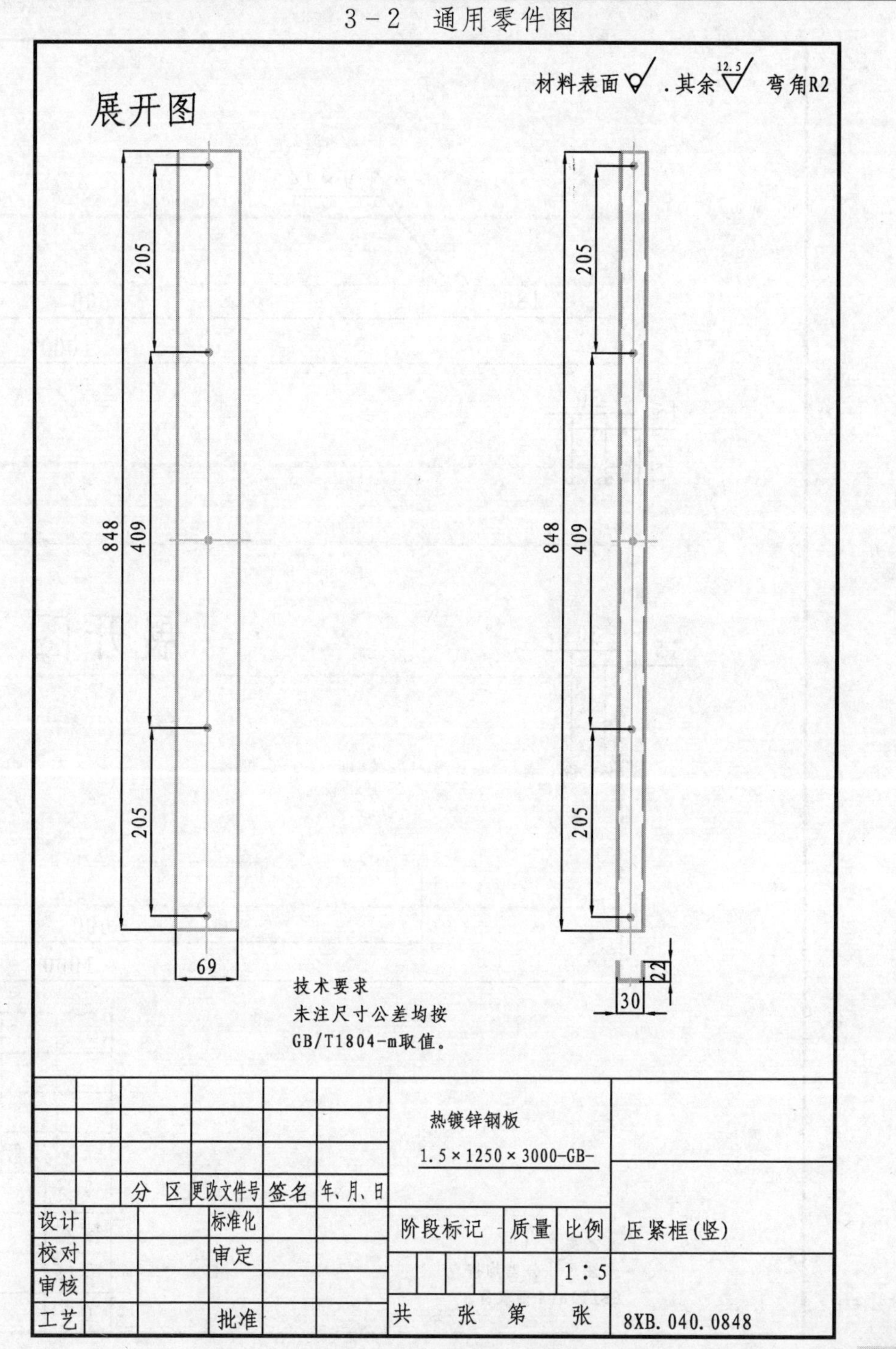

技术要求

未注尺寸公差均按

GB/T1804-m取值。

					热镀锌钢板 1.5×1250×3000-GB-	
	分 区	更改文件号	签名	年、月、日		
设计		标准化			阶段标记 | 质量 | 比例	压紧框(竖)
校对		审定			1:5	
审核						
工艺		批准			共 张 第 张	8XB.040.0848

图3-2-45 压紧框（横）

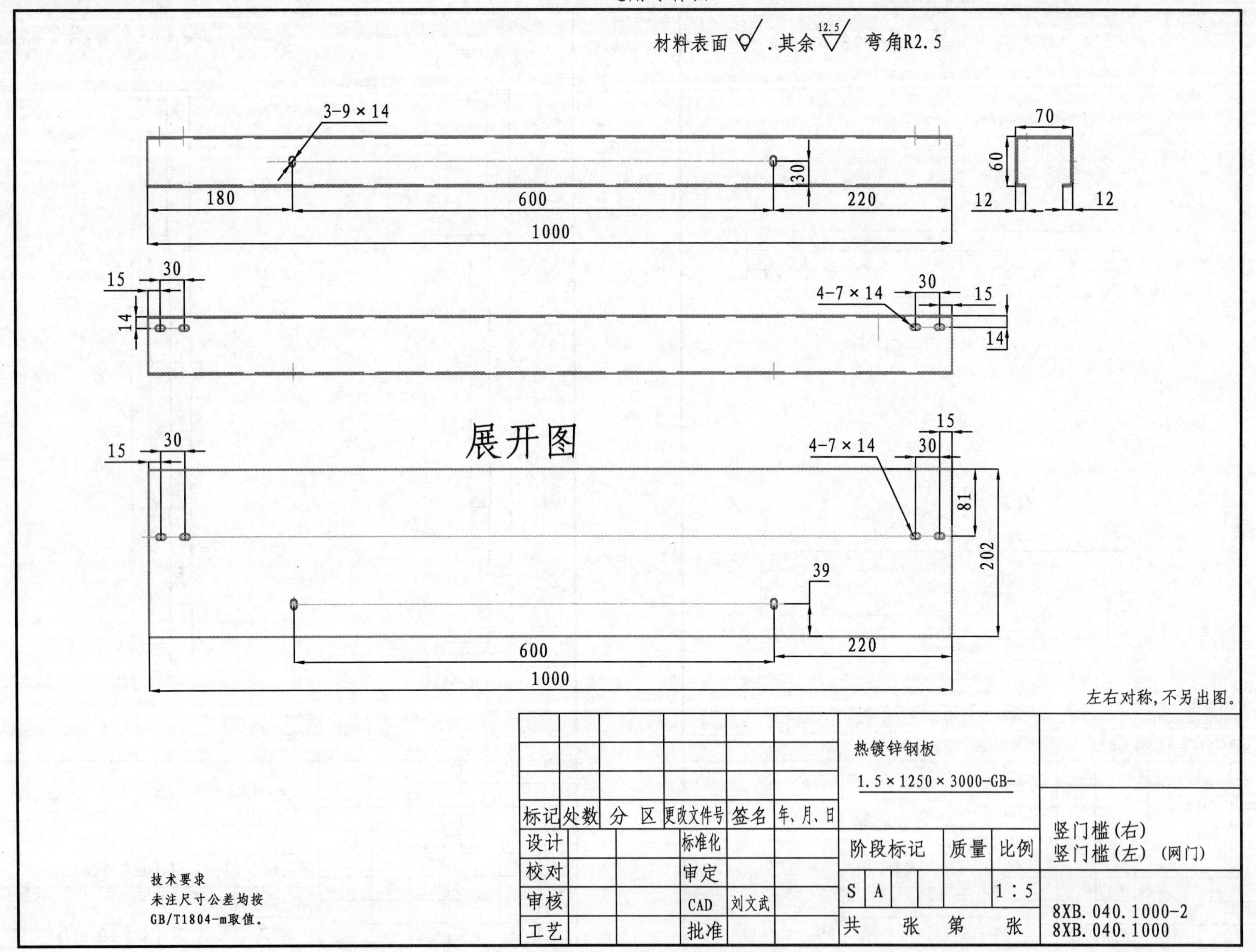

材料表面 . 其余 12.5 弯角R2.5
3-9×14
30
180
600
220
1000
70
60
12
12
15
30
14
4-7×14
30
15
14
展开图
15
30
15
4-7×14
30
81
202
39
600
220
1000
左右对称,不另出图。
热镀锌钢板
1.5×1250×3000-GB-
标记 处数 分 区 更改文件号 签名 年、月、日
设计 标准化
校对 审定
审核 CAD 刘文武
工艺 批准
阶段标记 质量 比例
S A 1:5
共 张 第 张
竖门槛(右)
竖门槛(左) (网门)
8XB.040.1000-2
8XB.040.1000
技术要求
未注尺寸公差均按
GB/T1804-m取值。

图3－2－46　竖门槛（左右）

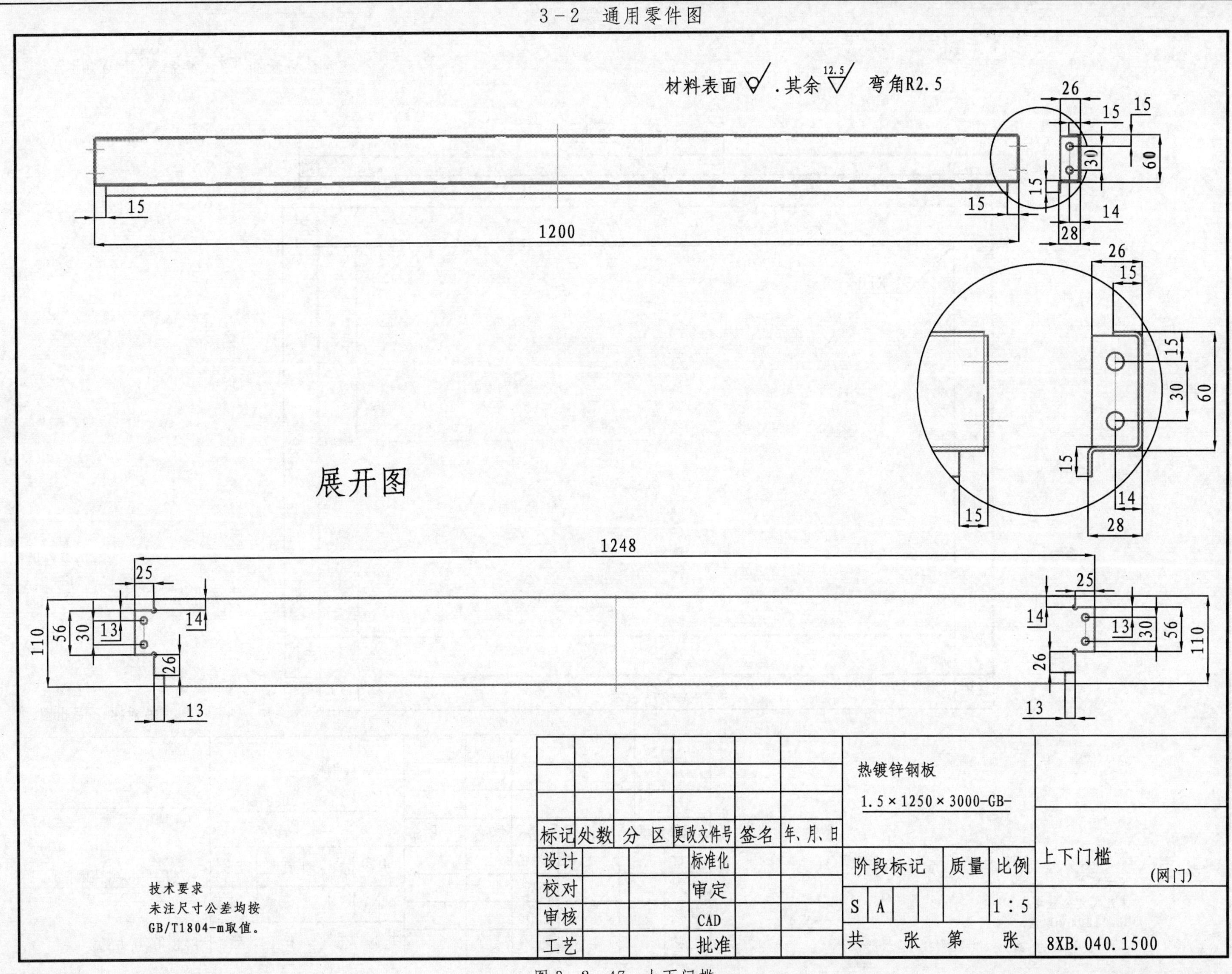

材料表面 . 其余 12.5 弯角R2.5
1200
15
26
15
15
30
60
15
14
28
展开图
1248
25
110
56
30
13
14
26
13
热镀锌钢板
1.5×1250×3000-GB-
标记 处数 分 区 更改文件号 签名 年、月、日
设计 标准化
校对 审定
审核 CAD
工艺 批准
阶段标记 质量 比例
S A 1:5
共 张 第 张
上下门槛
(网门)
8XB.040.1500
技术要求
未注尺寸公差均按
GB/T1804-m取值。

图3－2－47　上下门槛

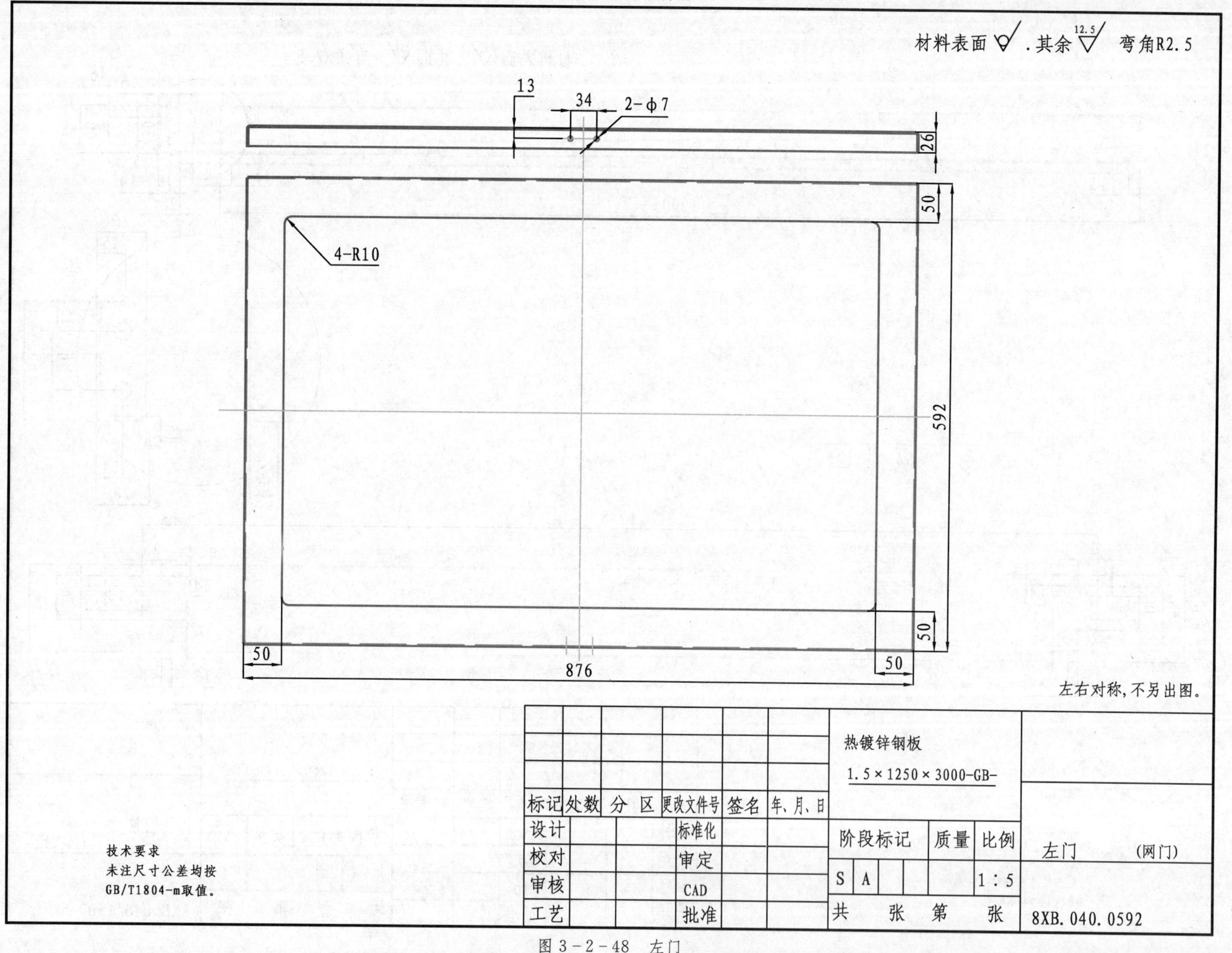
材料表面 .其余 12.5 弯角R2.5
13
34
2-ϕ7
26
50
4-R10
592
50
50
876
50
左右对称,不另出图。
热镀锌钢板
1.5×1250×3000-GB-
标记 处数 分 区 更改文件号 签名 年、月、日
设计 标准化
校对 审定
审核 CAD
工艺 批准
阶段标记 质量 比例
S A 1:5
共 张 第 张
左门 (网门)
8XB.040.0592
技术要求
未注尺寸公差均按
GB/T1804-m取值。

图 3－2－48　左门

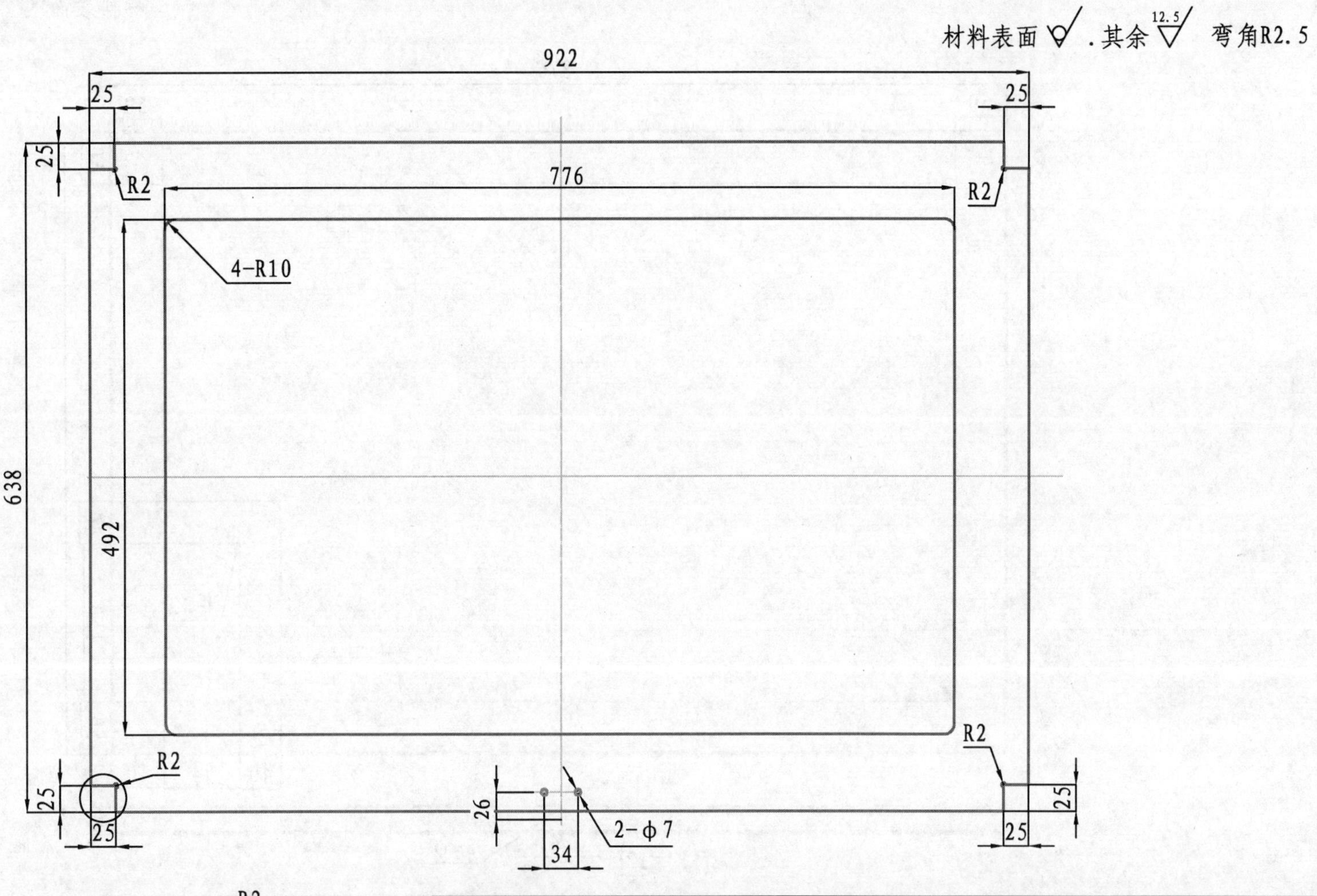

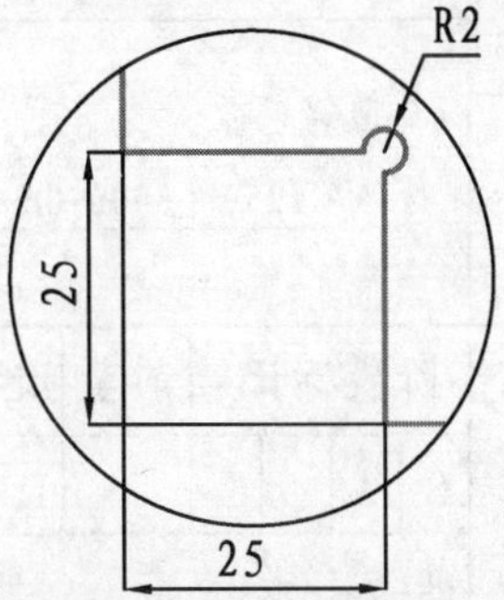

材料表面 . 其余 12.5 弯角R2.5

922
25
25
25
R2
776
R2
4-R10
638
492
R2
25
25
R2
25
25
26
2-φ7
34
R2
25
25

技术要求
未注尺寸公差均按
GB/T1804-m取值。

1:1					热镀锌钢板 1.5×1250×3000-GB-			
标记	处数	分 区	更改文件号	签名	年、月、日			
设计			标准化		阶段标记	质量	比例	左门展开 （网门）
校对			审定		S A		1∶5	
审核			CAD					
工艺			批准		共 张 第 张			8XB.040.0592ZK

图 3-2-49 左门 展开

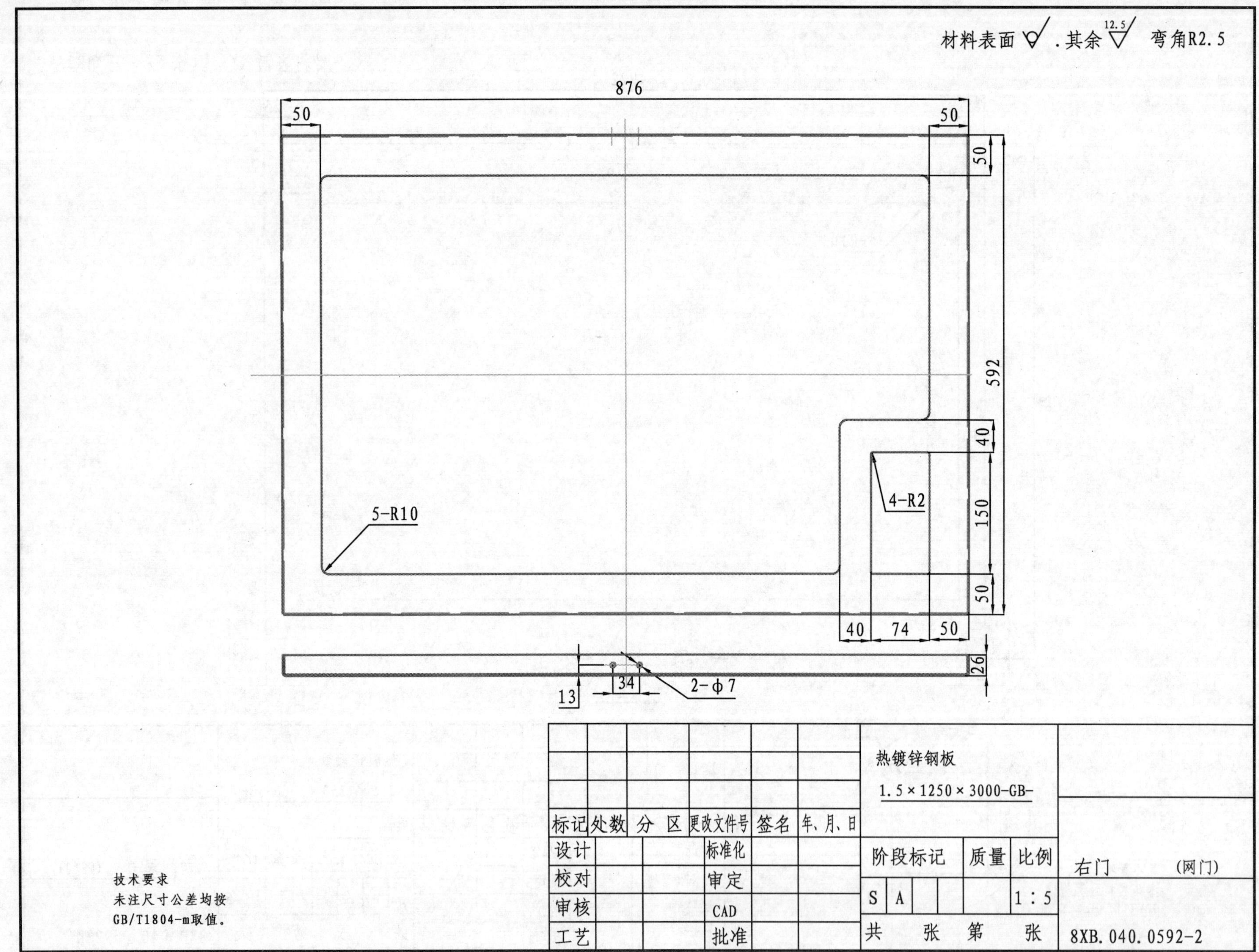
材料表面 . 其余 12.5 弯角R2.5
876
50
50
50
592
40
150
50
40
74
50
5-R10
4-R2
26
13
34
2-ϕ7
热镀锌钢板
1.5×1250×3000-GB-
标记 处数 分 区 更改文件号 签名 年、月、日
设计 标准化
校对 审定
审核 CAD
工艺 批准
阶段标记 质量 比例
S A 1:5
共 张 第 张
右门 (网门)
8XB.040.0592-2
技术要求
未注尺寸公差均按
GB/T1804-m取值。

图3－2－50 右门

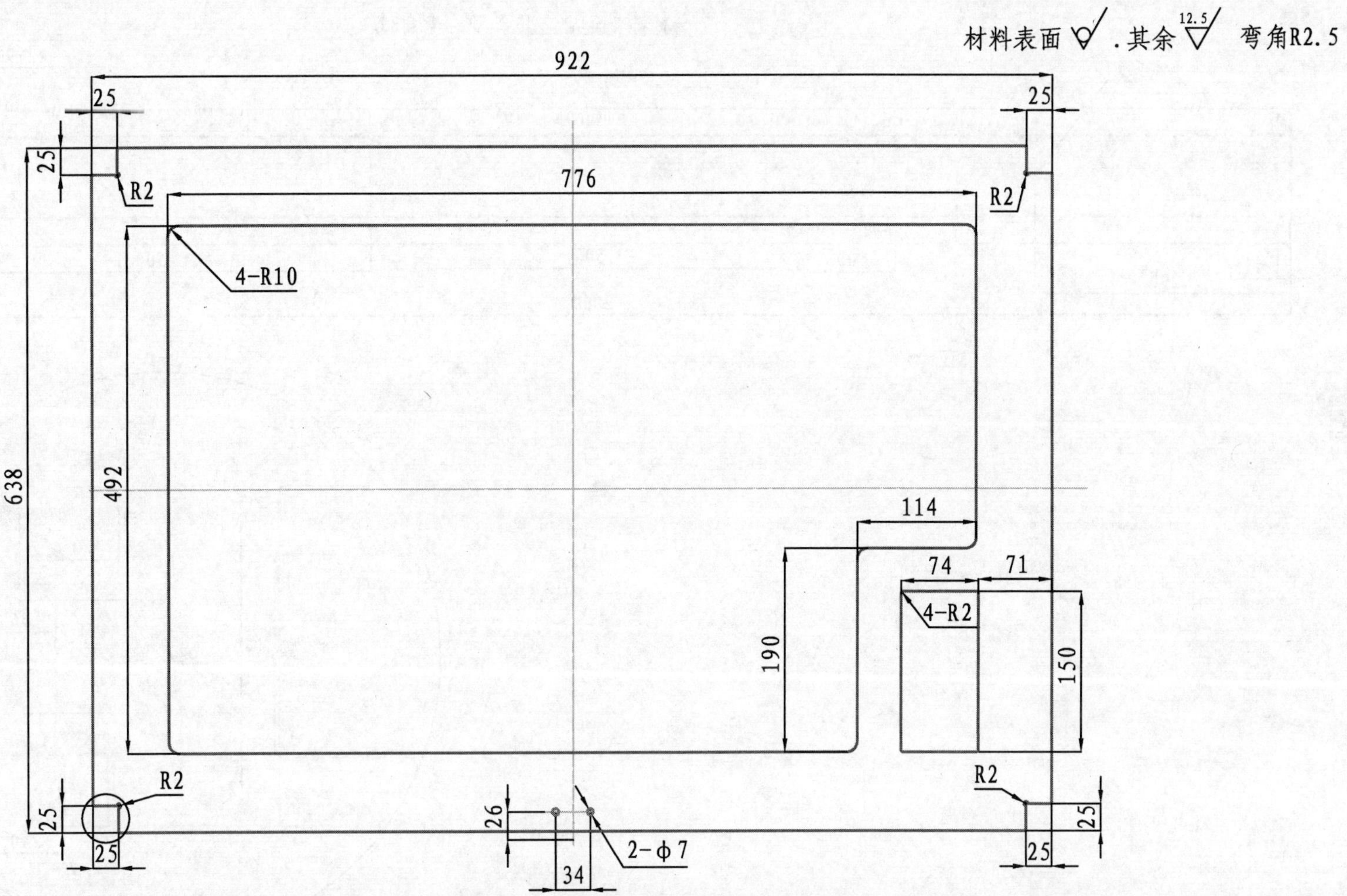

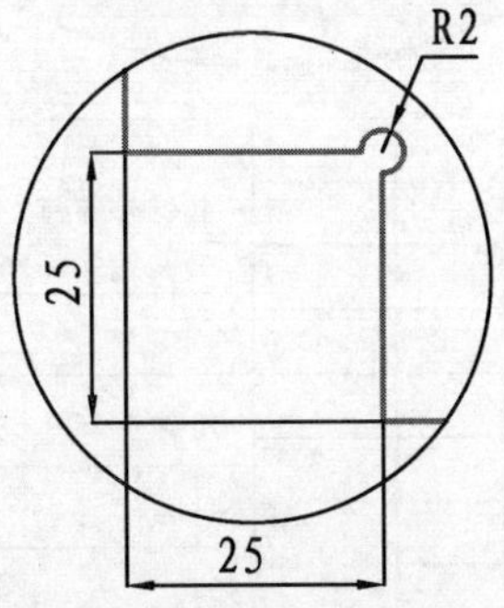

材料表面 . 其余 12.5 弯角R2.5

922
25
25
25
R2
776
R2
4-R10
638
492
114
74
71
4-R2
190
150
R2
R2
26
25
25
25
25
2-ϕ7
34
R2
25
25

技术要求
未注尺寸公差均按
GB/T1804-m取值。

1:1						热镀锌钢板 1.5×1250×3000-GB-			
标记	处数	分区	更改文件号	签名	年、月、日				
设计		标准化				阶段标记	质量	比例	右门展开 (网门)
校对		审定				S A		1:5	
审核		CAD							
工艺		批准				共 张 第 张			8XB.040.0592-2ZK

图3-2-51 右门 展开

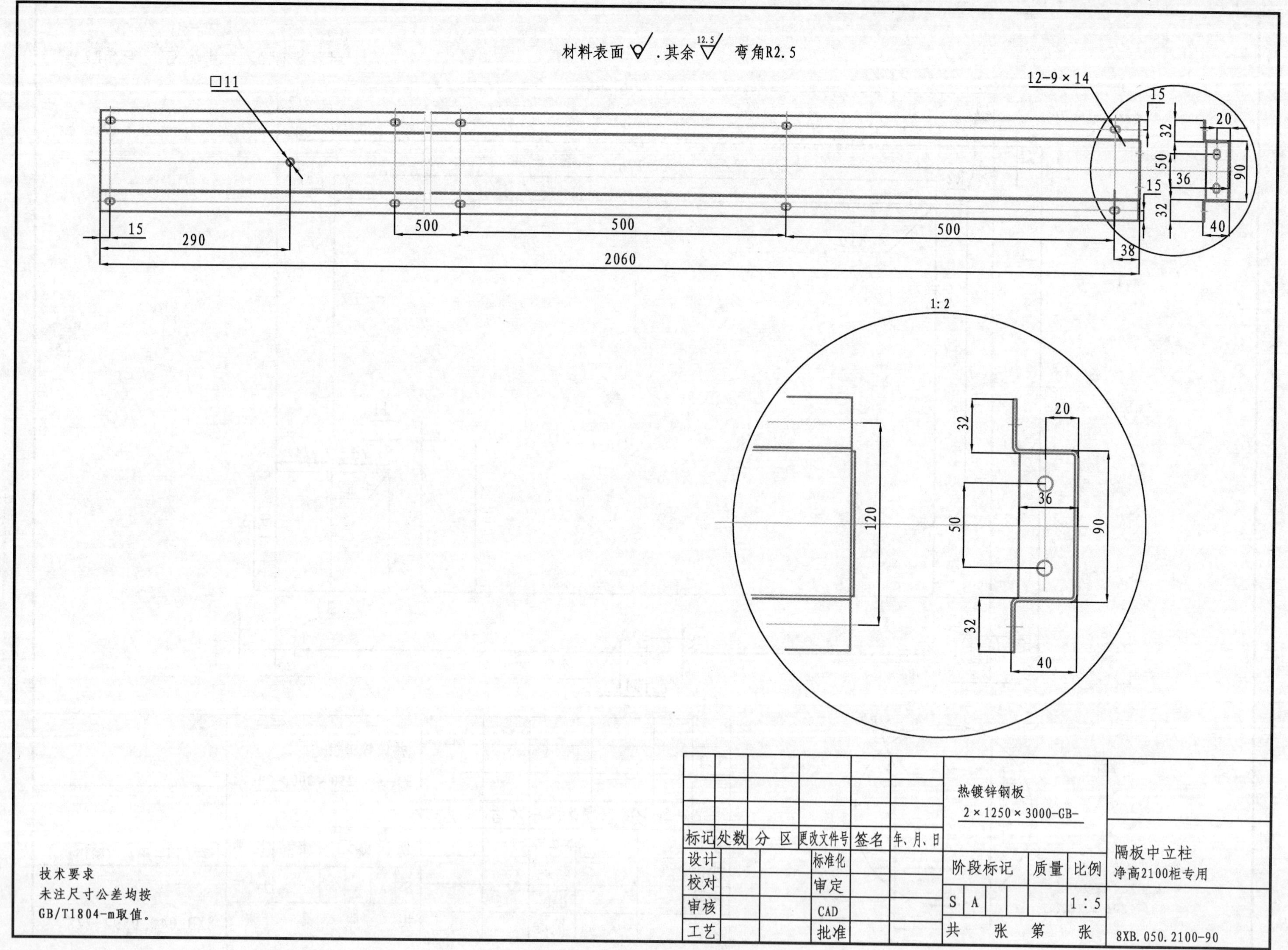
材料表面 .其余 12.5 弯角R2.5
□11
12-9×14
15
290
2060
500
500
500
38
15
32
20
50
36
90
15
32
40
1:2
120
20
32
36
50
90
32
40
热镀锌钢板
2×1250×3000-GB-
标记 处数 分 区 更改文件号 签名 年、月、日
设计 标准化
校对 审定
审核 CAD
工艺 批准
阶段标记 质量 比例
S A 1:5
共 张 第 张
隔板中立柱
净高2100柜专用
8XB.050.2100-90
技术要求
未注尺寸公差均按
GB/T1804-m取值。

图 3-2-52 隔板中立柱

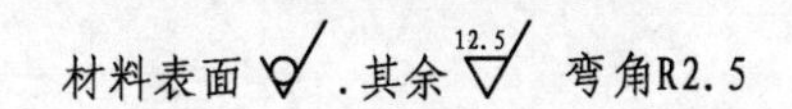

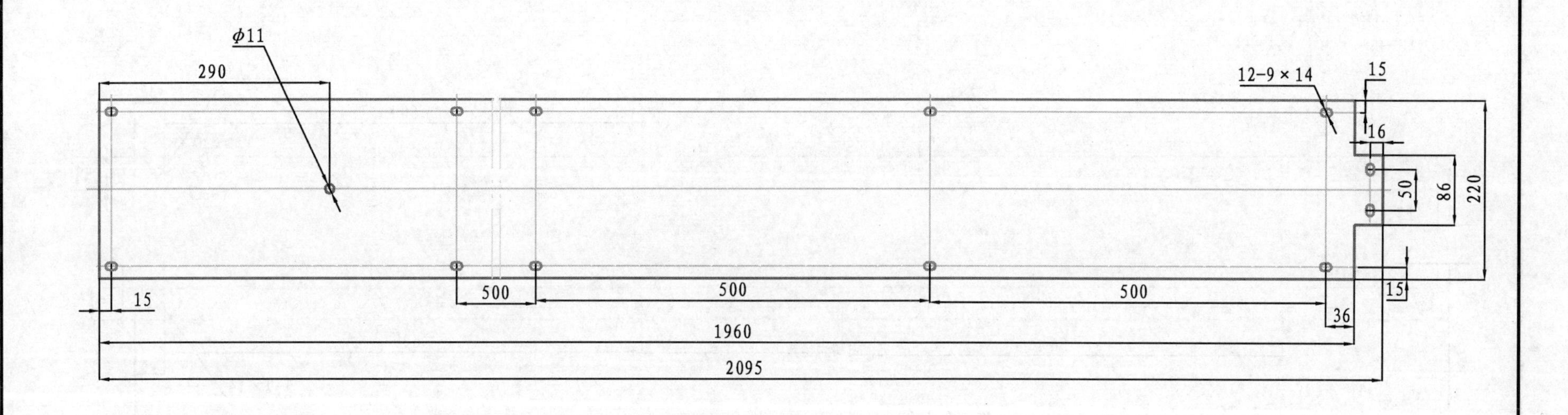

技术要求
未注尺寸公差均按
GB/T1804-m取值。

标记	处数	分 区	更改文件号	签名	年、月、日	热镀锌钢板 2×1250×3000-GB-				隔板中立柱 展开 净高2100柜专用
设计			标准化			阶段标记		质量	比例	
校对			审定			S	A		1:5	
审核			CAD							
工艺			批准			共　张　第　张				8XB.050.2100-90ZK

图3－2－53　隔板中立柱　展开

材料表面 ∀ .其余 $\overset{12.5}{\nabla}$ 弯角R2.5

5-9×14
38
600
40
25
15
15
25
40
556
556
600
38
5-9×14
2060

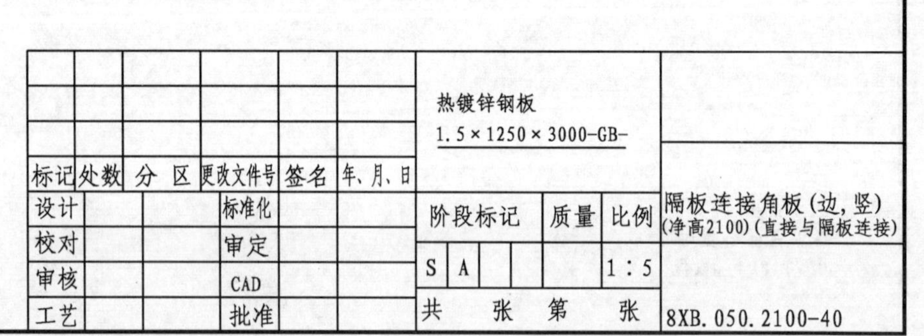

						热镀锌钢板 1.5×1250×3000-GB-					
标记	处数	分 区	更改文件号	签名	年、月、日						
设计			标准化			阶段标记			质量	比例	隔板连接角板（边，竖） （净高2100）（直接与隔板连接）
校对			审定								
审核			CAD			S	A			1：5	
工艺			批准			共　张　第　张					8XB.050.2100-40

技术要求

未注尺寸公差均按

GB/T1804-m取值。

图3－2－54　隔板连接角板（边，竖）

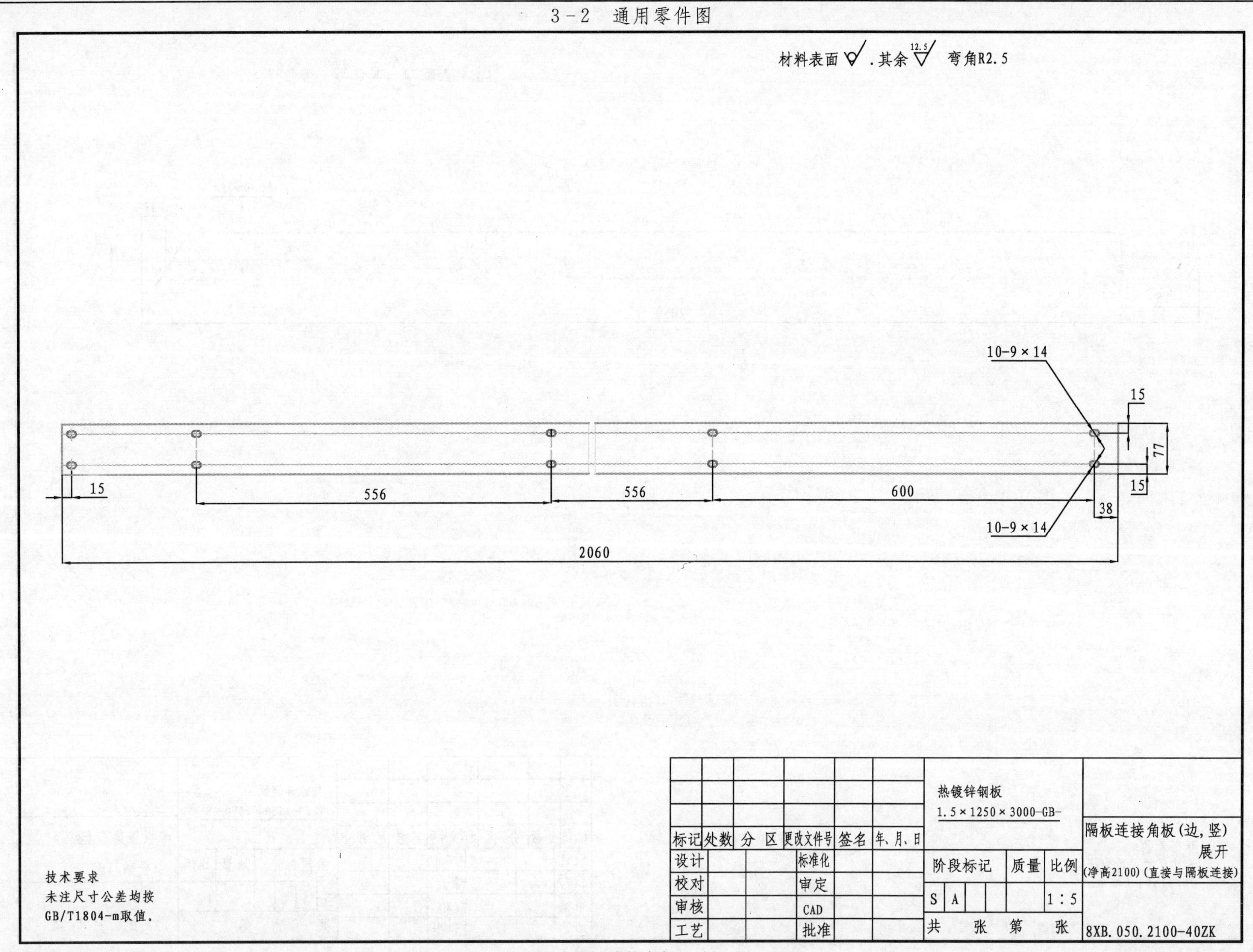

图3－2－55　隔板连接角板（边，竖）展开

材料表面 ∅/ . 其余 12.5/ 弯角R2.5

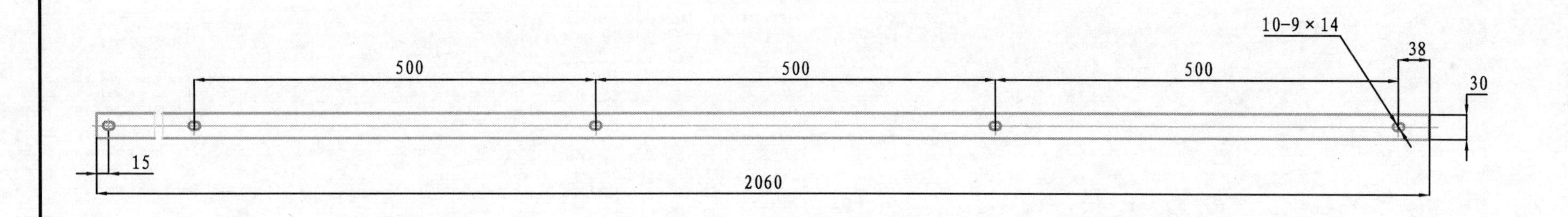

技术要求
未注尺寸公差均按
GB/T1804-m取值。

						热镀锌钢板 1.5×1250×3000-GB-				
标记	处数	分 区	更改文件号	签名	年、月、日					隔板压紧条(竖) (净高2100)
设计			标准化			阶段标记		质量	比例	
校对			审定			S	A		1:5	
审核			CAD							
工艺			批准			共 张 第 张				8XB.050.2100-30

图3-2-56 隔板压紧条(竖)

材料表面 ∀ .其余 12.5∇ 弯角R2.5

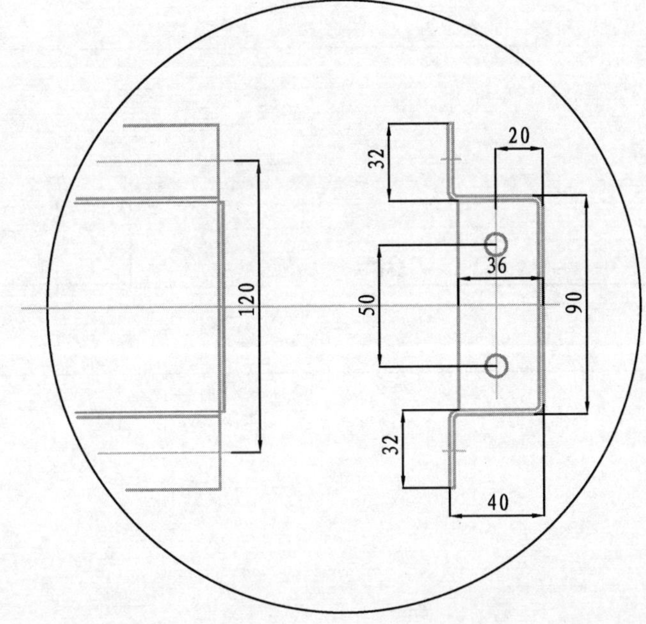

						热镀锌钢板 2×1250×3000-GB-				
标记	处数	分 区	更改文件号	签名	年、月、日					隔板中立柱 净高1900柜专用
设计			标准化			阶段标记		质量	比例	
校对			审定			S	A		1:5	
审核			CAD							
工艺			批准			共	张	第	张	8XB.050.1900-90

技术要求
未注尺寸公差均按
GB/T1804-m取值.

图3－2－57　隔板中立柱

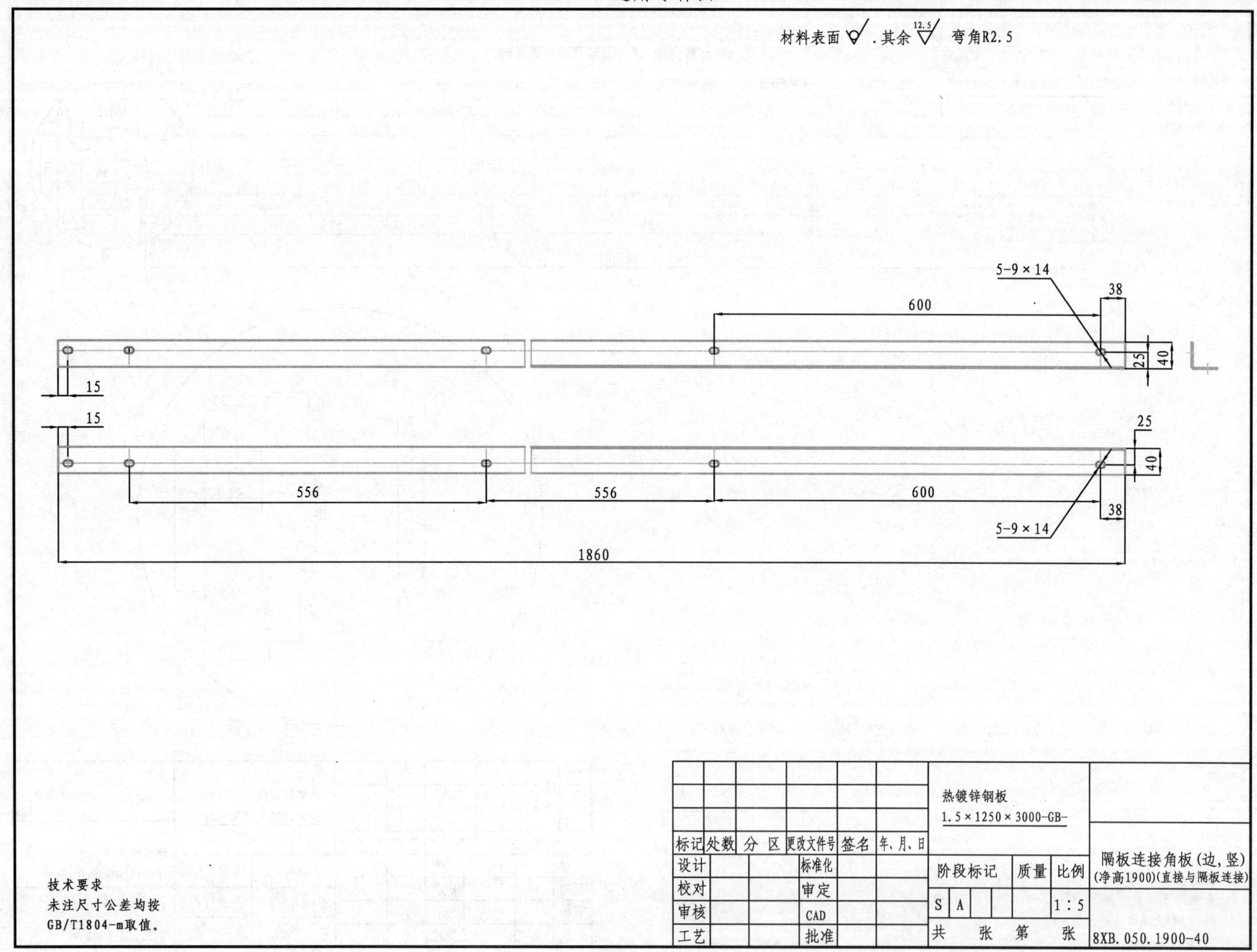

图3－2－58　隔板连接角板（边，竖）

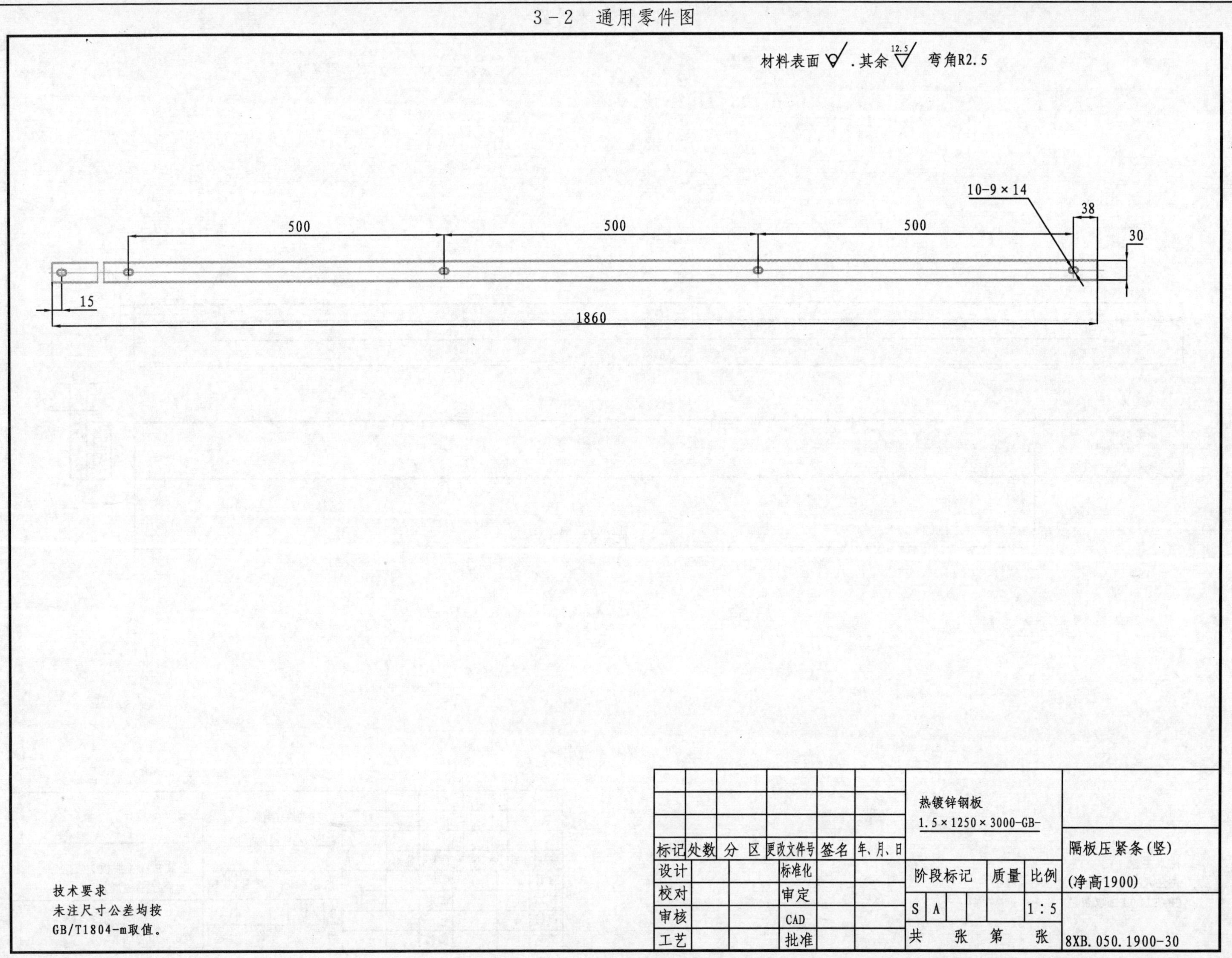

图3-2-59 隔板压紧条(竖)

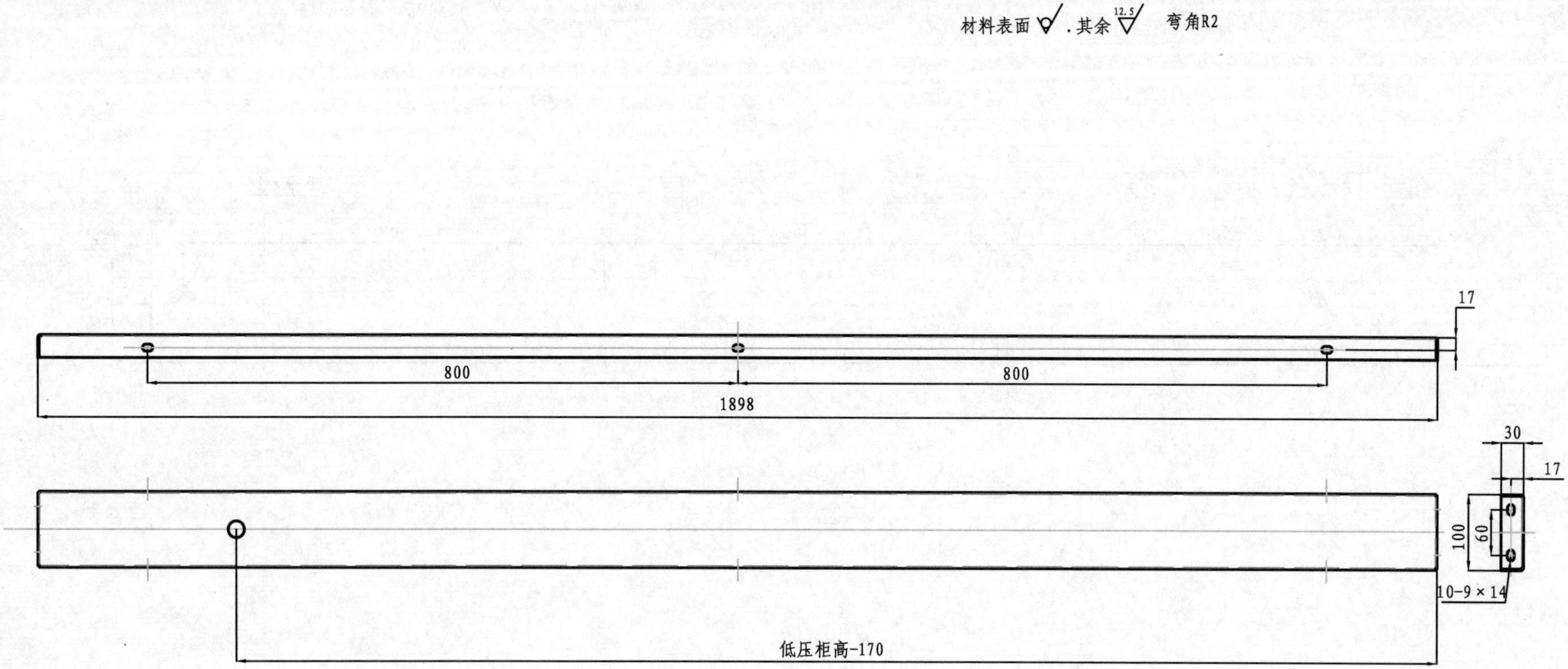

材料表面 . 其余 12.5 弯角R2

17

800 800

1898

30

17

100 60

10-9×14

低压柜高-170

技术要求
未注尺寸公差均按
GB/T1804-m取值。

						热镀锌钢板 2×1250×3000-GB-				
标记	处数	分区	更改文件号	签名	年、月、日					安装立柱（侧板）（零K级箱体专用）
设计			标准化			阶段标记		质量	比例	
校对			审定			S	A		1:5	
审核			CAD							
工艺			批准			共 张 第 张				8XB.050.0100L

图3－2－60 安装立柱（侧板）

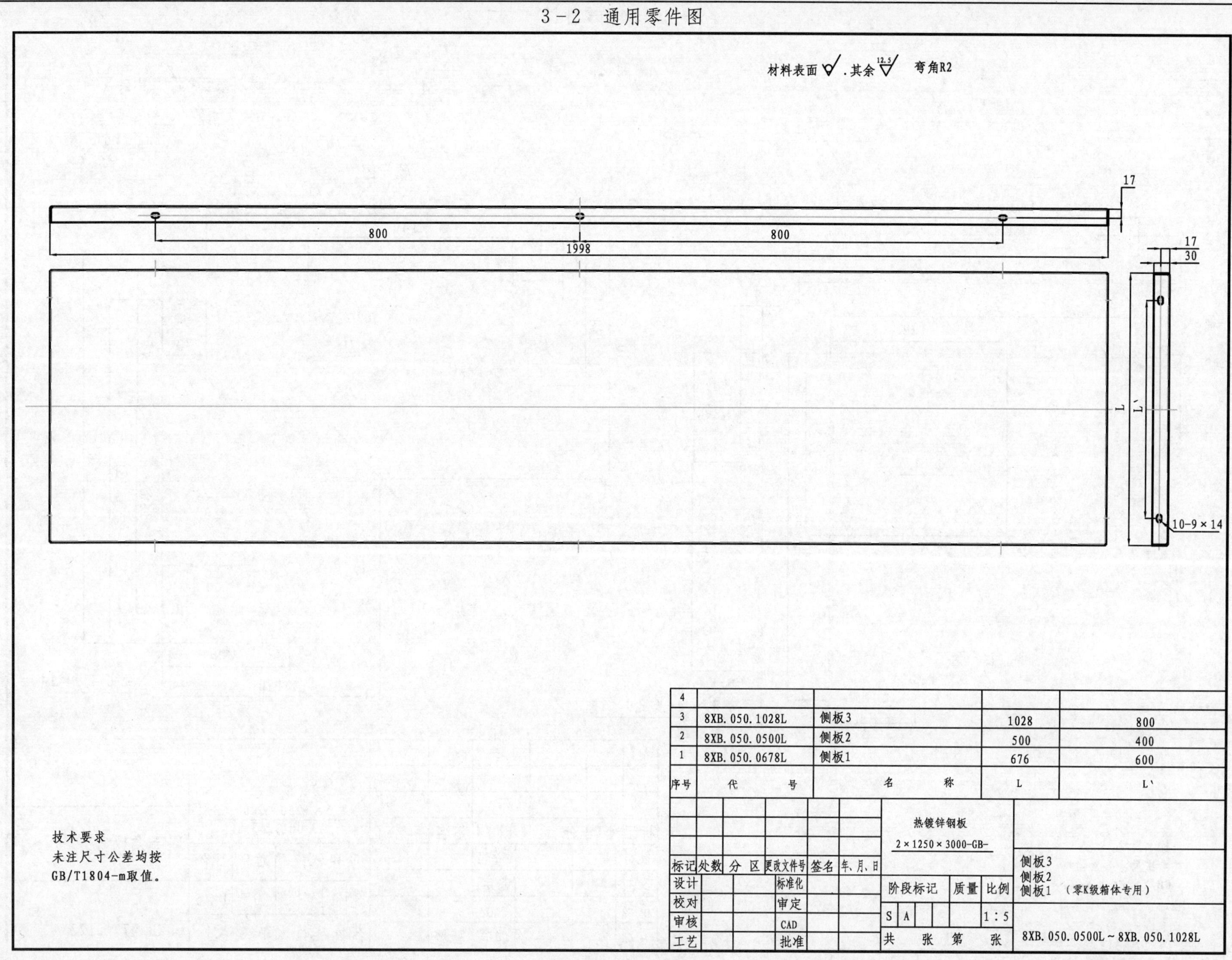

序号	代号	名称	L	L`
4				
3	8XB.050.1028L	侧板3	1028	800
2	8XB.050.0500L	侧板2	500	400
1	8XB.050.0678L	侧板1	676	600

图3－2－61　侧板

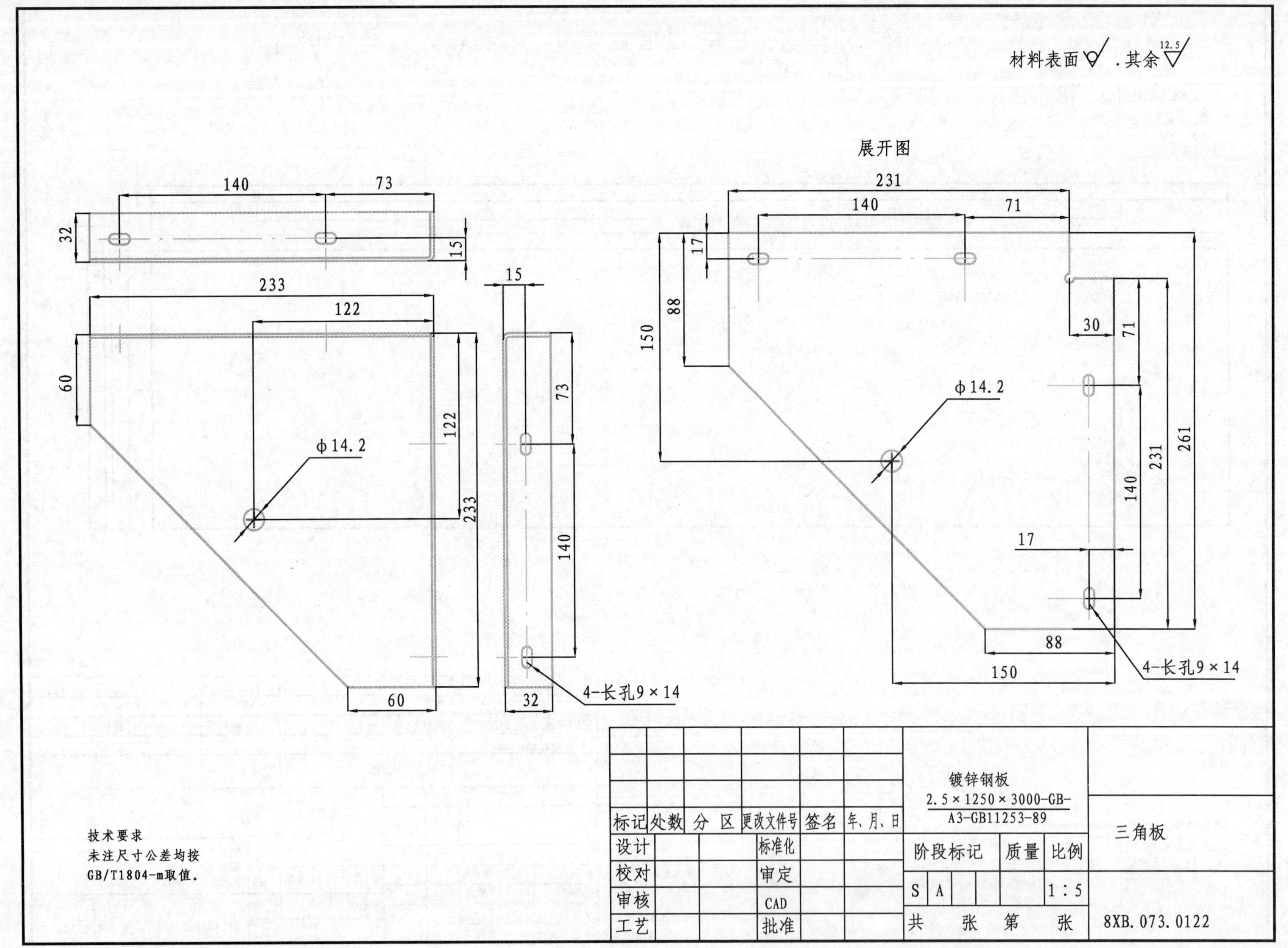
材料表面 . 其余 12.5
展开图
140
73
32
15
233
122
15
60
73
122
ϕ14.2
233
140
4-长孔9×14
60
32
231
140
71
17
88
150
30
71
ϕ14.2
261
231
140
17
88
150
4-长孔9×14
技术要求
未注尺寸公差均按
GB/T1804-m取值。
镀锌钢板
2.5×1250×3000-GB-
A3-GB11253-89
标记 处数 分 区 更改文件号 签名 年、月、日
设计 标准化
校对 审定
审核 CAD
工艺 批准
阶段标记 质量 比例
S A 1:5
共 张 第 张
三角板
8XB.073.0122

图3-2-62 三角板

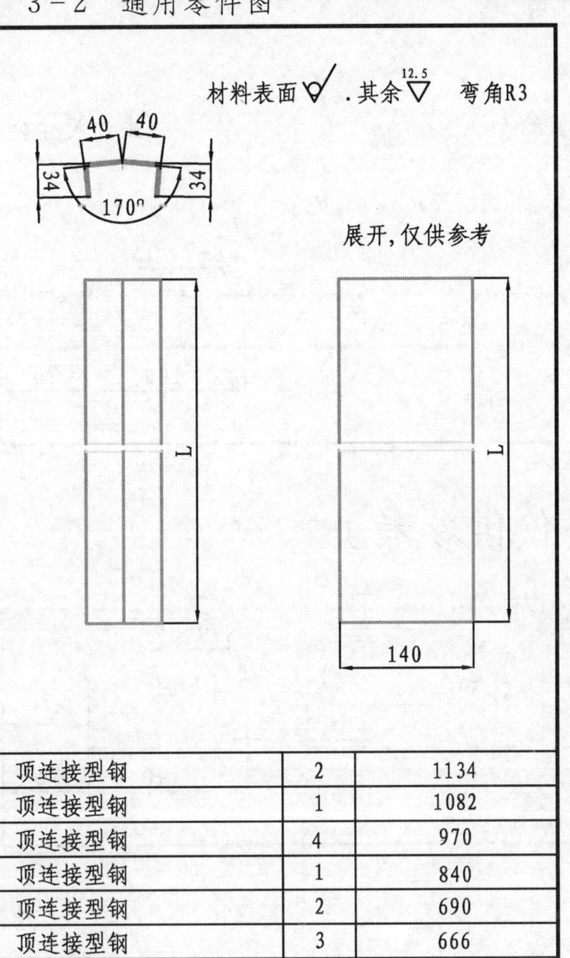

序号	图号	名称	数量	L
9	8XB.073.1134	顶连接型钢	2	1134
8	8XB.073.1082	顶连接型钢	1	1082
7	8XB.073.0970	顶连接型钢	4	970
6	8XB.073.0840	顶连接型钢	1	840
5	8XB.073.0690	顶连接型钢	2	690
4	8XB.073.0666	顶连接型钢	3	666
3	8XB.073.0637	顶连接型钢	1	637
2	8XB.073.0600	顶连接型钢	2	600
1	8XB.073.0440	顶连接型钢	1	840

热镀锌板

2.5×1250×3000-GB-

标记 处数 分 区 更改文件号 签名 年、月、日

设计 标准化 阶段标记 质量 比例 顶连接型钢

校对 审定 S A 1:5

审核

工艺 批准 共 张 第 张 8XB.073.0440~8XB.073.1134

图 3-2-63 顶连接型钢

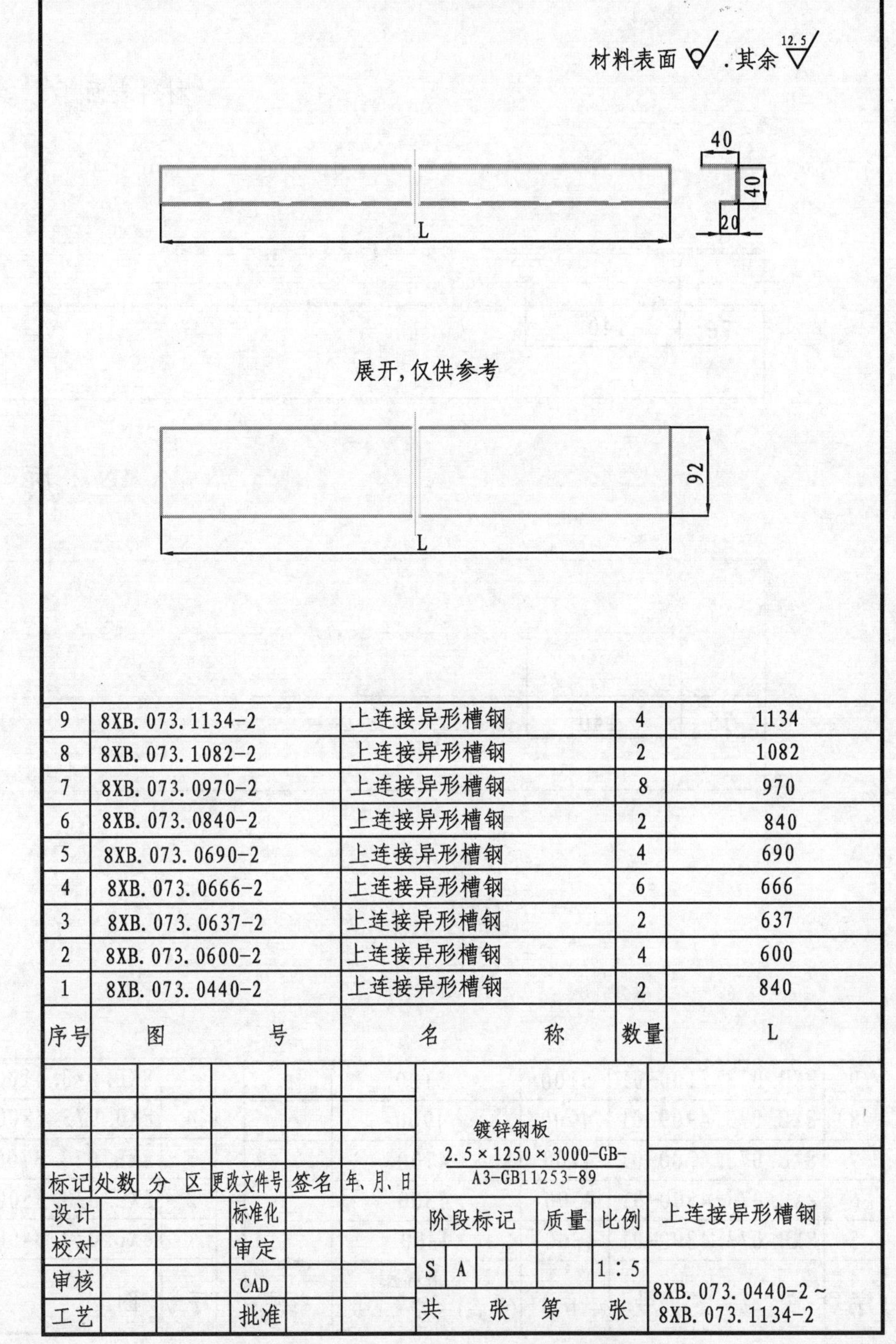

序号	图号	名称	数量	L
9	8XB.073.1134-2	上连接异形槽钢	4	1134
8	8XB.073.1082-2	上连接异形槽钢	2	1082
7	8XB.073.0970-2	上连接异形槽钢	8	970
6	8XB.073.0840-2	上连接异形槽钢	2	840
5	8XB.073.0690-2	上连接异形槽钢	4	690
4	8XB.073.0666-2	上连接异形槽钢	6	666
3	8XB.073.0637-2	上连接异形槽钢	2	637
2	8XB.073.0600-2	上连接异形槽钢	4	600
1	8XB.073.0440-2	上连接异形槽钢	2	840

镀锌钢板

2.5×1250×3000-GB-A3-GB11253-89

标记 处数 分 区 更改文件号 签名 年、月、日

设计 标准化 阶段标记 质量 比例 上连接异形槽钢

校对 审定 S A 1:5

审核 CAD

工艺 批准 共 张 第 张 8XB.073.0440-2~8XB.073.1134-2

图 3-2-64 上连接异形槽钢

材料表面 ∀ . 其余 12.5∀　　弯角R2.5　　未注尺寸公差均按GB/T1804-m取值。

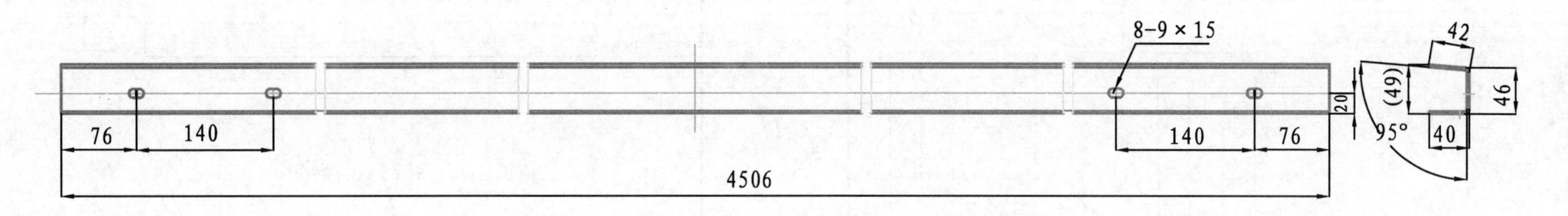

展开图（仅供参考）

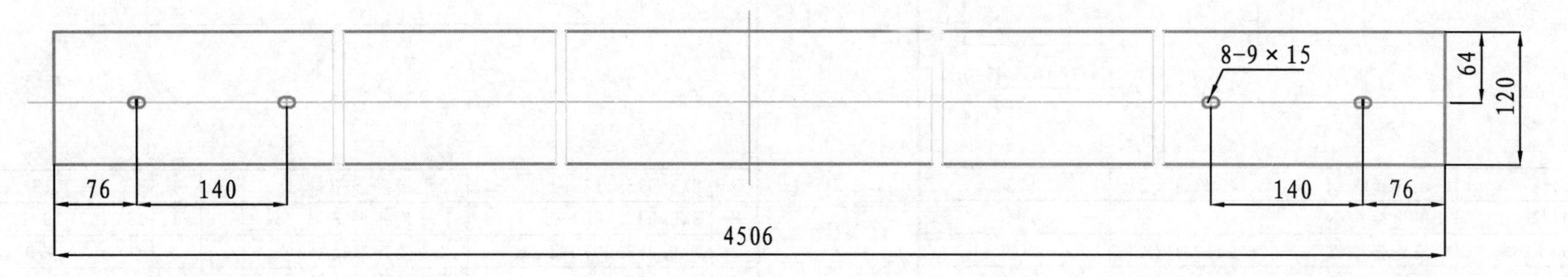

注：若板料长度不够，可以在任意处接缝。
接缝处局部喷锌。

序号	图号	L	对应框架焊接(伞盖)长度	备注
9	8XB.073.5100-01	5100	5100	
8	8XB.073.4900-01	4900	4900	
7	8XB.073.4700-01	4700	4700	
6	8XB.073.4500-01	4500	4500	
5	8XB.073.4300-01	4300	4300	
4				

序号	图号	L	对应框架焊接(伞盖)长度	备注
	8XB.073.4100-01	4100	4100	
4	8XB.073.3800-01	3900	3900	
3	8XB.073.3700-01	3700	3700	
2	8XB.073.3500-01	3500	3500	
1	8XB.073.3400-01	3400	3400	

热镀锌板 2.5×1250×3000-GB-		前后框件
比例	1∶5	8XB.073.4300-01～8XB.073.5100-01
共　张　第　张		

图3－2－65　前后框件

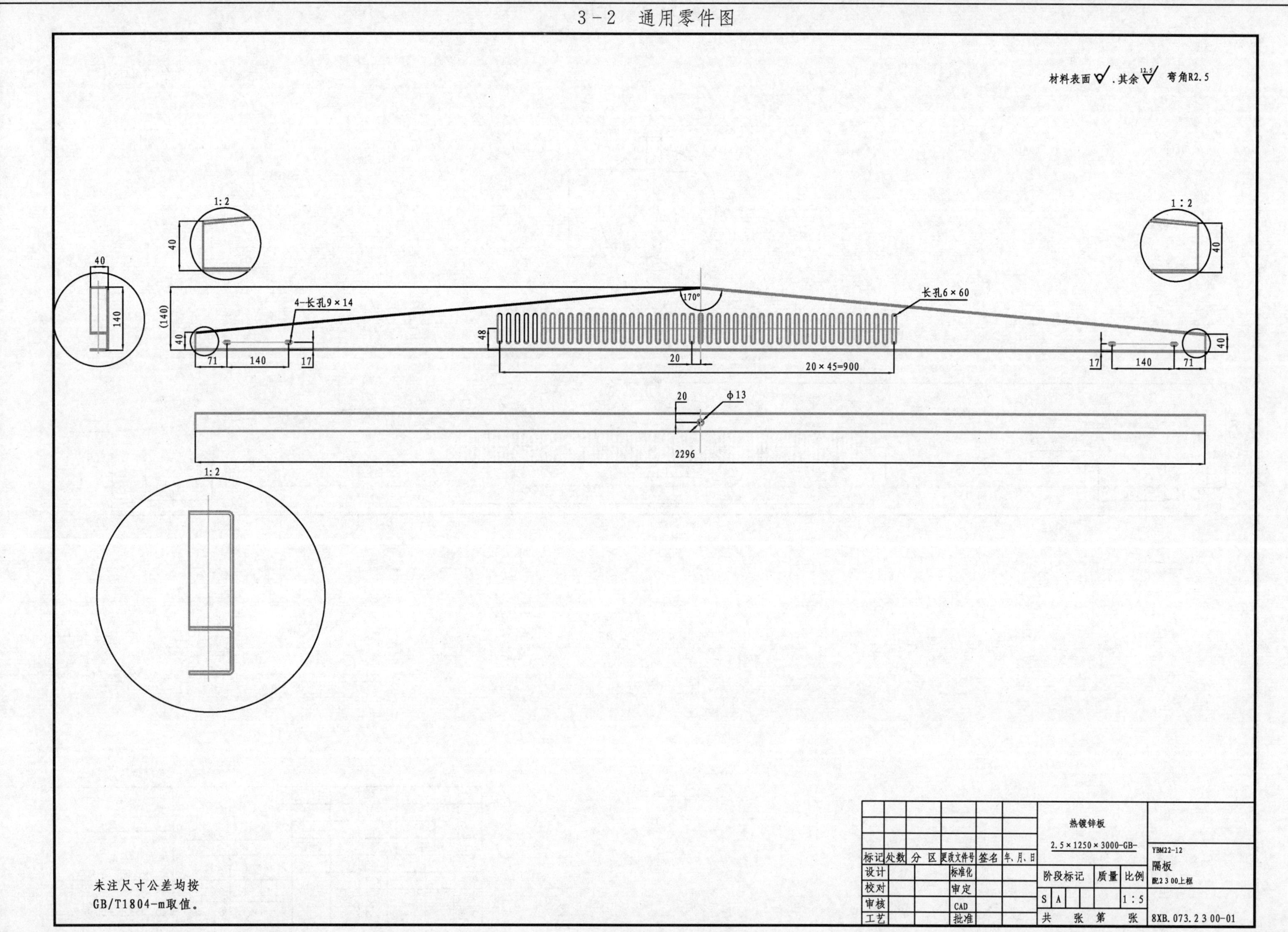
材料表面 .其余 12.5 弯角R2.5
1:2
40
140
(140)
4-长孔9×14
170°
长孔6×60
48
71
140
17
20
20×45=900
φ13
2296
未注尺寸公差均按
GB/T1804-m取值。
热镀锌板
2.5×1250×3000-GB-
YBM22-12
隔板
配2300上框
标记 处数 分区 更改文件号 签名 年、月、日
设计 标准化
校对 审定
审核 CAD
工艺 批准
阶段标记 质量 比例
S A 1:5
共 张 第 张
8XB.073.2300-01

图 3-2-66 隔板

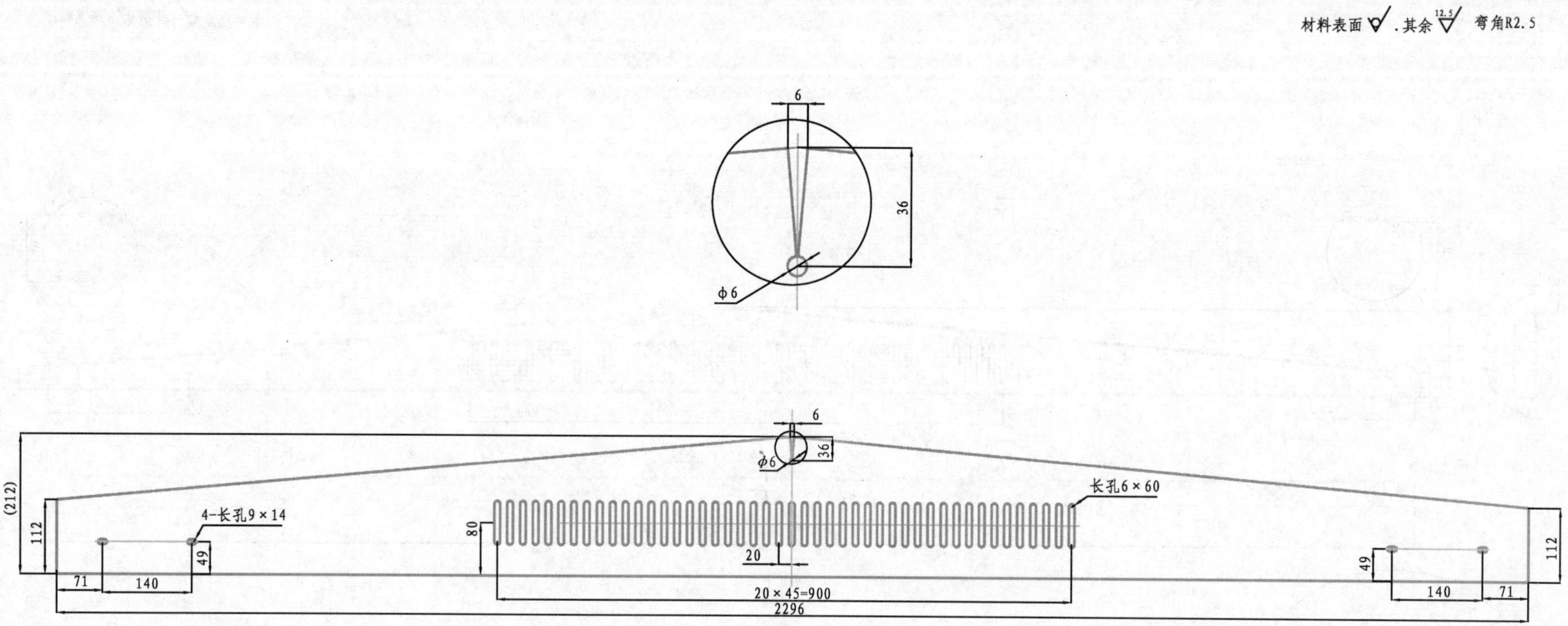

材料表面 ∀ . 其余 12.5 ∀ 弯角R2.5

6

36

φ6

6

36

φ6

(212)

112

4-长孔9×14

49

71 140

80

20

长孔6×60

20×45=900

2296

49

112

140 71

						热镀锌板	
						2.5×1250×3000-GB-	YBM22-12
标记	处数	分 区	更改文件号	签名	年、月、日		隔板展开
设计			标准化			阶段标记 质量 比例	配2300上框
校对			审定				
审核			CAD			S A 1:5	
工艺			批准			共 张 第 张	8XB.073.2300-01ZK

未注尺寸公差均按
GB/T1804-m取值。

图3-2-67 隔板 展开

材料表面 ▽ .其余 12.5▽

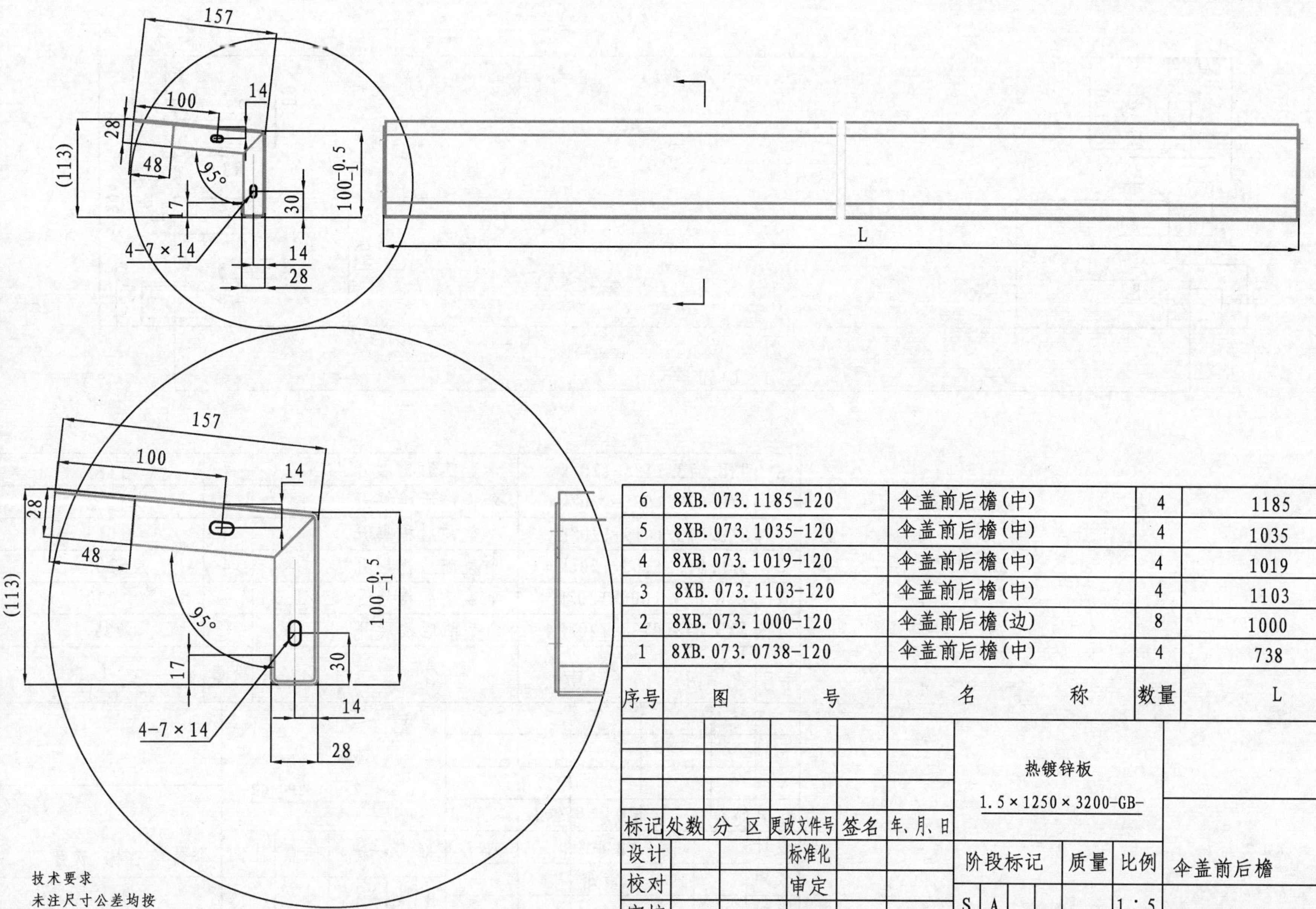

157 100 14 28 48 95° (113) $100^{-0.5}_{-1}$ 17 30 4-7×14 14 28 L

序号	图号	名称	数量	L
6	8XB.073.1185-120	伞盖前后檐(中)	4	1185
5	8XB.073.1035-120	伞盖前后檐(中)	4	1035
4	8XB.073.1019-120	伞盖前后檐(中)	4	1019
3	8XB.073.1103-120	伞盖前后檐(中)	4	1103
2	8XB.073.1000-120	伞盖前后檐(边)	8	1000
1	8XB.073.0738-120	伞盖前后檐(中)	4	738

热镀锌板

1.5×1250×3200-GB-

标记	处数	分区	更改文件号	签名	年、月、日
设计			标准化		
校对			审定		
审核			CAD		
工艺			批准		

阶段标记	质量	比例
S A		1:5
共 张 第 张		

伞盖前后檐

8XB.073.0738-120~8XB.073.1185-120

技术要求

未注尺寸公差均按GB/T1804-m取值。

图3-2-68 伞盖前后檐（左右）

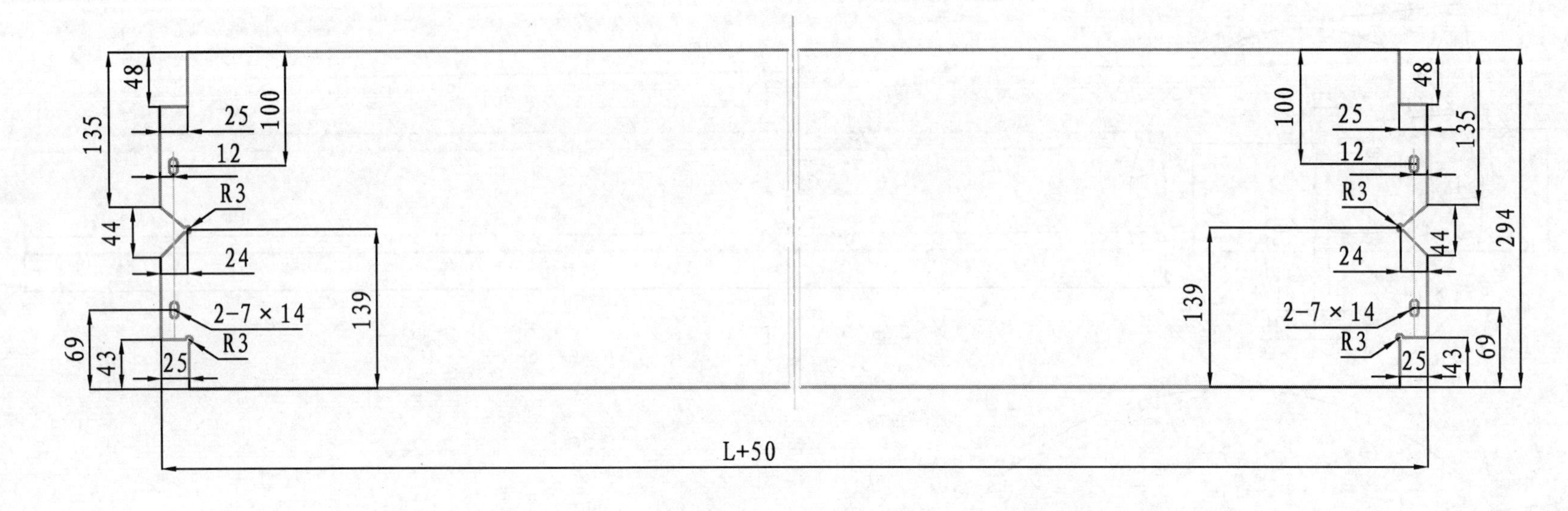

6	8XB.073.1185-120ZK	伞盖前后檐展开	4	1185
5	8XB.073.1035-120ZK	伞盖前后檐展开	4	1035
4	8XB.073.1019-120ZK	伞盖前后檐展开	4	1019
3	8XB.073.1103-120ZK	伞盖前后檐展开	4	1103
2	8XB.073.1000-120ZK	伞盖前后檐展开	8	1000
1	8XB.073.0738-120ZK	伞盖前后檐展开	4	738
序号	图号	名称	数量	L

标记	处数	分区	更改文件号	签名	年、月、日	热镀锌板 1.5×1250×3200-GB-	
设计		标准化				阶段标记 / 质量 / 比例	伞盖前后檐 展开
校对		审定				S A / / 1:5	
审核		CAD					8XB.073.0738-120ZK～8XB.073.1185-120ZK
工艺		批准				共 张 第 张	

技术要求
未注尺寸公差均按GB/T1804-m取值。

图3-2-69 伞盖前后檐（左右）展开

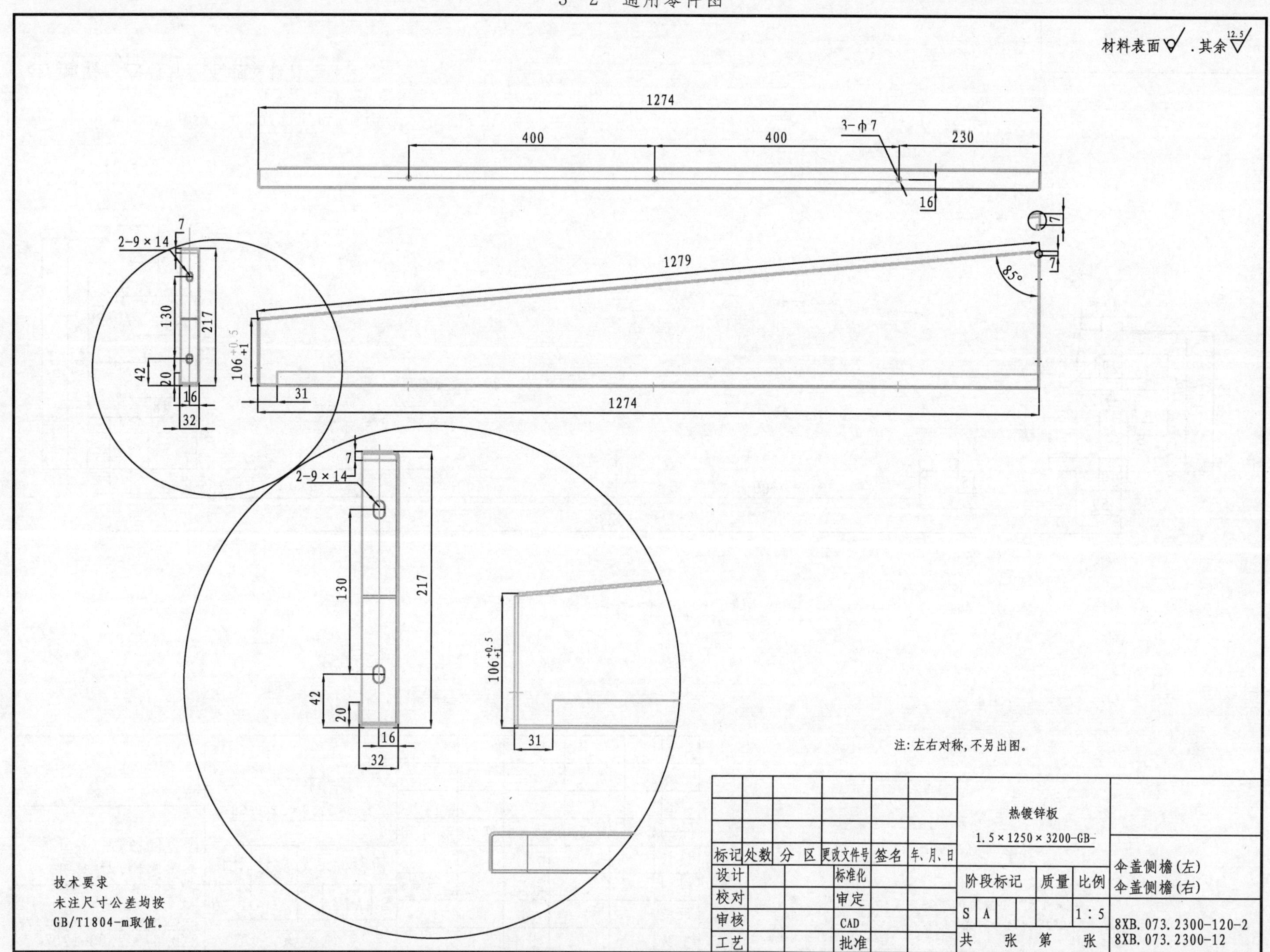

图3-2-70 伞盖侧檐（左右）

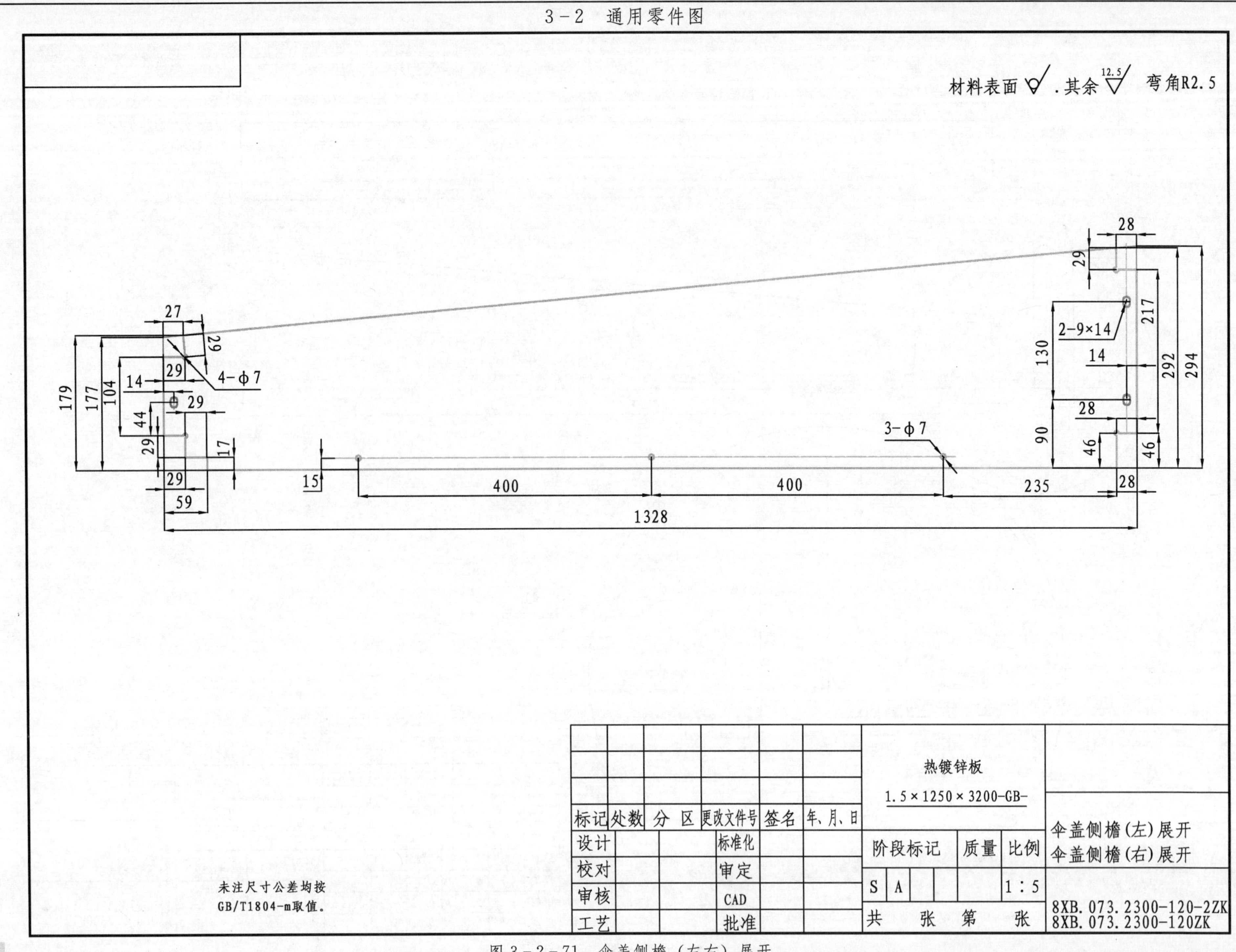

图3－2－71 伞盖侧檐（左右）展开

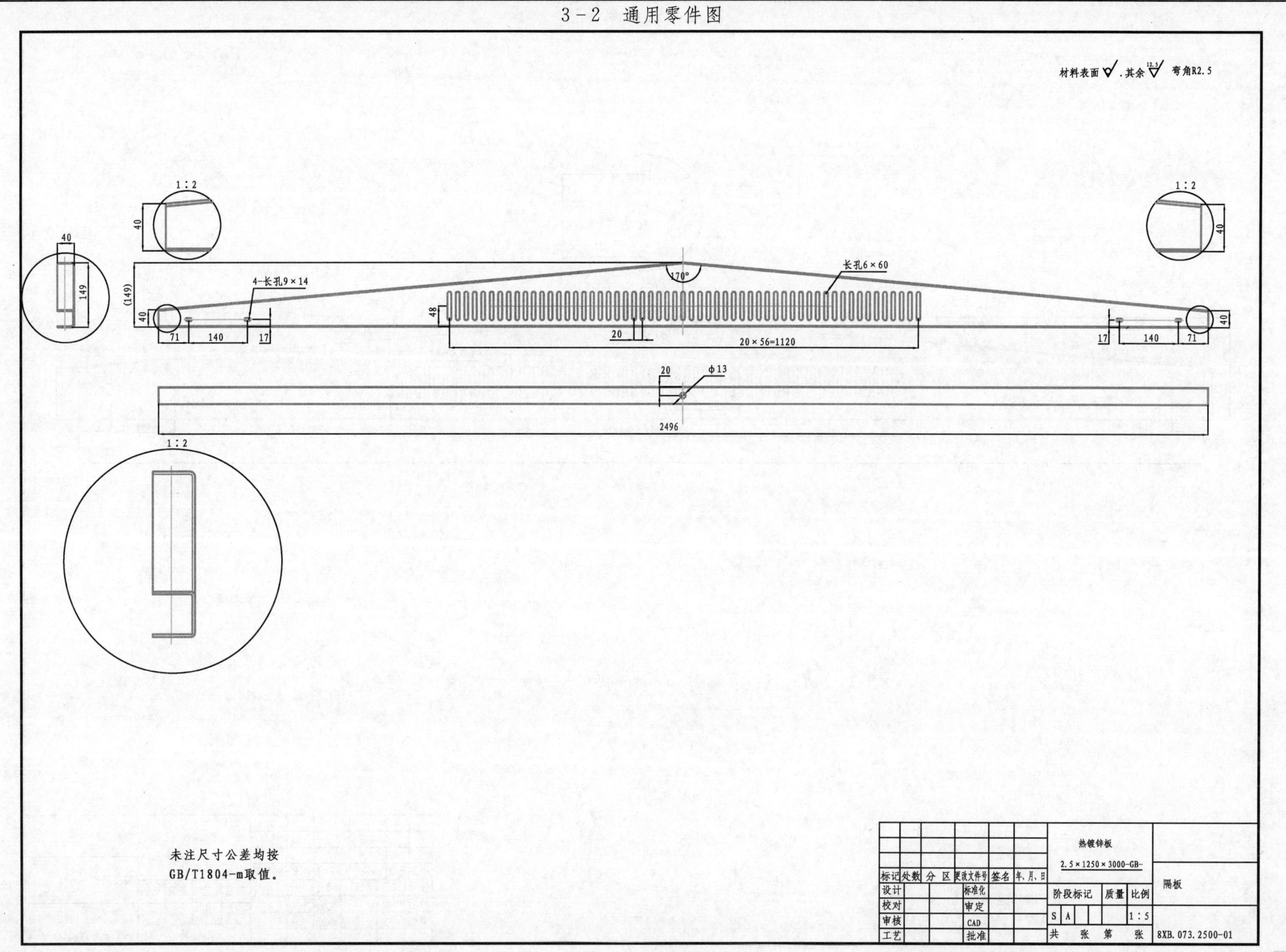
材料表面 .其余 12.5 弯角R2.5
1:2
40
(149)
149
4-长孔9×14
长孔6×60
170°
48
71
140
17
20
20×56=1120
ϕ13
2496
未注尺寸公差均按
GB/T1804-m取值。
热镀锌板
2.5×1250×3000-GB-
标记 处数 分 区 更改文件号 签名 年、月、日
设计 标准化
校对 审定
审核 CAD
工艺 批准
阶段标记 质量 比例
S A 1:5
共 张 第 张
隔板
8XB.073.2500-01

图 3－2－72 隔板

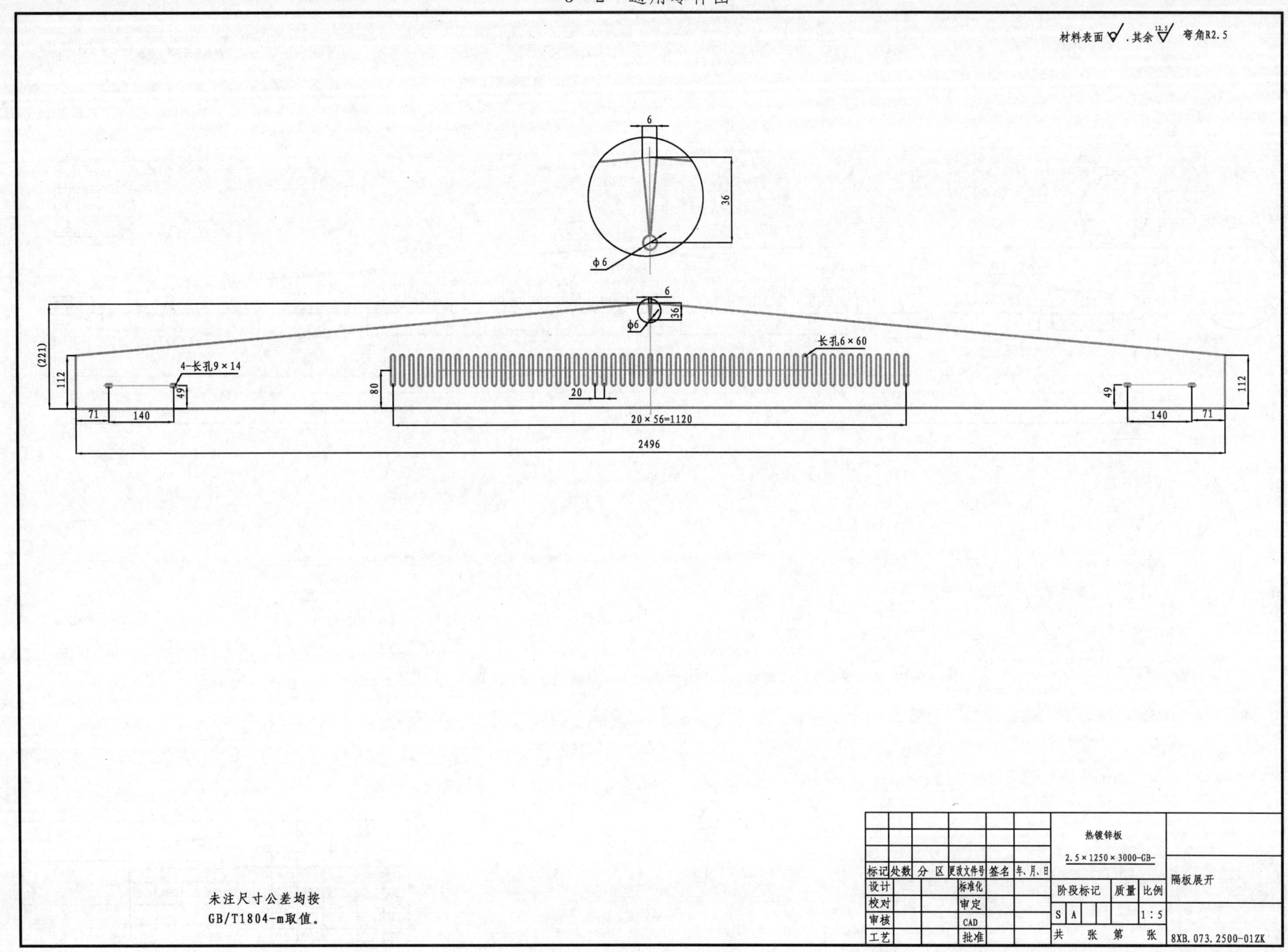
材料表面 .其余 12.5 弯角R2.5
6
36
φ6
6
36
φ6
长孔6×60
(221)
112
4-长孔9×14
49
71
140
80
20
20×56=1120
2496
49
140
71
112
未注尺寸公差均按
GB/T1804-m取值。
热镀锌板
2.5×1250×3000-GB-
标记 处数 分 区 更改文件号 签名 年、月、日
设计 标准化
校对 审定
审核 CAD
工艺 批准
阶段标记 质量 比例
S A 1:5
共 张 第 张
隔板展开
8XB.073.2500-01ZK

图.3-2-73 隔板 展开

材料表面 . 其余 12.5

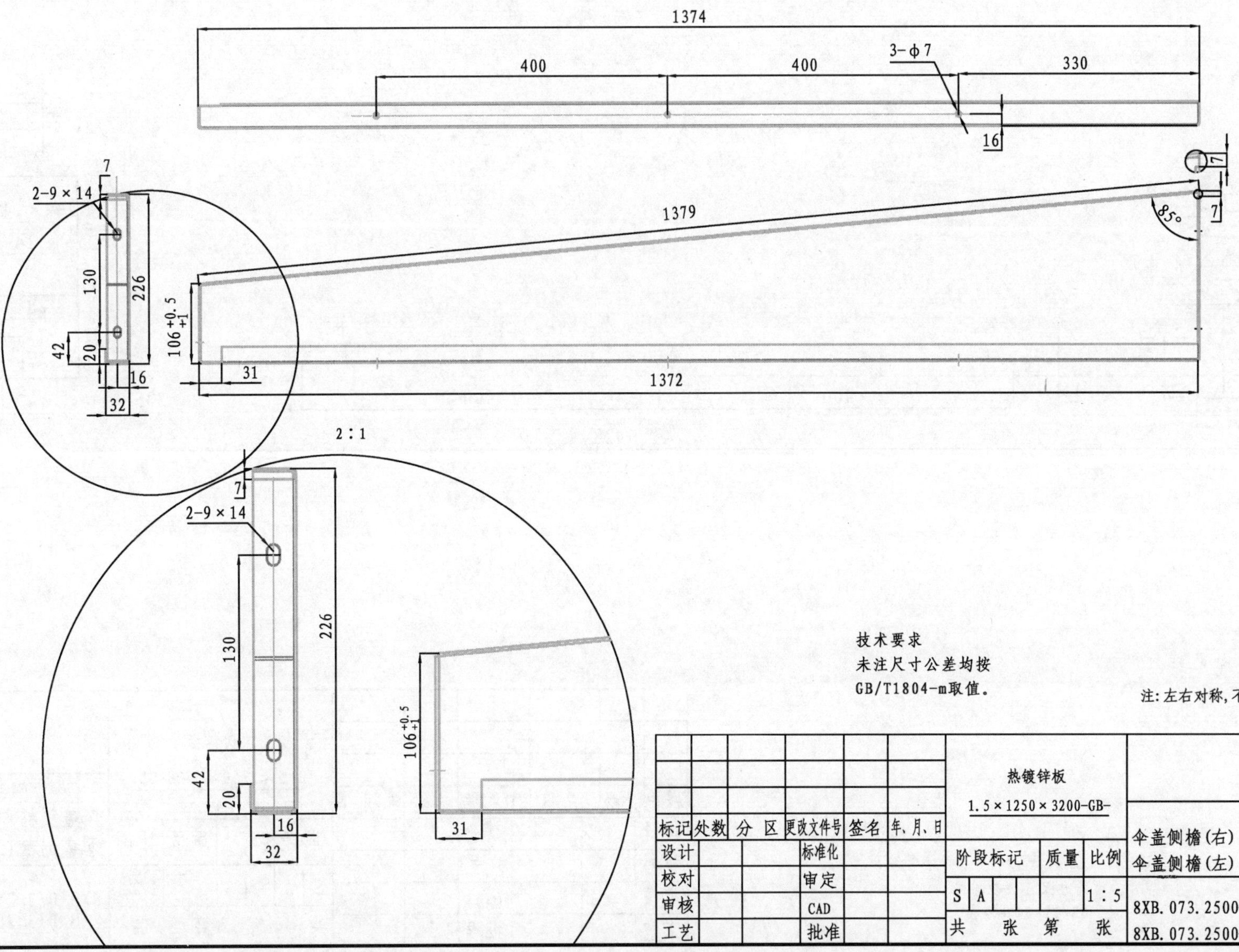

1374
400 400 330
3-φ7
16
7
1379
85°
7
2-9×14
130
226
$106^{+0.5}_{+1}$
42
20
16
31
1372
32
2:1
7
2-9×14
130
226
$106^{+0.5}_{+1}$
42
20
16
32
31

技术要求
未注尺寸公差均按
GB/T1804-m取值。

注:左右对称,不另出图。

						热镀锌板 1.5×1250×3200-GB-				
标记	处数	分区	更改文件号	签名	年、月、日					伞盖侧檐(右) 伞盖侧檐(左)
设计			标准化			阶段标记		质量	比例	
校对			审定							
审核			CAD			S	A		1:5	8XB.073.2500-120-2
工艺			批准			共 张 第 张				8XB.073.2500-120

图3-2-74 伞盖侧檐(左右)

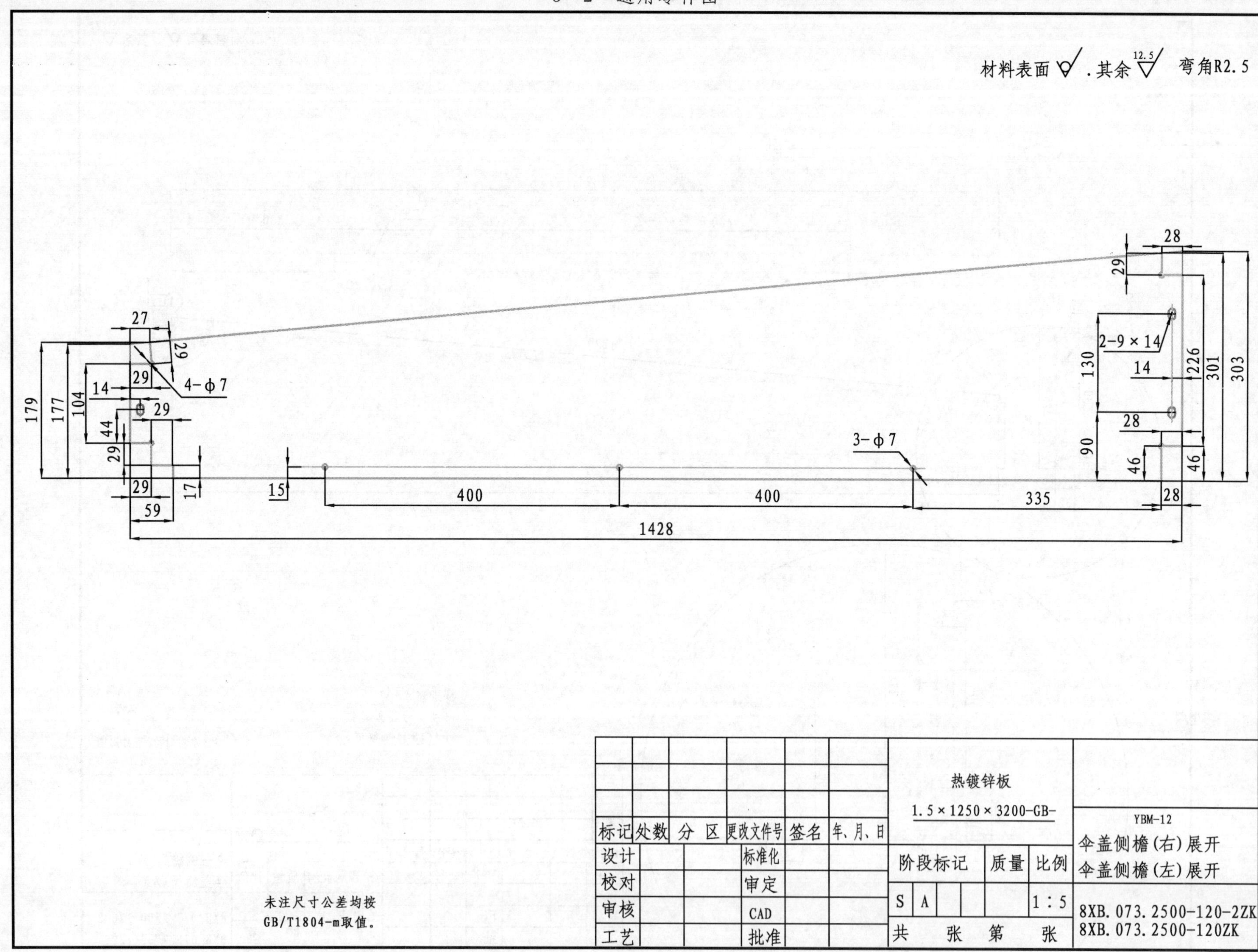

图3-2-75 伞盖侧檐(左右)展开

材料表面 ▽ . 其余 12.5▽ 涂塑

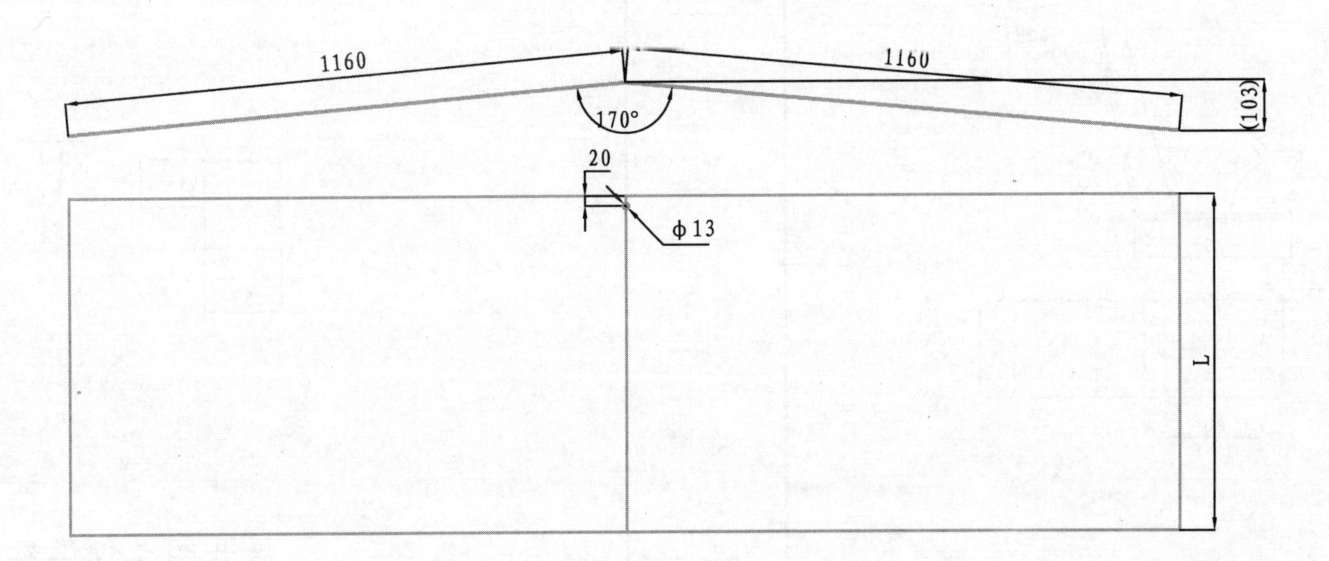

	8XB.073.1198-23	伞盖伞板	1	1198
	8XB.073.1195-23	伞盖伞板	1	1195
5	8XB.073.1250-23	伞盖伞板	2	1250
4	8XB.073.0880-23	伞盖伞板	1	880
3	8XB.073.0753-23	伞盖伞板	1	753
2	8XB.073.0750-23	伞盖伞板	2	753
1	8XB.073.0685-23	伞盖伞板	2	685
序号	代　　号	名　　称	数量	L

热镀锌板

1.5×1250×3200-GB-

标记	处数	分　区	更改文件号	签名	年、月、日
设计			标准化		
校对			审定		
审核			CAD		
工艺			批准		

阶段标记	质量	比例
S A		1:10
共　张　第　张		

伞盖伞板

8XB.073.0685-23～8XB.073.1198-23

技术要求
未注尺寸公差均按GB/T1804-m取值。

图 3-2-76　伞盖伞板

材料表面 . 其余 12.5

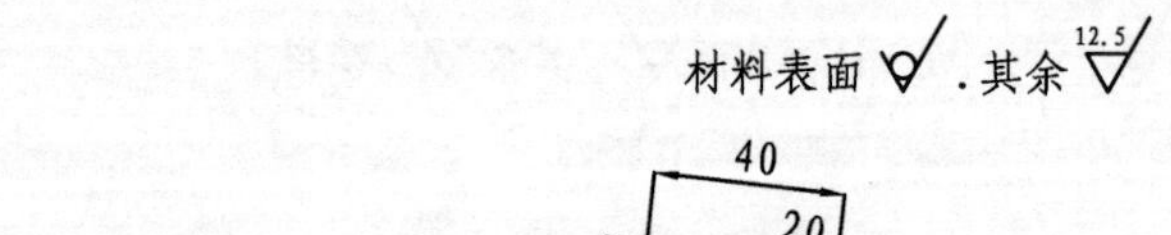
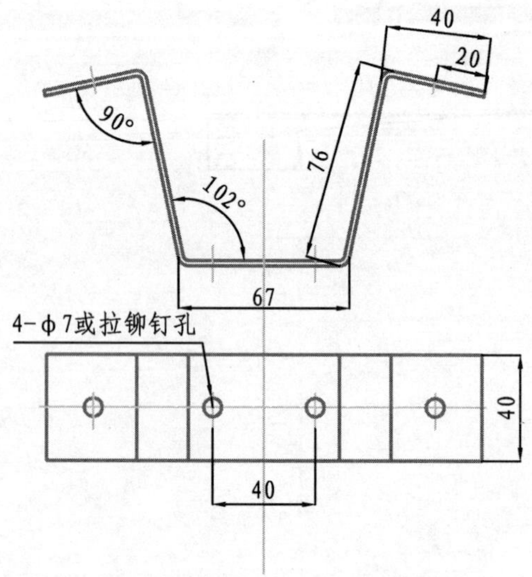

展开图（仅供参考）

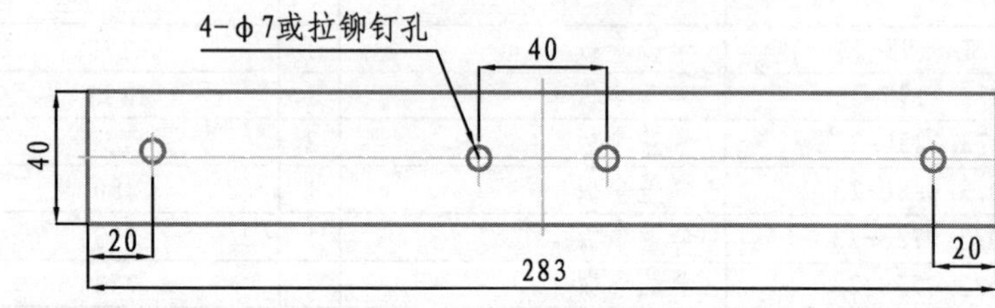

技术要求
未注尺寸公差均按
GB/T1804-m取值。

标记	处数	分 区	更改文件号	签名	年、月、日	镀锌钢板 2.5×1250×3000-GB-A3-GB11253-89			
设计			标准化			阶段标记	质量	比例	V形连接板
校对			审定			S A		1∶2	
审核			CAD						
工艺			批准			共 张 第 张			8XB.073.0067

图3－2－77　V型连接板

3－2　通用零件图

材料表面 . 其余 12.5

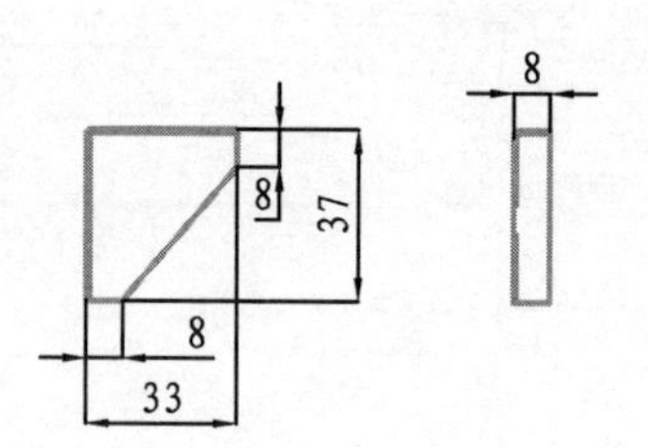

展开图（仅供参考）

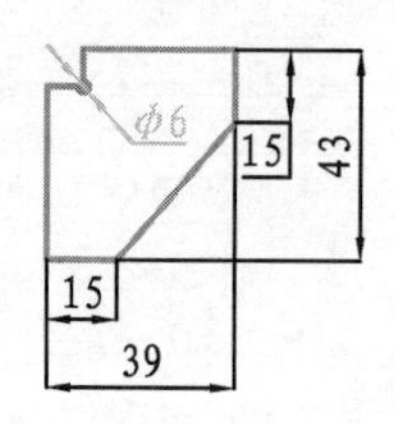

技术要求
未注尺寸公差均按
GB/T1804-m取值。

注：左右对称，不另出图。

标记	处数	分 区	更改文件号	签名	年、月、日	热镀锌钢板 1.5×1250×3000-GB-			
设计			标准化			阶段标记	质量	比例	堵头板(左) 堵头板(右)
校对			审定			S A		1∶2	
审核									8XB.073.0082-2
工艺			批准			共 张 第 张			8XB.073.0082-1

图3－2－78　堵头板

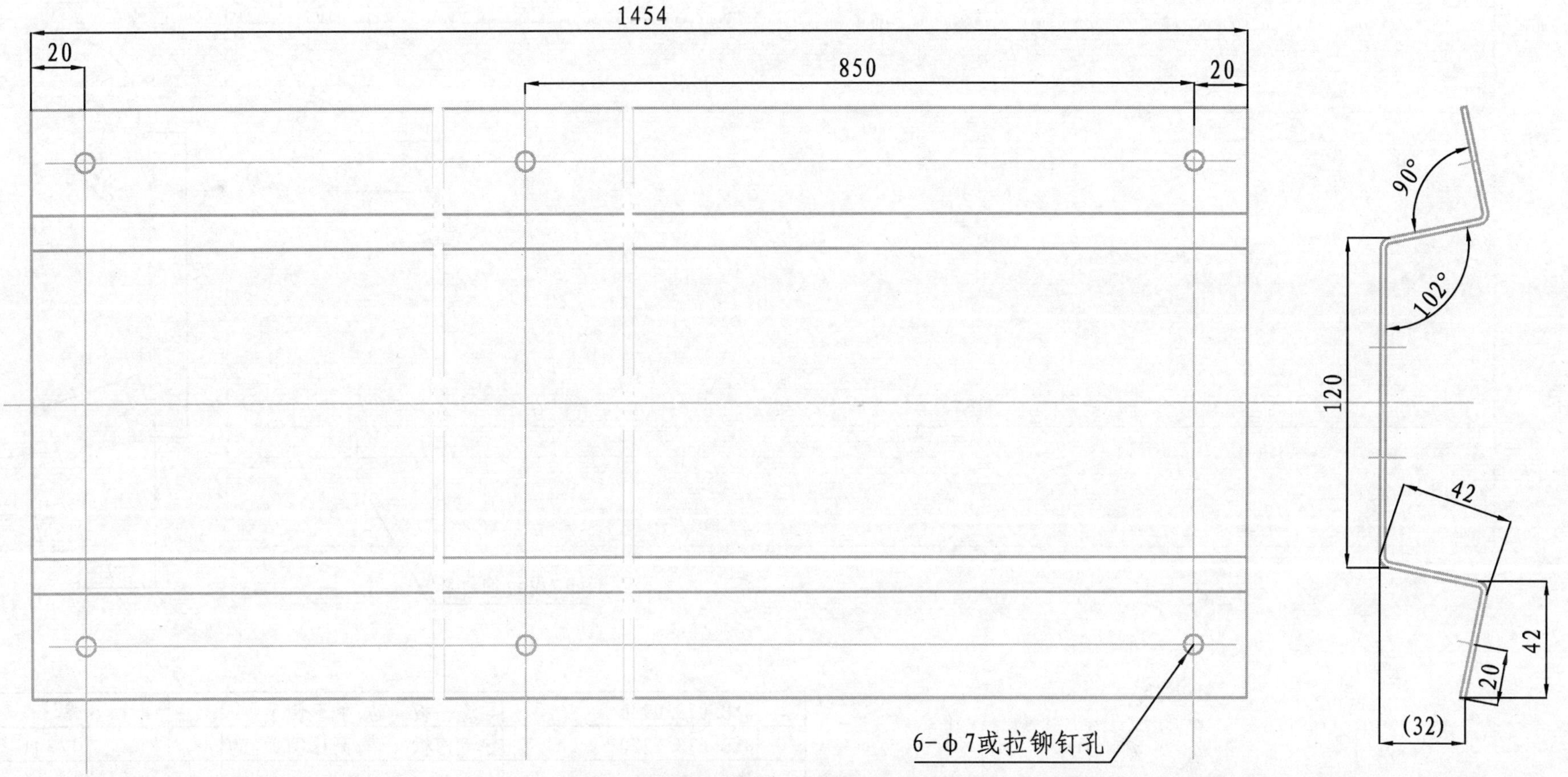

标记	处数	分 区	更改文件号	签名	年、月、日	热镀锌板 2.5×1250×3200-GB-				
设计			标准化			阶段标记		质量	比例	导流槽板（中） 瓦片伞盖专用 上通风
校对			审定							
审核			CAD			S	A		1∶5	
工艺			批准			共　张　第　张				8XB.073.1454

技术要求
未注尺寸公差均按
GB/T1804-m取值。

图3－2－79　导流槽板（中）

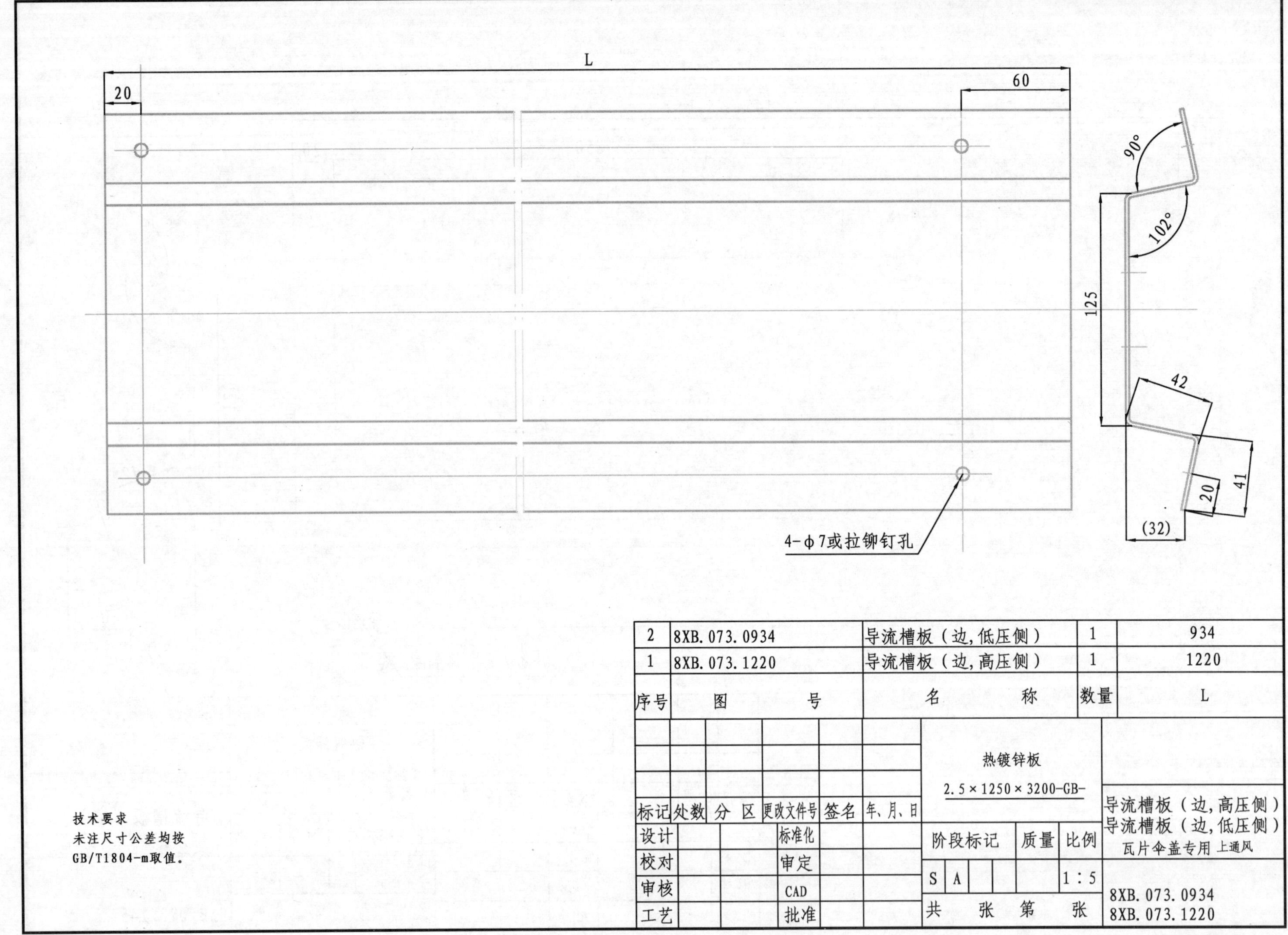

序号	图号	名称	数量	L
2	8XB.073.0934	导流槽板（边,低压侧）	1	934
1	8XB.073.1220	导流槽板（边,高压侧）	1	1220

标记	处数	分区	更改文件号	签名	年、月、日
设计			标准化		
校对			审定		
审核			CAD		
工艺			批准		

阶段标记				质量	比例
S	A				1∶5
共	张	第	张		

图3－2－80 导流槽板（边高低压侧）

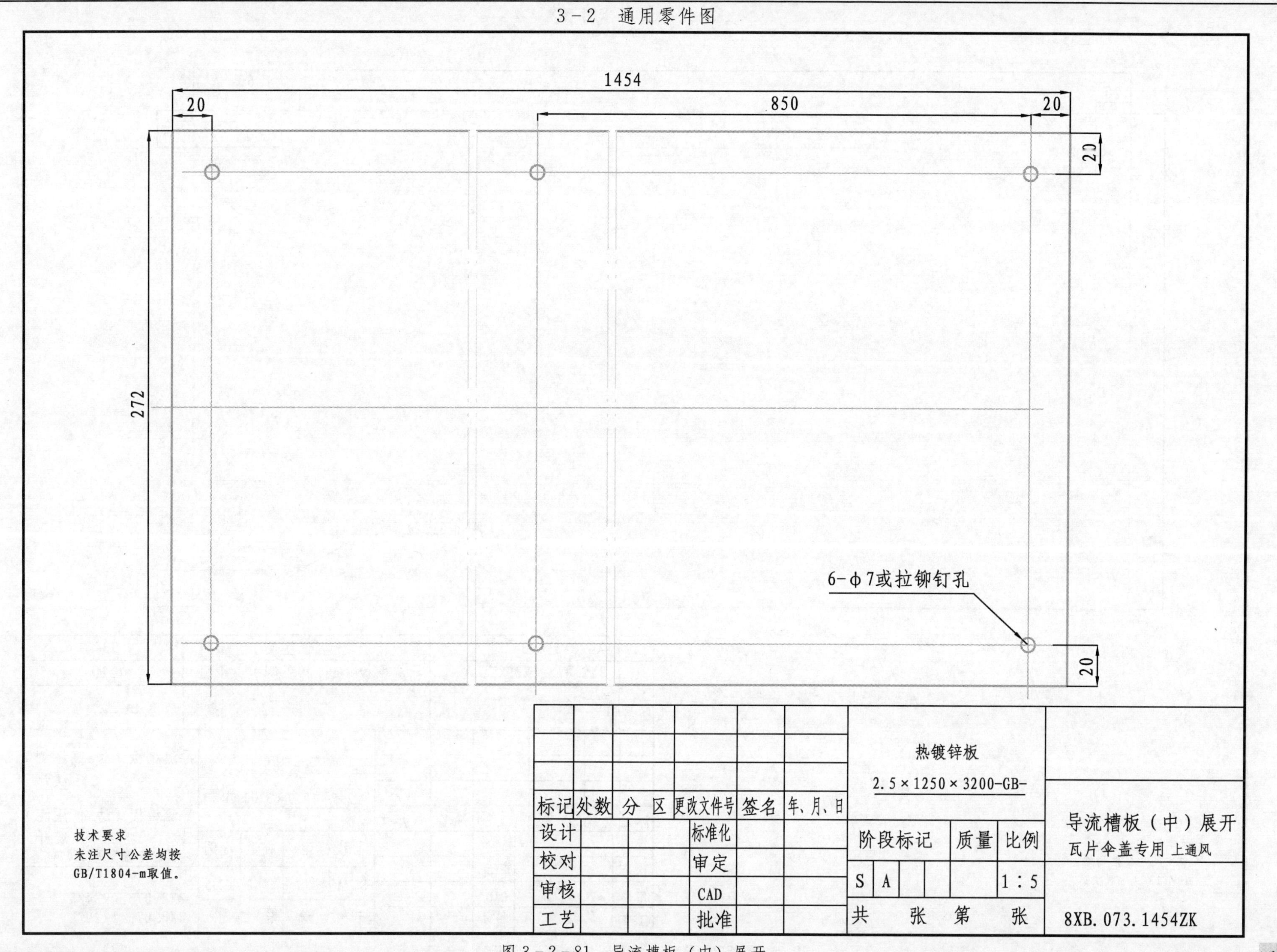

图3-2-81 导流槽板（中）展开

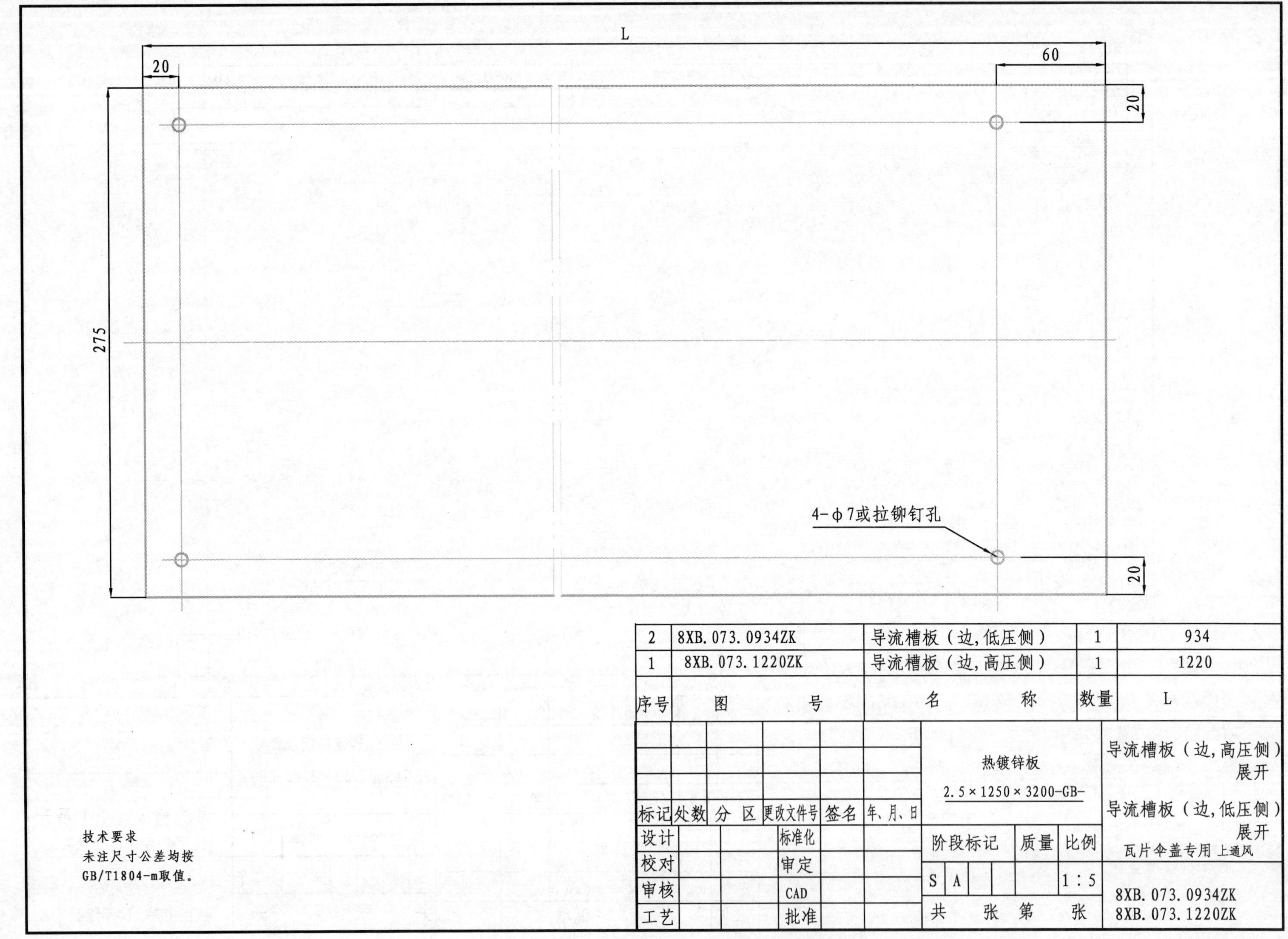

图3－2－82 导流槽板展开（边高，低压侧）

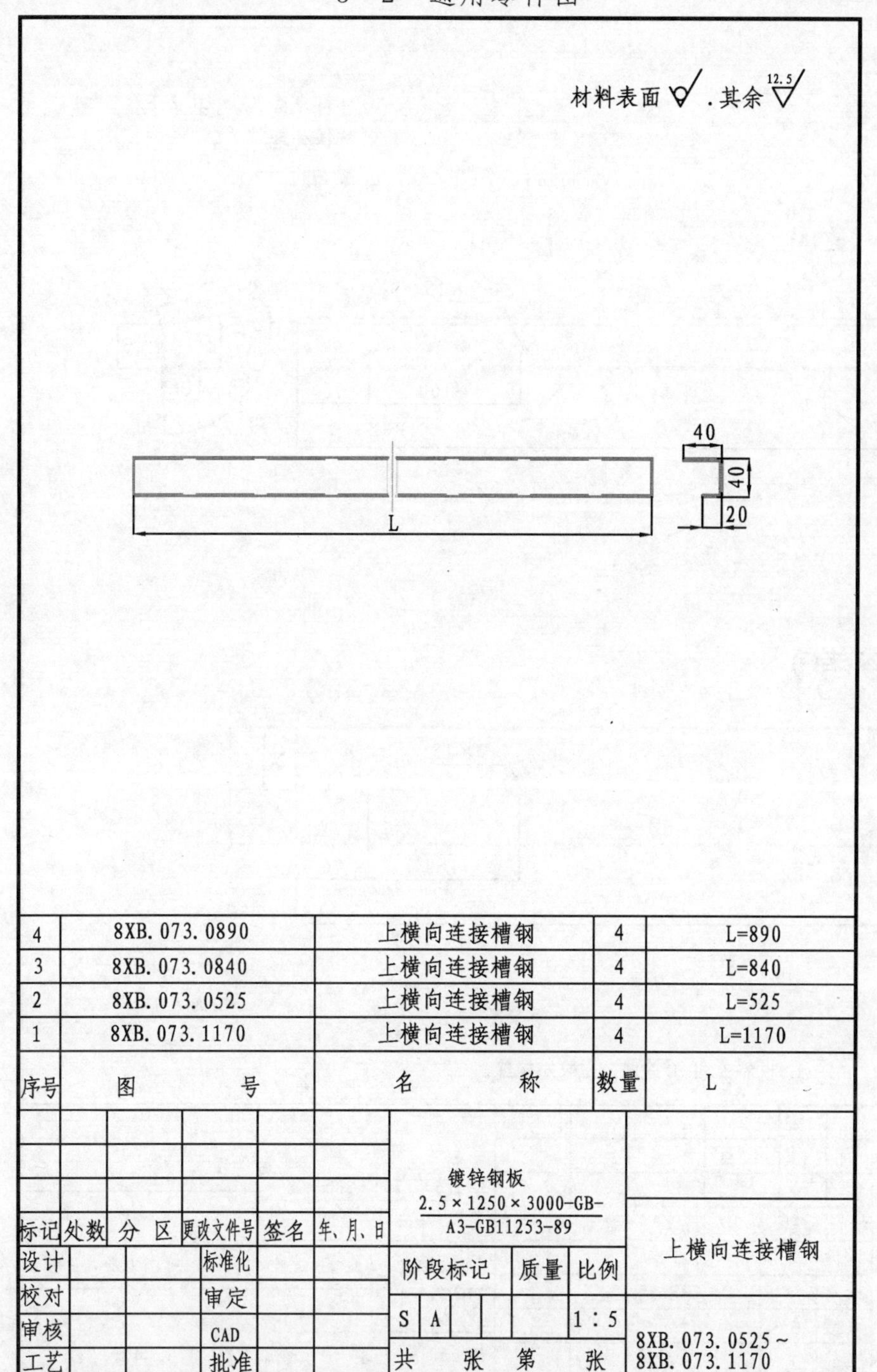

图3－2－83 上横向连接槽钢

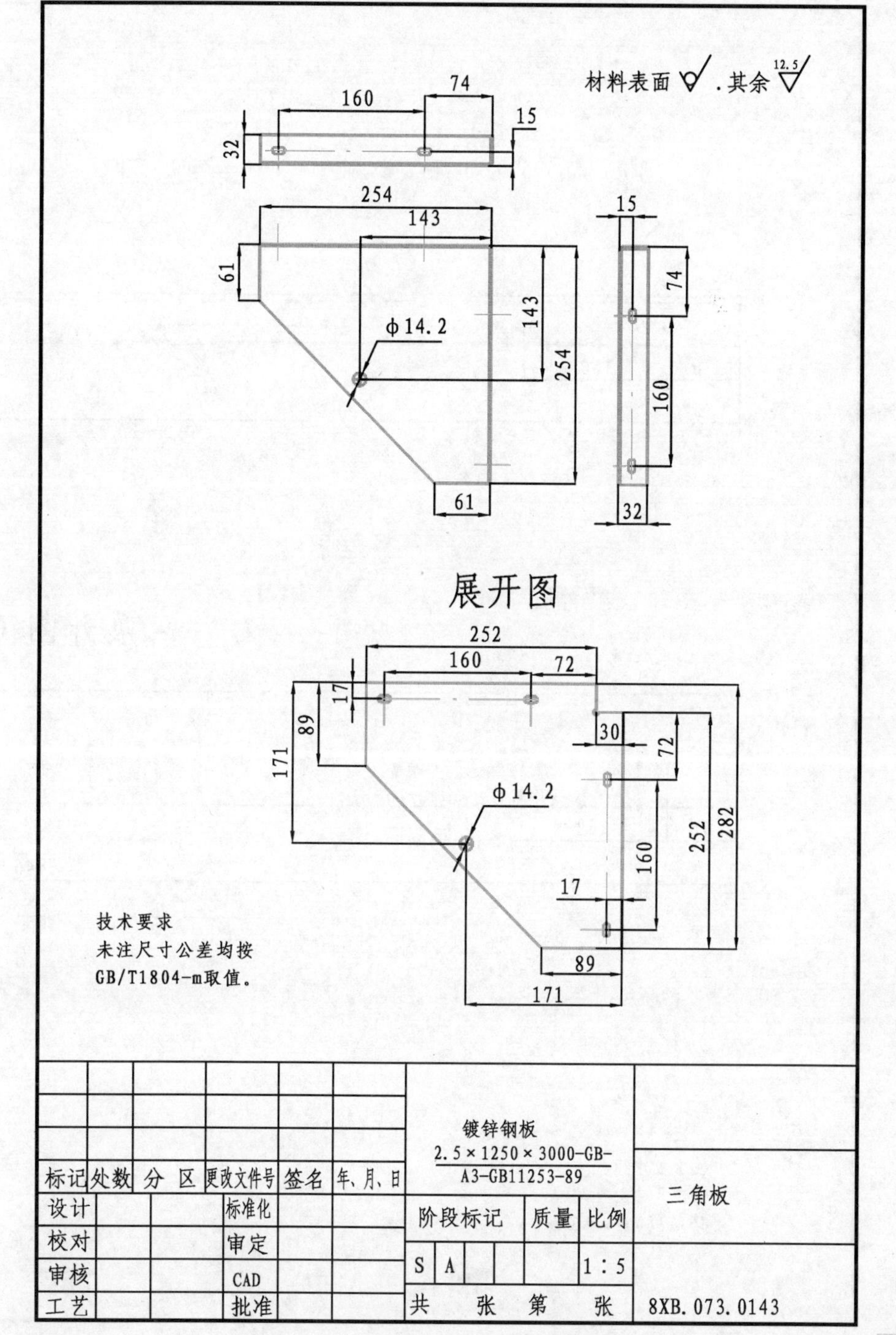

图3－2－84 三角板

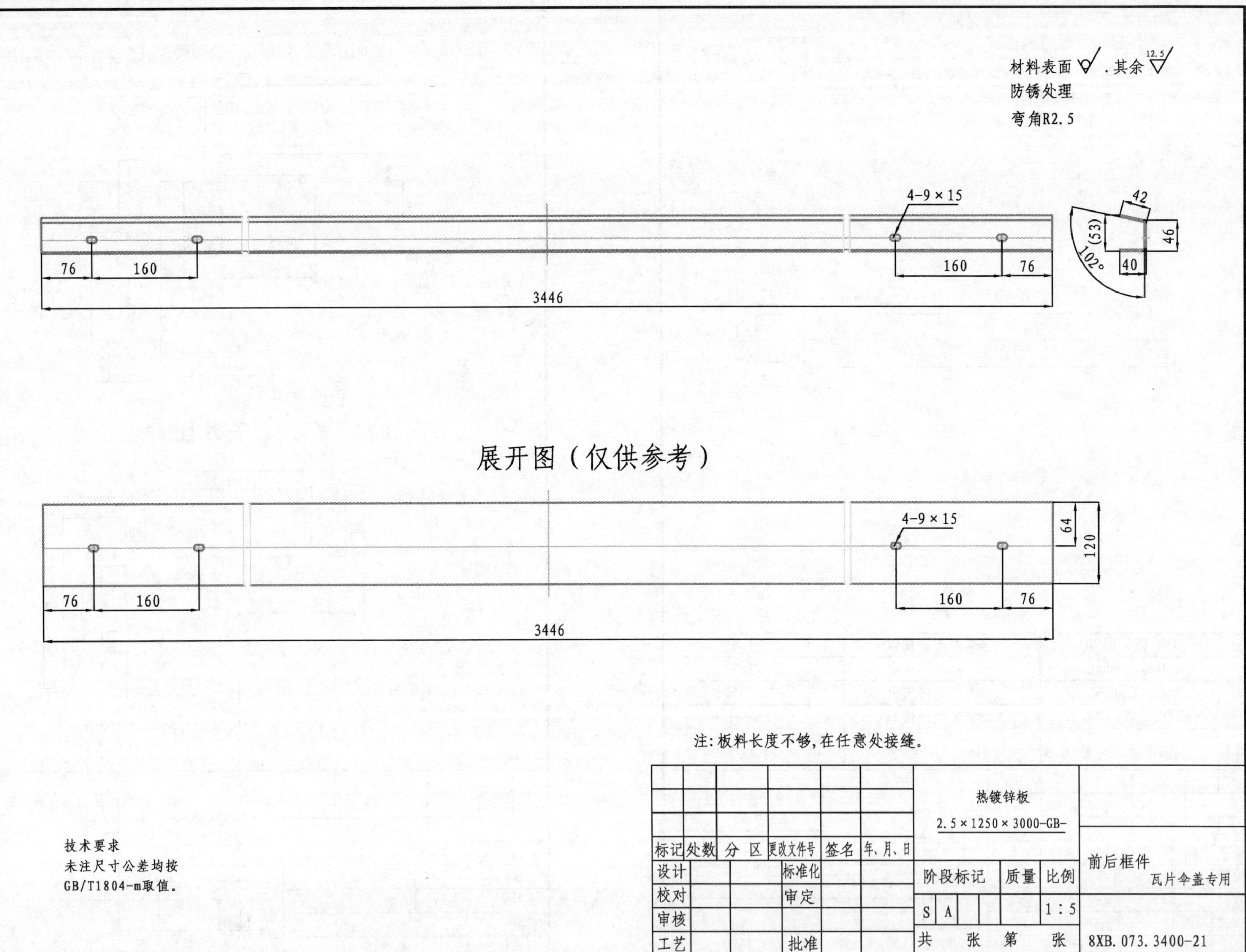
材料表面 . 其余 12.5
防锈处理
弯角R2.5
4-9×15
42
(53)
46
102°
40
76
160
160
76
3446
展开图（仅供参考）
4-9×15
64
120
76
160
160
76
3446
注:板料长度不够,在任意处接缝。
技术要求
未注尺寸公差均按
GB/T1804-m取值。
热镀锌板
2.5×1250×3000-GB-
标记 处数 分 区 更改文件号 签名 年、月、日
设计 标准化
校对 审定
审核
工艺 批准
阶段标记 质量 比例
S A 1:5
共 张 第 张
前后框件
瓦片伞盖专用
8XB.073.3400-21

图 3－2－85　前后框件

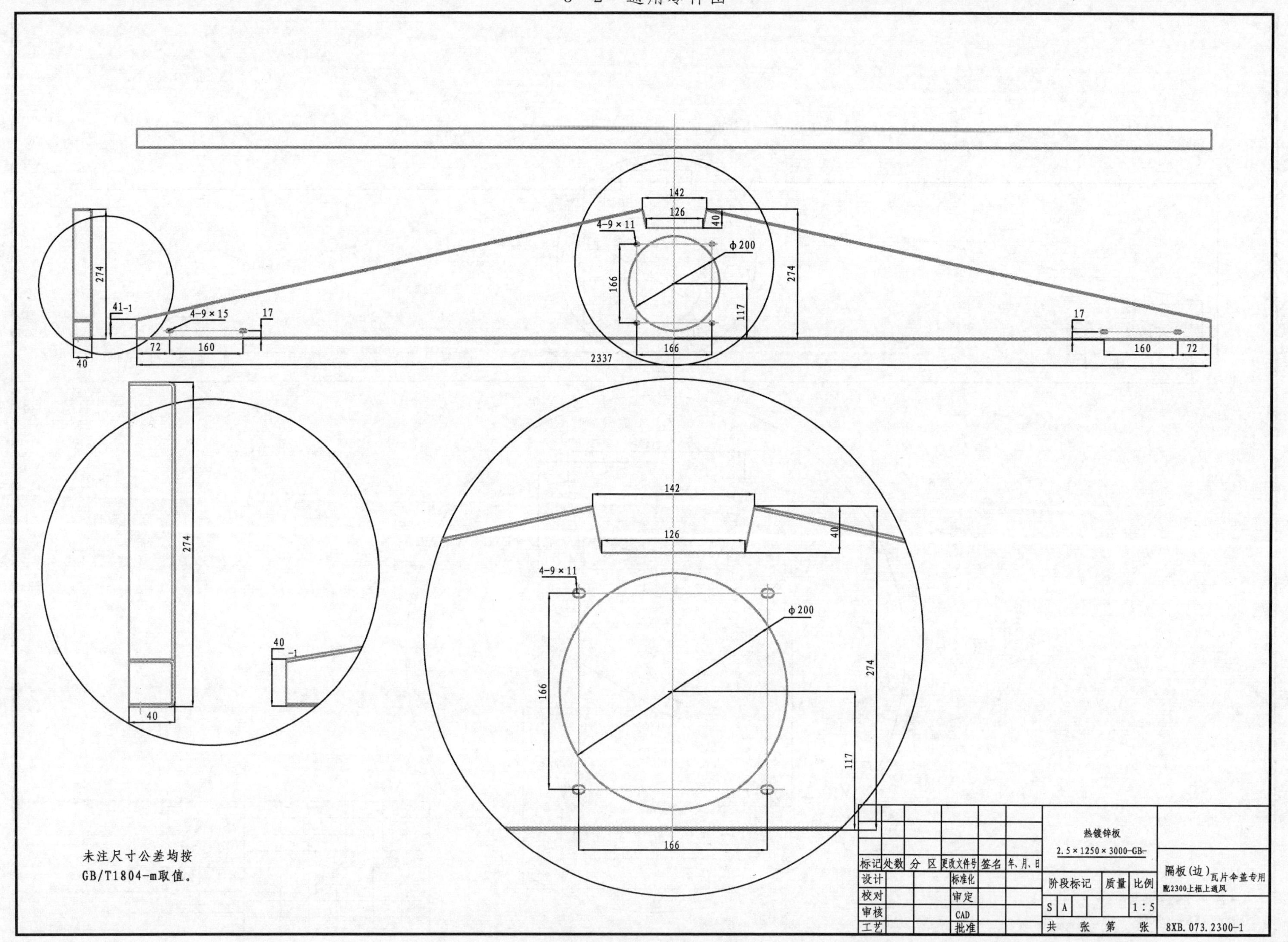
142
126
40
4-9×11
ϕ200
274
166
117
166
274
41-1
4-9×15
17
72
160
2337
40
17
160
72
274
40
40
-1
142
126
40
4-9×11
ϕ200
274
166
117
166
未注尺寸公差均按
GB/T1804-m取值。
热镀锌板
2.5×1250×3000-GB-
隔板(边)瓦片伞盖专用
配2300上框上通风
标记 处数 分区 更改文件号 签名 年、月、日
设计 标准化
校对 审定
审核 CAD
工艺 批准
阶段标记 质量 比例
S A 1:5
共 张 第 张
8XB.073.2300-1

图3－2－86　隔板（边）

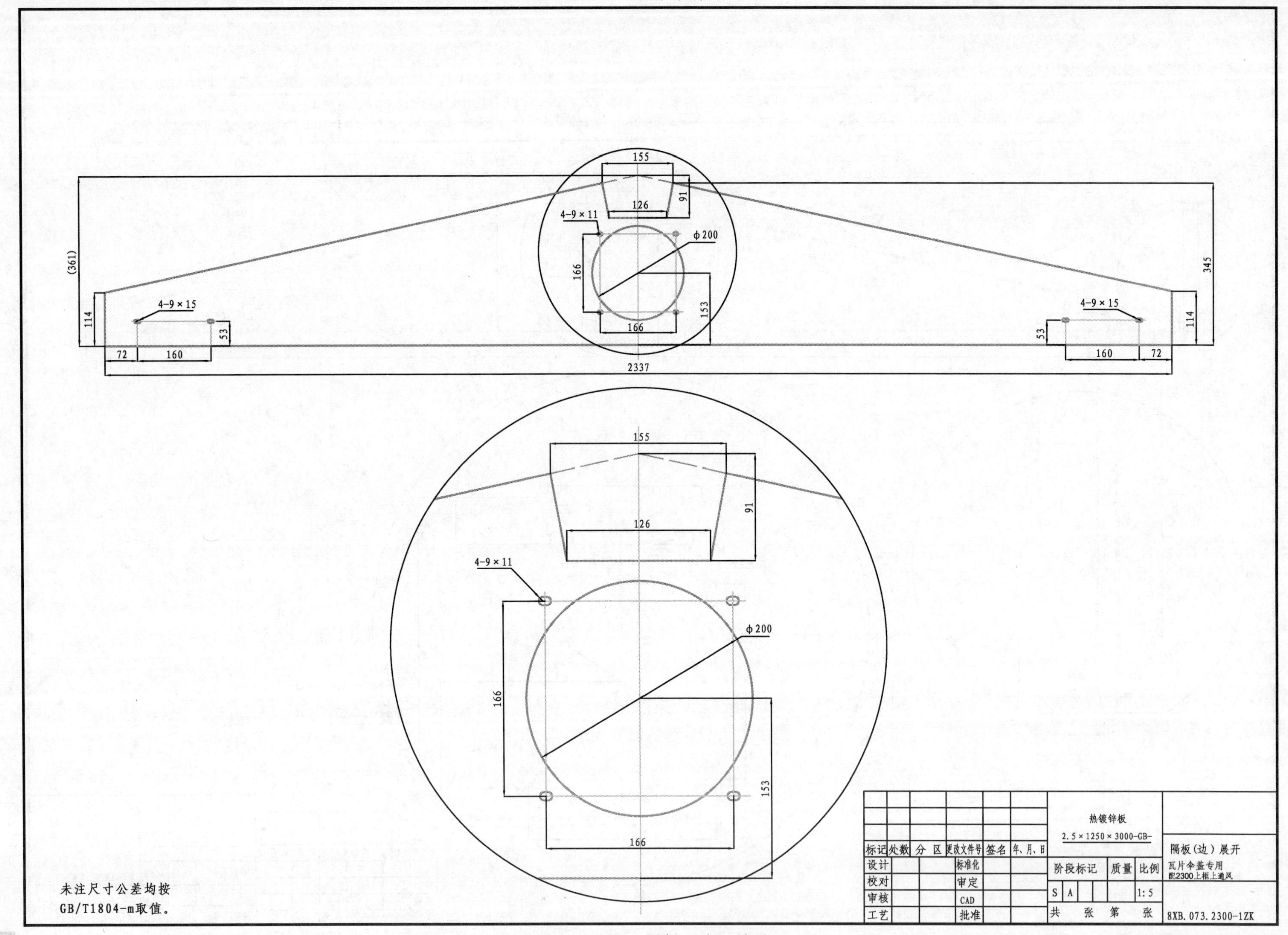
155
126
91
4-9×11
φ200
166
153
(361)
345
114
4-9×15
53
72
160
2337
热镀锌板
2.5×1250×3000-GB-
隔板(边)展开
瓦片伞盖专用
配2300上框上通风
标记 处数 分 区 更改文件号 签名 年、月、日
设计 标准化
校对 审定
审核 CAD
工艺 批准
阶段标记 质量 比例
S A 1:5
共 张 第 张
8XB.073.2300-1ZK
未注尺寸公差均按
GB/T1804-m取值。

图3－2－87　隔板（边）展开

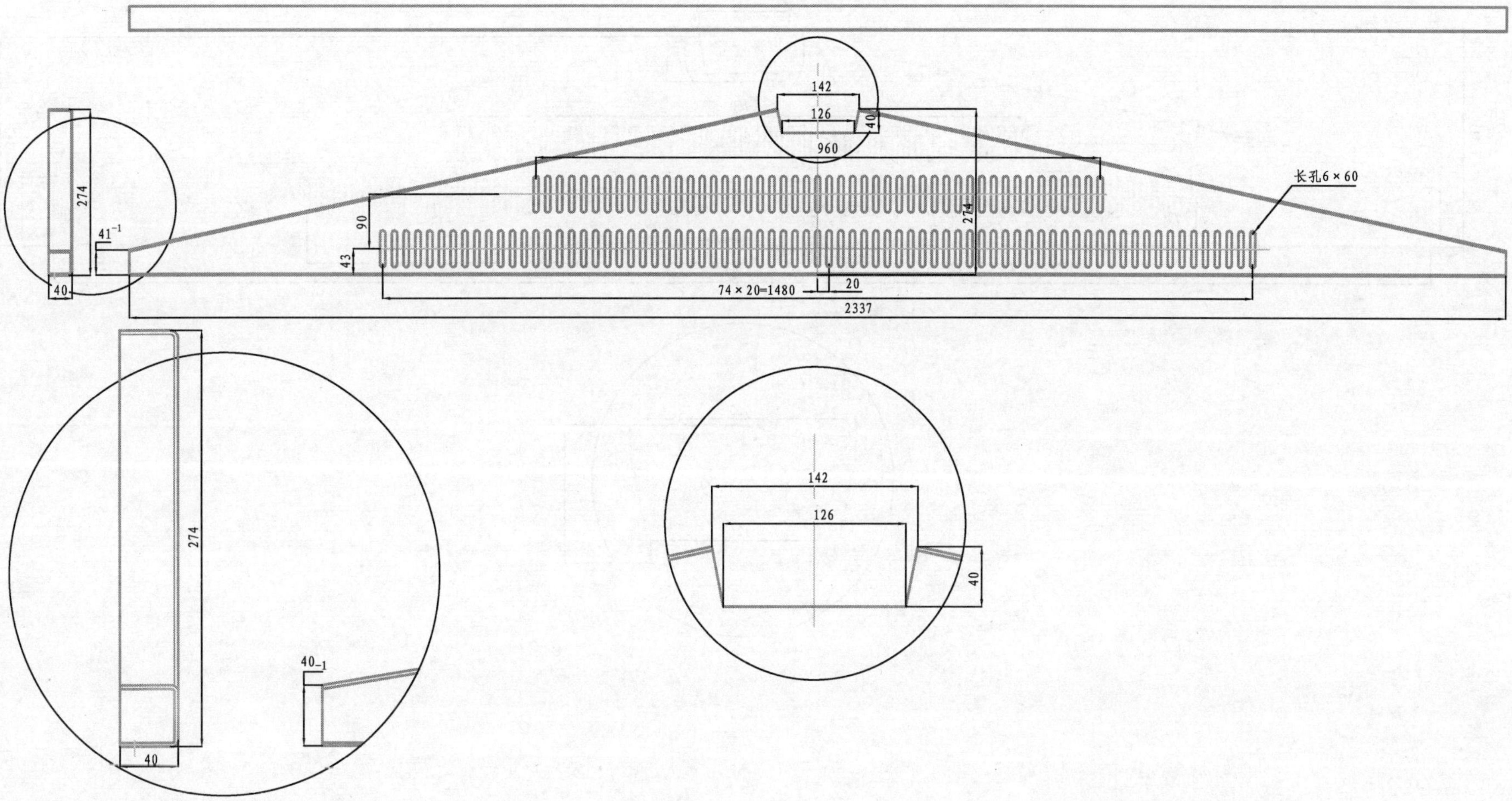

142
126
40
960
长孔6×60
274
41-1
90
274
43
40
74×20=1480
20
2337
274
142
126
40
40-1
40

未注尺寸公差均按
GB/T1804-m取值。

标记	处数	分区	更改文件号	签名	年、月、日	热镀锌板 2.5×1250×3000-GB-			隔板(中) 瓦片伞盖专用 配2300上框上通风
设计			标准化			阶段标记	质量	比例	
校对			审定			S A		1:5	
审核			CAD						
			批准			共 张 第 张			8XB.073.2300-2

图3-2-88 隔板(中)

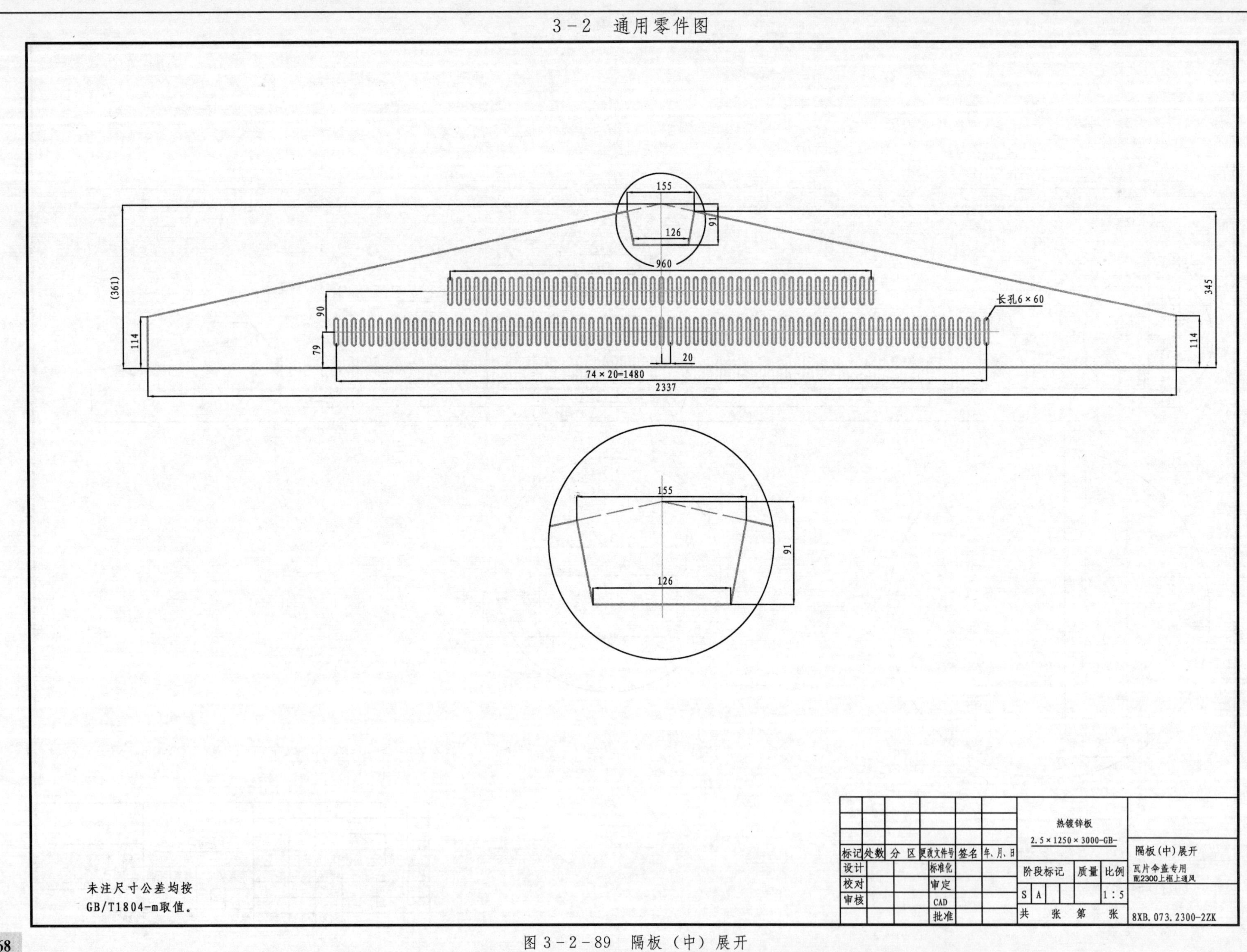
155
126
91
960
(361)
345
长孔6×60
90
114
79
20
74×20=1480
2337
114
155
91
126
未注尺寸公差均按
GB/T1804-m取值。
热镀锌板
2.5×1250×3000-GB-
隔板(中)展开
标记 处数 分 区 更改文件号 签名 年、月、日
设计 标准化
校对 审定
审核 CAD
批准
阶段标记 质量 比例
S A 1:5
共 张 第 张
瓦片伞盖专用
配2300上框上通风
8XB.073.2300-2ZK

图3－2－89 隔板（中）展开

材料表面 ∇. 其余 12.5∇ 弯角R2.5

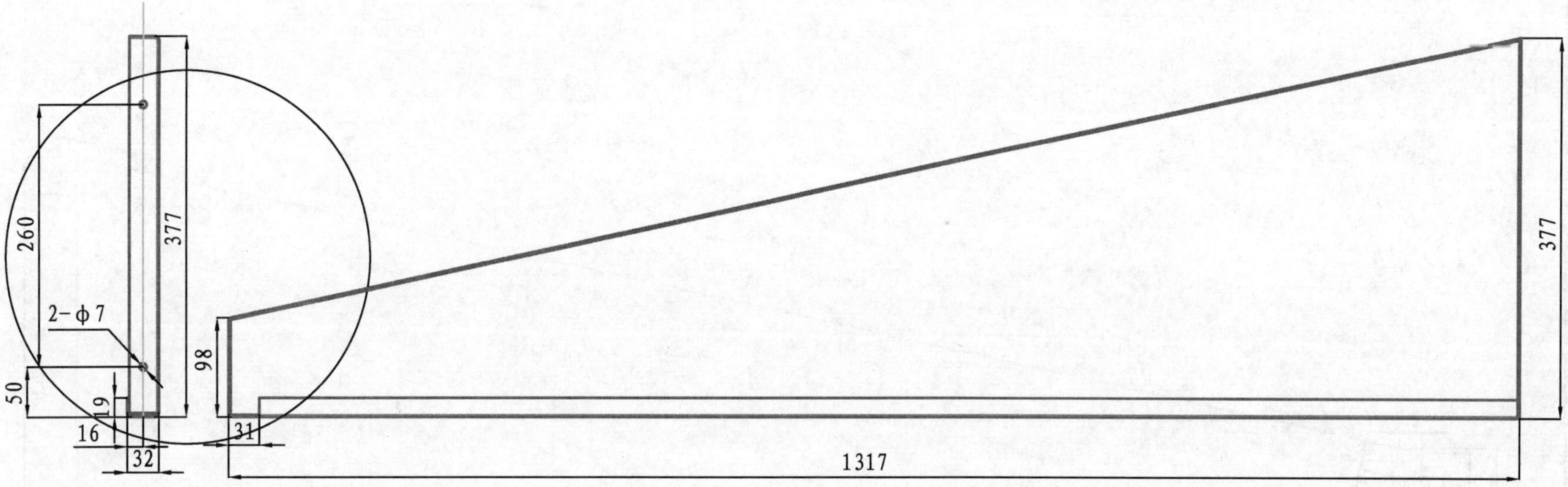

377
260
2－ϕ7
98
50
19
16
31
32
1317
377

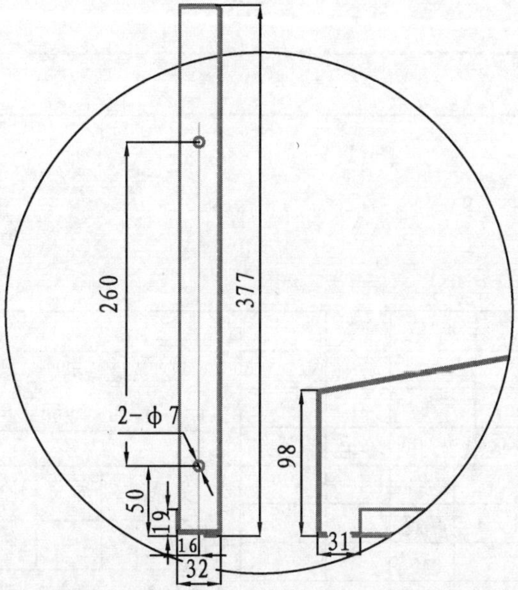

377
260
2－ϕ7
98
50
19
16
31
32

注：左右对称，不另出图。

未注尺寸公差均按GB/T1804－m取值。

标记	处数	分区	更改文件号	签名	年、月、日	热镀锌板 1.5×1250×3200－GB－				侧檐（左）侧檐（右） YBM－12
设计		标准化				阶段标记		质量	比例	瓦片伞盖专用
校对		审定				S	A		1∶5	
审核		CAD								8XB.073.2300－31
工艺		批准				共 张		第 张		8XB.073.2300－31－2

图3－2－90 侧檐

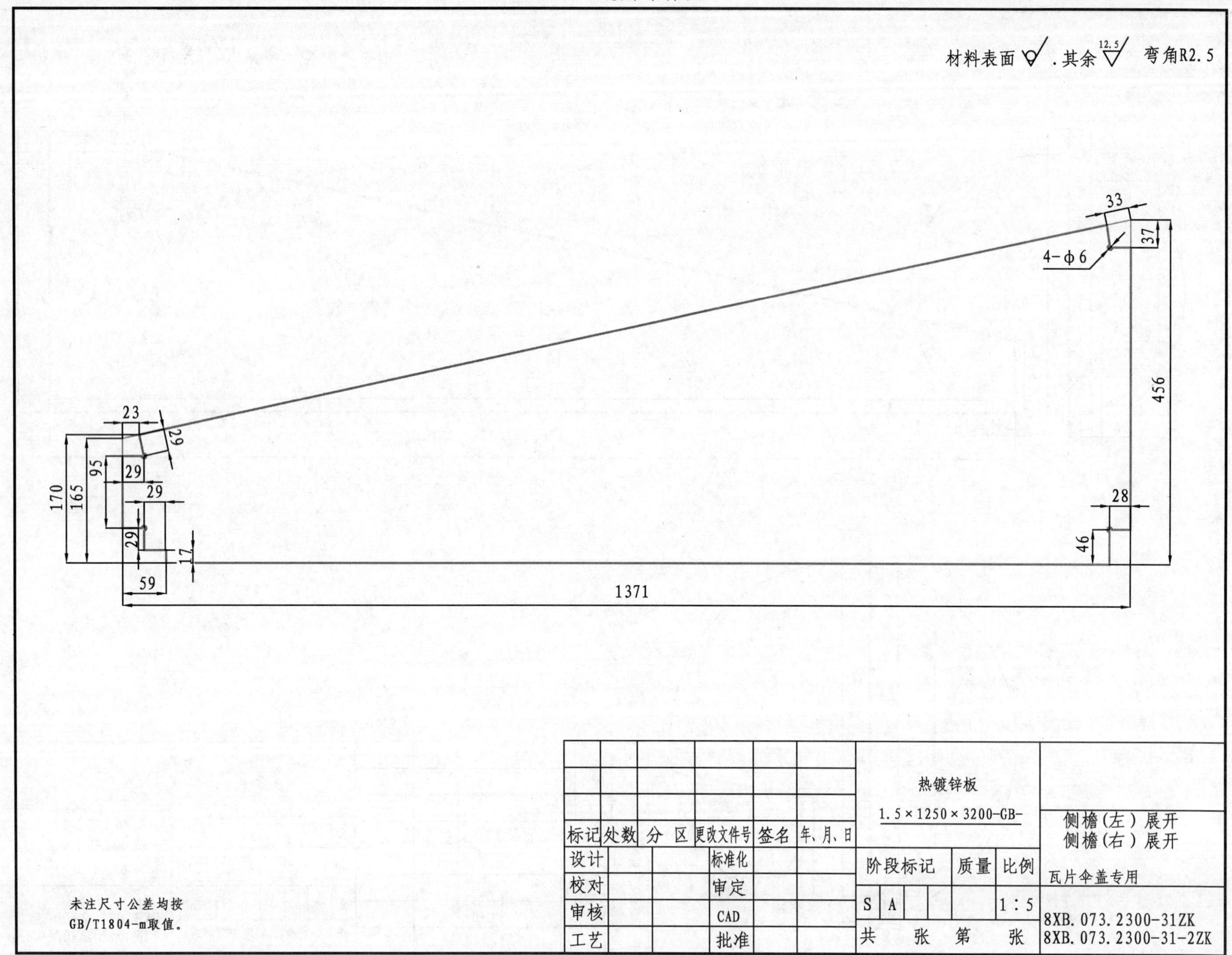
材料表面 .其余 12.5 弯角R2.5
33
37
4－ϕ6
456
23
29
95
29
170
165
29
29
17
59
28
46
1371
未注尺寸公差均按
GB/T1804－m取值。
标记 处数 分 区 更改文件号 签名 年、月、日
设计 标准化
校对 审定
审核 CAD
工艺 批准
热镀锌板
1.5×1250×3200－GB－
阶段标记 质量 比例
S A 1:5
共 张 第 张
侧檐(左)展开
侧檐(右)展开
瓦片伞盖专用
8XB.073.2300－31ZK
8XB.073.2300－31－2ZK

图3－2－91 侧檐展开

材料表面 . 其余 12.5

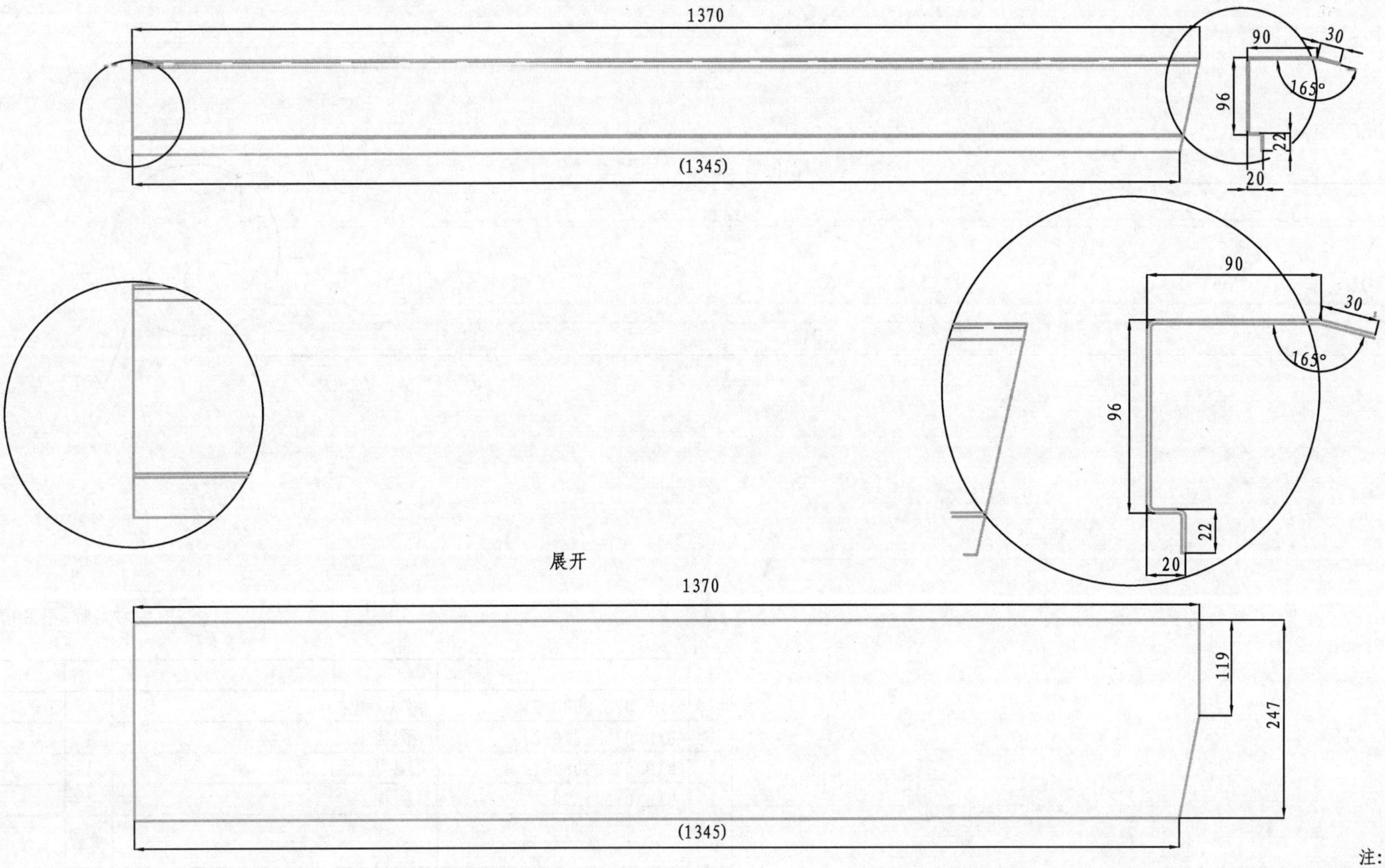

1370
90
30
165°
96
22
20
(1345)

90
30
165°
96
22
20

展开

1370
119
247
(1345)

注:左右对称,不另出图。

技术要求
未注尺寸公差均按
GB/T1804-m取值。

						热镀锌板 1.5×1250×3200-GB-				
标记	处数	分区	更改文件号	签名	年、月、日					侧檐右 侧檐左
设计			标准化			阶段标记		质量	比例	
校对			审定			S	A		1:10	
审核			CAD							8XB.073.1370-2
工艺			批准			共 张 第 张				8XB.073.1370

图3-2-92 侧檐(左右)

材料表面∀ .其余 12.5∇

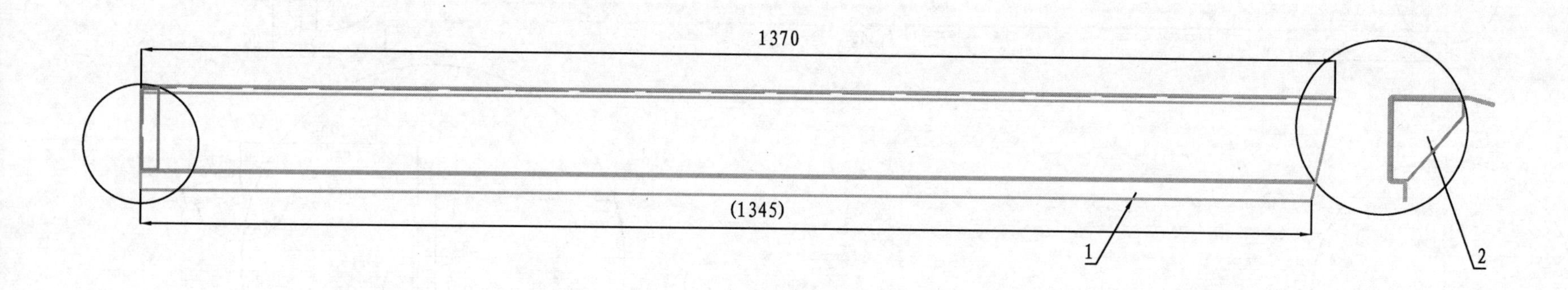

注:左右对称,不另出图。

序号	代号	名称	数量	备注
3				
2	8XB.073.0082-2	堵头板(左)	1	
1	8XB.073.1370-2	侧檐右	1	
2	8XB.073.0082-1	堵头板(右)	1	
1	8XB.073.1370	侧檐左	1	

标记	处数	分区	更改文件号	签名	年、月、日			
设计		标准化		阶段标记		质量	比例	侧檐右焊接 侧檐左焊接
校对		审定		S	A		1:10	
审核		CAD						5XB.073.1370-2 5XB.073.1370
工艺		批准		共　张　第　张				

技术要求

未注尺寸公差均按GB/T1804-m取值。

图3－2－93　侧檐(左右)焊接

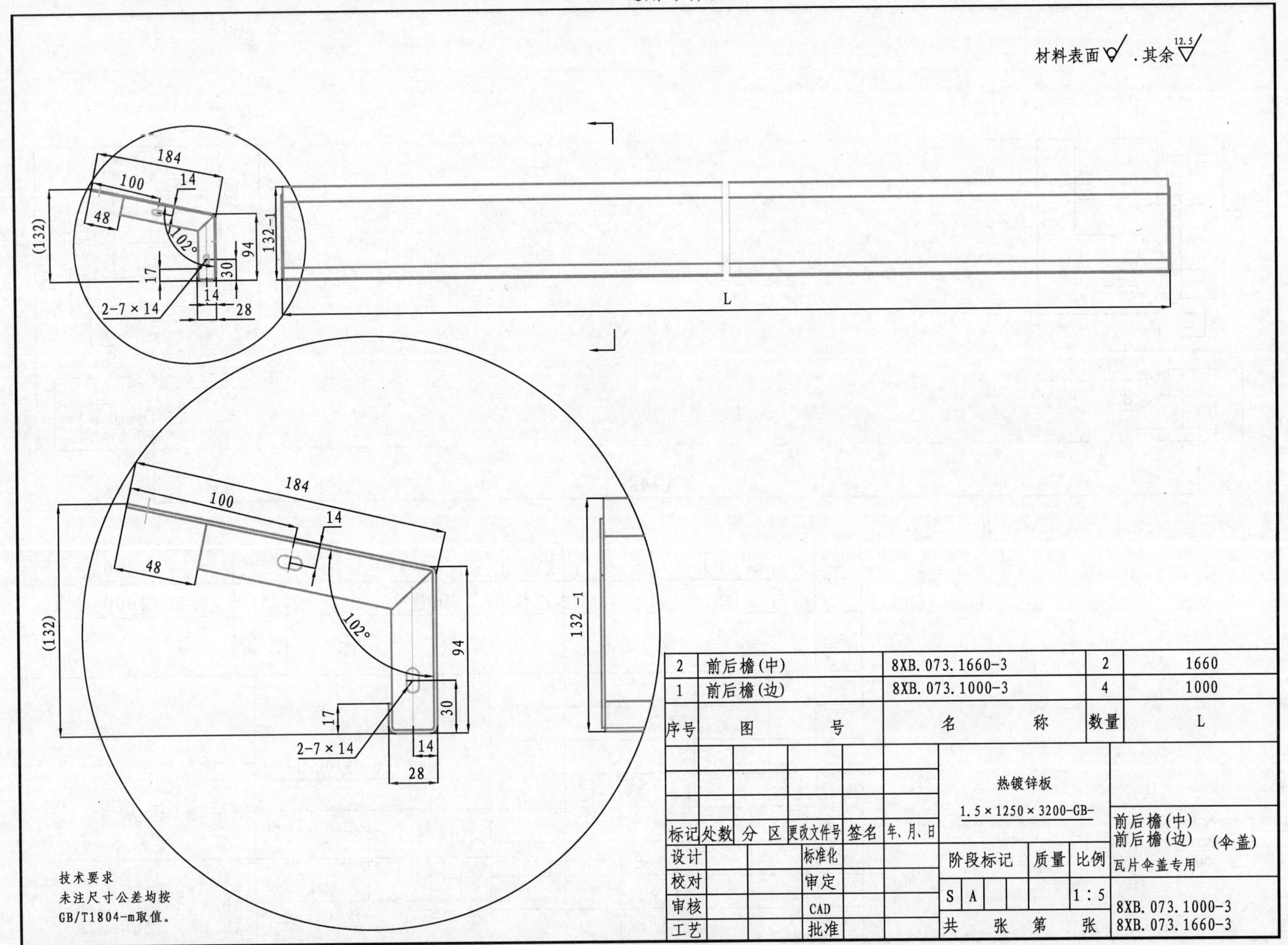
材料表面 .其余 12.5
184
100
14
48
(132)
102°
94
132－1
30
17
2－7×14
14
28
L
2 前后檐(中) 8XB.073.1660－3 2 1660
1 前后檐(边) 8XB.073.1000－3 4 1000
序号 图 号 名 称 数量 L
热镀锌板
1.5×1250×3200－GB－
标记 处数 分 区 更改文件号 签名 年、月、日
设计 标准化
校对 审定
审核 CAD
工艺 批准
阶段标记 质量 比例
S A 1∶5
共 张 第 张
前后檐(中)
前后檐(边) (伞盖)
瓦片伞盖专用
8XB.073.1000－3
8XB.073.1660－3
技术要求
未注尺寸公差均按
GB/T1804－m取值。

图3－2－94 前后檐

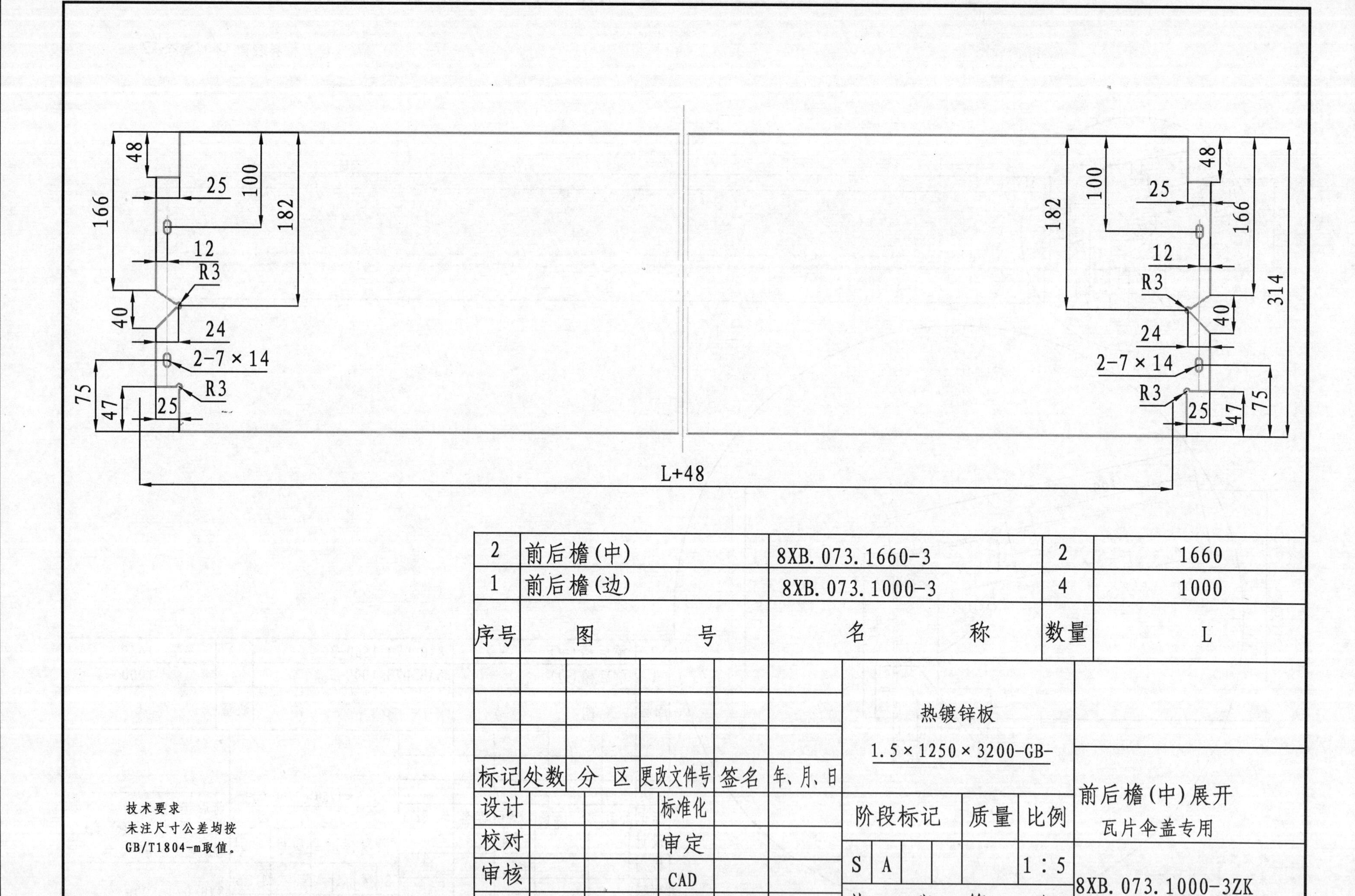

2	前后檐(中)	8XB.073.1660-3	2	1660
1	前后檐(边)	8XB.073.1000-3	4	1000
序号	图　号	名　称	数量	L

热镀锌板
1.5×1250×3200-GB-

标记 处数 分区 更改文件号 签名 年、月、日

设计　标准化
校对　审定
审核　CAD
工艺　批准

阶段标记 质量 比例
S A　1：5
共　张　第　张

前后檐(中)展开
瓦片伞盖专用

8XB.073.1000-3ZK
8XB.073.1660-3ZK

技术要求
未注尺寸公差均按
GB/T1804-m取值。

图3－2－95 前后檐（中）展开

材料表面 . 其余 12.5

(44)
200
156°
200
L

序号	图号	名称	数量	L
3	8XB. 073. 1456	上封板（中）	1	1456
2	8XB. 073. 1178	上封板（边，高压室侧）	1	1178
1	8XB. 073. 1000	上封板（边,低压室侧）	1	1000

标记	处数	分区	更改文件号	签名	年、月、日	热镀锌板 1.5×1250×3200-GB-	上封板（中） 上封板（边，高压室侧） 上封板（边,低压室侧）
设计			标准化			阶段标记 质量 比例	
校对			审定			S A 1:5	
审核			CAD				8XB. 073. 1000～8XB. 073. 1740
工艺			批准			共 张 第 张	

技术要求
未注尺寸公差均按
GB/T1804-m取值。

图 3-2-96 上封板

材料表面 ∀. 其余 $\overset{12.5}{\nabla}$
涂塑

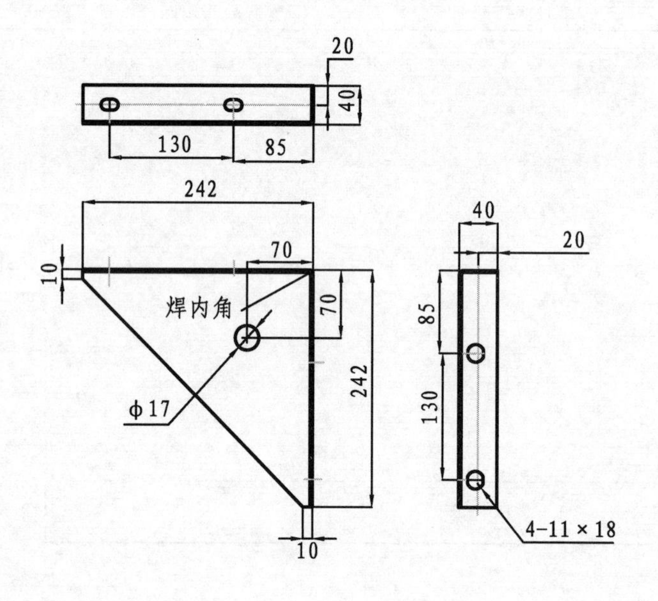

技术要求
未注尺寸公差均按
GB/T1804-m取值。

						热镀锌钢板 2×1250×3000-GB-			
标记	处数	分区	更改文件号	签名	年、月、日				
设计			标准化			阶段标记	质量	比例	三角板(下) 通用
校对			审定			S A		1:5	
审核			CAD						
工艺			批准			共 张 第 张			8XB.084.0070

图3-2-97 三角板（下）

3-2 通用零件图

材料表面 ∀. 其余 $\overset{12.5}{\nabla}$
涂塑

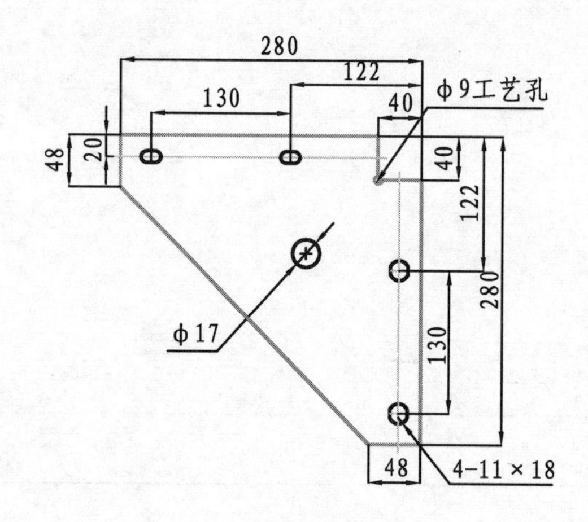

技术要求
未注尺寸公差均按
GB/T1804-m取值。

						热镀锌钢板 2×1250×3000-GB-			
标记	处数	分区	更改文件号	签名	年、月、日				
设计			标准化			阶段标记	质量	比例	三角板(下)展开 通用
校对			审定			S A		1:5	
审核			CAD						
工艺			批准			共 张 第 张			8XB.084.0070-ZK

图3-2-98 三角板（下）展开

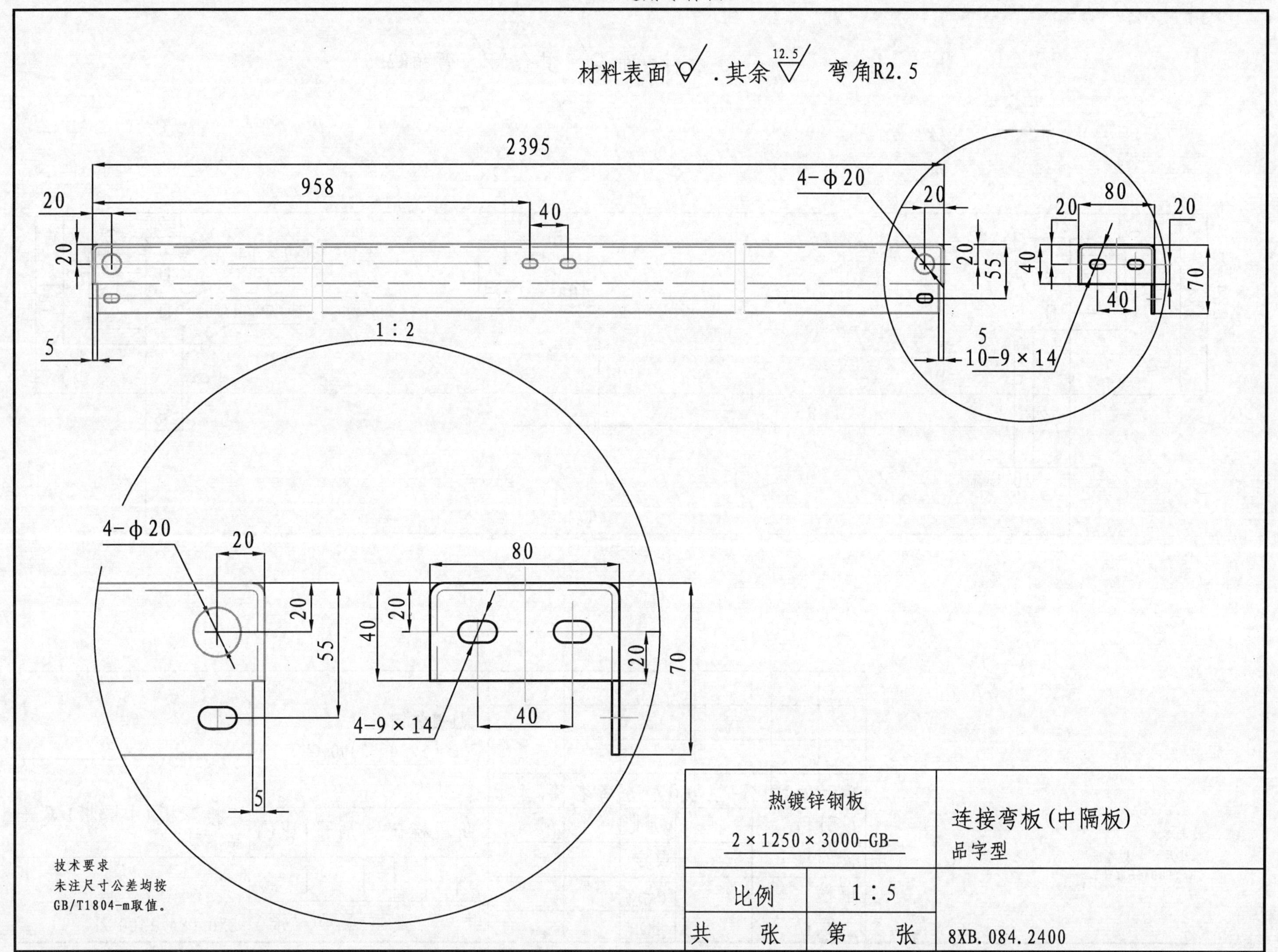

图3－2－99　连接弯板（中隔板）

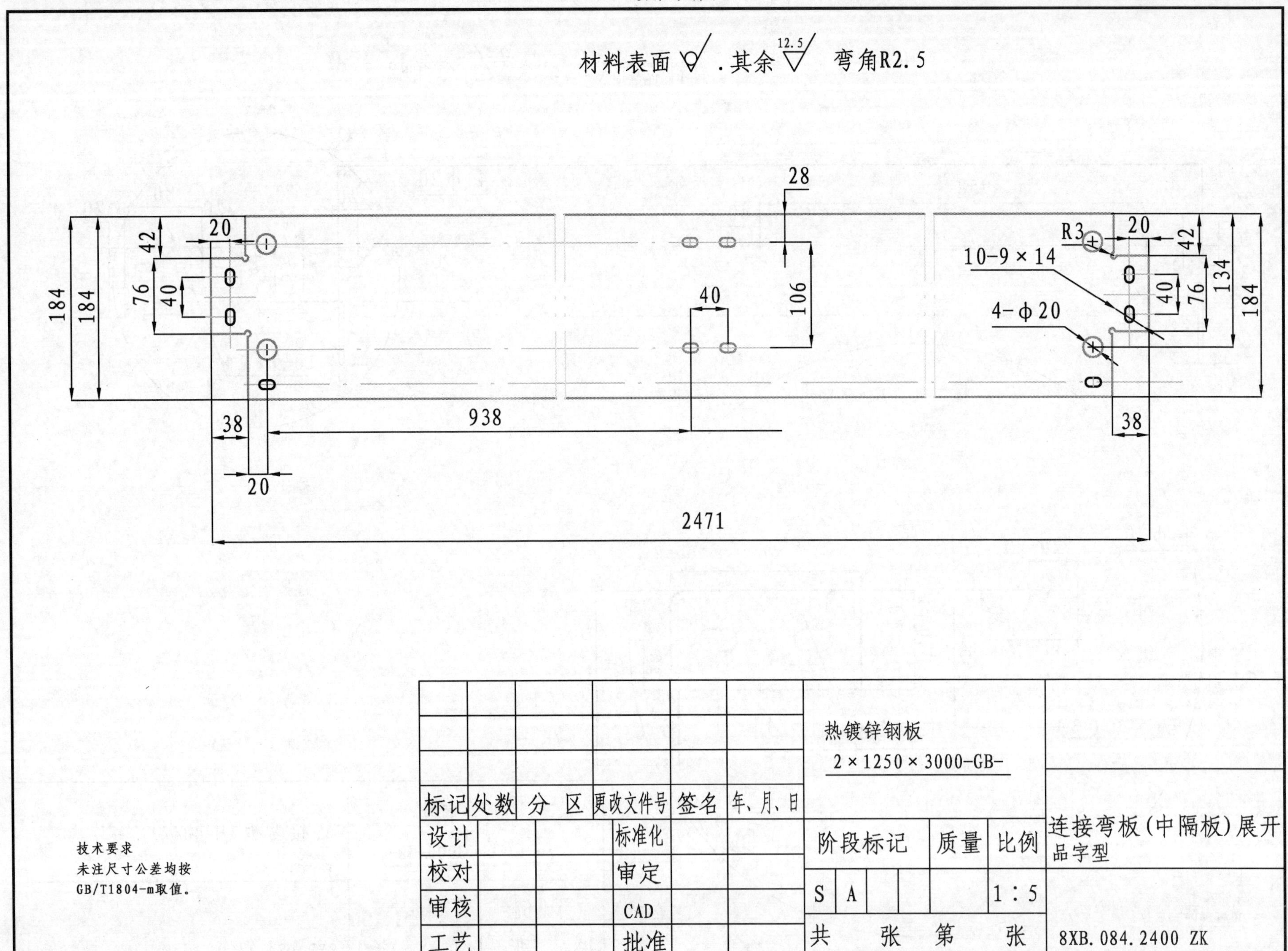

图3-2-100 连接弯板（中隔板）展开

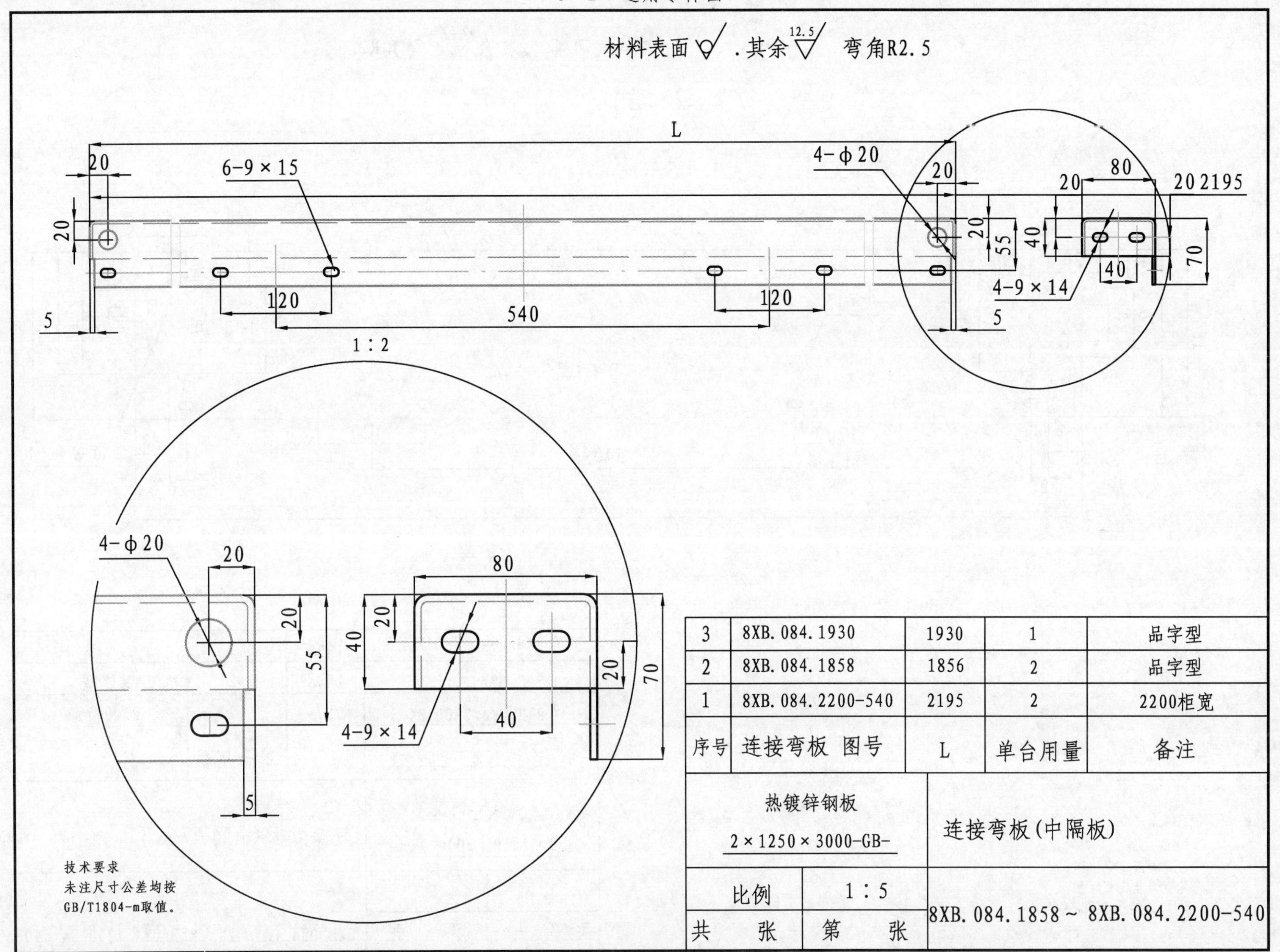

序号	连接弯板 图号	L	单台用量	备注
3	8XB.084.1930	1930	1	品字型
2	8XB.084.1858	1856	2	品字型
1	8XB.084.2200-540	2195	2	2200柜宽

热镀锌钢板 2×1250×3000-GB-		连接弯板(中隔板)
比例	1:5	8XB.084.1858～8XB.084.2200-540
共 张	第 张	

图3-2-101 连接弯板（中隔板）

材料表面 ∀ . 其余 12.5▽ 弯角R2.5

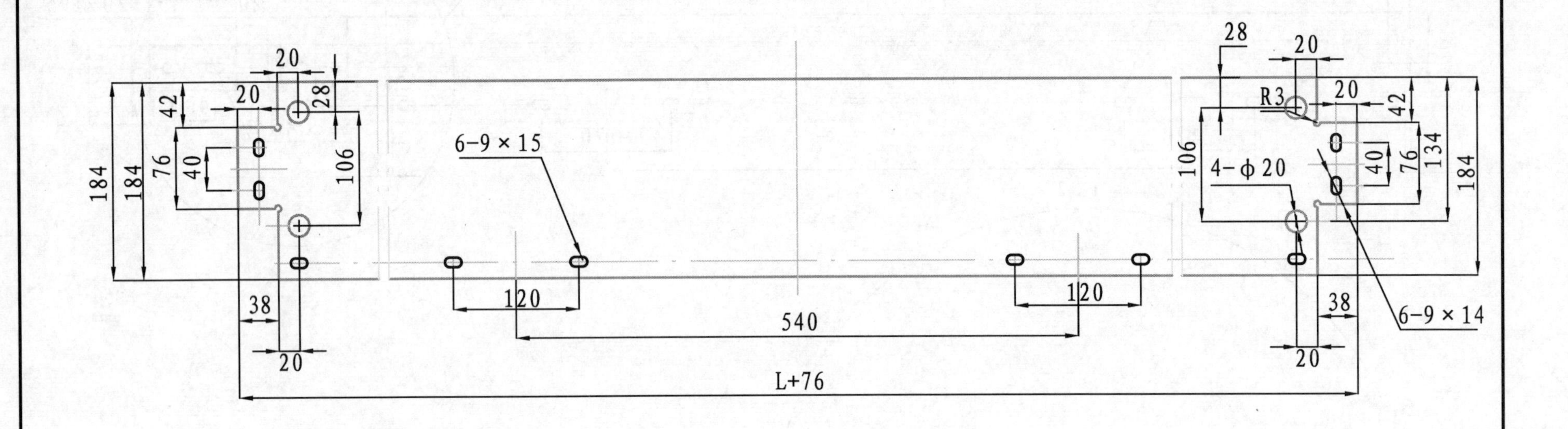

3	8XB.084.1930 ZK	1930	1	品字型
2	8XB.084.1858 ZK	1856	2	品字型
1	8XB.084.2200 ZK-540	2195	2	2200柜宽
序号	连接弯板 图号	L	单台用量	备注

热镀锌钢板 2×1250×3000-GB-		连接弯板(中隔板)展开
比例	1∶5	
共 张	第 张	8XB.084.1858 ZK～8XB.084.2200 ZK-540

技术要求
未注尺寸公差均按
GB/T1804-m取值。

图3－2－102 连接弯板(中隔板)展开

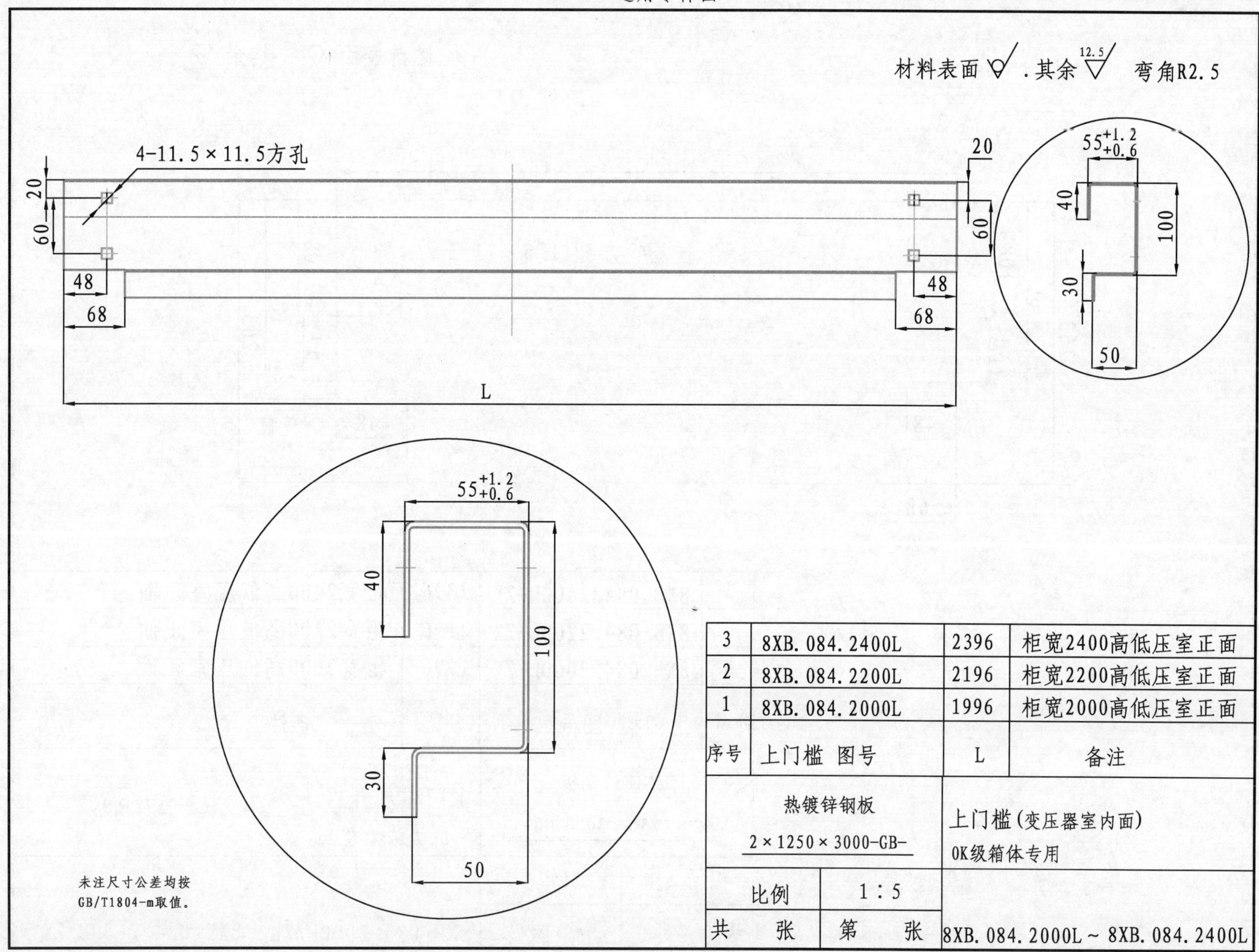

3	8XB.084.2400L	2396	柜宽2400高低压室正面
2	8XB.084.2200L	2196	柜宽2200高低压室正面
1	8XB.084.2000L	1996	柜宽2000高低压室正面
序号	上门槛 图号	L	备注

热镀锌钢板 2×1250×3000-GB-	上门槛(变压器室内面) 0K级箱体专用
比例 1:5	
共 张 第 张	8XB.084.2000L~8XB.084.2400L

图 3-2-103 上门槛

材料表面 .其余 12.5

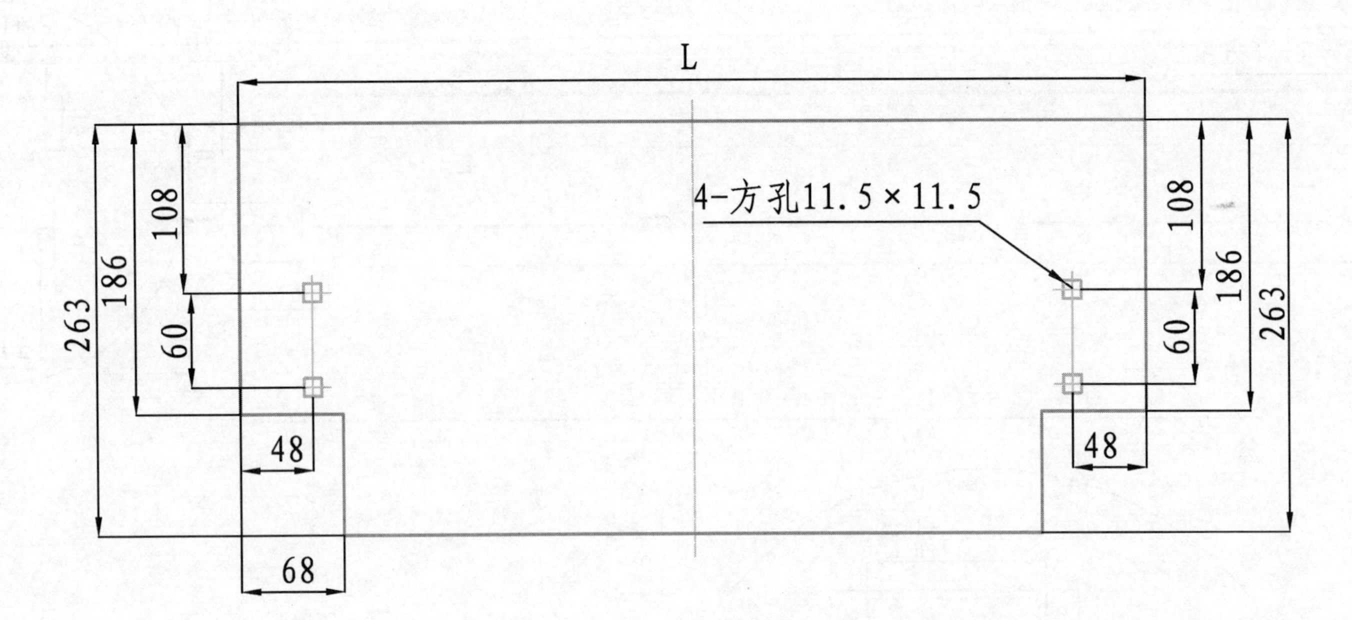

3	8XB.084.2400L-ZK	2396	柜宽2400高低压室正面
2	8XB.084.2200L-ZK	2196	柜宽2200高低压室正面
1	8XB.084.2000L-ZK	1996	柜宽2000高低压室正面
序号	上门槛 图号	L	备注

热镀锌钢板 2×1250×3000-GB-		上门槛展开 （变压器室内面） 0K级箱体专用
比例	1∶5	
共 张	第 张	8XB.084.2000L/ZK～8XB.084.2400L/ZK

未注尺寸公差均按
GB/T1804-m取值。

图3－2－104 上门槛展开

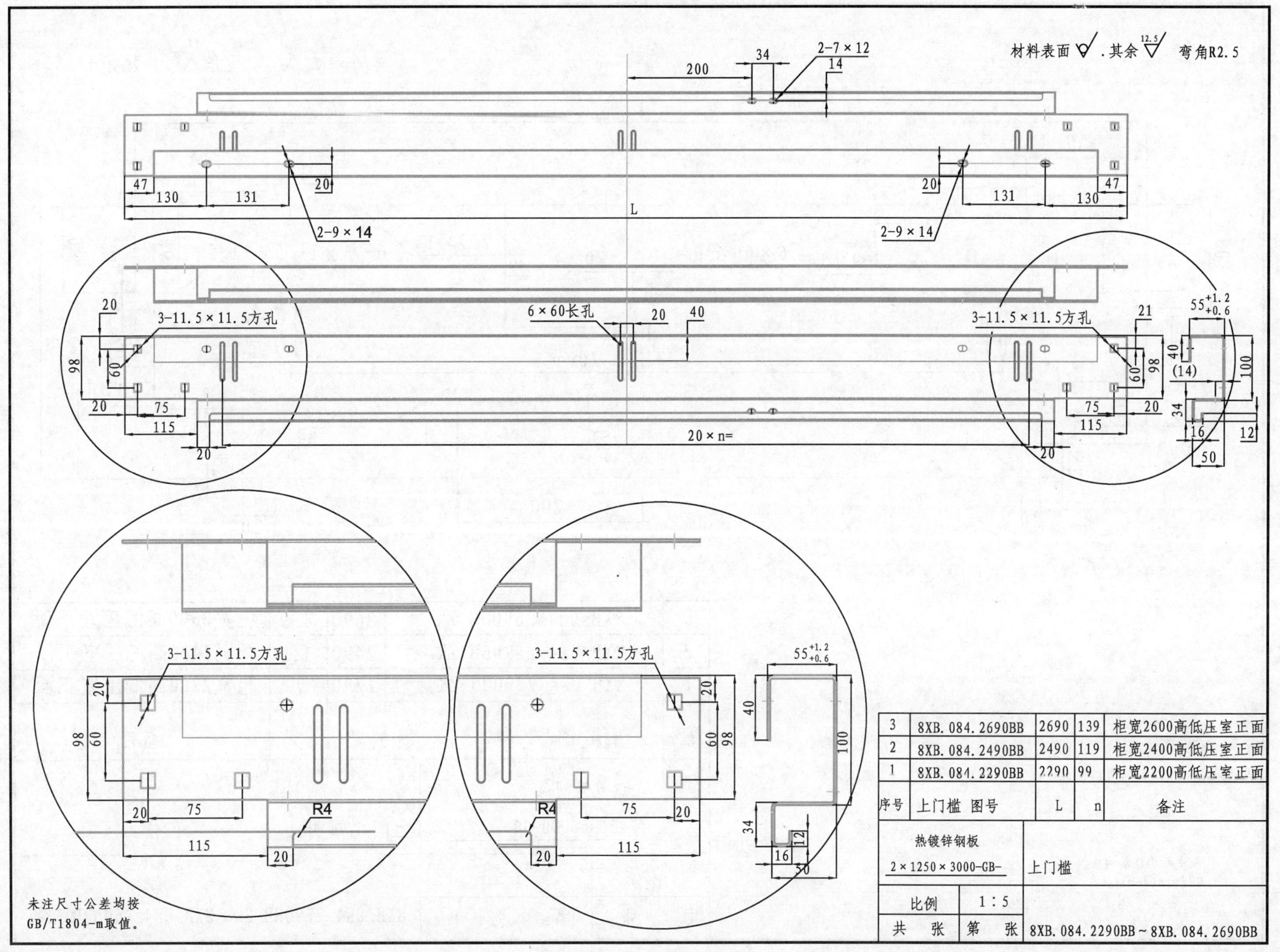

3	8XB.084.2690BB	2690	139	柜宽2600高低压室正面
2	8XB.084.2490BB	2490	119	柜宽2400高低压室正面
1	8XB.084.2290BB	2290	99	柜宽2200高低压室正面
序号	上门槛 图号	L	n	备注

热镀锌钢板 2×1250×3000-GB-	上门槛		
比例	1∶5		
共 张	第 张	8XB.084.2290BB～8XB.084.2690BB	

图 3－2－105 上门槛

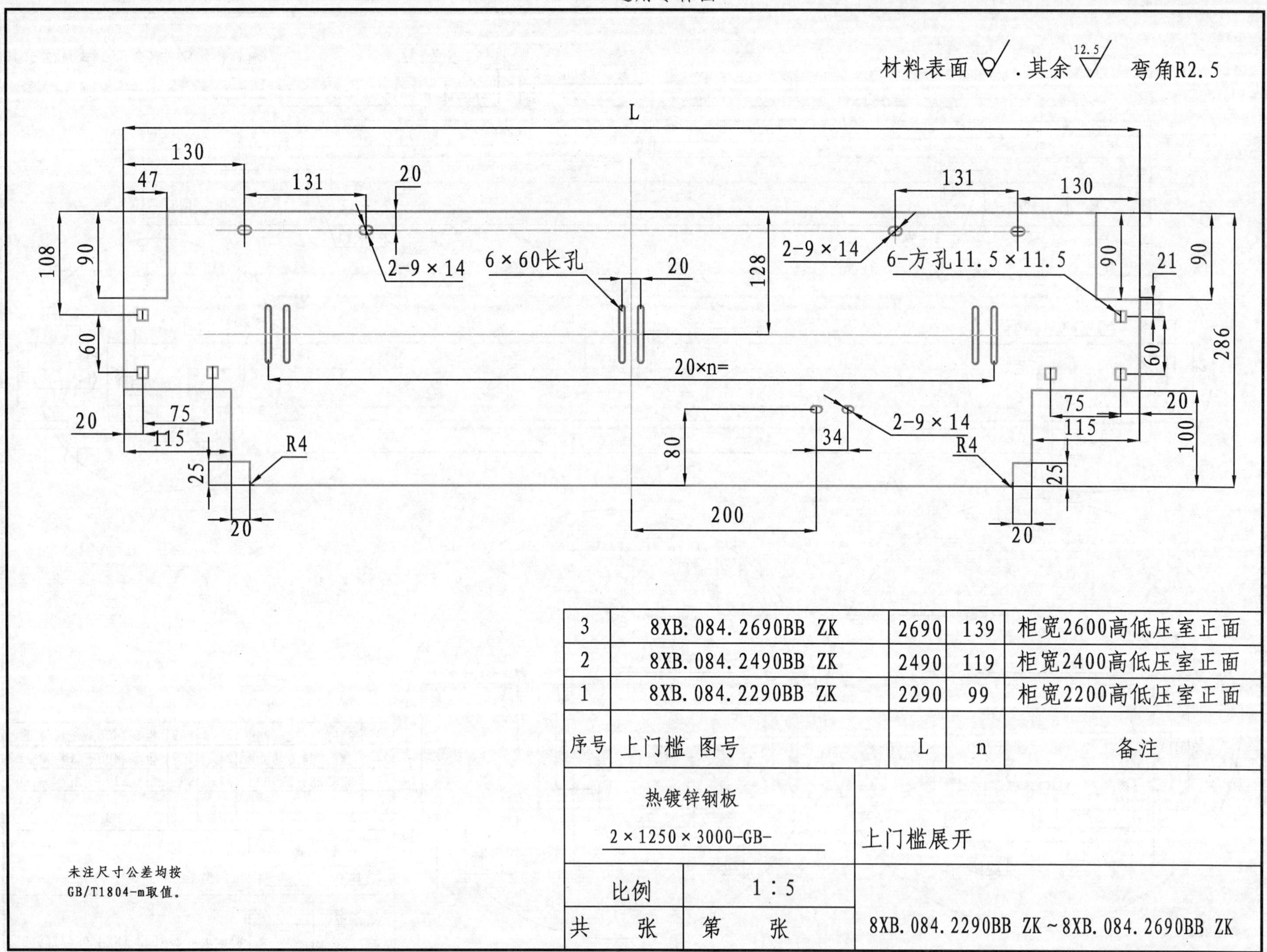

3	8XB.084.2690BB ZK	2690	139	柜宽2600高低压室正面
2	8XB.084.2490BB ZK	2490	119	柜宽2400高低压室正面
1	8XB.084.2290BB ZK	2290	99	柜宽2200高低压室正面
序号	上门槛 图号	L	n	备注

热镀锌钢板 2×1250×3000-GB-		上门槛展开
比例	1∶5	
共 张	第 张	8XB.084.2290BB ZK～8XB.084.2690BB ZK

图3－2－106 上门槛 展开

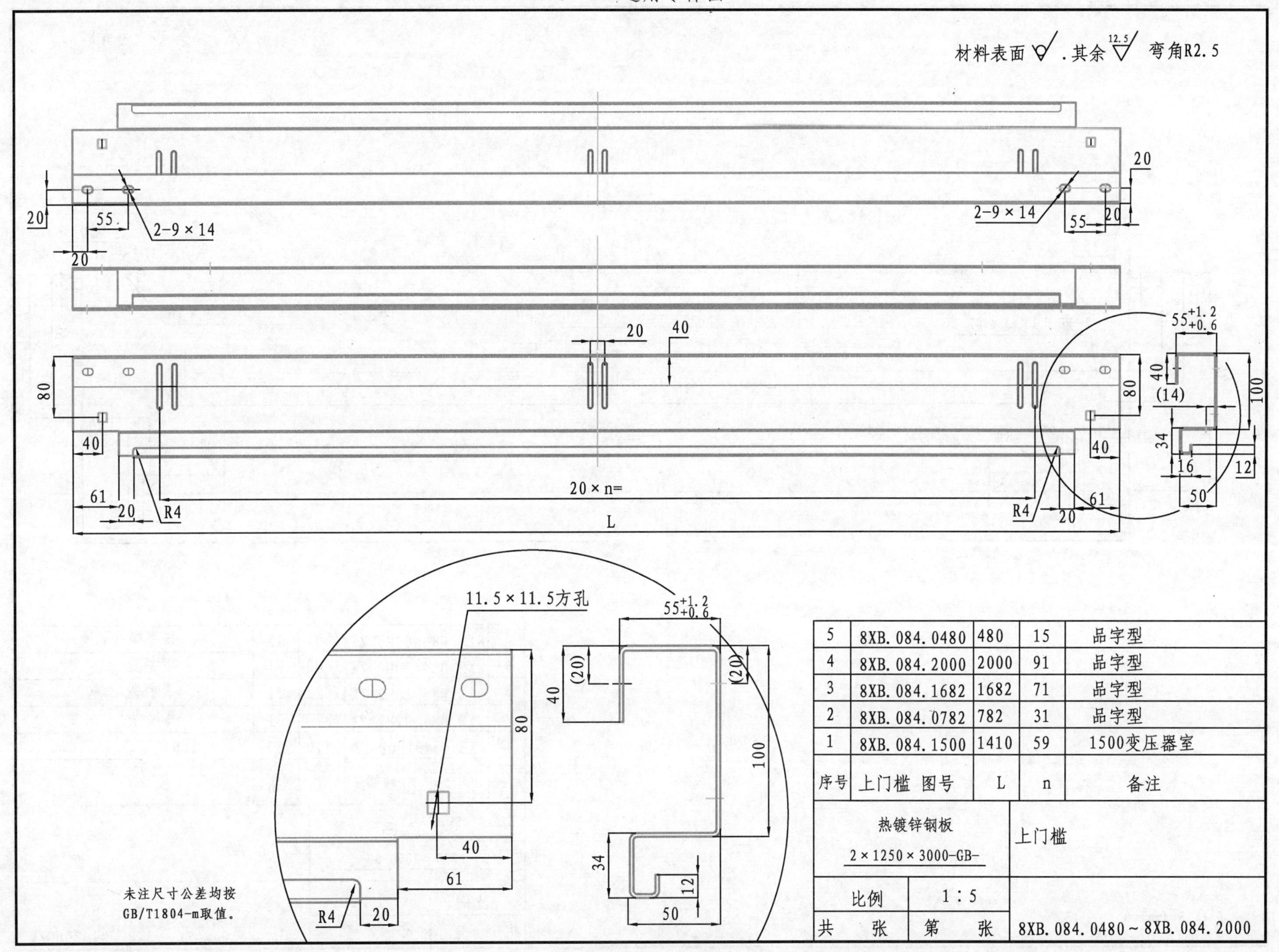

序号	上门槛 图号	L	n	备注
5	8XB.084.0480	480	15	品字型
4	8XB.084.2000	2000	91	品字型
3	8XB.084.1682	1682	71	品字型
2	8XB.084.0782	782	31	品字型
1	8XB.084.1500	1410	59	1500变压器室

图3-2-107 上门槛

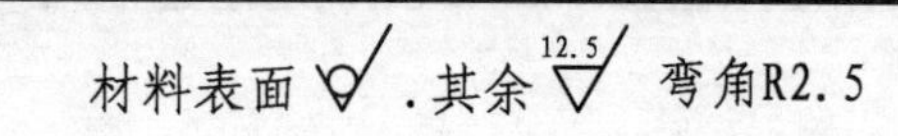

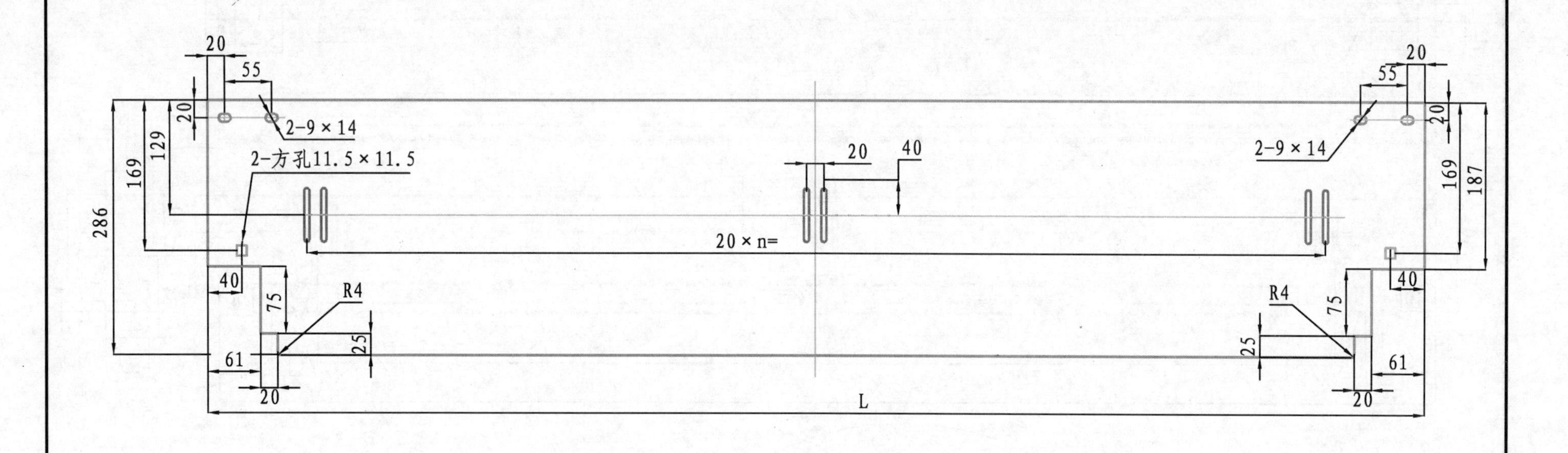

5	8XB.084.0480 ZK	480	15	品字型
4	8XB.084.2000 ZK	2000	91	品字型
3	8XB.084.1682 ZK	1682	71	品字型
2	8XB.084.0782 ZK	782	31	品字型
1	8XB.084.1500 ZK	1410	59	1500变压器室
序号	上门槛 图号	L	n	备注

热镀锌钢板 2×1250×3000-GB-		上门槛展开
比例	1:5	
共 张	第 张	8XB.084.0480ZK～8XB.084.2000ZK

未注尺寸公差均按
GB/T1804-m取值。

图3-2-108 上门槛 展开

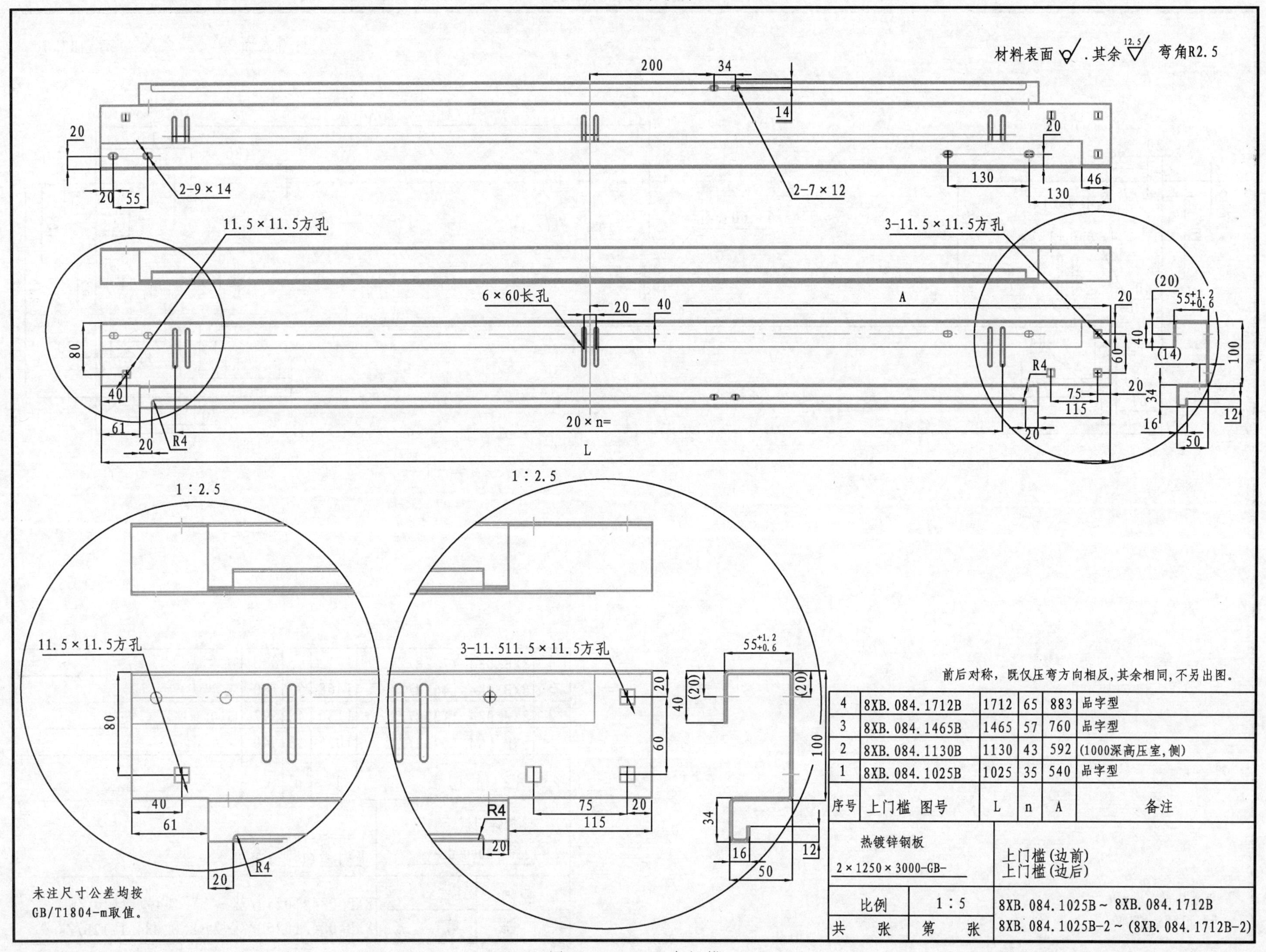

序号	上门槛 图号	L	n	A	备注
4	8XB.084.1712B	1712	65	883	品字型
3	8XB.084.1465B	1465	57	760	品字型
2	8XB.084.1130B	1130	43	592	(1000深高压室，侧)
1	8XB.084.1025B	1025	35	540	品字型

热镀锌钢板 2×1250×3000-GB-		上门槛(边前) 上门槛(边后)
比例	1：5	8XB.084.1025B～8XB.084.1712B
共　张	第　张	8XB.084.1025B-2～(8XB.084.1712B-2)

图 3－2－109　上门槛

材料表面 ∨，其余 12.5∨ 弯角R2.5

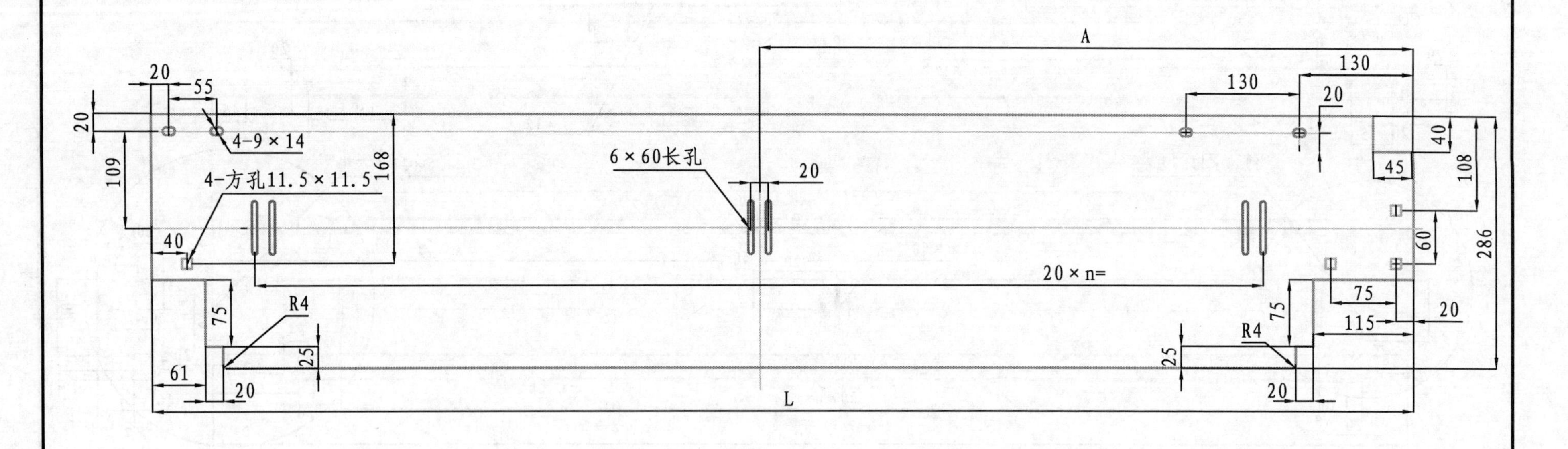

4	8XB.084.1712B/ZK	1712	65	883	品字型
3	8XB.084.1465B/ZK	1465	57	760	品字型
2	8XB.084.1130B/ZK	1130	43	592	(1000深高压室,侧)
1	8XB.084.1025B/ZK	1025	35	540	品字型
序号	上门槛 图号	L	n	A	备注

热镀锌钢板 2×1250×3000-GB-		上门槛(边前)展开 上门槛(边后)展开
比例	1:5	8XB.084.1025B/ZK ~ 8XB.084.1712B/ZK
共 张	第 张	8XB.084.1025B/ZK-2 ~8XB.084.1712B/ZK-2

未注尺寸公差均按
GB/T1804-m取值。

图3-2-110 上门槛 展开

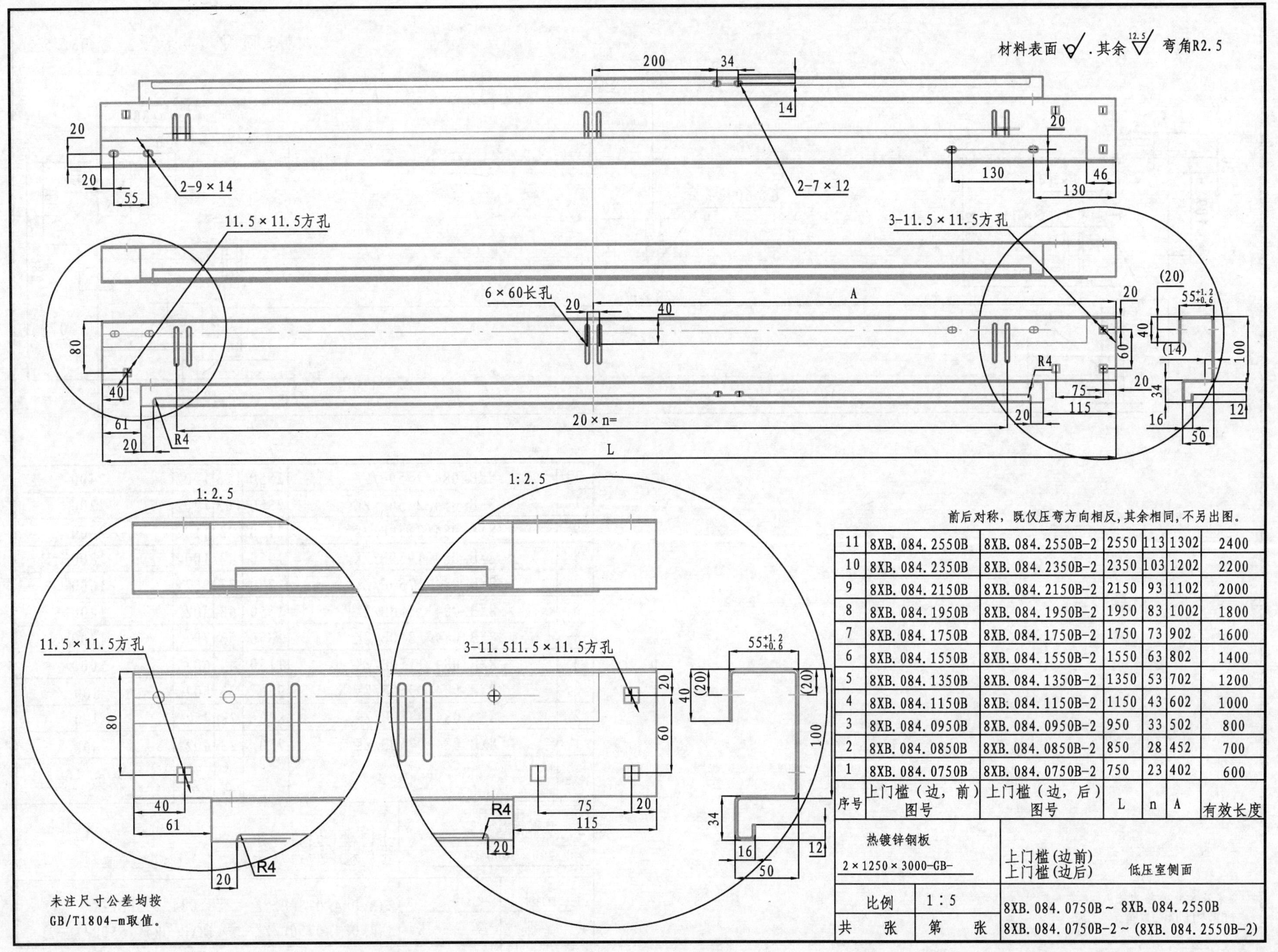

序号	上门槛（边，前）图号	上门槛（边，后）图号	L	n	A	有效长度
11	8XB.084.2550B	8XB.084.2550B-2	2550	113	1302	2400
10	8XB.084.2350B	8XB.084.2350B-2	2350	103	1202	2200
9	8XB.084.2150B	8XB.084.2150B-2	2150	93	1102	2000
8	8XB.084.1950B	8XB.084.1950B-2	1950	83	1002	1800
7	8XB.084.1750B	8XB.084.1750B-2	1750	73	902	1600
6	8XB.084.1550B	8XB.084.1550B-2	1550	63	802	1400
5	8XB.084.1350B	8XB.084.1350B-2	1350	53	702	1200
4	8XB.084.1150B	8XB.084.1150B-2	1150	43	602	1000
3	8XB.084.0950B	8XB.084.0950B-2	950	33	502	800
2	8XB.084.0850B	8XB.084.0850B-2	850	28	452	700
1	8XB.084.0750B	8XB.084.0750B-2	750	23	402	600

热镀锌钢板 2×1250×3000-GB-	上门槛(边前) 上门槛(边后) 低压室侧面
比例 1:5	8XB.084.0750B～8XB.084.2550B
共 张 第 张	8XB.084.0750B-2～(8XB.084.2550B-2)

图3－2－111 上门槛

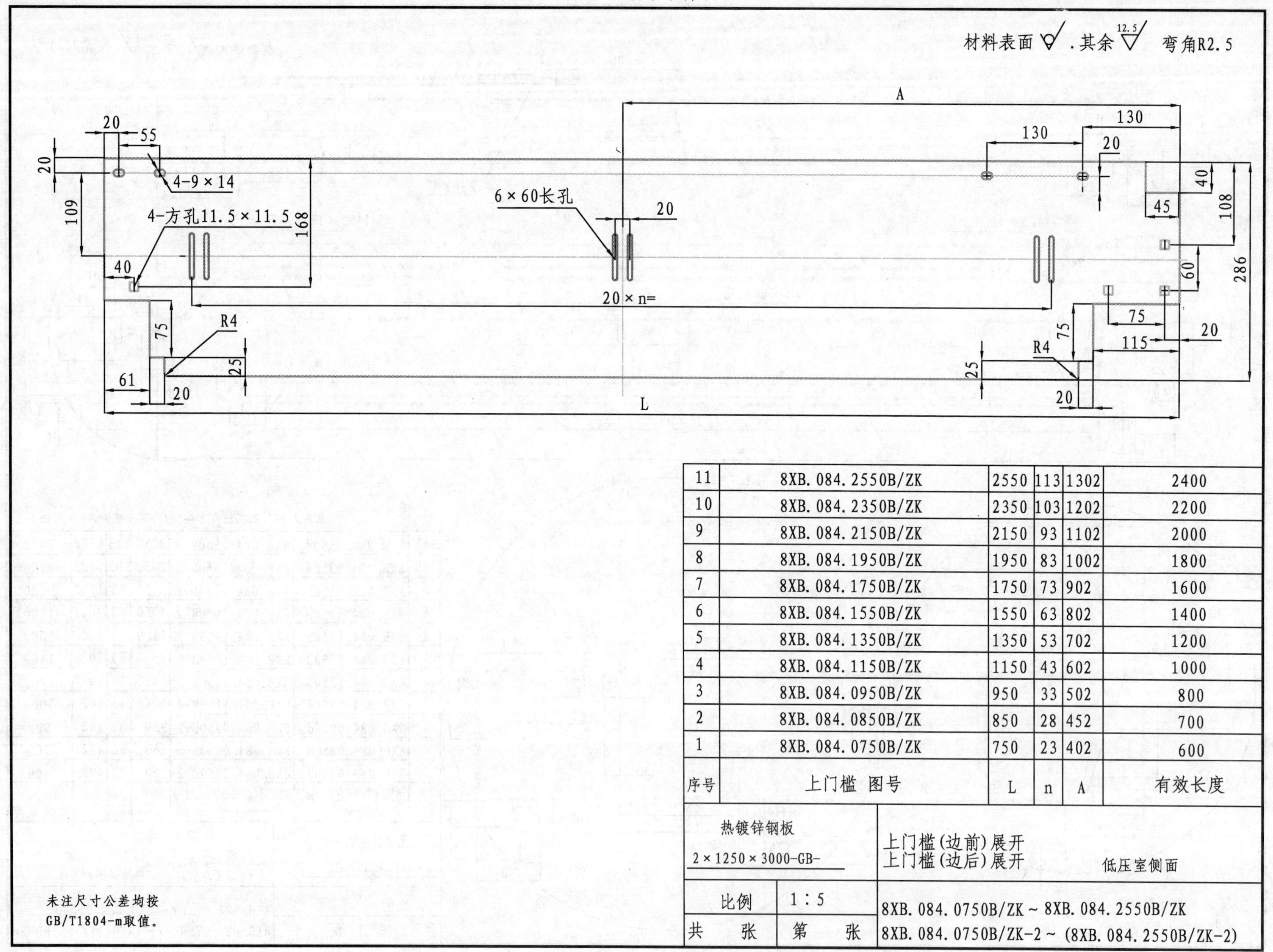

序号	上门槛 图号	L	n	A	有效长度
11	8XB.084.2550B/ZK	2550	113	1302	2400
10	8XB.084.2350B/ZK	2350	103	1202	2200
9	8XB.084.2150B/ZK	2150	93	1102	2000
8	8XB.084.1950B/ZK	1950	83	1002	1800
7	8XB.084.1750B/ZK	1750	73	902	1600
6	8XB.084.1550B/ZK	1550	63	802	1400
5	8XB.084.1350B/ZK	1350	53	702	1200
4	8XB.084.1150B/ZK	1150	43	602	1000
3	8XB.084.0950B/ZK	950	33	502	800
2	8XB.084.0850B/ZK	850	28	452	700
1	8XB.084.0750B/ZK	750	23	402	600

热镀锌钢板 2×1250×3000-GB-		上门槛(边前)展开 上门槛(边后)展开	低压室侧面
比例	1:5	8XB.084.0750B/ZK～8XB.084.2550B/ZK	
共 张	第 张	8XB.084.0750B/ZK-2～(8XB.084.2550B/ZK-2)	

图3-2-112 上门槛 展开

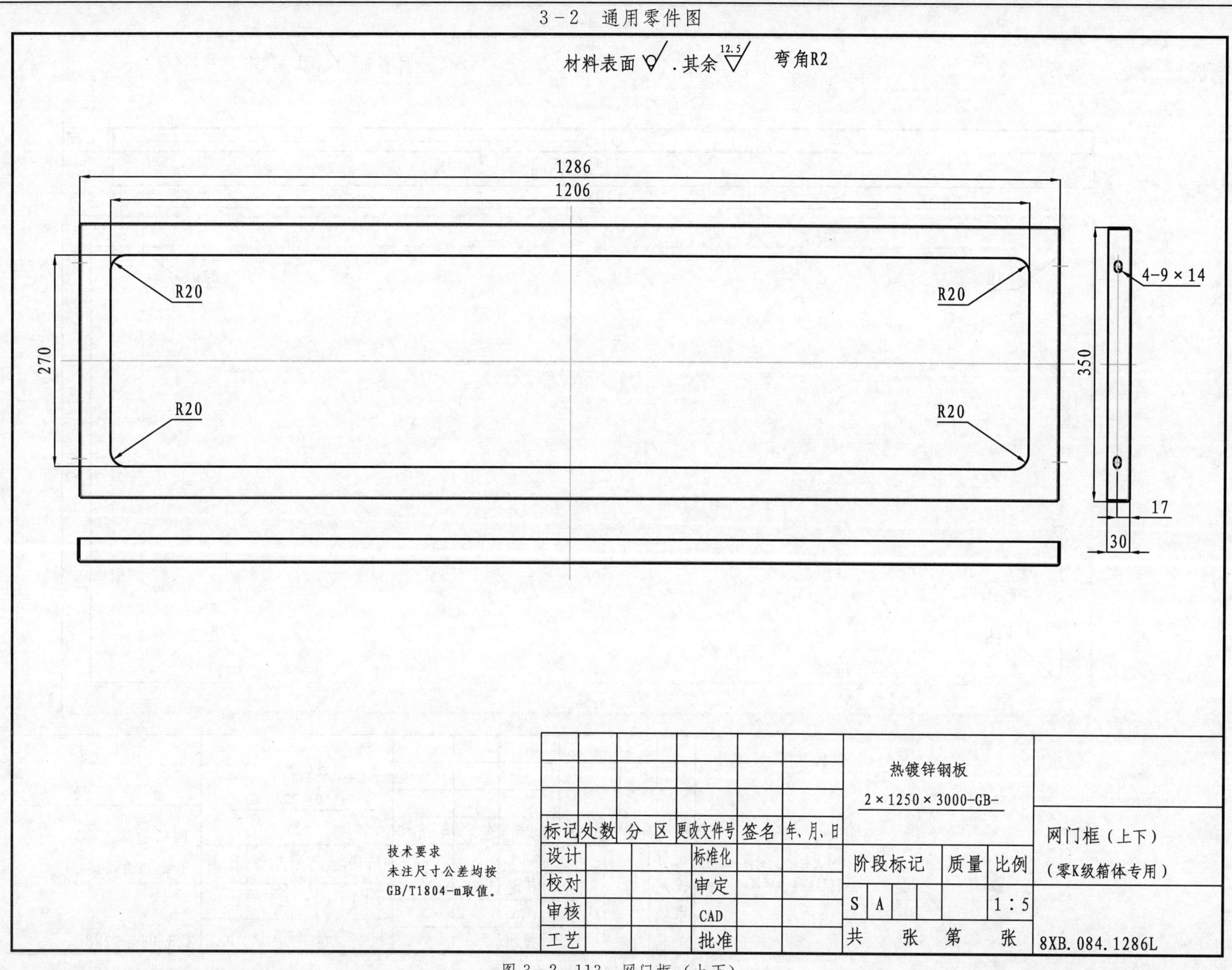

图3-2-113 网门框（上下）

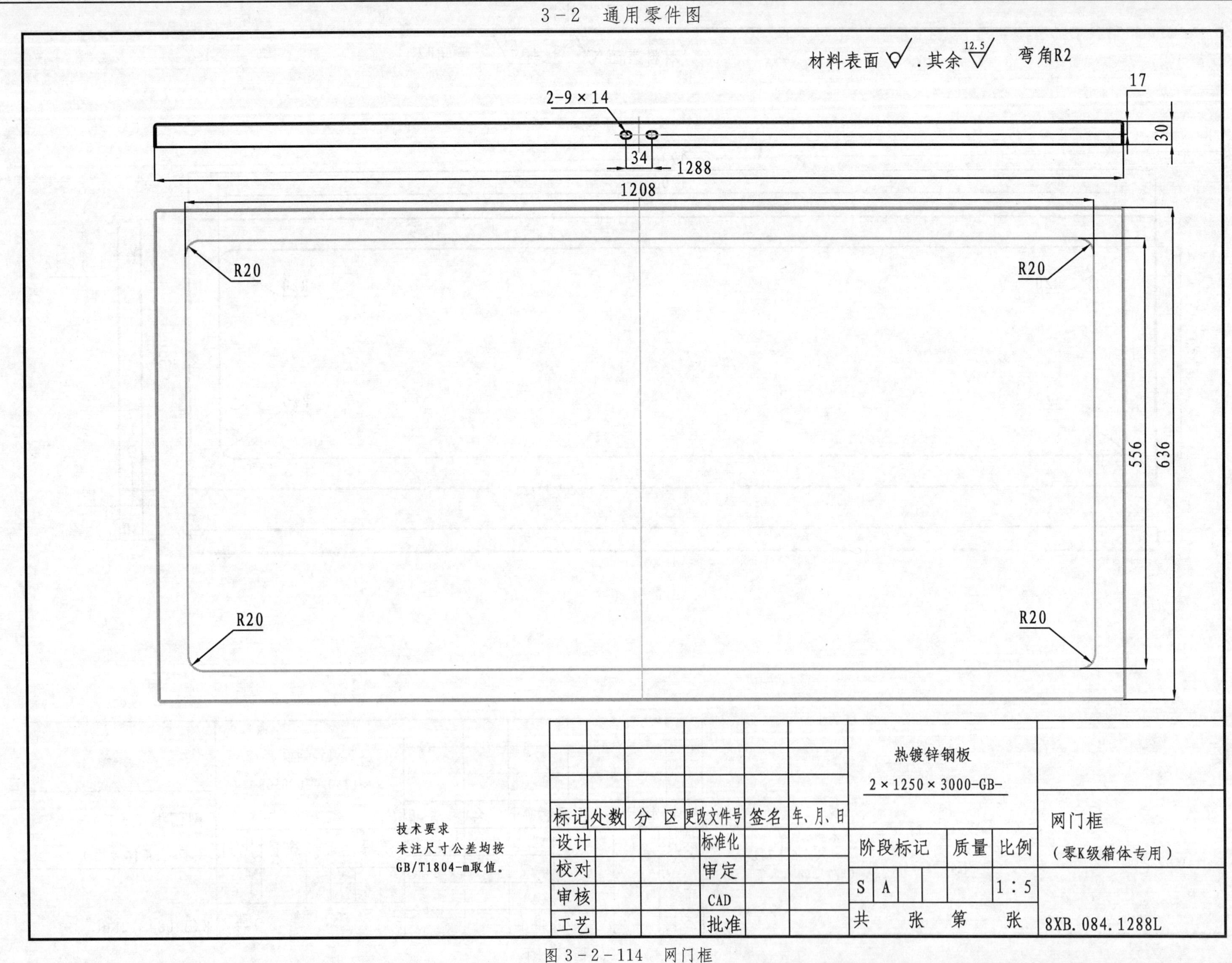

材料表面 . 其余 12.5 弯角R2
2-9×14
17
30
34
1288
1208
R20
R20
R20
R20
556
636
技术要求
未注尺寸公差均按
GB/T1804-m取值。
标记 处数 分 区 更改文件号 签名 年、月、日
设计 标准化
校对 审定
审核 CAD
工艺 批准
热镀锌钢板
2×1250×3000-GB-
阶段标记 质量 比例
S A 1:5
共 张 第 张
网门框
(零K级箱体专用)
8XB.084.1288L

图3-2-114 网门框

材料表面 .其余 12.5 弯角R2

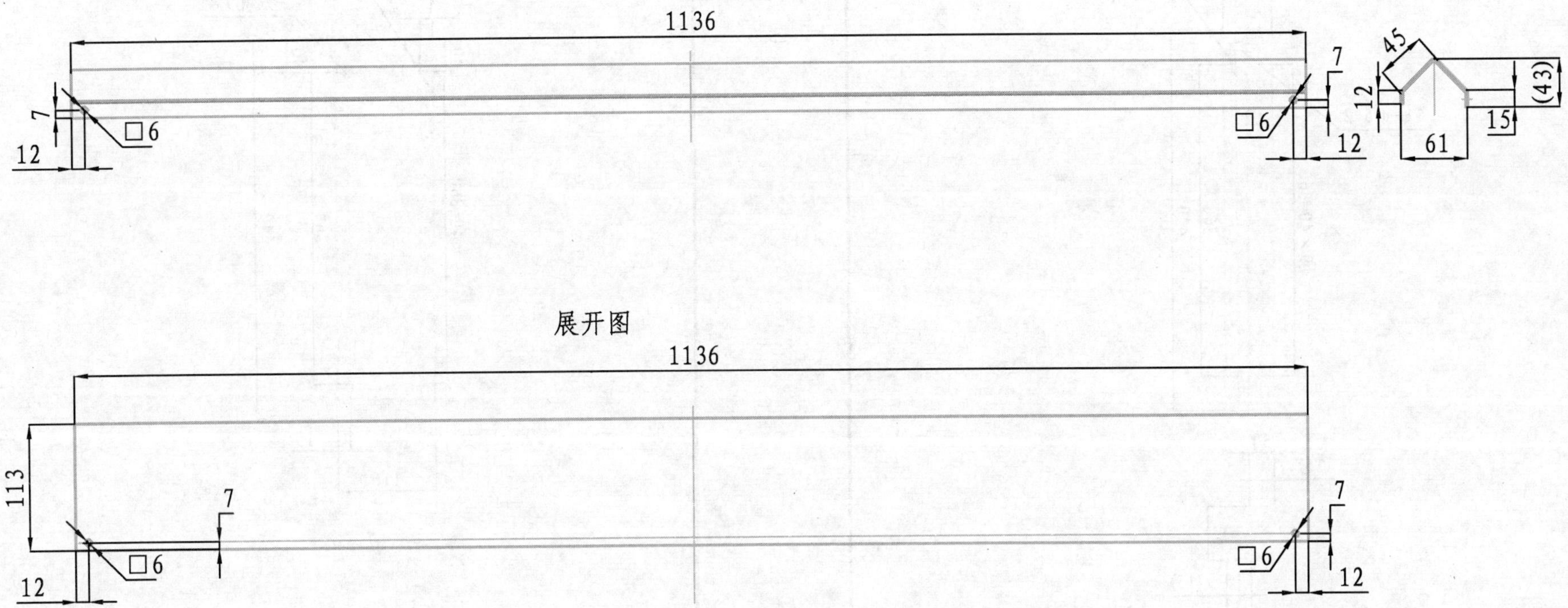

1136

7 □6 12

□6 7 12

45 12 (43) 15 61

展开图

1136

113 7 □6 12

□6 7 12

						热镀锌钢板 1×1250×3000-GB-				通风件
标记	处数	分　区	更改文件号	签名	年、月、日					
设计			标准化			阶段标记		质量	比例	
校对			审定			S	A		1∶5	
审核			CAD							
工艺			批准			共　张		第　张		8XB.320.1500-51

技术要求

未注尺寸公差均按GB/T1804-m取值。

图3－2－115　通风件

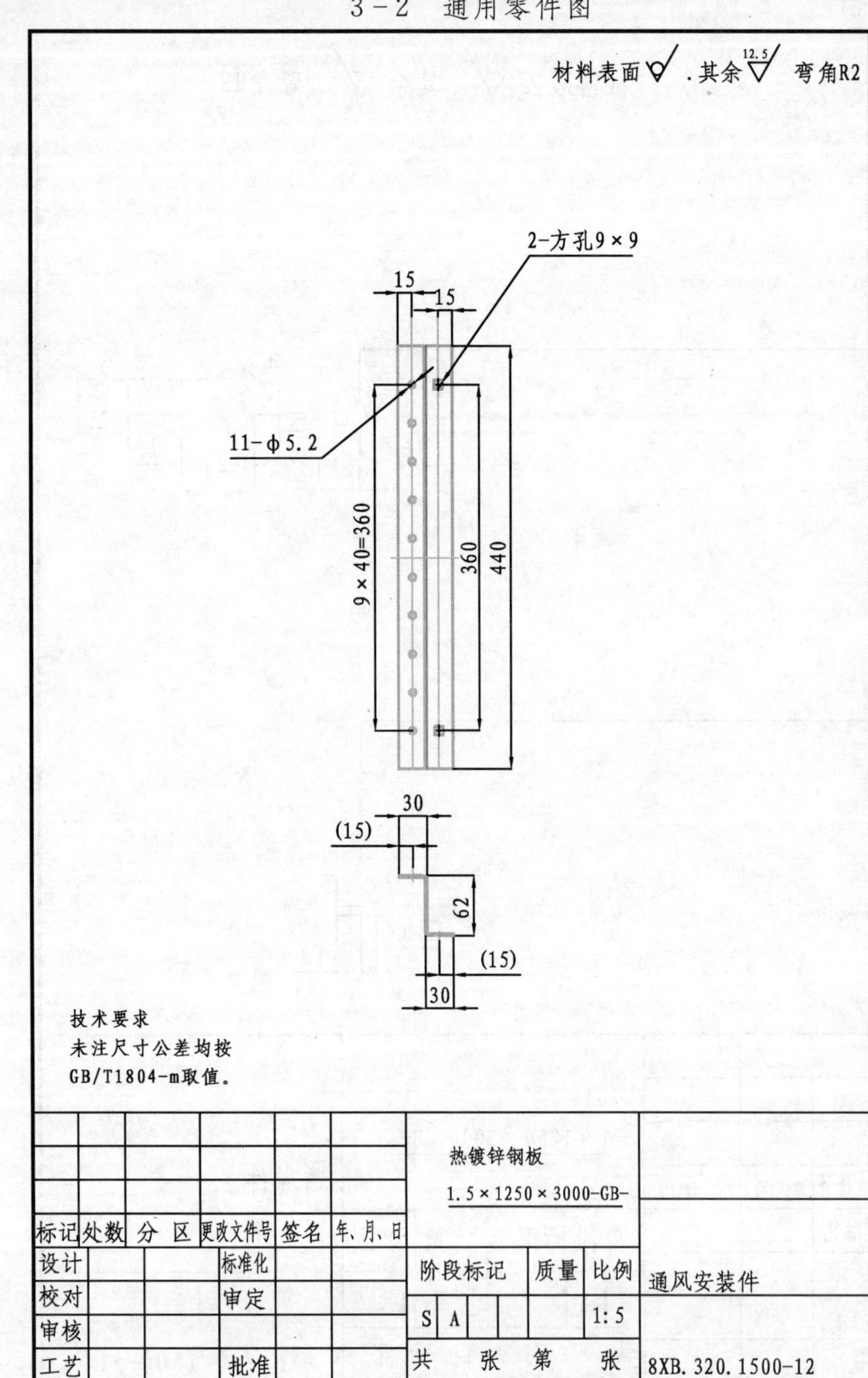

图3－2－116 通风安装件

3－2 通用零件图

材料表面 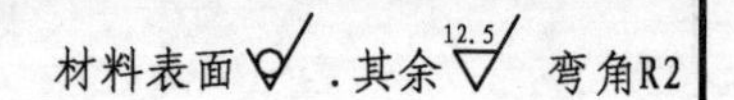 . 其余 12.5 弯角R2

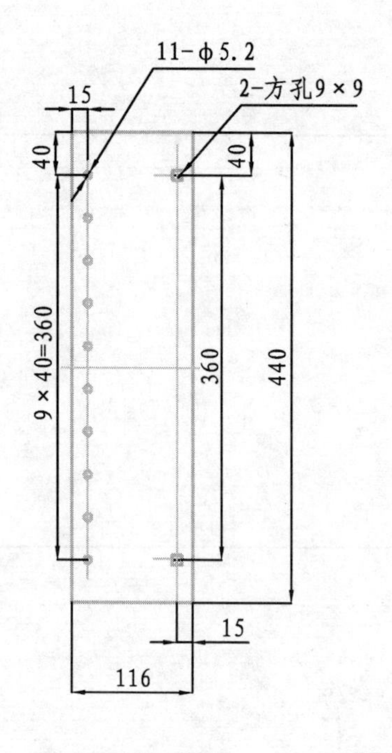

技术要求

未注尺寸公差均按

GB/T1804−m取值.

						热镀锌钢板 1.5×1250×3000−GB−			
标记	处数	分区	更改文件号	签名	年、月、日				
设计			标准化			阶段标记	质量	比例	通风安装件展开
校对			审定			S A		1:5	
审核									
工艺			批准			共 张 第 张			8XB.320.1500−12ZK

图3－2－117 通风安装件展开

3－2　通用零件图

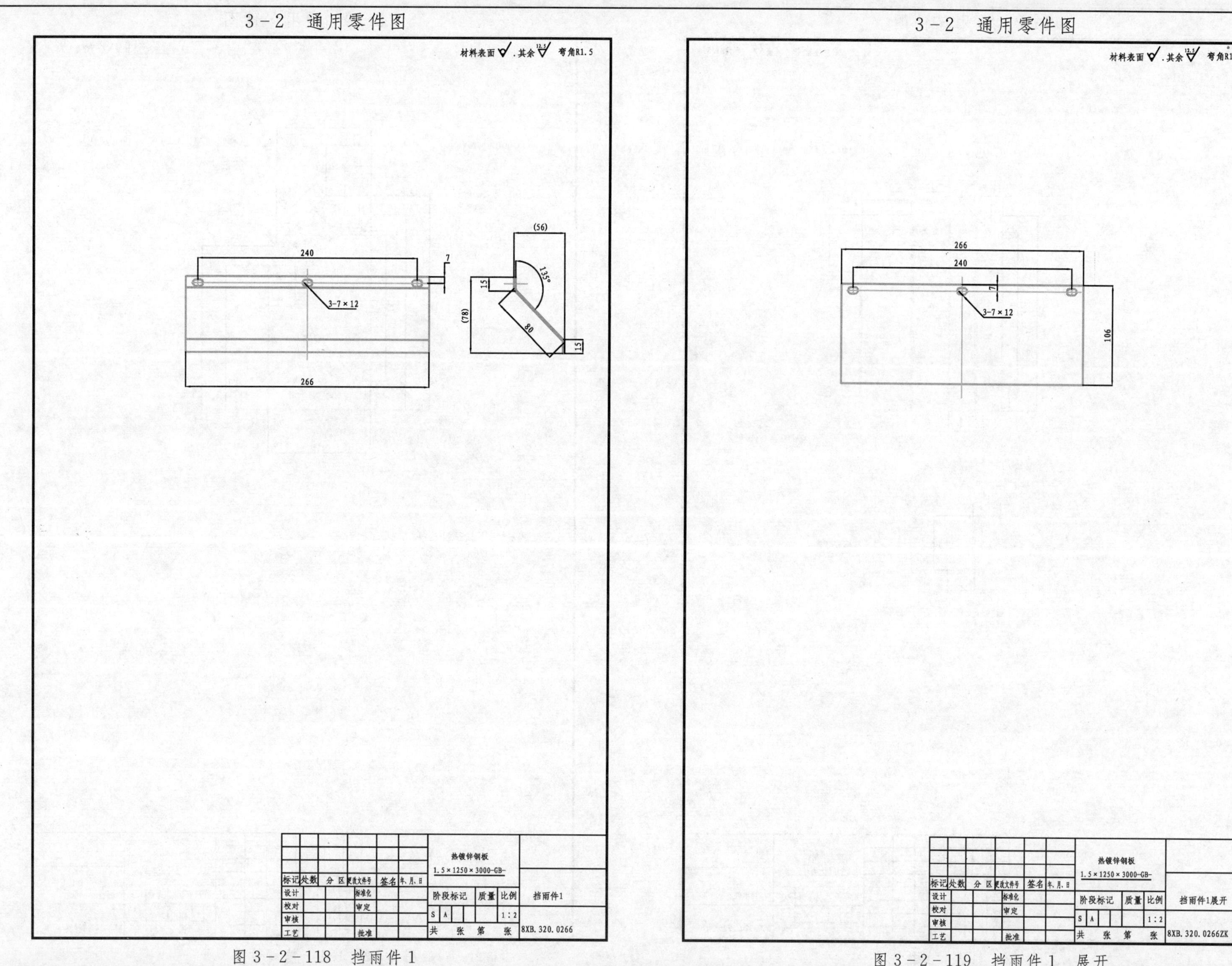

图 3－2－118　挡雨件 1

图 3－2－119　挡雨件 1　展开

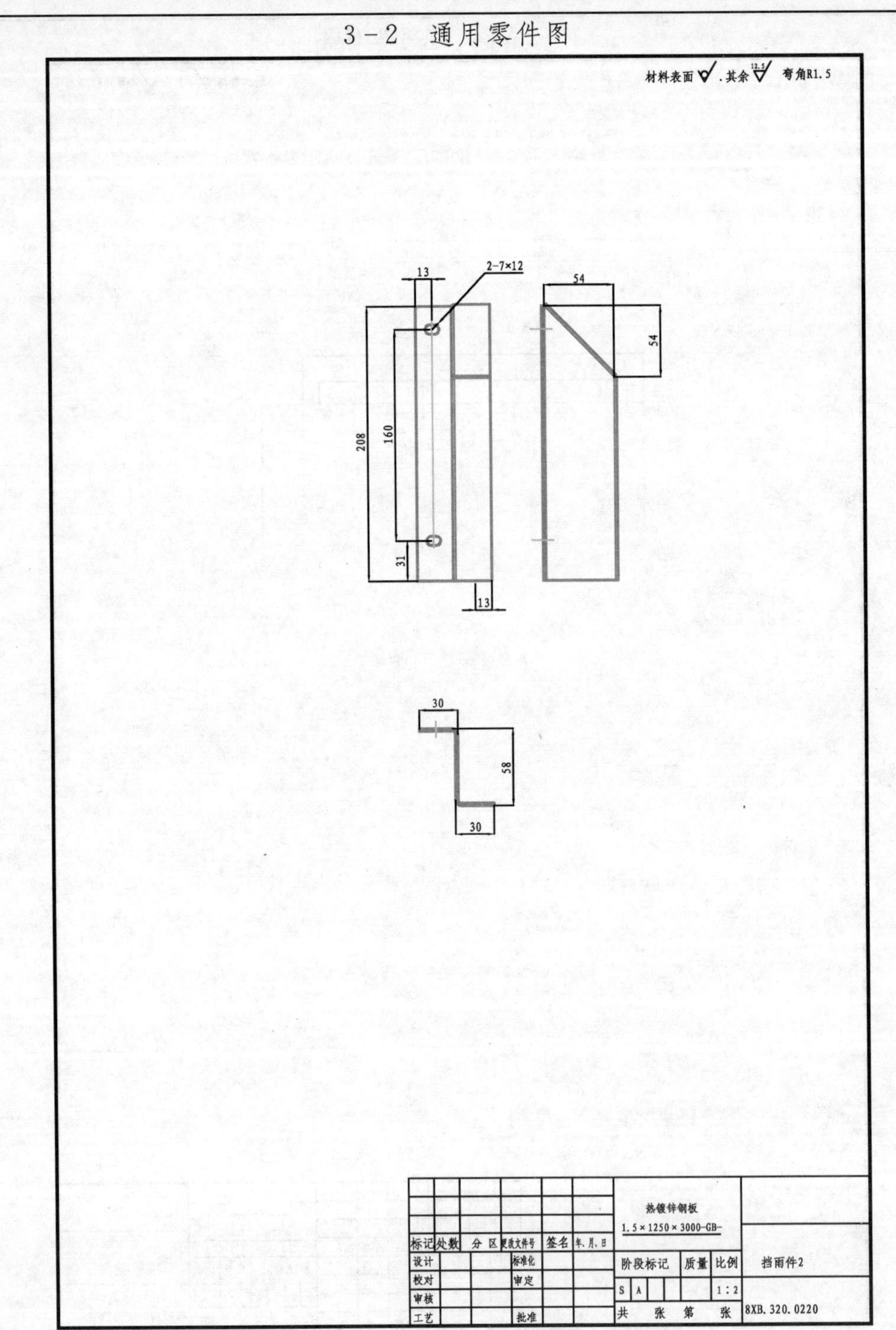

图 3－2－120　挡雨件 2

3－2　通用零件图

材料表面 ，其余 12.5 弯角R1.5

104 49 29 13 29 77 29 229 208 160 2-7×12 29 154 175 31 112

热镀锌钢板
1.5×1250×3000-GB-

标记	处数	分 区	更改文件号	签名	年,月,日	阶段标记	质量	比例	挡雨件2展开
设计			标准化			S A		1:2	
校对			审定						
审核						共 张 第 张			8XB.320.0220ZK
工艺			批准						

图 3－2－121　挡雨件 2　展开

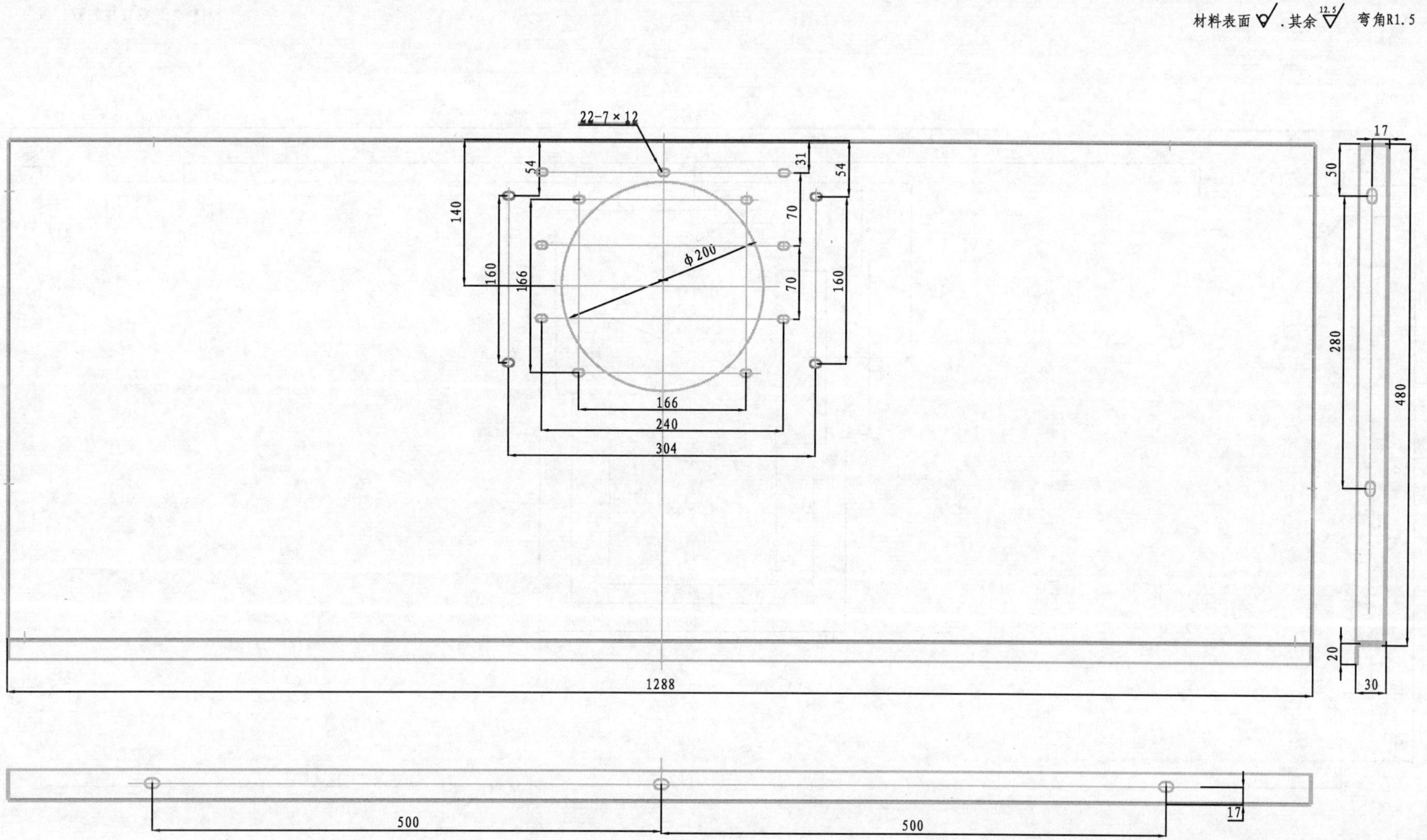

材料表面 √ ，其余 12.5 √ 弯角R1.5

未注尺寸公差均按
GB/T1804-m取值。

标记	处数	分区	更改文件号	签名	年、月、日	热镀锌钢板 1.5×1250×3000-GB-			变压器室通风板 净高2100室专用
设计			标准化			阶段标记	质量	比例	
校对			审定			S A		1:3	
审核									
工艺			批准			共 张 第 张			8XB.320.1500-1/21

图3－2－122 变压器室通风板

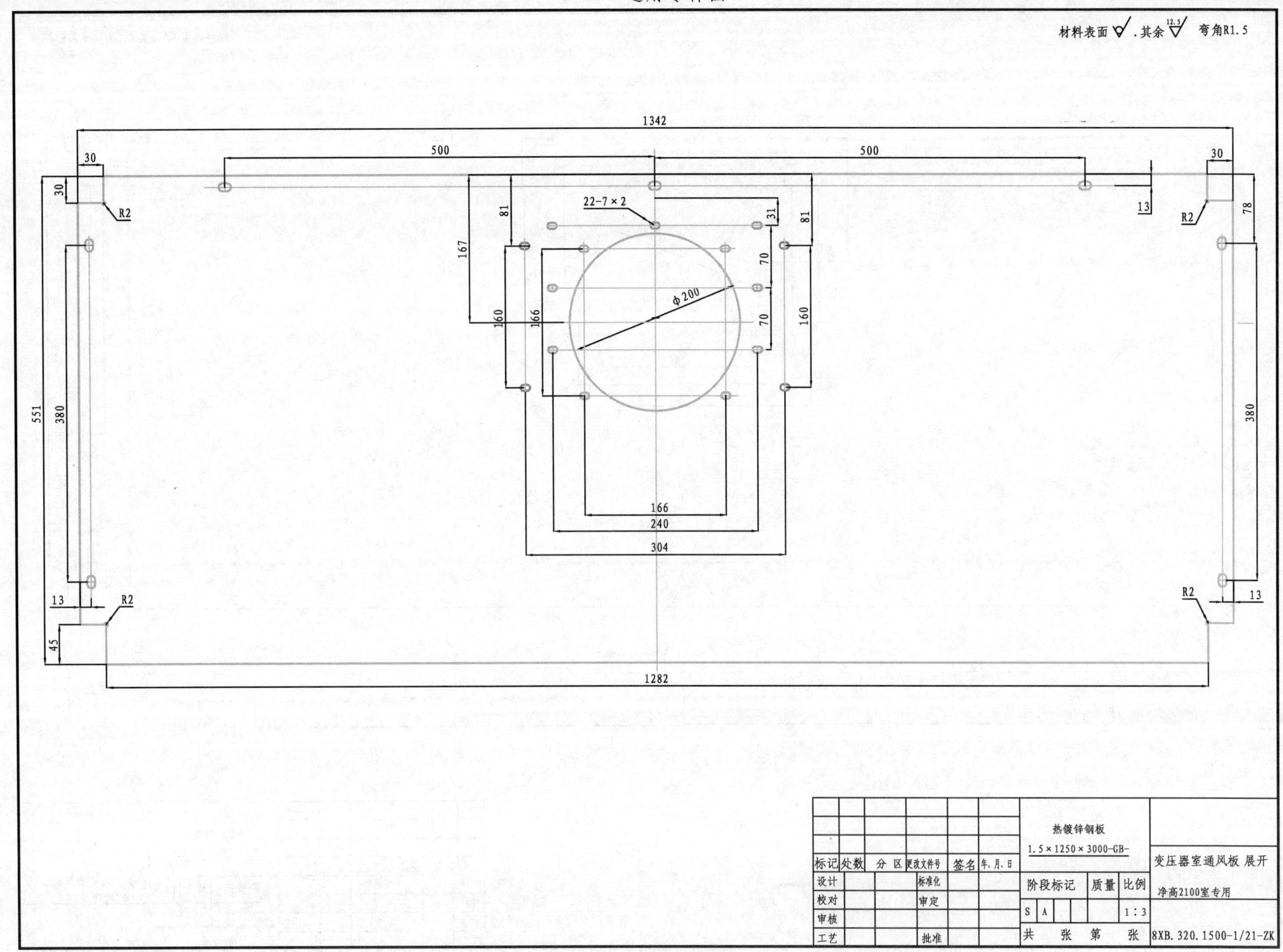

图3－2－123 变压器室通风板 展开

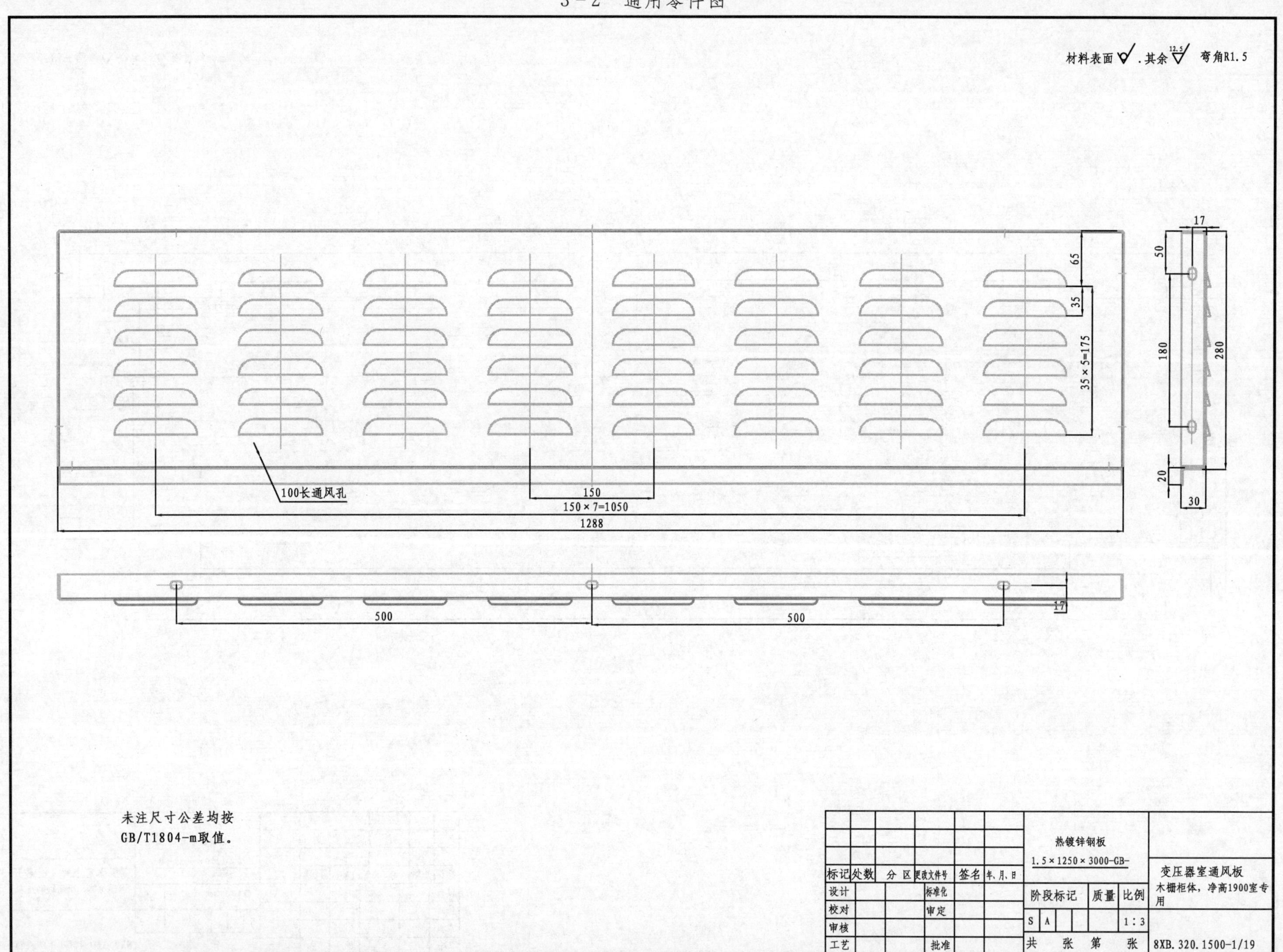

图 3－2－124　变压器室通风板

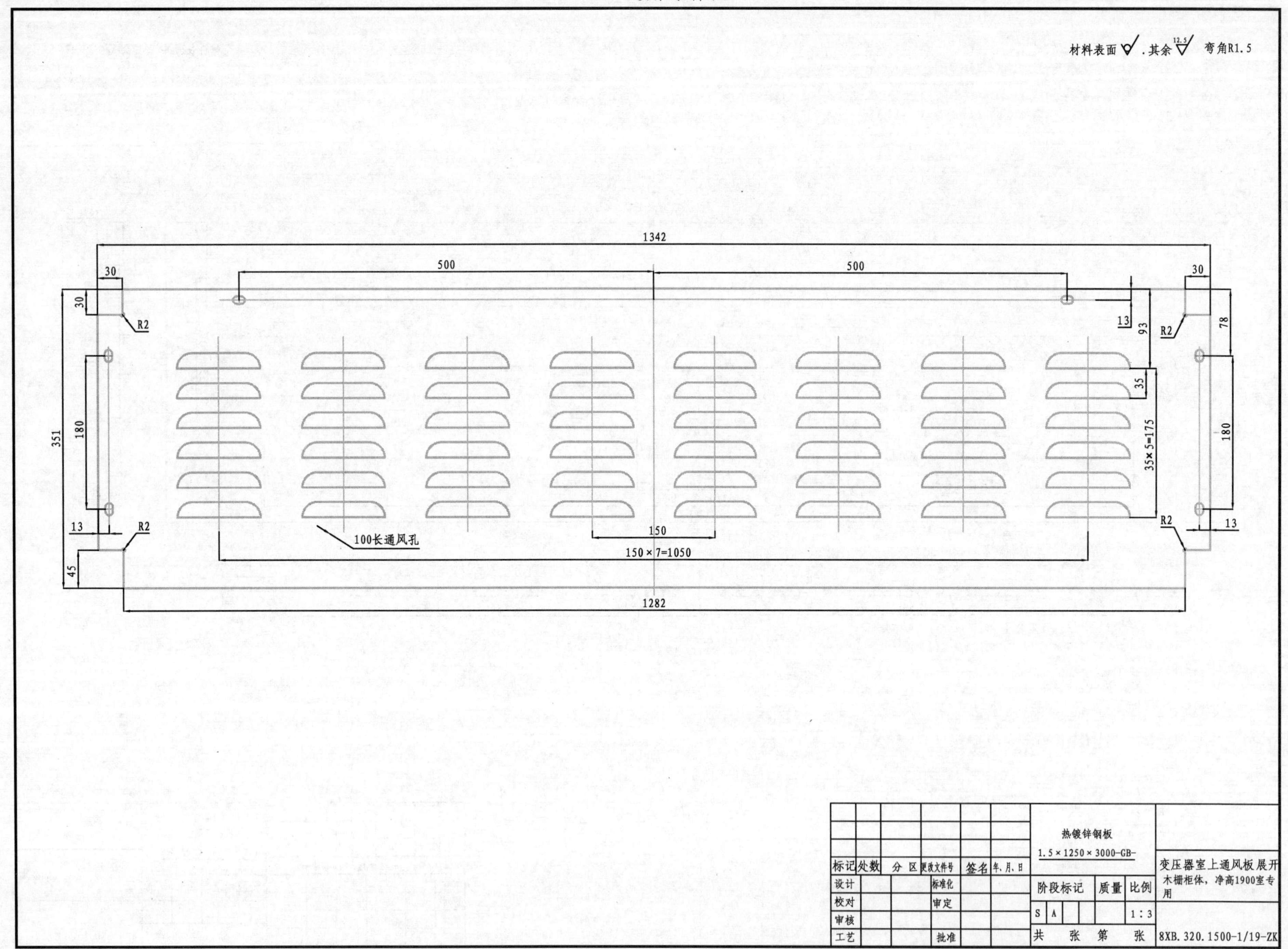

图3-2-125 变压器室上通风板 展开

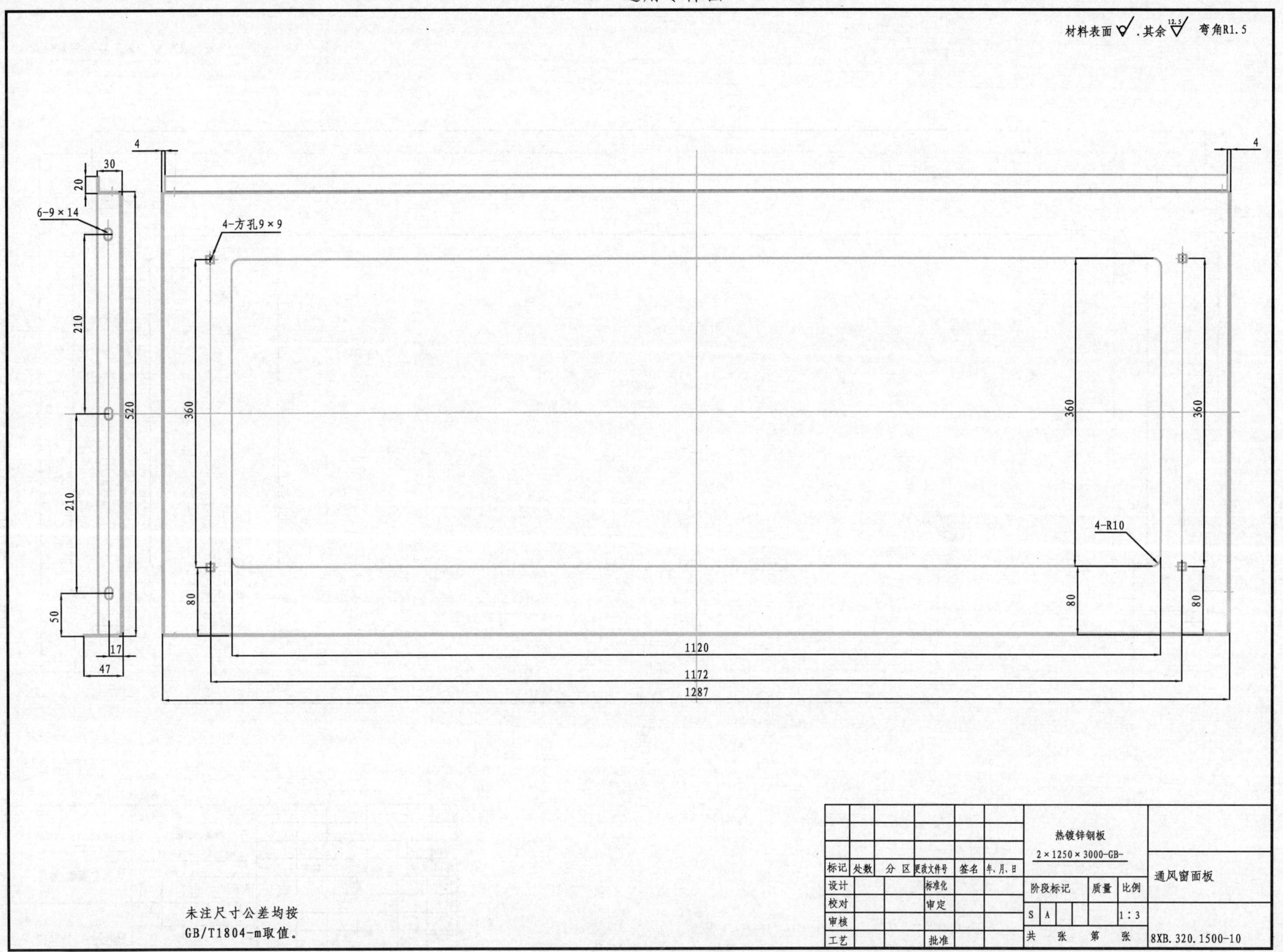

图3-2-126 通风窗面板

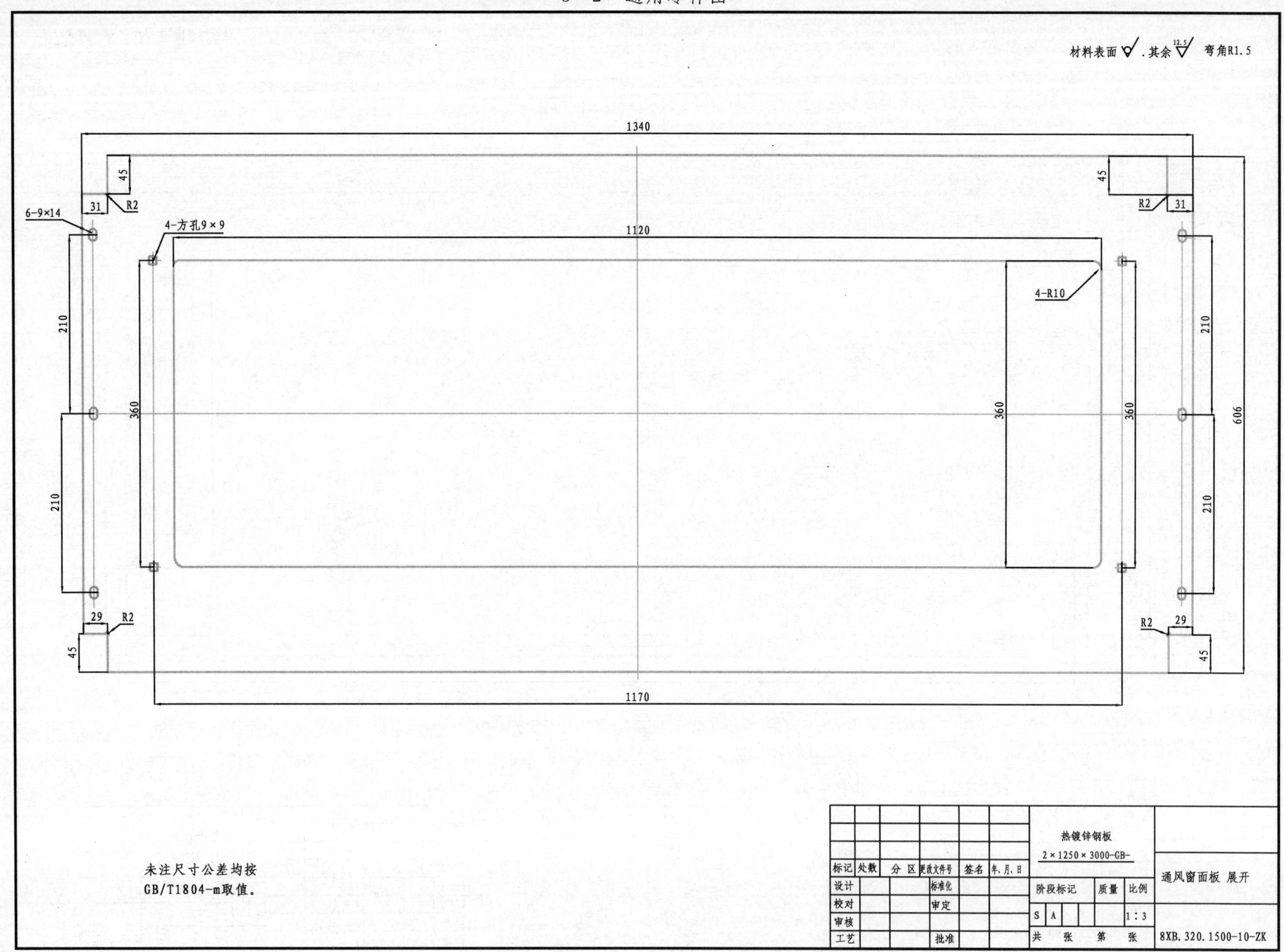

图3－2－127　通风窗面板展开

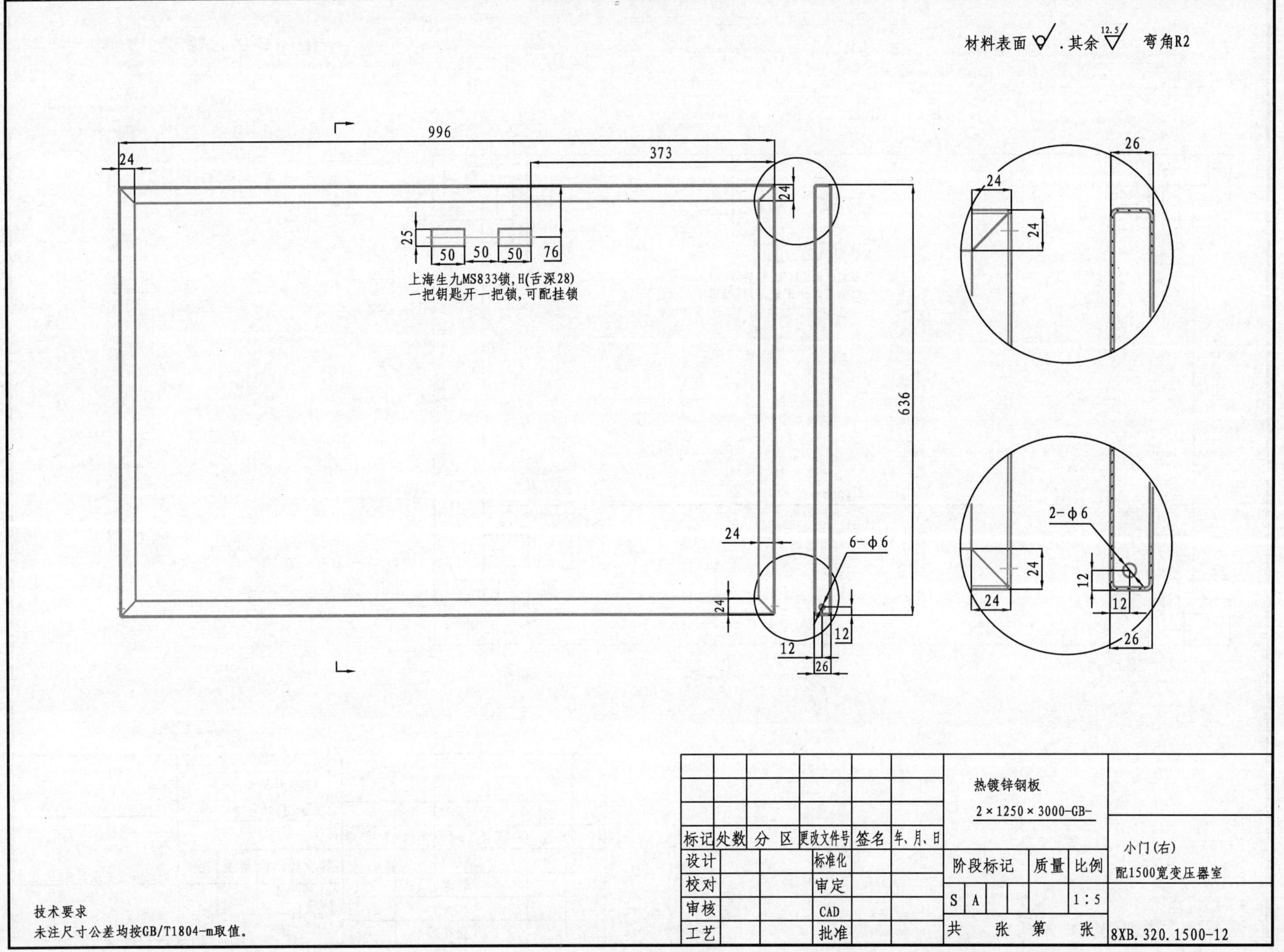

材料表面 . 其余 12.5 弯角R2
996
24
373
24
25
50
50
50
76
上海生九MS833锁,H(舌深28)
一把钥匙开一把锁,可配挂锁
636
24
6－ϕ6
24
12
12
26
26
24
24
2－ϕ6
24
24
12
12
26
热镀锌钢板
2×1250×3000-GB-
标记 处数 分 区 更改文件号 签名 年、月、日
设计
标准化
校对
审定
审核
CAD
工艺
批准
阶段标记 质量 比例
S A
1:5
共 张 第 张
小门(右)
配1500宽变压器室
8XB. 320. 1500-12
技术要求
未注尺寸公差均按GB/T1804-m取值。

图 3－2－128　小门（右）

材料表面 ▽. 其余 12.5▽ 弯角R2

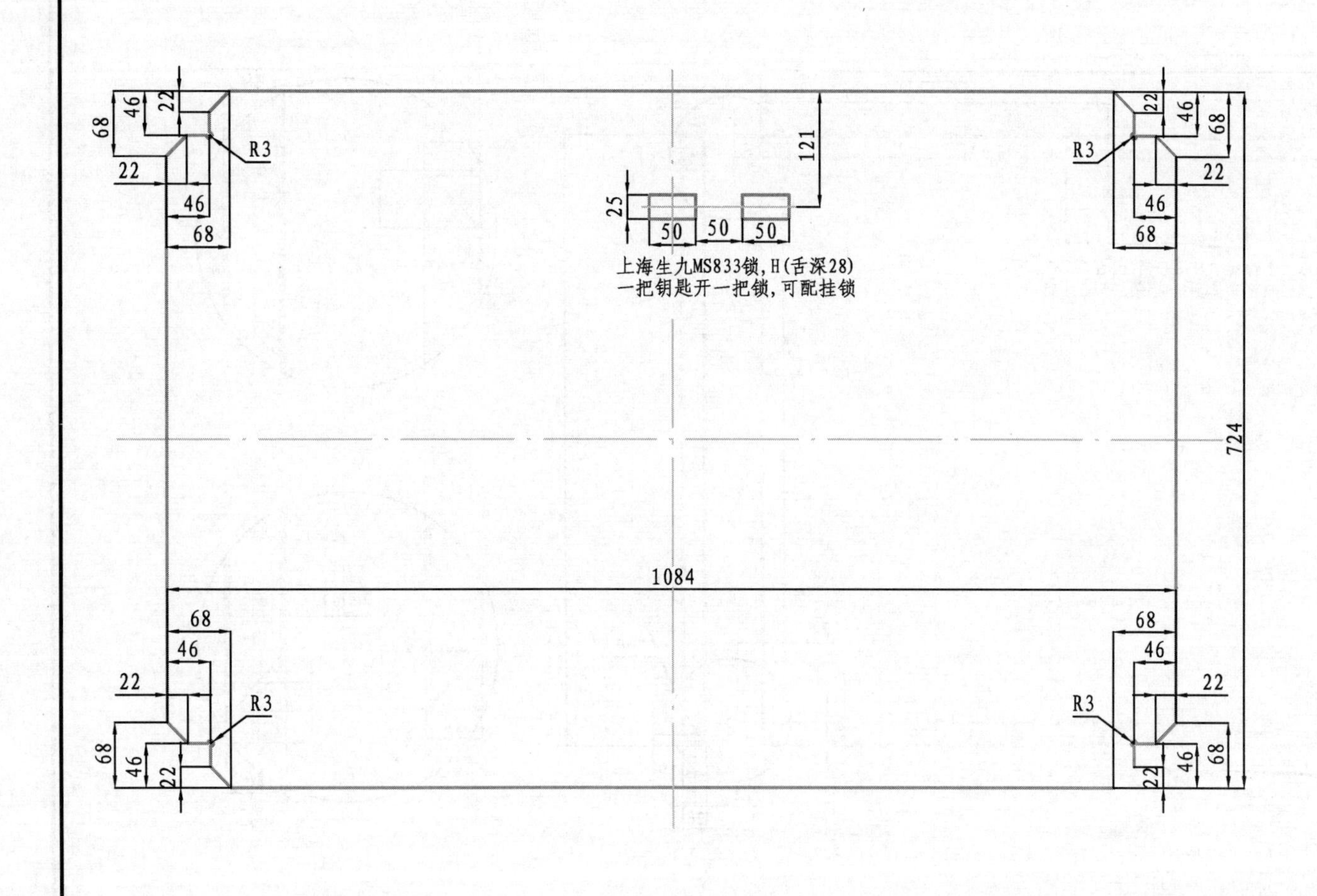

标记	处数	分区	更改文件号	签名	年、月、日
设计		标准化			
校对		审定			
审核		CAD			
工艺		批准			

热镀锌钢板

2×1250×3000-GB-

阶段标记			质量	比例
S	A			1:5
共 张		第 张		

小门(右) 展开

配1500宽变压器室

8XB.320.1500-12 ZK

技术要求

未注尺寸公差均按GB/T1804-m取值。

图 3-2-129 小门(右)展开

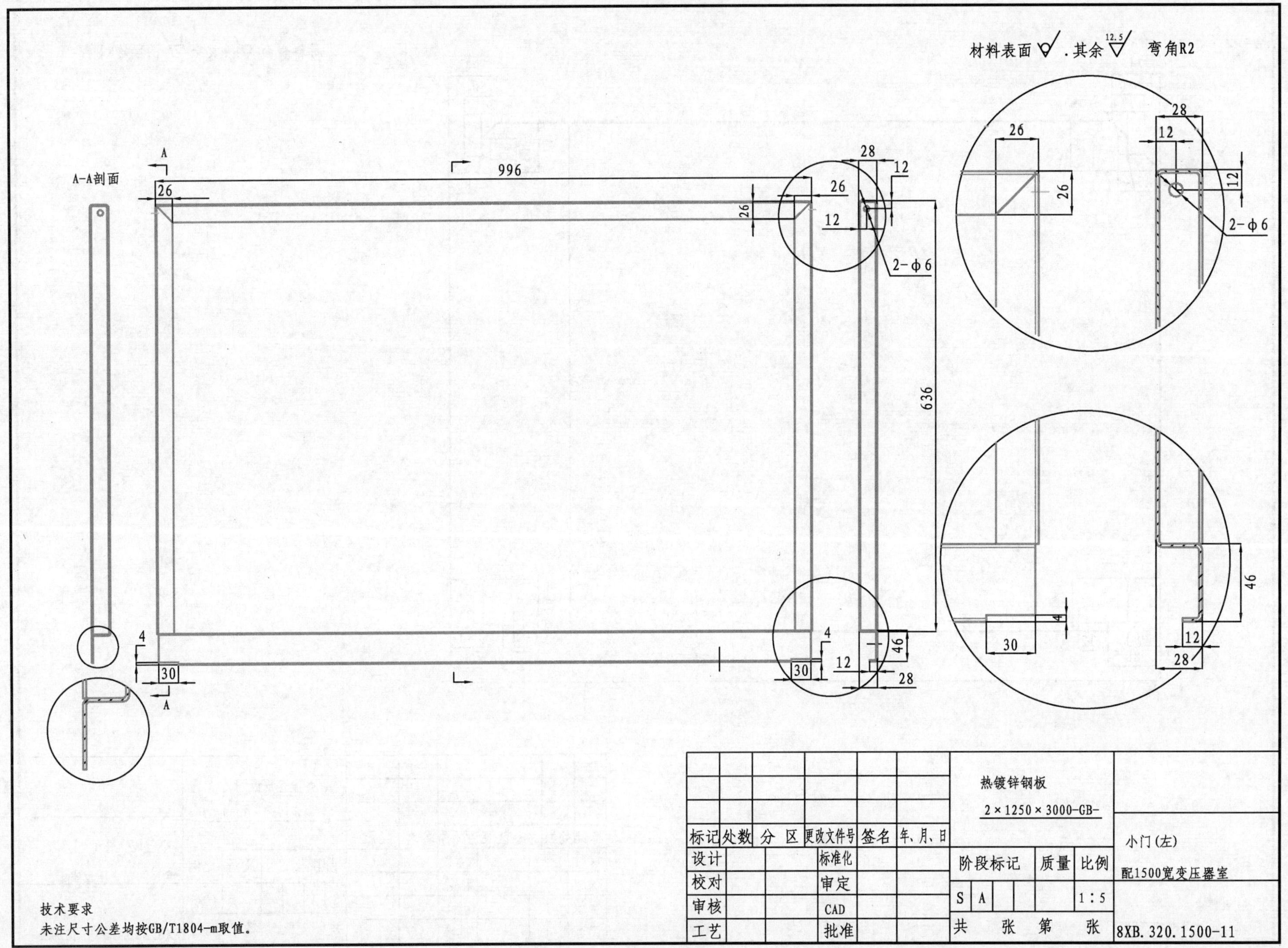
材料表面 . 其余 12.5 弯角R2
A-A剖面
A
996
26
28
12
26
26
12
2-φ6
636
4
30
A
4
30
12
46
28
28
12
26
26
12
2-φ6
46
4
30
12
28
技术要求
未注尺寸公差均按GB/T1804-m取值.
热镀锌钢板
2×1250×3000-GB-
标记 处数 分区 更改文件号 签名 年、月、日
设计 标准化
校对 审定
审核 CAD
工艺 批准
阶段标记 质量 比例
S A 1:5
共 张 第 张
小门(左)
配1500宽变压器室
8XB.320.1500-11

图3－2－130　小门（左）

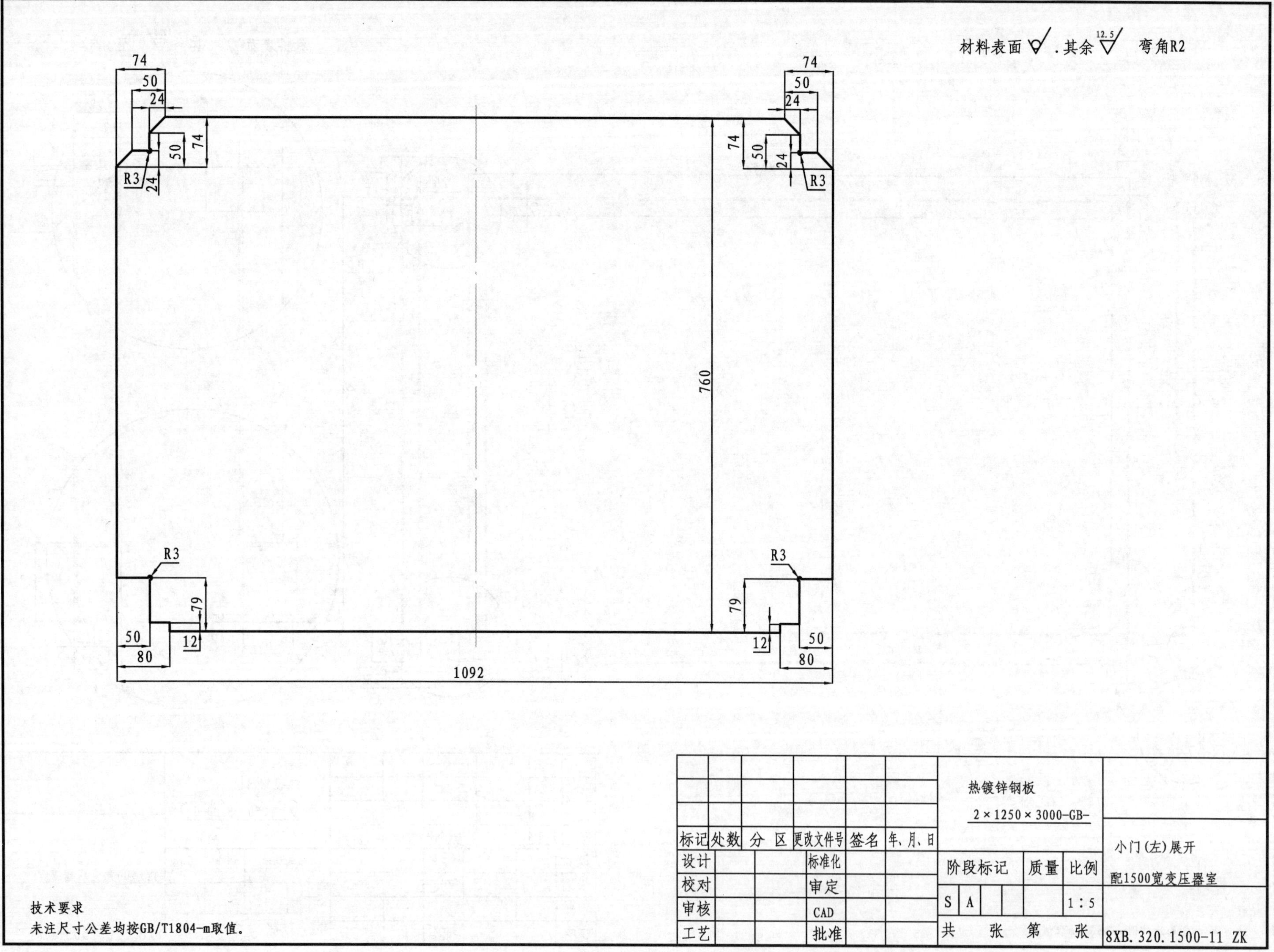

图3－2－131 小门（左）展开

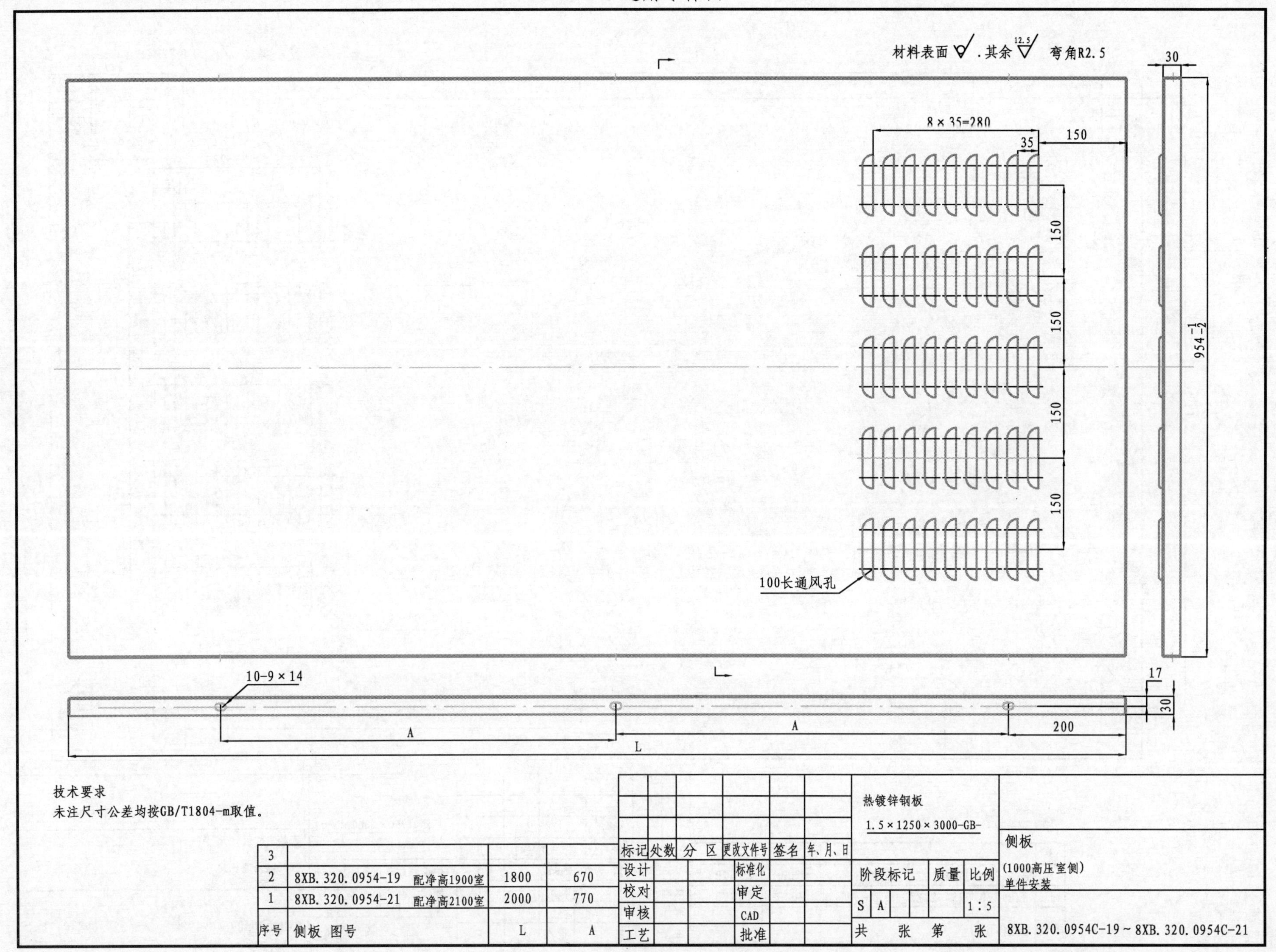

序号	侧板 图号		L	A
3				
2	8XB.320.0954-19	配净高1900室	1800	670
1	8XB.320.0954-21	配净高2100室	2000	770

图3-2-132 侧板

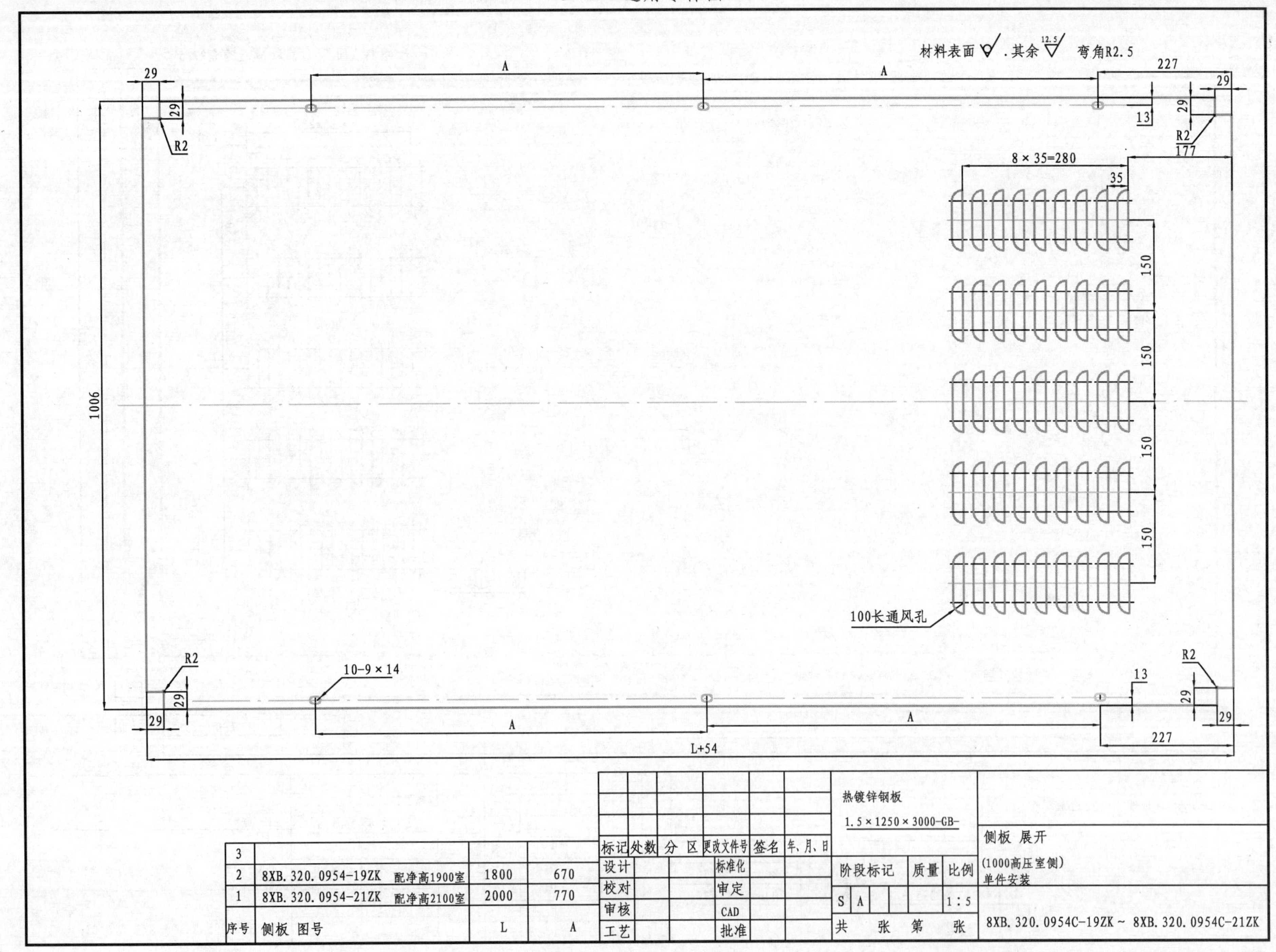

3				
2	8XB.320.0954-19ZK	配净高1900室	1800	670
1	8XB.320.0954-21ZK	配净高2100室	2000	770
序号	侧板 图号		L	A

图3-2-133 侧板展开

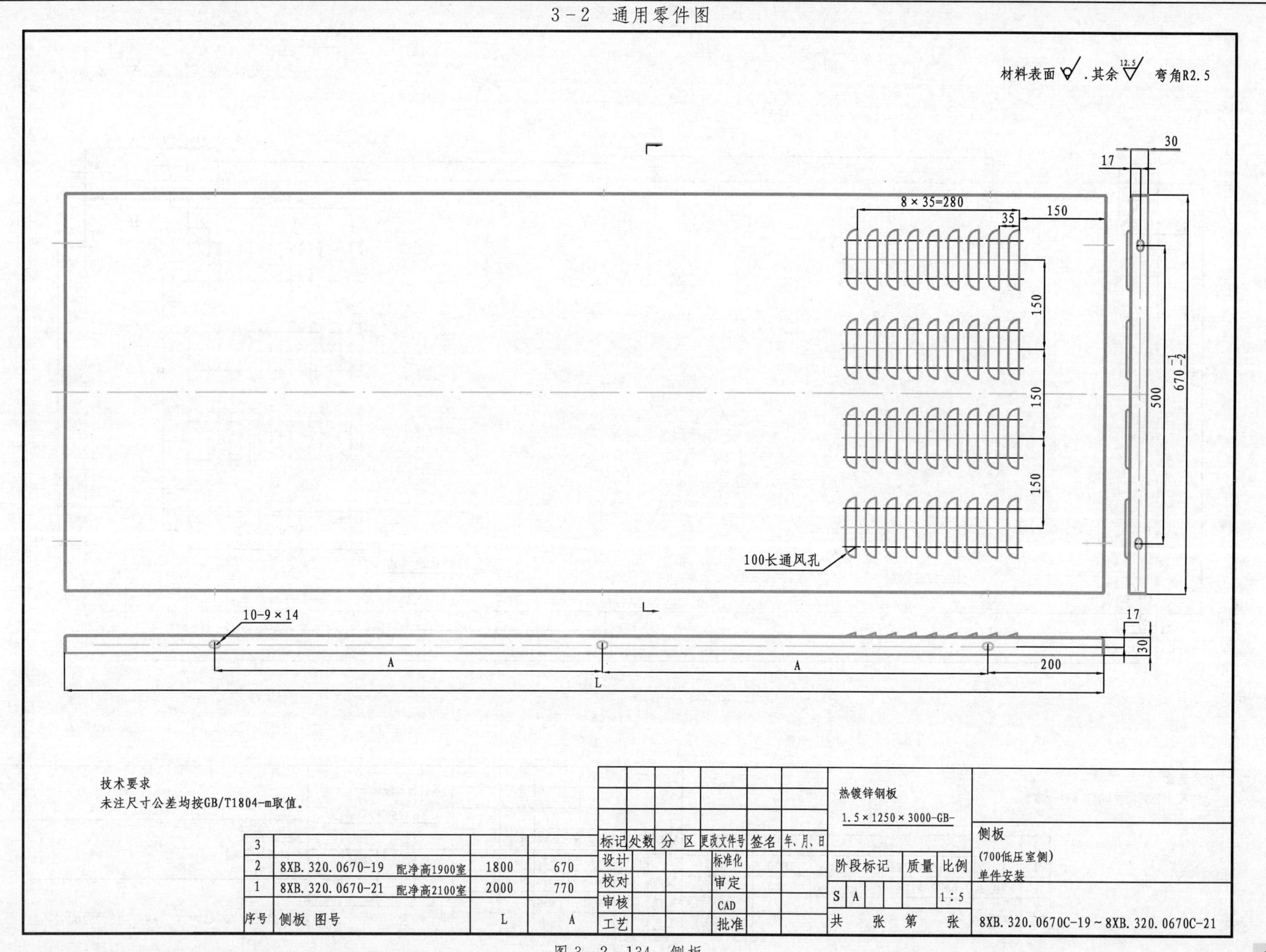
材料表面 .其余 12.5 弯角R2.5
8×35=280
35
150
30
17
150
150
150
500
670
100长通风孔
10-9×14
A
A
200
L
17
30
技术要求
未注尺寸公差均按GB/T1804-m取值。
3
2 8XB.320.0670-19 配净高1900室 1800 670
1 8XB.320.0670-21 配净高2100室 2000 770
序号 侧板 图号 L A
标记 处数 分区 更改文件号 签名 年、月、日
设计 标准化
校对 审定
审核 CAD
工艺 批准
热镀锌钢板
1.5×1250×3000-GB-
阶段标记 质量 比例
S A 1:5
共 张 第 张
侧板
(700低压室侧)
单件安装
8XB.320.0670C-19~8XB.320.0670C-21

图 3-2-134 侧板

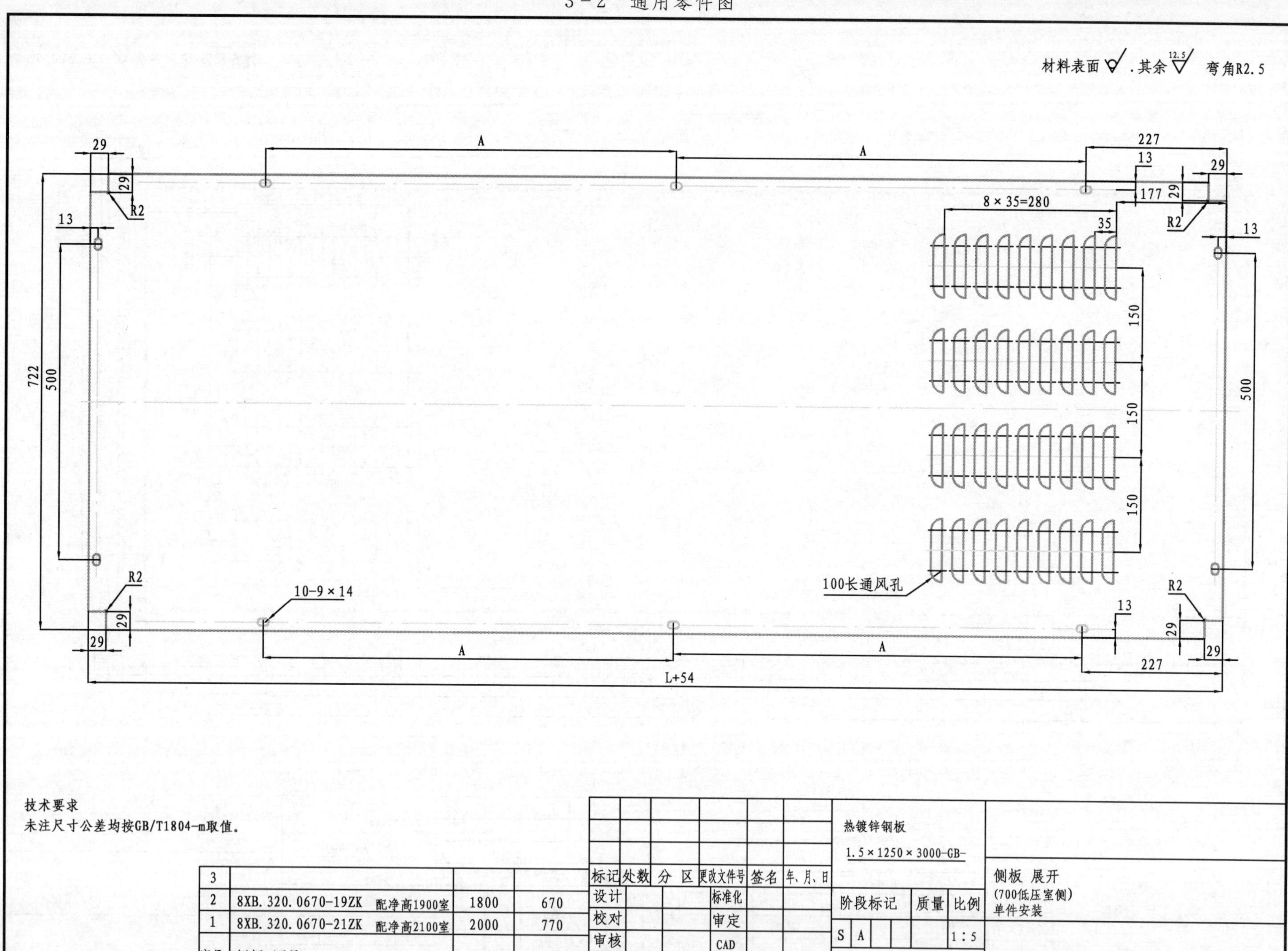
材料表面 .其余 12.5 弯角R2.5
A
A
227
13
29
29
177
29
R2
R2
8×35=280
35
13
722
500
150
150
150
500
R2
10-9×14
100长通风孔
R2
13
29
29
29
29
A
A
227
L+54
技术要求
未注尺寸公差均按GB/T1804-m取值。
3
2 8XB.320.0670-19ZK 配净高1900室 1800 670
1 8XB.320.0670-21ZK 配净高2100室 2000 770
序号 侧板 图号 L A
标记 处数 分 区 更改文件号 签名 年、月、日
设计 标准化
校对 审定
审核 CAD
工艺 批准
热镀锌钢板
1.5×1250×3000-GB-
阶段标记 质量 比例
S A 1:5
共 张 第 张
侧板 展开
(700低压室侧)
单件安装
8XB.320.0670C-19-ZK～8XB.320.0670C-21-ZK

图3－2－135　侧板展开

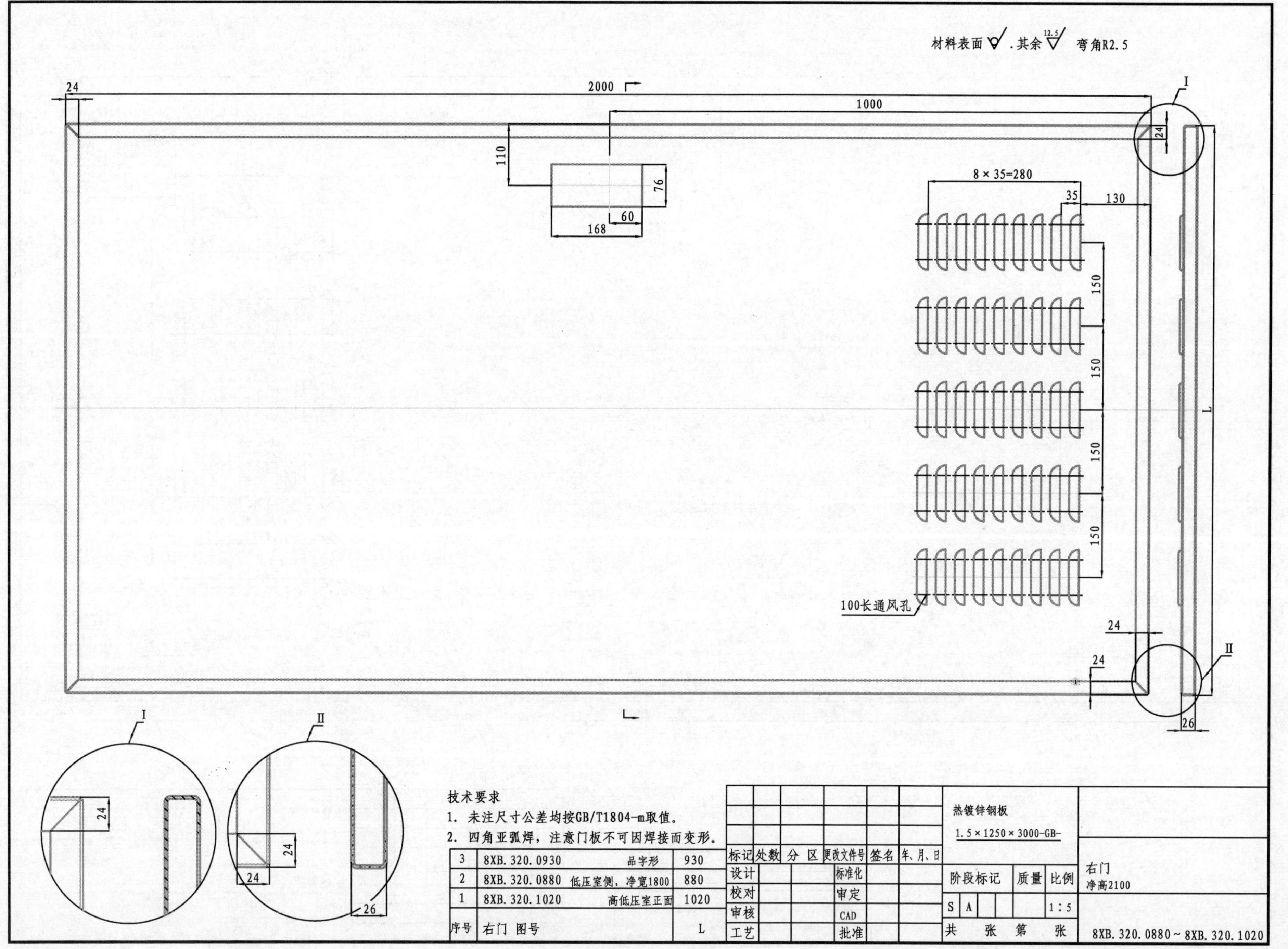
材料表面 . 其余 12.5 弯角R2.5
2000
1000
24
110
76
60
168
8×35=280
35
130
150
150
150
150
L
100长通风孔
24
24
26
I
II
技术要求
1. 未注尺寸公差均按GB/T1804-m取值。
2. 四角亚弧焊，注意门板不可因焊接而变形。
3 8XB. 320. 0930 品字形 930
2 8XB. 320. 0880 低压室侧，净宽1800 880
1 8XB. 320. 1020 高低压室正面 1020
序号 右门 图号 L
热镀锌钢板
1.5×1250×3000-GB-
标记 处数 分 区 更改文件号 签名 年、月、日
设计 标准化
校对 审定
审核 CAD
工艺 批准
阶段标记 质量 比例
S A 1:5
共 张 第 张
右门
净高2100
8XB. 320. 0880～8XB. 320. 1020

图3-2-136 右门

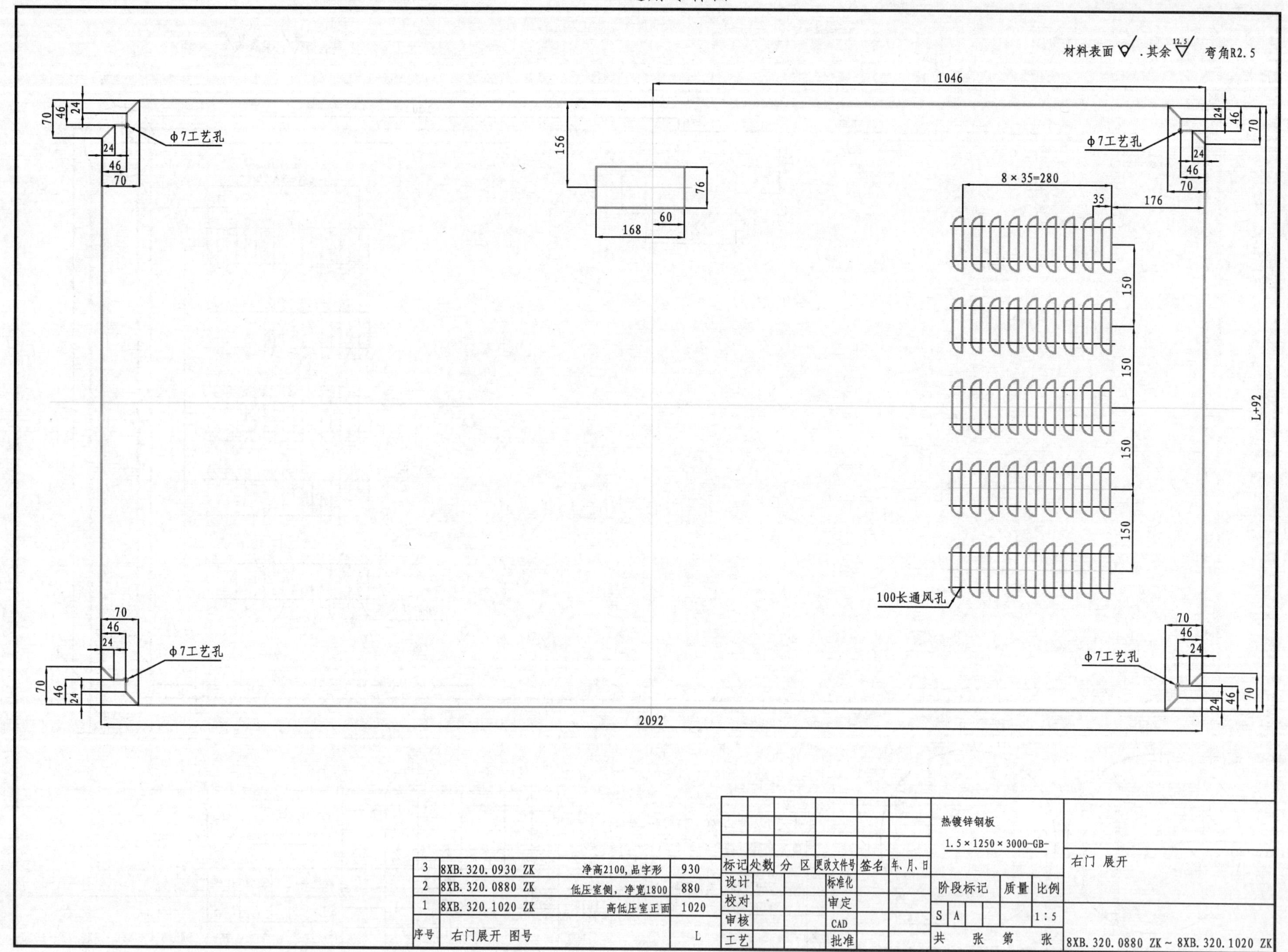

3	8XB.320.0930 ZK	净高2100,品字形	930
2	8XB.320.0880 ZK	低压室侧，净宽1800	880
1	8XB.320.1020 ZK	高低压室正面	1020
序号	右门展开 图号		L

标记	处数	分 区	更改文件号	签名	年、月、日
设计			标准化		
校对			审定		
审核			CAD		
工艺			批准		

阶段标记				质量	比例
S	A				1:5
共	张	第	张		

8XB.320.0880 ZK～8XB.320.1020 ZK

图3－2－137　右门展开

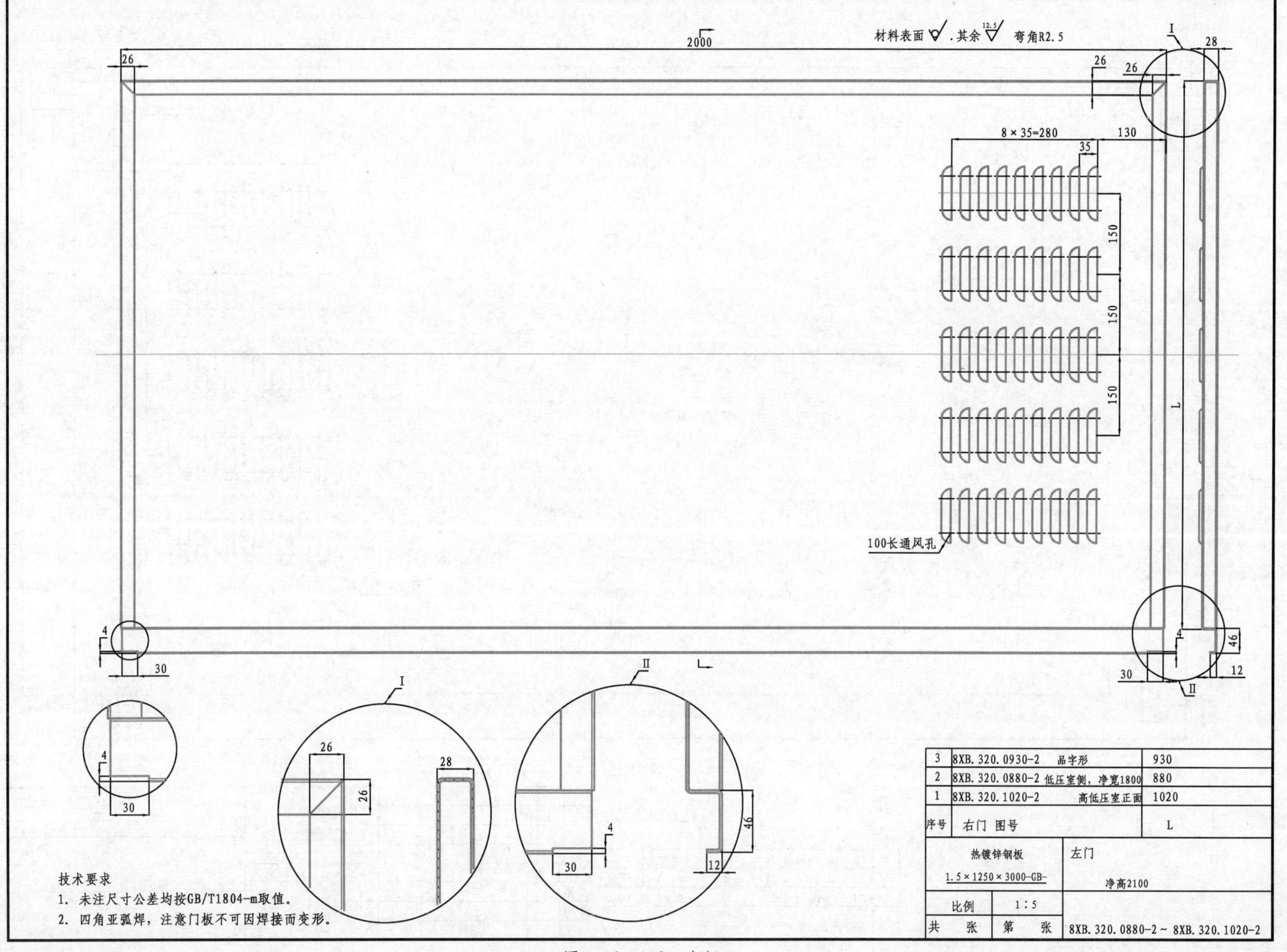

材料表面
.其余
12.5
弯角R2.5
2000
26
28
8×35=280
35
130
150
150
150
L
100长通风孔
4
30
46
12
I
II
技术要求
1. 未注尺寸公差均按GB/T1804-m取值。
2. 四角亚弧焊，注意门板不可因焊接而变形。
3 8XB.320.0930-2 品字形 930
2 8XB.320.0880-2 低压室侧，净宽1800 880
1 8XB.320.1020-2 高低压室正面 1020
序号 右门 图号 L
热镀锌钢板
1.5×1250×3000-GB-
左门
净高2100
比例 1:5
共 张 第 张
8XB.320.0880-2～8XB.320.1020-2

图3－2－138 左门

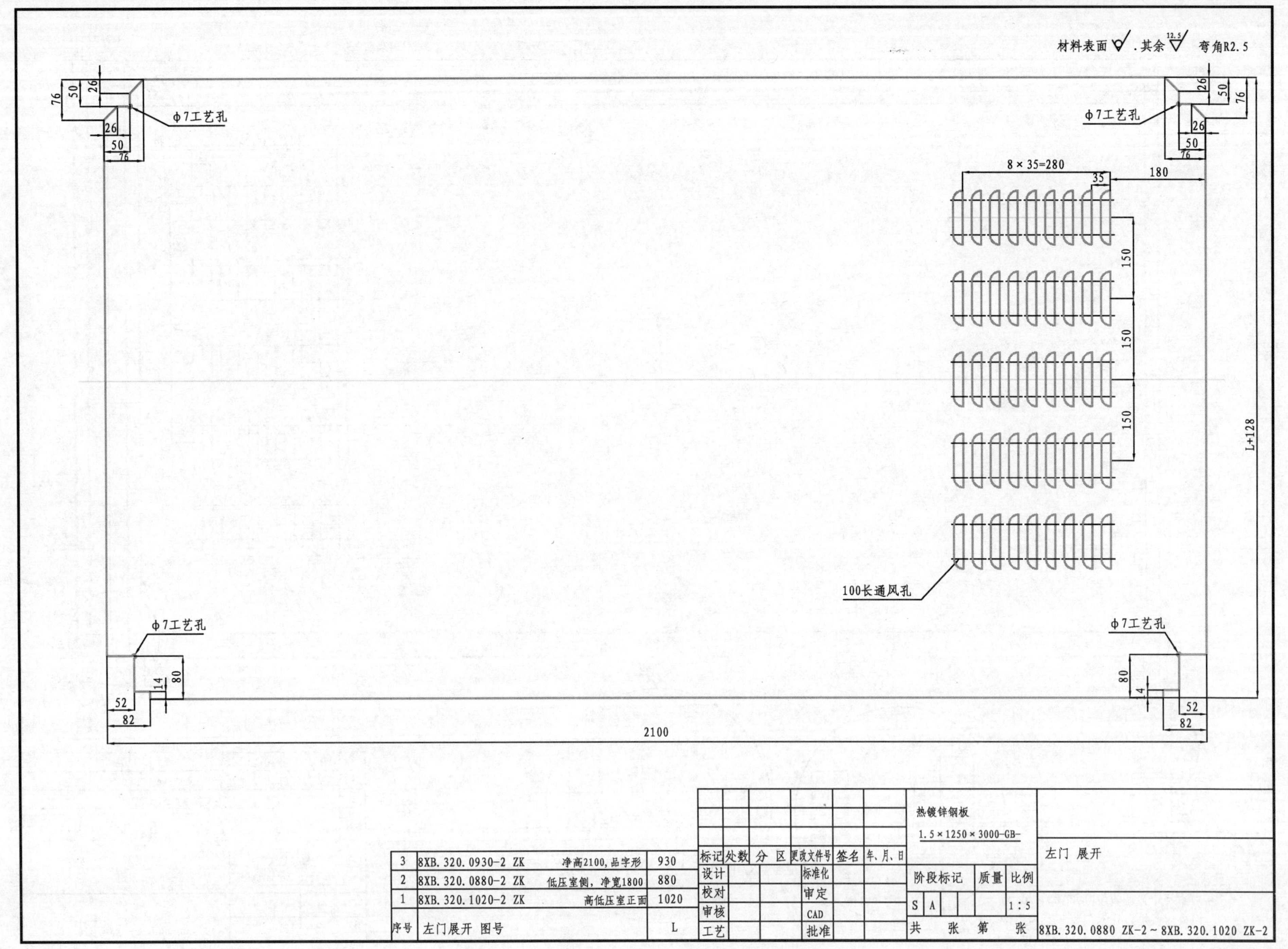

序号	左门展开 图号		L
3	8XB.320.0930-2 ZK	净高2100，品字形	930
2	8XB.320.0880-2 ZK	低压室侧，净宽1800	880
1	8XB.320.1020-2 ZK	高低压室正面	1020

图 3－2－139　左门展开

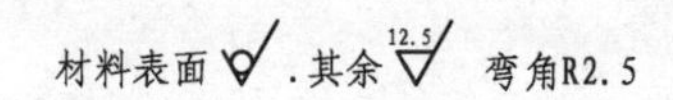

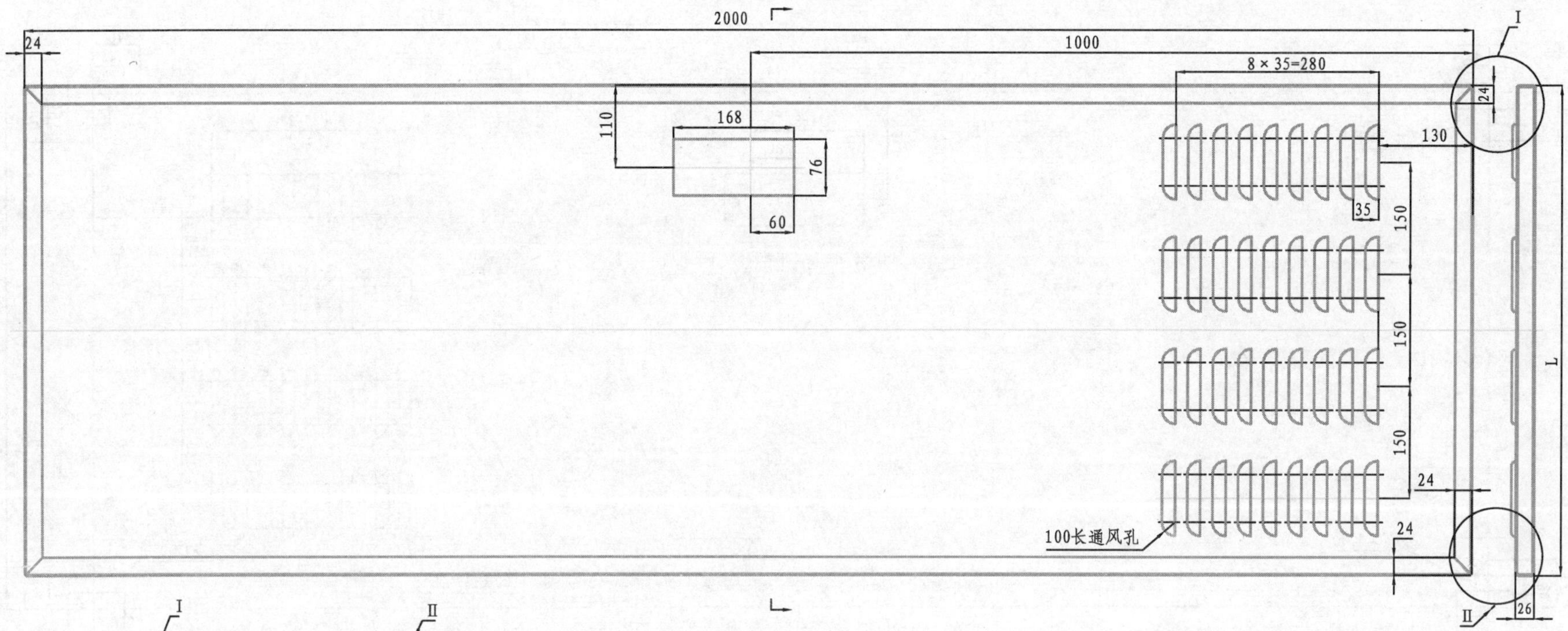

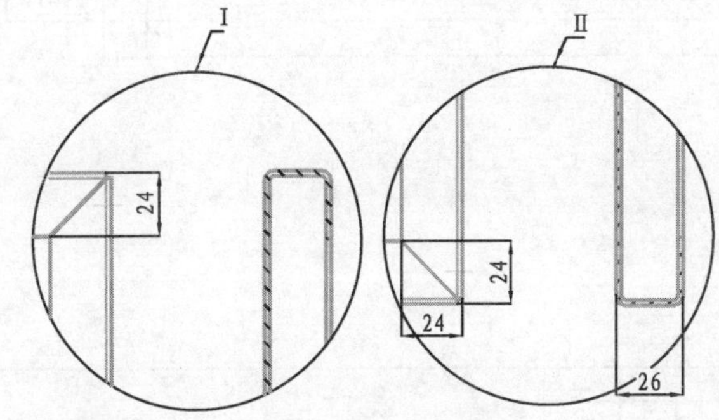

技术要求
1. 未注尺寸公差均按GB/T1804-m取值。
2. 四角亚弧焊，注意门板不可因焊接而变形。

序号	项1 右门 图号		L
6	8XB. 320. 0650	净高2100，品字形	650
5	8XB. 320. 0760	净高2100，品字形	760
4	8XB. 320. 0774	净高2100，品字形	774
3	8XB. 320. 0580	低压室侧，净宽1200	580
2	8XB. 320. 0680	低压室侧，净宽1400	680
1	8XB. 320. 0780	低压室侧，净宽1600	780

标记	处数	分 区	更改文件号	签名	年、月、日
设计			标准化		
校对			审定		
审核			CAD		
工艺			批准		

热镀锌钢板
1.5×1250×3000-GB-

阶段标记			质量	比例
S	A			1∶5
共 张	第 张			

右门

8XB. 320. 0580～8XB. 320. 0780

图3－2－140　右门

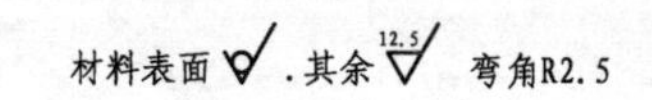

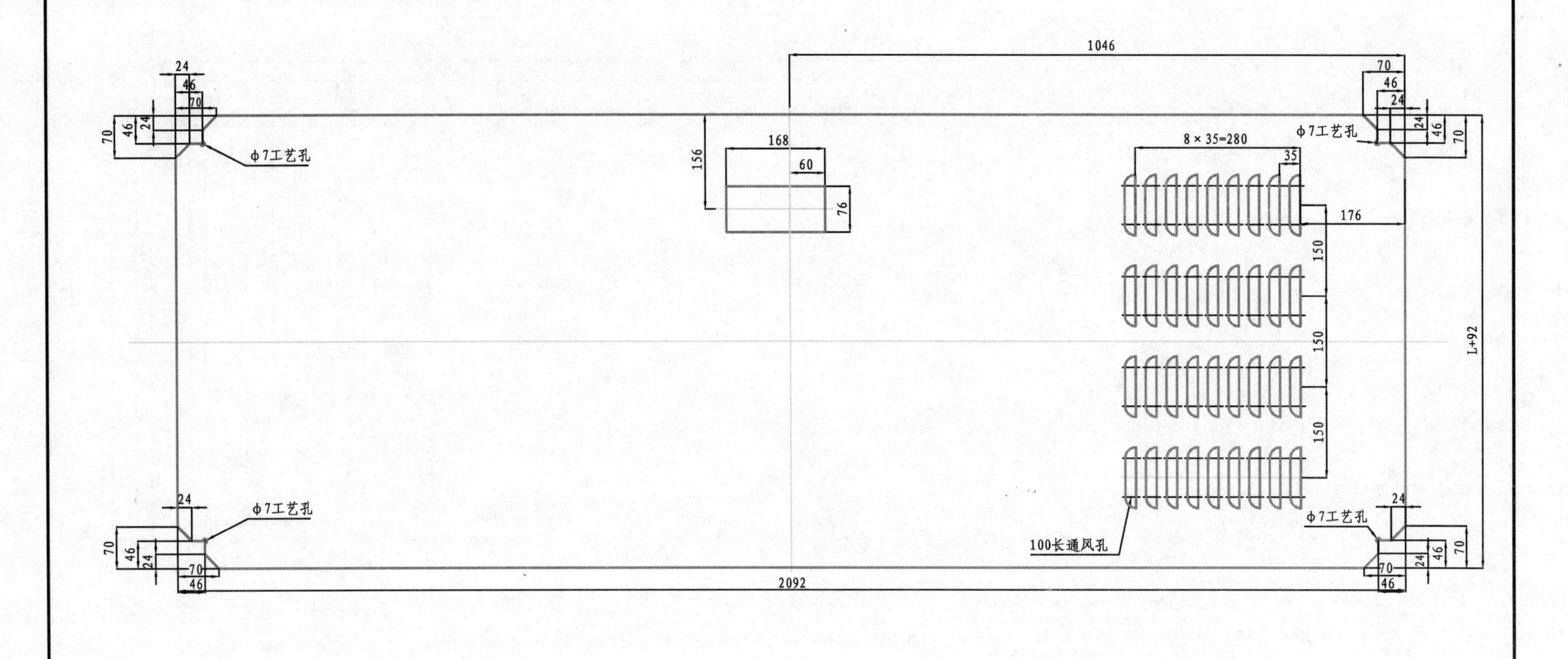

6	8XB.320.0650 ZK	净高2100，品字形	650
5	8XB.320.0760 ZK	净高2100，品字形	760
4	8XB.320.0774 ZK	净高2100，品字形	774
3	8XB.320.0580 ZK	低压室侧，净宽1200	580
2	8XB.320.0680 ZK	低压室侧，净宽1400	680
1	8XB.320.0780 ZK	低压室侧，净宽1600	780
序号	项1 右门 图号		L

标记	处数	分区	更改文件号	签名	年、月、日	热镀锌钢板 1.5×1250×3000-GB-			
设计			标准化			阶段标记	质量	比例	右门展开
校对			审定			S A		1∶5	
审核			CAD			共 张 第 张			8XB.320.0580 ZK～8XB.320.0780 ZK
工艺			批准						

图3－2－141　右门展开

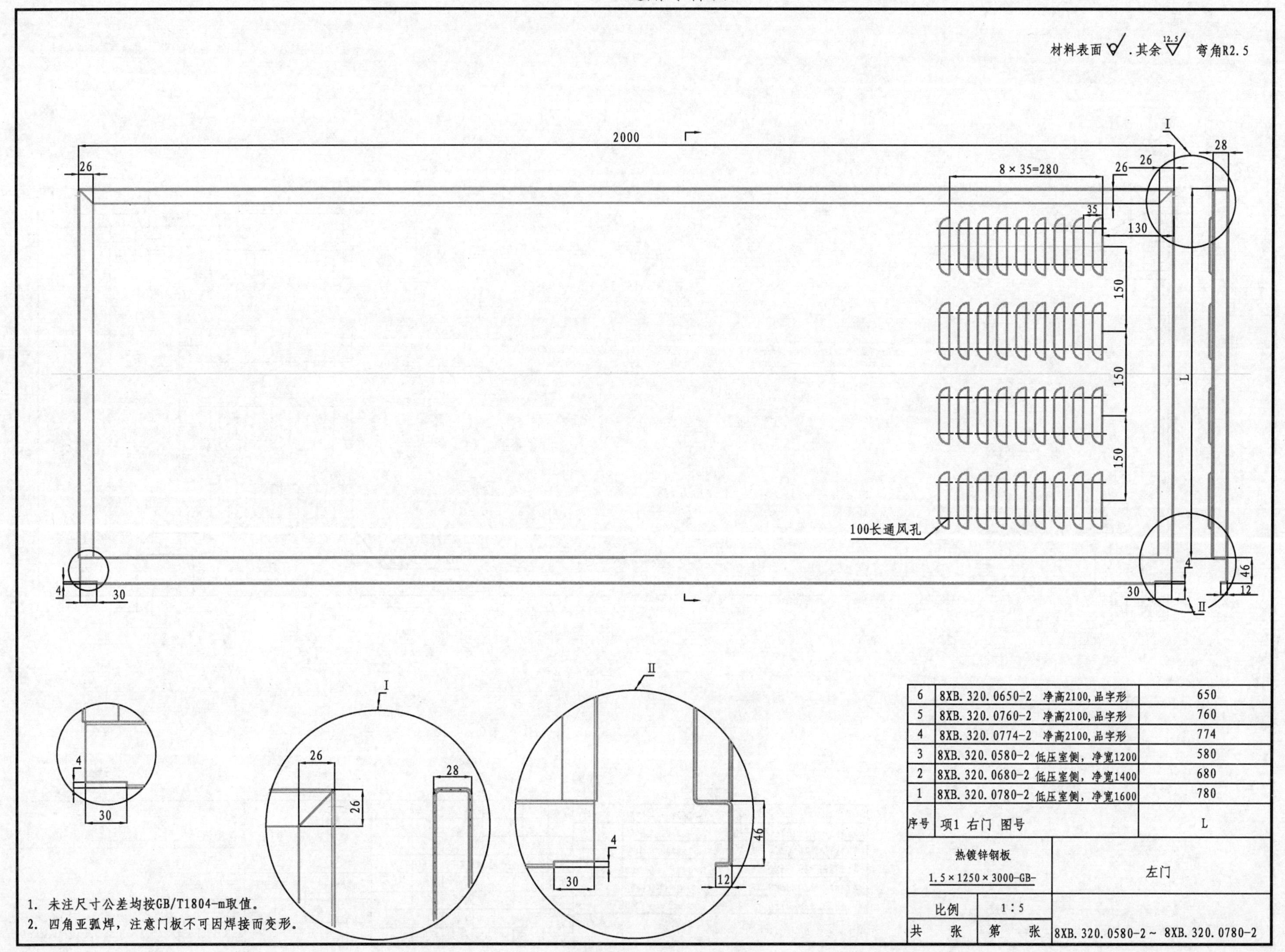

序号	项1 右门 图号	L
6	8XB.320.0650-2 净高2100,品字形	650
5	8XB.320.0760-2 净高2100,品字形	760
4	8XB.320.0774-2 净高2100,品字形	774
3	8XB.320.0580-2 低压室侧，净宽1200	580
2	8XB.320.0680-2 低压室侧，净宽1400	680
1	8XB.320.0780-2 低压室侧，净宽1600	780

热镀锌钢板 1.5×1250×3000-GB-	左门
比例 1∶5	
共 张 第 张	8XB.320.0580-2～8XB.320.0780-2

图3－2－142 左门

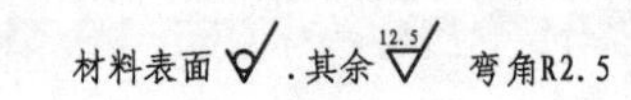

序号	项1 左门 图号		L
6	8XB. 320. 0650 ZK-2	净高2100，品字形	650
5	8XB. 320. 0760 ZK-2	净高2100，品字形	760
4	8XB. 320. 0774 ZK-2	净高2100，品字形	774
3	8XB. 320. 0580 ZK-2	低压室侧，净宽1200	
2	8XB. 320. 0680 ZK-2	低压室侧，净宽1400	
1	8XB. 320. 0780 ZK-2	低压室侧，净宽1600	

标记	处数	分区	更改文件号	签名	年、月、日	热镀锌钢板 1.5×1250×3000-GB-	
设计			标准化			阶段标记 质量 比例	左门展开
校对			审定			S A　1:5	
审核			CAD				
工艺			批准			共　张　第　张	8XB. 320. 0580 ZK-2～8XB. 320. 0780 ZK-2

图3－2－143　左门展开

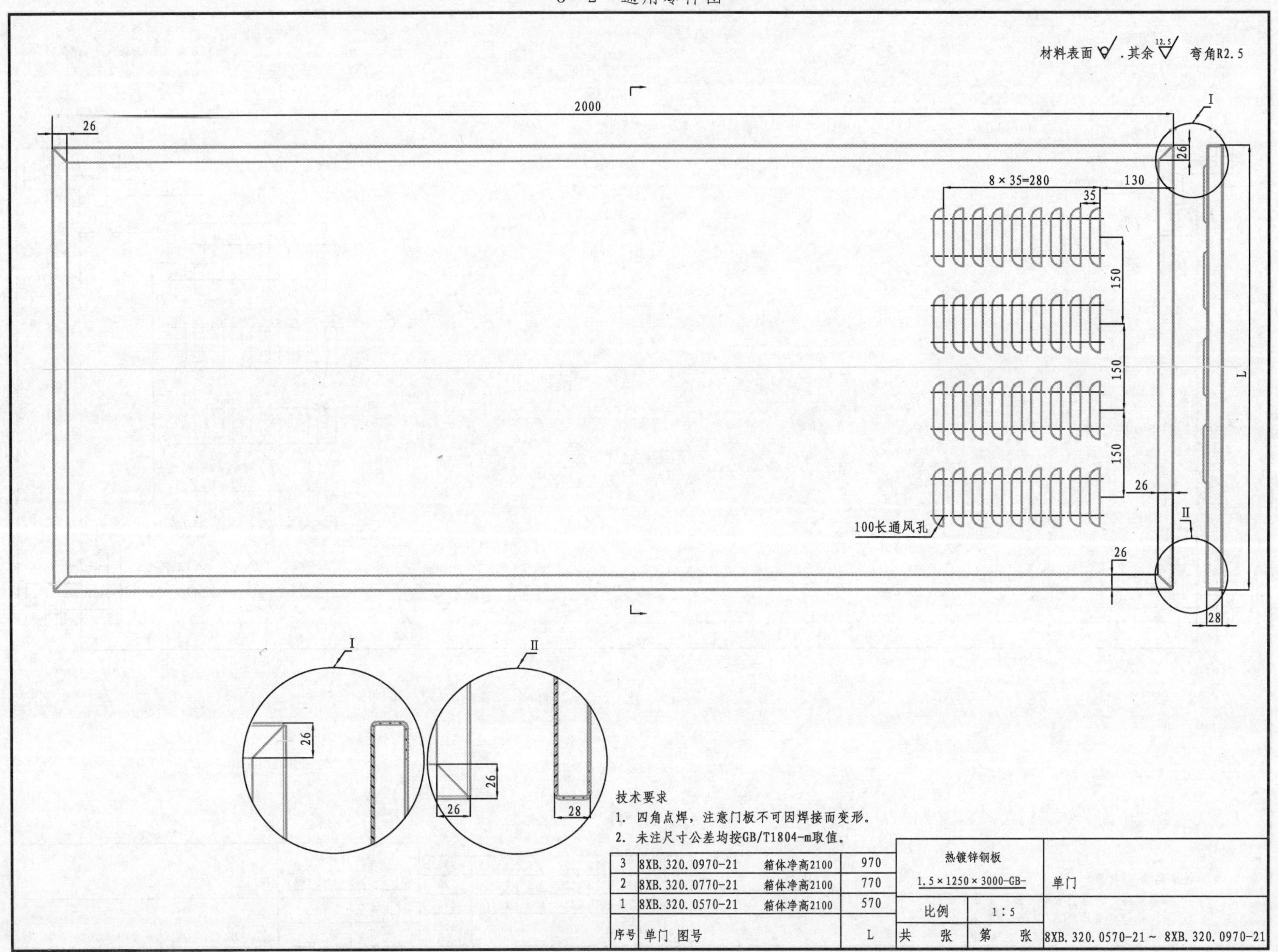

技术要求

1. 四角点焊，注意门板不可因焊接而变形。
2. 未注尺寸公差均按GB/T1804-m取值。

序号	单门 图号		L	热镀锌钢板 1.5×1250×3000-GB-		单门
3	8XB.320.0970-21	箱体净高2100	970			
2	8XB.320.0770-21	箱体净高2100	770			
1	8XB.320.0570-21	箱体净高2100	570	比例	1:5	
				共 张	第 张	8XB.320.0570-21～8XB.320.0970-21

图3－2－144 单门

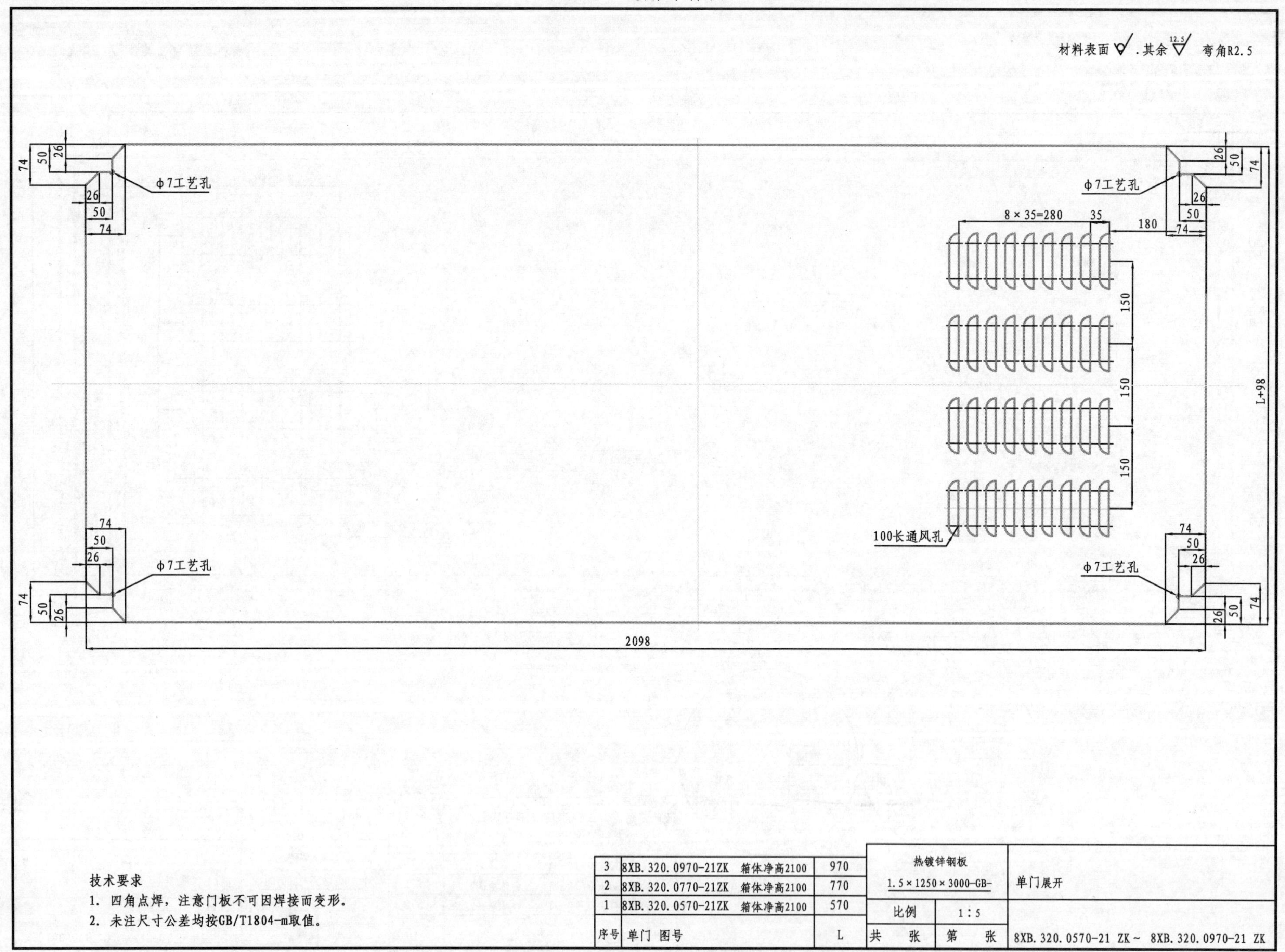

技术要求

1. 四角点焊，注意门板不可因焊接面变形。
2. 未注尺寸公差均按GB/T1804-m取值。

序号	单门 图号		L
3	8XB.320.0970-21ZK	箱体净高2100	970
2	8XB.320.0770-21ZK	箱体净高2100	770
1	8XB.320.0570-21ZK	箱体净高2100	570

热镀锌钢板 1.5×1250×3000-GB-		单门展开
比例	1:5	
共 张	第 张	8XB.320.0570-21 ZK~ 8XB.320.0970-21 ZK

图3-2-145 单门展开

材料表面 . 其余 12.5 弯角R2.5

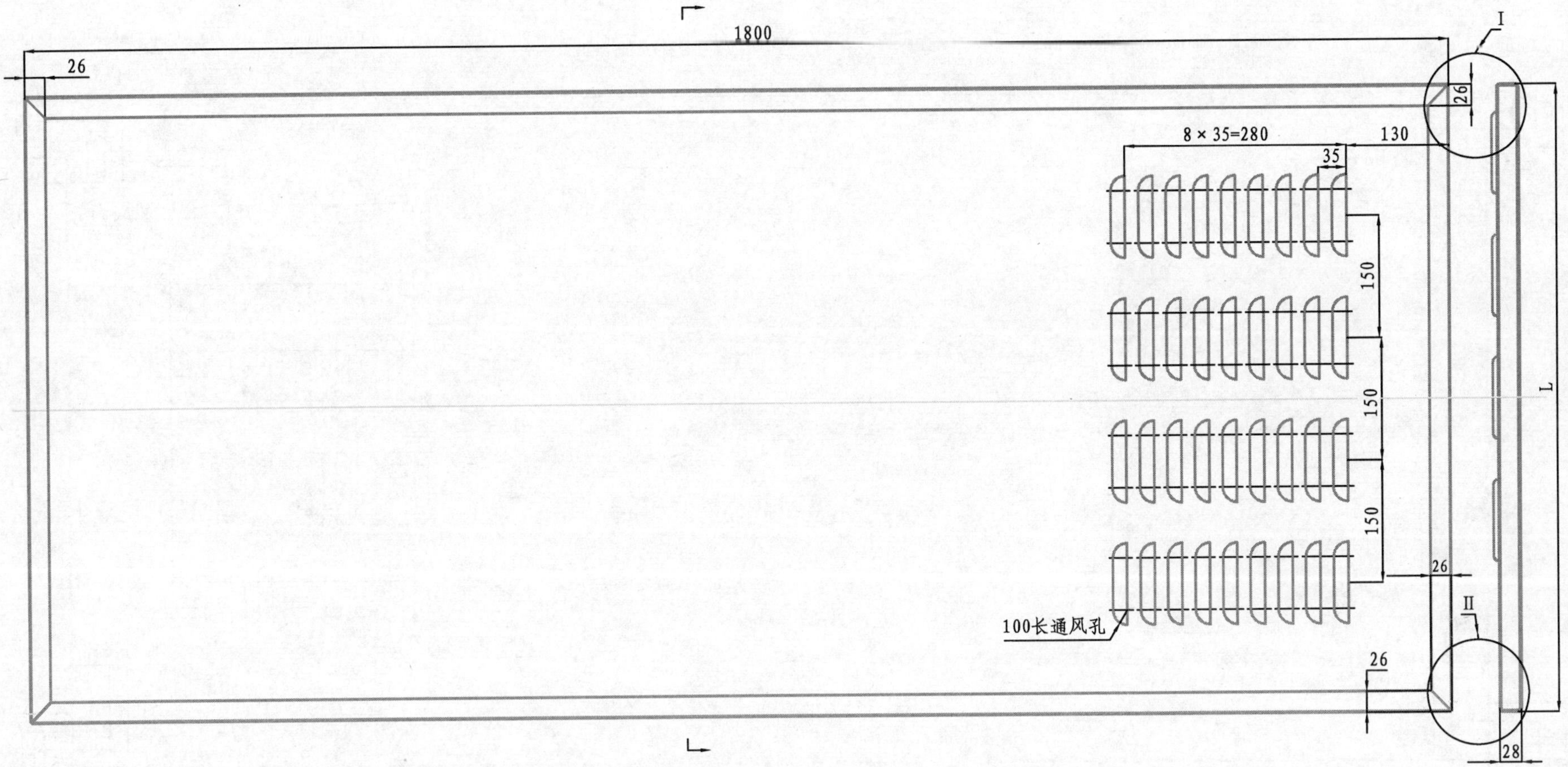

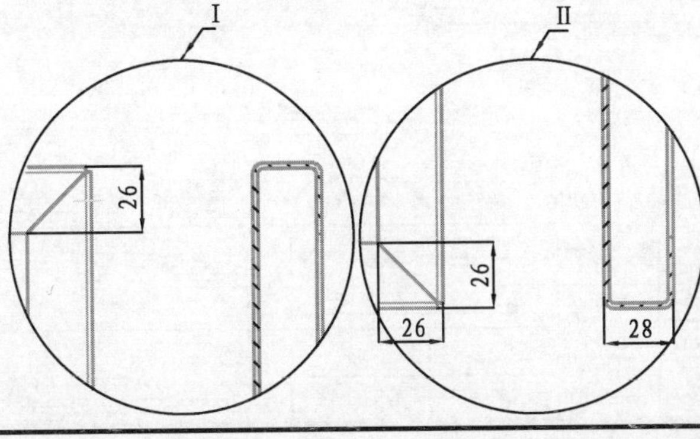

1800
26
8×35=280
130
35
150
150
150
26
26
28
L
I
II
100长通风孔

I
26
26
26

II
28

技术要求

1. 四角点焊，注意门板不可因焊接而变形。
2. 未注尺寸公差均按GB/T1804-m取值。

3	8XB.320.0970-19	箱体净高1900	970
2	8XB.320.0770-19	箱体净高1900	770
1	8XB.320.0570-19	箱体净高1900	570
序号	单门 图号		L

热镀锌钢板 1.5×1250×3000-GB-				单门
比例		1:5		
共	张	第	张	8XB.320.0570-19~8XB.320.0970-19

图3-2-146 单门

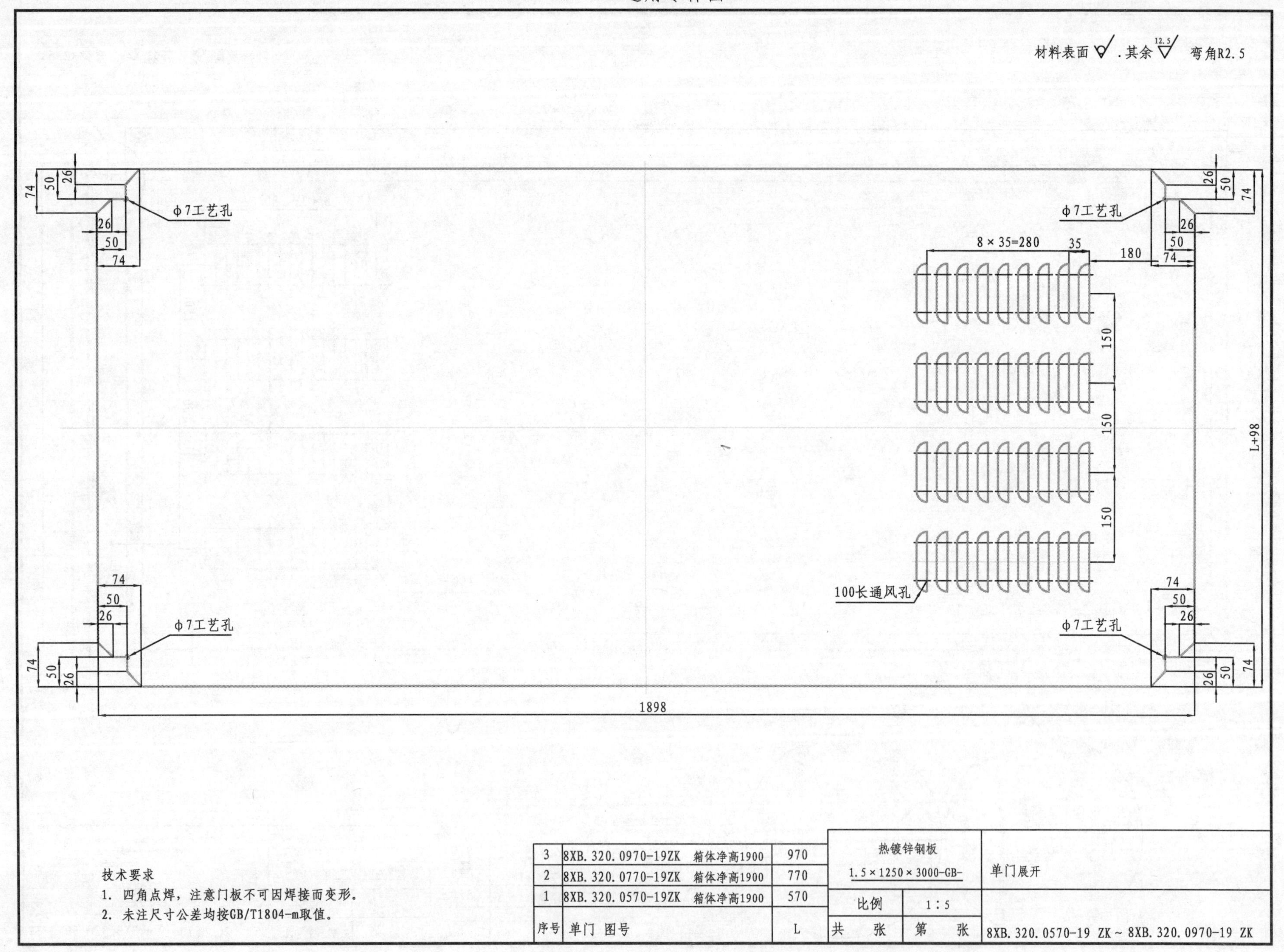

3	8XB.320.0970-19ZK 箱体净高1900	970	热镀锌钢板 1.5×1250×3000-GB-		单门展开
2	8XB.320.0770-19ZK 箱体净高1900	770			
1	8XB.320.0570-19ZK 箱体净高1900	570	比例	1:5	
序号	单门 图号	L	共 张	第 张	8XB.320.0570-19 ZK～8XB.320.0970-19 ZK

图 3-2-147 单门展开

材料表面 . 其余 12.5 弯角R2.5

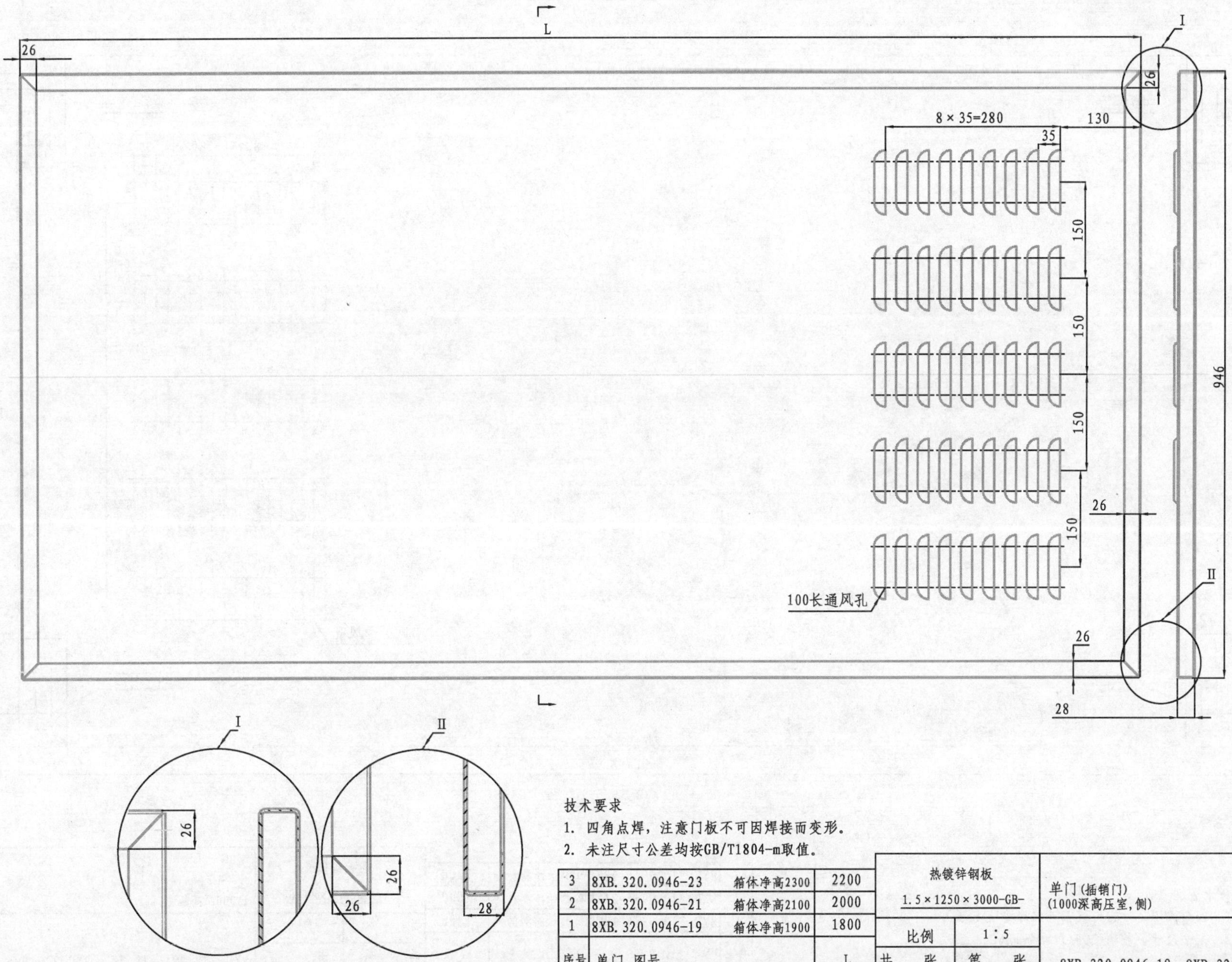

技术要求

1. 四角点焊，注意门板不可因焊接而变形。
2. 未注尺寸公差均按GB/T1804-m取值。

3	8XB. 320. 0946-23	箱体净高2300	2200	热镀锌钢板 1.5×1250×3000-GB-	单门（插销门）（1000深高压室，侧）
2	8XB. 320. 0946-21	箱体净高2100	2000		
1	8XB. 320. 0946-19	箱体净高1900	1800	比例 1:5	
序号	单门 图号		L	共 张 第 张	8XB. 320. 0946-19～8XB. 320. 0956-23

图3-2-148 单门

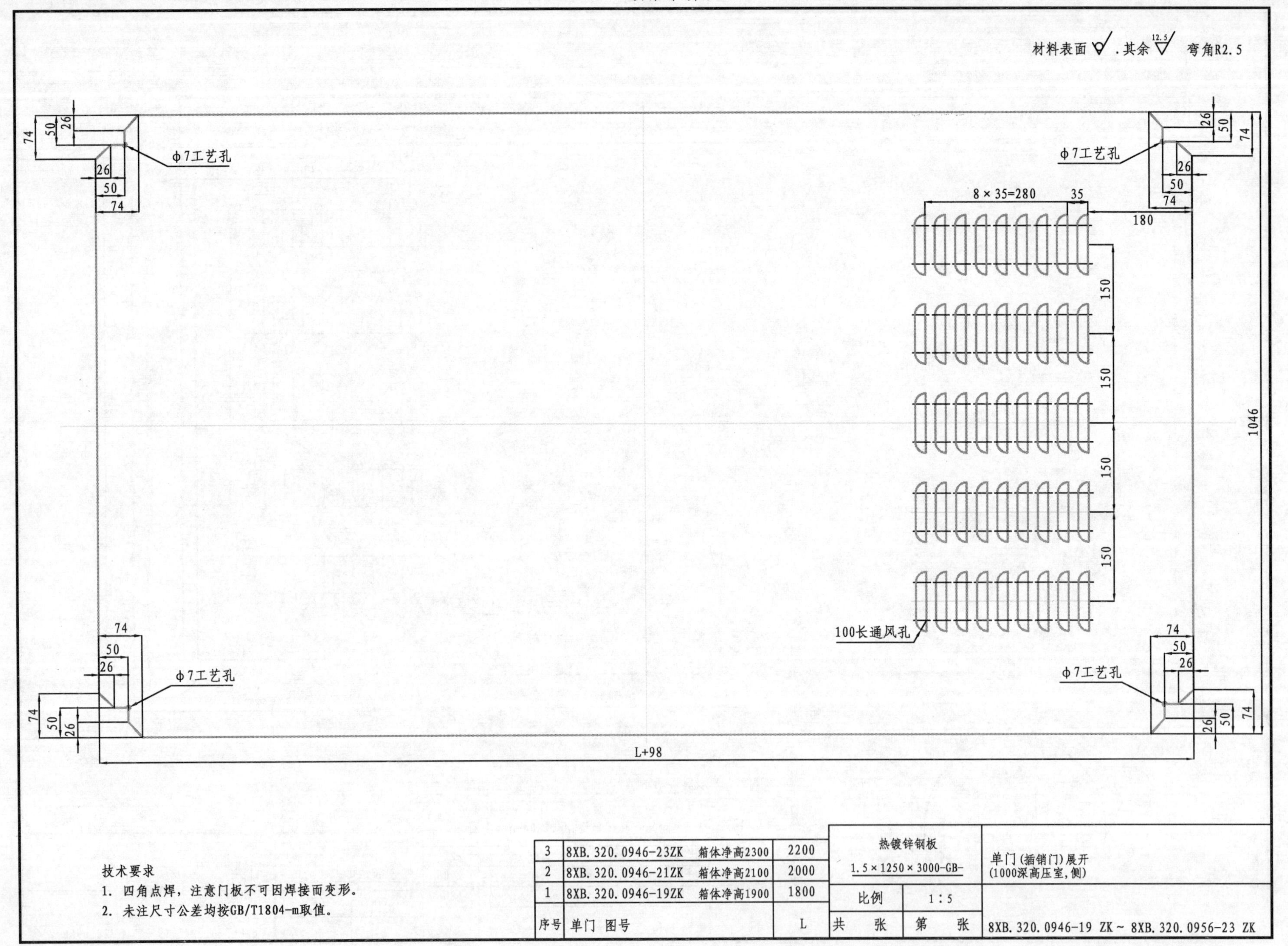

技术要求

1. 四角点焊，注意门板不可因焊接而变形。
2. 未注尺寸公差均按GB/T1804-m取值。

序号	单门 图号		L
3	8XB.320.0946-23ZK	箱体净高2300	2200
2	8XB.320.0946-21ZK	箱体净高2100	2000
1	8XB.320.0946-19ZK	箱体净高1900	1800

热镀锌钢板 1.5×1250×3000-GB-		单门(插销门)展开 (1000深高压室,侧)
比例	1:5	
共 张	第 张	8XB.320.0946-19 ZK~8XB.320.0956-23 ZK

图3-2-149 单门展开

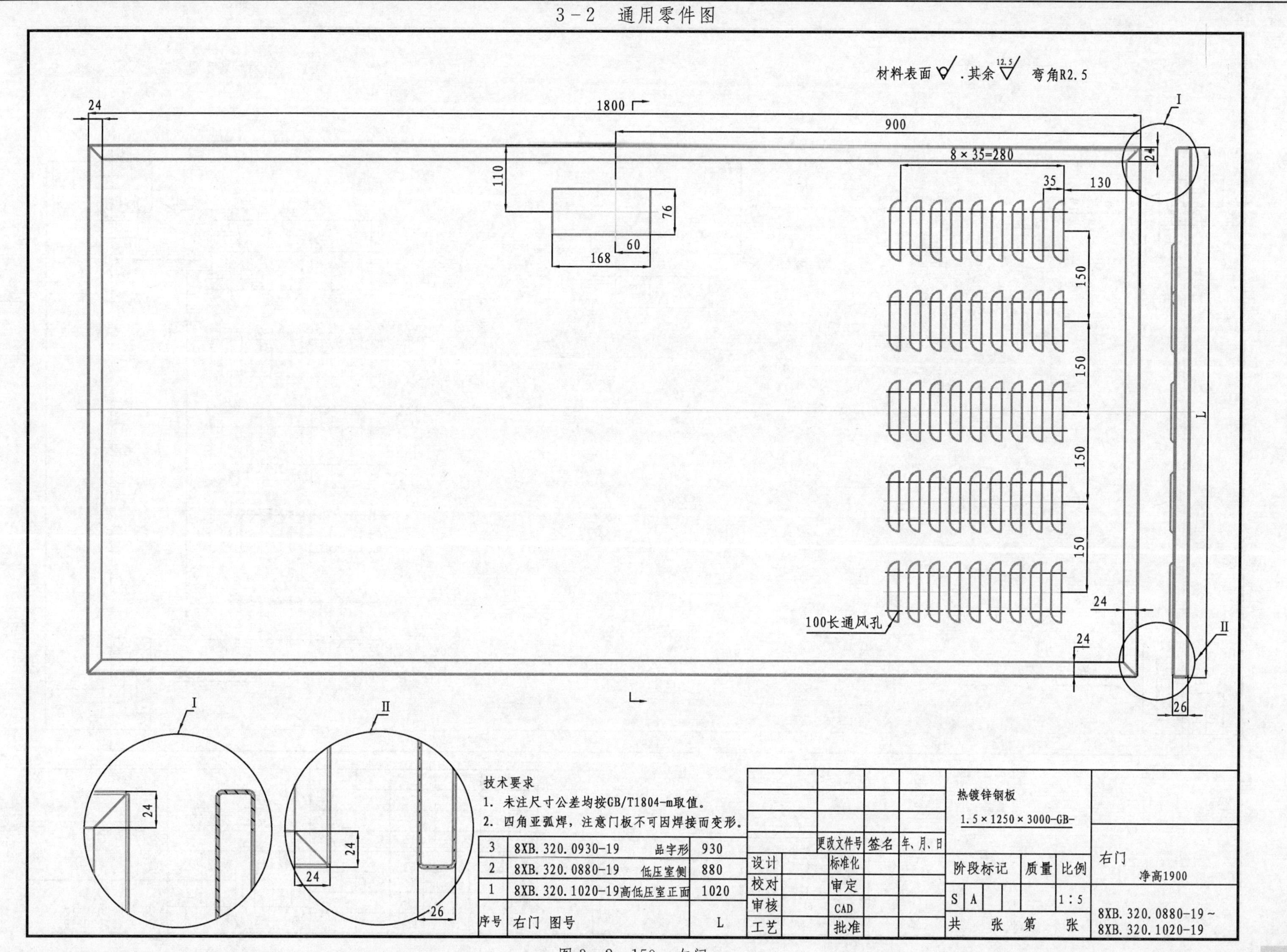

序号	右门 图号		L
3	8XB.320.0930-19	品字形	930
2	8XB.320.0880-19	低压室侧	880
1	8XB.320.1020-19	高低压室正面	1020

		更改文件号	签名	年、月、日	热镀锌钢板 1.5×1250×3000-GB-			右门 净高1900
设计		标准化			阶段标记	质量	比例	
校对		审定			S A		1:5	
审核		CAD						8XB.320.0880-19～8XB.320.1020-19
工艺		批准			共 张 第 张			

图3－2－150　右门

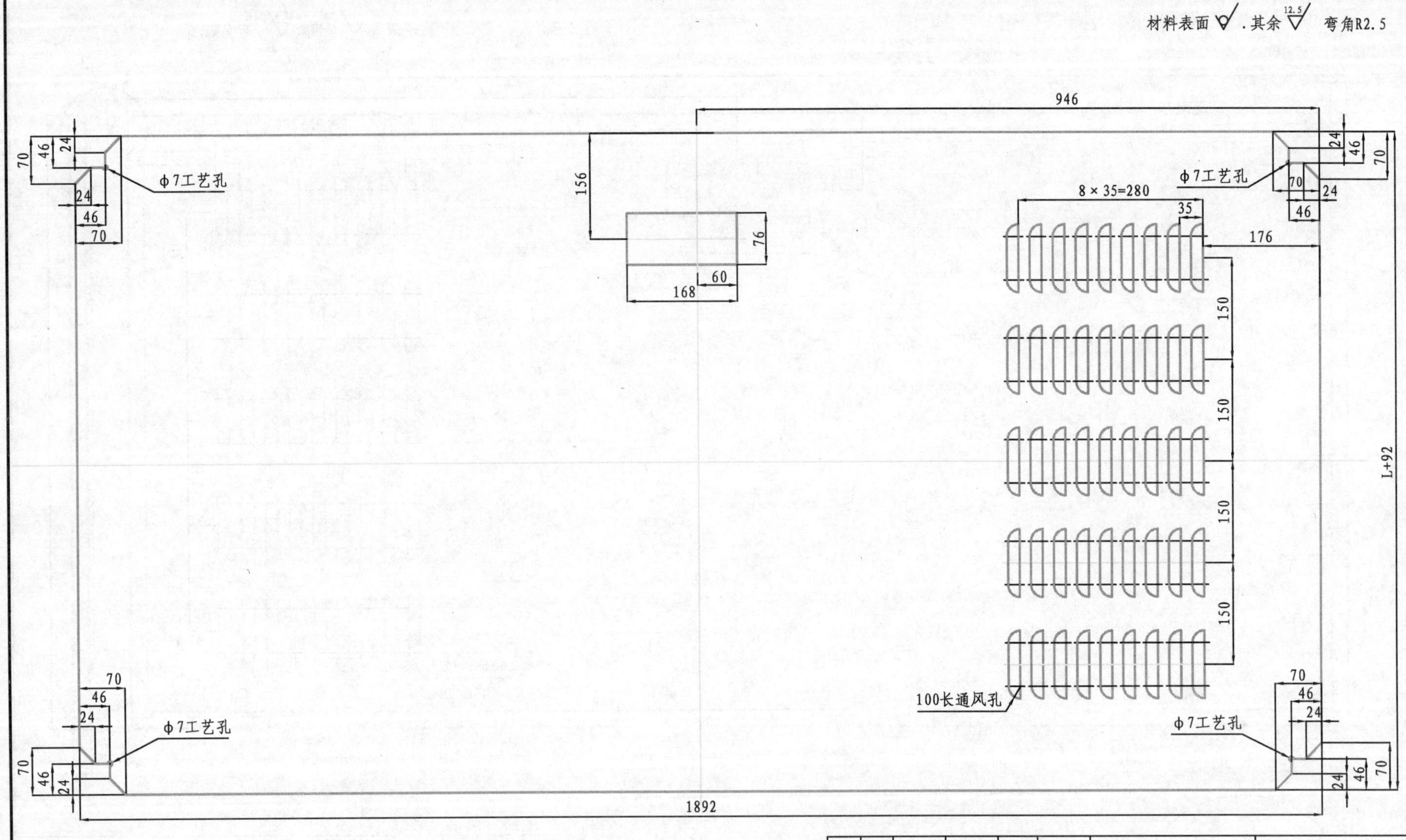

材料表面 ∀ . 其余 12.5∇ 弯角R2.5

946

156

76

60

168

8×35=280

35

176

ϕ7工艺孔

70 46 24

24 46 70

150

150

150

150

L+92

100长通风孔

1892

3	8XB. 320. 0930 ZK	净高2100，品字形	930
2	8XB. 320. 0880 ZK	低压室侧，净宽1800	880
1	8XB. 320. 1020 ZK	高低压室正面	1020
序号	右门展开 图号		L

						热镀锌钢板 1.5×1250×3000-GB-			右门 展开
标记	处数	分 区	更改文件号	签名	年、月、日				
设计			标准化			阶段标记	质量	比例	
校对			审定			S A		1:5	
审核			CAD						8XB. 320. 0880-19 ZK～ 8XB. 320. 1020-19 ZK
工艺			批准			共 张 第 张			

图3－2－151 右门展开

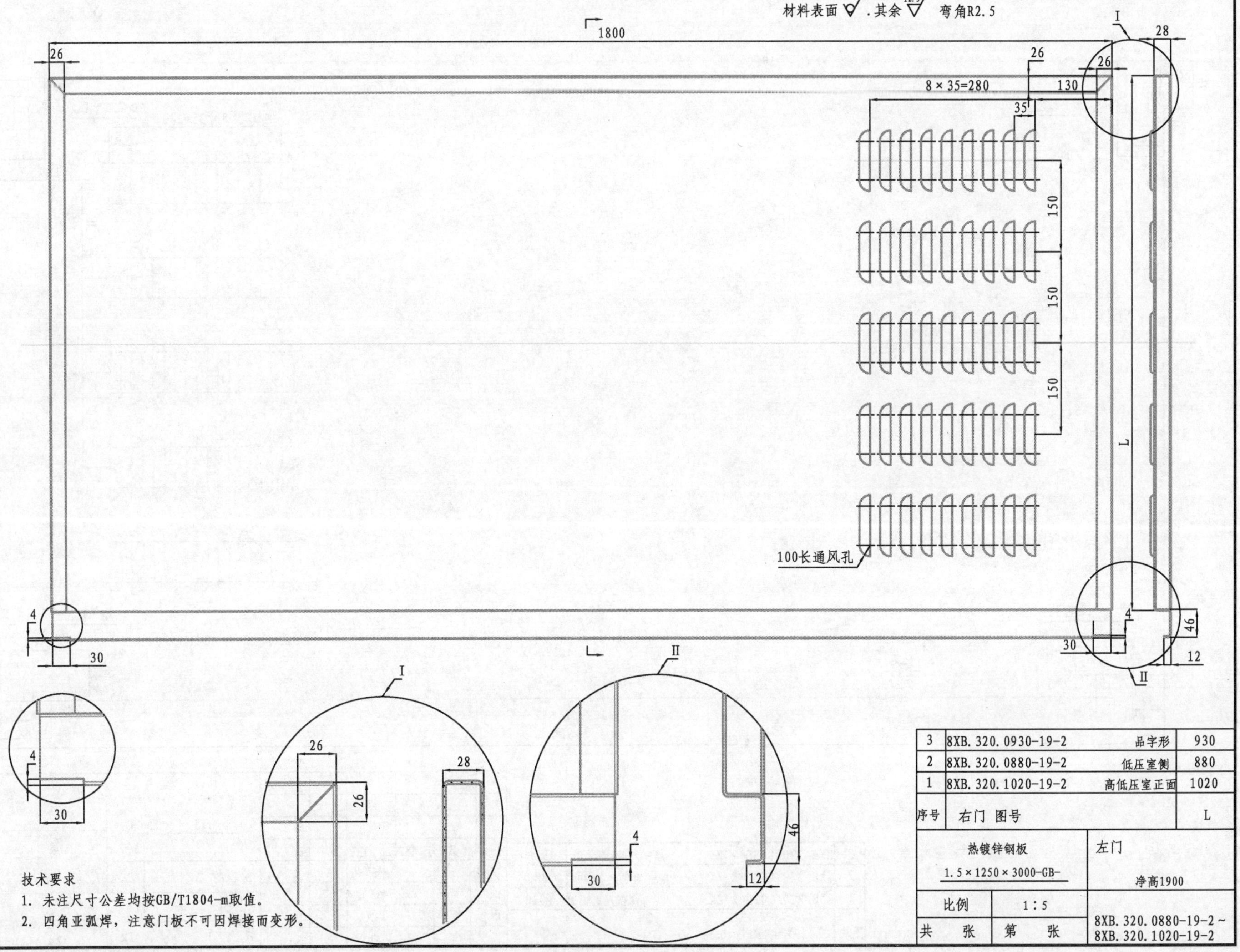

材料表面 ∀ .其余 12.5∀ 弯角R2.5

技术要求

1. 未注尺寸公差均按GB/T1804-m取值。
2. 四角亚弧焊，注意门板不可因焊接而变形。

3	8XB.320.0930-19-2	品字形	930
2	8XB.320.0880-19-2	低压室侧	880
1	8XB.320.1020-19-2	高低压室正面	1020
序号	右门 图号		L

热镀锌钢板 1.5×1250×3000-GB-		左门 净高1900
比例	1:5	8XB.320.0880-19-2～8XB.320.1020-19-2
共 张	第 张	

图3-2-152 左门

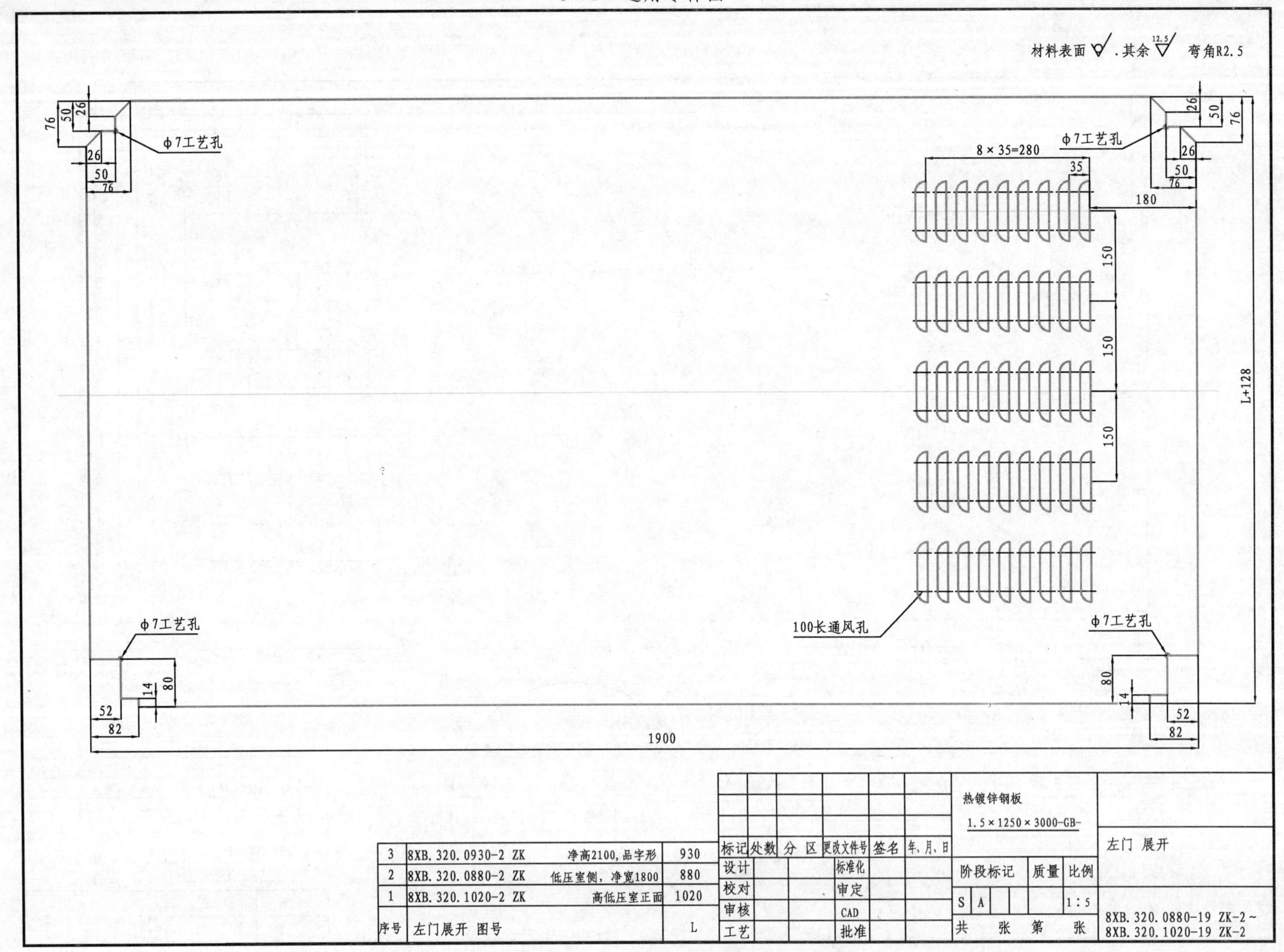

序号	左门展开 图号		L
3	8XB.320.0930-2 ZK	净高2100，品字形	930
2	8XB.320.0880-2 ZK	低压室侧，净宽1800	880
1	8XB.320.1020-2 ZK	高低压室正面	1020

图 3－2－153　左门展开

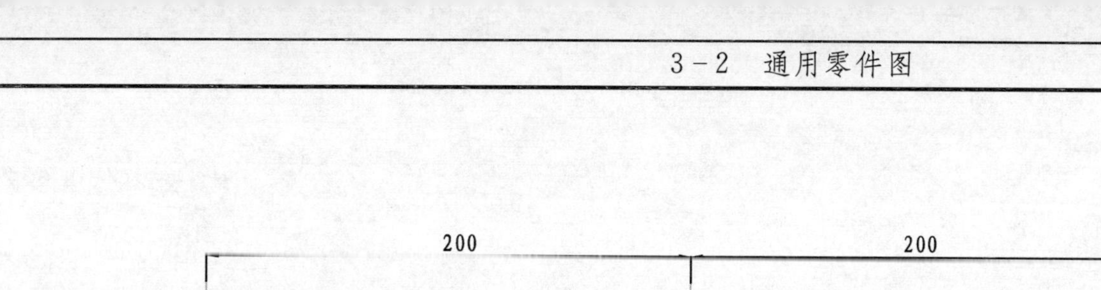

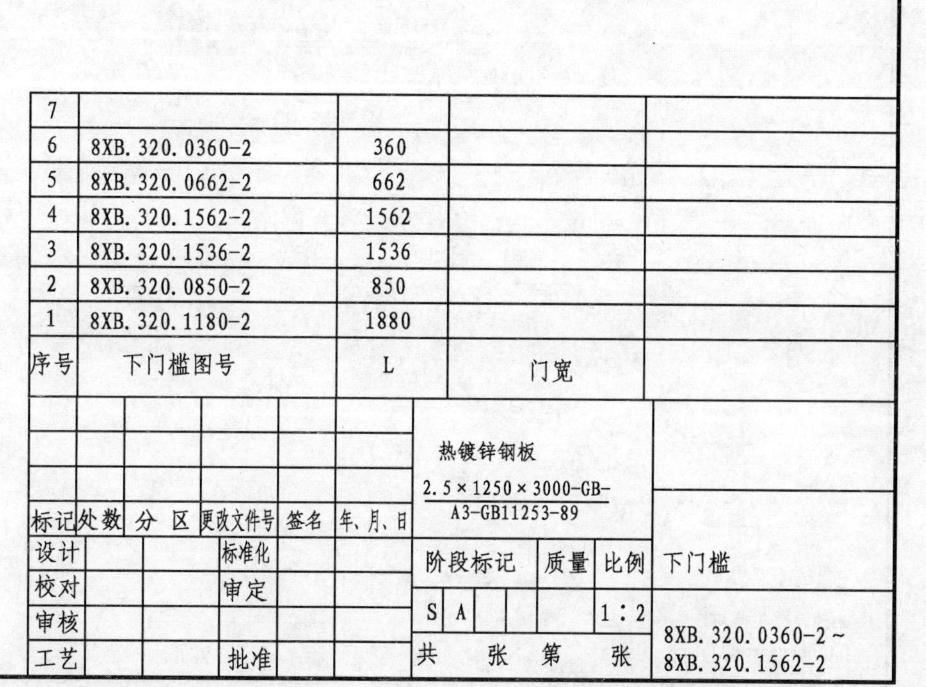

序号	下门槛图号	L	门宽
7			
6	8XB. 320. 0360-2	360	
5	8XB. 320. 0662-2	662	
4	8XB. 320. 1562-2	1562	
3	8XB. 320. 1536-2	1536	
2	8XB. 320. 0850-2	850	
1	8XB. 320. 1180-2	1880	

标记	处数	分 区	更改文件号	签名	年、月、日	热镀锌钢板 2.5×1250×3000-GB-A3-GB11253-89	
设计		标准化				阶段标记 / 质量 / 比例	下门槛
校对		审定				S A / / 1∶2	
审核							8XB. 320. 0360-2～8XB. 320. 1562-2
工艺		批准				共 张 第 张	

技术要求
未注尺寸公差均按
GB/T1804-m取值。

图3－2－154 下门槛

材料表面 ∀ . 其余 $\overset{12.5}{\nabla}$
弯角R2

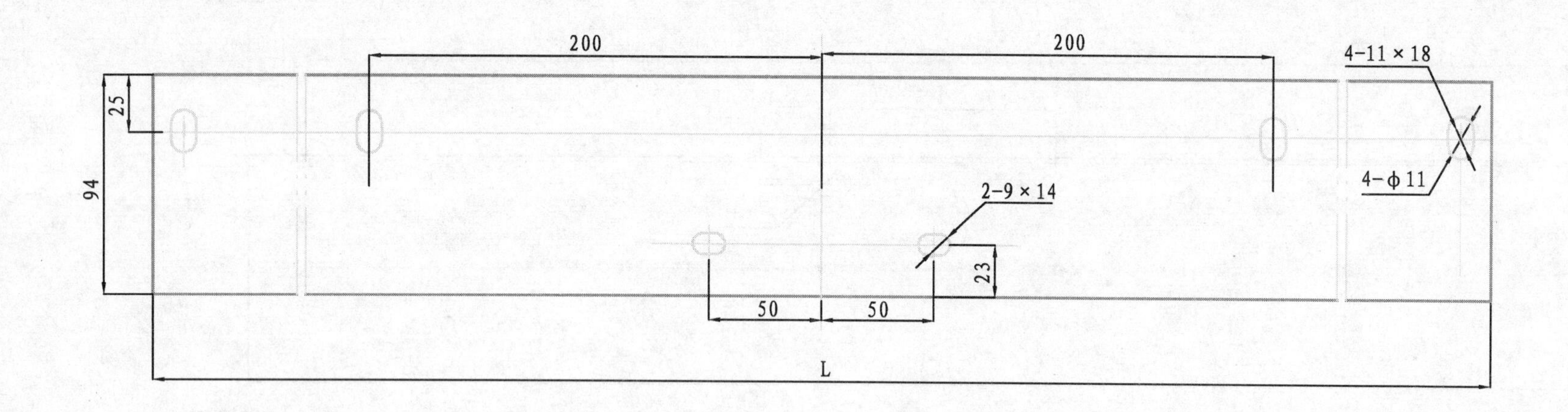

7				
6	8XB. 320. 0360-2ZK	360		
5	8XB. 320. 0662-2ZK	662		
4	8XB. 320. 1562-2ZK	1562		
3	8XB. 320. 1536-2ZK	1536		
2	8XB. 320. 0850-2ZK	850		
1	8XB. 320. 1180-2ZK	1880		
序号	下门槛图号	L	门宽	

标记	处数	分 区	更改文件号	签名	年、月、日	热镀锌钢板 2.5×1250×3000-GB-A3-GB11253-89	
设计			标准化			阶段标记 / 质量 / 比例	下门槛 展开
校对			审定			S A / / 1:2	
审核							8XB. 320. 0360-2ZK~ 8XB. 320. 1562-2ZK
工艺			批准			共 张 第 张	

技术要求
未注尺寸公差均按
GB/T1804-m取值。

图3-2-155 下门槛展开

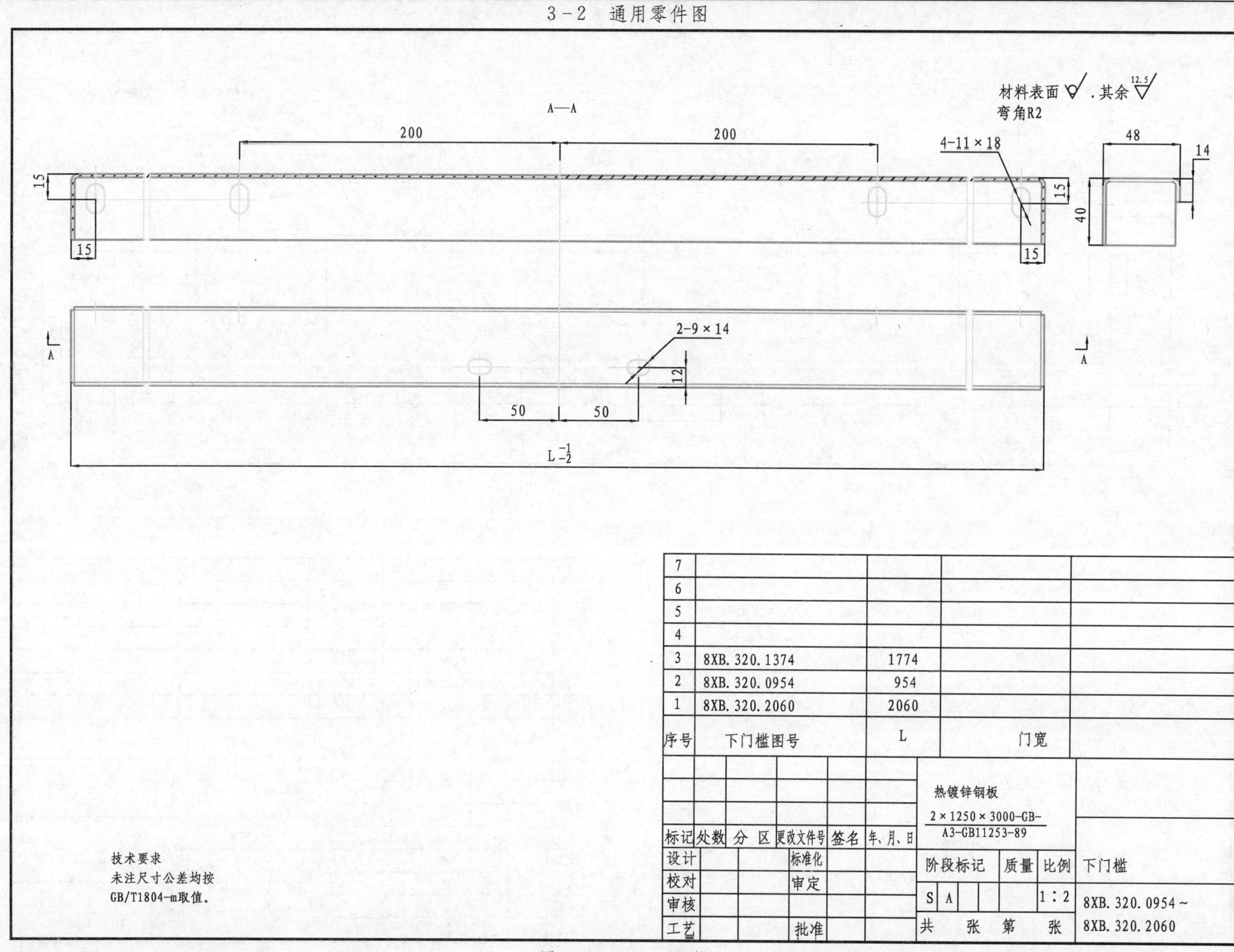

序号	下门槛图号	L	门宽
7			
6			
5			
4			
3	8XB. 320. 1374	1774	
2	8XB. 320. 0954	954	
1	8XB. 320. 2060	2060	

图3-2-156 下门槛

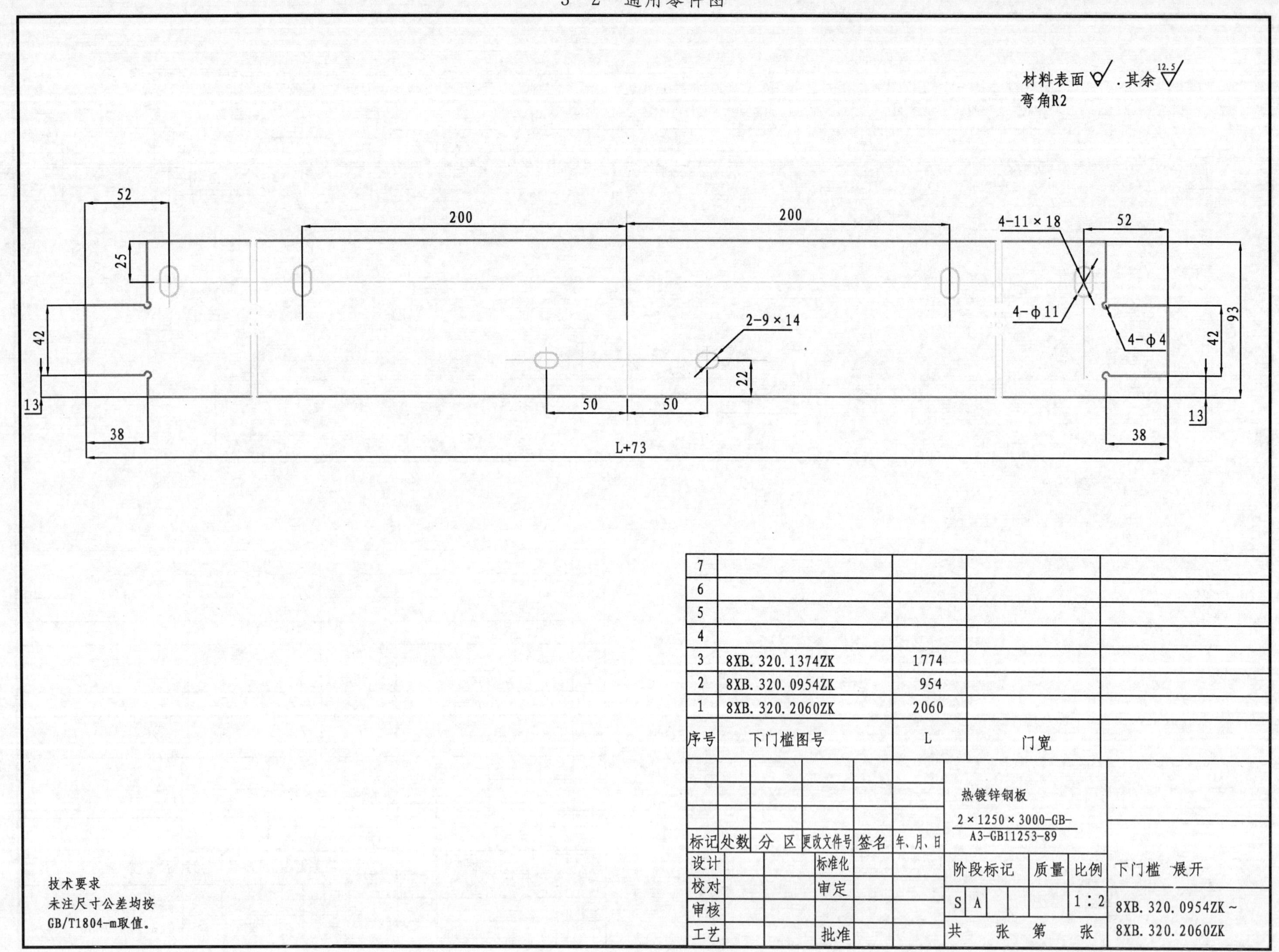

序号	下门槛图号	L	门宽
7			
6			
5			
4			
3	8XB.320.1374ZK	1774	
2	8XB.320.0954ZK	954	
1	8XB.320.2060ZK	2060	

图3－2－157 下门槛展开

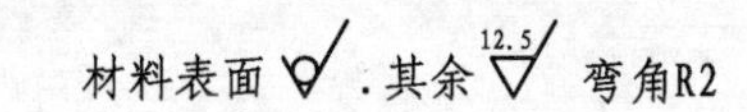

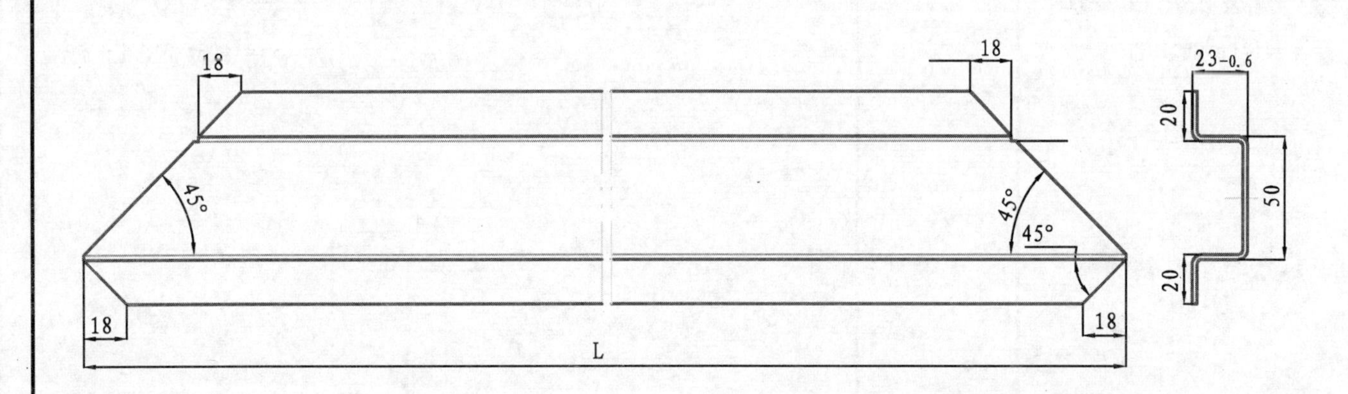

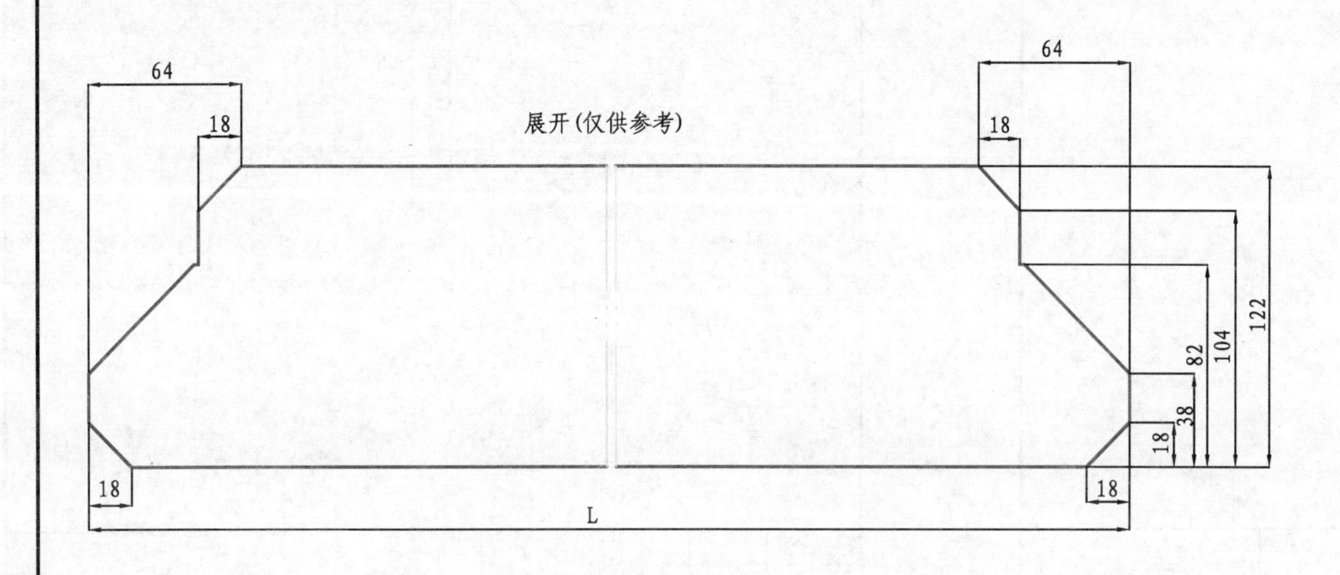

序号	图号	L	备注
	8XB. 320. 1370-11	1370	
	8XB. 320. 1510-11	1510	
	8XB. 320. 1410-11	1410	
	8XB. 320. 1350-11	1350	
	8XB. 320. 1340-11	1340	
	8XB. 320. 1310-11	1310	
	8XB. 320. 1300-11	1300	
	8XB. 320. 1270-11	1270	
	8XB. 320. 1240-11	1240	
	8XB. 320. 1230-11	1230	
6	8XB. 320. 1220-11	1220	
5			
4	8XB. 320. 1190-11	1190	
3	8XB. 320. 1160-11	1160	
2	8XB. 320. 1130-11	1130	
1	8XB. 320. 1040-11	1040	

热镀锌钢板 2×1250×3000-GB-		加强筋(上，下)
比例	1∶5	8XB. 320. 0650-11～ 8XB. 320. 1020-11
共　张　第　张		

技术要求
未注尺寸公差均按
GB/T1804-m取值。

图3－2－158　加强筋（上，下）

材料表面 ✓ .其余 12.5 ▽

镀锌Ep/Zn12.Fe

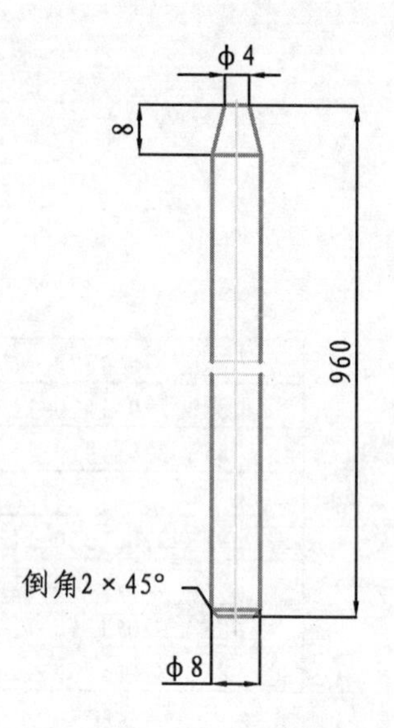

技术要求

未注尺寸公差依据GB/T1804-m取值。

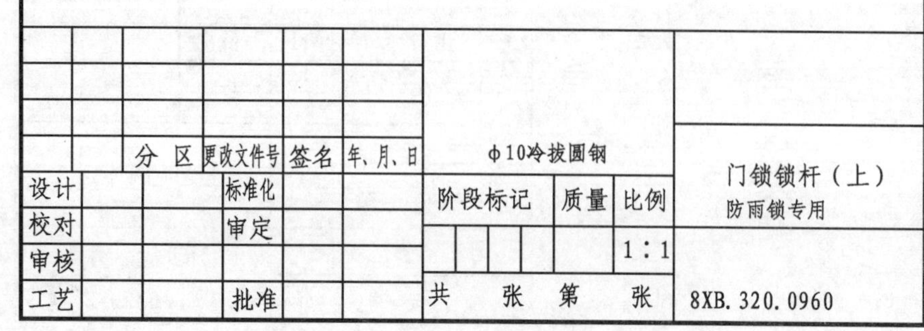

	分　区	更改文件号	签名	年、月、日	ϕ10冷拔圆钢			门锁锁杆（上） 防雨锁专用
设计		标准化			阶段标记	质量	比例	
校对		审定					1∶1	
审核								
工艺		批准			共　张　第　张			8XB.320.0960

图3－2－159　门锁锁杆（上）

3－2　通用零件图

材料表面 ✓ .其余 12.5 ▽

镀锌Ep/Zn12.Fe

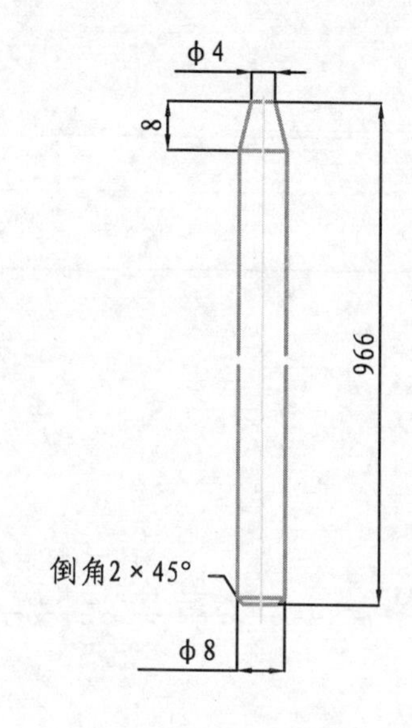

技术要求

未注尺寸公差依据GB/T1804-m取值。

	分　区	更改文件号	签名	年、月、日	ϕ8冷拔圆钢			门锁锁杆（下） 防雨锁专用
设计		标准化			阶段标记	质量	比例	
校对		审定					1∶1	
审核								
工艺		批准			共　张　第　张			8XB.320.0966

图3－2－160　门锁锁杆（下）

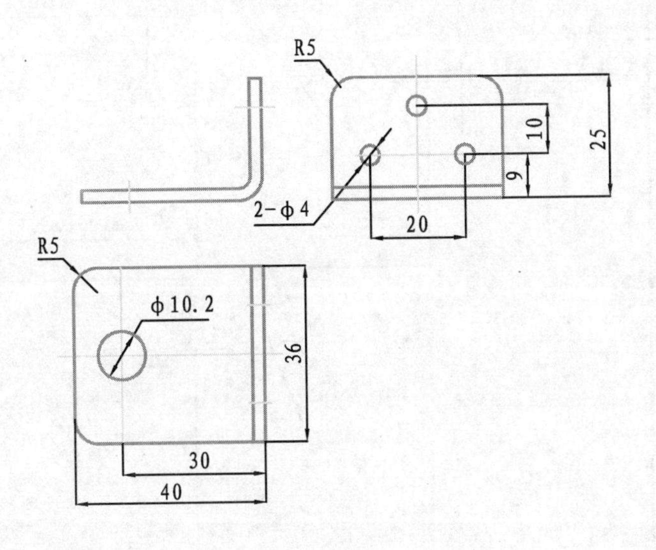

技术要求
未注尺寸公差均按
GB/T1804-m取值。

					数铝锌钢板	
					2.5×1250×3000-GB-	
	分 区	更改文件号	签名	年、月、日		门锁杆导向件(上)
设计		标准化			阶段标记 质量 比例	通用
校对		审定			1:1	
审核						
工艺		批准			共 张 第 张	8XB.320.0030

图3-2-161 门锁杆导向件(上)

3-2 通用零件图

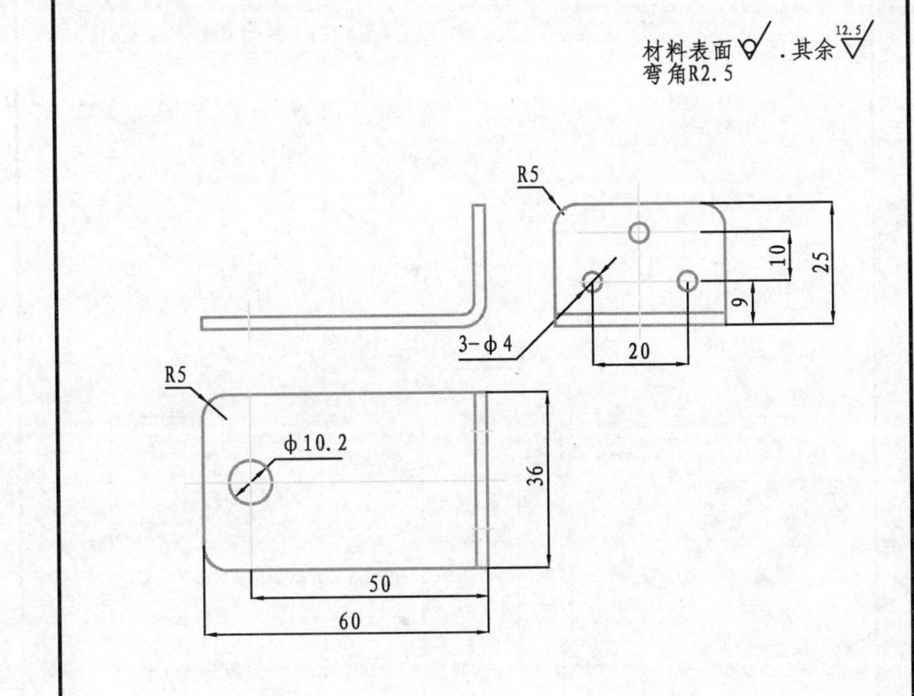

技术要求
未注尺寸公差均按
GB/T1804-m取值。

					数铝锌钢板	
					2.5×1250×3000-GB-	
	分 区	更改文件号	签名	年、月、日		门锁杆导向件(下)
设计		标准化			阶段标记 质量 比例	通用
校对		审定			1:1	
审核						
工艺		批准			共 张 第 张	8XB.320.0050

图3-2-162 门锁杆导向件(下)

材料表面  .其余 12.5

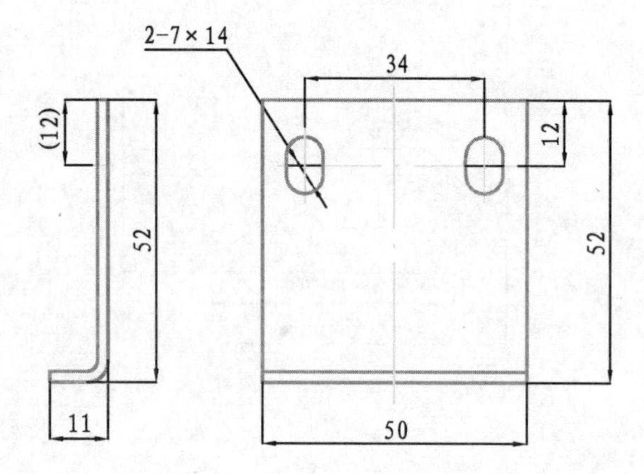

技术要求

未注尺寸公差依据GB/T1804-m取值。

					敷铝锌钢板 2.5×1250×3000-GB-			
	分	区	更改文件号	签名	年、月、日			门限位板
设计			标准化		阶段标记	质量	比例	
校对			审定				1∶1	
审核								
工艺			批准		共　张　第　张			8XB.320.0050-2

图3－2－163　门限位板

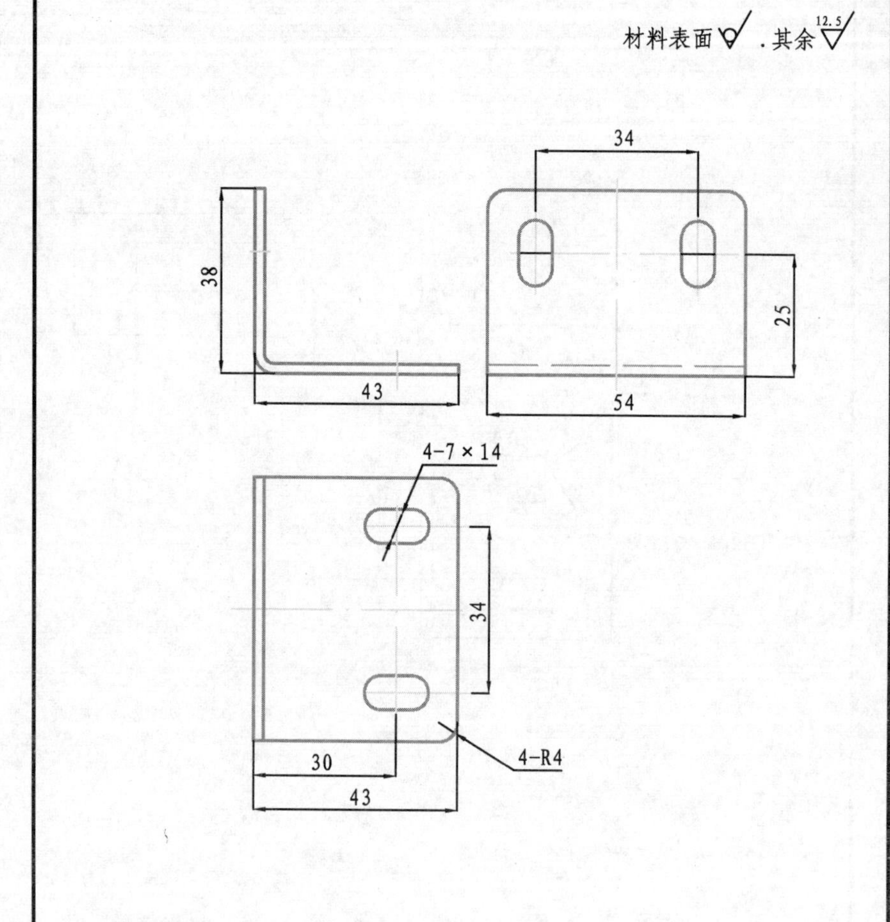

技术要求

未注尺寸公差依据GB/T1804-m取值。

					敷铝锌钢板 2.5×1250×3000-GB-			
	分	区	更改文件号	签名	年、月、日			行程开关安装板
设计			标准化		阶段标记	质量	比例	
校对			审定				1∶1	
审核								
工艺			批准		共　张　第　张			8XB.320.1050

图3－2－164　行程开关安装板

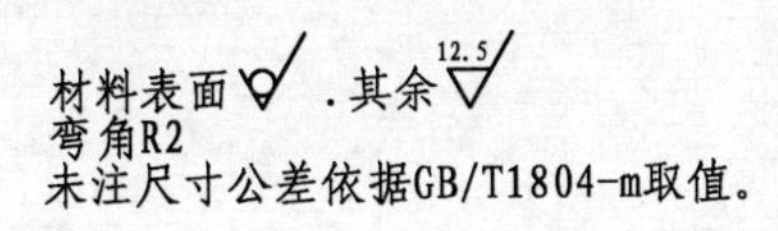

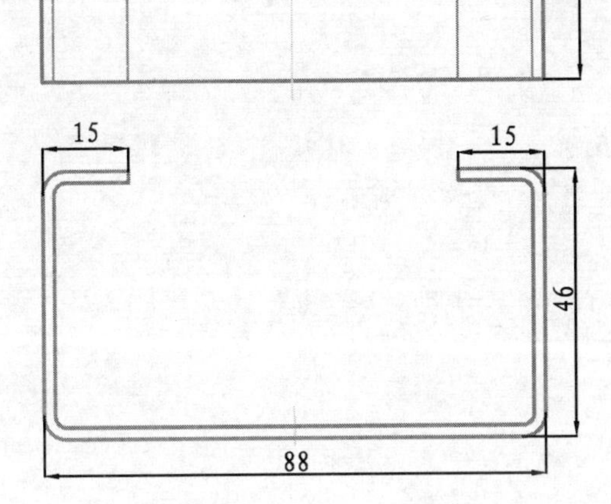

					热镀锌钢板 2×1250×3000-GB- A3-GB11253-89				
	分 区	更改文件号	签名	年、月、日					门插销安装件
设计		标准化			阶段标记		质量	比例	钢板变压器室小门适用
校对		审定			S	A		1∶1	
审核									8XB. 320. 0040
工艺		批准			共	张	第	张	

图3－2－165 门插销安装件

3－2 通用零件图

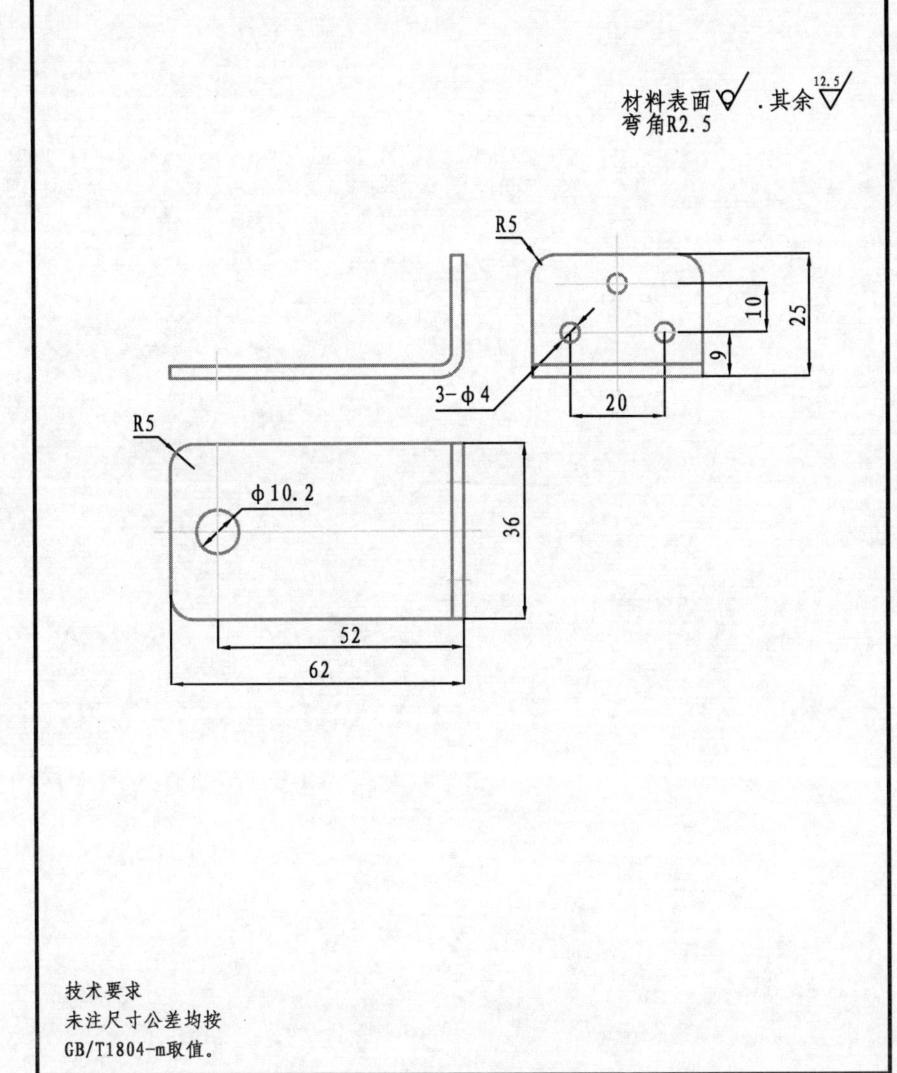

					敷铝锌钢板 2×1250×3000-GB-				
	分 区	更改文件号	签名	年、月、日					门锁杆导向件
设计		标准化			阶段标记		质量	比例	变压器室右门专用
校对		审定						1∶1	
审核									
工艺		批准			共	张	第	张	8XB. 320. 0036

图3－2－166 门锁杆导向件

第四章　常 用 电 气 图 集

说　明

负荷开关（组合电器）继电保护二次控制部分，目前国内没有专用的标准图集。这里收集的是作者根据用户要求而设计的，已经在实际工程中多次使用过的二次控制原理图和接线图，供同行参考。这些图纸最初应用在西安高压电器研究所设计的 HXGN15A－12 型组合电器柜（安装 FZNR21－12 型组合电器）中，亦适用于其他型号具备电合电跳的负荷开关（组合电器）。

国内外几十年的运行实践证明，对 10kV 变压器实施短路保护和过载保护，最可靠的不是断路器，而是组合电器（负荷开关＋熔断器）。变压器安全运行要求短路电流冲击时间不得大于 20ms，断路器不能满足要求，而熔断器的短路开断时间小于 10ms，完全可以满足变压器的保护要求。熔断器还具备过流保护的功能，但是并不理想，存在着运行成本高、更换不方便的弊端。变压器保护的理想方案是组合电器＋电流继电保护，即由熔断器完成短路保护，由电流继电保护完成过流保护。本图集给出了这种保护的二次原理图和展开图。需要注意的是，动作电流的整定值要参照熔断器的特性曲线而确定，以保证在熔丝熔断前继电保护动作。

此外，本章还给出了开关和断路器的无线遥控原理图，可以杜绝近距离操作可能发生的电弧伤人事故。

图 4－1－1　说明

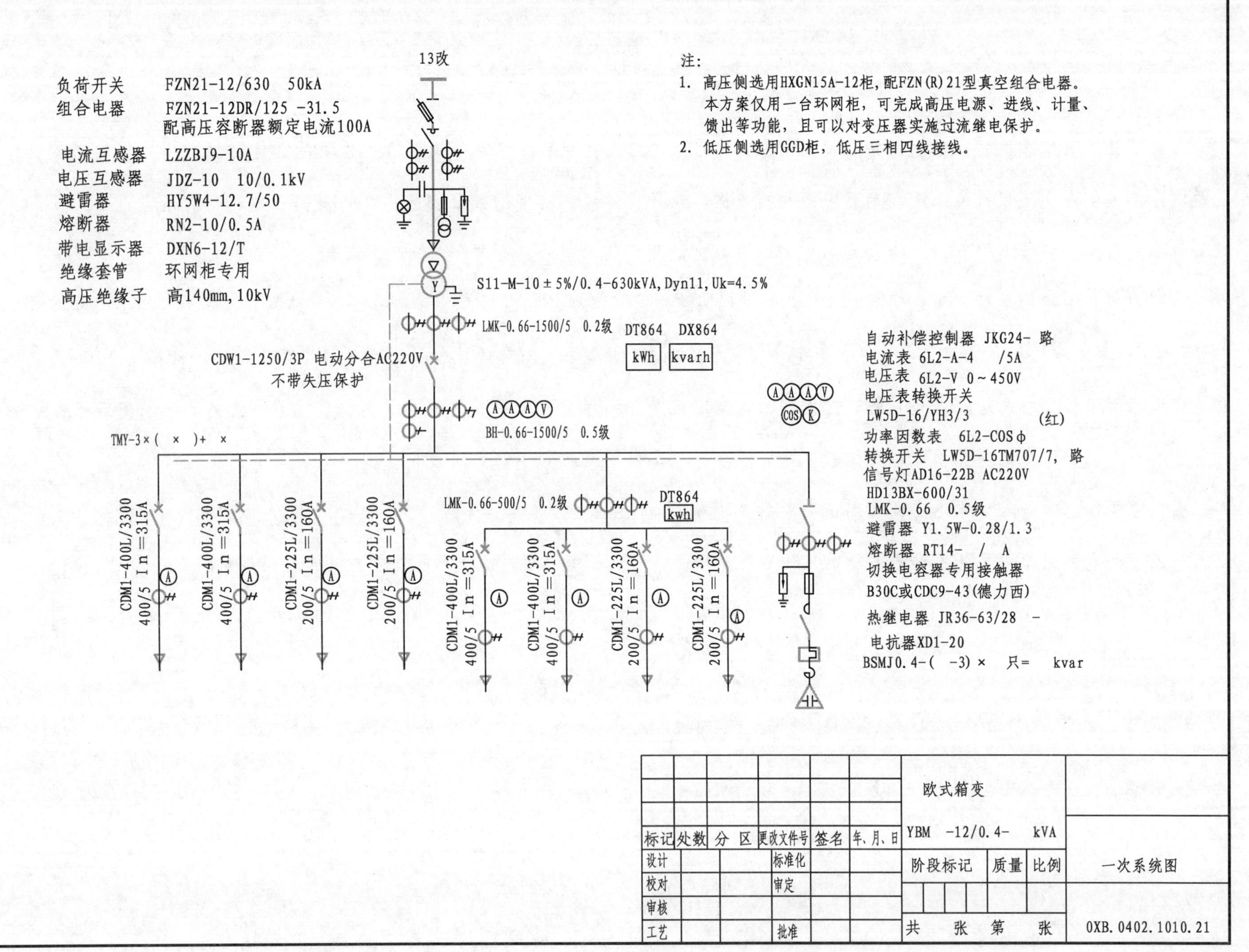
13改
负荷开关 FZN21-12/630 50kA
组合电器 FZN21-12DR/125 -31.5
配高压容断器额定电流100A
电流互感器 LZZBJ9-10A
电压互感器 JDZ-10 10/0.1kV
避雷器 HY5W4-12.7/50
熔断器 RN2-10/0.5A
带电显示器 DXN6-12/T
绝缘套管 环网柜专用
高压绝缘子 高140mm, 10kV
注:
1. 高压侧选用HXGN15A-12柜,配FZN(R)21型真空组合电器。本方案仅用一台环网柜，可完成高压电源、进线、计量、馈出等功能，且可以对变压器实施过流继电保护。
2. 低压侧选用GGD柜，低压三相四线接线。
S11-M-10±5%/0.4-630kVA, Dyn11, Uk=4.5%
LMK-0.66-1500/5 0.2级
DT864 DX864
kWh kvarh
CDW1-1250/3P 电动分合AC220V
不带失压保护
BH-0.66-1500/5 0.5级
TMY-3×(×)+ ×
自动补偿控制器 JKG24- 路
电流表 6L2-A-4 /5A
电压表 6L2-V 0～450V
电压表转换开关
LW5D-16/YH3/3
(红)
功率因数表 6L2-COSφ
转换开关 LW5D-16TM707/7, 路
信号灯AD16-22B AC220V
HD13BX-600/31
LMK-0.66 0.5级
避雷器 Y1.5W-0.28/1.3
熔断器 RT14- / A
切换电容器专用接触器
B30C或CDC9-43(德力西)
热继电器 JR36-63/28 -
电抗器XD1-20
BSMJ0.4-(-3)× 只= kvar
LMK-0.66-500/5 0.2级
DT864
kwh
CDM1-400L/3300 400/5 In=315A
CDM1-400L/3300 400/5 In=315A
CDM1-225L/3300 200/5 In=160A
CDM1-225L/3300 200/5 In=160A
CDM1-400L/3300 400/5 In=315A
CDM1-400L/3300 400/5 In=315A
CDM1-225L/3300 200/5 In=160A
CDM1-225L/3300 200/5 In=160A
欧式箱变
YBM -12/0.4- kVA
一次系统图
标记 处数 分 区 更改文件号 签名 年、月、日
设计 标准化
校对 审定
审核
工艺 批准
阶段标记 质量 比例
共 张 第 张
0XB.0402.1010.21

图4－1－2 一次系统图

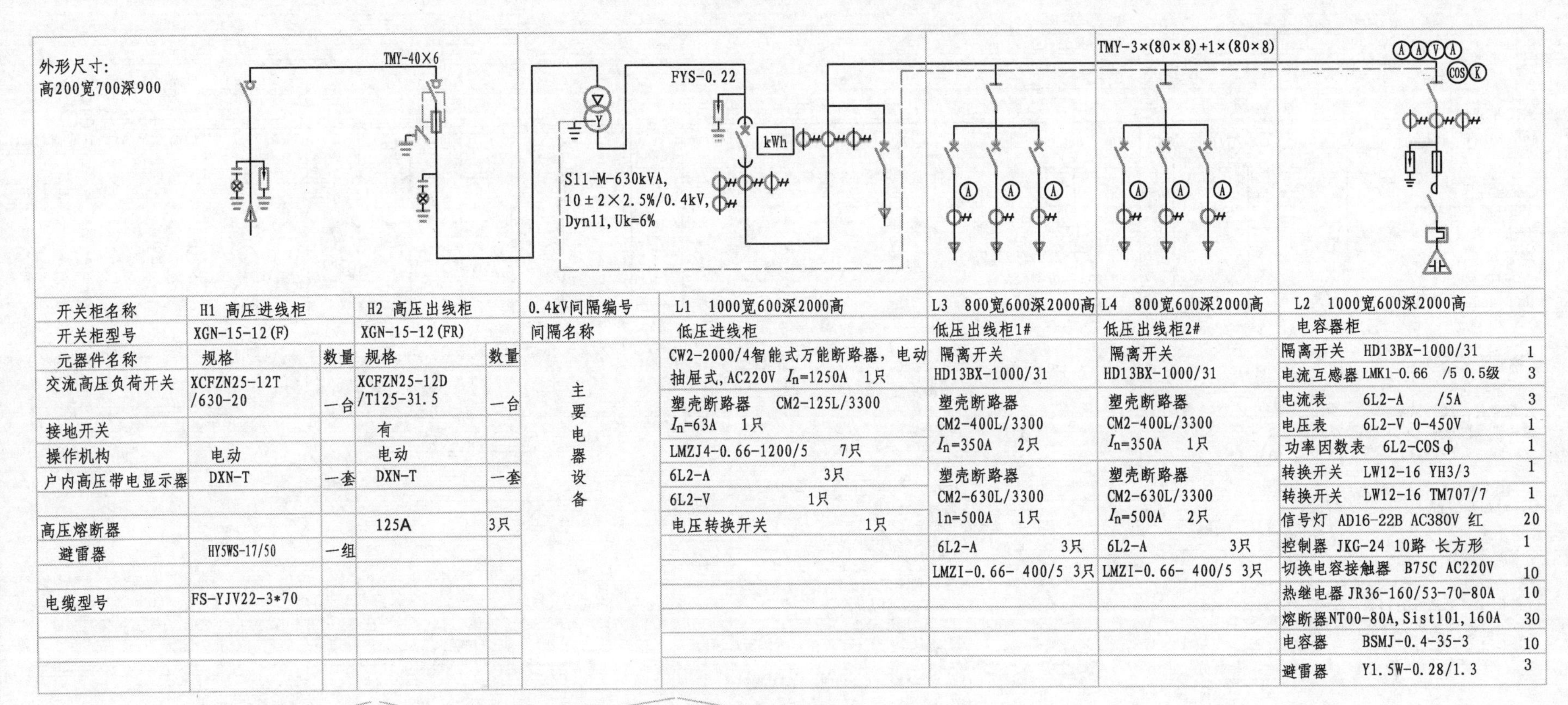

开关柜名称	H1 高压进线柜		H2 高压出线柜	
开关柜型号	XGN-15-12(F)		XGN-15-12(FR)	
元器件名称	规格	数量	规格	数量
交流高压负荷开关	XCFZN25-12T /630-20	一台	XCFZN25-12D /T125-31.5	一台
接地开关			有	
操作机构	电动		电动	
户内高压带电显示器	DXN-T	一套	DXN-T	一套
高压熔断器			125A	3只
避雷器	HY5WS-17/50	一组		
电缆型号	FS-YJV22-3*70			

0.4kV间隔编号	L1 1000宽600深2000高	L3 800宽600深2000高	L4 800宽600深2000高	L2 1000宽600深2000高	
间隔名称	低压进线柜	低压出线柜1#	低压出线柜2#	电容器柜	
主要电器设备	CW2-2000/4智能式万能断路器，电动抽屉式，AC220V I_n=1250A 1只	隔离开关 HD13BX-1000/31	隔离开关 HD13BX-1000/31	隔离开关 HD13BX-1000/31	1
	塑壳断路器 CM2-125L/3300 I_n=63A 1只	塑壳断路器 CM2-400L/3300 I_n=350A 2只	塑壳断路器 CM2-400L/3300 I_n=350A 1只	电流互感器 LMK1-0.66 /5 0.5级	3
	LMZJ4-0.66-1200/5 7只	塑壳断路器 CM2-630L/3300 1n=500A 1只	塑壳断路器 CM2-630L/3300 I_n=500A 2只	电流表 6L2-A /5A	3
	6L2-A 3只	6L2-A 3只	6L2-A 3只	电压表 6L2-V 0-450V	1
	6L2-V 1只	LMZI-0.66- 400/5 3只	LMZI-0.66- 400/5 3只	功率因数表 6L2-COSφ	1
	电压转换开关 1只			转换开关 LW12-16 YH3/3	1
				转换开关 LW12-16 TM707/7	1
				信号灯 AD16-22B AC380V 红	20
				控制器 JKG-24 10路 长方形	1
				切换电容接触器 B75C AC220V	10
				热继电器 JR36-160/53-70-80A	10
				熔断器NT00-80A,Sist101,160A	30
				电容器 BSMJ-0.4-35-3	10
				避雷器 Y1.5W-0.28/1.3	3

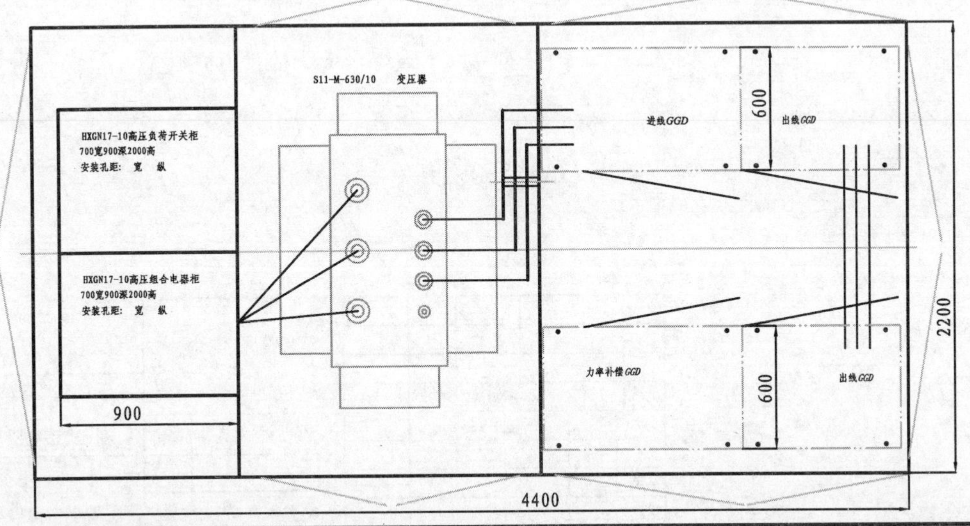

						欧式箱变			
标记	处数	分区	更改文件号	签名	年、月、日	YBM -12/0.4- kVA			
设计			标准化			阶段标记	质量	比例	一次系统图
校对			审定						
审核									
工艺			批准			共 张 第 张			0XB.0402.1010.22

图4-1-3 一次系统图

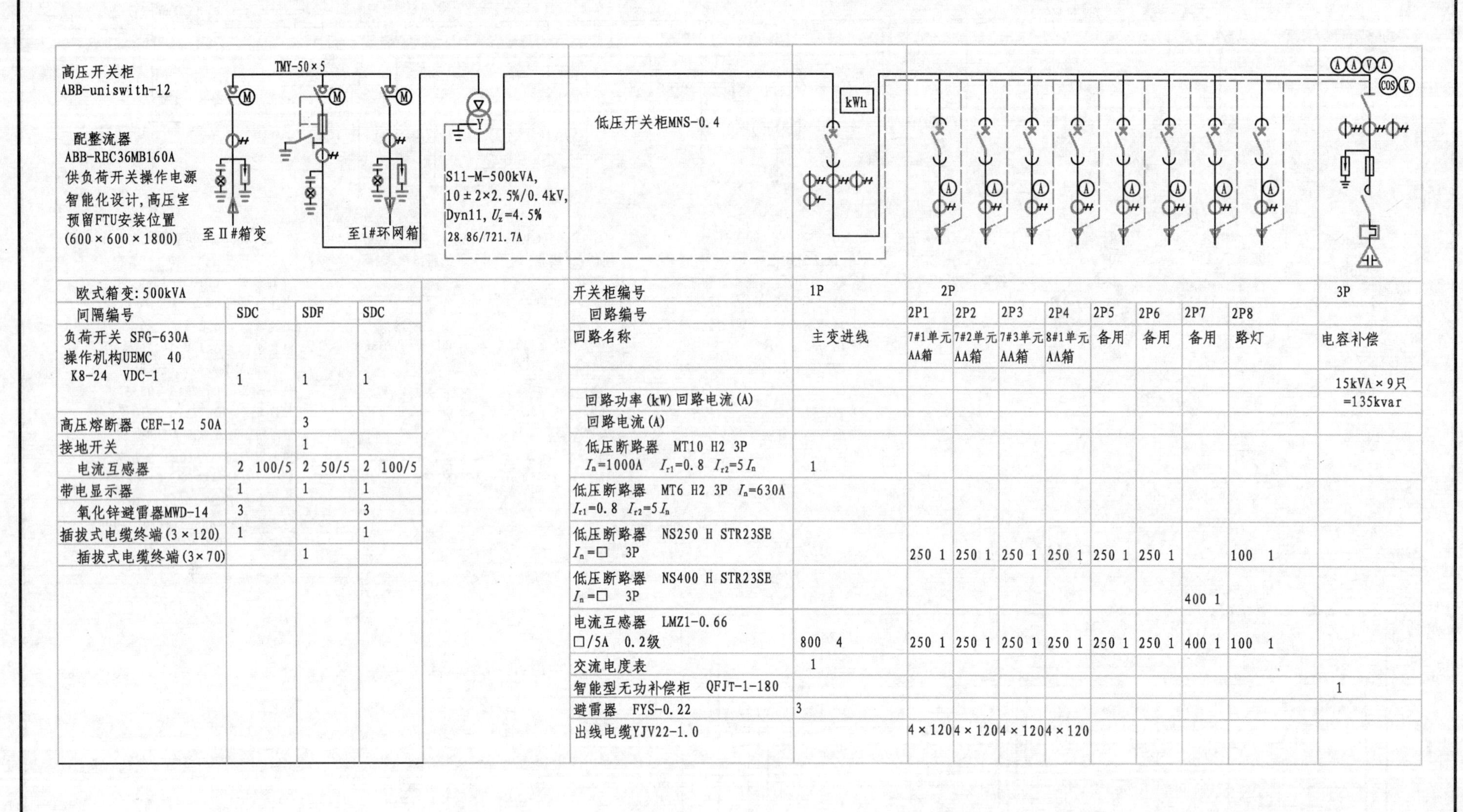

欧式箱变:500kVA			
间隔编号	SDC	SDF	SDC
负荷开关 SFG-630A 操作机构UEMC 40 K8-24 VDC-1	1	1	1
高压熔断器 CEF-12 50A		3	
接地开关		1	
电流互感器	2 100/5	2 50/5	2 100/5
带电显示器	1	1	1
氧化锌避雷器MWD-14	3		3
插拔式电缆终端(3×120)	1		1
插拔式电缆终端(3×70)		1	

开关柜编号	1P	2P								3P
回路编号		2P1	2P2	2P3	2P4	2P5	2P6	2P7	2P8	
回路名称	主变进线	7#1单元AA箱	7#2单元AA箱	7#3单元AA箱	8#1单元AA箱	备用	备用	备用	路灯	电容补偿
回路功率(kW) 回路电流(A)										15kVA×9只 =135kvar
回路电流(A)										
低压断路器 MT10 H2 3P I_n=1000A I_{r1}=0.8 I_{r2}=5I_n	1									
低压断路器 MT6 H2 3P I_n=630A I_{r1}=0.8 I_{r2}=5I_n										
低压断路器 NS250 H STR23SE I_n=□ 3P		250 1	250 1	250 1	250 1	250 1	250 1		100 1	
低压断路器 NS400 H STR23SE I_n=□ 3P								400 1		
电流互感器 LMZ1-0.66 □/5A 0.2级	800 4	250 1	250 1	250 1	250 1	250 1	250 1	400 1	100 1	
交流电度表	1									
智能型无功补偿柜 QFJT-1-180										1
避雷器 FYS-0.22	3									
出线电缆YJV22-1.0		4×120	4×120	4×120	4×120					

					欧式箱变	
分区	更改文件号	签名	年、月、日		YBM -12/0.4- kVA	
设计		标准化			阶段标记 质量 比例	一次系统图
校对		审定				
审核						
工艺		批准			共 张 第 张	0XB.0402.1010.23

图4-1-4 一次系统图

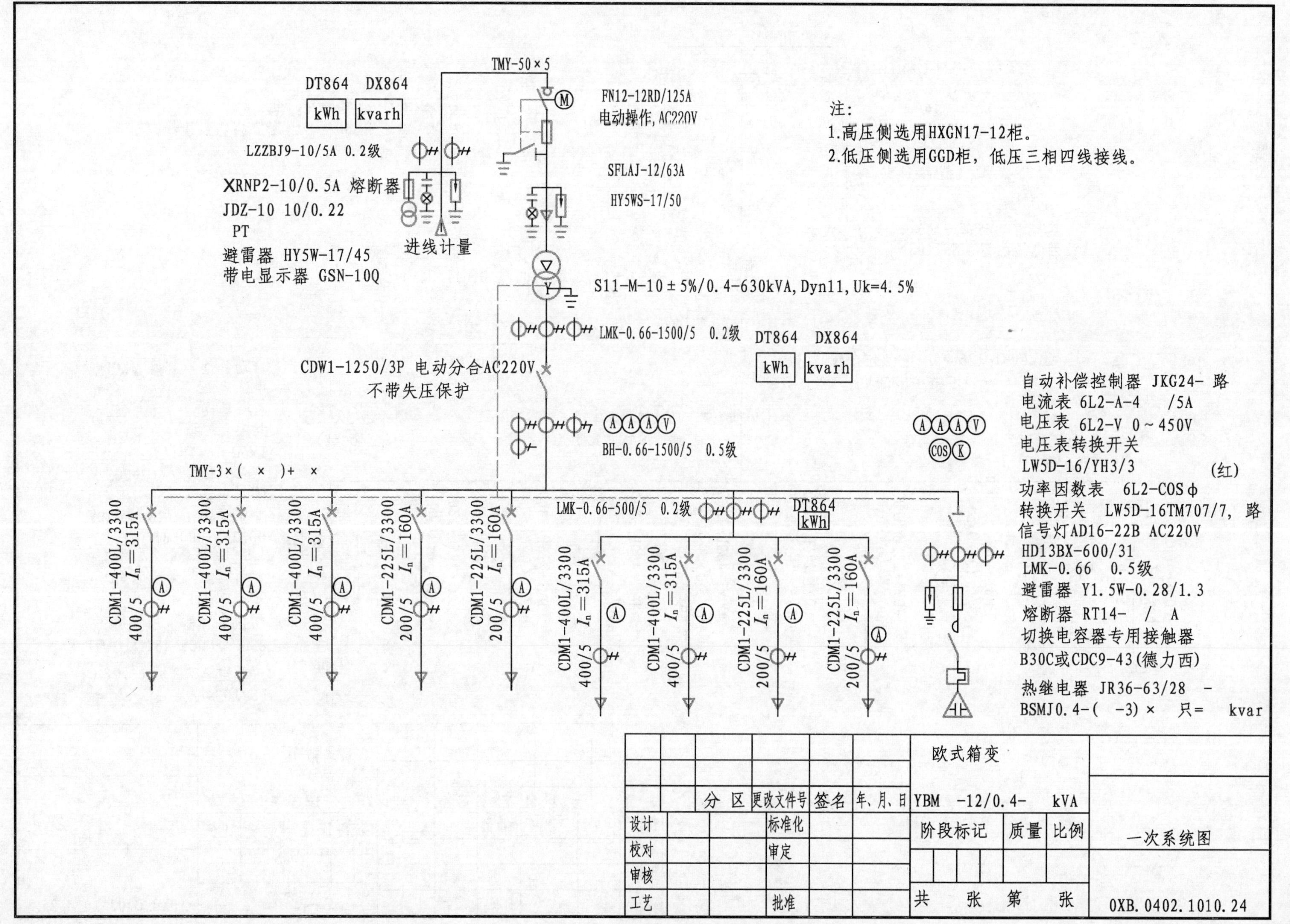
TMY-50×5
DT864 DX864
kWh kvarh
FN12-12RD/125A
电动操作,AC220V
注:
1.高压侧选用HXGN17-12柜。
2.低压侧选用GGD柜，低压三相四线接线。
LZZBJ9-10/5A 0.2级
XRNP2-10/0.5A 熔断器
JDZ-10 10/0.22
PT
避雷器 HY5W-17/45
带电显示器 GSN-10Q
进线计量
SFLAJ-12/63A
HY5WS-17/50
S11-M-10±5%/0.4-630kVA, Dyn11, Uk=4.5%
LMK-0.66-1500/5 0.2级
DT864 DX864
kWh kvarh
CDW1-1250/3P 电动分合AC220V
不带失压保护
BH-0.66-1500/5 0.5级
TMY-3×(×)+ ×
自动补偿控制器 JKG24- 路
电流表 6L2-A-4 /5A
电压表 6L2-V 0~450V
电压表转换开关
LW5D-16/YH3/3
(红)
功率因数表 6L2-COSϕ
转换开关 LW5D-16TM707/7, 路
信号灯AD16-22B AC220V
HD13BX-600/31
LMK-0.66 0.5级
避雷器 Y1.5W-0.28/1.3
熔断器 RT14- / A
切换电容器专用接触器
B30C或CDC9-43(德力西)
热继电器 JR36-63/28 -
BSMJ0.4-(-3)× 只= kvar
LMK-0.66-500/5 0.2级
DT864
kWh
CDM1-400L/3300 I_n=315A 400/5
CDM1-400L/3300 I_n=315A 400/5
CDM1-400L/3300 I_n=315A 400/5
CDM1-225L/3300 I_n=160A 200/5
CDM1-225L/3300 I_n=160A 200/5
CDM1-400L/3300 I_n=315A 400/5
CDM1-400L/3300 I_n=315A 400/5
CDM1-225L/3300 I_n=160A 200/5
CDM1-225L/3300 I_n=160A 200/5
欧式箱变
分 区 更改文件号 签名 年、月、日
YBM -12/0.4- kVA
设计 标准化
校对 审定
审核
工艺 批准
阶段标记 质量 比例
一次系统图
共 张 第 张
0XB.0402.1010.24

图4-1-5 一次系统图

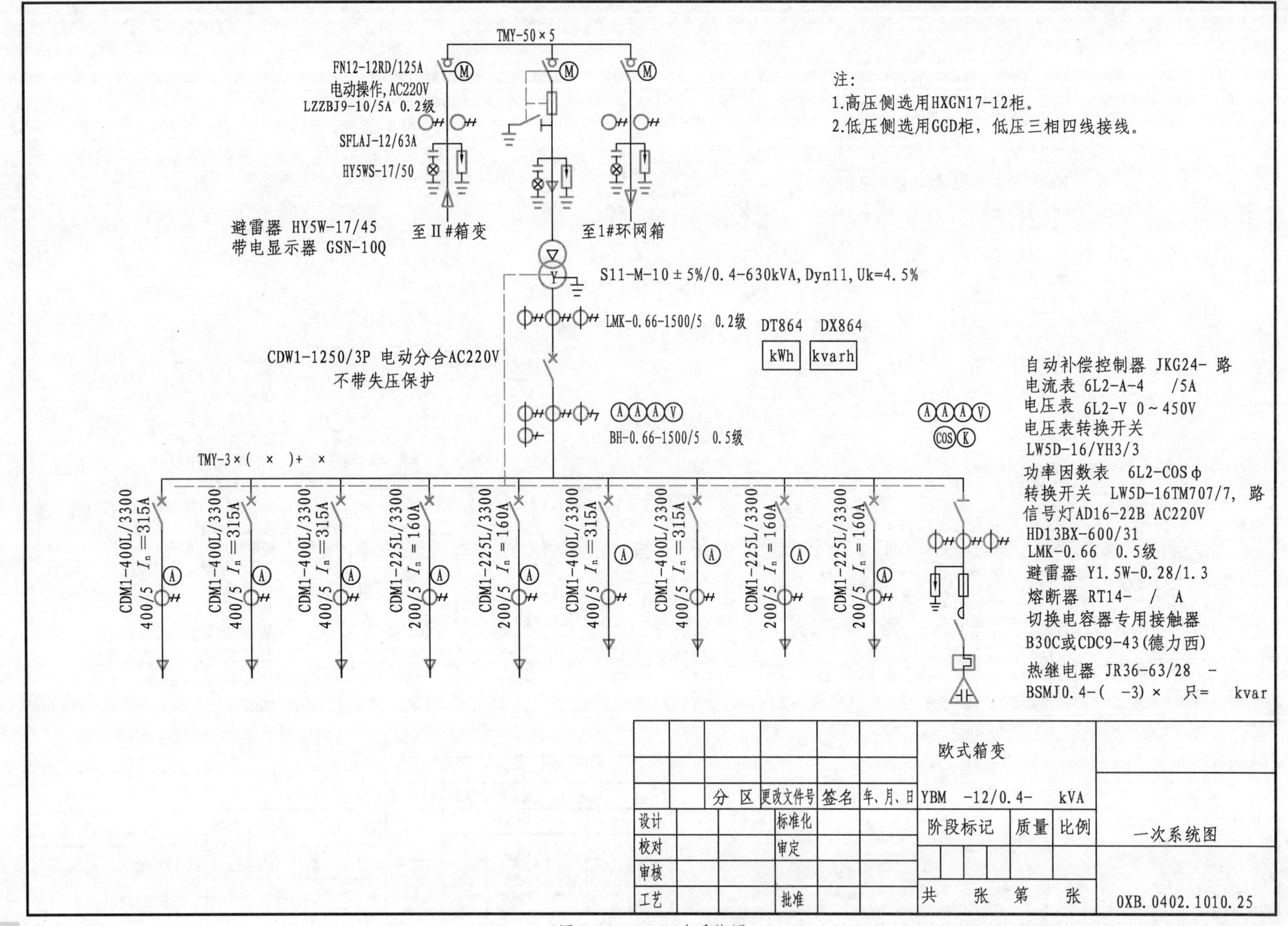
TMY-50×5
FN12-12RD/125A
电动操作,AC220V
LZZBJ9-10/5A 0.2级
SFLAJ-12/63A
HY5WS-17/50
至Ⅱ#箱变
至1#环网箱
避雷器 HY5W-17/45
带电显示器 GSN-10Q
注:
1.高压侧选用HXGN17-12柜。
2.低压侧选用GGD柜，低压三相四线接线。
S11-M-10±5%/0.4-630kVA, Dyn11, Uk=4.5%
LMK-0.66-1500/5 0.2级
DT864 DX864
kWh
kvarh
CDW1-1250/3P 电动分合AC220V
不带失压保护
BH-0.66-1500/5 0.5级
TMY-3×(×)+ ×
自动补偿控制器 JKG24- 路
电流表 6L2-A-4 /5A
电压表 6L2-V 0～450V
电压表转换开关
LW5D-16/YH3/3
功率因数表 6L2-COSφ
转换开关 LW5D-16TM707/7, 路
信号灯AD16-22B AC220V
HD13BX-600/31
LMK-0.66 0.5级
避雷器 Y1.5W-0.28/1.3
熔断器 RT14- / A
切换电容器专用接触器
B30C或CDC9-43(德力西)
热继电器 JR36-63/28 -
BSMJ0.4-(-3)× 只= kvar
CDM1-400L/3300 I_n=315A 400/5
CDM1-400L/3300 I_n=315A 400/5
CDM1-400L/3300 I_n=315A 400/5
CDM1-225L/3300 I_n=160A 200/5
CDM1-225L/3300 I_n=160A 200/5
CDM1-400L/3300 I_n=315A 400/5
CDM1-400L/3300 I_n=315A 400/5
CDM1-225L/3300 I_n=160A 200/5
CDM1-225L/3300 I_n=160A 200/5
欧式箱变
分区 更改文件号 签名 年、月、日
YBM -12/0.4- kVA
设计 标准化
校对 审定
审核
工艺 批准
阶段标记 质量 比例
一次系统图
共 张 第 张
0XB.0402.1010.25

图4－1－6　一次系统图

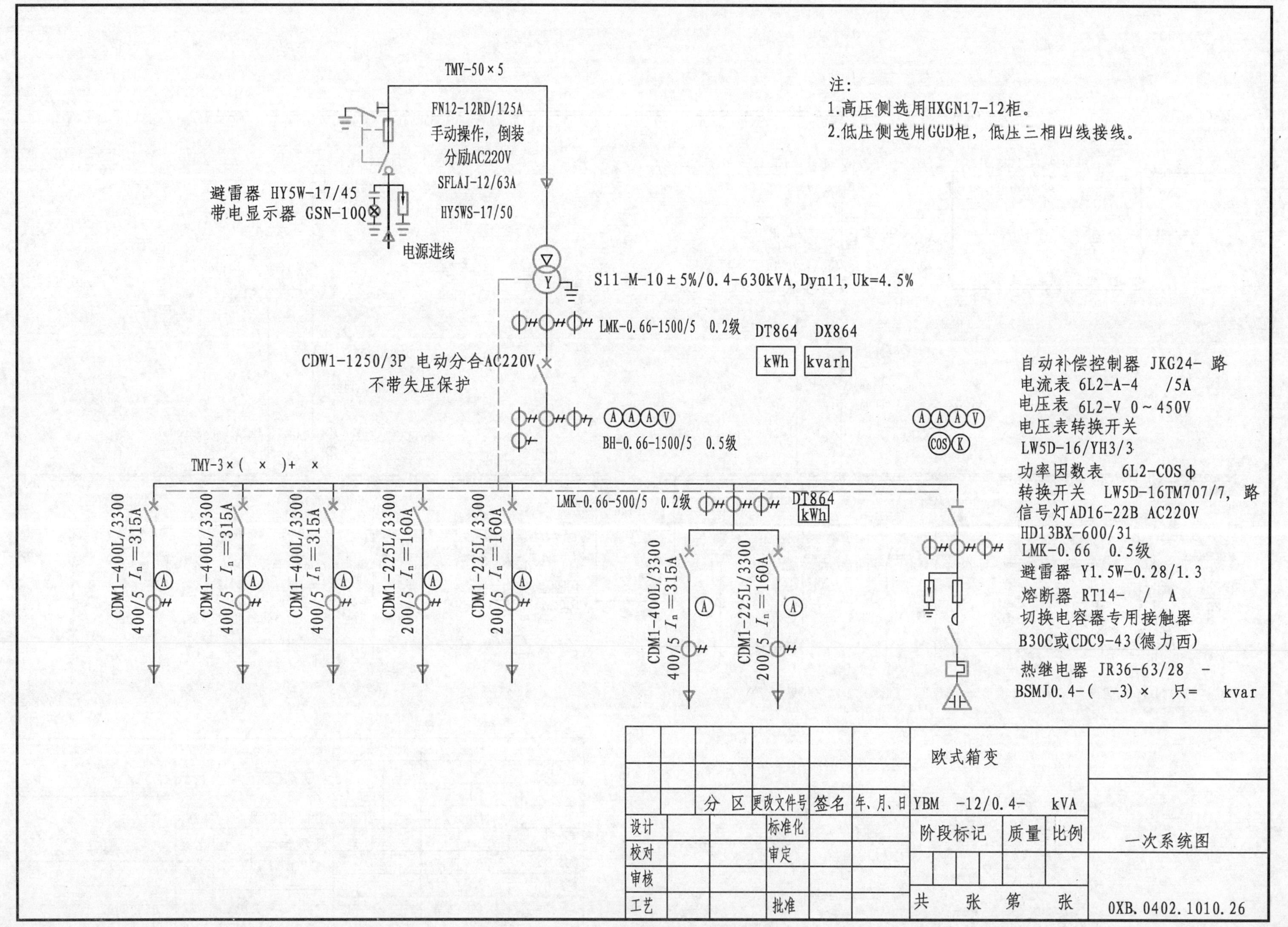
TMY-50×5
FN12-12RD/125A
手动操作，倒装
分励AC220V
SFLAJ-12/63A
HY5WS-17/50
避雷器 HY5W-17/45
带电显示器 GSN-10Q
电源进线
S11-M-10±5%/0.4-630kVA, Dyn11, Uk=4.5%
LMK-0.66-1500/5 0.2级
DT864 DX864
kWh kvarh
CDW1-1250/3P 电动分合AC220V
不带失压保护
BH-0.66-1500/5 0.5级
TMY-3×(×)+ ×
LMK-0.66-500/5 0.2级
DT864
kWh
CDM1-400L/3300 400/5 I_n=315A
CDM1-225L/3300 200/5 I_n=160A
注：
1.高压侧选用HXGN17-12柜。
2.低压侧选用GGD柜，低压三相四线接线。
自动补偿控制器 JKG24- 路
电流表 6L2-A-4 /5A
电压表 6L2-V 0～450V
电压表转换开关
LW5D-16/YH3/3
功率因数表 6L2-COSϕ
转换开关 LW5D-16TM707/7，路
信号灯AD16-22B AC220V
HD13BX-600/31
LMK-0.66 0.5级
避雷器 Y1.5W-0.28/1.3
熔断器 RT14- / A
切换电容器专用接触器
B30C或CDC9-43(德力西)
热继电器 JR36-63/28 -
BSMJ0.4-(-3)× 只= kvar
分 区 更改文件号 签名 年、月、日
设计 标准化
校对 审定
审核
工艺 批准
欧式箱变
YBM -12/0.4- kVA
阶段标记 质量 比例
一次系统图
共 张 第 张
0XB.0402.1010.26

图4－1－7 一次系统图

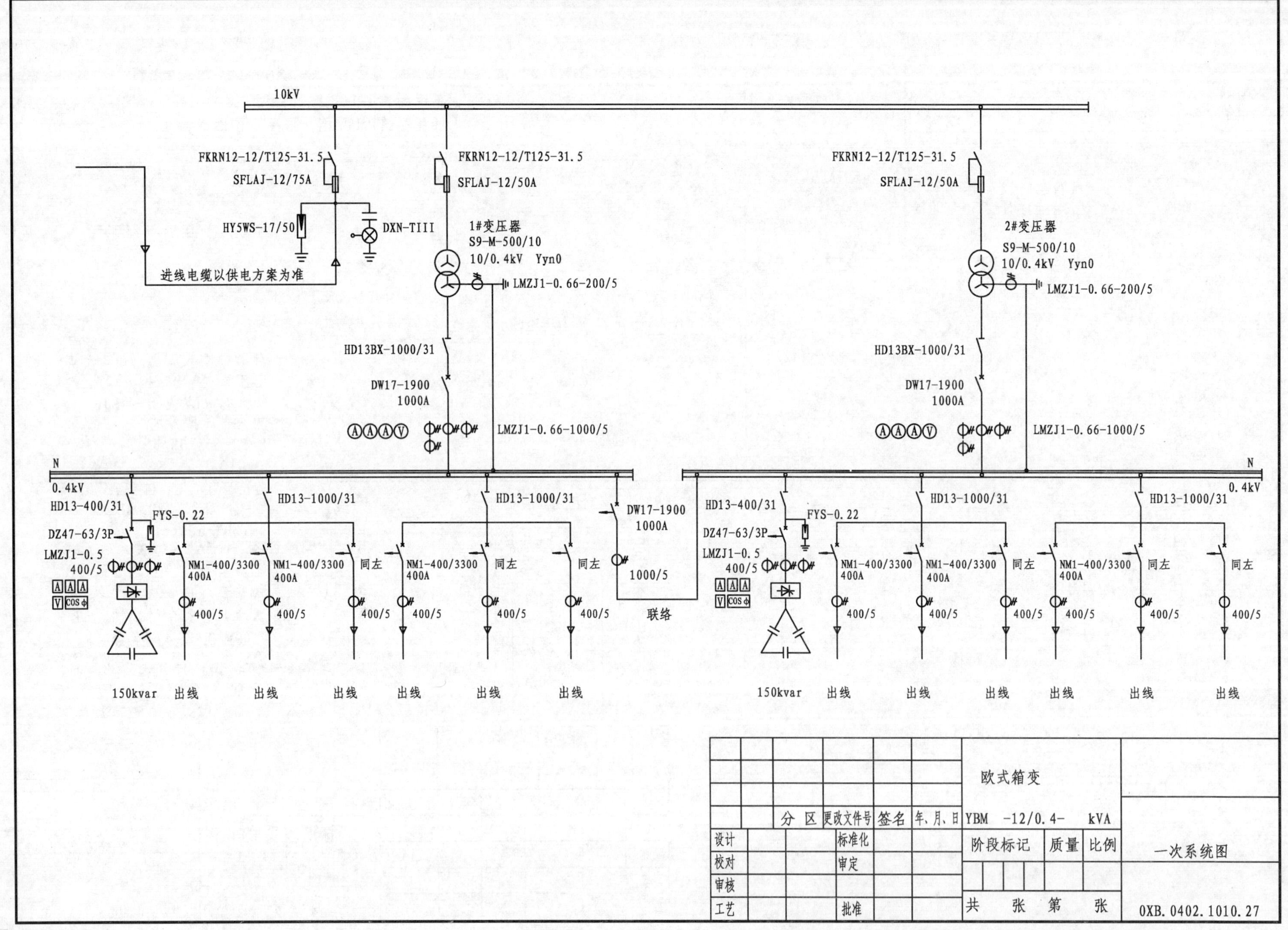
10kV
FKRN12-12/T125-31.5
SFLAJ-12/75A
HY5WS-17/50
DXN-TIII
进线电缆以供电方案为准
FKRN12-12/T125-31.5
SFLAJ-12/50A
1#变压器
S9-M-500/10
10/0.4kV Yyn0
LMZJ1-0.66-200/5
HD13BX-1000/31
DW17-1900
1000A
LMZJ1-0.66-1000/5
FKRN12-12/T125-31.5
SFLAJ-12/50A
2#变压器
S9-M-500/10
10/0.4kV Yyn0
LMZJ1-0.66-200/5
HD13BX-1000/31
DW17-1900
1000A
LMZJ1-0.66-1000/5
N
0.4kV
HD13-400/31
FYS-0.22
DZ47-63/3P
LMZJ1-0.5
400/5
COS φ
150kvar
HD13-1000/31
NM1-400/3300
400A
400/5
同左
出线
DW17-1900
1000A
1000/5
联络
欧式箱变
分 区
更改文件号
签名
年、月、日
YBM -12/0.4- kVA
设计
标准化
校对
审定
审核
工艺
批准
阶段标记
质量
比例
共 张 第 张
一次系统图
0XB.0402.1010.27

图4-1-8 一次系统图

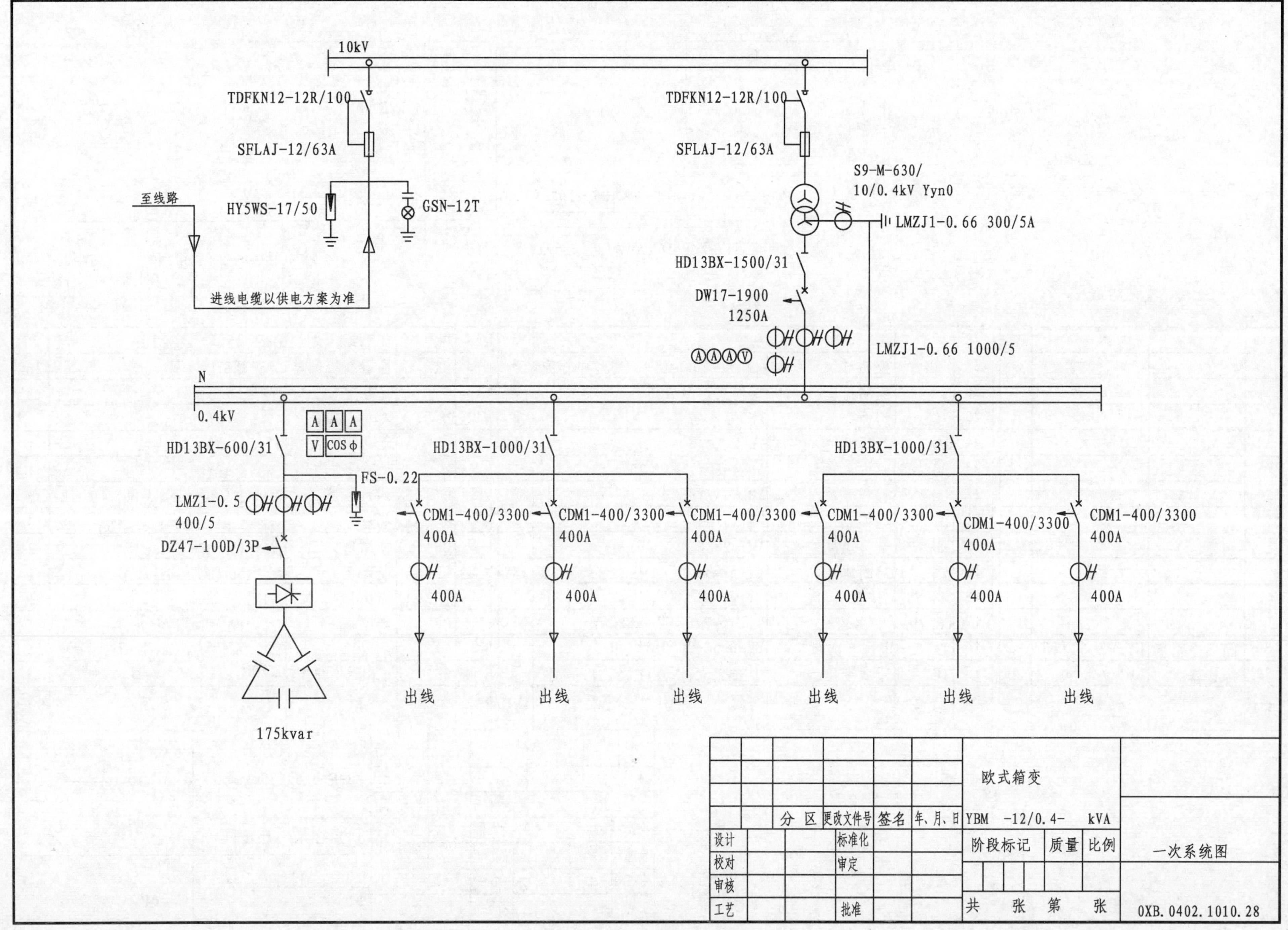
10kV
TDFKN12-12R/100
SFLAJ-12/63A
TDFKN12-12R/100
SFLAJ-12/63A
S9-M-630/
10/0.4kV Yyn0
至线路
HY5WS-17/50
GSN-12T
LMZJ1-0.66 300/5A
HD13BX-1500/31
DW17-1900
1250A
进线电缆以供电方案为准
LMZJ1-0.66 1000/5
N
0.4kV
HD13BX-600/31
COS φ
HD13BX-1000/31
HD13BX-1000/31
FS-0.22
LMZ1-0.5
400/5
DZ47-100D/3P
CDM1-400/3300
400A
400A
出线
175kvar
欧式箱变
分 区
更改文件号
签名
年、月、日
YBM -12/0.4- kVA
设计
标准化
阶段标记
质量
比例
一次系统图
校对
审定
审核
工艺
批准
共 张 第 张
0XB.0402.1010.28

图 4-1-9 一次系统图

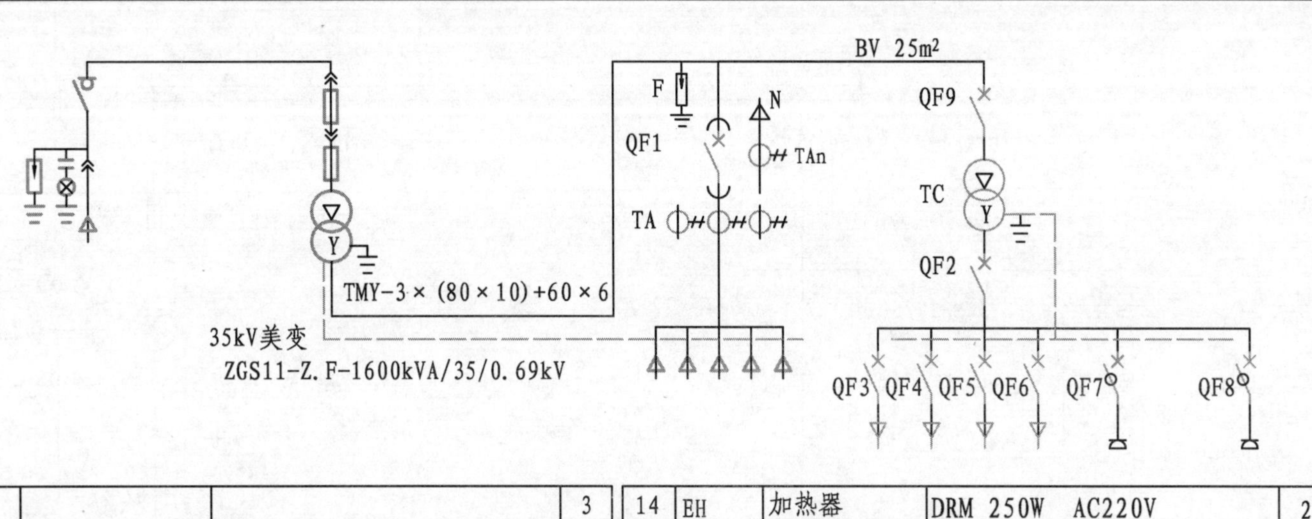

序号	名称	型号	数量
30	高压避雷器	HY5WZ-51/134	3
29	传感器	CG5-40.5Q	3

序号	代号	名称	型号	数量
28				3
27	EEB	照明灯	白帜灯 40W AC220(与灯座相配)	3
26		照明灯座	吸顶式 AC220	3
25		灯开关	KN3-A系列	2
24	SAR1,4	行程开关	YBLX-X2/N	1
23	BS	户内电磁锁	DSN4-EMY1 AC220V	
22	SAR2,3	行程开关	YBLX-AZ/8108	2
21	BT	电接点温度计	BWY(WTYK)-802A	1
20	PD	数显温度控制仪	XMT-288FC	1
19	FU1,FU2	熔断器	RT18-32X/4A	2
18	SB1,SB2	按钮	NP2-BA35(45)	2
17	GN,RD	信号灯	ND16-22DS/4 AC220V	2
16	TA	电流互感器	BH-0.66-2000/5A 0.5级	3
15	TC	干式变压器	SG-50kVA 0.69/0.4(0.22)kV Dyn11	1

序号	代号	名称	型号	数量
14	EH	加热器	DRM 250W AC220V	2
13	SK	温湿度控制器	KWS-2KSJ	2套
12	F	避雷器	YH1.5W-0.9/4.5	3
11	PA	交流电流表	42L6-A-2000/5A	3
10	V	交流电压表	42L6-V 0~750V	1
9	SA	转换开关	LW39A-16YH2/3	1
8	QF7,QF8	漏电断路器	C65N 1P C32A+VIQI C65 1P+N 40A ELE	2
7	XS1,XS2	插座	AC30-123 10A	2
6	QF4-6	断路器	C65N C20A/1P Ie=20A	3
5	QF3	断路器	C65 C20A/3P Ie=20A	1
4	QF2	断路器	NC125H 3P C100A	1
3	QF9	断路器	CM1 100M/3300 I_n=80A	1
2		断路器	HNW2-1600/3 I_n=1600A 690V抽屉式电控	1
1	QF1	接地保护，3P+N	AC220V	

分区	更改文件号	签名	年、月、日	美式风力变 ZBWF-0.69/35kV- MW)	
设计		标准化		阶段标记 质量 比例	一次系统图
校对		审定			
审核					
工艺		批准		共 张 第 张	0XB.0402.1010.29

图4-1-10 一次系统图

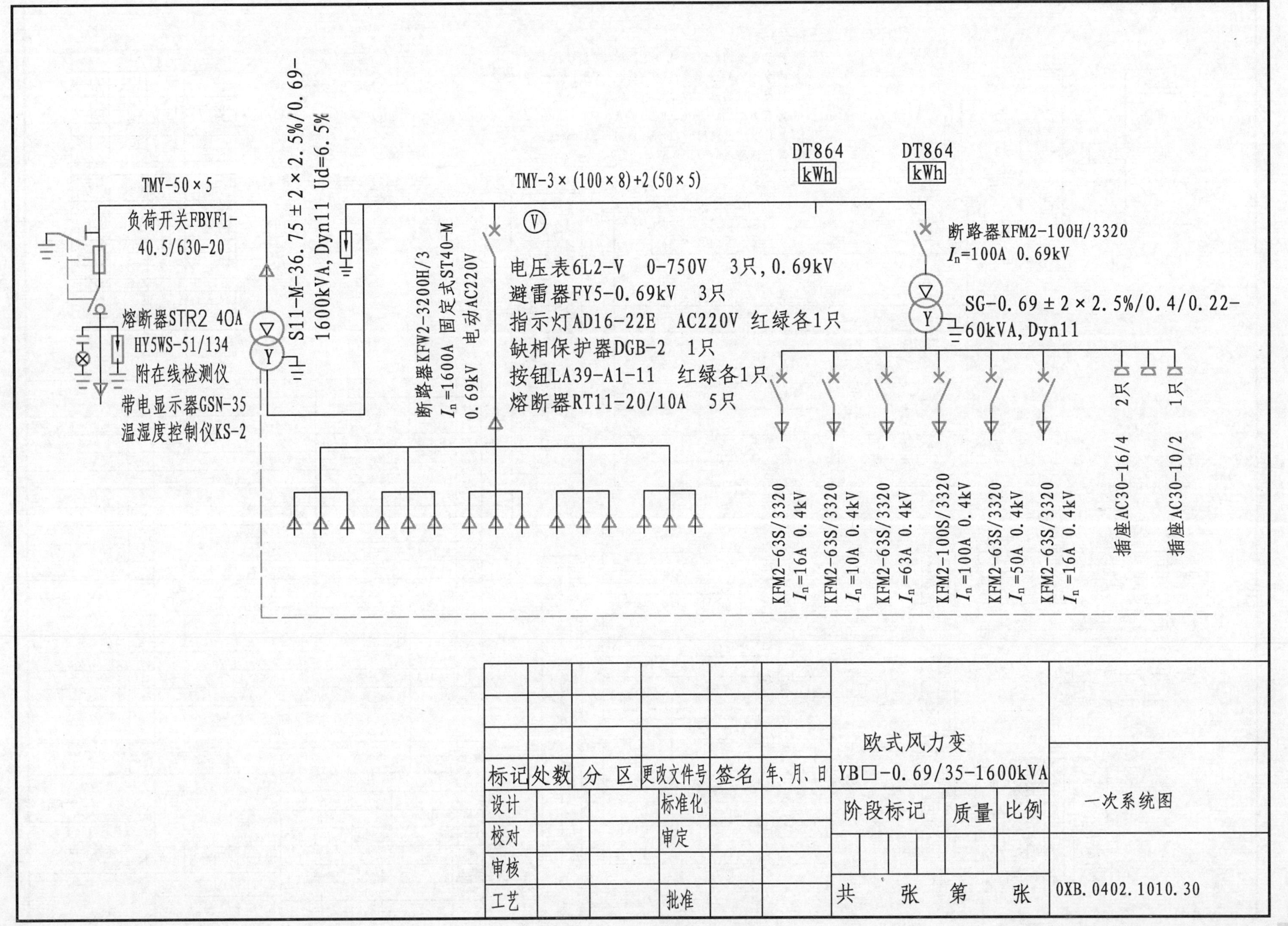

标记	处数	分 区	更改文件号	签名	年、月、日	欧式风力变 YB□-0.69/35-1600kVA		
设计			标准化			阶段标记	质量	比例
校对			审定					一次系统图
审核								
工艺			批准			共 张 第 张		0XB.0402.1010.30

图4-1-11 一次系统图

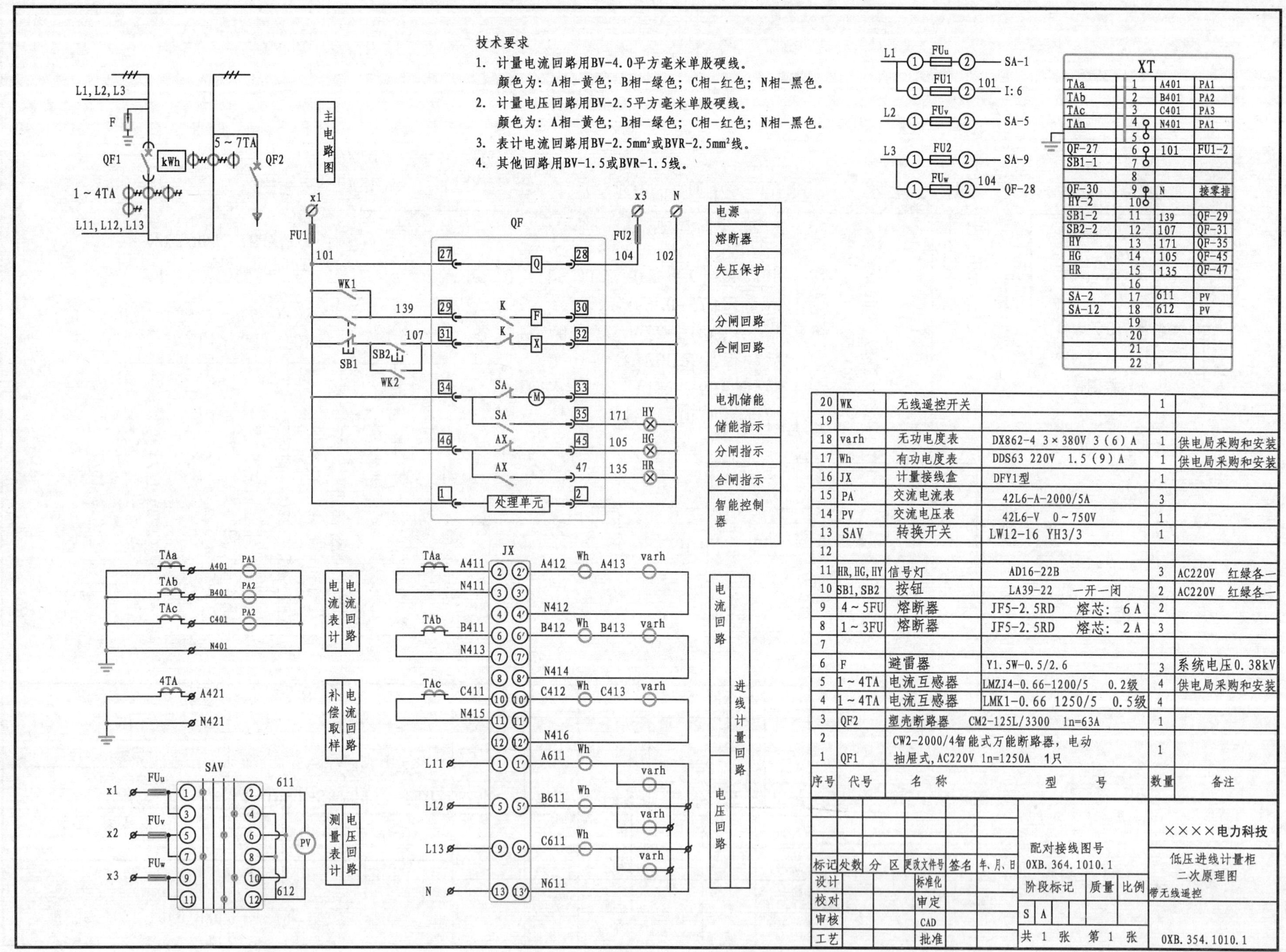

图4-2-1 二次原理图（低压进线计量柜）

4-2 箱变常用0.4kV二次图（进线柜带无线遥控）

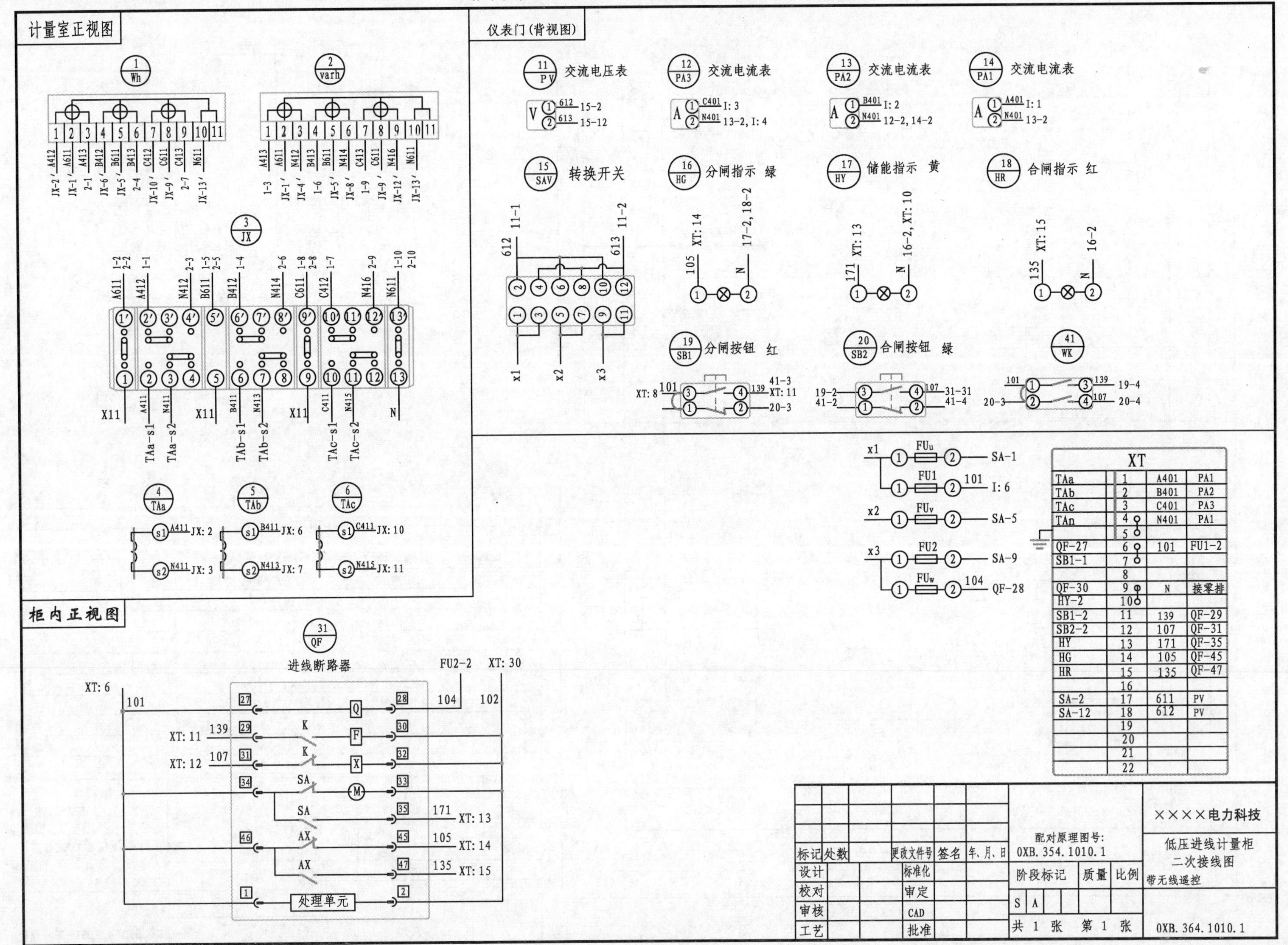

图4-2-2 二次接线图

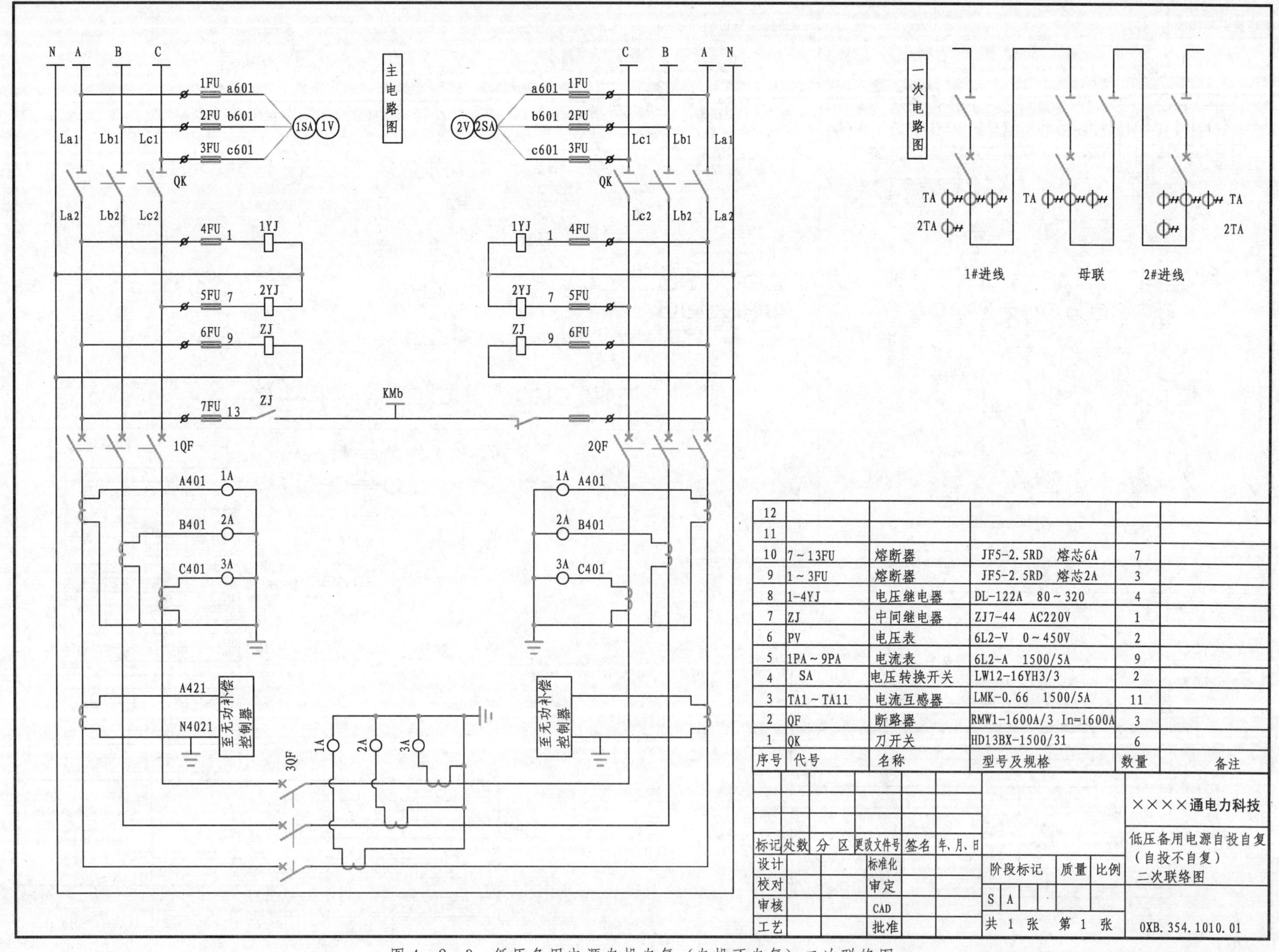

序号	代号	名称	型号及规格	数量	备注
12					
11					
10	7~13FU	熔断器	JF5-2.5RD 熔芯6A	7	
9	1~3FU	熔断器	JF5-2.5RD 熔芯2A	3	
8	1-4YJ	电压继电器	DL-122A 80~320	4	
7	ZJ	中间继电器	ZJ7-44 AC220V	1	
6	PV	电压表	6L2-V 0~450V	2	
5	1PA~9PA	电流表	6L2-A 1500/5A	9	
4	SA	电压转换开关	LW12-16YH3/3	2	
3	TA1~TA11	电流互感器	LMK-0.66 1500/5A	11	
2	QF	断路器	RMW1-1600A/3 In=1600A	3	
1	QK	刀开关	HD13BX-1500/31	6	

图4-2-3 低压备用电源自投自复（自投不自复）二次联络图

4-2 箱变常用0.4kV二次图（进线柜带无线遥控）

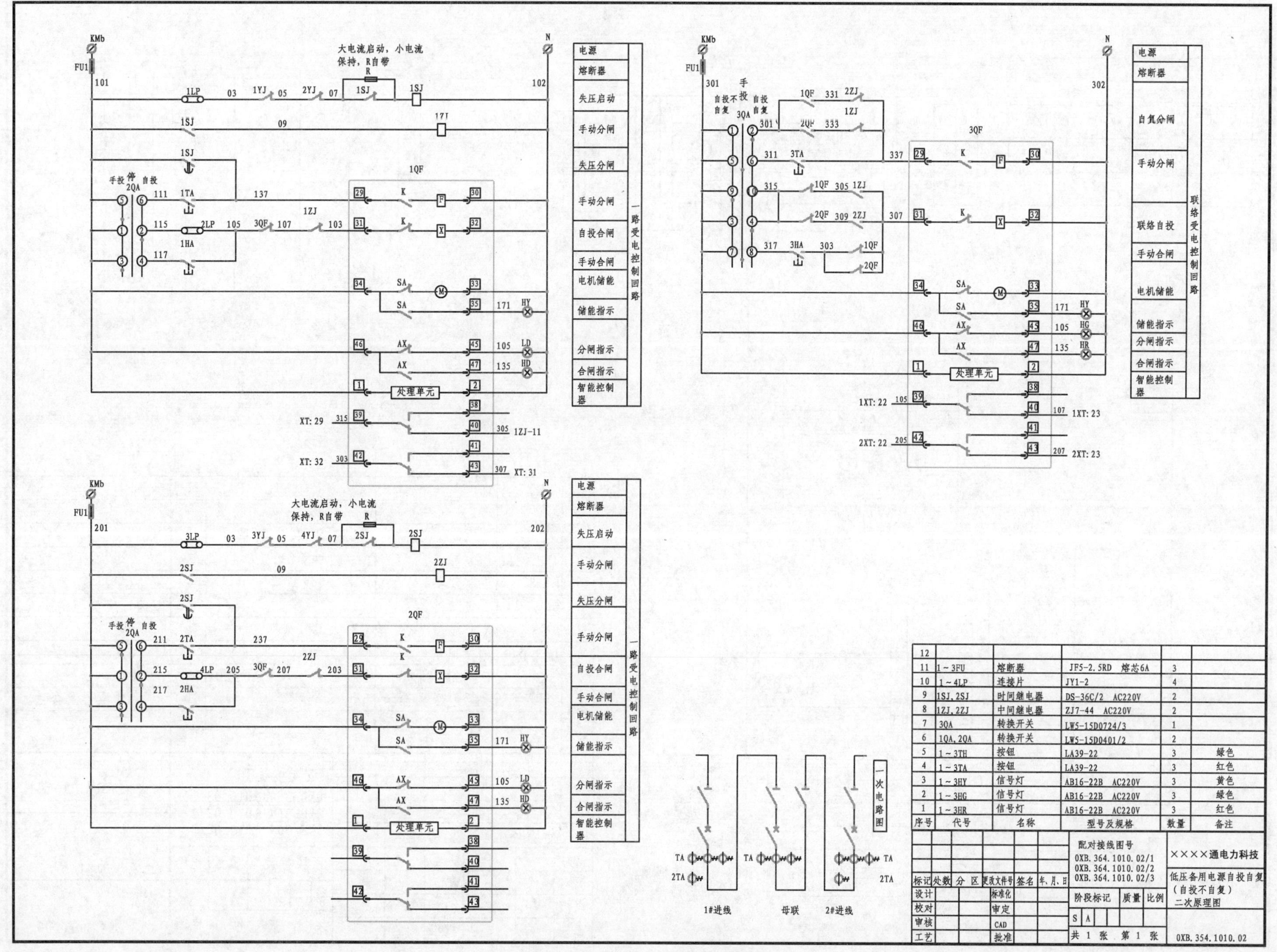

序号	代号	名称	型号及规格	数量	备注
12					
11	1~3FU	熔断器	JF5-2.5RD 熔芯6A	3	
10	1~4LP	连接片	JY1-2	4	
9	1SJ, 2SJ	时间继电器	DS-36C/2 AC220V	2	
8	1ZJ, 2ZJ	中间继电器	ZJ7-44 AC220V	2	
7	3QA	转换开关	LW5-15D0724/3	1	
6	1QA, 2QA	转换开关	LW5-15D0401/2	2	
5	1~3TH	按钮	LA39-22	3	绿色
4	1~3TA	按钮	LA39-22	3	红色
3	1~3HY	信号灯	AB16-22B AC220V	3	黄色
2	1~3HG	信号灯	AB16-22B AC220V	3	绿色
1	1~3HR	信号灯	AB16-22B AC220V	3	红色

图4-2-4 二次原理图

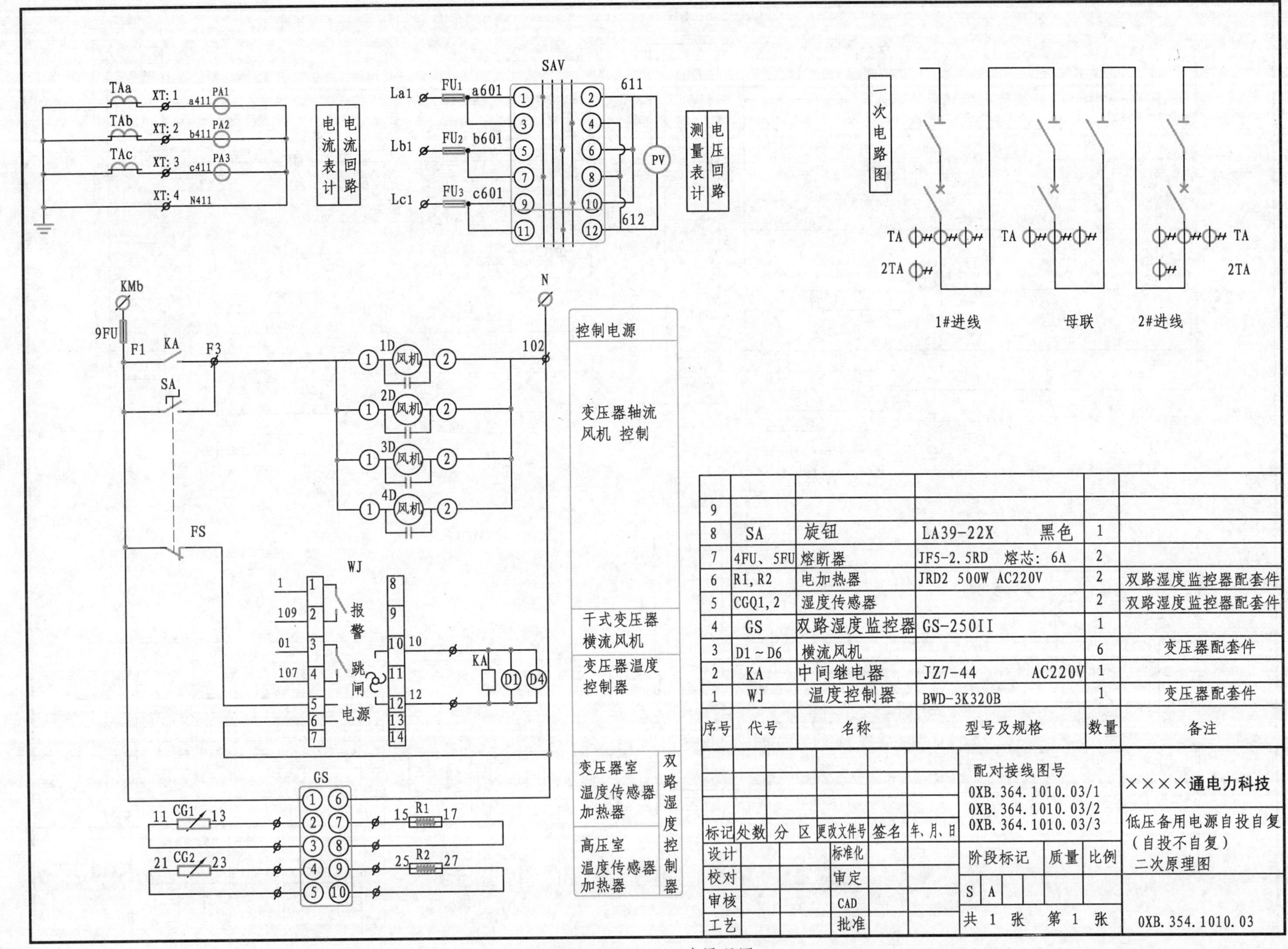

序号	代号	名称	型号及规格	数量	备注
9					
8	SA	旋钮	LA39-22X 黑色	1	
7	4FU、5FU	熔断器	JF5-2.5RD 熔芯：6A	2	
6	R1,R2	电加热器	JRD2 500W AC220V	2	双路湿度监控器配套件
5	CGQ1,2	湿度传感器		2	双路湿度监控器配套件
4	GS	双路湿度监控器	GS-250II	1	
3	D1～D6	横流风机		6	变压器配套件
2	KA	中间继电器	JZ7-44 AC220V	1	
1	WJ	温度控制器	BWD-3K320B	1	变压器配套件

图4-2-5 二次原理图

4-2 箱变常用0.4kV二次图（进线柜带无线遥控）

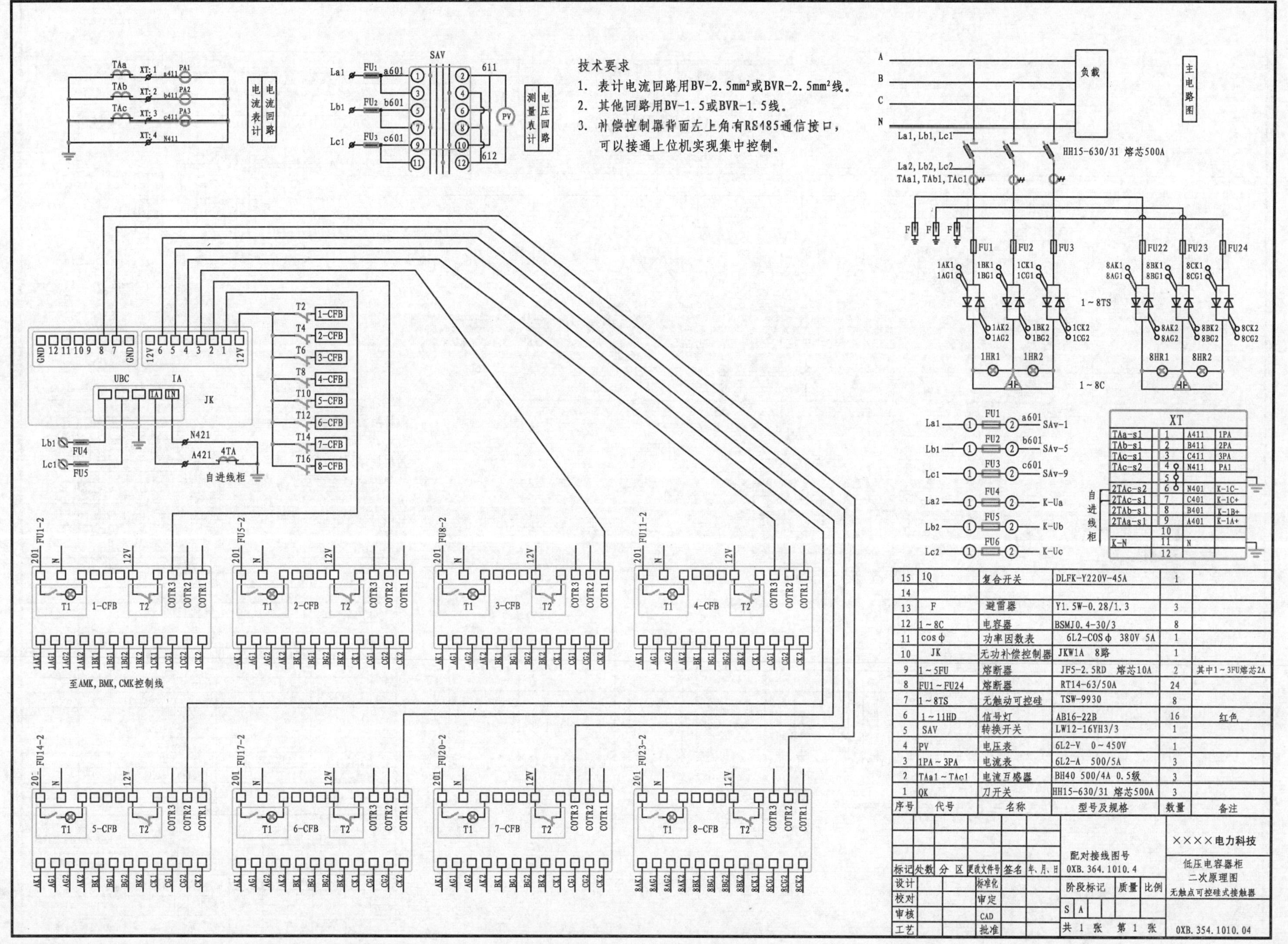

XT			
TAa-s1	1	A411	1PA
TAb-s1	2	B411	2PA
TAc-s1	3	C411	3PA
TAc-s2	4	N411	PA1
	5		
2TAc-s2	6	N401	K-1C-
2TAc-s1	7	C401	K-1C+
2TAb-s1	8	B401	K-1B+
2TAa-s1	9	A401	K-1A+
	10		
K-N	11	N	
	12		

序号	代号	名称	型号及规格	数量	备注
15	1Q	复合开关	DLFK-Y220V-45A	1	
14					
13	F	避雷器	Y1.5W-0.28/1.3	3	
12	1~8C	电容器	BSMJ0.4-30/3	8	
11	cosφ	功率因数表	6L2-COSφ 380V 5A	1	
10	JK	无功补偿控制器	JKW1A 8路	1	
9	1~5FU	熔断器	JF5-2.5RD 熔芯10A	2	其中1~3FU熔芯2A
8	FU1~FU24	熔断器	RT14-63/50A	24	
7	1~8TS	无触动可控硅	TSW-9930	8	
6	1~11HD	信号灯	AB16-22B	16	红色
5	SAV	转换开关	LW12-16YH3/3	1	
4	PV	电压表	6L2-V 0~450V	1	
3	1PA~3PA	电流表	6L2-A 500/5A	3	
2	TAa1~TAc1	电流互感器	BH40 500/4A 0.5级	3	
1	QK	刀开关	HH15-630/31 熔芯500A	3	

图4-2-6 二次原理图

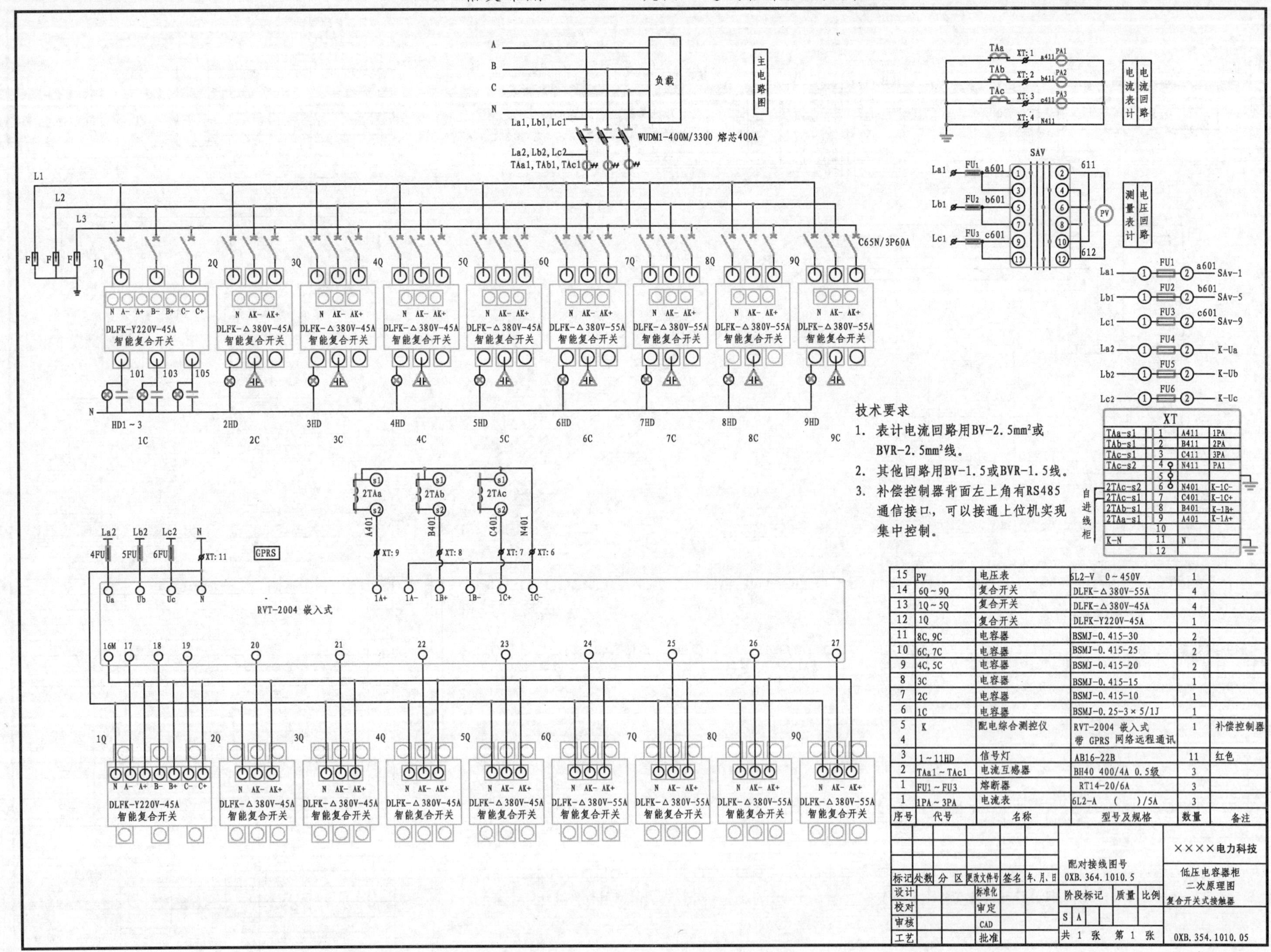

XT			
TAa-s1	1	A411	1PA
TAb-s1	2	B411	2PA
TAc-s1	3	C411	3PA
TAc-s2	4	N411	PA1
	5		
2TAc-s2	6	N401	K-1C-
2TAc-s1	7	C401	K-1C+
2TAb-s1	8	B401	K-1B+
2TAa-s1	9	A401	K-1A+
	10		
K-N	11	N	
	12		

序号	代号	名称	型号及规格	数量	备注
15	PV	电压表	6L2-V　0～450V	1	
14	6Q～9Q	复合开关	DLFK-△380V-55A	4	
13	1Q～5Q	复合开关	DLFK-△380V-45A	4	
12	1Q	复合开关	DLFK-Y220V-45A	1	
11	8C，9C	电容器	BSMJ-0.415-30	2	
10	6C，7C	电容器	BSMJ-0.415-25	2	
9	4C，5C	电容器	BSMJ-0.415-20	2	
8	3C	电容器	BSMJ-0.415-15	1	
7	2C	电容器	BSMJ-0.415-10	1	
6	1C	电容器	BSMJ-0.25-3×5/1J	1	
5 4	K	配电综合测控仪	RVT-2004 嵌入式 带 GPRS 网络远程通讯	1	补偿控制器
3	1～11HD	信号灯	AB16-22B	11	红色
2	TAa1～TAc1	电流互感器	BH40 400/4A 0.5级	3	
1	FU1～FU3	熔断器	RT14-20/6A	3	
1	1PA～3PA	电流表	6L2-A　(　　)/5A	3	

图4－2－7　二次原理图

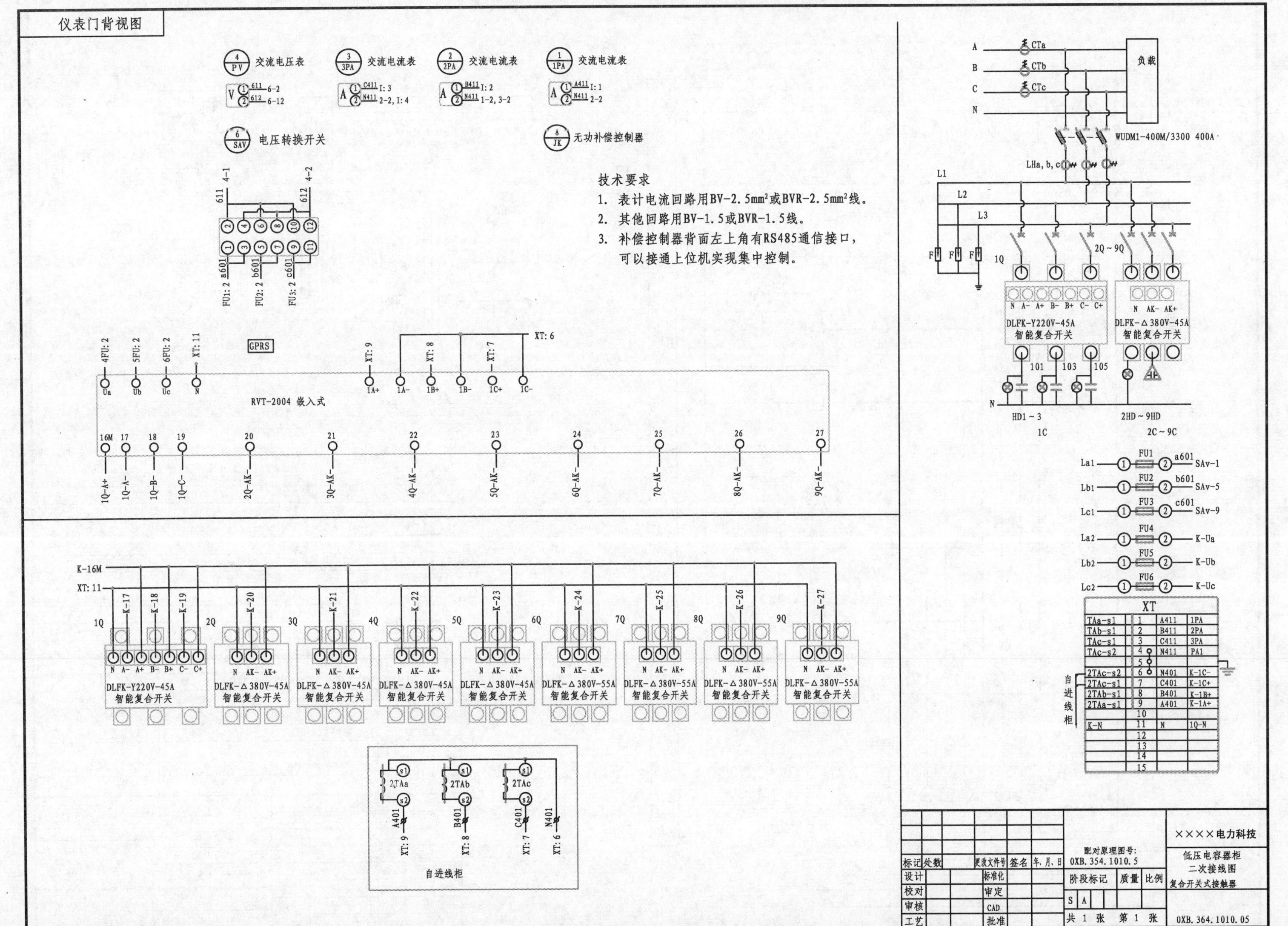
仪表门背视图
4 PV 交流电压表
3 3PA 交流电流表
2 2PA 交流电流表
1 1PA 交流电流表
6 SAV 电压转换开关
8 JK 无功补偿控制器
技术要求
1. 表计电流回路用BV-2.5mm²或BVR-2.5mm²线。
2. 其他回路用BV-1.5或BVR-1.5线。
3. 补偿控制器背面左上角有RS485通信接口，
可以接通上位机实现集中控制。
GPRS
RVT-2004 嵌入式
DLFK-Y220V-45A
智能复合开关
DLFK-△380V-45A
智能复合开关
DLFK-△380V-55A
智能复合开关
负载
WUDM1-400M/3300 400A
HD1~3
1C
2HD~9HD
2C~9C
自进线柜
XT
××××电力科技
低压电容器柜
二次接线图
复合开关式接触器
配对原理图号：
0XB.354.1010.5
0XB.364.1010.05
标记
处数
更改文件号
签名
年、月、日
设计
标准化
校对
审定
审核
CAD
工艺
批准
阶段标记
质量
比例
共 1 张 第 1 张

图4-2-8 二次接线图

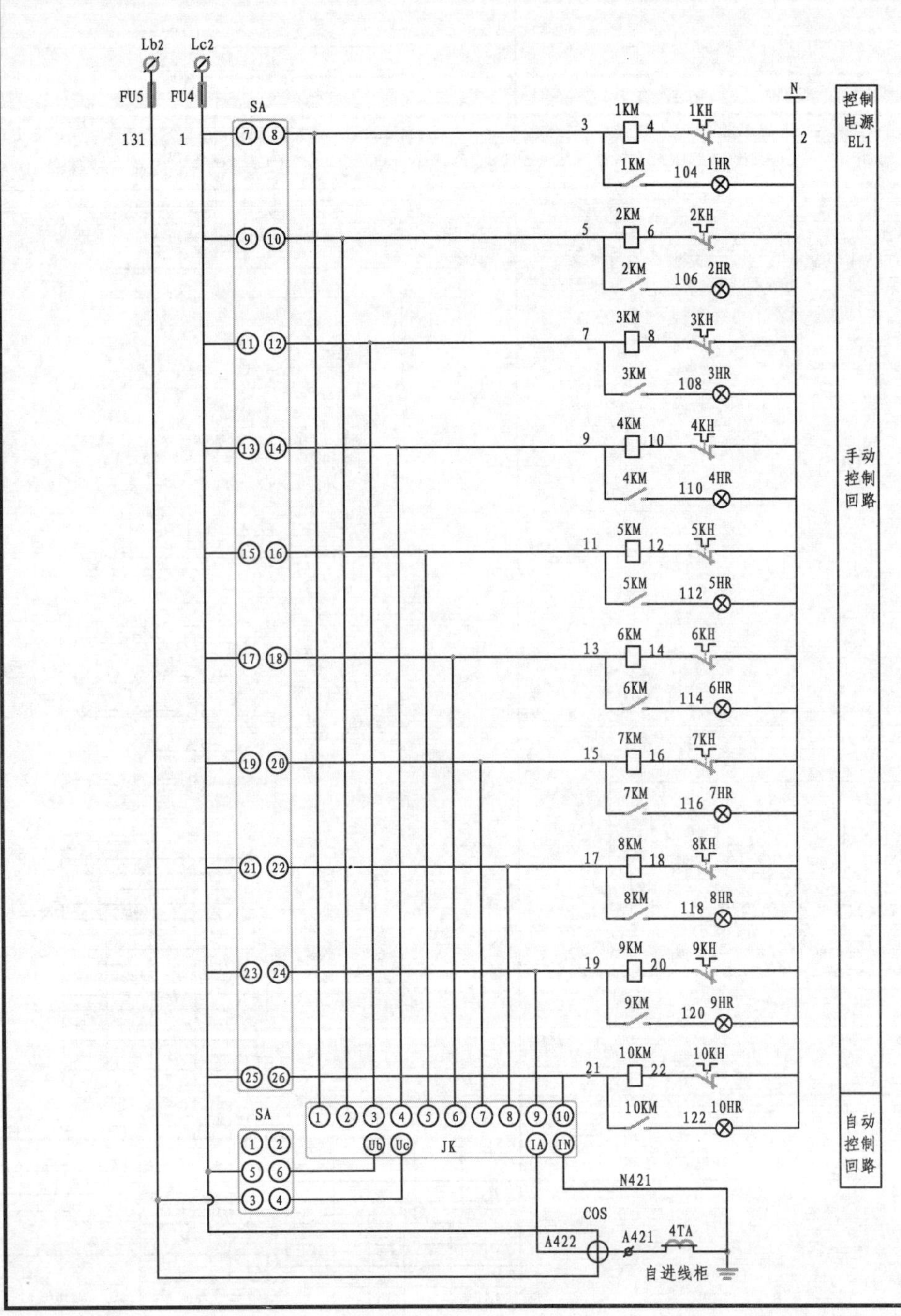

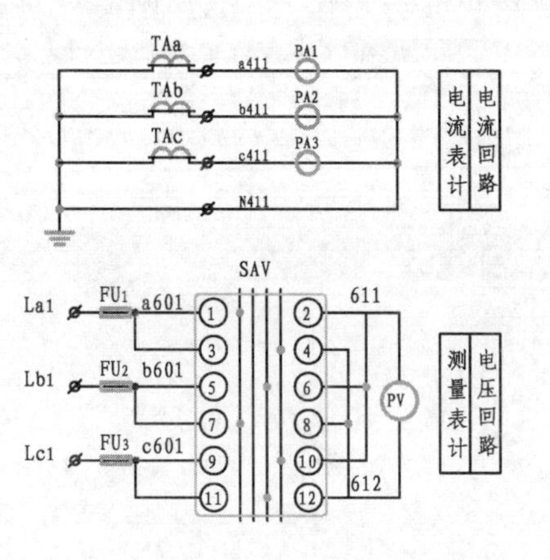

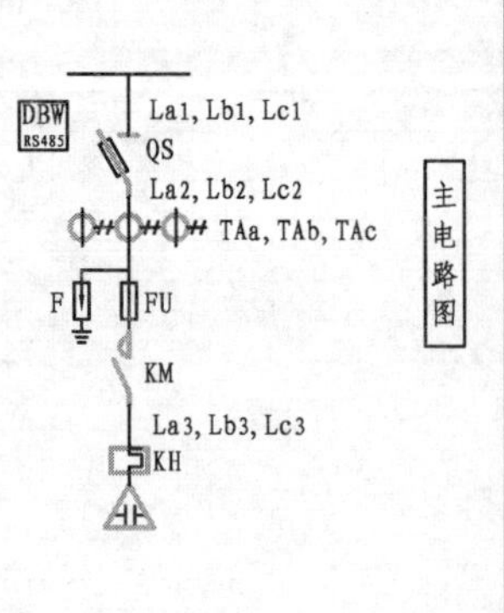

技术要求：

1. 表计电流回路用BV-2.5mm²或BVR-2.5mm²线。
2. 其他回路用BV-1.5或BVR-1.5线。
3. 补偿控制器背面左上角有RS485通信接口，可以接通上位机实现集中控制。

序号	元件代号	名称	型号规格	数量	备注
	1-10HR1-2	信号灯	AD16-22B　AC380V 红色	20	
15	F	避雷器	Y1.5W-0.28/1.3	3	
14	1-10C	电容器	BSMJ0.4-50-3	10	见机电系统图
13	COSϕ	功率因数表	6L2-COSϕ　380V 5A	1	
12	JK	无功补偿控制器	JKG24　10路　长方形	1	
11	1-5FU	熔断器	JF5-2.5RD　熔芯：10A	5	其中：1-3FU为2A
10	FU1-30	熔断器	NT00　100A	30	
9		熔断器座	Sist101　160A		30
8	1-10KH	热继电器	JR36-150/75-100-120A	10	见机电系统图
7	1-10KM	交流接触器	B75C　AC220V	10	见机电系统图
6	SA	转换开关	LW5D-16TM707/7	1	
5	SAV	转换开关	LW5D-16YH3/3	1	
4	PV	电压表	6L2-V　0～450V	1	
3	1-3PA	电流表	6L2-A　□/5	3	见机电系统图
2	1-3TA	电流互感器	LMK1-0.66　□/5	3	见机电系统图
1	QS	隔离开关熔断器组	QSA-□/31	1	
1	QK	隔离开关	HD13BX-□/31	1	见机电系统图

标记	处数	分区	更改文件号	签名	年、月、日	配对接线图号 0XB.364.1010.6	××××电力科技
设计			标准化			阶段标记　质量　比例	低压电容器柜 二次原理图 机械式交流接触器
校对			审定			S　A	
审核			CAD				
工艺			批准			共 1 张　第 1 张	0XB.354.1010.06

图4-2-9　二次原理图

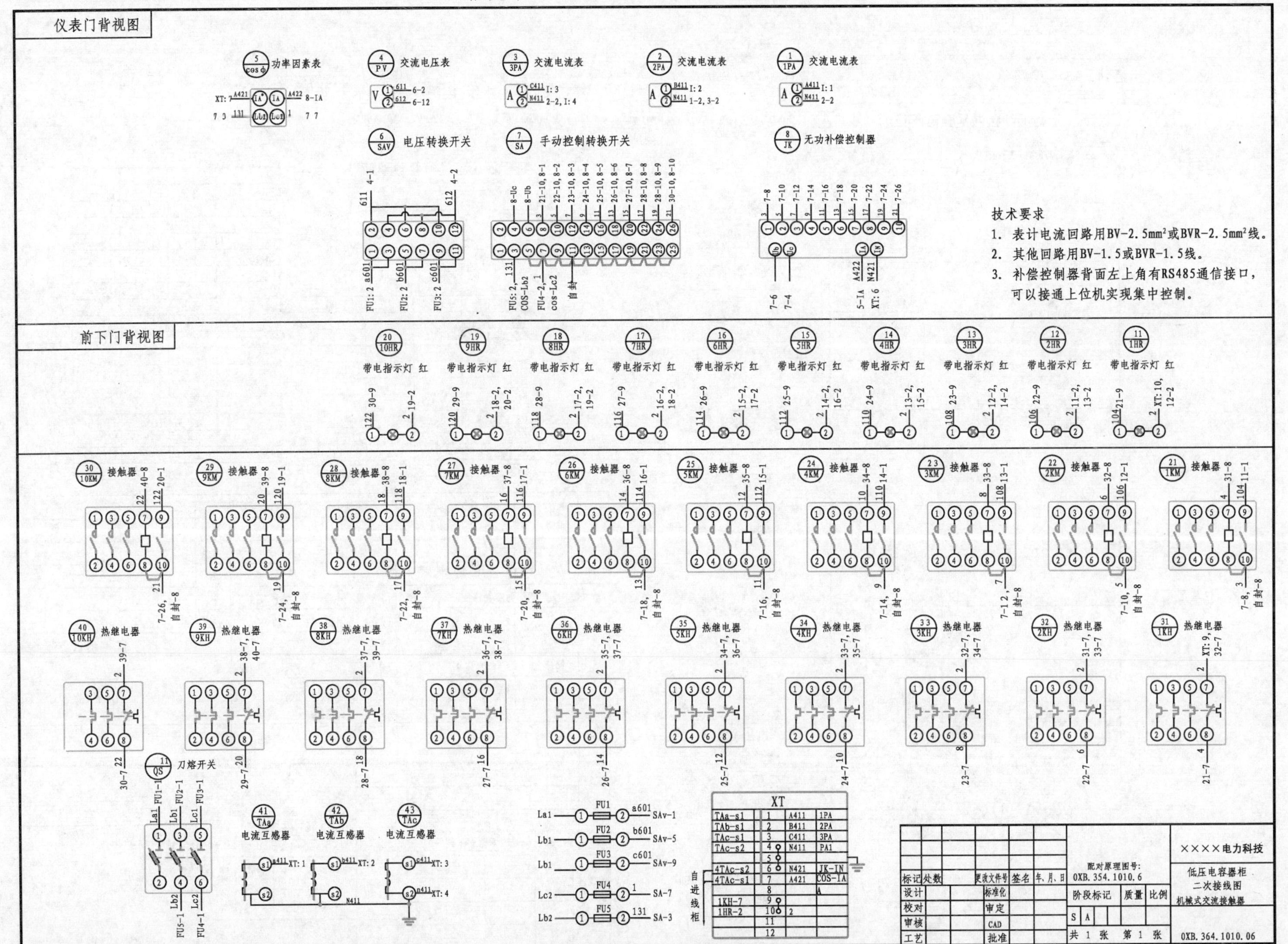
仪表门背视图
功率因素表
交流电压表
交流电流表
交流电流表
交流电流表
电压转换开关
手动控制转换开关
无功补偿控制器
技术要求
1. 表计电流回路用BV-2.5mm²或BVR-2.5mm²线。
2. 其他回路用BV-1.5或BVR-1.5线。
3. 补偿控制器背面左上角有RS485通信接口，
可以接通上位机实现集中控制。
前下门背视图
带电指示灯 红
接触器
热继电器
刀熔开关
电流互感器
自进线柜
××××电力科技
低压电容器柜
二次接线图
机械式交流接触器
配对原理图号：
0XB.354.1010.6
标记
处数
更改文件号
签名
年、月、日
设计
校对
审核
工艺
标准化
审定
CAD
批准
阶段标记
质量
比例
共 1 张　第 1 张
0XB.364.1010.06

图4-2-10　二次接线图

4-2 箱变常用0.4kV二次图（进线柜带无线遥控）

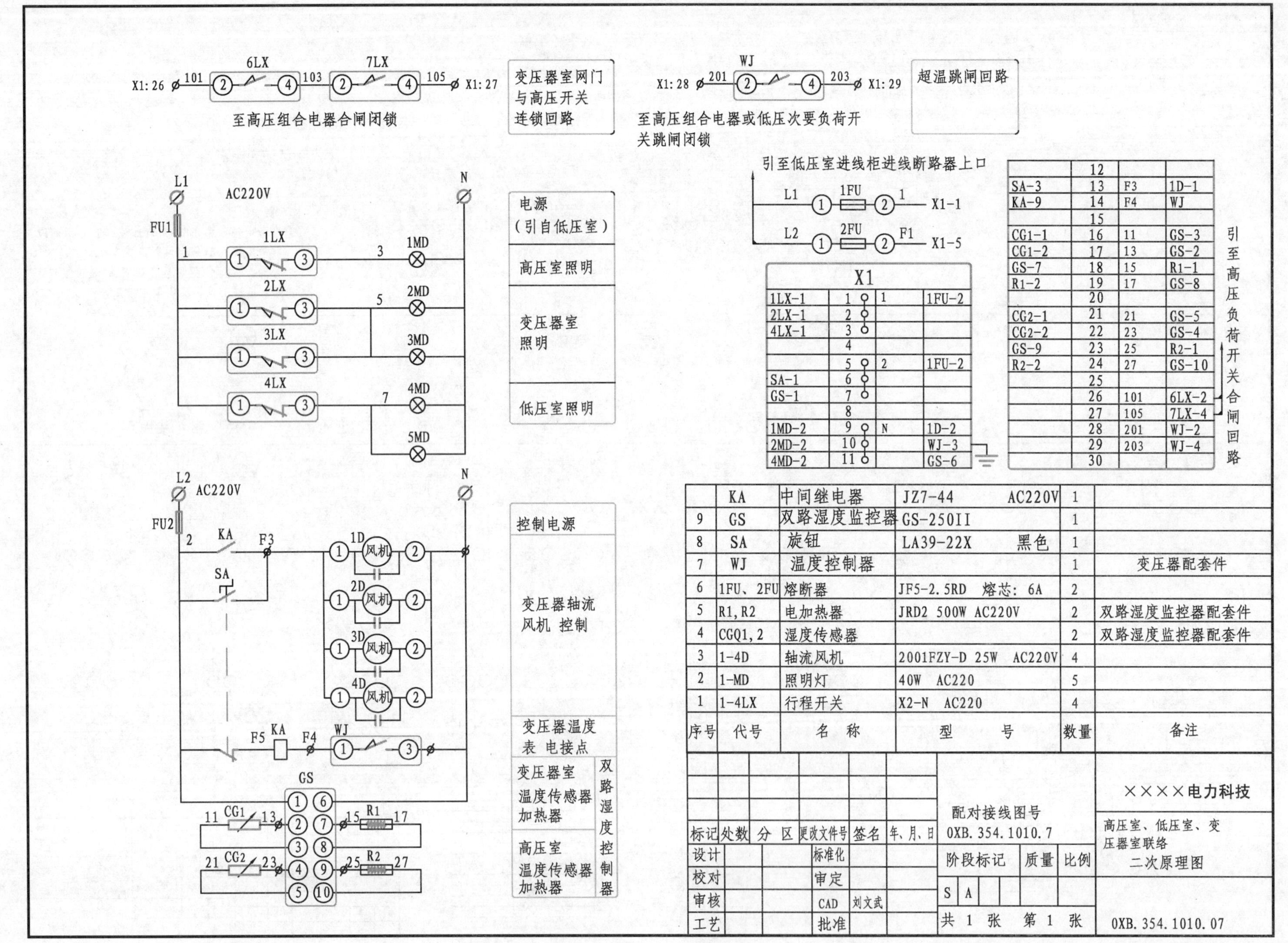

图4-2-11 二次原理图

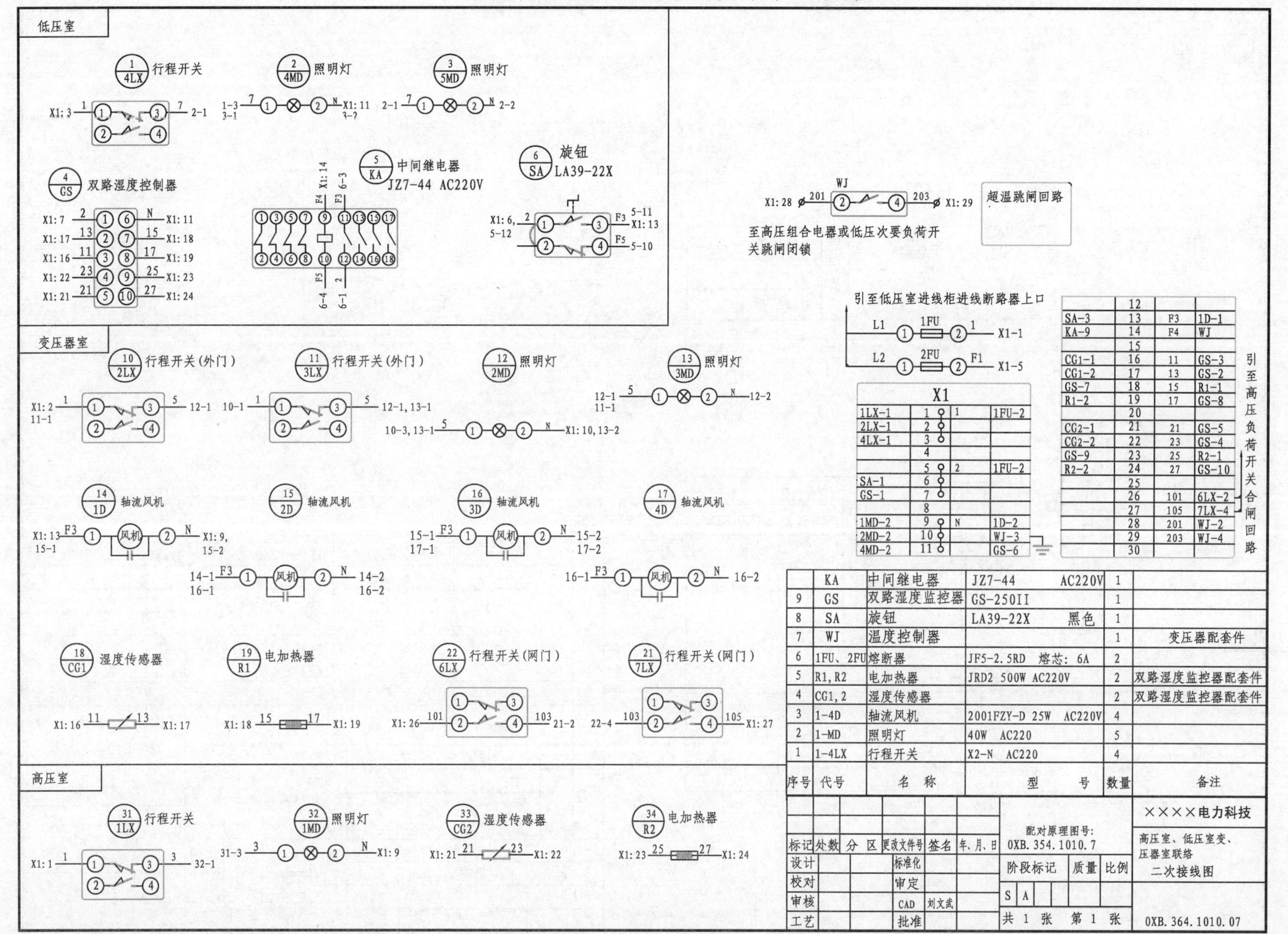

序号	代号	名称	型号	数量	备注
	KA	中间继电器	JZ7-44 AC220V	1	
9	GS	双路湿度监控器	GS-250II	1	
8	SA	旋钮	LA39-22X 黑色	1	
7	WJ	温度控制器		1	变压器配套件
6	1FU、2FU	熔断器	JF5-2.5RD 熔芯：6A	2	
5	R1, R2	电加热器	JRD2 500W AC220V	2	双路湿度监控器配套件
4	CG1, 2	湿度传感器		2	双路湿度监控器配套件
3	1-4D	轴流风机	2001FZY-D 25W AC220V	4	
2	1-MD	照明灯	40W AC220	5	
1	1-4LX	行程开关	X2-N AC220	4	

图4－2－12　二次接线图

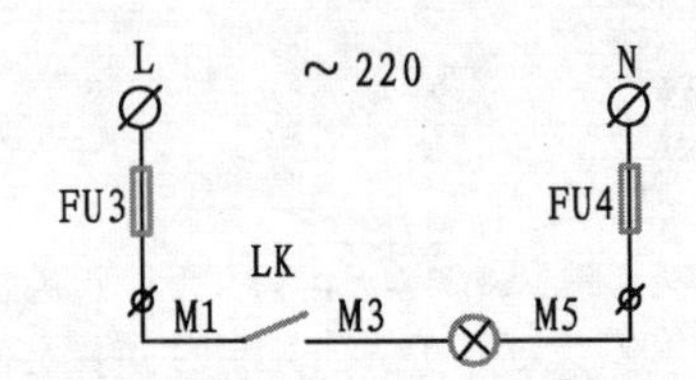

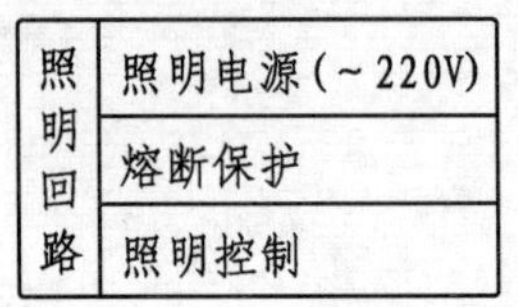

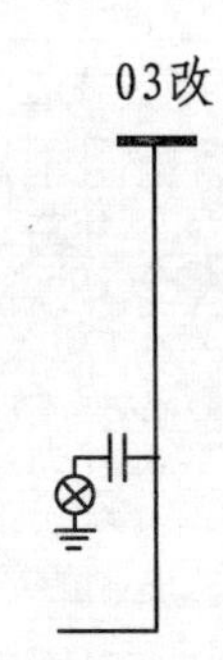

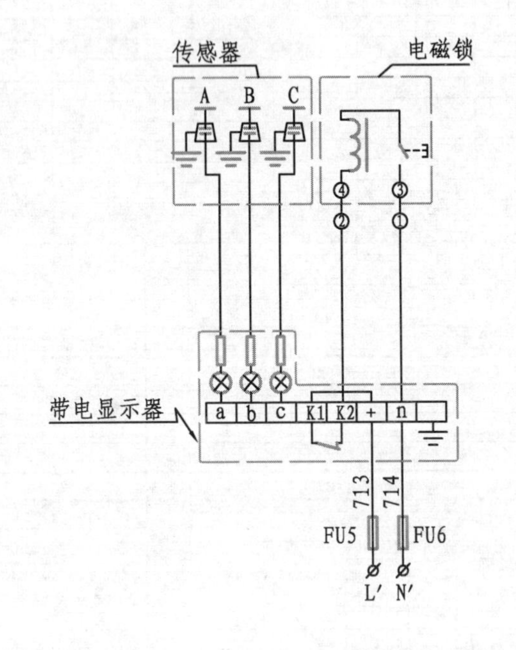

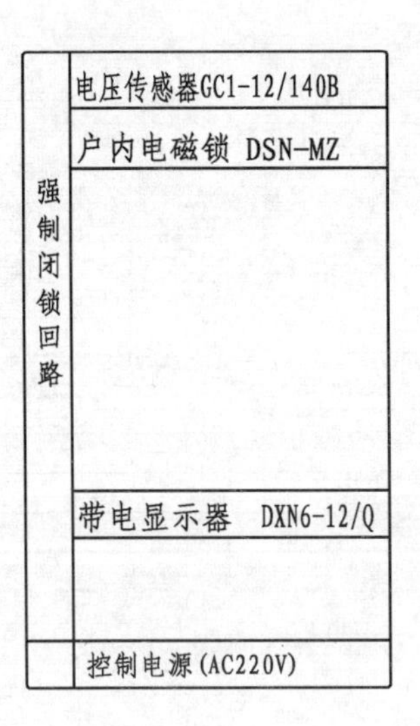

序号	代号	名称	型号	数量	备注
7	GSN	带电显示器	DXN6-12/Q(配电压传感器GC1-12/140B)	1	
6	DSN	户内电磁锁	DSN-MA/Y	1	
5	FU3, FU4 FU5, FU6	熔断器	JF5-2.5/RD 2A	4	
4					
3	MD	照明灯	白帜灯25W 220V	1	
2	LK	灯开关	KN3-A系列	1	
1					

标记	处数	分区	更改文件号	签名	年、月、日	配对接线图号: OFH. 364. 0001			二次原理图 (返线柜)
设计		标准化				阶段标记	质量	比例	
校对		审定				S A			
审核		CAD				共 1 张	第 1 张		OFH. 354. 0001
工艺		批准							

图4－3－1　二次原理图

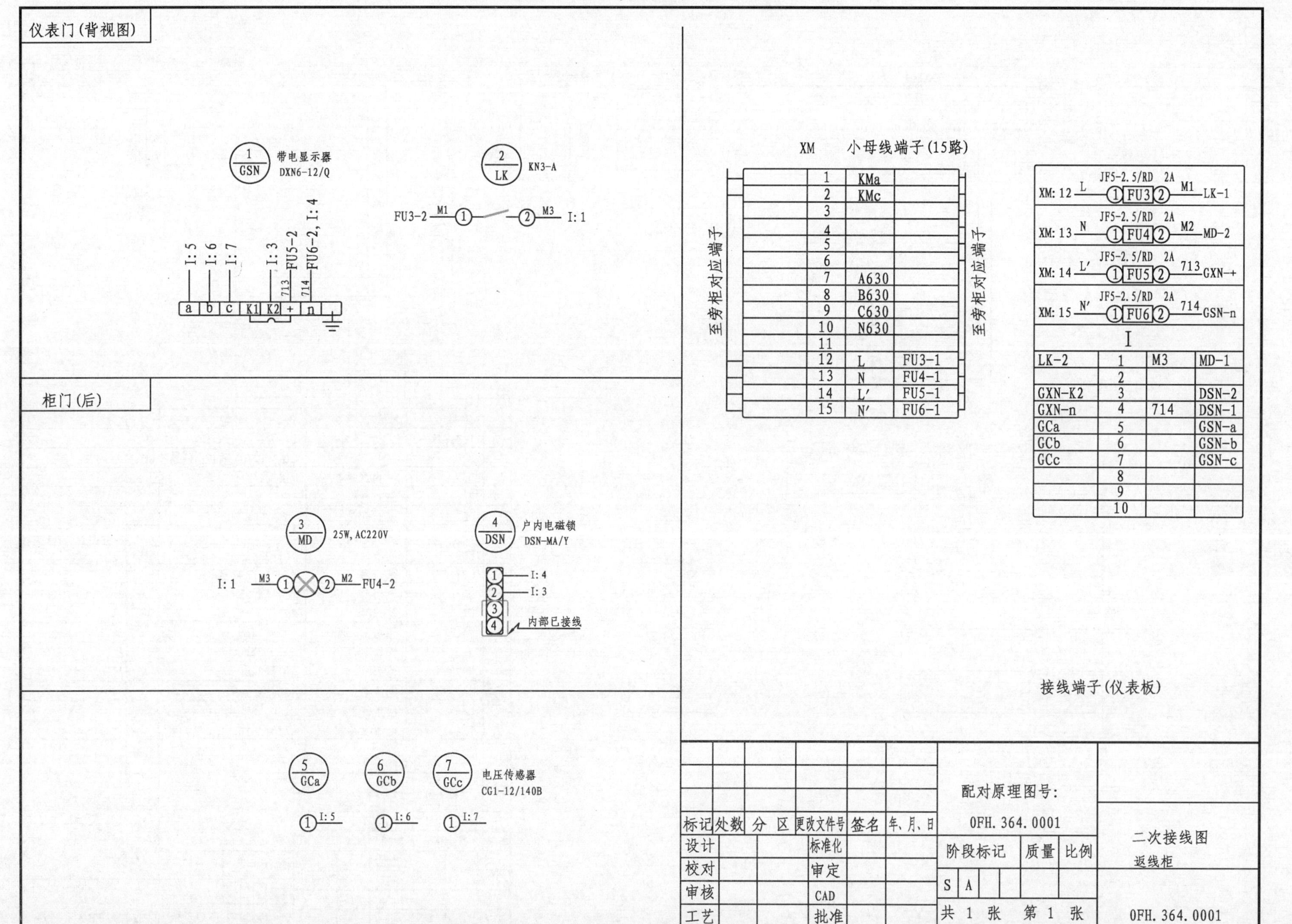

XM		
1	KMa	
2	KMc	
3		
4		
5		
6		
7	A630	
8	B630	
9	C630	
10	N630	
11		
12	L	FU3-1
13	N	FU4-1
14	L′	FU5-1
15	N′	FU6-1

	I		
LK-2	1	M3	MD-1
	2		
GXN-K2	3		DSN-2
GXN-n	4	714	DSN-1
GCa	5		GSN-a
GCb	6		GSN-b
GCc	7		GSN-c
	8		
	9		
	10		

标记	处数	分区	更改文件号	签名	年、月、日	配对原理图号: OFH.364.0001			二次接线图 返线柜
设计			标准化			阶段标记	质量	比例	
校对			审定			S A			
审核			CAD						
工艺			批准			共 1 张 第 1 张			OFH.364.0001

图4-3-2 二次接线图

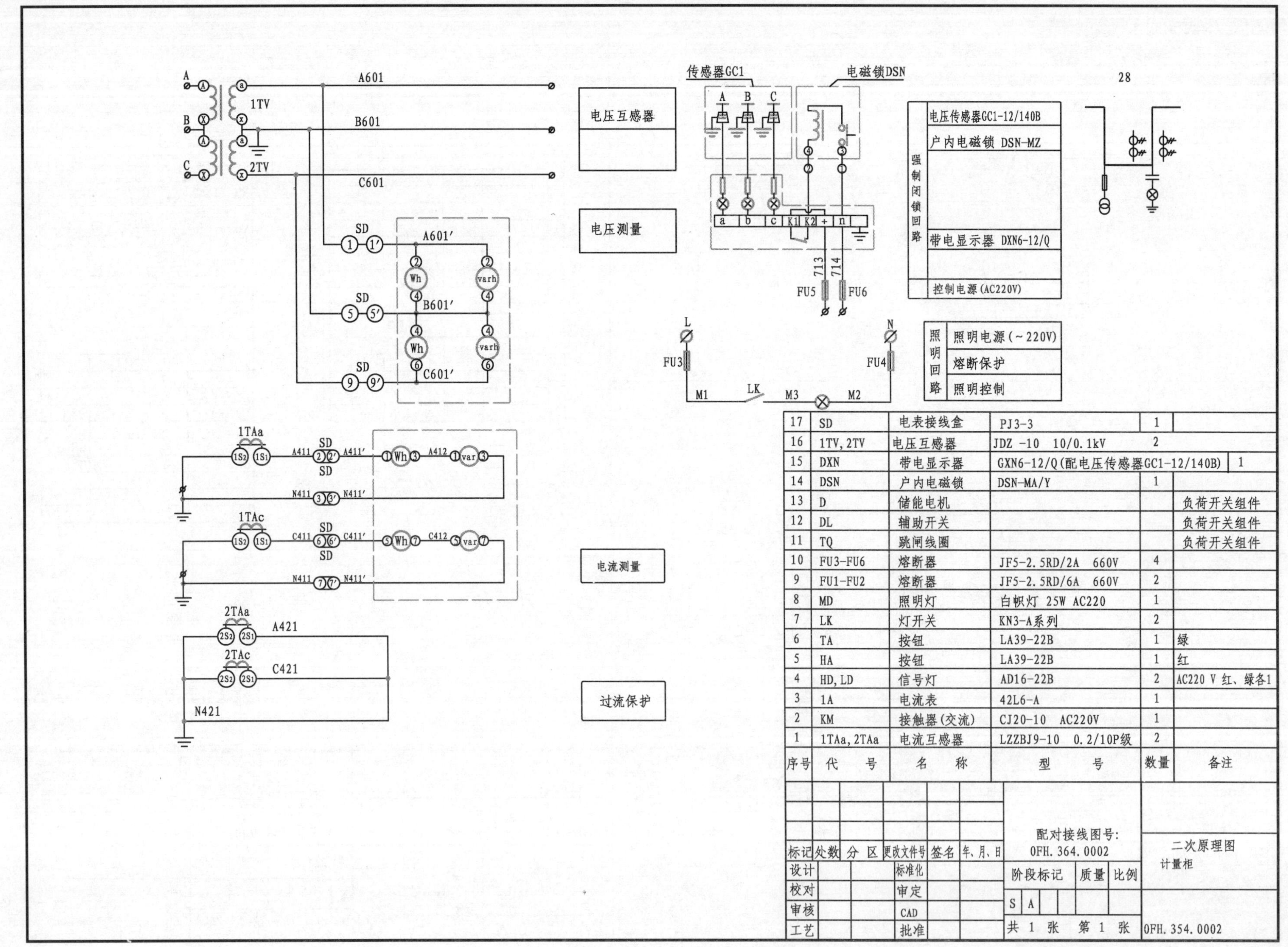

序号	代号	名称	型号	数量	备注
17	SD	电表接线盒	PJ3-3	1	
16	1TV,2TV	电压互感器	JDZ -10 10/0.1kV	2	
15	DXN	带电显示器	GXN6-12/Q(配电压传感器GC1-12/140B)	1	
14	DSN	户内电磁锁	DSN-MA/Y	1	
13	D	储能电机			负荷开关组件
12	DL	辅助开关			负荷开关组件
11	TQ	跳闸线圈			负荷开关组件
10	FU3-FU6	熔断器	JF5-2.5RD/2A 660V	4	
9	FU1-FU2	熔断器	JF5-2.5RD/6A 660V	2	
8	MD	照明灯	白帜灯 25W AC220	1	
7	LK	灯开关	KN3-A系列	2	
6	TA	按钮	LA39-22B	1	绿
5	HA	按钮	LA39-22B	1	红
4	HD,LD	信号灯	AD16-22B	2	AC220 V 红、绿各1
3	1A	电流表	42L6-A	1	
2	KM	接触器(交流)	CJ20-10 AC220V	1	
1	1TAa,2TAa	电流互感器	LZZBJ9-10 0.2/10P级	2	

图4-3-3 二次原理图

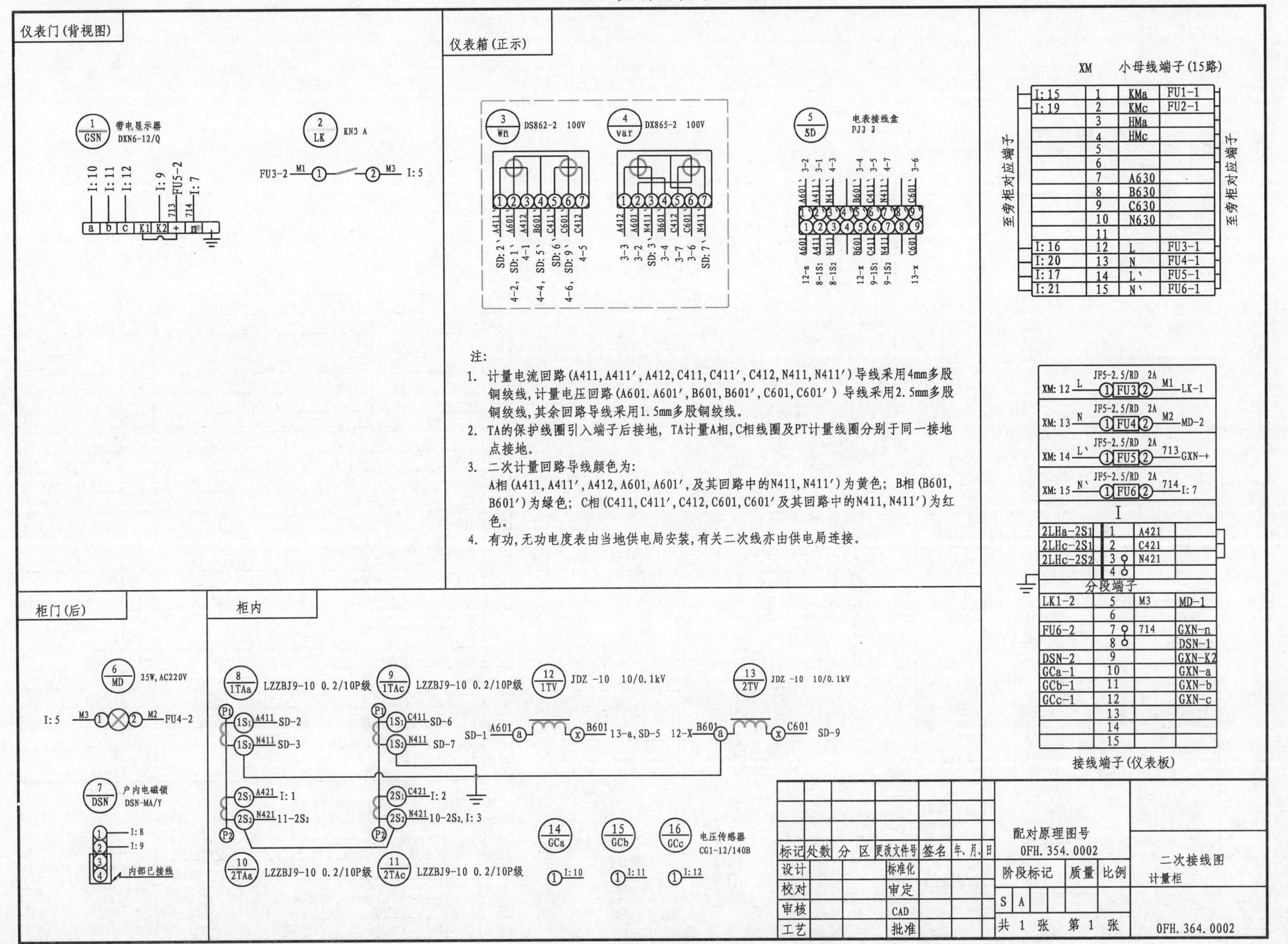

仪表门(背视图)
带电显示器
DXN6-12/Q
GSN
LK
KN3 A
FU3-2
仪表箱(正示)
Wh
DS862-2 100V
var
DX865-2 100V
SD
电表接线盒
PJ3 3
XM 小母线端子(15路)
至旁柜对应端子
I:15 1 KMa FU1-1
I:19 2 KMc FU2-1
3 HMa
4 HMc
5
6
7 A630
8 B630
9 C630
10 N630
11
I:16 12 L FU3-1
I:20 13 N FU4-1
I:17 14 L` FU5-1
I:21 15 N` FU6-1
注:
1. 计量电流回路(A411,A411′,A412,C411,C411′,C412,N411,N411′)导线采用4mm多股铜绞线,计量电压回路(A601.A601′,B601,B601′,C601,C601′)导线采用2.5mm多股铜绞线,其余回路导线采用1.5mm多股铜绞线。
2. TA的保护线圈引入端子后接地,TA计量A相,C相线圈及PT计量线圈分别于同一接地点接地。
3. 二次计量回路导线颜色为:
A相(A411,A411′,A412,A601,A601′,及其回路中的N411,N411′)为黄色;B相(B601,B601′)为绿色;C相(C411,C411′,C412,C601,C601′及其回路中的N411,N411′)为红色。
4. 有功,无功电度表由当地供电局安装,有关二次线亦由供电局连接。
JF5-2.5/RD 2A
XM:12 L FU3 M1 LK-1
XM:13 N FU4 M2 MD-2
XM:14 L` FU5 713 GXN-+
XM:15 N` FU6 714 I:7
I
2LHa-2S1 1 A421
2LHc-2S1 2 C421
2LHc-2S2 3 N421
4
分段端子
LK1-2 5 M3 MD-1
6
FU6-2 7 714 GXN-n
8 DSN-1
DSN-2 9 GXN-K2
GCa-1 10 GXN-a
GCb-1 11 GXN-b
GCc-1 12 GXN-c
13
14
15
接线端子(仪表板)
柜门(后)
柜内
MD
25W,AC220V
DSN
户内电磁锁
DSN-MA/Y
内部已接线
1TAa LZZBJ9-10 0.2/10P级
1TAc LZZBJ9-10 0.2/10P级
1TV JDZ-10 10/0.1kV
2TV JDZ-10 10/0.1kV
2TAa LZZBJ9-10 0.2/10P级
2TAc LZZBJ9-10 0.2/10P级
GCa
GCb
GCc
电压传感器
CG1-12/140B
标记 处数 分区 更改文件号 签名 年、月、日
设计 标准化
校对 审定
审核 CAD
工艺 批准
配对原理图号
0FH.354.0002
阶段标记 质量 比例
S A
共 1 张 第 1 张
二次接线图
计量柜
0FH.364.0002

图4-3-4 二次接线图

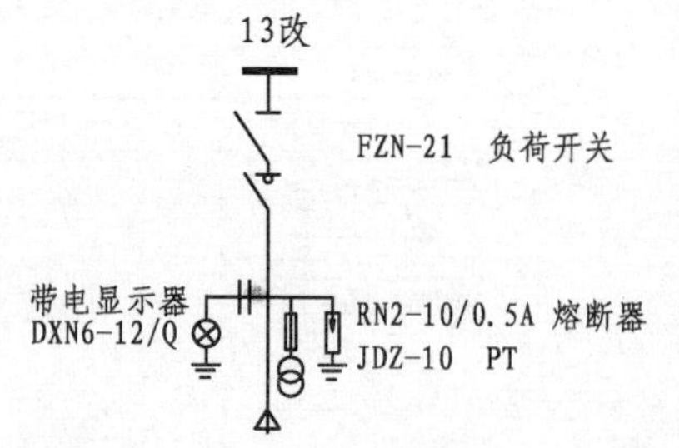

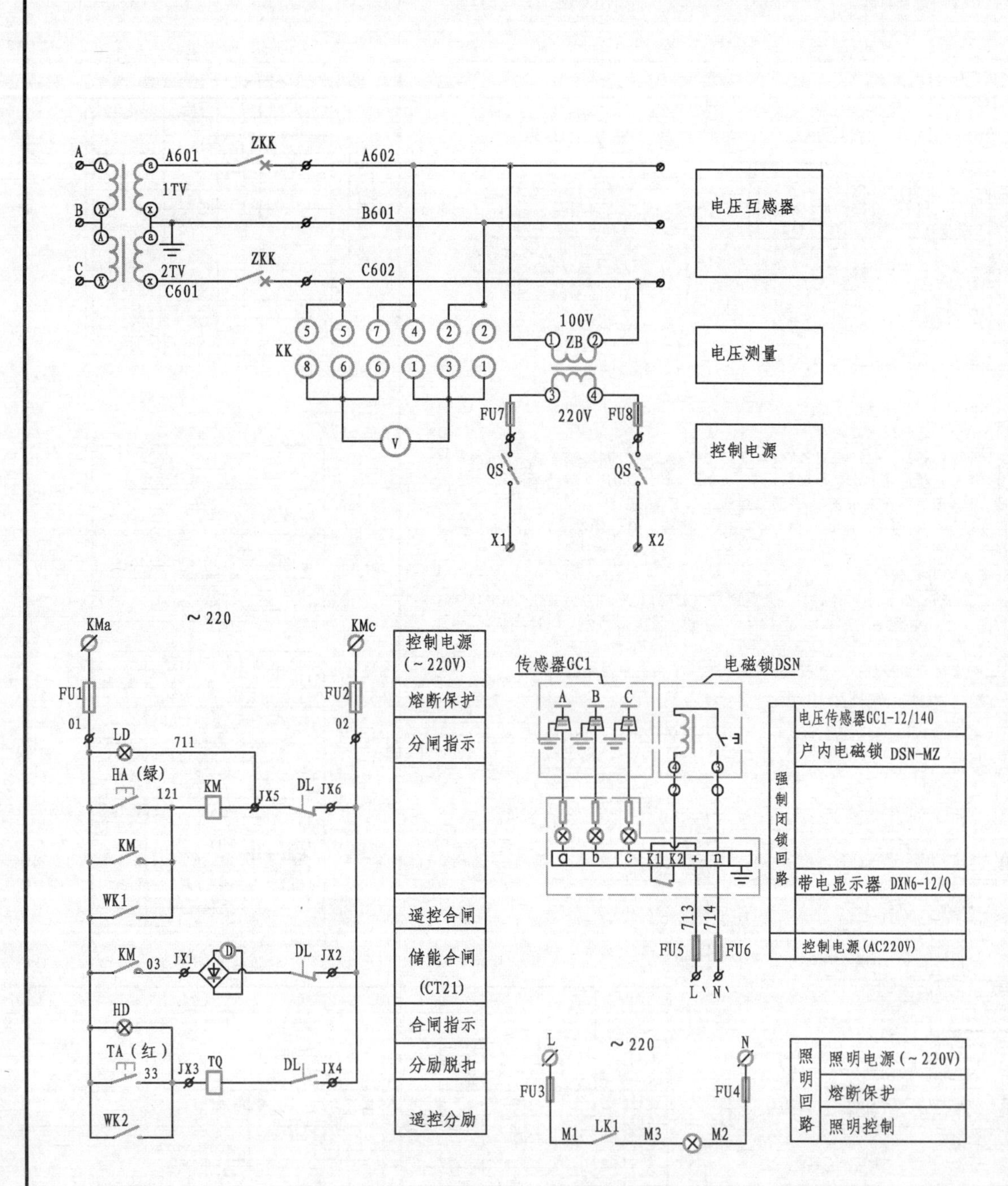

序号	代号	名称	型号	数量	备注
23	WK	无线遥控开关		1	
22	QS-1	组合开关	HZ10-10/2 板前接线，二极，电源控制型	1	
21	1V	电压表	42L6-V	1	
20	KK	转换开关（电压）	LW2-5.5/F4	1	
19	ZKK	低压断路器	C45N-2P/10A	1	
18	ZB	变压器	BK-500 100/220	1	
17	1TV，2TV	电压互感器	JDZ -10 10/0.1kV	2	
16	DXN	带电显示器	GXN6-12/Q（配电压传感器GC1-12/140B）	1	
15	DSN	户内电磁锁	DSN-MA/Y	1	
14	D	储能电机			负荷开关组件
13	DL	辅助开关			负荷开关组件
12	TQ	跳闸线圈			负荷开关组件
11	FU7-FU8	熔断器	JF5-2.5RD/10A 660V	2	
10	FU3-FU6	熔断器	JF5-2.5RD/2A 660V	4	
9	FU1-FU2	熔断器	JF5-2.5RD/6A 660V	2	
8	MD	照明灯	白帜灯 25W AC220	1	
7	LK1	灯开关	KN3-A系列	2	
6	TA	按钮	LA39-22B	1	绿
5	HA	按钮	LA39-22B	1	红
4	HD，LD	信号灯	AD16-22B	2	AC220 V 红.绿各1
3	1A	电流表	42L6-A	1	
2	KM	接触器（交流）	CJ20-10 AC220V	1	
1	1TAa，2TAa	电流互感器	LZZBJ9-10 0.2/10P级	2	

标记 处数 分区 更改文件号 签名 年、月、日

设计　标准化
校对　审定
审核　CAD
工艺　批准

配对接线图号：
0FH.364.0003

阶段标记 S A　质量　比例

共 1 张　第 1 张

二次原理图
进线电源柜，电合电跳
手合手跳，无线遥控

0FH.354.0003

图4－3－5　二次原理图

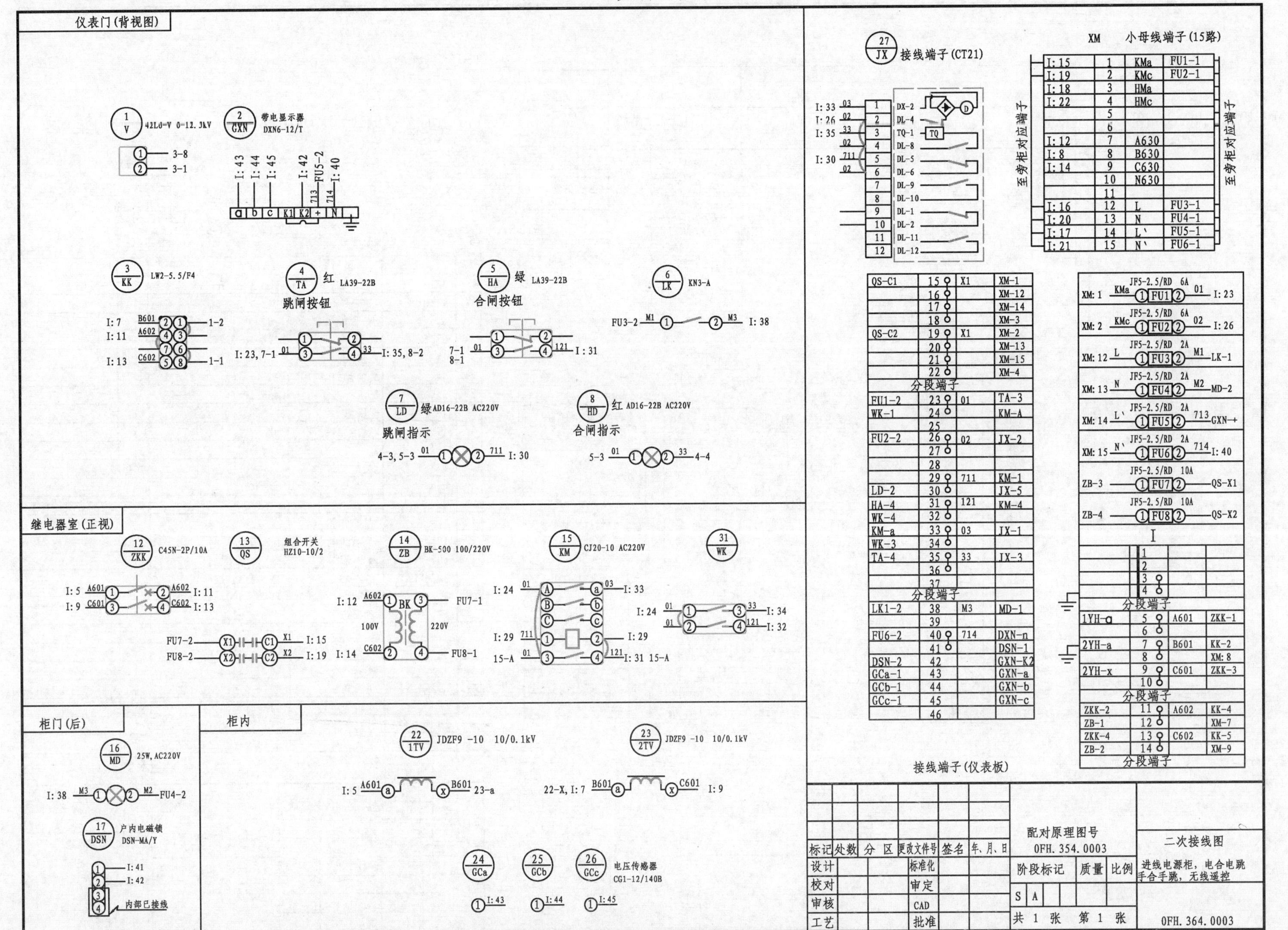

仪表门(背视图)
1 V 42L6-V 0-12.3kV
2 GXN 带电显示器 DXN6-12/T
3 KK LW2-5.5/F4
4 TA 红 LA39-22B
跳闸按钮
5 HA 绿 LA39-22B
合闸按钮
6 LK KN3-A
7 LD 绿 AD16-22B AC220V
跳闸指示
8 HD 红 AD16-22B AC220V
合闸指示
继电器室(正视)
12 ZKK C45N-2P/10A
13 QS 组合开关 HZ10-10/2
14 ZB BK-500 100/220V
15 KM CJ20-10 AC220V
31 WK
柜门(后)
柜内
16 MD 25W,AC220V
17 DSN 户内电磁锁 DSN-MA/Y
内部已接线
22 1TV JDZF9-10 10/0.1kV
23 2TV JDZF9-10 10/0.1kV
24 GCa
25 GCb
26 GCc 电压传感器 CG1-12/140B
27 JX 接线端子(CT21)
XM 小母线端子(15路)
至旁柜对应端子
分段端子
接线端子(仪表板)
标记 处数 分区 更改文件号 签名 年、月、日
设计 标准化
校对 审定
审核 CAD
工艺 批准
配对原理图号
0FH.354.0003
阶段标记 质量 比例
S A
共 1 张 第 1 张
二次接线图
进线电源柜，电合电跳手合手跳，无线遥控
0FH.364.0003

图4－3－6 二次接线图

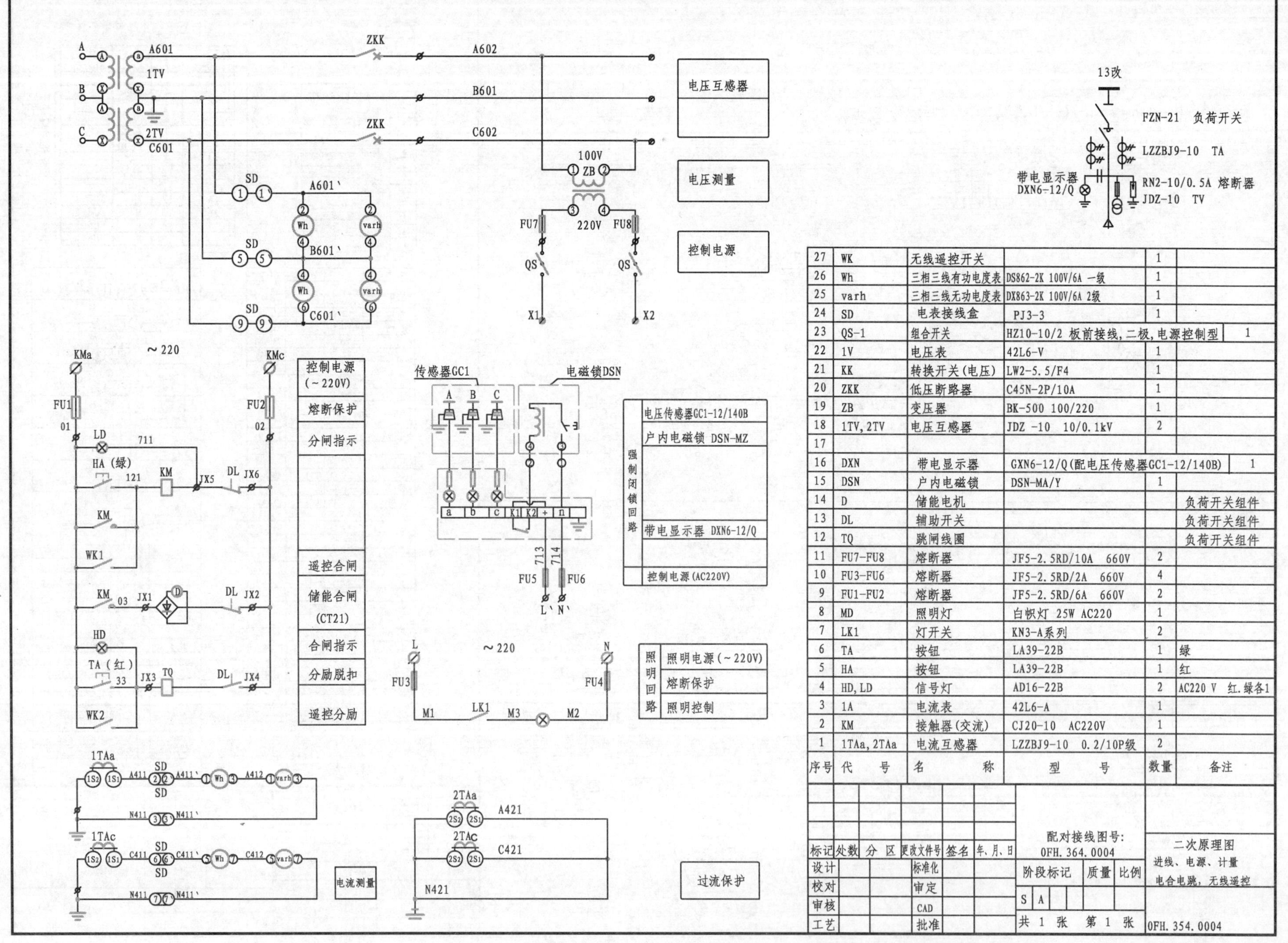

序号	代号	名称	型号	数量	备注
27	WK	无线遥控开关		1	
26	Wh	三相三线有功电度表	DS862-2K 100V/6A 一级	1	
25	varh	三相三线无功电度表	DX863-2K 100V/6A 2级	1	
24	SD	电表接线盒	PJ3-3	1	
23	QS-1	组合开关	HZ10-10/2 板前接线，二极，电源控制型	1	
22	1V	电压表	42L6-V	1	
21	KK	转换开关（电压）	LW2-5.5/F4	1	
20	ZKK	低压断路器	C45N-2P/10A	1	
19	ZB	变压器	BK-500 100/220	1	
18	1TV，2TV	电压互感器	JDZ -10 10/0.1kV	2	
17					
16	DXN	带电显示器	GXN6-12/Q（配电压传感器GC1-12/140B）	1	
15	DSN	户内电磁锁	DSN-MA/Y	1	
14	D	储能电机			负荷开关组件
13	DL	辅助开关			负荷开关组件
12	TQ	跳闸线圈			负荷开关组件
11	FU7-FU8	熔断器	JF5-2.5RD/10A 660V	2	
10	FU3-FU6	熔断器	JF5-2.5RD/2A 660V	4	
9	FU1-FU2	熔断器	JF5-2.5RD/6A 660V	2	
8	MD	照明灯	白炽灯 25W AC220	1	
7	LK1	灯开关	KN3-A系列	2	
6	TA	按钮	LA39-22B	1	绿
5	HA	按钮	LA39-22B	1	红
4	HD，LD	信号灯	AD16-22B	2	AC220 V 红、绿各1
3	1A	电流表	42L6-A	1	
2	KM	接触器（交流）	CJ20-10 AC220V	1	
1	1TAa，2TAa	电流互感器	LZZBJ9-10 0.2/10P级	2	

图4－3－7　二次原理图

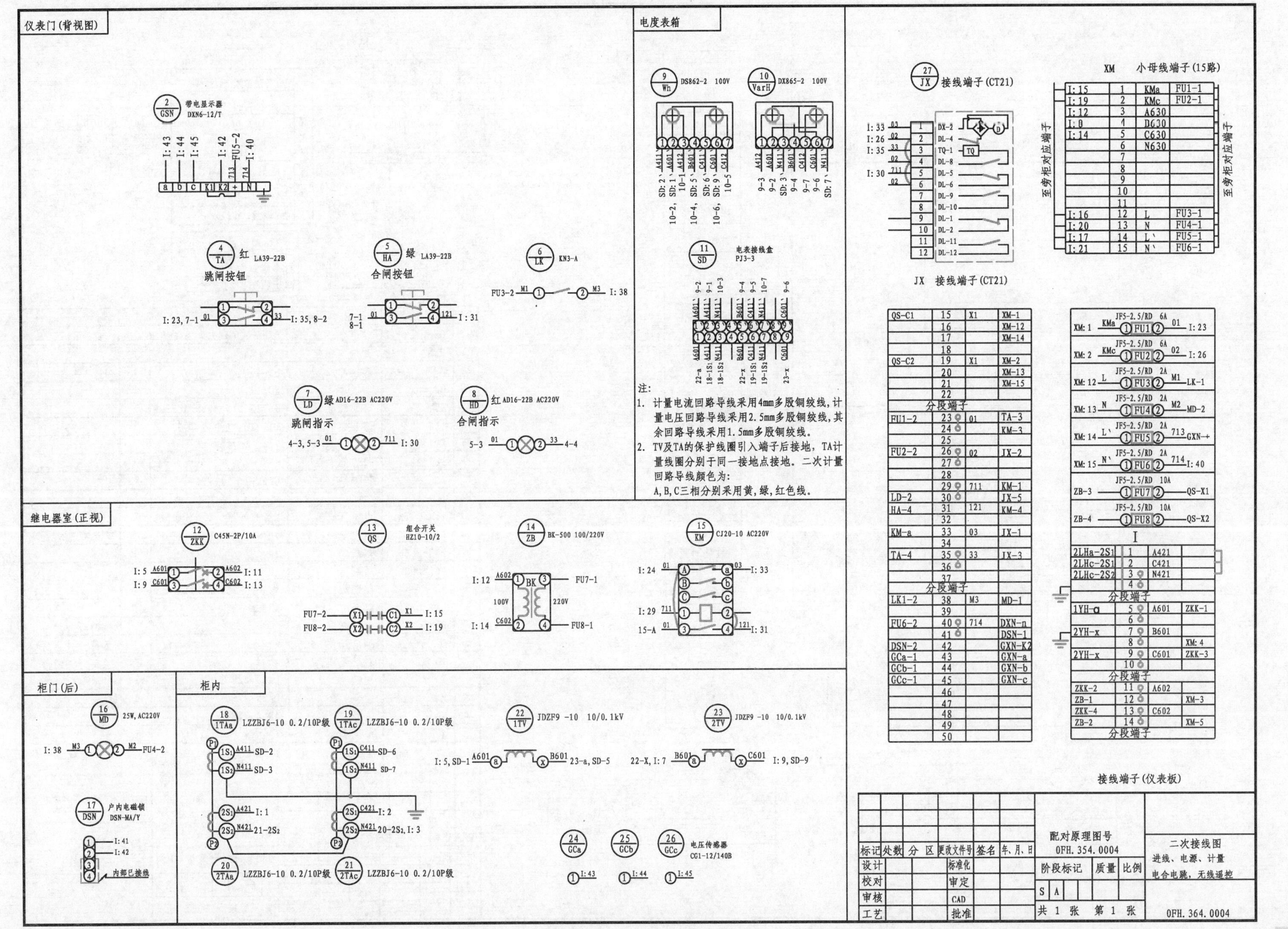

仪表门(背视图)
带电显示器 DXN6-12/T
红 LA39-22B
跳闸按钮
绿 LA39-22B
合闸按钮
KN3-A
绿 AD16-22B AC220V
跳闸指示
红 AD16-22B AC220V
合闸指示
电度表箱
DS862-2 100V
DX865-2 100V
电表接线盒 PJ3-3
注:
1. 计量电流回路导线采用4mm多股铜绞线，计量电压回路导线采用2.5mm多股铜绞线，其余回路导线采用1.5mm多股铜绞线。
2. TV及TA的保护线圈引入端子后接地，TA计量线圈分别于同一接地点接地。二次计量回路导线颜色为：A,B,C三相分别采用黄，绿，红色线。
接线端子(CT21)
XM 小母线端子(15路)
至旁柜对应端子
JX 接线端子(CT21)
分段端子
继电器室(正视)
C45N-2P/10A
组合开关 HZ10-10/2
BK-500 100/220V
CJ20-10 AC220V
柜门(后)
25W,AC220V
户内电磁锁 DSN-MA/Y
内部已接线
柜内
LZZBJ6-10 0.2/10P级
JDZF9 -10 10/0.1kV
电压传感器 CG1-12/140B
接线端子(仪表板)
配对原理图号 0FH.354.0004
二次接线图
进线、电源、计量
电合电跳，无线遥控
标记 处数 分区 更改文件号 签名 年、月、日
设计 标准化
校对 审定
审核 CAD
工艺 批准
阶段标记 质量 比例
共 1 张 第 1 张
0FH.364.0004

图4-3-8 二次接线图

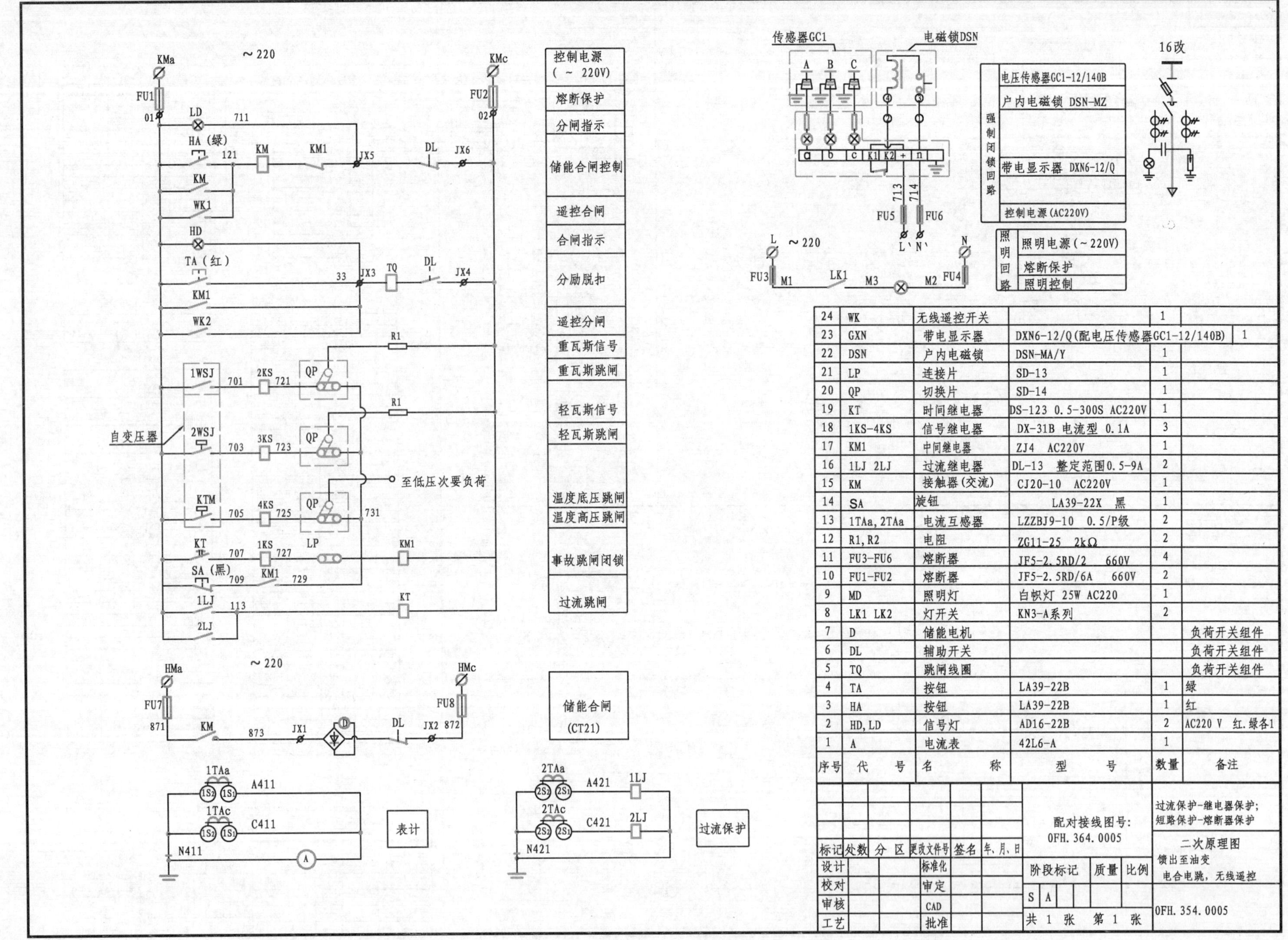

序号	代号	名称	型号	数量	备注
24	WK	无线遥控开关		1	
23	GXN	带电显示器	DXN6-12/Q(配电压传感器GC1-12/140B)	1	
22	DSN	户内电磁锁	DSN-MA/Y	1	
21	LP	连接片	SD-13	1	
20	QP	切换片	SD-14	1	
19	KT	时间继电器	DS-123 0.5-300S AC220V	1	
18	1KS-4KS	信号继电器	DX-31B 电流型 0.1A	3	
17	KM1	中间继电器	ZJ4 AC220V	1	
16	1LJ 2LJ	过流继电器	DL-13 整定范围0.5-9A	2	
15	KM	接触器(交流)	CJ20-10 AC220V	1	
14	SA	旋钮	LA39-22X 黑	1	
13	1TAa,2TAa	电流互感器	LZZBJ9-10 0.5/P级	2	
12	R1,R2	电阻	ZG11-25 2kΩ	2	
11	FU3-FU6	熔断器	JF5-2.5RD/2 660V	4	
10	FU1-FU2	熔断器	JF5-2.5RD/6A 660V	2	
9	MD	照明灯	白帜灯 25W AC220	1	
8	LK1 LK2	灯开关	KN3-A系列	2	
7	D	储能电机			负荷开关组件
6	DL	辅助开关			负荷开关组件
5	TQ	跳闸线圈			负荷开关组件
4	TA	按钮	LA39-22B	1	绿
3	HA	按钮	LA39-22B	1	红
2	HD,LD	信号灯	AD16-22B	2	AC220 V 红.绿各1
1	A	电流表	42L6-A	1	

配对接线图号:
0FH.364.0005

过流保护-继电器保护;
短路保护-熔断器保护

二次原理图
馈出至油变
电合电跳,无线遥控

0FH.354.0005

标记 处数 分区 更改文件号 签名 年、月、日
设计 标准化
校对 审定
审核 CAD
工艺 批准

阶段标记 质量 比例
S A
共 1 张 第 1 张

图4-3-9 二次原理图

4-3 10kV负荷开关柜二次图

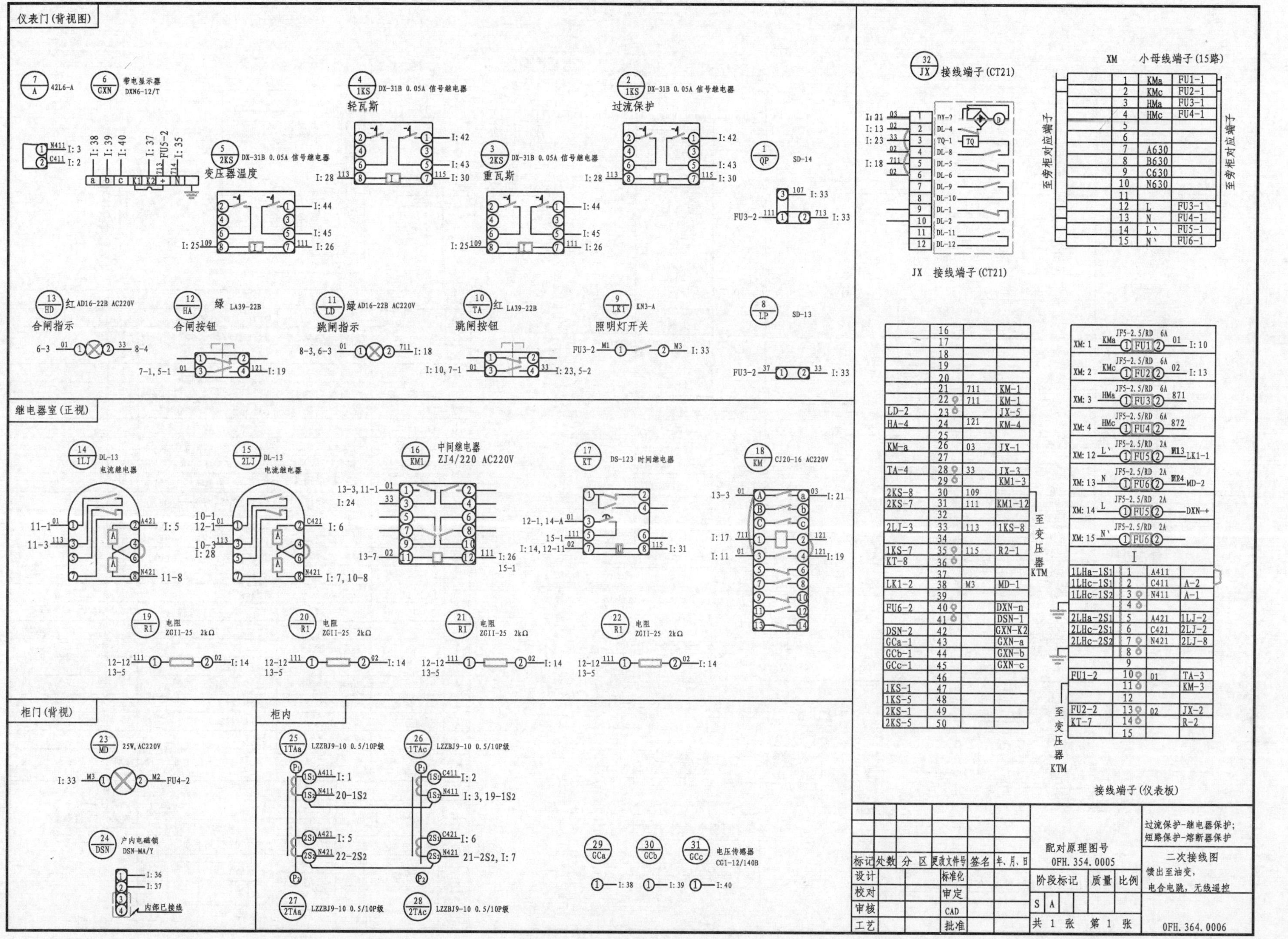

图4-3-10 二次接线图

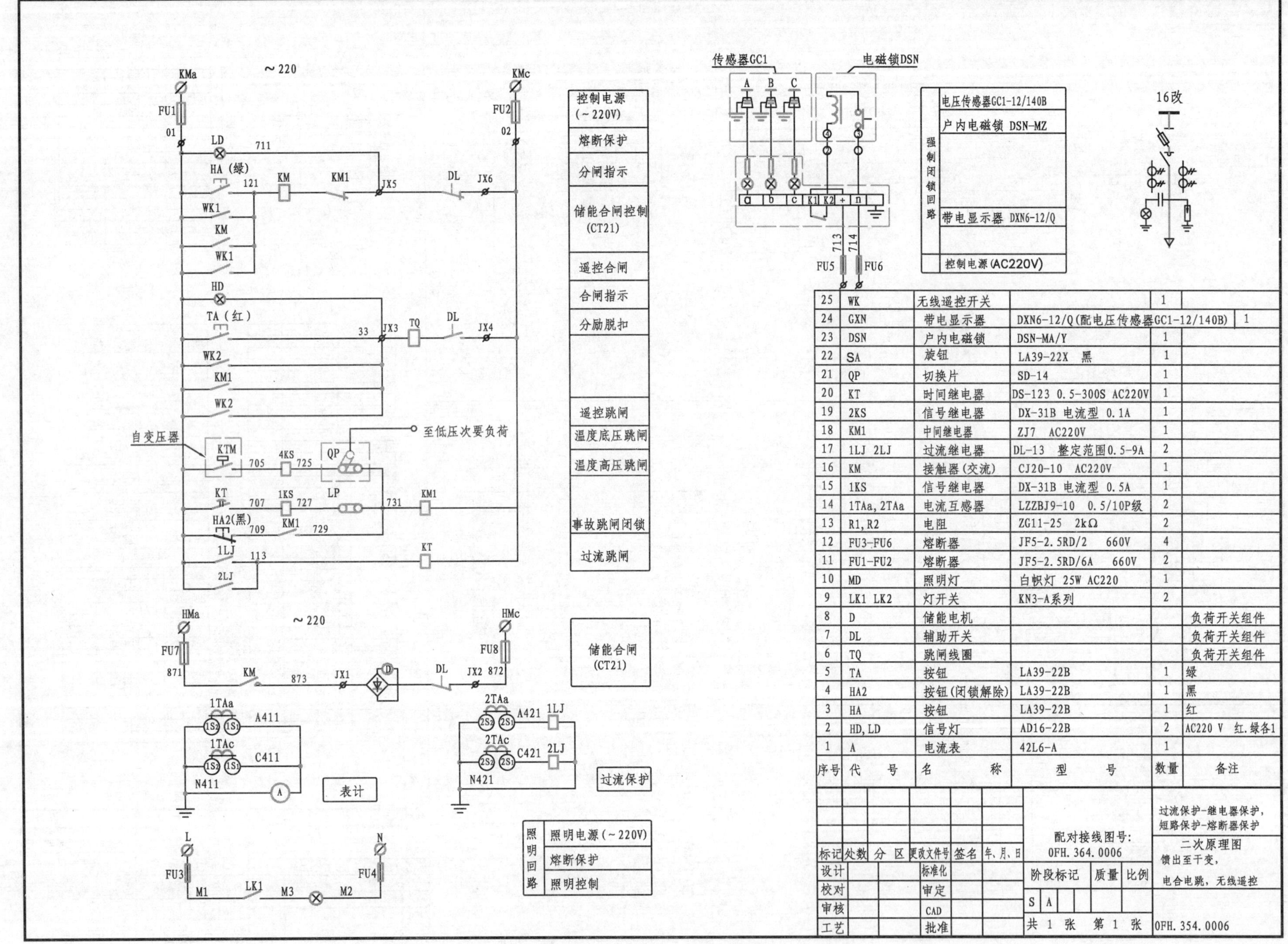

序号	代号	名称	型号	数量	备注
25	WK	无线遥控开关		1	
24	GXN	带电显示器	DXN6-12/Q(配电压传感器GC1-12/140B)	1	
23	DSN	户内电磁锁	DSN-MA/Y	1	
22	SA	旋钮	LA39-22X 黑	1	
21	QP	切换片	SD-14	1	
20	KT	时间继电器	DS-123 0.5-300S AC220V	1	
19	2KS	信号继电器	DX-31B 电流型 0.1A	1	
18	KM1	中间继电器	ZJ7 AC220V	1	
17	1LJ 2LJ	过流继电器	DL-13 整定范围0.5-9A	2	
16	KM	接触器(交流)	CJ20-10 AC220V	1	
15	1KS	信号继电器	DX-31B 电流型 0.5A	1	
14	1TAa, 2TAa	电流互感器	LZZBJ9-10 0.5/10P级	2	
13	R1, R2	电阻	ZG11-25 2kΩ	2	
12	FU3-FU6	熔断器	JF5-2.5RD/2 660V	4	
11	FU1-FU2	熔断器	JF5-2.5RD/6A 660V	2	
10	MD	照明灯	白帜灯 25W AC220	1	
9	LK1 LK2	灯开关	KN3-A系列	2	
8	D	储能电机			负荷开关组件
7	DL	辅助开关			负荷开关组件
6	TQ	跳闸线圈			负荷开关组件
5	TA	按钮	LA39-22B	1	绿
4	HA2	按钮(闭锁解除)	LA39-22B	1	黑
3	HA	按钮	LA39-22B	1	红
2	HD, LD	信号灯	AD16-22B	2	AC220 V 红.绿各1
1	A	电流表	42L6-A	1	

标记 处数 分区 更改文件号 签名 年、月、日

设计 标准化

校对 审定

审核 CAD

工艺 批准

配对接线图号：0FH.364.0006

阶段标记 质量 比例

S A

共 1 张 第 1 张

过流保护-继电器保护，短路保护-熔断器保护

二次原理图

馈出至干变，电合电跳，无线遥控

0FH.354.0006

图4-3-11 二次原理图

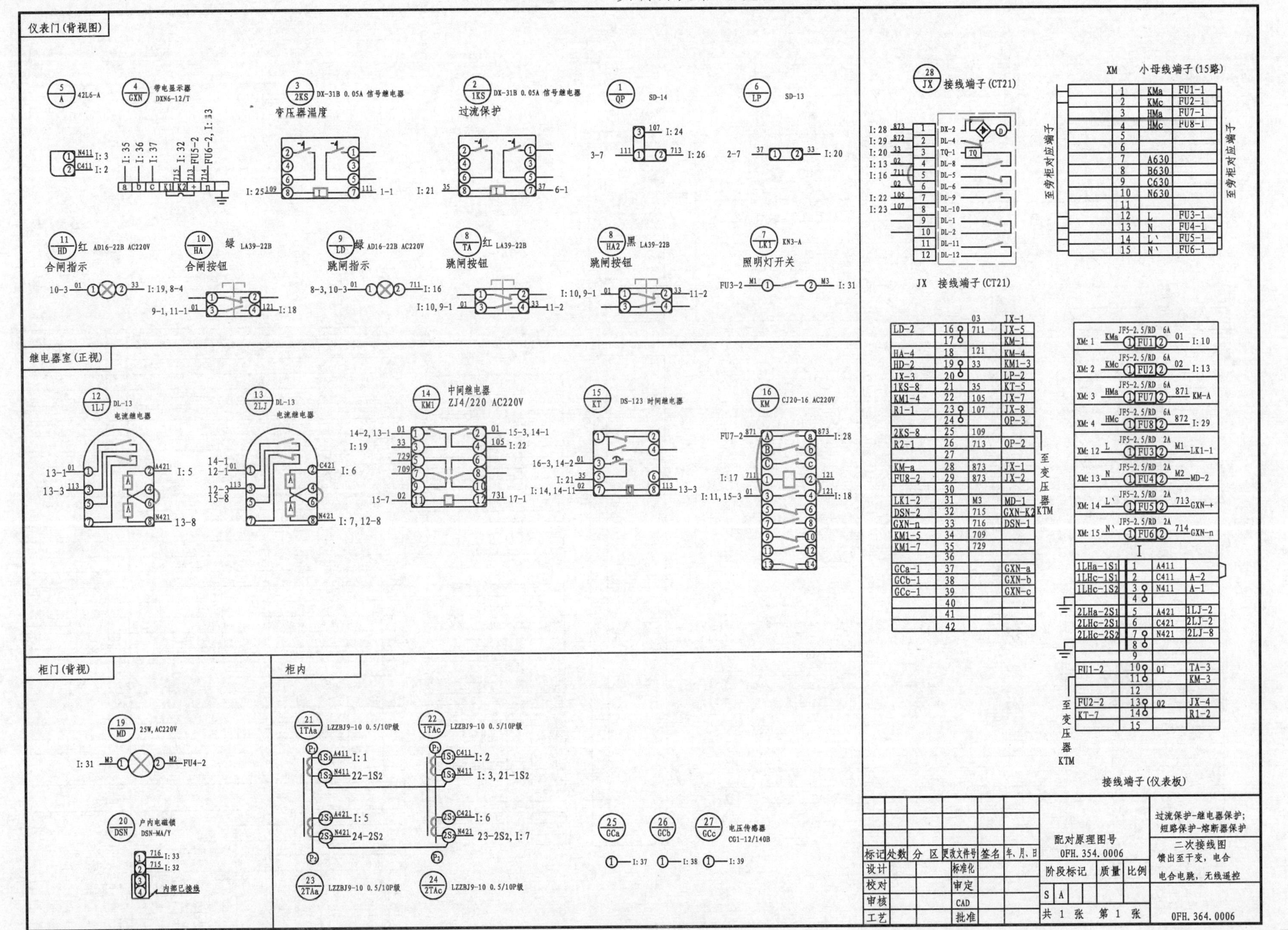
仪表门(背视图)
继电器室(正视)
柜门(背视)
柜内
接线端子(CT21)
JX 接线端子(CT21)
小母线端子(15路)
接线端子(仪表板)
合闸指示
合闸按钮
跳闸指示
跳闸按钮
照明灯开关
变压器温度
过流保护
中间继电器
ZJ4/220 AC220V
电流继电器
DS-123 时间继电器
CJ20-16 AC220V
电压传感器
CG1-12/140B
LZZBJ9-10 0.5/10P级
至变压器KTM
至旁柜对应端子
配对原理图号
0FH.354.0006
过流保护-继电器保护;
短路保护-熔断器保护
二次接线图
馈出至干变，电合
电合电跳，无线遥控
0FH.364.0006
共 1 张　第 1 张

图4－3－12　二次接线图

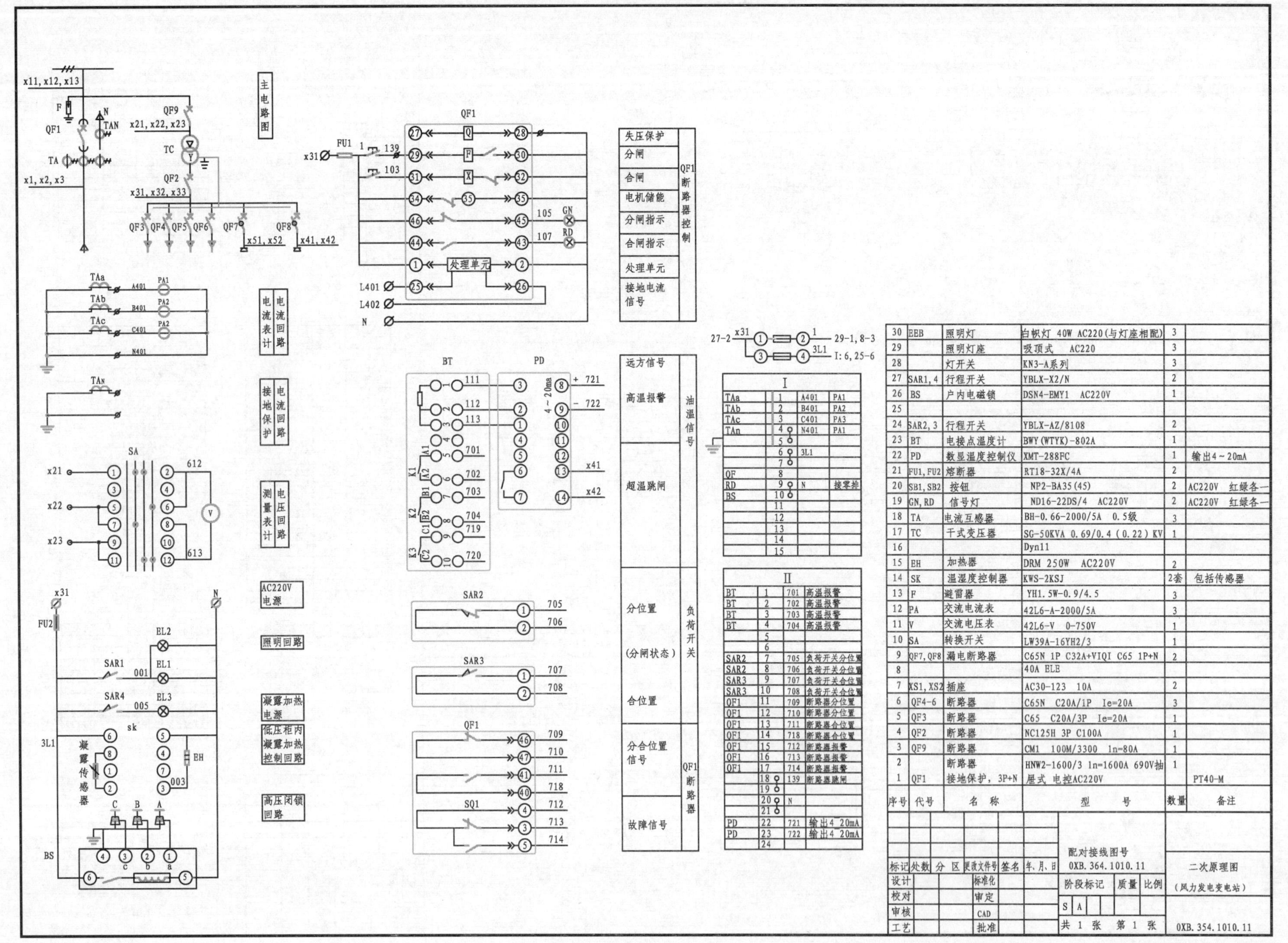

序号	代号	名称	型号	数量	备注
30	EEB	照明灯	白帜灯 40W AC220(与灯座相配)	3	
29		照明灯座	吸顶式 AC220	3	
28		灯开关	KN3-A系列	3	
27	SAR1,4	行程开关	YBLX-X2/N	2	
26	BS	户内电磁锁	DSN4-EMY1 AC220V	1	
25					
24	SAR2,3	行程开关	YBLX-AZ/8108	2	
23	BT	电接点温度计	BWY(WTYK)-802A	1	
22	PD	数显温度控制仪	XMT-288FC	1	输出4~20mA
21	FU1,FU2	熔断器	RT18-32X/4A	2	
20	SB1,SB2	按钮	NP2-BA35(45)	2	AC220V 红绿各一
19	GN,RD	信号灯	ND16-22DS/4 AC220V	2	AC220V 红绿各一
18	TA	电流互感器	BH-0.66-2000/5A 0.5级	3	
17	TC	干式变压器	SG-50KVA 0.69/0.4(0.22)KV	1	
16			Dyn11		
15	EH	加热器	DRM 250W AC220V	2	
14	SK	温湿度控制器	KWS-2KSJ	2套	包括传感器
13	F	避雷器	YH1.5W-0.9/4.5	3	
12	PA	交流电流表	42L6-A-2000/5A	3	
11	V	交流电压表	42L6-V 0-750V	1	
10	SA	转换开关	LW39A-16YH2/3	1	
9	QF7,QF8	漏电断路器	C65N 1P C32A+VIQI C65 1P+N	2	
8			40A ELE		
7	XS1,XS2	插座	AC30-123 10A	2	
6	QF4-6	断路器	C65N C20A/1P Ie=20A	3	
5	QF3	断路器	C65 C20A/3P Ie=20A	1	
4	QF2	断路器	NC125H 3P C100A	1	
3	QF9	断路器	CM1 100M/3300 In=80A	1	
2		断路器	HNW2-1600/3 In=1600A 690V抽	1	
1	QF1	接地保护，3P+N	屉式 电控AC220V		PT40-M

图4-4-1 二次原理图

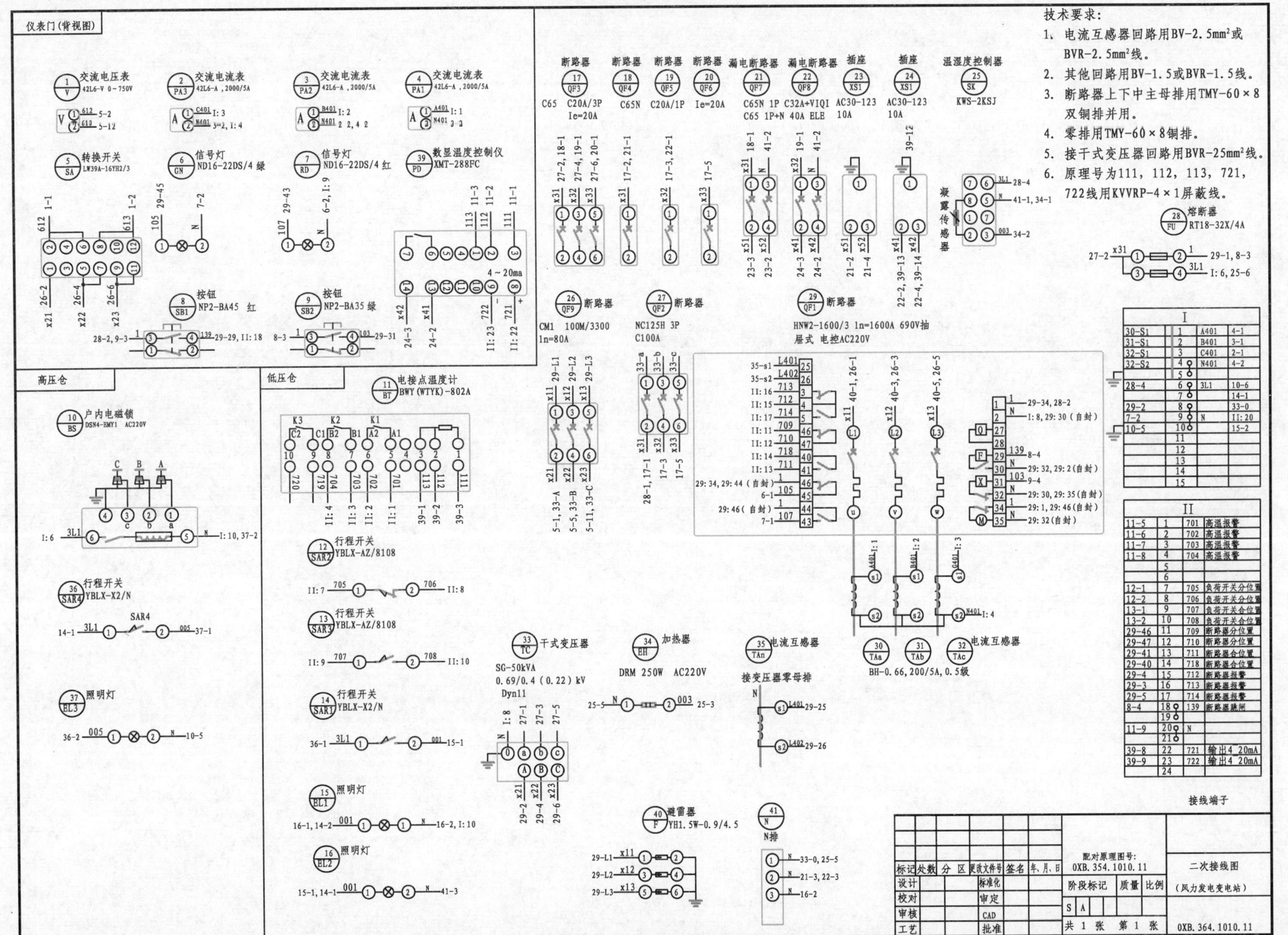

仪表门(背视图)
交流电压表 42L6-V 0-750V
交流电流表 42L6-A，2000/5A
转换开关 LW39A-16YH2/3
信号灯 ND16-22DS/4 绿
信号灯 ND16-22DS/4 红
数显温度控制仪 XMT-288FC
按钮 NP2-BA45 红
按钮 NP2-BA35 绿
4～20ma
高压仓
户内电磁锁 DSN4-EMY1 AC220V
行程开关 YBLX-X2/N
照明灯
低压仓
电接点温度计 BWY(WTYK)-802A
行程开关 YBLX-AZ/8108
行程开关 YBLX-X2/N
照明灯
断路器
漏电断路器
插座
温湿度控制器 KWS-2KSJ
C65 C20A/3P Ie=20A
C65N
C20A/1P
Ie=20A
C65N 1P C32A+VIQI
C65 1P+N 40A ELE
AC30-123 10A
凝露传感器
断路器 CM1 100M/3300 In=80A
断路器 NC125H 3P C100A
断路器 HNW2-1600/3 In=1600A 690V抽屉式 电控AC220V
干式变压器 SG-50kVA 0.69/0.4(0.22)kV Dyn11
加热器 DRM 250W AC220V
电流互感器
接变压器零母排
电流互感器 BH-0.66，200/5A，0.5级
避雷器 YH1.5W-0.9/4.5
N排
技术要求：
1. 电流互感器回路用BV-2.5mm²或BVR-2.5mm²线。
2. 其他回路用BV-1.5或BVR-1.5线。
3. 断路器上下中主母排用TMY-60×8双铜排并用。
4. 零排用TMY-60×8铜排。
5. 接干式变压器回路用BVR-25mm²线。
6. 原理号为111，112，113，721，722线用KVVRP-4×1屏蔽线。
熔断器 RT18-32X/4A
I
30-S1 1 A401 4-1
31-S1 2 B401 3-1
32-S1 3 C401 2-1
32-S2 4 N401 4-2
5
28-4 6 3L1 10-6
7 14-1
29-2 8 33-0
7-2 9 N II:20
10-5 10 15-2
11
12
13
14
15
II
11-5 1 701 高温报警
11-6 2 702 高温报警
11-7 3 703 高温报警
11-8 4 704 高温报警
5
6
12-1 7 705 负荷开关分位置
12-2 8 706 负荷开关分位置
13-1 9 707 负荷开关合位置
13-2 10 708 负荷开关合位置
29-46 11 709 断路器分位置
29-47 12 710 断路器分位置
29-41 13 711 断路器合位置
29-40 14 718 断路器合位置
29-4 15 712 断路器报警
29-3 16 713 断路器报警
29-5 17 714 断路器报警
8-4 18 139 断路器脱闸
19
11-9 20 N
21
39-8 22 721 输出4 20mA
39-9 23 722 输出4 20mA
24
接线端子
标记 处数 分区 更改文件号 签名 年、月、日
设计 标准化
校对 审定
审核 CAD
工艺 批准
配对原理图号：0XB.354.1010.11
阶段标记 质量 比例
S A
共 1 张 第 1 张
二次接线图
(风力发电变电站)
0XB.364.1010.11

图4-4-2 二次接线图

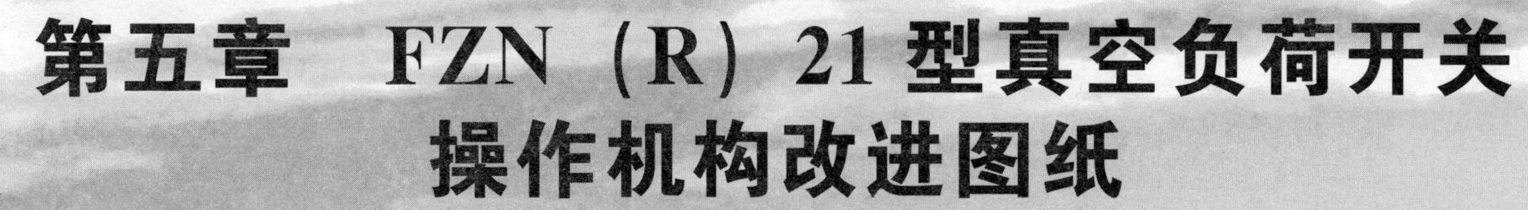

第五章　FZN（R）21 型真空负荷开关操作机构改进图纸

说　　明

HXGN15A－12 型负荷开关（组合电器）柜是我国自主设计的第一代真空负荷开关柜（配置 FZNR21－12 型真空组合电器）。从 20 世纪 90 年代末开始，这种设备被大量配置在箱式变电站和常规土建变电站中，作为 10kV 变压器的控制和保护设备。作者在 1999 年时对其操作联锁机构进行改进设计，被国内几大电器集团选定为定型图纸在合同中使用，后来温州地区大部分电气制造厂家也都选用这种机构，向全国各地大量供货。到目前为止，仍然有大量配备此型机构的环网柜在电网中运行。2000 年后，作者又对其进行第二次改进设计。改进后的机构结构更加简单，操作更加安全可靠，制造成本更加低廉，而且增加了柜间联锁、专用隔离柜操作机构等新的方案。但是在 2009 年，有业内同仁告知笔者，发现温州有些公司仍然使用第一次改进后的图纸生产并向客户供货。笔者接受同仁建议，在此将改进版新图纸公开，以供同行参考。

图 5－0　说明

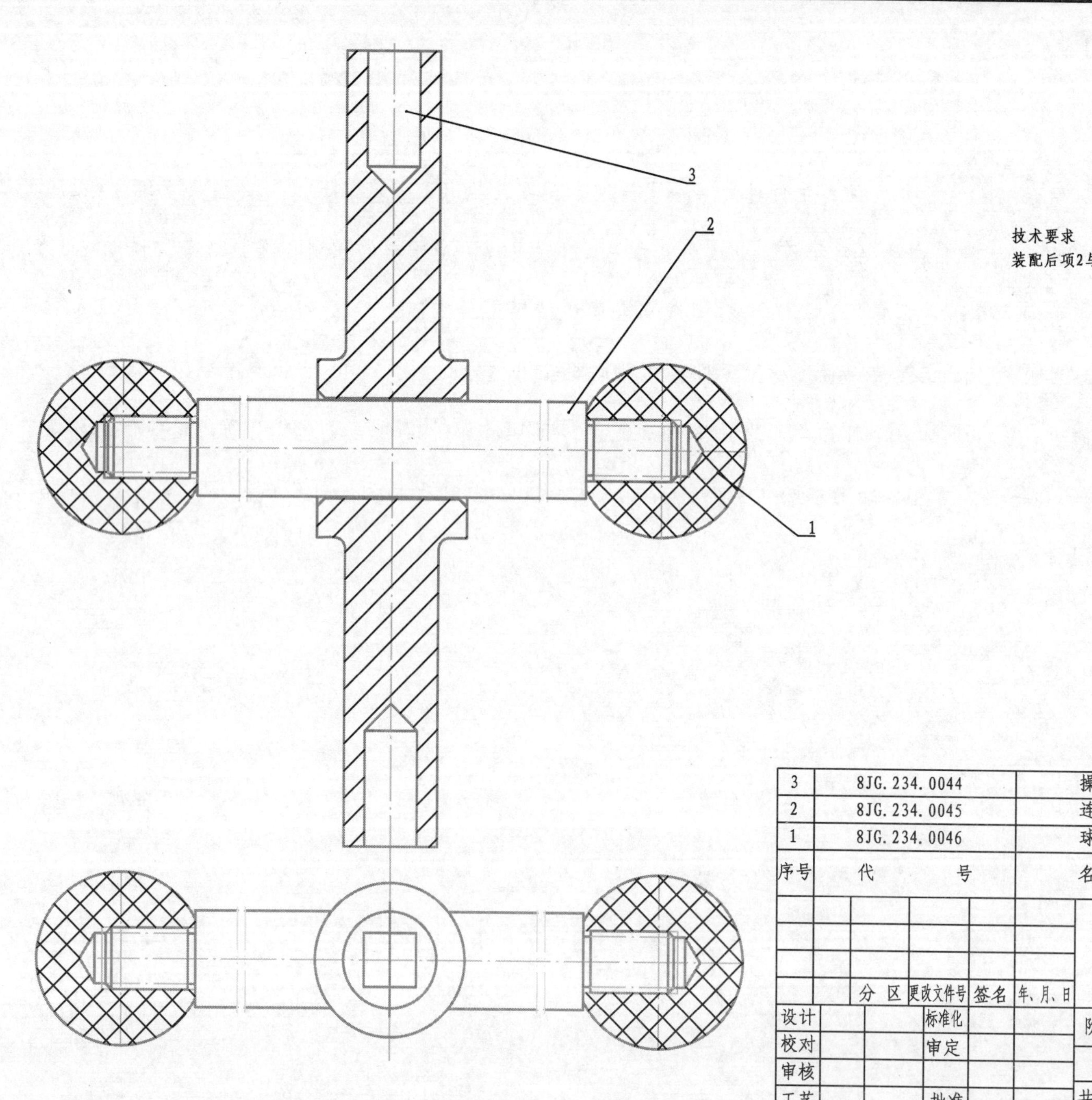

序号	代号	名称	数量	备注
3	8JG.234.0044	操作杆	1	
2	8JG.234.0045	连接头	1	
1	8JG.234.0046	球柄	2	

分区	更改文件号	签名	年、月、日

设计		标准化		阶段标记	质量	比例	HXGN15A-12 操作柄
校对		审定				1：1	
审核							
工艺		批准		共　张　第　张			5JG.234.0005

图5-1　操作柄

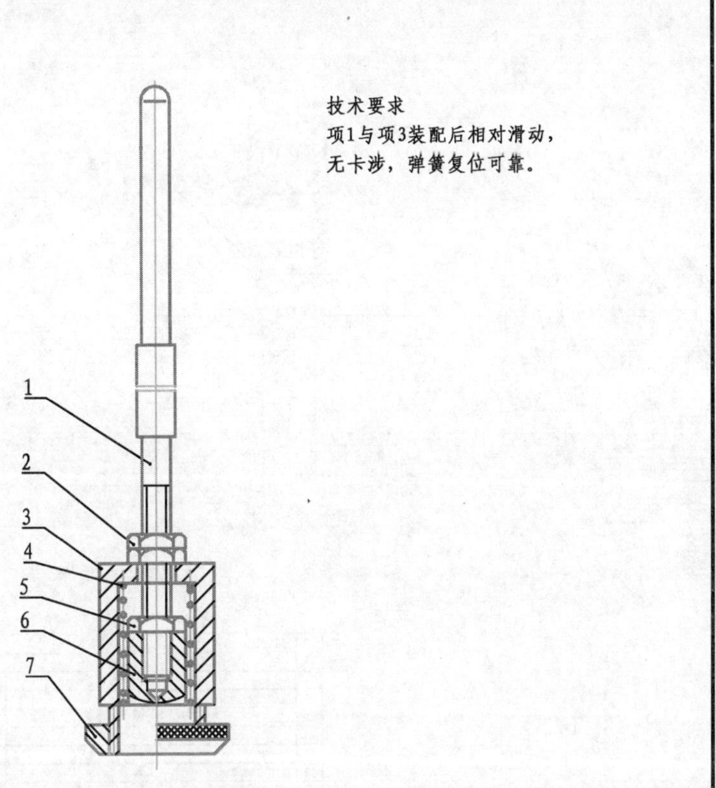

序号	代号	名称	数量	备注
7	5JG.299.0157	螺纹套	1	
6	5JG.299.0156	螺套	1	
5		螺母M6	1	GB6172-86
4	5JG.281.0019	压簧	1	
3	5JG.299.0151	杆	1	
2		螺母M6	2	GB6172-86
1	5JG.234.0039	推杆	1	

分区	更改文件号	签名	年、月、日			HXGN15A-12
设计	标准化		阶段标记	质量	比例	按钮装配
校对	审定		S A		1:1	
审核						
工艺	批准		共　张　第　张			5JG.253.0001

图5－2　按钮装配

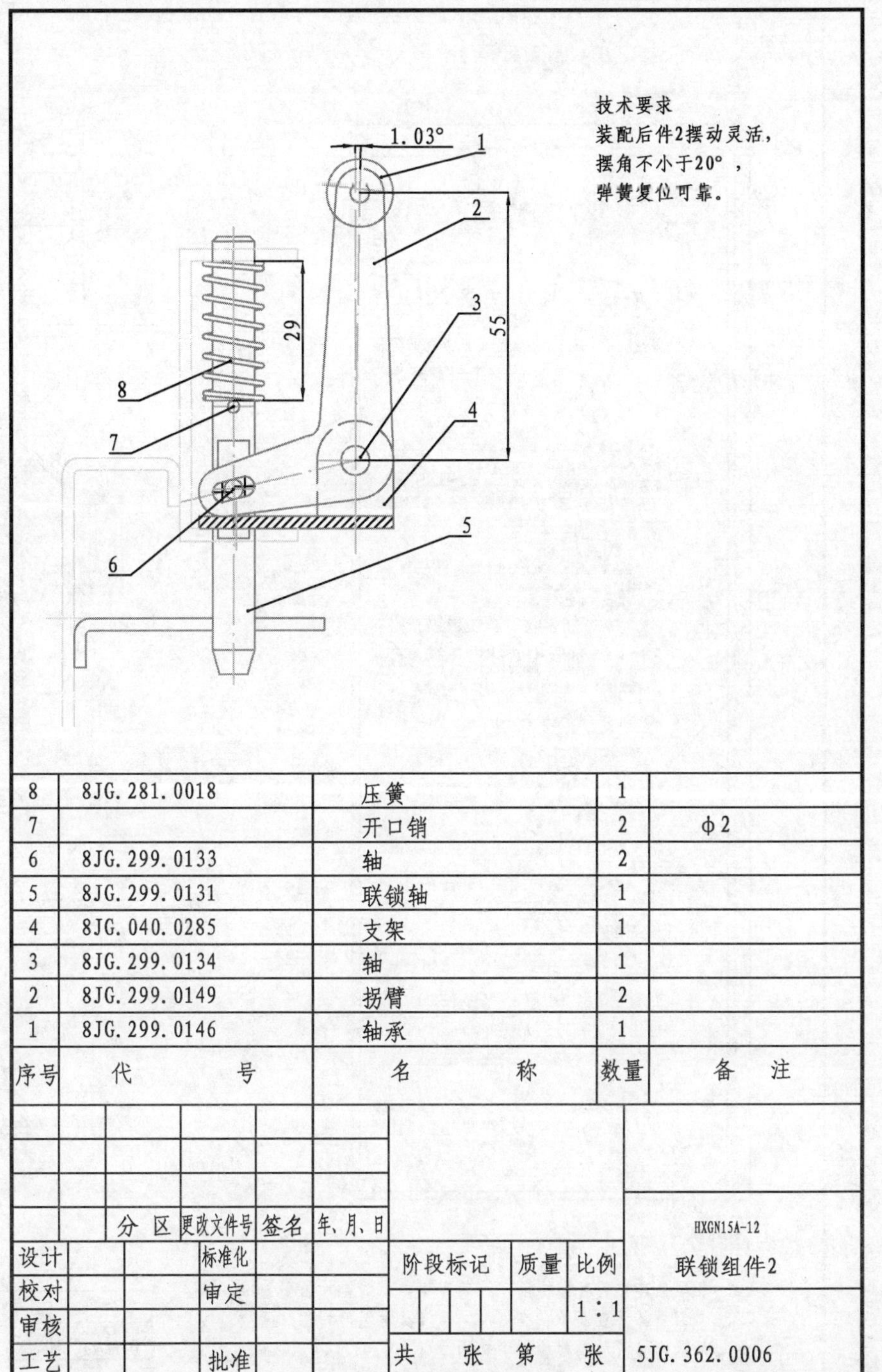

序号	代号	名称	数量	备注
8	8JG.281.0018	压簧	1	
7		开口销	2	ϕ2
6	8JG.299.0133	轴	2	
5	8JG.299.0131	联锁轴	1	
4	8JG.040.0285	支架	1	
3	8JG.299.0134	轴	1	
2	8JG.299.0149	拐臂	2	
1	8JG.299.0146	轴承	1	

分区	更改文件号	签名	年、月、日			HXGN15A-12
设计	标准化		阶段标记	质量	比例	联锁组件2
校对	审定				1:1	
审核						
工艺	批准		共　张　第　张			5JG.362.0006

图5－3　联锁组件2

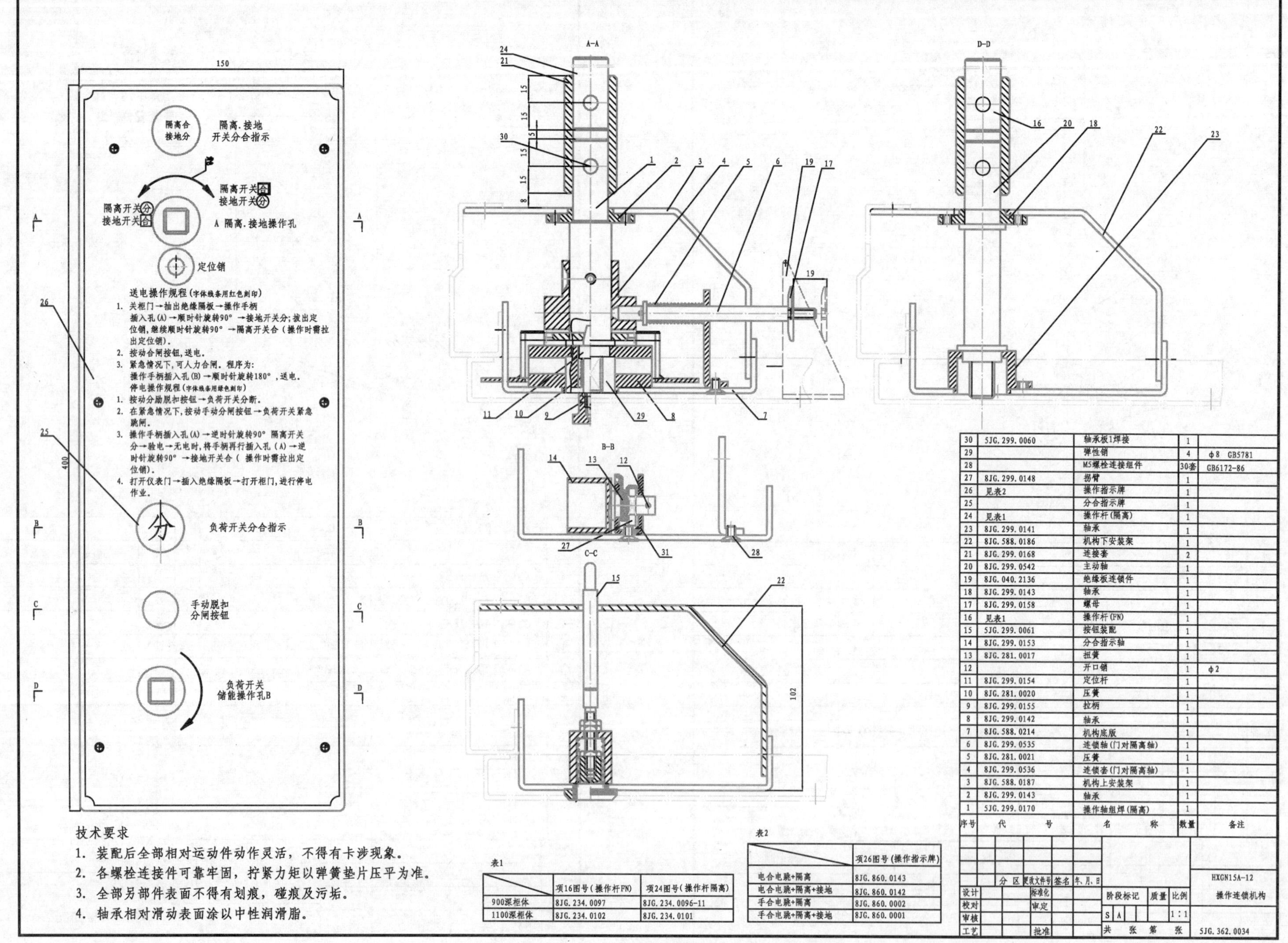

表1

	项16图号(操作杆FN)	项24图号(操作杆隔离)
900深柜体	8JG.234.0097	8JG.234.0096-11
1100深柜体	8JG.234.0102	8JG.234.0101

表2

	项26图号(操作指示牌)
电合电跳+隔离	8JG.860.0143
电合电跳+隔离+接地	8JG.860.0142
手合电跳+隔离	8JG.860.0002
手合电跳+隔离+接地	8JG.860.0001

序号	代号	名称	数量	备注
30	5JG.299.0060	轴承板1焊接	1	
29		弹性销	4	ϕ8 GB5781
28		M5螺栓连接组件	30套	GB6172-86
27	8JG.299.0148	拐臂	1	
26	见表2	操作指示牌	1	
25		分合指示牌	1	
24	见表1	操作杆(隔离)	1	
23	8JG.299.0141	轴承	1	
22	8JG.588.0186	机构下安装架	1	
21	8JG.299.0168	连接套	2	
20	8JG.299.0542	主动轴	1	
19	8JG.040.2136	绝缘板连锁件	1	
18	8JG.299.0143	轴承	1	
17	8JG.299.0158	螺母	1	
16	见表1	操作杆(FN)	1	
15	5JG.299.0061	按钮装配	1	
14	8JG.299.0153	分合指示轴	1	
13	8JG.281.0017	扭簧	1	
12		开口销	1	ϕ2
11	8JG.299.0154	定位杆	1	
10	8JG.281.0020	压簧	1	
9	8JG.299.0155	拉柄	1	
8	8JG.299.0142	轴承	1	
7	8JG.588.0214	机构底版	1	
6	8JG.299.0535	连锁轴(门对隔离轴)	1	
5	8JG.281.0021	压簧	1	
4	8JG.299.0536	连锁套(门对隔离轴)	1	
3	8JG.588.0187	机构上安装架	1	
2	8JG.299.0143	轴承	1	
1	5JG.299.0170	操作轴组焊(隔离)	1	

图5-4 操作连锁机构

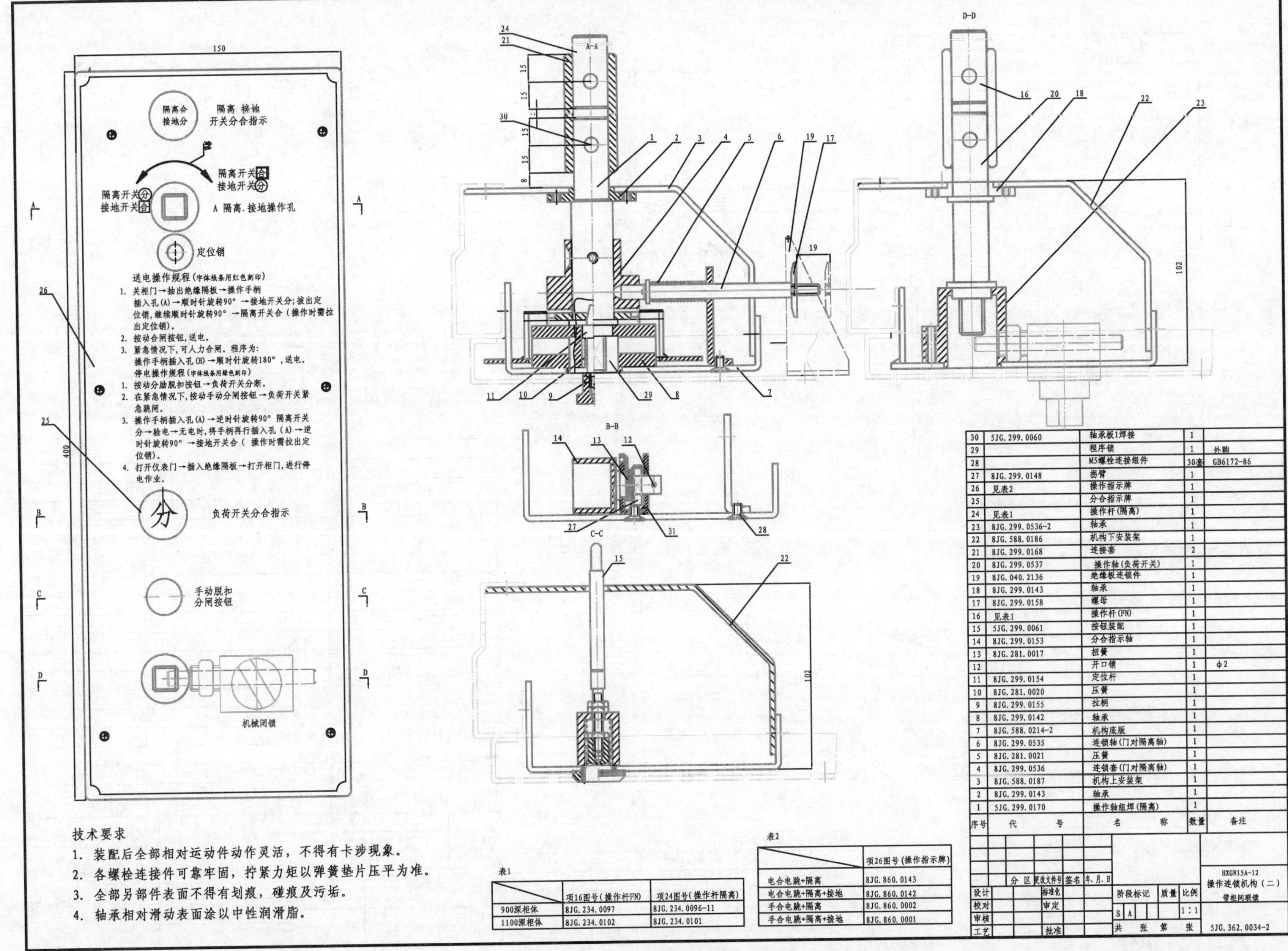

序号	代号	名称	数量	备注
30	5JG.299.0060	轴承板1焊接	1	
29		程序锁	1	外购
28		M5螺栓连接组件	30套	GB6172-86
27	8JG.299.0148	拐臂	1	
26	见表2	操作指示牌	1	
25		分合指示牌	1	
24	见表1	操作杆(隔离)	1	
23	8JG.299.0536-2	轴承	1	
22	8JG.588.0186	机构下安装架	1	
21	8JG.299.0168	连接套	2	
20	8JG.299.0537	操作轴(负荷开关)	1	
19	8JG.040.2136	绝缘板连锁件	1	
18	8JG.299.0143	轴承	1	
17	8JG.299.0158	螺母	1	
16	见表1	操作杆(FN)	1	
15	5JG.299.0061	按钮装配	1	
14	8JG.299.0153	分合指示轴	1	
13	8JG.281.0017	扭簧	1	
12		开口销	1	ϕ2
11	8JG.299.0154	定位杆	1	
10	8JG.281.0020	压簧	1	
9	8JG.299.0155	拉柄	1	
8	8JG.299.0142	轴承	1	
7	8JG.588.0214-2	机构底版	1	
6	8JG.299.0535	连锁轴(门对隔离轴)	1	
5	8JG.281.0021	压簧	1	
4	8JG.299.0536	连锁套(门对隔离轴)	1	
3	8JG.588.0187	机构上安装架	1	
2	8JG.299.0143	轴承	1	
1	5JG.299.0170	操作轴组焊(隔离)	1	

设计		标准化		阶段标记	质量	比例	HXGN15A-12 操作连锁机构（二） 带柜间联锁
校对		审定		S A		1:1	
审核				共 张 第 张			5JG.362.0034-2
工艺		批准					

分区 更改文件号 签名 年、月、日

技术要求

1. 装配后全部相对运动件动作灵活，不得有卡涉现象。
2. 各螺栓连接件可靠牢固，拧紧力矩以弹簧垫片压平为准。
3. 全部另部件表面不得有划痕，碰痕及污垢。
4. 轴承相对滑动表面涂以中性润滑脂。

表1

	项16图号(操作杆FN)	项24图号(操作杆隔离)
900深柜体	8JG.234.0097	8JG.234.0096-11
1100深柜体	8JG.234.0102	8JG.234.0101

表2

	项26图号(操作指示牌)
电合电跳+隔离	8JG.860.0143
电合电跳+隔离+接地	8JG.860.0142
手合电跳+隔离	8JG.860.0002
手合电跳+隔离+接地	8JG.860.0001

图 5-5 操作连锁机构（二）

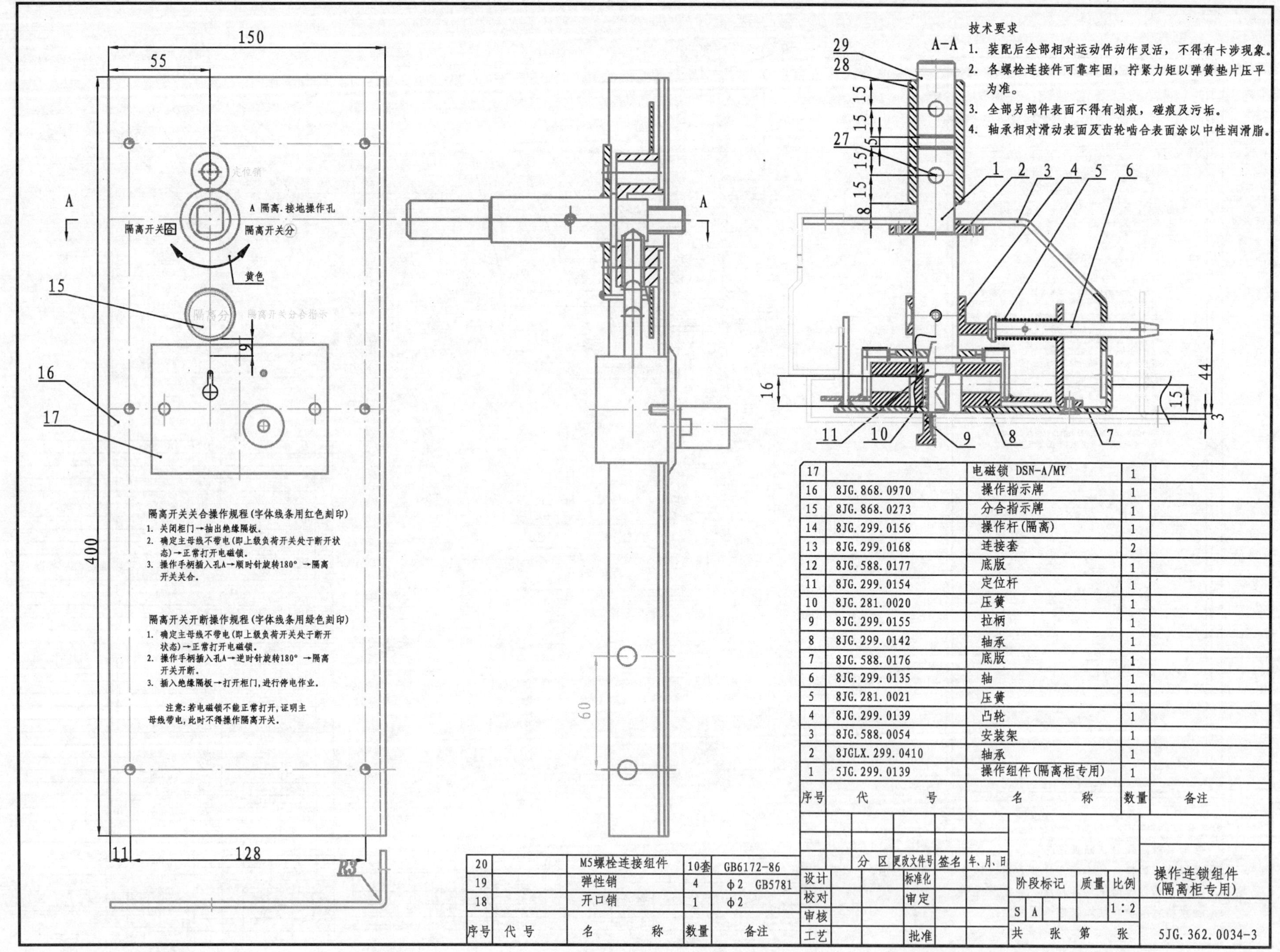

序号	代号	名称	数量	备注
17		电磁锁 DSN-A/MY	1	
16	8JG.868.0970	操作指示牌	1	
15	8JG.868.0273	分合指示牌	1	
14	8JG.299.0156	操作杆(隔离)	1	
13	8JG.299.0168	连接套	2	
12	8JG.588.0177	底版	1	
11	8JG.299.0154	定位杆	1	
10	8JG.281.0020	压簧	1	
9	8JG.299.0155	拉柄	1	
8	8JG.299.0142	轴承	1	
7	8JG.588.0176	底版	1	
6	8JG.299.0135	轴	1	
5	8JG.281.0021	压簧	1	
4	8JG.299.0139	凸轮	1	
3	8JG.588.0054	安装架	1	
2	8JGLX.299.0410	轴承	1	
1	5JG.299.0139	操作组件(隔离柜专用)	1	

序号	代号	名称	数量	备注
20		M5螺栓连接组件	10套	GB6172-86
19		弹性销	4	φ2 GB5781
18		开口销	1	φ2

图5-6　操作联锁组件

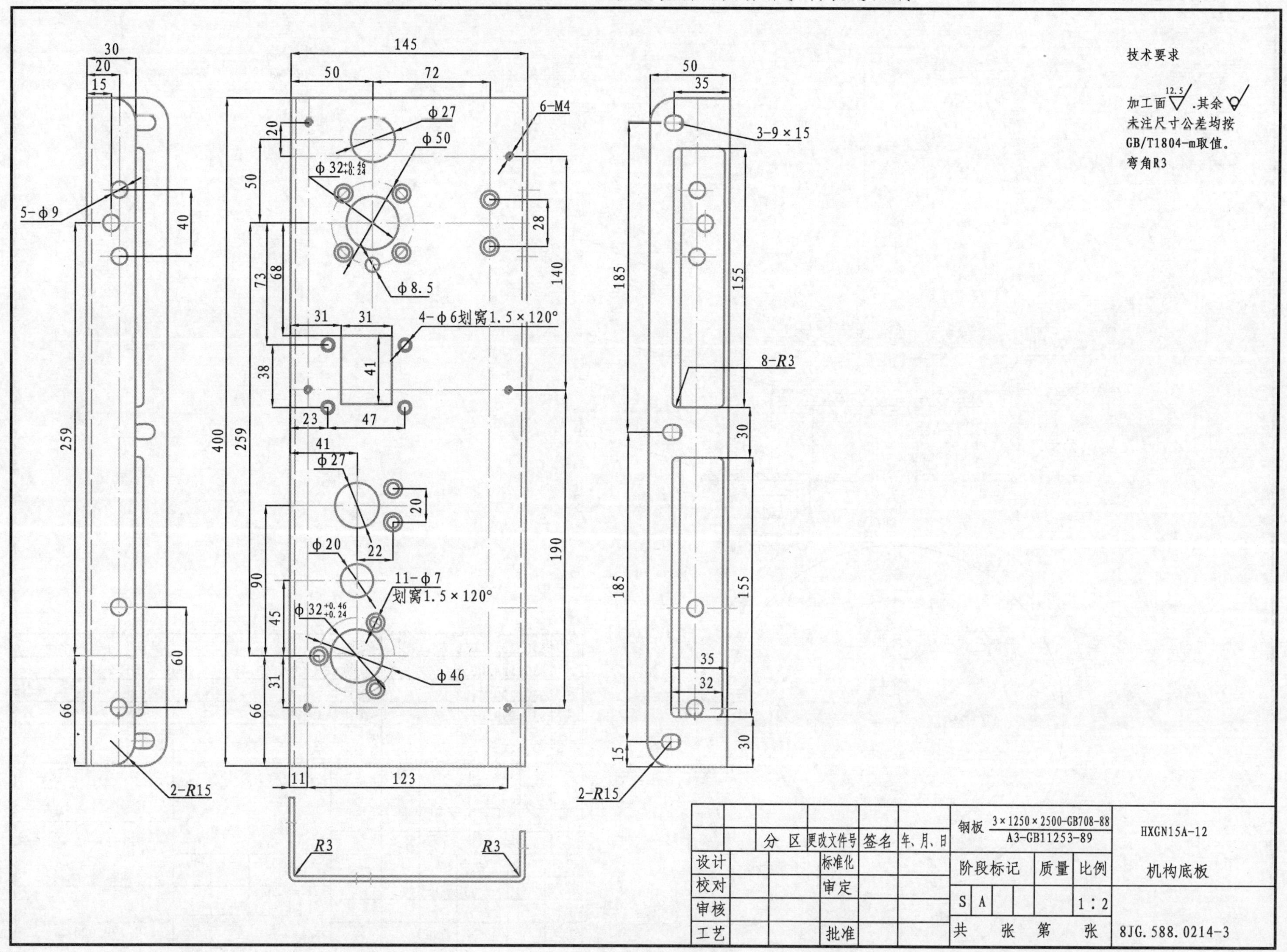
技术要求
加工面 12.5 .其余
未注尺寸公差均按
GB/T1804-m取值。
弯角R3
30
20
15
145
50
72
6-M4
ϕ27
ϕ50
ϕ32+0.46/+0.24
5-ϕ9
ϕ8.5
4-ϕ6划窝1.5×120°
ϕ27
ϕ20
11-ϕ7
划窝1.5×120°
ϕ32+0.46/+0.24
ϕ46
2-R15
3-9×15
8-R3
R3
11
123
分 区
更改文件号
签名
年、月、日
钢板 3×1250×2500-GB708-88
A3-GB11253-89
HXGN15A-12
设计
标准化
阶段标记
质量
比例
机构底板
校对
审定
审核
S A
1∶2
工艺
批准
共 张 第 张
8JG.588.0214-3

图5-7 机构底板

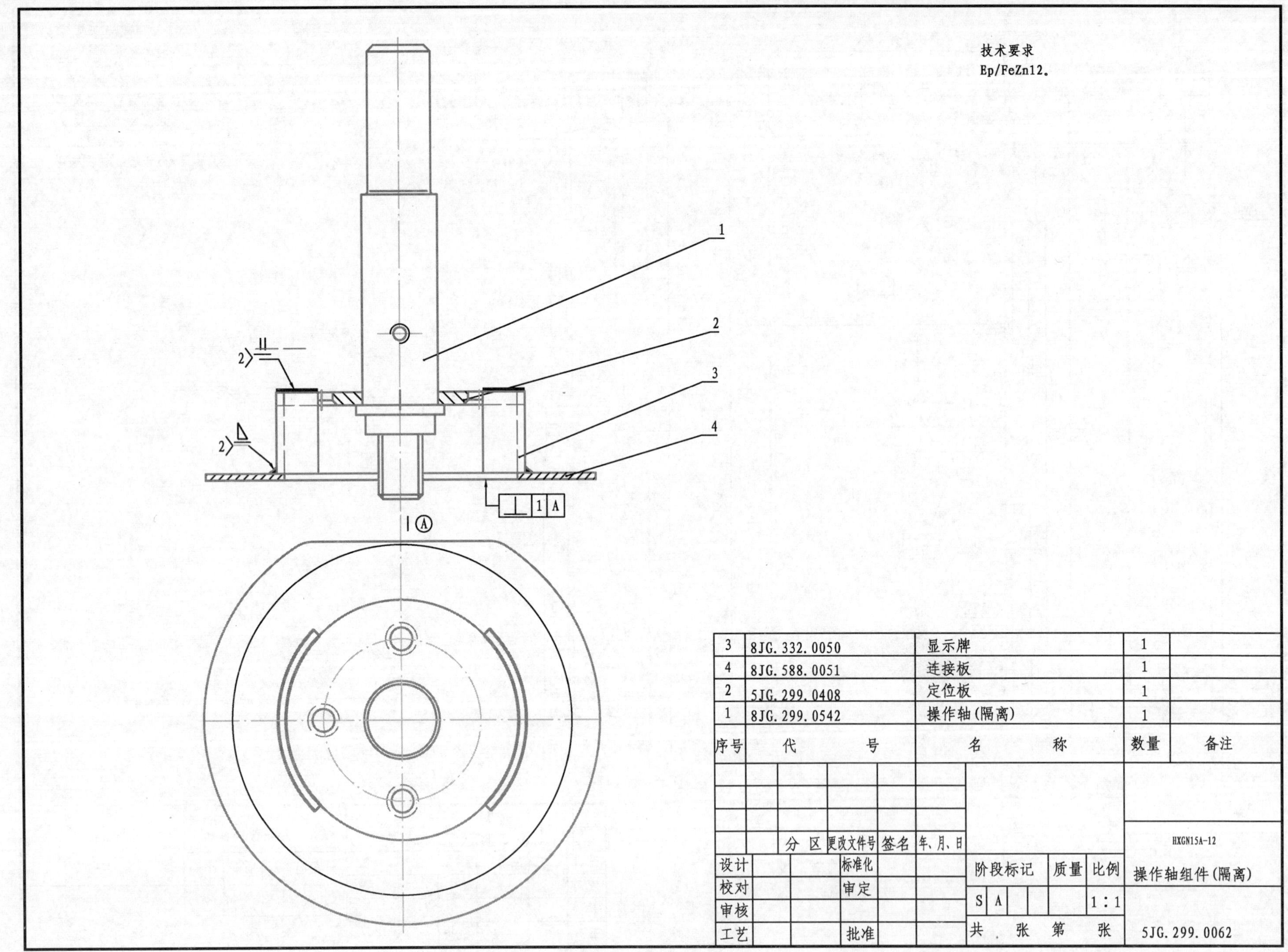
技术要求
Ep/FeZn12。
1
2
3
4
2
2
1 A
A
3 8JG.332.0050 显示牌 1
4 8JG.588.0051 连接板 1
2 5JG.299.0408 定位板 1
1 8JG.299.0542 操作轴(隔离) 1
序号 代 号 名 称 数量 备注
分 区 更改文件号 签名 年、月、日
设计 标准化
校对 审定
审核
工艺 批准
阶段标记 质量 比例
S A 1:1
共 张 第 张
HXGN15A-12
操作轴组件(隔离)
5JG.299.0062

图5-8 操作轴组件

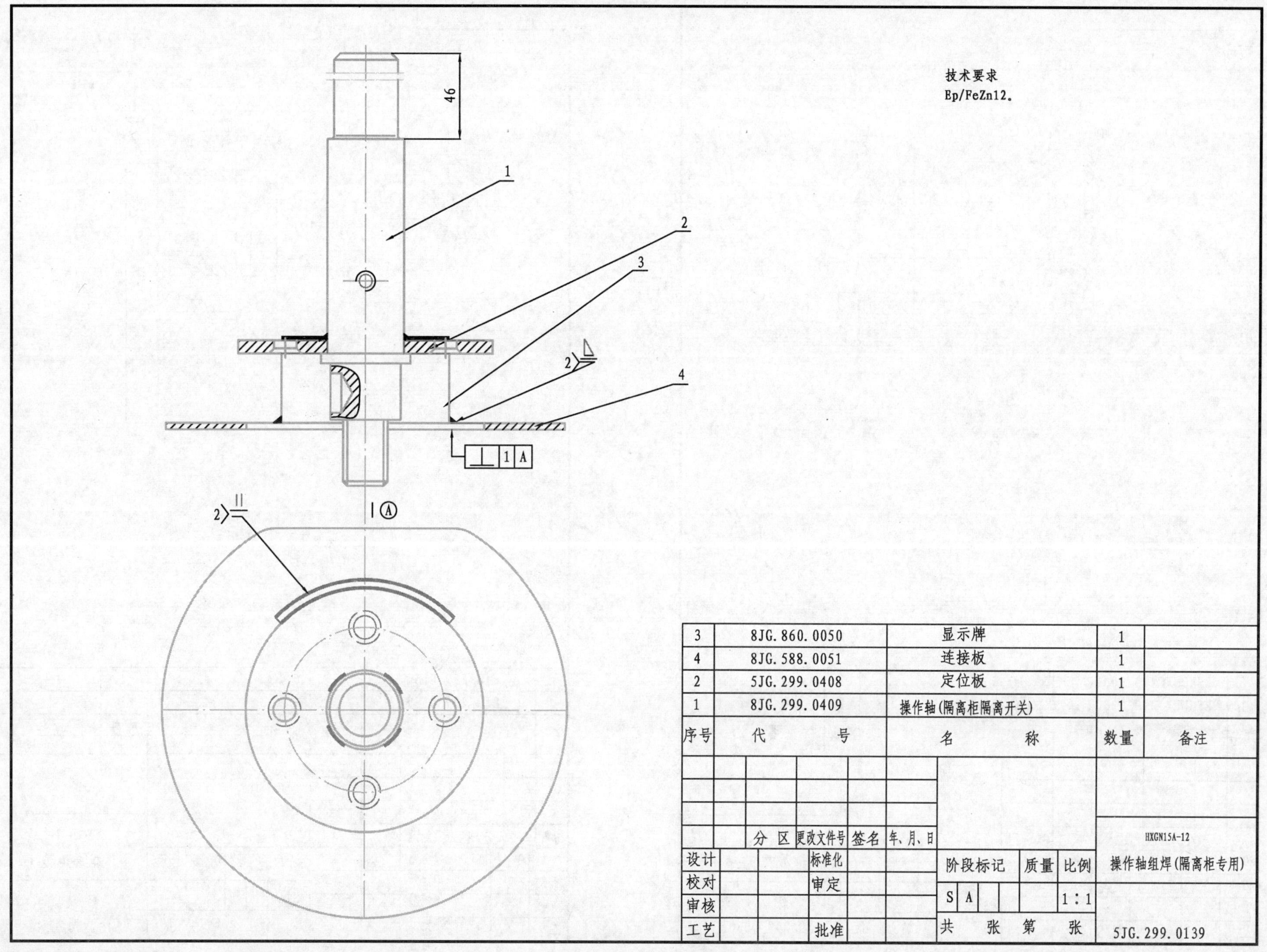

3	8JG.860.0050	显示牌	1	
4	8JG.588.0051	连接板	1	
2	5JG.299.0408	定位板	1	
1	8JG.299.0409	操作轴(隔离柜隔离开关)	1	
序号	代号	名称	数量	备注

	分区	更改文件号	签名	年、月、日		
设计		标准化		阶段标记	质量	比例
校对		审定		S A		1:1
审核						
工艺		批准		共　张　第　张		

HXGN15A-12

操作轴组焊(隔离柜专用)

5JG.299.0139

图5-9　操作轴组焊

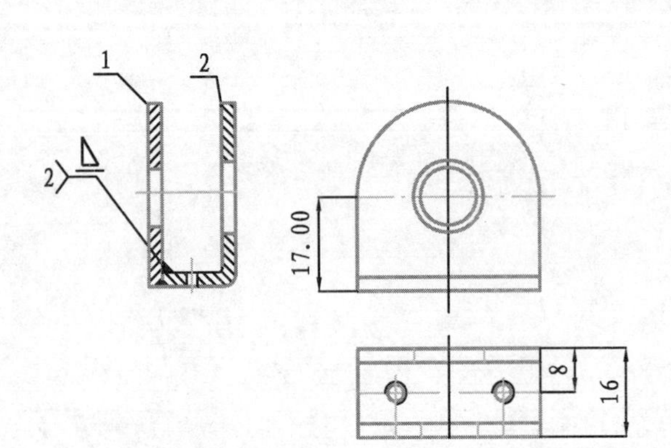

技术要求
1. 焊接可靠．美观。
2. Ep/FeZn12。

2	8SHDLX.299.0061	轴承1B	1	
1	8SHDLX.299.0060	轴承1A	1	
序号	代　号	名　称	数量	备　注

标记	处数	分　区	更改文件号	签名	年、月、日				HXGN15A-12
设计			标准化			阶段标记	质量	比例	轴承板1焊接
校对			审定						
审核						S A		1:1	
工艺			批准			共　张　第　张			5JG.299.0060

图5-10　轴承板1焊接

第五章　FZN（R）21型真空负荷开关操作机构改进图纸

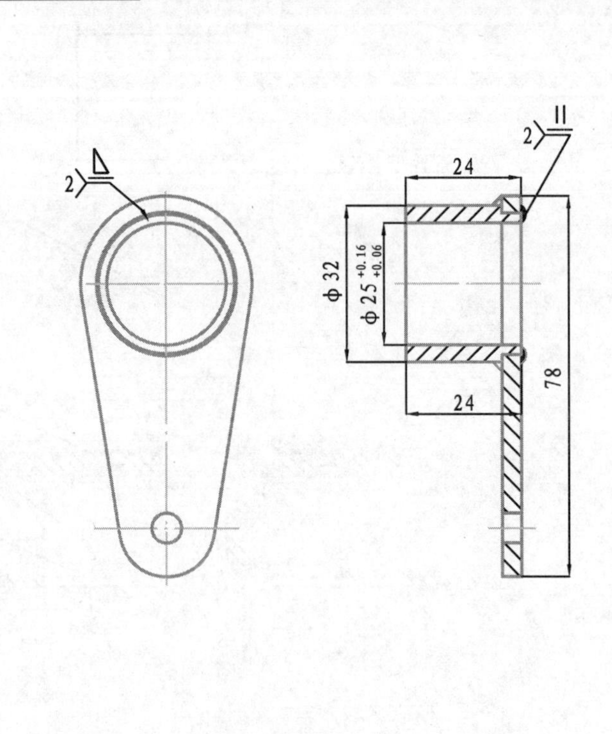

技术要求
Ep/FeZn12。

2	8JG.299.0166	拐臂	1	
1	8JG.299.0159	轴套	1	
序号	代　号	名　称	数量	备注

标记	处数	分　区	更改文件号	签名	年、月、日				HXGN15A-12
设计			标准化			阶段标记	质量	比例	轴套焊接
校对			审定						
审核						S A		1:1	
工艺			批准			共　张　第　张			5JG.299.0159

图5-11　轴套焊接

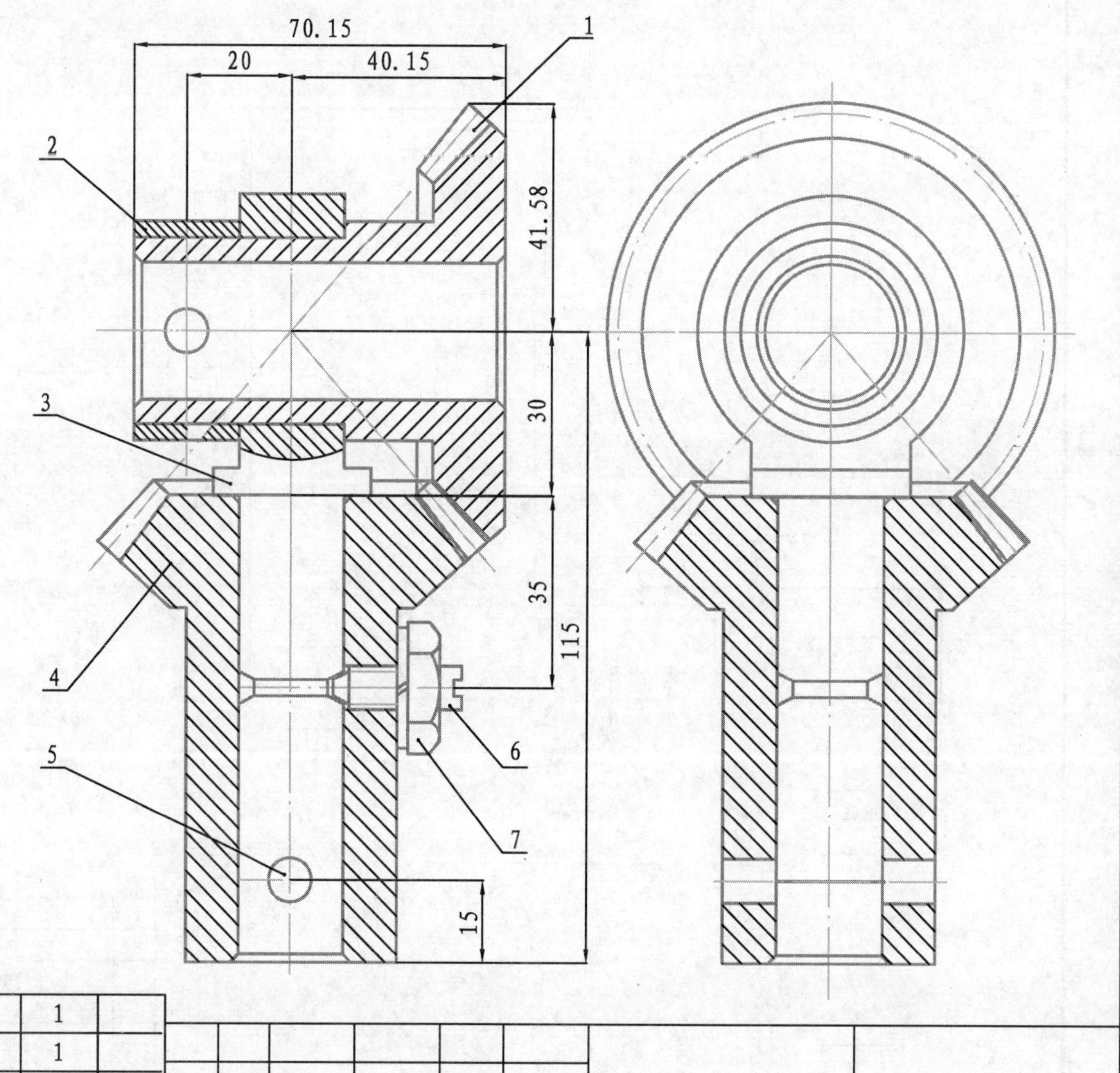

技术要求
1. 装配侧隙0.03～0.05。
2. 转动灵活，不得有卡涉现象。
2. 涂中性润滑脂。

序号	代号	名称	数量	备注
7	GB6172 M8	螺母	1	
6	8JG.299.0174	定位螺栓	1	
5		弹性销	2	ϕ8
4	8JG.299.0173	锥齿轮	1	
3	8JG.299.0167	连接头	1	
2	8JG.299.0160	轴套	1	
1	8JG.299.0172	锥齿轮	1	

分区	更改文件号	签名	年、月、日
设计		标准化	
校对		审定	
审核			
工艺		批准	

阶段标记	质量	比例
S A		1：1
共 张 第 张		

HXGN15A-12

锥齿轮组件

5JG.299.0163

图5-12 锥齿轮组件

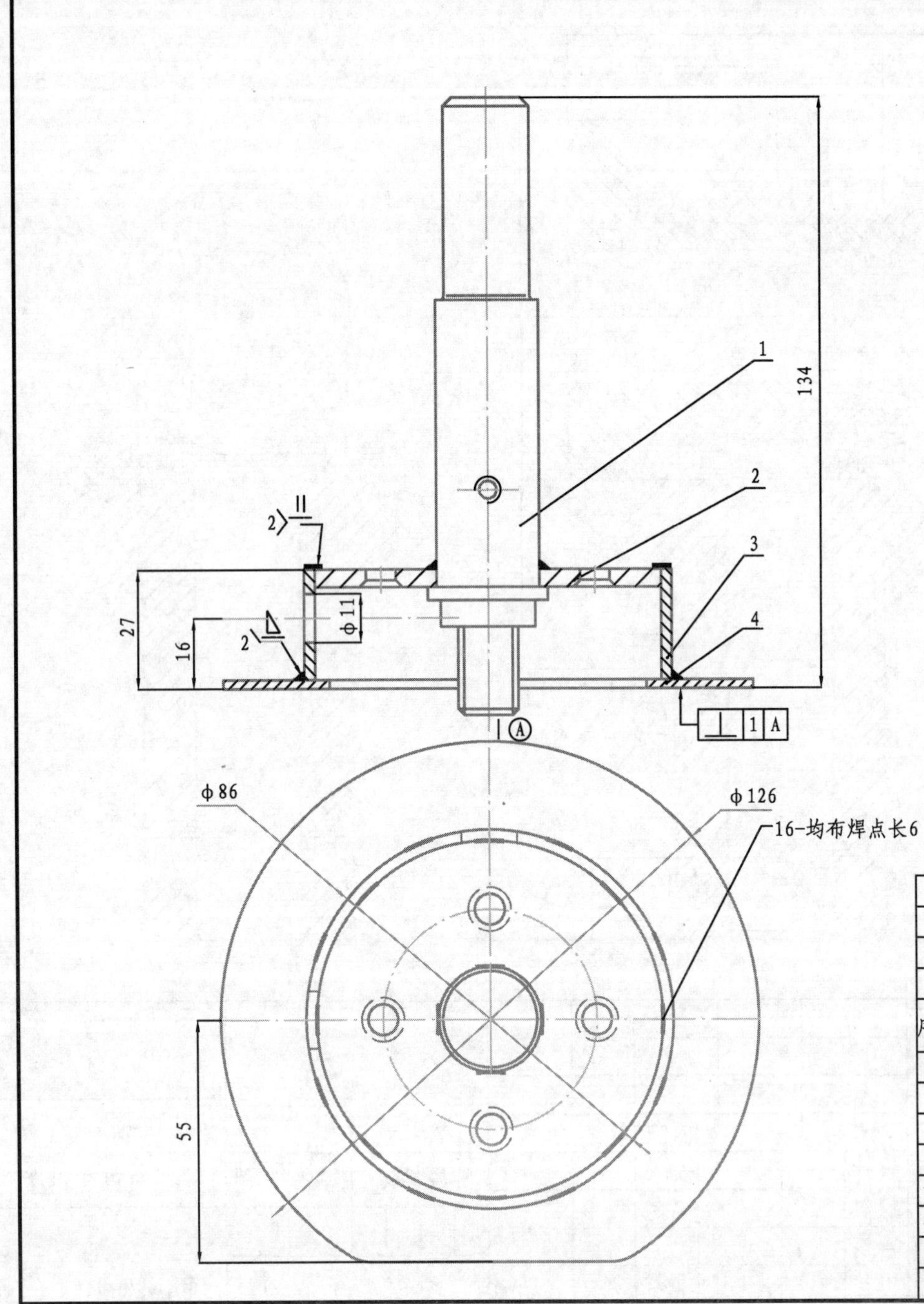

技术要求
短焊接缝，对称焊接，注意尽量减少焊接变形。
Ep/FeZn12。

序号	代号	名称	数量	备注
3	8GL.332.0050	显示牌	1	
4	8GL.588.0051-2	连接板	1	供图
2	5GL.299.0408-2	定位板	1	供图
1	8GL.299.0542	操作轴(隔离)	1	

	分区	更改文件号	签名	年、月、日				
设计		标准化			阶段标记	质量	比例	HXGN15A-12 操作轴组件(隔离) 带程序锁
校对		审定			S A		1:1	
审核								
工艺		批准			共 张	第 张		5GL.299.0170

图5-13　操作轴组件（隔离）

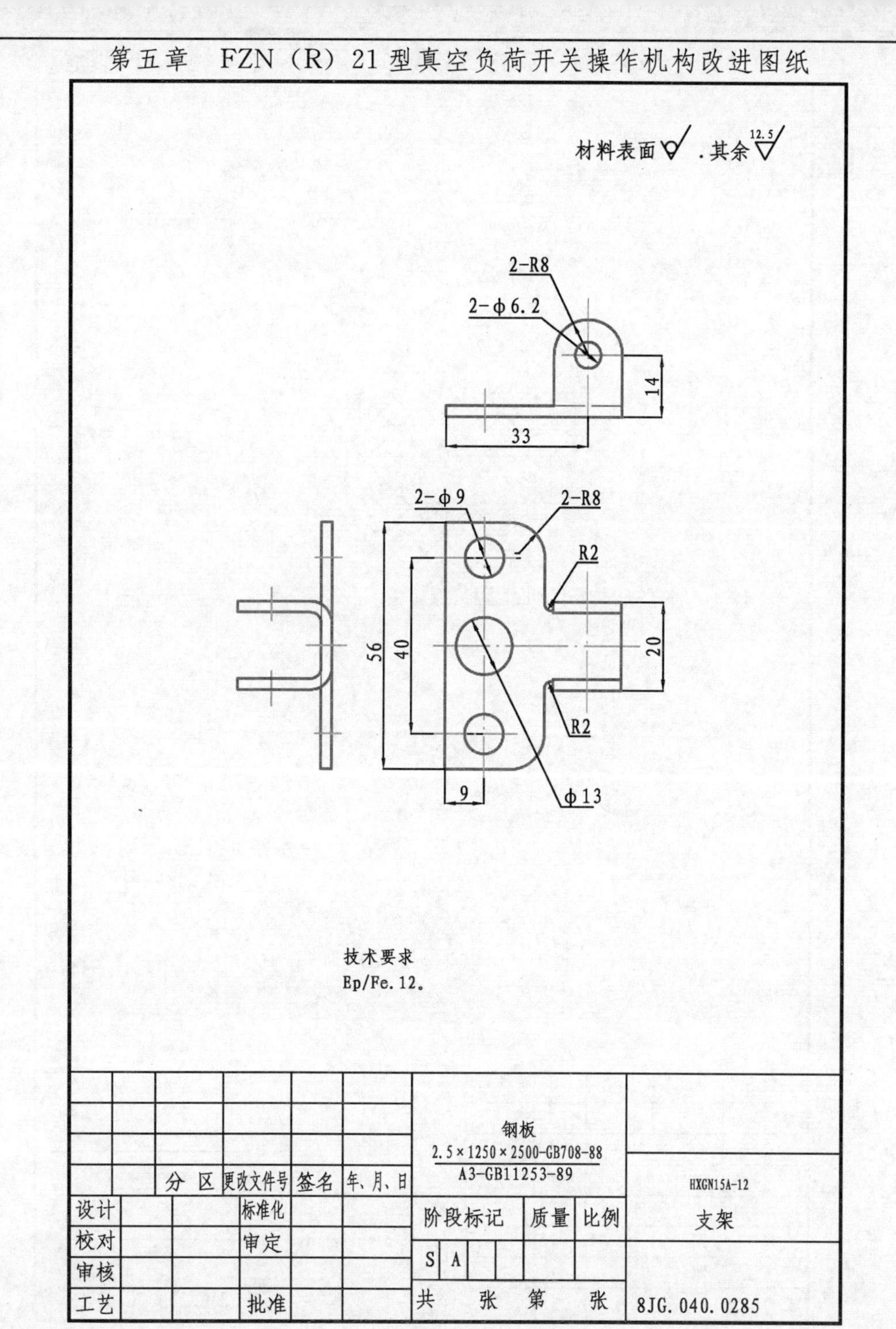

图5-14　支架

第五章　FZN（R）21型真空负荷开关操作机构改进图纸

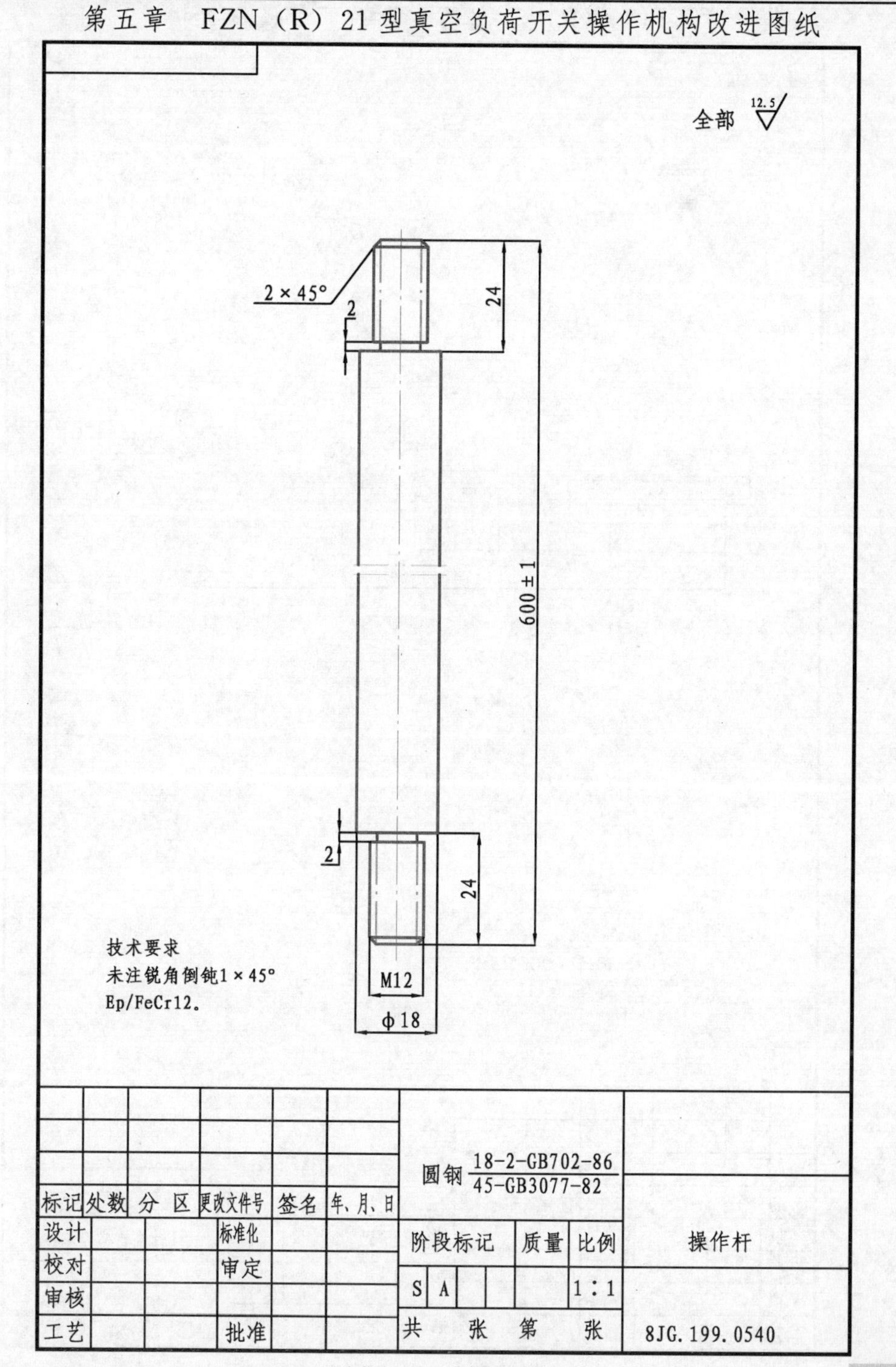

图5-15　操作杆

材料表面 . 其余 12.5

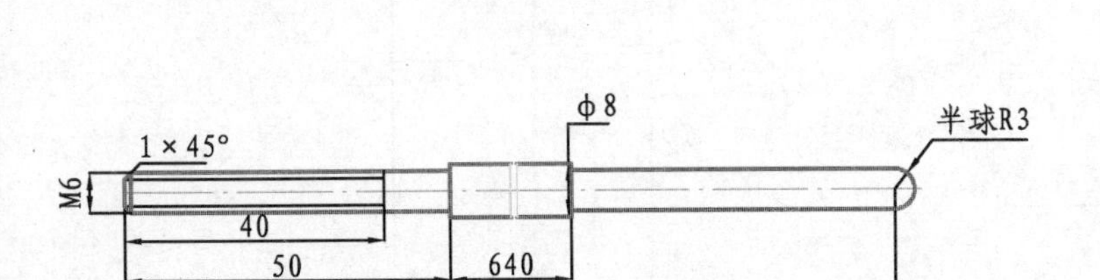

技术要求

1. 配12kV热缩管660。
2. Ep/FeZn12。

标记	处数	分区	更改文件号	签名	年、月、日	6冷拉钢丝45-R			HXGN15A-12
设计			标准化			阶段标记	质量	比例	顶杆(手动跳闸)
校对			审定			S A		1:1	
审核									
工艺			批准			共　张　第　张			8JG.234.0039

图5-16　顶杆

第五章　FZN（R）21型真空负荷开关操作机构改进图纸

球22.5

M12 深25

20

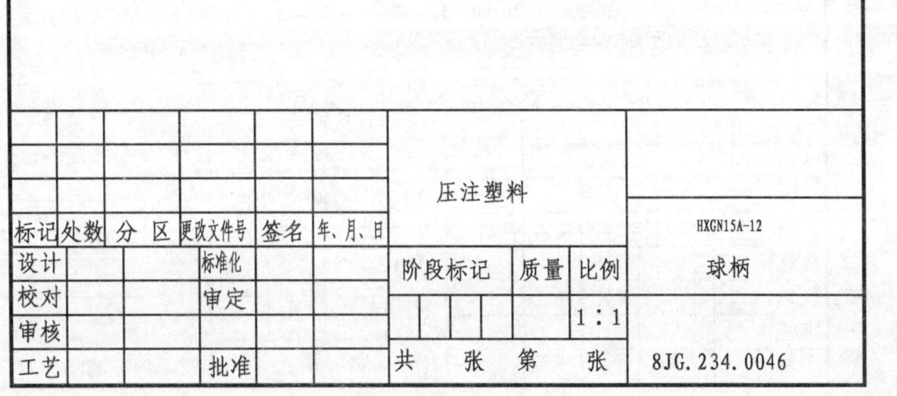

标记	处数	分区	更改文件号	签名	年、月、日	压注塑料			HXGN15A-12
设计			标准化			阶段标记	质量	比例	球柄
校对			审定					1:1	
审核									
工艺			批准			共　张　第　张			8JG.234.0046

图5-17　球柄

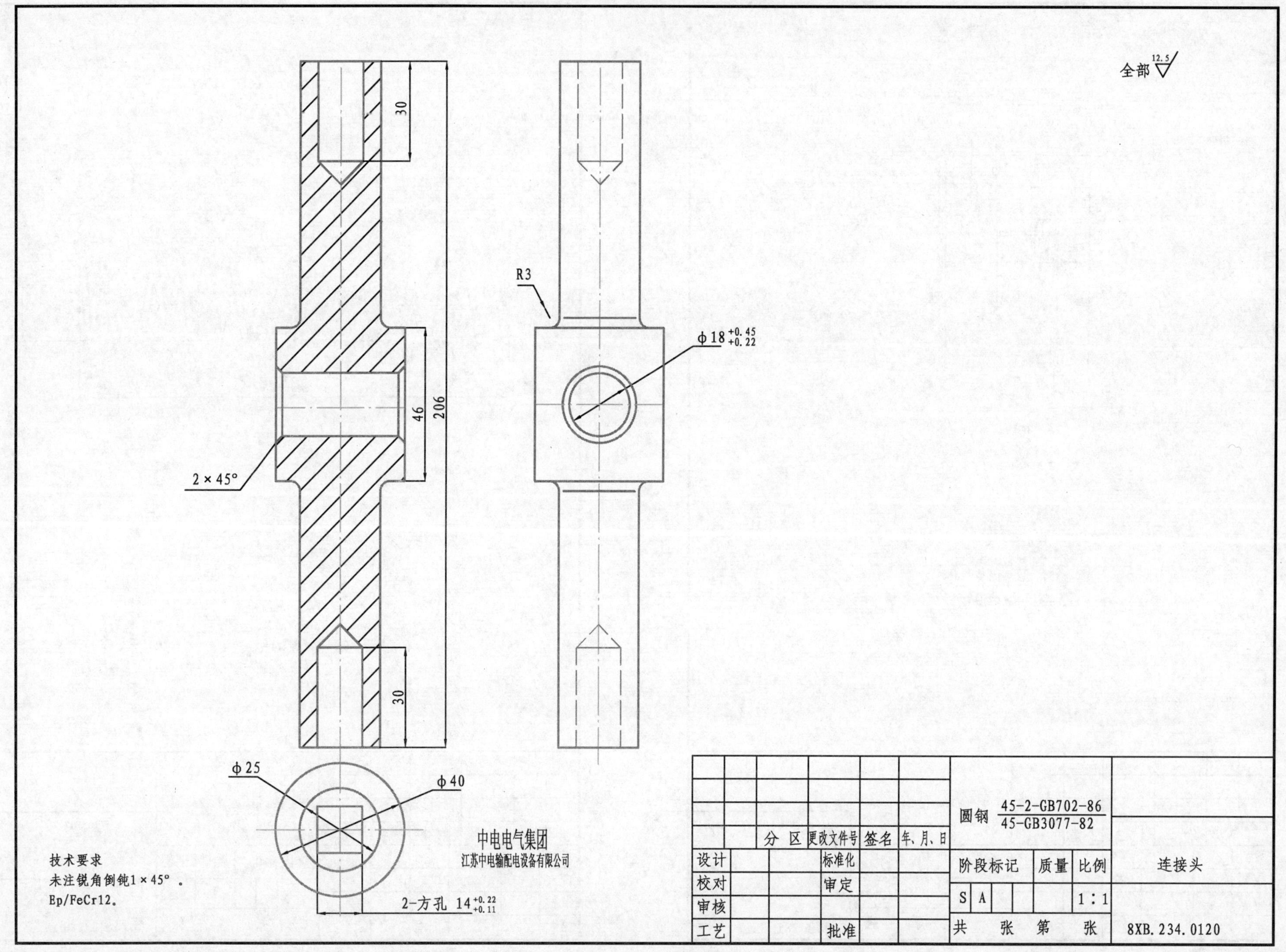
全部 12.5
30
206
46
2×45°
30
R3
ϕ18 +0.45 +0.22
ϕ25
ϕ40
2-方孔 14 +0.22 +0.11
中电电气集团
江苏中电输配电设备有限公司
技术要求
未注锐角倒钝1×45°。
Ep/FeCr12。
圆钢 45-2-GB702-86 / 45-GB3077-82
分 区 更改文件号 签名 年、月、日
设计 标准化
校对 审定
审核
工艺 批准
阶段标记 质量 比例
S A 1∶1
连接头
共 张 第 张
8XB.234.0120

图5-18 连接头

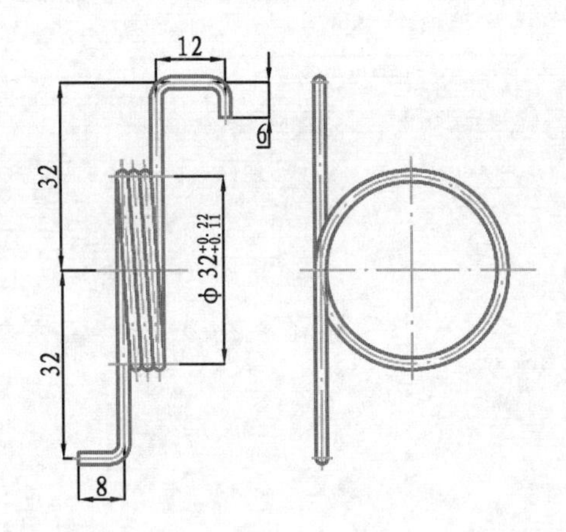

技术要求

1. 旋向：左旋。
2. 有效圈数：4圈。
3. Ep/FeZn12，去氢。

					1碳素弹簧钢丝				HXGN15A-12 扭簧
	处数	分 区	更改文件号	签名	年、月、日				
设计			标准化		阶段标记		质量	比例	
校对			审定		S	A		2:1	
审核									
工艺			批准		共　张　第　张				8JG.281.0017

图5-19　扭簧

第五章　FZN（R）21型真空负荷开关操作机构改进图纸

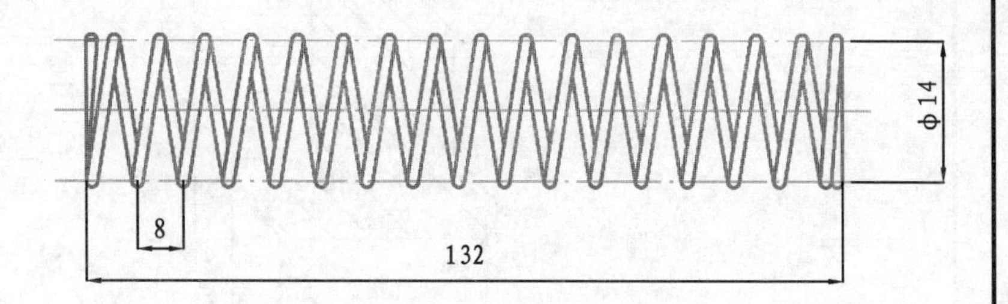

技术要求

1. 右旋，两端并紧。
2. Ep/FeZn12，去氢。
3. 有效圈数n=17，总圈数n_1=19。

					1碳素弹簧钢丝				HXGN15A-12 压簧
	处数	分 区	更改文件号	签名	年、月、日				
设计			标准化		阶段标记		质量	比例	
校对			审定		S	A		2:1	
审核									
工艺			批准		共　张　第　张				8JG.281.0018

图5-20　压簧

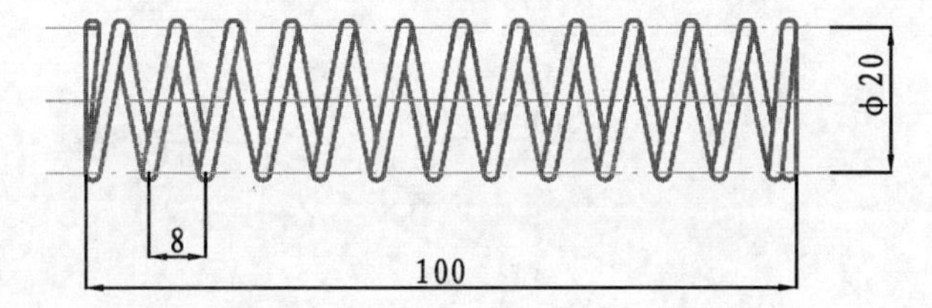

技术要求

1. 右旋，两端并紧。
2. Ep/FeZn12，去氢。
3. 有效圈数n=13，总圈数n_1=15。

					1碳素弹簧钢丝			HXGN15A-12
处数	分 区	更改文件号	签名	年、月、日				
设计		标准化			阶段标记	质量	比例	压簧
校对		审定			S A		2∶1	
审核								
工艺		批准			共　张　第　张			8JG.XB.281.0019

图5－21　压簧

第五章　FZN（R）21型真空负荷开关操作机构改进图纸

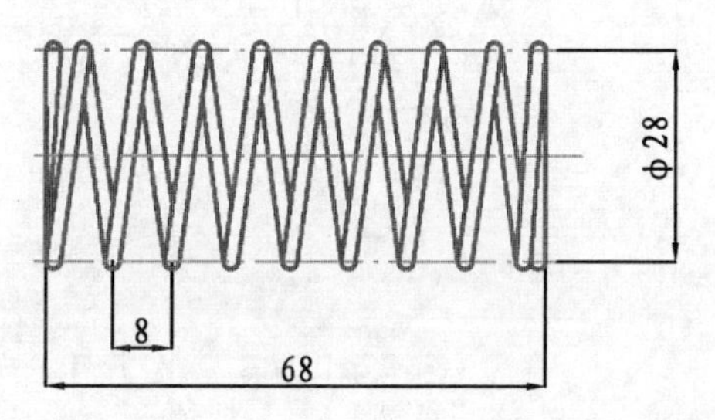

技术要求

1. 右旋，两端并紧。
2. Ep/FeZn12，去氢。
3. 有效圈数n=9，总圈数n_1=11。

					1碳素弹簧钢丝			HXGN15A-12
	分 区	更改文件号	签名	年、月、日				
设计		标准化			阶段标记	质量	比例	压簧
校对		审定			S A		2∶1	
审核								
工艺		批准			共　张　第　张			8JG.281.0020

图5－22　压簧

材料表面 ∀ .其余 12.5 ∀

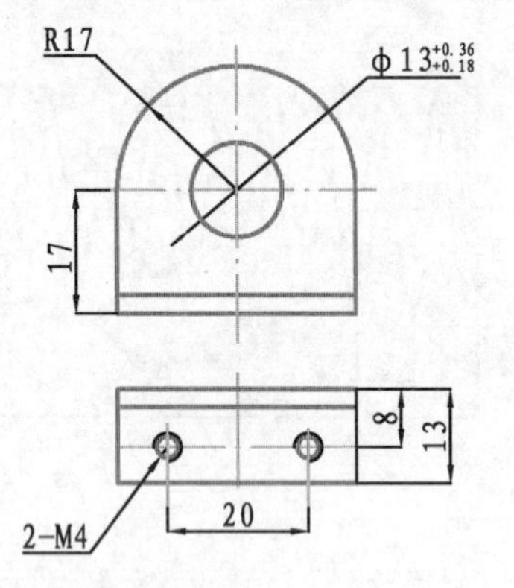

技术要求
未注尺寸公差均按
GB/T1804-m取值。

标记	处数	分 区	更改文件号	签名	年、月、日	钢板 $\frac{2.5\times1250\times2500\text{-GB708-88}}{\text{A3-GB11253-89}}$
设计			标准化			阶段标记 ｜ 质量 ｜ 比例
校对			审定			S ｜ A ｜ ｜ 1∶1
审核						共　张　第　张
工艺			批准			

HXGN15A-12

轴承1A

8JG.299.0060

图5-23　轴承1A

第五章　FZN（R）21型真空负荷开关操作机构改进图纸

材料表面 ∀ .其余 12.5 ∀

R17

φ10 +0.36 +0.18

17

标记	处数	分 区	更改文件号	签名	年、月、日	钢板 $\frac{2.5\times1250\times2500\text{-GB708-88}}{\text{A3-GB11253-89}}$
设计			标准化			阶段标记 ｜ 质量 ｜ 比例
校对			审定			S ｜ A ｜ ｜ 1∶1
审核						共　张　第　张
工艺			批准			

HXGN15A-12

轴承1B

8JG.299.0061

图5-24　轴承1B

第五章　FZN（R）21 型真空负荷开关操作机构改进图纸

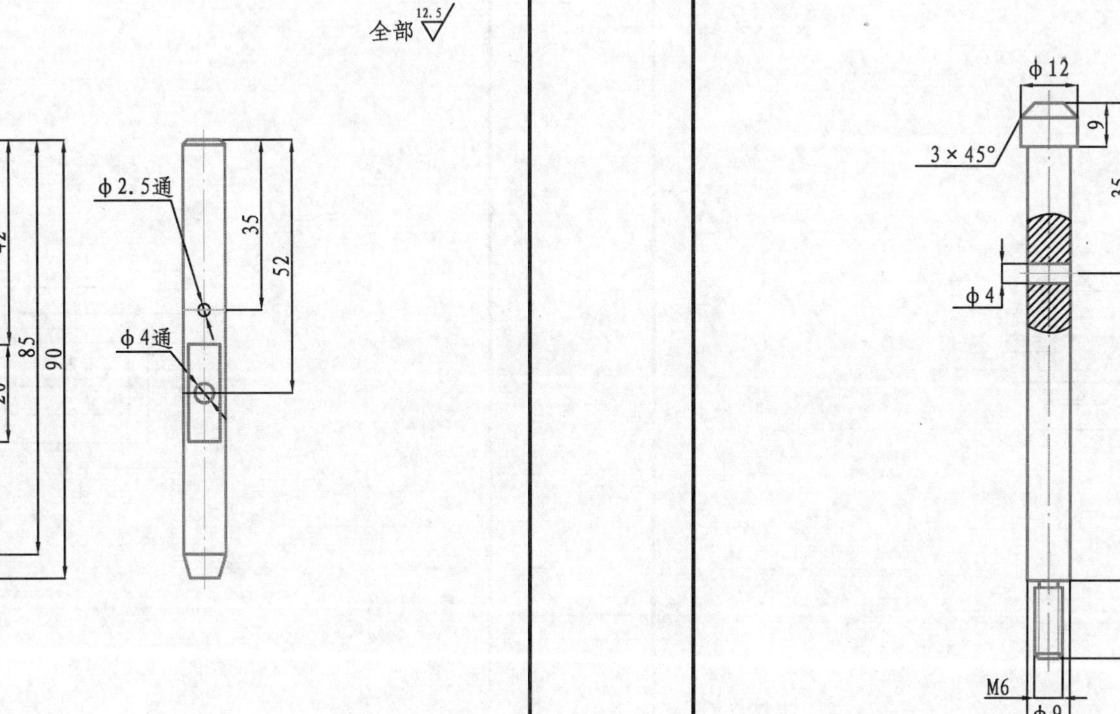

技术要求
Ep/FeZn12。

标记	处数	分 区	更改文件号	签名	年、月、日	10-2-GB702-86 45-GB3077-82			HXGN15A-12
设计		标准化				阶段标记	质量	比例	联锁轴 (绝缘隔板对柜门)
校对		审定				S A		1:1	
审核									
工艺		批准				共 张 第 张			8JG.299.0131

图 5-25　联锁轴

技术要求
Ep/FeZn12。
退刀槽按标准。

标记	处数	分 区	更改文件号	签名	年、月、日	30-2-GB702-86 45-GB3077-82			HXGN15A-12
设计		标准化				阶段标记	质量	比例	联锁轴 (柜门对绝缘隔板)
校对		审定				S A		1:1	
审核									
工艺		批准				共 张 第 张			8JG.299.0132

图 5-26　连锁轴

全部 12.5▽

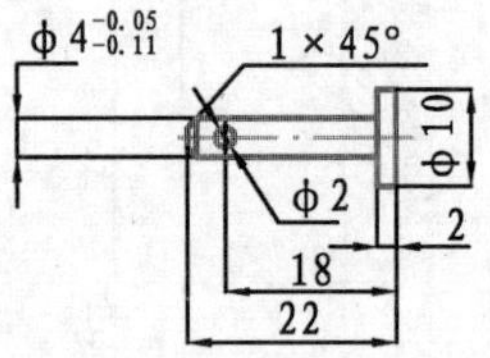

φ4$^{-0.05}_{-0.11}$　1×45°　φ10　φ2　2　18　22

技术要求

Ep/FeZn12。

						30-2-GB702-86 45-GB3077-82				HXGN15A-12 轴
标记	处数	分 区	更改文件号	签名	年、月、日					
设计			标准化			阶段标记		质量	比例	
校对			审定			S	A		1:1	
审核										
工艺			批准			共　张	第　张			8JG.299.0133

图5－27　轴

第五章　FZN（R）21型真空负荷开关操作机构改进图纸

全部 12.5▽

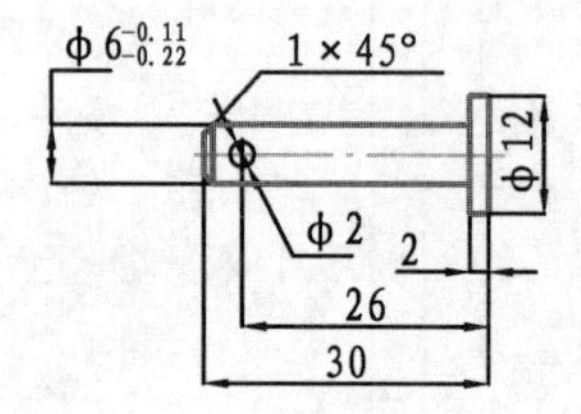

技术要求

Ep/FeZn12。

						12-GB702-86 45-GB3077-82				HXGN15A-12 轴
标记	处数	分 区	更改文件号	签名	年、月、日					
设计			标准化			阶段标记		质量	比例	
校对			审定			S	A		1:1	
审核										
工艺			批准			共　张	第　张			8JG.299.0134

图5－28　轴

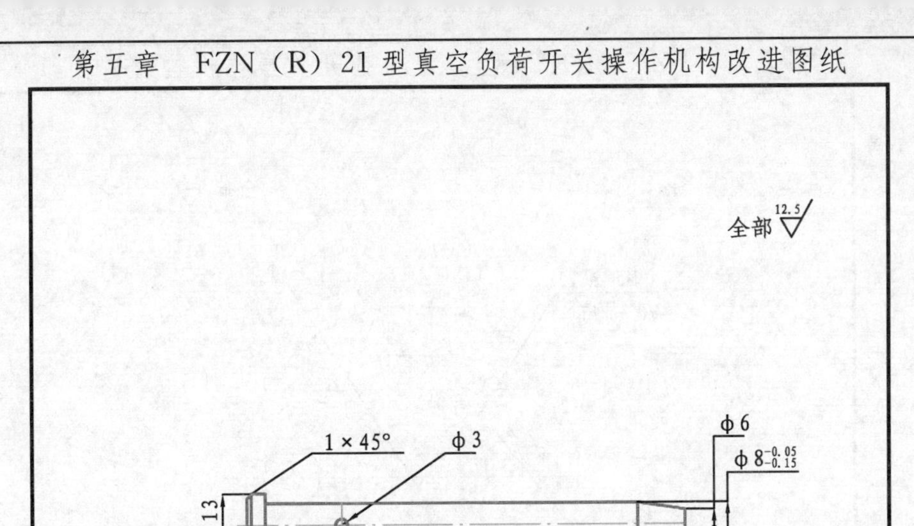

技术要求
Bp/FeZn12。

标记	处数	分区	更改文件号	签名	年、月、日	15-2-GB702-86 / 45-GB3077-82	HXGN15A-12 轴
设计			标准化			阶段标记 质量 比例	
校对			审定			S A 1∶1	
审核							
工艺			批准			共 张 第 张	8JG. 299. 0135

图 5－29　轴

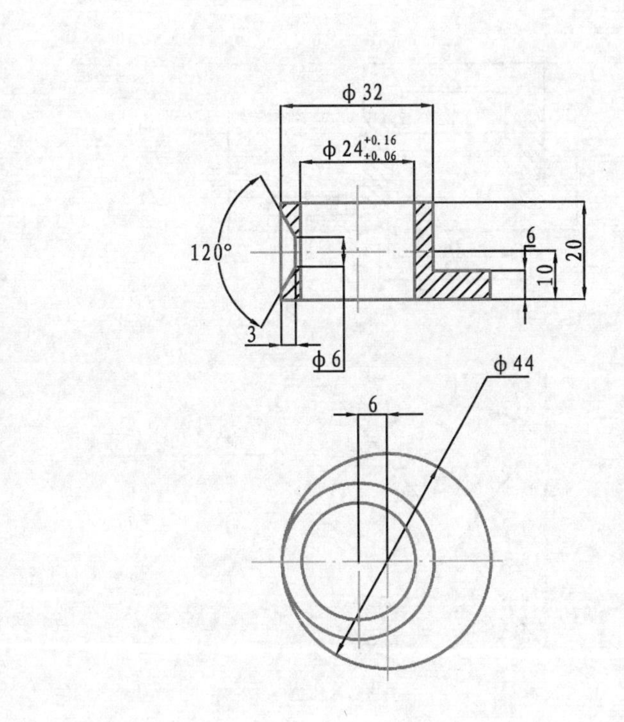

技术要求
未注锐角倒钝0.5×45°。
Bp/FeZn12。

标记	处数	分区	更改文件号	签名	年、月、日	50-2-GB702-86 / 45-GB3077-82	HXGN15A-12 凸轮套
设计			标准化			阶段标记 质量 比例	
校对			审定			S A 1∶1	
审核							
工艺			批准			共 张 第 张	8JG. 299. 0139

图 5－30　凸轮轴

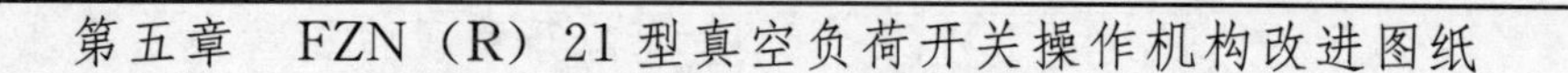

全布 12.5

38
22
20
24
4
3
28
32

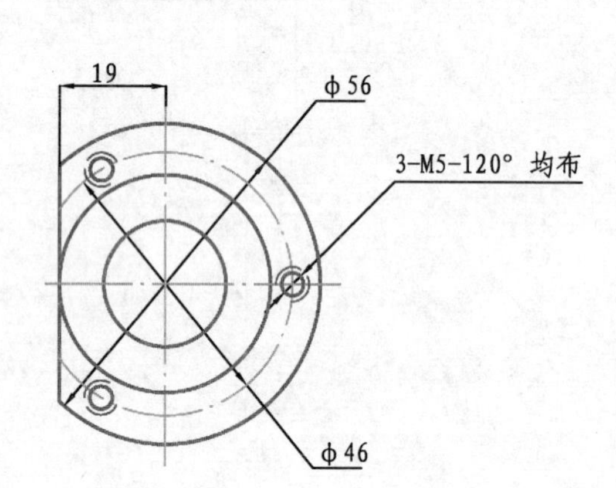

技术要求
1. 锐角倒钝1×45°。
2. 酸洗。

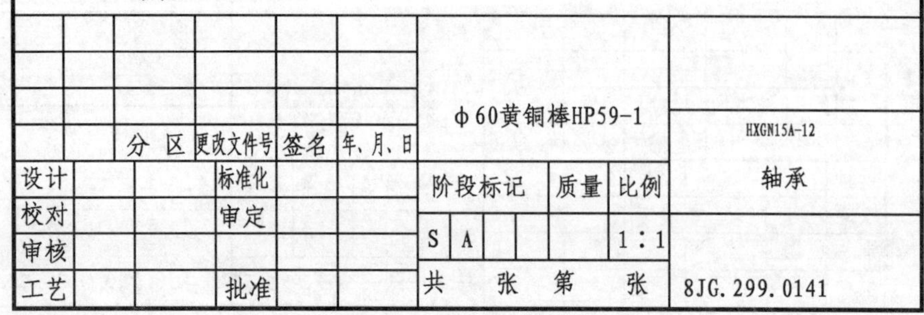

	分区	更改文件号	签名	年、月、日	φ60黄铜棒HP59-1		HXGN15A-12
设计		标准化			阶段标记	质量	比例	轴承
校对		审定			S A		1∶1	
审核								
工艺		批准			共 张 第 张			8JG.299.0141

图5-31 轴承

全布 12.5

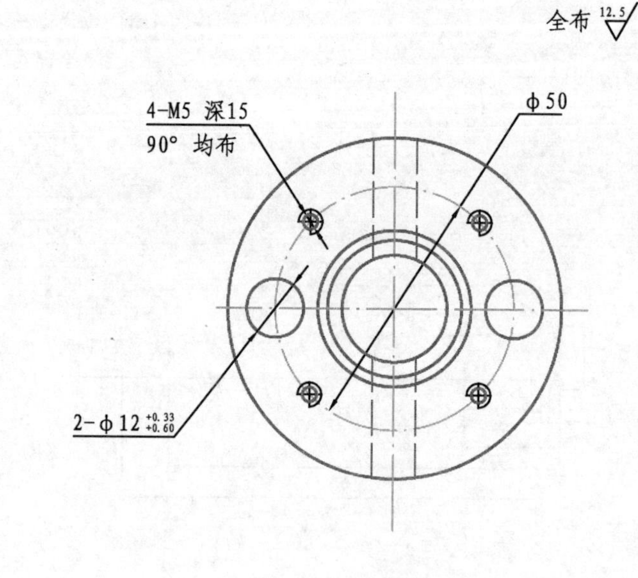

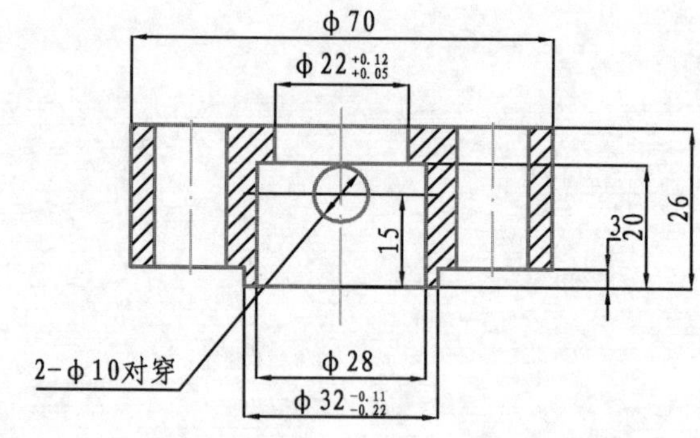

技术要求
1. 锐角倒钝1×45°。
2. 酸洗。

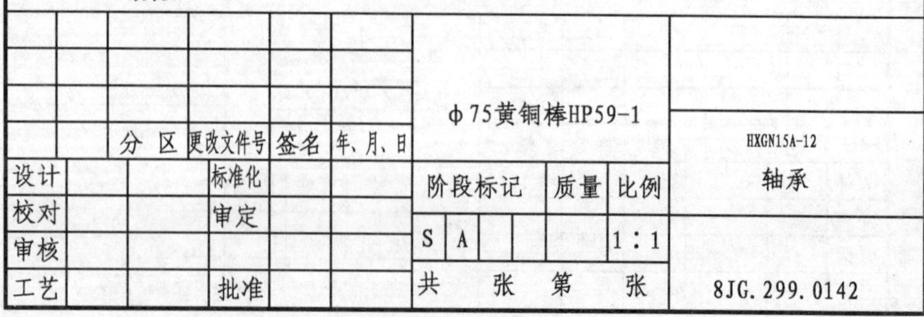

	分区	更改文件号	签名	年、月、日	φ75黄铜棒HP59-1		HXGN15A-12
设计		标准化			阶段标记	质量	比例	轴承
校对		审定			S A		1∶1	
审核								
工艺		批准			共 张 第 张			8JG.299.0142

图5-32 轴承

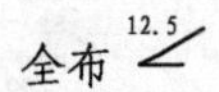

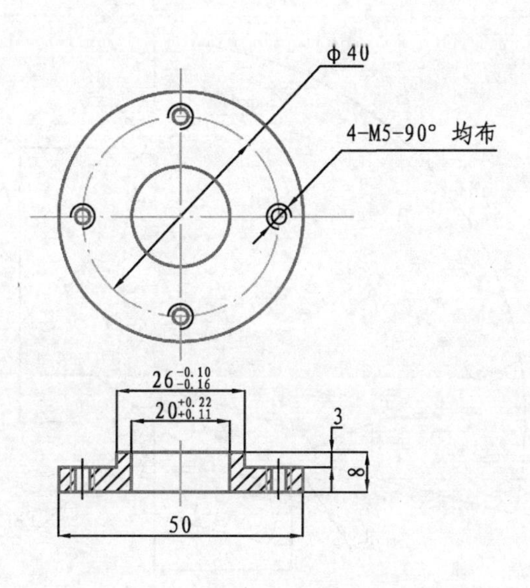

技术要求
1. 锐角倒钝1×45°。
2. 酸洗。

	分 区	更改文件号	签名	年、月、日	φ45黄铜棒HP59-1	HXGN15A-12
设计		标准化			阶段标记 / 质量 / 比例	轴承
校对		审定			S A / / 1:1	
审核						
工艺		批准			共　张　第　张	8JG.299.0143

图5－33　轴承

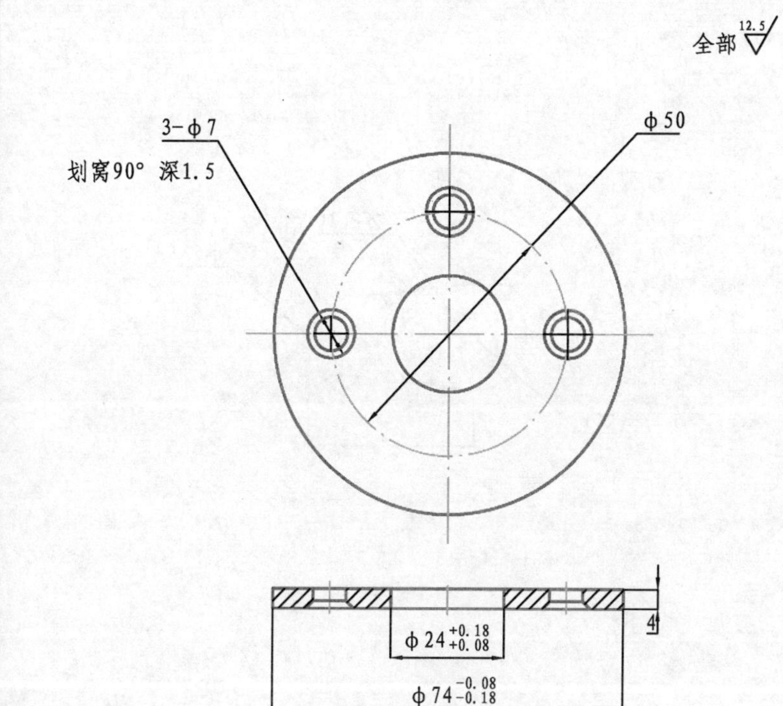

技术要求
1. 未注尺寸公差均按
GB/T1804-m取值。
2. 锐角倒钝0.5×45°。
3. Ep/Fe.Zn12.

标记	处数	分 区	更改文件号	签名	年、月、日	75-2-GB702-86 / 45-GB3077-82	HXGN15A-12
设计			标准化			阶段标记 / 质量 / 比例	定位板
校对			审定			S A / / 1:1	
审核							
工艺			批准			共　张　第　张	8JG.299.0147

图5－34　定位板

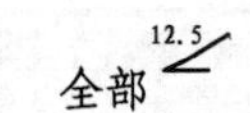

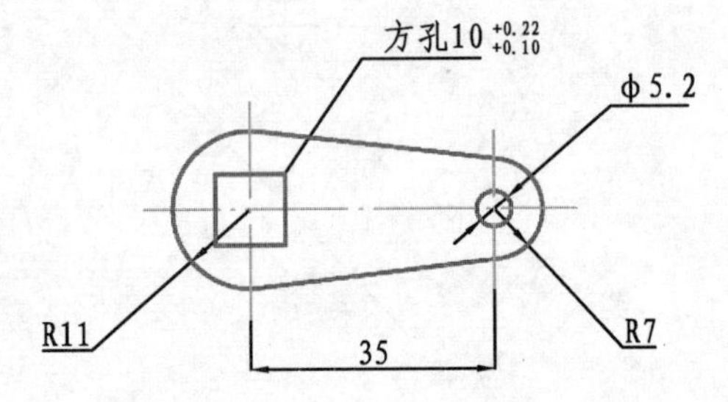

技术要求

1. 调质HRC38-52。
2. Ep/FeZn12。

标记	处数	分区	更改文件号	签名	年、月、日	钢板 4×1250×2500-GB708-88 A3-GB11253-89			HXGN15A-12
设计			标准化			阶段标记	质量	比例	拐臂
校对			审定						
审核						S A		1∶1	
工艺			批准			共　张　第　张			8JG.299.0148

图5－35　拐臂

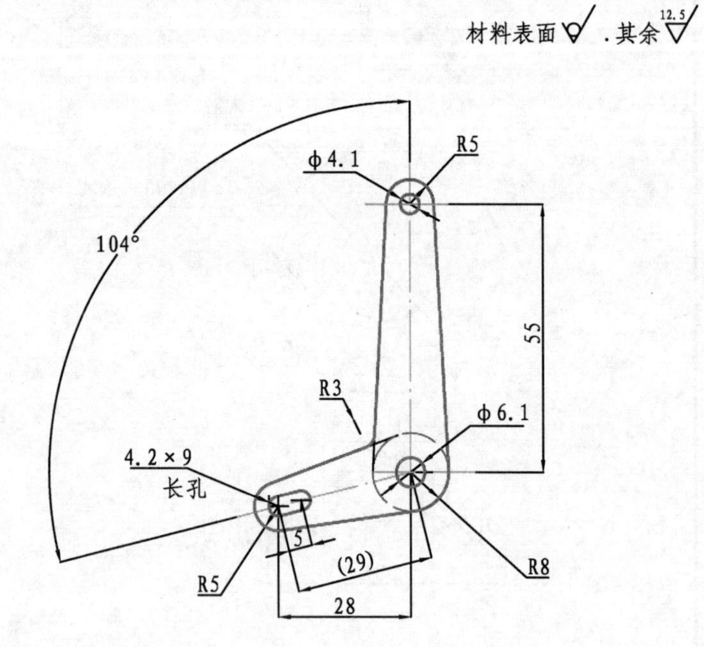

技术要求

Ep/FeZn12。

标记	处数	分区	更改文件号	签名	年、月、日	钢板 2.5×1250×2500-GB708-88 A3-GB11253-89			HXGN15A-12
设计			标准化			阶段标记	质量	比例	拐臂
校对			审定						
审核						S A		1∶1	
工艺			批准			共　张　第　张			8JG.299.0149

图5－36　拐臂

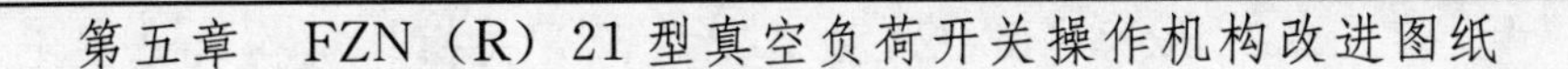

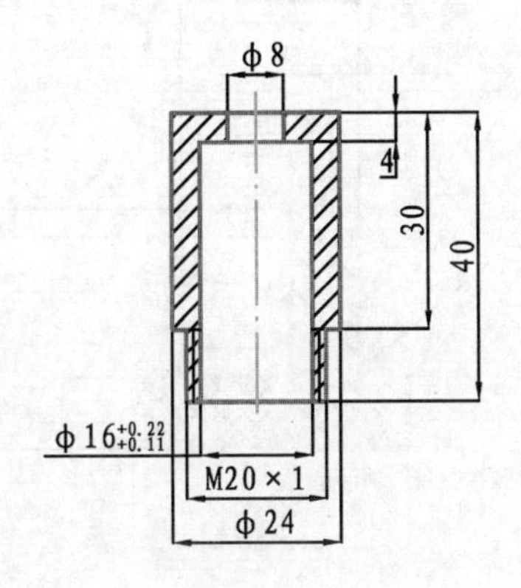

技术要求

1. 未注尺寸公差均按 GB/T1804-m取值。
2. 全部锐角倒钝1×45°。
3. Ep/FeZn12。

标记	处数	分区	更改文件号	签名	年、月、日	25-2-GB702-86 45-GB3077-82	HXGN15A-12
设计		标准化				阶段标记 S A	质量	比例 4∶1	杯
校对		审定					
审核							
工艺		批准				共 张 第 张	8JG.299.0151

图 5-37 杯

第五章 FZN（R）21型真空负荷开关操作机构改进图纸

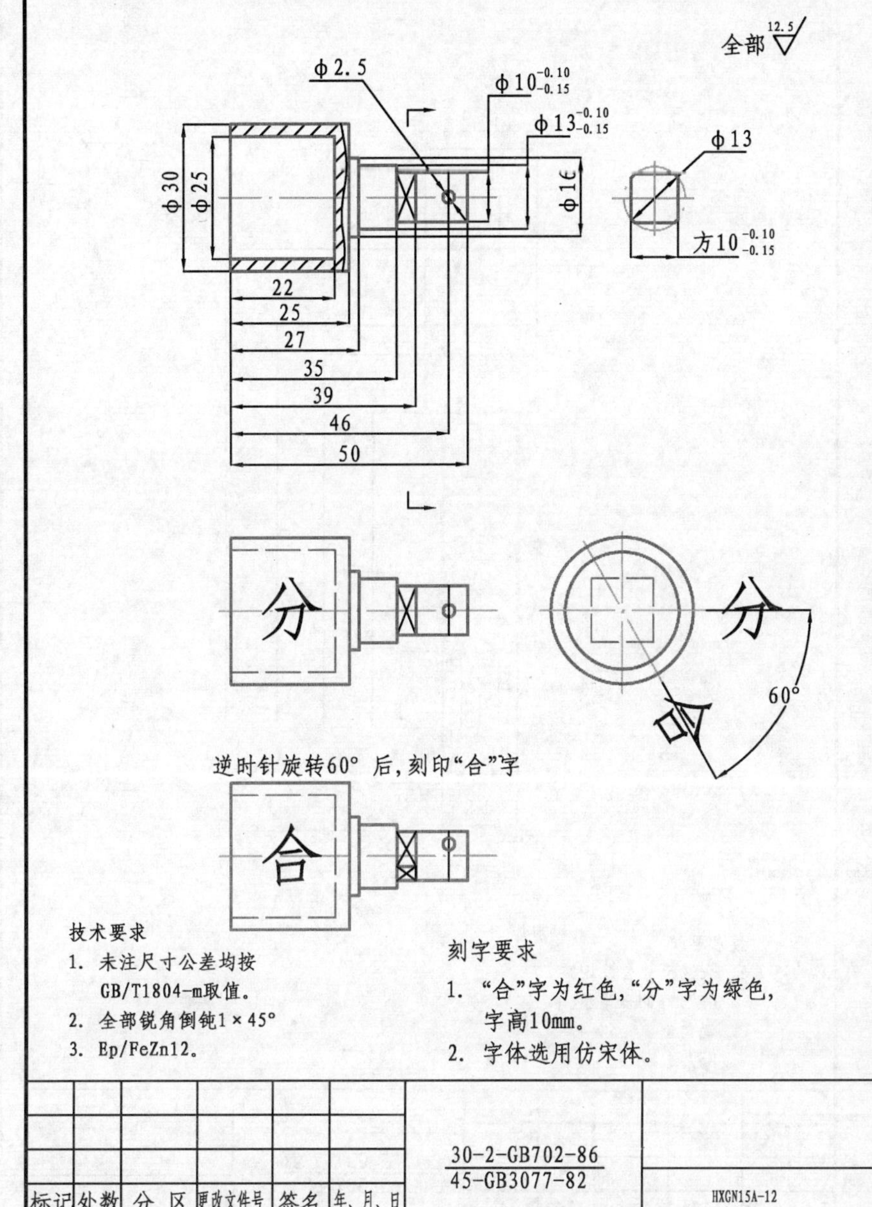

技术要求

1. 未注尺寸公差均按 GB/T1804-m取值。
2. 全部锐角倒钝1×45°
3. Ep/FeZn12。

刻字要求

1. “合”字为红色，“分”字为绿色，字高10mm。
2. 字体选用仿宋体。

标记	处数	分区	更改文件号	签名	年、月、日	30-2-GB702-86 45-GB3077-82	HXGN15A-12
设计		标准化				阶段标记 S A	质量	比例 1∶1	分合指示轴
校对		审定					
审核							
工艺		批准				共 张 第 张	8LG.299.0153

图 5-38 分合指示轴

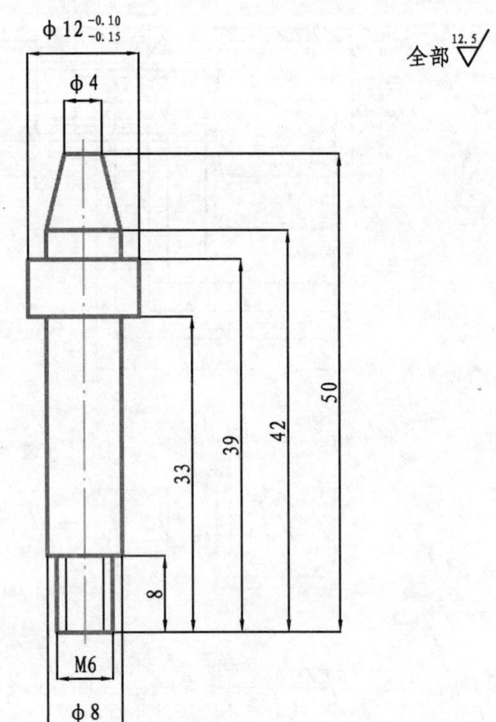

技术要求

1. 未注尺寸公差均按GB/T1804-m取值。
2. 锐角倒钝0.5×45°。
3. Ep/Fe.Zn12。

						15-2-GB702-86 45-GB3077-82			HXGN15A-12
标记	处数	分区	更改文件号	签名	年、月、日				
设计			标准化			阶段标记	质量	比例	定位杆
校对			审定			S A		2∶1	
审核									
工艺			批准			共 张 第 张			8JG.299.0154

图5－39 定位杆

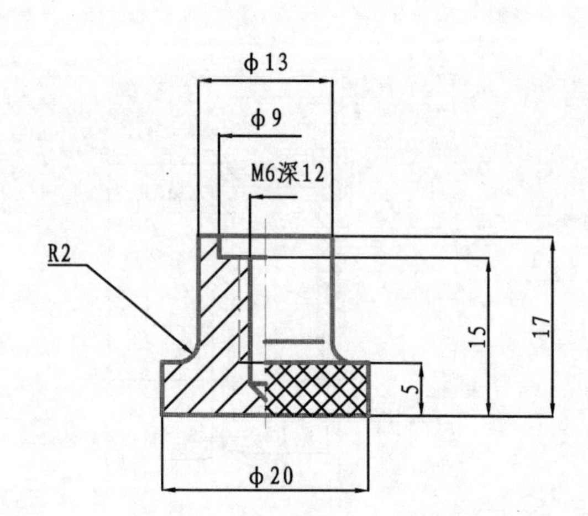

技术要求

全部锐角倒钝1×45°。

φ20表面滚网花1.5×1.5。

其余 12.5 。

Ep/FeCr7(镀铬)。

						22-2-GB702-86 45-GB3077-82			HXGN15A-12
		分区	更改文件号	签名	年、月、日				
设计			标准化			阶段标记	质量	比例	拉柄
校对			审定			S A		2∶1	
审核									
工艺			批准			共 张 第 张			8JG.299.0155

图5－40 拉柄

全部 12.5

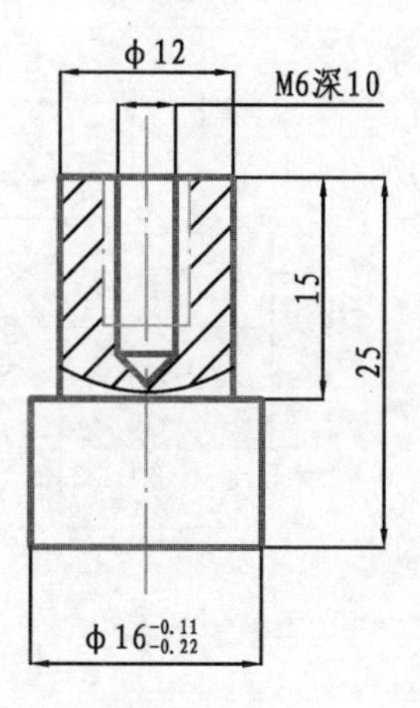

技术要求

1. 未注尺寸公差均按GB/T1804-m取值。
2. 锐角倒钝0.5×45°。
3. Ep/Fe.Zn12。

					20-2-GB702-86 45-GB3077-82			HXGN15A-12 螺套
	分区	更改文件号	签名	年、月、日				
设计		标准化			阶段标记	质量	比例	
校对		审定			S A		2:1	
审核								
工艺		批准			共 张 第 张			8JG.299.0156

图5-41 螺套

第五章 FZN（R）21型真空负荷开关操作机构改进图纸

其余 12.5

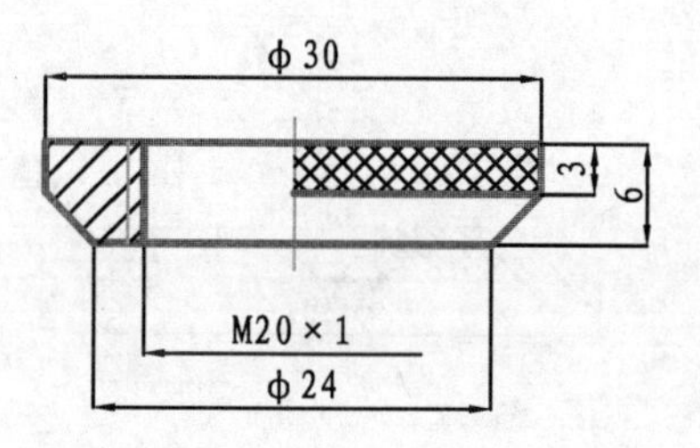

技术要求

φ30表面滚网花1.5×1.5。
Ep/FeCr12（镀铬）。

					30-2-GB702-86 45-GB3077-82			HXGN15A-12 螺纹套
	分区	更改文件号	签名	年、月、日				
设计		标准化			阶段标记	质量	比例	
校对		审定			S A		2:1	
审核		CAD						
工艺		批准			共 张 第 张			8JG.299.0157

图5-42 螺纹套

全部 $\sqrt[12.5]{\nabla}$

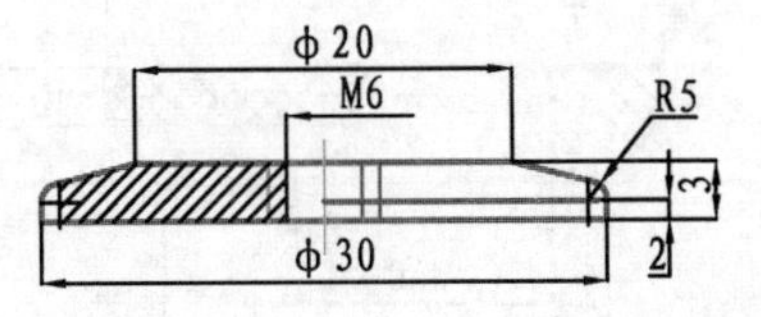

技术要求

1. 未注尺寸公差均按GB/T1804-m取值。
2. 锐角倒钝0.5×45°。
3. Ep/Fe. Zn12。

标记	处数	分 区	更改文件号	签名	年、月、日	30-2-GB702-86 45-GB3077-82				HXGN15A-12 螺母
设计			标准化			阶段标记		质量	比例	
校对			审定			S	A		2∶1	
审核										
工艺			批准			共 张		第 张		8JG. 299. 0158

图5-43 螺母

第五章 FZN（R）21型真空负荷开关操作机构改进图纸

全部 $\sqrt[12.5]{\nabla}$

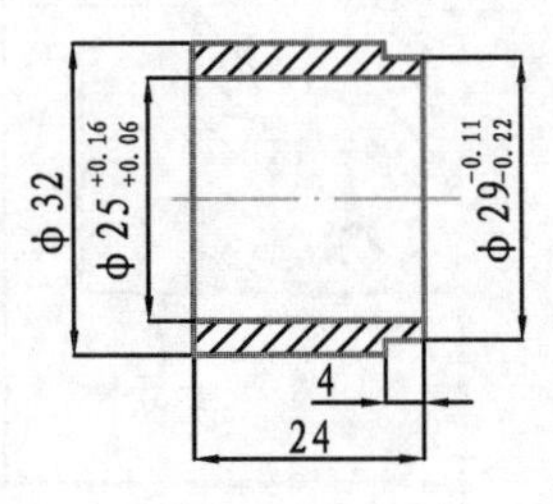

技术要求

1. 未注尺寸公差均按GB/T1804-m取值。
2. 锐角倒钝0.5×45°。

标记	处数	分 区	更改文件号	签名	年、月、日	35-GB702-86 45-GB3077-82				HXGN15A-12 轴套
设计			标准化			阶段标记		质量	比例	
校对			审定			S	A		1∶1	
审核										
工艺			批准			共 张		第 张		8JG. 299. 0159

图5-44 轴套

全部 12.5

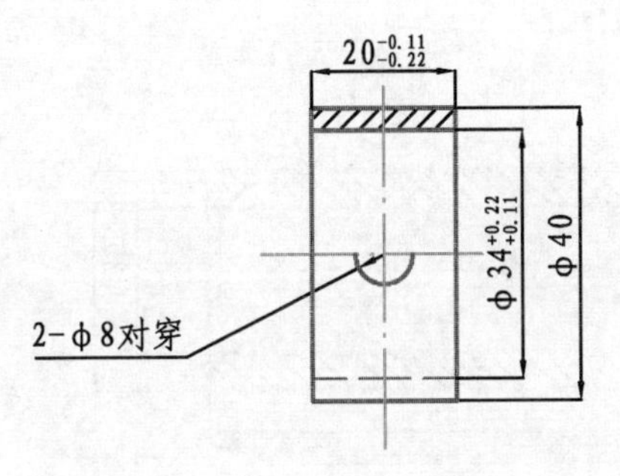

技术要求
锐角倒钝0.5×45°。
Ep/FeZn12。

					10-2-GB702-86 45-GB3077-82			
标记	处数	分区	更改文件号	签名	年、月、日			HXGN15A-12
设计		标准化			阶段标记	质量	比例	轴套
校对		审定					1:1	
审核								
工艺		批准			共 张 第 张			8JG.299.0160

图5-45　轴套

第五章 FZN（R）21型真空负荷开关操作机构改进图纸

加工表面 12.5　其余

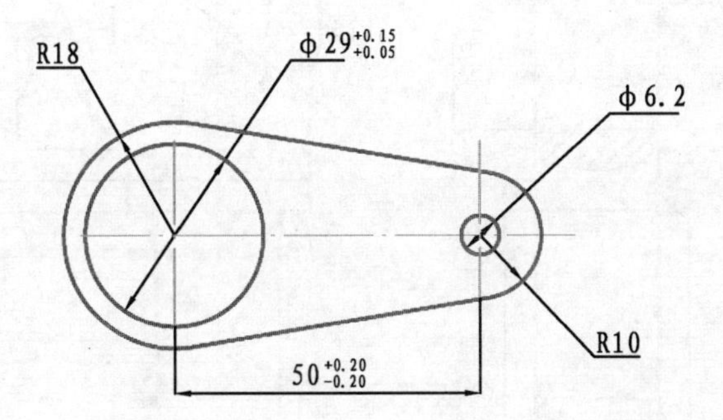

未注尺寸公差均按
GB/T1804-m取值。

					钢板 $\frac{3\times1250\times2500\text{-GB708-88}}{45\text{-GB11253-89}}$			
标记	处数	分区	更改文件号	签名	年、月、日			
设计		标准化			阶段标记	质量	比例	拐臂
校对		审定			S A		1:1	
审核								
工艺		批准			共 张 第 张			8JG.299.0166

图5-46　拐臂

第五章　FZN（R）21 型真空负荷开关操作机构改进图纸

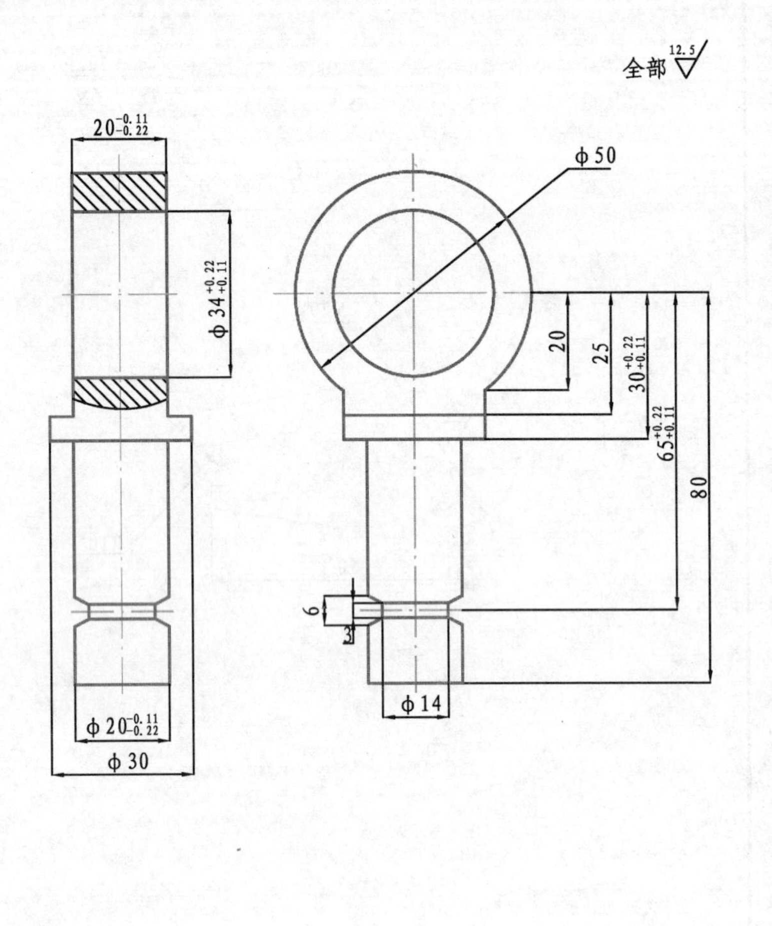

技术要求
未注锐角倒钝0.5×45°。
Ep/FeZn12。

						10-2-GB702-86 45-GB3077-82	
标记	处数	分 区	更改文件号	签名	年、月、日		HXGN15A-12
设计			标准化			阶段标记 / 质量 / 比例	连接头
校对			审定			1∶1	
审核							
工艺			批准			共　张　第　张	8JG.299.0167

图 5－47　连接头

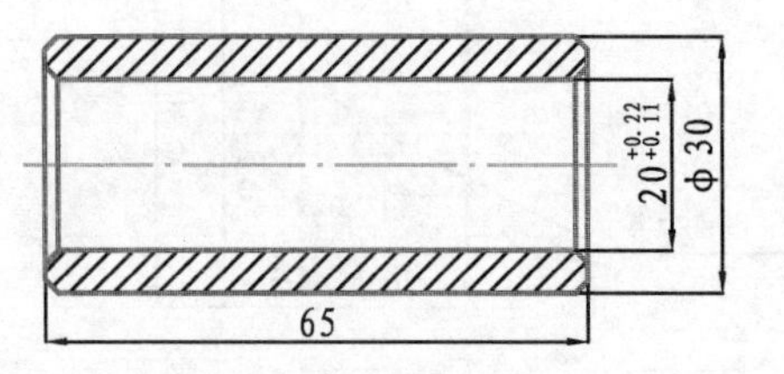

全部 12.5

技术要求
未注锐角倒钝1.5×45°。
Ep/FeZn12。

						30-2-GB702-86 45-GB3077-82	
标记	处数	分 区	更改文件号	签名	年、月、日		HXGN15A-12
设计			标准化			阶段标记 / 质量 / 比例	连接套管
校对			审定			S　A　/　1∶1	
审核							
工艺			批准			共　张　第　张	8JG.299.0168

图 5－48　连接套管

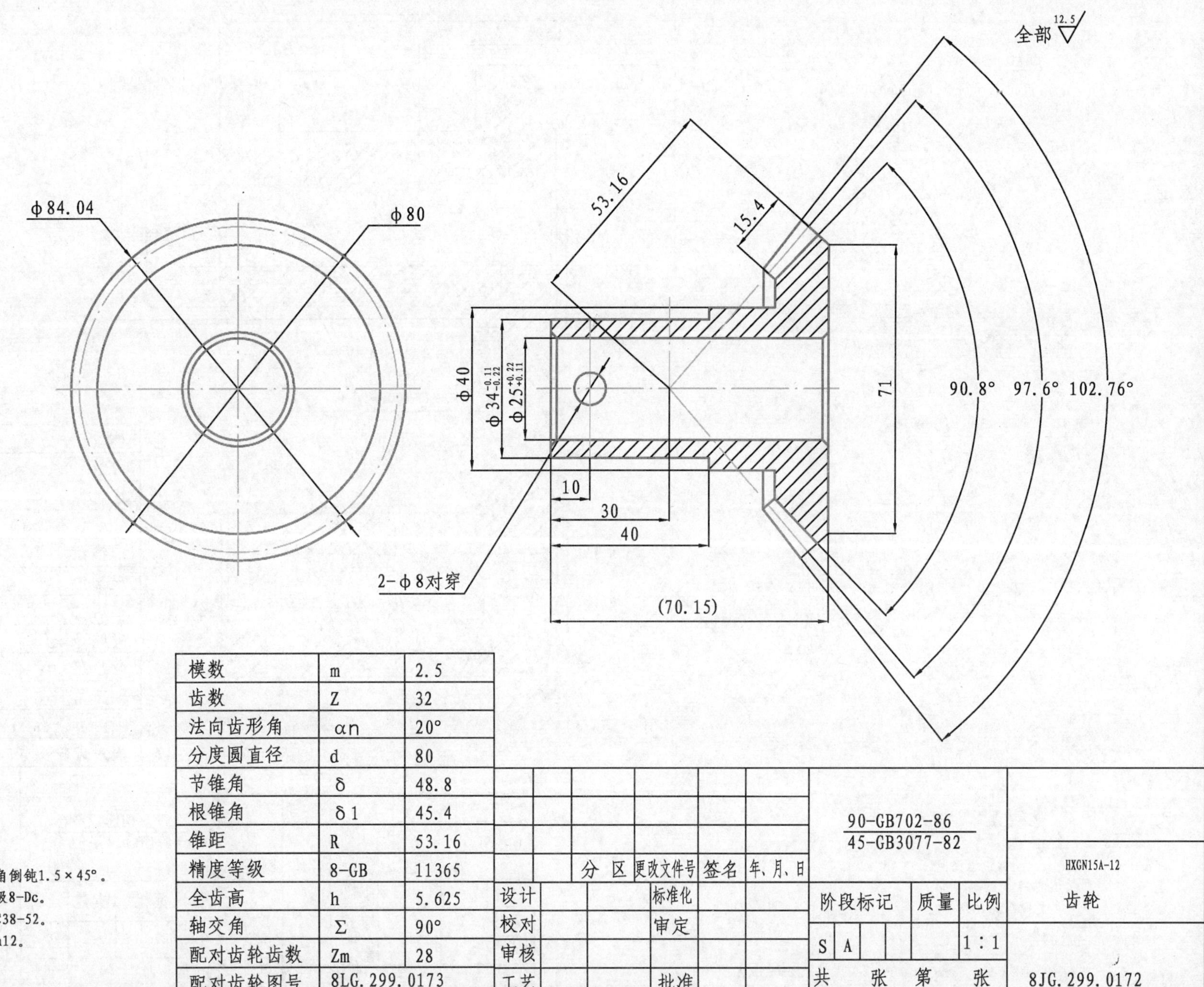

模数	m	2.5
齿数	Z	32
法向齿形角	αn	20°
分度圆直径	d	80
节锥角	δ	48.8
根锥角	δ1	45.4
锥距	R	53.16
精度等级	8-GB	11365
全齿高	h	5.625
轴交角	Σ	90°
配对齿轮齿数	Zm	28
配对齿轮图号	8LG.299.0173	

图5-49　齿轮

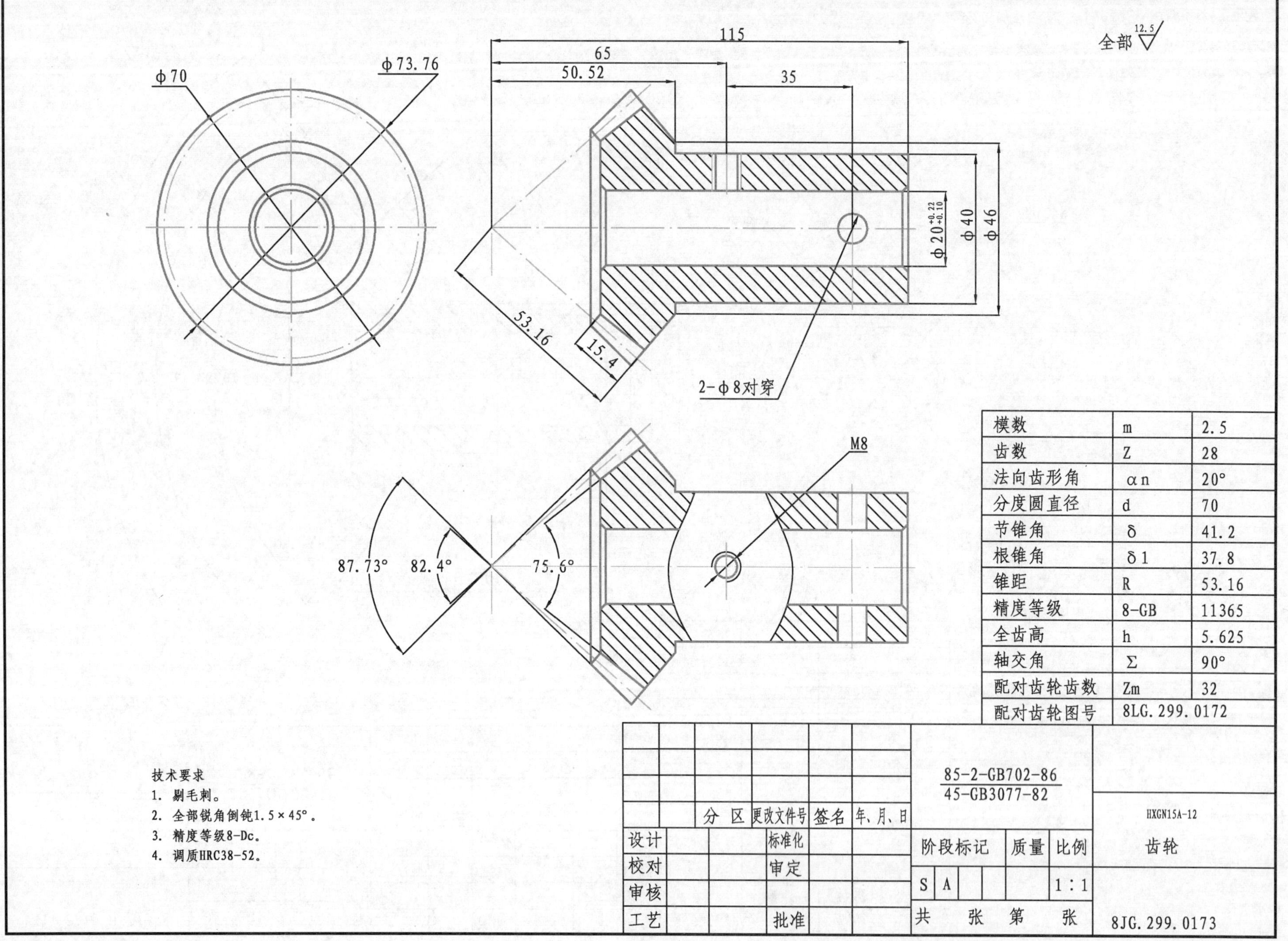
全部 12.5
115
65
50.52
35
φ70
φ73.76
φ20+0.22 +0.10
φ40
φ46
53.16
15.4
2-φ8对穿
M8
87.73°
82.4°
75.6°
模数 | m | 2.5
齿数 | Z | 28
法向齿形角 | αn | 20°
分度圆直径 | d | 70
节锥角 | δ | 41.2
根锥角 | δ1 | 37.8
锥距 | R | 53.16
精度等级 | 8-GB | 11365
全齿高 | h | 5.625
轴交角 | Σ | 90°
配对齿轮齿数 | Zm | 32
配对齿轮图号 | 8LG.299.0172
技术要求
1. 剔毛刺。
2. 全部锐角倒钝1.5×45°。
3. 精度等级8-Dc。
4. 调质HRC38-52。
85-2-GB702-86
45-GB3077-82
分 区 更改文件号 签名 年、月、日
设计 标准化
校对 审定
审核
工艺 批准
阶段标记 质量 比例
S A 1:1
共 张 第 张
HXGN15A-12
齿轮
8JG.299.0173

图5-50　齿轮

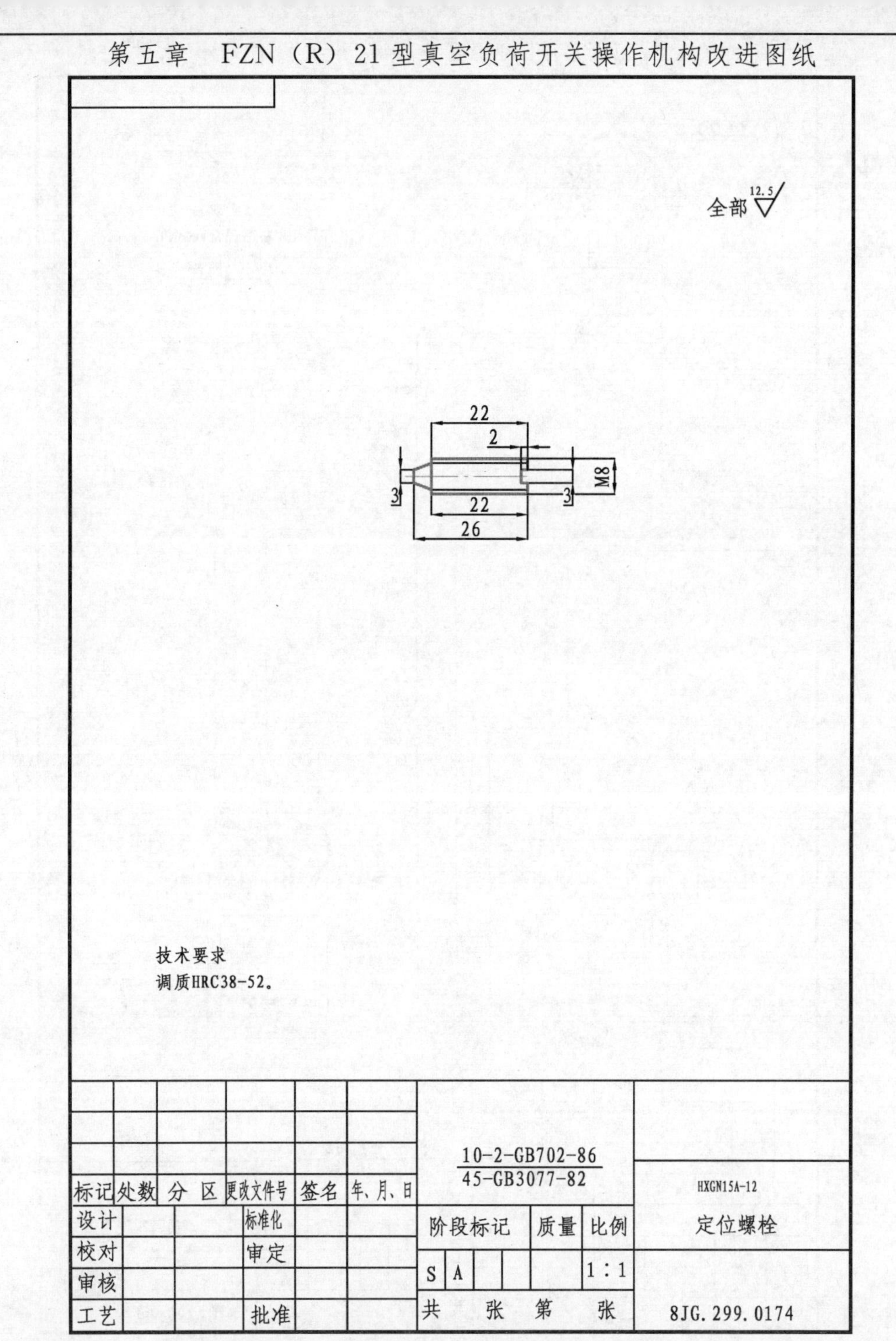

图5-51　定位螺栓

第五章　FZN（R）21型真空负荷开关操作机构改进图纸

全部 12.5

$24^{-0.08}_{-0.18}$

$16^{+0.18}_{+0.08}$

50

技术要求

1. 未注尺寸公差均按 GB/T1804-m取值。
2. 锐角倒钝0.5×45°。
3. Ep/Fe. Zn12。

						15-2-GB702-86 45-GB3077-82	
标记	处数	分 区	更改文件号	签名	年、月、日		HXGN15A-12
设计			标准化			阶段标记 / 质量 / 比例	导套
校对			审定			S　A　/　/ 2：1	
审核							
工艺			批准			共　张　第　张	8JG. 299. 0180

图5-52　导套

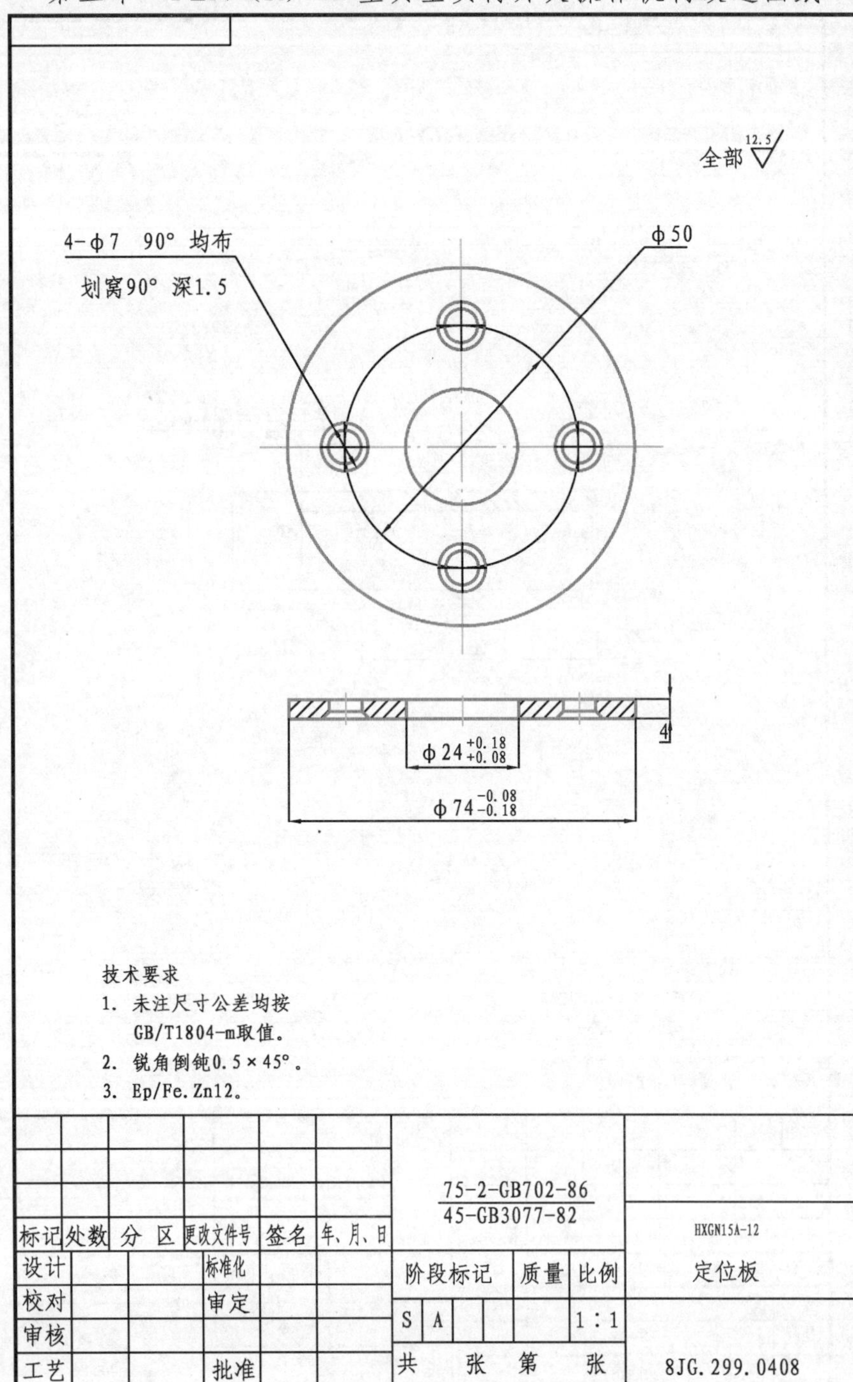

图5-53　定位板

第五章　FZN（R）21型真空负荷开关操作机构改进图纸

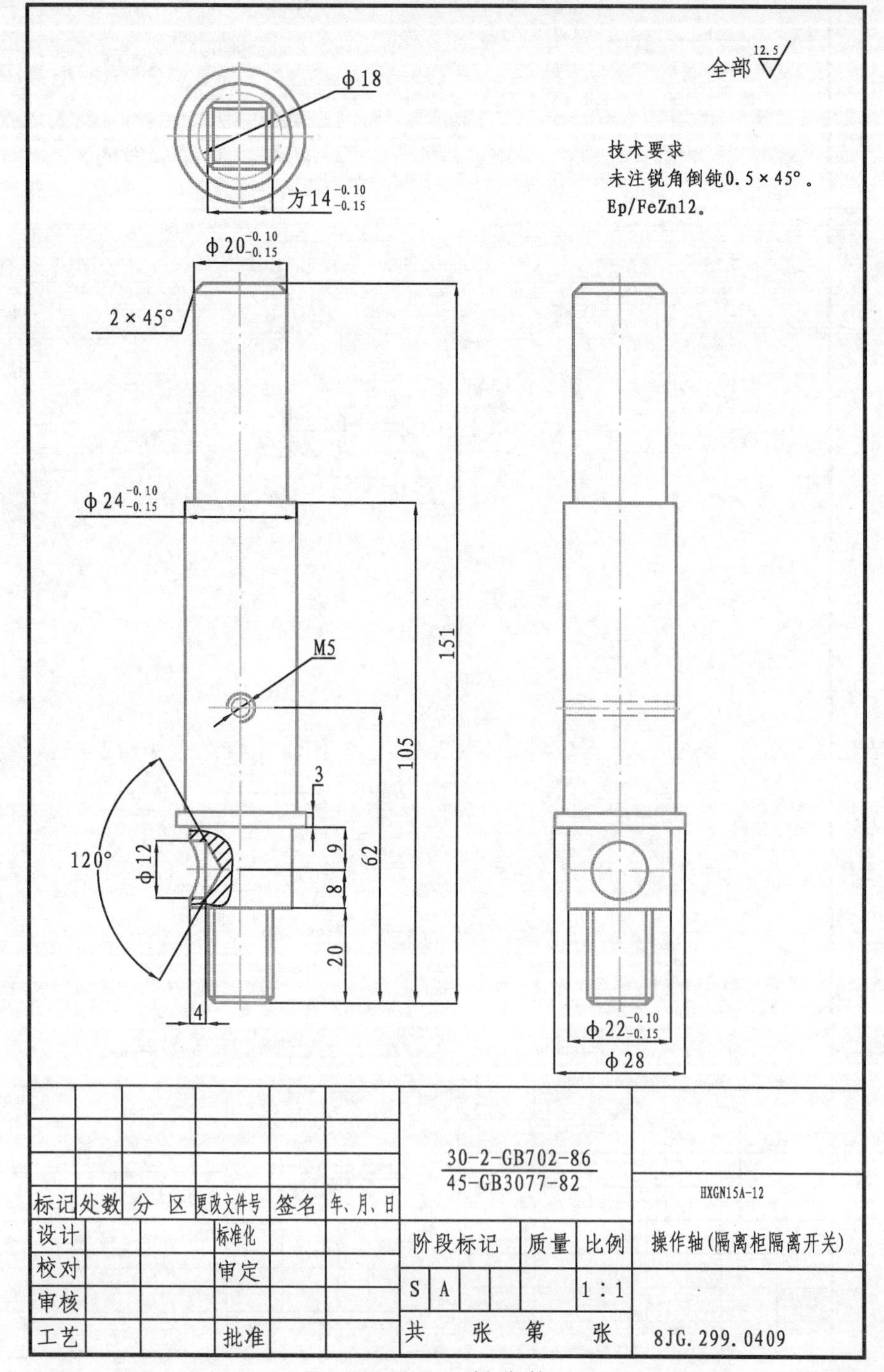

图5-54　操作轴

全布 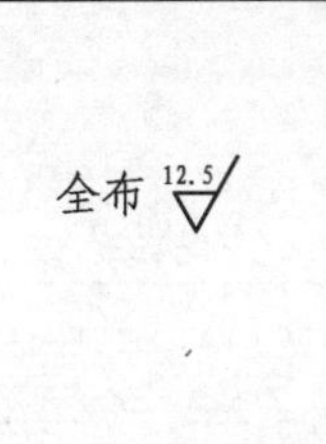

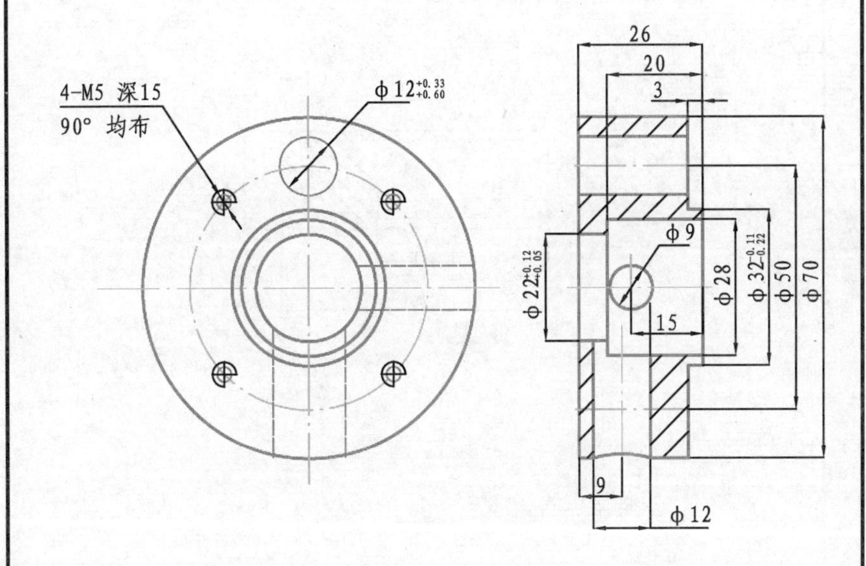

技术要求

1. 锐角倒钝1×45°。
2. 酸洗。

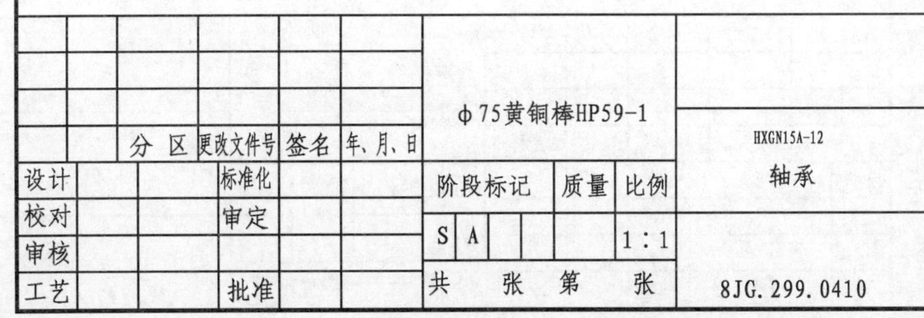

						φ75黄铜棒HP59-1			HXGN15A-12
	分 区	更改文件号	签名	年、月、日					
设计		标准化				阶段标记	质量	比例	轴承
校对		审定				S A		1:1	
审核									
工艺		批准				共 张 第 张			8JG.299.0410

图5-55 轴承

第五章 FZN（R）21型真空负荷开关操作机构改进图纸

全部 12.5

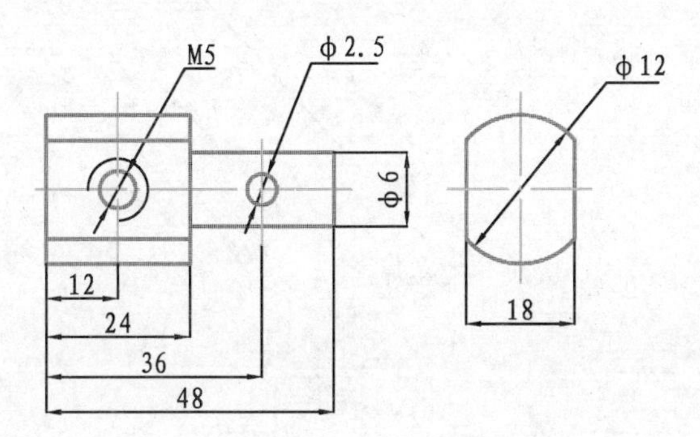

技术要求

1. 未注尺寸公差均按GB/T1804-m取值。
2. 锐角倒钝0.5×45°。
3. Ep/Fe.Zn12。

						15-2-GB702-86 45-GB3077-82			HXGN15A-12
	分 区	更改文件号	签名	年、月、日					
设计		标准化				阶段标记	质量	比例	连接头
校对		审定				S A		1:1	
审核									
工艺		批准				共 张 第 张			8JG.299.0524

图5-56 连接头

第五章 FZN（R）21型真空负荷开关操作机构改进图纸

全布 12.5

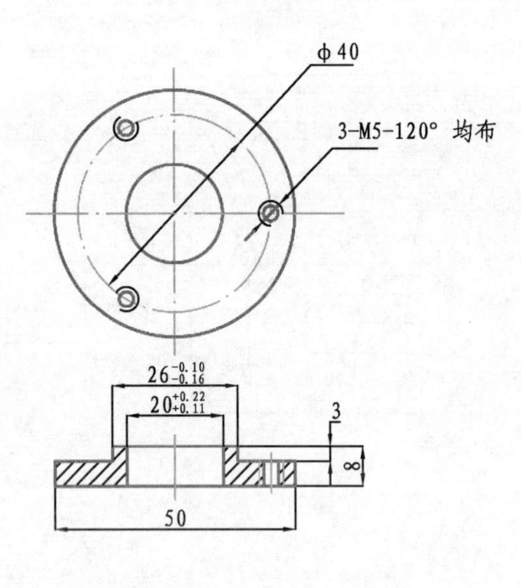

技术要求

1. 锐角倒钝1×45°。
2. 酸洗。

	分 区	更改文件号	签名	年、月、日	
设计		标准化			
校对		审定			
审核					
工艺		批准			

ϕ45黄铜棒HP59-1			HXGN15A-12
阶段标记	质量	比例	轴承
S A		1∶1	
共 张 第 张			8JG.299.0525

图5-57 轴承

全部 12.5

5

ϕ4

ϕ14

技术要求

1. 未注尺寸公差均按GB/T1804-m取值。
2. 锐角倒钝0.5×45°。
3. Ep/Fe.Zn12。

标记	处数	分 区	更改文件号	签名	年、月、日
设计		标准化			
校对		审定			
审核					
工艺		批准			

15-2-GB702-86 / 45-GB3077-82			HXGN15A-12
阶段标记	质量	比例	轴 承
S A		4∶1	
共 张 第 张			8JG.299.0526

图5-58 轴承

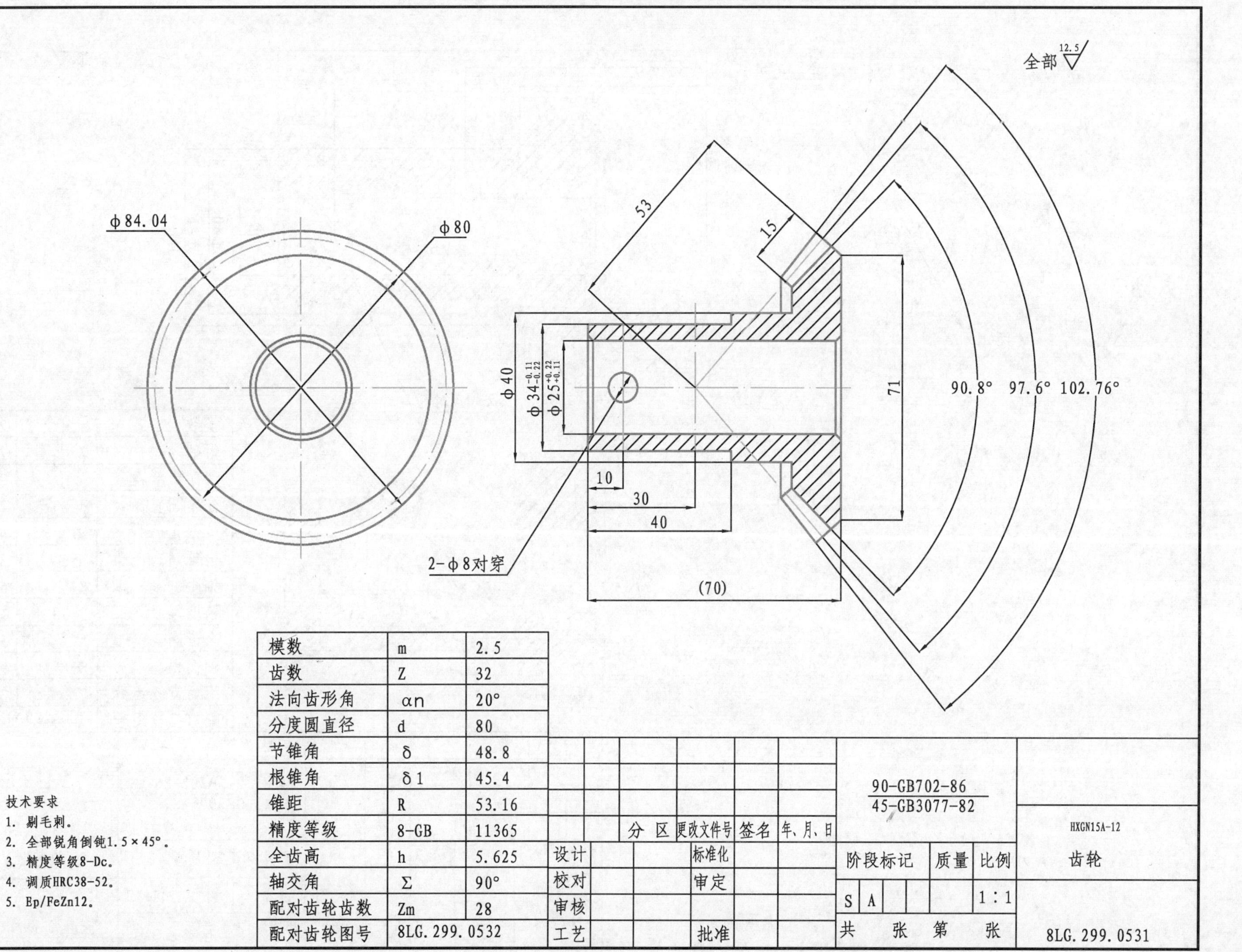

模数	m	2.5
齿数	Z	32
法向齿形角	αn	20°
分度圆直径	d	80
节锥角	δ	48.8
根锥角	δ1	45.4
锥距	R	53.16
精度等级	8-GB	11365
全齿高	h	5.625
轴交角	Σ	90°
配对齿轮齿数	Zm	28
配对齿轮图号	8LG.299.0532	

图5-59 齿轮

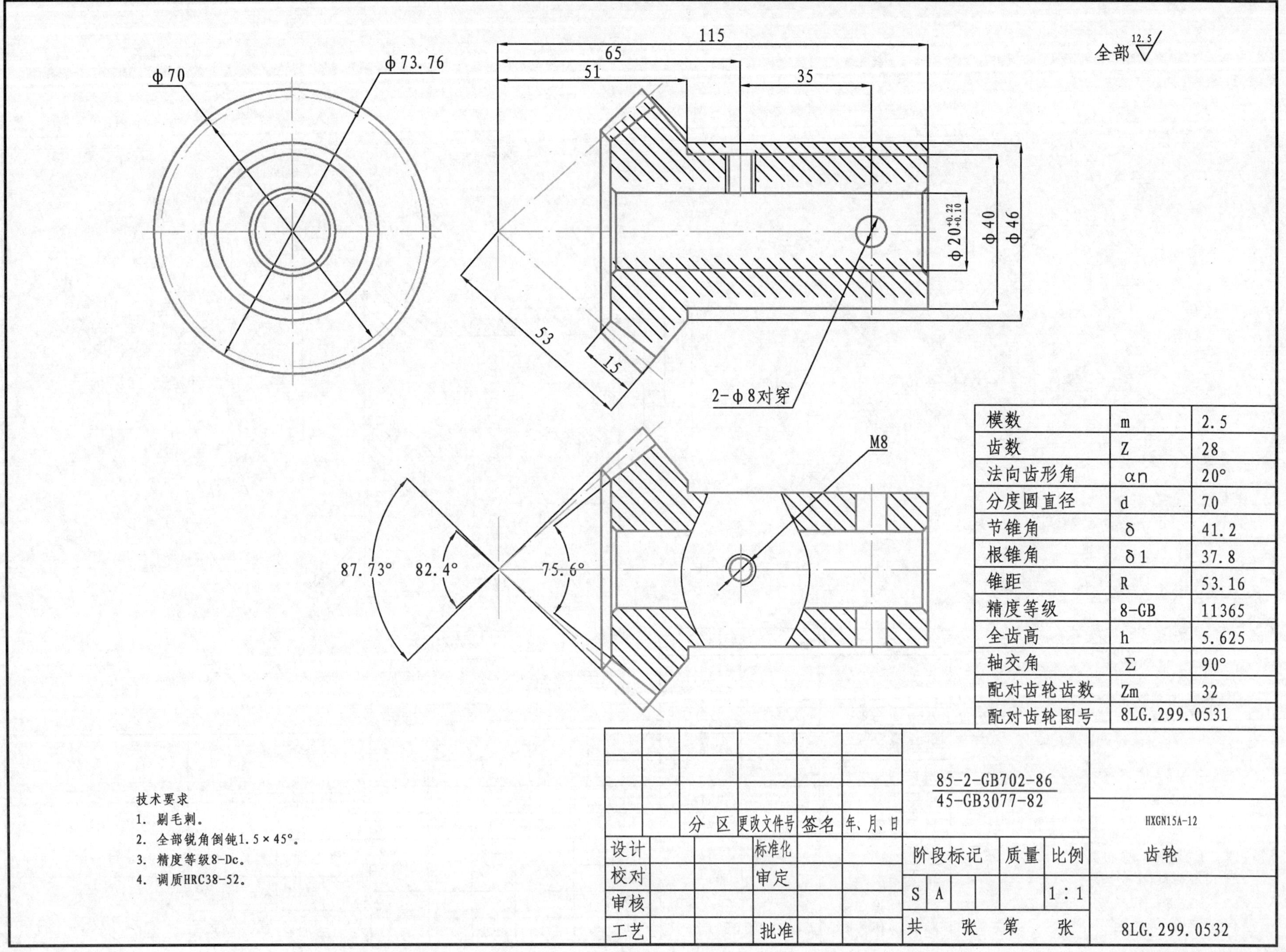
全部 12.5
115
65
51
35
ϕ70
ϕ73.76
ϕ20+0.22/+0.10
ϕ40
ϕ46
53
15
2-ϕ8对穿
M8
87.73°
82.4°
75.6°
模数 m 2.5
齿数 Z 28
法向齿形角 αn 20°
分度圆直径 d 70
节锥角 δ 41.2
根锥角 δ1 37.8
锥距 R 53.16
精度等级 8-GB 11365
全齿高 h 5.625
轴交角 Σ 90°
配对齿轮齿数 Zm 32
配对齿轮图号 8LG.299.0531
技术要求
1. 剔毛刺。
2. 全部锐角倒钝1.5×45°。
3. 精度等级8-Dc。
4. 调质HRC38-52。
85-2-GB702-86
45-GB3077-82
分 区
更改文件号
签名
年、月、日
设计
标准化
校对
审定
审核
工艺
批准
阶段标记
质量
比例
S
A
1：1
共 张 第 张
HXGN15A-12
齿轮
8LG.299.0532

图5-60　齿轮

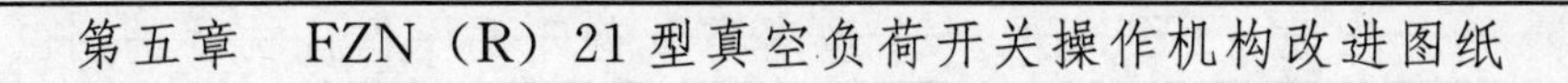

全部 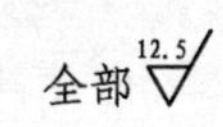

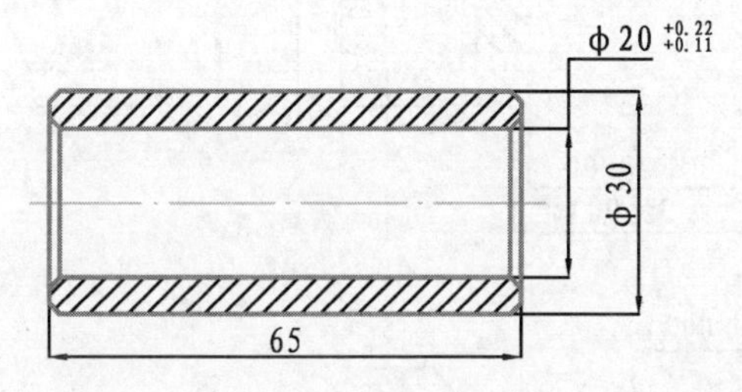

技术要求
未注锐角倒钝1.5×45°。
Ep/FeZn12。

标记	处数	分 区	更改文件号	签名	年、月、日	30-2-GB702-86 / 45-GB3077-82			HXGN15A-12
设计			标准化			阶段标记	质量	比例	主动轴
校对			审定			S A		1∶1	
审核									
工艺			批准			共 张	第 张		8JG.299.0529

图5－61 主动轴

第五章 FZN（R）21型真空负荷开关操作机构改进图纸

全部 12.5

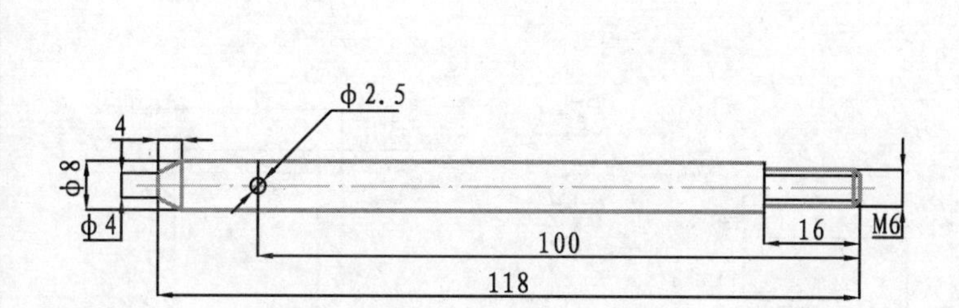

技术要求
1. 未注尺寸公差均按 GB/T1804-m取值。
2. 锐角倒钝0.5×45°。
3. Ep/Fe.Zn12。

标记	处数	分 区	更改文件号	签名	年、月、日	冷拔圆钢 8-GB702-86 / A3-GB3077-82			HXGN15A-12
设计			标准化			阶段标记	质量	比例	连锁轴（门对隔离轴）
校对			审定			S A		1∶1	
审核									
工艺			批准			共 张	第 张		8JG.299.0535

图5－62 连锁轴

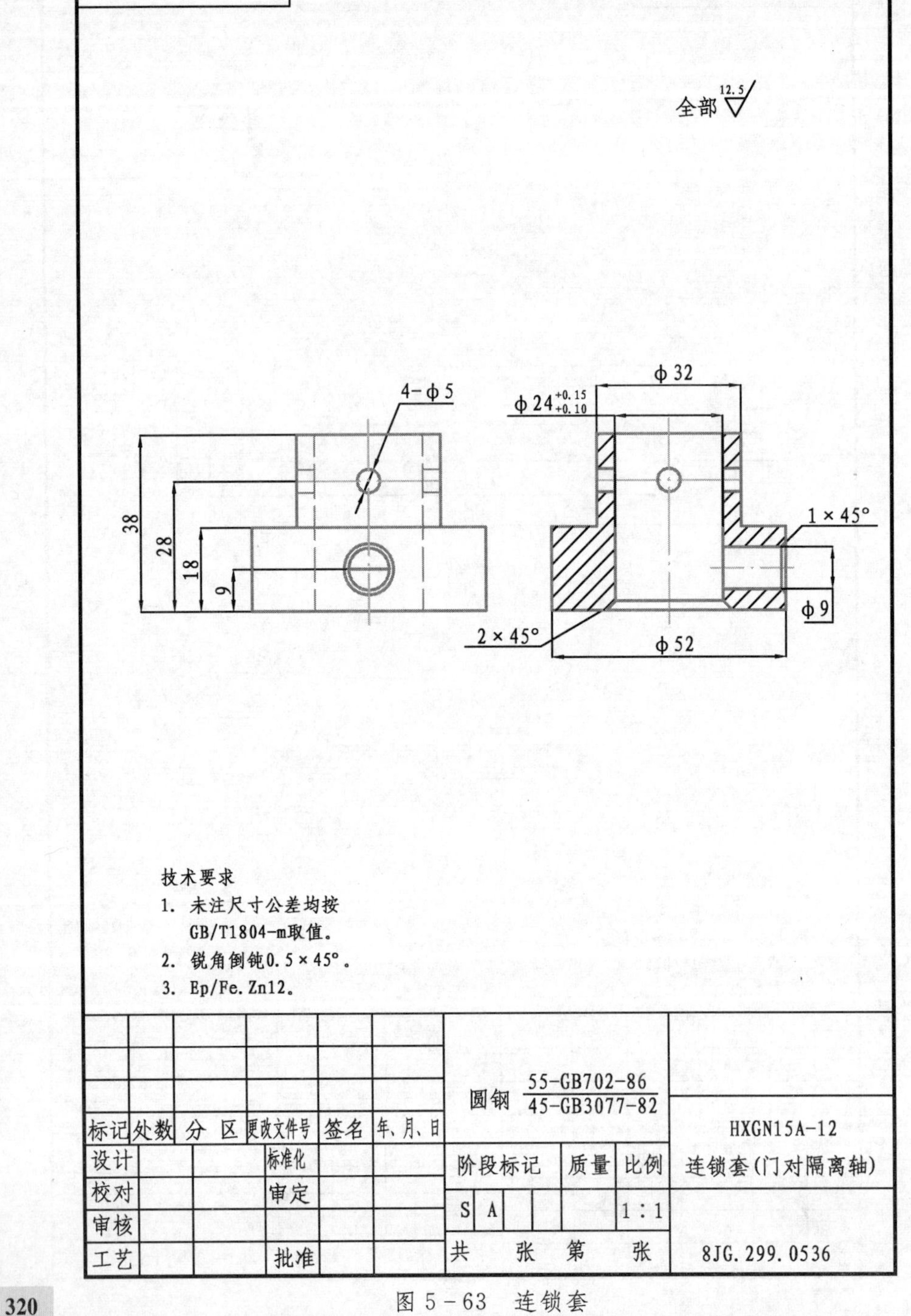

图5-63 连锁套

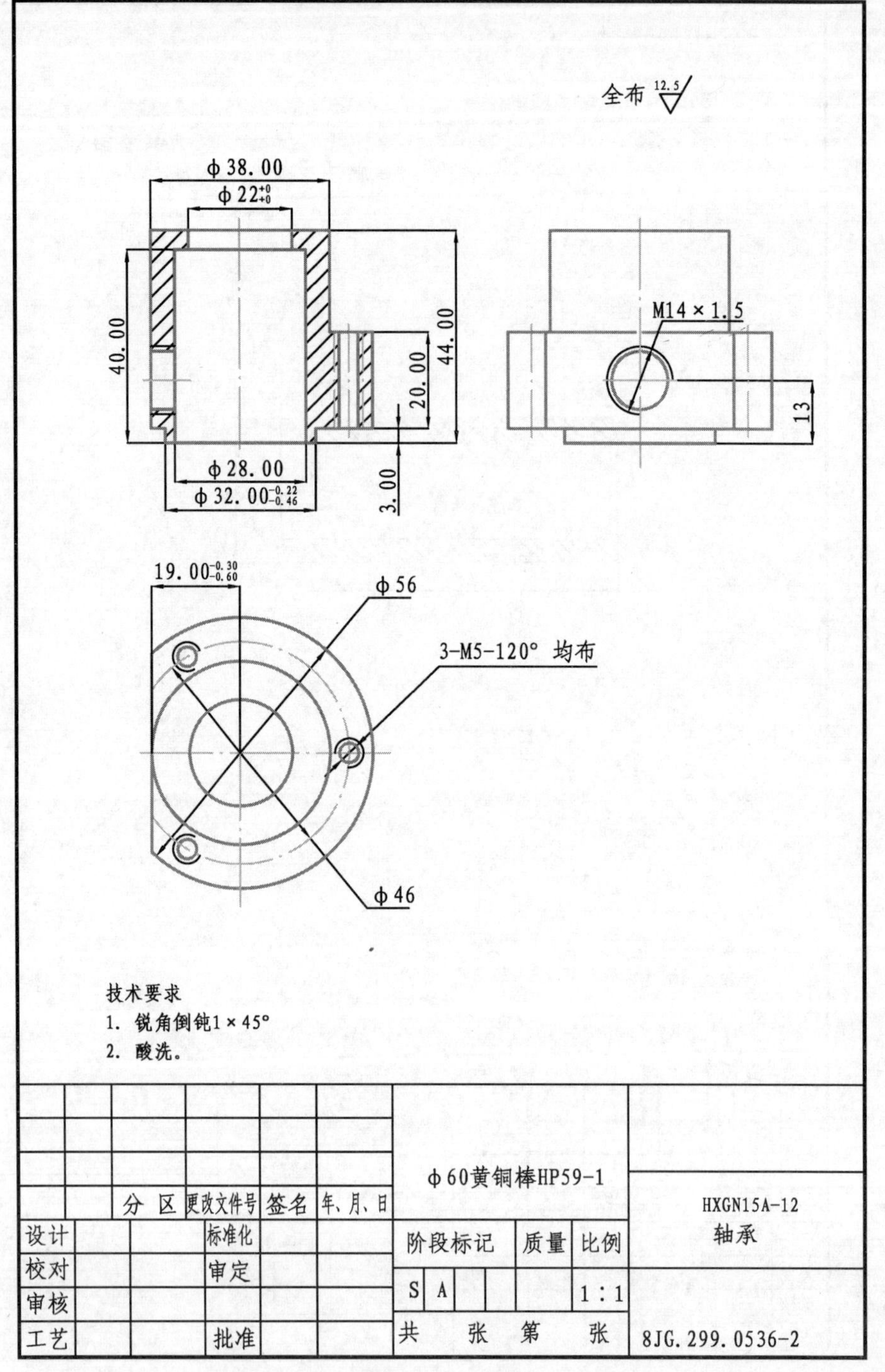

图5-64 轴承

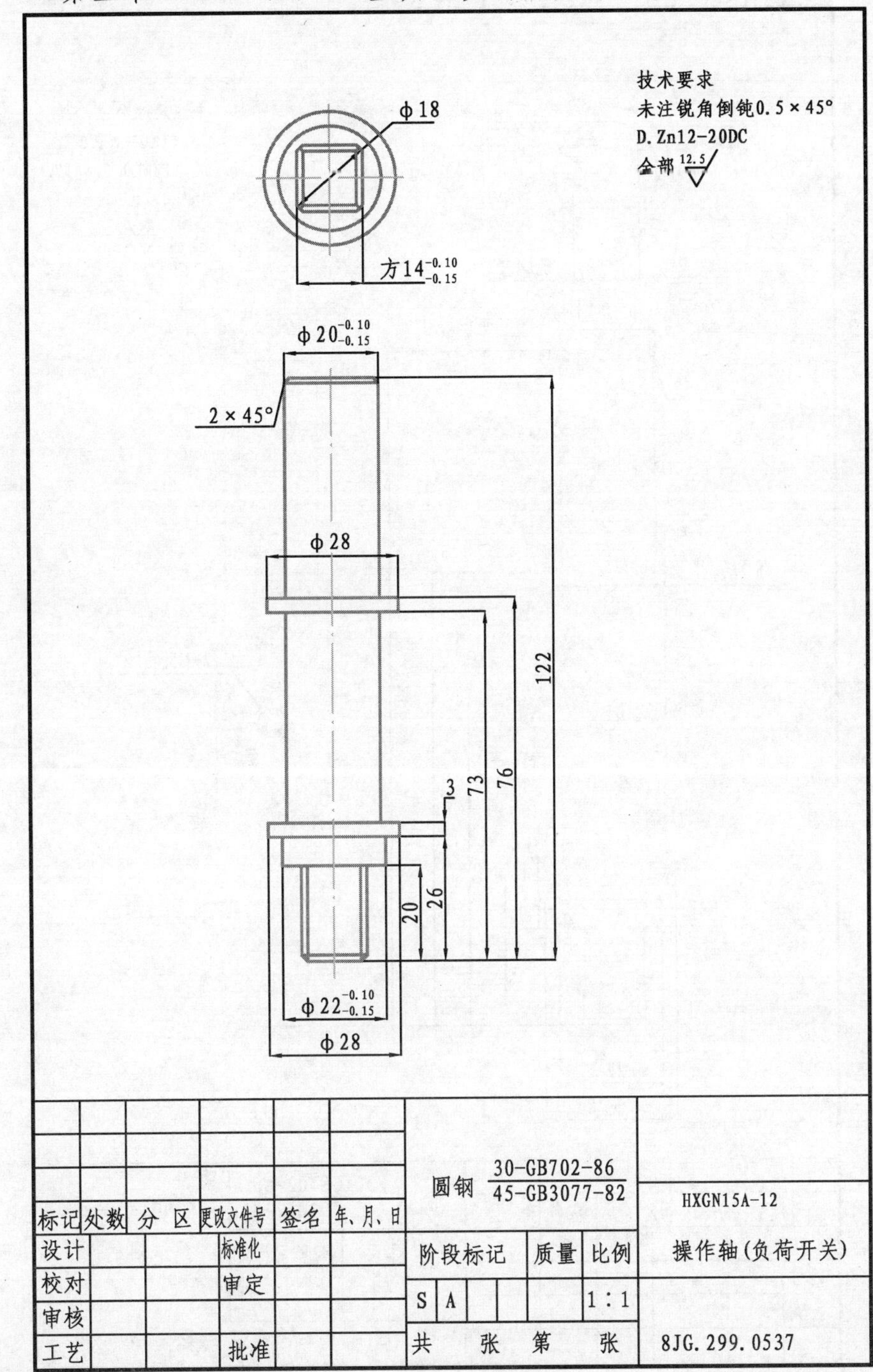

图5-65　操作轴

第五章　FZN（R）21型真空负荷开关操作机构改进图纸

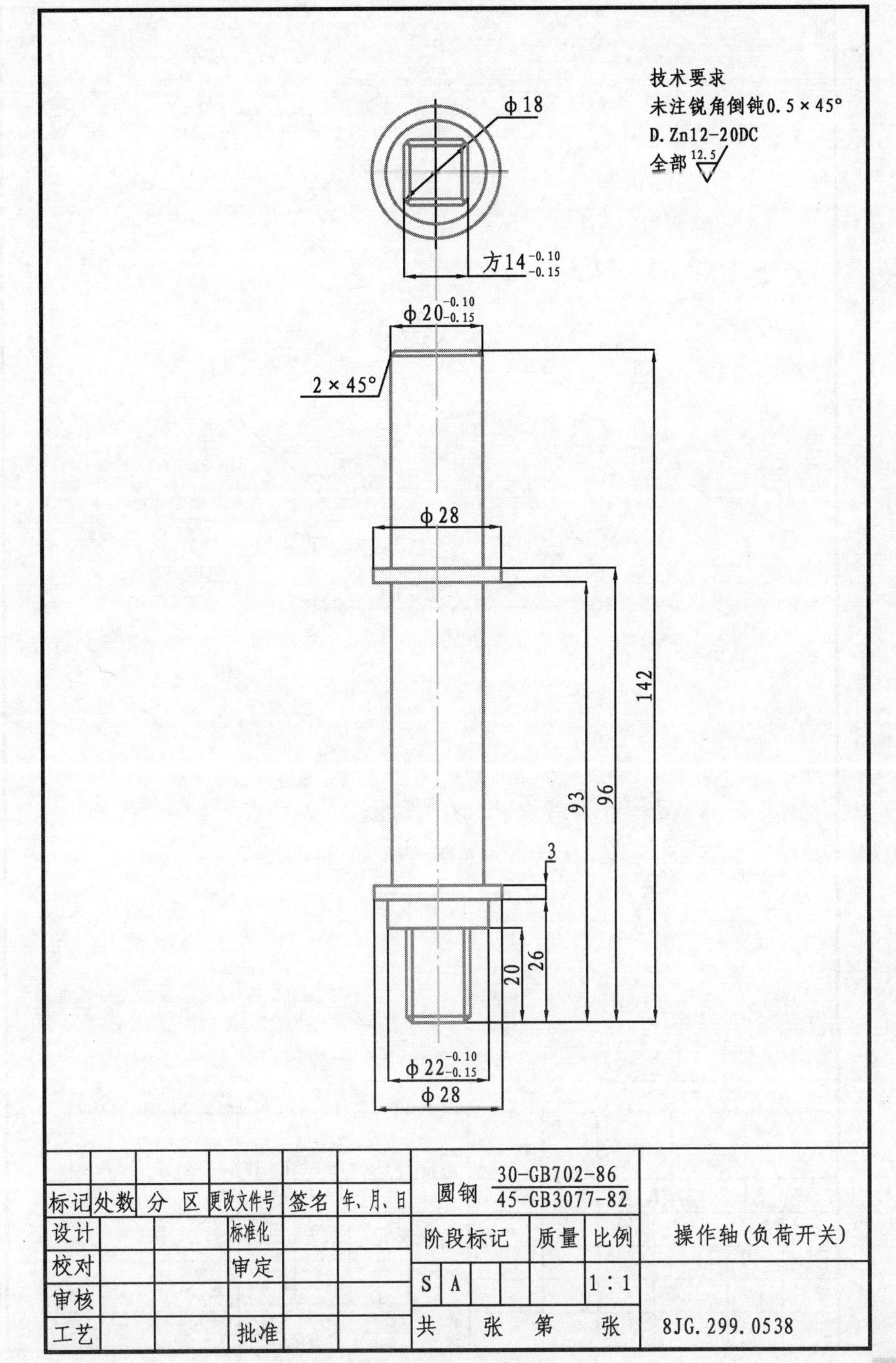

图5-66　操作轴

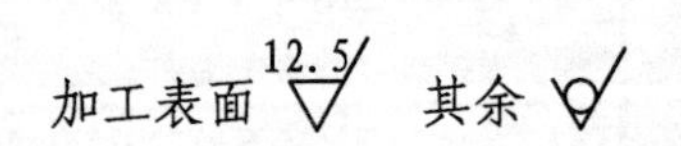

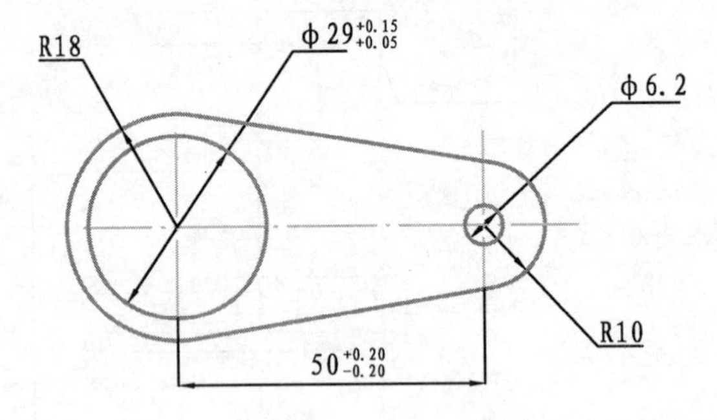

技术要求
未注尺寸公差均按
GB/T1804-m取值。

标记	处数	分 区	更改文件号	签名	年、月、日	钢板 $\frac{3\times1250\times2500\text{-GB708-88}}{45\text{-GB11253-89}}$			
设计		标准化				阶段标记	质量	比例	拐臂
校对		审定				S A		1∶1	
审核									
工艺		批准				共　张　第　张			8JG.299.0539

图5-67　拐臂

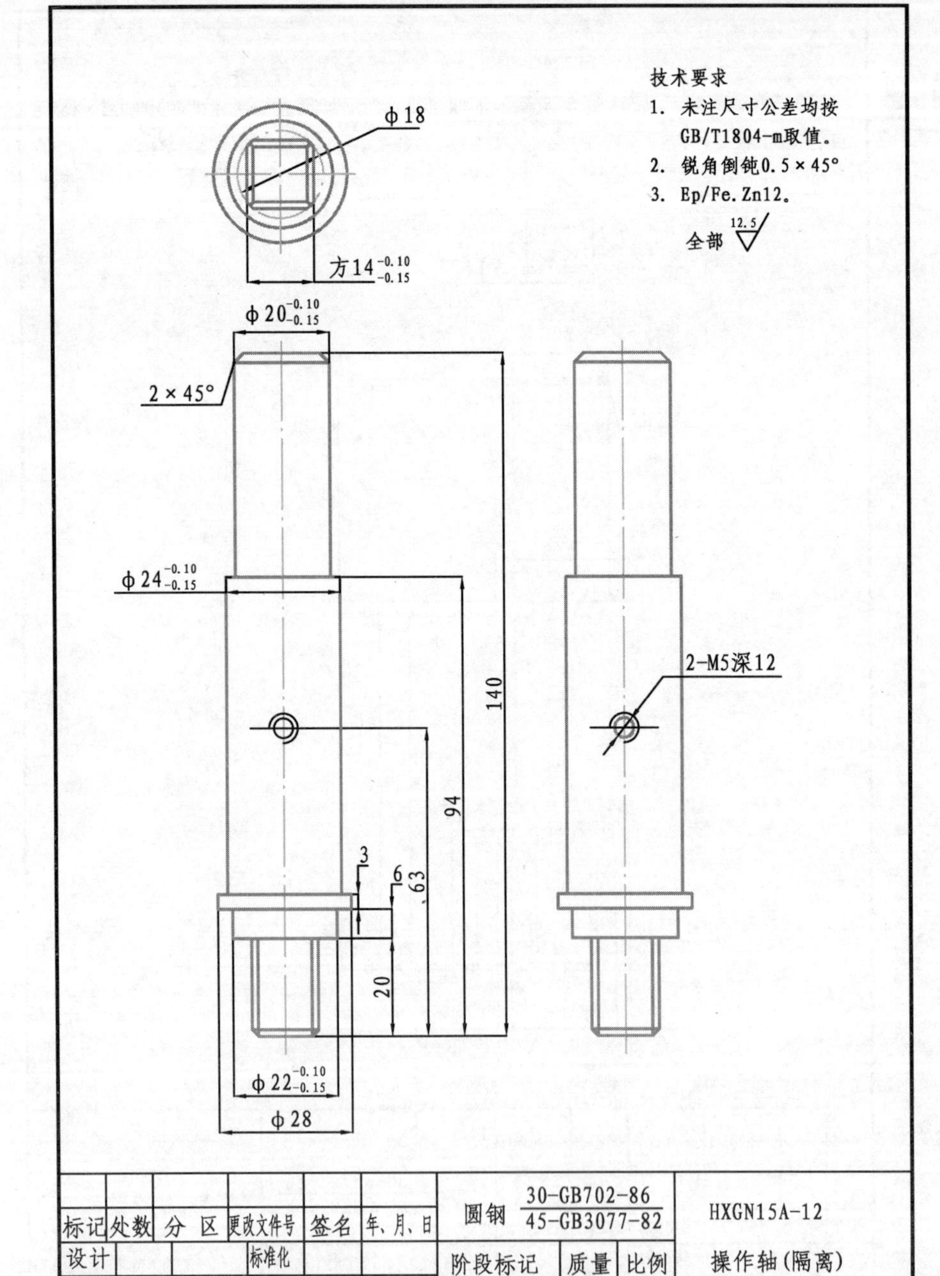

标记	处数	分 区	更改文件号	签名	年、月、日	圆钢 $\frac{\text{30-GB702-86}}{\text{45-GB3077-82}}$			HXGN15A-12
设计		标准化				阶段标记	质量	比例	操作轴(隔离)
校对		审定				S A		1∶1	
审核									
工艺		批准				共　张　第　张			8JG.299.0542

图5-68　操作轴

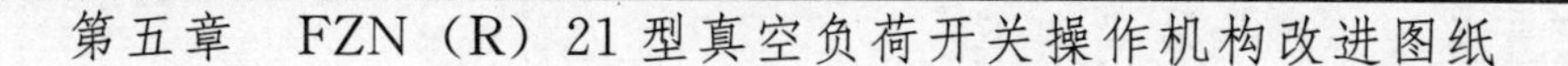

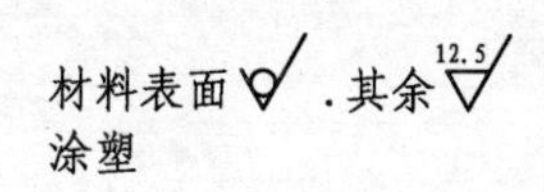

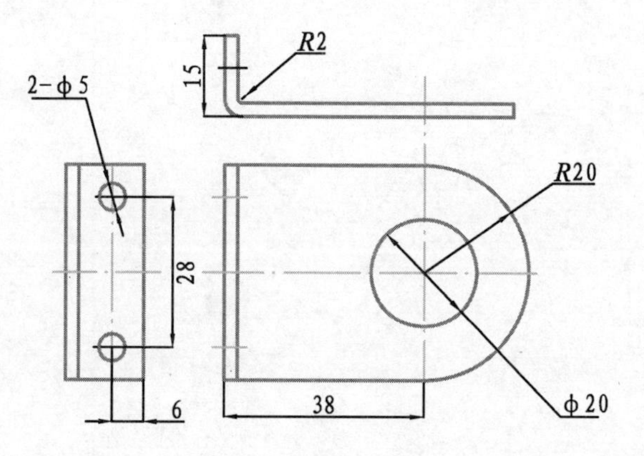

未注尺寸公差均按
GB/T1804-m取值。

标记	处数	分 区	更改文件号	签名	年、月、日	钢板 2.5×1250×2500-GB708-88 A3-GB11253-89			HXGN15A-12
设计			标准化			阶段标记	质量	比例	绝缘隔板对柜门连锁件
校对			审定			S A			
审核									
工艺			批准			共　张　第　张			8JG.362.0008

图 5-69　绝缘隔板对柜门连锁件

第五章　FZN（R）21 型真空负荷开关操作机构改进图纸

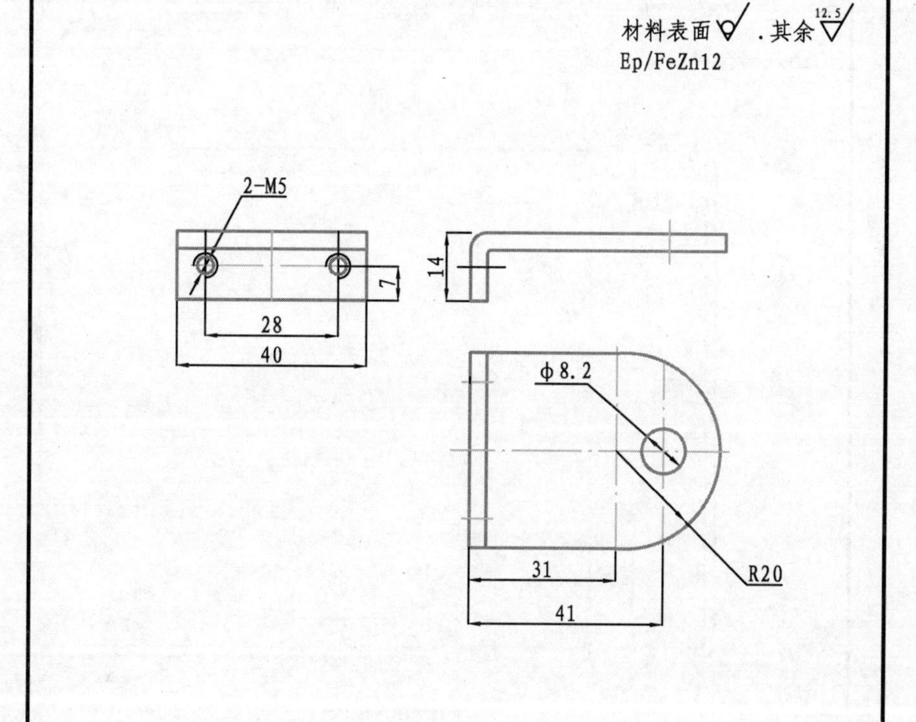

技术要求
未注尺寸公差均按
GB/T1804-m取值。

		分 区	更改文件号	签名	年、月、日	钢板 3×1250×2500-GB708-88 A3-GB11253-89			HXGN15A-12
设计			标准化			阶段标记	质量	比例	柜门对隔离联锁件
校对			审定			S A		1∶1	
审核									
工艺			批准			共　张　第　张			8JG.362.0010

图 5-70　柜门对隔离联锁件

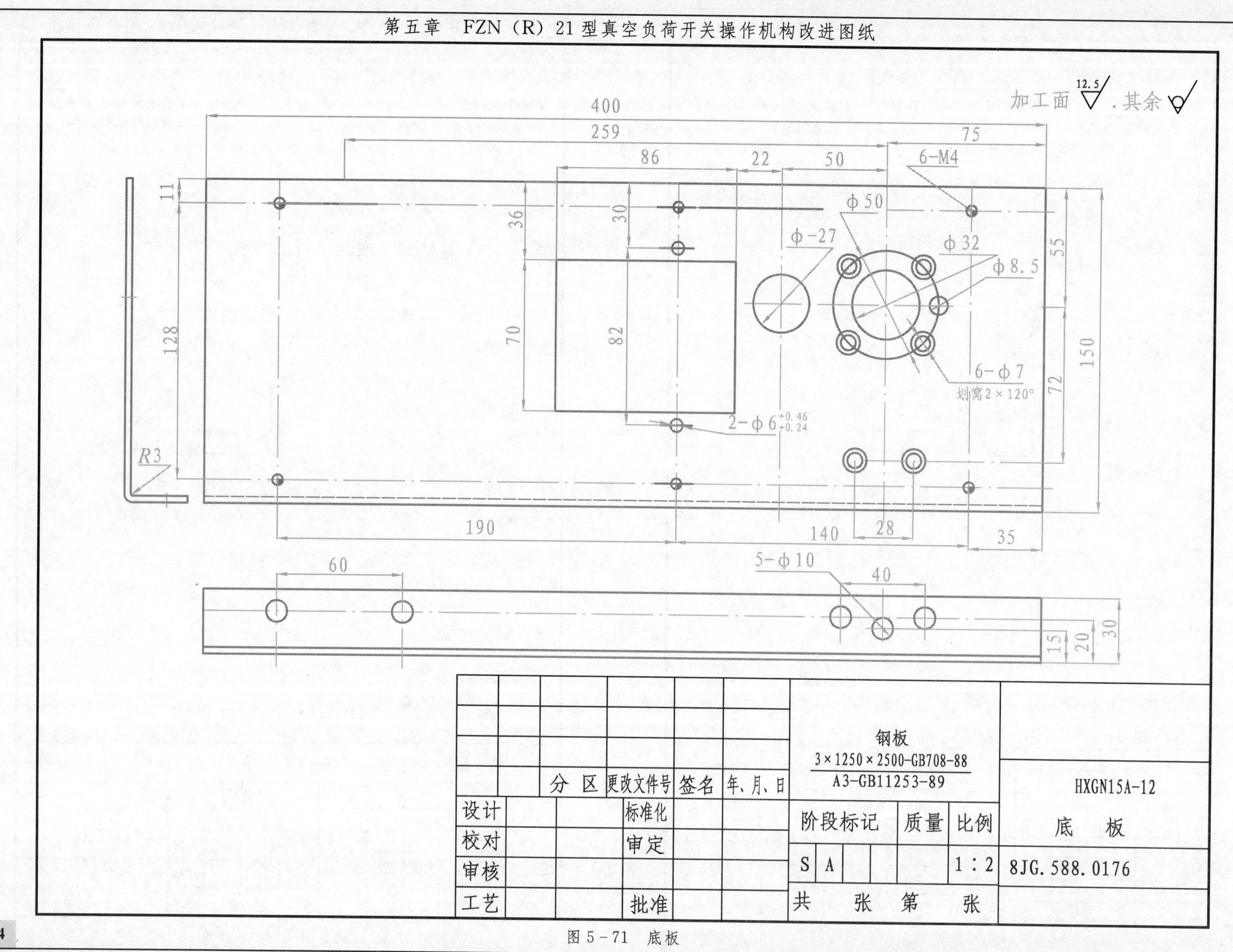
加工面 12.5 . 其余
400
259
86
22
50
75
6-M4
11
36
30
φ50
φ-27
φ32
φ8.5
55
128
70
82
150
72
6-φ7
划窝2×120°
2-φ6 +0.46 +0.24
R3
190
140
28
35
60
5-φ10
40
15
20
30
钢板
3×1250×2500-GB708-88
A3-GB11253-89
HXGN15A-12
分 区 更改文件号 签名 年、月、日
设计 标准化
校对 审定
审核
工艺 批准
阶段标记 质量 比例
S A 1：2
底 板
8JG.588.0176
共 张 第 张

图5-71 底板

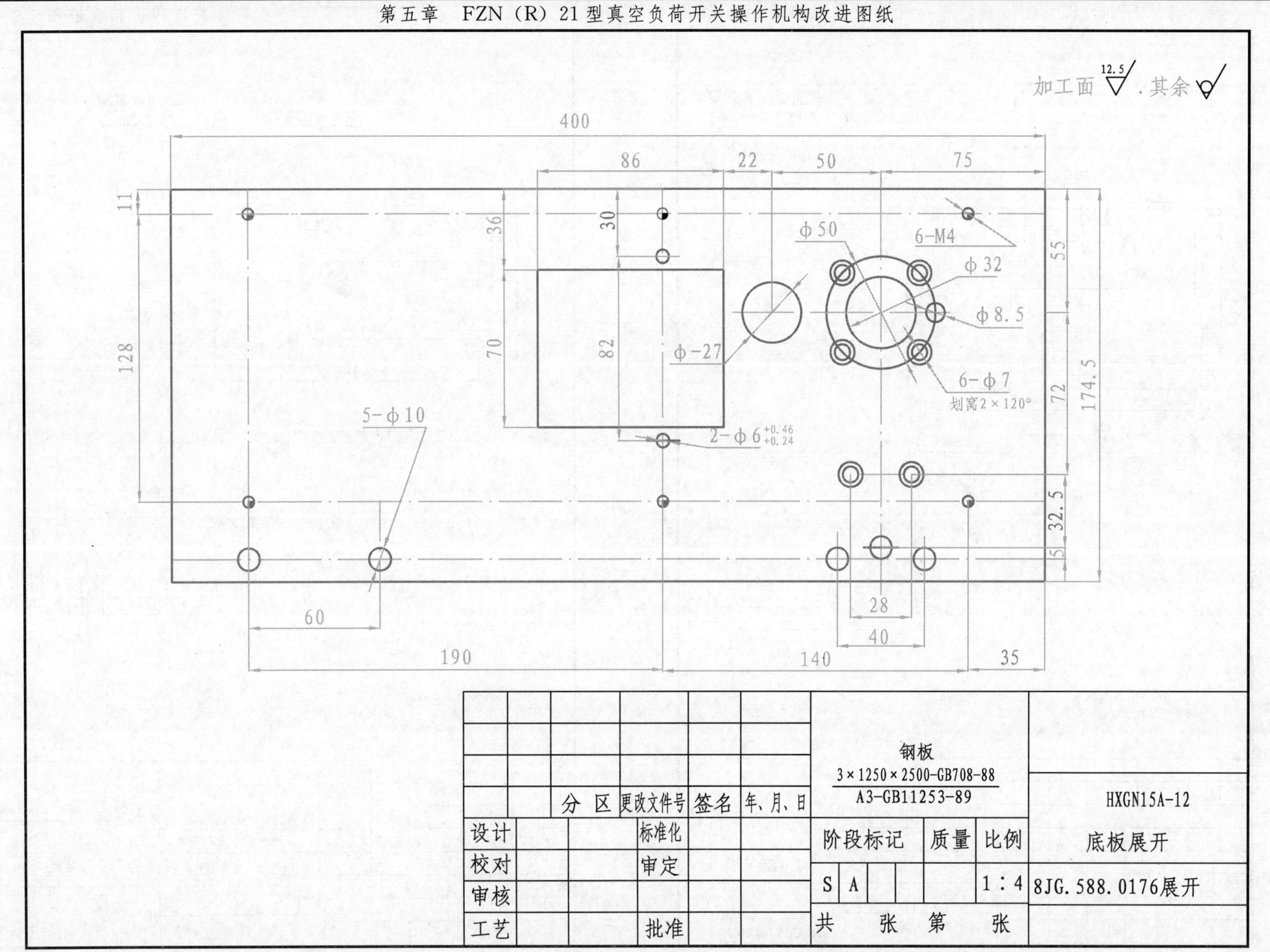

加工面 12.5 ，其余
400
86
22
50
75
11
36
30
128
70
82
φ50
6-M4
φ32
φ8.5
φ-27
6-φ7
划窝2×120°
55
72
174.5
5-φ10
2-φ6 +0.46 +0.24
32.5
5
28
40
60
190
140
35
分 区 更改文件号 签名 年、月、日
设计 标准化
校对 审定
审核
工艺 批准
钢板
3×1250×2500-GB708-88
A3-GB11253-89
阶段标记 质量 比例
S A 1：4
共 张 第 张
HXGN15A-12
底板展开
8JG.588.0176展开

图5-72 底板展开

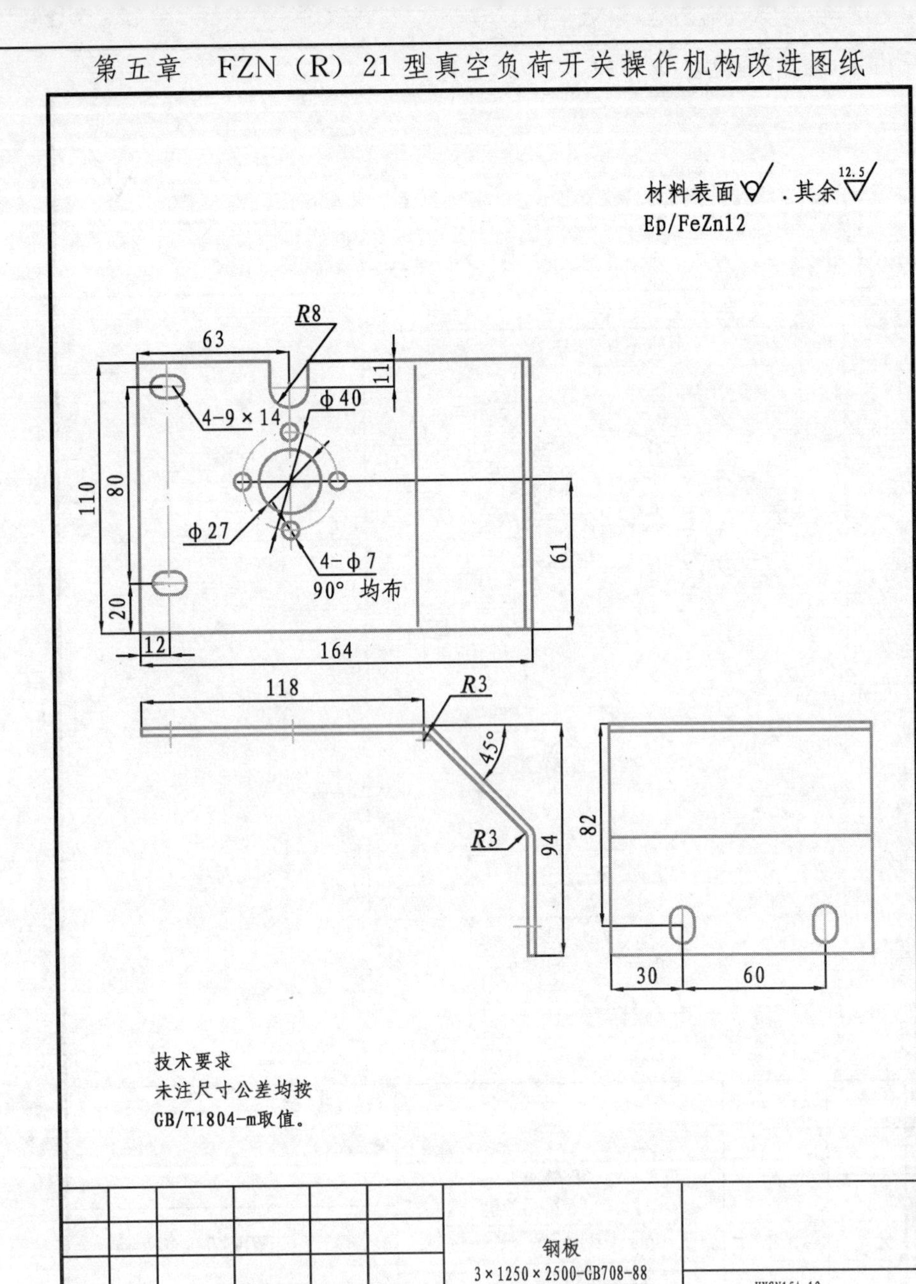

图5-73　机构下安装架

第五章　FZN（R）21型真空负荷开关操作机构改进图纸

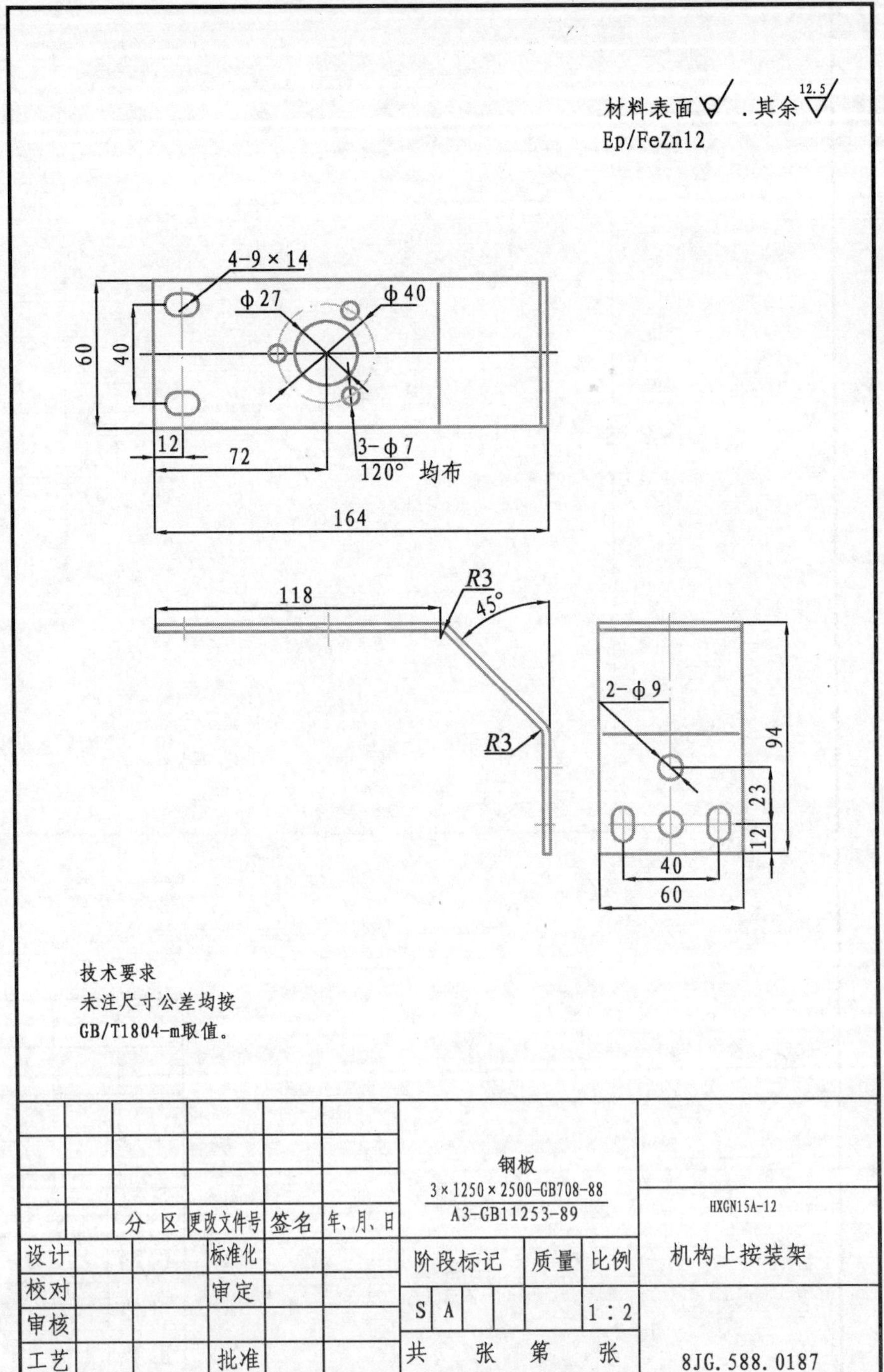

图5-74　机构上安装架

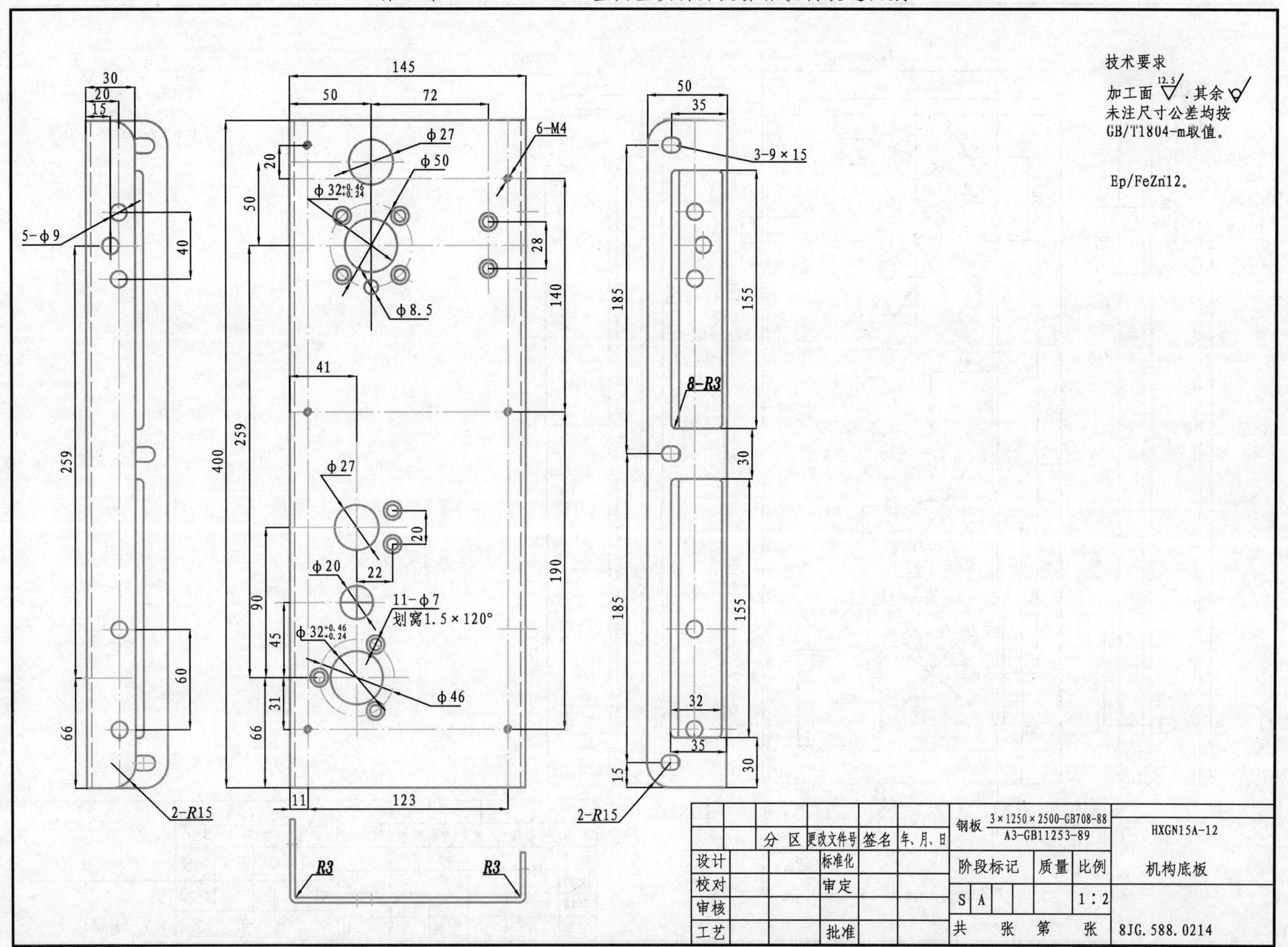
技术要求
加工面 12.5 ，其余
未注尺寸公差均按
GB/T1804-m取值。
Ep/FeZn12。
145
50
72
30
20
15
50
35
φ27
6-M4
φ50
3-9×15
20
50
φ32+0.46 +0.24
5-φ9
40
28
140
185
155
φ8.5
41
8-R3
259
400
259
30
φ27
20
22
φ20
190
90
11-φ7
划窝1.5×120°
185
155
45
φ32+0.46 +0.24
60
31
φ46
32
66
66
35
30
15
11
123
2-R15
2-R15
R3
R3
钢板 3×1250×2500-GB708-88
A3-GB11253-89
HXGN15A-12
分区
更改文件号
签名
年、月、日
设计
标准化
阶段标记
质量
比例
机构底板
校对
审定
S
A
1∶2
审核
工艺
批准
共　张　第　张
8JG.588.0214

图5－75　机构底板

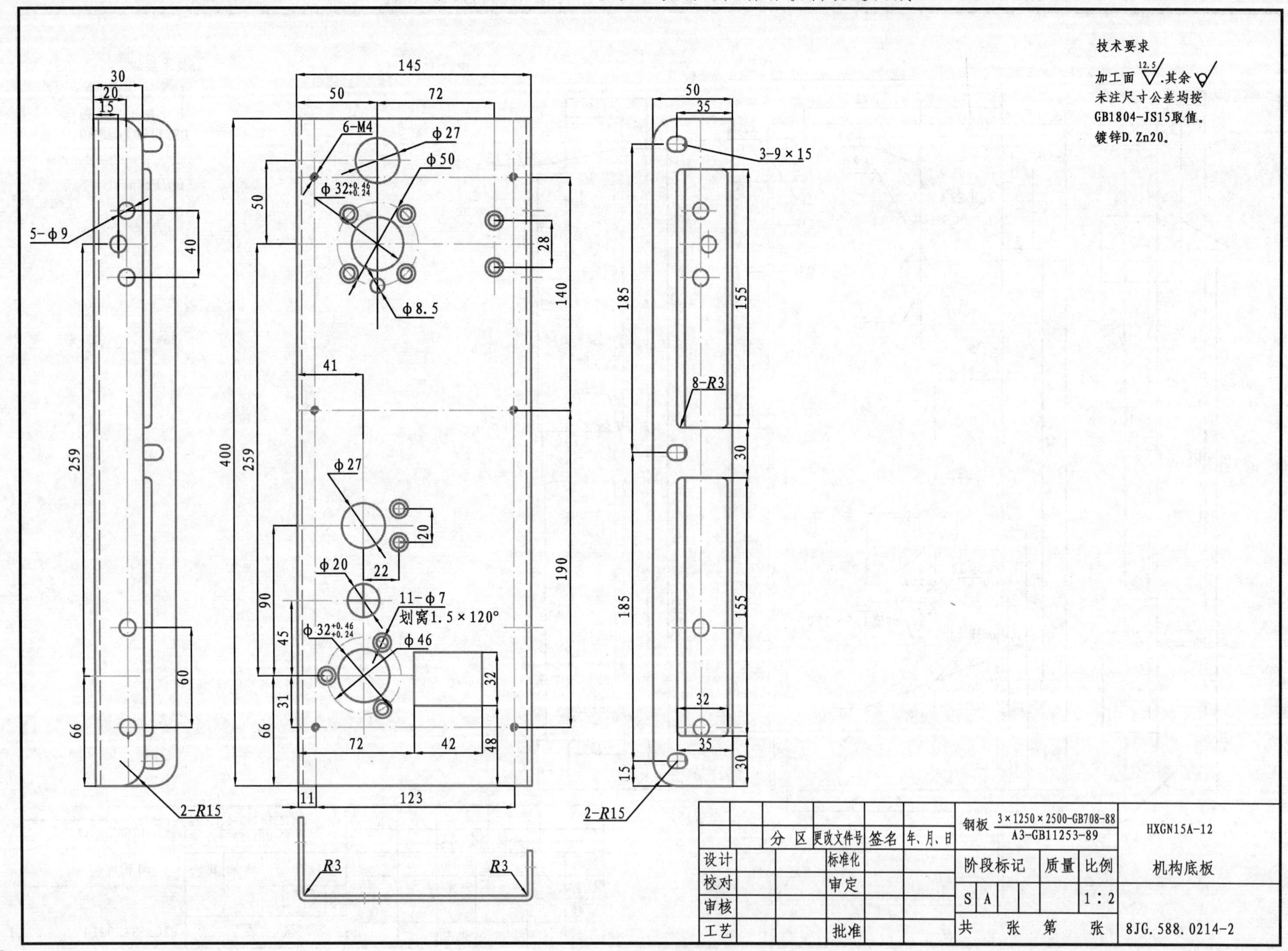
技术要求
加工面 12.5 .其余
未注尺寸公差均按
GB1804-JS15取值。
镀锌D. Zn20。
6-M4
φ27
φ50
φ32+0.46 +0.24
5-φ9
φ8.5
3-9×15
8-R3
φ27
φ20
11-φ7
划窝1.5×120°
φ46
2-R15
R3
R3
钢板 3×1250×2500-GB708-88
A3-GB11253-89
HXGN15A-12
分 区 更改文件号 签名 年、月、日
设计 标准化
校对 审定
审核
工艺 批准
阶段标记 质量 比例
S A 1：2
机构底板
共 张 第 张
8JG.588.0214-2

图5-76　机构底板

材料表面 ∀ . 其余 $\overset{12.5}{\bigtriangledown}$

25
90°
ϕ74

未注尺寸公差均按
GB/T1804-m取值。

	分 区	更改文件号	签名	年、月、日	钢板 $\frac{2.5\times1250\times2500\text{-GB708-88}}{\text{A3-GB11253-89}}$	HXGN15A-12
设计		标准化			阶段标记 | 质量 | 比例	连接板
校对		审定			S A | | 1∶1	
审核						
工艺		批准			共 张 第 张	8JG. 588. 0051

图 5－77　连接板

第五章　FZN（R）21 型真空负荷开关操作机构改进图纸

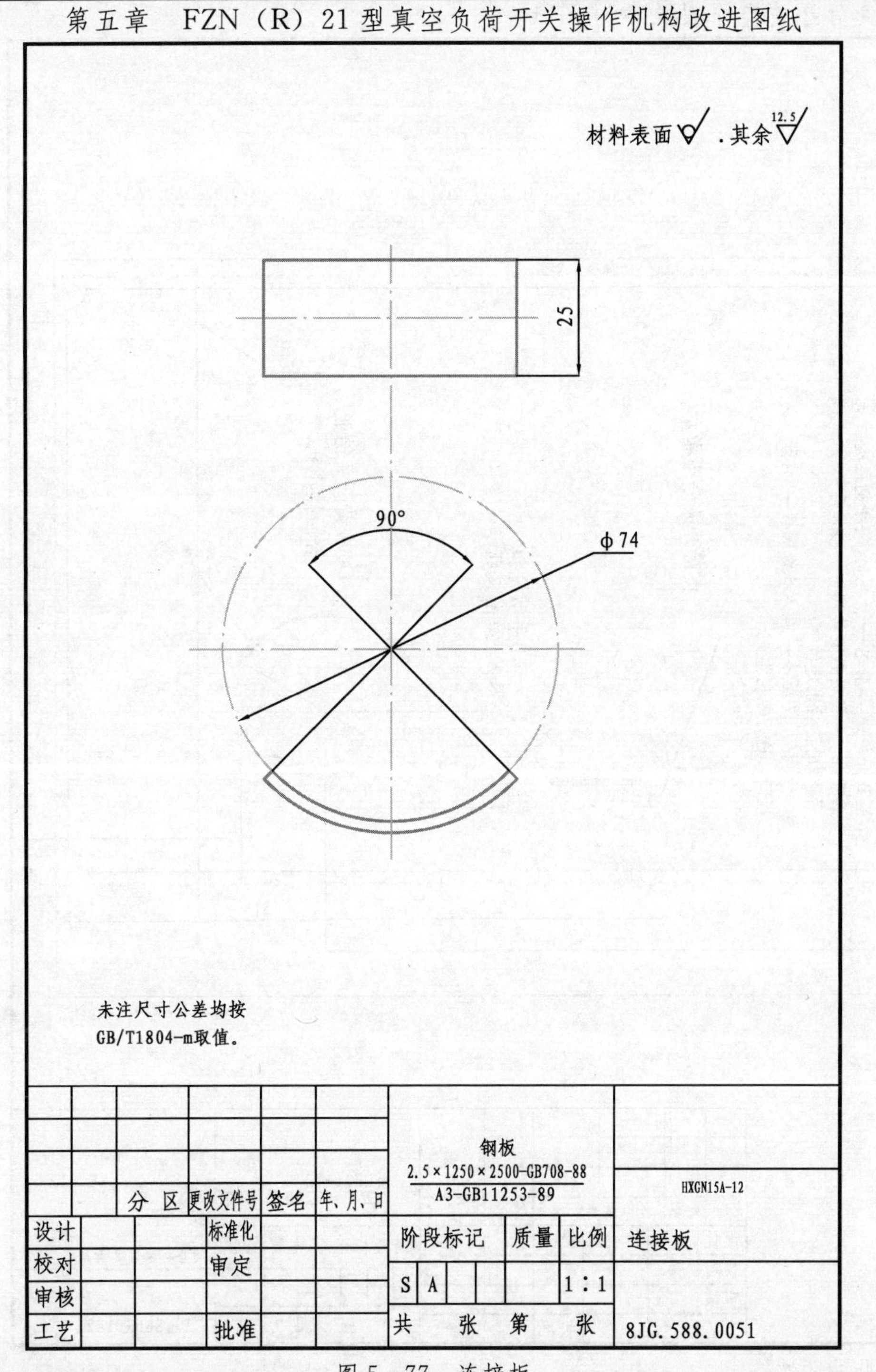

材料表面 ∀ . 其余 $\overset{12.5}{\bigtriangledown}$

ϕ126
R20
ϕ74
53

处数	分 区	更改文件号	签名	年、月、日	钢板 $\frac{2.5\times1250\times2500\text{-GB708-88}}{\text{A3-GB11253-89}}$	HXGN15A-12
设计		标准化			阶段标记 | 质量 | 比例	显示牌
校对		审定			| | 1∶1	
审核						
工艺		批准			共 张 第 张	8JG. 860. 0050

图 5－78　显示牌

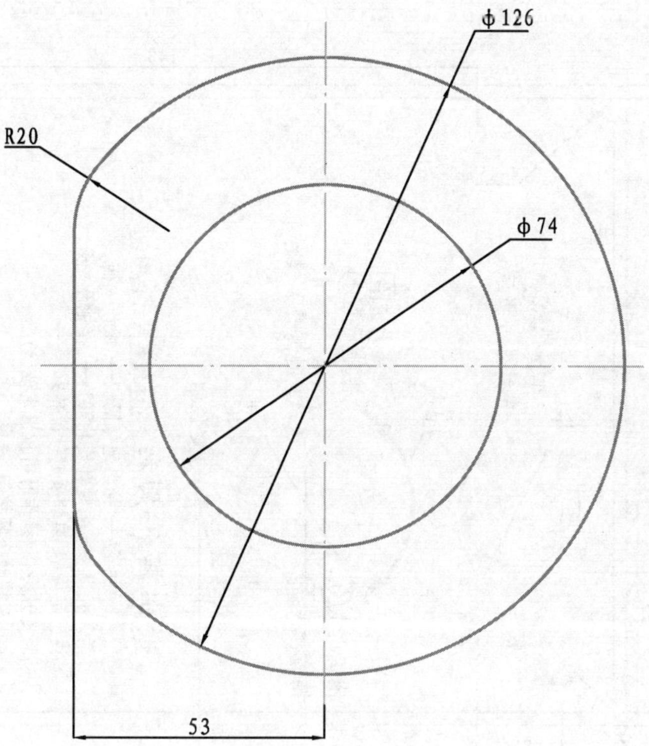

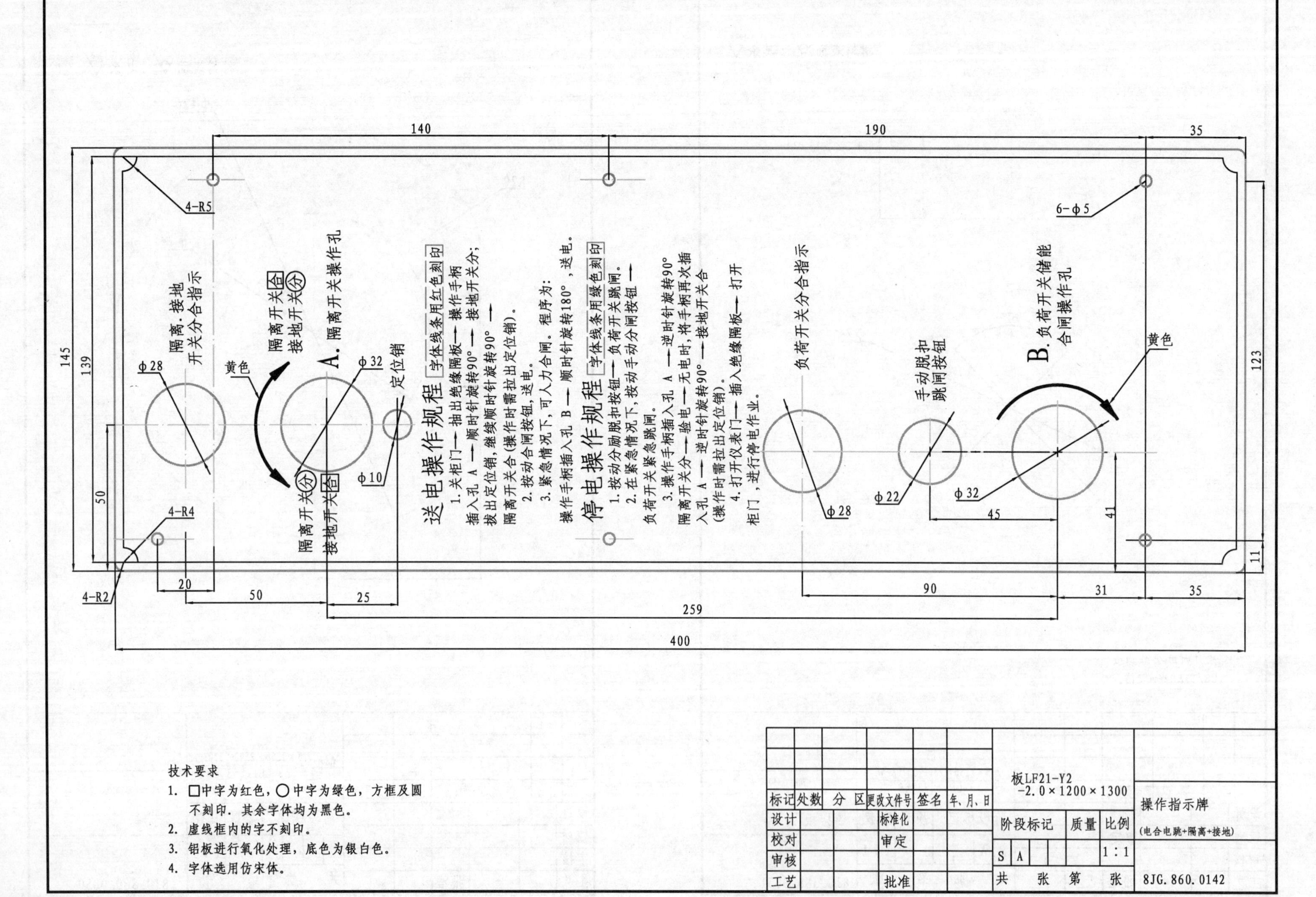
140
190
35
4-R5
6-φ5
隔离.接地开关分合指示
隔离开关合 接地开关分
A.隔离开关操作孔
黄色
φ28
φ32
定位销
φ10
隔离开关分 接地开关合
送电操作规程 字体线条用红色刻印
1.关柜门→抽出绝缘隔板→操作手柄插入孔A→顺时针旋转90°→接地开关分;拔出定位销,继续顺时针旋转90°→隔离开关合(操作时需拉出定位销)。
2.按动合闸按钮,送电。
3.紧急情况下,可人力合闸。程序为:操作手柄插入孔B→顺时针旋转180°,送电。
停电操作规程 字体线条用绿色刻印
1.按动分励脱扣按钮→负荷开关跳闸。
2.在紧急情况下,按动手动分闸按钮→负荷开关紧急跳闸。
3.操作手柄插入孔A→逆时针旋转90°隔离开关分→验电→无电时,将手柄再次插入孔A→逆时针旋转90°→接地开关合(操作时需拉出定位销)。
4.打开仪表门→插入绝缘隔板→打开柜门,进行停电作业。
负荷开关分合指示
手动脱扣跳闸按钮
B.负荷开关储能合闸操作孔
黄色
φ28
φ22
φ32
145
139
50
4-R4
4-R2
20
50
25
259
400
90
31
35
45
41
123
11
技术要求
1. □中字为红色,○中字为绿色,方框及圆不刻印。其余字体均为黑色。
2. 虚线框内的字不刻印。
3. 铝板进行氧化处理,底色为银白色。
4. 字体选用仿宋体。
标记 处数 分区 更改文件号 签名 年、月、日
设计 标准化
校对 审定
审核
工艺 批准
板LF21-Y2
-2.0×1200×1300
阶段标记 质量 比例
S A 1:1
共 张 第 张
操作指示牌
(电合电跳+隔离+接地)
8JG.860.0142

图5-79 操作指示牌

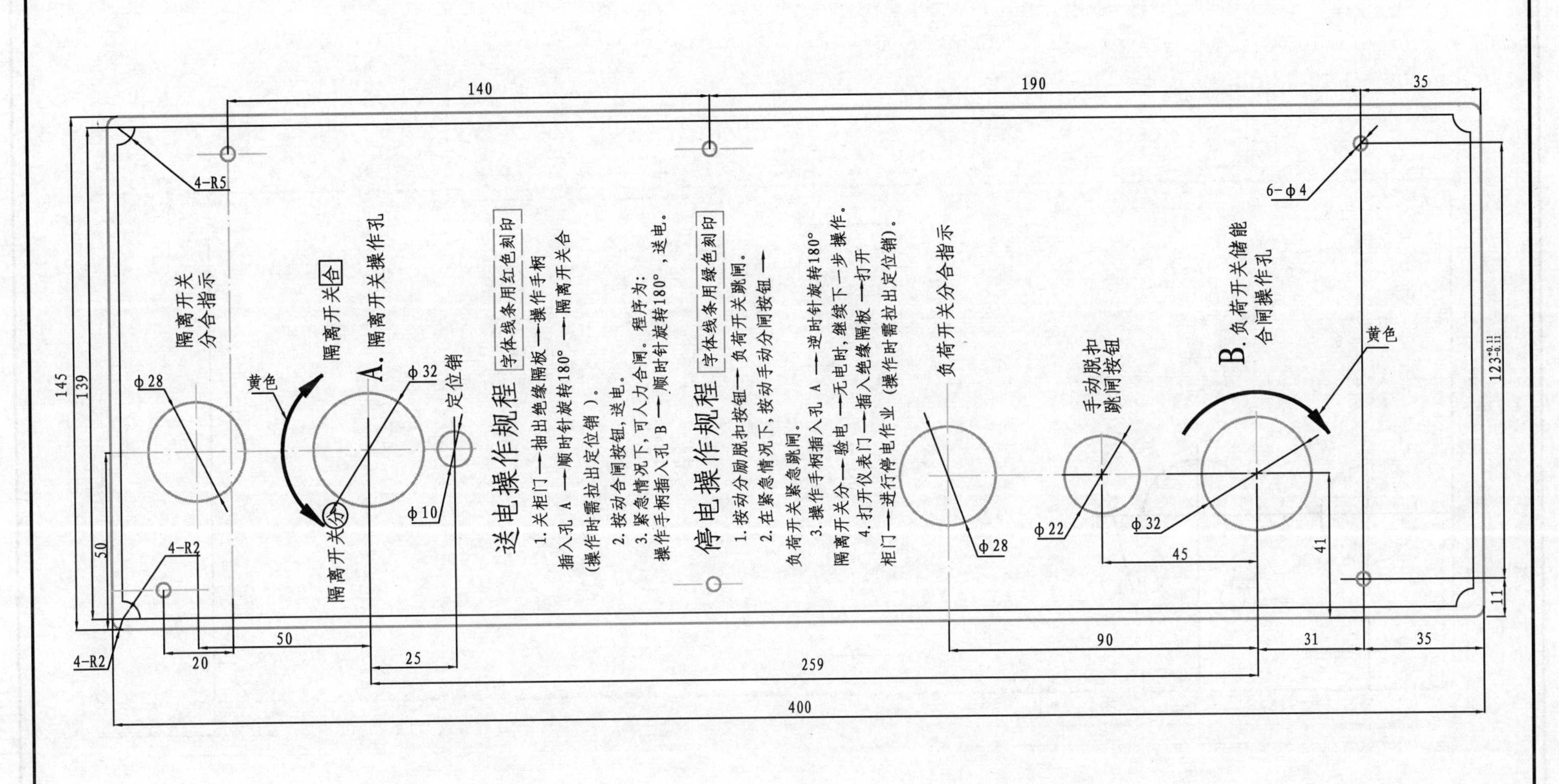

技术要求

1. □中字为红色，○中字为绿色，方框及圆不刻印。其余字体为黑色。
2. 虚线框内的字不刻印。
3. 铝板进行氧化处理，底色为银白色。
4. 字体选用仿宋体。

						板LF21-Y2 -2.0×1200×1300			HXGN15A-12
标记	处数	分区	更改文件号	签名	年、月、日				
设计			标准化			阶段标记	质量	比例	操作指示牌（电合电跳+隔离）
校对			审定						
审核						S A		1:1	
工艺			批准			共 张 第 张			8JG.860.0143

图5-80 操作指示牌

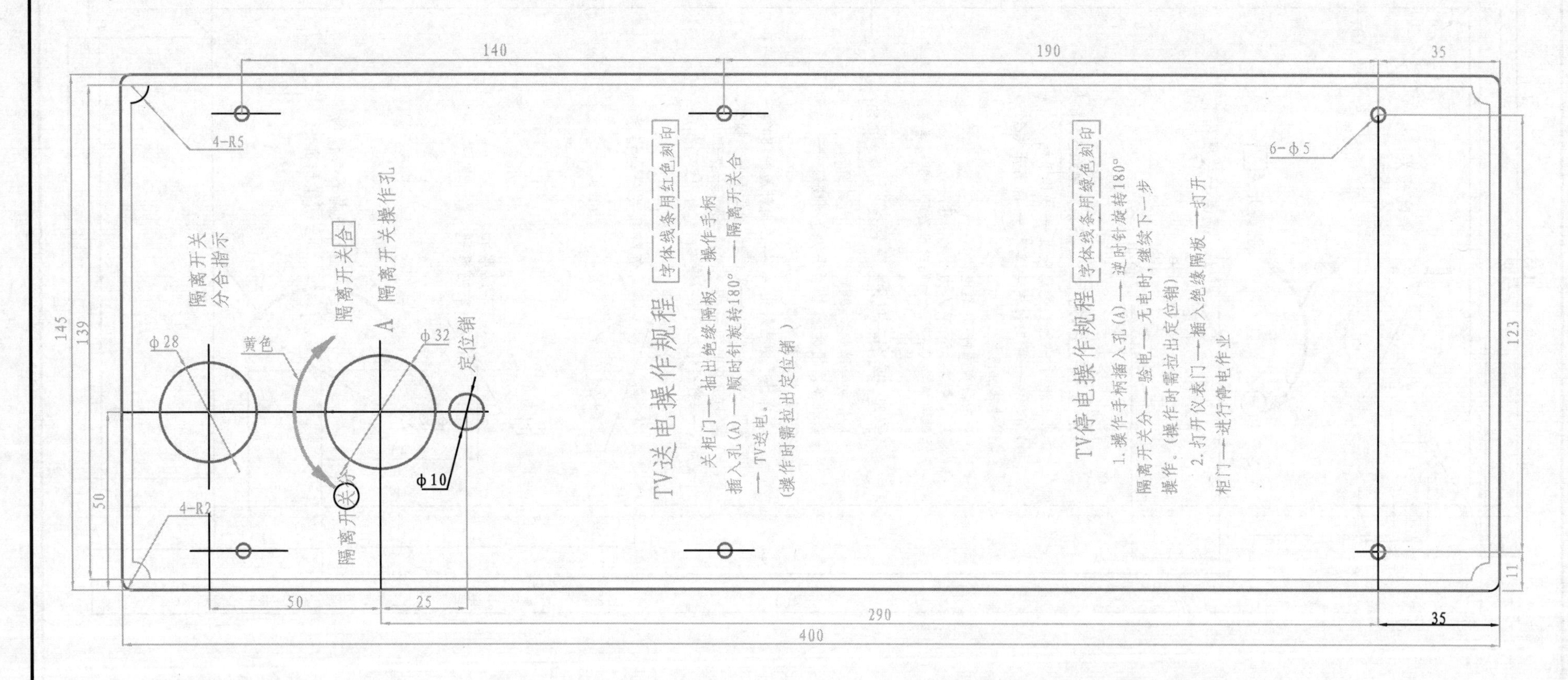

技术要求

1. □中字为红色，○中字为绿色，方框及圆不刻印。其余字体为黑色。
2. 虚线框内的字不刻印。
3. 铝板进行氧化处理，底色为银白色。
4. 字体选用仿宋体。

					板LF21-Y2 -2.0×1200×1300	HXGN15A-12
	分 区	更改文件号	签名	年、月、日		
设计		标准化			阶段标记 质量 比例	操作指示牌 (无接地，专用隔离)
校对		审定				
审核					S A 1:1	
工艺		批准			共 张 第 张	8JG.860.0144

图5-81 操作指示牌

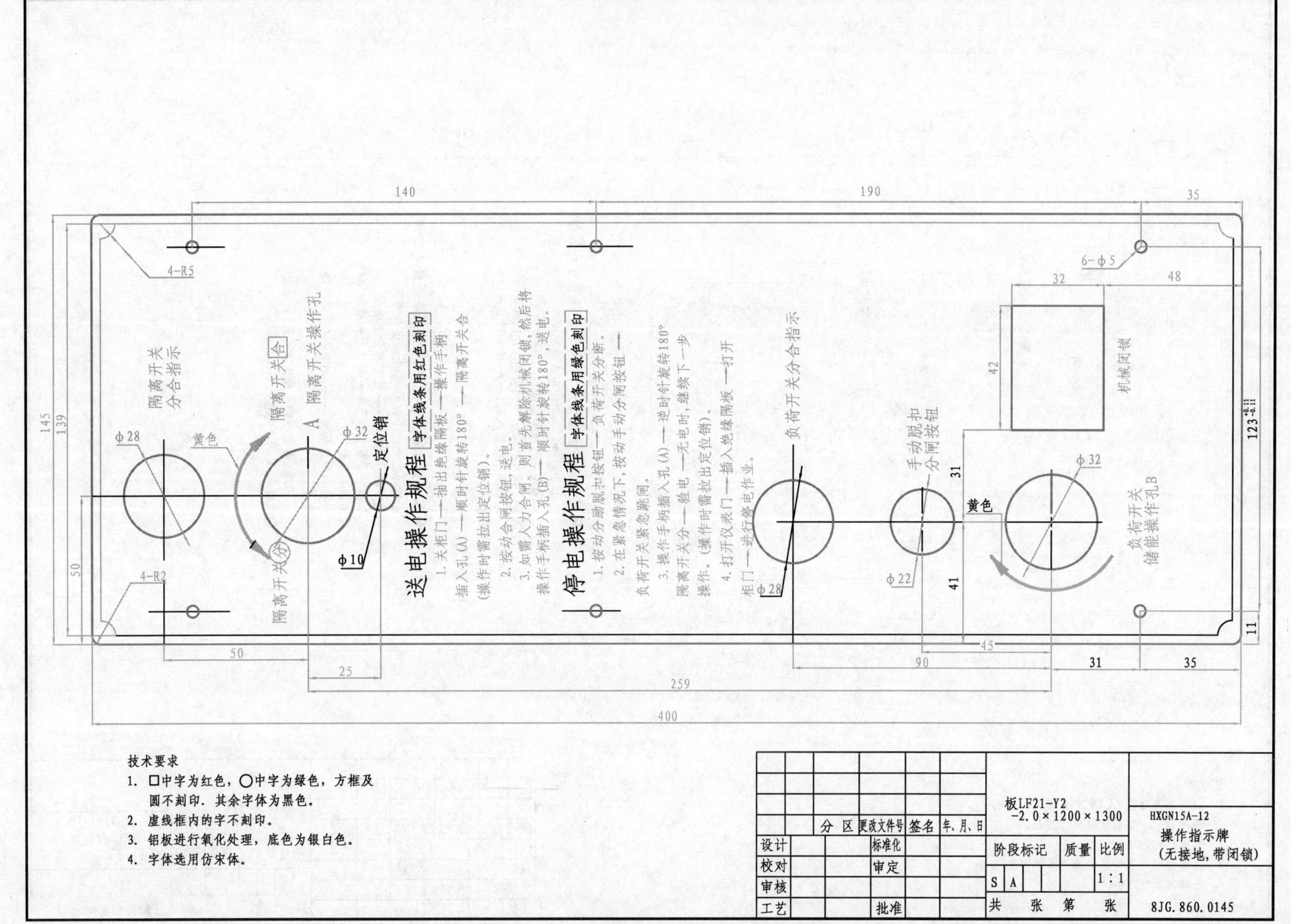

140
190
35
4-R5
6-φ5
32
48
42
机械闭锁
123
145
139
φ28
黄色
φ32
A
隔离开关操作孔
隔离开关合
隔离开关分合指示
定位销
φ10
隔离开关分
4-R2
50
送电操作规程
字体线条用红色刻印
停电操作规程
字体线条用绿色刻印
负荷开关分合指示
手动脱扣分闸按钮
φ22
31
41
黄色
φ32
负荷开关储能操作孔B
φ28
45
90
31
35
11
25
259
400
技术要求
1. □中字为红色，○中字为绿色，方框及圆不刻印．其余字体为黑色．
2. 虚线框内的字不刻印．
3. 铝板进行氧化处理，底色为银白色．
4. 字体选用仿宋体．
分 区
更改文件号
签名
年、月、日
设计
标准化
校对
审定
审核
工艺
批准
板LF21-Y2
-2.0×1200×1300
阶段标记
质量
比例
S
A
1∶1
共　张　第　张
HXGN15A-12
操作指示牌
(无接地，带闭锁)
8JG.860.0145

图5-82　操作指示牌

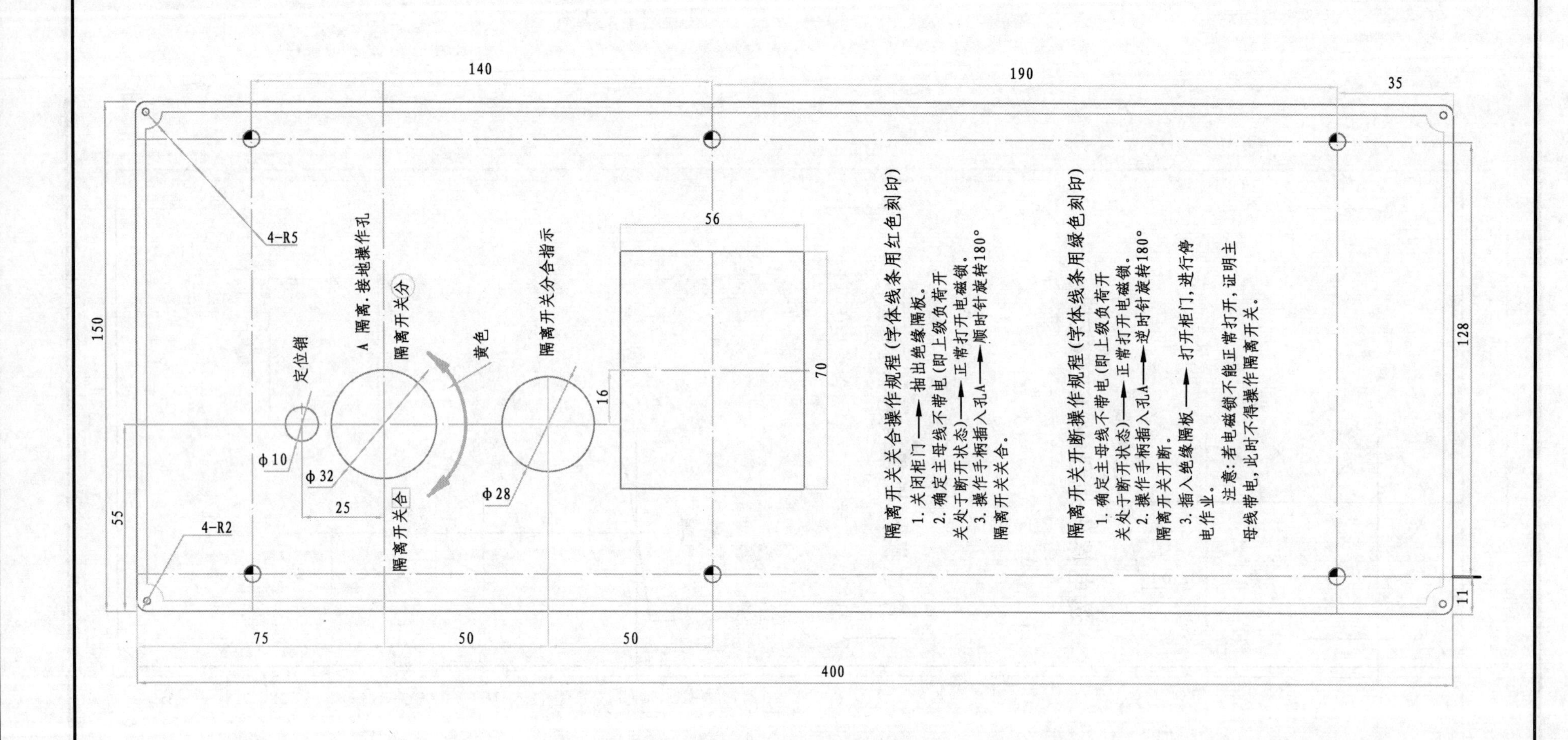

技术要求

1. □中字为红色，○中字为绿色，方框及圆不刻印．其余字体均为黑色。
2. 虚线框内的字不刻印。
3. 铝板进行氧化处理，底色为银白色。
4. 字体选用仿宋体。

标记	处数	分区	更改文件号	签名	年、月、日	板LF21-Y2 -2.0×1200×1300			HXGN15A-10 操作指示牌
设计			标准化			阶段标记	质量	比例	隔离柜专用
校对			审定			S A		1:1	
审核									
工艺			批准			共　张　第　张			8JG.860.0046

图5-83　操作指示牌

第五章　FZN（R）21型真空负荷开关操作机构改进图纸

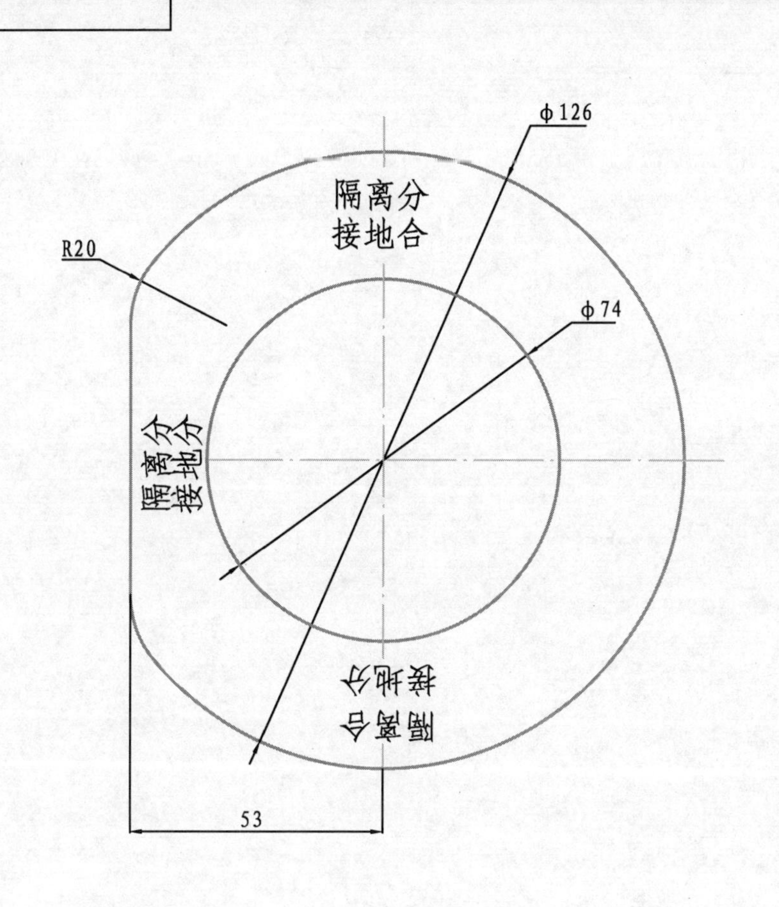

技术要求

1. "合"字为红色，"分"字为绿色，其余字体均为黑色，字高全部5.5mm。
2. 字体选用仿宋体。
3. 铝板进行氧化处理，底色为银白色。

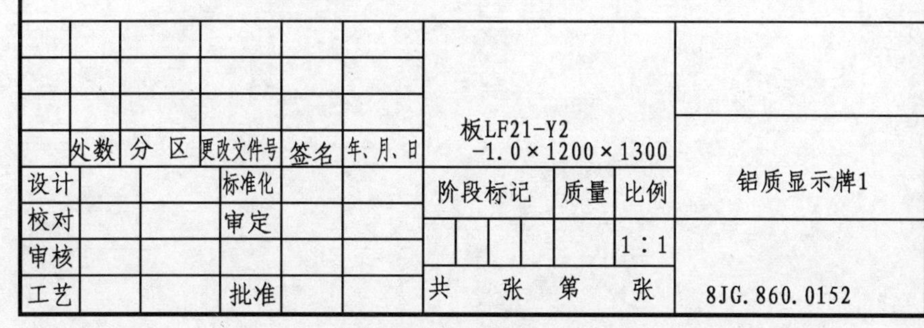

处数	分区	更改文件号	签名	年、月、日	板LF21-Y2 -1.0×1200×1300	
设计		标准化		阶段标记	质量 比例	铝质显示牌1
校对		审定				
审核					1:1	
工艺		批准		共　张　第　张		8JG.860.0152

图5-84　铝质显示牌1

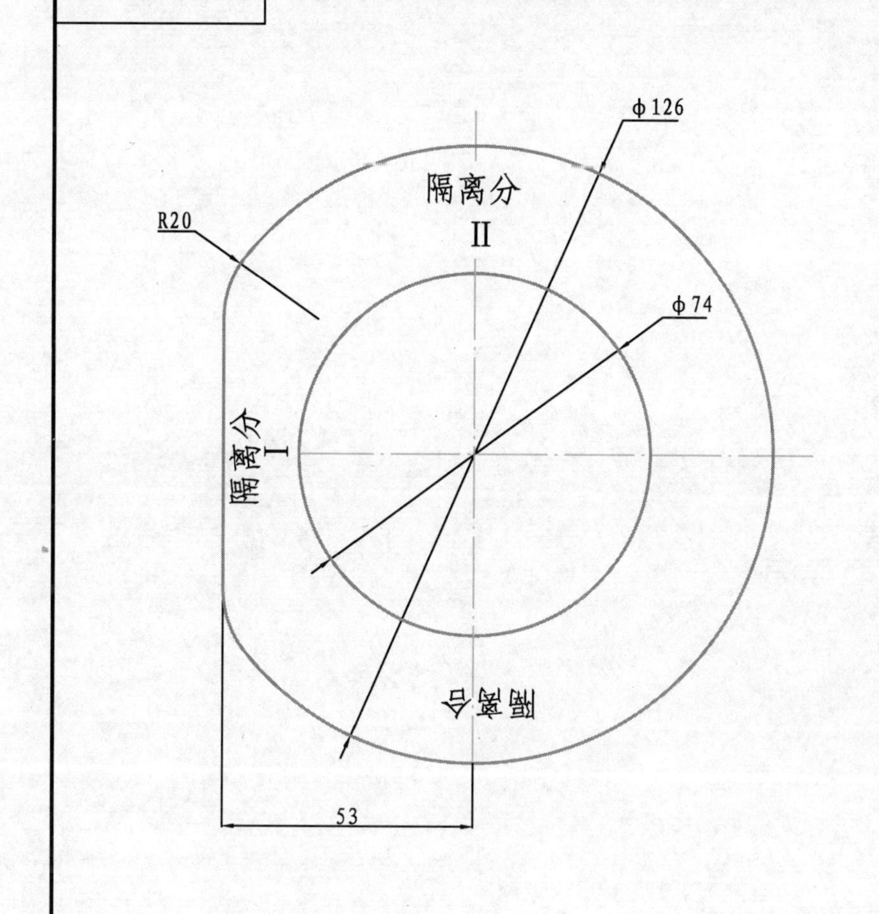

技术要求

1. "合"字为红色，"分"字为绿色，其余字体均为黑色，字高全部5.5mm。
2. 字体选用仿宋体。
3. 铝板进行氧化处理，底色为银白色。

处数	分区	更改文件号	签名	年、月、日	板LF21-Y2 -1.0×1200×1300	
设计		标准化		阶段标记	质量 比例	铝质显示牌2
校对		审定				
审核					1:1	
工艺		批准		共　张　第　张		8JG.860.0153

图5-85　铝质显示牌2

附录　箱式变电站相关标准及有关资料

附录一　高压/低压预装式变电站

(GB/T 17467—1998)

1　概述

1.1　范围

本标准规定了一次侧交流额定电压 3.6～40.5kV[1)1]] 变压器最大容量是 1600kVA、工作频率不大于 50Hz[2]] 的公众能接近的户外预装式变电站的使用条件、额定参数、一般结构要求和试验方法。该变电站是通过电缆连接的，可以从它的内部或外部进行操作。

预装式变电站能够在地面上或部分或全部在地面下安装。

由于在老化或腐蚀方面没有基本的被普遍接受的国家标准[3]] IEC 或 ISO 标准可供使用，本标准不包括有关这些方面的要求[2)4]]。

1.2　引用标准

下列标准所包含的条文，通过在本标准中引用而构成为本标准的条文。本标准出版时，所示版本均为有效。所有标准都会被修订，使用本标准的各方应探讨使用下列标准最新版本的可能性。

GB 1094.1—1996　电力变压器　第 1 部分　总则（eqv IEC 76 - 1：1993）

GB 1094.2—1996　电力变压器　第 2 部分　温升（eqv IEC 76 - 2：1993）

GB/T 1408—1989　固体绝缘材料工频电气强度的试验方法（eqv IEC 243 - 1：1967）

GB/T 2408—1996　塑料燃烧性能试验方法　水平法和垂直法（eqv ISO 1210：1992）

GB/T 2423.46—1997　电工电子产品环境试验　第 2 部分 试验方法　试验 Ef　撞击摆锤（idt IEC 68 - 262：1991）

GB/T 2900.19—1994　电工术语　高电压试验技术和绝缘配合（neq IEC 60 - 1 IEC 71 和 IEC 50）

GB/T 2900.20—1994　电工术语　高压开关设备（neq IEC 50（441）、IEC 56、IEC 265 等）

GB 3906—1991　3～35 kV 交流金属封闭开关设备（neq IEC 298：1990）

GB 4208—1993　外壳防护等级（IP 代码）（eqv IEC 529：1989）

GB 6450—1986　干式电力变压器（eqv IEC 726：1982）

GB 7251.1—1997　低压成套开关设备和控制设备　第 1 部分：型式试验和部分型式试验成套设备（idt IEC 489 - 1：1992）

GB/T 7328—1987　变压器和电抗器的声级测定（eqv IEC 551：1987）

在本标准的 2.1 规定的正常使用条件下，变压器在外壳内的温升和同一台变压器在外壳外的温升之差。该变压器的额定值（容量和损耗）相应于预装式变电站的最大额定值。

1.3　变压器的负荷系数

在额定电压下变压器能够给出的以额定电流为基准的电流标么值。负荷系数的基础是不超过 GB 1094.1、GB 1094.2 和 IEC 76 - 5[5]] 中给出的最高热点温度和液面温度或 GB 6450 中给出的相应绝缘等级的最高热点温度。

2　使用条件

2.1　正常使用条件

2.1.1　外壳

除非本标准另有规定，预装式变电站的外壳应设计成能在按 GB/T 11022 规定的正常户外使用条件下使用。

注：预装式变电站外壳内部的环境温度与外壳外部的环境温度不同。

2.1.2　高压开关设备和控制设备

在外壳内部按 GB/T 11022 规定的正常户内使用条件。

2.1.3　低压开关设备和控制设备

在外壳内部按 GB 7251.1 规定的正常户内使用条件。

2.1.4　变压器

外壳内的变压器在额定电流下，其温升比无外壳条件下的要高，会超过 GB 1094.2 或 GB 6450 规定的温度极限。

变压器的使用条件应按安装地点外部的使用条件和外壳级别来确定。

变压器的制造厂或用户能够据此计算降低变压器的使用容量。

2.2　特殊使用条件

当预装式变电站的使用条件和 2.1 的正常使用条件不同时，采用以下规定。

2.2.1　海拔

在高海拔地区，对下列设备应加以注意。

2.2.1.1　高压开关设备和控制设备

在海拔超过 1000m 的地区，按 GB/T 11022 的规定。

2.2.1.2　低压开关设备和控制设备

在海拔超过 2000m 的地区，按 GB 7251.1 的规定。

2.2.1.3　变压器

在海拔超过 1000m 的地区，按 GB 1094.2 或 GB 6450 的规定。

2.2.2　污秽

---

1) 二次侧的额定电压不超过 1kV。

2) 如有老化和腐蚀方面的要求，由用户和制造厂协商。

采用说明：

1] IEC 1330 为 1kV 以上 52kV 及以下。

2] IEC 1330 为 60Hz。

3] 本标准另增加“国家标准”。

4] 本标准另增加该脚注 2)。

5] IEC 1330 引用 IEC 76，包含了 IEC 1330 中引用标准一览表所列的 IEC 76 - 1，IEC 76 - 2 和 IEC 76 - 5，因 GB 1094.5 目前尚未等效采标，故本标准引用 GB 1094.1，GB 1094.2 和 IEC 76 - 5。

处于污秽空气中的装置，其污秽等级应按下列设备相应标准的规定：

2.2.2.1 高压开关设备和控制设备

按GB/T 11022的规定。

2.2.2.2 低压开关设备和控制设备

按GB/T 16935.1的规定。

2.2.2.3 变压器

无适用标准。

2.2.3 温度

预装式变电站安装处的周围温度显著超出2.1中为外壳规定的正常使用条件时，其优先选用的温度范围规定如下：

严寒气候：－50℃～＋40℃。

酷热气候：－5℃～＋50℃。

3 对元件的要求

预装式变电站的主要元件是变压器、高压开关设备和控制设备、低压开关设备和控制设备、相应的内部连接线（电缆、母线和其他）和辅助设备。

这些元件应该用一个公用的外壳或一组外壳封闭起来。

所有的元件应符合各自相应的标准：

——变压器，按GB 1094.1或GB 6450。

——高压开关设备和控制设备，按GB 3906或IEC 466。

——低压开关设备和控制设备，按GB/T 14048.1和GB 7251.1。

4 额定值

预装式变电站的额定值包括如下内容：

a）额定电压；

b）额定绝缘水平；

c）额定频率和相数；

d）主回路的额定电流；

e）主回路和接地回路的额定短时耐受电流；

f）主回路和接地回路的额定峰值耐受电流，如适用；

g）额定短路持续时间；

h）操动机构和辅助回路的额定电源电压；

i）操动机构和辅助回路的额定电源频率；

j）预装式变电站的额定最大容量；

k）变压器的额定容量；

l）变压器的额定损耗；

m）额定外壳级别。

4.1 额定电压

对高压开关设备和控制设备，按GB/T 11022。

对低压开关设备和控制设备，按GB/T 14048.1和GB 7251.1。

4.2 额定绝缘水平

对高压开关设备和控制设备，按GB/T 11022；对低压开关设备和控制设备，按GB/T 14048.1和GB 7251.1。

低压开关设备和控制设备的最低额定冲击耐受电压至少应为GB/T 16935.1—1997的表1中Ⅳ类过电压的给定值。

4.3 额定频率和相数

按GB/T 11022、GB/T 14048.1和GB 7251.1。

4.4 额定电流和温升

4.4.1 额定电流

按GB/T 11022和GB 7251.1。

4.4.2 温升

对高压开关设备和控制设备，按GB/T 11022。

对低压开关设备和控制设备，按GB 7251.1。

预装式变电站的某些元件，它们遵从不被GB/T 11022和GB 7251.1的范围所覆盖的专门规范，应不超过各元件相应标准中规定的最高允许温度和温升极限。

对于内部连接线，它的最大允许温升是GB/T 11022和GB 7251.1中规定的适用于触头、联结以及和绝缘材料接触的金属部件的值。对于变压器，应按本标准第2章计及负荷系数，见附录D。并可按GB/T 15164和GB/T 17211。

4.5 额定短时耐受电流

对于高压开关设备和控制设备，按GB/T 11022；对低压开关设备和控制设备，按GB 7251.1；对变压器，按IEC 76-5和GB 6450。

4.6 额定峰值耐受电流

对于高压开关设备和控制设备，按GB/T 11022；对低压开关设备和控制设备，按GB 7251.1；对变压器，按IEC 76-5和GB 6450。

4.7 额定短路持续时间

对高压开关设备和控制设备，按GB/T 11022；对低压开关设备和控制设备，按GB 7251.1；对变压器，按IEC 76-5和GB 6450。

4.8 操动机构和辅助回路的额定电源电压

对高压开关设备和控制设备，按GB/T 11022；对低压开关设备和控制设备，按GB 7251.1。

4.9 操动机构和辅助回路的额定电源频率

对高压开关设备和控制设备，按GB/T 11022；对低压开关设备的控制设备，按GB 7251.1。

4.10 预装式变电站的额定最大容量

预装式变电站的额定最大容量是设计变电站时指定的变压器的最大额定值。

变压器的额定值是 GB 1094.1 或 GB 6450 中规定的变压器的额定容量和额定总损耗。

注：根据外壳级别和周围温度条件能将预装式变电站的输出容量限制到小于其额定最大容量。

4.11 额定外壳级别

额定外壳级别是对应丁预装式变电站额定最大容量的外壳级别。

额定外壳级别用来决定变压器的负荷系数，使变压器的温度不超过 GB 1094.1、GB 1094.2 和 IEC 76-5 或 GB 6450 给出并在本标准的附录 D 中述及的限值。

有三个额定外壳级别：级别 10，20 和 30，分别对应于 10K，20K 和 30K 的最大温升差值。

注：对应于变压器不同的容量和损耗，制造厂对同一外壳可以指定几个级别。这些附加的级别应经 6.2 的试验验证。

5 设计和结构

预装式变电站应设计成能够安全进行正常使用、检查和维护。

5.1 接地

除按 GB/T 11022，还应符合以下规定1]。

应提供一条连接预装式变电站的每个元件的接地导体。接地导体的电流密度，如用铜导体，当额定短路持续时间为 1s 时应不超过 200 A/mm²，当额定短路持续时间为 3s 时应不超过 125 A/mm²；但其截面积不应小于 30mm²。它的端部应有合适的接线端子，以便和装置的接地系统连接。

注：如果接地导体不是铜导体，则应满足等效的热的和机械的要求。

接地系统在可能要通过的电流产生的热和机械应力作用后，其连续性应得到保证。接地故障电流的最大值取决于所在系统中性点接地的方式，并应由用户指明。

注：作为导则，可按 GB 3906—1991 的附录 F 中给出的导体截面积的计算方法。

连接到接地回路的元件应包括：

——预装式变电站的金属外壳；

——高压开关设备和控制设备的金属外壳，从其接地端子处连接；

——金属屏蔽及高压电缆的接地导体；

——变压器的箱体或干式电力变压器的金属框架；

——低压开关设备和控制设备的金属框架和/或外壳；

——自控和遥控装置的接地导体。

如果预装式变电站的外壳不是金属的，外壳的金属门和其他可触及的金属部件要和接地回路连接。如果把它们连到一起，或在有金属外壳的情况下，还应在预装式变电站的周围提供合适的接地措施，以防止危险的接触电压。

预装式变电站内部的接地连接线可以用螺栓连接、焊接或铆接，只要在可能要通过的电流产生的热和机械应力的作用下，仍能提供框架、面板、门或其他结构件之间的电气连续性。

5.2 辅助设备

对于预装式变电站内的低压装置（例如照明、辅助电源等），适用时，按 GB/T 14821.1 或 GB 7251.1。

注：需要电能计量和/或无功补偿时，应由用户和制造厂协商确定。2]

5.3 铭牌

每台预装式变电站应提供一耐久和清晰易读的铭牌，铭牌至少应包括下列内容：

——制造厂名或商标；

——型号；

——出厂编号；

——本标准的编号；

——制造日期。

5.4 防护等级和内部故障

5.4.1 防护等级

防止人员触及危险部件、并防止外来物体进入和水分浸入设备的保护是必需的。

预装式变电站外壳的防护等级应不低于 GB 4208—1993 中的 IP23D。更高的防护等级可以按 GB 4208 予以规定。

注：当从外部操作预装式变电站时，其防护等级有可能降低。可能需要采取其他预防措施来防止人员触及危险部件。

5.4.2 预装式变电站对机械应力的防护

预装式变电站的外壳应有足够的机械强度，并应耐受以下的负荷和撞击：

a）顶部负荷：

——最小值为 2500 N/m²（竖立负荷或其他负荷）；

——在车辆通行处（例如停车场）的地下安装的预装式变电站顶部，最小值为 50kN，作用在 600 cm² 的表面上（830 kN/m²）；

——雪负荷（根据当地气候条件确定）。

b）外壳上的风负荷：

——风负荷按 GB/T 11022。

c）在面板、门和通风口的外部机械撞击：

——外部机械撞击的撞击能量为 20 J。

大于该值的意外机械撞击（例如车辆的碰撞）未包含在本标准中，但应予以防止，如果需要，可在预装式变电站外部及周围采取其他措施。

5.4.3 对内部缺陷的环境保护

应采取措施防止油从预装式变电站中漏出并将火灾的危险降至最小。

5.4.4 内部故障

在预装式变电站中，由缺陷、异常使用条件或误操作造成的故障会引发内部电弧。当预装式变电站在结构上满足了本标准的要求时，这种偶然事故发生的概率很小，但也不能完全忽视。如有人员在场，这种事故可能会造成伤害，但其概率更小。

采用说明：

1] 本标准按 GB/T 11022 的规定，增加了对接地端子的补充要求。

2] 本标准增加该注。

应为人员提供最高等级的切实可行的保护。

主要的目标是避免这样的电弧或限制其持续时间和后果。

经验表明，在外壳内部的某些部位比其他部位更可能发生故障。对这些部位应给予特别的注意。

作为导则，附录A的表A1中，第1栏和第2栏列出了与高压开关设备和控制设备及其与变压器的连接有关的容易发生内部故障的部位及其原因；第3栏推荐了降低内部故障的概率或减小其危害的措施。附录A的表A2中，给出限制内部故障后果的实际措施。

如果认为这些措施不充分，制造厂和用户可按附录A协商进行试验。该试验只包括在高压开关设备和控制设备以及内部连接线的外壳内、完全在空气或其他绝缘气体中发生的电弧，但不包括在开关设备和控制设备中有单独外壳的元件（如开关装置或熔断器）内部或如互感器等元件内部发生的电弧。

用限流装置（例如熔断器）保护的那部分回路，不需要进行这项试验。

5.5 外壳

5.5.1 概述

外壳应满足下列条件。

5.5.1.1 防护等级应按照本标准的5.4。

5.5.1.2 用非导电材料制作的外壳的部件应满足下列要求：

a）在高压开关设备和控制设备与变压器间的无屏蔽的高压连接线和外壳的可触及表面之间的绝缘，应耐受6.1.1.4中规定的试验电压。

b）在高压开关设备和控制设备与变压器间的无屏蔽的高压连接线和与其相对的外壳绝缘部件的内表面之间的绝缘。至少应耐受预装式变电站额定电压的150%。

c）如果采用无屏蔽的高压连接线，除了机械强度外，非导电材料也应耐受6.1.1.4中规定的试验电压。在试验中应采用GB/T 1408规定的方法以满足相关的要求。

5.5.1.3 应采取各种措施以免在按制造厂的说明进行运输或装卸时外壳发生变形。

5.5.1.4 应提供保证安全运行的设施，例如打开门或在需要时卸下面板来改变变压器的分接头或进行检查。

5.5.1.5 预装式变电站的冷却应采用自然通风。

注：预装式变电站采用其他冷却方式（例如强制冷却），须经制造厂和用户协商同意。

5.5.2 防火性能

在预装式变电站外壳结构中使用的材料应具备某一最低的防止在预装式变电站内部或外部着火的性能。

这些材料应该是不可燃的。若使用合成材料，则应符合5.5.2.2。

注：在防火性能上，只考虑了材料对火的反应，至于耐火性，应按照地方法规由制造厂和用户间协议来考虑。

5.5.2.1 传统材料

下列材料被认为是不可燃的：

——混凝土；

——金属（钢、铝等）；

——砖；

——灰泥；

——玻璃纤维或石棉。

5.5.2.2 合成材料

合成材料应按GB/T 2408—1996的方法A进行试验。样品的特性应符合FH1或FH2-80mm。

5.5.2.3 其他材料

制造厂应证明所使用材料的不可燃性至少应等效于5.5.2.2。

5.5.3 面板和门

面板和门是外壳的一部分，当它们关上时，应提供对外壳规定的防护等级。当通风口放在面板或门上时，参见5.5.4。

根据进入预装式变电站隔室的方式，把面板和门分成两类。

a）一类是正常操作时需要开启（可移开）的面板和门，开启和移开时不需要工具。如果没有合适的联锁装置来保证人员的安全，此类面板或门上应装锁。

b）所有其他的面板、门或顶板属另一类。它们应装锁，或在用于正常操作的门打开之前，它们不能被开启或移开。

门应能向外打开至少90°并备有定位装置使它保持在打开位置。地面下安装的预装式变电站要有一个供进出的舱门，为运行人员和行人提供安全保障；该舱门只应由一个人操作。

5.5.4 通风口

通风口的设置或遮护，应使它具有与外壳相同的防护等级。只要有足够的机械强度，通风口可以用金属网或类似材料制作。

5.5.5 隔板

如果有隔板，它的防护等级应由制造厂按GB 4208予以规定。

5.5.6 关于电缆绝缘试验的规定

为了进行电缆的绝缘试验，高压电缆箱或电缆的试验点应是便于连接的。

5.5.7 附件

应有足够的空间存放附件，例如接地线夹工具等。

5.5.8 操作通道

预装式变电站内部的操作通道的宽度应适于进行任何操作和维护。该通道的宽度应为800mm或更大些。预装式变电站内部的开关设备和控制设备的门应朝出口方向关闭，或者是转动的，这样不致减小通道的宽度。门在任一开启位置或开关设备和控制设备突出的机械传动装置不应将通道的宽度减小到500mm以下。

5.5.9 标牌

警告用和载有制造厂使用说明的一类标牌，以及按地方标准和法规应设置的标牌，应该是耐久和清晰易读的。

5.6 声发射

预装式变电站的声发射水平应由制造厂和用户商定。商定的协议应承认地方法规关于可接受的声级的要求。按制造厂和用户间的协议，可以进行一项试验来评估外壳对变压器噪声的影响。试验方法应按附录 B。

6 型式试验

原则上，全部型式试验应在一台完整的预装式变电站上进行。型式试验应在由各种元件组成的有代表性结构的预装式变电站上进行。由于元件的型式、额定值和可能的组合方式多种多样，要在所有可能结构的预装式变电站上都做型式试验是不实际的。任何特殊结构的性能可以用可比结构的试验数据来核实。预装式变电站中的元件应按相应的标准做过试验（见第 3 章）。

型式试验和验证项目如下：

规定的型式试验：

a）验证预装式变电站绝缘水平的试验（6.1）；

b）检验预装式变电站中主要元件的温升试验（6.2）；

c）检验接地回路承受额定峰值和额定短时耐受电流能力的试验（6.3）；

d）检验能满意操作的功能试验（6.4）；

e）验证防护等级的试验（6.5）；

f）验证预装式变电站的外壳耐受机械应力的试验（6.6），特殊的型式试验（制造厂和用户商定）；

g）评估内部故障电弧效应的试验（附录 A）；

h）验证预装式变电站声级的试验（附录 B）。

6.1 绝缘试验

由于预装式变电站的元件已按相应标准进行，型式试验本条只适用于元件间受安装条件影响的内部连接线的绝缘耐受能力。因此，设备应进行的绝缘试验如下：

——高压开关设备和变压器间的连接线；

——变压器和低压开关设备间的连接线。

6.1.1 高压连接线的试验

6.1.1.1 通用条件

当高压连接线是由和经过型式试验的带接地屏蔽的接头相连的高压电缆，或是由和其他型式的端子（该端子在预装式变电站的安装条件下，在高压开关设备和变压器高压侧均已通过型式试验）相连的高压电缆组成时，不需进行绝缘试验。

在其他场合，高压连接线应按 6.1.1.2 到 6.1.1.6 进行绝缘试验。

绝缘试验可以将变压器用能重现变压器套管的电场结构的复制品代替后进行。

进行试验时，高压连接线通过高压开关设备连接到试验电源。只有串联在电源回路中的开关装置是闭合的；其他开关装置是打开的。

电压限制装置应断开；如果像正常运行时一样接入，绝缘试验的程序应由制造厂和用户商定。

电流互感器的二次端子应短路并接地。电压互感器应断开。

6.1.1.2 试验时的周围空气条件

按 GB/T 11022。

6.1.1.3 试验电压的施加

6.1.1.3.1 施加在高压连接线上

施加电压时，应将主回路每极的导体依次连接到试验电源的高压端子。主回路和辅助回路的所有其他导体应该连接到框架的接地导体上，并和试验电源的接地端子相连。

6.1.1.3.2 对于绝缘外壳

为了检验符合 5.5.1.2a）的要求，绝缘材料制造的外壳的可触及表面，应在它可触及的一侧覆盖一个圆形或方形的金属箔，它的面积应尽可能地大，但不超过 100cm²，并应接地。金属箔应放在对试验最不利的位置；如果对何处最为不利有怀疑，则试验应在不同的位置上重复进行。

为了检验符合 5.5.1.2b）的要求，在与高压开关设备和变压器间的无屏蔽连接线相对的非导电材料外壳的内表面上覆以上述的金属箔，并将金属箔接地；在高压连接线和接地金属箔间应承受 150％额定电压 1min 的工频试验。

6.1.1.4 试验电压

按 GB/T 11022。

6.1.1.5 雷电冲击电压试验

设备的高压连接线应进行雷电冲击电压试验。试验应按 GB/T 16927.1，用正极性和负极性的标准雷电冲击电压波 1.2/50 来进行。

通常应进行 15 次冲击耐受试验。对每一极性，应在额定耐受电压下连续进行 15 次雷电冲击试验。

如果在每一极性的 15 次连续的冲击试验中，自恢复绝缘上发生的破坏性放电次数不超过 2 次，而在非自恢复绝缘上没有发生破坏性放电，则认为高压连接线通过了试验。如果证明在某一极性下试验能给出最不利的结果，则允许只对该极性进行试验。

在非自恢复绝缘占主导地位的场合，按制造厂和用户间的协议，可以采用惯用的冲击电压试验，以避免可能对固体绝缘的损害。

雷电冲击电压试验时，冲击电压发生器的接地端子应连接到预装式变电站外壳的接地导体上。

注：冲击试验后，某些绝缘材料会残留一些电荷，在这些情况下，改换极性时应该注意。推荐使用适当的方法来使绝缘材料放电，例如在试验前先施加较低电压的反极性冲击。

6.1.1.6 工频电压耐受试验

高压连接线应按 GB/T 16927.1 在干状态下进行 1min 工频电压耐受试验。

如果没有发生破坏性放电，则认为设备通过了试验。

进行工频电压试验时，试验变压器的一端应接地并连接到预装式变电站的接地导体上。

6.1.2 低压连接线的试验

6.1.2.1 通用条件

当低压连接线部分或全部被非金属外壳覆盖时，非金属外壳应该用和框架相连的金属箔包覆在操作人员可能触及的所有表面上。

试验时，低压连接线通过低压开关设备连接到试验电源上。只有串联在电源回路中的开关装置是闭合的，所有其他的开关装置都打开。

6.1.2.2 雷电冲击电压试验

低压连接线应进行雷电冲击电压试验。如果额定冲击电压试验按 4.2 来选择，试验电压规定在 GB/T 16935.1—1997 的表 5 中。

限制过电压的设施应断开或按 IEC 1180-1：1992 进行试验。

每一极性应施加 1.2/50 冲击电压 3 次，最小间隔时间 1s。

施加电压时，应将主回路每极的导体依次连接到试验电源的高压端子。主回路和辅助回路的所有其他导体应该连接到接地导体或框架上，并和试验电源的接地端子相连。

试验中不应发生破坏性放电。

6.1.2.3 爬电距离的验证

应测量相间、不同电压的回路的导体间以及带电的和外露的导电部件间的最短爬电距离。对于不同的材料组合和污秽等级，测得的爬电距离应符合 GB/T 16935.1—1997 中表 4 的要求。

6.1.3 辅助回路的绝缘试验

按相应标准规定。

6.2 温升试验

本试验的目的是校验预装式变电站外壳设计的正确性，即能正常运行和不缩短站内元件的预期寿命。试验时必须测量变压器液面和绕组（对干式变压器只测绕组）的温升以及低压设备的温升。试验应证明：变压器在外壳内部的温升超过同一变压器在外壳外部测得温升的差值，不应大于外壳级别规定的数值，例如 10K，20K 或 30K。见图 1 和图 2。

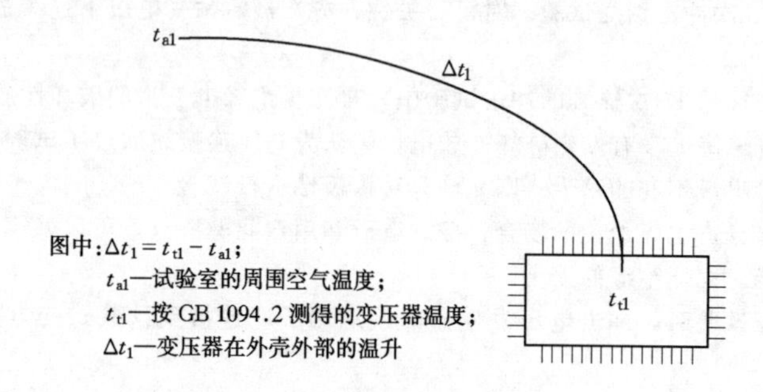

图中：$\Delta t_1 = t_{t1} - t_{a1}$；
t_{a1}—试验室的周围空气温度；
t_{t1}—按 GB 1094.2 测得的变压器温度；
Δt_1—变压器在外壳外部的温升

图 1 在周围空气中变压器温升 Δt_1 的测量（参见 6.2）

因为变压器相对于外壳等级而言的额定值将成为高压回路事实上的额定值，所以不需要测量高压元件的温升。

6.2.1 试验条件

外壳应将元件装配齐全，元件的布置和使用时的一样。门应关上，电缆入口处应按使用条件予以封闭。变压器的容量和损耗应为与 4.10 定义的预装式变电站的额定最大容量对应的值。

变压器和低压设备的温升试验应同时进行。

温升试验在室内进行，房间的大小、保温或空气情况应保持室内的周围空气温度低于 40℃，且 1h 内温度变化不超过 1K。

注：对于地面下安装的预装式变电站，试验可在地面上进行。经验表明，与地面下的试验相比，温升的差别不显著。

6.2.2 试验方法

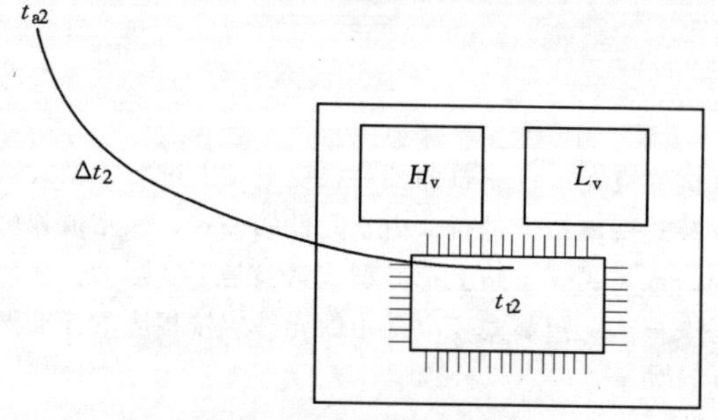

图中：$\Delta t_2 = t_{t2} - t_{a2}$；
t_{a2}—试验室的周围空气温度；
t_{t2}—按 GB 1094.2 测得的变压器温度；
Δt_2—变压器在外壳内部的温升
接受准则：$\Delta t \leqslant 10K$，20K 或 30K
$\Delta t = \Delta t_2 - \Delta t_1$
级别 10：$\Delta t \leqslant 10K$
级别 20：$\Delta t \leqslant 20K$
级别 30：$\Delta t \leqslant 30K$

图 2 在外壳中变压器温升 Δt_2 的测量（参见 6.2）

6.2.2.1 电源的连接

变压器和开关设备的元件应连接在一起，并把低压电缆的出线端子短接起来。电源应连接到高压开关设备的进线端子。

6.2.2.2 试验电流的施加

采用 GB 1094.2 或 GB 6450 规定的方法，在预装式变电站的回路中通过足以产生变压器总损耗（在参考温度下）的电流。

注：本试验应以比额定电流稍大的电流流过整个回路，来补偿变压器的空载损耗。

6.2.3 测量

6.2.3.1 周围空气温度的测量

周围空气温度是预装式变电站周围空气的平均温度（对封闭式变电站，指的是外壳外部的空气温度）。温度应在最后的四分之一试验周期内，至少用四只温度计、热电偶或其他的温度检测装置进行测量。这些测量装置放在载流导体的平均高度上，均匀分布在预装式变电站的四周，距预装式变电站约 1m 处。温度计或热电偶应防止空气流动和热的不适当的影响。

为了避免温度快速变化引起的指示误差，温度计或热电偶可以放在装有大约半公升油的小瓶内。

在最后的四分之一试验周期内，周围空气温度的变化在 1h 内不应超过 1K。如试验室因不利的温度条件而无法满足，则可用处在相同条件下的一台相同的但不通电的预装式变电站的温度来代替周围空气温度。这台附加的预装式变电站不应受到热的不适当的影响。

试验时，周围空气温度应高于 10C°，但低于 40C°，在周围空气温度这一范围内试验时，温升值不需修正。

6.2.3.2 变压器

应按 GB 1094.2 测量油浸式变压器液面和平均的绕组温升。应按 GB 6450 测量干式变压器平均的绕组温升。

6.2.3.3 低压开关设备和控制设备

应按 GB 7251.1 测量低压开关设备和控制设备的温升。

应测量电子设备安装处的空气温度。

6.2.4 验收规则

如果满足以下各点，则认为预装式变电站通过了温升试验：

a）变压器的温升超过同一变压器在无外壳时的温升测量值，其差值不大于预装式变电站的外壳级别；

b）内部连接线及其端子和低压开关设备的温升和温度不超过 GB/T 11022 和 GB 7251.1 的要求。

6.3 接地回路的短时和峰值耐受电流试验

按 GB/T 11022，并增加以下条文。

按 5.1，接地导体包括用来连接接地系统的端子和到元件的接地连接线。接地导体应按 1s 短时电流不小于 6kA 设计。如果短时电流大于 6kA 或持续时间大于 1s，则应在系统中性点接地的条件下，进行验证耐受额定短时和峰值耐受电流能力的试验。

试验后，接地导体和到元件的接地连接线有些变形是允许的，但应保持接地回路的连续性。

6.4 功能试验

应该证明能在预装式变电站上完成下列工作：

——开关设备和控制设备的操作；

——预装式变电站门的机械操作；

——绝缘挡板的定位；

——变压器温度和液面的检查；

——电压指示的检查；

——接地线的连接；

——电缆的试验；

——熔断器的更换；

——不同的元件之间有联锁，其功能应该予以验证。

6.5 防护等级的验证

5.4.1 中规定的防护等级，应按 GB 4208 规定的要求，通过试验予以验证。

6.6 机械试验

试验程序代表了风压、顶部负载和机械撞击产生的机械应力对外壳的效应。按 5.4.2。

6.6.1 风压

用计算校核。

6.6.2 顶部负载

用计算校核。

6.6.3 机械撞击

对外壳外部可能是薄弱的部位，如门、面板和通风口，应进行机械撞击试验。试验程序见附录 C。

7 出厂试验

预装式变电站中的元件应按相应标准通过出厂试验[1]。

出厂试验应在制造厂内，如果切实可行，对每一台完整的预装式变电站或每一个运输单元进行，以保证产品与已进行过型式试验的设备是一致的。

出厂试验和验证项目包括：

——辅助回路的电压耐受试验（7.1）；

——功能试验（7.2）；

——接线正确性检查（7.3）。

7.1 辅助回路的电压耐受试验

按相关的标准。

7.2 功能试验

应进行功能试验，以保证产品符合 6.4 中所述的要求。

7.3 接线正确性检查

接线应和接线图相符。

7.4 在现场组装后的试验

预装式变电站在现场组装后，应按 7.2 和 7.3 进行试验，以保证它能正确地运行。

8 预装式变电站的选用导则

对于给定的运行方式，选用预装式变电站时，要按正常负荷条件和故障情况的要求来选择各个元件的额定值。

最好如本标准建议的，即按系统的特性和它预期的未来发展来选择额定值。额定值在第 4 章中给出。

其他参数，例如安装处的大气和气候条件以及在海拔超过 1000m 处使用等，也应予以考虑。

外壳级别的选择取决于周围温度和变压器的负荷系数。对某一额定外壳等级，变压器的负荷系数取决于变电站安装处的周围温度。对变动的负荷，可按 GB/T 15164 或 GB/T 17211，采用一个修正系数。

可以用本标准的附录 D 来确定外壳级别和变压器的负荷系数。

9 查询、投标和订货时提供的资料

9.1 查询和订货时提供的资料

在查询或订购预装式变电站时，查询方应提供下列资料：

a）使用条件：

采用说明：

1］本标准增加了该段内容。

最低和最高的周围空气温度；偏离正常使用条件或影响设备正常操作的任何情况，例如：海拔超过1000m，快速的温度变化，风沙和雪，在水蒸气、潮气、烟雾、爆炸性气体、过量的尘埃或盐分（例如由车辆或工业污染引起的）下的过度暴露，地震或其他由外部因素引起的振动均应提供。

b）预装式变电站的特点和电气性能：

1）标称和最高电压；

2）额定电压；

3）预装式变电站的额定最大容量；

4）频率；

5）相数；

6）额定绝缘水平；

7）额定短时耐受电流；

8）额定短路持续时间（如果不同于1s）；

9）额定峰值耐受电流；

10）高压和低压系统中性点接地方式；

11）元件的额定值（高压和低压开关设备和控制设备，变压器，内部连接线）；

12）元件的型式（例如空气绝缘的箱式开关设备和控制设备，油浸式变压器）；

13）外壳级别；

14）回路接线图；

15）外壳的防护等级；

16）变电站在地面下、部分在地面下或地面上安装；

17）在内部或外部操作；

18）外壳的材料和表面处理；

19）机械应力（例如雪负荷、顶部负荷、风压等）；

20）最大允许尺寸和影响预装式变电站平面图（总体布置）的特殊要求。

除了以上各项，查询方应简要地说明所有可能影响投标和订货的条件，例如：特殊的安装或就位条件、外部的高压连接线的位置、地方的防火和噪声控制规程。如果要求做特殊的型式试验，应提供有关的资料。

9.2 投标时提供的资料

制造厂应给出下列资料（包括说明书和图样）：

a）9.1的a）项和b）项中列举的额定值和性能；

b）要求提供的型式试验证书或报告的清单；

c）结构特征，例如：

1）各个运输单元的质量；

2）预装式变电站的总质量；

3）预装式变电站的外形尺寸和平面图（总体布置）；

4）变压器的最大允许尺寸；

5）外部连接线的布置说明；

6）运输和安装的要求；

7）运行和维护的说明。

d）推荐的供用户采购的备件清单。

10 运输、安装、运行和维护规程

预装式变电站或其运输单元的运输、储存和安装以及使用时的运行和维护，必须按照制造厂的说明书进行。

因此，制造厂应提供关于预装式变电站的运输、安装、运行和维护的说明书。关于运输和储存的说明书，应在交货前某一方便时间给出，而关于安装、运行和维护说明书则最迟应在交货时给出。

不同元件的相关标准规定了有关运输、安装、运行和维护的特殊规则，如果适用，它们应包括在预装式变电站的通用说明书内。

下面给出的资料，可以作为非常重要的附加说明补充到预装式变电站制造厂提供的说明书中。

10.1 运输、储存和安装时的条件

如果在订货单中规定的使用条件在运输、储存和安装过程中不能得到保证，制造厂和用户之间应就此达成一项特别协议。特别是，如果对通电前所处的环境，外壳不能提供适当的保护，应给出防止绝缘过度吸潮或受到不可消除的污染的说明。

为了避免运输过程中预知的振动和冲击造成损伤，需要给出必要的指导和/或提供特别的措施以保护元件（开关设备和电力变压器）的安全。

10.2 安装

对每种型式的预装式变电站，制造厂提供的说明书至少应包括以下各点。

10.2.1 开箱和起吊

每个运输单元的重量，包括安全起吊和开箱所要求的特种起吊装置的详细说明。

10.2.2 组装

当预装式变电站不能完全组装起来运输时，所有的运输单元应该清楚地加以标志，并应提供这些单元的组装图。

10.2.3 安装

制造厂应提供全部的资料，以便完成现场的准备工作，例如：

——挖掘土方工作的要求；

——外部的接地端子；

——电缆入口的位置；

——和外部雨水排泄管路的连接，如有的话，包括管道的尺寸和布置。

10.2.4 最后的安装检查

预装式变电站检查和试验的说明书至少应包括推荐在现场安装和连接之后，进行试验的清单。

10.3 运行

除了每个元件的使用说明书外，制造厂应提供以下的补充材料，以便用户能充分理解涉及的主要原理：

——预装式变电站安全特性的说明，出于安全的目的而提供的特种设施和工具的清单以及它们的使用说明；

——通风设施、联锁和挂锁的操作。

10.4 维护

制造厂应提供一本维护手册，至少包括以下资料：

——按相关标准的要求给出主要元件完整的维护说明；

——如有外壳的维护说明，应包括维护的频度和程序。

附录 A
（标准的附录）
预装式变电站内部故障电弧试验方法

表 A1 内部故障产生的部位、原因及降低故障的可能性或减少其危害的措施的实例

很可能产生内部故障的部位	可能产生内部故障的原因	措施的实例
电缆室	设计不当	选择合适的尺寸
	安装错误	避免电缆交叉连接 在现场检查安装质量 在现场检查安装质量和/或绝缘试验
	固体或液体绝缘的损坏（缺陷或泄漏）	定期检查液面 采用屏蔽电缆连接
隔离开关、负荷开关、接地开关	误操作	联锁 延时再分闸 采用不依赖人力的操动机构 负荷开关和接地开关具有关合能力 人员培训
螺栓联结和触头	腐蚀	使用防腐的被覆层和/或油脂 如有可能，用塑胶包封
	装配错误	用适当的方法检查装配质量
仪用互感器	铁磁谐振	采用合适的电路加以避免
断路器	维护不良	定期计划维修 人员培训
所有部位	运行人员的失误	用遮栏限制人员接近 带电部分包覆绝缘 人员培训
	在电场作用下老化	出厂时做局部放电试验
	污秽、潮气、尘埃和小生物的进入等	采取措施以保证达到规定的使用条件（见第2章） 采用充气隔室 较高的防护等级
	过电压	防雷保护 合适的绝缘配合 在现场进行绝缘试验
内部连接线	绝缘损坏	相间和相对地采用合适的电气间隙 采用绝缘的连接线，屏蔽型的优先

表 A2 限制内部故障后果的措施的实例

措施
用光敏、压敏、热敏检测器或用母线差动保护来加快清除故障的时间
遥控
压力释放装置
用单独的断路器来保护变压器，或用熔断器和负荷开关的组合（限制允通电流和故障持续时间）来保护变压器
气流的控制和冷却装置

A1 引言

预装式变电站发生电弧时伴随着许多物理现象。例如，在空气中或在开关设备和控制设备外壳内的其他绝缘气体中产生的电弧，它析出的能量将导致内部过压力和局部过热，在设备中造成机械的和热的应力。此外，内部的材料可能受热分解，产生气体或蒸汽，它们可能泄放到开关设备和预装式变电站外壳的外部。

本标准考虑到作用在面板、门、观察窗等部件上的过压力，也考虑到电弧或开关设备和控制设备外壳上的弧根的热效应以及喷射出的灼热气体和流动微粒的热效应，但以不损及隔板和活门为限。它不包括可能造成危害的全部效应，例如有毒的分解物。试验程序模拟了预装式变电站的正常安装和运行条件。

A2 可触及性的分类

对应于A5.3.2和A5.3.3给出的不同的试验条件。可触及性可以分成两类。外壳的各个侧面随操作条件的不同可以有不同的可触及性。

A类：有开启的门并从预装式变电站的外部进行操作的那些部分，经批准的人员方能触及。

B类：对可触及性不加限制的预装式变电站，包括公共场所使用的。所有的门必须关上并正确加锁。

A3 试验的准备

预装式变电站或其代表部分的选择以及电弧的引燃部位应协商确定。在每种情况下，应注意下列各点：

——试验应在先前未燃烧过电弧的预装式变电站或其代表部分上进行；

——安装条件应尽可能接近预装式变电站在正常使用时的安装条件；

——预装式变电站或其代表部分应完全装配好，某些内部元件允许采用与其具有相同体积和相同外层材料的模拟品替代；

——如有需要试验单元应在规定的地点接地；

电弧不应采用在使用条件下认为是不现实的方式引燃。

电弧应在下述部位引燃：

——在高压开关设备和控制设备、包括它的电缆隔室的内部引弧，以验证热分解产物的效应。如果高压开关设备和控制设备内部的电弧和电缆隔室中的电弧产生的气流相似，只需要在电缆隔室内或开关设备和控制设备内引燃电弧，进行一次试验。

——如果上一级没有使用对单台变压器的限流保护，或变压器不是用带接地屏蔽的电缆插头连接的，则应在变压器套管的外侧引弧。

A4 外施的电压和电流

A4.1 概述

预装式变电站应进行三相试验。试验时施加的短路电流应由制造厂规定。它可以等于或低于其高压开关设备和控制设备的额定短时耐受电流。

A4.2 电压

试验回路外施电压应等于预装式变电站的高压开关设备和控制设备的额定电压。如果满足下述条件，可以选择较低的电压：

a）电流实际上保持正弦波形；

b）电弧不致过早熄灭。

A4.3 电流

A4.3.1 交流分量

对预装式变电站电弧试验规定的短路电流，应整定在+5%～0的允差范围内，该允差仅对外施电压等于额定电压时的预期电流而言。该电流应保持恒定。

注：如果试验站达不到这一要求，试验应延长直到电流交流分量的积分等于规定值，允差应为-10%～0。有些情况下，至少在前三个半波内电流应等于规定值，且在试验终了时应不小于规定值的50%。

A4.3.2 直流分量

关合瞬间的选择，应使得流过任一边相的峰值电流的预期值是A4.3.1中规定的交流分量有效值的2.5倍（允差范围为+5%～0），并使另一边相也产生电流的大半波。如果电压低于额定电压，试验时预装式变电站短路电流的峰值应不低于预期峰值的90%。

A4.4 频率

当额定频率为50Hz或60Hz时，试验开始时的频率应在48Hz和62Hz之间。在其他频率下，偏离额定值应不超过±10%。

A4.5 试验的持续时间

电弧持续时间的选择与保护装置确定的电弧的可能的持续时间有关，通常应不超过1s。

对高压开关设备和控制设备具有压力释放装置的预装式变电站进行试验，仅为验证其抗压性能，电弧持续时间0.1s通常已经足够。

注：当电流不同于规定的试验电流时，要计算在该电流下的允许电弧持续时间一般是不可能的。试验过程中的最大压力通常不会因电弧时间较短而降低，因而不存在由于试验电流的减小而增加允许电弧持续时间的通用规则。

A5 试验程序

A5.1 电源回路

当预装式变电站用于中性点直接接地的高压电网，电源中性点才能接地。

应当注意不要让连接线改变了试验条件。

通常，在开关设备和控制设备的内部，可以从两个方向给电弧供电，选取的方向应是很可能产生最高应力的方向。

A5.2 电弧的引燃

电弧应使用直径0.5mm的金属线在相间引燃，或在各相导体被分隔时，在一相和地之间引燃。

如果带电部分用固体绝缘材料包覆时，电弧应在相邻相之间；或在各相导体被分隔时，在一相和地之间在下列部位引燃：

a）在绝缘包覆部分的接头或间隙处；

b）在现场制作（不是用经过型式的预制绝缘件）的绝缘接头处打孔。

除了情况b)，不应在固体绝缘上打孔。电源回路的供电线应是三相的，使故障能发展成三相故障。

引燃点的选择，应使电弧的效应在预装式变电站中产生最大的应力。如有怀疑，可能需要在预装式变电站上做一次以上的试验。

A5.3 指示器（用于观察气体的热效应）

A5.3.1 概述

指示器是一些黑色的棉布片，布置时不要让它们的切边朝向试验单元。应当注意不让它们能相互点燃，例如将它们固定在钢板制成的安装框上（见图A1），即可达到这个要求。指示器的尺寸约为150mm×150mm。

A5.3.2 A类可触及性

指示器应在预装式变电站的外部、高压开关设备和控制设备操作的一侧垂直地放置。

它们应放在高度为2m及以下，与封闭的开关设备和控制设备相距30（1±5%）cm的地方，面对气体很可能喷出的所有各点（例如接缝、观察窗和门）。如果预装式变电站的高度超过2m（见图A2），在距地面2m处，离封闭开关设备和控制设备30cm到80cm之间还应水平地安放指示器。

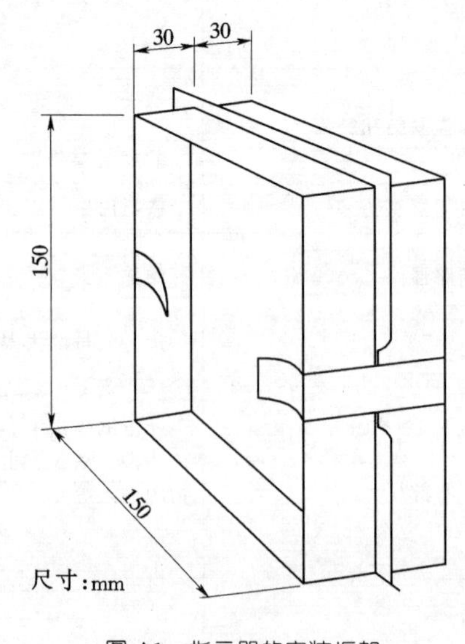

图A1 指示器的安装框架

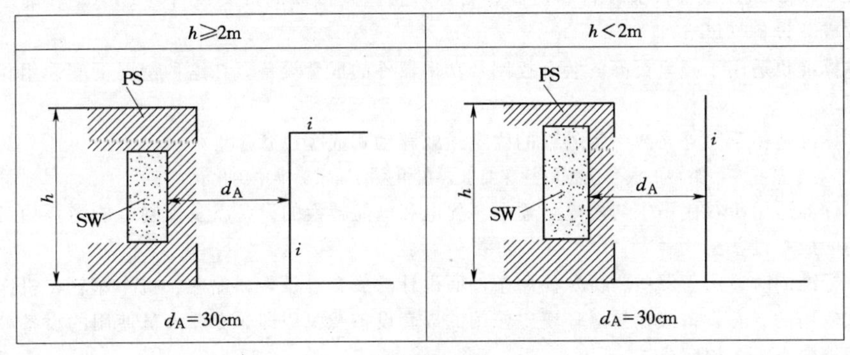

A类可触及性

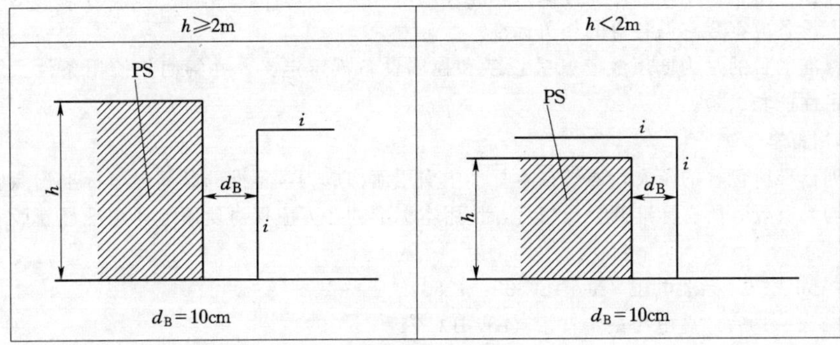

B类可触及性

图中：

i—指示器的位置；

h—预装式变电站的高度；

d_A—指示器到开关设备和控制设备的水平距离；

d_B—指示器到预装式变电站的水平距离；

SW—高压开关设备的控制设备；

PS—预装式变电站。

图A2 可触及性的类别

建议采用黑色的窗帘布（棉纤维制品，单位面积质量约为$150g/m^2$）作指示器。

如果高压开关设备已经在与预装式变电站中的安装条件相似的安装条件下进行了这项型式试验，并且采取适当的措施防止热气体朝操作的一侧喷出，这项试验可以不做。

A5.3.3 B类可触及性

指示器应在预装式变电站所有可触及的侧面附近垂直地放置。

它们应放在高度2m及以下，距预装式变电站10（1±5%）cm的地方，面对气体很可能喷出的所有各点（例如通风道和门）；在离地面2m处，离预装式变电站10cm到80cm之间还应水平地安放指示器。如果试验单元低于2m，指示器应水平地安放在其顶部，面对气体很可能喷出的所有各点，并靠近垂直指示器；在此情况下，垂直指示器的安放仅要求达到试验单元的实际高度（见图A2）。

建议采用黑色的棉麻细布（单位面积质量约为$40g/m^2$）作指示器。

A5.3.4 组合试验

如果预装式变电站从外部操作的部分已通过了A类可触及性试验（例如在门打开时），而且制造厂能证明，当门关上时，门不受预装式变电站内空气压力上升的影响，可以认为预装式变电站的这一部分通过了B类可触及性试验。如果在试验中，其余部分按B类可触及性进行试验，则可以认为整个变电站通过了B类可触及性试验。

A6 试验的评价

应使用下述判据来记录内部故障试验的结果：

判据1：

——防护门、面板等是否打开。

判据2：

——预装式变电站的能造成损害的部件是否飞出。这包括大的部件或有尖锐边角的部件，例如观察窗、压力释放帘板、盖板等。

判据3：

——电弧的燃烧以及其他效应是否在预装式变电站外壳的可自由触及的外表面上造成孔洞。

判据4：

——垂直放置的指示器（A5.3）是否点着。本判据不包括因涂料或粘合剂燃烧使指示器点着的情况。

判据5：

——水平安放的指示器（A5.3）是否点着。在试验中，如能证明是流动的微粒而不是热气体使指示器点着，可以认为已满足了评价判据的要求，用高速摄影机拍摄的照片可以作为判断的依据。

判据6：

——所有的接地连接线是否仍然有效。

A7 试验报告

试验报告中应给出如下资料：

——额定值和试验单元的描述，在图样中标明主要的尺寸、与机械强度相关的细节、压力释放帘板的布置以及把高压开关设备和控制设备固定到预装式变电站中的方法；

——试验连接线的布置；

——内部故障引燃的位置（点）和方法；

——根据可触及性类别确定的指示器的布置和材料；

——对预期或试验电流：

a）在最初三个半波内的交流分量有效值；

b）最大峰值；

c）实际试验持续时间内交流分量的平均值；

d）试验持续时间。

——电流和电压的示波图；

——试验结果的评价；

——其他相关的意见。

附 录 B
（标 准 的 附 录）
预装式变电站声级的检验

B1 目的

试验的目的是计算一台给定的单独变压器的声级与装在预装式变电站内的同一台变压器的声级的差别。

通过这两个数值的比较来评估预装式变电站外壳的声特性。不希望外壳增高变压器的声级。

试验数值仅对在额定电压和频率下的被试装置有效。如果所用的变电站装有不同的元件和部件，和/或连接到具有不同电源电压或频率的电网上，外壳的特性可以是不同的。

B2 试品

试验用的变压器应为规定预装式变电站额定值的最大额定容量和损耗的变压器。

试验用的预装式变电站应装配完整，包括所有的设备和配件。

B3 试验方法

试验应按 GB/T 7328 进行。GB/T 7328 规定了试验方法和沿变压器周围指定轮廓的 A—加权声级的计算方法。应采用同样的方法来测量预装式变电站的声级，这里外壳是声音的发射边界。测量方法应遵照 GB/T 7328 的有关规定，但对预装式变电站来说，测量装置应安放在离地面 1.5m 处。

在单独的变压器上和在带外壳的变压器上的试验，应在相同的环境条件下进行，以便采用同一环境修正值。

附录二 低压成套开关设备和控制设备

第一部分：型式试验和部分型式试验成套设备

（GB 7251.1—1997）

1 总则

1.1 范围与目的

本标准适用于在额定电压为交流不超过 1000V，频率不超过 1000Hz，额定电压为直流不超过 1500V 的低压成套开关设备和控制设备，包括型式试验的成套设备（TTA）和部分型式试验的成套设备（PTTA）。

本标准也适用于频率更高的装有控制及功率器件的成套设备。在这种情况下应采用相应的附加要求。

本标准适用于带外壳或不带外壳的固定式或移动式成套设备。

注：对于某些专门类型的成套设备的特殊要求，在相关的国家标准中给出。

本标准适用于在使用中与发电、输电、配电和电能转换的设备以及控制电能消耗的设备配套使用的成套设备。

本标准同时适用于那些为特殊使用条件而设计的成套设备，如船舶、机车车辆、机床、起重机械使用的成套设备或在易爆环境中使用的成套设备及民用即非专业人员使用的设备等，只要它们符合有关的规定要求。

本标准不适用于单独的元器件及自成一体的组件，诸如电机起动器、刀熔开关、电子设备等，以上设备应符合它们各自的相关标准。

本标准的目的是为低压成套开关设备和控制设备规定定义，并阐明其使用条件、结构要求、技术性能和试验。

1.2 引用标准

下列标准所包含的条文，通过在本标准中引用而构成为本标准的条文。本标准出版时，所示版本均为有效。所有标准都会被修订，使用本标准的各方应探讨使用下列标准最新版本的可能性。

GB 156—93 标准电压（neq IEC 38：1983）

GB 311—1997 高电压试验技术（eqv IEC 71-1：1993）

GB/T 2900.8—1995 电工术语 绝缘子（eqv IEC 50（471）：1984）

GB 4205—84 控制电气设备的操作件标准运动方向（eqv IEC 447：1974）

GB 4208—93 外壳防护等级（IP 代码）（eqv IEC 529：1989）

GB 5094—85 电气技术中的项目代号（eqv IEC 750：1983）

GB 7678—87 半导体自换相变流器（eqv IEC 146-2：1977）

GB 7947—87 绝缘导体和裸导体的颜色标志（neq IEC 446：1973）

GB 13539—92 低压熔断器（neq IEC 269：1986）

GB/T 14048.1—93 低压开关设备和控制设备 总则（eqv IEC 947-1：1988）

GB 14048.3—93 低压开关设备和控制设备 低压开关、隔离器、隔离开关及熔断器组合电器（eqv IEC 947-3：1990）

GB 14048.4—93 低压开关设备和控制设备 低压机电式接触器和电动机起动器（eqv IEC 947-4：1990）

IEC 50（441）：1984 国际电工词汇（IEV）第 441 章：开关设备、控制设备和熔断器

IEC 50（604）：1987 国际电工词汇（IEV）第 604 章：发电、输电及配电——运行

IEC 71-1：1976 绝缘配合 第 1 部分：名词术语、定义、原则及规则

IEC 73：1991 指示器和操作装置的颜色编码及其补充意义

IEC 99-1：1991 避雷器 第 1 部分：用于交流系统的阀式避雷器

IEC 112：1979　固体绝缘材料在潮湿条件下的相对起痕指数和耐起痕指数的测定方法

IEC 227-3：1993　额定电压450/750V以内（包括450/750V）的聚氯乙烯绝缘电缆　第3部分：用于固定接线的无护套电缆

IEC 227-4：1992　额定电压450/750V以内（包括450/750V）的聚氯乙烯绝缘电缆　第3部分：用于固定接线的有护套电缆

IEC 245-3：1994　额定电压450/750V以内（包括450/750V）的橡胶绝缘电缆　第3部分：耐热硅绝缘电缆

IEC 245-4：1994　额定电压450/750V以内（包括450/750V）的橡胶绝缘电缆　第4部分：软线和软电缆

IEC 364-3：1977　建筑物的电气装置　第3部分：一般性能的估计

IEC 364-4-41：1992　建筑物的电气装置　第4部分：保障安全的保护　第41章：电击防护

IEC 364-4-481：1993　建筑物的电气装置　第4部分：保障安全的保护　第481章：关于外部影响的电击防护措施的选择（在草拟中）

IEC 364-5-54：1980　建筑物的电气装置　第5部分：电气设备的选择与安装　第54章：接地装置和保护线

IEC 417：1973　设备用的图形符号　单页资料的汇编、一览表和索引

IEC 445：1988　以字母-数字区别电器接线点以及统一接线点标号规律的一般规定

IEC 502：1994　额定电压1kV到30kV的挤压固态介质绝缘电力电缆

IEC 664-1：1992　低压系统内设备的绝缘配合　第1部分：基本原理要求和试验

IEC 890：1987　用于低压开关设备和控制设备部分型式试验的成套设备（PTTA）的一种温升外推法

2　定义

本标准采用下列定义。

注：本章中的某些定义是从IEC 50（IEV）或其他IEC出版物中引用的，或原样引用或经过修改。

2.1　一般定义

2.1.1　低压成套开关设备和控制设备（以下简称为“成套设备”）low-voltage switchgear and controlgear assembly（ASSEMBLY）

由一个或多个低压开关设备和与之相关的控制、测量、信号、保护、调节等设备，由制造厂家负责完成所有内部的电气和机械的连接，用结构部件完整地组装在一起的一种组合体（见2.4）。

注

1　在本标准中，简称的“成套设备”意指低压成套开关设备和控制设备。

2　成套设备中的元件可以是机电的或电子的。

3　由于多种原因，例如运输或生产方面的原因，成套设备的某些工序可以在制造厂以外的地方进行。

2.1.1.1　型式试验的低压成套开关设备和控制设备（TTA）type-tested low-voltage switchgear and controlgear assembly（TTA）

符合一种确认的型号或系列的低压成套开关设备和控制设备，它与已通过验证认为符合本标准的定型成套设备相比，不存在可能会影响性能的差异。

注

1　在本标准中，用“TTA”来表示通过型式试验的低压成套开关设备和控制设备。

2　由于多种原因，例如运输或生产上的原因，成套设备的某些工序可以在制造厂以外的地方完成。只要这些成套设备是按照制造厂的规定完成的，而这些规定确实保证已定型的类型或系列成套设备符合本标准，其中包括出厂试验，这样的成套设备可视为通过型式试验的成套设备。

2.1.1.2　部分型式试验的低压成套开关设备和控制设备　partially type-tested low-voltage switchgear and controlgear assembly（PTTA）

一种低压成套开关设备和控制设备，它既包含通过型式试验的设备，也包括未经型式试验的设备，而后者是从符合有关试验的通过型式试验的设备派生（例如通过计算）出来的（见表7）。

注：在本标准中，用PTTA来表示通过部分型式试验的低压成套开关设备和控制设备。

2.1.2　主电路（成套设备的）　main circuit（of an ASSEMBLY）

在成套设备中，一条用来传输电能的电路上的所有导电部件。[IEV 441-13-02]

2.1.3　辅助电路（成套设备的）auxiliary circuit（of an ASSEMBLY）

在成套设备中，（除主电路以外的）用于控制、测量、信号、调节、处理数据等电路上的所有导电部件。[修改过的IEV 441-13-03]

注：成套设备的辅助电路包括开关电器的控制电路与辅助电路。

2.1.4　母线　busbar

一种可与几条电路分别连接的低阻抗导体。

注：母线这个术语与导体的几何形状、尺寸、截面积无关。

2.1.4.1　主母线　main busbar

连接一条或几条配电母线和（或）进线和出线单元的母线。

2.1.4.2　配电母线　distribution busbar

柜架单元内的一条母线，它连接在主母线上，并由它向出线单元供电。

2.1.5　功能单元　functional unit

它是成套设备的一个部分，由完成同一功能的所有电气设备和机械部件组成。

注：虽然连接在功能单元上，但位于隔室或封闭的防护空间外部的导体（例如连接公共隔室的辅助电缆）不视为功能单元的一部分。

2.1.6　进线单元　incoming unit

通过它把电能馈送到“成套设备”中去的一种功能单元。

2.1.7　出线单元　outgoing unit

通过它把电能输送给一个或多个出线电路的一种功能单元。

2.1.8　功能组　functional group

为完成某些运行功能而在电气上相互连接的几个功能单元的组合。

2.1.9　试验状态　test situation

成套设备或其部件在其主电路已断开（但不需形成隔离），而与其相关的辅助电路已接通，

并允许对其内部的器件进行操作试验时的一种状态。

2.1.10 分离状态 disconnected situation

相关的主电路和连带的辅助电路被分离（隔离）的成套设备或其一部分的一种位置。

2.1.11 连接状态 connected situation

相关的主电路和连带的辅助电路为其正常功能连接好的成套设备或其一部分的一种位置。

2.2 成套设备结构单元

2.2.1 柜架单元（见图C4） section

成套设备中两个相邻的垂直分界面之间的结构部件。

2.2.2 框架单元 sub-section

柜架单元内的两个相邻的水平分界面之间的结构部件。

2.2.3 隔室 compartment

除非进行内部接线、调整或通风时才需打开外，通常总是封闭着的一种柜架单元或框架单元。

2.2.4 带挡板的柜架单元或框架单元 barriered section or sub-section

为防止拆装元件时直接接触邻近设备而设计和配备的一种带挡板的柜架单元或框架单元。

2.2.5 运输单元 transport unit

不必进行拆卸即可适合于运输的完整的成套设备或其中一部分。

2.2.6 固定式部件（见图C9） fixed part

由组装在公共支架上并在其上配线的元件组成，而且它是设计成固定安装的（见7.6.3）。

2.2.7 可移式部件 removable part

即使在与其连接的电路可能带电的情况下，也可从成套设备中完整地取出和放回的一种部件。

2.2.8 抽出式部件（见图C10） withdrawable part

可以从连接位置移动到分离位置和试验位置同时应保持与成套设备的机械连接的可移式部件。

注：此隔离距离可以仅与主电路有关，或与主电路及辅助电路都有关（见2.2.11），亦见表7。

2.2.9 连接位置 connected position

可移式部件或抽出式部件为保证其正常的设计功能而处于完好的连接状态的一种位置。

2.2.10 试验位置 test position

抽出式部件的一种位置，在此位置上，有关的主电路已与电源断开但没有必要完全形成隔离距离，而辅助电路已连接好，允许对抽出式部件进行运行试验，此时该部件仍与成套设备保持机械上的连接。

注：不利用抽出式部件的任何机械运动，而利用操作适当部件亦可实现主电路开路。

2.2.11 分离位置（隔离位置） disconnected position (isolated position)

抽出式部件的一种位置，在该位置时，主电路和辅助电路的隔离距离已达到要求（见7.1.2.2），而抽出式部件与成套设备仍保持机械连接。

注：此隔离距离亦可以靠操作适当的部件来达到，而不是靠抽出式部件的任何机械运动。

2.2.12 移出位置 removed position

可移式部件或抽出式部件移至成套设备外部，并与成套设备在机械上和电气上均脱离的一种位置。

2.2.13 功能单元的电气连接 electrical connections of functional units

2.2.13.1 固定连接 fixed connection

利用工具进行连接或分离的一种连接。

2.2.13.2 可分离连接 disconnectable connection

利用手操作而不需要工具进行连接或分离的一种连接。

2.2.13.3 可抽出式连接 withdrawable connection

利用功能单元实现连接或分离状态的一种连接。

2.3 成套设备外形设计

2.3.1 开启式成套设备（见图C1） open-type ASSEMBLY

一种由支撑电气设备的支撑结构所组成的成套设备，此电气设备的带电部件易被触及。

2.3.2 固定面板式成套设备（见图C2） dead-front ASSEMBLY

带有前护板的开启式成套设备，该前护板正面的防护等级至少为IP2X，而其他面仍易触及带电部件。

2.3.3 封闭式成套设备 enclosed ASSEMBLY

（除安装面外）所有表面都封闭的成套设备，整个设备的防护等级不低于IP2X。

2.3.3.1 柜式成套设备（见图C3） cubicle-type ASSEMBLY

通常是指一种封闭的立式成套设备，它可以由若干个柜架单元、框架单元或隔室组成。

2.3.3.2 柜组式成套设备（见图C4） multi-cubicle-type ASSEMBLY

数个柜式成套设备机械地组合在一起的一种组合体。

2.3.3.3 台式成套设备（见图C5） desk-type ASSEMBLY

带有水平或倾斜面板，或二者兼有的封闭式成套设备，它配有控制、测量、信号等器件。

2.3.3.4 箱式成套设备 box-type ASSEMBLY

通常是指安装在垂直面上的一种封闭式成套设备。

2.3.3.5 箱组式成套设备（见图C6） multi-box-type ASSEMBLY

数个箱式成套设备机械地组合在一起的一种组合体，它可带有或不带有公共支架，可通过两个相邻的箱式成套设备的邻接面的孔进行电气连接。

2.3.4 母线干线系统（母线槽）（见图C7） busbar trunking system (busway)

导线系统形式的通过型式试验的成套设备，该导线系统由母线构成，这些母线在走线槽或类似的壳体中，并由绝缘材料支撑或隔开。[修改过的IEV 441-12-07]

该成套设备包括以下单元：

——带分接装置或不带分接装置的母线干线单元；

——换相单元、膨胀单元、弯曲单元、馈电单元和变容单元；

——分接单元。

注："母线"这个术语与导线的几何形状、尺寸、截面积无关。

2.4 成套设备结构部件

2.4.1 支撑结构（见图 C1） supporting structure

是成套设备的组成部分，用来支撑成套设备中的各种元件和外壳（如有外壳的话）。

2.4.2 安装结构（见图 C8） mounting structure

用来支撑封闭式成套设备的一种结构部件，但是它不作为成套设备的组成部分。

2.4.3 安装板*）（见图 C9） mounting panel

用于支撑各种元件并且适合于在成套设备中安装的板。

2.4.4 安装框架*）（见图 C9） mounting frame

用于支撑各种元件并且适合于在成套设备中安装的一种框架。

2.4.5 外壳 enclosure

外壳是保护设备免受某些外部因素影响，并使设备在各个方向不被直接接触及的一种部件，其防护等级至少为 IP2X。

2.4.6 覆板 cover

成套设备外壳上的一种部件。

2.4.7 门 door

一种带铰链的或可滑动的覆板。

2.4.8 可移式覆板 removable cover

用来遮盖外壳上的开口的一种覆板，当进行某些操作或检修时，可将其移开。

2.4.9 盖板 cover plate

通常是指箱式成套设备上（见 2.3.3.4）的一种部件，用它来遮盖外壳上的开口。用螺钉或类似方法将其固定，设备投入运行后一般不再拆卸。

注：此盖板上可配备电缆入口。

2.4.10 隔板 partition

用来将一个隔室与其他隔室隔开的一种部件。

2.4.11 挡板 barrier

用以对来自入口处（防护等级至少为 IP2X）各个方向的直接接触和来自开关器件以及类似器件（如有的话）的电弧进行防护的一种部件。

2.4.12 屏障 obstacle

用来防止无意识的直接接触，但不能防止有意的行动的一种部件。

2.4.13 活动挡板 shutter

可以在下述两种位置移动的部件：

——它移动到这一位置时，允许可移式或抽出式部件的动触点和静触点接合。

——它移动到另一个位置时，作为覆板和隔板，从而将静触点屏蔽起来。[修改过的 IEV 441-13-07]

2.4.14 电缆入口 cable entry

一种带有开口的部件可以将电缆从此开口处引入成套设备中。

注：电缆入口同时可以兼作电缆封装接头。

2.4.15 备用空间 spare spaces

2.4.15.1 自由空间 free space

柜架单元中空的部分。

2.4.15.2 无装配的空间 unequipped space

柜架单元中仅连接母线的部分。

2.4.15.3 部分装配的空间 partially equipped space

柜架单元中功能单元以外空间全部被安装。被安装的功能单元根据它的模数尺寸确定。

2.4.15.4 全部装配的空间 fully equipped space

柜架单元中全部安装了功能单元，但这些功能单元为不指定用途的备用单元。

2.4.16 封闭的防护空间 enclosed protected space

成套设备的一种部件，用来将电器元件封闭起来并提供规定的防护以防止外界的影响和接触带电部件。

2.5 成套设备安装条件

2.5.1 户内式成套设备 ASSEMBLY for indoor installation

满足本标准 6.1 中所规定的户内正常使用条件的成套设备。

2.5.2 户外式成套设备 ASSEMBLY for outdoor installation

满足本标准 6.1 中所规定的户外正常使用条件的成套设备。

2.5.3 固定式成套设备 stationary ASSEMBLY

固定在安装位置上，例如固定在地面或墙上，并在此位置上使用。

2.5.4 可移式成套设备 movable ASSEMBLY

能够容易地从一个使用地点移动到另一个使用地点的成套设备。

2.6 电击的防护措施

2.6.1 带电部件 live part

在正常使用中用以通电的导体或导电部件，包括中性导体，但不包括中性保护导体（PEN 导体）。[IEV 826-03-01]

注：此词条不一定包含有触电危险的意思。

2.6.2 裸露导电部件 exposed conductive part

电气设备的一种可触及的导电部件，它通常不带电，但在故障情况下可能带电。[修改过的 IEV 826-03-02]

2.6.3 保护导体（PE） protective conductor（PE）

为防止发生电击危险而与下列部件进行电气连接的一种导体：

——裸露导电部件；

---

*）如果这些结构部件同电器元件组合在一起，它们本身就可构成独立的成套设备。

——外部导电部件；

——主接地端子；

——接地电极；

——电源的接地点或人为的中性接点。

2.6.4 中性导体（N） neutral conductor（N）

与系统的中性点连接，并能够传输电能的一种导体。

2.6.5 中性保护导体（PEN） PEN conductor

一种同时具有中性导体和保护导体功能的接地导体。[修改过的 IEV 826-04-06]

2.6.6 故障电流 fault current

由于绝缘破坏或短路而产生的电流。

2.6.7 接地故障电流 earth fault current

流入接地点的故障电流。

2.6.8 对直接触电的防护 protection against direct contact

防止人体与带电部件产生危险接触的一种防护。

2.6.9 对间接触电的防护 protection against indirect contact

防止人体与裸露导电部件产生危险接触的一种防护。

2.7 成套设备内部通道

2.7.1 成套设备内部的操作通道 operating gangway within an ASSEMBLY

操作者对成套设备进行特定的操作和监视所必需的空间。

2.7.2 成套设备内部的维修通道 maintenance gangway within an ASSEMBLY

为指定人员进入对设备进行维修而留出的空间。

2.8 电气功能

2.8.1 屏蔽 screening

用来保护导体或设备免受干扰，尤其是来自其他导体或设备的电磁辐射所造成的干扰的一种保护装置。

2.9 绝缘配合

2.9.1 电气间隙 clearance

不同电位的两导电部件间的空间直线距离。[IEC 947-1 的 2.5.4.6] [IEV 441-17-31]

2.9.2 隔离距离（机械式开关电器一个极的） isolating distance（of a pole of a mechanical switching device）

满足对隔离器的安全要求所规定的断开触头间的电气间隙。[IEC 947-1 的 2.5.50] [IEV 441-17-35]

2.9.3 爬电距离 creepage distance

不同电位的两个导电部件之间沿绝缘材料表面的最短距离。[IEC 947-1 的 2.2.5.1] [修改后的 IEV 471-01-08]

注：两个绝缘材料之间的接合处亦被视为上述表面。

2.9.4 工作电压 working voltage

在开路条件或正常工作条件下，并不考虑瞬态，在额定电源电压下，可能在任何绝缘间（局部地）出现的最高交流电压方均根值或最高直流电压值。[IEC 947-1 的 2.5.52]

2.9.5 暂时过电压 temporary overvoltage

指定部位上出现的较长时间（数秒钟）的相-地、相-中性线、相-相过电压。[IEC 947-1 的 2.5.53] [修改过的 IEV 604-03-12]

2.9.6 瞬态过电压 transient overvoltages

瞬态过电压在本标准中的含义如下所述 [IEC 947-1 的 2.5.54]：

2.9.6.1 通断过电压 switching overvoltage

由于特定的通断操作或故障，在一个系统中给定部位上出现的瞬态过电压。[IEC 947-1 的 2.5.54.1] [修改过的 IEV 604-03-29]

2.9.6.2 雷击过电压 lightning overvoltage

由于特定的雷击放电，在一个系统中给定部位上出现的瞬态过电压（亦见 IEC 60 和 IEC 71-1）。[IEC 947-1 的 2.5.54.2]

2.9.7 冲击耐受电压 impulse withstand voltage

具有一定波形和极性的冲击电压的最高峰值，它在规定的试验条件下不会造成击穿。[IEC 947-1 的 2.5.55]

2.9.8 工频耐受电压 power frequency withstand voltage

在规定的试验条件下不会引起击穿的工频正弦电压的方均根值。[IEC 947-1 的 2.5.56] [修改过的 IEV 604-03-40]

2.9.9 污染 pollution

能够影响介电强度或表面电阻率的所有外界物质的状况，如固态、液态或气态（游离气体）。[IEC 947-1 的 2.5.57]

2.9.10 污染等级（环境条件的） pollution degree（of environmental conditions）

根据导电的或吸湿的尘埃，游离气体或盐类和由于吸湿或凝露导致表面介电强度或电阻率下降事件发生的频度而对环境条件作出的分级。

注

1 设备或元件的绝缘材料所处的污染等级是与设备或元件所处的宏观环境的污染等级不同的，因为由外壳或内部加热提供了防止吸湿和凝露的保护。

2 本标准中的污染等级系指微观环境中的污染等级。[IEC 947-1 的 2.5.58]

2.9.11 微观环境（电气间隙或爬电距离的） micro-environment（of a clearance or creepage distance）指所考虑的电气间隙和爬电距离周围的环境条件

注：是由电气间隙或爬电距离的微观环境确定绝缘的效果，而不是由成套设备或元件的环境来确定。微观环境可以比成套设备或元件所处的环境好，也可以比它差。它包含了所有影响绝缘性能的因素，例如气候条件、电磁作用、污染的产生等。[修改过的 IEC 947-1 的 2.5.59]

2.9.12 过电压类别（一条电路的或一个电气系统内的） overvoltage category（of a circuit or within an electrical system）

根据限定（或控制）电路中（或具有不同标称电压的电气系统中）产生的预期瞬态过电压和以限制过电压而采用的方法为基础而确定的分类。

注：在一个电气系统中，通过采用适当的方法可从一个过电压类别向一个较低的过电压类别转换，

例如采用过电压保护装置或能吸收、消耗或转换浪涌电流能量的串并联阻抗，把瞬时过电压降低到预期的较低过电压类别。[IEC 947-1 的 2.5.60]

2.9.13 浪涌抑制器 surge arrester

此器件用来保护电器设备以防止较高的瞬态过电压，并用来限制持续电流的持续时间，也常用来限制持续电流的幅值。[IEC 947-1 的 2.2.22] [IEV 604-03-51]

2.9.14 绝缘配合 co-ordination of insulation

电气设备的绝缘特性，一方面与预期过电压和过压保护装置的特性有关；另一方面与预期的微观环境和污染防护方式有关。[IEC 947-1 的 2.5.61] [修改过的 IEV 604-03-08]

2.9.15 均匀电场 homogenous (uniform) field

电极之间的电压梯度基本恒定的电场，例如在两球之间，每个球体的半径均大于二者之间的距离的电场。[IEC 947-1 的 2.5.62]

2.9.16 非均匀电场 inhomogeneous (non-uniform) field

电极之间的电压梯度不恒定的电场。[IEC 947-1 的 2.5.63]

2.9.17 漏电起痕 tracking

固体绝缘材料的表面由于电场和电解液的共同作用而逐渐形成的导电通路的过程。[IEC 947-1 的 2.5.64]

2.9.18 相比漏电起痕指数 (CTI) comparative tracking index (CTI)

一种材料经受 50 滴规定的试验溶液而不出现漏电痕迹的最大电压值，单位用伏表示。

注： 每个试验电压值和 CTI 值应是 25 的倍数。[IEC 947-1 的 2.5.65]

2.10 短路电流 short-circuit currents

2.10.1 短路电流 (I_c)（成套设备中的一条电路的）short-circuit current (I_c) (of a circuit of an ASSEMBLY)

在一条电路中，由于故障或错误连接造成的短路而导致的过电流。[IEC 947-1 的 2.1.6] [修改过的 IEV 441-11-07]

2.10.2 预期短路电流 (I_{cp})（成套设备中一条电路的） prospective short-circuit current (I_{cp}) (of a circuit of an ASSEMBLY)

在尽可能接近成套设备电源端，用一根阻抗忽略不计的导体使电路的供电导体短路时流过的电流。

2.10.3 截断电流；允通电流 cut-off current; let-through current

开关电器或熔断器在分断动作时达到的最大瞬时电流值。[IEV 441-17-12]

注： 在开关电器或熔断器工作于不能满足预期峰值电流分断的情况下，这一概念尤为重要。

3 成套设备的分类

成套设备按下述各项分类：

——外形设计（见 2.3）；

——安装场所（见 2.5.1 和 2.5.2）；

——安装条件，（指设备的移动能力）（见 2.5.3 和 2.5.4）；

——防护等级（见 7.2.1）；

——外壳形式；

——安装方法，例如：固定式或可移动式部件（见 7.6.3 和 7.6.4）；

——对人身的防护措施（见 7.4）；

——内部隔离形式（见 7.7）；

——功能单元的电气连接形式（见 7.11）。

4 成套设备的电气性能

成套设备是由以下电气性能确定的。

4.1 额定电压

成套设备的额定电压按该设备各电路的下述额定电压确定。

4.1.1 额定工作电压（成套设备一条电路的）

成套设备中某一条电路的额定工作电压 (U_e) 是指和该电路中的额定电流共同决定设备使用条件的电压值。

对于多相电路，系指相同电压。

注： 控制电路额定电压的标准值由电器元件的有关标准确定。

成套设备的制造厂家必须对保证主电路和辅助电路正常运行的电压极限值作出规定。在任何情况下，这些电压极限值必须是这样的，即在正常负载条件下，电气元件控制电路端的电压要保持在相关的国家标准中规定的极限值内。

4.1.2 额定绝缘电压 (U_i)（成套设备中一条电路的）

成套设备中一条电路的额定绝缘电压 (U_i) ——介电试验电压和爬电距离都参照此电压值确定。

成套设备任何一条电路的最大额定工作电压不允许超过其额定绝缘电压。成套设备任一电路的工作电压，即使在暂时，也不得超过其额定绝缘电压的 110%。

注： 对于 IT 系统的单相电路（见 IEC 364-3）额定绝缘电压应至少等于电源的相间电压。

4.1.3 额定冲击耐受电压 (U_{imp})（成套设备中一条电路的）

在规定的试验条件下，成套设备的电路能够承受的规定波形和极性的脉冲电压峰值，而且电气间隙值参照此电压值确定。

成套设备中一条电路的额定冲击耐受电压应等于或高于成套设备所在系统中出现的瞬态过电压规定值。

注： 额定冲击耐受电压的推荐值在表 13 中给出。

4.2 额定电流（成套设备中一条电路的）

成套设备中的某一电路的额定电流由制造厂根据其内装电气设备的额定值及其布置和应用情况来确定。当按照 8.2.1 进行验证时，必须通此电流，且装置内各部件的温升不超过 7.3（表 3）所规定的限值。

注： 由于确定额定电流的因素很复杂，因此不能给出标准值。

4.3 额定短时耐受电流 (I_{cw})（成套设备中一条电路的）

成套设备中一条电路的额定短时耐受电流是指由制造厂给出的，该电路在 8.2.3 规定的试验条件下能安全承载的短时耐受电流方均根值。除非制造厂另外规定，该时间为 1s。[修改过

的 IEV 441-17-17]

对于交流，此电流值是交流分量的方均根值，并假设可能出现的最高峰值不超过方均根值的 n 倍，系数 n 在 7.5.3 中给出。

注

1 如果时间小于 1s，应规定额定短时耐受电流及时间，例如 20kA，0.2s。

2 当试验在额定工作电压下进行时，额定短时耐受电流可以是预期电流，当试验在较低电压下进行时，它可以是实际电流。如果试验在最大额定工作电压下进行，此额定值则与本标准中确定的额定预期短路电流相同。

4.4 额定峰值耐受电流（I_{pk}）（成套设备中一条电路的）

成套设备中一条电路的额定峰值耐受电流是指在 8.2.3 规定的试验条件下，制造厂规定此电路能够圆满地承受的峰值电流（亦见 7.5.3）。[修改过的 IEV 441-17-18]

4.5 额定限制短路电流（I_{cc}）（成套设备中一条电路的）

成套设备中一条电路的额定限制短路电流是指在 8.2.3 规定的试验条件下，用制造厂规定的短路保护器件进行保护的电路在保护装置动作的时间内能够圆满承受的预期短路电流值（亦见 7.5.2）。

关于短路保护器件的详细规定应由制造厂给出。

注

1 对于交流而言，额定限制短路电流是交流分量的方均根值。

2 短路保护器件既可以作为成套设备的组成部分，也可以作为独立的单元。

4.6 额定熔断短路电流（I_{cf}）（成套设备中一条电路的）

成套设备中一条电路的额定熔断短路电流是指当短路保护器件是熔断器时，此电路的额定限制短路电流。[修改过的 IEV 441-17-21]

4.7 额定分散系数

成套设备中或成套设备一个部分中（例如一个柜架单元或框架单元）有若干主电路，在任一时刻所有主电路通过的电流最大值的总和与该成套设备或该成套设备的选定部分的所有主电路额定电流总和的比值，即为额定分散系数。

如果制造厂给出了额定分散系数，此系数将用于按照 8.2.1 进行的温升试验中。

注：在没有实际电流资料的情况下，可采用表 1 常用数据：

表 1 额定分散系数

主电路数	分散系数
2 与 3	0.9
4 与 5	0.8
6～9（包括 9）	0.7
10 及以上	0.6

4.8 额定频率

成套设备的额定频率是指设备标明的与其工作条件有关的频率值。

如果成套设备的电路选用了不同的频率值并依此而设计，则应给出各条电路的额定频率值。

注：频率值应限制在内装电器元件相应的国家标准中所规定的范围以内。如果成套设备的制造厂没有其他规定，允许限制在额定频率的 98%～102% 范围内。

5 提供成套设备的资料

5.1 铭牌

每台成套设备应配备一至数个铭牌，铭牌应坚固、耐久，其位置应该是在成套设备安装好后，易于看见的地方，而且字迹要清楚。

a）和 b）项中的资料应在铭牌上标出。

从 c）～q）项的数据，如果适用的话，可以在铭牌上给出，也可以在制造厂的技术文件中给出。

a）制造厂名称或商标；

注：制造厂是对完整的成套设备承担责任的机构。

b）型号或标志号，或其他标记，据此可以从制造厂里得到有关的资料；

c）GB 7251.1；

d）电流类型（以及在交流情况下的频率）；

e）额定工作规范（见 4.1.1）；

f）额定绝缘电压（见 4.1.2）；

注：如制造厂已标明，可标为额定冲击耐受电压（见 4.1.3）。

g）辅助电路的额定电压；

h）工作范围（见第 4 章）；

j）每条电路的额定电流（见 4.2）；

k）短路强度（见 7.5.2）；

l）防护等级（见 7.2.1）；

m）对人身的防护措施（见 7.4）；

n）户内使用条件、户外使用条件或特殊使用条件（如果不同于 6.1 中给出的正常使用条件）；

注：如制造厂已标明，则为污染等级（见 6.1.2.3）。

o）为成套设备所设计的系统接地型式；

p）外形尺寸，其顺序为高度、宽度（或长度）、深度（见附录 C 的图 C3 和 C4），（不适用于 PTTA）；

q）重量（不适用于 PTTA）；

r）内部隔离形式（见 7.7）；

s）功能单元的电气连接形式（见 7.11）。

5.2 标志

在成套设备内部，应能辨别出单独的电路及其保护器件。

如果要标明成套设备电器元件的项目，所用的标记应与随同成套设备一起提供的接线图上的标记一致，而且应符合 GB 5094（IEC 750）。

5.3 安装、操作和维修说明书

在制造厂的技术文件或产品目录中，应当规定成套设备及设备内电气元件的安装、操作和维修条件。

如果有必要，成套设备的运输、安装和操作说明书上应指出某些方法，这些方法对合理地、正确地安装、交付使用与操作成套设备是极为重要的。

必要时，上述文件中应给出推荐的维修范围和维修周期。

如果电器元件的安装排列使电路的识别不很明显，则应提供有关资料，诸如接线图或接线表。

6 使用条件

6.1 正常使用条件

符合本标准的成套设备适用于下述使用条件。

注：如果使用的元件，例如继电器、电子设备等不是按这些条件设计的，那么应采取适当的措施以保证其正常工作（见 7.6.2.4 第二段）。

6.1.1 周围空气温度

6.1.1.1 户内成套设备的周围空气温度

周围空气温度不得超过＋40℃，而且在 24h 内其平均温度不得超过＋35℃。

周围空气温度的下限为－5℃。

6.1.1.2 户外成套设备的周围空气温度

周围空气温度不得超过＋40℃，而且在 24h 内其平均温度不超过＋35℃。周围空气温度的下限为：

——温带地区为－25℃；

——严寒地区为－50℃。

注：如在严寒地区使用成套设备，制造厂与用户之间需要达成一个专门的协议。

6.1.2 大气条件

6.1.2.1 户内成套设备的大气条件

空气清洁，在最高温度为＋40℃时，其相对湿度不得超过 50％。在较低温度时，允许有较大的相对湿度。例如：＋20℃时相对湿度为 90％。但应考虑到由于温度的变化，有可能会偶然地产生适度的凝露。

6.1.2.2 户外成套设备的大气条件

最高温度为＋25℃时，相对湿度短时可高达 100％。

6.1.2.3 污染等级

污染等级（见 2.9.10）指成套设备所处的环境条件。

对外壳内的开关器件或元件，可使用外壳内环境条件的污染等级。

为了确定电气间隙和爬电距离，确立了以下四个微观环境的污染等级（在表 14 和 16 中给出了按照不同的污染等级规定的电气间隙和爬电距离）：

污染等级 1：

无污染或仅有干燥的非导电性污染。

污染等级 2：

一般情况下，只有非导电性污染。但是，也应考虑到偶然由于凝露造成的暂时的导电性。

污染等级 3：

存在导电性污染，或者由于凝露使干燥的非导电性污染变成导电性的污染。

污染等级 4：

造成持久性的导电性污染，例如由于导电尘埃或雨雪造成的污染。

工业用途的污染等级标准：

如果没有其他规定，工业用途的成套设备一般在污染等级 3 环境中使用。而其他污染等级可以根据特殊用途或微观环境考虑采用。

注：用于设备的微观环境污染等级可能受外壳内安装结构的影响。

6.1.3 海拔

安装场地的海拔不得超过 2000m。

注：对于在海拔高于 1000m 处使用的电子设备，有必要考虑介电强度的降低和空气冷却效果的减弱。打算在这些条件下使用的电子设备，应按照制造厂与用户之间的协议进行设计和使用。

6.2 特殊使用条件

如存在下述任何一种特殊使用条件，必须遵守适用的特殊要求或在制造厂与用户之间达成的专门协议。如果存在这类特殊使用条件的话，用户应向制造厂提出。

特殊使用条件列举如下：

6.2.1 温度值、相对湿度或海拔高度与 6.1 的规定不同。

6.2.2 在使用中，温度或气压急剧变化，以致在成套设备内易出现异常的凝露。

6.2.3 空气被尘埃、烟雾、腐蚀性微粒、放射性微粒、蒸汽或盐雾严重污染。

6.2.4 暴露在强电场或强磁场中。

6.2.5 暴露在高温中，例如太阳的直射或火炉的烘烤。

6.2.6 受霉菌或微生物侵蚀。

6.2.7 安装在有火灾或爆炸危险的场地。

6.2.8 遭受强烈振动或冲击。

6.2.9 安装在会使载流容量和分断能力受到影响的地方，例如将设备安装在机器中或嵌入墙内。

6.2.10 为解决电和辐射的干扰而采取的适当措施。

6.3 运输、储存和安置条件

6.3.1 如果运输、储存和安置时的条件例如温度和湿度条件与 6.1 中的规定不符时，应由用户与制造厂签订专门的协议。

如果没有其他的规定，温度范围在－25～＋55℃之间适用于运输和储存过程。在短时间内（不超过 24h）可达到＋70℃。

设备在未运行的情况下经受上述高温后，不应遭受任何不可恢复的损坏，然后在规定的条件下应能正常工作。

7 设计和结构

7.1 机械设计

7.1.1 总则

成套设备应由能够承受一定的机械应力、电气应力及热应力的材料构成，此材料还应能经得起正常使用时可能遇到的潮湿的影响。

为了确保防腐，成套设备应采用防腐材料或在裸露的表面涂上防腐层，同时还要考虑使用及维修条件。

所有的外壳或隔板包括门的闭锁器件、可抽出部件等应具有足够的机械强度以能够承受正常使用时所遇到的应力。

成套设备中电气元件和电路的布置应便于操作和维修，同时要保证必要的安全等级。

对于用绝缘材料制成的成套设备部件，应按照 8.2.8 验证其耐热、耐火能力及耐漏电起痕（如果适用），不需要对那些按自身要求进行试验的部件进行验证。

7.1.2 电气间隙、爬电距离和隔离距离

7.1.2.1 电气间隙和爬电距离

成套设备内电器元件的间距应符合各自相关标准中规定的距离，而且，在正常使用条件下也应保持此距离。

在成套设备内部布置电气元件时，应符合其规定的电气间隙和爬电距离或冲击耐受电压，同时要考虑相应的使用条件。

对于裸露的带电导体和端子（例如：母线、电器之间的连接、电缆接头），其电气间隙和爬电距离或冲击耐受电压至少应符合与其直接相连的电器元件的有关规定。

另外，异常情况（例如短路）不应永久性地将母线之间、连接线之间、母线与连接线之间（电缆除外）的电气间隙或介电强度减小到小于与其直接相连的电气元件所规定的值。亦见 8.2.2。

对于按照本标准中 8.2.2.6 进行试验的成套设备，在表 14 和表 16 中给出了最小值，在 7.1.2.3 中给出了试验电压值。

7.1.2.2 抽出式部件的隔离距离

如果功能单元安装在抽出式部件上，如设备处于新的条件下，隔离距离至少要符合隔离器[*]有关规定中的要求，同时要考虑到制造公差和由于磨损而造成的尺寸变化。

7.1.2.3 介电性能

当制造厂标明了成套设备一个电路或多个电路的额定冲击耐受电压时，则适用第 7.1.2.3.1～7.1.2.3.2 的要求，而且该电路应满足 8.2.2.6 和 8.2.2.7 规定的介电强度试验和验证。

在其他情况下，成套设备的电路应满足 8.2.2.2、8.2.2.3、8.2.2.4 和 8.2.2.5 规定的介电强度试验。

注：应提起注意，尽管如此，在此情况下，仍不能验证绝缘配合的要求。

以额定冲击耐受电压值为基础进行绝缘配合是最优选的。

7.1.2.3.1 总则

下述要求以 IEC 664－1 的原则为依据，并提供了在成套设备所处条件下设备的绝缘配合的可能性。

成套设备的电路应能承受附录 G 中给出的符合过电压类别的额定冲击耐受电压（见 4.1.3），或者如果适用的话，应能承受表 13 给出的相应的交流或直流电压。施加在隔离器件的隔离距离或抽出式部件的隔离距离上的耐受电压在表 15 中给出。

注：电源系统的标称电压与成套设备电路的冲击耐受电压之间的关系在附录 G 中给出。

对于给定的额定工作电压，额定冲击耐受电压不应低于附录 G 中给出的与成套设备使用处的电路电源系统标称电压相应值和适用的过电压类别。

7.1.2.3.2 主电路的冲击耐受电压

a）带电部件与接地部件之间，极与极之间的电气间隙应能承受表 13 给出的对应于额定冲击耐受电压的试验电压值。

b）对于处在隔离位置的抽出式部件，断开的触点之间的电气间隙应能承受表 15 给出的与额定冲击耐受电压相适应的试验电压值。

c）与 a）及 b）项的电气间隙有关联的固态绝缘应耐受 a）和 b）项规定的冲击电压。

7.1.2.3.3 辅助电路和控制电路的冲击耐受电压

a）以主电路的额定工作电压（没有任何减少过电压的措施）直接操作的辅助电路和控制电路应符合 7.1.2.3.2 中 a）和 c）项的要求。

b）不由主电路电压直接操作的辅助电路和控制电路，可以有与主电路不同的过电压承受能力。这类交流或直流电路的电气间隙和相关的固态绝缘应该承受附录 G 中给出的相应的电压值。

7.1.2.3.4 电气间隙

电气间隙应足以能够使电路可以承受 7.1.2.3.2 和 7.1.2.3.3 给出的试验电压值。

对于情况 B——均匀电场，电气间隙应大于表 14 给出的值。

与额定冲击耐受电压及污染等级有关的电气间隙，如果大于表 14 给出的关于情况 A——非均匀电场的值，则不要求进行冲击耐受电压试验。

测量电气间隙的方法在附录 F 中给出。

7.1.2.3.5 爬电距离

a）尺寸的选定

对于污染等级 1 和污染等级 2，爬电距离不应小于按照 7.1.2.3.4 选择的相关的电气间隙。对于污染等级 3 和污染等级 4，即使 7.1.2.3.4 中允许电气间隙小于情况 A 规定的值，爬电距离也不应小于情况 A 的电气间隙，以减少由于过电压引起击穿的危险性。

测量爬电距离的方法在附录 F 中给出。

爬电距离应符合 6.1.2.3 规定的污染等级和表 16 给出的在额定绝缘电压（或工作电压）下的相应的材料组别。

按照相比漏电起痕指数（CTI）（见 2.9.18）的数值范围，材料组别分类如下：

——材料组别Ⅰ　600≤CTI

——材料组别Ⅱ　400≤CTI<600

——材料组别Ⅲ。175≤CTI<400

——材料组别Ⅲb 100≤CTI<175

注

1 对于采用的绝缘材料，CTI的值参照了从IEC 112方法A中获得的值。

2 对于无机绝缘材料，例如玻璃或陶瓷，爬电距离不需要大于其相关的电气间隙。但必须是在考虑了击穿放电危险的前提下。

b）加强筋的使用

如果使用高度最小为2mm的加强筋，不考虑其数量，爬电距离可以减小至表16中的值的0.8倍。

根据机械要求来确定加强筋的最小底宽（见附录F，第F2章）。

c）特殊用途

对于打算在必须考虑绝缘故障的严重后果的场合下使用的电路，应改变表16中的一个或多个有影响的因素（距离、绝缘材料、微观环境中的污染），以使绝缘电压高于表16给出的电路的绝缘电压。

7.1.2.3.6 固态绝缘

固态绝缘的尺寸规格尚在考虑中。

7.1.2.3.7 隔开的电路之间的间隙

为了决定隔开的电路之间的电气间隙、爬电距离和固态绝缘的尺寸，应按最大的电压额定值选用（用于电气间隙和相关的固态绝缘的额定冲击耐受电压及用于爬电距离的额定绝缘电压）。

7.1.3 外接导线端子

7.1.3.1 制造厂应指出端子是适合于连接铜导线，还是适合于连接铝导线，或者是两者都适用。端子应有能与外接导线进行连接的设施如螺钉、连接件等，并保证维持适合于电器元件和电路的额定电流和短路强度所需要的接触压力。

7.1.3.2 在制造厂与用户之间无专门协议的情况下，端子应能适用于连接随额定电流而定的最小至最大截面积的铜导线和电缆（见附录A）。

如果使用铝导线，选用附录A的表A1C栏给出的尺寸最大的导线端子通常是能满足要求的。当使用最大尺寸的铝导线仍不能充分利用电路的额定电流时，应遵循制造厂与用户之间的协议，有必要提供下一档更大尺寸的铝导线的连接方法。

当低压小电流（小于1A，且交流电压低于50V或直流低于120V）的电子电路外接导线必须连接到成套设备上时，附录A中的表A1栏不再适用。

7.1.3.3 用于接线的有效空间应使规定材料的外接导线和芯线分开的多芯电缆能够正确地连接。

导线不应承受影响其寿命的应力。

7.1.3.4 如果制造厂与用户间无其他的协议，在带中性导体的三相电路中，中性导体的端子应允许连接具有下述载流量的铜导线：

——如果相导线的截面积尺寸大于$10mm^2$，则中性导体的载流量等于相导线载流量的一半，其截面积最小为$10mm^2$；

——如果相导线的截面积尺寸等于或小于$10mm^2$，中性线的载流量则等于相导线的载流量。

注

1 对于非铜质导线，上述截面积应以等效导电能力的截面积代替，此时可能需要较大尺寸的端子。

2 在某些使用场合，中性导体电流可能达到很高的数值，例如：大的荧光灯照明装置，此时中性线的载流量须与相导线的载流量相同，为此，制造厂与用户之间应有专门的协议。

7.1.3.5 如果需要提供一些用于中性导体、保护导体和中性保护导体出入的连接设施，它们安置在相应的相导线端子的附近。

7.1.3.6 电缆入口、盖板等应设计成在电缆正确安装好后，能够达到所规定的防触电措施和防护等级。也就是说电缆入口方式的选择要适合制造厂规定的使用条件。

7.1.3.7 端子标志

端子的标志应符合IEC 445的规定。

7.2 外壳及防护等级

7.2.1 防护等级

7.2.1.1 根据IEC 529（GB 4208），由成套设备提供的防止触及带电部件，外来固体的侵入和液体的溅入的防护等级用符号IP来标明。

对于户内使用的成套设备，如果没有防水的要求，下列IP值为优选参考值：

IP00，IP2X，IP3X，IP4X，IP5X

如果要求防水保护，表2给出了防护等级的优选值。

表2　优选的IP值

第一位特征数对触电与外界硬物的侵入的防护	第二位特征数　对水的有害进入的防护				
	1	2	3	4	5
2	IP21	—	—	—	—
3	IP31	IP32	—	—	—
4	—	IP42	IP43	—	—
5	—	—	IP53	IP54	IP55
6	—	—	—	IP64	IP65

7.2.1.2 封闭式成套设备在按照制造厂的说明书安装好后，其防护等级至少应为IP2X。

7.2.1.3 对于无附加防护设施的户外成套设备，第二位特征数字应至少为3。

注：对于户外成套设备，附加的防护措施可以是防护棚或类似设施。

7.2.1.4 如果没有其他规定，在按照制造厂的说明书进行安装（见7.1.3.6）时，制造厂给出的防护等级适用于整个成套设备，例如：必要时，可封闭成套设备敞开的安装面。在使用中被允许的人员需要接近成套装置的内部部件情况下，制造厂还应给出防止直接接触，固体外来物和水进入的防护等级（见7.4.6）。对于带有可移式和/或抽出式部件的成套装置见7.6.4.3。

7.2.1.5 如果成套设备的某个部分（例如：工作面）的防护等级与主体部分的防护等级不同，制造厂则应单独标出该部位的防护等级。例如：IP00——工作面IP20。

7.2.1.6 对于PTTA，除可按IEC 529（GB 4208）进行适当的验证，或者采用经过试验的预制外壳，否则不可给出IP值。

7.2.2 考虑大气湿度所采取的措施

户外成套设备或封闭式户内成套设备打算用于高湿度或温度变化范围很大的场所时，应作出适当的安排（通风或内部加热、排水孔等）以防止成套设备内产生有害的凝露。然而同时仍应保持规定的防护等级（对于内装的电器元件见 7.6.2.4）。

7.3 温升

当按照 8.2.1 进行验证时，成套设备的温升不应超过表 3 给出的限值。

注：一个元件或部件的温升是指按照 8.2.1.5 的要求所测得的该元件或部件的温度与成套设备外部环境空气温度的差值。

表 3　温升限值

成套设备的部件	温升，K
内装元件[1]	根据不同元件的有关要求，或（如有的话）根据制造厂的说明书，考虑成套设备内的温度
用于连接外部绝缘导线的端子	70[2]
母线和导线，连接到母线上的可移式部件和抽出式部件插接式触点	受下述条件限制： ——导电材料的机械强度； ——对相邻设备的可能影响； ——与导体接触的绝缘材料的允许温升极限； ——导体温度对与其相连的电器元件的影响； ——对于接插式触点，接触材料的性质和表面的加工处理
操作手柄： ——金属的 ——绝缘材料的 可接近的外壳和覆板： ——金属表面 ——绝缘表面	 15[3] 25[3] 30[4] 40[4]
分散排列的插头与插座	由组成设备的元器件的温升极限而定[5]

1）"内装元件"一词指：
——常用的开关元件和控制元件；
——电子部件（例如：整流桥、印刷电路）；
——设备的部件（例如：调节器、稳压电源、运算放大器）。

2）温升极限为 70K 是根据 8.2.1 的常规试验而定的数值。在安装条件下使用或试验的成套设备，由于接线、端子类型、种类、布置与试验（常规）所用的不尽相同，因此端子的温升会不同，这是允许的。

3）那些只有在成套设备打开后才能接触到的操作手柄，例如：事故操作手柄，抽出式手柄等，由于不经常操作，故允许有较高的温升。

4）除非另有规定，那些可以接触，但在正常工作情况下不需触及的外壳和覆板，允许其温升提高 10K。

5）就某些设备（如电子器件）而言，它们的温升限值不同于那些通常的开关设备和控制设备，因此有一定程度的伸缩性。

7.4 电击防护

当按照有关规定将成套设备安装在一个系统中时，下述要求可保证所需要的防护措施。

普遍可接受的防护措施可参照 IEC 364－4－41。

考虑到成套设备的特殊要求，那些对于成套设备尤为重要的防护措施再次细致地论述如下：

7.4.1 直接接触和间接接触的防护

7.4.1.1 用安全超低压防护

（见 IEC 364－4－41 中 411.1）。

7.4.2 直接接触的防护（见 2.6.8）

可利用成套设备本身适宜的结构措施，也可利用在安装过程中采取的附加措施来获得对直接接触的防护。这可能要求制造厂给出资料。

举一个采取附加措施的例子，在装有一个无进一步防护设施的开启式成套设备的场地，经过批准的人才允许进入。

可以选择下述一种或几种防护设施，并考虑下述条件中提出的要求。防护设施的选择应依从于制造厂和用户之间的协议。

注：制造厂的产品目录中给出的资料可以作为协议书。

7.4.2.1 带电部件的绝缘防护

用绝缘材料将带电部件完全包住，绝缘材料只有在被破坏后才能去掉。

绝缘材料应采用能够承受使用中可能遇到的机械、电和热应力的材料制成。

注：例如把带电部件用绝缘材料包裹，电缆即为一例。

通常单独使用的漆层、搪瓷或类似物品的绝缘强度不够，不能作为正常使用时的触电防护材料。

7.4.2.2 利用挡板或外壳进行防护

应遵守下述要求：

7.4.2.2.1 所有外壳的直接接触防护等级至少应为 IP2X 或 IPXXB，金属外壳与被保护的带电部件之间的距离不得小于 7.1.2 所规定的电气间隙和爬电距离，如果外壳是绝缘材料制成的则例外。

7.4.2.2.2 所有挡板和外壳均应安全地固定在其位置上。在考虑它们的特性、尺寸和排列的同时应使它们有足够的稳固性和耐久性以承受正常使用时可能出现的变形和应力，而不减少 7.4.2.2.1 规定的电气间隙。

7.4.2.2.3 在有必要移动挡板、打开外壳或拆卸外壳的部件（门、护套、覆板和同类物）时，应满足下述条件之一：

a）移动、打开或拆卸必需使用钥匙或工具。

b）在打开门之前，应使所有的带电部件断电，因为打开门后有可能意外地触及这些带电部件。

举例：用一个隔离器将一个门或几个门同时联锁，以使它们在隔离器断开时，才能被打开，而且在打开门的同时，隔离器不可能再闭合，除非解除联锁或使用工具。

如果由于操作原因，可以给成套设备装配上一个器件，此器件允许设备带电时，经过批准的人接近带电部件，当门重新关闭时，联锁应当自动地恢复。

c）应给成套设备装设一个内部屏障或活动挡板用来遮挡所有的带电部件，这样，在门被打开时，不会意外地触及带电部件。此屏障或活动挡板应符合 7.4.2.2.1（例外见 d）项）和 7.4.2.2.2。它们可以被固定在其位置上，或者在打开门的一瞬间滑入其位置上。除非使用钥匙或工具，否则屏障或活动挡板不可能取下。

一般均需加警告标志。

d）对挡板或外壳后面的所有带电部件需要做临时处理时（例如：更换灯泡和熔芯），如果下列条件得到满足，也可以不用钥匙或工具，并在开关不断开时可以移动、打开或拆卸挡板或外壳：

——在挡板或外壳里面设置一屏障，以便防止人员意外碰到不带其他保护设施的带电部件。但此屏障不必防止有关人员故意用手越过挡板去触及带电部件，不用钥匙或工具不能移动这层屏障。

——如果带电部件的电压符合安全超低压的条件，不须进行防护。

7.4.2.3 利用屏障进行防护

此措施适用于开启式成套设备，见 IEC 364-4-41 中 412.3。

7.4.3 对间接接触的防护（见 2.6.9）

用户应说明适合于成套设备安装的防护措施。尤其要注意 IEC 364-4-41 中规定的对整个装置防止间接接触的要求，例如采用保护导体。

7.4.3.1 利用保护电路进行防护

成套设备中的保护电路可由单独的保护导体或导电结构部件组成，或由两者共同组成。它提供下述保护：

——防止成套设备内部故障引起的后果；

——防止向成套设备供电的外部电路的故障引起的后果。

在下述条款中给出了保护电路的要求：

7.4.3.1.1 应在结构上采取措施以保证成套设备裸露导电部件之间（见 7.4.3.1.5）以及这些部件和保护电路之间（见 7.4.3.1.6）的电连续性。

对于 PTTA，除非采用通过型式试验的安排，或按照 8.2.3.1.1～8.2.3.1.3 不需要进行短路强度的验证，否则，保护电路应使用单独的保护导体，而且把它安置在母线电磁力的影响可以被忽略的位置。

7.4.3.1.2 成套设备的裸露导电部件在下述情况下不会构成危险，则不需与保护电路连接：

——不可能大面积接触或用手抓住。

——或者由于裸露导电部件很小（大约 50mm×50mm），或者被固定在其位置上时，不可能与带电部件接触。

这适用于螺钉、铆钉和铭牌。也适用于接触器或继电器的衔铁，变压器的铁芯（除非它们带有连接保护电路的端子），脱扣器的某些部件等，不论其尺寸大小。

7.4.3.1.3 手动操作装置（手柄、转轮等）应：

——安全可靠地同已连接到保护电路上的部件进行电气连接。

——或带有辅助绝缘物，以将手动操作装置同成套设备的其他导电部件互相绝缘。此绝缘物至少应与手动操作装置所属器件的最大绝缘电压等级一样。

操作时通常用手握的手动操作的部件最好采用符合成套设备的最大绝缘电压的绝缘材料来制作或作为护套。

7.4.3.1.4 用漆层或搪瓷覆盖的金属部件一般认为没有足够的绝缘能力以满足这些要求。

7.4.3.1.5 应通过直接的相互有效连接，或通过由保护导体完成的相互有效连接以确保保护电路的连续性。

a）当把成套设备的一个部件从外壳中取出时，例如：进行例行维修，成套设备其余部分的保护电路不应当被切断。

如果采用的措施能够保证保护电路有持久良好的导电能力，而且载流容量足以承受成套设备中流过的接地故障电流，那么，组装成套设备的各种金属部件则被认为能够有效地保证保护电路的连续性。

注：软金属管不能用作保护导体。

b）如果可移式或抽出式部件配备有金属支撑表面，而且它们对支撑表面上施加压力足够大，则认为这些支撑面能充分保证保护电路的连续性，可能有必要采取一定的措施以保证有持久良好的导电性。从连接位置到分离（隔离位置）位置，抽出式部件的保护电路应一直保持其有效性。

c）在盖板、门、遮板和类似部件上面，如果没有安装电气设备，通常的金属螺钉连接和金属铰链连接则被认为足以能够保证电的连续性。

如果在盖板、门、遮板等部件上装有电压值超过超低压限值的电器时，应采取措施，以保证保护电路的连续性。建议给这些部件装配上一个保护导体，此保护导体的截面积取决于所属电器电源引线截面积的最大值。为此目的而设计的等效的电连接方式（如滑动触点，防腐蚀铰链）也认为是满足要求的。

d）成套设备内保护电路所有部件的设计，应使它们能够承受在成套设备的安装场地可能遇到的最大热应力和动应力。

e）如果将外壳当作保护电路的一部分使用时，其截面积与 7.4.3.1.7 中规定的最小截面积在导电能力方面应是等效的。

f）当利用连接器或插头插座切断保护电路连续性时，只有在带电导体已被切断后，保护电路才能断开，并且，在带电导体重新接通以前，应先恢复保护电路的连续性。

g）原则上，成套设备内的保护电路不应包含分断器件（开关、隔离器等），但 f）项中提及的情况例外。保护导体的整个回路中，惟一允许的措施是设置连接片，这种连接片只有经过批准的人才可借助于工具来拆卸（某些试验可能需要此种连接片）。

7.4.3.1.6 用于连接外部保护导体的端子和电缆套的端子应是裸露的，如无其他规定，应适于连接铜导体。应该为每条电路的出线保护导体设置一个尺寸合适的单独端子。对铝或铝合金的外壳或导体，应特别注意电腐蚀的危险。在成套设备具有导电结构、外壳等部件的情况下，应采取措施以保证成套设备的裸导电部件（保护电路）和连接电缆的金属外皮（钢管、铅皮等）之间的电的连续性。用于保证裸露导体与外部保护导体的电的连续性而采取的连接措施不得用作其他用途。

注：如果成套设备金属部件，尤其是密封盖，具有完善的耐磨表面，例如：使用粉末涂料，有必要采

取专门的措施。

7.4.3.1.7 成套设备内的保护导体（PE）的截面积应按下述方法中的一种来确定：

a）保护导体的截面积不应小于表4中给出的值。

如果应用此表得出非标准的尺寸，那么，应采用最接近标准截面积的导线。

表4 **保护导体的截面积** mm^2

相导线的截面积 S	相应保护导体的最小截面积 S_P
$S \leqslant 16$	S
$16 < S \leqslant 35$	16
$35 < S \leqslant 400$	$S/2$
$400 < S \leqslant 800$	200
$S > 800$	$S/4$

注：对某些应用（例如：在三相系统中，两相上发生故障时，有单相运行的可能性时）应验证计算截面积。

只有在保护导体的材料与相导体的材料相同时，表4中的值才有效。如果材料不同，保护导体截面积的确定要使之产生与表4相同的导电效果。

b）保护导体的截面积还可用附录B中规定的公式计算求得，或用其他方法获得，例如：通过试验获得。

对确定保护导体的截面积，必须同时满足下述条件：

1）按照8.2.4.2进行试验时，故障电路阻抗值应满足保护器件动作时所要求的条件；

2）应考虑与保护器件动作值配合。在保护器件动作电流和时间范围内，不会损坏保护导体或破坏它的电连续性。

7.4.3.1.8 如果成套设备中带有导电材料构成的结构部件、框架、外壳等，保护导体则不需与这些部件绝缘（例外情况见7.4.3.1.9）。

7.4.3.1.9 接至某些保护电器的导体——包括连接这些器件至单独接地电极的导体，都必须细致地进行绝缘。这适用于诸如电压型故障检测器，同时也适用于变压器中性点的接地线。

注：在实施关于这类器件的技术要求时，要注意采用专门的措施。

7.4.3.1.10 不能用固接器件连接到保护电路上的可接近导电部件，应用导线连接到成套设备的保护电路上，导线的截面积根据表4A选择。

表4A **铜连接导线的截面积**

额定工作电流 I_e，A	连接导线的最小截面积，mm^2
$I_e \leqslant 20$	S
$20 < I_e \leqslant 25$	2.5
$25 < I_e \leqslant 32$	4
$32 < I_e \leqslant 63$	6
$63 < I_e$	10

S—相导体的截面积。

7.4.3.1.11 PEN导线的截面积应按中性导线（N）一样的方式确定。

最小截面积应是$10mm^2$铜线。

PEN导线不需绝缘。

结构部件不能用作PEN导体。然而，用铜或铝做的安装导轨可以用作PEN导体。

注：对于非铜导线的导体，上述的截面积应由具有相同导电能力的截面积代替，该截面积可能要求更大的端子。

7.4.3.2 采用保护电路以外的防护措施

成套设备可以提供下述不要求带有保护电路的防护间接接触的措施：

——电路的电气隔离；

——完全绝缘。

7.4.3.2.1 电路的电气隔离

（见IEC 364-4-41：1992中413.5）。

7.4.3.2.2 用完全绝缘进行防护*）

采用完全绝缘防止间接接触必须满足下述要求：

a）电器元件应用绝缘材料完全封闭。外壳上应标有从外部易见的符号回。

b）外壳采用绝缘材料制作，这种绝缘材料应能耐受在正常使用条件下或特殊使用条件下（见6.1和6.2）易于遭受的机械、电气和热应力，而且还应具有耐老化和阻燃能力**）。

c）外壳上不应有可能导致故障电压被引至壳体外的导电部件穿过。

这就是说，金属部件，如由于结构上的原因必须引出外壳的操作机构的轴，在外壳的内部和外部应按最大的额定绝缘电压与带电部件绝缘，而且，（如果适用）应按成套设备中所有电路的最大额定冲击耐受电压绝缘。

如果操作机构是用金属做的，（不管是否用绝缘材料覆盖）应具有为最大额定绝缘电压所规定的隔离，而且，（如果适用）应按成套设备中所有电路的最大额定冲击耐受电压隔离。

如果操作机构主要是用绝缘材料做的，若它的任何金属部件在绝缘故障时变得易接触，也应按最大额定绝缘电压与带电部件隔离，而且，（如果适用）也应按成套设备中所有电路的最大额定冲击耐受电压隔离。

d）成套设备准备投入运行并接上电源时，外壳应将所有的带电部件、裸露导电部件和附属于保护电路的部件封闭起来，以使它们不被触及。外壳提供的防护等级至少应为IP3XD***）。

如果保护导体穿过一个裸露的导电部件已被隔离的成套设备，并延伸到与成套设备负载端连接的电气设备，该成套设备则应配备连接外部保护导体的端子，并用适当的标记加以区别。

在外壳内部，保护导体及其端子应与带电部件绝缘，对裸露导电部件进行隔离的方法与带电部件相同。

e）成套设备内部的裸露导电部件不应连接在保护电路上，也就是说不应把裸露导电部件用于保护电路这一防护措施中。这同时也适用于内装电气元件，即使它们具有用于连接保护导体的端子。

---

*）根据IEC 364-4-41：1992中413.2.1.1，它等同于第Ⅱ类设备，见IEC 536。

**）国际标准化组织ISO第16技术委员会正在考虑此问题。

***）见IEC 529（GB 4208）。

f）如果外壳上的门或覆板不使用钥匙或工具也可打开，则应配备一个用绝缘材料制成的屏障，此挡板不仅可防止无意识地触及可接近的带电部件，而且还可防止无意识地触及在打开覆板后可接近的裸露导电部件，因此，此挡板不使用工具应不能打开。

7.4.4 电荷放电

如果成套设备中包含有断电后存在危险电荷的设备（如电容器等），则要求装有警告牌。

用于灭弧和继电器延时动作等的小电容器，不应认为是有危险的设备。

注：如果在切断电源后的5s之内，由静电产生的电压降至直流120V以下时，无意识地接触不认为是有危险的。

7.4.5 成套设备内部操作与维修通道（见2.7.1和2.7.2）

成套内部设备操作与维修通道必须根据IEC 364－4－481的要求（在准备中）。

注：成套设备内极限深度约1m的凹进部分不应视为通道。

7.4.6 对经过允许的人员接近运行中的成套设备的要求

根据制造厂与用户的协议，经过允许的人员接近运行中的成套设备，必须满足下述制造厂和用户同意的一项或几项要求。这些要求应作为对7.4保护措施的补充。

注：当经过允许的人员获准接近成套设备时，双方同意的要求应生效，例如：成套设备或其部件带电时，经过允许的人员可借助工具或用解除联锁的办法（见7.4.2.2.3）接近成套设备。

7.4.6.1 对进行检查和类似操作而接近成套设备的要求

在成套设备带电运行的情况下，成套设备的设计与布置应使制造厂与用户间商定的某些操作项目得以进行。

这类操作可以是：

——直观检查：

a）开关器件及其他元器件；

b）继电器和脱扣器的定位和指示器；

c）导线的连接方法与标记；

——继电器、脱扣器及电子器件的调整和复位；

——更换熔芯；

——更换指示灯；

——用于检测故障的某些方法，例如：用设计适宜并绝缘的器件测量电压和电流。

7.4.6.2 对进行维修而接近成套设备的要求

在相邻的功能单元或功能组仍带电的情况下，对已断开的功能单元或功能组按照制造厂和用户的协议进行维修时，应采取必要的措施。对由制造厂和用户商定所采取的措施的选择取决于使用条件、维修周期、维修人员的能力、现场安装规则等等。这些措施可以是：

——在需维修的单元或功能组和相邻的功能单元或功能组之间应留有足够大的空间。建议对维修当中可能移动的部件最好装有夹持固定设施；

——对每个功能单元或功能组使用带有防护挡板的框架单元；

——对每个功能单元或功能组使用隔室；

——插入制造厂提供或规定的附加保护器件。

7.4.6.3 在带电情况下为扩充设备而接近成套设备的要求

在成套设备其余部分仍带电的情况下，要求有将来为成套设备的扩充而增加附加的功能单元或功能组的可能时，应根据制造厂和用户的协议，采用7.4.6.2规定的要求。这些要求同时适用于在现有电缆带电情况下，增加出线电缆。

附加的单元与其进线电源连接时，不应在带电的情况下进行，除非成套设备的设计允许带电连接。

7.5 短路保护与短路耐受强度

注：目前，此条主要用于交流设备上，对直流设备的要求仍在考虑中。

7.5.1 总则

成套设备必须能够耐受最大至额定短路电流所产生的热应力和电动应力。

注：用限流装置（如电抗器，限流熔断器或限流开关）可以减少短路电流产生的应力。

可以用某些元器件，例如：断路器、熔断器或两者的组合保护成套设备，上述元器件可以安装在成套设备的内部或外部。

注：对用于IT系统的成套设备（见IEC 364－3），短路保护电器在线电压下的每个单相上应有足够的分断能力以排除第二次接地故障。

用户订购成套设备时，应指出安装地点的短路条件。

注：在成套设备内部产生电弧的情况下，虽然首要的任务应该是利用适当的设计来避免这类电弧或限制电弧的持续时间，但仍希望提供尽可能高的人身防护等级。

对于PTTA，除了8.2.3.1.1～8.2.3.1.3给出的免做型式试验的情况外，建议采用通过型式试验的布置，例如：母线。在特殊情况下，如果采用通过型式试验的布置是不可能的，那么，应利用按通过型式试验的布置的外推法来验证这些部件的短路耐受强度。

7.5.2 有关短路耐受强度的资料

7.5.2.1 对于仅有一个进线单元的成套设备，制造厂应指出如下短路耐受强度：

7.5.2.1.1 由于进线单元具有短路保护装置（SCPD）的成套设备，在进线单元的接线端子上应标明预期短路电流的最大允许值。这个值不应超过相应的额定值（见4.3、4.4、4.5和4.6）。相应的功率因数和峰值应为7.5.3中给出的数据。

如果短路保护装置是一个熔断器或是一个限流断路器，制造厂家应指明SCPD的特性（电流额定值、分断能力、截断电流、I^2t等）。

如果使用带延时脱扣的断路器，制造厂应标明最大延时时间和相应于指定的预期短路电流的电流整定值。

7.5.2.1.2 对于进线单元没有短路保护的成套设备，用下述一种或几种方法标明短路耐受强度：

a）额定短时耐受电流及相关的时间（如果不是1s）（见4.3），额定峰值耐受电流（见4.4）。

注：当最大时间不超过3s时，短时耐受电流和相关的时间的关系用下面的公式表示I^2t＝常数，但峰值不应超过额定峰值耐受电流。

b）额定限制短路电流（见4.5）。

c）额定熔断短路电流（见4.6）。

对于b）和c），制造厂应说明用于保护成套设备所需要的短路保护装置的特性（额定电流、分断能力、截断电流、I^2t等）。

注：当需要更换熔芯时，应采用具有相同特性的熔芯。

7.5.2.2 具有几个不可能同时工作的进线单元的成套设备，其短路电流耐受强度可根据7.5.2.1在每个进线单元上标出。

7.5.2.3 对于具有几个可能同时工作的进线单元的成套设备，以及有一个进线单元和一个或几个用于可能增大短路电流的大功率电机的出线单元的成套设备，应制定一个专门的协议以确定每个进线单元，出线单元和母线中的预期短路电流值。

7.5.3 短路电流的峰值与方均根值的关系

用来确定电动力强度的短路峰值电流（包括直流分量在内的短路电流的第一个峰值）应由系数 n 乘短路电流方均根值获得。系数 n 的标准值和相应的功率因数在表5中给出。

表5　系数 n 的标准值和相应的功率因数

短路电流的方均根值	$\cos\phi$	n
$I \leqslant 5kA$	0.7	1.5
$5kA < I \leqslant 10kA$	0.5	1.7
$10kA < I \leqslant 20kA$	0.3	2
$20kA < I \leqslant 50kA$	0.25	2.1
$50kA < I$	0.2	2.2

注：表中的值适合于大多数用途。在某些特殊的场合，例如在变压器或发电机附近，功率因数可能更低。因此，最大的预期峰值电流就可能变为极限值以代替短路电流的方均根值。

7.5.4 短路保护电器的协调

7.5.4.1 保护电器的协调应以制造厂与用户之间的协议为依据。制造厂的产品目录中给出的资料可作出这类协议。

7.5.4.2 如果工作条件要求供电电源有最大的连续性，成套设备的短路保护电器的整定和选择应是这样的：即在任何一个输出支路中发生短路时，应利用安装在该故障支路中的开关器件使其消除，而不影响其他输出支路，以确保保护系统的选择性。

7.5.5 成套设备内的电路

7.5.5.1 主电路

7.5.5.1.1 母线（裸露或绝缘的）的布置应使其在正常工作条件下不会发生内部短路。除非另有规定，母线应按照有关短路耐受强度的资料（见7.5.2）进行设计，并且，应使其至少能够承受由电源侧的保护电器限定的短路强度。

7.5.5.1.2 在框架单元内部，主母线和功能单元电源侧及包括在该单元内的电器元件之间的连接导体（包括配电母线）只要布置的在正常工作条件下，相与相之间及相与地之间发生内部短路的可能性极小，该连接导体可以根据每个单元内相关短路电器负载侧的衰减后的短路强度来确定。这种导体最好是坚硬的固体刚性制品（见7.5.5.3）。

7.5.5.2 辅助电路

辅助电路的设计应考虑采用电源接地系统并保证在带电部件和裸露导电部件之间的接地故障或故障不会引起危险的误动作。

一般来讲，辅助电路应给予保护以防止短路的影响。但是，如果短路保护电器的动作可能造成危险事故，就不应配备保护电器。在此情况下，辅助电路导线应使其在正常工作条件下，不会发生短路（见7.5.5.3）。

7.5.5.3 为减少短路的可能性对无防护的可带电导体选择和安装的要求

成套设备内无短路保护器保护的带电导体（见7.5.5.1.2和7.5.5.2）在整个成套设备内的选择和安装应使其在正常工作条件下，相与相之间或相与地之间内部短路可能性极小。表17给出导体类型和安装要求的例子。

如表17所述的被安装的裸导体或绝缘导体在负载侧连接一个短路保护器件时其长度可以达3m。

7.6 成套设备内装的开关电器和元件

7.6.1 开关电器和元件的选择

成套设备内装的开关电器和元件应符合有关的国家标准。

开关电器和元件的额定电压（额定绝缘电压、额定冲击耐受电压等）、额定电流、使用寿命、接通和分断能力、短路耐受强度等应适合于成套设备外形设计的特殊用途（例如开启式和封闭式）。

开关电器和元件的短路耐受强度或分断能力不足以承受安装场合可能出现的应力时，应利用限流保护器件（例如：熔断器或断路器）对元件进行保护。为内装的开关电器选择限流保护器件时，为了照顾到协调性（见7.5.4），应当考虑到元件制造厂规定的最大允许值。

开关电器和元件的协调，例如：电机起动器和短路保护器件的协调，应符合有关的国家标准。

在制造厂家标明了额定冲击耐受电压的电路中，其开关电器和元件不应产生高于该电路的额定冲击耐受电压的操作过电压。而且，也不应承受高于该电路的额定冲击耐受电压的操作过电压。在选择用于给定电路上开关的电器和元件时，应考虑后一点。

例如：

额定冲击电压 $U_{imp}=4000V$，额定绝缘电压 $U_i=250V$ 和最大操作过电压为1200V（在额定工作电压时）的开关电器和元件可以用于过电压类别Ⅰ、Ⅱ、Ⅲ的电路中，甚至用于采用了适当的过电压保护措施的Ⅳ类别的电路中。

注：过电压类别见2.9.12和附录G。

7.6.2 安装

开关器件和元件应按照制造厂说明书（使用条件、飞弧距离、隔弧板的移动距离等等）进行安装。

7.6.2.1 可接近性

安装在同一支架（安装板、安装框架）上的电器元件、单元和外接导线的端子的布置应使其在安装、接线、维修和更换时易于接近。尤其是外部接线端子应位于地面安装成套设备基础面上方至少0.2m，并且，端子的安装应使电缆易于与其连接。

必须在成套设备内进行调整和复位的元件应是易于接近的。

一般来讲，对于地面安装的成套设备，由操作人员观察的指示仪表不应安装在高于成套设备基础面2m处。操作器件，如手柄、按钮等等，应安装在易于操作的高度上；这就是说，其中心线一般不应高于成套设备基础面2m。

注

1　紧急开关器件的操作机构（见IEC 364-5-537中537.4）在高于地面0.8～1.6m的范围内应是易

于接近的。

2 对于墙上安装和地面安装的成套设备，建议安装在可以满足上述关于可接近性的要求和操作高度的位置上。

7.6.2.2 相互作用

成套设备内开关器件和元件的安装与接线应使其本身的功能不致由于正常工作中出现相互作用，如热、电弧、振动、能量场，而受到破坏。如果是电子成套设备，有必要把控制电路与电源电路进行隔离或屏蔽。

如果外壳的设计使其可安装熔断器，应特别考虑到发热的影响（见 7.3）。制造厂应规定所使用的熔芯的类型和额定值。

7.6.2.3 挡板

手动开关电器的挡板设计应使电弧对操作者不产生任何危险。

为了减少更换熔芯时的危险，应使用相间挡板，除非熔断器的设计与结构已考虑了这一点，则不要求使用相间挡板。

7.6.2.4 安装场地的条件

选择成套设备内所用的开关器件和元件应以 6.1（见 7.6.2.2）规定的成套设备的正常工作条件为依据。

根据有关规定，必要时，应采取一些适当的措施（如：加热、通风）以保证维持正常工作所需要的使用条件，例如：继电器、仪表、电子元件等维持正常运行时所需要的最低温度。

7.6.2.5 冷却

可以为成套设备提供冷却或强行冷却。安装场地如果要求有特殊措施保证良好的冷却，那么制造厂应提供必要的资料（例如：给出与阻碍散热或自身产生热的部件之间的距离）。

7.6.3 固定式部件

就固定式部件（见 2.2.6）而言，主电路（见 2.1.2）的连接只能在成套设备断电的情况下进行接线和断开。一般情况下，固定式部件的拆卸与安装要使用工具。

固定式部件的断开可以要求全部或部分断开成套设备。

为了防止未经许可的操作，开关器件可以带有机构，以保证把它锁在一个或多个位置上。

注：在某些条件下，如果允许在带电情况下进行工作，则必须采取有效的安全措施。

7.6.4 可移式部件和抽出式部件

7.6.4.1 设计

可移式部件或抽出式部件的设计应使其电气设备即使在主电路带电的情况下，亦可安全地从主电路上断开或接通。在不同位置以及从一种位置转移到另一种位置时，应保持最小的电气间隙和爬电距离。

注

1 要求使用合适的工具。

2 必须保证这些操作在空载情况下进行。

可移式部件应具有连接位置（见 2.2.9）和移出位置（见 2.2.12）。

抽出式部件还应具有一分离位置（见 2.2.11）及试验位置（见 2.2.10），或试验状态（见 2.1.9）。它们应能分别地在这些位置上定位。这些位置应能清晰地识别。

关于抽出式部件在不同位置上的电气状态见表 6。

表 6 **抽出式部件在不同位置上的电气状态**

<table>
<tr><th rowspan="2">电　路</th><th rowspan="2">连接方式</th><th colspan="4">位　置</th></tr>
<tr><th>连接位置
（见 2.2.9）</th><th>试验状态/位置
（见 2.1.9/2.2.10）</th><th>分离位置
（见 2.2.11）</th><th>移出位置
（见 2.2.12）</th></tr>
<tr><td>进线主电路</td><td>进线线路插头和插座或其他连接器件</td><td>│</td><td>╲</td><td>○</td><td>○</td></tr>
<tr><td>出线主电路</td><td>出线线路插头和插座或其他连接器件</td><td>│</td><td>│ 或 ╲ 1)</td><td>│ 或 ○ 1)</td><td>○</td></tr>
<tr><td>辅助电路</td><td>插头和插座或类似的连接器件</td><td>│</td><td>│</td><td>○</td><td>○</td></tr>
<tr><td colspan="2">抽出式部件电路的状态</td><td>带电</td><td>带电，辅助电路作试验的准备</td><td>如果不出现反向供电，则不带电</td><td>○</td></tr>
<tr><td colspan="2" rowspan="2">装置主电路出线端子的状态</td><td>带电</td><td>带电或不分断2)</td><td>同上</td><td>如果不出现反向供电，则不带电</td></tr>
<tr><td colspan="4">应满足 7.4.4 的要求</td></tr>
</table>

│—连接； ○—分断(已形成隔离距离)； ╲—打开,但不必分断(未形成隔离距离)

注：接地连续性应符合 7.4.3.1.5 的 b）项并应一直保持到形成隔离为止。

1）取决于设计。

2）取决于端子是否由其他电源，例如备用电源供电。

7.6.4.2 抽出式部件的联锁和挂锁

除非另有规定，抽出式部件应配备一个器件，以保证在主电路已被切断以后，其电器才能抽出和重新插入。

为了防止未经许可的操作，应给抽出式部件提供一个联锁或挂锁，以将它们固定在一个或几个位置上（见 7.1.1）。

7.6.4.3 防护等级

为成套设备所规定的防护等级（见 7.2.1）一般适合于可移式或抽出式部件的连接位置（见 2.2.9），制造厂应指出在其他位置和在不同位置之间转移时所具有的防护等级。

带有抽出式部件的成套设备应设计成它在试验位置和分离位置以及一个位置向另一个位置转移时仍保持如同连接位置时的防护等级。

如果在可移式部件或抽出式部件拆除以后，成套设备不能保持原来的防护等级，应达成采用某种措施以保证适当防护的协议。制造厂产品目录中给出的资料可以作为这种协议。

7.6.4.4 辅助电路的连接方式

辅助电路应设计成在使用工具或不使用工具的情况下都能断开。

如果是抽出式部件，辅助电路的连接最好尽可能不使用工具。

7.6.5 鉴别

7.6.5.1 主电路和辅助电路导体的鉴别

除了 7.6.5.2 中提到的情况外，鉴别导体的方法和范围，例如利用连接的端子上的或在导体本身末端上的排列、颜色或符号，应由制造厂负责，而且，应与接线图和图样上的标志一致。在适合的地方，可以采用 IEC 445：1998 中 5.4 和 IEC 446（GB 7947）中的鉴别方法。

7.6.5.2 主电路的保护导体（PE）*）和中性导体（N）*）的鉴别

用形状、位置、标志或颜色应很容易地区别保护导体。如果用颜色区别，必须是绿色和黄色（双色）。如果保护导体是绝缘的单芯电缆，也应采用此种颜色鉴别法，颜色标记最好贯穿导线的整个长度。

注：绿、黄双色鉴别标志严格地专供保护导体之用。

主电路的任何中性导体用形状、位置、标志或颜色应很容易区分。如用颜色进行鉴别，建议选用浅蓝色。

外接保护导体的端子应按照 IEC 445 标注。例如见 IEC 417 的 5019 号的图形符号⏚。如果外部保护导体与能明显识别的带有黄绿颜色的内部保护导体连接时，则不要求此符号。

7.6.5.3 开关位置的指示和操作方向

如果电器有规定，则必须符合它们的规定。

对于其他情况，IEC 447（GB 4205）是适用的。

7.6.5.4 指示灯与按钮

指示灯与按钮的颜色在 IEC 73 中给出。

7.7 用挡板或隔板实现成套设备内部的隔离

用挡板或隔板（金属的或非金属的）将成套设备分成单独的隔室或封闭的防护空间以达到下述一种或几种条件：

——防止触及相邻功能单元的危险部件。防护等级至少应为 IPXXB；

——防止固体外来物从成套设备的一个单元进入相邻的单元。防护等级至少应为 IP2X。

如果制造厂家没有提出异议，则上述两个条件应适用。

注：防护等级 IP2X 包括了防护等级 IPXXB。

以下是用挡板或隔板进行隔离的典型形式（示例，见附录 D）。

主判据	补充判据	形式
不隔离		形式
母线与功能单元隔离	外接导体端子不与母线隔离	形式 2a
	外接导体端子与母线隔离	形式 2b
母线与功能单元隔离，所有的功能单元相互隔离，外接导体端子与功能单元隔离，但端子之间相互不隔离	外接导体端子不与母线隔离	形式 3a
	外接导体端子与母线隔离	形式 3b
母线与功能单元隔离，并且所有的功能单元相互隔离，也包括作为功能单元组成部分的外接导体端子	外接导体端子与关联的功能单元在同一隔室中	形式 4a
	外接导体端子与关联的功能单元不在同一隔室中，它位于单独的、隔开的、封闭的防护空间中或隔室中	形式 4b

隔离的形式和更高的防护等级应服从于制造厂家与用户之间的协议。

有关挡板或隔板的稳定性或耐久性见 7.4.2.2.2。

有关对已断路的功能单元进行维修时的可接近性见 7.4.6.2。

有关在带电的情况下扩充设备时的可接近性见 7.4.6.3。

7.8 成套设备内的电气连接：母线与绝缘导线

7.8.1 总则

正常的温升、绝缘材料的老化和正常工作时所产生的振动不应造成载流部件的连接有异常变化。尤其应考虑到不同金属材料的热膨胀和电化腐蚀作用以及实际温度对材料耐久性的影响。

载流部件之间的连接应保证有足够的和持久的接触压力。

7.8.2 母线和绝缘导线的尺寸和额定值

成套设备内导体截面积的选择由制造厂负责。除了必须承载的电流外，选择还受下述条件的支配：成套设备所承受的机械应力、导体的敷设方法、绝缘类型和（如适用的话）所连接的元件种类（如电子的）。

7.8.3 布线（见 7.8.2）

7.8.3.1 应该至少按照有关电路的额定绝缘电压（见 4.1.2）确定绝缘导线。

7.8.3.2 两个连接器件之间的电线不应有中间接头或焊接点。应尽可能在固定的端子上进行接线。

7.8.3.3 绝缘导线不应支靠在不同电位的裸带电部件和带有尖角的边缘上，应用适当的方法固定绝缘导线。

---

*）PEN 导体的鉴别正在考虑中，IEC 364 中有明确的规定。

7.8.3.4 连接在覆板或门上的电器元件和测量仪器上的导线，应该使覆板和门的移动不会对导线产生任何机械损伤。

7.8.3.5 在成套设备中对电气元件进行焊接接线，只有在电气元件适用于这种连接方法时，才是允许的。

如设备在正常工作时遭受强烈的振动，则应采用辅助方法将焊接电缆或接线机械地固定在离焊接点较近的地方。

7.8.3.6 在正常工作时有剧烈振动的地方，例如在挖掘机上、起重机上、船上、电梯设备和机车上，应注意将导线固定住。对于不符合 7.8.3.5 所述的电器元件，在剧烈振动条件下，焊接片和焊接端头都是不适用的。

7.8.3.7 通常，一个端子上，只能连接一根导线；将两根或多根导线连接到一个端子上，只有在端子是为此用途而设计的情况下才允许。

7.9 对电子设备供电电路的要求

如果关于电子设备的 IEC 文件中没有其他规定，以下要求则适用：

7.9.1 输入电压的变化*)

a）由蓄电池供电的电压变化范围等于额定供电电压的±15%。

注：此范围不包括蓄电池充电要求的额外电压变化范围。

b）从交流电源整流而获得的输入直流电压变化范围（见第 c 项）。

c）交流电压变化范围等于输入额定电压的±10%。

d）如果需要更宽的变化范围，则应服从制造厂与用户之间的协议。

7.9.2 过电压*)

图 1 中对电源过电压作出了规定。图中显示了在短时间范围内非周期性过电压相对于额定峰值的偏差。成套设备的设计应保证在过电压低于曲线 1 的范围内设备能正常工作。

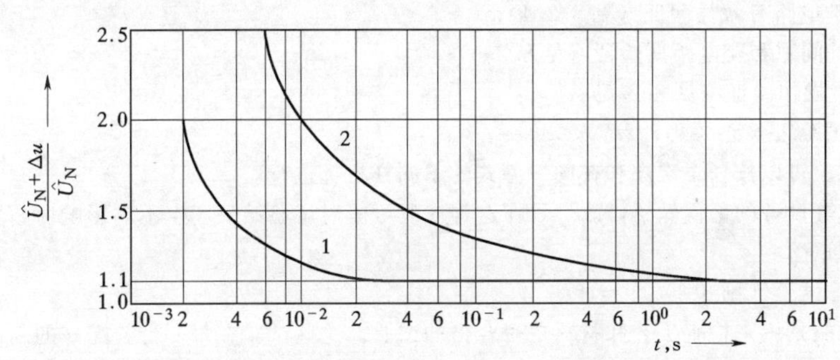

$\hat{U}_N$—系统标称电压的正弦峰值；Δu—叠加的非周期峰值电压；t—时间

图 1 $\frac{\hat{U}_N+\Delta u}{\hat{U}_N}$对时间 t 的函数

如果出现的过电压在曲线 1 和曲线 2 之间的范围内，可以用保护电器来中断运行以保护成套设备，使其在峰值电压升至 $2U+1000$V 的情况下不出现任何损坏。

注

1 瞬态持续时间小于 1ms 的过电压值正在考虑中。

2 假定采用了适当的措施限制高于上述值的过电压。

7.9.3 波形*)

对带有电子器件的成套设备供电的输入交流电压的谐波受下述限制：

a）相对谐波分量不应超过 10%，即相对基波分量≥99.5%；

b）谐波分量不应大于图 2 给出的值。

注

1 假设成套设备分组装置是隔开的，而且如果电源的内部阻抗很大，则应在制造厂与用户之间的协议中对电源内部阻抗作出规定。

2 电子控制器件和监测器件的允许值同上。

c）交流电源电压的最大周期瞬时值高出基波峰值的值不超过基波峰值的 20%。

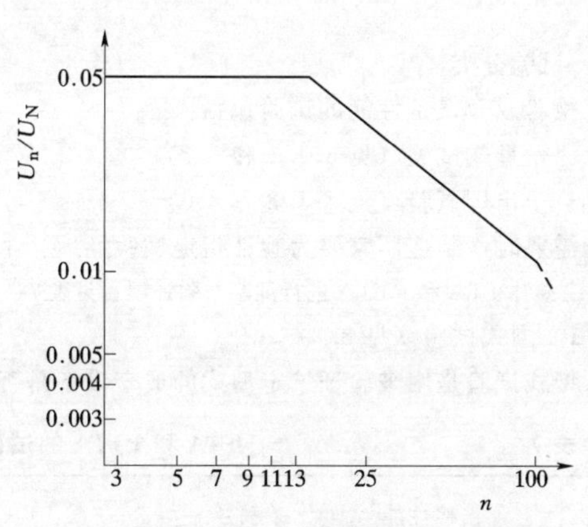

n—谐波分量次数；U_n—n 次谐波的方均根值；U_N—系统标称的方均根值

图 2 系统标称电压最大允许的谐波分量

7.9.4 电压和频率的短时变化

出现下述情况的短时变化时，设备的运转不应受到任何破坏：

a）在不超过 0.5s 的时间内，电压降不超过额定电压的 15%。

b）电源频率的偏差不得超过额定频率的±1%。如需要更大偏差范围，则要服从制造厂和用户的协议。

c）设备电源电压的最大允许断电时间由制造厂给出。

7.10 电磁兼容性

7.10.1 不安装电子元件的成套设备

7.10.1.1 抗干扰

不安装电子元件的成套设备不受正常电磁干扰，因此不需进行抗干扰试验。

7.10.1.2 抗辐射

在偶然操作开关时，通过成套设备可引起电磁干扰，该电磁干扰受开关过电压限制，过电压的延续时间以 ms 计量，而且其大小不超过有关电路的额定冲击耐受电压。因此，电磁辐射应看作是符合要求的，而且不需验证。

7.10.2 安装有电子元件的成套设备

在成套设备中安装的电子元件应符合相应 IEC 标准的抗干扰和抗辐射要求。

7.11 功能单元电气连接形式的说明

在成套设备或成套设备部件的内部功能单元电气连接的形式可由三个字母表示：

——第一个字母表示进线主电路电气连接的形式；

——第二个字母表示出线主电路电气连接的形式；

——第三个字母表示辅助电路的电气连接的形式。

---

*）根据 IEC 146-2（GB 7678）。

以下字母用于表示：

F—固定连接（见 2.2.13.1）；

D—可分离连接（见 2.2.13.2）；

W—可抽出式连接（见 2.2.13.3）。

8 试验规范

8.1 试验分类

检验成套设备性能的试验包括：

——型式试验（见 8.1.1 和 8.2）；

——出厂试验（见 8.1.2 和 8.3）。

需要时，制造厂家要为验证指定试验场地。

注：对 TTA 和 PTTA 进行试验与验证项目见表 7。

8.1.1 型式试验（见 8.2）

型式试验是用来验证给定型式的成套设备是否符合本标准的要求。

表 7 TTA 和 PTTA 的试验与验证项目

序号	被检性能	条款号	TTA	PTTA
1	温升极限	8.2.1	用试验（型式试验）验证温升极限	用试验或出自通过型式试验的成套设备的外推法进行验证温升极限
2	介电性能	8.2.2	用试验（型式试验）验证介电性能	根据 8.2.2 或 8.3.2 规定的试验验证介电性能，或根据 8.3.4（见序号 11）验证绝缘电阻
3	短路耐受强度	8.2.3	用试验（型式试验）验证短路耐受强度	用试验或出自类似的通过型式试验布局的外推法验证短路耐受强度
4	保护电路有效性	8.2.4		
	成套设备裸露导电部件与保护电路之间的有效连接	8.2.4.1	通过目测或电阻测量（型式试验）验证成套设备裸露导电部件与保护电路之间的有效连接	通过目测或电阻测量验证成套设备的裸露导电部件与保护电路之间的有效连接
	保护电路的短路耐受强度	8.2.4.2	用试验（型式试验）验证保护电路的短路耐受强度	用试验或对保护导体的合理设计与布局验证保护电路的短路耐受强度（见 7.4.3.1.1 最末一段）
5	电气间隙与爬电距离	8.2.5	用试验（型式试验）验证电气间隙与爬电距离	验证电气间隙与爬电距离
6	机械操作	8.2.6	验证机械操作（型式试验）	验证机械操作
7	防护等级	8.2.7	验证防护等级（型式试验）	验证防护等级
8	连接线、通电操作	8.3.1	检查成套设备，包括检查连接线，如有必要进行通电操作试验（出厂试验）	检查成套设备，包括检查连接线，如有必要，进行通电操作试验
9	绝缘	8.3.2	介电强度试验（出厂试验）	介电强度试验或按照 8.3.4（见序号 11）验证绝缘强度
10	防护措施	8.3.3	检查防护措施和保护电路的连续性（出厂试验）	检查防护措施
11	绝缘电阻	8.3.4		验证绝缘电阻，除非已按 8.2.2 或 8.3.2 进行试验（见序号 2 和 9）

型式试验应在一台（组）成套设备的样机上进行或在类似或相同设计生产的成套设备中各个部件上进行。

这些试验应由制造厂主动进行。

型式试验包括：

a）温升极限的验证（见 8.2.1）；

b）介电性能验证（见 8.2.2）；

c）短路耐受强度验证（见 8.2.3）；

d）保护电路有效性验证（见 8.2.4）；

e）电气间隙和爬电距离验证（见 8.2.5）；

f）机械操作验证（见 8.2.6）；

g）防护等级验证（见 8.2.7）。

这些试验可以按任意次序和在同一型式的不同样机上进行。

如果成套设备的部件做了修改，只在这种修改可能对试验结果产生不利影响时，才必须重新进行型式试验。

8.1.2 出厂试验（见 8.3）

出厂试验是用来检查工艺和材料是否合格的试验。这些试验在每一台装配好的新的成套设备上或在每一个运输单元上进行，在安装工地上不做另外的出厂试验。

成套设备采用标准化元件在元件制造厂外进行装配，而使用的部件和附件是制造厂为此用途而规定或提供的，则应由负责装配成套设备的单位进行出厂试验。

出厂试验包括：

a）检查成套设备应包括检查连接线，必要的话，进行通电操作试验（见 8.3.1）；

b）介电强度试验（8.3.2）；

c）防护措施和保护电路的电连续性检查（见 8.3.3）。

这些试验可按任意次序进行。

注：在制造厂进行的出厂试验工作，不能免除安装单位在经过运输和安装后进行检查试验的责任。

8.1.3 成套设备中电器和独立元件的试验

如果成套设备中的电器和独立元件按照7.6.1进行过挑选，并且是按照制造厂的说明书进行安装的，则不要求进行型式试验或出厂试验。

8.2 型式试验

8.2.1 温升极限的验证

8.2.1.1 总则

温升试验是验证成套设备中各部件的温升极限是否超过7.3的规定。

一般应在成套设备中安装的电器元件上以符合8.2.1.3的额定电流值进行温升试验。

试验也可根据8.2.1.4用功率损耗等效的加热电阻器来进行。

只有在采取适合的措施使试验具有代表性的情况下才允许对成套设备的单独部件（板、箱、外壳等）进行试验（见8.2.1.2）。

在各单独电路上进行温升试验，应采用设计所规定的电流类型和频率。所用的试验电压应使流过电路的电流等于8.2.1.3所规定的电流值。应对继电器、接触器、脱扣器等的线圈施加额定电压。

对于开启式成套设备，如果其单个部件上的型式试验或导体的尺寸和电器元件的布局显而易见不会出现过高的温升，也不会对成套设备相连接的设备及相邻的绝缘材料部件造成损害，则不需进行温升试验。

对PTTA进行温升极限的验证应：

——根据8.2.1，或

——外推法。

注：IEC 890中给出外推法的例子。

8.2.1.2 成套设备的放置

成套设备应如同正常使用时一样放置，所有覆板等都应就位。

试验单个部件或结构部件时，与其邻接的部件或结构单元应产生与正常使用时一样的温度条件。此时，可以使用电阻加热器。

8.2.1.3 在所有电器元件上通以电流进行温升试验

试验应在一个或多个有代表性的组合电路上进行，该成套设备正是为这些电路而设计的，所选择的电路应能合理准确地得到最高的温升。

对于这种试验，每条电路通过的电流值应为额定电流（见4.2）乘以分散系数（见4.7）。如果成套设备中包含有熔断器，试验时应按制造厂的规定配备熔芯。试验所用熔芯的功率损耗应载入试验报告中。

试验时使用的外连导体的尺寸和布置方式也应载入试验报告。

试验持续的时间应足以使温度上升到稳定值（一般不超过8h）。实际上，当温度变化不超过1K/h时，即认为达到稳定温度。

注

1 如果元器件允许的话，可以在试验开始时加大电流，然后再降到规定的试验电流值，用这样的方法缩短试验时间。

2 在试验期间，当控制电磁铁通电时，应测量主电路和控制电磁铁都达到热平衡时的温度。

3 在任何场合下，只有当磁场的作用小到可以忽略的程度，多相成套设备的试验才允许采用单相交流电。

在缺少外接导体和使用条件的详细资料时，外接试验导体的截面积应如下：

8.2.1.3.1 试验电流值达到400A（包括400A）：

a）导线应使用单芯铜电缆或绝缘线，其截面积按表8给出的数值；

b）导体应尽可能暴露在大气中；

c）从一个端子到另一个端子每根临时接线的最小长度应是：

——当截面积小于或等于35mm² 时，长度为1m；

——当截面积大于35mm² 时，长度为2m。

8.2.1.3.2 试验电流值高于400A但不超过800A时：

a）根据制造厂的建议，导线应是单芯聚氯乙烯绝缘铜电缆，其截面积在表9中给出，或者是表9中给出的等效的铜母排。

b）电缆或铜母排的间隔大约为端子之间的距离。铜母排应涂成无光的黑色。每个端子的多条平行电缆应捆在一起，相互间的距离大约为10mm。每个端子的多条铜排之间的距离大约等于母排的厚度。如果所要求的母排尺寸不合适端子或没有这种尺寸的母排，则允许采用截面积大致相同，冷却面积大致相同或略小一些的其他母排。电缆和母排不应交叉。

表8　用于试验电流为400A及以下的铜导线

试验电流的范围[1] A		导线尺寸[2),3)]		试验电流的范围[1] A		导线尺寸[2),3)]	
		mm²	AWG/MCM			mm²	AWG/MCM
0	8	1.0	18	115	130	50	1
8	12	1.5	16	130	150	50	0
12	15	2.5	14	150	175	70	00
15	20	2.5	12	175	200	95	000
20	25	4.0	10	200	225	95	0000
25	32	6.0	10	225	250	120	250
32	50	10	8	250	275	150	300
50	65	16	6	275	300	185	350
65	85	25	4	300	350	185	400
85	100	35	3	350	400	240	500
100	115	35	2				

1）试验电流值应高于第一栏中的第一个值，低于或等于此栏中第二个值。

2）为了方便试验，在经过制造厂同意后，可采用小于规定试验电流给出值的导线。

3）可采用给定的试验电流范围内的两个导体的其中一个。

表 9　　　　对应于试验电流的铜导线的标准截面积

额定电流值 A	试验电流的范围[1)] A	试验导线			
		电缆		铜母排[2)]	
		数目	截面积[3)] mm^2	数目	尺寸 mm
500	400～500	2	150（16）	2	30×5（15）
630	500～630	2	185（18）	2	40×5（15）
800	630～800	2	240（21）	2	50×5（17）
1000	800～1000			2	60×5（19）
1250	1000～1250			2	80×5（20）
1600	1250～1600			2	100×5（23）
2000	1600～2000			3	100×5（20）
2500	2000～2500			4	100×5（21）
3150	2500～3150			3	100×10（23）

1）电流值应大于第一个值，小于或等于第二个值。

2）假设母排是垂直排列的，如果制造厂有规定，也可采用水平排列。

3）括号内的值为试验导线的温升估计值（以绝对温标 K 表示），仅供参考。

c）对于单相或多相试验，连接试验电源的临时接线的最小长度为 2m。连接中性点的临时接线的最小长度可减少到 1.2m。

8.2.1.3.3　试验电流值高于800A 但不超过 3150A 时：

a）导线应是表 9 中规定尺寸的铜母排，除非成套设备的设计规定只能用电缆。在这种情况下，电缆的尺寸和布置应由制造厂给出。

b）铜母排的间隔大约为端子之间的距离。铜母排应涂成无光的黑色。每个端子的多条铜母排应以大约等于母线厚度的间距隔开。如果所要求的母排尺寸不合适端子或没有这种尺寸的母排，则允许采用截面积大致相同，冷却面积大致相同或略小一些的其他母排，铜母排不应交叉。

c）对于单相或多相试验，连接试验电源的任何临时接线的最小长度为 3m，但如果连接线的电源端的温升低于连接中点的温升不大于 5K，那么，连接线可减少到 2m。连接中性点的接线的最小长度应为 2m。

8.2.1.3.4　试验电流值高于3150A 时：

有关试验的所有项目，例如：电源类型、相数和频率（如需要的话），试验导线的截面积等，在制造厂和用户之间应达成协议。这些数据应作为试验报告的一部分。

8.2.1.4　用功率损耗等效的加热电阻器进行温升试验

对于某些主电路和辅助电路额定电流比较小的封闭式成套设备，其功率损耗可使用能产生相同热量的加热电阻器来模拟，该电阻器安装在外壳中适当的位置上。

连到电阻器上的引线截面不应导致显著的热量传出外壳。

加热电阻试验，对相同外壳的所有成套设备应具有充分的代表性，尽管外壳内装有不同的电器元件，但只要考虑电路的分散系数后，其总功率损耗不超过试验时的功率损耗即可。

内装的电器元件的温升不得超过表 3（见 7.3）给出的值。该温升可按如下方法求得近似值：即测量出该电器元件在大气中的温升，然后再加上外壳内部与外部的温差。

8.2.1.5　温度的测量

可用热电偶或温度计来测量温度。对于线圈，通常采用电阻法。为测量成套设备内部的空气温度，应在适宜的地方安装几个测量器件。

应防止空气流动和热辐射对温度计和热电偶的影响。

8.2.1.6　环境温度

环境温度应在试验周期的最后四分之一期间内测量，至少要用两个热电偶或温度计均匀地布置在成套设备的周围，在高度约等于成套设备的二分之一，并离开成套设备 1m 远的地方安装。应防止空气流动和热辐射对温度计和热电偶的影响。

如果试验时环境温度＋10℃与＋40℃之间，则表 3 中给出的值就是温升的极限值。

如果试验时环境温度超过＋40℃或低于＋10℃，则本标准不适用，制造厂和用户应另订专门的协议。

8.2.1.7　试验结果

试验结束时，温升不应超过表 3 中规定的值。电器元件在成套设备内部温度下，并在其规定的电压范围内应能良好地工作。

8.2.2　介电性能验证

8.2.2.1　总则

对于成套设备的某些部件，已经按照有关规定进行过型式试验，而且在安装时没有损坏其介电强度，则不需单独对其进行此项型式试验。

再有，对于 PTTA，其绝缘电阻已按 8.3.4 进行过验证，则不需对此设备进行此项试验。

当成套设备包含一个与裸露导电部件（按照 7.4.3.2.2 中 d）项的规定）已绝缘的保护导体时，该导体应被视为一个独立的电路，也就是说，应采用与主电路相同的电压进行试验。

试验的进行：

——如果制造厂已标明额定冲击耐受电压 U_{imp} 的值（见 4.1.3），应依据 8.2.2.6.1～8.2.2.6.4；

——在其他情况下，应依据 8.2.2.2～8.2.2.5。

8.2.2.2　绝缘外壳的试验

用绝缘材料制造的外壳，还应进行一次补充的介电试验，在外壳的外表面包复一层能覆盖所有的开孔和接缝的金属箔，试验电压则施加于这层金属箔和外壳内靠近开孔和接缝的带电部件以及裸导电部件之间。对于这种补充试验，其试验电压应等于表 10 中规定值的 1.5 倍。

注：对于采用总体绝缘防护的成套设备，其外壳的试验电压尚在考虑中。

8.2.2.3　用绝缘材料制造的外部操作手柄

按照 7.4.3.1.3 的要求用绝缘材料制造或覆盖的手柄，介电试验是在带电部件和用金属箔裹缠的手柄之间施加表 10 规定的 1.5 倍试验电压值。进行该试验时，框架不应当接地。也不能同其他电路相连接。

8.2.2.4　试验电压值与施加部位

试验电压应施加于：

a）成套设备的所有带电部件与裸露导电部件之间。

b）在每个极和为此试验被连接到成套设备相互连接的裸露导电部件上的所有其他极之间。

开始施加试验电压时不应超过本条中给出的 50%。然后在几秒钟之内将试验电压稳定增加至本条规定的最大值并保持1min。试验电源应具有足够的容量以使在出现允许的漏电流的情况下亦能维持试验电压。此试验电压实际应为正弦波，而且频率在45～62Hz之间。

试验电压值如下：

8.2.2.4.1 对于主电路及未包括在8.2.2.4.2中的辅助电路，按表10规定。

8.2.2.4.2 制造厂已指明不适于由主电路直接供电的辅助电路，按表11的规定。

8.2.2.5 试验结果

如果没有击穿或放电现象，则此项试验可认为通过。

8.2.2.6 冲击电压耐受试验

8.2.2.6.1 基本条件

表10　　试验电压值　　V

额定绝缘电压 U_i	介电试验电压（交流方均根值）
$U_i \leqslant 60$	1000
$60 < U_i \leqslant 300$	2000
$300 < U_i \leqslant 690$	2500
$690 < U_i \leqslant 800$	3000
$800 < U_i \leqslant 1000$	3500
$1000 < U_i \leqslant 1500$*	3500

* 仅指直流。

表11　　不由主电路直接供电的辅助电路试验电压值　　V

额定绝缘电压 U_i	介电试验电压（交流方均根值）
$U_i \leqslant 12$	250
$12 < U_i \leqslant 60$	500
$U_i > 60$	$2U_i + 1000$，其最小值为1500

被试的成套设备应按照生产厂的说明同正常使用时一样完整地安装在它自身的支撑件上或等效的支撑件上。环境条件按6.1规定。

任何用绝缘材料制作的操作机构和任何无附加外壳的设备的完整的非金属外壳应用金属箔覆盖，金属箔连接到框架或安装金属板上。该金属箔应将标准试指（IEC 529（GB 4208）的试验探针B）可以触及的所有表面全部盖住。

8.2.2.6.2 试验电压

试验电压应为7.1.2.3.2和7.1.2.3.3所规定的那样。

按照制造厂的协议，可用表13中给出的工频电压或直流电压进行试验。如果了解浪涌抑制器的性能，在该项试验时允许断开浪涌抑制器。然而最好用冲击电压对带有过压抑制装置的设备进行试验。试验电流的能量不应超过过压抑制装置的额定能量。

注：抑制装置的额定值应适合于应用。这种额定值尚在考虑中。

a）对每个极应施加3次1.2/50μs的冲击电压，间隔时间至少为1s。

b）施加工频电压和直流电压，在交流情况下，持续时间为3个周波；或在直流情况下，每极施加10ms。

按照附录F所给的方法，通过测量验证电气间隙等于或大于表14中情况A的值。

8.2.2.6.3 试验电压的应用

试验电压施加于：

a）成套设备的每个带电部件（包括连接在主电路上的控制电路和辅助电路）和连接在一起裸露导电部件之间。

b）在主电路每个极和其他极之间。

c）在正常情况下不连接到主电路上的每个控制电路和辅助电路与

——主电路；

——其他电路；

——裸露导电部件；

——外壳或安装板之间。

d）对于断开位置上的抽出式部件，穿过绝缘间隙，在电源侧和抽出式部件之间，以及在电源端和负载端之间。

8.2.2.6.4 试验结果

在试验过程中，不应有破坏性放电。

注

1　为某个目的而设计的击穿放电除外，例如：瞬间过电压抑制装置。

2　“击穿放电”一词指的是与电应力下的绝缘故障有关联的现象，此时，放电完全穿过试验中的绝缘体，将电极间的电压降至零或接近零。

3　“火花放电”一词用在击穿放电出现在气体或液体介质中的情况下。

4　“闪络”一词用在击穿放电出现在气体或液体介质表面时。

5　“电击穿”一词用在击穿放电出现并贯穿固体介质时。

6　出现在固体介质中的击穿放电会使介电强度产生永久性的减弱；而气体或液体介质中的击穿放电所造成的介电强度减弱只是暂时的。

8.2.2.7 爬电距离验证

应测量相与相之间，不同电压的电路导体之间及带电部件与裸露导电部件之间的最小爬电距离。此距离应符合7.1.2.3.5的要求。

8.2.3 短路耐受强度验证

8.2.3.1 可免除此项验证的成套设备的电路

以下情况不要求进行短路耐受强度验证：

8.2.3.1.1 额定短路耐受电流或额定限制短路电流不超过10kA的成套设备。

8.2.3.1.2 采用限流器件保护的成套设备，该器件在额定分断能力下，分断电流不超过15kA。

8.2.3.1.3 打算与变压器相连接的成套设备中的辅助电路，该变压器二次额定电压不小于110V时，其额定容量不超过10kVA。或二次额定电压小于110V时，其额定容量不超过1.6kVA，而且其短路阻抗不小于4%。

8.2.3.1.4 成套设备的所有部件（母排、母排接头、进线和出线单元、开关器件等）已经过适合成套设备工作条件的型式试验。

注：开关器件为例，符合IEC 947-3（GB 14048.3）的具有额定限制短路电流的开关设备或符合IEC

947-4-1（GB 14048.4）的具有短路保护器件的电机起动类设备。

8.2.3.2 必须经过短路耐受强度验证的成套设备的电路

除 8.2.3.1 中提到的电路以外的所有电路。

8.2.3.2.1 试验安排

成套设备及其部件应像正常使用时一样安置。除了在母线上的试验和取决于成套设备结构形式的试验以外，如果各功能单元结构相同，而且不影响试验结果就只需试验一个功能单元。

8.2.3.2.2 试验的实施：总则

如果试验电路中包含有熔断器，应采用最大电流额定值（对应于额定电流）的熔断体，如果需要，应采用制造厂规定的熔断器。

试验成套设备时所要求的电源线和短路连接导线应有足够的强度以耐受短路，它们的排列不应造成任何附加的应力。

如果没有其他规定，试验电路应接到成套设备的输入端上，三相成套设备应按三相连接。

对于所有短路耐受额定值的验证（见 4.3.4.4、4.5 和 4.6）在电源电压为 1.05 倍额定工作电压时，预期短路电流值应由校准示波图来确定，该示波图应由一根可忽略阻抗的连接线在被短路的成套设备电源侧的导体上，而且要尽可能靠近成套设备电源输入端的地方取得。示波图应显示一个恒定电流，该电流可在某一时间内测得（即该时间等于成套设备内保护器件的动作时间）或在一规定时间内测得，该电流值近似于 8.2.3.2.4 规定的值。

用交流进行短路试验时，试验电路的频率允许偏差为额定频率的 25%。

在工作中用与保护导体连接的设备的所有部件，包括外壳，应进行如下连接：

a）对适用于带中性点接地的三相四线系统，并有相应标志的成套设备，可接在电源中性点或接在允许预期故障电流至少为 1500A 的电感性人为中性点。

b）对于同在三相四线系统中使用一样也适合在三相三线系统中使用并有相应标志的成套设备，要同对大地产生电弧的可能性很小的相导体连接。

注：标志和符号表示方法还在考虑中。

试验电路应包括一个适当的检测装置（如一个由直径为 0.8mm，长度不超过 50mm 的铜丝做熔芯的熔断器）用以检测故障电流。除了下面注 2 和注 3 所说的，在此可熔断元件的电路中，预期故障电流为 1500A±10%。必要时，用一个电阻器把电流限制在该值上。

注

1 一根 0.8mm 直径的铜丝，在 1500A 下，大约经过半个周波就熔断，电源频率在45～67Hz之间（对于直流，熔断时间为 0.01s）。

2 按照有关产品标准的要求，小型设备的预期故障电流可能小于 1500A，可选用熔断时间与注 1 相同的直径较小的铜丝（见注 4）。

3 在电源具有一个人为的中性点时，预期故障电流可能比较低，按照制造厂的意见，可选用熔断时间与注 1 相同的直径较小的铜丝（见注 4）。

4 在可熔断电路中预期故障电流和铜丝直径之间的关系应根据表 12：

8.2.3.2.3 主电路试验

对于带母排的成套设备，按照下面 a）、b）和 d）项进行试验。

对于不带母排的成套设备，按照下面 a）项进行试验。

对于不满足 7.5.5.1.2 的试验要求的成套设备，另外还要按照 c）项进行试验。

表 12　预期故障电流与铜丝直径

铜丝直径，mm	可熔元件电路中预期故障电流，A
0.1	50
0.2	150
0.3	300
0.4	500
0.5	800
0.8	1500

表 13　冲击、工频和直流试验的介电耐受电压　kV

额定冲击耐受电压 U_{imp}	试验电压和相应的海拔									
	交流峰值和直流耐受电压 $U_{1.2/50}$					交流方均根值				
	海平面	200m	500m	1000m	2000m	海平面	200m	500m	1000m	2000m
0.33	0.36	0.36	0.35	0.34	0.33	0.25	0.25	0.25	0.25	0.23
0.5	0.54	0.54	0.53	0.52	0.5	0.38	0.38	0.38	0.37	0.36
0.8	0.95	0.9	0.9	0.85	0.8	0.67	0.64	0.64	0.60	0.57
1.5	1.8	1.7	1.7	1.6	1.5	1.3	1.2	1.2	1.1	1.06
2.5	2.9	2.8	2.8	2.7	2.5	2.1	2.0	2.0	1.9	1.77
4	4.9	4.8	4.7	4.4	4	3.5	3.4	3.3	3.1	2.83
6	7.4	7.2	7	6.7	6	5.3	5.1	5.0	4.75	4.24
8	9.8	9.6	9.3	9	8	7.0	6.8	6.6	6.4	5.66
12	14.8	14.5	14	13.3	12	10.5	10.3	10.0	9.5	8.48

注

1 表 13 采用了均匀电场，情况 B（见 2.9.15）的特性，因此，冲击电压、直流和交流峰值耐受电压值是相同的，其交流方均根值是从交流峰值推导出来。

2 如果电气间隙介于情况 A 和情况 B 之间，那么表 13 给出的交流值和直流值比冲击电压值更严格。

3 工频电压试验要遵循制造厂的协议（见 8.2.2.6.2）。

a）如果出线电路中有一个事先没经过试验的元件，则应进行如下试验：

为了试验出线电路，其出线端应用螺栓进行短路连接。当出线电路中的保护器件是一个断路器时，根据 IEC 947-1：1988（GB/T 14048.1—93）中 8.3.4.1.2 的 b，试验电路可包括一个分流电阻器与电抗器并联来调整短路电流。

在试验电路中，对于额定电流大于或等于 630A 的断路器，应包括有一根 0.75m 长，截面积相应于约定发热电流的电缆［见 IEC 947-1：1988（GB/T 14048.1—93）的表 7 和表 10］。开关应合闸，并像工作中正常使用那样在合闸位置上。然后施加试验电压，并维持足够长的时间，使出线单元的短路保护器件动作以消除故障，并且在任何情况下，试验电压持续时间不得少于 10 个周波。

b）带有主母排的成套设备应进行一次补充实验，以验证主母排及包括连接点在内的进线电路的短路耐受强度。短路点距最近的电源连接点应是2m±0.40m。如果要以较低的电压试验才能使试验电流为额定值［见 8.2.3.2.4b)］，那么在额定短时耐受电流（见 4.3）及额定峰值耐受电流（见 4.4）的验证试验中，此距离可增大。所设计的成套设备的被试母排长度小于 1.6m，而且成套设备不再扩建时，应对母线的全条进行试验，短路点应在这些母线的末端。如果一组母排由不同的母排段构成，（诸如截面积不同，相邻母排之间的距离不同，母排形式及每米母线上支架的数量不同），则每一段母排应分别进行试验。

c）在将母排接到单独的出线单元的导体中，用螺栓连接实现短路时，短路点应尽量靠近出线单元母排侧的端子。短路电流值应与主母排相同。

d）如果存在中性母排，应进行一次试验以考验其短路耐受强度，试验点在离中性母排最近，包括任何接点的相母排上。8.2.3.2.3 的 b）项要求适用于中性母排与该相母排的连接。制造厂与用户之间如无其他协议，中性母排试验的电流值应为三相试验的相电流的 60%。

表 14　　空气中的最小电气间隙

<table>
<tr><td rowspan="4">额定冲击耐受电压 U_{imp} kV</td><td colspan="8">最小电气间隙，mm</td></tr>
<tr><td colspan="4">A 情况非均匀电场条件（见 2.9.16）</td><td colspan="4">B 情况均匀电场条件（见 2.9.15）</td></tr>
<tr><td colspan="4">污染等级</td><td colspan="4">污染等级</td></tr>
<tr><td>1</td><td>2</td><td>3</td><td>4</td><td>1</td><td>2</td><td>3</td><td>4</td></tr>
<tr><td>0.33</td><td>0.01</td><td rowspan="3">0.2</td><td rowspan="4">0.8</td><td rowspan="5">1.6</td><td>0.01</td><td rowspan="3">0.2</td><td rowspan="5">0.8</td><td rowspan="6">1.6</td></tr>
<tr><td>0.5</td><td>0.04</td><td>0.04</td></tr>
<tr><td>0.8</td><td>0.1</td><td>0.1</td></tr>
<tr><td>1.5</td><td>0.5</td><td>0.5</td><td>0.3</td><td>0.3</td></tr>
<tr><td>2.5</td><td>1.5</td><td>1.5</td><td>1.5</td><td>0.6</td><td>0.6</td></tr>
<tr><td>4</td><td>3</td><td>3</td><td>3</td><td>3</td><td>1.2</td><td>1.2</td><td>1.2</td></tr>
<tr><td>6</td><td>5.5</td><td>5.5</td><td>5.5</td><td>5.5</td><td>2</td><td>2</td><td>2</td><td>2</td></tr>
<tr><td>8</td><td>8</td><td>8</td><td>8</td><td>8</td><td>3</td><td>3</td><td>3</td><td>3</td></tr>
<tr><td>12</td><td>14</td><td>14</td><td>14</td><td>14</td><td>4.5</td><td>4.5</td><td>4.5</td><td>4.5</td></tr>
</table>

注：最小的电气间隙值以大气压为 80kPa 时（它相当于海拔 200m 处的正常大气压）的 1.25/50μs 冲击电压为基准。

8.2.3.2.4　短路电流值及其持续时间

a）进线单元中带有短路保护器件的成套设备（见 7.5.2.1.1）。

与给定的预期短路电流相对应的电流应持续流通，直到保护器件切断为止。

b）进线单元中不带有短路保护器的成套设备（见 7.5.2.1.2）。

应该在指定的保护器件的电源侧，以预期电流进行所有的短路耐受额定值，动应力和热应力的验证。如果制造厂给出了额定短时耐受电流：额定峰值耐受电流、额定限制短路电流或额定熔断短路电流的值，则该预期电流应与制造厂给出的值相等。

当试验站很难用最大工作电压进行短时耐受电流试验或峰值耐受电流试验时，试验可根据 8.2.3.2.3 的 b）、c）和 d）在任何合适的低压下进行。在这种情况下，实际试验电流等于额定短时耐受电流或峰值耐受电流。这些应在试验报告中说明。然而，在试验期间，如果出现保护装置发生瞬时触点分离，则应用最大工作电压重新进行试验。

在短时和峰值耐受试验时，如果有过载脱扣装置，在试验时发生脱扣动作，则试验无效。

所有的试验应在设备的额定频率在±25%偏差内及表 5 中对应于短路电流的功率因数下进行。

标定电流值应是所有相中交流分量的平均方均根值。当以最大工作电压进行试验时，标定电流是实际试验电流。在每相中电流偏差应在 0～+5%之内，而且功率因数偏差应在 −0.05～0 之内。在施加电流的规定时间内其交流分量的方均根值应保持不变。

注

1　由于试验条件的限制，允许采用不同的试验周期，在此情况下，试验电流应根据公式 I^2t＝常数进行修正，但如无制造厂的同意，峰值不得超过额定峰值耐受电流，而且短时耐受电流方均根值至少有一相在电流起始 0.1s 内不得小于额定值。

2　短时耐受电流和峰值耐受电流试验可以分别进行。在此情况下，峰值耐受电流试验时施加短路的时间，不应使 I^2t 值大于短时耐受电流试验的相应值，但它不得小于 3 个周波。

对于限制和熔断短路电流试验，在规定保护器件的电源侧，试验应以 1.05 倍额定工作电压（见 8.2.3.2.2）及预期电流进行，预期电流值等于额定限制或熔断短路电流值。试验不允许以低电压进行。

8.2.3.2.5　试验结果

试验后，导体不应有任何过大的变形，只要电气间隙和爬电距离仍符合 7.1.2 的规定，母排的微小变形是允许的。同时，导线的绝缘和绝缘支撑部件不应有任何明显的损伤痕迹，也就是说，绝缘物的主要性能仍保证设备的机械性能和电器性能满足本标准的要求。

检测器件不应指示出有故障电流发生。

导线的连接部件不应松动，而且，导线不应从输出端子上脱落。

在不影响防护等级，电气间隙不减小到小于规定数值的条件下，外壳的变形是允许的。

母排电路或成套设备框架的任何变形影响了抽出式部件或可移式部件的正常插入的情况，应视为故障。

在有疑问的情况下，应检查成套设备的内装元件的状况是否符合有关规定。

8.2.3.2.6　对于通过部分型式试验的成套设备（PTTA）应按下述要求之一验证其短路耐受强度：

——根据 8.2.3.2.1～8.2.3.2.5 进行试验；

——或根据来自类似的通过型式试验安排的外推法进行推断。

注

1　从通过已做过的型式试验的布置进行估算的实例在 IEC 1117 中给出。

2　应详尽对比导体强度、带电部件与裸露导电部件之间的距离，支撑框架之间的距离，支撑框架的高度和强度以及支撑框架放置的结构和强度。

8.2.4　保护电路有效性的验证

8.2.4.1　成套设备的裸露导电部件和保护电路之间的有效连接验证

应验证成套设备的不同裸露导电部件是否按照 7.4.3.1 的要求有效地连接在保护电路上。

在有疑问的情况下，如采用不同于 7.4.3.1.1 提出的结构方法来保证其连续性，可以进行测量以验证进线保护导体的端子和成套设备相应裸露导电部件之间的电阻是否足够低。

8.2.4.2　通过试验验证保护电路的短路强度（8.2.3.1 规定的电路不适用）

一个单相试验电源，一极连接在一相的进线端子上另一极连接到进线保护导体的端子上。如成套设备带有单独的保护导体，应使用最近的相导体。对于每个有代表性的出线单元应进行单独试验，即用螺栓在单元的对应相的出线端子和相关的出线保护导体的端子之间进行短路连接。

试验中的每个出线单元应配有保护装置，该保护装置可使单元通过最大峰值电流和 I^2t 值。此试验允许用成套设备外部的保护器件来进行。

对于此试验，成套设备的框架应与地绝缘。试验电压应等于额定工作电压的单相值。所用预期短路电流值应是成套设备三相短路耐受试验的预期短路电流值的60%。

此试验的所有其他条件应同8.2.3.2相似。

8.2.4.3　试验结果

无论是由单独导体或是由框架组成的保护电路，其连续性和短路耐受强度都不应遭受严重破坏。

除直观检查外，还可用与相关出线单元额定电流相同数量级的电流进行测量，以作验证。

注

1　当把框架作为保护导体使用时，只要不影响电的连续性，而且邻近的易燃部件不会燃烧，那么接合处出现的火花和局部发热是允许的。

2　试验前后，在进线保护导体端子和相关的出线保护导体端子间测量电阻比值可验证是否符合这一条件。

8.2.5　电气间隙和爬电距离验证

应验证电气间隙和爬电距离是否符合7.1.2规定的值。

必要时，考虑到外壳及其部件或内部屏障可能产生的变形，包括偶然由短路引起的任何变化，对电气间隙和爬电距离进行测量。

如果成套设备包含抽出式部件，则有必要在试验位置（见2.2.10）（如果有的话）和分离位置（见2.2.11）时分别验证电气间隙和爬电距离是否符合要求。

8.2.6　机械操作验证

对于按照其有关规定进行过型式试验的成套设备的电器，只要在安装时机械操作部件无损坏，则不必对这些器件进行此项型式试验。

对于需要做此项型式试验的部件，在成套设备安装好之后，应验证机构操作是否良好，操作循环的次数应为50。

注：对于抽出式功能单元，一次操作循环应为从连接位置到分离位置，然后再回到连接位置。

同时，应检查与这些动作相关的机械联锁机构的操作。如果器件、联锁机构等的工作条件未受影响，而且所要求的操作力与试验前一样，则认为通过了此项试验。

8.2.7　防护等级验证

应对7.2.1和7.7提供的防护等级进行验证，必要时，可进行修改以适合特殊型式的成套设备。进水试验后，如在外壳内可立刻容易地看到水痕，应根据8.2.2试验验证其介电性能。在IP4X试验时，用于IP3X和IP4X的试验器件及外壳的支撑形式应在试验报告中给出。

防护等级为IP5X的成套设备应根据IEC 529：1989（GB 4208—93）的13.4中特征2进行试验。

防护等级为IP6X的成套设备应根据IEC 529：1989（GB 4208—93）的13.4中特征1进行试验。

8.2.8　绝缘材料性能验证

尚在考虑中。

8.3　出厂试验

8.3.1　检查成套设备，包括查线，必要时，进行通电操作试验

应对机械操作元件、联锁、锁扣等部件的有效性进行检查。应检查导线和电缆的布置是否正确，以及电器安装是否正确。同时有必要进行直观检查以保证规定的防护等级、电气间隙和爬电距离。

可能的话，通过抽样试验来检查连接，特别是螺钉连接是否接触良好。

另外，还应检查5.1、5.2规定的资料和标志是否完整，以及成套设备是否与其相符。此外，应检查成套设备与制造厂提供的电路、接线图和技术数据是否相符。

根据成套设备的复杂程度，可能有必要检查接线，并进行通电操作试验。试验、程序和数量取决于成套设备是否包括复杂的联锁装置和程序控制装置等等。

在某些场合下，当成套设备进行安装并打算投入运行时，可能有必要在现场进行或重复此试验。在这种情况下，制造厂和用户之间应达成专门的协议。

8.3.2　介电强度试验

试验应如下进行：

——如果制造厂已标出额定冲击耐受电压 U_{imp} 的值（见4.1.3）则按照8.3.2.1和8.3.2.2的b）项进行试验。

——其他情况则按照8.3.2.1和8.3.2.2的a）进行试验。

对于已按8.3.4的规定验证绝缘电阻的PTTA则不需进行此项试验。

由额定值不超过16A短路保护器件保护的和预先已经以辅助电路的额定电压进行过电气操作试验（见8.3.1）的TTA和PTTA的辅助电路也不需进行该试验。

8.3.2.1　总则

试验时，成套设备的所有电气器件都应连接起来，除非根据有关规定应施加较低试验电压的器件以及某些消耗电流的器件（如线圈、测量仪器）——对这些电器施加试验电压后将会引起电流的流动——则应当断开。此类电器应在其中一个接线端上断开，除非它被设计为不能耐受规定值试验电压时，才能将所有接线端子都断开。

安装在带电部件和裸露导电部件之间的抗干扰电容器不应断开，此电容器应能够耐受试验电压。

8.3.2.2　试验电压值、持续时间和实施

a）按照8.2.2.4，试验电压应施加1s。交流电源应该有足够的容量，以便在出现各种漏电电流的情况下仍能维持试验电压。试验电压实际为正弦波，其频率在45～62Hz之间。

如果被试设备是包括在已预先经受过介电试验的主电路或辅助电路之中，试验电压则可以减至8.2.2.4所给出值的85%。

试验时：

——可以闭合所有的开关器件；或者，

——将试验电压依次施加在电路的所有部件上。

试验电压应施加在带电部件和成套设备的框架之间。

b）应按照8.2.2.6.2和8.2.2.6.3进行试验。如果安装在电路中的元件按照其IEC标准用较低的试验电压进行了出厂试验，那么，此试验也应采用上述较低的电压值。然而，此试验电压不应低于额定冲击耐受电压30%（不用海拔修正因数）或不低于两倍的额定绝缘电压，采用这两者中较高的一种。

8.3.2.3　试验结果

如果没有击穿或闪络现象，则认为通过了此项试验。

8.3.3 保护措施和保护电路的电连续性检查

应检查防止直接接触和间接接触的防护措施（见 7.4.2 和 7.4.3）。

可利用直观检查来验证保护电路以确保 7.4.3.1.5 所列措施得以实施。尤其应检查螺钉连接是否接触良好，可能的话可抽样试验。

8.3.4 绝缘电阻的验证

对于没有按照 8.2.2 或 8.3.2 经受介电强度试验的 PTTA，应用电压至少为 500V 的绝缘测量仪器进行绝缘测量。

表 15 隔离设备断开触点间试验电压 kV

额定冲击耐受电压 U_{imp}	试验电压和相应的海拔									
	交流峰值和直流耐受电压 $U_{1.2/50}$					交流方均根值				
	海平面	200m	500m	1000m	2000m	海平面	200m	500m	1000m	2000m
0.33	1.8	1.7	1.7	1.6	1.5	1.3	1.2	1.2	1.1	1.06
0.5	1.8	1.7	1.7	1.6	1.5	1.3	1.2	1.2	1.1	1.06
0.8	1.8	1.7	1.7	1.6	1.5	1.3	1.2	1.2	1.1	1.06
1.5	2.3	2.3	2.2	2.2	2	1.6	1.6	1.55	1.55	1.42
2.5	3.5	3.5	3.4	3.2	3	2.47	2.47	2.40	2.26	2.12
4	6.2	6	5.8	5.6	5	4.38	4.24	4.10	3.96	3.54
6	9.8	9.5	9.3	9	8	7.0	6.8	6.60	6.40	5.66
8	12.3	12.1	11.7	11.1	10	8.7	8.55	8.27	7.85	7.07
12	18.5	18.1	17.5	16.7	15	13.1	12.8	12.37	11.80	10.6

注

1 如果电气间隙介于情况 A 和情况 B 之间，表 15 给出的交流和直流值比冲击电压值更严格。

2 工频电压试验要遵循制造厂的协议（见 8.2.2.6.2）。

电路与裸露导电部件之间，每条电路对地标称电压的绝缘电阻应至少为 1000Ω/V。

作为例外，有些器件不连接起来较为合适，这些器件根据它们的特殊要求，在施加试验电压时是消耗电流的器件（如线圈、测量仪器）或是不为满值试验电压而设计的。

表 16 爬电距离的最小值

续表

设备额定绝缘电压或实际工作电压交流方均根值或直流[5] V	设备长期承受电压的爬电距离，mm														
	污染等级														
	1[6]	2[6]	1	2				3				4			
	材料组别														
	2)	3)	2)	Ⅰ	Ⅱ	Ⅲa	Ⅲb	Ⅰ	Ⅱ	Ⅲa	Ⅲb	Ⅰ	Ⅱ	Ⅲa	Ⅲb
10	0.025	0.04	0.08	0.4	0.4	0.4		1	1	1		1.6	1.6	1.6	
12.5	0.025	0.04	0.09	0.42	0.42	0.42		1.05	1.05	1.05		1.6	1.6	1.6	
16	0.025	0.04	0.1	0.45	0.45	0.45		1.1	1.1	1.1		1.6	1.6	1.6	
20	0.025	0.04	0.11	0.48	0.48	0.48		1.2	1.2	1.2		1.6	1.6	1.6	
25	0.025	0.04	0.125	0.5	0.5	0.5		1.25	1.25	1.25		1.7	1.7	1.7	4)
32	0.025	0.04	0.14	0.53	0.53	0.53		1.3	1.3	1.3		1.8	1.8	1.8	
40	0.025	0.04	0.16	0.56	0.8	1.1		1.4	1.6	1.8		1.9	2.4	3	
50	0.025	0.04	0.18	0.6	0.85	1.2		1.5	1.7	1.9		2	2.5	3.2	
63	0.04	0.063	0.2	0.63	0.9	1.25		1.6	1.8	2		2.1	2.6	3.4	
80	0.063	0.1	0.22	0.67	0.95	1.3		1.7	1.9	2.1		2.2	2.8	3.6	
100	0.1	0.16	0.25	0.71	1	1.4		1.8	2	2.2		2.4	3.0	3.8	
125	0.16	0.25	0.28	0.75	1.05	1.5		1.9	2.1	2.4		2.5	3.2	4	
160	0.25	0.4	0.32	0.8	1.1	1.6		2	2.2	2.5		3.2	4	5	
200	0.4	0.63	0.42	1	1.4	2		2.5	2.8	3.2		4	5	6.3	
250	0.56	1	0.56	1.25	1.8	2.5		3.2	3.6	4		5	6.3	8	
320	0.75	1.6	0.75	1.6	2.2	3.2		4	4.5	5		6.3	8	10	
400	1	2	1	2	2.8	4		5	5.6	6.3		8	10	12.5	
500	1.3	2.5	1.3	2.5	3.6	5		6.3	7.1	8.0		10	12.5	16	
630	1.8	3.2	1.8	3.2	4.5	6.3		8	9	10		12.5	16	20	
800	2.4	4	2.4	4	5.6	8		10	11	12.5		6	20	25	
1000	3.2	5	3.2	5	7.1	10		12.5	14	16		20	25	32	
1250			4.2	6.3	9	12.5		16	18	20		25	32	40	4)
1600			5.6	8	11	16		20	22	25		32	40	50	
2000			7.5	10	14	20		25	28	32		40	50	63	
2500			10	12.5	18	25		32	36	40	4)	50	63	80	
3200			12.5	16	22	32		40	45	50		63	80	100	
4000			16	20	28	40		50	56	63		80	100	125	
5000			20	25	36	50		63	71	80		100	125	160	
6300			25	32	45	63		80	90	100		125	160	200	
8000			32	40	56	80		100	110	125		160	200	250	
10000			40	50	71	100		125	140	160		200	250	320	

注

1 工作电压为 32V 及以下的绝缘不会出现漏电或漏电起痕现象。然而必须考虑到电解腐蚀的可能性，为此规定了最小的爬电距离值。

2 按照 R10 数系选择电压值。

1）由于 IEC 664-1：1992 中 2.4 的条件，材料组别Ⅰ或材料组别Ⅱ、Ⅲa、Ⅲb，漏电起痕的可能性减小。

2）材料组别Ⅰ、Ⅱ、Ⅲa、Ⅲb。

3）材料组别Ⅰ、Ⅱ、Ⅲa。

4）此区域内的爬电距离值尚未确定。材料组别Ⅲb 一般不推荐用于 630V 以上的污染等级 3，也不推荐用于污染等级 4。

5）作为例外，对于额定绝缘电压 127，208，415，440，660/690V 和 830V，可以采用分别对应于 125，200，400，630V 和 800V 的较低档的爬电距离值。

6）这两栏中给出的值适用于印刷线路材料的爬电距离。

表 17　导体的选择和安装

导体的类型	要　求
裸导体或带基本绝缘的单芯导体例如：符合 IEC 227－3 的导线	应避免相互接触或与带电部件接触，例如：加隔离物
带基本绝缘和最大容许导体工作温度 90℃以上的单芯导体，例如：符合 IEC 245－3 的电缆或 IEC 227－3 的耐热 PVC 绝缘电缆	在没有施加外部压力的地方相互接触或与带电部件接触是容许的。必须避免与锋利的边缘接触。必须没有机械损害的危险。这些导体只可加载不超过 70℃的工作温度
带有基本绝缘的导体，例如：符合 IEC 227－3 有附加辅助绝缘的电缆，例如：用热缩套管单独覆盖或用塑料导管单独走线	如果没有机械损坏的危险不需附加要求
用非常高的机械应力材料绝缘的导体，例如：FT-FE 绝缘，或用于 3kV 以内带有增强外部套管的双重绝缘导体，例如：符合 IEC 502 的电缆	
单芯或多芯带护套电缆，例如：IEC 245－4 或 IEC 227－4 中的电缆	

附 录 A
（标 准 的 附 录）
适合连接用铜导线的最小和最大截面积（见 7.1.3.2）

下表适用于每个端子上连接一根铜导线。

表 A1

额定电流	单芯或多芯导线		软　导　线	
	截　面　积		截　面　积	
	最　小	最　大	最　小	最　大
a	b	c	d	e
A	mm^2		mm^2	
6	0.75	1.5	0.5	1.5
8	1	2.5	0.75	2.5
10	1	2.5	0.75	2.5
12	1	2.5	0.75	2.5
16	1.5	4	1	4
20	1.5	6	1	4
25	2.5	6	1.5	4
32	2.5	10	1.5	6
40	4	16	2.5	10

续表

额定电流	单芯或多芯导线		软　导　线	
	截　面　积		截　面　积	
	最　小	最　大	最　小	最　大
a	b	c	d	e
A	mm^2		mm^2	
63	6	25	6	16
80	10	35	10	25
100	16	50	16	35
125	25	70	25	50
160	35	95	35	70
200	50	120	50	95
250	70	150	70	120
315	95	240	95	185

注

1　如果外接导体直接连接在内装电器上，有关规定中给出的截面积应适用。

2　如需要选用表中规定值以外的导体，应由制造厂和用户签订专门的协议。

附 录 B
（标 准 的 附 录）
在短时电流引起热应力情况下，保护导体截面积的计算方法
（其细则在 IEC 364－5－54 中给出）

需承受持续时间大约为 0.2～5s 电流热应力的保护导体，其截面积应按下述公式计算。

$$S_p = \frac{\sqrt{I^2 t}}{K}$$

式中：S_p——截面积，mm^2；

I——在阻抗可忽略的故障情况下，流过保护电器的故障电流值（方均根值），A；

t——保护电器的分断时间，s；

注：应考虑到电路阻抗的限流作用和保护器件的限流能力（J）。

K——系数，它取决于保护导体、绝缘和其他部分的材质以及起始和最终温度。

表 B1　不包括在电缆内的绝缘保护导体的 K 值，或与电缆外皮接触的裸保护导体的 K 值（此表以 IEC 364－5－54：1980 中的表 54B 为基础）

	保护导体或电缆外套的绝缘		
	聚氯乙烯（PVC）	乙烯（XLPE）丙烯橡胶（EPR）裸导体	丁烯橡胶
最终温度	160℃	250℃	220℃
导体材料	K		
铜	143	176	166
铝	95	116	110
钢	52	64	60

注：导体的初始温度假定为 30℃。

附 录 C
（提示的附录）
典 型 实 例

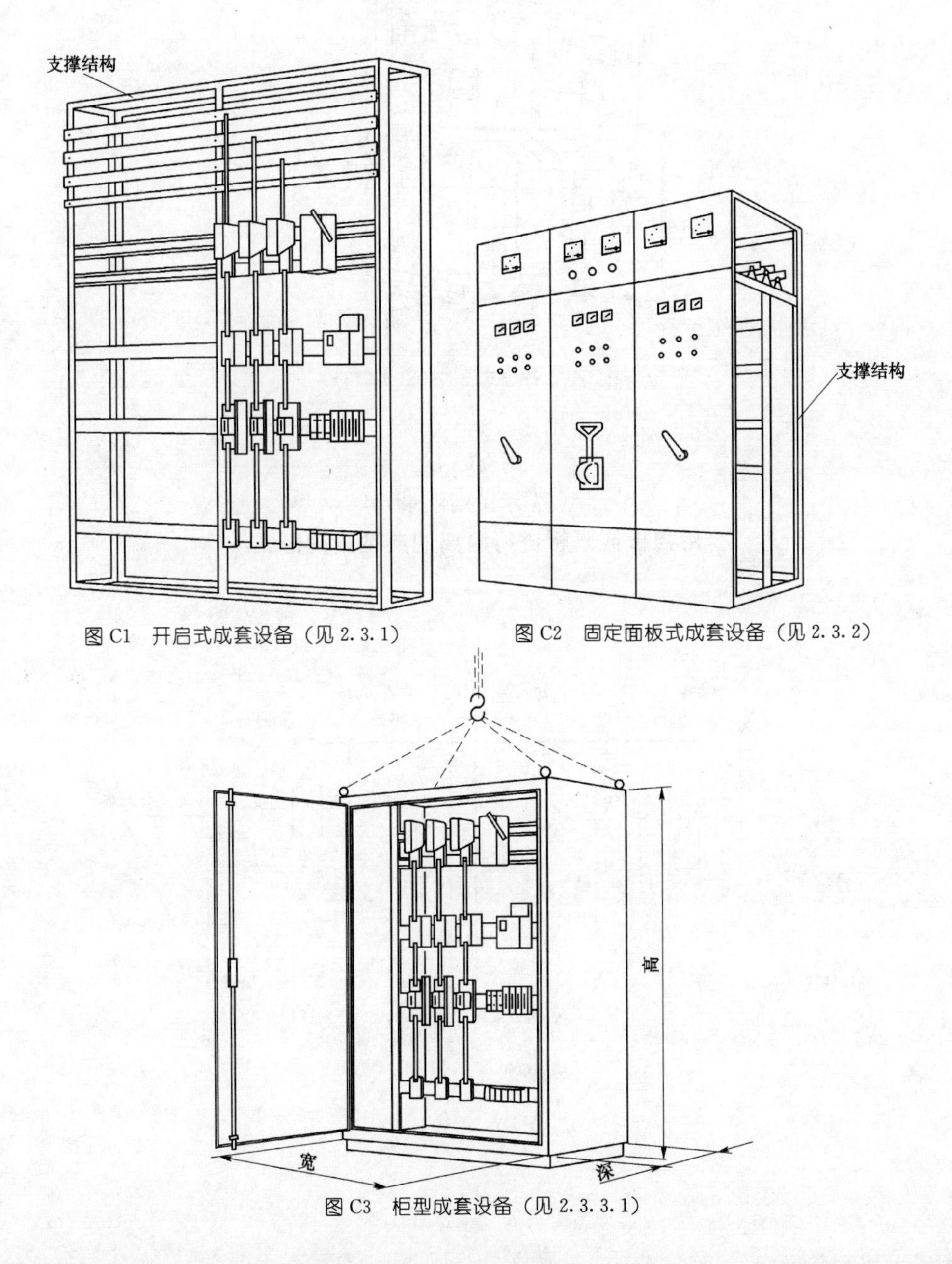

图 C1 开启式成套设备（见 2.3.1）

图 C2 固定面板式成套设备（见 2.3.2）

图 C3 柜型成套设备（见 2.3.3.1）

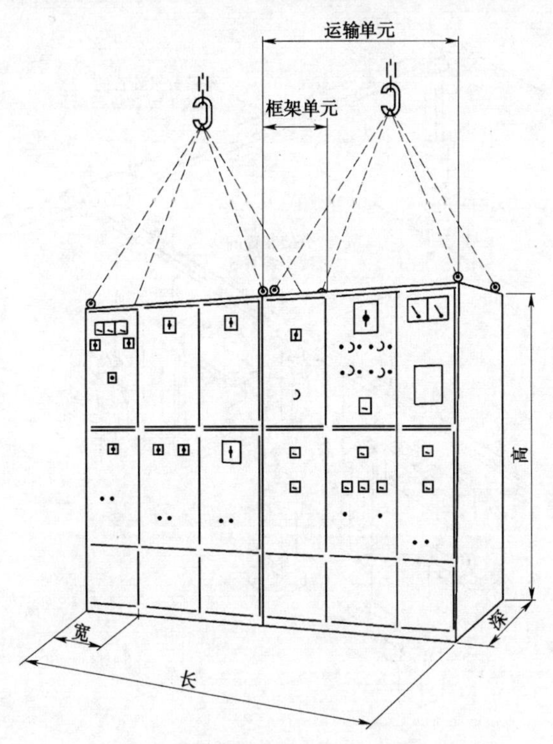

图 C4 柜组型成套设备（见 2.3.3.2）

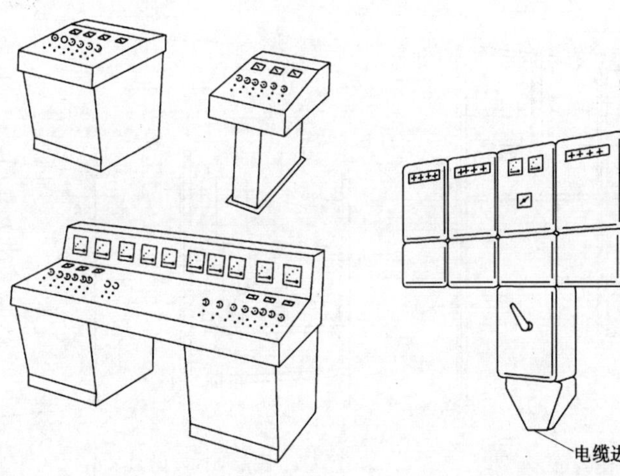

图 C5 台式成套设备（见 2.3.3.3）

图 C6 箱组型成套设备（见 2.3.3.5）

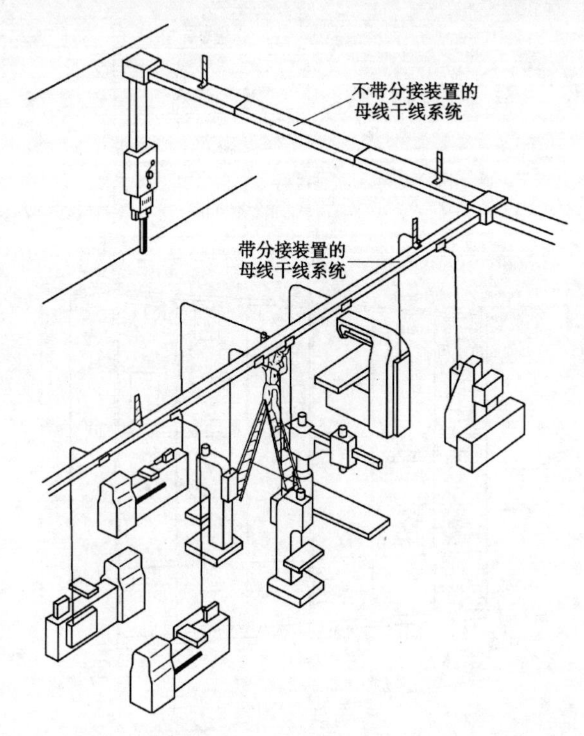

图 C7　母线干线系统（见 2.3.4）

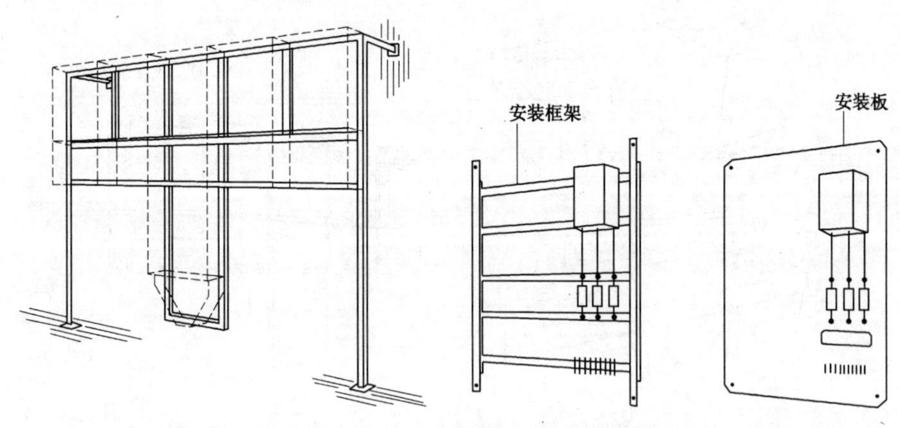

图 C8　安装结构（见 2.4.2）

图 C9　固定部件（见 2.2.6，2.4.3，2.4.4）

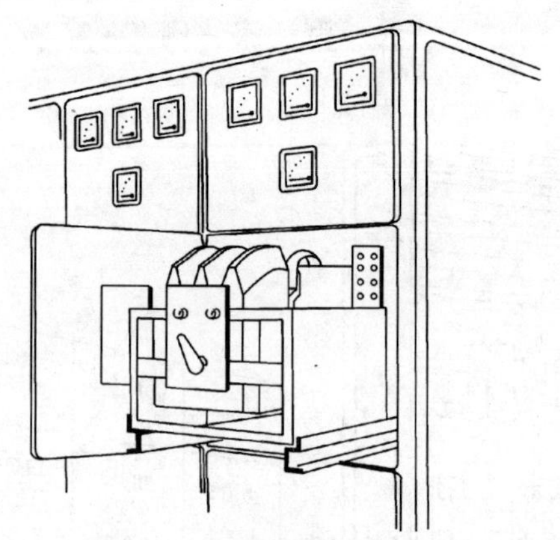

图 C10　抽出式部件（见 2.2.8）

附 录 D
（提 示 的 附 录）
用挡板或隔板进行隔离的典型排列形式

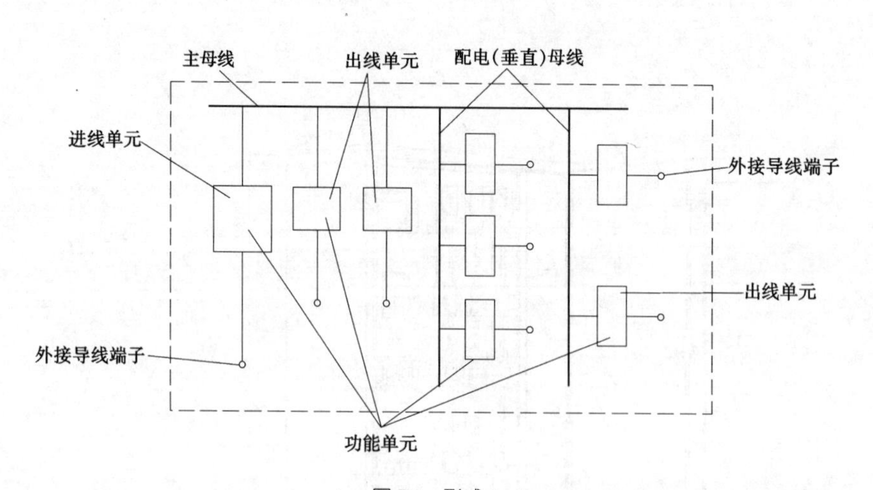

图 D1　形式 1

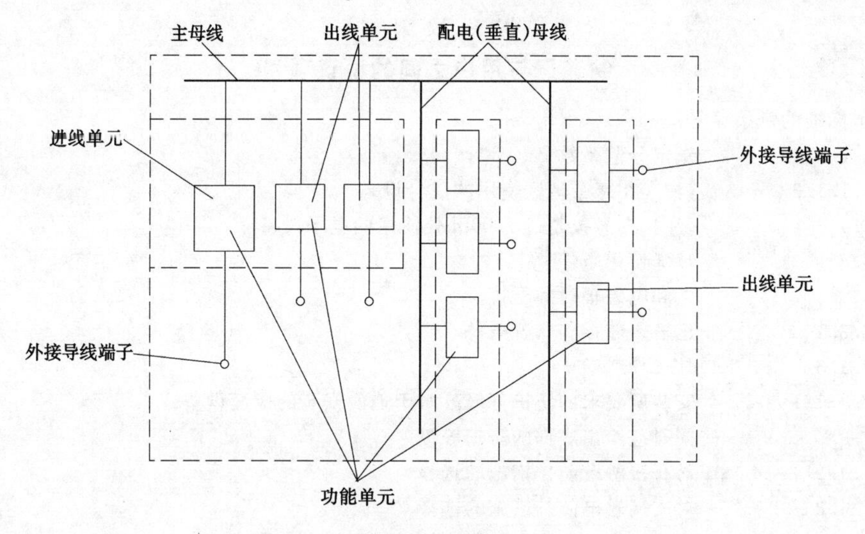

图 D2　形式 2a

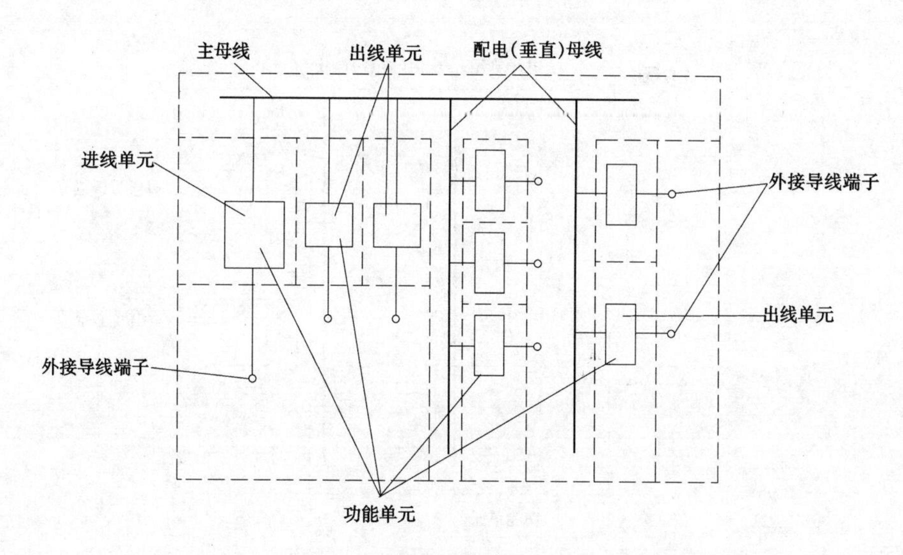

图 D4　形式 3a

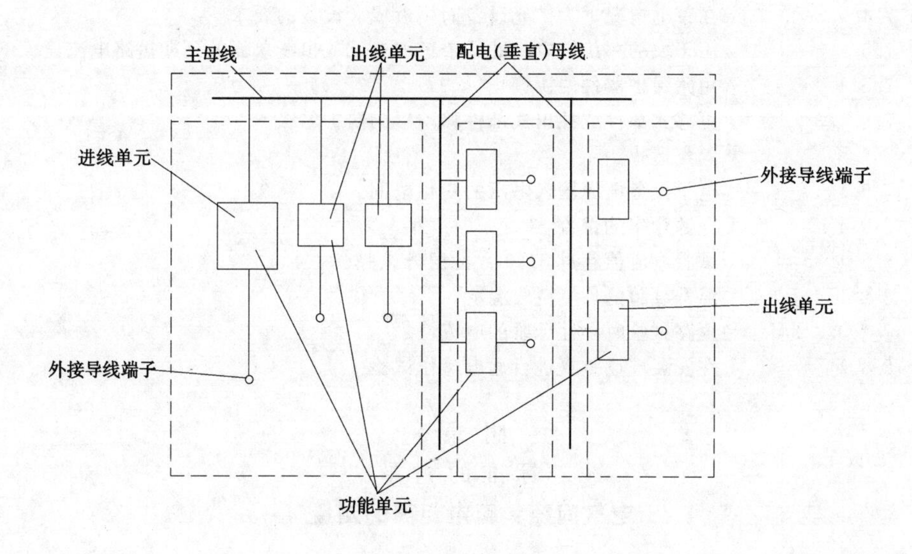

图 D3　形式 2b

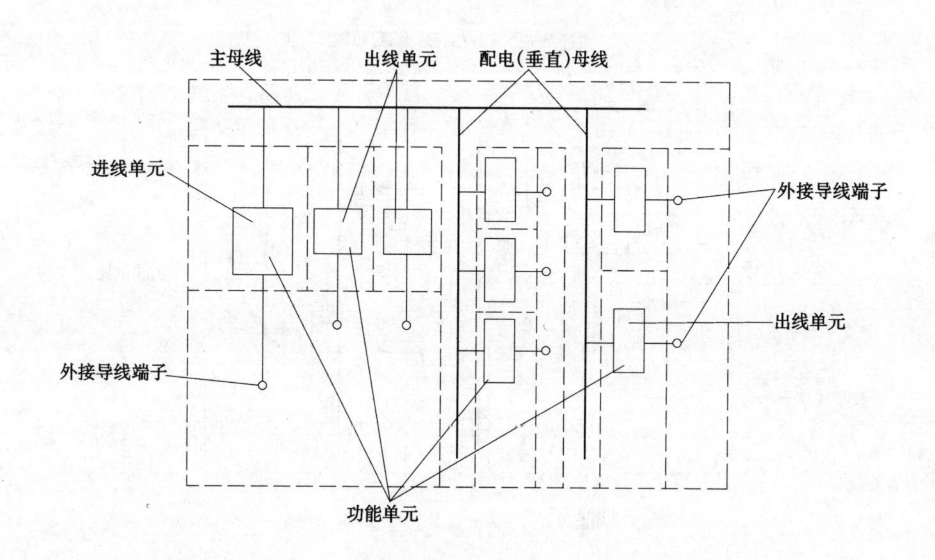

图 D5　形式 3b

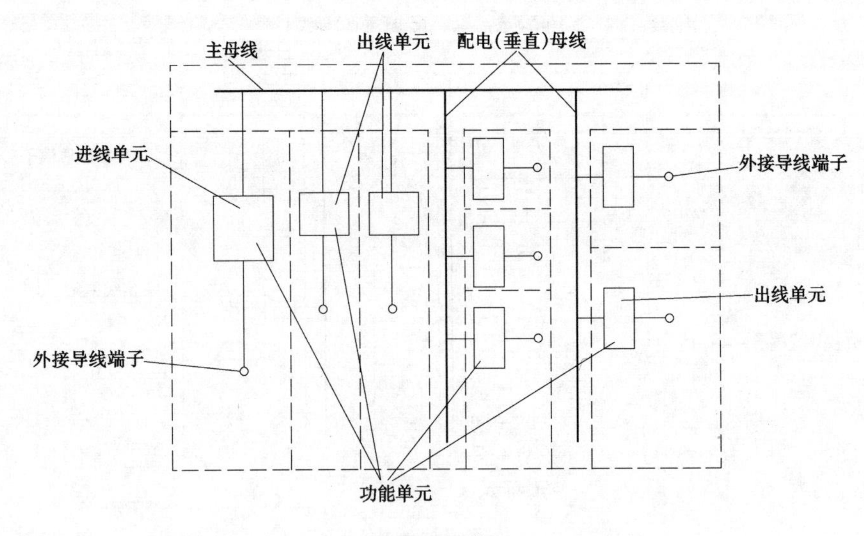

图 D6　形式 4a

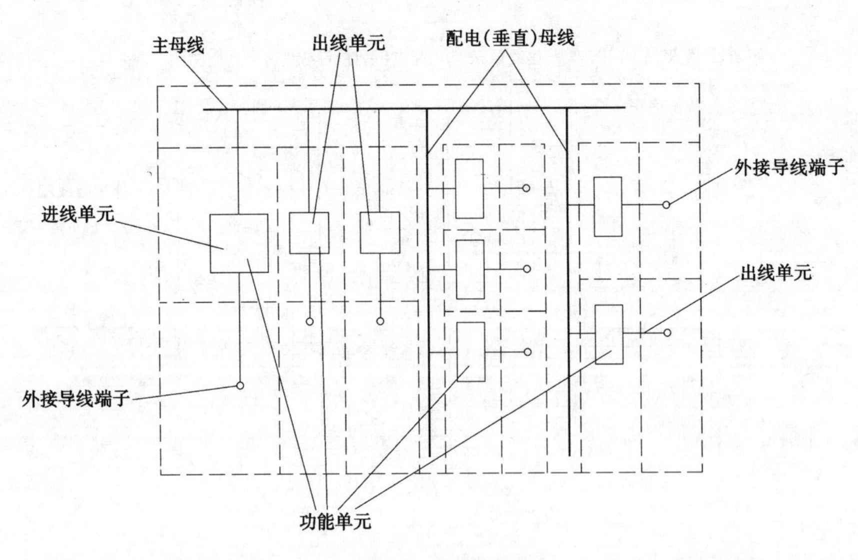

图 D7　形式 4b

附 录 E

（提示的附录）

制造厂与用户之间的协议项目

本标准的章条编号	
4.7	额定分散系数
6.1.1.2	（注）在寒带地区使用的成套设备
6.1.3	（注）在海拔超过 1000m 处使用的电子设备
6.2	特殊使用条件
6.2.10	电和电磁辐射的干扰
6.3.1	运输、储存和安置条件
7.1.3	外接导线端子
7.2.1.1	安装所要求的防护等级。对于地面安装的成套设备同时应给出底部的防护等级
7.4.2	对直接触电防护措施的选择
7.4.3	对间接触电防护措施的选择
7.4.6	对经过批准的人在使用中接近成套设备的要求
7.4.6.1	对检查和类似操作而接近成套设备的要求
7.4.6.2	对进行维修而接近成套设备的要求
7.4.6.3	在带电情况下为扩充设备而接近成套设备的要求
7.5.2.3	用于大功率旋转电机的几个进线单元或出线单元的预期短路电流值
7.5.4	短路保护器件的协调
7.6.4.3	可移式部件或抽出式部件移动后的防护等级
7.7	隔离形式
7.9.1	电子设备电源输入电压的变化范围
7.9.4 b)	电源频率的偏差
8.2.1.3.4	试验电流值超过 3150 A 的温升试验
8.2.1.6	温升试验的环境空气温度
8.2.3.2.3 d)	短路试验时中性母线的电流值
8.3.1	在安装现场重复进行通电操作试验

附 录 F

（标准的附录）

电气间隙和爬电距离的测量*)

F1　基本原则

例 1～例 11 规定的槽宽度 X 基本适用于以污染等级为函数的所有实例，如下表：

*）本附录 F 与 IEC 947-1：1988（GB/T 14048.1—93）的附录 G 相同。

污染等级	槽宽度 X 的最小值，mm
1	0.25
2	1.0
3	1.5
4	2.5

如果有关的电气间隙小于 3mm，凹槽最小宽度则可以减小至该电气间隙的三分之一。

测量爬电距离和电气间隙的方法在下面例 1～例 11 中示出。这些例子使得在电气间隙与槽之间，或在各种绝缘形式之间没有什么区别。

而且：

——假定任意角被宽度为 Xmm 的绝缘连接件在最不利的位置下桥接（见例 3）；

——当横跨槽顶部的距离为 Xmm 或更大时，应沿着凹槽的轮廓测量爬电距离（见例 2）；

——在相对运动的部件处于最不利的位置时，测量这些部件之间的电气间隙和爬电距离。

F2 筋的使用

由于筋对污染物的影响以及它有较好的干燥效果，因此可以明显地减少泄漏电流的形成。假设筋的最小高度为 2 m，爬电距离则可以减小至要求值的 0.8 倍。

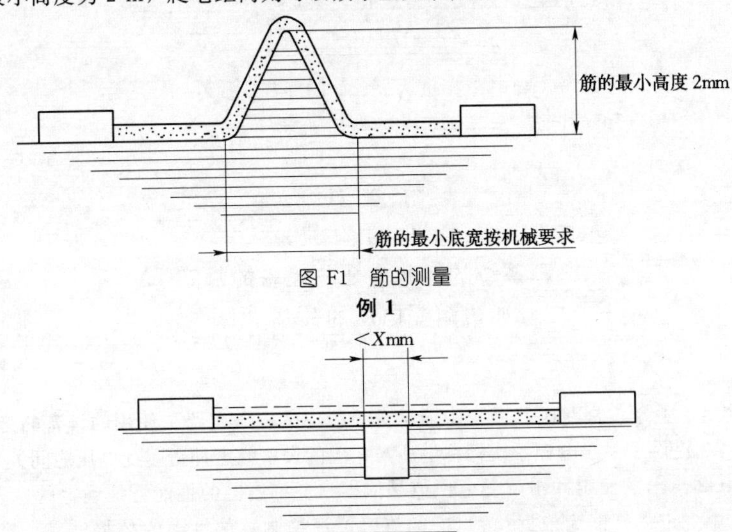

图 F1 筋的测量

例 1

条件：该爬电距离路径包括宽度小于 Xmm、深度为任意的平行边或收敛形边的槽。

规则：爬电距离和电气间隙如图所示，直接跨过槽进行测量。

例 2

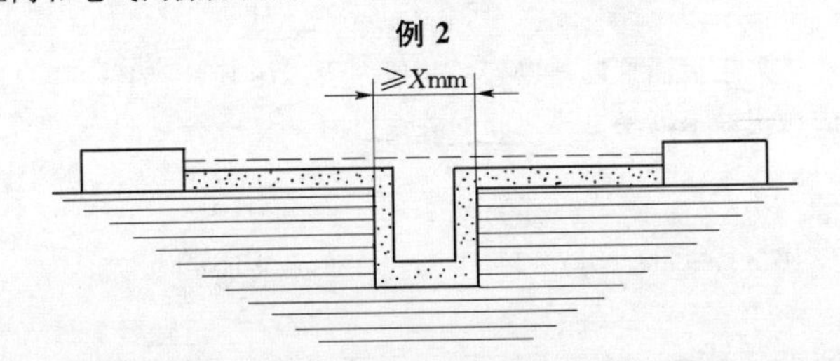

条件：此爬电距离路径包括任意深度且宽度等于或大于 Xmm 的平行边的槽。

规则：电气间隙是“虚线”的距离。爬电距离路径沿槽的轮廓测量。

例 3

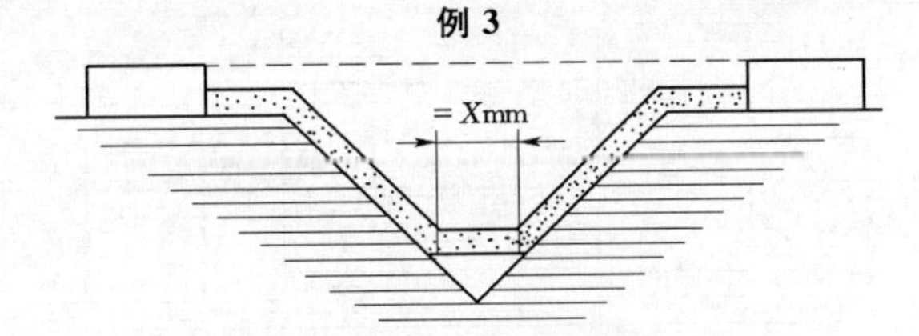

条件：此爬电距离路径包括宽度大于 Xmm 的 V 形槽。

规则：电气间隙是“虚线”的距离。爬电距离路径沿槽的轮廓但被 Xmm 的连接把槽底“短路。”

例 4

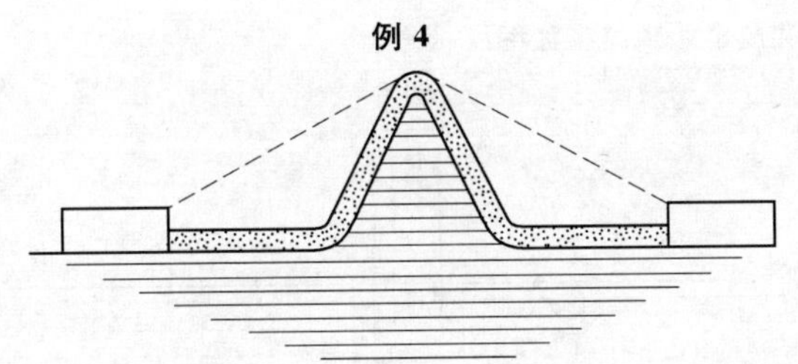

条件：爬电距离路径包括一条筋。

规则：电气间隙是通过筋顶的最短直接空气路径。爬电距离沿着筋的轮廓。

例 5

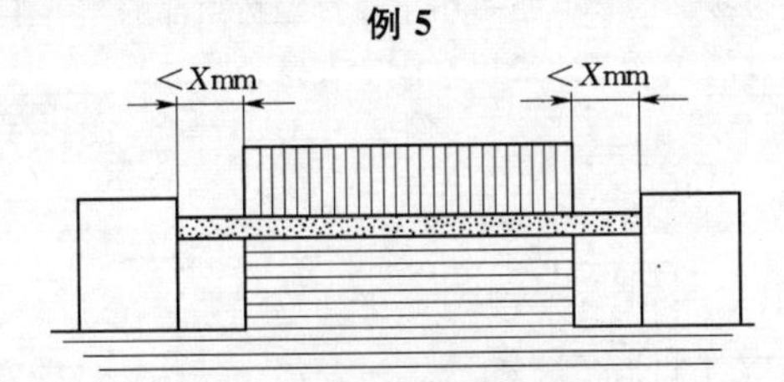

条件：爬电距离路径包括一条由未浇合的接缝及每边宽度小于 Xmm 的槽。

规则：爬电距离和电气间隙途径是如图所示的“虚线”距离。

例 6

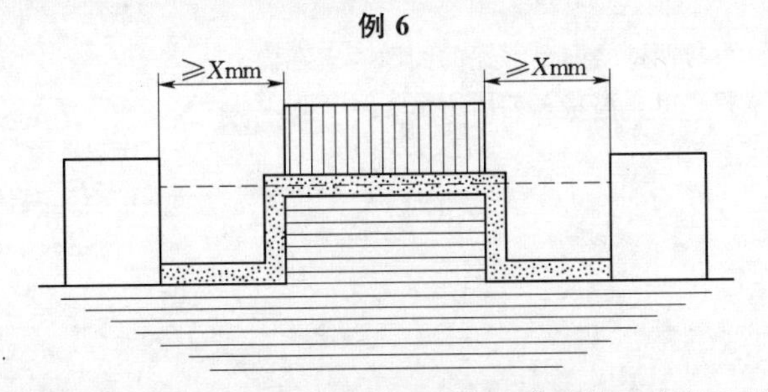

条件：此爬电距离路包括一条未浇合的接缝以及每边宽度等于或大于 Xmm 的槽。

规则：电气间隙为“虚线”距离。爬电距离路径沿槽的轮廓。

例 7

条件：爬电距离路径由未浇合的接缝以及一边宽度小于 Xmm 而另一边宽度等于或大于 Xmm 的槽。

规则：电气间隙和爬电距离路径如图所示。

例 8

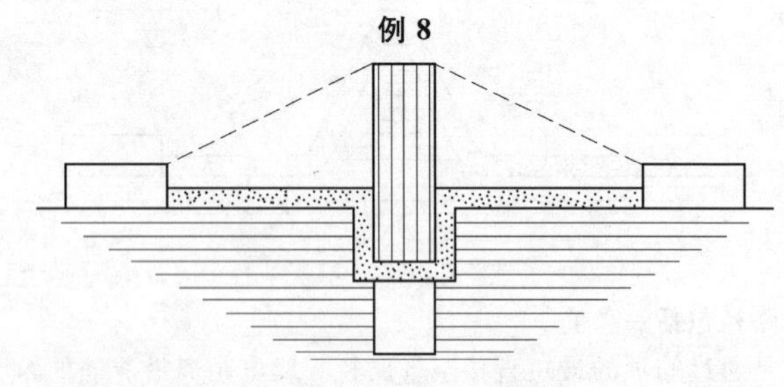

条件：穿过一条未浇合接缝的爬电距离小于通过隔板顶部的爬电距离。

规则：电气间隙是通过隔板顶部的最短直接空气路径。

例 9

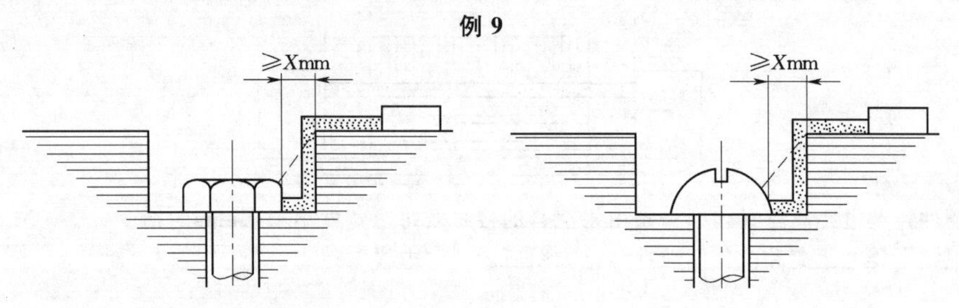

条件：应将螺钉头与凹壁之间足够宽的间隙考虑在内。

规则：电气间隙和爬电距离路径如图所示。

例 10

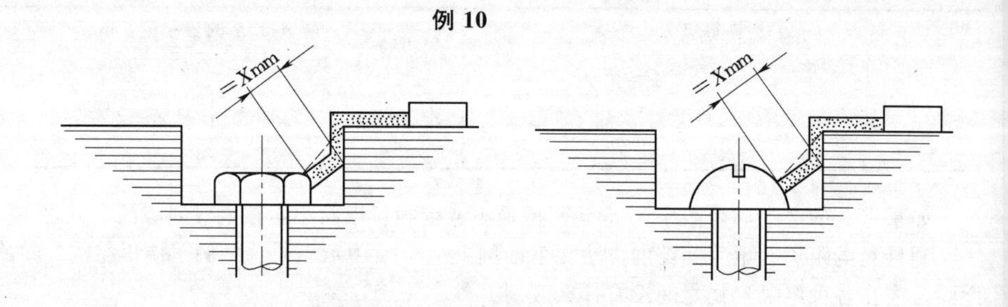

条件：螺钉头与凹壁之间的间隙过分窄小以致不必考虑。

规则：当距离等于 Xmm 时，测量爬电距离是从螺钉至槽壁。

例 11

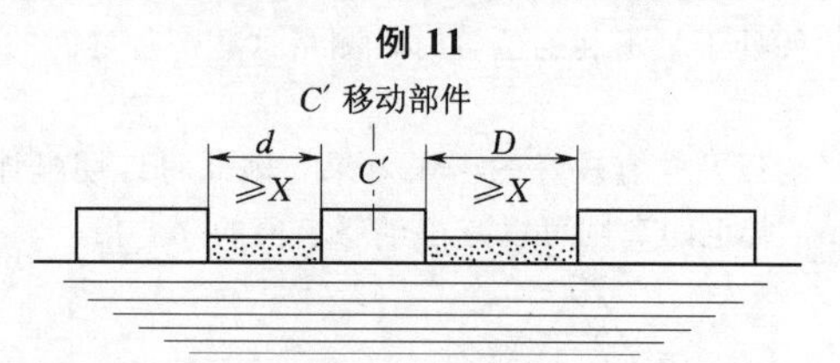

电气间隙为 $d+D$ 的距离，爬电距离也为 $d+D$ 的距离。

以上图中：－－－－表示电气间隙 ▨ 表示爬电距离

附 录 G

（标 准 的 附 录）

电源系统的标称电压与设备的额定冲击耐受电压的关系*)

说明

本附录给出了关于选择在电气系统中或部分系统中的一条电路上使用的设备的必要资料。

表 G1 和 G2 提供了关于电源系统标称电压与相应的设备额定冲击耐受电压之间关系的实例。

表 G1 和 G2 给出的额定冲击耐受电压值是依据浪涌抑制器的性能特征确定的。表 G1 的值以 IEC 99－1 中规定的性能为依据；表 G2 的值以浪涌抑制器的性能为依据，其击穿电压与额定电压的比值低于 IEC 99－1 中给出的值。

还应指出，用电源系统的条件，例如合适的阻抗或电缆馈线，可以控制与表 G1 和 G2 的值相关的过电压值。

如果控制过电压是采用浪涌抑制器以外的其他方法，在 IEC 364－4－443 中给出了电源系统标称电压与设备的额定冲击耐受电压之间的关系指南。

*）本附录与 IEC 947－1：1988（GB/T 14048.1—93）的附录 H 相同。

表 G1　在采用符合 IEC 99－1 规定的浪涌抑制器进行过电压保护时，电源系统的标称电压与设备额定冲击耐受电压之间的相应关系

额定工作电压对地最大值交流方均根值或直流 V	电源系统的标称电压（≤设备的额定绝缘电压），V				额定冲击耐受电压（1.2/50μs）优先值，kV（在海拔 2000m 时）			
					过电压类别			
					Ⅳ	Ⅲ	Ⅱ	Ⅰ
	交流方均根值	交流方均根值	交流方均根值或直流	交流方均根值或直流	电源进线点（进线端）水平	配电电路水平	负载（装置设备）水平	特殊保护水平
50	—	—	12.5，24，25 30，42，48		1.5	0.8	0.5	0.33
100	66/115	66	60	—	2.5	1.5	0.8	0.5
150	120/208 127/220	115，120 127	110，120	220～110 240～120	4	2.5	1.5	0.8
300	220/380，230/400 240/415，260/440 277/480	220，230 240，260 277	220	440～220	6	4	2.5	1.5
600	347/600，380/660 400/690，415/720 480/830	347，380，400 415，440，480 500，577，600	480	960～480	8	6	4	2.5
1000	—	660 690，720 830，1000	1000	—	12	8	6	4

注：对由地下配电系统进行过电压保护或暴露于一较低雷击电压的情况时，见表 G2。

表 G2　在采用击穿电压与额定电压比值低于 IEC 99－1 规定值的浪涌抑制器进行过电压保护的情况下，电源系统的标称电压与设备额定冲击耐受电压之间的相应关系

额定工作电压对地最大值交流方均根值或直流 V	电源系统的标称电压（≤设备的额定绝缘电压），V				额定冲击耐受电压（1.2/50μs）优先值，kV（在海拔 2000m 时）			
					过电压类别			
					Ⅳ	Ⅲ	Ⅱ	Ⅰ
	交流方均根值	交流方均根值	交流方均根值或直流	交流方均根值或直流	电源进线点（进线端）水平	配电电路水平	负载（装置设备）水平	特殊保护水平
50	—	—	12.5，24，25 30，42，48		0.8	0.5	0.33	—
100	66/115	66	60	—	1.5	0.8	0.5	0.33
150	120/208，127/220	115，120，127	110，120	220～110，240～120	2.5	1.5	0.8	0.5
300	220/380，230/400 240/415，260/440 277/480	220，230 240，260 277	220	440～220	4	2.5	1.5	0.8
600	347/600，380/660 400/690，415/720 480/830	347，380，400 415，440，480 500，577，600	480	960～480	6	4	2.5	1.5
1000	—	660 690，720 830，1000	1000	—	8	6	4	2.5

注：表 G2 还适用于由地下配电系统进行过电压保护或暴露于一较低的雷击电压（≤25）的情况。

附录三　组合式变压器

（JB/T 10217—2000）

1　范围

本标准规定了组合式变压器的使用条件、产品分类、产品型号、基本参数、技术要求、试验方法、检验规则、标志、起吊、包装、运输和贮存。

本标准适用于电压等级6、10kV级，额定容量30～1600kVA，额定频率50Hz的组合式变压器。对于6、10kV级额定容量大于1600kVA和电压等级为20kV的组合式变压器可参照使用本标准。

2　引用标准

下列标准所包含的条文，通过在本标准中引用而构成为本标准的条文。在标准出版时，所示版本均为有效。所有标准都会被修订，使用本标准的各方应探讨使用下列标准最新版本的可能性。

GB 191—1990　包装储运图示标志

GB 311.1—1997　高压输变电设备的绝缘配合（neq IEC 60071－1：1993）

GB 1094.1—1996　电力变压器　第一部分　总则（eqv IEC 60076－1：1993）

GB 1094.2—1996　电力变压器　第二部分　温升（eqv IEC 60076－2：1993）

GB 1094.3—1985　电力变压器　第三部分　绝缘水平和绝缘试验（neq IEC 60076－3：1980）

GB 1094.5—1985　电力变压器　第五部分　承受短路的能力（neq IEC 60076－3：1976）

GB/T 2900.1—1992　电工术语　基本术语（neq IEC 60050）

GB/T 2900.15—1997　电工术语　变压器、互感器、调压器和电抗器（neq IEC 60050（421）：1990、IEC 60050（321）：1986）

GB/T 2900.20—1994　电工术语　高压开关设备（neq IEC 60050）

GB 3804—1990　3～63kV交流高压负荷开关（neq IEC 60265－1：1983）

GB 4208—1993　外壳防护等级（IP代码）（eqv IEC 600529：1989）

GB/T 6451—1999　三相油浸式电力变压器技术参数和要求

GB 7251.1—1997　低压成套开关设备和控制设备　第一部分：型式试验和部分型式试验成套设备（idt IEC 60439－1：1992）

GB/T 7328—1987　变压器和电抗器的声级测定（neq IEC 60551：1987）

GB/T 11022—1999　高压开关设备和控制设备的共用技术要求（eqv IEC 60694：1996）

GB/T 14048.1—1993　低压开关设备和控制设备　总则（eqv IEC 60947－1：1988）

GB 15166.2—1994　交流高压熔断器　限流熔断器（neq IEC 60282－1：1985）

GB/T 16927.1—1997　高电压试验技术　第1部分：一般试验要求（eqv IEC 60060－1：1989）

GB/T 16927.2—1997　高电压试验技术　第2部分：测量系统（eqv IEC 60060－2：1994）

GB/T 16935.1—1997　低压系统内设备的绝缘配合　第1部分：原理、要求和试验（idt IEC 60664－1：1992）

JB/T 3837—1996　变压器类产品型号编制方法

3　定义

本标准采用下列定义。其他术语的定义按GB/T 2900.1、GB/T 2900.15和GB/T 2900.20的规定。

3.1　组合式变压器

将变压器器身、开关设备、熔断器、分接开关及相应辅助设备进行组合的变压器。

3.2　电器元件

组合式变压器中提供某种特定功能的基本部件（如负荷开关、熔断器等）。

3.3　主回路

组合式变压器包含的用于传送电能的全部导电部件的回路。

3.4　辅助回路

组合式变压器包含的用于控制、测量、照明等全部导电部件（不包含主回路）的回路。

3.5　箱体

由密封的油箱与封闭的高、低压室所组成的组合体。

3.6　油箱

用于放置器身和高压开关等电器元件及绝缘油的封闭容器。

3.7　高、低压室

借助于油箱壁，采用钢板将高、低压电缆接线和电器元件的操作、控制部分封闭起来的空间。

4　使用条件

4.1　正常使用条件

a）海拔

海拔不超过1000m。

b）环境温度

最高气温　　　　＋40℃；

最热月平均温度　＋30℃；

最高年平均温度　＋20℃；

最低气温　　　　－25℃（户外式）；－5℃（户内式）。

c）相对湿度

在25℃时，空气相对湿度不超过95%，月平均不超过90%。

d）安装环境

安装环境应无明显污秽，无爆炸性、腐蚀性气体和粉尘，安装场所应无剧烈振动冲击。

地震引发的地面加速度 a_g：水平方向低于 $3m/s^2$，垂直方向低于 $1.5m/s^2$（设计中不需特殊考虑此限度内的地震问题)。

e) 电源电压的波形

电源电压的波形近似于正弦波。

注:对于公用供电系统来说,此要求并不苛刻。但当有强大的换流器负载设备时,应按传统的规则进行考虑;畸变波形中的总谐波含量不大于5%,偶次谐波含量不大于1%。同时,还应考虑谐波电流对负载损耗及温升的影响。

f) 三相电源电压对称

对于三相组合式变压器,其三相电源电压应大致对称。

4.2 特殊使用条件

除上述正常使用条件外的其他使用条件按GB 1094.1、GB/T 11022、GB/T 14048.1和GB 7251.1的规定。

5 产品分类和产品型号

5.1 产品分类

产品按油箱结构一般可分为共箱式和分箱式:

a) 共箱式一般为高压电器元件与变压器器身共用一个变压器油箱。

b) 分箱式一般为把负荷开关等高压电器元件单独置于一个油箱,而其他高压电器元件与变压器器身置于另一个油箱,两油箱间油路不通。

5.2 产品型号

5.2.1 组合式变压器产品型号组成型式:

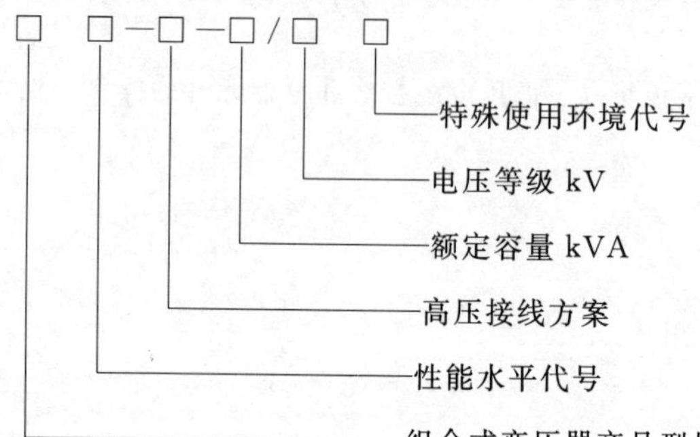

注:产品性能水平代号即变压器产品性能水平代号及特殊使用环境代号均按JB/T 3837规定。

5.2.2 组合式变压器产品型号字母排列顺序及涵义,按表1的规定。

6 基本参数

6.1 额定电压

高压侧	6,10kV;
低压侧	0.4kV;
高压侧设备最高电压	7.2,12kV;
辅助回路	110,220,380V。

6.2 额定容量

30,50,63,80,100,125,160,200,250,315,400,500,630,800,1000,1250,1600kVA。

表1 组合式变压器产品型号字母排列顺序及涵义

序号	分类	涵义		代表的字母
1	型式	"组"合式变压器	"共"箱式	ZG
			"分"箱式	ZF
2	相数	"单"相		D
		"三"相		S
3	绝缘油	一般变压器油		—
		难"燃"油		R
4	线圈导线材质	铜线		—
		铜"箔"		B
		"铝""箔"		LB
5	铁芯材质	电工钢片		—
		非晶"合"金		H
6	高压接线方案	"环"网		H
		"终"端		Z

举例:共箱式组合式变压器、三相、低压采用铜箔式绕组、铁芯采用非晶合金、一般变压器油、额定容量500kVA、高压接线方案为环网型、电压等级10kV、产品性能水平代号为10,该产品的产品型号为:ZGSBH10—H—500/10。

6.3 高压分接范围 ±5%

注:根据用户要求变压器的高压分接范围可供±2×2.5%。

6.4 联结组标号 Dyn11、Yyn0

6.5 高低压电器元件额定电流

6.5.1 高压电器元件的额定电流

6.3,8,10,12.5,16,20,25,31.5,40,50,63,80,100,125,160,200,250,315,400,500,630A。

6.5.2 低压电器元件的额定电流

50,63,100,160,200,250,315,400,500,630,800,1000,1250,1600,2000,2500,3150A。

6.5.3 高压熔断器额定短路开断电流

2.5,3.5,6.3,8,10,12.5,16,20,25,31.5,40,50kA。

6.5.4 高压负荷开关额定短时耐受电流(额定短路持续时间)

12.5,16,20,25kA (2s)。

6.5.5 高压负荷开关额定峰值耐受电流

31.5，40，50，63kA。

6.5.6 高压负荷开关额定短路关合电流

31.5，40，50，63kA。

6.6 额定频率 50Hz

6.7 绝缘水平

组合式变压器的绝缘水平应符合表 2 规定。所选的高压电器元件和低压电器元件的绝缘水平应符合表 3 和表 4 规定。

表 2　组合式变压器绝缘水平　kV

额定电压（方均根值）	设备最高电压（方均根值）	额定雷电冲击耐受电压（峰值）		额定短时工频耐受电压（1min）（方均根值）
		全　波	截　波	
6	7.2	60	65	25
10	12	75	85	35

表 3　高压电器元件绝缘水平　kV

额定电压（方均根值）	设备最高电压（方均根值）	额定雷电冲击耐受电压（峰值）	额定短时工频耐受电压（1min）（方均根值）
6	7.2	60	32
10	12	75	42

注：对具有隔离断口的产品，其绝缘水平按 GB/T 11022。

表 4　低压电器元件绝缘水平　V

额定电压	$60<U_i\leqslant300$	$300<U_i\leqslant660$	$660<U_i\leqslant800$	$800<U_i\leqslant1000$
额定短时工频耐受电压（1min）（方均根值）	2000	2500	3000	3500

6.8 声级水平

在空载状态下，组合式变压器的声级水平（A 计权声压级）应不大于 55dB（A）。

注：对非晶合金铁芯组合式变压器的声级水平由制造厂和使用部门协商确定。

6.9 外壳防护等级

户内式：IP2X；

户外式：IP33。

6.10 温升限值

6.10.1 变压器温升限值按 GB 1094.2 规定。

6.10.2 高压电器设备的温升限值按 GB/T 11022 规定。

6.10.3 低压电器设备的温升限值按 GB 7251.1 规定。

7 技术要求

7.1 基本要求

按本标准制造的组合式变压器，应符合 GB 1094.1、GB 1094.2、GB 1094.3 和 GB 1094.5 的规定。

7.1.1 技术参数

组合式变压器的性能参数（空载损耗、负载损耗、空载电流、短路阻抗）应符合 GB/T 6451 的规定。

7.1.2 性能参数的允许偏差

组合式变压器性能参数的允许偏差应符合 GB 1094.1 的规定。

7.2 总体结构要求

组合式变压器的设计应能够保证安全地进行正常使用、检查和维护。

7.3 箱体

7.3.1 组合式变压器通常采用自然通风方式冷却。

7.3.2 油箱的密封部位应可靠耐久，应无渗漏油现象。

7.3.3 组合式变压器的高、低压室门均向外开，门上应有把手、锁。门的开启角度应不小于 90°，并设有定位装置。结构上应采取联锁，保证只有当低压室的门打开后，才能打开高压室的门。

7.3.4 箱体的焊接与组装应牢固，焊缝应光洁均匀，无焊穿、裂纹、溅渣、气孔等现象。

7.3.5 箱体应进行防锈处理，并应保证喷漆颜色均匀，附着力强，漆膜不得有裂纹、流痕、针孔、斑点、气泡和附着物。

7.3.6 高、低压室间应采用金属隔板隔开。

7.3.7 箱体应有起吊装置，起吊时应保证整个组合式变压器在垂直方向受力均衡。

7.3.8 组合式变压器油箱的机械强度应满足在正常起吊和运输状态下无损伤与不允许的永久变形，并应承受 GB/T 6451 所规定的机械强度正压力试验。

7.3.9 油箱和高低压室均不能有外露可拆卸的螺钉、螺栓、铰链或其他构件，不留任何缺口，以防棍棒或线材等物体进入其内部，触及带电部位。

7.3.10 用于固定的部件（或孔）应置于高低压室内底部边缘。变压器安装固定后，只有在高低压室内方能进行拆卸。

7.4 接地

7.4.1 组合式变压器中主接地点应有明显的接地标志。箱体中应设有不少于两个与接地系统相连的端子。

7.4.2 需要接地的高低压电器元件及金属部件等均应有效接地。

7.5 机械性能

组合式变压器采用的电器元件，其机械特性应符合相应标准和技术条件的规定。

7.6 组合式变压器油箱应安装压力释放保护装置。

7.7 组合式变压器油箱应装有油位指示装置，以便随时监测油位。

7.8 组合式变压器油应有测量油温的温度表，以便随时监测温度。

7.9 组合式变压器油箱应装设注油和放油阀。

7.10 组合式变压器油箱应装有熔断器，熔断器应符合 GB 15166.2 规定。

7.11 组合式变压器选用的负荷开关、无励磁分接开关等组件或部件，均应符合相应标准的规定。

8 试验方法

8.1 一般检查

一般检查包括：

a) 外观应整洁美观，标识清晰；

b) 接线应正确合理，符合图样要求；

c) 箱门的开启、关闭及联锁应灵活可靠；

d) 电缆头的连接应可靠、安全；

e) 熔断器熔丝的更换应可靠、安全；

f) 接地回路应可靠、安全。

8.2 机械试验

8.2.1 机械操作试验

高压负荷开关在不带电状态下连续正反操作各 5 个循环，应转动灵活。

注：对某些特殊结构的产品，其试验方法按相应的技术条件。

8.2.2 机械寿命试验

对高低压开关及其他可进行操作的元件、部件，均应按相应标准进行机械寿命试验。

注：若选用的设备和元件已属定型产品，而且没有改变原有的安装和使用条件时可以原单位出具的试验报告作为考核依据。

8.3 绝缘试验

8.3.1 绝缘例行试验

组合式变压器应进行绝缘例行试验，试验按 GB/T 16927.1、GB/T 16927.2、GB 1094.3 和 GB/T 16935.1 规定。

8.3.2 雷电冲击试验

组合式变压器应进行雷电冲击试验，试验按 GB/T 16927.1、GB/T 16927.2 和 GB 1094.3 规定。

8.4 油箱机械强度试验和密封试验

8.4.1 油箱应进行机械强度试验，并满足 7.3.8 要求，试验按 GB/T 6451 规定。

8.4.2 油箱应进行密封试验，试验按 GB/T 6451 规定。

8.5 温升试验

8.5.1 试验条件

应在装配完整的组合式变压器上进行。门及电缆入口处应按使用条件予以封闭。试验回路应包括高压回路、变压器和低压回路。

8.5.2 试验方法

a) 组合式变压器的温升试验方法按 GB 1094.2 规定进行；

b) 低压电器主回路的温升试验方法按 GB 7251.1 规定。

注：当试验电流小于已定型产品的高、低压电器元件及连接接头的额定电流时，可免测高、低压电器元件及其连接接头的温升。

8.6 声级测定

按 GB/T 7328 规定。

8.7 短路承受能力试验

8.7.1 应在完整的组合式变压器上进行短路承受能力试验，试验方法按 GB 1094.5 规定。试验前，熔断器应予以短接。

8.7.2 应在规定的安装和使用条件下，对高低压主回路（包括负荷开关）分别进行规定的额定短时和峰值耐受电流能力试验。试验方法分别按 GB 3804 和 GB 7251.1 规定。

注：试验时所施加的电流按相应的技术条件的规定。

8.8 高压负荷开关额定短路关合能力试验和额定开断能力试验

组合式变压器的高压负荷开关应在正常的安装条件下，分别进行额定短路关合能力试验和额定开断能力试验。试验方法按 GB 3804 规定。

注：如选用已定型的产品，且没改变原有安装条件时可免试。

8.9 防护等级试验

应在装配完整的组合式变压器试品上进行试验，试验方法按 GB 4208 规定。

注：对于户外用组合式变压器，当要求进行防雨试验时，可免试外壳防护等级试验中的防淋水试验。

8.10 防雨试验

应对装配完整的户外用的组合式变压器进行防雨试验，试验方法按 GB/T 11022—1999 附录 C 的规定。

9 检验规则

组合式变压器产品试验分为例行试验、型式试验和特殊试验。

9.1 例行试验

例行试验项目包括：

a) 一般检查（按 8.1）；

b) 低压电器元件的通电操作试验（按 GB 7251.1）；

c) 机械操作试验（按 8.2.1）；

d) 油箱密封试验（按 8.4.2）；

e) 直流电阻不平衡率测量（按 GB/T 6451）；

f) 电压比测量和联结组标号检定（按 GB 1094.1）；

g) 短路阻抗和负载损耗测量（按 GB 1094.1）；

h) 空载电流和空载损耗测量（按 GB 1094.1）；

i) 对地绝缘电阻的测量（按 GB/T 6451）；

j) 绝缘例行试验（按 8.3.1）；

k）绝缘油试验（按 GB 1094.1）。

9.2 型式试验

9.2.1 变压器在下列情况之一时，必须进行型式试验：

a）新试制产品或转厂生产的老产品；

b）产品更改结构、原材料或工艺方法，可能影响产品性能时；

c）出厂检验结果与上次型式检验有较大差异时。

对未取得 ISO 9001 质量认证的企业，其产品定期型式试验至少每五年进行一次。

9.2.2 型式试验项目包括：

a）温升试验（按 8.5）；

b）机械寿命试验（按 8.2.2）；

c）油箱机械强度试验（按 8.4.1）；

d）雷电冲击试验（按 8.3.2）；

e）高压负荷开关额定短路关合能力试验和额定开断能力试验（按 8.8）；

f）额定短时和峰值耐受电流能力试验（按 8.7.2）；

注

1 当组合式变压器需进行短路承受能力试验时，同时考核了低压回路耐受短时电流的能力。可不再重复低压主回路试验。

2 对终端型组合式变压器可免试高压主回路试验。对环网型组合式变压器，试验时负荷开关应处在环网供电、变压器断电状态。

g）防护等级试验（按 8.9）。

9.3 特殊试验

特殊试验项目包括：

a）声级测定（按 8.6）；

b）短路承受能力试验（按 8.7.1）；

c）三相变压器零序阻抗测量（按 GB 1094.1）；

d）空载电流谐波测量（按 GB 1094.1）；

e）防雨试验（按 8.10）。

10 标志、起吊、包装、运输和贮存

10.1 组合式变压器应设有铭牌。铭牌应采用耐腐蚀的材料，并应固定在明显可见位置。铭牌标志应清晰、耐久、美观，并标出下列各项内容：

a）产品名称、产品型号；

b）本标准代号；

c）制造单位名称；

d）出厂序号及制造年月；

e）相数；

f）变压器额定容量，kVA；

g）各绕组额定电压（V 或 kV）及分接范围；

h）各绕组额定电流，A 或 kA；

i）额定频率，Hz；

j）联结组标号；

k）以百分数表示的短路阻抗实测值；

l）油重、器身重、总重，t。

组合式变压器除装设标有以上项目的主铭牌外，还应装设标有高低压电器元件性能的铭牌，按 GB/T 11022 和 GB 7251.1 列出。

10.2 组合式变压器应在箱体的明显位置设置安全标志。

10.3 组合式变压器须具有承受总重的起吊装置。

10.4 产品内部结构应在正常的铁路、公路及水路运输后相互位置不变，紧固件不松动。

10.5 整体运输时，应保护组合式变压器的所有组部件等不损坏和不受潮。

10.6 产品带包装运输时，包装箱外面应有“小心轻放”、“不准倒置”等标志和符号，并应符合 GB 191 的规定。包装箱内应附有产品质量合格证书、安装使用说明书、装箱单、备件和附件清单。

10.7 产品应保存在通风干燥处，不得受到有害气体的腐蚀。

附录四 电力变压器

第三部分：绝缘水平、绝缘试验和外绝缘空气间隙

(GB 1094.3—2003)

1 范围

本标准适用于 GB 1094.1 所规定的单相和三相油浸式电力变压器（包括自耦变压器），但某些小型和专用变压器除外。本标准是按设备最高电压 U_m 和相应的额定绝缘水平对变压器绕组进行检验的。本标准详述了所采用的有关绝缘试验和套管带电部分之间及它们对地的最小空气绝缘间隙。

对于某些有各自标准的电力变压器和电抗器类产品，本标准只有在被这些产品标准明确引用时才适用。

2 引用标准

下列标准所包含的条文，通过在本标准中引用而构成为本标准的条文。本标准出版时，所示版本均为有效。所有标准都会被修订，使用本标准的各方应探讨使用下列标准最新版本的可能性。

GB 311.1—1997 高压输变电设备的绝缘配合（neq IEC 60071-1：1993）

GB/T 311.7—1988 高压输变电设备的绝缘配合 使用导则（neq IEC 60071-2：1976）

GB/T 813—1989 冲击试验用示波器和峰值电压表（neq IEC 60790：1984）

GB 1094.1—1996 电力变压器 第1部分：总则（eqv IEC 60076-1：1993）

GB/T 2900.15—1997 电工名词术语 变压器、互感器、调压器和电抗器（neq IEC

60050（421）：1990，IEC 60050（321）：1986）

GB/T 4109—1999　高压套管技术条件（eqv IEC 60137：1995）

GB/T 7354—1987　局部放电测量（neq IEC 60270：1981）

GB/T 7449—1987　电力变压器和电抗器的雷电冲击和操作冲击试验导则（eqv IEC 60722：1982）

GB/T 16896.1—1997　高电压冲击试验用数字记录仪　第一部分：对数字记录仪的要求（eqv IEC 61083-1：1991）

GB/T 16927.1—1997　高电压试验技术　第一部分：一般试验要求（eqv IEC 60060-1：1989）

GB/T 16927.2—1997　高电压试验技术　第二部分：测量系统（eqv IEC 60060-2：1994）

IEC 61083-2：1991　高电压冲击试验用数字记录仪　第2部分：确定冲击波形参数的软件计算

CISPR 16-1：1993　无线电干扰和抗干扰测量设备及方法的技术要求　第1部分：无线电干扰和抗干扰测量设备

3　定义

本标准采用下列定义。其他术语按 GB 1094.1 或 GB/T 2900.15。

3.1　适用于变压器绕组的设备最高电压 U_m（highest voltage for equipment U_m applicable to a transformer winding）

三相系统中相间最高电压的方均根值。变压器绕组绝缘是按其设计的。

3.2　额定绝缘水平（rated insulation level）

一组标准的耐受电压，表示绝缘的介电强度特性。

3.3　标准绝缘水平（standard insulation level）

一种额定绝缘水平，其标准耐受电压就是 GB 311.1 中 U_m 所对应的标准耐受电压。

3.4　变压器绕组的全绝缘（uniform insulation of a transformer winding）

所有变压器绕组与端子相连接的出线端都具有相同的额定绝缘水平。

3.5　变压器绕组的分级绝缘（non-uniform insulation of a transformer winding）

变压器绕组的中性点端子直接或间接接地时，其中性点端子的绝缘水平比线路端子所规定的要低。

4　总则

电力变压器的绝缘要求和相应的绝缘试验，是按指定绕组及其接线端子规定的。

对于油浸式变压器，这些要求仅适用于内绝缘。当需要对外绝缘提出补充要求或试验时，包括在合适的结构模型上进行型式试验，应由制造厂与用户商定。

如果用户在变压器上的接线可能减小变压器原有的间隙距离时，应在询价订货时指明。

当油浸式变压器需要在海拔超过 1000m 处运行时，则间隙距离应按其要求进行设计，同时也可选择绝缘水平比规定的变压器绕组的内绝缘水平高的套管，见本标准第16章和 GB/T 4109。

套管应单独按 GB/T 4109 承受型式试验和例行试验，以验证其相对地的外绝缘和内绝缘。

假定所用的套管和分接开关是按有关标准设计和试验的，但仍需在装配完整的变压器上进行绝缘试验，以便对这些组件的使用和安装是否正确进行检查。

绝缘试验通常是在制造厂的车间里进行，变压器的温度接近于环境温度，但最低为10℃。

变压器包括监测设备在内，应和运行时一样装配完整。不影响内绝缘介电强度的各种附件可不安装，如外部冷却设备。

如果因套管故障影响变压器试验时，允许临时用另外的套管来代替有故障的套管，并立即对变压器继续试验，直至试验完为止。在变压器局部放电试验中，当所用的某些普通高压套管的局部放电量较大，出现局部放电测量困难时，经用户同意，可在试验期间用无局部放电型套管来代替，见附录A（提示的附录）。

采用电缆盒连接或直接接到 SF_6 全密封金属外壳组合电器的变压器，应设计成必要时可用临时套管进行临时连接的结构，以便进行绝缘试验。同样，也可根据协议，用合适的油/空气套管来代替油/SF_6 套管，以便进行试验。

当制造厂需要在变压器内部或外部装有非线性元件或避雷器，以限制传递的瞬变过电压时，应在投标阶段和定货时提请用户注意，并建议在变压器铭牌上的电路图中注明。

5　设备最高电压和绝缘水平

对变压器每个绕组的线端和中性点端，均标出其 U_m 值，见3.1。

根据 U_m 值的不同，变压器在瞬变过电压下的绝缘配合规则是不同的。

当一台变压器中不同绕组的试验规则之间有矛盾时，则该变压器应采用适合于具有最高 U_m 值的绕组的试验规则。

有关特殊类型变压器的规则，见第6章。

表2至表4列出了 U_m 的标准值。变压器绕组所用的 U_m 值可以等于或略大于绕组额定电压。

注

1　对于拟组成星形联结的变压器三相组的单相变压器，用相对地额定电压标明，例如：$500/\sqrt{3}$kV。此时相间电压值便决定了 U_m 的选取，由此，U_m=550kV。

2　可能出现所选取的某些分接电压略高于 U_m 标准值的情况，但绕组所连接系统的最高电压仍保持在这个标准值之内。由于绝缘要求必须与实际的系统条件相配合，因此，这一标准值应作为变压器的 U_m 值，而不是选取与其最接近的较大值。

3　在某些极特殊条件下的应用中，规定其他的耐受电压组合可能是合理的。此时，一般应按 GB 311.1 有关规定。

4　在某些应用中，三角形联结绕组是通过一个外部端子接地。此时，对该绕组可要求按 U_m 值选取一个较高的耐受电压值，且该值应由制造厂与用户协商确定。

U_m 及其指定的耐受电压值，即绝缘水平，确定了变压器的绝缘特性。它们是用一组与 U_m 有关的绝缘试验来验证，见第7章。

变压器每个绕组上的 U_m 值和绝缘水平应作为询价和签订合同的内容提出。如果有一个绕组为分级绝缘，则中性点端子的 U_m 值和其绝缘水平应按表 4 规定[1]。

所有绕组的额定耐受电压值应在铭牌上给出。标志的缩写原则如以下各例所示。

绝缘设计的分类由表 2、表 3、表 4 或 GB 311.1 中的数值推出，与试验程序无关。由于大多数情况下的长时感应电压试验是一种涉及运行条件的质量控制试验而不是设计验证试验，故绝缘水平应表征为：

SI/LI/AC，或者，如果适用，—/LI/AC。

此处和以下各例中的标志缩写含义如下：

SI　具有最高 U_m 值的绕组线路端子上的操作冲击耐受电压；

LI　每个绕组的线路端子和中性点端子上的雷电冲击耐受电压；

AC　每个绕组的线路端子和中性点端子上的短时感应耐受电压和外施耐受电压。

h. v.　高压；

l. v.　低压；

m. v.　中压。

例 1[2]：U_m（h. v.）为 40.5kV，U_m（l. v.）为 12kV，两个绕组均为全绝缘和 Y 联结。

绝缘水平：h. v.　线路端子和中性点端子　LI/AC　200/85kV

　　　　　l. v.　线路端子和中性点端子　LI/AC　75/35kV

例 2：U_m（h. v.）线路端子为 252kV，Y 联结，分级绝缘，中性点端子不直接接地；U_m（m. v.）线路端子为 126kV，Y 联结，分级绝缘，中性点端子不直接接地；U_m（l. v.）线路端子为 12kV，D 联结。

绝缘水平：h. v.　线路端子　SI/LI　750/950kV

　　　　　h. v.　中性点端子　LI/AC　400/200kV

　　　　　m. v.　线路端子　LI/AC　480/200kV

　　　　　m. v.　中性点端子　LI/AC　250/95kV

　　　　　l. v.　线路端子　LI/AC　75/35kV

例 3：一台自耦变压器，其 U_m 值为 363kV 和 126kV，中性点直接接地，Y 联结；U_m（l. v.）线路端子为 40.5kV，D 联结。

绝缘水平：h. v.　线路端子　SI/LI　950/1175kV

　　　　　m. v.　线路端子　LI/AC　480/200kV

　　　　　h. v./m. v.　中性点端子　LI/AC　185/85kV

　　　　　l. v.　线路端子　LI/AC　200/85kV

或者，如果另外还要求短时感应耐压试验：

绝缘水平：h. v.　线路端子　SI/LI/AC　950/1175/510kV

　　　　　m. v.　线路端子　LI/AC　480/200kV

　　　　　h. v./m. v.　中性点端子　LI/AC　185/85kV

　　　　　l. v.　线路端子　LI/AC　200/85kV

6　适用于某些特殊类型变压器的规则

在变压器中，当具有不同 U_m 值的全绝缘的绕组在变压器内部连接在一起（通常是自耦变压器）时，其外施试验耐受电压应由公共中性点的绝缘及其相应的 U_m 值确定。

在有一个或多个分级绝缘绕组的变压器中，由于感应耐受试验电压及操作冲击试验（如果采用）电压是按具有最高 U_m 值的绕组确定的，因而 U_m 值较低的绕组可能承受不到与其相应的试验电压，这种差异一般是可以接受的。如果绕组间的匝数比是靠分接改变时，应利用合适的分接，使 U_m 值较低绕组上的试验电压值尽可能接近其耐受电压值。

在操作冲击试验时，不同绕组的两端之间所产生的电压大致与其匝数比成正比。额定操作冲击耐受电压应只按具有最高 U_m 值的绕组确定。其他绕组中产生的试验电压也与匝数比成正比，且可选择合适的分接，使这些绕组上的试验电压值尽可能接近表 3 中的规定值。其他绕组中所产生的操作冲击试验电压应不超过这些绕组端子上规定的雷电冲击耐受电压值的80%。

增压变压器、移相变压器等的串联绕组，虽然其绕组额定电压仅为系统电压的一小部分，但其 U_m 却与系统电压相当。严格地按本标准对这一类变压器进行试验往往是比较困难的，因此，有关试验项目应由制造厂与用户协商确定。

对于接到相间的单相变压器，如：在作为铁道牵引系统电源的情况下，其试验电压值可能比本标准列出的试验电压值高。

对于有多种可改变连接的变压器，其所采取的试验接线和试验次数需作特殊的考虑，且应在订货时协商确定。

7　绝缘要求和绝缘试验的基本规定

变压器绕组是按它们的 U_m 值以及相应的绝缘水平进行检验的。本章详述其相应的绝缘要求和适用的绝缘试验。对于某些有各自标准的电力变压器和电抗器类产品，本章中这些要求只有被这些标准明确引用时才适用。

7.1　总则

绝缘要求和绝缘试验的基本规则见表 1。

由绕组 U_m 确定的不同的标准耐受电压值见表 2、表 3 和表 4。这些表中不同的标准耐受电压值的选取，与系统中预期的过电压条件的严重性及该设备的重要性有关。有关导则见 GB 311.1。

注：在某些地区，安装在郊区或农村的配电变压器会遭受严重的过电压，此时，可由制造厂与用户协商，对各台产品的雷电冲击试验和其他试验规定更高的试验电压值，它们均应在询价文件中阐明。

有关选择变压器绝缘要求和绝缘试验的说明应随询价和订货时提出，见附录 C（提示的附录）。

绝缘要求见 7.2 规定。耐受电压的检验用 7.3 列出的试验来进行。对绕组中性点端子的绝缘要求和试验，见 7.4。

当变压器用油/SF_6 套管直接连接到 GIS 设备时，或当变压器采用棒状间隙保护时，建议雷电全波和雷电截波冲击试验均为特殊试验。截波冲击峰值应比全波冲击峰值约高 10%。

对于高压绕组 U_m>72.5kV 的变压器，其所有绕组的雷电全波冲击试验均是例行试验。

采用说明：

1] IEC 标准为由用户规定，不符合我国实际情况，故此处进行了修改。

2] 本标准的三个实例是按我国的实际应用而给出的。

表 1　　对不同类型绕组的要求和试验[1]

绕组类型	设备最高电压 U_m/kV（方均根值）	试验						
		雷电冲击			操作冲击（SI）（见 15 章）	长时 AC（ACLD）（见 12.4）	短时 AC（ACSD）（见 12.2 和 12.3）	外施 AC（见 11 章）
		线端全波（LI）（见 13 章）	线端截波（LIC）（见 14 章）	中性点全波（LI）（见 13 章）				
全绝缘	$U_m \leqslant 72.5$	型式	型式	型式[b]	不适用	不适用	例行	例行
全绝缘和分级绝缘	$72.5 < U_m \leqslant 170$	例行	型式	型式[b]	不适用	特殊	例行	例行
分级绝缘	$170 < U_m < 300$	例行	型式	型式	例行[a]	例行	特殊[a]	例行
	$U_m \geqslant 300$	例行	型式	型式	例行	例行	特殊	例行

a　如果规定了 ACSD 试验，则不要求 SI 试验，这应在询价订货时说明。

b　对全绝缘的三相变压器，当中性点不引出时，中性点的雷电全波冲击试验为特殊试验。

表 2　　设备最高电压 $U_m \leqslant 170$kV 变压器绕组的额定耐受电压[2]　　kV

系统标称电压（方均根值）	设备最高电压 U_m（方均根值）	额定雷电冲击耐受电压（峰值）		额定短时感应或外施耐受电压（方均根值）
		全波	截波	
3	3.6	40	45	18
6	7.2	60	65	25
10	12	75	85	35
15	17.5	105	115	45
20	24	125	140	55
35	40.5	200	220	85
66	72.5	325	360	140
110	126	480	530	200

表 3　　设备最高电压 $U_m > 170$kV 变压器绕组的额定耐受电压[3]　　kV

系统标称电压（方均根值）	设备最高电压 U_m（方均根值）	额定操作冲击耐受电压（峰值，相对地）	额定雷电冲击耐受电压（峰值）		额定短时感应或外施耐受电压（方均根值）
			全波	截波	
220	252	650	850	950	360
		750	950	1050	395
330	363	850	1050	1175	460
		950	1175	1300	510
500	550	1050	1425	1550	630
		1175	1550	1675	680

7.2　绝缘要求

标准的绝缘要求为：

——如果采用表 1，线端的标准操作冲击耐受电压（SI）按表 3；

——线端的标准雷电全波和截波冲击耐受电压（LI、LIC）按表 2 或表 3；

——中性点端子的标准雷电全波冲击耐受电压（LI）：对于全绝缘，其峰值与线端相同；对于分级绝缘，其峰值按表 4 的规定；

——线端的标准外施耐受电压按表 2 或表 3；

——中性点端子的标准外施耐受电压：对于全绝缘，其电压值与线端相同；对于分级绝缘，其电压值按表 4[4]；

——如果采用表 1，线端的标准短时感应耐受电压（ACSD）按表 2 或表 3 和 12.2 或 12.3；

——如果采用表 1，带有局部放电测量的长时感应电压（ACLD）按 12.4。

$U_m \leqslant 1.1$kV 的低压绕组应承受 5kV[5] 外施耐受电压试验。

表 4　　分级绝缘变压器中性点端子的额定耐受电压[6]　　kV

系统标称电压（方均根值）	设备最高电压 U_m（方均根值）	中性点接地方式	额定雷电冲击耐受电压（峰值）	额定外施耐受电压（方均根值）
110	126	不直接接地	250	95
220	252	直接接地	185	85
		不直接接地	400	200
330	363	直接接地	185	85
		不直接接地	550	230
500	550	直接接地	185	85
		经小电抗接地	325	140

采用说明：

1］与 IEC 标准的差异见附录 E（提示的附录）中的 E1。

2］与 IEC 标准的差异见附录 E（提示的附录）中的 E2。

3］与 IEC 标准的差异见附录 E（提示的附录）中的 E3。

4］根据我国国情，补充对中性点端子的绝缘要求。

5］IEC 标准规定 3kV，此处按我国实际情况予以修改。

6］与 IEC 标准的差异见附录 E（提示的附录）中的 E4。

7.3 绝缘试验

标准的绝缘要求是用各种绝缘试验来验证的。如果适用且无其他协议规定时，这些试验应按下述给出的顺序进行：

——线端的操作冲击试验（SI），见第15章；

本试验用来验证线端和它所连接的绕组对地及对其他绕组的操作冲击耐受强度，同时也验证相间和被试绕组纵绝缘的操作冲击耐受强度。

本试验对承受长时感应电压试验（ACLD）的变压器是基本的要求。

——线端的雷电全波和截波冲击试验（LI、LIC），见第13章和第14章；

本试验用来验证被试变压器的雷电冲击耐受强度，冲击波施加于线端。

——中性点端子的雷电冲击试验（LI），见13.3.2；

本试验用来验证中性点端子及它所连接的绕组对地及对其他绕组以及被试绕组纵绝缘的雷电冲击耐受强度。

——外施耐压试验，见第11章；

本试验用来验证线端和中性点端子及它们所连接绕组对地及对其他绕组的外施耐受强度。

——短时感应耐压试验（ACSD），见12.2和12.3；

本试验用来验证每个线端和它们连接的绕组对地及对其他绕组的耐受强度以及相间和被试绕组纵绝缘的耐受强度。

本试验对全绝缘绕组按12.2进行，对分级绝缘绕组按12.3进行。

对于U_m=72.5kV且额定容量为10000kVA及以上和U_m>72.5kV的变压器，为验证变压器在运行条件下无局部放电，本试验通常与局部放电测量一起进行。经制造厂与用户协商确定，对于U_m<72.5kV和U_m=72.5kV且额定容量小于10000kVA的变压器，也可进行局部放电测量1]。

——长时感应电压试验（ACLD），见12.4。

本试验不是验证设计的试验，而是涉及在瞬变过电压和连续运行电压下的质量控制试验。本试验用来验证变压器在运行条件下无局部放电。

7.4 绕组中性点端子的绝缘要求和绝缘试验2]

7.4.1 总则

中性点端子绝缘水平与它是否直接接地、开路或通过一个阻抗接地有关。当中性点端子不直接接地时，为限制瞬变过电压，过电压保护装置应安装在中性点端子与地之间。

注

1 下面的内容涉及到确定中性点端子需要的最小耐受电压，将此电压值提高，有时是容易做到的，同时也能改善系统中变压器的互换性。对于分级绝缘变压器，由于感应耐压试验时试验接线的缘故，可能需将绕组的中性点绝缘水平设计得更高些，见12.3。

2 对全绝缘的三相变压器，当中性点不引出时，全波冲击试验电压应施加于并联连接的三个线端上，其电压值应等于该线端额定冲击耐受电压值的70%，但对电压等级为20kV及以下的变压器，加到线端上的电压值应等于该线端额定冲击耐受电压值减去1/2额定电压。

7.4.2 直接接地的中性点端子

中性点端子应直接或通过一台电流互感器牢固接地，而无任何有意接入的阻抗。在线端冲击试验中，中性点应直接接地。

7.4.3 不直接接地的中性点端子

中性点端子不直接接地，它可以通过一个相当大的阻抗（如：消弧线圈）接地。独立的相绕组的中性点端子，可以与调压变压器相连接。

7.4.4 中性点端子的额定雷电冲击电压施加方式

中性点端子的额定冲击耐受电压是通过13.3.2所述的两种试验方法之一来验证。对中性点端子的截波冲击试验，本标准不予推荐。对于带分接绕组的变压器，当分接位于绕组中性点端子附近时，如制造厂与用户无其他协议，冲击试验应选择在具有最大匝数比的分接连接下进行。

8 带分接绕组的变压器的试验

如果分接范围等于或小于±5%，则绝缘试验应在变压器处于主分接的情况下进行。

如果分接范围大于±5%，对分接的选择按下述规定。

对于感应耐压试验和操作冲击试验，所要求的分接选择由试验条件来决定，见第6章。

雷电冲击试验时，绝缘中的场强分布是随变压器分接的连接和变压器总体设计的差异而不同的。除经协议规定需在某一特殊分接上进行冲击试验外，冲击试验应在两个极限分接和主分接位置上进行，在三相变压器的三个单独的相或组成变压器三相组的三台单相变压器上各使用其中的一个分接进行试验。关于中性点端子的冲击试验，见7.4。

9 重复的绝缘试验

对正在运行和经检修后或曾运行过的变压器，其重复的绝缘试验应按7.2、7.3和7.4的规定进行，若无其他协议规定，试验电压值应为原额定耐压值的80%。此外，还要求该变压器的内绝缘未曾变更。按12.4的长时感应电压试验（ACLD）的重复试验，通常应在100%试验电压下进行。

注：此时，局部放电的判断准则，应由用户与制造厂视检修的程度来讨论确定。

为验证在制造厂已按7.2、7.3和7.4试验过的新变压器是否仍然符合本标准要求而进行的重复性试验，通常应在100%试验电压下进行。

10 辅助接线的绝缘

除另有规定外，辅助电源和控制线路的接线应承受2kV（方均根值）、1min对地外施耐压试验。辅助设备用的电机和其他电器的绝缘要求应符合有关标准的规定（如果该标准的要求低于单独对辅助接线规定的耐压值，为了对接线进行试验，有时需临时拆除这些器件）。

注：大型变压器的辅助设备为了运输，通常在出厂时拆除。在运行地点装配完毕后，推荐用1000V兆欧表进行试验。试验前，变压器内任何耐受电压低于1000V的电子设备应取出。

11 外施耐压试验

外施耐压试验应采用不小于80%额定频率的任一合适的频率，且波形尽可能接近于正弦波的单相交流电压进行。

采用说明：

1] IEC标准对于U_m=72.5kV的变压器不要求进行局部放电测量，此处按我国国情予以修改。

2] 因我国对中性点端子的绝缘要求和绝缘试验与IEC标准的规定不同，此处按我国国情予以修改和补充。

应测量电压的峰值，试验电压值应是测量电压的峰值除以$\sqrt{2}$。

试验应从不大于规定试验值的1/3的电压开始，并与测量相配合尽快地增加到试验值。试验完了，应将电压迅速地降低到试验值的1/3以下，然后切断电源。对于分级绝缘的绕组，本试验仅按中性点端子规定的试验电压进行。因此，绕组的线端只耐受本标准12.3或12.4所述的感应耐压试验时的试验电压值。

全电压试验值应施加于被试绕组的所有连接在一起的端子与地之间，加压时间60s。试验时，其余绕组的所有端子、铁芯、夹件、箱壳等连在一起接地。

如果试验电压不出现突然下降，则试验合格。

12 感应电压试验（ACSD、ACLD）

12.1 总则

12.2和12.3分别适用于全绝缘和分级绝缘的短时感应耐压试验（ACSD）。对于U_m=72.5kV且额定容量为10000kVA及以上和U_m>72.5kV的变压器，ACSD试验一般要进行局部放电测量。在整个试验期间进行局部放电测量，对制造厂以及用户而言，确是一种有用的方法。试验时测量局部放电可以显示绝缘在发生击穿之前的缺陷。本试验用来验证变压器在运行条件下无局部放电。

也可要求ACSD试验期间不进行局部放电测量，但这应在订货和询价阶段中说明。

12.4适用于全绝缘和分级绝缘的长时感应电压试验（ACLD）。在整个试验期间，一直进行局部放电测量。

在变压器一个绕组的端子上施加交流电压，其波形应尽可能接近正弦波。为了防止试验时励磁电流过大，试验时的频率应适当大于额定频率。

应测量感应试验电压的峰值，试验电压值应是测量电压的峰值除以$\sqrt{2}$。

除非另有规定，当试验电压频率等于或小于2倍额定频率时，其全电压下的试验时间应为60s。当试验频率超过两倍额定频率时，试验时间应为：

$$120\times\frac{额定频率}{试验频率}\ (s)，但不少于15s$$

12.2 高压绕组为全绝缘的变压器短时感应耐压试验（ACSD）[1]

所有三相变压器应使用对称三相电源进行试验。如果变压器有中性点端子，则试验期间应将其接地。对具有全绝缘绕组的变压器，只进行相间试验。相对地的试验按第11章外施耐压试验进行。

根据U_m值的高低，本试验将按12.2.1或12.2.2进行。

12.2.1 U_m<72.5kV和U_m=72.5kV且额定容量小于10000kVA的变压器

相间试验电压应不超过表2中所规定的额定感应耐受电压，通常在变压器不带分接绕组两端之间的试验电压应尽可能接近额定电压的2倍。在本试验中一般不进行局部放电测量。

试验应从不大于规定试验电压值的1/3的电压开始，并应与测量相配合尽快地增加到试验值。试验完了，应将电压迅速降低到试验电压的1/3以下，然后切断电源。

如果试验电压不出现突然下降，则试验合格。

12.2.2 U_m=72.5kV且额定容量为10000kVA及以上和U_m>72.5kV的变压器。

如无其他协议，所有这些变压器均应进行局部放电测量。相间试验电压应不超过表2中所规定的额定感应耐受电压。通常在变压器不带分接绕组两端之间的试验电压应尽可能接近额定电压的2倍。

应按图1所示的施加电压的时间顺序来检测局部放电性能。

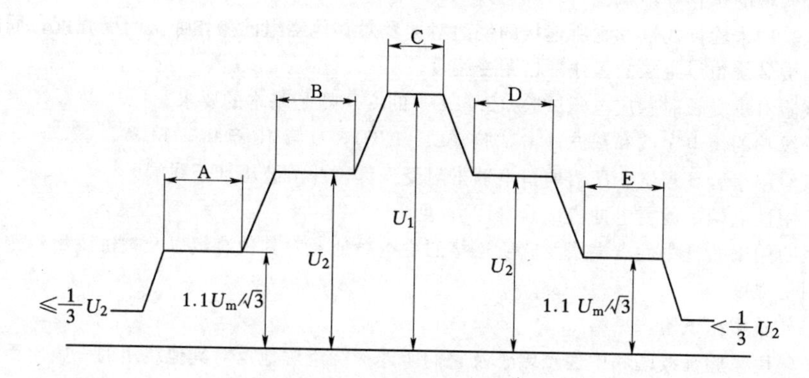

A=5min；B=5min；C=试验时间；D≥5min；E=5min

图1 施加对地试验电压的时间顺序

为了不超过表2中的相间额定耐受电压值，局部放电测量电压U_2应为：

相对地：$1.3U_m/\sqrt{3}$；

相间：$1.3U_m$。

附录D（标准的附录）的表D1中列出了由表2得出的试验电压U_1和合适的U_2值。

以下的电压仅指对地的，它应为：

——在不大于$U_2/3$的电压下接通电源；

——上升到$1.1U_m/\sqrt{3}$，保持5min；

——上升到U_2，保持5min；

——上升到U_1，其持续试验时间按12.1规定；

——试验后立刻不间断地降低到U_2，并至少保持5min，以便测量局部放电；

——降低到$1.1U_m/\sqrt{3}$，保持5min；

——当电压降低到$U_2/3$以下时，方可切断电源。

在电压上升至U_2和从U_2下降的过程中，可能出现局部放电的起始电压和局部放电熄灭电压，应予记录。

背景噪声水平应不大于100pC。

注：为了保证能检测并记录局部放电的起始和熄灭电压，推荐背景噪声水平远低于100pC。上述在$1.1U_m/\sqrt{3}$下的100pC是该试验可接受的值。

采用说明：

1］IEC标准关于对U_m=72.5kV的变压器进行局部放电测量的要求与我国不同，故按我国国情对12.2.1和12.2.2的标题予以修改。

如果符合以下情况，则试验合格：

——试验电压不出现突然下降；

——在 U_2 下的第二个 5min 期间，所有测量端子上的“视在电荷量”的连续水平不超过 300pC；

——局部放电特性无持续上升的趋势；

——在 $1.1U_m/\sqrt{3}$ 下的视在电荷量的连续水平不超过 100μC。

当实测的局部放电值不能满足验收判断准则时，应由制造厂与用户就进一步调查进行协商，见附录 A（提示的附录）。此时，还可以进行长时感应电压试验（见 12.4）。如果变压器满足 12.4 的要求，应认为试验合格。

12.3 高压绕组为分级绝缘的变压器短时感应耐压试验（ACSD）

对于三相变压器，要求两种试验，即：

a）带有局部放电测量的相对地试验，相对地的额定耐受电压按表 2 或表 3；

b）带有局部放电测量的中性点接地的相间试验，相间额定耐受电压按表 2 或表 3。试验应按 12.2.2 进行。

单相变压器只要求进行相对地试验。本试验通常是在中性点端子接地的情况下进行。如果绕组之间的电压比可通过分接来改变，这就可以用来尽可能同时满足不同绕组上的试验电压条件。在特殊情况下（见第 6 章），中性点端子上的电压可用将其连接到一台辅助的增压变压器上的办法加以提高，此时，中性点应按此进行相应的绝缘。

三相变压器试验顺序包括三次逐相施加单相试验电压，每次的绕组接地点是不同的。图 2 所示的推荐的试验连接法能避免线路端子之间有过高的过电压。此外，还有其他可行的连接方法。

变压器中其余的独立绕组，如为星形联结，应将其中性点接地，如为三角形联结，应将其中的一个端子接地。

试验时，每匝电压随试验连接法不同，所达到的值也不相同。选择合适的试验接线方法，应根据变压器与运行条件有关的特性或受试验设备的限制而定。试验时间和施加试验电压的时间顺序应按 12.1 和 12.2.2。

为评估局部放电特性，在相间试验时，应在 $U_2=1.3U_m$ 下进行测量。

注[1]：对于 U_m=363kV 及更低的 U_m，$U_2=1.3U_m$ 是合适的。对于 U_m=550kV，为了不超过表 3 规定的耐受电压，局部放电测量电压应降低到 $U_2=1.2U_m$。

对于相对地绝缘的三次单相试验，试验电压 U_1 按表 2 或表 3，而 $U_2=1.5U_m/\sqrt{3}$。附录 D（标准的附录）的表 D.2 中给出了示例。

注[2]

1 在变压器绕组布置复杂的情况下，为使试验尽可能代表实际运行中的电气作用强度的真实组合，建议制造厂与用户在合同签字阶段中对试验的所有绕组的全部接线进行审查。

2 补充的对称三相电压感应耐压试验，会在相间产生更高的电磁强度。如果规定了该试验，则相间的空气间隙必须作相应的调整，并且要在合同签字阶段中给出此规定。

如果试验电压不出现突然下降，且又满足带有如下修改的 12.2.2 局部放电测量要求，则试验合格。

对于单相试验，在 $U_2=1.5U_m/\sqrt{3}$ 下，所有测量端子上的“视在电荷量”的连续水平在第二个 5min 期间不超过 500pC，或者，对于相间试验，在 $U_2=1.3U_m$ 下不超过 300pC，或可能要求在 $1.2U_m$ 时有一个相当低的视在电荷量的协商值。

分级绝缘变压器单相感应耐压试验的连接方法见图 2。

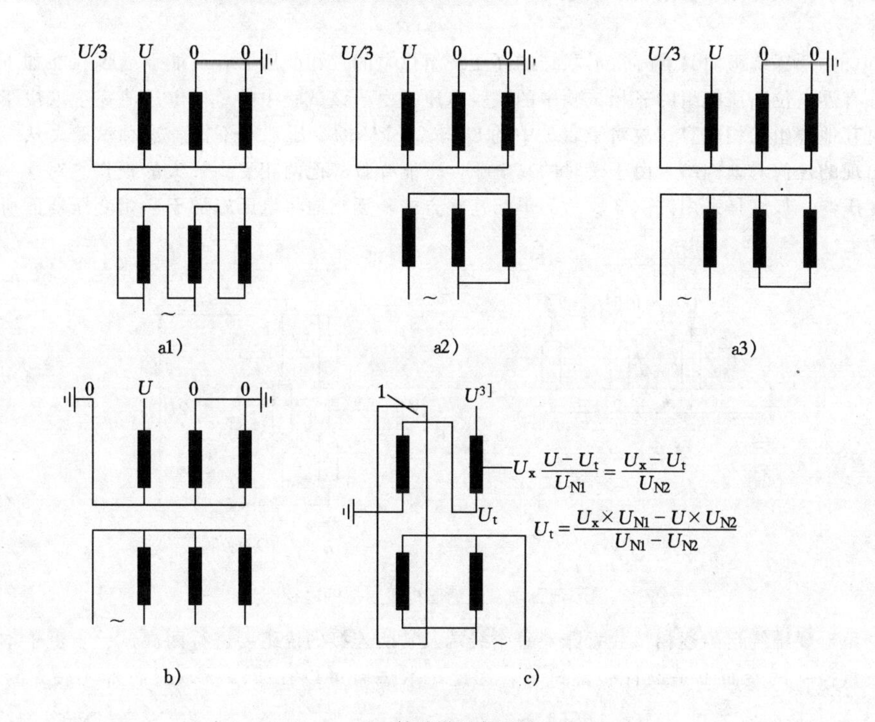

1—辅助增压变压器

U—按表 2 或表 3 规定的相对地感应试验电压

图 2 分级绝缘变压器单相感应耐压试验（ACSD）的连接方法

当中性点端子设计成至少可耐受 $U/3$ 的电压时，可采用联结法 a）。图中表示了发电机连接到低压绕组的三种不同方法。如果变压器具有不套绕组的磁回路（壳式或五柱铁芯），则只有 a1）可采用。

如果三相变压器具有不套绕组并作为被试心柱磁通流过的磁回路，则推荐用联结法 b）。如变压器有三角形联结的绕组，则试验期间三角形联结的绕组必须打开。

联结法 c）表示一台辅助增压变压器对被试自耦变压器的中性点端子给予支撑电压 U_t。两个自耦连接的绕组的额定电压为 U_{N1}、U_{N2}，其相应的试验电压为 U、U_x。这种连接也可用于一台套有绕组磁回路且其中性点绝缘小于 $U/3$ 的三相变压器。

采用说明：

1] IEC 标准中该注的内容不完全符合我国实际情况，本标准予以修改。

2] IEC 标准的注 3 不适用于我国国情，故本标准未列出。

3] IEC 原文图形和公式中的符号标注均有误，本标准予以更正。

12.4 高压绕组为分级绝缘和（或）全绝缘的变压器长时感应电压试验（ACLD）

一台三相变压器，既可以按图3用单相连接的方式逐相地将电压加在线路端子上进行试验，也可以采用对称三相连接方式进行试验。采用后一种方式时，需要特别注意有关问题，见下面注1。

一台由低压绕组向具有三角形联结的高压绕组供电的三相变压器，可能承受到只在如下所述的具有浮电位高压绕组的三相试验中的试验电压。由于该试验中的对地电压值完全取决于对地及对其他绕组的相电容，故对于表1中的 $U_m \geqslant 245kV$ 的变压器，不推荐这种试验。从一个线端出现的任何对地闪络，由于瞬时的高电压，可能导致其他两相受到较大的损伤。对这一类型的变压器，最好是采用按图3所示的单相连接方式，逐相地将电压施加于三相变压器的所有三个相上。

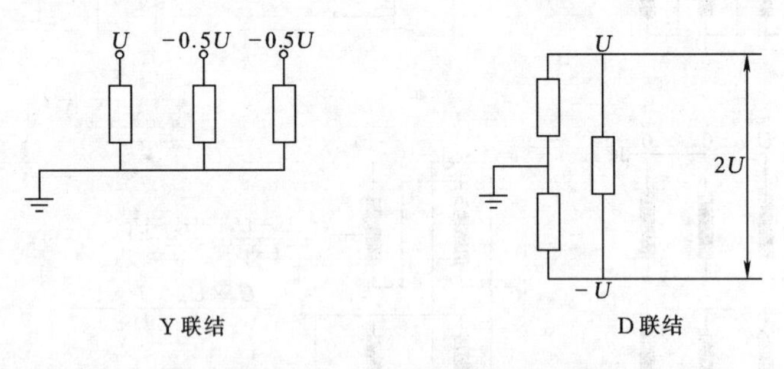

图3 星形或三角形联结三相变压器的逐相试验

三角形联结绕组的逐相试验意味着每个线端及它所连接的绕组要进行两次试验。由于本试验是质量控制试验而不是设计验证试验，因此，本试验可以在线端重复进行而不使绝缘受损伤。

被试绕组的中性点端子（如果有）应接地。对于其他的独立绕组如为星形联结，应将其中性点端子接地；如果为三角形联结应将其一个端子接地，或通过电源的中性点接地。除非另有规定，带分接的绕组应连接到主分接。

试验接线方案（三相或单相）应在订货时由制造厂与用户协商确定。

注

1 如果三相星形联结的变压器用三相连接法进行试验，则相间试验电压高于单相连接法。这可能影响相间绝缘的设计，且将要求有较大的外部间隙。

2 如果三相三角形联结的变压器用单相连接法进行试验，则相间试验电压高于三相连接法。这可能影响相间绝缘的设计。

电压应为：

——在不大于 $U_2/3$ 的电压下接通电源；

——上升到 $1.1U_m/\sqrt{3}$，保持5min；

——上升到 U_2，保持5min；

——上升到 U_1，其持续试验时间按12.1规定；

——试验后立刻不间断地降低到 U_2，并至少保持60min（对于 $U_m \geqslant 300kV$）或30min（对于 $U_m < 300kV$），以便测量局部放电；

——降低到 $1.1U_m/\sqrt{3}$，保持5min；

——当电压降低到 $U_2/3$ 以下时，方可切断电源。

试验持续时间与试验频率无关，但电压 U_1 下的试验时间除外。

在施加试验电压的整个期间，应监测局部放电量。

对地电压值应为：

$$U_1 = 1.7U_m\sqrt{3}$$

$$U_2 = 1.5U_m\sqrt{3}$$

注：对于变压器可能遭受严重过电压的网络情况，U_1 和 U_2 值可分别为 $1.8U_m/\sqrt{3}$ 和 $1.6U_m/\sqrt{3}$，该要求应在询价时明确提出。

背景噪声水平应不大于100pC。

注：为了保证能检测并记录局部放电的起始和熄灭电压，推荐背景噪声水平远低于100pC。上述在 $1.1U_m/\sqrt{3}$ 下的100pC是该试验可接受的值。

局部放电的观察和评估如下所述。更详细的资料可从源于GB/T 7354的附录A（提示的附录）获得。

——应在所有分级绝缘绕组的线路端子上进行测量。对自耦连接的一对绕组的较高电压和较低电压的线路端子应同时测量；

——接到每个所用端子的测量通道，都应在该端子与地之间施加重复的脉冲波来校准，这种校准是用来对试验时的读数进行计量的。在变压器任何一个指定端子上测得的视在电荷量，应是指最高的稳态重复脉冲并经合适的校准而得出的。偶然出现的高幅值局部放电脉冲可以不计入。在每隔任意时间的任何时间段中出现的连续放电电荷量，若不大于500pC，是可以接受的，只要此局部放电不出现稳定的增长趋势；

——在施加试验电压的前后，应记录所有测量通道上的背景噪声水平；

——在电压上升到 U_2 及由 U_2 下降的过程中，应记录可能出现的起始电压和熄灭电压。应在 $1.1U_m/\sqrt{3}$ 下测量视在电荷量；

——在电压 U_2 的第一阶段中应读取并记录一个读数。对该阶段不规定其视在电荷量值；

——在施加 U_1 期间内不要求给出视在电荷量值；

——在电压 U_2 的第二个阶段的整个期间，应连续地观察局部放电水平，并每隔5min记录一次。

如果满足下列要求，则试验合格：

——试验电压不产生突然下降；

——在 U_2 下的长时试验期间，局部放电量的连续水平不大于500pC；

——在 U_2 下，局部放电不呈现持续增加的趋势，偶然出现的较高幅值脉冲可以不计入；

——在 $1.1U_m/\sqrt{3}$ 下，视在电荷量的连续水平不大于100pC。

只要不产生击穿并且不出现长时间的特别高的局部放电，则试验是非破坏性的。当局部放电不能满足验收判断准则时，用户不应简单地断然拒绝验收，而应与制造厂就下一步的研究工作进行协商。有关这方面的建议在附录A（提示的附录）中给出。

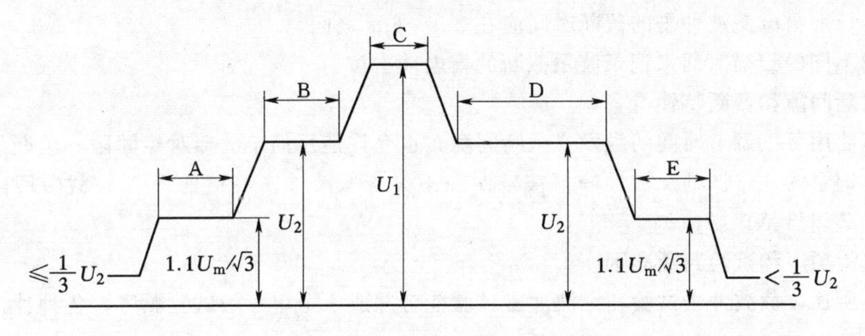

A=5min；B=5min；C=试验时间；D≥60min（对于 $U_m\geqslant$300kV）
或 30min（对于 U_m<300kV）；E=5min

图 4　长时感应试验的施加试验电压的时间顺序

试验中，因套管引起的困难问题，见第 4 章。

13　雷电冲击试验（LI）

13.1　总则

当有要求时，仅在其端子从变压器油箱或箱盖处引出的绕组上进行雷电冲击试验（LI）。

有关冲击试验各术语的一般定义、对试验线路的要求以及对认可测量设备的性能试验和例行检查见 GB/T 16927.1。更详细的信息见 GB/T 7449。

油浸式变压器的试验电压通常是负极性，以减少试验线路中出现异常的外部闪络危险。

试验期间，套管的火花间隙可以拆除或将其距离增大，以免闪络。

当变压器内部或外部安装了限制传递瞬变过电压用的非线性元件或避雷器时，对于每一种特定情况下的冲击试验程序，应事先进行讨论。如果在试验过程中存在这种元件，则此时的试验记录判断（见 13.5）可能与正常的冲击试验不同。正是由于非线性保护装置的独特特性，当其与绕组并联时会使降低电压全波冲击示波图与全电压全波冲击示波图不同。为了证明示波图的差异确是由这些保护装置动作所引起的，应在两个或更多的不同电压值下进行降低电压全波冲击试验，以表明此动作所引起的波形变化趋势。为了表明非线性效应的可逆性，应在全电压全波冲击试验完了后，也进行几次不同电压值的降低电压全波冲击试验，这些降低电压值应与试验电压逐次上升到全电压全波冲击试验过程中所用的几个电压降低值相同。

如：60%、80%、100%、80%、60%。

试验冲击波应是标准雷电冲击全波：（1.2μs±30%）/（50μs±20%）。

有时由于绕组电感小或对地电容大，这种标准冲击波形不能用合适的方法得到，因而冲击波往往是振荡的。此时，经制造厂与用户协商，可允许有较大的偏差（见 GB/T 7449）。

冲击波形问题也可以在试验期间选用某一合适的接地方法来解决（见 13.3）。

应保持校准时和全电压试验时的冲击线路及测量接线不变。

注：GB/T 7449 给出关于波形计算的信息，是根据示波图、技术规则和一些波形参数的目测值得出的。目前，由于在电力变压器的高电压冲击试验中采用了按 GB/T 16896.1 和 IEC 61083-2 规定的数字记录仪，可以明确地告知非标准波形的峰值和时间参数。尤其是当试验大容量变压器的低压绕组时，由于产生了频率低于 0.5MHz 的单极尖峰，对于这种非标准波形的峰值计算，IEC 61083-2 已不适用了，因为数字测试仪的内置曲线平滑计算法已观测到了曲线误差超过 10%。在这种情况下，需要用特殊的技术判断法，对原始数据曲线图进行仔细的计算。推荐使用峰值电压表同时测量电压峰值。

13.2　试验顺序

试验顺序包括电压为 50%～75%全试验电压的一次冲击及其后的三次全电压的冲击，如果在任何一次冲击下，在线路中或在套管间隙处产生了外部闪络，或者在任何规定测量通道上的示波记录图失效，则这一次冲击不应计入，并需重新施加一次。

注：可以使用不大于 50%全电压的多次冲击，但不必在试验报告中指出。

13.3　试验时的连接

13.3.1　在线路端子上试验时的连接

冲击试验的顺序是将冲击波连续地施加到被试绕组的每一个线路端子上。对于三相变压器，绕组的其他线路端子应直接接地或通过一个不超过所连接的线路波阻抗的低阻抗接地。

如果绕组有中性点端子，则该中性点端子应直接接地或通过一个低阻抗（例如测量电流用的分流器）接地。油箱也应接地。

当试品为独立绕组变压器时，所有非被试绕组的端子均应直接接地或通过阻抗接地，以使在任何情况下，在这些端子上产生的电压被限制到不大于其额定雷电冲击耐受电压的 75%（对星形联结绕组）或 50%（对三角形联结绕组）。

如试品为自耦变压器，当对高压绕组的线路端子试验时，如果公共绕组的线路端子为直接接地或通过测量电流用的分流器接地，则不可能较好地获得标准的冲击波形。当试验公共绕组的线路端子时，如果高压绕组线端接地，也有同样的情况。此时，允许将这些不试的线路端子通过不大于 400Ω 的电阻接地。此外，在不试线路端子上出现的对地电压应不超过其额定雷电冲击耐受电压的 75%（对星形联结绕组）或 50%（对三角形联结绕组）。

在低阻抗绕组的冲击试验中，欲在被试线路端子上得到正确的冲击波形可能是困难的，此时，有较大的偏差也是可以接受的（见 13.1）。将受试相的非被试端子通过电阻接地可能简化这一问题。此电阻值的选择，应使在这些端子上所产生的电压被限制到不大于其额定雷电冲击耐受电压的 75%（对星形联结绕组）或 50%（对三角形联结绕组）。此外，在签订合同时，经双方协商，也可采用传递冲击波的方法，见 13.3.3。

除上述主要方法外，其他见 13.3.2 和 13.3.3。

13.3.2　中性点端子上的冲击试验

当一个绕组的中性点端子规定了额定冲击耐受电压时，可用如下的试验进行检验：

a）间接施加法。

冲击试验时，冲击波施加于任一线路端子上或三相绕组连接在一起的全部三个线路端子上。中性点端子通过一个阻抗接地或开路，当一个标准的雷电冲击波施加于线路端子时，在中性点端子上所产生的电压幅值应等于该中性点端子本身的额定耐受电压值，对其上的冲击波形不作规定。对施加于线路端子的冲击电压峰值不作规定，但它应不大于该线路端子的额定雷电冲击耐受电压的 75%。

b）直接施加法。

将峰值等于中性点的额定耐受电压的冲击波直接施加于中性点端子上，此时所有的线端均应接地。在这种情况下，允许波前时间较长，但不大于13μs。

13.3.3 低压绕组的传递冲击波试验方法

当低压绕组在运行中不会遭受来自低压系统的雷电过电压时，经制造厂与用户协商，该绕组可以用由高压绕组传递来的冲击波进行试验。

此外，当直接对低压绕组施加冲击波时，高压绕组可能受到过高的电压，尤其是当调压范围大的带分接的绕组在结构上靠近低压绕组时更是这样。此时，最好采用传递冲击波方法。

当采用传递冲击波方法时，低压绕组的试验应与相邻的较高电压绕组的冲击试验同时进行。低压绕组的线端通过电阻接地，其电阻值应使线路端子与地之间，或不同的线端之间，或一个相绕组的两端之间的传递冲击电压峰值尽可能高，但不超过其额定冲击耐受电压。施加的冲击波峰值应不超过被施加绕组的额定耐受冲击水平。

有关本试验的详细程序，应在试验前协商确定。

13.4 试验记录

在试验及校正时所得到的示波图或数字记录，应能清楚地表明施加电压的冲击波形（波前时间、半峰值时间和峰值）。

至少还要使用一个测量通道。在大多数情况下，记录被试绕组流向地中的中性点电流或传递到非被试短路绕组的电容电流的示波图，将具有最好的示伤灵敏度。记录从油箱流向地的电流或非被试绕组中的传递电压，也是一种可供选择的测量方法。所选择的检测方法应由制造厂与用户协商确定。

有关示伤判断、合适的扫描时间等，在GB/T 7449中给出。

13.5 试验判断准则

如果在降低的试验电压下所记录的电压和电流瞬变波形图与在全试验电压下所记录的相应的瞬变波形图无明显差异，则绝缘耐压试验合格。

详细地解释示波图或数字试验记录，并把真实的故障记录与外部干扰区别开来，都需要熟练的技能和丰富的经验。详细的资料在GB/T 7449中给出。

如果对示波图或数字记录之间可能存在差异的解释有疑问时，则应再施加三次全电压的冲击波，或者在该端子上重作全部冲击试验。如果没有发现差异扩大，则应认为试验合格。

试验中可以采用辅助观察（如异常声音等），可用它来验证所得到的示波图或数字记录，但辅助观察办法本身不能作为直接证据。

比较降低电压与全电压下的两个电流示波图，若它们之间有任何差异时，可能表示试品有故障或由于非致伤原因所引起的波形偏离。为此，还可能要用降低电压和全电压进行新试验，以便作充分的调查和解释。由于保护装置动作、铁芯饱和或由于变压器外部的试验线路状态变动，也可能产生波形差异。

14 波尾截断的雷电冲击试验（LIC）

14.1 总则

本试验是专门用来对一个绕组的线端进行的型式试验[1]，试验应按下述的方法与雷电全波冲击试验结合起来进行，截波冲击耐受电压的峰值见表2或表3。

通常，其所用的冲击电压发生器和测量设备与全波冲击试验所用的相同，只是增加一个截断间隙。标准雷电截波冲击的截断时间应在2μs～6μs之间。

可用不同的扫描时间来记录波尾截断的雷电冲击波。

14.2 截断间隙和截断特性

推荐使用可以调节时间的触发式截断间隙，也允许使用简单的棒对棒间隙。截断线路的布置应使被记录的冲击波的反极性峰值被限制在不大于截波冲击峰值的30%。截断回路中通常接入阻抗Z以维持该限值。

14.3 试验顺序和试验判断准则

如上所述，截波冲击试验和全波冲击试验能合并成一个单一的试验顺序，各种冲击波的施加顺序推荐如下：

——一次降低电压的全波冲击；

——一次全电压的全波冲击；

——一次或多次降低电压的截波冲击；

——两次全电压的截波冲击；

——两次全电压的全波冲击。

试验中所采用的测量通道及示波图或数字记录与全波冲击试验相同。

原则上，截波冲击试验时的故障判断主要取决于全电压截波冲击下和降低电压截波冲击下的示波图的比较。此时中性点电流示波图（或任何其他补充示波图）表示为由原冲击全波的波前所引起的瞬变现象和截断后所引起的瞬变现象的叠加。因此，应当考虑截断时延可能出现的变化，尽管此变化微小，振荡图形的后面部分将因此也发生变化，且由这一效应所产生的示波图变化很难与故障下的示波图区分开来。但截断后的频率变化必须阐述清楚。

后续的全电压全波冲击试验的记录作为一种补充的故障判断，但其本身不能作为截波冲击试验的质量判断依据。

15 操作冲击试验（SI）

15.1 总则

有关冲击试验术语的一般定义、对试验线路的要求以及对认可的测量设备的性能试验和例行检查均见GB/T 16927.1和GB/T 16927.2，更详细的信息见GB/T 7449。

冲击波是由冲击电压发生器直接施加到被试线路端子上，或者施加到较低电压的绕组上，通过感应将试验电压传递到被试绕组上。在线路端子和地之间出现的电压值应为规定的试验电压值。中性点应接地。在一台三相变压器中，试验时线路端子之间产生的电压应近似为线端与中性点端子之间的电压的1.5倍（见15.3）。

试验电压通常是负极性，以减小试验线路中出现异常的外部闪络危险。

变压器的各个绕组两端产生的电压，实质上是与它们的匝数比成正比，而试验电压将由具有最高的U_m值的绕组来确定（见第6章）。

采用说明：

1] IEC标准规定截波冲击试验为特殊试验，而在我国该项目则为型式试验，故此处按我国实际情况予以修改。

冲击电压波形的视在波前时间至少为 100μs，超过 90%规定峰值的时间至少为 200μs，从视在原点到第一个过零点的全部时间至少为 500μs，最好为 1000μs。

注：这个冲击波形是有意选择的，它与 GB/T 16927.1 所推荐的 250μs/2500μs 标准波形不同，因为 GB/T 16927.1 适用于具有不饱和磁路的设备。

波前时间应由制造厂选择。其值应使沿着被试绕组的电压分布实际上是线性的，它通常大于 100μs 但小于 250μs。试验时磁路中会出现可观的磁通密度。冲击电压可以持续到铁芯达到饱和，且变压器的励磁阻抗明显降低的瞬间。

最大可能持续的冲击时间可以用在每次全电压冲击试验之前引入反极性剩磁的办法来增加。这可用波形类似但极性相反的较低电压的冲击波或短时接通直流电源的方法来实现。见 GB/T 7449。

对分接位置选择的建议，见第 8 章。

15.2 试验顺序及记录

试验应包括一次 50%～75%全试验电压下的冲击（校正冲击波）和三次连续的 100%的全试验电压下的冲击。如果示波图或数字记录有问题，则这一次冲击可以不计并补加一次冲击。示波图或数字记录至少应记录被试线路端子上的冲击波形图，最好还应记录中性点电流。

注：由于冲击期间磁饱和的影响，连续的示波图是不同的，而且降低电压和全电压试验记录也是不完全相同的。为了限制这个影响，在相同的试验电压下的各次冲击试验后，需在相反极性的降低电压下进行去磁冲击。

15.3 试验时的连接

试验时，变压器应处于空载状态。试验中不使用的绕组应在其某一点处牢固接地，但不使其短路。对于单相变压器，被试绕组的中性点端子应牢固接地。

三相绕组应在其中性点端子接地时逐相地进行试验。变压器的连接应使其余的两个（可以连接在一起）非试线路端子上均产生一个反极性的电压，且其幅值约为 1/2 的施加电压。

为使反极性电压限制到施加电压的 50%，推荐在非被试相的端子上连接接地的高值电阻器（10～20kΩ）。

套管火花间隙及限制过电压的补充方法等均按雷电冲击试验有关规定处理，见 13.1。

15.4 试验判断准则

如果示波图或数字记录仪中没有指示出电压突然下降或中性点电流中断，则试验合格。

试验期间的辅助观察（如异常的声音等）可用来验证示波图和数字记录，但这些辅助观察本身不能作为直接的证据。

16 外绝缘空气间隙

16.1 总则

本标准所指的空气间隙应理解为其静电场不受套管结构的影响。本标准不涉及套管本身的闪络距离或其表面爬电距离；也不考虑鸟类或其他兽类带来的使其距离减小的影响。

当确定本标准在更高电压范围内的要求时，通常认为套管端部电极表面是光滑的。

本标准的间隙要求，对于两个圆角化的电极之间的间隙是适用的。本标准认为导线夹持件和其屏蔽罩形状合适，不会降低原有的闪络电压；还认为进线布置也不会使变压器原有的有效空气间隙减小。

注：如果用户用特殊的连接方法，以致减小变压器原有的有效空气间隙时，则应在询价时提出。

通常，在较高的系统电压，特别是在单台容量小或安装空间有限制的情况下，欲规定有足够裕度的空气间隙值可能有一定的技术困难。本标准采用的原则是：提供一个最小的、无危险的间隙，不必再用论证或试验的方法来检验它们在各种系统条件下和不同气候条件下是否有足够的安全性；根据以往经验和现行实践而采用的其他间隙值，应由用户与制造厂协商确定其是否合适。

除非在询价和订货时另有规定，本标准所推荐的空气间隙均是按变压器内绝缘的额定耐受电压值制定的。当变压器的外绝缘空气间隙不低于本标准规定值，且套管已按 GB/T 4109 的要求选择时，则不需进行变压器的外绝缘试验，即认为其空气间隙已满足外绝缘的要求。

注[1]

1 外绝缘的冲击耐受强度与电压极性有关，而内绝缘则相反。规定的变压器内绝缘试验，一般不能自动地证明其外绝缘也满足要求。本标准所推荐的空气间隙是按更严格的正极性确定的。

2 如果按合同采用了比规定值还要小的空气间隙时，则需要在模拟实际空气间隙布置的外绝缘模型上或在变压器本体上进行型式试验。为此，本标准也推荐了这些试验的试验程序。

如果变压器是在海拔高于 1000m 的地区运行时，其所需的空气间隙，应按每增加 100m（对 1000m 海拔而言），空气间隙值加大 1%来计算。

本标准给出了下述空气间隙的要求：

——相对地和相对中性点的空气间隙；

——同一绕组的相间空气间隙；

——高压绕组线路端子与较低电压绕组线路端子之间的空气间隙；

——中性点套管带电部分对地的空气间隙[2]。

按上述要求所推荐的空气间隙实际上是最小值。设计的空气间隙应在变压器外形图标出。它们是正常制造公差的标称值，在选择时应使实际空气间隙至少等于规定值。

这些规定应作为证明变压器符合本标准的推荐值或者符合合同所规定的修改值。

16.2 按变压器绝缘耐受电压确定套管空气间隙的要求

按绕组的 U_m 值高低，其要求分别如下所述：

16.2.1 $U_m \leqslant 170$kV

相对地、相对中性点、相间以及相对较低电压绕组端子之间的空气间隙均采用相同的距离。

推荐的最小空气间隙在表 5 中给出，它们是按表 2 的额定耐受电压列出的。

如果需要对小于本标准推荐值的实际空气间隙进行型式试验时，应进行正极性雷电冲击，在干燥的状态下施加 3 次冲击，试验电压按表 5。

注：如表 2 所示，按 GB 311.1 可能会规定一些较低的雷电冲击耐受电压值。此时，应验证是否需要一个较大的相间空气间隙值。

采用说明：

1] IEC 标准中的注 2 内容不符合我国实际情况，故本标准未列出。

2] IEC 标准无此规定，该内容是按我国的实际情况增加的。

表 5　设备最高电压 $U_m \leqslant$170kV 电力变压器套管带电部分的相对地、相间、相对中性点及对低电压绕组端子的最小空气间隙推荐值[1]

系统标称电压/kV（方均根值）	设备最高电压 U_m/kV（方均根值）	额定雷电冲击耐受电压/kV（峰值）	最小空气间隙/mm
3	3.6	40	60*
6	7.2	60	90
10	12	75	125
15	17.5	105	180
20	24	125	225
35	40.5	200	340*
66	72.5	325	630
110	126	480	880

注：对于打“*”者，若用户在订货时提出要求，60mm 可加大至 80mm，340mm 可加大至 365mm。

16.2.2　U_m>170kV

对于规定了操作冲击试验的 U_m>170kV 的变压器，所推荐的空气间隙列于表 6 中。

不论是否按表 3 规定的耐压值进行短时耐压试验，认为对变压器外绝缘的要求是相同的。

三相变压器的内绝缘是通过在被试相上施加负极性操作冲击耐受电压和在相间感应出 1.5 倍操作冲击耐受电压来进行检验的，见 GB 311.1。

对于外绝缘，对其相间耐受电压的规定有所不同。合适的试验程序包括相对地的正极性冲击和相间空气间隙的正、负极性冲击，见 16.2.2.3。表 6 中列出的空气间隙值已考虑了这些要求。

表 6　设备最高电压 U_m>170kV 电力变压器套管带电部分的相对地、相间、相对中性点及对低电压绕组端子的最小空气间隙推荐值[2]

系统标称电压/kV（方均根值）	设备最高电压 U_m/kV（方均根值）	额定操作冲击耐受电压/kV（峰值）		额定雷电冲击耐受电压/kV（峰值）	最小间隙		
		相对地	相间		相对地/mm[a]	相间/mm[a]	对其他绕组端子/mm[b]
220	252	650	1050	850	1500	1800	1600
		750	1175	950	1900	2250	1800
330	363	850	1300	1050	2300	2650	1950
		950	1425	1175	2700	3100	2200
500	550	1050	1675	1425	3100	3500	2650
		1175	1800	1550	3700	4200	2850

注：如果仅仅根据雷电冲击和感应耐压值，间隙值可能不同。

a　根据操作冲击耐受电压。

b　根据雷电冲击耐受电压，见 16.2.2。

16.2.2.1　相对地、相对中性点和同一绕组相间的空气间隙

高压套管端部对地（包括油箱、储油柜、冷却器及开关装置等）或对中性点端子的空气间隙由表 6 的第 6 栏确定。

不同相套管端部之间的空气间隙由表 6 的第 7 栏确定。

16.2.2.2　不同绕组线端之间的空气间隙

变压器不同绕组线端之间的空气间隙值应用操作冲击波和雷电冲击波分别进行检验。

不同绕组承受操作冲击电压的要求是在按操作冲击试验时，以不同绕组的两个线端之间所计算出的电位差为基础的。由此电位差便可求出其在操作冲击条件下所需的空气间隙值。当两个线端上的电压极性相反且它们的峰值比不大于 2 时，用图 6 的曲线求出其推荐的空气间隙值。在其他情况下，则用图 5 曲线求之。

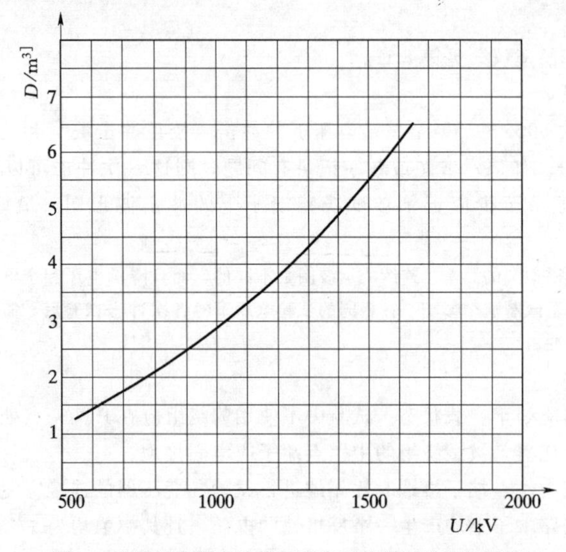

图 5　根据额定操作冲击耐受电压的相对地空气间隙

注：如果将图 5 曲线与图 6 曲线对比，可以看出：在同一间隙值下，相间的耐受电压值比相对地高。这是由于在相间绝缘中，已假设两个线端上的电压极性相反，因而任一线端上的最大电场强度（主要由对地电位值决定）也就比较小，在上述考虑中，亦假定电极表面圆角化程度良好。

但是，当对高压绕组施加额定雷电冲击耐受电压值进行雷电冲击试验时，较低电压绕组的线端是接地的，故此空气间隙还应满足雷电冲击试验的要求。表 6 第 8 栏和图 7 均给出了与额定雷电冲击耐受电压相对应的空气间隙值。当这两个所要求的空气间隙值不同时，应取较大的空气间隙。

三相变压器进行操作冲击试验时，亦可在其他星形联结绕组的相间感应出一定的电压值。对此，应核对此时所需要的相间空气间隙是否要大于同一绕组只按 16.2.1 所列出的相间空气间隙。

采用说明：

1］与 IEC 标准的差异见附录 E（提示的附录）中的 E5。

2］与 IEC 标准的差异见附录 E（提示的附录）中的 E6。

3］IEC 原文图中为 mm（有误），本标准予以更正。

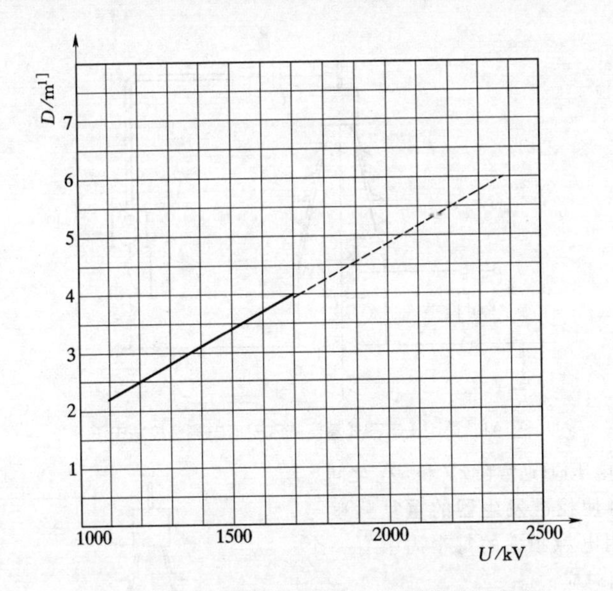

图 6　根据相间操作冲击耐受电压的相间空气间隙

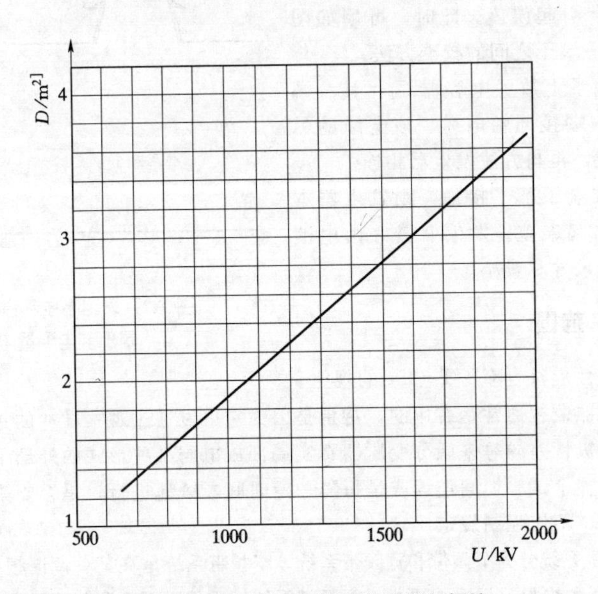

图 7　根据雷电冲击耐受电压的空气间隙

16.2.2.3　型式试验程序

如果需要对小于本标准推荐值的实际空气间隙进行型式试验时，其所采用的试验程序应按如下所述：

对于相对地（或相对中性点端子，或对较低电压绕组线端）的空气间隙，应在干燥状态下进行操作冲击试验。用正极性电压施加于绕组（较高电压绕组）的线端上，与其相对的电极应接地。如果是三相绕组，其余不试的线端亦应接地。

注：当对一台三相变压器成品进行本试验有困难时，允许在一台模拟变压器实际外绝缘尺寸的模型上进行本试验。

对于三相变压器的相间空气间隙，亦应在干燥状态下进行操作冲击试验。试验时，两个线端上的施加电压峰值大小相等，均为规定试验电压的一半，但两个线端上的电压极性彼此相反，第三个线端接地。

相对地和相间试验电压组合列在表 6 中。

当两个边相套管端部的布置对中间相而言是对称时，按下述两个施加电压的步骤进行外绝缘的相间操作冲击试验是足够的。第一步，将正极性操作冲击波施加于中间相上，负极性冲击波施加于任一边相上；第二步，将正极性操作冲击波施加于任一边相上，负极性冲击波施加于中间相上。如果呈不对称布置时，为了进行本试验，可能需要更多的施加电压步骤。

每次试验应连续施加 15 次冲击电压，其波形应符合 GB/T 16927.1 规定的 250/2500μs 波形。

注：上述相间空气间隙的操作冲击试验程序，与第 15 章所规定的变压器内绝缘操作冲击试验程序相比较，有几个方面是不相同的。因此，这两种试验程序是不能彼此代替的。

16.2.3　中性点套管带电部分对地的空气间隙[3]

表 7 中列出了 110kV～500kV 变压器的中性点套管带电部分对地的空气间隙推荐值。

如果需要对小于表 7 中所列推荐值的实际空气间隙进行型式试验时，应按 16.2.1 的有关规定进行。

表 7　中性点套管带电部分对地的空气间隙推荐值[4]

系统标称电压/kV（方均根值）	设备最高电压 U_m/kV（方均根值）	中性点接地方式	中性点额定雷电冲击耐受电压/kV（峰值）	中性点额定短时工频耐受电压/kV（方均根值）	最小空气间隙/mm
110	126	不直接接地	250	95	450
220	252	直接接地	185	85	340
		不直接接地	400	200	760
330	363	直接接地	185	85	340
		不直接接地	550	230	1050
500	550	直接接地	185	85	340
		不直接接地	325	140	630

采用说明：

1] IEC 原文图中为 mm（有误），本标准予以更正。

2] IEC 原文图中为 mm，且图形及刻度均有误，本标准予以更正。

3] IEC 标准无此规定，该内容是按我国的实际情况增加的。

4] 与 IEC 标准的差异见附录 E（提示的附录）中的 E7。

附录 A
（提示的附录）
按 12.2、12.3 和 12.4 对变压器在感应耐压试验时进行局部放电测量的使用导则

A1 总则

局部放电（p.d.）是指引起导体之间的绝缘发生局部桥接的一种放电。在一台变压器中，这种局部放电能使每个绕组端子上的对地电压发生瞬时的变化。

测量阻抗通常是通过套管的电容抽头，或通过一台独立的耦合电容器，有效地接到端子与接地油箱之间，如 A2 所述。

局部放电处出现的实际放电电荷是不能直接进行测量的。电力变压器的局部放电测量，最好是测其视在电荷量 q，其定义见 GB/T 7354。

任一测量端子上的视在电荷量 q，是用合适的校准方法来确定的，见 A2。

一个特定的局部放电，能使变压器不同端子上的视在电荷值各不相同。将这些不同端子上同时得到的指示值进行比较，可得到有关变压器内部局部放电源位置的信息，见 A5。

本标准 12.2、12.3 和 12.4 中规定的试验程序要求测量绕组线路端子上的视在电荷量。

A2 测量线路和校准线路的接线——校准程序

测量仪器是用具有匹配的同轴电缆接至绕组端子上的，最简单的测量阻抗是电缆的匹配阻抗，该阻抗又可能是测量仪器的输入阻抗。

为改善整个测量系统的信号噪声比，可以使用调谐电路、脉冲变压器以及在试品端子与电缆之间使用放大器。

当从试品端子看上去时，在局部放电测试的整个频率范围内，测量线路应呈现为一个阻抗合适且恒定的电阻。

在绕组线端与接地油箱之间进行局部放电测量时，最好是将测量阻抗 Z_m 直接地接到电容式套管的电容抽头与接地法兰之间，见图 A1。如果无电容抽头，也可将套管法兰与油箱绝缘，并将该法兰作为测量端子。中心导杆和测量端子之间以及测量端子与地之间的等效电容，对局部放电信号起衰减作用。在套管的顶端与地之间进行校准时也有这种衰减作用。

在不能利用电容式套管的电容抽头（或绝缘的法兰）的情况下，如果必须对带电端子进行测量时，可以使用高压耦合电容器的方法。这要求采用一台无局部放电的电容器，其电容值与校准发生器的电容 C_0 相比应足够大，测量阻抗（带有保护间隙）接到该电容器的低压端子与地之间，见图 A2。

整个测量系统的校准是通过在两个校准端子之间输入已知的电荷来进行的。按照 GB/T 7354，校准装置包括一台上升时间短的方波电压脉冲发生器和一个已知电容值小的串联电容器 C_0，其上升时间应不大于 0.1μs，且 C_0 值应在 50pF 到 100pF 的范围内。当这个发生器接到两个校准端子上时，由于校准端子之间呈现的电容值远大于 C_0，因此由脉冲发生器输入的电荷，将为：

$$q_0 = U_0 \times C_0$$

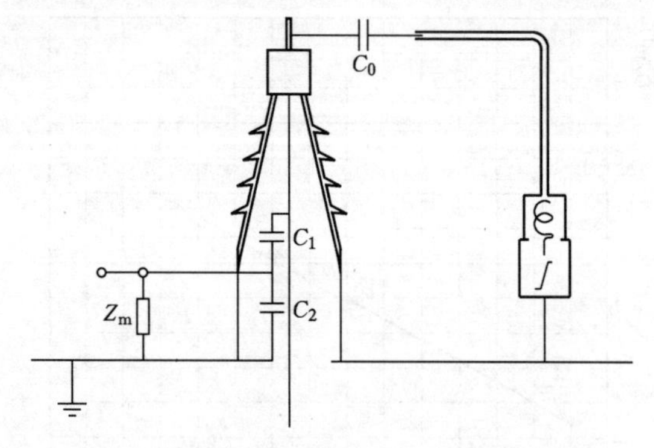

图 A1 适用于电容式套管的局部放电测量校准电路

式中：U_0——方波电压值（通常在 2V 和 50V 之间）。

为了方便，可使校准发生器的重复频率与变压器试验时所用电源频率的每半周中有一个脉冲时的数量级相对应。

如果两个校准端子相距较远，则连接引线的杂散电容可能会引起误差。此时，可用如图 A1 所示的地与另一端子之间的校准方法。

然后在高压端子上放置电容器 C_0，其一端接高压端子，另一端接同轴电缆。该电缆的另一端接有匹配电阻，再与方波发生器相连。

如果两个校准端子都不接地，则发生器本体的电容也可能引起误差。发生器最好由电池供电，以使其外形尺寸尽量小。

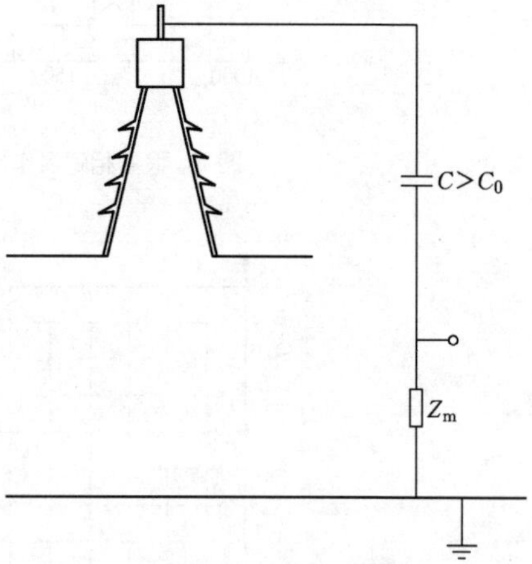

$C>C_0$

Z_m

图 A2 采用高压耦合电容器的局部放电测量电路

A3 仪器、频率范围

测量仪器的特性应符合 GB/T 7354 的规定。

试验时用示波器监视通常是有用的，特别是因为它可以通过观察脉冲的重复率、脉冲在波形上的位置和脉冲极性差异等来区分变压器真实局部放电与某些形式的外部干扰。

读数观测可在整个试验期间连续或是每隔一定时间断续地进行，是否要采用示波器或磁带记录器作连续记录，不作强制规定。

局部放电的测量系统分为窄频带和宽频带系统。窄频带系统是在某一调谐频率（如：无线电噪声计）下工作，带宽大约为 10kHz 或更小。宽频带系统使用的频带上限与下限之间范围比较大，如 50～150kHz，或者 50～400kHz。

当采用窄频带系统时，对频带的中心频率进行适当地调节，就可避免来自于当地广播电台的干扰，但必须表明，在靠近测量频率时的绕组共振对测量结果影响不大。窄频带仪器应在不大于 500kHz，最好是在小于 300kHz 的频率下工作。这有两个原因：首先，放电脉冲的传输使较高频

率分量产生较大的衰减。其次，当将校准脉冲波施加于线路端子时，该脉冲波容易在此端子或靠近此端子处引起局部振荡。当采用的频带中心频率大于500kHz时，将使校准变得复杂。

就不同脉冲波形的衰减和响应而言，宽频带系统受到的限制较少，但在没有电磁屏蔽的试验场所，它更容易受到干扰。这可以使用带阻滤波器来防止无线电波影响。用宽频带测量系统，可以通过单个脉冲的波形和极性的对比来识别局部放电源。

注：现在的各种宽频带仪器，按其测定的方式和内装的过滤器特性，是有很大差异的。计及绕组内部复杂的脉冲传递方式和响应的衰减频谱，每种仪器，即使经过良好的校准，所表示的视在电荷读数也将是不相同的，GB/T 7354未对宽频带测量仪器提出标准化的要求。对于CISPR 16－1标准中用脉冲重复率估定的窄频带测量仪器，则无此问题。

A4 试验的判断准则、试验不合格后的处理方法

在本标准12.2、12.3和12.4中给出了试验验收判断准则。在规定的测量端子之间测出的稳态局部放电的视在电荷量不应超过所规定的限值，而且局部放电视在电荷量在整个试验期间不应有明显的增加趋势。

如果试验电压并未发生突降，只是由于局部放电读数太高，但尚属中等水平（几千pC或更小），则试验虽然不合格但仍视为非破坏性的。此外，还有一个重要的判断准则，即在试验电压下所触发的局部放电，在电压下降至运行电压或低于运行电压时，不会持续下去。

不应以这样的试验结果而断然拒绝该试品，应对其作进一步的研究。

首先应对试验环境进行研究，以便找到与局部放电源无关的任何外界干扰信号。此时，应由制造厂和用户进行协商，或确定再进行补充试验或进行其他的工作，以判明变压器或是出现了严重的局部放电，或是仍能满足运行要求。

下面的一些建议，对采取上述措施时可能有用：

a）研究测量指示值是否真的与试验顺序有关，还是偶然测到外来的与局部放电无关的干扰信号。为此，常常采用示波器来对试验进行监视。如：干扰就会由于其不与试验电压（波形）同步而被识别出；

b）研究局部放电是否由供电电源传递而来的，试验时在电源与变压器之间接入低通滤波器对此可以有所帮助；

c）研究确定局部放电源是在变压器内部还是在变压器外部（如，从大厅内具有悬浮电位的物体发出，从空气中带电部分发出或从变压器接地部位的尖角发出）。当试验涉及内部绝缘时，可以允许并推荐采用临时的外部屏蔽罩；

d）按照变压器的线路图研究局部放电源的可能位置。现已有几种公认的定位方法。其中一种是根据不同的成对端子上的各个读数值和校准值的相互关系来定位（用以补充各线路端子与地之间必须读取的读数），这将在A5叙述。如果使用宽频带线路记录，也有可能用相应的校准波形，对试验中的各单个脉冲波形进行识别。电容式套管绝缘中的局部放电识别是另一种特殊情况，参见A5后面部分；

e）用声波或超声波的检测方法，探测油箱内的放电源的“几何”位置；

f）根据局部放电量随试验电压高低的变化、滞后效应、试验电压波形上的脉冲波分布等来确定局部放电源可能的物理性质；

g）绝缘系统中的局部放电，可能由于绝缘的干燥或浸油不充分而引起。因此，变压器可在重新处理或静置一个时期后重复试验；

众所周知，只要产生相当高的局部放电量，尽管时间有限，也可能使油局部分解，并使熄灭电压和起始电压暂时降低，但经过几小时后，仍可自然地恢复到原来状态；

h）如果局部放电量超过接受限值，但不认为很严重时，经过协商可以重复试验，可延长试验时间，甚至可使用增加试验电压的方法。若试验电压增加，局部放电量增加并不多，且又不是随时间而增加的，则认为该变压器仍可投入运行；

i）除非在相当长的持续时间内，出现了远大于接受限值的局部放电量，一般将变压器吊芯后是难于直接观察到局部放电痕迹的。如果其他改善变压器绝缘局部放电性能或确定局部放电位置等措施均无效时，则本程序可能是最后的判断手段。

A5 用“多端子测量”和“读数分布对比图”的方法确定局部放电源的电气位置

任何一个局部放电源，均会在变压器所有成对测量的端子上产生信号，而这些信号的特性图形是一种独特的“指纹”，如果将校准脉冲波分别输送给各对校准端子时，则这些脉冲波也会在成对的测量端子上产生各种信号的组合。

如果在不同的成对测量端子上测试读数的分布图，与当向某一特定的成对的校准端子输送校准脉冲波时在上述相同的各成对测量端子上得到的读数分布图之间存在着明显相关的情况时，则认为实际局部放电源与这对校准端子密切相关。

这意味着，有可能按变压器线路图得出局部放电源的电气位置的结论。“物理位置”是一种不同概念，“电气上”位于某一特定端子附近的一个局部放电源，其物理位置可以位于与这个端子相连接导线上的任何位置或位于该绕组的相应端部。局部放电源的物理位置通常应通过声学定位法来确定。

比较所取得的图形方法如下：

当校准发生器接到规定的一对校准端子上时，应观察所有成对的测量端子上的指示数值。然后对其他成对的校准端子重复此程序。应在各绕组的端子与地之间进行校准，但也可以在高压套管的带电端子与其电容抽头之间（模拟套管绝缘中的局部放电）、高压绕组端子与中性点端子之间以及高压绕组端子和低压绕组端子之间进行校准。

成对的校准端子和测量端子的全部组合，构成一个“校准矩阵”，从而作为对实际试验读数进行判断的依据。

图A3表示一台具有低电压第三绕组的单相超高压自耦变压器的例子，校准和试验都是按表列的端子进行的。将在$1.5U_m$下的试验结果与各种校准读数进行对比，显而易见，它和“端子2.1－地”的校准读数相当。这可以认为在2.1端子上出现了约有1500pC这一数值的局部放电量，并且还可以认为是带电体对地之间的局部放电。其物理位置或许位于串联绕组与公共绕组之间的连接线上某一位置处，也可能在绕组端部的附近处。

上述方法对于主要有一个明显的局部放电源且环境噪声又低时，是有成效的，但并不是总会有这种情况。

要注意观察高压套管的绝缘中是否出现局部放电，这可利用套管的线端与电容抽头之间的校准来进行研究。这一校准与套管的局部放电读数分布图有着极密切的关系。

通道校准	1.1	2.1	2.2	3.1
	任意单位			
1.1-地　2000pC	50	20	5	10
2.1-地　2000pC	5	50	30	8
2.2-地　2000pC	2	10	350	4
3.1-地　2000pC	3	2	35	25
试验				
$U=0$	<0.5	<0.5	<0.5	<0.5
$U=U_m$	<0.5	<0.5	0.5	0.5
$U=1.5U_m$	6	40	25	8

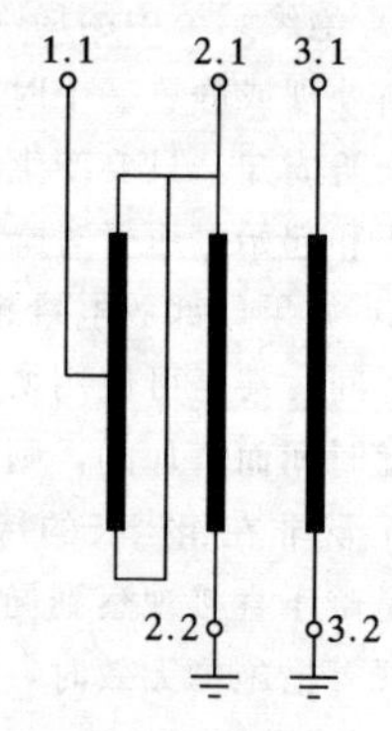

注：为改善判断效果，端子2.2和3.2亦应看成是测量和校准端子，特别是装有电容式套管时。

图A3　用“多端子测量”和“读数分布对比图”的方法确定局部放电源的位置

附　录　B
（提　示　的　附　录）
由高电压绕组向低电压绕组传递的过电压

B1　总则

GB/T 311.7的附录A从系统的观点阐述了过电压的传递问题。下面给出的信息仅涉及到在特定使用条件下与变压器本身有关的问题。所考虑的传递过电压，或者是瞬变冲击波，或者是工频过电压。

注：用户的责任是对低压绕组的负载给出一些规定，如果不能给出相关的信息，制造厂可以提供低压端子开路时所预期的传递电压的信息，并且给出能保持在可接受的电压限值内时所需要的电阻器的电阻值或电容器的电容值。

B2　冲击电压的传递

B2.1　总则

关于传递的冲击过电压问题的研究，一般只是在电压比大的发电机变压器（升压变压器）和具有低电压第三绕组的高电压系统用的大容量变压器上进行。

区分两种冲击波的传递，有利于区别电容传递和感应传递。

B2.2　电容传递

传至低压绕组的过电压的电容传递可近似地看作是一种电容分压的方式。从低压绕组看，这个最简单的等值电路含有一个电动势和一个与其串联的传递电容 C_t，见图B1。

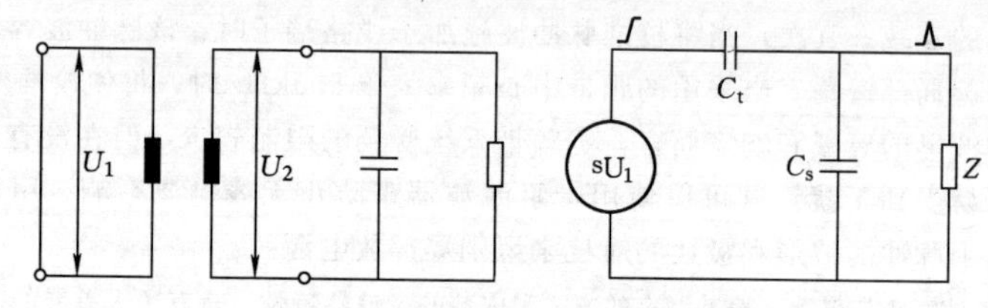

图B1　过电压电容传递的等值电路

等值电动势 s 是高压侧输入冲击波的一个分数值。C_t 大约为 10^{-9}F，s 和 C_t 的数值都不好确定，但它与冲击波的波前形状有关，这些值均可通过示波器测量确定。预先的计算是不可靠的。

二次线端上的负载将使传递到其上的过电压峰值降低。与端子相连接的开关、短电缆或附加的电容器（几个nF）便是这样的负载，它们可看成是（甚至在头一个微秒期间内）直接接到二次线端的集中电容 C_s。至于长电缆或母线，则要用其波阻抗来表示。二次绕组上的过电压波形与输入冲击波波前相对应，具有短时间（微秒数量级）尖峰的特性。

B2.3　感应传递

冲击电压的感应传递与通过高压绕组中的冲击电流有关。

如果二次绕组不带有外部负载，其电压的瞬变过程波形通常是叠加了一个阻尼振荡波，其频率由漏感和绕组电容来确定。

降低感应传递过电压分量的有效方法是，既可用避雷器的起阻尼作用的电阻，也可用能改变其振荡的负荷电容。假如使用电容器，其电容值通常为 0.1μF 数量级。（只要电路电感值低，它们便会自动地消除其电容性的传递分量。）

涉及感应冲击传递的变压器参数比较好确定，与涉及电容传递时相比，它与波上升速率（或频率）的关系较小。其进一步的说明见有关文献。

B3　工频传递过电压

如果与高压绕组紧邻的低压绕组并不接地或者只是通过高阻抗接地，那么当高压绕组励磁时，这个低压绕组将由于电容分压的作用而存在着工频过电压的危险。

对于单相绕组而言，这种危险是明显的。但对于三相绕组而言，如果一次绕组电压是不对称的（如产生接地故障时），这种危险亦存在。在某些特殊情况下，有可能出现共振状态。

在大型变压器中的第三绕组和稳定绕组也会遭受同样的危险。用户有责任防止第三绕组偶然通过太高的阻抗接地。通常，稳定绕组均采取在内部或外部牢固接地（接箱壳）的方式。

过电压值是由各绕组之间以及各绕组对地之间的电容来确定的。这种电容可以在低频下从变压器不同组合的端子上测出，也可以用准确度足够的计算方法来确定。

附　录　C[1]
（提　示　的　附　录）
询价和订货时应提供的有关变压器绝缘要求和绝缘试验的信息

对所有绕组：

——线路端子的 U_m 值和中性点端子的 U_m 标称值。

采用说明：

1] IEC标准中附录C的内容不完全符合我国国情，故本标准按我国国情对其进行修改。

——绕组的联结类型（Y，D或Z）。

——构成线路端子绝缘水平的各种额定耐受电压，见表1。

——绕组是分级绝缘还是全绝缘，如果是分级绝缘，还应规定其中性点端子的接地方式。

——在线路端子上进行的雷电冲击试验是否包括截波试验。

对于高压绕组 $U_m=252$kV 的变压器：

——是否可以不做操作冲击试验（仅在规定了短时感应耐压试验的情况下，见表1）。

对于高压绕组 $U_m \geqslant 245$kV 的变压器：

——如果规定了短时感应试验，全绝缘的试验程序按照12.2，分级绝缘的试验程序按照12.3。

此外，还建议在订货时或在设计评审阶段对试验的接线和试验程序进行讨论，特别是对以下问题应予注意：在高压绕组为分级绝缘（见12.3，注）的结构复杂的变压器上进行感应耐受电压试验时的接线以及对大容量变压器的低压绕组和中性点端子（见13.3）进行冲击试验时所采用的方法。对装入变压器内的非线性保护装置，应在订货和询价阶段中给出有关说明，并应在铭牌上标明其连接图。

附录D
（标准的附录）
ACSD试验的试验电压

表D1　按照表2以及12.2.2关于设备最高电压 $U_m \geqslant 72.5$kV 全绝缘变压器短时耐压试验的试验电压[1]　kV

系统标称电压（方均根值）	设备最高电压 U_m（方均根值）	按表2的额定短时感应或外施耐受电压（方均根值）	相间试验电压 U_1（方均根值）	相对地的局部放电测量电压 $U_2=1.3U_m/\sqrt{3}$（方均根值）	相间局部放电测量电压 $U_2=1.3U_m$（方均根值）
66	72.5	140	132	54	94
110	126	200	200	95	164

表D2　按照表2和表3以及12.3关于设备最高电压 $U_m>72.5$kV 分级绝缘变压器短时耐压试验的试验电压[2]　kV

系统标称电压（方均根值）	设备最高电压 U_m（方均根值）	按表2和表3的额定短时感应或外施耐受电压（方均根值）	相间试验电压 U_1（方均根值）	相对地的局部放电测量电压 $U_2=1.5U_m/\sqrt{3}$（方均根值）	相间局部放电测量电压 $U_2=1.3U_m$（方均根值）
110	126	200	200	109	164
220	252	360 395	360 395	218 218	328 328
330	363	460 510	460 510	315 315	472 472
500	550	630 680	630 680	476 476	660 660

注

1　对 $U_m=550$kV，相间局部放电测量电压应用 $U_2=1.2U_m/\sqrt{3}$ 和 $1.2U_m$ 代替。

2　当ACSD耐受电压 U_1 小于相间局部放电测量电压 U_2 时，U_1 应等于 U_2，内绝缘和外绝缘间隙也应相应进行设计。

附录E
（提示的附录）
采用说明

因我国国家标准GB 311.1规定的技术内容与IEC标准有差异，按照我国国情，本标准在等效采用IEC标准的基础上，对部分内容进行了相应修改。

E1　我国220kV及以上电压等级的变压器无全绝缘结构，且在我国对变压器线端的雷电截波冲击试验要求为型式试验，对中性点的雷电全波冲击试验亦要求为型式试验，这些要求均与IEC标准不一致，故本标准表1中的内容与IEC标准的表1内容相比，个别地方根据我国的实际情况进行了调整。关于IEC标准表1规定的对不同类型绕组的要求和试验列于表E1中。

E2　我国变压器产品的电压等级（$U_m \leqslant 170$kV）及其额定耐受电压水平均与IEC标准的规定不完全一致，且部分额定耐受电压值比IEC标准规定的高，本标准表2中的数值是根据我国变压器实际情况列出的。关于IEC标准表2和表3规定的 $U_m \leqslant 170$kV 和 $U_m \leqslant 169$kV 的变压器绕组的额定耐受电压值分别列于表E2和表E3中。

表E1　对不同类型绕组的要求和试验

绕组类型	设备最高电压 U_m/kV（方均根值）	试验				
		雷电冲击（LI）（见13、14章）	操作冲击（SI）（见15章）	长时AC电压（ACLD）（见12.4）	短时AC电压（ACSD）（见12.2或12.3）	外施AC电压（见11章）
全绝缘	$U_m \leqslant 72.5$	型式（注1）	不适用	不适用（注1）	例行	例行
全绝缘和分级绝缘	$72.5<U_m \leqslant 170$	例行	不适用	特殊	例行	例行
	$170<U_m<300$	例行	例行（注2）	例行	特殊（注2）	例行
	$U_m \geqslant 300$	例行	例行	例行	特殊	例行

注

1　在一些国家中，对 $U_m \leqslant 72.5$kV 变压器的LI试验要求为例行试验，且ACLD试验要求为例行试验或型式试验。

2　如果规定了ACSD试验，则不要求SI试验，这应在询价订货时说明。

采用说明：

1］与IEC标准的差异见附录E（提示的附录）中的E8。

2］与IEC标准的差异见附录E（提示的附录）中的E9。

表 E2　　设备最高电压 U_m≤170kV 的变压器绕组的额定耐受电压值

（——组Ⅰ，根据欧洲的实践）　　kV

设备最高电压 U_m（方均根值）	额定雷电冲击耐受电压（峰值）	额定短时感应或外施耐受电压（方均根值）
3.6	20	10
	40	10
7.2	40	20
	60	20
12	60	28
	75	28
17.5	75	38
	95	38
24	95	50
	125	50
36	145	70
	170	70
52	250	95
60	280	115
72.5	325	140
100	380	150
	450	185
123	450	185
	550	230
145	450	185
	550	230
	650	275
170	550	230
	650	275
	750	325

注：对于有虚线表示的场合，可能要求补做相间耐压试验，以证明要求的相间耐受电压是否满足。

E3　我国变压器产品的电压等级（U_m＞170kV）及其额定耐受电压水平均与 IEC 标准的规定不完全一致，本标准表 3 中的数值是根据我国变压器实际情况列出的。关于 IEC 标准表 4 规定的 U_m＞170kV 的变压器绕组的额定耐受电压值列于表 E4 中。

E4　IEC 标准规定的中性点端子的额定耐受电压水平不符合我国国情，本标准根据我国的实际情况增加了表 4。

E5　我国变压器产品的电压等级（U_m≤170kV）与 IEC 标准的规定不完全一致，且产品的外绝缘间隙值与 IEC 标准的规定亦不完全相同，有些间隙大于 IEC 标准所规定的数值，本标准表 5 中的数值是根据我国变压器实际情况列出的。关于 IEC 标准表 5 和表 6 规定的 U_m≤170kV 和 U_m≤169kV 的电力变压器的最小空气间隙值分别列于表 E5 和表 E6 中。

表 E3　　设备最高电压 U_m≤169kV 的变压器绕组的额定耐受电压值

（——组Ⅱ，根据北美洲的实践）　　kV

设备最高电压 U_m（方均根值）	额定雷电冲击耐受电压（峰值）		额定短时感应或外施耐受电压（方均根值）	
	配电（注 1）和Ⅰ类变压器（注 2）	Ⅱ类变压器（注 3）	配电和Ⅰ类变压器	Ⅱ类变压器
15	95	110	34	34
	125	—	40	—
26.4	150	150	50	50
36.5	200	200	70	70
48.3	200	200	95	95
	250	250	95	95
72.5	250	250	140	140
	350	350	140	140
121		350		140
		450		185
		550		230
145		450		185
		550		230
		650		275
169		550		230
		650		275
		750		325

注

1　这种配电变压器是将一次配电回路的电能传输到二次配电回路。

2　Ⅰ类电力变压器包括高压绕组 U_m≤72.5kV 的变压器。

3　Ⅱ类变压器包括高压绕组 U_m≥121kV 的变压器。

E6　我国变压器产品的电压等级（U_m＞170kV）与 IEC 标准的规定不完全一致，本标准表 6 中的数值是根据我国变压器实际情况列出的。关于 IEC 标准表 7 规定的 U_m＞170kV 的电力变压器的最小空气间隙列于表 E7 中。

E7　IEC 标准没有规定中性点套管对地空气间隙推荐值，根据我国实际情况，本标准增加了表 7。

E8　我国全绝缘变压器产品的电压等级及设备最高电压等均与 IEC 标准的规定不一致。此外，在我国对于 U_m＝72.5kV、额定容量为 10000kVA 及以上的变压器，要求在 ACSD 试验期间进行局部放电测量，并要求为例行试验（IEC 标准无此要求），本标准表 D1 中的数值是根据我国变压器实际情况列出的。关于 IEC 标准表 D1 规定的 U_m＞72.5kV 的全绝缘变压器短时耐压试验的试验电压列于表 E8 中。

E9　我国分级绝缘变压器产品的 U_m 值及试验电压与 IEC 标准的规定不完全一致，表 D2 中的数值是根据我国变压器实际情况列出的，关于 IEC 标准表 D2 规定的 $U_m > 72.5$kV 的分级绝缘变压器短时耐压试验的试验电压列于表 E9 中。

表 E4　设备最高电压 $U_m > 170$kV 的变压器绕组的额定耐受电压　　kV

设备最高电压 U_m（方均根值）	额定操作冲击耐受电压（峰值）	额定雷电冲击耐受电压（峰值）	额定短时感应或外施耐受电压（方均根值）
		650	
	550		325
		750	
	650		360
245		850	
	750		395
300		950	
	850		460
362		1050	
	950		510
		1175	
		1050	
	850		460
		1175	
	950		510
420		1300	
	1050		570
550		1425	
	1175		630
		1550	
	1300		680
		1675	
	1300		注 3
		1800	
800	1425		注 3
		1950	
	1550		注 3
		2100	

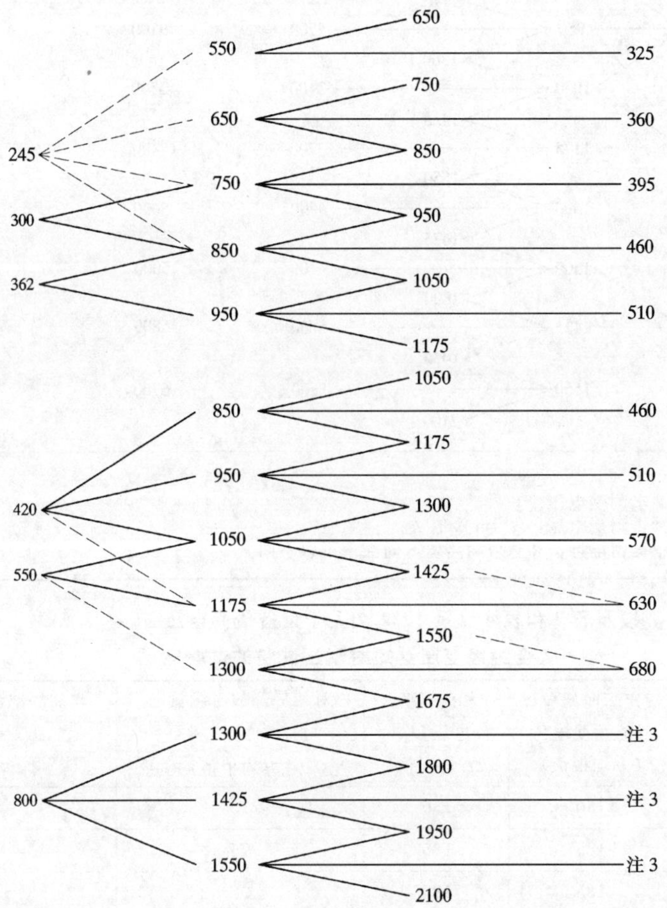

注

1　虚线所表示的情况与 IEC 60071－1 规定不一致，但在某些国家中却流行。
2　对额定交流绝缘水平很低的全绝缘变压器，进行短时交流感应试验需采取特别的措施，见 12.2。
3　不适用，但另有协议除外。
4　对于最后一栏中给出的电压值，可以要求用更高的试验电压，以证明所要求的相间耐受电压得到满足。这适用于表列各个 U_m 下的较低绝缘水平的场合。

表 E5　设备最高电压 $U_m \leqslant 170$kV 电力变压器套管带电部分的相对地、相间、相对中性点及对低电压绕组端子的最小空气间隙推荐值（——组Ⅰ，根据欧洲的实践）

设备最高电压 U_m/kV（方均根值）	额定雷电冲击耐受电压/kV（峰值）	最小空气间隙/mm
	20	
3.6		
	40	60
7.2		
	60	90
12		
	75	110
17.5		
	95	170
24	125	210
	145	275
36		
	170	280
52	250	450
72.5	325	630
100	450	830
123	550	900
145	650	1250
170	750	1450

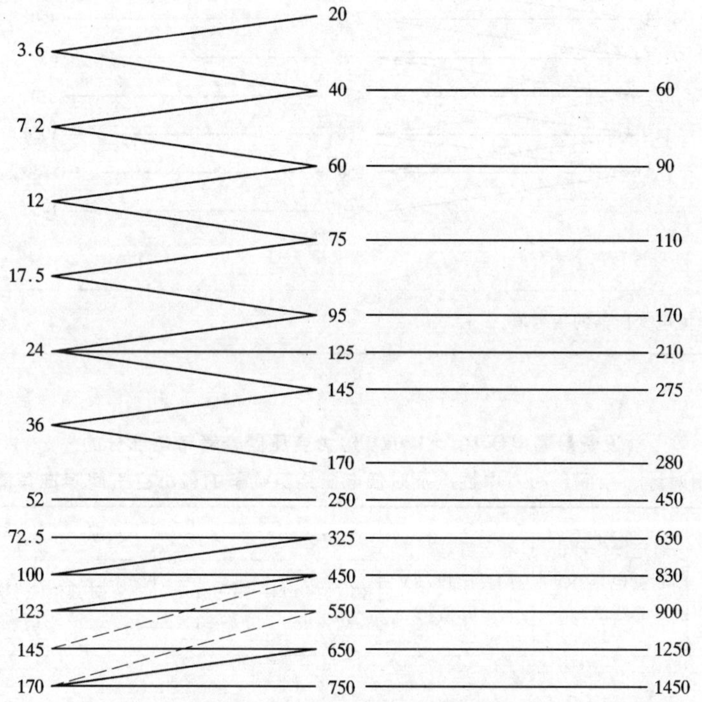

表 E6　设备最高电压 $U_m \leqslant 169$kV 电力变压器套管带电部分的相对地、相间、相对中性点及对低电压绕组端子的最小空气间隙推荐值（——组Ⅱ，根据北美洲实践）

设备最高电压 U_m/kV（方均根值）	额定雷电冲击耐受电压/kV（峰值）	最小空气间隙/mm
	60（见注）	65（见注）
	75	100
<15		
	95（见注）	140（见注）
	110	165

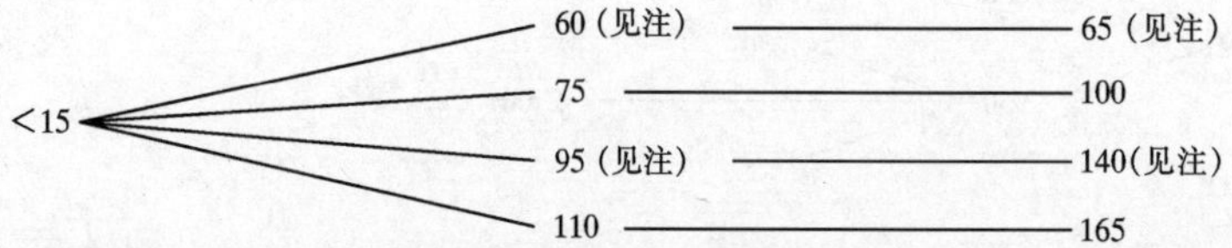

续表

设备最高电压 U_m/kV（方均根值）	额定雷电冲击耐受电压/kV（峰值）	最小空气间隙/mm

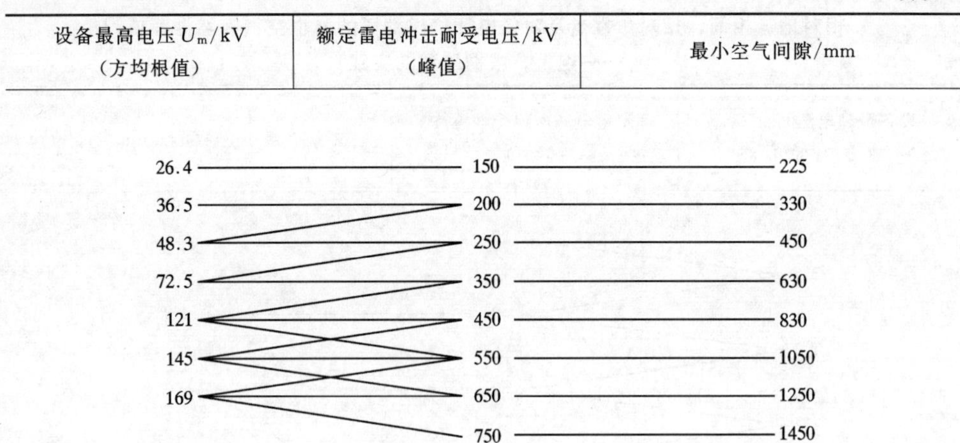

注：仅用于配电变压器的指示值。

表 E7　设备最高电压 U_m>170kV 电力变压器套管带电部分的相对地、相间、相对中性点及对低电压绕组端子的最小空气间隙推荐值

设备最高电压 U_m/kV（方均根值）	额定操作冲击耐受电压/kV（峰值）	额定雷电冲击耐受电压/kV（峰值）	最小间隙		
			相对地/mm（注 1）	相间/mm（注 1）	对其他绕组端子/mm（注 2）

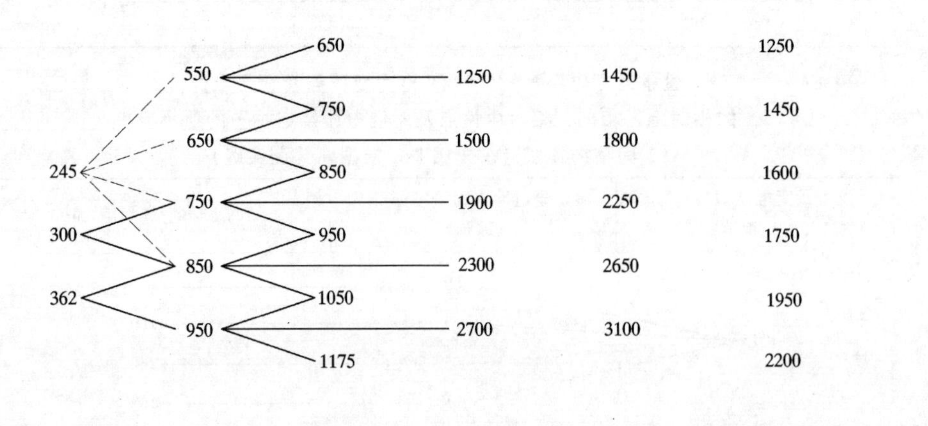

续表

设备最高电压 U_m/kV（方均根值）	额定操作冲击耐受电压/kV（峰值）	额定雷电冲击耐受电压/kV（峰值）	最小间隙		
			相对地/mm（注 1）	相间/mm（注 1）	对其他绕组端子/mm（注 2）

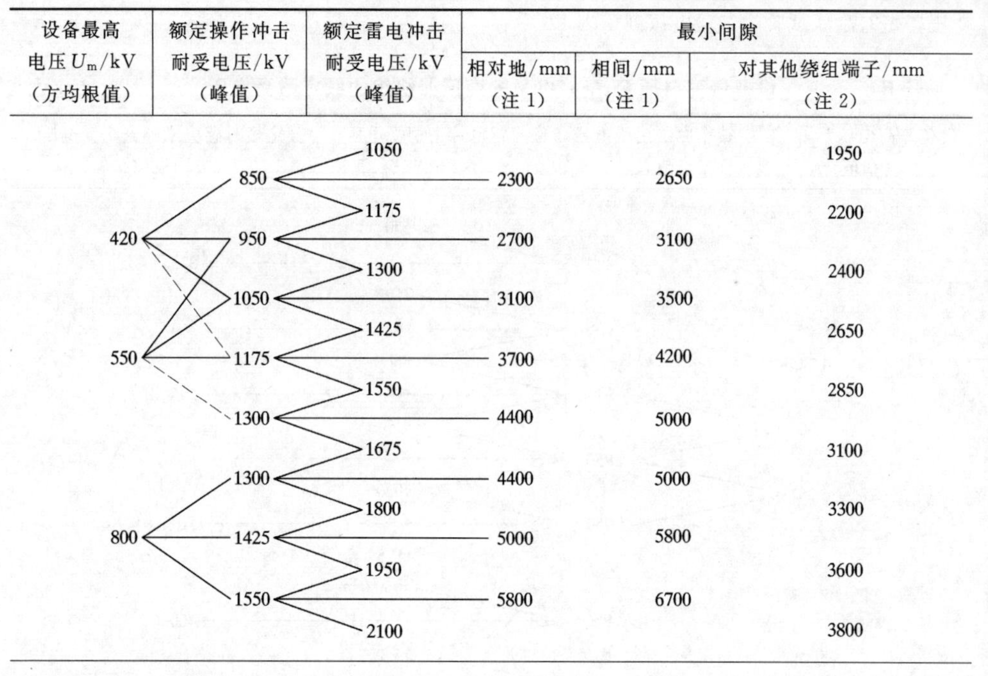

注

1　根据操作冲击耐受电压。

2　根据雷电冲击耐受电压，见 16.2.2。

3　如果仅仅根据雷电冲击和感应耐压值，间隙值可以不同。

表 E8　按照表 2 和表 4 以及 12.2.2 关于设备最高电压 U_m>72.5kV 全绝缘变压器短时耐压试验的试验电压

kV

设备最高电压 U_m（方均根值）	额定短时感应或外施耐受电压（方均根值）	相间试验电压 U_1（方均根值）	相对地局部放电测量电压 $U_2=1.3U_m/\sqrt{3}$（方均根值）	相间局部放电测量电压 $U_2=1.3U_m$（方均根值）
100	150	150	75	130
100	185	185	75	130
123	185	185	92	160
123	230	230	92	160
145	185	185	110	185
145	230	230	110	185
145	275	275	110	185
170	230	230	130	225

续表

设备最高电压 U_m（方均根值）	额定短时感应或外施耐受电压（方均根值）	相间试验电压 U_1（方均根值）	相对地局部放电测量电压 $U_2=1.3U_m/\sqrt{3}$（方均根值）	相间局部放电测量电压 $U_2=1.3U_m$（方均根值）
170	275	275	130	225
170	325	325	130	225
245	325	325	185	320
245	360	360	185	320
245	395	395	185	320
245	460	460	185	320
300	395	395	225	390
300	460	460	225	390
362	460	460	270	470
362	510	510	270	470
420	460	460	290	505
420	510	510	290	505
420	570	570	315	545
420	630	630	315	545
550	510	510	380	660
550	570	570	380	660
550	630	630	380	660
550	680	680	380	660

注

1　对 U_m=550kV 和部分 U_m=420kV，局部放电测量电压应用 $U_2=1.2U_m\sqrt{3}$和 $1.2U_m$ 代替。

2　当 ACSD 耐受电压 U_1 小于相间局部放电测量电压 U_2 时，U_1 应等于 U_2，内绝缘和外绝缘间隙也应相应进行设计。

表 E9　　按照表 2 和表 4 以及 12.3 关于设备最高电压 U_m>72.5kV 分级绝缘变压器短时耐压试验的试验电压　　kV

设备最高电压 U_m（方均根值）	额定短时感应或外施耐受电压（方均根值）	相间试验电压 U_1（方均根值）	相对地局部放电测量电压 $U_2=1.5U_m/\sqrt{3}$（方均根值）	相间局部放电测量电压 $U_2=1.3U_m$（方均根值）
100	150	150	87	130
100	185	185	87	130
123	185	185	107	160
123	230	230	107	160
145	185	185	125	185
145	230	230	125	185
145	275	275	125	185
170	230	230	145	225
170	275	275	145	225
170	325	325	145	225
245	325	325	215	320
245	360	360	215	320
245	395	395	215	320
245	460	460	215	320
300	395	395	260	390
300	460	460	260	390
362	460	460	315	460
362	510	510	315	460
420	460	460	365	504
420	510	510	365	504
420	570	570	365	545
420	630	630	365	545
550	510	510	475	660
550	570	570	475	660
550	630	630	475	660
550	680	680	475	660

注

1　对 U_m=550kV 和部分 U_m=420kV，局部放电测量电压应用 $U_2=1.2U_m/\sqrt{3}$和 $1.2U_m$ 代替。

2　当 ACSD 耐受电压 U_1 小于相间局部放电测量电压 U_2 时，U_1 应等于 U_2，内绝缘和外绝缘间隙也应相应进行设计。

附录五 电力变压器

第五部分：承受短路的能力

(GB 1094.5—2003)

1 范围

本标准规定了电力变压器在由外部短路引起的过电流作用下应无损伤的要求。本标准叙述了表征电力变压器承受这种过电流的耐热能力的计算程序和承受相应的动稳定能力的特殊试验和计算方法。

本标准适用于 GB 1094.1 标准所规定范围内的变压器。

2 引用标准

下列标准所包含的条文，通过在本标准中引用而构成为本标准的条文。本标准出版时，所示版本均为有效。所有标准都会被修订，使用本标准的各方应探讨使用下列标准最新版本的可能性。

GB 1094.1—1996 电力变压器 第1部分 总则（eqv IEC 60076-1：1993）

GB 6450—1986 干式电力变压器（eqv IEC 60726：1982）

GB/T 13499—2002 电力变压器应用导则（idt IEC 60076-8：1997）

3 承受短路能力的要求

3.1 总则

变压器及其组件和附件应设计制造成能在本标准 3.2 规定的条件下承受外部短路的热和动稳定效应而无损伤。

外部短路包括三相短路、相间短路、两相对地和相对地故障。这些故障在绕组中引起的电流在本标准中称作"过电流"。

3.2 过电流条件

3.2.1 一般条件

3.2.1.1 需要特殊考虑的使用条件

下述情况对过电流大小、持续时间或发生频度有影响，需要进行特殊考虑并应在变压器技术规范中给予明确的规定：

——阻抗很小的调压变压器，需要考虑所连接的限流装置的阻抗；

——发电机组的变压器易受到因发电机与所连接的系统失去同步而产生的较大的过电流；

——直接与旋转电机（如电动机或同步调相器）连接的变压器，在系统故障条件下，发电状态运行的旋转电机向变压器供给电流；

——专用变压器及安装在高故障率系统中的变压器，见 3.2.6；

——故障时，非故障端子出现高于额定值的运行电压。

3.2.1.2 关于增压变压器电流限值

当增压变压器与系统的合成阻抗导致短路电流值大到使设计这种耐受此过电流的变压器是很困难的或不经济时，制造厂与用户应共同协商确定最大允许过电流值。此时，用户应采取措施使过电流限制到制造厂所确定的且标志在铭牌上的最大过电流值。

3.2.2 具有两个独立绕组的变压器

3.2.2.1 三相或三相组变压器的额定容量分为三个类别：

第Ⅰ类：不大于 2500kVA；

第Ⅱ类：2501kVA～100000kVA；

第Ⅲ类：100000kVA 以上。

3.2.2.2 如无其他规定，对称短路电流（方均根值，见 4.1.2）应使用测出的变压器短路阻抗加上系统短路阻抗来计算。

对于第Ⅰ类的变压器，如果系统短路阻抗等于或小于变压器短路阻抗的 5%，则在计算短路电流时，系统短路阻抗可忽略不计。

短路电流的峰值应按 4.2.3 计算。

3.2.2.3 表1中给出了在额定电流（主分接）下的变压器短路阻抗最小值，如果需要更低的短路阻抗值，则变压器承受短路的能力应由制造厂与用户协商确定。

表 1　具有两个独立绕组的变压器短路阻抗最小值

额定容量/kVA	最小短路阻抗/%
630 及以下	4.0
631～1250	5.0
1251～2500	6.0
2501～6300	7.0
6301～25000	8.0
25001～40000	10.0
40001～63000	11.0
63001～100000	12.5
100000 以上	>12.5

注

1 额定容量大于 100000kVA 的短路阻抗值一般由制造厂与用户协商确定。

2 在由单相变压器组成三相组的情况下，额定容量值适用于三相组。

3 不同额定容量及电压等级的具体短路阻抗值，见相应的标准。1]

3.2.2.4 为了获得设计和试验所需的对称短路电流值，应由用户在询价时提供变压器安装地点的系统短路视在容量。

如果没有规定系统短路视在容量，则应按表 2 选取。

采用说明：

1] IEC 标准中无此规定，本内容是根据我国实际情况增加的。

3.2.2.5 对具有两个独立绕组的变压器，通常只考虑三相短路，这种考虑实质上能充分满足其他可能包括在内的故障类型（3.2.5的注中所考虑的特殊情况除外）。

注：当绕组为曲折形联结时，单相对地故障电流可能比三相短路电流大。但是，在所涉及的两个心柱中，较高的电流值被限制在半个绕组中。此外，在其他星形联结绕组中的电流都小于三相短路电流。至于是三相短路还是单相短路对绕组的动稳定产生更大的危害，与绕组的结构设计有关。制造厂与用户应就考虑是哪种短路类型达成协议。

表2　系统短路视在容量1]

系统标称电压/kV	设备最高电压 U_m/kV	短路视在容量/MVA
6、10、20	7.2、12、24	500
35	40.5	1500
66	72.5	5000
110	126	9000
220	252	18000
330	363	32000
500	550	60000

注：如无规定，则认为系统零序阻抗与正序阻抗之比为1～3。

3.2.3 多绕组变压器和自耦变压器

绕组（包括稳定绕组和辅助绕组）中的过电流应根据变压器和系统的阻抗来确定。应考虑运行中可能产生的不同类型的系统故障，如：与系统和变压器的接地有关的相对地故障和相间故障，见GB/T 13499。每个系统的特性（至少是短路视在容量值和零序阻抗与正序阻抗之比的范围）应由用户在询价时提出。

三相变压器的三角形联结稳定绕组应能承受运行中可能出现的与相关系统接地条件有关的不同类型系统故障所产生的过电流。

在由单相变压器组成三相组的情况下，除非用户确认将采取特别保护措施以避免相间短路外，稳定绕组应能承受其端子上的短路。

注：将辅助绕组设计成能承受其端子上的短路可能是不经济的。此时，应采取合适的措施（如采用串联电抗器，或在某些情况下采用熔断器）来限制过电流值。此外，应注意防止在变压器与其保护装置之间的范围内发生短路故障。

3.2.4 增压变压器

增压变压器的阻抗值可能很小，因此，绕组中的过电流主要由变压器安装位置处的系统特性来确定，这些特性应由用户在询价及订货时提出。

如果增压变压器直接与一台变压器相连作电压幅值和（或）相位移调节用，则此增压变压器应能承受由这两种设备合成阻抗所产生的过电流。

3.2.5 直接与其他电器相连的变压器

当变压器直接与其他电器相连时，这些电器的阻抗也将限制短路电流。按制造厂与用户之间的协议，可以将变压器、系统及变压器直接相连电器的各自阻抗的总和计入在内。

如果发电机与变压器之间的连接良好，以致在此范围内的相间或两相接地故障的可能性可以忽略不计时，则上述规定也适用于发电机变压器。

注：如果发电机与变压器之间的连接状态如上所述，对于中性点接地的星形-三角形联结的发电机变压器，在与星形联结绕组相连接的系统发生相对地故障，或者在发电机与系统不同步的情况下，就可能发生最严重的短路情况。

3.2.6 专用变压器和安装在高故障率系统中的变压器

对于特殊使用场合（如电炉变压器和向牵引系统供电的变压器）或运行条件（如所连接系统的故障次数多），变压器承受频繁过电流的能力，应由制造厂与用户协商确定。有关系统中非正常运行条件的情况，用户应事先向制造厂提供。

3.2.7 分接变换装置

当变压器装有分接开关时，分接开关应和绕组一样能承载由短路引起的同样的过电流。但不要求有载分接开关具有切换短路电流的能力。

3.2.8 中性点端子

星形或曲折形联结绕组的中性点端子，应按可能流经这个端子的最大过电流设计。

4 承受短路能力的验证

本章的要求既适用于按GB 1094.1所规定的油浸式电力变压器，也适用于按GB 6450所规定的干式电力变压器。

4.1 承受短路的耐热能力

4.1.1 总则

变压器承受短路的耐热能力应通过计算进行验证。计算按4.1.2～4.1.5的规定进行。

4.1.2 对称短路电流值 I

对于具有两个独立绕组的三相变压器，对称短路电流的方均根值 I 按下式计算：

$$I=\frac{U}{\sqrt{3}\times(Z_t+Z_s)} \tag{1}$$

式中：I——对称短路电流的方均根值，kA；

Z_s——系统短路阻抗，每相欧姆（等值星形联结），按下式计算：

$$Z_s=\frac{U_s^2}{S} \tag{2}$$

式中：U_s——系统标称电压，kV；

S——系统短路视在容量，MVA。

U 和 Z_t 按以下规定：

a）对于主分接：

U——所考虑绕组的额定电压 U_r，kV；

Z_t——折算到所考虑绕组的变压器的短路阻抗，每相欧姆（等值星形联结），按下式计算：

$$Z_t=\frac{z_t\times U_r^2}{100S_r}\ ^{1)} \tag{3}$$

采用说明：

1］与IEC标准的差异见附录C。

1）此外用符号 Z_t 和 z_t 分别代替GB 1094.1所采用的 Z 和 z，目的是与本标准4.2.3一致，不致混乱；

式中：z_t——在参考温度、额定电流和额定频率下所测出的主分接短路阻抗，用%表示；

S_r——变压器的额定容量，MVA。

b）除主分接外的其他分接：

U——所考虑绕组在相应分接的电压（另有规定除外）[1]，kV；

Z_t——折算到所考虑绕组在相应分接的短路阻抗，以每相欧姆表示。

对于多绕组变压器、自耦变压器、增压变压器和直接与其他电器连接的变压器，其过电流计算分别按3.2.3、3.2.4或3.2.5进行。

所有变压器，除3.2.2.2所述情况外，都应考虑系统的短路阻抗。

注：曲折形联结的绕组，单相对地故障的短路电流可能明显大于三相短路时的故障电流。因此，在计算曲折形联结绕组的温升时应考虑此电流值的增大。

4.1.3 对称短路电流的持续时间

除另有规定，用于计算承受短路耐热能力的电流 I 的持续时间为2s。

注：对于自耦变压器和短路电流超过25倍额定电流的变压器，经制造厂与用户协商后，短路电流持续时间可以小于2s。

4.1.4 每个绕组平均温度的最大允许值

当每个绕组分别按4.1.2和4.1.3施加规定持续时间的对称短路电流 I 后，其在任何分接位置下的平均温度 θ_1 应不超过表3规定的最大值。

公式（4）和公式（5）中所用的绕组起始温度 θ_0 应表示为最高允许环境温度与在额定条件下用电阻法测量的绕组温升之和。如果测出的绕组温升不适用时，则绕组起始温度 θ_0 应为最高允许环境温度与绕组绝缘系统所允许的温升之和。

4.1.5 温度 θ_1 的计算

绕组短路后的平均温度 θ_1 应由下述公式计算：

$$\theta_1 = \theta_0 + \frac{2\times(\theta_0+235)}{\dfrac{106000}{J^2\times t}-1} \quad \text{（铜绕组）} \tag{4}$$

$$\theta_1 = \theta_0 + \frac{2\times(\theta_0+225)}{\dfrac{45700}{J^2\times t}-1} \quad \text{（铝绕组）} \tag{5}$$

式中：θ_1——绕组短路 t（s）后的平均温度，℃；

θ_0——绕组起始温度，℃；

J——短路电流密度，A/mm²，按对称短路电流的方均根值计算出；

t——持续时间，s。

注：公式（4）和公式（5）是按绝热条件推导的，且仅对短路持续时间不超过10s时才有效。公式中的系数是按表4中所列的参数得出的。

4.2 承受短路的动稳定能力

4.2.1 总则

如果用户有要求，承受短路的动稳定能力应由下述两者之一来验证：

——试验验证；

表3 每个绕组在短路后的平均温度最大允许值

变压器的型式	绝缘系统温度/℃（括号内为绝缘耐热等级）	温度最大值/℃	
		铜绕组	铝绕组
油浸式	105（A）	250	200
干式	105（A）	180	180
	120（E）	250	200
	130（B）	350	200
	155（F）	350	200
	180（H）	350	200
	220	350	200

注

1 当绕组由高抗拉强度的铝合金导线制成时，可由制造厂与用户协商确定更高的温度最大值，但不得超过相应的铜绕组的温度。

2 当油浸式变压器所使用的绝缘系统不是A级时，可由制造厂与用户协商确定不同的温度最大值。

表4 材料参数

参数	材料	
	铜	铝
100℃时的比热/（J/（kg·℃）	398.4	928
100℃时的密度/（kg/m³）	8894	2685
100℃时的电阻率/μΩ·m	0.0224	0.0355

——计算和设计验证。

所用验证方法的选择，应由用户与制造厂在定货前协商确定。

短路试验为特殊试验，应在订货合同中规定。试验应按4.2.2～4.2.7的要求进行。

大容量变压器有时不能按本标准进行试验，如：受试验条件的限制。此时，试验条件应由用户与制造厂协商确定。

当选择计算和设计验证时，要求用已做过短路试验的类似变压器或在有代表性的模型上的短路试验来证明。鉴别类似变压器的准则见附录A（提示的附录）。

4.2.2 变压器短路试验前的条件

4.2.2.1 除非另有规定，试验应在准备投入运行的新变压器上进行。短路试验时，保护用的附件，如气体继电器及压力释放装置应安装在变压器上。

注：对短路性能无影响的附件（如可拆卸的冷却器）可不安装。

4.2.2.2 短路试验前，变压器应按GB 1094.1的规定进行例行试验，但在此阶段中，不要求做雷电冲击试验。

1）分接电压的定义见GB 1094.1的5.2。

如果绕组带有分接，应在短路试验所在分接位置上测量电抗，必要时也对电阻进行测量。

所有电抗测量值的复验性应在±0.2%以内。

试验报告包括例行试验的结果，在短路试验开始前应备齐。

4.2.2.3 短路试验开始时，绕组的平均温度应在10～40℃之间（见GB 1094.1—1996的10.1）。

短路试验期间，由于流过短路电流，绕组的温度可能升高。当布置Ⅰ类变压器的试验线路时应考虑这种情况。

4.2.3 双绕组变压器的试验电流峰值 $\hat{i}$

试验应在被试相达到最大非对称电流时进行。

非对称试验电流的第一个峰值（kA）按下式计算：

$$\hat{i} = I \times k \times \sqrt{2} \tag{6}$$

式中，对称短路电流 I 按4.1.2确定；

k 为计算试验电流的初始偏移的系数，而 $\sqrt{2}$ 考虑了正弦波峰值与方均根值之比。

系数 $k \times \sqrt{2}$（或称峰值因数）与 X/R 有关，其中：

X——变压器的电抗与系统电抗之和（$X_t + X_s$），以Ω表示；

R——变压器电阻与系统电阻之和（$R_t + R_s$），以Ω表示，其中 R_t 为参考温度下的电阻（见GB 1094.1—1996的10.1）。

在短路电流计算中若包括了系统短路阻抗时，如无另行规定，应假定系统的 X_s/R_s 值等于变压器的 X_t/R_t 值。表5[1]列出了不同 X/R 值的峰值因数值，以供实际应用。

表5　系数 $k \times \sqrt{2}$ 的值

X/R	1	1.5	2	3	4	5	6	8	10	14
$k \times \sqrt{2}$	1.51	1.64	1.76	1.95	2.09	2.19	2.27	2.38	2.46	2.55

注：若 X/R 为1～14之间的其他值，其 $k \times \sqrt{2}$ 可用线性插值法求得。

注：当 $Z_s \leqslant 0.05Z_t$ 时，对主分接可用 x_t 和 r_t 代替 X_t 和 R_t（Ω），其中：

x_t—z_t 的电抗分量，%；

r_t—参考温度下 z_t 的电阻分量，%；

z_t—参考温度下的变压器短路阻抗，%。

如果无其他规定，当 $X/R > 14$ 时，系数 $k \times \sqrt{2}$ 假定为：

对Ⅱ类变压器：$1.8 \times \sqrt{2} = 2.55$；

对Ⅲ类变压器：$1.9 \times \sqrt{2} = 2.69$。

4.2.4 短路试验电流的非对称峰值和对称方均根值的允许偏差

包含第一个峰值 $\hat{i}$ 的非对称电流（见4.2.3）将变化（如果短路试验电流的持续时间足够长）到对称电流 I（见4.1.2）。

试验中所得到的电流峰值偏离规定值应不大于5%，而对称电流偏离规定值应不大于10%。

4.2.5 双绕组变压器短路试验程序

4.2.5.1 为了得到4.2.4所要求的试验电流，电源的空载电压可高于被试绕组的额定电压[2]。绕组的短路可在变压器另一绕组施加电压之后（后短路）进行，亦可在施加电压之前（预先短路）进行。

如果采用后短路，电压应不超过1.15倍绕组额定电压，除非制造厂与用户另有协议。

如果对单同心式绕组的变压器预先短路，为了避免铁芯饱和，应将电压施加于远离铁芯的一个绕组，而将靠近铁芯的绕组短路。否则，试验最初的几个周波中将会产生过大的励磁电流并叠加于短路电流上。

当现有的试验设备要求将电源接到内绕组时，应采取特别的措施，如预先磁化铁芯，以防止产生励磁涌流。

对交叠式绕组或双同心式绕组的变压器，应经制造厂与用户协商后，才能采用预先短路的方法。

为防止危险的过热，前后两次施加过电流之间的时间间隔应适当，此时间间隔应由用户与制造厂协商确定。

注：当对Ⅰ类变压器试验时，必须考虑试验期间由于温度升高而引起的 X/R 的改变，并在试验回路中提供相应的补偿。

4.2.5.2 为了在被试相绕组中得到短路电流的起始峰值（见4.2.3），合闸时应使用同步开关来调节。

为了检查试验电流 $\hat{i}$ 和 I，应使用示波图记录。

为了在三个相绕组中的一个绕组中得到最大的非对称电流，应在该相绕组的电压过零时合闸。

注

1　对于星形联结绕组，当相电压过零时合闸，可以得到最大的非对称电流。峰值电流 $\hat{i}$ 的系数 k，可根据线电流的示波图确定。对于三角形联结绕组的三相试验，这个条件可以在线电压过零时合闸得到。在预先调整试验中，在线电压最大时合闸是确定系数 k 的一种方法。此时，可以从线电流的示波图中求出系数 k。

确定三角形联结绕组相电流的另一种方法是将测量线电流的各互感器的二次绕组适当地相互连接。可利用示波图记录相电流值。

2　对于星形－曲折形联结的恒磁通调压、且 $x_t/r_t \leqslant 3$（见4.2.3）的第Ⅰ类变压器，不使用同步开关进行三相同时合闸。对于其他的星形－曲折形联结的变压器，其合闸方式由制造厂与用户协商确定。

4.2.5.3 试验电源的频率应是变压器的额定频率。如果用户与制造厂之间有协议，允许用50Hz

1] 表5是按下列峰值因数公式得出的：

$$k \times \sqrt{2} = [1 + (e^{-(\varphi + \pi/2)R/X}) \sin\varphi] \times \sqrt{2}$$

式中：e——自然对数的底；

φ——相位角，等于 $\mathrm{arctg}X/R$，弧度。

2] 另一试验程序是对被试的两个绕组同时施加两个相位彼此相反的电压，两个绕组可由同一电源或两个独立的、但同步的电源施加电压。这种方法对防止铁芯饱和是有利的，且将减少供电容量。

的电源试验 60Hz 的变压器和用 60Hz 的电源试验 50Hz 的变压器，只要能得到 4.2.3 和 4.2.4 所要求的试验电流值。

此程序要求试验电源的电压按变压器的额定电压进行调整。

4.2.5.4 对于三相变压器，只要满足 4.2.4 的要求，就应使用三相电源。如果情况与此不同，则可以使用下述单相电源。对于三角形联结的绕组，单相电压应施加在三角形的两个角上，试验时的电压应与三相试验时的相间电压相同。对于星形联结的绕组，单相电压应施加于一个线端与其余两个连在一起的线端之间，试验时，单相电压应等于三相试验时相间电压的 $\sqrt{3}/2$ 倍。

图 1 和图 2 给出了两种可能用来模拟三相试验的单相试验线路。

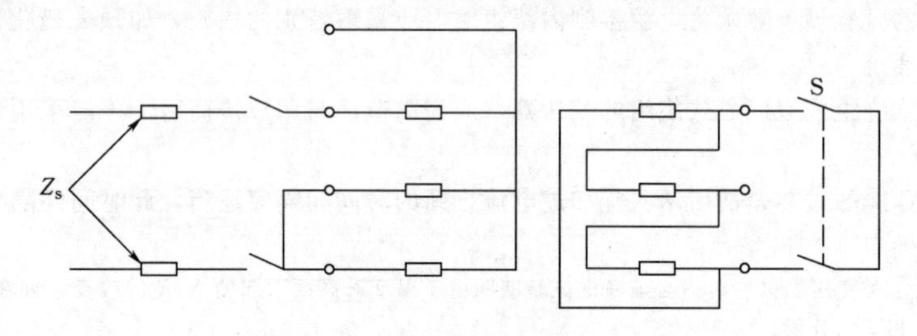

Z_s—试验系统的阻抗；

S—后短路用的同步开关或预先短路用的固定连接母线

图 1　星形/三角形联结的变压器

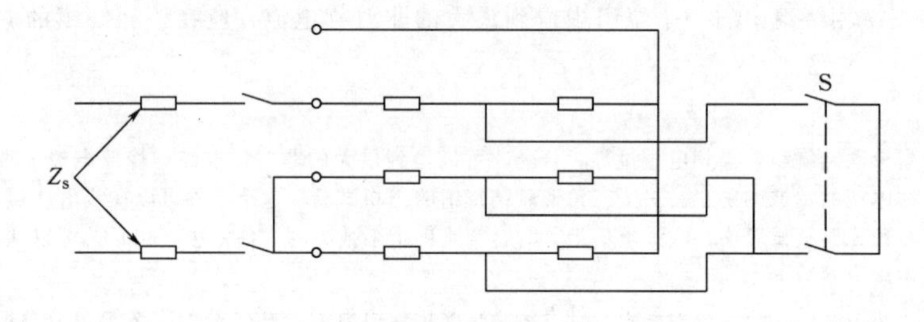

Z_s—试验系统的阻抗；

S—后短路用的同步开关或预先短路用的固定连接母线

图 2　星形/星形联结的自耦变压器

注

1　单相电源试验主要用于Ⅱ类或Ⅲ类变压器，很少用于Ⅰ类变压器。

2　对于分级绝缘的星形联结绕组，必须检查中性点的绝缘是否能满足单相试验的要求。

3　对于星形联结绕组，如果电源容量不足以进行上述的单相试验，而中性点可以利用且能承受相关的电流时，经制造厂与用户协商，单相电源可施加于线端与中性点之间。这种试验接线方式可使不试相的相应端子方便地进行相互间的连接，以便较好地控制其上的电压，只要这样做是可行的且接线是正确的。

4.2.5.5 如无特殊规定，三相和单相变压器的试验次数按下述规定，它不包括小于 70%规定电流进行预先调整试验的次数。调整试验是用来就合闸瞬间、电流调节、衰减和持续时间等方面检查试验操作正确性的。

对于Ⅰ类和Ⅱ类的单相变压器，试验次数应为三次。如无另行规定，带有分接的单相变压器的三次试验，是在不同的分接位置上进行，即：一次是在最大电压比的分接位置上，另一次是在主分接的位置上，一次是在最小电压比的分接位置上。

对于Ⅰ类和Ⅱ类的三相变压器，总的试验次数应为九次。即：每相进行三次试验。如无另行规定，带有分接的三相变压器的九次试验是在不同的分接位置上进行。即：在旁侧的一个心柱上的三次试验是在最大电压比的分接位置进行；在中间心柱上的三次试验是在主分接位置进行；在另一个旁侧的心柱上的三次试验是在最小电压比分接位置进行。

对于Ⅲ类变压器，其试验次数和试验所在分接位置通常需由制造厂与用户协商确定。然而，为了尽可能模拟运行中可能发生的重复短路的效应，以便监测被试变压器的特性和对所测短路阻抗的可能变化作出有意义的判断，推荐的试验次数如下：

——对单相变压器：三次；

——对三相变压器：九次。

至于分接的位置和试验程序，建议与Ⅰ类和Ⅱ类变压器相同。

每次试验的持续时间应为：

——对Ⅰ类变压器：0.5s；

——对Ⅱ类和Ⅲ类变压器：0.25s。

其允许偏差为±10%。

4.2.6　多绕组变压器和自耦变压器的短路试验程序

对于多绕组变压器和自耦变压器，可以设想有各种各样的故障条件，见 3.2.3。通常，与双绕组变压器的作为参考情况的三相短路（见 3.2.2.5）相比，这些条件的性质更复杂。

为了用试验手段模拟某些故障现象，往往需要特殊的试验线路。通常，根据对所有可能出现故障情况下的短路电动力的计算结果来选择试验工况。

试验线路布置、电流值、试验顺序和试验次数通常由制造厂与用户协商确定。

协议中的试验电流值和试验持续时间的允许偏差，建议与双绕组变压器一致，而试验顺序的选择按预计电动力的增大来确定。

4.2.7　故障检测和试验结果的判断

4.2.7.1　短路试验前，应按 4.2.2 要求进行测量和试验，对气体继电器（如果有）亦应进行观察。这些测量和试验均作为检测故障的依据。

4.2.7.2　每次试验（包括预备试验）期间，应对下列项目进行示波图记录：

——施加电压；

——电流（见 4.2.5.2）。

此外，对被试变压器尚需进行外观检查和连续录像。

注

1　可以使用补充的检测故障的方法，以获得有关试验信息并使试验判断完善。这些方法有：记录油箱（将油箱绝缘起来）与地之间的电流，记录噪声与震动，记录在短路电流流过期间油箱内不同位置处的油压变化。

2 试验时由于振动，可能引起气体继电器的偶然动作。这种现象对变压器承受短路的能力而言是无关紧要的，除非继电器中出现了可燃性气体。

3 在励磁阶段中，油箱连接处可能出现短暂的火花放电，同时在励磁和短路阶段中，铁芯框架接合处也可能出现内部火花放电。

4.2.7.3 每次试验后，应对试验期间所获得的示波图进行检查，同时观察气体继电器，并测量短路电抗。对三相变压器，测出的电抗应以每相为基准进行判断，在绕组为星形联结的情况下，可直接测出相对中性点的电抗，在绕组为三角形联结的情况下，可采用合适的方法从三角形联结绕组的接线图中推导出。

注

1 可以使用补充的判断方法来判断试验结果，如绕组电阻的测量、低压冲击试验技术（对试验前、后分别录取的示波图进行比较）、频谱响应分析、传递函数分析、空载电流测量以及比较试验前、后溶解气体的分析结果。

2 试验前、后所作测量结果之间的任何差异均可作为确定可能有缺陷的依据。特别是在连续试验过程中，观察每次试验后测量电抗的可能变化是特别重要的，此电抗值变化可能是递增的，也可能是趋于某个稳定值。

3 为检查匝间故障，建议分别从高压侧和低压侧测量短路电抗。

4.2.7.4 试验后，应检查变压器外观和气体继电器（如果有）。应分析试验不同阶段中所测量的短路电抗值和所摄取的示波图，以找出试验过程中可能出现的异常现象，尤其是短路电抗所显示的变化。

注

1 如果绕组带有分接，试验后，应对短路试验时所用的各个分接位置进行电抗测量。

2 在试验过程中，短路电抗的变化通常呈减小的趋势。电抗值也可能在试验后过了一段时间会有某些变化。因此，如果试验后立即测出的电抗值变化大，以致超过了规定的限值，应经过一定的时间间隔，对电抗值再进行谨慎的重复测量，以确认这种变化是否保持住。在确定其是否符合标准时，要以最后测出的电抗值作为最终值。

在此阶段中，对Ⅰ类、Ⅱ类和Ⅲ类变压器所采取的程序是不同的。这些程序和电抗限值如下列项 a）和项 b）所述。

a）Ⅰ类和Ⅱ类变压器

除非另有协议，应将变压器吊心，检查铁芯和绕组，并与试验前的状态相比较，以便发现可能出现的表面缺陷，如引线位置的变动、位移等，尽管这些变动不妨碍变压器通过例行试验，但可能会危及变压器的安全运行。

重复全部例行试验，包括在100%规定试验电压下的绝缘试验。如果规定了雷电冲击试验，也应在此阶段中进行。但是，对于Ⅰ类变压器，除绝缘试验外，其他重复例行试验可以不做。

如满足下述条件，则应认为变压器短路试验合格：

1）短路试验的结果及短路试验期间的测量和检查没有发现任何故障迹象；

2）重复的绝缘试验和其他的例行试验合格，雷电冲击试验（如果有）也合格；

3）吊心检查没有发现诸如位移、铁芯片移动、绕组及连接线和支撑结构变形等缺陷或虽发现有缺陷，但不明显，不会危及变压器的安全运行；

4）没有发现内部放电的痕迹；

5）试验完了后，以欧姆表示的每相短路电抗值与原始值之差不大于：

——对于具有圆形同心式线圈[1]和交叠式的非圆形线圈变压器，为2%。但是，对于低压绕组是用金属箔绕制的且额定容量为10000kVA及以下的变压器，如果其短路阻抗为3%及以上，则允许有较大的值，但不大于4%。如果短路阻抗小于3%，则应由制造厂与用户协商，确定一个比4%大的限值；

——对于具有非圆形的同心式线圈变压器，其短路阻抗在3%及以上者为7.5%。经制造厂与用户协商，该7.5%的值可以降低，但不低于4%。

注

1 对于短路阻抗小于3%的非圆形同心式线圈的变压器，其电抗的最大变化不能用普通的方法加以规定。经验表明，某些结构的变压器达到（$22.5-5z_t$）%的变化是可以接受的，z_t 是以百分数表示的短路阻抗。

2 对设备最高电压 U_m 不高于52kV的属于Ⅱ类上限范围的变压器应特别注意，上述电抗变化的限值可能需要调整。

如果上述任何一项条件没有满足，则应考虑是否需要拆卸变压器，以确定其异常的原因。

b）Ⅲ类变压器

应将变压器吊心，检查铁芯和绕组，并与试验前的状态相比较，以便发现可能的表面缺陷，如引线位置的变化、位移等。尽管这些变化不妨碍通过例行试验，但可能会危及变压器的安全运行。

重复全部例行试验，包括在100%规定试验电压下的绝缘试验。如果规定了雷电冲击试验，也应在此阶段中进行。

如果满足下述条件，则应认为变压器短路试验合格。

1）短路试验的结果及短路试验期间的测量和检查没有发现任何故障迹象；

2）重复的例行试验合格，雷电冲击试验（如果有）也合格；

3）吊心检查没有发现诸如位移、铁芯片移动、绕组及连接线和支撑结构变形等缺陷或虽发现有缺陷，但不明显，不会危及变压器的安全运行；

4）没有发现内部放电的痕迹；

5）试验完了后，以欧姆表示的每相短路电抗值与原始值之差不大于1%。

如果电抗变化范围在1%～2%之间，应经用户与制造厂协商一致后，方可验收。此时，可能要求做更详细的检查，必要时，还要拆卸变压器，以确定其异常的原因，但是拆卸前应先采取一些补充的判断方法（见4.2.7.3注1）。

注： 由于Ⅲ类变压器的价格和全面检查变压器内部各部分状态的费用的经济影响，建议对绕组引线的位置、分接、垫块的垂直度和端部绝缘件外形等进行录像，以便对试验前、后变压器内部各部分作出准确的比较。出于这种原因，检查绕组的轴向压紧力可能是有用的。如有必要，可由双方当事人之间相互达成接受现已存在的小位移和小变动的协议，只要它们不影响变压器运行的可靠性。

1] 圆形线圈包括所有绕在圆柱体上的线圈。即便如此，仍有偏离圆柱体形状的可能，如用金属箔绕制的线圈，由于引线的存在，有局部偏离圆柱体形状的可能性。

附 录 A
（提 示 的 附 录）
鉴别类似变压器的准则

变压器是否与一台参考变压器相类似，可用下述相容的关键特征来鉴别：

——运行方式相同，如与参考变压器一样为发电机升压变压器、配电变压器、联络变压器；

——设计型式、结构相同，如与参考变压器一样为干式、油浸式、带有同心式绕组的心式、交叠式、壳式、圆形线圈、非圆形线圈；

——主要绕组的排列和几何分区顺序与参考变压器相同；

——绕组导线材料与参考变压器相同，如用铝、铝合金、软铜或硬铜、金属箔、圆线、扁线、连续换位导线和环氧树脂粘接导线（如果用）；

——主要绕组的类型与参考变压器相同，如螺旋式、连续式、层式等；

——短路时吸取的容量（额定容量/短路阻抗标幺值）介于参考变压器的30%～130%之间；

——短路时轴向力和相对应绕组的应力（实际应力与临界应力之比值）不超过参考变压器的110%；

——制造工艺过程与参考变压器相同；

——固定和支撑方式与参考变压器相同。

附 录 B
（标 准 的 附 录）
验证承受短路动稳定能力的计算方法

标准的计算方法正在考虑中。

附 录 C
（提 示 的 附 录）
采 用 说 明

因我国电网的设备最高电压和系统短路视在容量与IEC标准的规定有差异，考虑到我国的实际情况，本标准在编制时对IEC标准进行了修改，IEC标准表2规定的系统短路视在容量列于表C1中。

表C1　　系统短路视在容量

设备最高电压 U_m/kV	短路视在容量/MVA	
	欧洲现用值	北美现用值
7.2、12、17.5、24	500	500
36	1000	1500
52、72.5	3000	5000
100、123	6000	15000
145、170	10000	15000
245	20000	25000
300	30000	30000
362	35000	35000
420	40000	40000
525	60000	60000
765	83500	83500

续表

注：如无规定，则认为系统零序阻抗与正序阻抗之比为1～3。

附录六　外壳防护等级（IP代码）
（GB 4208—93）

本标准等效采用IEC 529（1989）《外壳防护等级（IP代码）》。

1　适用范围

本标准适用于额定电压不超过72.5kV，借助外壳防护的电气设备的防护分级。

2　目的

本标准的目的如下：

a. 规定电气设备下述内容的外壳防护等级：

1）防止人体接近壳内危险部件；

2）防止固体异物进入壳内设备；

3）防止由于水进入壳内对设备造成有害影响。

b. 防护等级的标示；

c. 各防护等级的要求；

d. 按本标准的要求对外壳作验证试验。

各类产品引用外壳防护等级的程度和方式，以及采用何种外壳，留待产品标准决定，对具体的防护等级所采用的试验应符合本标准的规定，必要时，在有关产品标准中可增加补充要求。可在有关产品标准中作具体规定的细则见附录B。

对特殊型式的设备，产品标准可以规定不同的要求，但至少要保证相同的安全水平。

本标准仅考虑在各方面都符合有关产品标准规定的外壳，在正常使用条件下，外壳的材料和工艺应保证达到所要求的防护等级。

如果某类设备满足试验一般要求而且所选择的防护等级适用于该设备型式，则本标准也适用于该型式设备的空外壳。

有关机械损坏、锈蚀、腐蚀性溶剂、霉菌、虫害、太阳辐射、结冰、潮湿（如凝露引起的）、爆炸性气体等外部影响或环境条件对外壳和壳内设备破坏的防护措施以及防止与外壳外部（如风扇）危险运动部件的接触由有关产品标准规定。

不与外壳连接的隔板以及专门为人身安全设置的阻挡物，不看作外壳的一部分。

3 术语

3.1 外壳 enclosure

能防止设备受到某些外部影响并在各个方向防止直接接触的设备部件。

注：防止或限制本标准规定的试具进入的隔板、形成孔洞或其他开口的部件，不论它是附在外壳上的还是包覆设备的，都算作外壳的一部分，不使用钥匙或工具就能移除的部件除外。

3.2 直接接触 direct contact

人或家畜与带电部分的接触。

3.3 防护等级 degree of protection

按标准规定的检验方法，外壳对接近危险部件、防止固体异物进入或水进入所提供的保护程度。

3.4 IP代码 IP code

表明外壳对人接近危险部件、防止固体异物或水进入的防护等级以及与这些防护有关的附加信息的代码系统。

3.5 危险部件 hazardous part

接近或接触时有危险的部件。

3.5.1 危险带电部件 hazardous live part

受到某些外部影响条件能导致触电的带电部件。

3.5.2 危险机械部件 hazardous mechanical part

接触时有危险的运动部件。光滑旋转轴除外。

3.6 外壳对接近危险部件的防护 protection provided by an enclosure against access to hazardous parts

外壳对人体接触危险的低压带电部件、接触危险的机械部件，在外壳内部以小于足够的间隙接近危险的高压带电部件的防护。

注：这种防护可借助于外壳本身，借助于作为外壳一部分的隔板或借助于壳内距离来达到。

3.7 防止接近危险部件的足够间隙 adequate clearance for protection against access to hazardous parts

能防止试具与危险部件接触或接近的距离。详细说明见11.3。

3.8 触及试具 access probe

能方便地模仿人体的一部分或模仿工具或类似物，由人手持着来检验距离危险部件是否有足够间隙的检验工具。

3.9 物体试具 object probe

模仿固体异物检验其进入外壳的可能性的检验工具。

3.10 开口 opening

外壳本身设置的或通过试具施加规定的外力后形成的孔洞或缝隙。

4 标示

4.1 IP代码的组成及含义

IP代码由代码字母IP（国际防护 International Protection）、第一位特征数字、第二位特征数字、附加字母、补充字母组成。

不要求规定特征数字时，该处由字母“X”代替（如果两个字母都省略则用“XX”表示）。

附加字母和（或）补充字母可省略，不需代替。

当使用一个以上的补充字母时，应按字母顺序排列。

当外壳采用不同安装方式提供不同的防护等级时，制造厂应在相应安装方式的说明书上表明该防护等级。

外壳的标志方法详见第9章。

IP代码的组成见表1。详细说明见表1所标明的章条。

表1 IP代码的组成及含义

组成	数字或字母	对设备防护的含义	对人员防护的含义	参照章条
代码字母	IP	—	—	—
		防止固体异物进入	防止接近危险部件	
第一位特征数字	0	无防护	无防护	第5章
	1	≥ϕ50mm	手背	
	2	≥ϕ12.5mm	手指	
	3	≥ϕ2.5mm	工具	
	4	≥ϕ1.0 mm	金属线	
	5	防尘	金属线	
	6	尘密	金属线	
		防止进水造成有害影响		
第二位特征数字	0	无防护	—	第6章
	1	垂直滴水		
	2	15°滴水		
	3	淋水		
	4	溅水		
	5	喷水		
	6	猛烈喷水		
	7	短时间浸水		
	8	连续浸水		

续表

组　成	数字或字母	对设备防护的含义	对人员防护的含义	参照章条
			防止接近危险部件	
附加字母（可选择）	A B C D	—	手　背 手　指 工　具 金属线	第 7 章
		专门补充的信息		
补充字母（可选择）	H M S W	高压设备 做防水试验时试样运行 做防水试验时试样静止 气候条件	—	第 8 章

4.2　IP 代码举例

4.2.1　无附加字母和补充字母的 IP 代码

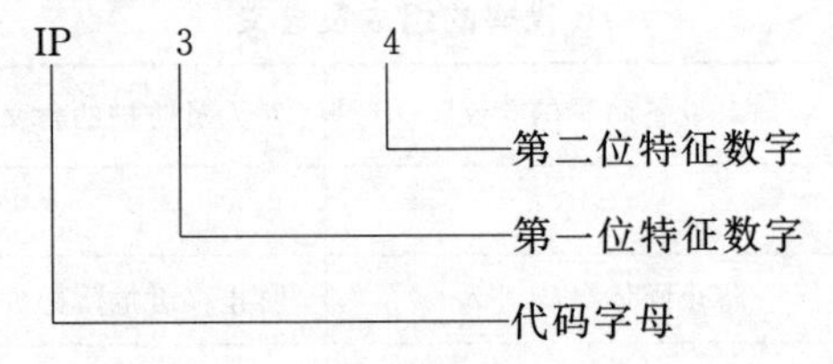

其中：

3——防止人手持直径不小于 2.5mm 的工具接近危险部件；防止直径不小于 2.5mm 的固体异物进入设备外壳内。

4——防止由于在外壳各个方向溅水对设备造成有害影响。

IPX5——不要求第一位特征数字。

IP2X——不要求第二位特征数字。

IPX5/IPX7——针对不同的作用，给出防喷水和防短时间浸水的两种不同防护等级。

4.2.2　使用可选择字母的 IP 代码

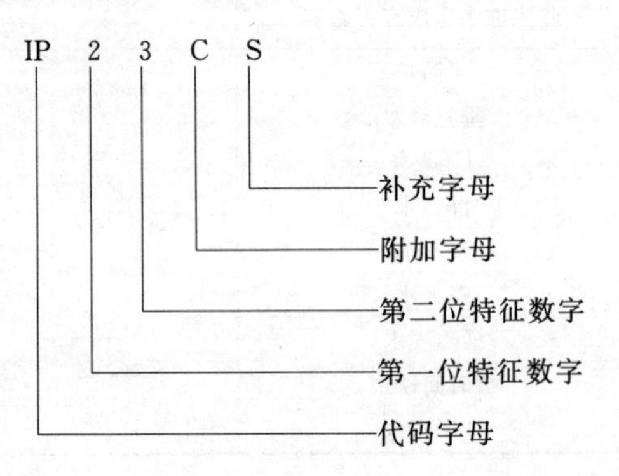

外壳带有上述 IP 代码，意即：

2——防止人用手指接近危险部件；防止直径不小于 12.5mm 的固体异物进入外壳内。

3——防止淋水造成对外壳内设备的有害影响。

C——防止人手持直径不小于 2.5mm 长度不超过 100mm 的工具接近危险部件。

S——防止进水造成有害影响的试验是在所有设备部件静止时进行。

IP20C——使用附加字母。

IPXXC——不要求两位特征数字，使用附加字母。

IPX1C——不要求第一位特征数字，使用附加字母。

IP3XD——不要求第二位特征数字，使用附加字母。

IP23S——使用补充字母。

IP21CM——使用附加字母和补充字母。

5　第一位特征数字

第一位特征数字表示 5.1 和 5.2 条两个条件都能满足。

当外壳也符合低于某一防护等级的所有各级时，应仅以该数字标示这一个等级。

如果试验明显地适用于任一较低防护等级时，则低于该等级的试验不必进行。

5.1　对接近危险部件的防护

第一位特征数字所代表的对接近危险部件的防护等级见表 2。表中仅由第一位特征数字规定防护等级，简要说明和含义不作为防护等级的规定。

根据第一位特征数字的规定，试具与危险部件之间应保持足够的间隙。

试验见第 11 章。

表 2　　第一位特征数字所代表的对接近危险部件的防护等级

第一位特征数字	防护等级		试验条件参见章条
	简要说明	含　义	
0	无防护	—	—
1	防止手背接近危险部件	直径 50mm 球形试具应与危险部件有足够的间隙	11.2
2	防止手指接近危险部件	直径 12mm，长 80mm 的铰接试指应与危险部件有足够的间隙	11.2
3	防止工具接近危险部件	直径 2.5mm 的试具不得进入壳内	11.2
4	防止金属线接近危险部件	直径 1.0mm 的试具不得进入壳内	11.2
5	防止金属线接近危险部件	直径 1.0mm 的试具不得进入壳内	11.2

续表

第一位特征数字	防护等级		试验条件参见章条
	简要说明	含义	
6	防止金属线接近危险部件	直径 1.0mm 的试具不得进入壳内	11.2

注：对于第一位特征数字为 3、4、5 和 6 的情况，如果试具与壳内危险部件保持足够的间隙，则认为试验合格。

5.2 对固体异物进入的防护

第一位特征数字所代表的对固体异物（包括灰尘）进入的防护等级见表 3。

表 3 仅由第一位特征数字规定防护等级，简要说明和含义不作为防护等级的规定。

防止固体异物进入，当表 3 中第一位特征数字为 1 或 2 时，指物体试具不得完全进入外壳，意即球的整个直径不得通过外壳开口。第一位特征数字为 3 或 4 时，物体试具完全不得进入外壳。

数字为 5 的防尘外壳，允许在某些规定条件下进入数量有限的灰尘。

数字为 6 的尘密外壳，不允许任何灰尘进入。

注：第一位特征数字为 1 至 4 的外壳应能防止三个互相垂直的尺寸都超过表 3 第三栏相应数字、形状规则或不规则的固体异物进入外壳。

试验见第 12 章。

表 3　　第一位特征数字所代表的防止固体异物进入的防护等级

第一位特征数字	防护等级		试验条件参见章条
	简要说明	含义	
0	无防护	—	—
1	防止直径不小于 50mm 的固体异物	直径 50mm 球形物体试具不得完全进入壳内1)	12.2
2	防止直径不小于 12.5mm 的固体异物	直径 12.5mm 的球形物体试具不得完全进入壳内1)	12.2
3	防止直径不小于 2.5mm 的固体异物	直径 2.5mm 的物体试具完全不得进入壳内1)	12.2
4	防止直径不小于 1.0mm 的固体异物	直径 1.0mm 的物体试具完全不得进入壳内1)	12.2
5	防尘	不能完全防止尘埃进入，但进入的灰尘量不得影响设备的正常运行，不得影响安全	12.4，12.5
6	尘密	无灰尘进入	12.4，12.6

1）物体试具的直径部分不得进入外壳的开口。

6 第二位特征数字

第二位特征数字表示外壳防止由于进水而对设备造成有害影响的防护等级。

表 4 给出了第二位特征数字所代表的防护等级的简要说明和含义。简要说明和含义不作为防护等级的规定。

试验见第 13 章。

第二位特征数字为 6 及低于 6 的各级，其标示的等级也表示符合低于该级的各级要求。因此，如果试验明显地适用于任一低于该级的所有各级，则低于该级的试验不必进行。

表 4　　第二位特征数字所代表的防护等级

第二位特征数字	防护等级		试验条件参见章条
	简要说明	含义	
0	无防护	—	—
1	防止垂直方向滴水	垂直方向滴水应无有害影响	13.2.1
2	防止当外壳在 15°范围内倾斜时垂直方向滴水	当外壳的各垂直面在 15°范围内倾斜时，垂直滴水应无有害影响	13.2.2
3	防淋水	各垂直面在 60°范围内淋水，无有害影响	13.2.3
4	防溅水	向外壳各方向溅水无有害影响	13.2.4
5	防喷水	向外壳各方向喷水无有害影响	13.2.5
6	防强烈喷水	向外壳各个方向强烈喷水无有害影响	13.2.6
7	防短时间浸水影响	浸入规定压力的水中经规定时间后外壳进水量不致达有害程度	13.2.7
8	防持续潜水影响	按生产厂和用户双方同意的条件（应比数字为 7 严酷）持续潜水后外壳进水量不致达有害程度	13.2.8

仅标志第二位特征数字为 7 或 8 的外壳不适合喷水（标志第二位特征数字为 5 或 6），不必符合数字为 5 或 6 的要求，除非有表 5 的双标志。

表 5　　第二位特征数字的双标志

外壳通过的试验		标志和标记	应用范围
喷水	短时/持续潜水		
第二位特征数字	第二位特征数字		
5	7	IPX5/IPX7	通用1)
6	7	IPX6/IPX7	通用1)

续表

外壳通过的试验		标志和标记	应用范围
喷水	短时/持续潜水		
5	8	IPX5/IPX8	通用[1]
6	8	IPX6/IPX8	通用[1]
—	7	IPX7	有限[2]
—	8	IPX8	有限[2]

1）指外壳必须满足可防喷水又能短时或持续潜水的要求。
2）指外壳仅仅对短时或持续潜水适合，而对喷水不适合。

7 附加字母

附加字母表示对人接近危险部件的防护等级。

附加字母在下述两种情况下使用：

a. 接近危险部件的实际防护高于第一位特征数字代表的防护等级；

b. 第一位特征数字用“X”代替，仅需表示对接近危险部件的防护等级。

例如，这类较高等级的防护是由挡板、开口的适当形状或与壳内部件的距离来达到的。

表6列出了能方便地代表人体的一部分或物体的手持试具以及对接近危险部件的防护等级的含义等内容，这些内容均由附加字母表示。

表6　附加字母所代表的对接近危险部件的防护等级

附加字母	防护等级		试验条件参见章条
	简要说明	含义	
A	防止手背接近	直径50mm的球形试具与危险部件必须保持足够的间隙	14.2
B	防止手指接近	直径12mm，长80mm的铰接试指与危险部件必须保持足够的间隙	14.2
C	防止工具接近	直径2.5mm，长100mm的试具与危险部件必须保持足够的间隙	14.2
D	防止金属线接近	直径1.0mm，长100mm的试具与危险部件必须保持足够的间隙	14.2

如果外壳适用于低于某一等级的各级，则仅要求用该附加字母标示该等级。如果试验明显地适用于任何一低于该级的所有各级，则低于该等级的试验不必进行。

试验见第14章。

IP代码的示例见附录A。

8 补充字母

在有关产品标准中可由补充字母表示补充的内容。补充字母放在第二位特征数字或附加字母之后。

补充的内容应与本标准的要求保持一致，产品标准应明确说明进行该级试验的补充要求。

补充内容的标示字母及含义见表7。

表7所列补充字母之外的其他字母可在产品标准中使用。为了避免重复使用补充字母，产品标准引用新字母的要求见附录B8。

表7　补充字母及其含义

字母	含义
H	高压设备
M	防水试验在设备的可动部件（如旋转电机的转子）运行时进行
S	防水试验在设备的可动部件（如旋转电机的转子）静止时进行
W	适用于规定的气候条件和有附加防护特点或过程

若无字母S和M，则表示防护等级与设备部件是否运行无关，需要在设备运行和静止时都做试验。但如果试验在另一条件下明显地可以通过时，一般做一个条件的试验就足够了。

9 标志

产品标准应对标志的要求作出规定。

对于下述情况，产品标准应对标志方法也做出适当规定：

a. 当外壳的一部分与另一部分的防护等级不同时；

b. 安装位置对防护等级有影响时；

c. 须说明最大潜水深度和时间时。

10 试验一般要求

10.1 防水防尘试验的环境条件

除非有关产品标准另有规定，试验应在规定的标准环境条件下进行。

试验时，推荐的环境条件如下：

温度范围：15～35℃

相对湿度：25%～75%

大气压力：86～106kPa（860～1060mbar）

10.2 试样

本标准规定的试验是型式试验。

除非产品标准另有规定，每次试验用样品应是清洁的新制品。所有部件应按制造厂指定的状态安装就位。

如试验不能以整台设备进行，应以有代表性的部件或以有相同比例设计的较小的设备进行。

有关产品标准应对试样数量、试样安装、组合、定位的条件（如天花板、地板或墙上安装）、预处理的方法（如有）、试验时带电与否或运转与否加以规定。

如果产品标准没有规定细节，应由制造厂说明书规定。

10.3 试验要求的应用与试验结果判断

试验一般要求的应用及设备有泄水孔、通风孔时试验的接受条件由有关产品标准规定。如无这些规定，应按本标准的规定进行。

试验结果的判断由有关产品标准规定。如没有规定，本标准的接受条件应作为最低要求。

10.4 第一位特征数字试验条件

第一位特征数字的试验条件见表 8。

表 8 第一位特征数字所代表的防护等级试验条件

第一位特征数字	防护试验	
	防止接近危险部件	固体异物
0	不要求试验	不要求试验
1	直径 50mm 的球不得完全进入外壳，并与带电部分保持足够的间隙	
2	铰接试指可进入 80mm 长，但必须与带电部分保持足够的间隙	直径 12.5mm 的球不得完全进入外壳
3	直径 2.5mm 的试棒不得进入外壳，并与带电部分保持足够的间隙	
4	直径 1.0mm 的试验金属线不得进入外壳，并与带电部分保持足够的间隙	
5	直径 1.0mm 的试验金属线不得进入外壳并与带电部分保持足够的间隙	按表 3 规定的防尘
6	直径 1.0mm 的试验金属线不得进入外壳，并与带电部分保持足够的间隙	按表 3 规定的尘密

第一位特征数字为 1 和 2 中，“不得完全进入”即球的直径部分不得通过外壳开口。

10.5 空外壳

如果被试外壳内部没有设备，外壳的制造厂应在说明书中详细说明危险部件或者会因异物或水进入而造成影响的部件所在的位置及预留的空间。

最后组装的生产厂应能保证电气设备封装进外壳后满足最终产品的防护等级的要求。

11 第一位特征数字所代表的对接近危险部件防护的试验

11.1 试具

对接近危险部件防护试验的试具见表 9。

11.2 试验条件

试具被推入或插入外壳的任何开口所用的力由表 9 规定。

表 9 防止人接近危险部件的触及试具

第一位特征数字	附加字母	试具	试验用力
1	A	球Sϕ50mm；约 100；4；ϕ10；ϕ45；$S\phi50^{+0.05}_{0}$；手柄（绝缘材料）；挡板（绝缘材料）；刚性试球（金属）	50±5N
2	B	铰接试指；挡盘（ϕ50×20）；ϕ12；全部尺寸见图 1；铰接试指（金属）；绝缘材料；80	10±1N
3	C	试棒，ϕ2.5mm，长 100mm；Sϕ35±0.2；约 100；100±0.2；ϕ10；$\phi2.5^{+0.05}_{0}$；手柄（绝缘材料）；挡盘（绝缘材料）；刚性试棒（金属）；棱边去毛刺	3±0.3N
4，5，6	D	试验线，ϕ1.0mm，长 100mm；Sϕ35±0.2；约 100；100±0.2；ϕ10；$\phi1^{+0.05}_{0}$；手柄（绝缘材料）；挡盘（绝缘材料）；刚性试验线（金属）；棱边去毛刺	1±0.1N

进行低压设备的试验时，在试具与壳内危险部件之间串接一个指示灯，并供以40～50V之间的安全特低电压1]。如果危险带电部件表面有一层漆膜或氧化层或有其他类似方法的保护，则试验时包覆一层金属箔，并与正常工作时带电的部件作电联结。

本指示灯电路也可用于高压设备的危险运动部件。

如有可能，应使外壳内的运动部件缓慢运动。

11.3 接受条件

如果试具与危险部件之间有足够的间隙，则防护合格。

第一位特征数字为1的试验，直径50mm的试具不得完全进入开口。

第一位特征数字为2的试验，铰接试指可进入80mm长，但挡盘（ϕ50mm×20mm）不得进入开口。从直线位置开始，试指的两个接点应绕相邻面的轴线在90°范围内自由弯曲。应使试指在每一个可能的位置上活动。

示例见附录A。

本标准中“足够的间隙”指：

a. 对于低压设备（额定电压：交流不超过1000V，直流不超过1500V）

试具不能触及危险带电部件。

如果足够的间隙是通过试具与危险部件的指示灯电路来检验，试验时指示灯应不亮。

某些型式的电气设备内部产生的最高电压（工作电压的方均根值或直流值）比设备的额定电压值要高。产品标准在确定耐电压试验的电压和足够的间隙时，应考虑这个最大电压值的影响。

b. 对于高压设备（额定电压：交流超过1kV，直流超过1.5kV）

当试具放在最不利的位置时，设备应能承受有关产品标准规定的适用于该设备的耐电压试验。

检验还可通过观察规定的空气中的间隙尺寸来确定。这个间隙应能保证在最不利的电场分布下通过耐电压试验。

如果外壳包括有不同电压等级的几个部分，应对每一部分确定足够间隙的适当验收条件。

同低压设备一样，某些型式的电气设备内部产生的最大电压，（工作电压的方均根值或直流值）比设备的额定电压值要高。产品标准在确定耐电压试验的电压和足够的间隙时，应考虑这个最高电压值的影响。

c. 对有危险的机械部件的设备

试具不得触及危险的机械部件。

如果足够的间隙是通过试具与危险部件之间的指示灯电路来检验，试验时指示灯应不亮。

12 第一位特征数字所代表的防止固体异物进入的试验

12.1 试验方法

试验方法和主要试验条件见表10。

12.2 第一位特征数字为1、2、3、4的试验条件

物体试具推入外壳开口所用的力由表10规定。

表10 防止固体异物进入的试验方法

第一位特征数字	试验方法（物体试具和防尘箱）	试验用力	试验条件参见章条
0	不要求试验	—	—
1	没有手柄和护板的直径$50^{+0.05}_{0}$mm的刚性球	50±5N	12.2
2	没有手柄和护板的直径$12.5^{+0.2}_{0}$mm的刚性球	30±3N	12.2
3	边缘无毛刺的直径$2.5^{+0.05}_{0}$mm的刚性钢棒	3±0.3N	12.2
4	边缘无毛刺的直径$1.0^{+0.05}_{0}$mm的刚性钢线	1±0.1N	12.2
5	图2防尘箱，加或不加负压	—	12.4 12.5
6	图2防尘箱，加负压	—	12.4 12.5

12.3 第一位特征数字为1、2、3、4的接受条件

如果试具的直径不能通过任何开口，则试验合格。

注：第一位特征数字为3和4，试具用来模仿圆形异物。

对于必须检验的开口所使用的物体试具，如果外壳开口的通道不直或者是弯曲的，对可运动的球形物体能否进入有怀疑，可检查图纸或对待检查处设计一个专用通道，并用物体试具以规定的力推向该处。

12.4 第一位特征数字为5和6的防尘试验

试验应在防尘箱中进行，其基本原理如图2所示。密闭试验箱内的粉末循环泵可用能使滑石粉悬浮的其他方法代替。滑石粉应用金属方孔筛滤过。金属丝直径50μm，筛孔尺寸为75μm。滑石粉用量为每立方米试验箱容积2kg，使用次数不得超过20次。

注：滑石粉的选用应符合人体健康与安全的各项规定。

外壳类型须为下列两者之一：

第一种类型：设备正常工作周期内壳内的气压低于周围大气压力，例如因热循环效应引起的。

第二种类型：外壳内气压与周围大气压力相同。

对于第一种类型的外壳：

被试外壳放在试验箱内，壳内压力用真空泵保持低于大气压。抽气孔应连到专为试验设置的孔上。如果专门的产品标准没有规定，这个孔应设在紧靠易损部件的位置。

如果不能设置专门的孔，抽气管应连在电缆入口上。如还有其他的孔（如更多的电缆入口或泄水孔），这些孔应保持正常使用状态。

试验目的是利用压差把箱内空气抽入被试设备内，抽气量为80倍被试外壳容积，抽气速度每小时不超过60倍外壳容积。任何情况下压差不得超过2kPa（20mbar）。

采用说明：

1] 从安全角度考虑，试指与壳内带电部分之间所接指示灯的电源电压应为安全特低电压，IEC 529—89规定此电源电压在40～50V之间，本标准规定此电源电压为“40～50V之间的安全特低电压”。

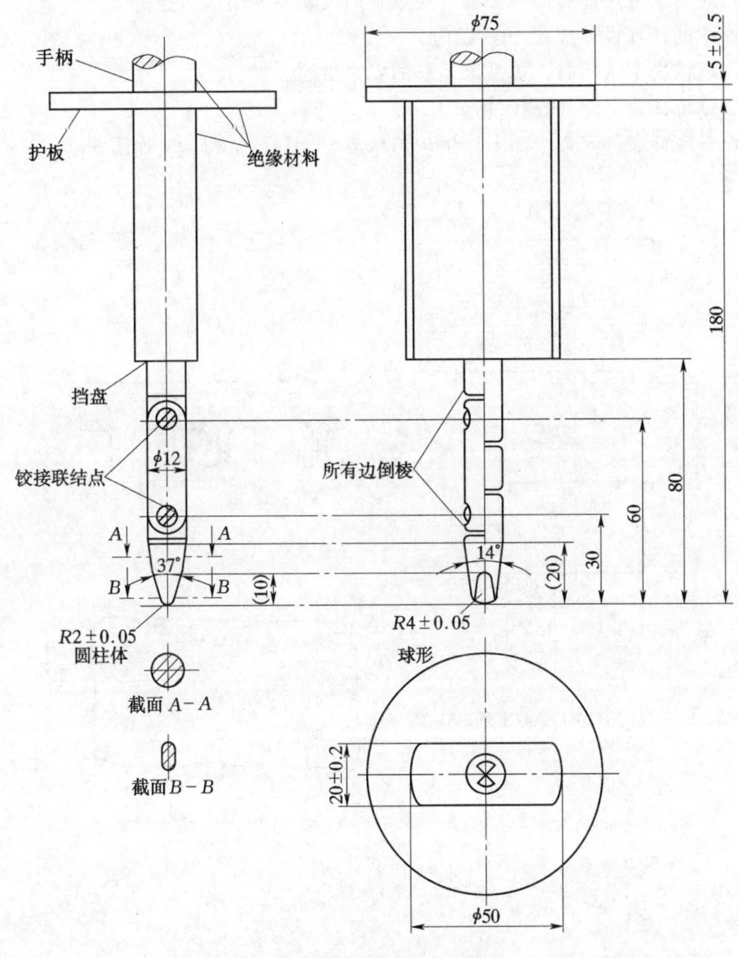

材料：金属（除非另有规定）
无专门规定公差部分的尺寸公差：

角：$^{0}_{-10}$

直线尺寸：25mm 以下：$^{0}_{-0.05}$

25mm 以上：±0.2

两个联结点可在 $90°^{+10°}_{0}$ 范围内弯曲，但只能向同一个方向

图 1 铰接试指

如抽气速度为每小时 40～60 倍外壳容积，则试验进行 2h。

如最大压差为 2kPa（20mbar），而抽气速度低于每小时 40 倍外壳容积，则应连续抽满 80 倍容积或抽满 8h 后，试验才可停止。

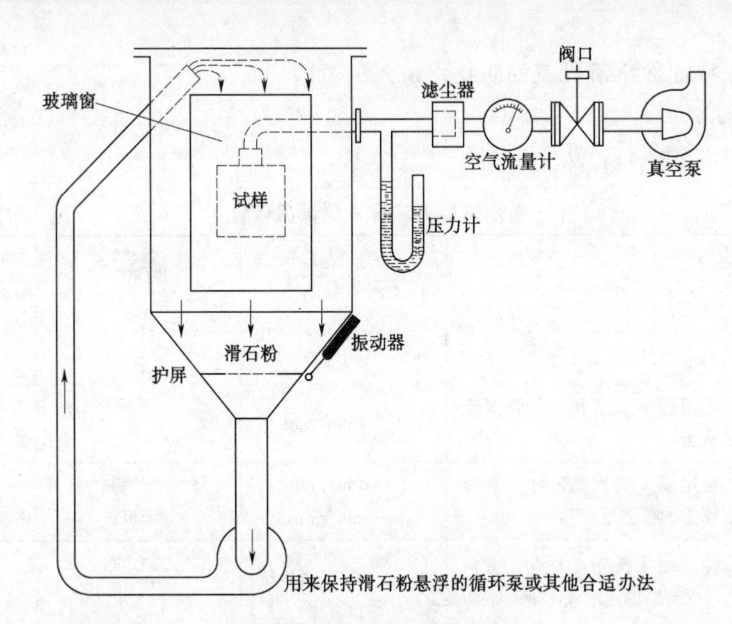

图 2 检验防尘试验装置（防尘箱）

对于第二种类型的外壳：

被试外壳按正常工作位置放入试验箱内，但不与真空泵连接。在正常情况下开启的泄水孔，试验期间应保持开启。试验持续 8h。

对于上述两种类型的外壳，如不能将整台设备置于试验箱内作试验，可选用下列方法之一进行：

a. 用外壳的各个封闭部分做试验；

b. 用外壳有代表性的部件试验，包括组件（如门、通风孔、接头、轴封等），试验时这些部件应安装就位；

c. 用具有相同结构，按比例缩小的设备进行试验。

对于后两种情况，试验时抽出设备的空气体积，应与整台设备时规定相同。

12.5 第一位特征数字为5的试验和接受条件

12.5.1 第一位特征数字为5的试验条件

除了有关产品标准规定外壳为第二种以外，外壳都看作第一种。

12.5.2 第一位特征数字为5的接受条件

试验后，观察滑石粉沉积量及沉积地点，如果同其他灰尘一样，不足以影响设备的正常操作或安全，试验即认为合格。除非有关产品标准明确规定了特例，在可能沿爬电距离导致漏电起痕处不允许有灰尘沉积。

12.6 第一位特征数字为6的试验和接受条件

12.6.1 第一位特征数字为6的试验条件

无论外壳内压力是否减至低于大气压力，都看作是第一种外壳。

12.6.2 第一位特征数字为6的接受条件

试验后壳内无明显的灰尘沉积，即认为试验合格。

13 第二位特征数字所代表的防止水进入的试验

13.1 试验方法

试验方法和主要试验条件见表 11。

表 11　　防水试验方法和主要试验条件

第二位特征数字	试验方法	滴水量或流量	试验持续时间	试验条件参见章条
0	不需要试验	—	—	—
1	使用图 3 滴水箱，外壳置于转台上	$1^{+0.5}_{0}$mm/min	10min	13.2.2
2	使用图 3 滴水箱，外壳在四个固定的位置上倾斜 15°	$3^{+0.5}_{0}$mm/min (3～5mm/min)[1]	每一个倾斜位置 2.5min	13.2.2
3	使用图 4 摆管，与垂直方向±60°范围淋水，最大距离 200mm	每孔 0.07L/min±5% 乘以孔数	10min	13.2.3a
	或 使用图 5 淋水喷嘴，与垂直方向±60°范围内淋水	10L/min±5%	1min/m² 至少 5min	13.2.3b
4	同数字为 3 的试验，角度变为与垂直方向±180°范围淋水	同数字 3	同数字 3	13.2.4
5	使用图 6 喷嘴，喷嘴直径 6.3mm 距离 2.5～3m	12.5L/min±5%	1min/m² 至少 3min	13.2.5
6	使用图 6 喷嘴，喷嘴直径 12.5mm，距离 2.5～3m	100L/min±5%	1min/m² 至少 3mm	13.2.6
7	使用潜水箱，水面在外壳顶部以上至少 0.15m，外壳底面在水面下至少 1m	—	30min	13.2.7
8	使用潜水箱，水面高度由用户和制造厂协商	—	协议由用户和制造厂协商	13.2.8

1) 仅适用于老试验设备。

13.2 试验条件

防护等级的细节见第 6 章。

试验用清水进行。试验前不得用高压水和（或）使用溶剂清洗试样。

进行 IPX1 至 IPX6 的试验，水温与试验时试样的温差应不大于 5K。

如果水温低于试样温度超过 5K，应使外壳内外保持压力平衡。IPX7 试验水温的要求见 13.2.7 条。

试验时，壳内水分可能有部分冷凝。凝露水的沉积不要误以为是进水。

外壳表面积的计算误差应在 10%以内。

设备在带电情况下试验时，要采取足够的安全措施。

13.2.1 第二位特征数字为1的滴水箱试验

试验用设备应能在外壳整个面上产生均匀水流。这种设备的示例如图 3a。

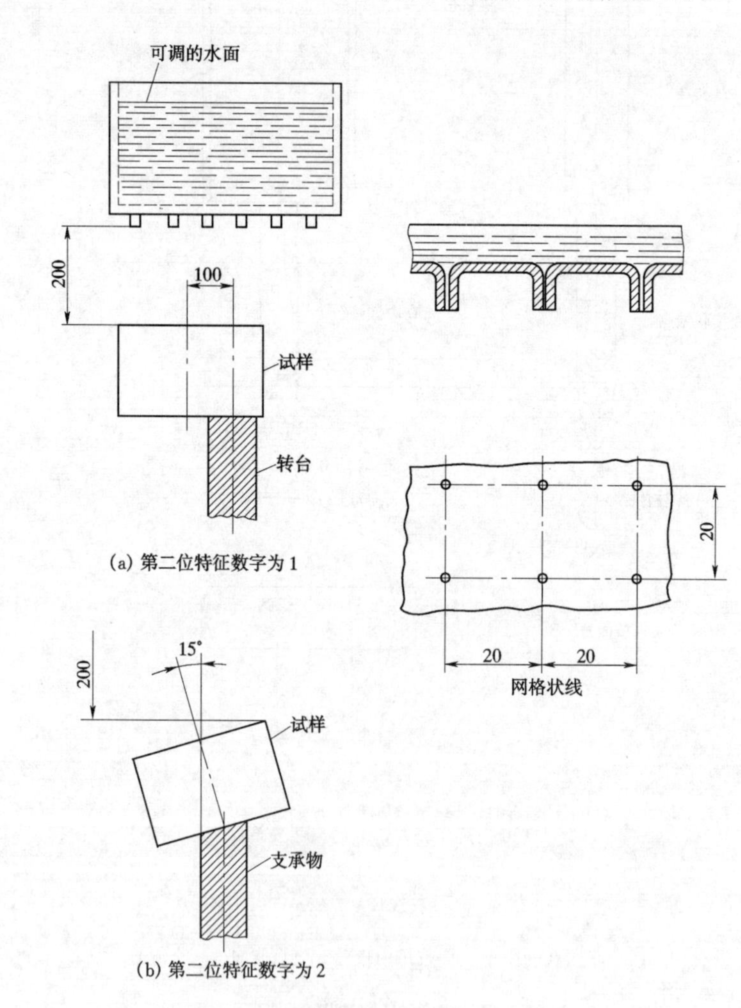

(a) 第二位特征数字为 1

(b) 第二位特征数字为 2

图 3　检验防垂直滴水试验装置（滴水箱）

外壳置于转速为 1r/min 的转台上，偏心距（转台轴线与试样轴线的距离）大约为 100mm。

外壳在滴水箱下面置于正常工作位置，滴水箱底部应大于的俯视图面。除安装在墙上或天花板上的设备外，被试外壳的支承物应比外壳底部小。

对安装在墙上或天花板上的设备，应按正常使用位置安装在木板上，木板的尺寸等于设备在正常使用时与墙或天花板的接触面积。

试验进行 10min。

当滴水箱底部比被试外壳小时，被试外壳可分成几部分，每部分外壳表面的大小应能使滴水设备足以将其覆盖。试验进行到把外壳的全部表面滴水至规定时间止。

13.2.2 第二位特征数字为2的滴水箱试验

滴水箱的规定同 13.2.1 条。调节水流速度，使其符合表 11 规定。

不同于第二位特征数字为 1 的试验，支承外壳的台不旋转。

被试外壳在四个倾斜的固定位置各试验 2.5min，这四个位置在两个互相垂直的平面上与垂线各倾斜 15°（见图 3b）。

试验总持续时间为 10min。

13.2.3 第二位特征数字为3的摆管或淋水喷头试验

试验用图 4 和图 5 示意的两种试验设备之一进行。

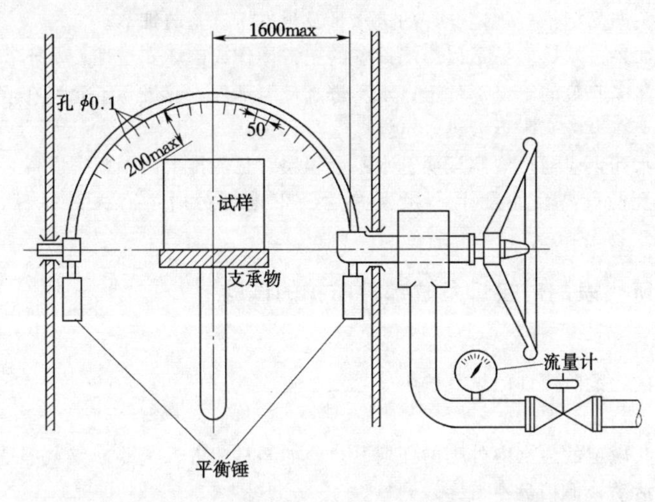

图 4 检验第二位特征数字为 3 和 4，防淋水和溅水试验装置（摆管）

注：孔的分布见第二位特征数字 3。

a. 使用图 4 试验设备（摆管）的条件

按表 12 规定调节总的水流量，并用水流计测量。

摆管中点两边各 60°弧段内布有喷水孔。支承物不必打孔。

被试外壳放在摆管半圆中心。摆管沿垂线两边各摆动 60°，共 120°，每次摆动（2×120°）约需 4s，试验持续时间 5min。然后把外壳沿水平方向旋转 90°，再试验 5min。

摆管最大允许半径为 1600mm。

如果某些型式的设备试验时外壳所有部分不能全部淋湿，可上下调整外壳支承物。这种情况应优先使用图 5 所示手持试验设备（淋水喷头）。

b. 使用图 5 试验设备（淋水喷头）的条件

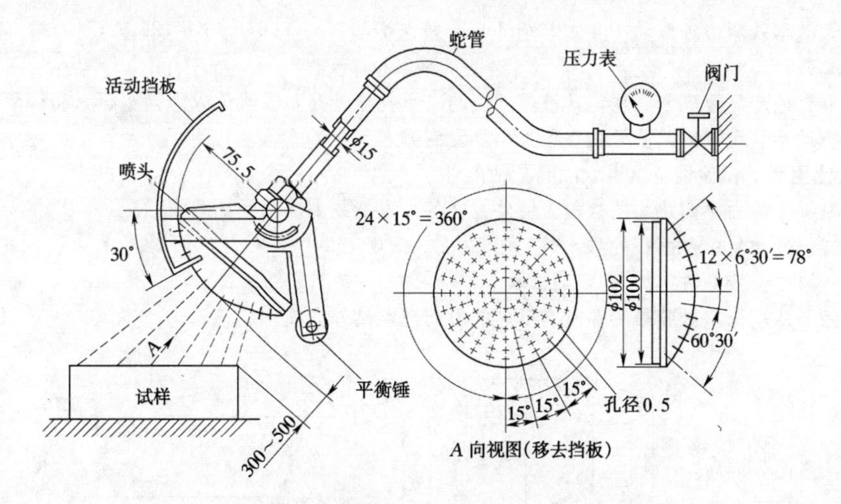

ϕ0.5 的孔 121 个，其中一个在中央

里面 2 圈共 12 个孔，间距 30°

外面 4 圈共 24 个孔，间距 15°

活动挡板：铝、喷头：黄铜

图 5 检验第二位特征数字为 3 和 4，防淋水溅水手持式试验装置（喷头）

本试验应安装带平衡重物的挡板。

调节水压，使达到规定出水量。所需压力在 50～150kPa 的范围。试验期间压力应维持恒定。

试验时间按外壳表面积计算每平方米 1min（不包括安装面积），最少 5min。

13.2.4 第二位特征数字为 4 的摆管或淋水喷头试验

试验用图 4 和图 5 示意的两种试验设备之一进行。

a. 使用图 4 试验设备（摆管）的条件

喷水孔布满于摆管半圆 180°内。按表 12 规定调节水流量，并用流量计测量。

表 12 按 IPX3 和 IPX4 试验条件的总水流量 q_v

（每孔平均水流速度 $q_v1=0.07$L/min）

管半径 R mm	IPX3		IPX4	
	开孔数 N1)	总水流量 q_v L/min	开孔数 N1)	总水流量 q_v L/min
200	8	0.56	12	0.84
400	16	1.1	25	1.8
600	25	1.8	37	2.6
800	33	2.3	50	3.5
1000	41	2.9	62	4.3
1200	50	3.5	75	5.3
1400	58	4.1	87	6.1
1600	67	4.7	100	7.0

1）根据规定距离布置开孔，实际开孔数 N 可增加 1 个。

摆管沿垂线两边各摆动 180°，共约 360°，每次摆动（2×360°）约需 12s。

试验进行 10min。

如果有关产品标准未做规定，被试外壳的支承物应开孔，以避免成为挡水板。将摆管在每一方向摆动到最大限度，使外壳在各方向都受到溅水。

b. 使用图 5 试验设备（淋水喷头）的条件

从喷头上除去平衡重物的挡板，使外壳在各个可能的方向都受到溅水。

水流速度和每单位面积的溅水时间如 13.2.3 条规定。

13.2.5 第二位特征数字为5的喷嘴试验

用图 6 所示标准试验喷嘴在所有可能的方向向被试外壳喷水。

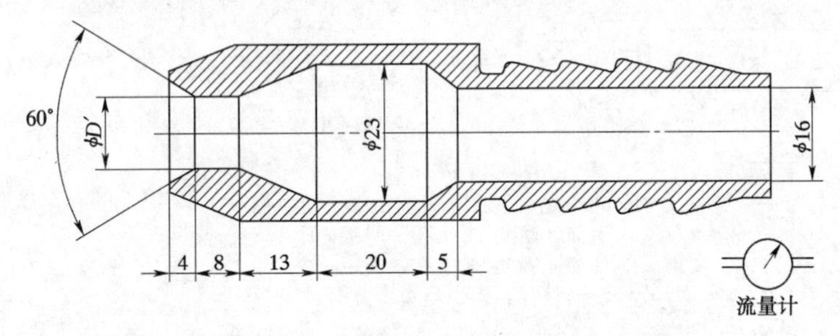

D′＝6.3　13.2.5 条的试验（第二位特征数字为 5）

D′＝12.5　13.2.6 条的试验（第二位特征数字为 6）

图 6　检验防喷水试验装置（软管喷嘴）

要求的试验条件如下：

a. 喷嘴内径：6.3mm；

b. 水流量：12.5±0.625L/min；

c. 水压：按规定水流量调节；

d. 主水流的中心部分：离喷嘴 2.5m 处直径约为 40mm 的圆；

e. 外壳表面每平方米喷水时间：约 1min；

f. 试验时间，最少 3min；

g. 喷嘴至外壳表面距离：2.5～3m。

13.2.6 第二位特征数字为6的喷嘴试验

用图 6 所示标准试验喷嘴在所有可能的方向向被试外壳喷水。

要求的试验条件如下：

a. 喷嘴内径：12.5mm；

b. 水流量：100±5L/min；

c. 水压：按规定水流量调节；

d. 主水流的中心部分：离喷嘴 2.5m 处为直径约 120mm 的圆；

e. 外壳表面每平方米约喷水时间：约 1min；

f. 试验时间：最少 3min；

g. 喷嘴至外壳表面距离：2.5～3m。

13.2.7 第二位特征数字为7的试验

被试外壳按生产厂规定的安装状态全部浸入水中，并满足下列条件：

a. 高度小于 850mm 的外壳的最低点，应低于水面 1000mm；

b. 高度等于或大于 850mm 的外壳最高点，应低于水面 150mm；

c. 试验持续时间 30min；

d. 水温与试样温差不大于 5K。如果试样需在带电和（或）在运行状态进行试验时，有关产品标准可对本要求另作规定。

13.2.8 第二位特征数字为8的试验

根据协议连续潜水。

若无相应的产品标准，试验条件应由生产厂和用户协商，但条件应比 13.2.7 条规定的严酷而且要考虑到在实际使用中外壳持续潜水的要求。

13.3 接受条件

外壳经 13.2.1 条至 13.2.8 条规定的试验后，应检查外壳进水情况。

如可能，有关产品标准应规定允许的进水量及耐电压试验的细节。

一般说来，如果进水，应不足以影响设备的正常操作或破坏安全性；水不积聚在可能导致沿爬电距离引起漏电起痕的绝缘部件上；水不进入带电部件，或进入不允许在潮湿状态下运行的绕组；水不积聚在电缆头附近或进入电缆。

如外壳有泄水孔，应通过观察证明进水不会积聚，且能排出而不损害设备。

对没有泄水孔的设备，如发生水积聚并危及带电部分时，有关产品标准应规定接受条件。

14　附加字母所代表的对接近危险部件防护的试验

14.1 试具

验证防止人接近危险部件的试具按表 9 规定。

14.2 试验条件

将试具以表 9 规定的力推向外壳的任何开口。如试具能进入一部分或全部进入，应在每一个可能的位置上活动，但挡盘不得穿入开口。

内部隔板按 3.1 规定可视为外壳的一部分。

对于低压设备的试验，应在试具与壳内危险部件之间串接一指示灯，并供以 40～50V 的安全特低电压。如果危险的带电部件表面有一层漆膜或氧化层或有其他类似方法的保护时，试验时应包覆一层金属箔，并与正常工作时带电的部件作电联结。

本指示灯电路也可用于高压设备的危险运动部件。

如有可能，应使外壳内的运动部件缓慢运动。

14.3 接受条件

如果在试具与危险运动部件之间保持足够的间隙，则试验合格。

在进行附加字母 B 的试验时，铰接试指可进入外壳 80mm 的长度，但挡盘（φ50mm×20mm）不得通过开口。从直线位置开始，试指的两个铰接点应绕相邻面的轴线在 90°范围内自由弯曲，应使试指在每一个可能的位置上活动。

在进行附加字母 C 和 D 的试验时，试具可进入其全部长度，但挡盘不得通过开口。详见附录 A。

验证足够间隙的条件与 a、b 和 c 条规定相同。

附 录 A
验证低压设备示例
（参 考 件）

表 A1　　验证低压设备示例

序号	情　　况	二位数字	附加字母	二位数字加附加字母
1		0X	—	0X
2		1X	A	1X
3		1X	A	1X

续表

序号	情　　况	二位数字	附加字母	二位数字加附加字母
4		1X	A	1X
5		1X	B	1XB
6		1X	B	1XB
7		1X	D	1XD

续表

序号	情况	二位数字	附加字母	二位数字加附加字母
8	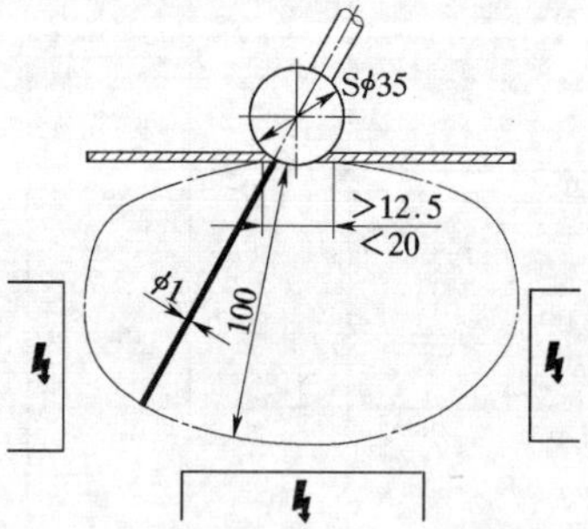 Sϕ35 >12.5 <20 ϕ1 100	1X	D	1XD
9	Sϕ12.5 12.3	2X	B	2X
10	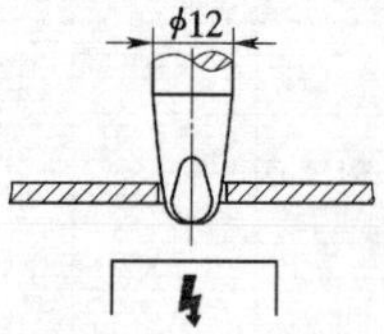 ϕ12	2X	B	2X
11	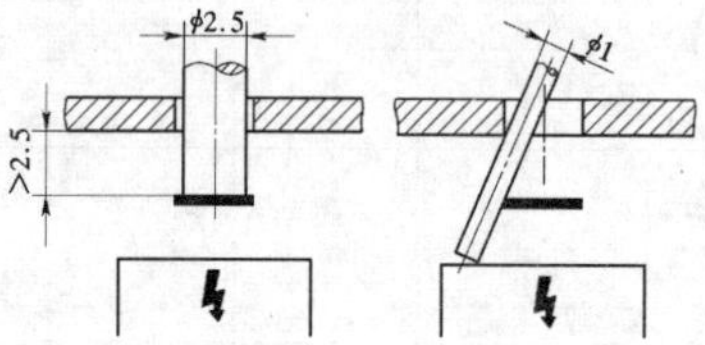 ϕ2.5 ϕ1 >2.5	2X	C	2XC
12	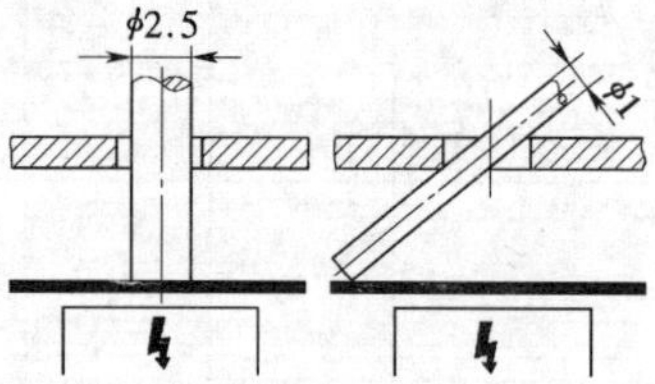 ϕ2.5 ϕ1	2X	D	2XD
13	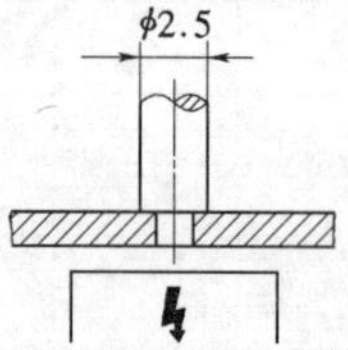 ϕ2.5	3X	C	3X

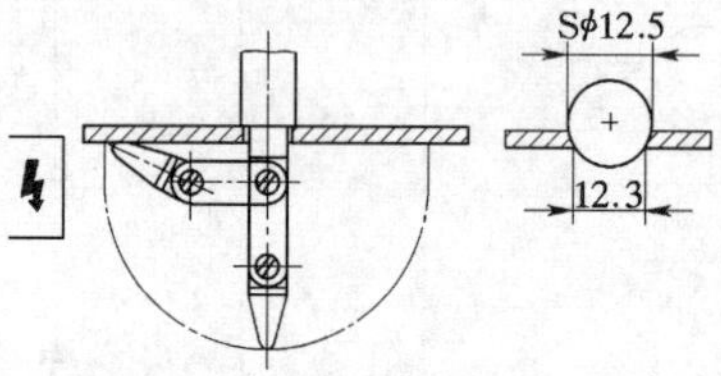

续表

序号	情况	二位数字	附加字母	二位数字加附加字母
14	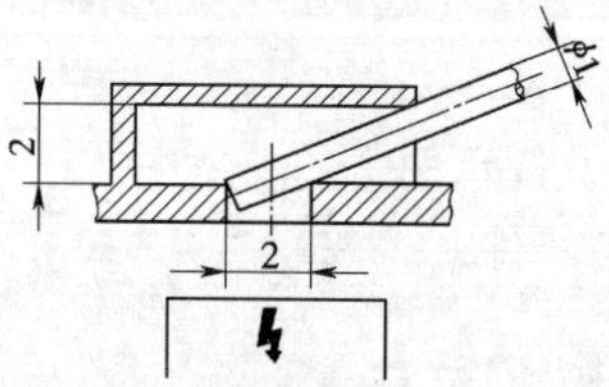 ϕ1 2 2	3X	D	3XD
15	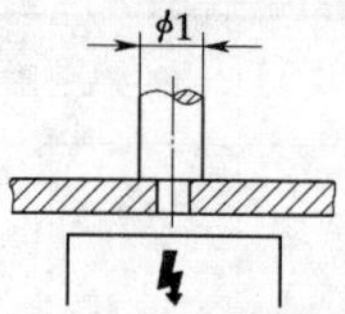 ϕ1	4X	D	4X

表 A2　　附录 A 中 IP 代码示例汇总

第一位特征数字	附加字母				
	—	A	B	C	D
0	IP0X (1)	—	—	—	—
1	—	IP1X (2、3、4)	IP1XB (5、6)	—	IP1XD (7、8)
2	—	—	IP2X (9、10)	IP2XC (11)	IP2XD (12)
3	—	—	—	IP3X (13)	IP3XD (14)
4	—	—	—	—	IP4X (15)

注： 括号内的数字指本附录表 A1 的序号。

附 录 B
可在有关产品标准中作具体规定的内容
（参　考　件）

本标准未规定各类电工产品有关外壳防护的全部细节。

有关部门有责任在与他们相关的产品标准中对专门的设备采用 IP 代码规定细节。

标记了 IP 代码，表明其符合本标准的规定，也符合产品标准的补充规定。

下述各条是可在产品标准中作补充规定的具体内容。

B1　IP 代码被采用的程度和方法（见第 2 章）

B2 用于特殊型式设备中“外壳”的定义（见第2章）

B3 外壳和壳内设备对外界影响或环境条件的防护（见第2章）

B4 用于外壳外部的危险运动部件（如风扇）的防护等级（见第2章）

B5 外壳短时间浸水或连续潜水的应用范围（见第6章）

B6 附加字母的应用（见第7章）

B7 如果需要，由“补充字母”给出补充信息（见第8章）

B8 在使用新的补充字母和阐述附加的试验条件前应先与本标准的归口部门协商（见第8章）

B9 标志的具体规定（见第9章）

B10 不同于10.1条的环境条件

B11 说明不同于“试验一般要求”的试样及其试验条件（见10.2条）

B12 试验条件细节（见10.2条）

例如：

a. 试样数量；

b. 安装、组合、定位；

c. 预处理；

d. 是否带电；

e. 部件是否运动。

B13 有泄水孔和通风孔时如何应用一般试验要求及接受条件（见10.3条）

B14 阐述试验结果及接受条件的要求（见10.3条）

B15 工作电压对确定耐电压试验的电压和足够的间隙的影响（见11.3条中a、b）

B16 设备的类型，指出是否由热循环效应产生了压差（见12.4条）

B17 防尘试验时抽气孔不在易损部件附近的位置（见12.4条）

B18 不影响安全操作的允许灰尘沉积量及沉积地点（见12.5.2条）

B19 IPX3和IPX4试验的试验装置（摆管或淋水喷头）（见13.2.3条）

B20 IPX4试验时外壳支承物的型式（如不开孔）（见13.2.4条）

B21 如果潜水试验是在设备带电或运行时进行对水温的要求（见13.2.7d条）

B22 持续潜水的条件（见13.2.8条）

B23 防水试验之后的接受条件，特别是允许进水量和耐电压试验的细节（见13.3条）

B24 水积聚到带电部件上的接受条件（见13.3条）

附录七　高压/低压预装式变电站选用导则

(DL/T 537—2002)

前言

电力行业标准DL/T 537—93自颁布以来，对统一电力系统的订货技术条件和使用要求，引导我国箱式变电站的设计和生产步入标准化、系列化和规范化起到了重要的指导作用，并促进了箱式变电站的使用和发展。

为了使箱式变电站的电力行业标准与IEC 1330—1995标准相互衔接，同时又要在标准中充分体现电力系统使用工况的具体要求，电力行业高压开关设备标准化技术委员会决定对DL/T 537—93进行修订。修订后的标准从结构编排和编制规则上应与IEC 1330—1995等同，但在额定电压和绝缘水平、定义和一些具体技术内容上，则根据我国电力系统的使用要求而有别于IEC 1330—1995，因此本标准为等效采用IEC 1330—1995。

本标准与IEC 1330主要不同之处为：

1. IEC 1330—1995称之为“高压/低压预装式变电站”，DL/T 537称之为“高压/低压预装箱式变电站”，简称“箱式变电站”。

2. IEC 1330—1995规定的高压侧交流额定电压是1kV以上、52kV及以下，DL/T 537规定的高压侧交流额定电压为7.2～40.5kV。

由于高压侧额定电压与IEC 1330不同，所以额定绝缘水平不同。

3. DL/T 537增加了电能计量设备和无功补偿设备。

4. DL/T 537增加了0K级额定外壳级别，即要求预装箱式变电站在此级别下要保证变压器的额定出力，为此可以装设强迫通风装置。

5. DL/T 537增加了对预装箱式变电站的防腐、防凝露及声发射水平的要求。

6. DL/T 537增加了采用元器件组成高、低压开关装置的条文，同时提出相关的结构要求和试验要求。

本标准的附录A、附录B和附录C都是标准的附录。

本标准的附录D是指示性附录。

本标准由电力行业高压开关设备标准化技术委员会提出并归口。

本标准主要起草单位：中国电力科学研究院。

本标准主要起草人：崔景春、袁大陆。

本标准于1993年12月30日首次发布，2002年进行第一次修订，自修订本发布生效之日起，DL/T 537—93停止使用。

本标准由电力行业高压开关设备标准化技术委员会负责解释。

IEC前言

1）IEC（国际电工委员会）是由各国家电工技术委员会（IEC国家委员会）组成的世界性标准化组织，IEC的目的是在电气和电子领域涉及标准化的所有问题上促进国际间的合作。为了这个目的，除了开展有关的活动外，IEC还出版国际标准，这些标准委托各技术委员会起草；任一对此感兴趣的国家委员会可以参加这些工作。与IEC协作的国际、政府和非政府组织也参加起草。IEC和国际标准化组织（ISO）按它们之间的协议确定的条件进行密切的合作。

2）IEC关于有关技术问题的正式决议或协议，是由对这些问题特别关切的所有国家委员会有代表参加的各技术委员会提出，它们尽可能表达出对所涉及问题的国际上的一致意见。

3）这些决议或协议以标准、技术报告或导则形式出版，作为推荐标准供国际上使用，并在此意义上为各国家委员会所接受。

4）为了促进国际上的统一，IEC各国家委员会同意在它们的国家标准和区域标准中清楚地、最大可能限度地采用IEC国际标准。IEC标准和相应的国家或区域性标准间的任何歧异应在相应的标准文本中清楚地指出。

5）IEC不开展合格标志的颁发工作，它不对声称符合某项IEC标准的设备承担责任。

国际标准IEC1330由IEC17技术委员会（开关设备和控制设备）下属的17C分委员会（高压封闭开关设备和控制设备）起草。

本标准的文本基于下述文件：

国际标准草案	表 决 报 告
17C/168/DIS	17C/174/RVD

投票批准本标准的全部资料，可在上表指出的表决报告中查到。

附录A、B和C是本标准的一个不可分割的组成部分。

附录D仅供参考。

引言

高压/低压预装箱式变电站被定义为经过型式试验的用来从高压系统向低压系统输送电能的设备，它包括装在外壳内的变压器、高压和低压开关设备、电能计量设备和无功补偿设备、连接线和辅助设备。这些变电站主要是安装在公众易于接近的地点，应按规定的使用条件保证人身安全。因此，高压/低压预装箱式变电站除了规定的特性、额定值和相关的试验程序外，要特别注意对人身保护的规定。这种保护由采用通过型式试验验证的元件以及合理的设计和外壳的结构来保证。

1 概述

1.1 范围

本标准规定了高压侧交流额定电压为7.2kV～40.5kV[1]、低压侧交流额定电压不超过1kV[2]、变压器最大容量为1600kVA、工作频率为50Hz[3]的公众能接近的户外预装箱式变电站的使用条件、额定参数、一般结构要求和试验方法。预装箱式变电站是通过电缆连接的，可以在它的内部或外部进行操作。

预装箱式变电站可以在地面上安装，也可以部分或全部在地面下安装。

由于在老化或腐蚀方面没有基本的被普遍接受的行业标准、国家标准[4]、IEC或ISO标准可供使用，本标准提出的有关这些方面的要求由用户和制造厂家商定[5]。

1.2 引用标准

本标准的条款有的引自下述标准中的有关条款。本标准出版时，引用的标准版本均为有效版本。所有的标准都可能被修订，为此鼓励就此标准达成协议的各方能够采用下述标准的最新版本。

GB 311.1—1997 高压输变电设备的绝缘配合

GB/T 1048.1—1989 固体绝缘材料电气强度的试验方法 工频下的试验

GB 1094.1—1996 电力变压器 第一篇 总则

GB 1094.2—1996 电力变压器 第二篇 温升

GB 1094.3—1985 电力变压器 第三篇 绝缘水平和绝缘试验

GB/T 2423.46—1997 电工电子产品环境试验 第2部分：试验方法 试验Ef：摆锤 撞击

GB/T 2900.19—1994 电工术语 高压试验技术和绝缘配合

GB/T 2900.20—1994 电工术语 高压开关设备

GB 3906—1991 3～35kV交流金属封闭开关设备

GB 4208—1993 外壳防护等级（IP代码）

GB 6450—1986 干式电力变压器

GB 7251.1—1997 低压成套开关设备和控制设备 第一部分 型式试验和部分型式试验成套设备

GB/T 7328—1987 变压器和电抗器的声级测定

GB/T 11022—1999 高压开关设备和控制设备的共用技术要求

GB/T 14048.1—1993 低压开关设备和控制设备 总则

GB/T 14821.1—1993 建筑物的电气装置 电击防护

GB/T 15164—1994 油浸式电力变压器负载导则

GB/T 117211—1998 干式电力变压器负载导则

GB 116926—1997 交流高压负荷开关——熔断器组合电器

GB/T 16927.1—1997 高电压试验技术 第一部分 一般试验要求

GB/T 16934—1997 电能计量柜

GB/T 16935.1—1997 低压系统内设备的绝缘配合 第一部分 原理、要求和试验

DL/T 404—1997 户内交流高压开关柜订货技术条件

DL/T 593—1996 高压开关设备的共用订货技术导则

DL/T 621—1997 交流电气装置的接地

IEC 76—5：1976 电力变压器 第五部分 承受短路的能力

IEC 466：1987 额定电压1kV以上38kV及以下交流绝封闭开关设备和控制设备

IEC 1180—1：1992 低压设备的高压试验技术 第1部分 定义、试验和程序要求

ISO 1052：1982 一般工程用钢

ISO 1210：1992 塑料一水平和垂直试样与小火焰点火源接触时燃烧特性的测定

1.3 定义

在本标准中使用的通用术语的定义可参见GB/T 2900.19和GB/T 2900.20，此外还定义以下术语。

1.3.1 预装箱式变电站[6]（prefabricated cubical substation）

采用说明：

1）IEC 1330为1kV以上52kV及以下。

2）IEC 1330在注中说明二次侧的额定电压不应超过1kV，本标准将其移至正文中。

3）IEC 1330为不大于60Hz。

4）本标准另增加“行业标准”和“国家标准”。

5）本标准增加的内容，IEC 1330中不包括老化或腐蚀方面的要求。

6）IEC 1330定义为高压/低压预装式变电站，本标准使用的名称为“预装箱式变电站”，简称“箱式变电站”。

预装箱式变电站（以下简称箱式变电站）是由高压开关设备、电力变压器、低压开关设备、电能计量设备、无功补偿设备、辅助设备和联结件等元件组成的成套配电设备，这些元件在工厂内被预先组装在一个或几个箱壳内，用来从高压系统向低压系统输送电能。

1.3.2 运输单元（transport unit）

箱式变电站的一部分，它在装运时不需拆卸。

1.3.3 外壳（enclosure）

箱式变电站的一种部件，它保护变电站免受外部的影响，并为防止接近或触及带电部件，以及防止触及运动部件提供规定的防护等级。

1.3.4 隔室（compartment）

箱式变电站的一部分，除了相互连接、控制或通风所需的通道外，其内部元件全部被封闭起来。

注：隔室可以由其中包含的主要元件来命名，例如分别称为变压器隔室、高压开关设备和控制设备隔室、低压开关设备和控制设备隔室。

1.3.5 元件（component）

箱式变电站中提供某种特定功能的基本部件（例如变压器、高压开关设备和控制设备、低压开关设备和控制设备、电能计量设备和无功补偿设备[1]等）。

1.3.6 隔板（partition）

箱式变电站中将一个隔室与另一个隔室隔开的部件。

1.3.7 主回路（main circuit）

箱式变电站中包含所有导电部件的用于传送电能的回路。

1.3.8 辅助回路（auxiliary circuit）

箱式变电站中包含所有导电部件的（不包含主回路）用于控制、测量、信号、调节、照明等的回路。

1.3.9 额定值（rated value）

一般是由制造厂对箱式变电站规定的运行条件所指定的量值。[根据 GB 2900.20 的 6.1 修改而成]。

1.3.10 防护等级（degree of protection）

由外壳提供的、并经标准的试验方法验证的防护程度，用以防止触及危险的部件、防止外来物件进入或水分浸入。

1.3.11 周围空气温度（ambient air temperature）

在规定条件下测定的箱式变电站外壳周围的空气温度。

1.3.12 外壳级别（class of encloseure）

在本标准 2.1 中规定的正常使用条件下，变压器在外壳内的温升和同一台变压器在外壳外的温升之差。该变压器的额定值（容量和损耗）相应于箱式变电站的最大额定值。

1.3.13 变压器的负荷系数（transformer load ratio）

在额定电压下变压器能够给出的以额定电流为基准的电流标么值。负荷系数的基础是不超过 GB 1094.1、GB 1094.2 和 IEC 76-5[2] 中给出的最高热点温度和液面温度或 GB 6450 中给出的相应绝缘等级的最高热点温度。

1.3.14 电能计量装置[3]（electric energy measurement device）

箱式变电站中用于对计费电力用户进行用电计量和管理的专用部件，可能是高压的，也可能是低压的。

1.3.15 无功补偿装置[4]（reactive compensation device）

箱式变电站中用于无功补偿的专用部件，一般为低压的。

2 使用条件

2.1 正常使用条件

2.1.1 外壳

除非本标准另有规定，箱式变电站的外壳应设计成能在 GB 11022 规定的正常户外使用条件下使用。

注：箱式变电站外壳内部的环境温度与外壳外部的环境温度不同。

2.1.2 高压开关设备和控制设备

在外壳内部按 DL/T 593 规定的正常户内使用条件使用。

2.1.3 低压开关设备和控制设备

在外壳内部按 GB 7251.1 规定的正常户内使用条件使用。

2.1.4 变压器

外壳内的变压器，在额定电流状态下工作时，其温升要比无外壳条件下运行时高，可能会超过 GB 1094.2 或 GB 6450 规定的温度极限。

变压器的使用条件应按安装地点外部的使用条件和外壳级别来确定。

变压器的制造厂或用户应该据此计算变压器的使用容量。

2.1.5 电能计量装置[5]

在外壳内部按 GB 11022 或 GB 7251.1 规定的正常户内使用条件使用。

2.1.6 无功补偿装置[6]

在外壳内部按 GB 7251.1 规定的正常户内使用条件使用。

2.2 特殊使用条件

当箱式变电站的使用条件超过 2.1 的正常使用条件时，采用以下规定。

2.2.1 海拔

对下列设备应加以注意。

采用说明：

1）本标准增加的元件。

2）IEC 1330 引用 IEC76 包含了 IEC 76-1、IEC 76-2 和 IEC 76-5，因 GB 1094.5 为非等效采标，故本标准引用了 IEC 76-5 而未引用 GB 1094.5。

3）本标准新增定义。

4）本标准新增定义。

5）本标准增加的内容。

6）本标准增加的内容。

2.2.1.1　高压开关设备和控制设备以及高压电能计量装置

海拔超过1000m时，见GB/T 11022。

2.2.1.2　低压开关设备和控制设备以及低压电能计量装置和无功补偿装置

海拔超过2000m时，见GB 7251.1。

2.2.1.3　变压器

海拔超过1000m时，见GB 1094.2或GB 6450。

2.2.2　污秽

处于污秽空气中的装置，其污秽等级应符合下列设备相应标准的规定。

2.2.2.1　高压开关设备和控制设备以及高压电能计量装置

见GB/T 11022。

2.2.2.2　低压开关设备和控制设备以及低压电能计量装置和无功补偿装置

见GB/T 16935.1。

2.2.2.3　变压器

变压器的高压出线套管可参照DL/T 404，低压出线套管可参照GB/T 16935.1，具体要求由制造厂和用户商定[1]。

2.2.3　温度

箱式变电站安装地点的周围空气温度显著地超过2.1中所规定的外壳正常使用条件时，应优先选用的温度范围规定如下：

严寒气候：－50℃～＋40℃

酷热气候：－5℃～＋50℃

3　对元件的要求

箱式变电站的主要元件是变压器、高压开关设备和控制设备、低压开关设备和控制设备、相应的内部连接线（电缆、母线和其他）和辅助设备。根据用户的要求应可装设电能计量设备和无功补偿设备[2]。

这些元件应该用一个公用的外壳或一组外壳封闭起来。

所有的元件应符合各自相应的标准：

——变压器，应符合GB 1094.1或GB 6450；

——高压开关设备和控制设备，应符合GB 3906和IEC 466；

——低压开关设备和控制设备，应符合GB/T 14048系列标准和GB 7251.1；

——电能计量设备，应符合GB/T 16934[3]。

4　额定值

箱式变电站的额定值如下：

a）额定电压；

b）额定绝缘水平；

c）额定频率和相数；

d）主回路的额定电流；

e）主回路和接地回路的额定短时耐受电流；

f）主回路和接地回路的额定峰值耐受电流（如果适用）；

g）额定短路持续时间；

h）操动机构和辅助回路的额定电源电压；

i）操动机构和辅助回路的额定电源频率；

j）箱式变电站的额定最大容量；

k）变压器的额定容量；

l）变压器的额定损耗；

m）额定外壳级别；

n）高压开关设备的额定短路开断电流和额定短路关合电流[4]；

o）低压开关设备的额定短路分断能力和额定短路关合电流[5]。

4.1　额定电压

高压开关设备和控制设备，见GB/T 11022；

低压开关设备和控制设备，见GB/T 14048.1和GB 7251.1。

4.2　额定绝缘水平

高压开关设备和控制设备，见GB/T 11022；

低压开关设备和控制设备，见GB/T 14048.1和GB 7251.1，其最低额定冲击耐受电压至少应为GB/T 16935.1—1997表1中Ⅳ类过电压的给定值。

变压器的额定绝缘水平[6]参见GB 1094.3或GB 311.1。

4.3　额定频率和相数

50Hz，三相。

4.4　额定电流和温升

4.4.1　额定电流

见GB/T 11022和GB 7251.1。

4.4.2　温升

高压开关设备和控制设备的允许温升见DL/T 593；

低压开关设备和控制设备的允许温升见GB 7251.1；

箱式变电站中的某些元件，可能不被DL/T 593和GB 7251.1的范围所覆盖，其允许温升应不超过各元件相应标准中规定的最高允许温度和温升极限。

对于内部连接线，它的最大允许温升是DL/T 593和GB 7251.1中规定的适用于触头、连接以及和绝缘接触的金属部件的值。

采用说明：

1）IEC1330为"无适用标准"，此内容为本标准增加的内容。

2）本标准增加的内容。

3）本标准增加的内容。

4）本标准增加的内容。

5）本标准增加的内容。

6）本标准增加的内容。

对于变压器，应按本标准第2条计及负荷系数，参见附录D，并参见GB/T 15164和GB/T 17211。

4.5 额定短时耐受电流

对高压开关设备和控制设备，见GB/T 11022；对低压开关设备和控制设备，见GB 7251.1；对变压器，见GB 6450和IEC 76-5。

4.6 额定峰值耐受电流

对高压开关设备和控制设备，见GB/T 11022；对低压开关设备和控制设备，见GB 7251.1；对变压器，见GB 6450和IEC 76-5。

4.7 额定短路持续时间

对高压开关设备和控制设备为2s或4s[1]；对低压开关设备和控制设备，见GB 7251.1；对变压器，见GB 6450和IEC 76-5。

4.8 操动机构和辅助回路的额定电源电压

对高压开关设备和控制设备，见DL/T 593；对低压开关设备和控制设备．见GB 7251.1。

4.9 操动机构和辅助回路的额定电源频率

50Hz[2]。

4.10 箱式变电站的额定最大容量

箱式变电站的额定最大容量是设计变电站时指定的变压器的最大额定值。

变压器的额定值是GB 1094.1或GB 6450中规定的变压器的额定容量和额定总损耗。

注：根据箱式变电站的外壳级别和周围空气温度可将箱式变电站的输出容量限制到小于其额定量大容量。

4.11 额定外壳级别

额定外壳级别是对应于箱式变电站额定最大容量的外壳级别。

额定外壳级别用来决定变压器的负荷系数，使变压器运行时的温度不超过GB 1094.1、GB 1094.2和GB 6450或IEC 76-5给出的并在附录D中述及的限值。

有四个额定外壳级别：级别0、10、20和30，分别对应于0K、10K、20K和30K的最大温升差值[3]。

注：对应于变压器不同的容量和损耗，制造厂对同一外壳可指定几个级别。这些附加的级别应经6.2的试验验证。

4.12 高压开关设备的额定短路开断电流和额定短路关合电流[4]

高压开关设备的额定短路开断电流与4.5中的额定短时耐受电流相同，额定短路关合电流与4.6中的额定峰值耐受电流相同。

4.13 低压开关设备额定短路分断能力和额定短路关合电流[5]

低压开关设备的额定短路分断能力与4.5中的额定短时耐受电流相同，额定短路关合电流与4.6中的额定峰值耐受电流相同。

5 设计和结构

箱式变电站应设计成能够安全而方便地进行正常的操作、检查和维护。

箱式变电站的外观设计应美观并尽量与周边的环境相适应，具有良好的视觉效果[6]。

5.1 接地

箱式变电站应装设一条可与每个元件相连接的按地导体。接地导体上应设有不少于2个与接地网相连接的铜质接地端子，其电气接触面积应不小于160mm²[7]。接地导体应使用铜导体，当额定短路持续时间为1s时，其电流密度应不超过200A/mm²；当额定短路持续时间为2s时，其电流密度应不超过140A/mm²；当额定短路持续时间为3s时，其电流密度应不超过125A/mm²；当额定短路持续时间为4s时，其电流密度应不超过110A/mm²，但最小截面积不应小于30mm²。

注：如果接地导体不是铜导体，则应满足等效的热的和机械的要求。

接地导体及其连接线通过额定短时耐受电流和峰值耐受电流后，必须保证其接地的连续性，并不得影响其周围物体的安全。接地故障的最大电流值取决于箱式变电站所在系统的中性点接地方式，中性点接地方式由用户指明。

注：作为导则，导体截面积的计算方法可参见GB 3906附录F。

连接到接地导体上的元件应包括：

——箱式变电站的外壳（如果是金属的）；

——高压开关设备和控制设备的外壳，如果是金属的，从其接地端子处连接；

——低压开关设备和控制设备的框架或外壳（如果是金属的）；

——金属屏蔽及高压电缆的接地导体；

——变压器的箱体或干式变压器的金属框架；

——自控和遥控装置的接地导体；

——电能计量和无功补偿装置的框架或外壳（如果是金属的）。

接地导体上应装设足够数量的接地端子，接地端子应为铜质，其电气接触面积不少于160mm²[8]。

如果箱式变电站的外壳不是金属的，外壳上的金属门和其他可触及的金属部件应和接地导体相连。

箱式变电站接地系统设计应符合DL/T 621的要求[9]。

箱式变电站内接地连线，可以用螺栓连接，也可以焊接，但应保证在可能要通过的电流的热和机械应力作用下，仍能保持框架、面板、门或其他结构件与接地系统的电气连续性。

5.2 辅助设备

对于箱式变电站内的低压装置（如照明、风机、辅助电源等），如果适用，参见GB/T 14821.1或GB 7251.1。

5.3 铭牌

每台箱式变电站应提供一个耐久和清晰易读的铭牌，铭牌至少应包括下列内容：

采用说明：

1）按我国电力系统的要求，明确提出2s或4s的要求。

2）根据我国实际使用情况，明确规定50Hz。

3）根据我国箱式变电站的设计、制造情况和用户的要求，本标准在IEC1330的基础上，增加了0级额定外壳级别，对应的最大温升差值为0K，即明确要求不降低变压器的额定输出容量。

4）为本标准增加的内容。

5）为本标准增加的内容。

6）为本标准特为美化环境而提出的要求。

7）为本标准增加的内容。

8）为本标准新增的内容。

9）为本标准对接地系统增加的设计要求。

——制造厂名称和商标；
——型号；
——额定电压[1]；
——额定最大容量[2]；
——变压器额定容量[3]；
——符合标准的编号；
——出厂编号；
——质量和尺寸[4]；
——制造日期。

5.4 防护等级和内部故障

5.4.1 防护等级

防止人员触及危险部件，并防止外来物体进入和水分浸入设备的保护是必需的。

箱式变电站外壳的防护等级应不低于 GB 4208 中的 IP23D，更高的防护等级可以按 GB 4208 中的规定选取。

注：当从外部操作箱式变电站的元件时，其防护等级有可能降低，可能需要采取其他预防措施以防止人员触及危险部件。

5.4.2 箱式变电站对机械力的防护

箱式变电站的外壳应有足够的机械强度，并能耐受以下的负荷和撞击。

a）顶部负荷：

——最小值为 2500N/m^2（竖立负荷或其他负荷）；

——在车辆通行处（如停车场）的地下安装的箱式变电站的顶部，最小值为 50kN 作用在 600cm^2 的表面上（830kN/m^2）；

——雪负荷（根据当地的气候条件确定）。

b）外壳上的风负荷：

——风负荷按 GB/T 11022。

c）在面板、门和通风口上的外部机械撞击：

——外部机械撞击的撞击能量 20J。

大于该值的意外机械撞击（如车辆的碰撞）未包含在本标准中，但应予以防止，如果需要，可以在箱式变电站的外部及周围采取其他措施。

5.4.3 对内部缺陷的环境保护

应采取措施防止油从箱式变电站内漏出，应将可能发生火灾的危险降至最小。

5.4.4 内部故障

在箱式变电站中，由于缺陷、异常使用条件或误操作造成的故障可能会引发内部电弧。在结构上满足了本标准的要求后，这种偶然事故发生的概率很小，但不能完全忽视。如有人员在场，这种事故可能会造成伤害，但概率更小。

应为运行和维护人员提供最高等级的切实可行的保护。

预防内部故障的主要目的是避免发生内部电弧或限制其持续时间和后果。

经验表明，在外壳内部的某些部位比其他部位更可能发生故障，对这些部位应给予特别的注意。作为导则，附录 A 的表 A.1 中，第 1、2 栏列出与高压开关设备和控制设备及其与变压器的连接有关的容易发生内部故障的部位及其原因，第 3 栏推荐了降低内部故障的概率或减小其危害的措施。附录 A 的表 A.2 给出了限制内部故障后果的实际措施。如果认为这些措施不充分，制造厂和用户可按附录 A 协商进行试验。该项试验只包括在高压开关设备和控制设备以及内部连接线的外壳内、完全在空气或其他绝缘气体中发生的电弧，不包括在开关设备和控制设备中有单独外壳的元件（如开关装置或熔断器）内部或如互感器等元件内部发生的电弧。

用限流装置（例如熔断器）保护的那部分回路不需要进行这项试验。

5.5 外壳

5.5.1 概述

外壳应满足下列条件。

5.5.1.1 防护等级应符合本标准的 5.4.1。

5.5.1.2 用非导电材料制作的外壳应满足下列要求：

a）在高压开关设备和控制设备与变压器间的无屏蔽的高压连接线和外壳的可触及表面之间的绝缘，应耐受 6.1.1.4 中规定的试验电压；

b）在高压开关设备和控制设备与变压器间的无屏蔽的高压连接线和与其相对的外壳绝缘部件的内表面之间的绝缘，至少应耐受箱式变电站额定电压的 1.5 倍。

c）如果采用无屏蔽的高压连接线，除了机械强度外，非导电材料也应耐受 6.1.1.4 中规定的试验电压。在试验中应采用 GB/T 1048.1 规定的方法，以满足相关的要求。

5.5.1.3 应采取各种措施防止在按制造厂的说明进行运输或装卸时外壳发生变形或损伤。

5.5.1.4 应提供保证安全运行的设施，如打开门或在需要卸下面板等进行检查或改变变压器的分接头时。

5.5.1.5 箱式变电站应设足够的自然通风口，并采取必需的隔热措施，以保证在正常环境温度下，所有的电器元件的温升不超过允许温升；如果变压器在周围环境温度下，采用自然通风不能保证在额定容量下正常运行时，应在变压器隔室内采用强制通风冷却。采用强制通风冷却，一般应在变压器隔室内装设不少于 2 台容量相当的风机，并可随变压器的运行温度的变化进行自动投切。如果变压器在周围环境温度下，采用自然通风不能保证在额定容量下正常运行时，也可采用降低额定容量的方式保证变压器的正常运行，但是必须预先征得用户的同意[5]。

采用说明：

1）本标准增加的项目。

2）本标准增加的项目。

3）本标准增加的项目。

4）本标准增加的项目。

5）对于箱式变电站采取的冷却方式，根据我国电力部门的使用要求和箱式变电站设计、生产的实际情况，本标准的此条内容与 IEC1330 所强调的冷却方式不同。IEC1330 规定箱式变电站应采用自然通风的冷却方式，如果变压器的温升不能满足标准要求，则应按箱式变电站的额定外壳级别，令用户相应降低变压器的使用容量。如果采用其他冷却方式（例如强制冷却），须经制造厂和用户协商同意。本标准的内容则强调了变压器应该保证用户能够在正常环境温度下使用变压器可以到其额定容量而其温升不超过允许温升，否则应采取强制通风，以保证变压器的额定出力。

5.5.2 防火性能

箱式变电站外壳结构中使用的材料应具备某一最低的防止箱式变电站内部或外部着火的性能，这些材料应该是不可燃的。若使用合成材料应符合 5.5.2.2。

注：在防火性能上，只考虑了材料对火的反应，至于耐火性，应按地方法规由制造厂和用户协商。

5.5.2.1 传统材料

下列材料认为是不可燃的：

——金属（钢、铝等）；

——混凝土；

——砖和灰泥；

——玻璃纤维或石棉。

5.5.2.2 合成材料

合成材料应按 ISO 1210：1990 的方法 A 进行试验。样品的特性应符合 FH1 或 FH2—80mm。

5.5.2.3 其他材料

制造厂应证明所使用材料的不可燃性至少应等效于 5.5.2.2。

5.5.3 面板和门

面板和门是外壳的一部分。当它们关上时，应提供对外壳规定的防护等级。当通风口放在面板或门上时，应满足 5.5.4 的要求。

根据进入箱式变电站各隔室的方式以及不同用途，面板和门可分成两类：

a）一类是正常操作时需开启或移开的面板和门，开启或移开时不需要工具，如果没有合适的联锁装置保证运行人员的安全，此类的门或面板上应装锁。

b）所有其他用途的面板、门或顶板属另一类。它们应装锁，或者与正常操作的面板和门之间装设联锁装置，用于正常操作的面板和门未被打开之前，它们不能开启或移开。

箱式变电站的门均应向外开，开启角度至少 90°并备有定位装置使之保持在打开位置。安装在地面下的箱式变电站，要有一个供进出的舱门，为运行人员和行人提供安全保障；该舱门由一个人即可操作。

箱式变电站的门和面板均应装有密封橡胶条。所有的门应尽量采用内铰链，并装有把手、暗闩和能防雨、防堵、防锈的暗锁。各隔室的门应与照明设施联锁，随着门的开、关自动控制照明设施的通、断。高压开关设备隔室和低压开关设备隔室的门的内侧应标出主回路的线路图，同时应注明操作程序和注意事项。变压器隔室的门打开后，还应装设可靠的安全防护网或遮栏，并设有联锁装置，以防带电状态下人员进入[1]。

5.5.4 通风口

通风口的设置或遮护应具有与外壳相同的防护等级，只要有足够的机械强度，通风口可以用金属网或类似材料制作。

5.5.5 隔板

箱式变电站内的隔板的防护等级，由制造厂按照 GB 4208 予以规定。

隔板和外壳的内壁可以用金属的或非金属的材料，但其色彩应与内部电器设备的颜色相协调[2]。

5.5.6 关于电缆绝缘试验的规定

为了进行电缆的绝缘试验，高压电缆或电缆箱的安装位置应便于试验接线的拆装和试验。

5.5.7 附件

箱式变电站内应有足够的空间存放附件，如接地线夹、工具等。

5.5.8 操作通道

箱式变电站内带有操作通道时，操作通道的宽度应适于进行任何操作和维护，通道的宽度应不小于 800mm。箱式变电站内部的开关设备和控制设备的门应朝出口方向关闭，或是转动的，这样不致减小通道的宽度。门在任一开启位置或开关设备和控制设备装有突出的机械传动装置时，不应将通道的宽度减小到 500mm 以下。

5.5.9 标牌

警告用和带有制造厂使用说明的一类标牌，以及按地方标准和法规应设置的标牌，应该耐久和清晰易读。

5.5.10 基座[3]

基座是箱式变电站外壳的一部分，是开关设备和变压器的安装基础，它可以是金属的，也可以是混凝土的，但必须有足够的机械强度，以确保箱式变电站在吊装、运输和使用过程中不发生变形和损坏。

5.5.11 防腐处理和防凝露措施[4]

箱式变电站中，用金属材料制成的基座和外壳、隔板等，必须经过防腐处理，并喷涂防护层。防护层应喷涂均匀并有牢固的附着力。

箱式变电站的开关设备和控制设备的隔室应装设适当的驱潮装置，以防止因凝露而影响电器元件的绝缘性能和对金属材料的锈蚀。

5.6 声发射[5]

箱式变电站的声发射水平应遵守使用所在地的地方法规的要求。箱式变电站内的变压器在规定的输出容量下连续运行，并按规定的冷却方式进行强制通风时，在距变压器隔室 0.3m（干式变压器为 1m）、离地面 1.5m 处所测得的最大声发射的等级不得大于 55dB。

5.7 对由电器元件组装而成的开关设备和控制设备的要求[6]

箱式变电站中装用的高压或低压开关设备和控制设备，应该使用已通过型式试验的成套开关设备和控制设备。如果采用由电器元件组装而成的简化开关设备和控制设备，则应有由金属板制成的封闭间隔和门，如果门打开后有裸露的带电部分，还应进行必要的防护。用于安装电器元件的板或构架应有足够的强度和刚度，电器元件的安装位置应便于安装、接线、试验、检修和操作。采用的简化开关设备和控制设备应按 DL/T 404 和 GB 7251.1 的要求进行型式试验。

5.8 电能计量装置和无功补偿装置的设置[7]

箱式变电站内应能装设电能计量装置，此装置可能是低压的，也可能是高压的。

采用说明：

1）此段内容为本标准根据我国的使用经验而增加的内容。

2）本标准增加的内容。

3）为本标准增加的内容。

4）为本标准增加的内容。

5）本标准在 IEC 1330 的 5.6 条基础上明确提出了对箱式变电站声发射的等级要求。

6）本标准根据我国箱式变电站的实际生产情况和电力供电部门的要求而增加的内容。

7）本标准根据我国箱式变电站的实际生产情况和电力供电部门的要求而增加的内容。

电能计量柜（箱）应满足 GB/T 16934 的规定。电能计量装置的外型尺寸、布置方式和外观色彩均应与箱式变电站内的装置相协调。

箱式变电站内应能装设低压无功补偿装置，其补偿容量一般为变压器额定容量的 15%～30%。无功补偿装置应能根据系统无功功率的变化自动投切，亦可手动投切。无功补偿装置的外型尺寸、布置方式和外观色彩均应与箱式变电站内的装置相协调。

6 型式试验

原则上，全部型式试验应在一台完整的箱式变电站上进行。型式试验应在由各种元件组成的有代表性结构的箱式变电站上进行。由于元件的型式、额定值和可能的组合方式多种多样，要在所有可能结构的箱式变电站上都做型式试验是不实际的。任何特殊结构的性能可以用可比结构的试验数据进行核实。箱式变电站中所使用的元件均应通过相应标准所要求的型式试验考核（见第 3 条）。

型式试验和验证项目如下。

规定的型式试验：

a）绝缘试验（见 6.1）；

b）温升试验（见 6.2）；

c）额定峰值和额定短时耐受电流试验（见 6.3）；

d）功能试验（见 6.4）；

e）防护等级试验（见 6.5）；

f）外壳耐受机械应力的试验（见 6.6）；

g）声级试验（见 6.7）[1]；

h）SF_6 电器设备年漏气率和湿度测试[2]（见 6.8）；

i）关合和开断能力试验[3]（见 6.9）；

特殊的型式试验（由制造厂和用户商定）：

j）评估内部故障电弧效应的试验（见附录 A）。

6.1 绝缘试验

如果箱式变电站的元件已按相应标准通过了型式试验考核，本条只适用于元件间受安装条件影响的内部连接线的绝缘耐受能力。在此前提下，设备应进行的绝缘试验如下：

——高压开关设备和变压器间的连接线；

——变压器和低压开关设备间的连接线。

6.1.1 高压连接线的试验

6.1.1.1 通用条件

当高压连接线是由和经过型式试验的带接地屏蔽的接头相连的高压电缆，或是由和其他型式的端子（该端子在箱式变电站的安装条件下，在高压开关设备和变压器高压侧均已通过型式试验）相连的高压电缆组成时，不需进行绝缘试验。

在其他场合，高压连接线应按 6.1.1.2 至 6.1.1.6 进行绝缘试验。

绝缘试验可以将变压器用能重现变压器套管的电场结构的复制品代替后进行试验。

进行试验时，高压连接线通过高压开关设备连接到试验电源，只有串联在电源回路中的开关装置是闭合的，其他开关装置均应在断开状态。

电压限制装置应断开，如果像正常运行时一样接入，绝缘试验的程序应由制造厂和用户商定。

绝缘试验时电流互感器的二次端子应短路并接地，电压互感器应断开二次端子。

6.1.1.2 试验时的周围空气条件

见 GB/T 11022。

6.1.1.3 试验电压的施加

6.1.1.3.1 施加在高压连接线上

施加电压时，应将主回路每相的导体依次连接到试验电源的高压端子上。主回路和辅助回路的所有其他导体应该连接到框架的接地导体上，并和试验电源的接地端子相连。

6.1.1.3.2 对于绝缘外壳

为了检验符合 5.5.1.2a）的要求，由绝缘材料制造的外壳的可触及表面，应在它可触及的一侧的表面覆盖一个圆形或方形的金属箔，其面积应尽可能地大，但不超过 $100cm^2$，并应接地。金属箔应放在对试验最不利的位置；如果不能判断何处为最不利位置，试验应在不同的位置上进行。

为了检验符合 5.1.1.2b）的要求，在与高压开关设备和变压器间的无屏蔽连接线相对的非导电材料外壳的内表面上覆以上述的接地的金属箔，在高压连接和金属箔间应承受 1.5 倍额定电压 lmin 的工频试验。

6.1.1.4 试验电压

见 GB/T 11022。

6.1.1.5 雷电冲击电压试验

高压连接线应进行雷电冲击电压试验，试验应按 GB/T 16927.1 的要求，用正、负极性，1.2/50 的标准雷电冲击电压波，各进行 15 次试验。

如果在每一极性的 15 次试验中，自恢复绝缘上发生的破坏性放电次数不超过 2 次，而非自恢复绝缘上没有发生破坏性放电，则认为高压连接线通过了试验。如果能证明在某一极性下试验能给出最不利的结果，则允许只对该极性进行试验。

在非自恢复绝缘占主导地位的场合，按制造厂和用户的协议，可以采用惯用的冲击电压耐受试验，以避免可能对固体绝缘带来的损害。

进行雷电冲击电压试验时，冲击电压发生器的接地端子应与箱式变电站的接地导体相连接。

注：冲击试验后，某些绝缘材料会残留一些电荷，在改换极性时应注意。推荐使用适当的方法给绝缘材料放电，如在试验前先施加较低电压的反极性冲击。

6.1.1.6 工频电压耐受试验

高压连接线应按 GB/T 16927.1 在干状态下进行 lmin 工频电压耐受试验，如果没有发生破

采用说明：

1）由于箱式变电站一般安装在公众易接近的地点，本标准将声级试验从 IEC 1330 中的“特殊的型式试验”改为“规定的型式试验”。

2）本标准根据使用需要而增加的规定的型式试验。

3）本标准根据使用需要而增加的规定的型式试验。

坏性放电，则认为设备通过了试验。

进行工频电压试验时，试验变压器的一端应接地并与箱式变电站的接地导体相连接。

6.1.2 低压连接线的试验

6.1.2.1 通用条件

当低压连接线部分或全部由非金属外壳覆盖时，非金属外壳应该用和框架相连的金属箔包覆在操作人员可能触及的所有表面上。

试验时，低压连接线通过低压开关设备连接到试验电源上，只有串联在电源回路中的开关装置是闭合的，其他开关装置均应在断开状态。

6.1.2.2 雷电冲击电压试验

低压连接线应进行雷电冲击电压试验，如果额定冲击电压试验按本标准的4.2选择，应按GB/T 16935.1中表5规定的试验电压进行试验。

限制过电压的设施应断开，或按IEC 1180-1的要求进行试验。

每一极性应施加1.2/50的标准雷电冲击电压3次，最小间隔时间1s。

施加电压时，应将主回路每相的导体依次连接到试验电源的高压端子上。主回路和辅助回路的所有其他导体均应连接到箱式变电站的接地导体或框架上，并和试验电源的接地端子相连。

试验中不应发生破坏性放电。

6.1.2.3 爬电距离的验证

应测量相间、不同电压回路的导体间以及带电的和外露的导电部件间的最短爬电距离。对于不同材料的组合和污秽等级，测得的爬电距离应符合GB/T 16935.1中表4的要求。

6.1.3 辅助回路的绝缘试验

参见相应的标准。

6.2 温升试验

本项试验的目的是校验箱式变电站外壳设计的正确性，即能正常运行和不缩短站内元件的预期寿命。试验时必须测量变压器液面和绕组（对干式变压器只测绕组）的温升和低压设备L_v的温升。试验应证明：变压器在外壳内的温升与同一台变压器在外壳外部测得的温升差值不大于外壳级别规定的数值，例如0K、10K、20K、30K，如图1和图2所示。

因为变压器相对于外壳等级而言的额定值将成为高压回路事实上的额定值，此值远远小于高压元件的额定电流，所以不需要测量高压元件的温升。

6.2.1 试验条件

箱式变电站内的元件应装配齐全，元件的布置应和使用时相同。箱式变电站上所有的门应关闭，电缆入口处应按使用条件予以封闭。试验时变压器的容量和损耗应为与4.10定义的箱式变电站的额定最大容量以及规定的冷却方式相同。温升试验应进行整台箱式变电站的试验，变压器和低压设备的温升试验必须同时进行。

对于外壳结构、尺寸基本相同的各种设计方案中，只需选用变压器容量最大、接线和布置方案最不利的设计方案进行试验即可[1]。

温升试验在室内进行，试验室的大小、保温或空气流通情况应满足在试验时1h内测得的温度变化不超过1K。试验室内的温度不得低于10℃，也不得高于40℃。

注： 对于安装在地面下的箱式变电站，试验可在试验室内进行。经验表明，与在地面下的试验相比，温升的差别不显著。

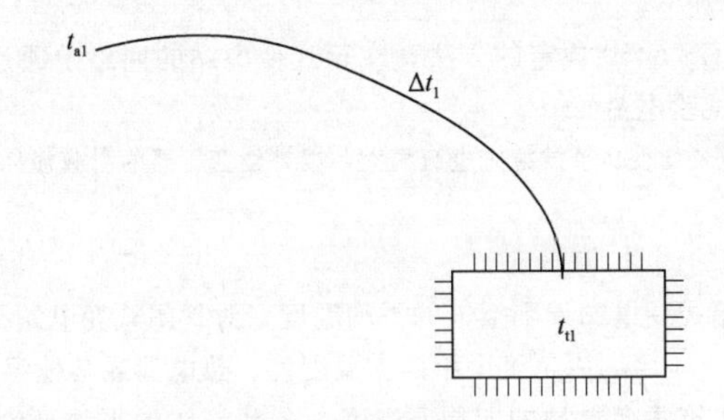

$\Delta t_1 = t_{t1} - t_{a1}$；$t_{a1}$—试验室的周围空气温度；$t_{t1}$—按GB 1094.2测得的变压器温度；$\Delta t_1$—变压器在外壳外部的温升

图1 在周围空气中变压器温升Δt_1的测量

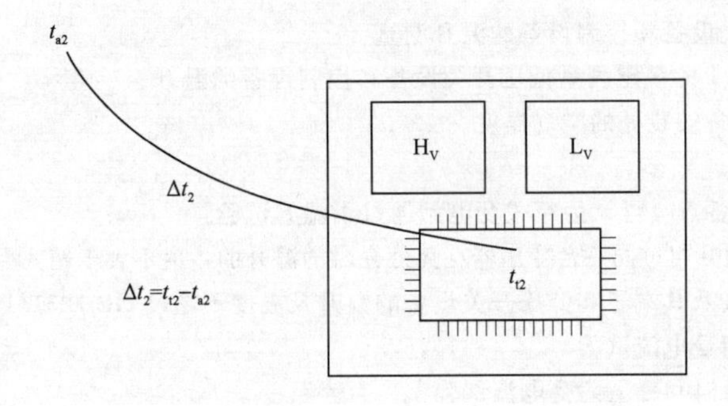

t_{a2}—试验室的周围空气温度；t_{t2}—按GB 1094.2测得的变压器温度；Δt_2—变压器在外壳内部的温升；

接受准则：$\Delta t \leqslant 10K$、20K或30K

$\Delta t = \Delta t_2 - \Delta t_1$

级别10：$\Delta t \leqslant 10K$

级别20：$\Delta t \leqslant 20K$

级别30：$\Delta t \leqslant 30K$

图2 在外壳中变压器温升Δt_2的测量

6.2.2 试验方法

6.2.2.1 电源的连接

变压器和高、低压开关设备的元件应连接在一起，并把低压电缆的出线端子短接起来。电源应连接到高压开关设备的进线端子上。

采用说明：

1）本标准增加的内容。

6.2.2.2 试验电流的施加

采用 GB 1094.2 或 GB 6450 规定的方法，在箱式变电站的回路中通过足以代表变压器总损耗（在参考温度下）的试验电流。

注：本试验施加的电流要比变压器的额定电流稍大，以补偿变压器的空载损耗。

6.2.3 测量

6.2.3.1 周围空气温度的测量

周围空气温度是指箱式变电站周围空气的平均温度（对封闭式变电站指的是外壳外部的空气温度）。温度应在最后的 1/4 周期内，至少用四支温度计、热电偶或其他温度测量装置进行测量。这些测量装置应均匀放在箱式变电站的四周，高度为各载流体的平均高度，距离外壳约 1m 处。温度计或热电偶应防止空气流动和热的不适当影响，为此应将其放在装有大约 0.5L 油的小瓶内。

6.2.3.2 变压器的温升测量

应按 GB 1094.2 的规定测量油浸式变压器液面和平均的绕组温升。按 GB 6450 的规定测量干式变压器平均的绕组温升。

6.2.3.3 低压开关设备和控制设备的温升测量

应按 GB 7251.1 的规定测量低压开关设备和控制设备的温升。

应测量电子设备安装处的空气温度。

6.2.4 验收规则

如果满足以下各点，可认为箱式变电站通过了温升试验：

a）变压器的温升超过同一台变压器在无外壳时的温升的差值不大于箱式变电站的外壳级别；

b）内部连接线及其端子和低压开关设备的温升及温度不超过 GB 7251.1 的要求[1]。

6.3 短时和峰值耐受电流试验

6.3.1 主回路的短时和峰值耐受电流试验[2]

高压主回路的试验参见 GB 11022，试验回路应从高压进线端子开始至变压器的高压端子止。含有限流设备的主回路和采用定型高压开关设备的主回路可免试，但其引线应按可能通过的短路电流进行核算。

低压主回路的试验参见 GB/T 14048.1，试验回路应从低压主开关的出线端子始至变压器的低压端子止。

6.3.2 接地回路的短时和峰值耐受电流试验

参见 GB 11022，并增加以下条文：

按 5.1 要求，接地导体包括用来连接接地系统的端子和到元件的接地连接线。接地导体应按 1s 短时电流不小于 6kA 设计。如果短时电流大于 6kA 或持续时间大于 1s，则应在系统中性点的接地条件下，进行额定短时和峰值耐受电流的验证试验。

试验后，接地导体和到元件的接地连接线允许有变形，但应保持接地回路的连续性。

6.4 功能试验

应该证明能在箱式变电站上完成所有需要进行的交付使用、运行和维护工作。

这些工作包括：

——开关设备和控制设备的机械特性检验；

——箱式变电站门的机械操作；

——绝缘挡板的定位；

——变压器温度和液面的检查；

——电压指示的检验；

——接地线的连接；

——电缆的试验；

——熔断器的更换。

如果不同元件之间装有联锁装置，其功能应予以验证。

6.5 防护等级的验证[3]

5.4.1 中规定的防止人员触危险部件和防止外来物体进入设备的防护，应按 GB 4208 的规定予以验证。5.4.1 中规定的防止水分浸入设备的防护，应按 GB 11022 附录 C 的规定进行防雨试验。对于由一组外壳组成的箱式变电站，至少应对两个外壳进行试验，以验证它们之间的连接的防雨性能。

6.6 机械试验

试验程序代表了风压、顶部负载和机械撞击产生的机械应力对外壳的效应。参见 5.4.2。

6.6.1 风压

用计算校核。

6.6.2 顶部负载

用计算校核。

6.6.3 机械撞击

对外壳外部比较薄弱的部位，如门、面板和通风口，进行机械撞击试验。试验程序参见附录 C。

6.7 声级检验[4]

箱式变电站声级的检验应按 5.6 的要求进行试验，其声级不得超过要求。也可按附录 B 的要求进行检验。

6.8 SF_6 设备年漏气率和湿度测试[5]

箱式变电站内装用的 SF_6 开关设备和 SF_6 变压器，应按产品技术条件的规定测试其年漏气率和湿度，并应符合相关标准的规定。

如果箱式变电站内装用的 SF_6 设备为近期出厂的产品（如半年内），可用设备的出厂检验报告代替。

6.9 关合和分断能力试验[6]

6.9.1 箱式变电站中的高压开关设备，应在其规定的安装和使用条件下，进行 GB 3906 和 GB 16926 中规定的关合和开断能力试验。如装用已定型生产的金属封闭开关设备可免试。

6.9.2 箱式变电站中的低压开关设备，应在其规定的安装和使用条件下，进行 GB 7251.1 和

采用说明：

1）因为温升试验可不测量高压元件的温升，故本标准将 IEC 1330 中的 IEC 694 的要求去掉。

2）本标准增加的试验要求。

3）防护等级的验证试验分为二个部分，即防止人员触及危险部件，并防止外来物体进入，以及防止水分浸入设备的防护。本标准将防止水分浸入设备的防护等级验证规定为按 GB/T 11022 附录 C 的要求进行试验。

4）本标准增加的型式试验项目。

5）本标准增加的型式试验项目。

6）本标准增加的型式试验项目。

GB 14048.1 中规定的关合和分断能力试验。如装用已定型生产的成套开关设备可免试。

6.10 特殊的型式试验

特殊型式试验为制造厂和用户商定的试验项目。如需进行内部故障电弧效应试验可参见附录 A。

7 出厂试验

出厂试验应在制造厂内对每一台完整的箱式变电站进行试验（对箱式变电站内所使用的主要元件应提供出厂试验报告），以保证出厂产品与通过型式试验的设备是一致的。[1]

出厂试验和验证项目包括：

——工频电压耐受试验（见 7.1）[2]；

——功能试验（见 7.2）；

——接线正确性检验（见 7.3）；

——SF_6 设备的年漏率和湿度测试（见 7.4）[3]。

7.1 工频电压耐受试验

对高压开关设备及其连接线分别按 GB/T 11022 和 GB/T 16927.1 的规定进行工频电压 1min 耐压试验。

按出厂试验值的 85% 对变压器进行工频耐压试验。

对低压开关设备及其连接线按 GB/T 14048.1 的要求进行工频 lmin 耐压试验。

对箱式变电站的辅助回路和控制回路进行工频 2000V 1min 耐压试验。

7.2 功能试验

按照 6.4 的要求进行功能试验。

7.3 接线正确性检查

箱式变电站的接线应与接线图相符，接线牢靠、标志清晰。

7.4 SF_6 设备的年漏气率和湿度测试[4]

箱式变电站如装用 SF_6 气体绝缘变压器或 SF_6 开关设备，应进行 SF_6 年漏率和湿度测试，其值应符合产品技术条件的规定。如果 SF_6 电器设备为近期出厂的产品（如半年内）可用原制造厂的出厂试验报告代替。

7.5 在现场组装后的试验

需在现场组装的箱式变电站，在现场组装完毕后，再进行相关部分的出厂试验，以确保能安全地投运。

8 箱式变电站的选用导则

对于给定的运行方式，选用箱式变电站时，要按正常负荷条件和故障情况的要求来选择各个元件的额定值。

最好如本标准建议的，即按系统的特性和它预期的未来发展来选择额定值。额定值在第 4 条中给出。

其他参数，例如安装处的大气和气候条件以及在海拔超过 1000m 处使用等，也应予以考虑。

外壳级别的选择取决于周围温度和变压器的负荷系数。对某一额定外壳等级，变压器的负荷系数取决于变电站安装处的周围温度。对变动的负荷，可按 GB 1516 或 GB/T 17211 采用一个修正系数。

可以用附录 D 来决定外壳级别和变压器的负荷系数。

9 查询、投标和订货时提供的资料

9.1 查询和订货时提供的资料

在查询或订购箱式变电站时，查询方应提供下列资料：

a）使用条件：

最低和最高的周围空气温度；偏离正常使用条件或影响设备正常操作的任何情况，例如：海拔超过 1000m，快速的温度变化，风沙和雪，在水蒸气、潮气、烟雾、爆炸性气体、过量的尘埃或盐分（例如由车辆或工业污染引起的）下的过度暴露，地震或其他由外部因素引起的振动均应提供。

b）箱式变电站的特点和电气性能：

1）标称和最高电压；

2）额定电压；

3）箱式变电站的额定最大容量；

4）频率；

5）相数；

6）额定绝缘水平；

7）额定短时耐受电流；

8）额定短路持续时间；

9）额定峰值耐受电流；

10）高压和低压系统中性点接地方式；

11）元件的额定值（高压和低压开关设备和控制设备，变压器，内部连接线）；

12）元件的型式（例如空气绝缘的箱式开关设备的控制设备，油浸式变压器）；

13）外壳级别；

14）回路接线图；

15）外壳的防护等级；

16）变电站在地面下、部分在地面下或地面上安装；

17）在内部或外部操作；

采用说明：

1）IEC 1330 要求的出厂试验可以对一台完整的或一个运输单元进行试验，本标准要求必须对一台完整的箱式变电站作出厂试验，而且要提供主要元件的出厂试验报告。

2）IEC 1330 中只规定对辅助回路进行电压耐受试验，本标准增加了对高压主回路和低压主回路也需进行工频耐压试验的要求，对变压器按降低出厂试验电压值的要求进行工频耐压试验。

3）本标准增加的出厂试验项目。

4）本标准增加的出厂试验项目。

18）外壳的材料和表面处理；

19）机械应力（例如雪负荷、顶部负荷、风压等）；

20）最大允许尺寸和影响箱式变电站平面图（总体布置）的特殊要求。

除了以上各项，查询方应简要地说明所有可能影响投标和订货的条件，例如：特殊的安装或就位条件、外部的高压连接线的位置、地方的防火和噪声控制规程。如果要求做特殊的型式试验，应提供有关的资料。

9.2 投标时提供的资料

制造厂应给出下列资料（包括说明书和图样）：

a）9.1的a）项和b）项中列举的额定值和性能。

b）要求提供的型式试验证书或报告的清单。

c）结构特征，例如：

1）各个运输单元的质量；

2）箱式变电站的总质量；

3）箱式变电站的外形尺寸和平面图（总体布置）；

4）变压器的最大允许尺寸；

5）外部连接线的布置说明；

6）运输和安装的要求；

7）运行和维护的说明；

8）推荐的供用户采购的备件清单。

10 运输、安装、运行和维护规程

箱式变电站或其运输单元的运输、储存和安装以及使用时的运行和维护，必须按照制造厂的说明书进行。

因此，制造厂应提供关于箱式变电站的运输、储存、安装、运行和维护的说明书。运输和储存的说明书，应在交货前给出，安装、运行和维护说明书则最迟应在交货时给出。

不同元件的相关标准规定了有关运输、安装、运行和维护的特殊规则，如果适用，它们应包括在箱式变电站的通用说明书内。

下面给出的资料，可以作为非常重要的附加说明补充到箱式变电站制造厂提供的说明书中。

10.1 运输、储存和安装时的条件

如果在订货单中规定的使用条件在运输、储存和安装过程中不能得到保证，制造厂和用户之间应就此达成一项特别协议。特别是，如果对通电前所处的环境，外壳不能提供适当的保护，应给出防止绝缘过度吸潮或受到不可消除的污染的说明。

为了避免运输过程中预知的振动和冲击造成损伤，需要给出必要的指导和/或提供特别的措施以保护元件（开关设备和电力变压器）的安全。

10.2 安装

对每种型式的箱式变电站，制造厂提供的说明书至少应包括以下各点。

10.2.1 开箱和起吊

每个运输单元的重量，包括安全起吊和开箱所要求的特种起吊装置的详细说明。

10.2.2 组装

当箱式变电站不能完全组装起来运输时，所有的运输单元应该清楚地加以标志，并应提供这些单元的组装图。

10.2.3 安装

制造厂应提供全部的资料，以便完成现场的准备工作，例如：

——对基础施工的要求；

——外部的接地端子；

——电缆入口的位置；

——和外部雨水排泄管路的连接，如有的话，包括管道的尺寸和布置。

10.2.4 最后的安装检查

箱式变电站检查和试验的说明书至少应包括推荐在现场安装和连接之后，进行试验的清单。

10.3 运行

除了每个元件的使用说明书外，制造厂应提供以下的补充材料，以便用户能充分理解涉及的主要原理：

——箱式变电站安全特性的说明，出于安全的目的而提供的特种设施和工具的清单以及它们的使用说明；

——通风设施、联锁和挂锁的操作。

10.4 维护

制造厂应提供一本维护手册，至少包括以下资料：

——按相关标准的要求给出主要元件完整的维护说明；

——如有外壳的维护说明，应包括维护的频度和程序。

附录A
（标准的附录）
箱式变电站内部故障电弧试验方法

表A.1　内部故障产生的部位、原因及降低故障的可能性或减少其危害的措施的实例

很可能产生内部故障的部位	可能产生内部故障的原因	措施的实例
1	2	3
电缆室	设计不当 安装错误 固体或液体绝缘的损坏（缺陷和泄漏）	选择合适的尺寸 避免电缆交叉连接 在现场检查安装质量 在现场检查安装质量和/或进行绝缘试验 定期检查液面 采用屏蔽电缆连接线

续表

很可能产生内部故障的部位	可能产生内部故障的原因	措施的实例
隔离开关、负荷开关、接地开关	误操作	联锁 延时再分闸 采用不依赖人力的操动机构 负荷开关和接地开关具有关合能力 人员培训
螺栓连接和触头	腐蚀	使用防腐蚀的被覆层和/或油脂 如有可能，用塑胶包封
	装配错误	用适当的方法检查装配质量
仪用互感器	铁磁谐振	采用合适的电路加以避免
断路器	维护不良	定期计划维修 人员培训
所有部位	运行人员的失误	用遮栏限制人员接近 带电部分包覆绝缘 人员培训
	在电场作用下老化、污秽、潮气、尘埃和小生物的进入等	出厂时做局部放电试验 采用措施以保证达到规定的使用条件（见第2条） 采用充气隔室 较高的防护等级
	过电压	防雷保护 合适的绝缘配合 在现场进行绝缘试验
内部连接线	绝缘损坏	相间和相对地采用合适的电气间隙 采用绝缘的连接线，屏幕型的优先

表A.2　限制内部故障后果的措施的实例

表A.2 限制内部故障后果的措施的实例
用光敏、压敏、热破检测器或用母线差动保护来加快清除故障的时间
遥控
压力释放装置
用单独的断路器来保护变压器，或用熔断器和负荷开关的组合（限制允通电流和故障持续时间）来保护变压器
气流的控制和冷却装置

A.1　引言

箱式变电站发生电弧时伴随着许多物理现象。例如，在空气中或在开关设备和控制设备外壳内的其他绝缘气体中产生的电弧，它析出的能量将导致内部过压力和局部过热，在设备中造成机械的和热的应力。此外，内部的材料可能受热分解，产生气体或蒸汽，它们可能泄放到开关设备和箱式变电站外壳的外部。

本标准考虑到作用在面板、门、观察窗等部件上的过压力，也考虑到电弧或在开关设备和控制设备外壳上的弧根的热效应以及喷射出的灼热气体和流动微粒的热效应，但以不损及隔板和活门为限。它不包括可能造成危害的全部效应，例如有毒的分解物。试验程序模拟了箱式变电站的正常安装和运行条件。

A.2　可触及性的分类

对应于A.5.3.2和A.5.3.3给出的不同的试验条件，可触及性可以分成两类。外壳的各个侧面随操作条件的不同可以有不同的可触及性。

A类：有开启的门并从箱式变电站的外部进行操作的那些部分，经批准的人员方能触及。

B类：对可触及性不加限制的箱式变电站，包括公共场所使用的。所有的门必须关上并正确加锁。

A.3　试验的准备

箱式变电站或其代表部分的选择以及电弧的引燃部位应协商确定。在每种情况下，应注意下列各点：

——试验应在先前未燃烧过电弧的箱式变电站或其代表部分上进行；

——安装条件应尽可能接近箱式变电站的正常使用时的安装条件；

——箱式变电站或其代表部分应完全装配好，某些内部元件允许采用与其具有相同体积和相同外层材料的模拟品替代；

——如有需要，试验单元应在规定的地点接地。

电弧不应采用在使用条件下认为是不现实的方式引燃。电弧应在下述部位引燃：

——在高压开关设备和控制设备，包括它的电缆隔室的内部引弧，以验证热分解产物的效应。如果高压开关设备和控制设备内部的电弧和电缆隔室中的电弧产生的气流相似，只需要在电缆隔室内或开关设备和控制设备内引燃电弧，进行一次试验。

——如果上一级没有使用对单台变压器的限流保护，或变压器不是用带接地屏蔽的电缆的插头连接的，在变压器套管的外侧引弧。

A.4　外施的电压和电流

A.4.1　概述

箱式变电站应进行三相试验。试验时施加的短路电流应由制造厂规定。它可以等于或低于其高压开关设备和控制设备的额定短时耐受电流。

A.4.2　电压

试验回路外施电压应等于箱式变电站的高压开关和控制设备的额定电压。如果满足下述条件，可以选择较低的电压：

a）电流实际上保持正弦波形；

b）电弧不致过早熄灭。

A.4.3　电流

A.4.3.1　交流分量

对箱式变电站电弧试验规定的短路电流，应整定在+5%～0的允差范围内，该允差仅对外施电压等于额定电压时的预期电流而言。该电流应保持恒定。

注：如果试验站达不到这一要求，试验应延长直到电流交流分量的积分等于规定值，允差应为-10%～0。有些情况下，至少在前三个半波内电流应等于规定值，且在试验终了时应不小于规定值的50%。

A.4.3.2 直流分量

关合瞬间的选择，应使得流过任一边相的预期峰值电流是A.4.3.1中规定的交流分量有效值的2.5倍（允许范围为+5%～0），并使另一边相也产生电流的大半波。如果电压低于额定电压，试验时箱式变电站短路电流的峰值应不低于预期峰值的90%。

A.4.4 频率

当额定频率为50Hz或60Hz时，试验开始时的频率应在48Hz和62Hz之间。在其他频率下，偏离额定值应不超过±10%。

A.4.5 试验的持续时间

电弧持续时间的选择与保护装置确定的电弧的可能的持续时间有关，通常应不超过1s。

对高压开关设备和控制设备具有压力释放装置的箱式变电站进行试验，仅为验证其抗压性能，电弧持续时间0.1s通常已经足够。

注：当电流不同于规定的试验电流时，要计算在该电流下的允许电弧持续时间一般是不可能的。试验过程中的最大压力通常不会因电弧时间较短而降低，因而不存在由于试验电流的减小而增加允许电弧持续时间的通用规则。

A.5 试验程序

A.5.1 电源回路

当箱式变电站用于中性点直接接地的高压电网时，电源中性点才能接地。

应当注意不要让连接线改变了试验条件。

通常，在开关设备和控制设备的内部，可以从两个方向给电弧供电，选取的方向应是可能产生最高应力的方向。

A.5.2 电弧的引燃

电弧应使用直径0.5mm的金属线在相间引燃，或在各相导体被分隔时，在一相和地之间引燃。

如果带电部分用固体绝缘材料包覆时，电弧应在相邻相之间；或在各相导体被分隔时，在一相和地之间在下列部位引燃：

a）在绝缘包覆部分的接头或间隙处；

b）在现场制作（不是用经过型式试验的预制绝缘件）的绝缘接头处打孔。

除了情况b），不应在固体绝缘上打孔。电源回路的供电应是三相的，使故障能发展成三相故障。

引燃点的选择，应使电弧的效应在箱式变电站中产生最大的应力。如有怀疑，可能需要在箱式变电站上做一次以上的试验。

A.5.3 指示器（用于观察气体的热效应）

A.5.3.1 概述

指示器是一些黑色的棉布片，布置时不要让它们的切边朝向试验单元。应当注意不让它们能相互点燃，例如将它们固定在网板制成的安装框上（见图A.1），即可达到这个要求。指示器的尺寸约为150mm×150mm。

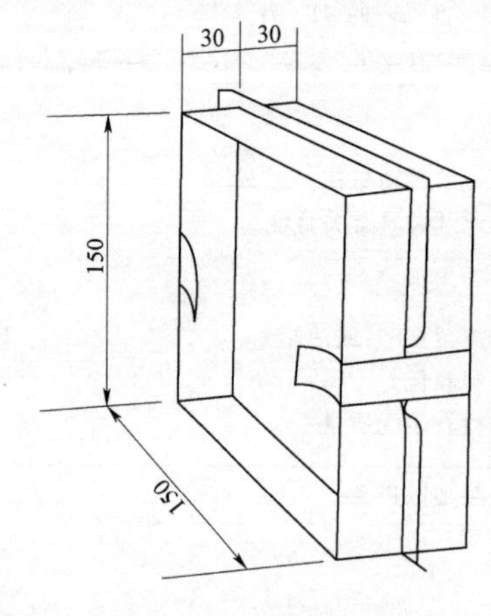

图A.1 指示器的安装框架

A.5.3.2 A类可触及性

指示器应在箱式变电站的外部、在高压开关设备和控制设备操作的一侧垂直地放置。

它们应放在高度为2m及以下，与封闭的开关设备和控制设备相距30cm±5%的地方，面对气体很可能喷出的所有各点（例如接缝、观察窗和门）。如果箱式变电站的高度超过2m（见图A.2），在距地面2m处，离封闭开关设备和控制设备30～80cm之间还应水平地安放指示器。

建议采用黑色的窗帘布（棉纤维制品，单位面积质量约为150kg/m²）作指示器。

如果高压开关设备已经在与箱式变电站中的安装条件相似的安装条件下进行了这项型式试验，并且采取了适当的措施防止热气体朝操作的一侧喷出，此项试验可以免试。

A.5.3.3 B类可触及性

指示器应在箱式变电站所有可触及的侧面附近垂直地放置。

它们应放在高度2m及以下，距箱式变电站10cm±5%的地方，面对气体很可能喷出的所有各点（例如通风道和门）；在离地面2m处，离箱式变电站10～80cm之间还应水平地安放指示器。如果试验单元低于2m，指示器应水平地安放在其顶部，面对气体很可能喷出的所有各点，并靠近垂直指示器；在此情况下，垂直指示器的安放仅要求达到试验单元的实际高度（见图A.2）。

建议采用黑色的棉麻细布（单位面积质量约为40g/m²）作指示器。

A.5.3.4 组合试验

如果箱式变电站从外部操作的部分已通过了A类可触及性试验（例如在门打开时），而且制造厂能证明，当门关上时，门不受箱式变电站内空气压力上升的影响，可以认为箱式变电站的这一部分通过了B类可触及性试验。如果在试验中，其余部分按B类可触及性进行了试验，则可以认为整个变电站通过了B类可触及性试验。

A.6 试验的评价

应使用下述判据来记录内部故障试验的结果：

判据1：

——防护门、面板等是否打开。

判据2：

——箱式变电站可能造成损害的部件是否飞出。这包括大的部件或有尖锐边角的部件，例如观察窗、压力释放帘板、盖板等。

判据3：

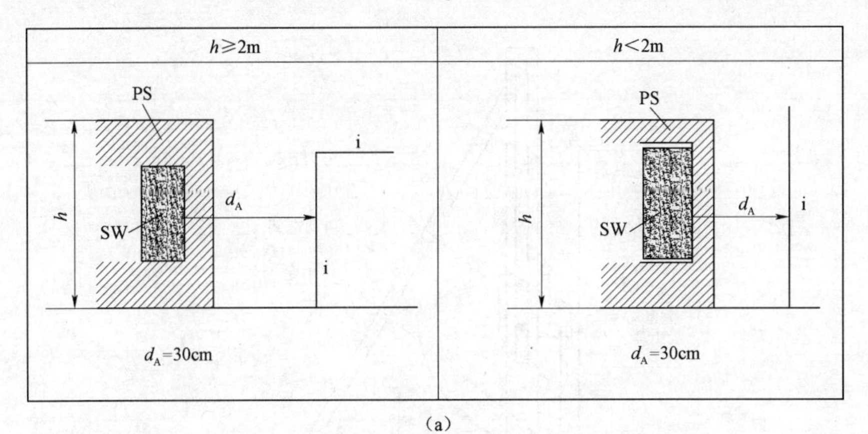

（a）

（b）

（a）A 类可触及性；（b）B 类可触及性

i—指示器的位置；h—箱式变电站的高度；d_A—指示器到开关设备和控制设备的水平距离；d_B—指示器到箱式变电站的水平距离；SW—高压开关设备和控制设备；PS—箱式变电站

图 A.2　可触及性的类别

——电弧的燃烧以及其他效应是否在箱式变电站外壳的可自由触及的外表面上造成孔洞。

判据 4：

——垂直放置的指示器（A.5.3）是否点着。本判据不包括因涂料或粘合剂燃烧使指示器点着的情况。

判据 5：

——水平安放的指示器（A.5.3）是否点着。在试验中，如能证明是流动的微粒而不是热气体使指示器点着，可以认为已满足了评价判据的要求，用高速摄影机拍摄的照片可以作为判据的依据。

判据 6：

——所有的接地连接线是否仍然有效。

A.7　试验报告

试验报告中应给出如下资料：

——额定值和试验单元的描述，在图样中标明主要的尺寸、与机械强度相关的细节、压力释放帘板的布置以及把高压开关设备和控制设备固定到箱式变电站中的方法。

——试验连接线的布置。

——内部故障引燃的位置（点）和方法。

——根据可触及性类别确定的指示器的布置和材料。

——对预期或试验电流：

a）在最初三个半波内的交流分量有效值；

b）最大峰值；

c）实际试验持续时间内交流分量的平均值；

d）试验持续时间。

——电流和电压的示波图。

——试验结果的评价。

——其他相关的意见。

附 录 B

（标准的附录）

箱式变电站声级的检验

B.1　目的

试验的目的是计算一台给定的单独变压器的声级与装在箱式变电站内的同一台变压器的声级的差别。

通过这两个数值的比较来评估箱式变电站外壳的声特性。不希望外壳增高变压器的声级。

试验数值仅对在额定电压和频率下的被试装置有效。如果所用的箱式变电站装有不同的元件和部件，和/或连接到具有不同电源电压或频率的电网上，外壳的特性可以是不同的。

B.2　试品

试验用的变压器应为规定箱式变电站额定值的最大额定容量和损耗的变压器。

试验用的箱式变电站应装配完整，包括所有的设备和配件。

B.3　试验方法

试验应按 GB 7328 进行。GB 7328 规定了试验方法和沿变压器周围指定轮廓的 A——加权声级的计算方法。应采用同样的方法来测量箱式变电站的声级，这里外壳是声音的发射边界。测量方法应遵照 GB 7328 的有关规定，但对箱式变电站来说，测量装置应安放在离地面 1.5m 处。

在单独的变压器上和在带外壳的变压器上的试验，应在相同的环境条件下进行，以便采用同一环境修正值。

B.4 测量

测量应符合 GB 7328 的有关规定。为了给测量装置定位，应把外壳当作箱式变电站的主辐射面。

B.5 结果的计算和报告

声级应按 GB 7328 的有关规定计算。

试验报告应包括 GB 7328 有关条文要求的适用于两种设备配置，即单独的变压器和装配完整的箱式变电站的全部资料。

此外，对装配完整的箱式变电站，还应包括以下资料：

——外壳、门、面板和通风网栅的主要设计特点，包括使用的材料；

——外壳内各元件的布置尺寸图，门和通风口以及其他可能影响声音传播的部件的位置和尺寸；

——应给出变压器相对于外壳、门、面板和通风口的位置的详细资料。

注：如果在箱式变电站任一侧测得的声级和在另一侧的测量结果显著不同，试验报告应将所有的数值记录下来，以便用户在安装箱式变电站时考虑这些差别。

附 录 C
(标准的附录)
机械撞击试验

C.1 验证抵抗机械撞击的试验

试验应在箱式变电站外壳外露部分的薄弱点（例如面板、门和通风口）上进行。

试验应使用 GB/T 2423.46 叙述的试验方法。撞击能量应为 20J。对于水平表面，可以用垂直放置的管子给打击元件导向。

如果在正常使用条件下，温度的变化对外壳部件所有材料（例如合成材料）的机械撞击强度有显著的影响，撞击试验应在最低使用温度下在这些部件上进行。

试验时，外壳应按制造厂的使用说明书安装。

在箱式变电站的每一立面或顶部，最多的撞击次数为 5 次。在同一位置（点）只撞击 1 次。

满足以下判据认为试验成功：

——应保持外壳的防护等级；

——控制机构、手柄等的操作，不应损坏；

——外壳的损伤或变形既不应妨害设备的继续使用，也不得降低绝缘耐受电压（或电气间隙，或爬电距离）的规定值；

——表面的损伤，例如掉漆和小的凹陷是允许的。

C.2 验证防止机械损害的装置

试验装置实质上由一个绕其上端在垂直平面内旋转的摆锤构成。摆锤的支点在撞击点上方 1m 处，撞击锤应符合图 C.1。

锤臂的质量和撞击锤总质量之比应不大于 0.2，撞击锤的重心应落在锤臂的轴线上。

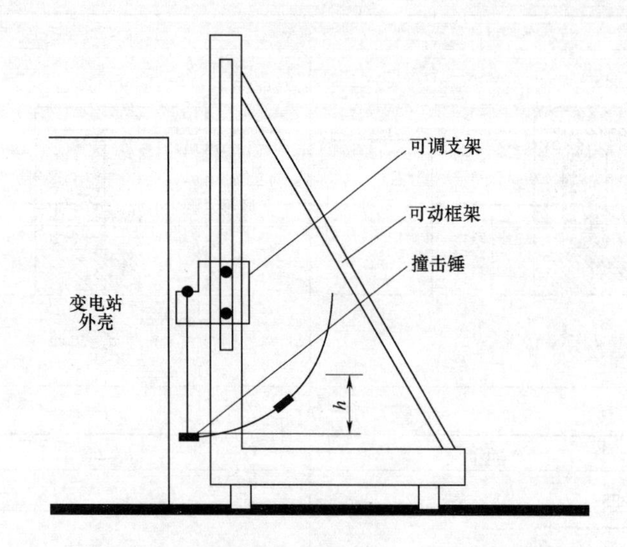

撞击能量，20J；等效质量，5kg±5%；撞击锤的端头，按 GB/T 2423.46；锤的材料，FE 490－2，洛氏硬度按 ISO 1052；下落的高度，400mm±1%

图 C.1 撞击试验装置

撞击锤端头到撞击点的距离为 60mm±20mm。

为了避免二次撞击，即反弹，在初次撞击后应抓住撞击锤使锤头停住；这时要避开锤臂，以防其变形。

在每次撞击前，应目测检查撞击锤的嵌入端，保证其上没有会影响试验结果的损伤。

设备承受的撞击由锤头的质量和下落的高度来决定，这一高度是撞击锤升起位置和撞击点之间的垂直距离。

锤头的等效质量为 5kg，下落的高度为 0.4m，产生的撞击能量为 20J。

附 录 D
(提示的附录)
外壳中变压器的额定值

与箱式变电站额定最大容量对应的变压器，对于不同的外壳级别和周围温度，能够带不同的负荷。本附录给出了确定油浸式变压器和干式变压器的负荷系数的方法。

D.1 油浸变压器

建议按下述各条使用图 D.1 的曲线：

a) 选出代表外壳级别的曲线；

b) 在纵轴上找到变电站安装处已知的周围温度平均值；

c）外壳级别线和周围温度线的交点给出了变压器的负荷系数。

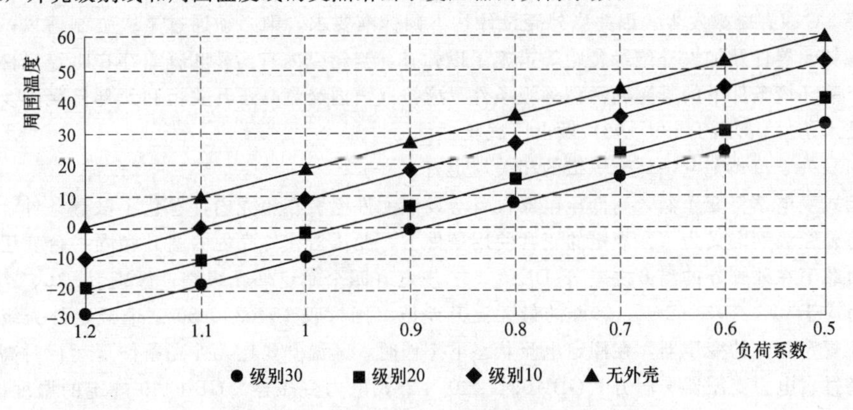

图 D.1 外壳中油浸式变压器的负荷系数

D.2 干式变压器

建议按下述各条使用图 D.2 的曲线：

a）选出代表外壳级别的曲线；

b）在纵轴上找到变电站安装处已知的周围温度平均值；

c）外壳级别线和周围温度线的交点给出了变压器的负荷系数。

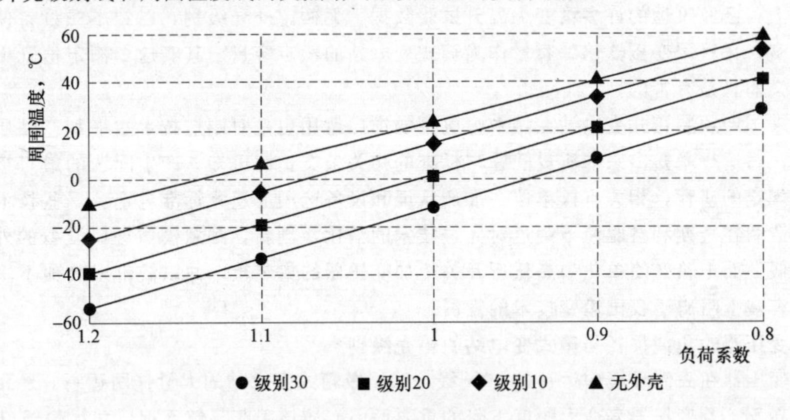

图 D.2 外壳中干式变压器的负荷系数

注：图 D.1（油浸式变压器）给出的一组曲线，变压器的空载/负载损耗比为 1∶6，图 D.2（干式变压器）给出的一组曲线，变压器的空载/负载损耗比为 1∶4。已经考虑过其他的值，用同一条曲线来表示，并不存在可测量的误差。上述曲线对损耗比为 1∶2 至 1∶12 均有效。

D.3 举例

前提

安装处周围温度的年平均值为 10℃：

——在冬季周围温度的平均值为 0℃；

——在夏季周围温度的平均值为 20℃；

——负荷的年平均值为 900kVA；

——在冬季负荷的平均值为 1000kVA；

——在夏季负荷的平均值为 600kVA。

问题 1：

对 1000kVA，12kW 总损耗的油浸式变压器，其热点温度和液面温度均不超过最大值，需选用哪一种额定外壳级别？

答案：

——对周围温度平均值 10℃和负荷系数 0.9，图 D.1 推荐使用级别 20 的外壳；

——对冬季周围温度平均值 0℃和负荷系数 1.0，图 D.1 推荐使用级别 20 的外壳；

——对夏季周围温度平均值 20℃和负荷系数 0.6．图 D.1 推荐使用级别 30 的外壳。

结论：

对最大容量 1000kVA，最大损耗 12kW 的变压器，只能选用级别 20 和级别 10 的外壳。

问题 2：

在上述前提下，选用级别 30 的外壳，变压器的允许负荷系数是多少？

答案：

——对周围温度年平均值 10℃和级别 30，图 D.1 给出的最大负荷系数为 0.77；

——对冬季周围温度平均值 0℃和级别 30，图 D.1 给出的最大负荷系数为 0.89；

——对夏季周围温度平均值 20℃和级别 30，图 D.1 给出的最大负荷系数为 0.64。

结论：

如果选用级别 30 的外壳除了夏季，变压器的负荷必须受到限制。

附录八 相关技术资料及作者简介

一、预装箱式变电站的质量把关*

20 世纪 70 年代，我国从法、德等欧洲国家引进 6～10kV 的组合配电装置，这种把配电变电所的三大部件（高业开关设备和控制设备、降压变压器和低压配电设备）以“目”字形或“品”字形排列组合安装在一个箱壳里，称之为预装箱式变电站，因为这种技术源于欧洲，所以通称欧式箱变（欧变）。

随着我国城乡电力负荷密度的快速增长和电力科技水平的提高，中高电压系统直接深入负荷中心，使得工作在户外的高低压配电设备越来越多，预装箱式变电站就是其中的一种。

由于预装箱式变电站成套性强，结构紧凑，对环境适应性强，而且能满足环网结线、双电源结线和终端变电站的各项技术要求，适用于城乡公共配电，住宅小区和施工现场的供配电，

* 本部分内容作者为福建厦门电厂高级工程师陈泾汶、厦门电业局高级工程师黄以华。

是继土建变电站后出现的一种占地少、投资省和见效快的新型配电变电站，因而在配电系统很快得到推广应用。在市场经济的作用下，国内一批研发，生产制造预装箱式变电站的企业应运而生，以国产品牌满足我国电力发展需求，为箱变制造技术做出重大贡献。但多年的运行实践也暴露出部分国产设备存在比较严重的质量问题，主要表现在：

(1) 箱体机壳在使用材料和壳体结构上对阻隔日照热辐射、箱壳内的通风散热和箱体密封要求处理不当，致使箱壳内部空气温度高达60℃以上（夏秋季节）且设备外绝缘受砂、尘、潮湿的作用也严重超出户内型电气设备的正常使用条件，因此运行中曾多次发生热型保护误跳闸，无功补偿电容器损坏率高以及设备外绝缘表面因泄露、污秽引起闪络放电乃至相间短路的事故。

(2) 预装箱式变电站的“外壳等级”是箱变制造的关键技术水平体现，是箱变结构设计先进性的重要标志。许多制造厂家无提供型式试验的温升试验数据和“外壳等级”标志，盲目以变压器铭牌容量作为箱变额定容量，致使变压器长期超负荷运行，不仅缩减变压器使用寿命，还使箱内温度升高加剧，影响高、低压元件的稳定工作。

(3) 作为引导我国箱式变电站的设计和生产步入标准化、系列化和规范化的国家标准《高压/低压预装箱式变电站》GB/T 17467—1998和充分体现电力系统使用工况具体要求并与IEC 1330—1995《高压/低压预装箱式变电站》技术标准相互衔接，以统一电力系统的订货技术条件和使用要求的我国电力行业标准《高压/低压预装箱式变电站选用导则》DL/T 537—2002，都对箱式变电站的使用条件、元件要求、设计和结构、型式试验和出厂试验作出了明确规定。如：

关于密封和散热通风方面的相关规定有：

1) 箱式变电站的外壳应设计成能在GB 11022《高压开关设备和控制设备的共同技术要求》规定的正常户外使用条件下使用，从而达到箱壳内的高、低压开关设备和控制设备、电能计量设备、无功补偿装置等能够在规定的正常户内使用条件下使用。

2) 箱式变电站的外壳防护等级应不低于GB 4208《外壳防护等级（IP代码）》的IP23D规定。

3) 箱式变电站应设足够的自然通风口，并采取必须的隔热措施，以保证在正常环境温度下，所有电器元件的温升不超过允许温升，否则应采取强制通风或按额定外壳级别相应降低使用容量。

4) 处于污秽空气中的装置，其污秽等级应符合高低压设备和变压器，电能计量设备以及无功补偿装置相应标准的规定。

5) 箱式变电站的开关设备和控制设备的隔室应装设适当的驱潮装置，以防因凝露而影响电器元件的绝缘性能和对金属材料的腐蚀。

由此可知标准对箱壳材料、结构设计的要求是：

——机械强度高，有抗紫外线辐射、抗暴晒性能和抗环境腐蚀的能力，至少能有15～20年的使用寿命。

——密封性能好，具防尘，防潮的能力。使箱壳内部具备适合户内电器设备的运行环境。

——有良好的通风散热和隔绝日光热辐射的能力，使箱壳内部电器设备运行不超温。

处理好外壳密封，防尘，防潮和通风散热与隔热的关系，正是箱式变电站外壳材料选用、结构设计的关键技术。经验得知：当气温在30～40℃、壳内相对湿度达70%以上时，只要气温下降5℃即有凝露发生。因此当外壳设计达不到标准要求，则必须通过采取强制通风，选用优质低耗元器件及加大外绝缘爬距等措施予以弥补，当箱壳内有污秽和凝露存在时绝缘件还必须按严酷环境条件下的凝露和污秽等级条件（应按《户内交流高压开关柜和元部件凝露及污秽试验技术条件》DL/T 539—93）做出厂试验。

(4) 关于箱式变电站外壳等级的相关规定有：

箱式变电站将变压器、高低压电器设备等发热元件组装在箱壳内，恶化了散热条件，所以标准将外壳级别定义为“在规定的正常使用条件下，变压器在外壳内的温升和同一台变压器在相同负载下在外壳外的温升之差”，DL/T 537规定有四个额定外壳级别：级别0、10、20、30分别对应于0K、10K、20K、30K的最大温升差值（国标仅10、20、30三个额定外壳级别）。标准还规定壳内的变压器，在额定电流状态下工作时，其温升要比无外壳条件下运行时高，可能会超过《电力变压器·温升》GB 1094.2或《干式电力变压器》GB 6450规定的温度极限，因此变压器的使用条件应安装地点外部的使用条件和外壳级别来确定，并应据此计算变压器的使用容量和确定箱式变电站的最大额定容量。

外壳等级必须通过温升实验来确认，所以标准规定的型式试验中明确指出温升试验的目的是校验箱式变电站外壳设计的正确性，即能正常运行且不缩短站内元件的预期使用寿命。实验应证明变压器在外壳内的温升与同一台变压器在外壳外部测的温升差值不大于外壳级别规定的数值。

事实上，已经投运的许多箱变无温升试验数据，无额定外壳级别，以致不顾设备使用条件变化的现实，盲目用变压器铭牌容量作为箱式变电站的额定容量。其实这个额定值既无科学依据也无意义而且是有害的。

多年来国产预装箱式变电站在城乡配电网的推广运用也是对制造技术水平和产品质量最实在的检验，对运行暴露出来的质量问题与标准的相关条文比照可知，产生问题的最直接原因就是对标准规定的违背，相关有权单位在准产认证和设备选用上违背标准规定，一些技术设备力量差的制造商在短期利益驱使下绕过对先进技术的消化与创新，刻意模仿进口设备的外形，满足于“形似”而把箱变简单化为高低压开关柜加变压器的集装箱，并以低价或其他不法手段挤占市场，客观上阻碍了我国箱变技术的发展。

二、变压器的负载损耗与箱式变电站的箱壳级别*

造成变压器在高温环境中运行的20K级、30K级箱式变电站的大量挂网运行，是我国输变电能耗居高不下及变压器寿命大幅度下降的重要原因，应该引起足够重视，并尽快予以解决。

变压器的负载损耗随其运行温度的升高而增加。在同一负载条件下，运行温度每升高10℃，负载损耗增加约3.93%（对于铜质绕组）或4.23%（对于铝质绕组）。这是因为负载损耗与绕组的电阻成正比，而绕组的电阻随着温度的升高而成正比地增加。例如铜的电阻温度系数为0.00393/℃，铝为0.00423/℃（详细计算见国家标准GB 1094.1－1996《电力变压器》）。

箱式变电站（又称欧变）的箱壳分为10级、20级、30级，其定义为：“变压器在外壳内部的温升超过同一变压器在外壳外部测的温升的差值，不应大于外壳级别规定的数值，例如

* 本部分内容作者为江苏中电电气集团公司高级工程师刘文武，此部分内容摘自期刊《电气时代》。

10K，20K，30K”（引自GB/T 17467－1998《高压/低压预装式变电站＞》，电力部标准DL/T 527—2002增加0级箱壳，已经注意到运行温度增加10K的危害）。其物理含义为：一台变压器在同一负载条件下，当其在欧变箱壳内运行时，运行温度将被人为地抬高10℃、20℃、或30℃。其负载损耗将分别增加约3.93％、7.86％或11.79％（对于铜质绕组）（对于铝质绕组，则分别为4.23％、8.46％及12.69％）。

我们知道，电能在产出并被使用的过程中，即从发电厂到用电设备的输送过程中，每一度电能至少要二次流经变压器，有的要三次、四次甚至五次流经变压器；如果变压器被安装到一个散热级别为30K的箱体内，其有载损耗将增加11.79％（对于铜质绕组），电能三次流经变压器时，损耗将增加约35.37％（对于铜质绕组）。

这是一个多么惊人的、可怕的数字，这将造成多么严重的电能浪费。

不仅如此，变压器运行温度的升高，还会极大地降低变压器的使用寿命。

随着运行温度的升高，变压器的绝缘材料将迅速老化，变压器的使用寿命降低。特别是当温度超过所允许的额定热点温度时，变压器寿命将以温度每上升6℃、变压器寿命降低一倍的速度而急剧下降（变压器6度法则）（详见国家标准GB/T 15164—1994《油浸式电力变压器负载导则》）。

这就是说，目前在欧式箱变壳体内运行的变压器，其寿命将远远低于其设计寿命，而且很难准确预测其使用寿命。

值得注意的是，目前我国电网中正在挂网运行着几十万台10级、20级、30级箱壳的欧式箱变。

我国输变电能耗居高不下，欧式箱变中正在运行的变压器的高能耗是值得高度重视的根源之一。

那么，如何避免欧式箱变所带来的上述两大弊病呢？

对于干式变压器，应该配置散热功能较高的箱体，必要时在箱体上配置散热风机，以便尽量降低箱体内部运行温度。

对于油浸式变压器，最佳方案是选用“零K级箱壳”的变电站。

“零K级箱壳”将变压器的散热片直接暴露在大气中，如同柱上变压器和美变一样，变压器在最佳的散热条件下运行，恢复了最初设计的负荷系数、负载损耗和使用寿命，是变压器经济运行的必要条件。

“零K级箱壳”变电站不仅大大优于目前运行的欧式箱变，也优于传统的土建变电站。因为土建变电站室内温度恒高于室外至少8℃。

箱式变电站是20世纪80年代我国从欧盟国家引进的，故又名“欧式箱变”，简称“欧变”。那么，欧盟国家的输变电能耗为何并未因此而升高？他们是如何解决以上问题的呢？

欧盟国家与我国的国情存在着差异。

任何引进的东西都有一个根据国情消耗吸收的过程，欧变引入我国后，有以下几个问题我们没有解决好：

（1）欧盟国家大力推广“无油化”，鼓励尽可能选用干式变压器，不选或少选用油浸式变压器。而干式变压器必须在壳体内运行，只是要求壳体的散热级别要足够高。这就是箱式变电站在欧盟国家被大量选用的客观原因。

对于少数配置油变的箱变，则用提高箱体散热级别和变压器“降荷运行”的措施来修正和控制变压器的运行温度。

而我国的国情是：目前仍然大量选用油浸式变压器，而且箱体的散热性能又极差，“降荷运行”也没有真正落实！

（2）箱壳散热级别问题。

生产欧变的国外大公司（例如ABB、施耐德、西门子等），他们的欧变箱壳散热性能较好，可达到10级。他们根据传导，辐射和对流的热力学原理，对箱壳的材料和结构做科学设计，以达到最佳的散热效果。

欧变引入我国后，一些生产厂家以为箱壳“简单”，以为箱壳就是给变压器做一个“房子”，而且这个“房子”还需要“隔热保温”。片面地追求“外表美观”、“园林化”，错误地选用夹层彩钢板、石棉夹层钢（铝）板及所谓“非金属材料”作为箱壳及门的制造材料，与辐射和传导的基本散热原理背道而驰。在气体对流散热方面又缺乏科学的结构设计。这些厂家生产的箱变大都为20级，不少甚至是30级。在江南最热季节，不少箱变因变压器室内温度过高而跳闸，不得不打开室门，在室外另设大功率风机吹风散热（此时，高能耗已降为次要问题）！

（3）欧盟国家以“变压器降荷运行”的措施来弥补箱壳造成的温升，而我国在实际运行中，并没有完全能够做到“变压器降荷运行”。

国家标准GB/T 17467—1998《高压/低压预装式变电站》附录D中规定：“与预装式变电站额定最大容量对应的变压器，对于不同的外壳级别和周围温度，能够带不同的负荷”。

这就是说，如果变压器被配置在一个壳体内运行，则变压器应该“降荷选用”。例如，原计算选630kVA的变压器，应改选800kVA的变压器。

外壳中油浸式变压器的负荷系数如图1所示。

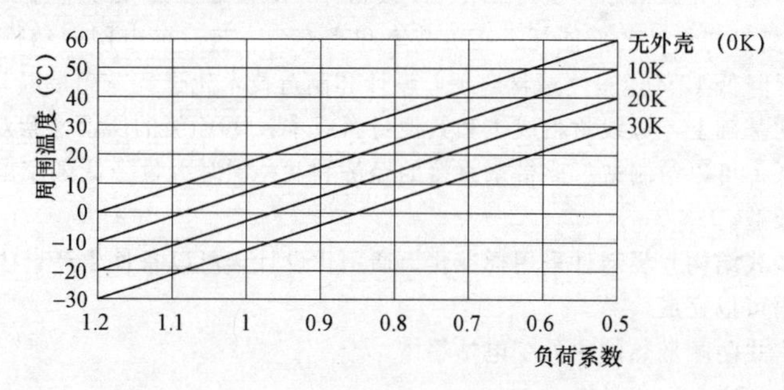

图1 外壳中油浸式变压器的负荷系数

注：1. 选出代表外壳级别的曲线；2. 在纵轴上找到变电站安装处已知的周围温度平均值；3. 外壳级别线和周围温度线的交点给出了变压器的负荷系数。

在我国的实际工程应用中，欧变箱壳中的变压器并未做到“降荷选用”。

这是因为变压器容量每增大一级，电站设备成本将随之增加许多。

不仅是变压器本身价格增加，系统其他费用也要增大。

变压器容量增大后，回路短路电流增大，回路中相关电器的性能参数随之增大，工程成本随之增加。

此外，变压器容量偏大会造成负荷率下降，变压器运行在经济运行范围之外（变压器经济运行的负载率为60%～70%），空载损耗（铁损）增加。

这样，在实际工程设计中，计算后如果不足以增大一级，则变压器容量并不按照“增大一级”选用。

此外，我国正处于经济迅速发展时期。随着负载需求的迅速增长，变压器的实际负荷在短期内迅速超过最初设计负荷，这就造成了变压器“未降荷运行”的客观事实，造成高出正常温度20～30℃运行的现状，造成不应发生的极大的电能损耗及变压器寿命的降低。

综上所述，油浸式变压器进入箱壳以后，其运行条件（环境温度）变得异常恶劣了。目前有数十万台油变在我国的电网上负重工作，忍受着高温的煎熬，不仅极大地耗费着宝贵的电能，而且消耗着变压器的寿命。

值得注意的是，这样的“电老虎”还在以每年数万台的速度被制造出来并挂网运行。

这样一个造成极大资源浪费的严重问题，应该引起有关部门和社会的足够重视，尽快合理解决。

应该尽快地将油浸式变压器“解放”出来，尽快地将它们从10级、20级、30级箱壳中“回归自然”，为节约型社会做出应有的贡献。

三、相关国家专利介绍

专利一：零K级箱体的箱式变电站

专利号：200720041376

该专利适用于安装油浸式变压器（油变）的箱式变电站，是应某大型国企的合同要求而设计的。经现场运行检验，满足电力部标准DB 1458—2002中“0K级箱体”的要求，已经在多个大型重点工程中使用并赢得用户认可。在0K级箱体中，变压器室实现零温升（与大气温度相同），变压器恢复最初设计的低能耗、高负载率和高寿命。与目前电网中运行的30K级箱变相比，其有载损耗降低12%。箱体选材合理，设计和制造技术先进，在满足温升、防锈蚀、防水湿浸入等功能的基础上，母线材料成本和其他材料成本较30K级的所谓“景观型”、“复合板隔热型”欧变更低，可以给制造厂商带来直接的经济利益。同时大量降低国家电网损耗，具备非常可观的社会效益。

本箱体为组装式结构，零部件采用标准化、通用化设计，可以备件生产，生产工期短，一批合同一星期之内可以完成。

专利二：迷宫式防晒散热的户外变电站箱体

专利号：ZL200520040235X

该专利适用于安装干式变压器（干变）的箱式变电站（亦可安装油变）。该专利可以实现变压器室和低压室的温升≤10℃，变压器和电容器在可能的最低环境温度下运行。与目前电网中运行的30K级所谓“欧变”比较，有载损耗降低8%，变压器的负载率和寿命亦得以恢复或提高，大量降低电网损耗，具备非常可观的社会效益。由于低压室散热条件良好，避免了电容器发热、鼓胀、爆炸等箱变频发事故。箱体选材合理，设计和制造技术先进，在满足温升、防锈蚀、防水湿浸入等功能的基础上，母线成本和其他材料成本较30K级的所谓“欧变”更低，可以给制造厂商带来直接的经济利益。（以630kVA箱变为例，每台箱变仅材料费用就可降低3000元以上）。

本箱体为组装式结构，零部件采用标准化、通用化设计，可以备件生产，生产工期短，一批合同一星期之内可以完成。

专利三：电气开关（断路器）无线遥控装置

该专利适用于欧式箱变以及所有变配电所，可以在用户布控范围内对高压断路器、负荷开关以及低压断路器实现遥控跳闸操作和合闸操作，避免开关柜就地操作可能发生的电弧灼伤人体等恶性事故。该专利特别适用于地埋式箱式变电站的地面控制，特别适用于真空断路器（负荷开关）安全距离以远的分合闸操作，彻底避免因意外拉弧造成的恶性伤人事故（地埋变操作空间窄小，操作条件恶劣，真空开关存在因真空破坏而分闸时燃弧的可能）。

四、主要作者介绍

刘文武，高级工程师。从事成套电气设备的设计和制造工作30余年，从事箱式变电站的设计和制造工作20余年。

通过对箱式变电站在我国南方夏季高温时段运行时，超温跳闸和被迫降荷运行等事故原因的分析，较早发现国家电网中运行的所谓“欧变”存在的巨大隐患：即仅仅由于箱体（外壳）的粗制滥造，人为地造成变压器运行温度被抬高20～30℃，变压器负载损耗增加8%～12%，寿命及负载率大幅度降低。在对ABB箱变、施耐德箱变及西门子箱变的优缺点进行分析研究的基础上，结合国内实际情况，设计出工艺简单、成本低廉、性能优良的0K级和10K级预装式变电站箱体，被国内几大公司选定为定型产品，大批生产并投放市场。主持设计和制造的产品在奥运会兴奋剂检测中心、酒泉卫星发射中小、海南石化等多个国家重点工程中挂网运行。2007年在《电气时代》发表文章《变压器的负载损耗与箱式变电站的箱壳级别》，并提出解决问题的方案。

根据市场需求，设计出电气开关（断路器、负荷开关等）安全距离以远的无线遥控装置，彻底避免了电气开关现场操作时电弧灼伤人员的频发恶性事故。该装置被应用于真空开关、地埋式变电站的分合闸远距离操作中，取得理想效果，被几大供电部门选定为换代产品。

持有专利“零K级箱体的箱式变电站”，“迷宫式防晒散热的户外变电站箱体”等；与他人共同持有专利“开关（断路器）无线遥控装置”、“箱式变电站遥控暗锁装置”等。